대기역학

ISBN : 978-0-12-384866-6
Translated Edition ISBN : 9788968661341
Publication Date in Korea : March 17, 2014

Translated by Sigma Press, Inc.
Printed in Korea

AN INTRODUCTION TO DYNAMIC METEOROLOGY 제5판

대기역학

James R. Holton | Gregory J. Hakim 지음

한국기상학회 권혁조 | 김정우 | 민경덕 | 안중배 | 이동규 | 이재규 | 이태영 | 전종갑 | 정형빈 옮김

Σ 시그마프레스

대기역학, 제5판

발행일 | 2014년 3월 17일 1쇄 발행
2016년 1월 4일 2쇄 발행

저자 | James R. Holton, Gregory J. Hakim
역자 | **한국기상학회** 권혁조, 김정우, 민경덕, 안중배, 이동규, 이재규, 이태영, 전종갑, 정형빈
발행인 | 강학경
발행처 | (주)시그마프레스
디자인 | 송현주
편집 | 이정현

등록번호 | 제10-2642호
주소 | 서울특별시 영등포구 양평로 22길 21 선유도코오롱디지털타워 A401~403호
전자우편 | sigma@spress.co.kr
홈페이지 | http://www.sigmapress.co.kr
전화 | (02)323-4845, (02)2062-5184~8
팩스 | (02)323-4197
ISBN | 978-89-6866-134-1

An Introduction to Dynamic Meteorology, 5th edition

* 책값은 뒤표지에 있습니다.
* 이 도서의 국립중앙도서관 출판시 도서목록(CIP)은 서지정보유통지원시스템 홈페이지(http://seoji.nl.go.kr)와 국가자료공동목록시스템(http://www.nl.go.kr/kolisnet)에서 이용하실 수 있습니다.(CIP제어번호 : CIP2014007028)

James R. Holton(1938~2004)

역자 서문

1958년 우리나라에서 처음으로 기상학 강좌가 대학에 개설된 이래 대학에서는 우리말로 된 교재가 없어 많은 어려움을 겪어 왔다. 특히 대기과학 전공에서 가장 핵심이 되는 필수과목인 기상역학 또는 대기역학 과목의 우리말 교재는 날로 그 필요성이 증대되었다. 지금까지 몇몇 대기역학 전공학자들이 개인적으로 대기역학 책을 저술하려는 생각은 하였으나 여러 여건상 실행에 옮기지 못하였다. 더 이상 우리나라 학자의 대기역학 책을 기다릴 수 없는 지경에 이르렀다 생각하여 각 대학에서 대기역학을 가르치는 교수들의 의견에 따라 James R. Holton의 *An Introduction to Dynamic Meteorology,* 제3판을 번역한 바 있다. 당시 대기역학 전공 교수와 대기역학에 가까운 전공의 교수가 각각 한 장 내지 두 장을 번역하였다. 그동안 이 번역서는 전국 각 대학에서 교재로 사용되어 왔으며, 대기과학 관련 연구소나 기타 교육기관에서도 애용되어 왔다. 그러던 중 제3판의 내용이 추가로 보충되고 새로운 정보가 포함된 제4판이 출간되었다. 이에 따라 제3판의 역자들은 제4판을 다시 번역하기로 하였으며 제3판 번역시 맡았던 장을 제4판에서도 그대로 맡아 번역서를 출간한 바 있다. 그 후 많은 독자들이 제4판을 애용하여 왔으나 저자인 James R. Holton이 제4판을 개정하던 중 갑자기 세상을 떠나자 그의 생전에 제5판을 공저자로 준비하자고 제안 받은 Gregory J. Hakim이 제5판을 출판하게 되었고 역자들은 다시 이를 번역하기로 하였다.

이번 번역에서도 참여한 교수들은 번역서를 보느니 원서를 보는 것이 더 이해가 빠르다는 말을 듣지 않기 위하여 될 수 있는 한 이해하기 쉽게 번역하려고 많은 노력을 기울였다. 제5판에서는 제4판에 비하여 상당 부분이 추가되거나 수정되어 번역할 내용이 많은 것에 비하여 상대적으로 짧은 번역기간이 주어져 혹시 오류가 많이 발생하지는 않을까 염려되기도 한다. 이전의 번역서처럼 대기과학 용어 번역은 한국기상학회의 대기과학용어집을 따랐고, 부득이한 경우에만 두 가지 이상으로도 사용하였다.

이 책은 대학 학부에서뿐만 아니라 대학원과정에서도 교재로 쓸 수 있으므로 그 활용 폭이 넓을 것으로 예상된다. 따라서 이 번역서가 우리나라 대기과학계의 미래를 짊어지고 갈 후학들에게 대기역학 공부에 큰 도움이 되었으면 하는 마음이 간절하다. 역자들은 이번에도 번역하는데 최선을 다하였으나 아직도 불완전한 부분들이 더러 있을 것이다. 앞으로 계속 독자들의 좋은 충고와 의견으로 이 책이 좀 더 좋아지기를 기대한다.

마지막으로 대기역학의 한국어판이 나올 수 있도록 다방면으로 지원해주신 (주)시그마프레스의 강학경 대표님을 비롯한 편집진의 노고에 깊은 감사를 표한다.

2014년 2월
역자 대표 전종갑

저자 서문

Jim Holton이 이 책의 제4판을 위한 개정작업을 하고 있을 때 나는 내게 가장 친근한 내용에 대하여 여러 측면에서 상담과 조언을 하는 역할을 맡고 있었다. 개정작업의 막바지 무렵에 짐은 내게 제5판의 공동저자로 들어올 수 있겠느냐고 물었다. 나는 그런 소중한 기회를 당연히 수락했고 짐과 힘을 합하여 새로운 교정판을 만들 것을 기대했지만 2004년 3월 3일 짐 홀튼의 사망으로 그 기대를 접을 수밖에 없었다. 기상역학에 더 말할 나위 없이 많은 영향을 미친 그의 갑작스러운 사망으로 인한 충격은 기상역학 커뮤니티에 오랜 파장을 일으켰다. 그의 영향력의 범주 중 여러 세대에 걸쳐 학생들에게 또 기상 및 연관분야 종사자들에게 기상역학의 표준교재로 쓰였던 이 책을 빼놓을 수 없다. 짐의 도움 없이 개정작업을 하는 것은 쉽지가 않았지만 또 한편으로는 1960년대 MIT에서 가르쳤던 강의 자료를 포함하여 오래된 내용을 여러 측면에서 새롭게 조명하는 기회가 되었다.

이 책은 대기과학의 학부생과 대학원생, 대기과학 분야에 종사하는 실무자들, 그리고 대기역학에 관한 정확하고 이해하기 쉬운 개론서를 필요로 하는 대기 연관분야 종사자들을 대상으로 하고 있다. 개정작업을 하면서 나는 학생으로서, 또한 강의자로서의 경험을 되살려 이 세 분야 독자들이 잘 이해할 수 있도록 교재의 내용을 배치하고 시대에 맞게 갱신하였다. 구조적인 개정으로 제5장(파동과 섭동법, 기존의 제7장), 제7장(경압발달, 기존의 제8장) 및 제8장(난류와 행성경계층, 기존의 제5장)의 내용이 바뀌었다. 그 결과로 제5판에서는 가장 핵심적인 내용을 제1~4장에서 소개한 후, 제5장에서 그 핵심내용의 적용을 이해할 수 있도록 방법론을 학습하며, 제6, 7장에서 온대 날씨시스템에 대한 내용과 그 이후 더 심화된 내용을 다루게 된다.

수많은 작은 교정 외에도 다음과 같이 구체적이고 중요한 개정이 포함되었다. 제1장에서 점성효과와 비관성좌표계 내용이 재구성되었으며 동역학에 관한 내용이 포함되었다. 제2장에서 부시네스크 근사와 습윤대기의 열역학에 관한 내용이 추가되었고 그 뒤의 여러 장에서 이 내용을 인용하였다. 제4장에서는 위치 소용돌이도에 관한 내용이 더 확장되어 켈빈순환정리의 특별한 경우로서 에르텔 위치 소용돌이도의 유도, 비보존 효과, 위치 소용돌이도를 이용하여 역학적 권계면 지도를 작성하는 예가 포함되었다. 특히 뒤에 많이 쓰이는 천수순압모형의 유도의 동기를 위한 목적으로 위치 소용돌이도를 이용하였다. 제5장에서는 기본적인 파랑특성에 관한 논의를 3차원으로 확장하였고 파랑문제를 풀기 위한 일반적인 전략에 대하여 개략적으로 설명하였다. 천수와 정지되어 있는 성층대기에 대하여 시간에 대해 불변하는 로스비 파의 해를 설명하여 그 다음 장에서 설명되는 준지균 근사의 기초에 대하여 더 깊게 이해할 수 있도록 하였다.

제6장은 거의 새로이 쓰였으며 에르텔 위치 수용돌이도에서 출발하여 참신하고 간단한 방법의 준지균 방정식 유도가 포함되었다. 제4판과 달리 표준적인 고도좌표를 사용하여 기압좌표로 인한 스트레스를 제거하였다. 준지균 방정식의 MATLAB 프로그램과 함께 분석 프로그램들을 함께 제공하여 온대 날씨시스템을 모의하고 분석할 수 있도록 하였으며 이 프로그램들은 제공된 흐름패턴뿐 아니라 다른 패턴에 쉽게 적용할 수 있도록 만들어져 있다. 경합발달은 제7장에 포함되어 있고 다루는 방법은 이전 판과 대동소이하지만 일반적인 안정도에 관한 다양한 논의가 포함되었다. 제9장은 자세한 유도와 잠재 강도에 관한 논의와 더불어 허리케인에 관한 새로운 정보를 포함하고 있다. 제10장에서는 요즘 많은 관심을 받고 있는 기후민감도와 되먹임에 관한 연구결과를 소개하고 있다. 마지막으로 제13장은 많은 개정을 통하여 자료동화의 수학적 기술과 더불어 스칼라 양의 간단한 예부터 여러 변수에 이르는 복잡한 예까지 자세한 내용을 실었다. 칼만필터, 변분기법(3차원 변분법, 4차원 변분법) 및 앙상블 칼만필터의 내용도 첨가되었다. 새로운 절에서는 루이빌 방정식과 앙상블 예측 이론의 주된 결과를 포함한 예측성과 앙상블 예보에 관한 결과들을 소개하였다. 이 책에 대한 다른 정보나 강의지원에 관한 내용은 booksite.academicpress.com/9780123848666에서 찾을 수 있다.

이 일을 잘 수행할 수 있도록 격려를 아끼지 않고 친구같이 대하여 준 Margaret Holton 여사에게 감사를 표한다. Dale Durran과 Cecilia Bitz가 제4판에 대한 깔끔한 정오표를 만들어 준 것이 이번 간행에 큰 도움이 되었다. 앞 장들의 초안에 관하여 논평과 조언을 해준 Hanin Binder, Bonnie Brown, Dale Durran, Luke Madaus, Max Menchaca, Dave Nolan, Ryan Torn과 Mike Wallace에게 감사를 드린다. 미처 발견하지 못한 오류는 다 내 책임이며 그런 오류를 holton.hakim@gmail.com으로 알려주면 매우 감사하겠다.

Gregory Hakim

시애틀, 워싱턴 주

차례

제6장 준지균 분석 173

제7장 경압 발달 215

부록 487

DYNAMIC METEOROLOGY

제1장

서론

1.1 기상역학

1.2 운동량 보존

1.3 비관성 기준틀과 '겉보기' 힘들

1.4 정적 대기의 구조

1.5 운동학

1.6 규모분석

1.1 기상역학

기상역학은 일기 및 기후와 관련된 지구대기 내에 있는 공기 운동에 관한 학문이다. 이러한 운동은 주로 바람, 기온, 구름 그리고 강수패턴을 통하여 인간 활동에 영향을 주는 시종일관된 순환 형태로 조직화된다. 짧게는 수분에서 수일 동안 지속되는 수명을 가진 특징들은 일기와 관련되어 있으며, 몇 가지 친숙한 일기의 예로서 앞으로 이 책에서 다룰 열대 그리고 온대저기압, 조직화된 뇌우 그리고 산악지대에서 발생하는 것과 같은 국지풍 패턴이 있다. 그림 1.1은 열대지방의 대류운이 차지하는 넓은 지역으로부터 북반구와 남반구의 고위도 지역에 위치한 온대저기압 쪽으로 보다 큰 규모를 가진 일기 패턴의 혼합 효과를 보여준다. 이러한 일기 요소들은 지구표면과 접촉하는 대기의 한 부분인 **대류권** 내에서 일어난다. 표준적으로 대류권은 고도에 따른 기온 하강을 보여주며 대기 내에서 발견되는 대부분의 수증기, 구름 그리고 강수를

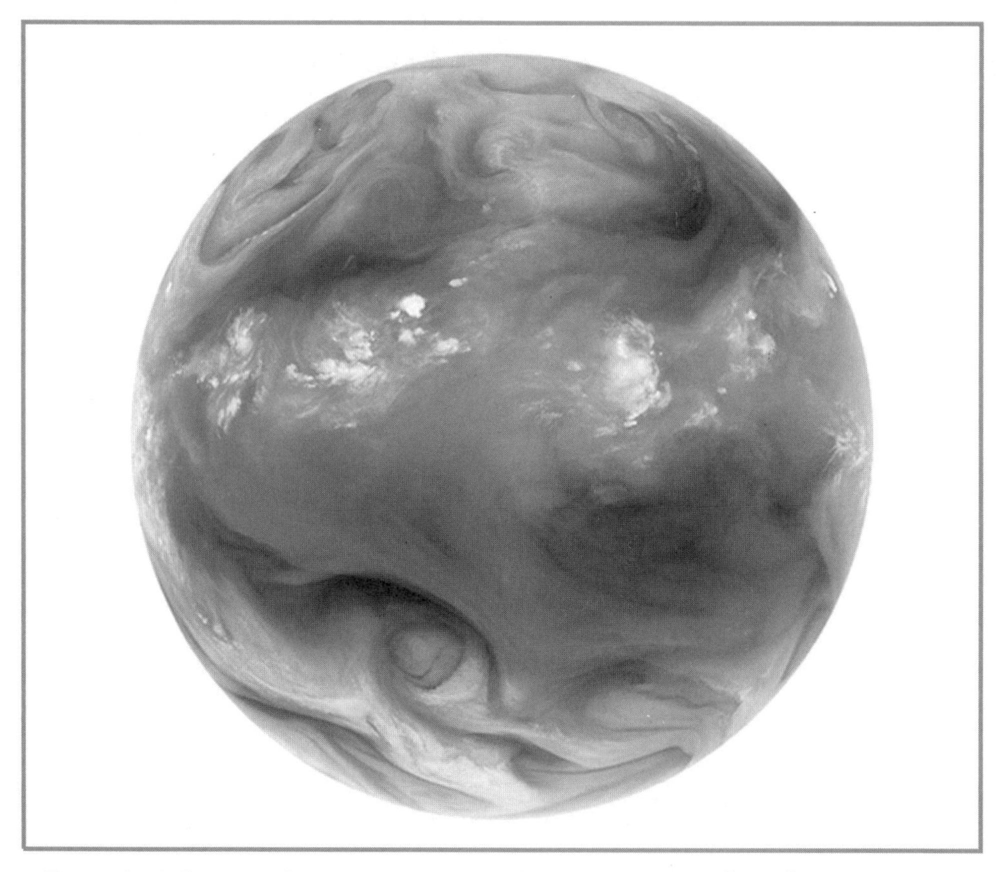

그림 1.1 지표면 위 5~10 km 층 안에 있는 수증기 분포를 잘 포착하는 특성 때문에 '수증기' 채널로 알려진 6.7μm 근처의 적외 위성영상. 구름과 대조적으로 수증기는 연속적으로 분포되어 있기 때문에 대기운동을 특히 잘 보여준다. 이 영상에서 열대지방의 대류운들과 보다 고위도에서의 맴돌이(eddy)운동 혼합효과를 보게 된다(출처 : NASA).

담고 있다. 평균적으로 볼 때, 대류권은 연직적으로 약 10km 고도까지 뻗어 있으며 그 고도에는 권계면이 위치하고 있다. 권계면 위로는 성층권이 위치하고 있으며, 오존에 의한 자외복사의 흡수에 의하여 공기가 가열되기 때문에 그곳에는 기온이 고도에 따라 상승한다. 이 책에서 이야기하고 있는 주제의 대부분은 대류권과 성층권의 역학과 관련되어 있다.

기후계의 순환 특징은 보다 더 긴 시간 주기로 지구의 넓은 영역에서, 계절에서 수년 동안에 걸쳐 유지된다. 기후변동성의 예로는 폭풍이 발생하는 장소의 변위, 대규모 기압 유형의 진동 그리고 열대 태평양의 엘니뇨 남방진동(ENSO)과 연관되어 변동하는 행성 유형들의 진동을 들 수 있다. 비록 기상역학이 대기의 공기 운동에 관한 연구를 담고 있지만, 이러한 운동은 해양과 생물권 그리고 빙설권을 포함하는 지구시스템의 다른 부분과 연결되어 있으며, 또한 화학 물질의 수송에 있어 활발한 역할을 한다는 것을 남방진동의 예에서 확인할 수 있다. 더욱이 여기에 제시하는 많은 개념들은 다른 행성의 대기에도 역시 적용된다.

기상역학이 어떠한 내용을 담고 있는지 탐구하기 위하여 출발하기 전에, 제1장에서는 이 여행을 이끌 기본적인 개념을 소개하는 데 집중한다. 첫째, 대기 운동을 지배하는 법칙들은 **차원의 동질성**(dimensional homogeneity)이라는 원리를 만족시켜야 함에 유의하여야 한다. 여기서 차원의 동질성이란 법칙들을 표현하는 방정식에 있는 모든 항들은 동일한 물리 차원을 가져야만 한다는 것을 의미한다. 이러한 차원들은 차원적으로 독립적인 네 가지 특성, 즉 길이, 시간, 질량 그리고 열역학적 온도를 곱하고 나눈 항으로 표현될 수 있다. 운동 법칙에 있는 항들의 규모를 측정하고 비교하기 위하여 이 네 가지 기본 특성들에 대하여 일련의 측정 단위들을 정의하여야만 한다. 이 본문에서는 국제 단위계(SI)가 거의 유일하게 사용될 것이다. 네 가지 기본 특성들은 표 1.1에 보인 SI **기본 단위들**로 측정되어진다. 나머지 모든 특성들은 SI **유도 단위들**로 측정되어지며, 이 유도 단위들은 기본 단위의 곱과 나눔으로써 만들어진 단위들이다. 예를 들어, 속도는 초당 미터($\mathrm{m\,s^{-1}}$)라는 유도된 단위를 가진다.

다수의 주요 유도 단위들은 특별한 이름과 기호를 갖고 있다. 기상역학에서 널리 사용되는 유도 단위들을 표 1.2에 나타내었다. 또한, SI 단위로 각속도($\mathrm{rad\,s^{-1}}$)를 나타내기 위하여 평면각을 표현하는 보조 단위인 라디안(rad)이 필요하다.[1] 마지막으로, 몇 가지 기본 물리량을

| 표 1.1 | SI 기본 단위

특성	이름	기호
길이	미터	m
질량	킬로그램	kg
시간	초	s
온도	켈빈	K

1) 헤르츠는 초당 라디안이 아니고, 초당 회전수로 진동수를 측정한다.

| 표 1.2 | 특별한 이름을 갖는 SI 유도 단위

특성	이름	기호
진동수	헤르츠	$Hz(s^{-1})$
힘	뉴턴	$N(kg\,m\,s^{-2})$
기압	파스칼	$Pa(Nm^{-2})$
에너지	줄	J(Nm)
일률	와트	$W(Js^{-1})$

| 표 1.3 | 기본 물리량의 기호와 단위들

양	기호	단위
3차원 속도 벡터	$\boldsymbol{U}$	ms^{-1}
수평 속도 벡터	$\boldsymbol{V}$	ms^{-1}
속도의 동향 성분	u	ms^{-1}
속도의 북향 성분	v	ms^{-1}
속도의 연직 성분	$w(\omega)$	$ms^{-1}(Pa\,s^{-1})$
기압	P	Nm^{-2}
밀도	ρ	$kg\,m^{-3}$
온도	T	K(또는 ℃)

표현하기 위하여 이 책에서 자주 사용하는 기호들을 표 1.3에 실었다. 완전한 3차원 속도 벡터 $\boldsymbol{U}$는 고도와 기압연직 좌표로 각각 표현한 $\boldsymbol{U}=(\boldsymbol{V}, w)$와 $\boldsymbol{U}=(\boldsymbol{V}, \omega)$에 의해 수평속도 벡터 $\boldsymbol{V}$와 연관되어 있음에 유의하여야 한다. 동서방향을 언급하기 위하여 위도선 방향이라는 용어를 그리고 남북방향을 언급하기 위하여 자오선 방향이라는 용어를 사용할 것이다.

기상역학은 운동량(뉴턴의 운동법칙), 질량 그리고 에너지(열역학 제1법칙)에 대한 고전 물리의 보존법칙들을 대기에 적용한 것이다. 이러한 적용이 필수적으로 요구되는 국면은 연속(continuum)근사를 필요로 하며, 이 근사에 의해 분자들의 한 덩어리에 대하여 국지 평균을 포함하고 있는 연속적인 표현을 하여 불연속적인 분자 특성들은 무시된다. 액체와 기체들을 포함하는 모든 유체에 일반적으로 적용되며, 또한 대기 성질들(예를 들면, 압력, 밀도, 온도) 또는 '장(field) 변수들'을 공간과 시간의 독립 변수들로써 하나의 값을 갖는 매끄러운 함수(smooth function)로 표현되도록 한다. 연속체 안에 있는 한 '점'은 고려 대상인 대기의 부피와 비교해 아주 작은 하나의 체적 요소로 여겨지나, 그래도 그것은 대단히 많은 수의 분자들을 담고 있다. 이와 같은 한 점을 언급할 때 공기 덩이와 공기 입자라는 표현 모두를 흔하게 쓴다.

제2장에서는 지배 방정식들을 얻기 위해 연속체 근사가 적용되는 조그마한 대기의 체적 요소에 기본적인 보존 법칙들이 적용되어진다. 여기서 우리들의 목적은 대기운동에 영향을 주는 주요 힘들을 조사하는 것이다.

1.2 운동량 보존

뉴턴의 제1법칙에 따르면, 정지 상태에 있거나 일정한 속도로 움직이는 물체는 외부의 불균형한 힘이 작용하지 않는다면 그 상태를 유지한다고 한다. 일단 힘들이 확인되면, 운동량의 시간변화량(즉, 가속력)은 순 힘(모든 힘들의 합)에 의하여 주어지는 방향과 순 힘을 대상의 질량으로 나눈 값의 크기를 갖는 하나의 벡터라고 뉴턴의 제2법칙은 말한다. 이러한 힘들은 **체력**(body force) 또는 **면력**(surface force) 중의 하나로 분류될 수 있다. 체력은 한 유체 덩이의 질량중심에 작용하며, 그 덩이의 질량에 비례하는 크기를 가진다. 중력은 체력의 한 예이다. 면력은 유체 덩이를 주위와 분리시키는 경계면을 가로질러 작용하며, 그 덩이의 질량과는 무관한 크기를 갖는데, 기압력이 면력의 한 예이다.

기상학적으로 관심의 대상이 되는 대기운동의 경우, 주요 힘들은 기압 경도력, 만유인력 그리고 마찰력으로, 이러한 **기본** 힘들이 공간에 대하여 고정된 좌표에 대해 상대적으로 측정한 가속도를 결정한다. 일반적인 경우처럼 지구와 함께 자전하는 좌표계를 기준으로 운동을 표현하는 경우, 겉보기 힘인 원심력과 전향력을 포함시킨다면 여전히 뉴턴의 제2법칙은 유용할 것이다. 이 기본 힘들은 계속해서 논의되며, 겉보기 힘은 1.3절에서 소개된다.

1.2.1 기압 경도력

기압은 단위 면적당 표면에 수직으로 작용하는 힘으로 정의된다. 대기와 같은 기체의 경우, 무작위 분자운동에 의해 한 점에 작용하는 기압은 모든 방향에 대하여 균일하게 작용한다. 따라서 면에 충돌하는 분자들 때문에 순 힘의 크기는 표면이 향하는 방향과 관계가 없으며, 순 힘의 방향은 표면의 방향에 따라서 변하나, 그 크기는 변하지 않음에 유의한다. 벽면의 한 면이 반대편 벽면이 받는 기압과 다르게 세워져 있으면, 낮은 기압을 가진 벽면 쪽을 향하여 벽면을 보다 가속시키는 순 힘을 만들어내며, 기압차와 관련된 이 순 힘은 기압 경도력에서 필수적이다.

그림 1.2에서 보인 것처럼 점 x_0, y_0, z_0를 중심으로 하는 공기의 무한히 작은 체적요소, $\delta V = \delta x \delta y \delta z$를 지금 생각해보자. 무작위 분자 운동으로 주위의 공기는 지속적으로 운동량을 체적요소의 벽으로 운반한다. 단위 시간과 단위 면적당 이러한 운동량 수송이 바로 주위 공기가 체적요소의 벽에 작용한 기압이다. 만일 체적요소의 중심에서의 기압을 p_0라고 하면, 그림 1.2에서 A라고 표시한 벽에 미치는 기압은 테일러 급수로 전개하여

$$p_0 + \frac{\partial p}{\partial x}\frac{\delta x}{2} + \text{고차항들}$$

로 표현할 수 있다. 여기서 고차항들을 무시하면, 벽 A에서 체적요소에 미치는 기압은

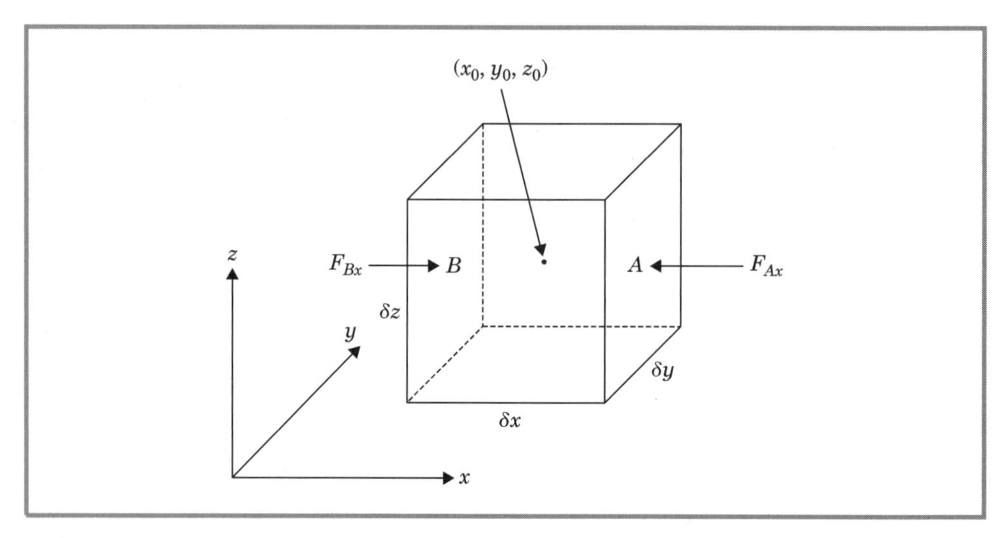

그림 1.2 유체요소에 작용하는 기압 경도력의 x 성분

$$F_{Ax} = -\left(p_0 + \frac{\partial p}{\partial x}\frac{\delta x}{2}\right)\delta y \delta z$$

이고 여기서 $\delta y \delta z$는 벽 A의 면적이다. 유사하게 벽 B에서의 체적요소에 미치는 기압은 바로

$$F_{Bx} = +\left(p_0 - \frac{\partial p}{\partial x}\frac{\delta x}{2}\right)\delta y \delta z$$

이다. 따라서 이 체적에 미치는 기기압의 최종적인 x성분은

$$F_x = F_{Ax} + F_{Bx} = -\frac{\partial p}{\partial x}\delta x \delta y \delta z$$

이다. 순(net) 힘은 기압에 대한 미분에 비례하기 때문에 **기압 경도력**이라 한다. 이 작은 체적요소의 질량 m은 단순히 밀도 ρ 곱하기 체적이다. $m = \rho \delta x \delta y \delta z$. 따라서 단위 질량당 기압 경도력의 x성분은

$$\frac{F_x}{m} = -\frac{1}{\rho}\frac{\partial p}{\partial x}$$

이다. 유사하게, 단위 질량당 기압 경도력의 y 및 z 성분은

$$\frac{F_y}{m} = -\frac{1}{\rho}\frac{\partial p}{\partial y}, \quad \frac{F_z}{m} = -\frac{1}{\rho}\frac{\partial p}{\partial z}$$

로 쉽게 나타낼 수 있어 단위 질량당 총기압 경도력은

$$\frac{\boldsymbol{F}}{m} = -\frac{1}{\rho}\nabla p \tag{1.1}$$

로 벡터로 표현된다. 경도연산자 $\nabla = \left(\boldsymbol{i}\frac{\partial}{\partial x}, \boldsymbol{j}\frac{\partial}{\partial y}, \boldsymbol{k}\frac{\partial}{\partial z}\right)$는 함수에 오른쪽으로 작용하여 함수의 보다 큰 값 쪽으로 향하는 벡터를 만들어낸다. (1) 기압 경도는 저기압에서 고기압 방향을 가리키나, 기압 경도력은 고기압에서 저기압 방향을 가리키고, (2) 기압 경도력은 기압 장의 기울기에 비례하는 것이지 기압 자체에 비례하지 않음을 인식하는 것이 중요하다.

1.2.2 점성력

실제 유체는 점성이라고 불리는 내부 마찰의 영향을 받는데, 이 마찰이 유체가 흐르는 성향을 저지하려고 한다. 유체 속도가 공간적으로 변하여 결과적으로 무작위 분자 운동으로, 보다 빨리 움직이는 공기 덩이 안에 있는 분자들로부터 근처에서 보다 천천히 움직이는 공기 덩이 안에 있는 분자들 쪽으로 순수한 운동량 수송이 일어날 때, 점성은 나타난다. 공기 덩이 사이에서의 이러한 운동량 교환은, 공기 덩이의 면을 따라서 작용하는 F, 점성력으로 표현되며, 이 힘을 면적, A로 나눔으로써 공기 덩이에 미치는 층밀림 응력(shear stress), τ가 된다.

$$\tau = \frac{F}{A} \tag{1.2}$$

그러므로 점성력은 $F = \tau A$로 주어진다. 뉴턴 유체인 경우, 층밀림 응력은 유체의 속력에 선형적으로 의존한다고 가정하는데, 이것은 공기에 대해 대단히 좋은 근사이다. 예를 들어, 바람의 x성분, u의 연직 방향에 따른 변화는 응력

$$\tau \approx \mu\frac{\partial u}{\partial z} \tag{1.3}$$

를 만들어내며, 여기서 μ는 유체에 따라 달라지는 점성 계수이다. 기압 경도력에 관한 논의처럼, 점성 효과로부터 공기 덩이에 작용하는 순 힘이 필요하다. 기압 경도를 유도할 때처럼 유사한 테일러 근사 접근을 따른다면, x방향의 운동 성분의 연직 시어에 의해 일어나는 단위 질량당 점성력

$$\frac{1}{\rho}\frac{\partial \tau_{zx}}{\partial z} = \frac{1}{\rho}\frac{\partial}{\partial z}\left(\mu\frac{\partial u}{\partial z}\right) \tag{1.4}$$

를 구하게 되며, 그 힘은 공기 덩이 체적의 면에 수직하기보다는 그 면을 따르는 방향을 향하게 된다는 점에 유의한다.

μ가 일정할 경우, 오른쪽 항은 $\nu\partial^2 u/\partial z^2$로 간단히 할 수 있으며 여기서 ν는 μ/ρ로서 운동학적 점성 계수(kinematic viscosity coefficient)이다. 표준 대기[2)]의 상태에서 해면 고도에서의 ν값

은 $1.46\times10^{-5}\,\mathrm{m^2\,s^{-1}}$이다. 식 (1.4)는 단지 x운동량의 z방향에 대한 층밀림 응력에 기인한 것을 나타내며, x방향의 순 힘, F_{rx}, 또한 x와 y방향에 대한 층밀림 응력으로부터의 기여를 포함하고 있다는 점에 유의한다. 세 개의 카테시안 좌표 방향으로 나타낸 단위 질량당 순 마찰력 성분은

$$
\begin{aligned}
F_{rx} &= \nu\left[\frac{\partial^2 u}{\partial x^2}+\frac{\partial^2 u}{\partial y^2}+\frac{\partial^2 u}{\partial z^2}\right]\\
F_{ry} &= \nu\left[\frac{\partial^2 v}{\partial x^2}+\frac{\partial^2 v}{\partial y^2}+\frac{\partial^2 v}{\partial z^2}\right]\\
F_{rz} &= \nu\left[\frac{\partial^2 w}{\partial x^2}+\frac{\partial^2 w}{\partial y^2}+\frac{\partial^2 w}{\partial z^2}\right]
\end{aligned}
\tag{1.5}
$$

이다. 예를 들면, $\frac{\partial^2 u}{\partial x^2}+\frac{\partial^2 u}{\partial y^2}+\frac{\partial^2 u}{\partial z^2}=\nabla\cdot\nabla u=\nabla^2 u$이므로 마찰력의 각 성분은 그 좌표 방향으로의 운동량의 확산을 나타낸다. 벡터가 한 점으로부터 멀리 발산할 때 +이고, −발산은 **수렴**이라 부르기 때문에, 어떤 벡터 A에 대한 $\nabla\cdot A$는 A의 **발산**이라고 부르는 스칼라 양이다. ∇u는 최대값 쪽으로 방향을 향하기 때문(수렴)에, u의 국지 최대값에서, $\nabla^2 u<0$이 되어, 결과적으로 최대값을 갖는 영역에서 주위로 운동량의 손실로 나타난다. 운동량은 큰 값에서 작은 값으로 경도가 약화되는 방향으로 확산되기 때문에, 이러한 과정을 **경도를 약화시키는 확산**(downgradient diffusion)이라 부른다.

100 km 이하의 대기에서는 ν가 아주 작아 분자 점성은 무시되나 연직 시어가 아주 큰 지구표면 수 cm의 얇은 층에서는 이 마찰력을 고려하여야 한다. 이러한 지표 분자 경계층에서 멀리 있는 경우, 운동량은 주로 난류적인 맴돌이(eddy) 운동에 의하여 전달된다. 이러한 내용들은 제8장에서 논의된다.

1.2.3 만유인력

대기의 공기 덩이에 작용하는 유일한 체력은 중력에 기인한다. 뉴턴의 만유인력의 법칙에 의하면 우주에 있는 두 개의 질량 요소들은 그들의 질량에 비례하고 두 물체 사이의 거리의 제곱에 반비례하는 힘으로 서로를 끌어당긴다고 한다. 따라서 두 질량 요소 M과 m이 거리 $r\equiv|\boldsymbol{r}|$(그림 1.3에 보인 것처럼 $\boldsymbol{r}$이 m을 향하면서)만큼 떨어져 있는 경우, 만유인력에 의하여 질량 M이 질량 m에 미치는 힘은

$$F_g=-\frac{GMm}{r^2}\left(\frac{\boldsymbol{r}}{r}\right) \tag{1.6}$$

2) 미국 표준 대기는 명시된 대기 구조의 연직 프로파일이다.

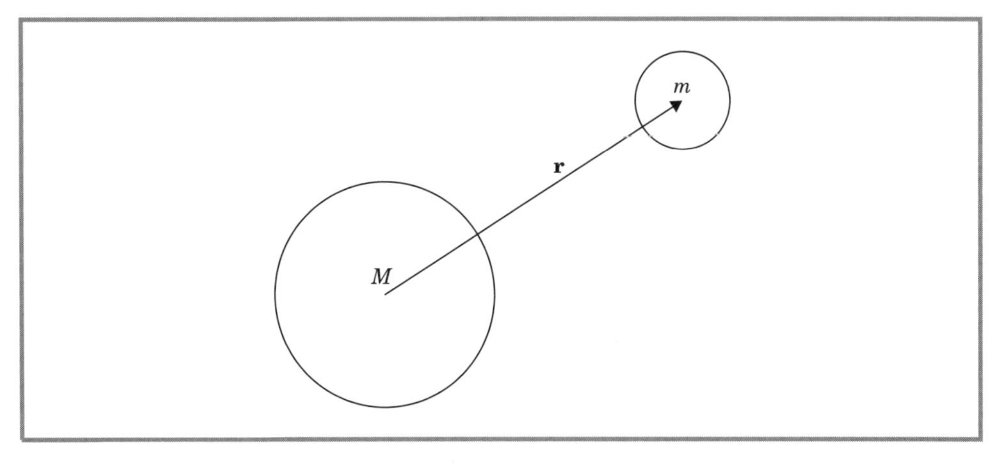

그림 1.3 중심이 거리 r만큼 떨어져 있는 두 개의 구 질량(spherical masses)

이며 여기서 G는 만유인력 상수라 불리는 하나의 우주 상수이다. 식 (1.6)에서 표현된 만유인력의 법칙은 실제로 가상적인 '점' 질량에만 적용되는데 이것은 유한한 넓이를 갖는 물체의 경우, $\mathbf{r}$이 그 물체의 어느 부분을 향하느냐에 따라 달라지기 때문이다. 그러나 유한한 물체인 경우, $|\mathbf{r}|$이 그 물체의 질량 중심 사이의 거리로 해석된다면 식 (1.6)은 여전히 유용할 것이다. 따라서 지구를 질량 M으로 그리고 대기의 질량 요소(mass element)를 m으로 하면 지구의 만유인력에 의하여 대기에 미치는 단위 질량당 힘은

$$\frac{\boldsymbol{F}_g}{m} \equiv \boldsymbol{g}^* = -\frac{GM}{r^2}\left(\frac{\mathbf{r}}{r}\right) \tag{1.7}$$

이다. 기상역학에서는 관례적으로 평균 해면으로부터의 고도를 연직 좌표로 사용한다. 그런데 지구의 평균 반경을 a, 평균 해면으로부터의 거리를 z, 그리고 지구를 완전한 구(sphere)라고 하면 $r=a+z$이다. 따라서 식 (1.7)은

$$\boldsymbol{g}^* = \frac{\boldsymbol{g}_0^*}{(1+z/a)^2} \tag{1.8}$$

로 다시 쓸 수 있으며 여기서 $\boldsymbol{g}_0^* = -(GM/a^2)(\mathbf{r}/r)$는 평균 해면 고도에서의 만유인력이다. 기상학적인 응용의 경우, $z \ll a$이므로 무시할 만한 오차 범위 내에서 $\boldsymbol{g}^* = \boldsymbol{g}_0^*$로 할 수 있어 만유인력을 단순히 상수로 다룬다. 이렇게 다룬 만유인력은 지구자전에 따른 원심력을 고려하기 위하여 1.3.2소절에서 변경되는 점에 유의한다.

1.3 비관성 기준틀과 '겉보기' 힘들

대기역학 법칙들을 수식화하는 데 있어 지심(geocentric) 기준틀, 즉 자전하는 지구에 대하여 정지 상태에 있는 기준틀로 사용하는 것이 자연스럽다. 뉴턴의 제1법칙에 따르면 우주공간에 대하여 고정된 좌표계에서 등속운동을 하고 있는 물체는 외부의 힘이 가해지지 않는 한 그 운동을 계속한다. 이러한 운동을 관성 운동(inertial motion)이라고 하며 이 고정된 기준틀은 관성 또는 절대 기준틀이다. 그러나 자전하는 지구에 대하여 정지하거나 등속운동을 하고 있는 물체는 우주공간에 대해 고정된 좌표계에 대하여 상대적으로 정지하거나 또는 등속운동을 하고 있는 것은 아니다.

그러므로 지심기준틀은 비관성 기준틀이다. 이러한 틀에서는 좌표의 가속을 고려하는 경우에만 뉴턴의 운동법칙들이 적용될 수 있다. 좌표의 가속 효과를 포함하는 가장 만족스러운 방법은 뉴턴의 제2법칙에 '겉보기' 힘들을 도입하는 것이다. 이러한 겉보기 힘들은 좌표의 가속으로 인하여 일어나는 관성 반작용을 호칭하는 것이다. 등속으로 회전하는 좌표계의 경우, 두 가지 겉보기 힘인 원심력과 전향력이 필요하다.

1.3.1 구심 가속도와 원심력

비관성 틀의 본질적인 관점에서 설명하기 위하여, 질량이 m인 공이 줄에 묶여 반지름이 r인 원을 그리며 일정한 각속도(angular velocity) ω로 회전한다고 하자. 관성 공간에 있는 관측자의 입장에서는 공의 속력은 일정하나 공이 움직이는 방향은 계속해서 변하므로 공의 속도는 일정하지 않다. 그림 1.4에 보인 것처럼 가속도를 계산하기 위하여 각 $\delta\theta$만큼 회전하는 데

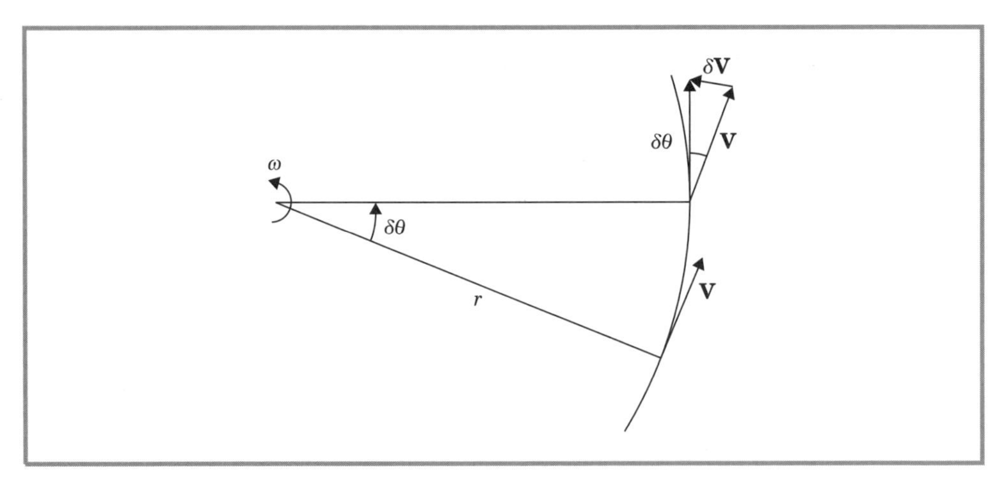

그림 1.4 구심 가속도는 속도 벡터의 방향 변화율이며, 그 가속도는 여기서 δV로 나타낸 것처럼 회전축의 방향으로 향한다.

걸리는 시간인 δt 동안에 일어나는 속력의 변화 $\delta \boldsymbol{V}$를 생각하자. $\delta\theta$는 벡터 $\boldsymbol{V}$와 $\boldsymbol{V}+\delta\boldsymbol{V}$와의 사이각이므로 $\delta \boldsymbol{V}$의 크기는 $|\delta \boldsymbol{V}|=|\boldsymbol{V}|\delta\theta$이다. 만일 δt로 나누고 이 δt를 0으로 극한을 취하면 $\delta \boldsymbol{V}$는 회전축을 향하는 방향이므로

$$\frac{D\boldsymbol{V}}{Dt}=|\boldsymbol{V}|\frac{D\theta}{Dt}\left(-\frac{\boldsymbol{r}}{r}\right)$$

를 얻는다. 그런데 $|\boldsymbol{V}|=\omega r$이며 $D\theta/Dt=\omega$이므로 다음과 같다.

$$\frac{D\boldsymbol{V}}{Dt}=-\omega^2\boldsymbol{r} \tag{1.9}$$

그러므로 고정된 좌표에서 볼 때 이 운동은 속도 제곱에 회전축까지의 거리를 곱한 양의 크기를 갖는, 회전축을 향한 등가속 운동이다. 이러한 가속도를 **구심 가속도**라 부르며, 공을 잡아당기는 줄의 힘이 구심 가속도를 만든다.

이 공과 함께 회전하는 좌표계에서 이 운동을 관측한다고 하자. 회전 좌표계에서 이 공은 정지해 있으나 여전히 이 공에는 작용하는 힘, 즉 줄을 잡아당기는 힘이 있다. 그러므로 뉴턴의 제2법칙을 적용하여 이 회전 좌표계를 기준으로 상대 운동을 나타내기 위해서는 추가적으로 겉보기 힘인 **원심력**을 포함시켜야 하며 이 힘은 공을 잡아당기는 줄의 힘과 정확히 균형을 이룬다. 따라서 원심력은 줄에 영향을 미치는 공의 관성 반작용과 같으며 구심력과 크기는 같고 방향은 반대이다.

요약하면, 고정된 계에서 관측하면 이와 같이 회전하는 공은 줄이 잡아당기는 힘에 의해 등속 구심 가속도를 받는 반면, 이 공과 함께 회전하는 계에서 관측하면 이 공은 정지 상태에 있으며 이 줄에 작용하는 힘은 원심력과 균형을 이룬다.

1.3.2 중력의 재고찰

극점을 제외하고 지구 표면에 정지해 있는 물체는 관성 기준틀에 대하여 상대적으로 정지하거나 일정한 운동 상태에 있는 것은 아니다. 지구 표면에 정지하고 있는 단위질량의 물체는 지구 자전축을 향하는 방향으로 $-\Omega^2\boldsymbol{R}$의 크기로 구심력을 받게 된다. 여기서 $\boldsymbol{R}$은 자전축에서 그 물체까지의 위치 벡터이며 Ω는 $7.292\times10^{-5}\,\mathrm{rads}^{-1}$로 지구자전 각속도[3]이다. 적도와 극점을 제외하고 구심 가속도는 지구의 수평면을 따라 극 방향으로 향하는 성분을 가지고 있기 때문에 (즉 등지오퍼텐셜면을 따라), 구심 가속도의 수평성분을 유지하기 위하여 수평면을 따라 극 방향으로 향하는 순 수평방향의 힘이 있어야 한다.

3) 지구는 지축을 중심으로 항성일(sidereal day)인 23시간 56분 4초(86,164초)마다 한 번씩 회전한다. 따라서 다음과 같다.

$$\Omega=\frac{2\pi}{86,164s}=7.292\times10^{-5}\,\mathrm{rad\,s^{-1}}$$

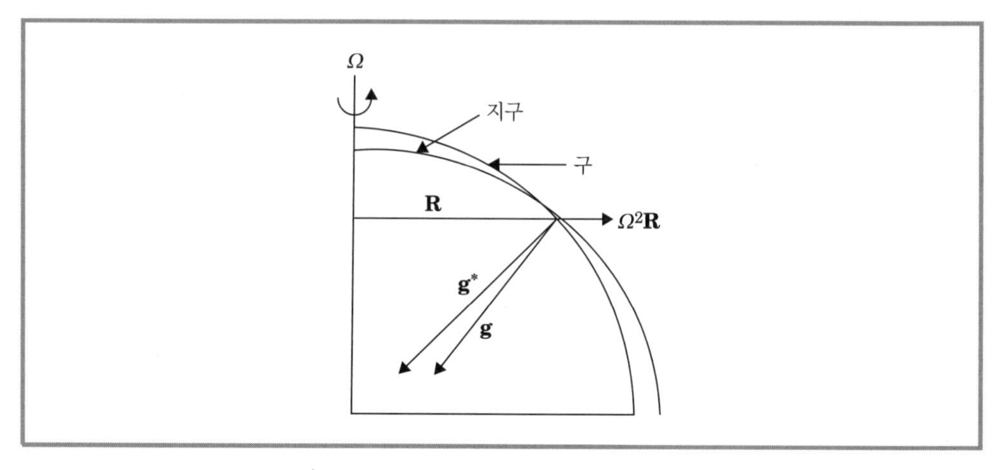

그림 1.5 순수한 만유인력 벡터 $\mathbf{g}^*$와 중력 g와의 관계. 이상적으로 균일한 구형의 지구의 경우, $\mathbf{g}^*$는 지구 중심을 향한다. 실제로 극점과 적도를 제외하고 $\mathbf{g}^*$는 정확하게 지구 중심을 향하지 않는다. 중력 g는 $\mathbf{g}^*$와 원심력의 벡터 합이며 불룩한 회전타원체로 근사되는 지구 수평면에 대하여 연직이다.

이러한 힘이 발생하는 이유는 자전하는 지구를 구가 아니고 불룩한 회전 타원체(spheroid) 형태로 보기 때문이다. 또한 이러한 형태에서는 각 위도에서 지구 표면에 정지하고 있는 물체에 대하여 구심 가속도의 극 방향 성분을 설명하기에 충분할 정도로 등지오퍼텐셜면을 따라 만유인력의 극 방향 성분이 있다. 달리 말하면, 관성 기준틀에 있는 관측자의 입장에서 볼 때 지오퍼텐셜면은 적도 쪽으로 위로 기울어져 있다(그림 1.5를 참조). 결과적으로 지구의 적도 반지름은 극반지름보다 약 21km 정도 길다.

그러나 지구와 함께 자전하는 기준틀의 입장에서 볼 때, 중력의 진짜 힘인 $\mathbf{g}^*$와 원심력 $\Omega^2\boldsymbol{R}$ (이 힘은 구심 가속도의 반작용 힘이다)의 벡터 합에 대한 지오퍼텐셜면은 어느 곳에서나 연직이다. 따라서 자전하는 지구상에서 정지해 있는 물체는 지오퍼텐셜면을 수평면으로 느끼게 된다. 그러한 평면 위에 정지해 있는 질량 m인 물체의 무게는 그 물체에 작용하는 지구의 반작용 힘으로, 그림 1.5에서 나타낸 것처럼 원심력은 부분적으로 만유인력과 균형을 이루기 때문에 극점을 제외하고 만유인력 $m\mathbf{g}^*$보다 약간 작을 것이다. 그러므로 **중력 g**를

$$\mathbf{g} \equiv -g\mathbf{k} \equiv \mathbf{g}^* + \Omega^2\boldsymbol{R} \tag{1.10}$$

로 정의하여 만유인력과 원심력의 효과를 결합하는 것이 편리하다. 여기서 $\mathbf{k}$는 국지적으로 연직방향으로 평행한 단위 벡터를 나타낸다. 종종 '겉보기 중력'이라 호칭되는 중력 g는 여기서 상수로 둘 것이다($g = 9.81\,\mathrm{ms^{-2}}$). 그림 1.5에 나타낸 것처럼 적도와 극점을 제외하고 $\mathbf{g}$는 지구의 중심을 향하지 않고 지오퍼텐셜면에 연직이다. 그러나 진짜 중력 $\mathbf{g}^*$는 지오퍼텐셜면에 연직하지 않고 $\Omega^2\mathbf{R}$의 수평 성분과 균형을 이루기에 충분할 정도로 큰 수평 성분을 가진다.

중력은 위치 함수 Φ의 경도로 나타낼 수 있으며, Φ는 위에서 언급한 지오퍼텐셜이다.

$$\nabla\Phi = -\mathbf{g}$$

그러나 $\mathbf{g} = -g\mathbf{k}$이고 $g \equiv |\mathbf{g}|$이므로 $\Phi = \Phi(z)$이고 $d\Phi/dz = g$임이 명확하다. 따라서 지구에 있는 수평면은 등지오퍼텐셜이다. 만일, dz의 값이 dz' [여기서 dz'은 가(dummy) 적분변수]이 되어, 지오퍼텐셜 값이 해면 고도에서 0이라 고정되면, 고도 z에서 지오퍼텐셜 $\Phi(z)$는 단위 질량을 해면 고도에서 고도 z까지 들어올리는 데 필요한 일이다.

$$\Phi = \int_0^z g dz \tag{1.11}$$

지구 표면이 적도 쪽으로 불룩함에도 불구하고 자전하는 지구 표면 위에 정지해 있는 물체는 '아래쪽인' 극 쪽으로 미끄러지지 않는다. 왜냐하면 위에서 나타낸 것처럼 만유인력의 극 방향 성분은 원심력의 적도 방향 성분과 균형을 이루기 때문이다. 그러나 물체가 지구에 대하여 움직인다면 이러한 균형은 무너질 것이다. 마찰이 없는 물체가 처음에는 극점에 놓여 있다고 생각하자. 그러한 물체는 지구 자전축에 대한 각운동량이 0이다. 만일 그것이 동서방향의 토크(torque) 없이 극점에서 멀리 옮겨진다면, 그것은 회전을 얻지 못하므로 진짜 중력의 수평 성분에 기인하는 복원력을 느끼게 되는데, 앞에서 나타낸 것처럼 그 수평 성분은 지구상에 정지해 있는 물체에 대한 원심력의 수평 성분의 크기와는 같고 방향은 반대이다. 따라서 R을 극에서부터의 거리라고 하면, 조그만 이동에 대한 수평 복원력은 $-\Omega^2 R$이며, 관성 좌표계에서 본 그 물체의 가속도는 아래의 단조화 진동자(simple harmonic oscillator)에 대한 방정식을 만족한다.

$$\frac{d^2R}{dt^2} + \Omega^2 R = 0 \tag{1.12}$$

고정된 좌표계에 있는 관측자에게는 극을 통과하는 직선으로 보이지만, 지구와 함께 자전하는 관측자에게는 반일(1/2 day)에 한 바퀴 회전하는 닫힌 원으로 보이는 경로를 따라 그 물체는 주기 $2\pi/\Omega$의 진동을 하게 된다(그림 1.6). 지구에 있는 관측자의 입장에서 볼 때, 운동방향의 오른쪽으로 일정한 크기로 그 물체를 벗어나게 하는 겉보기 전향력이 있는 것이다.

1.3.3 코리올리 힘과 곡률효과

물체에 작용하는 힘으로 겉보기 힘인 원심력이 포함된다면 지구와 함께 자전하는 좌표에서 표현된 뉴턴의 제2법칙은 지표면에서 정지하고 있는 물체에 대한 힘의 균형을 설명하는 데 사용될 수 있다. 그러나 물체가 지표면을 따라서 움직인다면, 뉴턴의 제2법칙에 추가적으로 겉보기 힘이 더해져야 한다. 전향력은 제2장에서 수학적으로 보다 형식을 갖추어 다루어지고, 여기에서의 목적은 앞 절에서의 원심력 논의를 기반으로 하여 그 효과를 추론해내는 것이다.

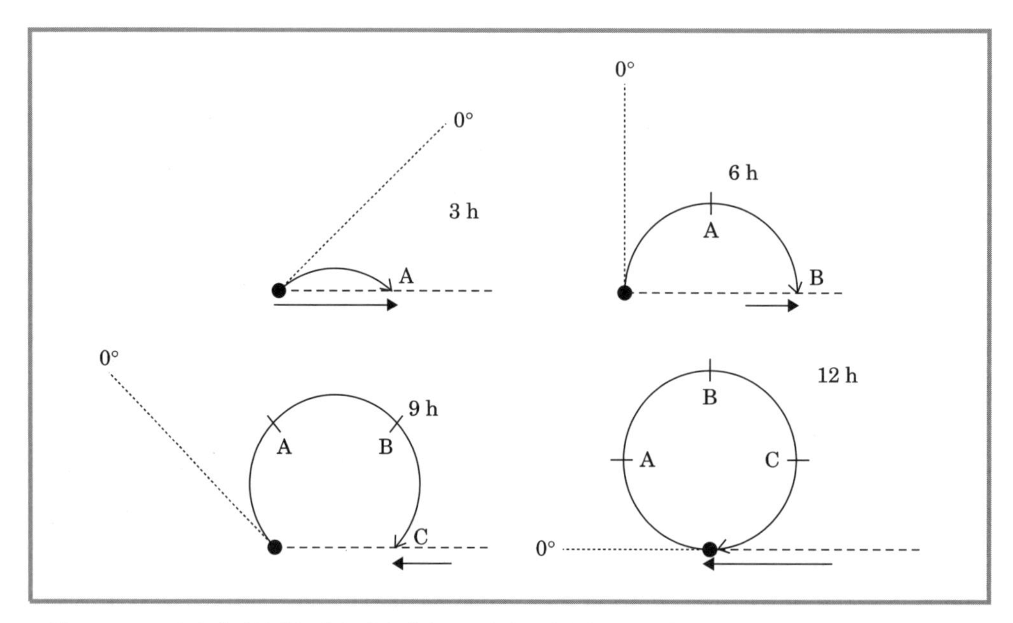

그림 1.6 $t=0$ 에서 0° 남북선을 따라 마찰 없이 북극점에서 발사된 물체의 운동으로, 발사후 3, 6, 9 그리고 12시간 후에 고정 및 회전 기준틀에서 본 것. 수평 점선은 $t=0$ 에서의 0° 남북선이 있었던 위치를 표시하며, 짧은 점선은 3시간 간격으로 고정 기준틀에서의 연속적인 위치를 나타낸다. 수평 화살표는 고정 기준틀에 있는 관측자가 본 3시간 변위 벡터를 나타낸다. 굵은 곡선 화살표는 회전계에 있는 관측자가 본 그 물체의 유적을 나타낸다. 표시 A, B 그리고 C는 회전 좌표에 대해 상대적인 물체의 위치를 3시간 간격으로 나타낸다. 고정 좌표틀에서 그 물체는 만유인력의 수평 성분에 의한 복원력의 영향을 받아 직선을 따라 앞뒤로 진동한다. 완전한 진동주기는 24시간이다(단지 1/2주기만 보임). 그러나 회전 좌표에 있는 관측자에게 그 운동은 일정한 속력을 갖고 있는 것으로 보이며, 12시간에 시계방향으로 완전한 원을 그린다.

각 운동량($\boldsymbol{m}=\boldsymbol{r}\times\boldsymbol{p}$)은 좌표의 원점이 위치 벡터 $\boldsymbol{r}$을 정의하는 일련의 좌표에 대하여 선형 운동량 벡터 $\boldsymbol{p}$가 따르는 회전량을 규정한다. 역학적으로 중요한 각 운동량 벡터의 일부는 지구자전축, $m=\boldsymbol{m}\cos\phi$에 평행하게 놓여 있다는 점에 유의한다. 지금, 동쪽으로 향하는 공기 운동, U와 그리고 지구자전, $R\Omega$($R=r\cos\phi$은 자전축으로부터 공기 덩이까지의 거리)에 의해, 선형운동량 벡터는 동쪽 방향을 가리킨다고 하자(그림 1.7). 만일 동서방향으로 토크가 없다면(즉, 기압 경도력 또는 점성력이 없다면), m은 유체의 흐름을 따라서 보존되어,

$$\frac{Dm}{Dt}=\frac{DR}{Dt}(2R\Omega+u)+R\frac{Du}{Dt}=0 \tag{1.13}$$

결과적으로

$$\frac{Du}{Dt}=-\frac{(2\Omega R+u)}{R}\frac{DR}{Dt} \tag{1.14}$$

그림 1.7은 자전축에 보다 가깝게 공기 덩이를 이동시키는 것은 $\frac{DR}{Dt}<0$이 되어, 각운동량이

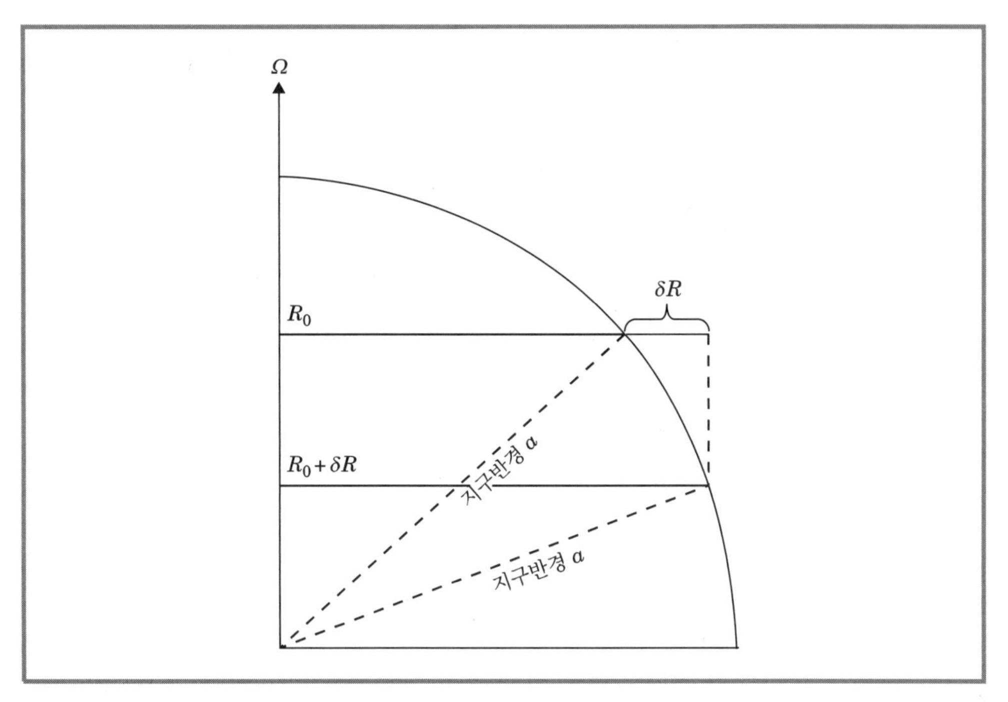

그림 1.7 극 쪽으로 움직이는 경우, 공기 덩이는 자전축에 보다 가깝게 이동하게 되어, 각운동량 보존에 의해 동서풍이 가속된다.

보존되는 동안에 서풍계의 선형운동량을 증가시킴을 보여주는데, 이것은 아이스 스케이트를 타는 사람의 팔이 안쪽으로 모아짐에 따라 빠르게 회전하는 것과 유사하다.

먼저, 식 (1.14)의 오른쪽 항을

$$\frac{DR}{Dt}=\frac{Dr}{Dt}\cos\phi+r\frac{D}{Dt}\cos\phi=w\cos\phi-v\sin\phi \tag{1.15}$$

라고 둠으로써 전개한다. 여기서 v와 w는 각각 북쪽과 연직방향의 속도성분이다. 이러한 관계로 식 (1.14)는

$$\frac{Du}{Dt}=(2\Omega\sin\phi)v-(2\Omega\cos\phi)w-\frac{uw}{r}+\frac{uv}{r}\tan\phi \tag{1.16}$$

가 된다. 식 (1.16)의 오른쪽 첫 두 항은 남북방향과 연직방향의 운동에 의한 전향력의 동서성분이다. 오른쪽의 마지막 두 항은 거리(metric) 항 또는 곡률효과라 불리는데, 그 이유는 이 두 항이 지구표면의 곡률에 의해 나타나기 때문이다. 그리고 r은 크기 때문에 u가 큰 경우를 제외하고는 이 항들은 무시할 정도로 작다.

어떤 강제력에 의해 물체가 동쪽으로 움직인다고 하자. 이 경우, 축 각운동량(axial angular momentum)은 보존되지 않으나, 원심력은 전향력의 남북성분을 출현시키는 데 기여할 것이라

는 것을 다시 고려한다. 그 물체는 지구보다 더 빨리 회전하므로 그것에 작용하는 원심력은 증가할 것이다. 정지 상태에 있는 물체의 경우보다 더 증가한 원심력은

$$\left(\Omega+\frac{u}{R}\right)^2\boldsymbol{R}-\Omega^2\boldsymbol{R}=\frac{2\Omega u\boldsymbol{R}}{R}+\frac{u^2\boldsymbol{R}}{R^2}$$

오른쪽에 있는 항들은 전향력으로 벡터 $\boldsymbol{R}$을 따라 밖으로(즉, 자전축에 연직한 방향으로) 작용한다. 이러한 힘들의 남북방향과 연직방향의 성분들은 그림 1.8에서 보는 것처럼 $\boldsymbol{R}$의 남북방향과 연직성분을 취함으로써

$$\left(\frac{Dv}{Dt}\right)=-2\Omega u\sin\phi-\frac{u^2}{a}\tan\phi \tag{1.17}$$

$$\left(\frac{Dw}{Dt}\right)=2\Omega u\cos\phi+\frac{u^2}{a} \tag{1.18}$$

를 얻는다. 오른쪽의 첫 번째 항들은 각각 동서방향의 운동에 따른 전향력의 남북방향과 연직방향의 성분들이다. 오른쪽의 두 번째 항들은 곡률 효과들이다.

보다 큰 규모의 운동인 경우, 곡률항들은 1차 근사로 무시될 수 있다. 그러므로 상대적인 수평 운동은 운동방향에 연직한 수평방향으로의 가속도를 만들어내며, 아래의 수식으로 나타낸다.

$$\frac{Du}{Dt}=2\Omega v\sin\phi=fv \tag{1.19}$$

$$\frac{Dv}{Dt}=-2\Omega u\sin\phi=-fu \tag{1.20}$$

여기서 $f\equiv 2\Omega\sin\phi$는 코리올리 매개변수이다.

따라서 예를 들면, 수평적으로 동쪽으로 움직이는 물체는 코리올리 힘에 의하여 적도 쪽으로 전향되며, 반면에 서쪽으로 움직이는 물체는 극 쪽으로 전향된다. 어느 경우든 북반구에서는 운동방향의 오른쪽으로 전향되며, 남반구에서는 왼쪽으로 전향된다. 식 (1.18)에 있는 코리올리 힘의 연직성분은 일반적으로 만유인력보다 훨씬 작아 그것의 유일한 영향은 물체가 동쪽으로 또는 서쪽으로 움직이느냐에 따라 물체의 겉보기 무게에 아주 미소한 변화를 주는 것이다.

지구 자전 주기에 비해 대단히 짧은 시간규모를 갖는 운동인 경우, 코리올리 힘은 무시할 만하다(이 장의 끝에 있는 몇 가지 문제에 의해 설명되는 사항). 따라서 코리올리 힘은 개개의 적운에 관한 역학에서는 중요하지 않으나 종관규모계와 같이 보다 긴 시간을 갖는 현상을 이해하기 위해 필수적이다. 장거리 미사일 또는 대포의 유적을 계산할 때에는 코리올리 힘이 고려되어야만 한다.

하나의 예로 북위 43°의 위치에서 탄도탄이 정동 쪽으로 발사된다고 하자(북위 43°에서

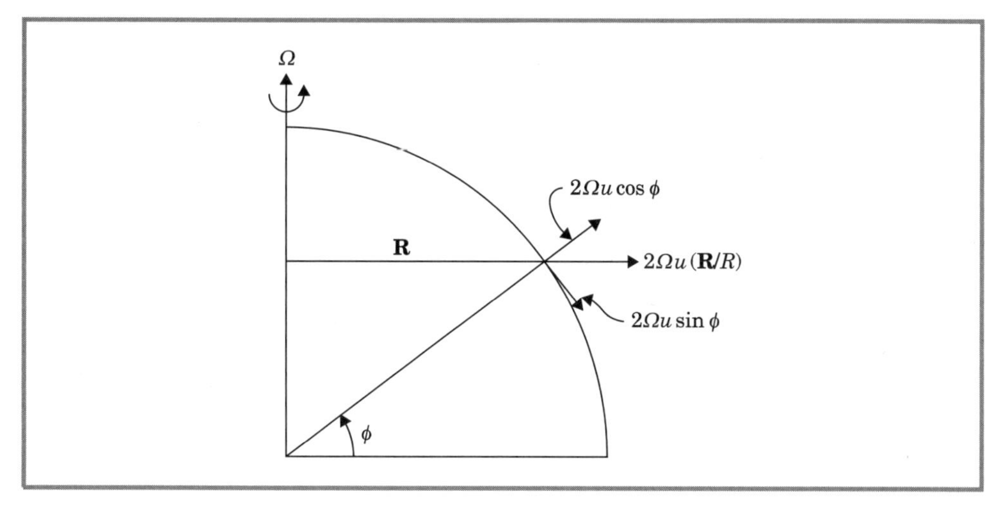

그림 1.8 위도대를 따르는 상대 운동에 기인한 코리올리 힘의 성분들

$f=10^{-4}\,\mathrm{s}^{-1}$). 이 미사일이 수평속도 $u_0=1000\,\mathrm{m\,s}^{-1}$로 1000 km 거리를 날아간 경우, 전향력에 의하여 동쪽 방향으로부터 얼마만큼 벗어나게 될까? 식 (1.20)을 시간에 대하여 적분하면,

$$v=-fu_0t \tag{1.21}$$

를 구하게 되는데 여기서 전향되는 정도가 충분히 작아 $u=u_0$로 하여 상수로 둔다고 가정한다. 남쪽으로 변위된 총거리를 계산하기 위하여 식 (1.21)을 시간에 대하여 적분하여야 한다.

$$\int_0^t v\,dt=\int_{y_0}^{y_0+\delta y}dy=-fu_0\int_0^t t\,dt$$

따라서 변위된 총거리는

$$\delta y=-fu_0t^2/2=-50\,\mathrm{km}$$

이다. 그러므로 이 미사일은 코리올리 효과에 의해 남쪽으로 50 km 정도 전향된다. 이 장의 끝에 있는 몇 가지 문제에서 코리올리 힘에 의한 물체의 전향에 관한 예제가 주어진다.

식 (1.19)와 (1.20)의 x와 y의 성분들은 아래와 같이 벡터 형으로 결합시킬 수 있다.

$$\left(\frac{D\boldsymbol{V}}{Dt}\right)_{C_0}=-f\boldsymbol{k}\times\boldsymbol{V} \tag{1.22}$$

여기서 $\boldsymbol{V}\equiv(u,v)$는 수평속도이며, $\boldsymbol{k}$는 연직 단위 벡터이며 아래첨자 C_0는 오직 코리올리 힘에 의한 가속도를 나타낸다. $-\boldsymbol{k}\times\boldsymbol{V}$는 $\boldsymbol{V}$의 오른쪽으로 90° 회전한 벡터이기 때문에 식 (1.22)는 코리올리 힘의 전향 특성을 뚜렷하게 보여준다. 코리올리 힘은 운동의 속력을 바꿀 수는 없고 다만 운동방향만을 바꿀 수 있다.

1.3.4 일정한 각운동량 진동

처음에 지구상의 점(x_0, y_0)에 정지해 있는 한 물체가 $t=0$일 때 속력 $\mathbf{V}$로 x축을 따라 순간적으로 움직인다고 가정하자. 그러면 식 (1.19)와 (1.20)으로부터 시간에 따른 속도 변화는 $u=V\cos ft$와 $v=-V\sin ft$가 된다. 그러나 $u=Dx/Dt$와 $v=Dy/Dt$이므로 시간에 대하여 적분하면 시간 t에서의 물체의 위치를 나타내는

$$x-x_0=\frac{V}{f}\sin ft \text{와 } y-y_0=\frac{V}{f}(\cos ft-1) \tag{1.23}$$

를 얻는다. 그리고 위도에 따른 f의 변화를 무시하였다. 식 (1.23)은 f가 양수인 북반구에 있는 물체는 점 $(x_0, y_0-V/f)$에서

$$\tau=2\pi R/V=2\pi/f=\pi/(\Omega\sin\phi) \tag{1.24}$$

인 주기를 갖고 시계방향으로 반지름 $R=V/f$ 를 갖는 원의 궤도를 그리며 도는 것을 보여준다.

따라서 중력의 영향하에서 지면에 있는 평형 위치로부터 수평적으로 움직이는 물체는 평형 위치를 중심으로 위도에 의존하여 위도 30°에서는 1 항성일 그리고 극에서는 1/2 항성일 주기로 진동할 것이다. 일정한 각운동량 진동(종종 '관성진동'으로 오해하게 하는)은 흔히 바다에서 관측되나 언뜻 보기에 대기에서는 중요하지 않다.

1.4 정적 대기의 구조

한 점에서의 대기의 열역학 상태는 그 점에서의 기압, 온도 그리고 밀도 값(또는 비부피)에 의하여 결정된다. 이러한 장 변수들은 이상기체에 대한 상태 방정식에 의해 서로 연관되어 있다. p, T, ρ 그리고 $\alpha(\equiv\rho^{-1})$를 각각 기압, 온도, 밀도 그리고 비부피라고 하면, 건조공기에 대한 상태 방정식을

$$p\alpha=RT \text{ 또는 } p=\rho RT \tag{1.25}$$

로 표현할 수 있다. 여기서 $R(=287\,\mathrm{J\,kg^{-1}K^{-1}})$은 건조공기에 대한 기체상수이다.

1.4.1 정역학 방정식

대기운동이 없는 경우, 기압 경도력의 연직 성분은 중력과 정확히 균형을 이루어야 한다. 따라

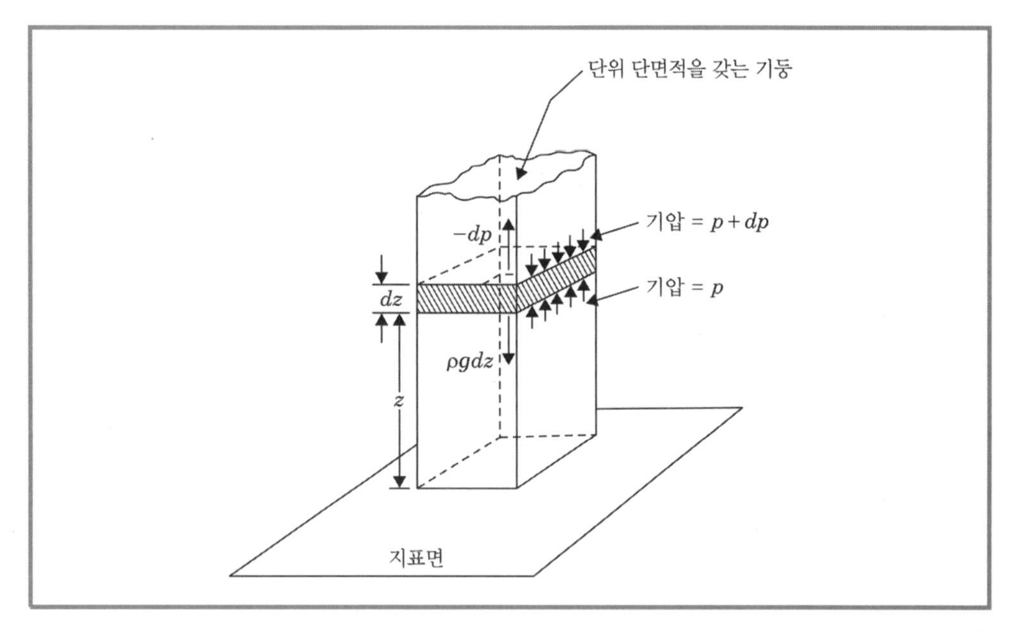

그림 1.9 정역학 평형을 위한 힘의 균형. 작은 화살표는 아래나 위로 향하는 힘을 나타내는데, 이 힘은 빗금친 부분 안에 있는 공기 덩이에 가해지는 기압에 의한 것이다. 이 빗금친 부분 안에 있는 공기에 작용하는 중력에 의하여 야기된 아래 방향으로의 힘은 ρgdz로 주어지며, 반면에 하부면을 가로질러 위로 향하는 힘과 상부면을 가로질러 아래로 향하는 힘과의 차이로 주어지는 순 기압은 $-dp$이다. 기압은 고도에 따라 감소하기 때문에 dp는 음수임에 주의할 것(Wallace and Hobbs, 2006.).

서 그림 1.9에 예시한 것처럼

$$dp/dz = -\rho g \tag{1.26}$$

이러한 정역학 균형 조건에 의하여 실제 대기에서 기압 장이 연직적으로 어떻게 분포되어 있는지를 아주 좋은 근사값으로 구할 수 있다. 스콜선과 토네이도와 같이 격렬한 작은 규모의 계인 경우에서만, 정역학 균형으로부터 벗어난다는 것을 고려할 필요가 있다. 고도 z에서 대기의 꼭대기까지 식 (1.26)을 적분하면,

$$p(z) = \int_z^\infty \rho g dz \tag{1.27}$$

임을 알 수 있어 한 점에서의 기압은 단지 그 점의 위에 있는 공기의 단위 단면 기둥의 무게와 같다. 따라서 평균 해면 기압 $p(0) = 1013.25\,\text{hPa}$은 단순히 제곱미터당 총 대기 기둥의 평균 무게이다.[4] 대부분의 경우 정역학 방정식을 기하학적인 고도보다는 지오퍼텐셜의 항으로 표현하는 것이 실용적이다. 식 (1.11)에서 $d\Phi = gdz$이고 식 (1.25)에서 $\alpha = RT/p$이므로 정역학

4) 계산상의 편의를 위해 평균 지상 기압은 종종 $1000\,\text{hPa}$과 같다고 가정한다.

방정식을

$$gdz = d\Phi = -(RT/p)dp = -RTd\ln p \tag{1.28}$$

로 표현할 수 있다. 따라서 기압에 대한 지오퍼텐셜의 변화는 단지 온도에 의존한다. 식 (1.28)을 연직적으로 적분하면, 측고 공식을 얻는다.

$$\Phi(z_2) - \Phi(z_1) = g_0(Z_2 - Z_1) = R\int_{p_2}^{p_1} Td\ln p \tag{1.29}$$

여기서 $Z \equiv \Phi(z)/g_o$는 **지오퍼텐셜 고도**이며, $g_0 \equiv 9.80665\,\mathrm{ms}^{-2}$은 평균 해면 고도에서의 중력을 전 지구적으로 평균한 것이다. 따라서 대류권과 하부 성층권에서 Z는 수치상으로 기하학적인 고도 z와 거의 같다. 측고 공식을 Z의 항으로 나타내면

$$Z_T \equiv Z_2 - Z_1 = \frac{R}{g_0}\int_{p_2}^{p_1} Td\ln p \tag{1.30}$$

가 되며 여기서 Z_T는 기압면 p_2와 p_1 사이에 있는 대기층의 두께(thickness)이다. 층의 평균 온도를

$$< T \geq \left[\int_{p_2}^{p_1} d\ln p\right]^{-1} \int_{p_2}^{p_1} Td\ln p$$

그리고 그 층의 평균 규모 고도 $H \equiv R < T > /g_0$라 정의하면 식 (1.30)으로부터

$$Z_T = H\ln(p_1/p_2) \tag{1.31}$$

을 얻는다. 따라서 등압면 사이에 있는 층의 두께는 그 층의 평균 온도에 비례한다. 더운 공기층보다 찬 공기층에서 높이 올라감에 따라 기압이 빨리 감소한다. 온도가 T인 등온 대기에서 지오퍼텐셜 고도는 지상 기압으로 표준화된 기압의 자연 대수에 비례함을 식(1.31)로 바로 알 수 있다. 즉,

$$Z = -H\ln(p/p_0) \tag{1.32}$$

여기서, p_0는 $Z=0$에서의 기압이다. 따라서 등온 대기에서 기압은

$$p(Z) = p(0)e^{-Z/H}$$

로 지오퍼텐셜 고도가 증가함에 따라 규모 고도당 e^{-1}의 인수로 지수적으로 감소한다.

1.4.2 연직 좌표로서의 기압

정역학 방정식 (1.26)으로부터 대기의 연직 기둥 하나하나에 대해 기압과 고도 사이에 하나의 값을 가지는 단조로운(monotonic) 관계가 있다는 것이 명백하다. 따라서 기압을 독립적인 연직 좌표로, 고도(또는 지오퍼텐셜)를 종속 변수로 사용한다. 그러면 대기의 열역학 상태는 $\Phi(x, y, p, t)$와 $T(x, y, p, t)$의 장으로 특성이 주어진다.

식 (1.1)로 주어진 기압 경도력의 수평 성분은 편미분 방정식으로 구하며 이때 z를 일정하게 둔다. 그러나 기압이 연직 좌표로 사용되면 수평 미분 계수는 p를 일정하게 두고 계산되어야 한다. 그림 1.10을 이용하여 수평 기압 경도력을 고도 좌표에서 기압 좌표로 변환하여 나타낸다. 단지 x, z 평면을 고려하면, 그림 1.10으로부터

$$\left[\frac{(p_0+\delta p)-p_0}{\delta x}\right]_z=\left[\frac{(p_0+\delta p)-p_0}{\delta z}\right]_x\left(\frac{\delta z}{\delta x}\right)_p$$

임을 볼 수 있으며, 여기서 아래 첨자는 미분을 계산할 때 상수로 유지되는 변수를 나타낸다. 따라서, 예를 들어 $\delta z\rightarrow 0$으로 극한을 취하면

$$\left[\frac{(p_0+\delta p)-p_0}{\delta z}\right]_x\rightarrow\left(-\frac{\partial p}{\partial z}\right)_x$$

여기서 $\delta p>0$인 경우 $\delta z<0$이므로 − 부호를 붙인다. δx와 $\delta z\rightarrow 0$으로 극한을 취하면[5)]

$$\left(\frac{\partial p}{\partial x}\right)_z=-\left(\frac{\partial p}{\partial z}\right)_x\left(\frac{\partial z}{\partial x}\right)_p$$

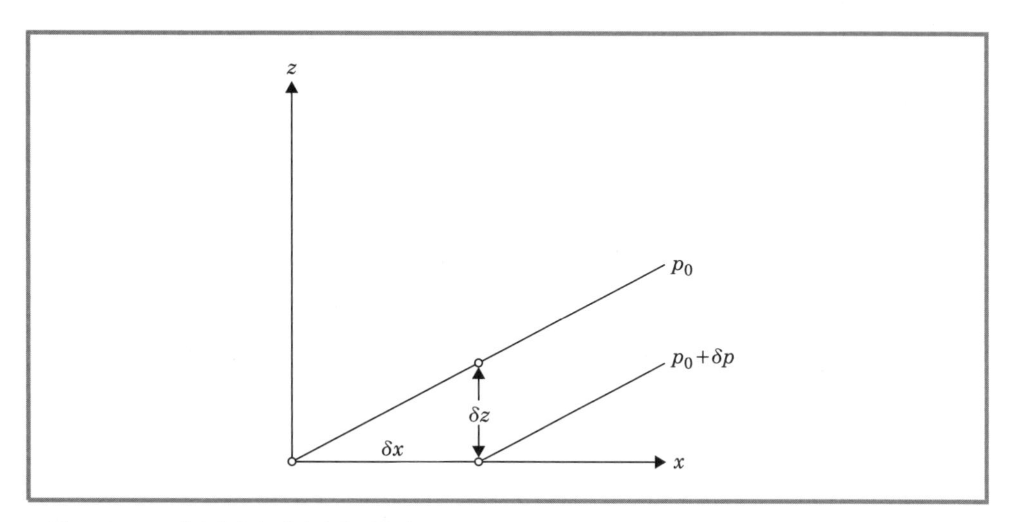

그림 1.10 x, z평면에서의 기압면의 기울기

5) 이 수식의 오른쪽에 − 부호가 있음에 주의할 필요가 있다!

이 식에 정역학 방정식 (1.26)을 이용하여 대치하면,

$$-\frac{1}{\rho}\left(\frac{\partial p}{\partial x}\right)_z = -g\left(\frac{\partial z}{\partial x}\right)_p = -\left(\frac{\partial \Phi}{\partial x}\right)_p \tag{1.33}$$

를 얻는다. 유사하게,

$$-\frac{1}{\rho}\left(\frac{\partial p}{\partial y}\right)_z = -\left(\frac{\partial \Phi}{\partial y}\right)_p \tag{1.34}$$

임을 쉽게 제시할 수 있다. 따라서 등압 좌표계에서 수평 기압 경도력은 등압면에서의 지오퍼텐셜 경도로 측정할 수 있다. 기압 경도력에서 밀도는 외향적으로 더 이상 나타나지 않으므로 이점이 등압계의 뛰어난 장점이다.

1.4.3 일반화된 연직 좌표

하나의 값을 가지는 단조로운 기압 또는 고도의 함수는 독립적인 연직 좌표로 사용된다. 예를 들어, 많은 수치 기상 예보 모델에서는 지표의 기압으로 표준화된 기압[$\sigma \equiv p(x, y, z, t)/p_s(x, y, t)$]을 하나의 연직 좌표로 사용한다. 이렇게 함으로써 공간적으로 그리고 시간적으로 지상 기압이 변하더라도 지표가 하나의 좌표면($\sigma \equiv 1$)이 되게 한다. 따라서 σ-좌표계라 불리는 이 계는 특히 지형의 변화가 심한 지역에서 유용하다.

수평 기압 경도에 대한 일반적인 식을 얻게 되는데, 이 식은 어떠한 연직 좌표 $s = s(x, y, z, t)$에 적용할 수 있는 것으로 고도에 따라 단 하나의 값을 갖는 단조로운 함수이다. 그림 1.11을 참고하면, s가 일정한 면을 따라서 산출한 수평 거리 δx에 대한 기압 차는

$$\frac{p_C - p_A}{\delta x} = \frac{p_C - p_B}{\delta z}\frac{\delta z}{\delta x} + \frac{p_B - p_A}{\delta x}$$

로 z가 일정한 면에서 산출한 기압 차와 연관되어 있다. $\delta x, \delta z \to 0$으로 극한을 취하면

$$\left(\frac{\partial p}{\partial x}\right)_s = \frac{\partial p}{\partial z}\left(\frac{\partial z}{\partial x}\right)_s + \left(\frac{\partial p}{\partial x}\right)_z \tag{1.35}$$

를 얻는다. 등식 $\partial p/\partial z = (\partial s/\partial z)(\partial p/\partial s)$를 사용하여 식 (1.35)를 대치식

$$\left(\frac{\partial p}{\partial x}\right)_s = \left(\frac{\partial p}{\partial x}\right)_z + \frac{\partial s}{\partial z}\left(\frac{\partial z}{\partial x}\right)_s\left(\frac{\partial p}{\partial s}\right) \tag{1.36}$$

으로 나타낼 수 있다. 뒷장에서 역학 방정식들을 몇 개의 다른 연직 좌표로 변환하기 위하여 식 (1.35) 또는 (1.36) 그리고 다른 장에 대한 이와 유사한 식들을 적용할 것이다.

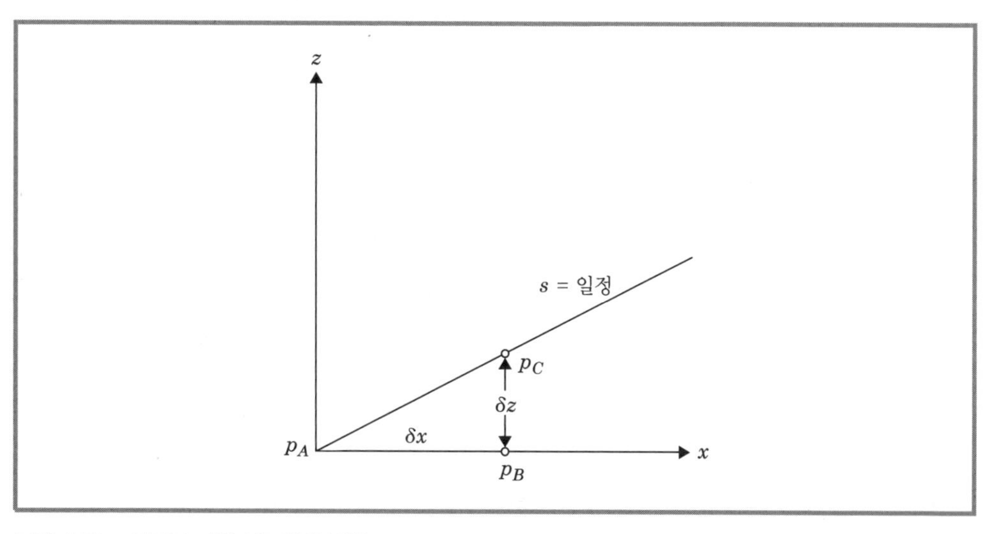

그림 1.11 s좌표로 기압 경도력의 변환

1.5 운동학

운동학(Kinematics)은 임의의 시간 동안에 운동을 변하게 하는 힘에 대한 언급 없이 운동에 관한 분석을 담고 있다. 운동학은 어느 특정한 순간적인 시간에서의 운동을 진단하는데, 그것은 흐름이 시간에 맞춰 점진적으로 변화함에 따라 흐름의 역학을 이해하는 데 있어 유용하다는 것을 입증한다. 운동학에 관한 많은 견해가 있으나, 일반적으로 사람들은 흐름의 구조에 관심이 있으며, 여기서는 수평 흐름만을 고려한다. 흐름 구조를 정량화하기 위한 한 방법은 임의의 점(x_0, y_0) 근처에 있는 흐름 내에서 선형 변동성을 조사하는 것이다. 한 점 근처에 있는 바람에 대한 주요 차수(order) 테일러 근사는 다음 식들과 같다.

$$u(x_0+dx,\ y_0+dy) \approx u(x_0,\ y_0) + \left.\frac{\partial u}{\partial x}\right|_{(x_0,y_0)} dx + \left.\frac{\partial u}{\partial y}\right|_{(x_0,y_0)} dy \tag{1.37a}$$

$$v(x_0+dx,\ y_0+dy) \approx v(x_0,\ y_0) + \left.\frac{\partial v}{\partial x}\right|_{(x_0,y_0)} dx + \left.\frac{\partial v}{\partial y}\right|_{(x_0,y_0)} dy \tag{1.37b}$$

다음과 같이 정의를 하여,

$$\frac{\partial u}{\partial x} + \frac{\partial v}{\partial y} = \delta \tag{1.38a}$$

$$\frac{\partial v}{\partial x} - \frac{\partial u}{\partial y} = \zeta \tag{1.38b}$$

$$\frac{\partial u}{\partial x} - \frac{\partial v}{\partial y} = d_1 \tag{1.38c}$$

$$\frac{\partial v}{\partial x} + \frac{\partial u}{\partial y} = d_2 \tag{1.38d}$$

식 (1.37a, b)안에 있는 미분 항을, 기본 양 δ, ζ, d_1, 그리고 d_2를 활용하여 다음과 같이 바꿀 수 있다.

$$u(x_0 + dx,\ y_0 + dy) \approx u(x_0,\ y_0) + \frac{1}{2}(\delta + d_1)dx + \frac{1}{2}(d_2 - \zeta)dy \tag{1.39a}$$

$$v(x_0 + dx,\ y_0 + dy) \approx v(x_0,\ y_0) + \frac{1}{2}(\zeta + d_2)dx + \frac{1}{2}(\delta - d_1)dy \tag{1.39b}$$

이러한 처리의 이점은 한 점 근처에 있는 바람을 기본적인 유체 성질들의 선형 결합으로 지금 생각할 수 있다는 것이다. 소용돌이도, ζ는 (연직방향에 대한) 순수한 회전을, δ는 순수한 발산을 각각 나타내며, $\delta < 0$은 수렴이라 부른다. 순수한 변형(deformation)은 d_1과 d_2로 나타내며, 바람 장이 수축 또는 한 방향으로 합류하는 곳을 수축축(axis of contraction)이라 부르고, 바람 장이 수직방향으로 늘어나는 곳을 신장축(axis of dilatation)이라 부른다. d_2는 d_1을 45° 도 회전시켜 나타낸 것이므로 독립적인 모습은 아니다. 식 (1.39a, b)에서 주요한 그리고 일정한 항들은 균일한 평행이동(translation)을 나타낸다.

식 (1.39a, b)에 있는 모든 기본 양들 중에서 하나를 제외하고 모두 0으로 설정하면, 하나의 기본 양과 관련된 수평바람의 공간적인 분포를 보이게 한다(그림 1.12). 순수한 변형 패턴은 d_1만을 의미하며, 비록 벡터가 수렴하고 발산하는 것처럼 보이지만 이 장(field)에서 발산은 정확히 0이라는 점에 유의한다. 벡터 장에서의 합류(분류)는 수렴(발산)과 같지 않다는 사실을 보여주는 중요한 하나의 예이다. 각각 따로 떨어져 있는 기본 장들보다 더 복잡한 패턴을 그림으로 설명하는 그림 1.12의 하단 오른쪽 그림은 소용돌이도와 발산의 선형 결합을 보여준다. 한 점에서 기본 변수들을 계산함으로써, 그 점 근처에 있는 흐름의 선형 변동을 (1.39a, b)를 이용하여 보이게 할 수 있다.

이러한 운동학의 형태는 뒷장에서 보다 깊게 탐구할 바람 장의 특정한 성질들의 중요성을 강조한다. 발산은 제2장에서 논의될 질량 보존에 의하여 연직 운동과 연결되어 있다. 소용돌이도는 기상 역학을 이해하는 데 있어 기본적인 것이며, 제3장에서 보다 자세히 다루어질 것이다. 변형은 유체내에서 전선대(frontal zone)로 알려진 수평 온도 차이와 같은 경계를 만들거나 파괴시키는 데 있어 중요하며, 제9장에서 논의될 것이다.

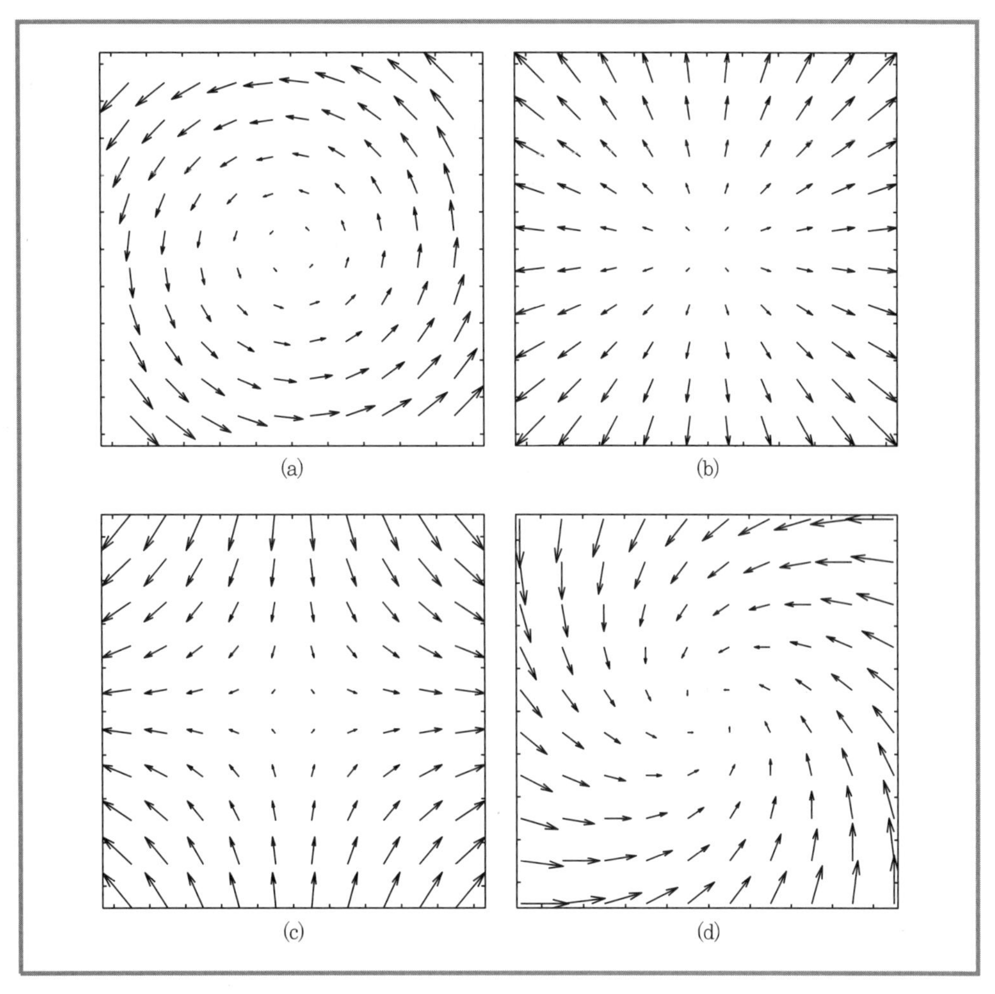

그림 1.12 순수한 소용돌이도(a), 순수한 발산(b), 순수한 변형(c), 그리고 소용돌이도와 수렴의 혼합(d)과 관련된 속도 장들

1.6 규모분석

규모분석 또는 규모화는 특정한 운동 형태에 대한 지배 방정식의 여러 항들의 크기를 추정하기 위한 편리한 기법이다. 규모화 과정에서 다음의 양에 대해 전형적인 기대값들이 지정된다.

1. 장 변수들의 크기
2. 장 변수들의 진동의 진폭
3. 이러한 진동이 일어나는 특성 길이, 깊이, 시간규모

그런데 이러한 전형적인 값들은 지배 방정식의 여러 항들의 크기를 비교하는 데 사용된다. 예를 들어, 전형적인 중위도 종관[6]저기압 내에서, 지상 기압은 수평 거리 1000 km에 걸쳐 10 hPa 정도 변할 것이다. 수평 기압 변화 폭을 $\delta p = 10\,\text{hpa}$ 그리고 $L = 1000\,\text{km}$로 대치함으로써 수평 기압 경도의 크기를 추정하게 되어

$$\left(\frac{\partial p}{\partial x}, \frac{\partial p}{\partial y}\right) \approx \frac{\delta p}{L} = 10\,\text{hPa}/10^3\,\text{km}\,(10^{-3}\,\text{Pa m}^{-1})$$

를 얻는다.

유사한 크기의 기압 변화는 토네이도, 스콜선 그리고 태풍과 같이 큰 차이가 나는 규모를 갖는 다른 운동계에서 일어난다. 따라서 기상학적으로 관심의 대상이 되는 계의 경우, 수평 기압 경도는 서너 차수의 크기 이상으로 변동될 수 있다. 다른 장 변수들을 포함하는 유도항들에 대하여도 이와 유사하게 생각할 수 있다. 그러므로 지배 방정식에서 우세한 항들의 특성은 운동의 수평 규모에 달려 있다. 특히, 수평 규모가 수 km인 운동인 경우, 짧은 시간규모를 갖는 경향이 있어 지구자전과 관련된 항들이 무시되고, 반면에 보다 큰 규모인 경우에 이 항들은 대단히 중요해진다. 대기운동의 특성은 주로 수평 규모에 달려 있기 때문에 운동계를 분류하기 위하여 이 수평 규모를 사용하는 것이 편리하다. 10^{-7}에서 10^7 사이에 있는 수평 규모를 이용하여 다양한 형태의 운동 예들을 분류하여 표 1.4에 실었다. 다양한 형태의 운동계를 모델화하는 데 사용될 지배 방정식들을 간략히 하는 과정에서, 규모화에 관한 논의가 다음 장에서 광범위하게 이루어진다.

| 표 1.4 | 대기운동의 규모

운동의 형태	수평 규모(m)
분자의 평균 자유 행로	10^{-7}
미세한 난류 맴돌이	$10^{-2} \sim 10^{-1}$
작은 맴돌이	$10^{-1} \sim 1$
먼지 회오리	$1 \sim 10$
돌풍	$10 \sim 10^2$
토네이도	10^2
적란운	10^3
전선, 스콜선	$10^4 \sim 10^5$
태풍	10^5
종관 저기압	10^6
행성파	10^7

6) 종관이라는 용어는 동일한 시각에서 넓은 지역에 걸쳐 이루어진 관측값들의 분석을 다루는 기상학의 한 분야를 나타낸다. 이 용어는 일기도에 그려진 요란의 특성 규모를 나타내기 위하여 일반적으로(여기에서처럼) 사용한다.

권장 문헌

자세한 참고문헌 정보는 이 책의 끝에 있는 참고문헌에 실려 있다.

Curry and Webster, *Thermodynamics of Atmospheres and Oceans*, 보다 수준 높은 대기 통계를 논한다.

Durran(1993), 일정한 각운동량 진동을 자세히 논한다.

Wallace and Hobbs, *Atmospheric Science: An Introductory Survey*, 이 장에서 언급한 많은 내용들을 초보적인 수준에서 논의한다.

문제

1.1 위도에 따라 지구 반경이 변화하는 것을 무시하여, 지면에서 만유인력과 중력 벡터 사이의 각을 위도의 함수로 계산하라. 이 각의 최대값은 얼마인가?

1.2 적도면에서 공전하고 있는 인공위성이 동기(synchronous) 위성(즉, 지면의 같은 지점 상공에 그대로 머물 수 있음)이 될 수 있는 고도를 계산하라.

1.3 인공위성이 적도 상공에서 자연 동기 궤도에 놓여 있으며 아래에 있는 지구와 줄로 연결되어 있다. 두 번째 위성은 같은 길이의 줄로 첫 번째와 연결되어 있으며, 같은 각속도로 움직이는 첫 번째 위성의 바로 상부에 있는 궤도에 놓여 있다. 그 줄은 무게가 없다고 가정하여, 위성의 단위 질량당 그 줄의 장력을 계산하라. 추가적인 에너지를 사용하지 않고 이 장력으로 물체들을 궤도에 올려놓을 수 있겠는가?

1.4 굽어진 철로를 따라 $50\,\mathrm{ms}^{-1}$의 속력으로 기차가 부드럽게 달리고 있다. 일련의 저울 위에 서 있는 승객이 자기의 체중이 기차가 정지하였을 때보다도 10% 증가하였음을 지켜보았다. 철로는 커브에서 바깥쪽을 높게 만들어서 그 승객에게 미치는 힘은 기차의 바닥면에 대하여 연직이다. 이 철로의 곡률 반경은 얼마인가?

1.5 만일 야구 선수가 위도 30°에서 공을 4초에 100 m 거리에 도달하도록 던진다고 하면, 지구 자전의 결과로 공은 옆으로 얼마만큼 전향되겠는가?

1.6 북위 43°에서 마찰이 없는 수평면상에 직경이 4 cm인 공 두 개가 100 m 거리에 떨어져 놓여 있다. 만약 그 공들이 갑자기 서로를 향하여 똑같은 속력으로 움직인다면 어느 정도의 속력으로 움직여야만 서로를 겨우 피할 수 있겠는가?

1.7 북위 43°에서 질량이 $2\times10^5\,\mathrm{kg}$인 기차가 $50\,\mathrm{ms}^{-1}$의 속력으로 수평한 직선 철로를 따라 움직인다. 옆으로 향한 힘이 얼마만큼 철도에 작용하는가? 기차가 동쪽으로 그리고 서쪽으로 움직이는 경우, 철로가 가하는 연직방향의 반작용 힘들의 크기를 비교하라.

1.8 적도에서 고도 h에 있는 고정대로부터 물체가 낙하하는 경우 공기의 저항 효과를 무시한 채 수평적인 변위를 계산하라. $h=5\,\mathrm{km}$인 경우 변위의 수치값은 얼마인가?

1.9 위도 ϕ에서 초기 속력 w_0로 총알이 연직으로 발사되었다. 공기의 저항이 없다는 가정하에 이 총알이 지면으로 되돌아 왔을 때 수평적으로 얼마만큼 처음의 위치로부터 떨어져 있겠는가? (연직 운동량 방정식에서 g와 비교하여 $2\Omega u \cos\phi$를 무시한다.)

1.10 질량 $M = 1\text{kg}$인 블록이 무게가 없는 줄의 끝에 매달려 있다. 그 줄의 다른 끝이 수평대에 있는 조그만 구멍을 통과하여 질량 $m = 10\,\text{kg}$인 공에 연결되어 있다. 그 블록의 중량과 균형을 맞추기 위하여 그 구멍으로부터 수평 거리가 1 m 떨어져 있는 공은 어떤 각속도의 크기로 수평대 위에서 회전하여야 하는가? 공이 회전하는 동안에 그 블록이 10 cm 밑으로 끌어당겨졌다. 그 공의 새로운 각속도는 얼마인가? 그 블록을 끌어내리는 데 얼마만큼의 일이 행하여졌는가?

1.11 지구상의 위도 ϕ에 위치한 무마찰 수평면 위에 한 입자가 자유롭게 미끌어질 수 있다. 만일 순간적으로 북쪽으로 향하는 속도가 $t = 0$에서 $v = V_0$로 주어지는 경우, 입자의 경로를 나타내는 방정식을 구하라. 그 입자의 위치를 시간의 함수로 나타내는 해를 구하라(f가 일정할 정도로 남북방향으로의 위치 변동이 충분히 작다고 가정하라).

1.12 온도가 273 K와 250 K로 등온 조건을 가질 경우 1000-~ 500-hPa 두께를 각각 계산하라.

1.13 1000-~ 500-hPa 두께의 등치선이 60 m의 등치선 간격을 사용하여 일기도에 그려졌다. 이에 대응하는 층의 평균 온도 간격은 얼마인가?

1.14 균질 대기(밀도가 고도에 대하여 독립적임)는 하부 경계에서 단지 온도에만 의존하는 유한한 고도를 갖고 있음을 보여라. 지상 온도 T_0는 273 K이고 지상 기압은 1000 hPa인 균질 대기의 고도를 계산하라(이상기체법칙과 정역학 평형을 사용하라).

1.15 앞 문제의 조건을 갖고 고도에 따른 온도의 변화를 계산하라.

1.16 동일한 기온감률 γ(여기서 $\gamma \equiv -dT/dz$)를 갖는 대기인 경우, 기압면 p_1에서 지오퍼텐셜 고도는

$$Z = \frac{T_0}{\gamma}\left[1 - \left(\frac{p_0}{p_1}\right)^{-R\gamma/g}\right]$$

로 주어짐을 보여라. 여기서 T_0와 p_0는 각각 해면 온도와 기압이다.

1.17 $T_0 = 273\,\text{K}$이고 $\gamma = 6.5\,\text{Kkm}^{-1}$로 일정한 기온감률을 갖는 대기에 대하여 1000-~ 500-hPa 두께를 계산하라. 그 결과를 문제 1.12의 결과와 비교하라.

1.18 일정한 기온감률을 갖는 대기에서 고도에 따른 밀도의 변화를 나타내는 수식을 유도하라.

1.19 지상 기압은 일정한 상태를 유지한 채, 일정한 기온감률을 갖는 대기가 고도에 관계없이 δT만큼 온도 변화를 받는다고 할 때, 고도 변화를 기압 변화 δp로 나타내는 수식을 유도하라. 기온감률이 $6.5\,\text{Kkm}^{-1}$, $T_0 = 300$, 그리고 $\delta T = 2\text{K}$인 경우, 어느 고도에서 기압 변화의 크기가 최대가 되는가?

MATLAB 연습

http://textbooks.elsevier.com에 접속하여 이 책의 원서 제목인 An Introduction to Dynamic Meteorology를 검색하면 이 책의 관련 자료실(Companion Material)에서 매트랩 코드(Matlab Code)를 다운로드 할 수 있다.

M1.1 이 문제는 고위도에서 일정한 각운동량 유적에 대한 곡률항의 역할을 조사하는 것이다.

(a) 다음의 초기 조건을 갖고 **coriolis.m** 스크립트를 실행하라. 초기 위도 60°, 초기 속도 $u=0$, $v=40\,\mathrm{ms}^{-1}$, 실행 시간 5일로 하여 곡률항이 포함된 사례와 무시된 사례의 유적의 모습을 비교하라. 여러분이 확인한 차이점을 정성적으로 설명하라. 왜 유적은 교재의 식 (1.15)에 나타낸 것처럼 닫힌 원이 아닌가?

〈힌트〉 tan ϕ에 비례하는 항과 구면 기하학(spherical geometry)의 분리된 효과를 고려하라.

(b) 위도 60°에서 $u=0, v=80\,\mathrm{ms}^{-1}$의 조건을 갖고 **coriolis.m**을 실행하라. 사례 (a)와의 차이점이 무엇인가? 각 사례에 대하여 실행 시간을 변경시키면서, 그 입자가 완전히 회전하는 데 얼마만큼 시간이 소요되는지 살펴보라. 그리고 이것을 $\phi=60°$로 하여 식 (1.16)에서 주어지는 시간과 비교하라.

M1.2 M1.1의 MATLAB 스크립트를 사용하여 위도 43°에서 동쪽으로 그리고 서쪽으로 발사된 탄도탄에 대하여 옆으로 전향되는 크기를 비교하라. 각 탄도탄은 $1000\,\mathrm{ms}^{-1}$의 속도로 $1000\,\mathrm{km}$를 날아간다. 여러분의 결과를 설명하라. 이 경우 곡률항은 무시될 수 있는가?

M1.3 이 문제는 적도 부근에서 일정한 각운동량 유적의 이상한 움직임을 조사하는 것이다. 다음의 대조적인 사례들에 대하여 **coriolis.m** 스크립트를 실행하라. (a) 위도 0.5°, $u=20\,\mathrm{ms}^{-1}$, $v=0$, 실행 시간=20일 그리고 (b) 위도 0.5°, $u=-20\,\mathrm{ms}^{-1}$, $v=0$, 실행 시간=20일로 할 것. 확실히 적도 부근에서 동쪽과 서쪽으로의 움직임은 대단히 다른 형태를 보여준다. 이 두 사례에서 유적이 그렇게 다른 이유를 간략하게 설명하라. 시간 간격을 달리하여 실행함으로써 각 사례의 근사적인 진동 주기(즉, 원래의 위도로 되돌아오는 시간)를 구하라.

M1.4 적도 부근에서의 더욱 이상한 움직임. 초기조건을 위도=0, $u=0$, $v=50\,\mathrm{ms}^{-1}$로 그리고 시간은 5일 또는 10일로 지정하여 **const_ang_mom_traj1.m** 스크립트를 실행하라. 운동은 적도에 대하여 대칭적이며 순 동쪽으로 떠내려감에 유의하라. 입자가 적도에서 초기에 극 방향의 속도를 갖게 되면 왜 동쪽으로 평균적인 변위가 있는가? 50에서 $250\,\mathrm{ms}^{-1}$의 범위 안에서 서로 다른 남북방향의 초기 속도를 가지고 시도해봄으로써 남북방향의 초기 속도에 따라 입자가 도달할 수 있는 최대 위도가 어느 정도 달라지는지를 근사적으로 정하라. 또한, 남북방향의 초기 속도에 따라 순 동쪽으로의 변위가 어떻게 달라지는지를 정하라. 여러분의 결과를 표로 보이거나 MATLAB을 사용하여 그림을 그려라.

제 2 장

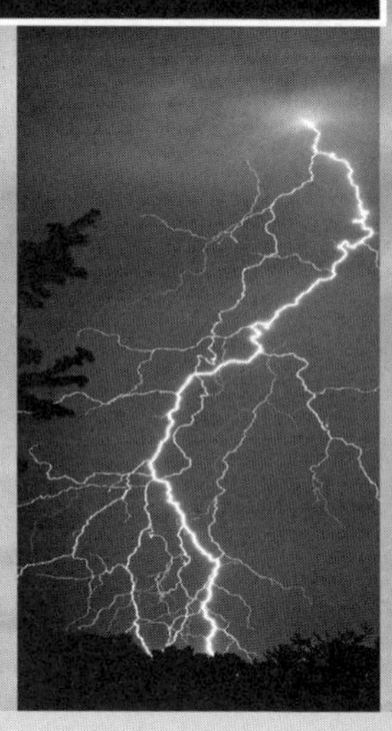

기초 보존법칙

대기운동은 질량 보존법칙, 운동량 보존법칙, 에너지 보존법칙의 세 가지 기본적인 물리법칙에 의해 지배된다. 이러한 법칙을 기술하는 수학적 관계식은 유체의 미소 대조체적(control volume)에 대한 질량, 운동량 그리고 에너지의 수지를 고려함으로써 유도될 수 있다. 유체역학에서는 두 종류의 대조체적이 흔히 사용된다. 오일러 좌표계에서 대조체적은 좌표축에 대하여 고정된 각 변의 길이가 δx, δy, δz인 직육면체로 구성되어 있다. 질량, 운동량, 에너지의 수지는 대조체적의 경계면을 통하여 흐르는 유체의 속(flux)에 의해 결정된다(이러한 유형의 대조체적은 1.2.1소절에서 사용되었다). 라그랑지안 좌표계에서 대조체적은 서로 각각 구별되는 유체입자의 미소질량체로 구성되어 있다. 따라서 대조체적은 유체의 흐름을 따라 움직이며 항상 일정한 유체입자만을 포함하고 있다.

보존법칙들은 유체의 특정 질량요소를 사용하면 가장 간단하게 기술될 수 있기 때문에 라그랑지안 좌표계는 보존법칙을 유도하는 데 특히 유용하다. 그러나 대부분의 문제에 있어서 공간변수들이 x, y, z, t를 독립변수로 가지는 편미분 방정식에 의해 관계지어지기 때문에 그런 문제 해결에 있어서는 오일러 좌표계가 더 편리하다. 한편 라그랑지안계에 있어서는 개개의 유체 덩이에 대한 공간 분포의 시간 진전을 파악하는 것이 필요하다. 따라서 독립변수는 x_0, y_0, z_0, t인데, x_0, y_0, z_0는 어떤 특정 유체 덩이가 기준 시각 t에 지나간 위치를 나타낸다.

2.1 전미분

이 장에서 유도될 보존법칙은 어떤 특정 유체 덩이의 운동에 따른 밀도, 운동량, 열역학 에너지의 변화율에 대한 것을 표현하게 된다. 오일러 좌표계에서 이를 적용하기 위해서는, 유체 운동에 따른 공간 변수의 변화율과 고정점에서의 변화율 사이의 관계를 유도하는 것이 필요하다. 전자는 실질 미분, 전미분 또는 물질 미분이라(D/Dt로 나타내짐) 불리며, 후자는 국지 미분(시간에 대한 편미분을 나타낼 뿐이다)이라 불린다.

전미분과 국지 미분의 관계를 유도하기 위해서는 특정한 공간변수를 예로 들면 편리하다(예를 들면, 온도). 주어진 공기 덩이에 있어서, 위치(x, y, z)는 시간 t의 함수이다. 즉, $x=x(t)$, $y=y(t)$, $z=z(t)$이다. (관찰자가) 이 공기 덩이를 따라 움직인다면, 온도 T는 오직 시간의 함수이고, 변화율은 DT/Dt이다. 전미분과 고정점에서의 국지 변화율의 관계를 찾기 위해서 바람과 함께 움직이는 풍선에 대해 생각해보자. t_0의 시각에 x_0, y_0, z_0점에서 온도를 T_0라 하자. 만일 풍선이 δt의 시간 동안에 $x_0+\delta x$, $y_0+\delta y$, $z_0+\delta z$의 위치로 움직였다고 한다면, 풍선에 기록된 온도변화 δT는 테일러 급수 전개로 나타낼 수 있다.

$$\delta T=\left(\frac{\partial T}{\partial t}\right)\delta t+\left(\frac{\partial T}{\partial x}\right)\delta x+\left(\frac{\partial T}{\partial y}\right)\delta y+\left(\frac{\partial T}{\partial z}\right)\delta z+\text{고차의 미분항}$$

δt로 나누어주고, δT가 풍선의 운동을 따른 온도변화임을 고려하면

$$\frac{DT}{Dt} \equiv \lim_{\delta t \to 0} \frac{\delta T}{\delta t}$$

$\delta t \to 0$의 극한에서,

$$\frac{DT}{Dt} = \frac{\partial T}{\partial t} + \left(\frac{\partial T}{\partial x}\right)\frac{Dx}{Dt} + \left(\frac{\partial T}{\partial y}\right)\frac{Dy}{Dt} + \left(\frac{\partial T}{\partial z}\right)\frac{Dz}{Dt}$$

는 운동을 따른 온도의 변화율이 됨을 알 수 있다. 만일 다음과 같이 나타내면

$$\frac{Dx}{Dt} \equiv u, \frac{Dy}{Dt} \equiv v, \frac{Dz}{Dt} \equiv w$$

u, v, w는 각각 x, y, z 방향의 속도성분이 되며, 아래 식처럼 쓸 수 있다.

$$\frac{DT}{Dt} = \frac{\partial T}{\partial t} + \left(u\frac{\partial T}{\partial x} + v\frac{\partial T}{\partial y} + w\frac{\partial T}{\partial z}\right) \tag{2.1}$$

벡터의 표기를 빌리면, 위 식은 다음과 같이 표현될 수 있다.

$$\frac{\partial T}{\partial t} = \frac{DT}{Dt} - \boldsymbol{U} \cdot \nabla T$$

여기서 $\boldsymbol{U} = iu + jv + kw$는 속도 벡터이다. $-\boldsymbol{U} \cdot \nabla T$는 온도이류라고 불린다. 이것은 공기의 운동에 기인한 국지적 온도변화에 기여한다. 예를 들면, 온도가 낮은 지역으로부터 높은 지역으로 바람이 분다면, $-\boldsymbol{U} \cdot \nabla T$는 음의 값을 갖게 되며(한기이류), 이류항은 국지적 온도변화에 음적으로 기여할 것이다. 따라서, 국지적 온도변화율은 운동 중의 온도변화(공기 덩이의 가열과 냉각)와 이류에 의한 온도변화의 합과 같게 된다.

식 (2.1)에서 주어진 온도에 대한 전미분과 국지 미분의 관계식은 다른 공간변수들에게도 공통적으로 적용된다. 게다가, 전미분은 실제의 바람 장보다는 유체의 운동을 따라서 정의된다.

| 예 | 제 |

예를 들면, 우리는 움직이는 배 위에서 기압계로 측정된 기압변화와 국지적 기압변화의 관계를 구하고자 할 경우가 있다. 지상 기압이 동쪽으로 감에 따라 3 hPa/180 km의 비율로 감소하고 있다. 10 km/h의 속도로 동쪽으로 항해하고 있는 배에서 측정한 결과 1 hPa/3 h의 비율로 기압이 감소하고 있었다. 그렇다면, 배가 통과하고 있는 섬에서의 기압변화는 얼마가 되겠는가?

만일 동쪽으로 향한 방향을 x축으로 설정한다면 섬에서의 국지적 기압변화는

$$\frac{\partial p}{\partial t} = \frac{Dp}{Dt} - u\frac{\partial p}{\partial x}$$

여기서, Dp/Dt 는 배에서 측정한 기압변화이고, u는 배의 속도이다. 따라서,

$$\frac{\partial p}{\partial t}=\frac{-1\,\mathrm{hPa}}{3\,\mathrm{h}}-\left(\frac{10\,\mathrm{km}}{\mathrm{h}}\right)\left(\frac{-3\,\mathrm{hPa}}{180\,\mathrm{km}}\right)=-\frac{1\,\mathrm{hPa}}{6\,\mathrm{h}}$$

가 되어, 섬에서의 기압 감소비율은 움직이는 배에서 측정한 값의 반밖에 되지 않는다.

만일 공간변수의 전미분이 0이면, 그 변수는 운동 중에 보존되는 양이다. 이 경우 국지적 변화는 오로지 이류 효과에 의한 것이다. 나중에 보게 되겠지만, 운동을 따라서 보존되는 공간변수들은 대기역학에 있어서 매우 중요한 역할을 한다.

2.1.1 회전 좌표계에서의 벡터의 전미분

운동량 보존법칙(뉴턴의 제2법칙)은 관성 좌표계에서 운동을 따른 절대 운동량의 변화비율과 유체에 작용하는 여러 힘의 합과의 관계를 나타낸다. 기상학에서는 지구와 함께 회전하는 좌표계에 대한 상대적인 운동을 다루는 것이 바람직하다. 운동량 방정식을 회전 좌표계로 변환하기 위해서는 회전계와 관성계에서의 벡터의 전미분 관계를 나타내는 것이 필요하다.

이러한 관계를 유도하기 위해서, $\boldsymbol{A}$를 관성계의 카테시안 좌표계 성분이

$$\boldsymbol{A}=\boldsymbol{i}'A_x'+\boldsymbol{j}'A_y'+\boldsymbol{k}'A_z'$$

같이 주어지는 임의의 벡터라 하고, 각속도 $\boldsymbol{\Omega}$로 회전하는 회전계에서의 성분은 다음과 같이 쓰여진다고 하자.

$$\boldsymbol{A}=\boldsymbol{i}A_x+\boldsymbol{j}A_y+\boldsymbol{k}A_z$$

$D_a\mathrm{A}/\mathrm{Dt}$ 를 관성계에서의 $\boldsymbol{A}$의 전미분이라 하면, 아래와 같이 쓸 수 있다.

$$\begin{aligned}\frac{D_a\boldsymbol{A}}{Dt}&=\boldsymbol{i}'\frac{DA_x'}{Dt}+\boldsymbol{j}'\frac{DA'_y}{Dt}+\boldsymbol{k}'\frac{DA_z'}{Dt}\\&=\boldsymbol{i}\frac{DA_x}{Dt}+\boldsymbol{j}\frac{DA_y}{Dt}+\boldsymbol{k}\frac{DA_z}{Dt}+\frac{D_a\boldsymbol{i}}{Dt}A_x+\frac{D_a\boldsymbol{j}}{Dt}A_y+\frac{D_a\boldsymbol{k}}{Dt}A_z\end{aligned}$$

위 줄의 처음 세 항은 다음과 같이 결합될 수 있는데,

$$\frac{DA}{Dt}\equiv\boldsymbol{i}\frac{DA_x}{Dt}+\boldsymbol{j}\frac{DA_y}{Dt}+\boldsymbol{k}\frac{DA_z}{Dt}$$

이것은 회전 좌표계에서 본 $\boldsymbol{A}$의 전미분에 해당한다(즉, 상대적인 운동을 따른 $\boldsymbol{A}$의 변화비율).

마지막 세 항은 지구자전으로 인하여 단위 벡터($\boldsymbol{i}$, $\boldsymbol{j}$, $\boldsymbol{k}$)의 방향이 변화하기 때문에 생겨난다. 예를 들면, 동쪽으로 향하는 단위 벡터를 생각해보자.

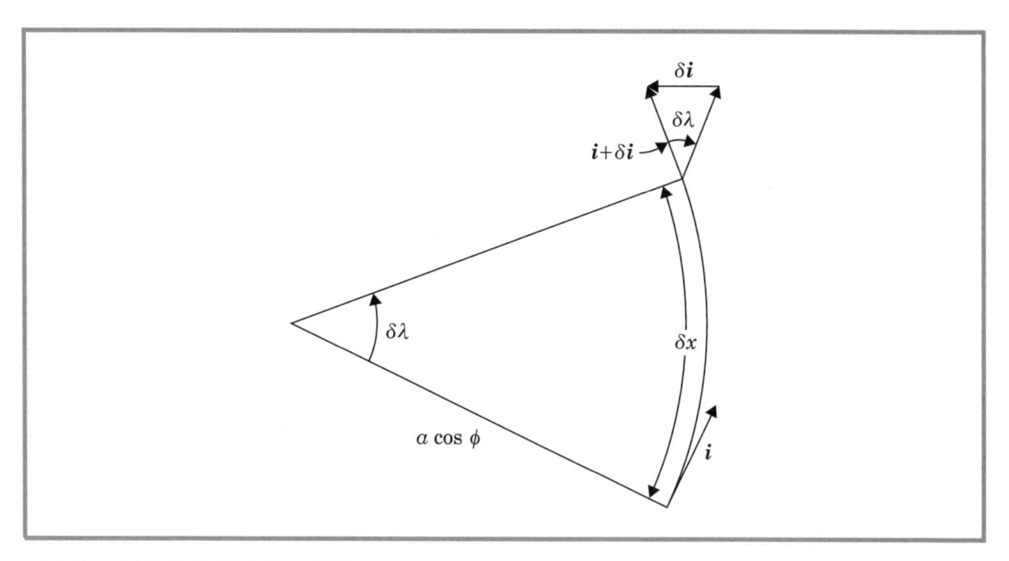

그림 2.1 단위 벡터 i의 경도 의존성

$$\delta \boldsymbol{i} = \frac{\partial \boldsymbol{i}}{\partial \lambda}\delta\lambda + \frac{\partial \boldsymbol{i}}{\partial \phi}\delta\phi + \frac{\partial \boldsymbol{i}}{\partial z}\delta z$$

강체회전의 경우 $\delta\lambda = \Omega\delta t$, $\delta\phi = 0$, $\delta z = 0$이기 때문에 $\delta\boldsymbol{i}/\delta t = (\partial\boldsymbol{i}/\partial\lambda)(\partial\lambda/\delta t)$로 쓸 수 있으며, $\delta t \to 0$의 극한을 취하면 다음과 같이 된다.

$$\frac{D_a \boldsymbol{i}}{Dt} = \Omega \frac{\partial \boldsymbol{i}}{\partial \lambda}$$

한편, 그림 2.1과 그림 2.2로부터, $\boldsymbol{i}$의 동서미분은 아래와 같이 표현된다.

$$\frac{\partial \boldsymbol{i}}{\partial \lambda} = \boldsymbol{j}\sin\phi - \boldsymbol{k}\cos\phi$$

그러나 $\boldsymbol{\Omega} = (0,\ \Omega\cos\phi,\ \Omega\sin\phi)$이므로

$$\frac{D_a \boldsymbol{i}}{Dt} = \Omega(\boldsymbol{j}\sin\phi - \boldsymbol{k}\cos\phi) = \boldsymbol{\Omega} \times \boldsymbol{i}$$

유사한 방법으로, $D_a\boldsymbol{j}/Dt = \boldsymbol{\Omega}\times\boldsymbol{j}$, $D_a\boldsymbol{k}/Dt = \boldsymbol{\Omega}\times\boldsymbol{k}$가 됨을 알 수 있다. 그러므로, 관성계의 벡터의 전미분과 회전계의 전미분은 다음의 관계식으로 나타낼 수 있다.

$$\frac{D_a \boldsymbol{A}}{Dt} = \frac{D\boldsymbol{A}}{Dt} + \boldsymbol{\Omega} \times \boldsymbol{A} \tag{2.2}$$

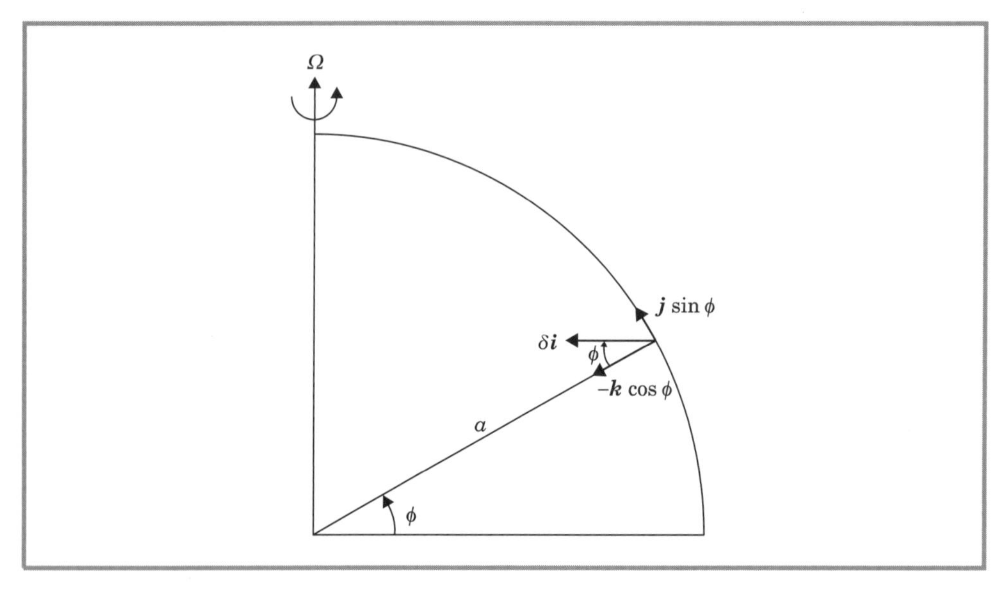

그림 2.2 δi 의 남북 및 연직방향의 성분

2.2 회전계에서의 운동방정식의 벡터 형태

관성계에서 뉴턴의 제2법칙은 다음과 같이 쓰여진다.

$$\frac{D_a \boldsymbol{U}_a}{Dt} = \sum \boldsymbol{F} \tag{2.3}$$

좌변은 관성계에서 흐름을 따르면서 관찰한 절대속도 $\boldsymbol{U}_a$의 변화율을 나타내고, 우변은 단위질량에 작용하는 힘의 합을 나타낸다. 1.3절에서 간단한 물리적 고찰을 통하여, 회전계에서 운동하는 유체는 뉴턴의 제2법칙을 만족하려면 가상적인 힘을 받아야 한다는 것을 알았다. 식 (2.3)도 좌표 변환을 하게 되면 마찬가지의 결과를 얻을 수 있다.

식 (2.3)을 회전 좌표계로 변환하려면, 우선 $\boldsymbol{U}_a$와 회전 좌표계에 상대적인 속도 $\boldsymbol{U}$ 사이의 관계를 파악해야 한다. 이것은 식 (2.2)를 자전하는 지구 위의 공기 덩이 위치 벡터 $\boldsymbol{r}$에 적용함으로써 얻어질 수 있다.

$$\frac{D_a \boldsymbol{r}}{Dt} = \frac{D\boldsymbol{r}}{Dt} + \boldsymbol{\Omega} \times \mathbf{r} \tag{2.4}$$

그런데 $D_a\boldsymbol{r}/Dt \equiv \boldsymbol{U}_a$, $D\boldsymbol{r}/Dt \equiv \boldsymbol{U}$이므로 식 (2.4)는 다음과 같이 쓸 수 있다.

$$\boldsymbol{U}_a = \boldsymbol{U} + \boldsymbol{\Omega} \times \boldsymbol{r} \tag{2.5}$$

이것은 자전하는 지구 위에서의 물체의 절대속도는 지구에 대한 상대속도와 지구자전에 의한 속도의 합이라고 하는 것을 나타낸다.

$\boldsymbol{U}_a$에 식 (2.2)를 적용하면

$$\frac{D_a \boldsymbol{U}_a}{Dt} = \frac{D\boldsymbol{U}_a}{Dt} + \boldsymbol{\Omega} \times \boldsymbol{U}_a \tag{2.6}$$

식 (2.5)를 식 (2.6)의 우변에 대입하면

$$\begin{aligned}\frac{D_a \boldsymbol{U}_a}{Dt} &= \frac{D}{Dt}(\boldsymbol{U} + \boldsymbol{\Omega} \times \boldsymbol{r}) + \boldsymbol{\Omega} \times (\boldsymbol{U} + \boldsymbol{\Omega} \times \boldsymbol{r}) \\ &= \frac{D\boldsymbol{U}}{Dt} + 2\boldsymbol{\Omega} \times \boldsymbol{U} - \Omega^2 \boldsymbol{R}\end{aligned} \tag{2.7}$$

여기서 $\boldsymbol{\Omega}$는 일정한 값을 갖는다고 가정한다. $\boldsymbol{R}$은 자전축에 직각인 벡터를 나타내는데, 크기는 자전축으로부터의 거리가 되고, 벡터 연산법칙을 이용하면 다음과 같이 된다.

$$\boldsymbol{\Omega} \times (\boldsymbol{\Omega} \times \boldsymbol{r}) = \boldsymbol{\Omega} \times (\boldsymbol{\Omega} \times \boldsymbol{R}) = -\Omega^2 \boldsymbol{R}$$

식 (2.7)의 의미는 관성계에서 흐름을 따르면서 느끼는 가속도는, 회전계에 대한 상대적인 흐름을 따르면서 느끼는 가속도에, 회전계에 대한 상대운동에 따른 코리올리 가속도와 좌표계의 회전에 기인한 구심력을 더한 것과 같다는 것을 말한다.

만일 대기운동에 작용하는 힘이 기압 경도력, 중력, 마찰력뿐이라고 한다면, 뉴턴의 제2법칙 식 (2.3)은 식 (2.7)을 이용하여 다음과 같이 쓸 수 있다.

$$\frac{D\boldsymbol{U}}{Dt} = -2\boldsymbol{\Omega} \times \boldsymbol{U} - \frac{1}{\rho}\nabla p + \mathbf{g} + \mathbf{F}_r \tag{2.8}$$

여기서 $\mathbf{F}_r$은 마찰력을 나타낸다(1.2.2소절을 볼 것). 그리고 원심력은 중력 g에 포함시켜 나타내었다(1.3.2소절을 참조할 것). 식 (2.8)은 회전 좌표계에서의 운동에 대한 뉴턴의 제2법칙을 나타낸 것이다. 이 식은 회전계에서의 상대운동에 대한 가속도는 전향력, 기압 경도력, 유효중력, 그리고 마찰력의 합과 같음을 의미한다. 이것은 대기역학에서 다루어지는 대부분의 현상에 사용되는 기본적인 운동방정식이다.

2.3 구좌표계에서의 각 성분에 대한 운동방정식

수치예보와 이론적 분석을 위해서는, 식 (2.8)에 나타낸 벡터 형태의 운동방정식을 스칼라 성분의 운동방정식으로 전개해 줄 필요가 있다. 지구의 형태는 거의 완전한 구형에 가깝기

때문에 기상학에서는 지구 표면이 좌표면이 되도록 식 (2.8)을 구좌표계로 표현하면 매우 편리하다. 좌표축은 (λ, ϕ, z)가 되는데, 여기서 λ는 경도, ϕ는 위도, z는 지구 표면에서 연직상방으로 잰 높이를 나타낸다. $\boldsymbol{i}$, $\boldsymbol{j}$, $\boldsymbol{k}$를 각각 동쪽, 북쪽, 연직 상방을 가리키는 단위 벡터라고 한다면, 상대속도는

$$\boldsymbol{U} \equiv \boldsymbol{i}u + \boldsymbol{j}v + \boldsymbol{k}w$$

가 되며, u, v, w는 각각 다음과 같이 정의된다.

$$u \equiv r\cos\phi\frac{D\lambda}{Dt}, \quad v \equiv r\frac{D\phi}{Dt}, \quad w \equiv \frac{Dz}{Dt} \tag{2.9}$$

여기서 r은 지구 중심까지의 거리를 나타내며, $r = a + z$의 관계가 성립하는데 a는 상수로서 지구의 반지름이다. 관습적으로 식 (2.9)의 r은 a로 대신한다. 이것은 매우 타당한 근사가 되는데 왜냐하면 대기과학의 연구대상이 되는 대기 영역에서는 $z \ll a$가 성립하기 때문이다.

표기상 간편을 위해서, x, y를 각각 $Dx = a\cos\phi D\lambda$, $Dy = aD\phi$로 표현하여 동쪽, 북쪽으로의 거리를 나타내도록 정하는 것이 편리하다. 따라서, 동쪽과 북쪽 방향의 수평속도의 성분은 각각 $u \equiv Dx/Dt$, $v \equiv Dy/Dt$이 된다. 이렇게 정의된 (x, y, z)좌표계는 카테시안 좌표계는 아니다. 왜냐하면 단위 벡터 $\boldsymbol{i}$, $\boldsymbol{j}$, $\boldsymbol{k}$는 일정한 것이 아니고 구면에서의 위도, 경도에 따라 달라지기 때문이다. 이렇게 단위 벡터가 장소에 따라 달라지는 것은 구면에서 가속도 벡터를 각 성분으로 나눌 때 고려되어야 하므로 다음과 같이 쓸 수 있다.

$$\frac{D\boldsymbol{U}}{Dt} = \boldsymbol{i}\frac{Du}{Dt} + \boldsymbol{j}\frac{Dv}{Dt} + \boldsymbol{k}\frac{Dw}{Dt} + u\frac{D\boldsymbol{i}}{Dt} + v\frac{D\boldsymbol{j}}{Dt} + w\frac{D\boldsymbol{k}}{Dt} \tag{2.10}$$

각 성분별 운동방정식을 얻기 위해서는, 우선 운동에 따른 단위 벡터의 변화율을 계산해야 한다. 제일 먼저 $D\boldsymbol{i}/Dt$를 생각해보자. 식 (2.1)에서와 같이 전미분을 전개하고, $\boldsymbol{i}$가 x만의 함수라는 것을 상기하면(즉, 동쪽으로 향하는 벡터는 운동이 가령 남북 또는 연직방향이라 해도 바뀌지 않는다), 다음 식을 얻는다.

$$\frac{D\boldsymbol{i}}{Dt} = u\frac{\partial \boldsymbol{i}}{\partial x}$$

그림 2.1로부터, 삼각형의 닮은꼴을 이용하면,

$$\lim_{\delta x \to 0}\frac{|\delta \boldsymbol{i}|}{\delta x} = \left|\frac{\partial \boldsymbol{i}}{\partial x}\right| = \frac{1}{a\cos\phi}$$

로 쓸 수 있고, $\partial \boldsymbol{i}/\partial x$는 지구의 자전축으로 향하는 벡터임을 알 수 있다. 따라서 그림 2.2에 나타낸 것처럼,

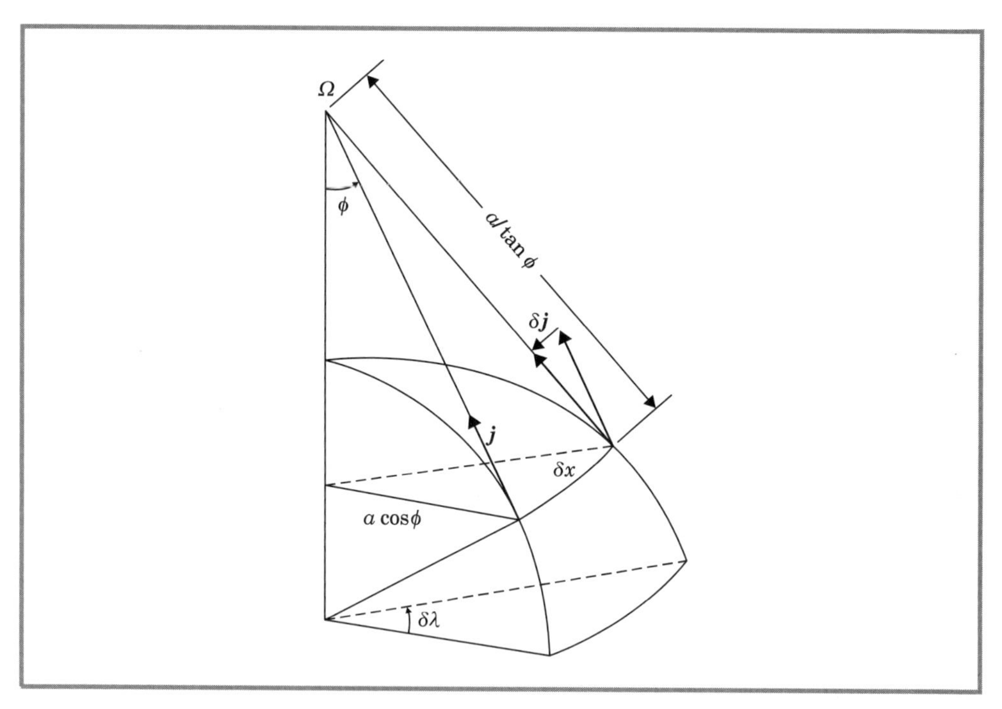

그림 2.3 단위 벡터 j 의 경도 의존성

$$\frac{\partial \boldsymbol{i}}{\partial x} = \frac{1}{a\cos\phi}(\boldsymbol{j}\sin\phi - \boldsymbol{k}\cos\phi)$$

그러므로

$$\frac{D\boldsymbol{i}}{Dt} = \frac{u}{a\cos\phi}(\boldsymbol{j}\sin\phi - \boldsymbol{k}\cos\phi) \tag{2.11}$$

$D\boldsymbol{j}/Dt$ 를 고려해보면 $\boldsymbol{j}$ 는 x와 y의 함수라는 것을 알 수 있다. 따라서 그림 2.3을 참고하면, 동쪽으로의 운동에 대해서는 $|\delta \boldsymbol{j}| = \delta x/(a/\tan\phi)$로 쓸 수 있다. $\partial \boldsymbol{j}/\partial x$ 벡터는 x의 음의 방향으로 향하기 때문에 다음 식을 얻는다.

$$\frac{\partial \boldsymbol{j}}{\partial x} = -\frac{\tan\phi}{a}\boldsymbol{i}$$

그림 2.4로부터 북쪽으로 향한 운동에 대해서는 명백히 $|\delta \boldsymbol{j}| = \delta\phi$가 성립한다. 그러나, $\delta y = a\delta\phi$ 이고 $\delta \boldsymbol{j}$는 연직 하방으로 향하기 때문에

$$\frac{\partial \boldsymbol{j}}{\partial y} = -\frac{\boldsymbol{k}}{a}$$

가 된다. 따라서,

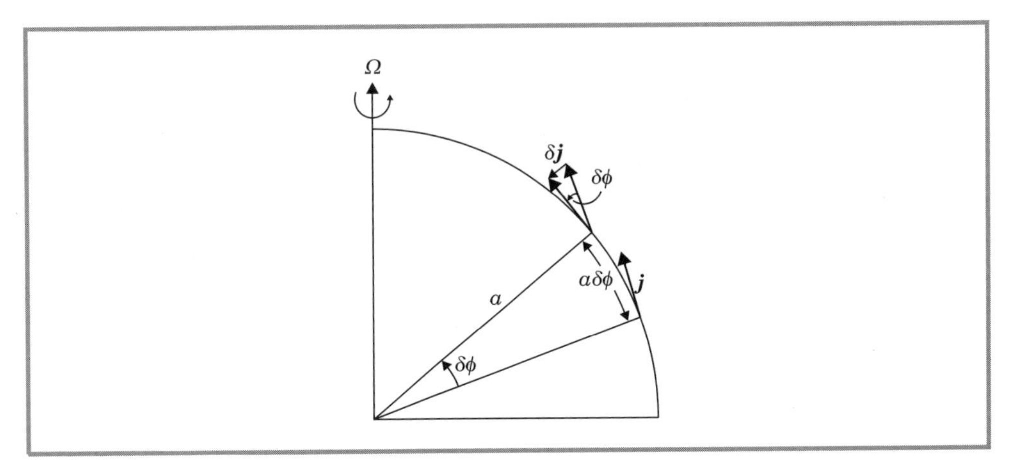

그림 2.4 단위 벡터 j의 위도 의존성

$$\frac{D\boldsymbol{j}}{Dt} = -\frac{u\tan\phi}{a}\boldsymbol{i} - \frac{v}{a}\boldsymbol{k} \tag{2.12}$$

가 된다. 끝으로, 위와 유사한 과정을 거치면 연직 단위 벡터의 변화율에 대한 식이 얻어진다.

$$\frac{D\boldsymbol{k}}{Dt} = \boldsymbol{i}\frac{u}{a} + \boldsymbol{j}\frac{v}{a} \tag{2.13}$$

식 (2.11)~(2.13)을 (2.10)에 대입하여 정리하면, 구좌표계에서 상대적 운동을 따르면서 느끼는 가속도를 다음과 같이 쓸 수 있다.

$$\frac{D\boldsymbol{U}}{Dt} = \left(\frac{Du}{Dt} - \frac{uv\tan\phi}{a} + \frac{uw}{a}\right)\boldsymbol{i} + \left(\frac{Dv}{Dt} + \frac{u^2\tan\phi}{a} + \frac{vw}{a}\right)\boldsymbol{j} + \left(\frac{Dw}{Dt} - \frac{u^2+v^2}{a}\right)\boldsymbol{k} \tag{2.14}$$

다음에 식 (2.8)의 각 힘에 대한 항을 성분별로 표기해보기로 하자. 코리올리 힘의 $\boldsymbol{i}$ 성분은 존재하지 않고, $\boldsymbol{j}$, $\boldsymbol{k}$에 평행한 성분은 각각 $2\Omega\cos\phi$와 $2\Omega\sin\phi$이므로, 벡터의 외적(cross product)연산법을 이용하면

$$-2\boldsymbol{\Omega}\times\boldsymbol{U} = -2\Omega\begin{vmatrix}\boldsymbol{i} & \boldsymbol{j} & \boldsymbol{k}\\ 0 & \cos\phi & \sin\phi\\ u & v & w\end{vmatrix} = -(2\Omega w\cos\phi - 2\Omega v\sin\phi)\boldsymbol{i} - 2\Omega u\sin\phi\boldsymbol{j} + 2\Omega u\cos\phi\boldsymbol{k} \tag{2.15}$$

가 된다. 기압 경도력은

$$\nabla p = \boldsymbol{i}\frac{\partial p}{\partial x} + \boldsymbol{j}\frac{\partial p}{\partial y} + \boldsymbol{k}\frac{\partial p}{\partial z} \tag{2.16}$$

와 같이 표현되고, 중력은

$$\boldsymbol{g} = -g\boldsymbol{k} \tag{2.17}$$

과 같이 표현되는데 g는 양의 값을 갖는(지표면에서 $g \cong 9.8\text{ms}^{-2}$) 스칼라이다. 마지막으로 1.2.2소절로부터

$$\boldsymbol{F_r} = \boldsymbol{i}F_{rx} + \boldsymbol{j}F_{ry} + \boldsymbol{k}F_{rz} \tag{2.18}$$

와 같이 쓸 수 있다.

식 (2.14)~(2.18)을 운동방정식인 식 (2.8)에 대입하고, $\boldsymbol{i}, \boldsymbol{j}, \boldsymbol{k}$ 방향에 대한 식을 각각 모으면,

$$\frac{Du}{Dt} - \frac{uv\tan\phi}{a} + \frac{uw}{a} = -\frac{1}{\rho}\frac{\partial p}{\partial x} + 2\Omega v\sin\phi - 2\Omega w\cos\phi + F_{rx} \tag{2.19}$$

$$\frac{Dv}{Dt} + \frac{u^2\tan\phi}{a} + \frac{vw}{a} = -\frac{1}{\rho}\frac{\partial p}{\partial y} - 2\Omega u\sin\phi + F_{ry} \tag{2.20}$$

$$\frac{Dw}{Dt} - \frac{u^2+v^2}{a} = -\frac{1}{\rho}\frac{\partial p}{\partial z} - g + 2\Omega u\cos\phi + F_{rz} \tag{2.21}$$

과 같이 쓸 수 있는데 각각 동쪽, 북쪽, 연직방향 성분의 운동량 방정식을 나타낸다. $1/a$이 곱해진 항은 곡률항이라 불리는데, 지구가 구형이기 때문에 생긴다.[1] 이들은 비선형(즉, 종속변수에 대한 2차식이다)이기 때문에 이론적 분석을 하는 데 매우 어렵지만 다행스럽게도, 곡률항들은 중위도 지방의 종관규모 운동에 있어서는 그다지 중요하지 않다. 그러나 전미분은 국지미분과 이류항으로 전개될 수 있으므로 식 (2.19)~(2.21)은 곡률항이 무시된다 하더라도 여전히 비선형 미분 방정식으로 남는다.

$$\frac{Du}{Dt} = \frac{\partial u}{\partial t} + u\frac{\partial u}{\partial x} + v\frac{\partial u}{\partial y} + w\frac{\partial u}{\partial z}$$

이러한 전미분의 전개는 Dv/Dt와 Dw/Dt에도 똑같이 적용된다. 일반적으로 이류에 의한 가속도는 국지적 가속도와 비슷한 크기를 갖는다. 비선형 이류항의 존재는 대기역학이 매우 흥미있고 끊임없는 탐구의 대상이 되는 원인 중의 하나이다.

---

1) 여기서처럼 r이 a로 대체될 경우(전통적인 근사), 각운동량을 보존시키기 위해서는 식 (2.19)와 식 (2.21)의 $\cos\phi$에 비례하는 코리올리 항은 무시되어야 한다.

2.4 운동방정식의 규모분석

기상학에서 관심을 갖는 대기운동 중 미분 방정식의 어떤 항이 무시해도 좋을 정도로 작은지를 알아보기 위해서 운동방정식의 스케일링(규모분석)에 대한 기초 개념을 1.6절에서 논한 바 있다. 규모분석에 의거한 일부 항을 제거한다는 것은 단지 미분 방정식을 간략화하는 이점이 있을 뿐만 아니라, 다음 장에서 알 수 있듯이, 경우에 따라서 작은 항의 제거는 불필요한 대기운동을 여과 또는 완전히 제거할 수 있다는 중요한 성질을 가지고 있다. 식 (2.19)~(2.21)에 나타낸 운동방정식의 완전한 형태는 모든 종류와 모든 규모의 대기운동을 총체적으로 기술한다. 예를 들면, 음파도 이 방정식의 타당한 해가 될 수 있다. 그러나, 대기역학에 있어서 음파는 그다지 중요하지 않다. 따라서, 음파에 관련된 항을 무시하거나, 불필요한 대기운동을 여과시킬 수 있다는 것은 매우 큰 이점이 될 것이다.

종관규모의 운동에 있어서 식 (2.19)~(2.21)을 간략화하기 위하여, 중위도 지방 종관계에 대한 관측에 의거하여 다음과 같이 공간변수의 특징적인(대표적, 대략적인) 규모를 정의해 보자.

$U \sim 10\text{m s}^{-1}$	수평 속도 규모
$W \sim 1\text{cm s}^{-1}$	연직 속도 규모
$L \sim 10^6\text{m}$	길이 규모[$\sim 1/(2\pi) \times$ 수평파장]
$H \sim 10^4\text{m}$	깊이 규모
$\delta P/\rho \sim 10^3\text{m}^2\text{ s}^{-2}$	수평 기압변화 규모
$L/U \sim 10^5\text{s}$	시간규모

수평 기압변화 δP는 대류권의 모든 고도에서 타당성을 갖게 하기 위하여, δP와 ρ가 지수함수적으로 감소함에도 불구하고 밀도 ρ로 정규화하였다. $\delta P/\rho$는 지오퍼텐셜과 동일한 단위를 가짐에 유의해야 한다. 식 (1.31)를 참조하면, $\delta P/\rho$의 등고도면에서의 수평 변화폭은 등압면에서의 지오퍼텐셜의 변화폭과 같아야 된다는 것을 분명히 알 수 있다. 여기서의 시간규모는 이류적 시간규모를 나타내는데, 종관규모 운동에서 관측되듯이 대체적으로 수평 바람 속도와 같은 속도로 움직이는 기압계(pressure system)에 대해서 매우 적절하다. 따라서 L/U는 U의 속도로 L의 거리를 이동하는 데 걸리는 시간이며, 이러한 운동에 있어서 실질 미분 연산자는 $D/Dt \sim U/L$로 된다.

여기서 한 가지 언급해두어야 할 것은, 연직 속도는 직접 관측할 수 있는 변수가 아니라는 것이다. 제3장에서 보게 되겠지만, w의 크기는 수평 바람 장으로부터 산출될 수 있다.

이제 주어진 위도에서 식 (2.19)와 식 (2.20)의 종관규모에 관한 각 항의 크기를 추정할 수 있다. 편의상 45°에 중심을 둔 대기 요란을 고려하고, 다음과 같은 표기를 도입하자.

| 표 2.1 | 수평 운동방정식의 규모분석

	A	B	C	D	E	F	G
$x-\text{Eq.}$	$\frac{Du}{Dt}$	$-2\Omega v\sin\phi$	$+2\Omega w\cos\phi$	$+\frac{uw}{a}$	$-\frac{uv\tan\phi}{a}$	$=-\frac{1}{\rho}\frac{\partial p}{\partial x}$	$+F_{rx}$
$y-\text{Eq.}$	$\frac{Dv}{Dt}$	$+2\Omega u\sin\phi$		$+\frac{vw}{a}$	$+\frac{u^2\tan\phi}{a}$	$=-\frac{1}{\rho}\frac{\partial p}{\partial y}$	$+F_{ry}$
규모	U^2/L	f_0U	f_0W	$\frac{UW}{a}$	$\frac{U^2}{a}$	$\frac{\delta P}{\rho L}$	$\frac{\nu U}{H^2}$
(m s^{-2})	10^{-4}	10^{-3}	10^{-6}	10^{-8}	10^{-5}	10^{-3}	10^{-12}

$$f_0 = 2\Omega\sin\phi_0 = 2\Omega\cos\phi_0 \cong 10^{-4}\text{s}^{-1}$$

위에서 제시한 규모분석에 바탕을 두어 식 (2.19)와 식 (2.20)의 각 항의 대체적인 크기를 표 2.1에 제시한다. 분자점성은 너무 작기 때문에 지표 가까운 고도에서의 난류 운동을 제외하고는 모든 운동 규모에 있어서 무시될 수 있는데, 제8장에서 논의되듯이 지표 부근에서는 연직 시어가 상당히 커서 분자점성을 고려해야만 한다.

2.4.1 지균 근사와 지균풍

표 2.1에서 알 수 있듯이, 중위도 종관규모의 운동에 있어서는 코리올리 힘(B항)과 기압 경도력(F항)이 근사적으로 균형을 이루고 있다. 식 (2.19)와 식 (2.20)에서 이 두 항만을 남기게 되면 제1차 근사로서 **지균관계**가 이루어진다.

$$-fv \approx -\frac{1}{\rho}\frac{\partial p}{\partial x},\quad fu \approx -\frac{1}{\rho}\frac{\partial p}{\partial y} \tag{2.22}$$

여기서 $f \equiv 2\Omega\sin\phi$는 **코리올리 매개변수**다. 지균 평형은 대규모 온대 고·저기압계에 있어서 기압 장과 속도 장 사이의 **근사적** 관계를 나타내주는 하나의 진단적 표현이다. 식 (2.22)의 근사식은 시간에 무관하며, 그렇기 때문에 속도 장의 시간 진전을 예측하는 데는 사용될 수 없다. 이런 이유에서 지균 관계는 진단적 관계식으로 불린다.

식 (2.22)로부터 **지균풍**이라 불리는 $\boldsymbol{V}_g \equiv iu_g + jv_g$의 수평속도 장을 정의할 수 있으며, 벡터 형태로 식 (2.22)를 다음과 같이 쓸 수 있다.

$$\boldsymbol{V}_g \equiv \boldsymbol{k} \times \frac{1}{\rho f}\nabla p \tag{2.23}$$

따라서 언제든지 기압분포만 알면 지균풍을 계산할 수 있다. 한 가지 유의해야 할 점은, 식 (2.23)은 항상 지균풍만을 정의할 뿐이다. 지균풍은 적도에서 멀리 떨어진 대규모 운동에 있어서만 실제 바람 장의 근사로서 사용될 수 있다. 표 2.1에서 사용된 운동 규모에 있어서, 지균풍은 중위도 지방에서 실제 바람 장을 대략 10 ~ 15% 정도의 오차를 포함하며 근사하게 된다.

2.4.2 근사적 예보 방정식 : 로스비 수

예보 방정식을 얻기 위해서는 식 (2.19)와 식 (2.20)의 가속도 항(A항)을 남겨두는 것이 필요하다. 결과적으로 근사적인 수평 운동량 방정식은

$$\frac{Du}{Dt} = fv - \frac{1}{\rho}\frac{\partial p}{\partial x} = f(v - v_g) = fv_a \tag{2.24}$$

$$\frac{Dv}{Dt} = -fu - \frac{1}{\rho}\frac{\partial p}{\partial y} = -f(u - u_g) = -fu_a \tag{2.25}$$

가 되는데, 여기서 기압 경도력은 식 (2.23)을 이용하여 지균풍으로 대신하였다. 식 (2.24)와 식 (2.25)에서 가속도 항은 실제 바람과 지균풍과의 차이에 비례하므로 코리올리 힘과 기압 경도력에 비해서 약 한 차수 정도 작은데 이는 앞에서 보여준 규모분석과 일치한다. 식 (2.24)와 (2.25)의 등식 관계에서 실제 바람과 지균풍의 차이를 **비지균풍**으로 정의한다.

진단적 분석에 있어서 수평풍이 거의 지균 평형을 이룬다는 사실은 매우 유용하다. 그러나 이 방정식을 일기 진단에 실제 적용하는 데는 어려움이 있다. 왜냐하면 (정확하게 측정되어야 하는) 가속도는 두 항의 작은 차이에 의해 주어지기 때문이다. 따라서, 속도나 기압 장의 작은 측정 오차는 가속도를 측정할 때 큰 오차를 가져올 수 있다. 이러한 수치 일기예보에 대한 문제는 제13장에서 다룰 것이며, 비지균풍의 크기가 작다는 사실에 근거하여 역학적인 이해를 돕기 위하여 운동방정식을 간략화하는 방법에 대해서는 제6장에서 다룰 것이다.

코리올리 힘에 대한 가속도의 상대적인 크기를 나타내는 편리한 척도는 가속도와 코리올리 힘의 대체적인 규모를 비교함으로써 얻어질 수 있다. $(U^2/L)/(f_0U)$. 이러한 비율은 스웨덴 기상학자 로스비(C. G. Rossby, 1898~1957)의 이름을 따서 **로스비 수**라고 불리는 무차원 수이며 아래와 같이 나타낸다.

$$Ro \equiv U/(f_0L)$$

따라서 로스비 수가 작다는 것은 지균 근사가 타당하다는 것을 나타낸다.

2.4.3 정역학 근사

위에서 다루었던 규모분석을 운동량 방정식 (2.21)의 연직 성분에도 적용할 수 있다. 기압은 지상에서 대류권계면까지 약 한 차수 정도 감소하므로 연직방향의 기압 경도는 P_0/H로 나타낼 수 있는데, P_0는 지상 기압이고 H는 대류권의 높이이다. 식 (2.21)의 모든 항을 종관규모

운동에 대해서 크기를 추정할 수 있는데, 그 결과를 표 2.2에 나타낸다. 수평 운동량 방정식과 마찬가지로, 45°에 중심을 둔 대기운동을 고려하고 마찰은 무시한다. 규모분석 결과는 기압 장이 매우 정확한 근사로 정역학 평형에 있음을 나타낸다. 즉, 어떤 점의 기압은 위에 쌓여 있는 단위 단면적의 공기 기둥의 무게에 불과하다.

그러나 여기서 보여준 규모분석은 좀 잘못된 것이다. 단지 연직 가속도가 g에 비해서 작다는 것을 보여주는 것만으로는 충분하지 않다. 오로지 수평방향으로 변화하는 기압 장 부분만이 직접적으로 수평 바람 장에 관련되어 있으므로, 실질적으로 보여줄 필요가 있는 것은 수평방향으로 변화하는 기압성분 그 자체가 수평방향으로 변화하는 밀도 장과 정역학 평형을 이루고 있다는 것이다. 이를 위해서는 우선 표준기압 $p_0(z)$를 정의할 필요가 있는데, $p_0(z)$는 각 고도에서 수평으로 평균한 기압을 나타낸다. $\rho_0(z)$에 대해서도 마찬가지인데 이는 $p_0(z)$와 정확한 정역학 평형을 이루도록 정의된다.

$$\frac{1}{\rho_0}\frac{dp_0}{dz} \equiv -g \tag{2.26}$$

그러면, 기압과 밀도 장은 다음과 같이 쓸 수 있다.

$$\begin{aligned} p(x, y, z, t) &= p_0(z) + p'(x, y, z, t) \\ \rho(x, y, z, t) &= \rho_0(z) + \rho'(x, y, z, t) \end{aligned} \tag{2.27}$$

여기서 p'과 ρ'은 표준기압과 표준밀도로부터의 편차를 나타낸다. 따라서 정지상태의 대기에 대해서는 p'과 ρ'는 0이 된다. 식 (2.26)과 식 (2.27)의 정의를 사용하고, ρ'/ρ_0가 1 보다 훨씬 작다는 것을 가정하면, $(\rho_0+\rho')^{-1} \cong \rho_0^{-1}(1-\rho'/\rho_0)$이 되고 다음과 같이 나타낼 수 있다.

$$\begin{aligned} -\frac{1}{\rho}\frac{\partial p}{\partial z} - g &= -\frac{1}{(\rho_0+\rho')}\frac{\partial}{\partial z}(p_0+p') - g \\ &\approx \frac{1}{\rho_0}\left[\frac{\rho'}{\rho_0}\frac{dp_0}{dz} - \frac{\partial p'}{\partial z}\right] = -\frac{1}{\rho_0}\left[\rho' g + \frac{\partial p'}{\partial z}\right] \end{aligned} \tag{2.28}$$

종관규모 운동에 있어서, 식 (2.28)의 각 항은 다음과 같은 크기를 갖는다.

$$\frac{1}{\rho_0}\frac{\partial p'}{\partial z} \sim \left[\frac{\delta P}{\rho_0 H}\right] \sim 10^{-1}\text{m s}^{-2}, \quad \frac{\rho' \text{g}}{\rho_0} \sim 10^{-1}\text{m s}^{-2}$$

이 항들을 연직 운동량 방정식의 다른 항들의 크기(표 2.2)와 비교하면, 매우 정확한 근사로서, 섭동 기압 장은 섭동 밀도 장과 정역학 평형을 이루고 있음을 알 수 있다.

$$\frac{\partial p'}{\partial z} + \rho' g = 0 \tag{2.29}$$

| 표 2.2 | 연직 운동방정식의 규모분석

$z-$Eq.	Dw/Dt	$-2\Omega u\cos\phi$	$-(u^2+v^2)/a$	$=-\rho^{-1}\partial p/\partial z$	$-g$	$+F_{rz}$
규모	UW/L	f_0U	U^2/a	$P_0/(\rho H)$	g	νWH^{-2}
ms^{-2}	10^{-7}	10^{-3}	10^{-5}	10	10	10^{-15}

따라서, 종관규모의 운동에 있어서는, 연직 가속도는 무시할 수 있으며 연직 속도는 연직 운동량 방정식으로부터 결정될 수 없다. 그러나 제3장에서 보여주듯이, 간접적으로 연직 운동 속도를 추정하는 것은 가능하다. 더욱이 제6장에서는 오직 기압 장만이 주어졌을 경우에 어떻게 연직 속도를 추정하는지와 그의 역학적인 해석법에 대하여 다룰 것이다.

2.5 연속 방정식

여기서는 기초 보존법칙 3개 중 두 번째인 질량보존에 대해서 알아보자. 유체의 질량보존을 표현하는 수학적 관계식을 연속 방정식이라 하며, 이 절에서는 두 가지 방법으로 연속 방정식을 유도해 본다. 첫째는 오일러적인 대조체적에 의거한 방법이고, 둘째는 라그랑지안 대조체적에 의거한 방법이다.

2.5.1 오일러 방법에 의한 유도

그림 2.5와 같이 카테시안 좌표계에 고정된 작은 체적소 $\delta x\delta y\delta z$를 고려하자. 이와 같이 고정된 대조체적에 있어서, 측면을 통한 질량유입의 순 비율은 체적 속에 축적되는 비율과 같아야 한다. 단위 면적의 좌측면을 통한 질량유입 비율은

$$\left[\rho u-\frac{\partial}{\partial x}(\rho u)\frac{\delta x}{2}\right]$$

그리고 단위 면적의 우측면을 통한 유출비율은

$$\left[\rho u+\frac{\partial}{\partial x}(\rho u)\frac{\delta x}{2}\right]$$

각 측면의 면적은 $\delta y\delta z$이므로, x방향 속도성분에 의하여 체적소로 유입되는 질량의 순 비율은

$$\left[\rho u-\frac{\partial}{\partial x}(\rho u)\frac{\delta x}{2}\right]\delta y\delta z-\left[\rho u+\frac{\partial}{\partial x}(\rho u)\frac{\delta x}{2}\right]\delta y\delta z=-\frac{\partial}{\partial x}(\rho u)\delta x\delta y\delta z$$

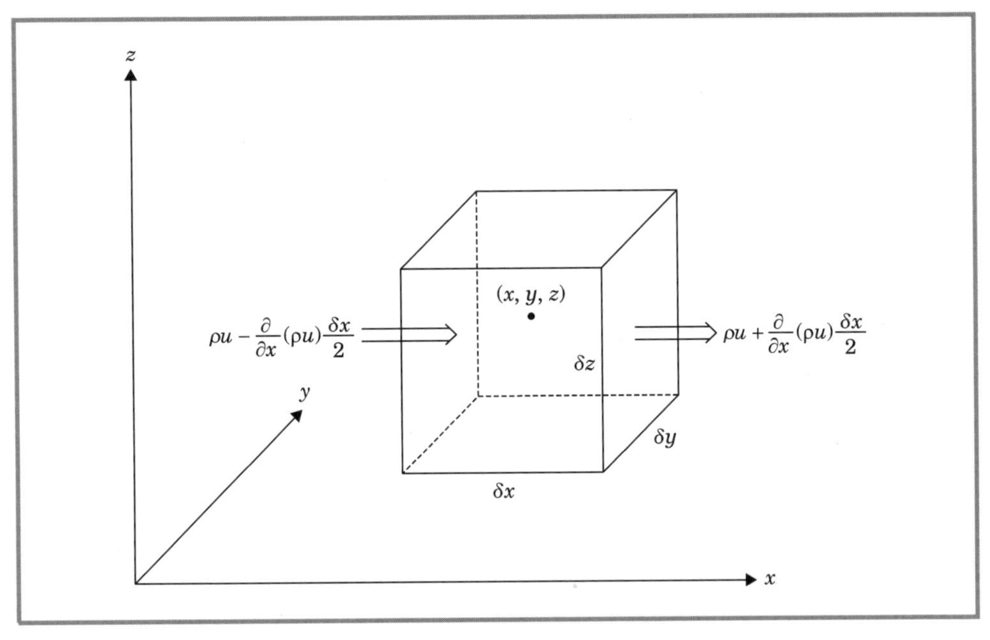

그림 2.5 x축에 평행한 흐름에 의한 고정된 (오일러) 대조체적으로의 질량유입

y, z 방향에 대해서도 비슷한 표현이 가능하다. 따라서 질량유입의 순 비율은

$$-\left[\frac{\partial}{\partial x}(\rho u)+\frac{\partial}{\partial y}(\rho v)+\frac{\partial}{\partial z}(\rho w)\right]\delta x\delta y\delta z$$

이며, 단위 체적당 질량유입은 바로 $-\nabla\cdot(\rho\boldsymbol{U})$인데, 이것은 단위 체적당 질량 증가 비율과 같아야 한다. 단위 체적당 질량 증가는 바로 국지적 밀도의 변화 $\partial\rho/\partial t$가 된다. 따라서

$$\frac{\partial\rho}{\partial t}+\nabla\cdot(\rho\boldsymbol{U})=0 \tag{2.30}$$

식 (2.30)은 연속 방정식의 질량발산 형태이다.

연속 방정식의 또 다른 형태는 다음의 벡터 연산법의 적용

$$\nabla\cdot(\rho\boldsymbol{U})\equiv\rho\nabla\cdot\boldsymbol{U}+\boldsymbol{U}\cdot\nabla\rho$$

와 전미분의 전개

$$\frac{D}{Dt}\equiv\frac{\partial}{\partial t}+\boldsymbol{U}\cdot\nabla$$

에 의하여 얻어질 수 있다.

$$\frac{1}{\rho}\frac{D\rho}{Dt}+\nabla\cdot\boldsymbol{U}=0 \tag{2.31}$$

식 (2.31)은 연속 방정식의 속도발산 형태이다. 이 식은 유체의 운동을 따라서 잰 밀도 증가비율은 속도의 수렴(발산과 같으나 부호만 다름)과 같음을 나타낸다. 이 식은 식 (2.30)과 분명히 구별이 되는데, 그 식은 밀도의 국지적 변화비율은 질량의 수렴과 같다는 것을 나타낸다.

2.5.2 라그랑지안적 방법에 의한 유도

발산의 물리적 의미는 식 (2.31)을 또 다른 방법에 의해 유도함으로써 보여줄 수도 있다. 유체와 함께 움직이는 일정한 질량 δM을 가진 대조체적에 주목하자. $\delta V=\delta x\delta y\delta z$라 하면, $\delta M=\rho\delta V=\rho\delta x\delta y\delta z$은 유체의 흐름을 따라서 보존되기 때문에 다음과 같이 쓸 수 있다.

$$\frac{1}{\delta M}\frac{D}{Dt}(\delta M)=\frac{1}{\rho\partial V}\frac{D}{Dt}(\rho\delta V)=\frac{1}{\rho}\frac{D\rho}{Dt}+\frac{1}{\delta V}\frac{D}{Dt}(\delta V)=0 \tag{2.32}$$

여기서, 마지막 항은 아래와 같이 나타낼 수 있다.

$$\frac{1}{\delta V}\frac{D}{Dt}(\delta V)=\frac{1}{\delta x}\frac{D}{Dt}(\delta x)+\frac{1}{\delta y}\frac{D}{Dt}(\delta y)+\frac{1}{\delta z}\frac{D}{Dt}(\delta z)$$

그림 2.6을 참조하면 y, z평면에서 대조체적의 각 면(A, B로 표시됨)은 유체와 함께 x방향으로 각각 $u_A=Dx/Dt$와 $u_B=D(x+\delta x)/Dt$의 속도로 이류한다. 따라서 두 면의 속도의 차이는 $\delta u=u_B-u_A=D(x+\delta x)/Dt-Dx/Dt$, 즉 $\delta u=D(\delta x)/Dt$가 된다. 마찬가지로, $\delta v=D(\delta y)/Dt$ 그리고 $\delta w=D(\delta z)/Dt$가 된다. 따라서,

$$\lim_{\delta x,\,\delta y,\,\delta z\to 0}\left[\frac{1}{\delta V}\frac{D}{Dt}(\delta V)\right]=\frac{\partial u}{\partial x}+\frac{\partial v}{\partial y}+\frac{\partial w}{\partial z}=\nabla\cdot\boldsymbol{U}$$

가 되어 $\delta V\to 0$의 극한값을 취하면 식 (2.32)는 식 (2.31)의 연속 방정식이 된다. 3차원 속도장의 발산은 $\delta V\to 0$의 극한에서 유체 덩이의 체적 변화율과 같게 된다.

독자들에게 한 가지 문제를 남겨두고자 하는데, 수평속도 장의 발산은 $\delta A\to 0$의 극한에서 유체 덩이의 수평면적 δA의 변화율과 같다는 것을 보여라.

2.5.3 연속 방정식의 규모분석

2.4.3소절에서 발전시킨 방법을 따르고, $|\rho'/\rho_0|\ll 1$을 가정하면 연속 방정식 (2.31)을 다음과 같이 쓸 수 있다.

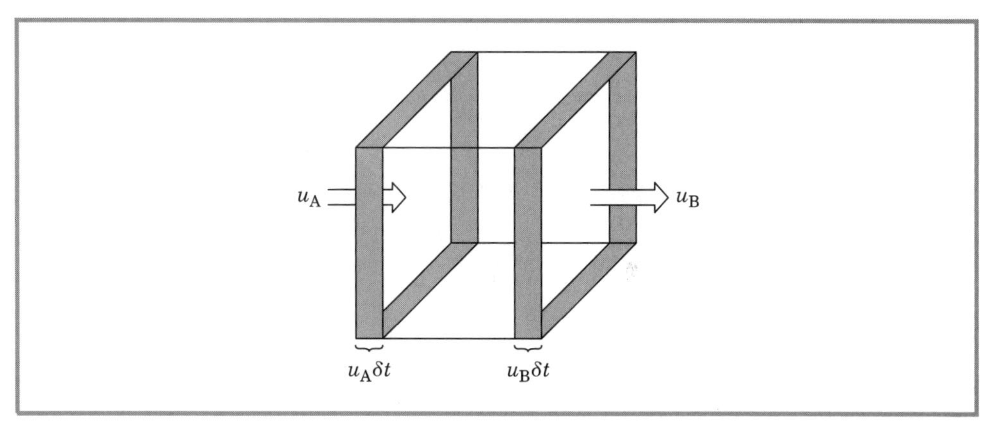

그림 2.6 x축에 평행한 흐름에 의한 라그랑지안 대조체적의 변화(음영으로 표시)

$$\underbrace{\frac{1}{\rho_0}\left(\frac{\partial \rho'}{\partial t}+\boldsymbol{U}\cdot\nabla\rho'\right)}_{A}+\underbrace{\frac{w}{\rho_0}\frac{d\rho_0}{dz}}_{B}+\underbrace{\nabla\cdot\boldsymbol{U}}_{C}\approx 0 \tag{2.33}$$

여기서 ρ'은 수평 평균한 $\rho_0(z)$로부터의 밀도의 편차를 의미한다. 종관규모의 운동에 있어서 $\rho'/\rho_0 \sim 10^{-2}$, 따라서 2.4절에서 주어진 대표적 규모를 사용하면, A항의 크기가 다음과 같이 됨을 알 수 있다.

$$\frac{1}{\rho_0}\left(\frac{\partial \rho'}{\partial t}+\boldsymbol{U}\cdot\nabla\rho'\right)\sim\frac{\rho'}{\rho_0}\frac{U}{L}\approx 10^{-7}\mathrm{s}^{-1}$$

연직 운동 규모 H가 밀도 규모 고도(scale height)와 비슷한 운동에 있어서는, $d\ln\rho_0/dz\sim H^{-1}$, 따라서 B항은

$$\frac{w}{\rho_0}\frac{d\rho_0}{dz}\sim\frac{W}{H}\approx 10^{-6}\mathrm{s}^{-1}$$

와 같은 규모를 갖는다. C항을 카테시안 좌표계에서 전개하면,

$$\nabla\cdot\boldsymbol{U}=\frac{\partial u}{\partial x}+\frac{\partial v}{\partial y}+\frac{\partial w}{\partial z}$$

이 된다. 종관규모 운동에 있어서 $\partial u/\partial x$와 $\partial v/\partial y$는 서로 비슷한 크기를 가지나 반대 부호를 갖는 경향이 있다. 따라서 이들은 서로 균형을 이루어서

$$\left(\frac{\partial u}{\partial x}+\frac{\partial v}{\partial y}\right)\sim 10^{-1}\frac{U}{L}\approx 10^{-6}\mathrm{s}^{-1}$$

이 되며, 또한

$$\frac{\partial w}{\partial z} \sim \frac{W}{H} \approx 10^{-6}\ \mathrm{s}^{-1}$$

따라서 B와 C항은 A항보다 한 차수 크다. 그리고 제1차적 근사로서 B항과 C항은 연속 방정식에서 균형을 이루고 있다. 따라서, 매우 타당한 근사로서

$$\frac{\partial u}{\partial x}+\frac{\partial v}{\partial y}+\frac{\partial w}{\partial z}+w\frac{d}{dz}(\ln\rho_0)=0,$$

또는 벡터 형태로 표현하면

$$\nabla \cdot (\rho_0 \boldsymbol{U}) = 0. \tag{2.34}$$

따라서 종관규모의 운동에 있어서 기본 상태의 밀도 ρ_0를 사용하여 계산된 질량속은 비발산적이다. 이 근사는 비압축성이라고 하는 근사와 비슷한데, 이는 유체역학에서 종종 사용된다. 그러나 비압축성의 유체는 유체운동을 따라서 밀도가 일정하다.

$$\frac{D\rho}{Dt} = 0$$

따라서 식 (2.31)에 의해 비압축성 유체에 있어서 속도의 발산은 0이 되는데($\nabla \cdot \boldsymbol{U} = 0$), 이것은 식 (2.34)와는 다르다. 식 (2.34)의 근사는 순수한 2차원적(수평적)운동에 있어서 대기는 마치 비압축성 유체인 것처럼 취급될 수 있음을 보여준다. 그러나 연직 운동이 존재할 경우에는, ρ_0의 연직고도 의존성에 관련된 압축성이 고려되어야만 한다.

2.6 열역학적 에너지 방정식

이제 세 번째의 기본 보존법칙인 운동하는 유체에 적용되는 에너지 보존법칙을 살펴보기로 하자. 열역학 제1법칙은 일반적으로 열역학 평형에 있는 계, 즉 초기에 정지해 있다가 주변(계를 둘러싼 환경)과 열을 교환하거나 주변에 일을 한 다음 다시 정지상태로 돌아가는 계를 고려함으로써 유도할 수 있다. 이러한 계에 대해서 열역학 제1법칙은 "계의 내부 에너지 변화는 계에 가해진 열과 계가 주변에 한 일의 차이와 같다"는 것을 말한다. 유체의 특정 질량으로 구성된 라그랑지안 대조체적은 열역학적계로 간주될 수 있다. 그러나 유체가 정지하고 있지 않으면 열역학적 평형을 유지할 수 없다. 그럼에도 불구하고, 열역학 제1법칙은 여전히 적용될 수 있다.

이것이 사실임을 보여주기 위하여, 대조체적의 총열역학적 에너지는 내부 에너지(각 분자의

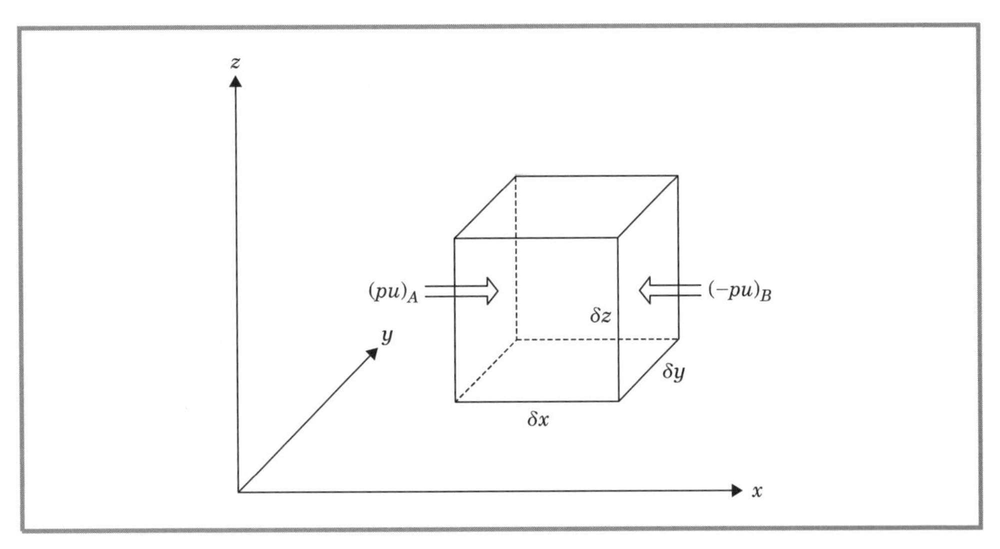

그림 2.7 x방향 성분의 기압에 의한 유체요소에 작용하는 일률

운동 에너지)와 유체의 미시적 운동에 의한 운동 에너지의 합으로 구성될 수 있다는 것을 언급해둔다. 총열역학적 에너지의 변화율은 비단열적 가열률과 외력에 의해서 유체에 가해지는 일률의 합과 같다.

만일 e가 단위 질량당 내부 에너지를 나타낸다고 하면, 밀도 ρ, 체적 δV인 라그랑지안 유체요소에 포함되어 있는 총열역학적 에너지는 $\rho[e+(1/2)\boldsymbol{U}\cdot\boldsymbol{U}]\delta V$이다. 유체요소에 작용하는 외력은 기압과 마찰 같은 표면력과 중력이나 코리올리 힘 같은 체력으로 나누어질 수 있다. x방향 성분의 기압에 의해 유체요소에 가해진 일률은 그림 2.7에 예시되어 있다. 기압이 단위 면적당 작용하는 힘이라고 하는 것과, 힘이 하는 일의 비율은 힘과 속도 벡터의 내적으로 표현된다는 것을 상기하면, 주위 유체가 기압을 통하여 y, z평면의 양 경계면에 가하는 일률은 다음과 같이 주어진다.

$$(pu)_A\,\delta y\,\delta z-(pu)_B\delta y\,\delta z(pu)$$

(두 번째 항 앞의 음의 부호는, B면을 통하는 u가 음이면 유체요소에게 가해진 일이 양이 되기 때문이다.) 테일러 시리즈 전개를 이용하면,

$$(pu)_B=(pu)_A+\left[\frac{\partial}{\partial x}(pu)\right]_A\delta x+\ \cdots$$

따라서 x성분의 운동에 의해 기압이 하는 일의 순 비율은

$$[(pu)_A-(pu)_B]\delta y\delta z=-\left[\frac{\partial}{\partial x}(pu)\right]_A\delta V$$

여기서 $\delta V = \delta x\, \delta y\, \delta z$.

유사한 과정을 거치면, y와 z성분의 운동에 의하여 기압이 하는 일의 순 비율은 다음과 같이 됨을 알 수 있다.

$$-\left[\frac{\partial}{\partial y}(pv)\right]\delta V \text{와 } -\left[\frac{\partial}{\partial z}(pw)\right]\delta V$$

그러므로, 기압에 의해 가해지는 일의 총비율은

$$-\nabla \cdot (p\boldsymbol{U})\delta V$$

공기에 작용하는 기상학적으로 중요한 체력(body force)은 코리올리 힘과 중력뿐이다. 그러나 코리올리 힘 $-2\boldsymbol{\Omega}\times\boldsymbol{U}$은 속도 벡터에 직각으로 작용하기 때문에 '일'을 할 수 없으므로 체력이 질량요소에게 가하는 일의 비율은 바로 $\rho\boldsymbol{g}\cdot\boldsymbol{U}\delta V$가 된다.

라그랑지안 대조체적에 에너지 보존법칙을 적용하면(분자점성을 무시)

$$\frac{D}{Dt}\left[\rho\left(e+\frac{1}{2}\boldsymbol{U}\cdot\boldsymbol{U}\right)\delta V\right] = -\nabla\cdot(p\boldsymbol{U})\delta V + \rho\boldsymbol{g}\cdot\boldsymbol{U}\delta V + \rho J\delta V \tag{2.35}$$

을 얻는다. 여기서 J는 복사, 열전도, 잠열 방출량에 의한 단위 질량당의 가열률을 나타낸다. 미분의 연쇄 법칙을 이용하면, 식 (2.35)는 다음과 같이 다시 쓸 수 있다.

$$\begin{aligned}&\rho\delta V\frac{D}{Dt}\left(e+\frac{1}{2}\boldsymbol{U}\cdot\boldsymbol{U}\right)+\left(e+\frac{1}{2}\boldsymbol{U}\cdot\boldsymbol{U}\right)\frac{D(\rho\delta V)}{Dt}\\&= -\boldsymbol{U}\cdot\nabla p\delta V - p\nabla\cdot\boldsymbol{U}\delta V - \rho g w\delta V + \rho J\delta V\end{aligned} \tag{2.36}$$

여기서 $\boldsymbol{g}=-g\boldsymbol{k}$가 사용되었다. 이제 식 (2.32)로부터 식 (2.36)의 좌변의 두 번째 항은 소거되어

$$\rho\frac{De}{Dt}+\rho\frac{D}{Dt}\left(\frac{1}{2}\boldsymbol{U}\cdot\boldsymbol{U}\right) = -\boldsymbol{U}\cdot\nabla p - p\nabla\cdot\boldsymbol{U} - \rho g w + \rho J \tag{2.37}$$

가 된다. 이 식은 식 (2.8)에 $\boldsymbol{U}$를 내적하여 다음 식이 얻어짐을 상기하면 좀 더 간단히 쓸 수 있다(마찰은 무시).

$$\rho\frac{D}{Dt}\left(\frac{1}{2}\boldsymbol{U}\cdot\boldsymbol{U}\right) = -\boldsymbol{U}\cdot\nabla p - \rho g w \tag{2.38}$$

식 (2.37)에서 식 (2.38)을 빼면,

$$\rho\frac{De}{Dt} = -p\nabla\cdot\boldsymbol{U} + \rho J \tag{2.39}$$

식 (2.38)을 빼줌으로써 식 (2.37)에서 사라진 항들은 유체요소의 운동에 기인한 역학 에너지의

균형을, 그리고 나머지 항들은 열에너지 균형을 각각 나타낸다.

식 (1.11)의 지오퍼텐셜의 정의를 사용하면,

$$gw = g\frac{Dz}{Dt} = \frac{D\Phi}{Dt}$$

이 되며, 따라서 식 (2.38)은 다음과 같이 다시 재정리될 수 있다.

$$\rho\frac{D}{Dt}\left(\frac{1}{2}\boldsymbol{U}\cdot\boldsymbol{U} + \Phi\right) = -\boldsymbol{U}\cdot\nabla p \tag{2.40}$$

이 식은 **역학 에너지 방정식**으로 불린다. 운동 에너지와 중력 위치 에너지의 합은 **역학 에너지**로 불린다. 따라서 식 (2.40)은 유체운동을 따라서, 단위 체적당 역학 에너지의 변화비율은 기압 경도력에 의해 가해지는 일의 비율과 같음을 말해준다.

식 (2.39)의 열에너지 방정식은 식 (2.31)의 변형된 다음 식과

$$\frac{1}{\rho}\nabla\cdot\boldsymbol{U} = -\frac{1}{\rho^2}\frac{D\rho}{Dt} = \frac{D\alpha}{Dt}$$

그리고 건조공기에 있어서 단위 질량당 내부 에너지는 $e = c_v T$ ($c_v = 717\,\mathrm{J\,kg^{-1}K^{-1}}$은 정적 비열을 나타낸다)로 주어지는 사실을 이용하면 좀 더 친숙한 형태를 쓸 수 있다. 결과적으로

$$c_v\frac{DT}{Dt} + p\frac{D\alpha}{Dt} = J \tag{2.41}$$

로 쓸 수 있는데, 이 식은 열에너지 방정식의 일반적인 형태이다. 따라서, 열역학의 제1법칙을 운동하고 있는 유체에 실제로 적용할 수 있다. 좌변의 둘째 항은 유체계에 의한 일률(단위 질량당)을 의미하는데, 열과 역학 에너지 사이의 에너지 교환을 나타낸다. 이러한 에너지 교환 과정은 태양 에너지가 대기의 운동을 일으키는 주원인이 되게 한다.

2.7 건조공기의 열역학

상태 방정식 (1.25)의 전미분을 취하면 다음 식이 얻어진다.

$$p\frac{D\alpha}{Dt} + \alpha\frac{Dp}{Dt} = R\frac{DT}{Dt}$$

식 (2.41)의 $pD\alpha/Dt$를 대입하고 $c_p = c_v + R$을 이용하면($c_p = 1004\,\mathrm{J\,kg^{-1}K^{-1}}$로서 정압 비열을 나타낸다), 열역학 제1법칙을 다음과 같이 다시 쓸 수 있다.

$$c_p \frac{DT}{Dt} - \alpha \frac{Dp}{Dt} = J \tag{2.42}$$

T로 나누어주고 상태 방정식을 사용하면 열역학 제1법칙의 엔트로피 형태를 얻을 수 있다.

$$c_p \frac{D\ln T}{Dt} - R\frac{D\ln p}{Dt} = \frac{J}{T} \equiv \frac{Ds}{Dt} \tag{2.43}$$

식 (2.43)은 열역학적으로 가역적인 반응에 있어서, 운동을 따른 단위 질량당 엔트로피의 변화율을 나타낸다. 가역과정이란 열역학적계가 한 상태에서 다른 상태로 변화한 다음 주위에 영향을 미치지 않고 원상태로 돌아오는 과정을 말한다. 그러한 열역학적계에 있어서 식 (2.43)에 정의된 엔트로피 s는 오직 유체의 상태에만 의존하는 공간변수이다. 따라서 Ds는 완전 미분이며 Ds/Dt는 전미분으로 간주될 수 있다. 그러나 '열'은 공간변수가 아니므로 가열률 J는 전미분이 아니다.[2)]

2.7.1 온위

단열과정(즉 주위와 열 교환이 이루어지지 않는)을 따르는 이상기체에 대해서는, 열역학 제1법칙은 다음과 같은 형태로 쓸 수 있다.

$$c_p D\ln T - RD\ln p = D(c_p \ln T - R\ln p) = 0$$

위 식을 기압 p, 온도 T인 상태로부터 기압이 p_s 온도가 θ인 상태까지 적분한 후 로그를 취하면 다음과 같다.

$$\theta = T(p_s/p)^{R/c_p} \tag{2.44}$$

이 관계식은 푸아송 방정식이라 불리며 식 (2.44)에 정의된 θ는 온위(potential temperature)라 불린다. θ는 기압 p, 온도 T인 건조공기가 단열적으로 압축 또는 팽창하여 표준기압 p_s(보통 1000 hPa로 정한다)를 가졌을 때의 온도를 말한다. 따라서 모든 공기 덩이는 유일한 온위를 갖게 되며, 이 값은 건조단열 운동에 대해서 보존된다. 종관규모 운동은 강수지역을 제외하고는 대체적으로 단열적 과정을 유지하므로, θ는 종관규모 운동에 대해서는 준보존량으로 볼 수 있다. 식 (2.44)의 로그를 취하고 미분하면

$$c_p \frac{D\ln\theta}{Dt} = c_p \frac{D\ln T}{Dt} - R\frac{D\ln p}{Dt} \tag{2.45}$$

2) 엔트로피에 대한 논의와 열역학 제2법칙에 있어서의 엔트로피의 역할에 대해서는 Curry and Webster(1999)를 참고하기 바란다.

식 (2.43)과 식 (2.45)를 비교하면

$$c_p \frac{D \ln \theta}{Dt} = \frac{J}{T} = \frac{Ds}{Dt} \tag{2.46}$$

을 얻는다. 따라서 가역적 반응에서는, 로그를 취한 온위의 변화율은 엔트로피 변화에 비례한다. 운동을 따라서 엔트로피를 보존하는 공기 덩이(기괴)는 등온위면을 따라서 운동해야만 한다.

2.7.2 단열감률

온도의 감률(즉 고도에 따른 온도의 감소 비율)과 고도에 따른 온위의 감률 관계는 식 (2.44)를 로그를 취한 다음 높이에 대해 미분하면 얻어진다. 이 결과를 정역학 평형관계와 이상기체 법칙을 이용하여 간단히 하면

$$\frac{T}{\theta} \frac{\partial \theta}{\partial z} = \frac{\partial T}{\partial z} + \frac{g}{c_p} \tag{2.47}$$

고도에 따라서 온위가 일정한 대기에 있어서 기온감률은

$$-\frac{dT}{dz} = \frac{g}{c_p} \equiv \Gamma_d \tag{2.48}$$

이 된다. 그러므로, 하층대기에 있어서는 건조단열감률은 거의 일정하다.

2.7.3 정적 안정도

만일 온위가 고도의 함수라면, 기온감률 $\Gamma \equiv -\partial T/\partial z$은 단열감률과는 다를 것이며, 다음 관계가 성립된다.

$$\frac{T}{\theta} \frac{\partial \theta}{\partial z} = \Gamma_d - \Gamma \tag{2.49}$$

만일 $\Gamma < \Gamma_d$가 성립되어 θ가 고도에 따라 증가하면, 평형고도로부터 단열과정의 연직 운동을 하는 공기 덩이가 하강하면 양의 부력을, 상승하면 음의 부력을 얻게 되어 본래의 평형고도로 돌아오려 하는데, 이런 대기는 '정적으로 안정' 또는 '안정성층'을 하고 있다고 한다.

안정성층 대기에서 평형고도를 중심으로 단열진동하는 것을 **부력진동**이라 한다. 이러한 진동의 고유진동수는 주위에 영향을 주지 않고 연직방향으로 δz만큼 이동된 공기 덩이를 고려함으로써 유도될 수 있다. 만일 주위 공기가 정역학 평형상태에 있다면, $\rho_0 g = -dp_0/dz$가 되는데, 여기서 p_0와 ρ_0는 주위 공기의 기압과 밀도이다. 공기 덩이의 연직 가속도는

$$\frac{Dw}{Dt} = \frac{D^2}{Dt^2}(\delta z) = -g - \frac{1}{\rho}\frac{\partial p}{\partial z} \tag{2.50}$$

여기서 p와 ρ는 각각 공기 덩이의 기압과 밀도이다. 파슬법(parcel method)에 있어서는 공기 덩이(파슬)의 기압은 연직 운동 중 순간적으로 주위 공기의 기압과 같아진다고 가정한다 : $p = p_0$. 이러한 조건은 만일 공기 덩이가 주위 공기를 요란시키지 않는다면 만족된다. 따라서 정역학 관계식을 이용하면 식 (2.50)에서 기압이 소거되어

$$\frac{D^2}{Dt^2}(\delta z) = g\left(\frac{\rho_0 - \rho}{\rho}\right) = g\frac{\theta}{\theta_0} \tag{2.51}$$

여기서 온위변수로 부력을 표현하기 위하여 식 (2.44)와 이상기체 법칙이 사용되었다. 여기서 θ는 기본 상태(주위 공기) $\theta_0(z)$로부터의 온위의 편차를 나타낸다. 만일 공기 덩이의 온위가 최초에 $\theta_0(0)$인 $z=0$에 있다고 가정하고 이것이 δz만큼 연직 이동되었다고 하면 주위 공기의 온위는

$$\theta_0(\delta z) \approx \theta_0(0) + (d\theta_0/dz)\delta z$$

와 같이 표현된다. 만일 공기 덩이의 이동이 단열적이라면, 공기 덩이의 온위는 보존된다. 즉, $\theta(\delta z) = \theta_0(0) - \theta_0(\delta z) = -(d\theta_0/dz)\delta z$가 되고 식 (2.51)은

$$\frac{D^2}{Dt^2}(\delta z) = -N^2 \delta z \tag{2.52}$$

여기서

$$N^2 = g\frac{d\ln\theta_0}{dz}$$

는 주위 공기의 정적 안정도의 척도가 된다. 식 (2.52)는 $\delta z = A\exp(iNt)$의 일반 해를 가진다. 따라서 만일 $N^2 > 0$이면 공기 덩이는 $\tau = 2\pi/N$의 주기로 초기 고도를 중심으로 상하 진동을 할 것이다. 이때 N을 **부력진동수**[3]라고 한다. 평균적으로 대류권에서는 $N \approx 1.2\times10^{-2}\mathrm{s}^{-1}$로서 부력진동의 주기는 약 8분이다.

$N=0$일 경우에는 식 (2.52)에서 가속도는 0이 되어 연직 이동된 고도에서 중립 평형을 유지하고 있을 것이다. 그런데 만일 $N^2 < 0$이면(온위가 고도에 따라 감소), 초기 고도로부터의 변위(이동된 거리)는 시간에 따라 지수함수적으로 증가할 것이다. 이러한 것들을 요약하면, 건조공기의 중력에 대한 안정도 또는 정적 안정도의 분류를 다음과 같이 쓸 수 있다.

3) 종종 Brunt-Väisälä frequency라고도 한다.

$d\theta_0/dz>0$	정적 안정
$d\theta_0/dz=0$	중립
$d\theta_0/dz<0$	불안정

종관규모에 있어서 대기는 항상 안정성층을 이루고 있다. 왜냐하면 발달하는 불안정한 지역은 대류운동을 통하여 빠르게 안정성층으로 되돌아가기 때문이다.

2.7.4 열역학 에너지 방정식의 규모분석

만일 온위를 기본 장 $\theta_0(z)$와 섭동 장 $\theta(x,\ y,\ z,\ t)$으로 나누어, 한 지점의 총온위가 $\theta_{tot}=\theta_0(z)+\theta(x,\ y,\ z,\ t)$로 표현되도록 하면, 식 (2.46)의 열역학 제1법칙은 근사적으로

$$\frac{1}{\theta_0}\left(\frac{\partial\theta}{\partial t}+u\frac{\partial\theta}{\partial x}+v\frac{\partial\theta}{\partial y}\right)+w\frac{d\ln\theta_0}{dz}=\frac{J}{c_pT} \tag{2.53}$$

과 같이 쓸 수 있다. 여기서 $|\theta/\theta_0|\ll 1$, $|d\theta/dz|\ll d\theta_0/dz$일 때

$$\ln\theta_{tot}=\ln\left[\theta_0(1+\theta/\theta_0)\right]\approx\ln\theta_0+\theta/\theta_0$$

가 성립함을 사용하였다. 활발한 강수지역을 제외하고는, 비단열적 가열은 주로 순수 복사열에 의한 것이다. 대류권에서 복사열은 대단히 작아서 $J/c_p\leq 1℃\,\mathrm{d}^{-1}$ 정도이다(구름입자에 의한 열의 방출에 의한 냉각이 매우 크게 나타나는 구름의 상층부는 예외). 중위도 지방의 수평 온위변화는 대체적으로(대기 경계층을 제외하고서는) $\theta\sim 4℃$ 정도이다. 따라서

$$\frac{T}{\theta_0}\left(\frac{\partial\theta}{\partial t}+u\frac{\partial\theta}{\partial x}+v\frac{\partial\theta}{\partial y}\right)\sim\frac{\theta U}{L}\sim 4℃\,\mathrm{d}^{-1}$$

기본 장 온위의 연직이류에 의한 냉각(보통 단열냉각이라 불린다)은 전형적으로

$$w\left(\frac{T}{\theta_0}\frac{d\theta_o}{dz}\right)=w(\Gamma_d-\Gamma)\sim 4℃\,\mathrm{d}^{-1}$$

의 크기를 갖는다. 여기서 $w\sim 1\mathrm{cm\,s}^{-1}, \Gamma_\mathrm{d}-\Gamma$, 즉 건조단열감률과 실제 온도감률의 차이는 약 $4℃\,\mathrm{km}^{-1}$ 정도이다.

따라서 매우 강한 비단열적 가열 없이는 안정 대기층에서 온위섭동의 변화율은 연직 운동에 따른 단열가열 또는 냉각과 같고 식 (2.53)은 다음과 같이 근사될 수 있다.

$$\left(\frac{\partial\theta}{\partial t}+u\frac{\partial\theta}{\partial x}+v\frac{\partial\theta}{\partial y}\right)+w\frac{d\theta_0}{dz}\approx 0 \tag{2.54}$$

또한, 온도 장이 기본 장 $T_0(z)$와 섭동 장 $T(x, y, z, t)$로 나눈다면, $\theta/\theta_0 \approx T/T_0$이므로 같은 차수의 근사범위 내에서 식 (2.54)는 온도변수를 사용하여 다음과 같이 표현된다.

$$\left(\frac{\partial T}{\partial t}+u\frac{\partial T}{\partial x}+v\frac{\partial T}{\partial y}\right)+w(\Gamma_d-\Gamma)\approx 0 \tag{2.55}$$

2.8 부시네스크 근사

공기 덩어리의 연직 운동 범위가 상대적으로 작아서 연직 운동 과정의 밀도의 변화가 작은 경우가 더러 있다. **부시네스크 근사**는 이러한 경우에 적합한 단순한 역학 방정식의 형태를 사용할 수 있게 해준다. 이러한 근사에서, 밀도는 연직 운동량 방정식의 부력항을 제외한 모든 항에서 상수의 평균값 ρ_0를 사용할 수 있다. 이 경우, 식 (2.24), (2.25)의 수평 운동량 방정식은 다음과 같이 나타낼 수 있다.

$$\frac{Du}{Dt}=-\frac{1}{\rho_0}\frac{\partial p}{\partial x}+fv+F_{rx} \tag{2.56}$$

$$\frac{Dv}{Dt}=-\frac{1}{\rho_0}\frac{\partial p}{\partial y}-fu+F_{ry} \tag{2.57}$$

반면에, 식 (2.28)과 (2.51)을 사용하면 연직 운동량 방정식은 아래와 같이 된다.

$$\frac{Dw}{Dt}=-\frac{1}{\rho_0}\frac{\partial p}{\partial z}+g\frac{\theta}{\theta_0}+F_{rz} \tag{2.58}$$

이 식에서, 2.7.3소절과 마찬가지로 θ는 기본 장 $\theta_0(z)$로부터의 온위 편차를 의미한다. 따라서 전체의 온위 장은 $\theta_{tot}=\theta(x, y, z, t)+\theta_0(z)$로 나타낼 수 있다. 그리고, 단열 열역학적 에너지 방정식은 다음과 같이 식 (2.54)와 유사한 형태로 나타낼 수 있다.

$$\frac{D\theta}{Dt}=-w\frac{d\theta_0}{dz} \tag{2.59}$$

단, 온위의 물질 미분은 형식적으로 온위 편차의 연직 이류항이 포함되도록 하였다. 부시네스크 근사를 적용하면 (2.34)의 연속 방정식은 다음과 같이 된다.

$$\frac{\partial u}{\partial x}+\frac{\partial v}{\partial y}+\frac{\partial w}{\partial z}=0 \tag{2.60}$$

2.9 습윤대기의 열역학

대기의 역학적 현상을 다룰 때에 제1차 근사로서, 수증기의 역할은 무시할 수 있지만 때때로 결정적인 요소는 아님에도 매우 중요한 역할을 할 때가 있다. 그것은 물의 상태 변화가 일어나고 이에 따라 잠열이 방출되어 역학적인 현상에 영향을 미치는 것이며, 또한 수증기의 존재가 부력 가속에 매우 중요하게 작용할 수 있기 때문이다. 수증기는 매우 크게 변하는 대기의 구성 성분이기 때문에 이상 기체 법칙으로 다루는 데 매우 어려운 점이 있다. 왜냐하면 기체 상수는 대기의 분자 구성 성분에 의존하기 때문이다. 건조공기에 대하여 이상기체 방정식은

$$P_d = \rho_d R_d T \tag{2.61}$$

인데, 여기서 P_d와 ρ_d는 각각 건조공기의 기압과 밀도를 나타내고 R_d는 건조공기의 기체 상수를 나타낸다. 순수한 수증기에 대해서 이상 기체 법칙은

$$e = \rho_v R_v T \tag{2.62}$$

으로 나타낼 수 있는데 e와 ρ_v는 각각 수증기압과 밀도를 나타내고, R_v는 수증기 기체 상수를 의미한다. 습윤공기(건조공기와 수증기의 혼합)에 대해서 기체방정식은

$$p = \rho R_d T_v \tag{2.63}$$

으로 나타내지는데 p와 ρ는 각각 기압과 밀도이며 T_v는 **가온도**인데, 건조공기가 습윤공기와 같은 기압과 밀도를 가질 때의 온도를 말한다. 이 식은 건조공기의 기체상수를 모든 경우에 사용할 수 있도록 해준다. 식 (2.61)과 (2.62)를 합하면 가온도는 다음과 같은 식으로 나타내짐을 알 수 있다.

$$T_v = \frac{T}{1 - \frac{e}{p}\left(1 - \frac{R_d}{R_v}\right)} \tag{2.64}$$

$T_v \geq T$가 성립되는데, 온도와 가온도의 차이는 불과 몇 도밖에 되지 않는다. 그럼에도 불구하고 이 작은 차이는 대기를 안정 또는 불안정하게 만들 수 있다.

대기 중의 수증기량을 나타내는 데는 여러 가지 척도가 있는데, 여기에서는 가장 많이 사용되는 것 중에서 몇 가지를 요약해보겠다. 앞에서 이상 기체 법칙에 사용되었던 척도는, 돌튼의 법칙에 의해서 단순히 전체 기압에 대한 수증기의 기여를 나타내는 수증기압이다. 포화수증기압은 온도만으로 결정되는데 다음의 클라우시우스-클라페이론 방정식으로 나타낼 수 있다.[4]

---

4) 유도과정은 Curry and Webster(1999, p.108)을 참조하기 바란다.

$$\frac{1}{e_s}\frac{de_s}{dT}=\frac{L}{R_v T^2} \tag{2.65}$$

물(얼음)의 평평한 표면 위의 수증기에 대해서 L은 응결 잠열(승화)을 나타낸다. 포화수증기압은 온도에 지수함수적으로 의존하는데 영하의 온도에 대해서는 얼음보다는 물 표면 위에서 더 높다. 상대습도는 다음과 같이 백분율로 정의된다.

$$RH=100\times\frac{e}{e_s} \tag{2.66}$$

여기서 e_s는 물 또는 얼음의 포화에 적용될 수 있다. 만일 특별히 언급되지 않는다면 물의 포화를 가정한다.

수증기 혼합비는 수증기 질량의 건조 공기 질량에 대한 비율을 나타내는데, kg/kg이나 더 일반적으로는 g/kg의 단위를 갖는다. 식 (2.61), (2.62)로부터 혼합비는

$$q=0.622\frac{e}{p-e} \tag{2.67}$$

로 주어지는데 계수 0.622는 건조 공기에 대한 수증기의 분자 질량비를 나타낸다.

습윤공기를 포화시키는 방법은 여러 가지가 있는데 그 중에 하나는 기압을 일정한 값으로 유지한 채 수증기를 더하거나 제거하지 않은 상태에서 공기를 냉각시키는 방법이다. 이러한 포화가 일어날 때의 온도를 이슬점 온도라 한다.

2.9.1 상당온위

앞에서 건조 공기의 연직 안정성을 조사하기 위하여 파슬법을 적용한 적이 있다. 건조 공기의 안정성은 대기의 온위의 연직 변화율에 의존하는데, $\partial\theta/\partial z>0$인 경우(온도감소율이 단열감률보다 작음)에 안정하다. 이와 똑같은 조건이 상대습도가 100%보다 작은 습윤 대기에도 적용이 된다. 그러나 만일 습윤 공기가 강제적으로 상승을 하게 되면 결국은 어떤 고도에서 포화가 되는데 이를 상승응결고도(LCL)라고 한다. 이 고도를 지나 계속 상승하게 되면 응결과 잠열 방출이 일어나게 되어 공기 덩어리는 포화단열감률에 따라 기온이 감소한다. 만일 환경기온감률이 포화단열감률보다 크면 공기는 계속 상승하게 되고 결국은 주변 공기에 비하여 상대적으로 가볍게 되는 곳까지 이르게 될 것이다. 그 고도부터는 자발적인 상승이 일어나게 된다. 이 고도를 자유대류고도(LFC)라고 한다.

습윤 대기의 공기에 대한 역학적 특성은 상당온위라고 불리는 열역학적 변수를 정의하면 매우 쉽게 이해할 수 있다. 상당온위(θ_e)는 공기 중에 포함된 수증기가 모두 응결하여 잠열을 방출하고 이것에 의하여 가열되었을 때의 온도를 나타낸다. 공기가 원래의 고도에서 상승하여 포함된 수증기가 모두 응결되어 낙하 제거된 후 1000 hPa의 기압으로 단열적으로 압축되었을

때의 온도가 상당온위에 해당한다. 응결된 수증기는 모두 제거된다고 가정되기 때문에 압축 과정에서는 건조단열감률에 따라 기온이 상승하게 되어 원래 상승하기 전에 비해 온도가 높아질 것이다. 따라서 이 과정은 비가역적이다. 응결된 물질이 모두 낙하 제거된다고 가정하는 이러한 종류의 상승 운동을 위단열상승이라고 한다(이것은 사실은 단열 과정이 아닌데, 열 에너지를 포함하고 있는 수증기가 낙하 제거되기 때문이다).

다른 상태 변수들과 연관지어 θ_e를 수학적으로 유도하는 전 과정은 부록 D에 나타내었다. 그러나 대부분의 경우에 θ_e는 열역학 제1법칙(2.46)의 엔트로피 형태로부터 유도되는 근사적인 형태만으로도 충분하다. 만일 q_s를 포화된 공기에 있어서 단위 질량의 건조 공기에 포함된 수증기량(포화혼합비)이라고 한다면, 단위 질량 당 단열 가열은

$$J = -L_c \frac{Dq_s}{Dt}$$

이 되는데, 여기서 L_c는 응결 잠열을 나타낸다. 따라서 열역학 제1법칙으로부터 다음과 같이 쓸 수 있다.

$$c_p \frac{D\ln\theta}{Dt} = -\frac{L_c}{T}\frac{Dq_s}{Dt} \tag{2.68}$$

위단열상승을 하는 포화공기에 대해서, q_s의 변화율은 T나 L_c의 변화율보다 훨씬 크다. 따라서

$$d\ln\theta \approx -d(L_c q_s / c_p T) \tag{2.69}$$

이 된다. 식 (2.69)를 초기 상태 $(\theta,\ q_s,\ T)$로부터 $q_s \approx 0$이 되는 상태까지 적분하면

$$\ln(\theta/\theta_e) \approx -L_c q_s / c_p T$$

가 되는데 여기서 최종상태의 온위(θ_e)는 근사적으로 앞에서 정의한 상당온위에 해당한다. 따라서 포화공기에 대해서 θ_e는 다음과 같이 된다.

$$\theta_e \approx \theta \exp(L_c q_s / c_p T) \tag{2.70}$$

식 (2.70)은, 온도가 단열적으로 포화되었을 때의 온도를 나타내고(T_{LCL}) 포화혼합비가 초기 상태의 실제 혼합비를 나타낸다면, 불포화된 공기에 대해서도 적용할 수 있다. 따라서 상당온위는 건조단열과정과 위단열과정 모두에 대하여 보존되는 특성을 가진다.

θ_e를 대신할 수 있는 변수로서는 대류의 연구에서 종종 사용되는 습윤 정적 에너지인데 $h \equiv s + L_c q$로 정의된다($s \equiv c_p T + gz$로 건조 정적 에너지를 의미함). 약간의 유도 과정을 거치면(문제 2.10 참조) 다음 식을 얻을 수 있다.

$$c_p T d\ln\theta_e \approx dh \tag{2.71}$$

따라서 습윤 정적 에너지는 θ_e가 보존될 때에 근사적으로 보존된다고 볼 수 있다.

2.9.2 위단열온도감률

식 (2.68)의 열역학 제1법칙은 위단열상승을 하는 포화공기에 대해서 고도에 따른 온도 변화율을 유도하는 데 사용될 수 있다. 식 (2.44)에서 정의된 θ를 사용하면, 연직 상승 과정에 대하여 식 (2.68)을 다음과 같이 다시 쓸 수 있다.

$$\frac{d\ln T}{dz} - \frac{R}{c_p}\frac{d\ln p}{dz} = -\frac{L_c}{c_p T}\frac{dq_s}{dz}$$

이 식은, $q_s \equiv q_s(T, p)$, 정역학 방정식, 상태 방정식을 고려하면 아래와 같이 나타내진다.

$$\frac{dT}{dz} + \frac{g}{c_p} = -\frac{L_c}{c_p}\left[\left(\frac{\partial q_s}{\partial T}\right)_p \frac{dT}{dz} - \left(\partial\frac{q_s}{\partial p}\right)_T \rho g\right]$$

따라서 부록 D에 자세히 나와 있는 것처럼 포화공기의 상승에 대해서는 다음과 같이 쓸 수 있다.

$$\Gamma_s \equiv -\frac{dT}{dz} = \Gamma_d \frac{[1 + L_c q_s/(RT)]}{[1 + \varepsilon L_c^2 q_s/(c_p R T^2)]} \tag{2.72}$$

여기서 $\varepsilon = 0.622$는 건조 공기에 대한 물의 분자량의 비율을 나타내고, $\Gamma_d \equiv g/c_p$는 건조단열감률, Γ_s는 위단열감률(Γ_d보다 항상 작음)을 나타낸다. 관측을 따르면 Γ_s는 대류권 하부의 온난 건조한 공기에 대하여 $\sim 4\,\mathrm{K\,km^{-1}}$ 정도의 크기를 가지며, 대류권 중층에서는 $\sim 6 \sim 7\,\mathrm{K\,km^{-1}}$의 크기를 가진다.

2.9.3 조건부 불안정

2.7.3절에서 단열 과정의 건조 공기는 대기의 기온감률이 건조단열감률보다 작으면 안정하다는 것을 알았다(즉, 온위가 고도에 따라 증가함). 만일 기온감률 Γ가 건조 단열감률보다 작고 위단열감률보다 더 크면($\Gamma_s < \Gamma < \Gamma_d$), 대기는 건조단열운동에 대해서는 안정하지만 위단열운동에 대해서는 불안정하다. 이것을 조건부 불안정이라고 부른다(즉, 불안정성이 공기의 포화상태에 따라 달라진다).

조건부 불안정의 여부는 θ_e^*의 경도로서 표현할 수도 있는데, θ_e^*는 실제 대기의 열적 구조를 가지고 포화되었다고 가상한 공기의 상당온위로 정의된다.[5)]

$$d\ln\theta_e^* = d\ln\theta + d(L_c q_s/c_p T) \tag{2.73}$$

여기서 T는 단열팽창을 통하여 포화되었을 때의 온도를 나타내는 것은 아니고, 식 (2.70)에서와 마찬가지로 실제의 온도를 나타낸다. 조건부 불안정의 식을 유도하기 위하여 고도 z_0에서 온위가 θ_0인 대기에서 포화된 공기의 운동을 고려해보자. 고도 $z_0 - \delta z$에서 불포화된 주변 공기의 온위는 다음과 같을 것이다.

$$\theta_0 - (\partial\theta/\partial z)\delta z$$

고도 $z_0 - \delta z$에서의 주변과 온위가 같은 포화공기가 z_0로 상승했다고 가정하자. 고도 z_0에 도달하면 온위는 다음과 같이 바뀔 것이다.

$$\theta_1 = \left(\theta_0 - \frac{\partial\theta}{\partial z}\delta z\right) + \delta\theta$$

여기서 $\delta\theta$는 δz만큼 상승하는 과정에서 응결에 의하여 발생한 공기 덩어리의 온위변화를 나타낸다. 위단열상승을 가정하면 식 (2.69)으로부터

$$\frac{\delta\theta}{\theta} \approx -\delta\left(\frac{L_c q_s}{c_p T}\right) \approx -\frac{\partial}{\partial z}\left(\frac{L_c q_s}{c_p T}\right)\delta z$$

과 같이 쓸 수 있기 때문에 고도 z_0에서의 공기 덩어리의 부력은 다음과 같이 나타낼 수 있다.

$$\frac{(\theta_1 - \theta_0)}{\theta_0} \approx -\left[\frac{1}{\theta}\frac{\partial\theta}{\partial z} + \frac{\partial}{\partial z}\left(\frac{L_c q_s}{c_p T}\right)\right]\delta z \approx -\frac{\partial \ln\theta_e^*}{\partial z}\delta z$$

여기서 마지막 식은 (2.73)을 적용한 것이다.

만일 $\theta_1 > \theta_0$이면, 포화된 공기 덩어리는 고도 z_0에서 주변에 비하여 온도가 높을 것이다. 따라서 포화된 공기에 대하여 조건부 안정성의 분류는 다음과 같이 나타내진다.

$$\frac{\partial\theta_e^*}{\partial z}\begin{cases} < 0 & \text{조건부 불안정} \\ = 0 & \text{포화단열적 중립} \\ > 0 & \text{조건부 안정} \end{cases} \tag{2.74}$$

그림 2.8은 중고위도 지역의 뇌우에서 관측한 전형적인 θ, θ_e, θ_e^*의 연직분포를 나타낸다. 이 그림으로부터 대류권 하부는 조건부 불안정이란 것을 알 수 있다. 그렇다고 해서 대류역전이 저절로 발생한다는 것을 의미하지는 않는다. 조건부 불안정이 되려면 $\partial\theta_e^*/\partial z < 0$이 만족되어야 함은 물론 대류가 발생하는 고도의 환경기온(주변온도)에서 공기가 포화되는 것이 필요하다

5) 포화된 공기 이외에서는 θ_e^*는 θ_e와 같지 않다.

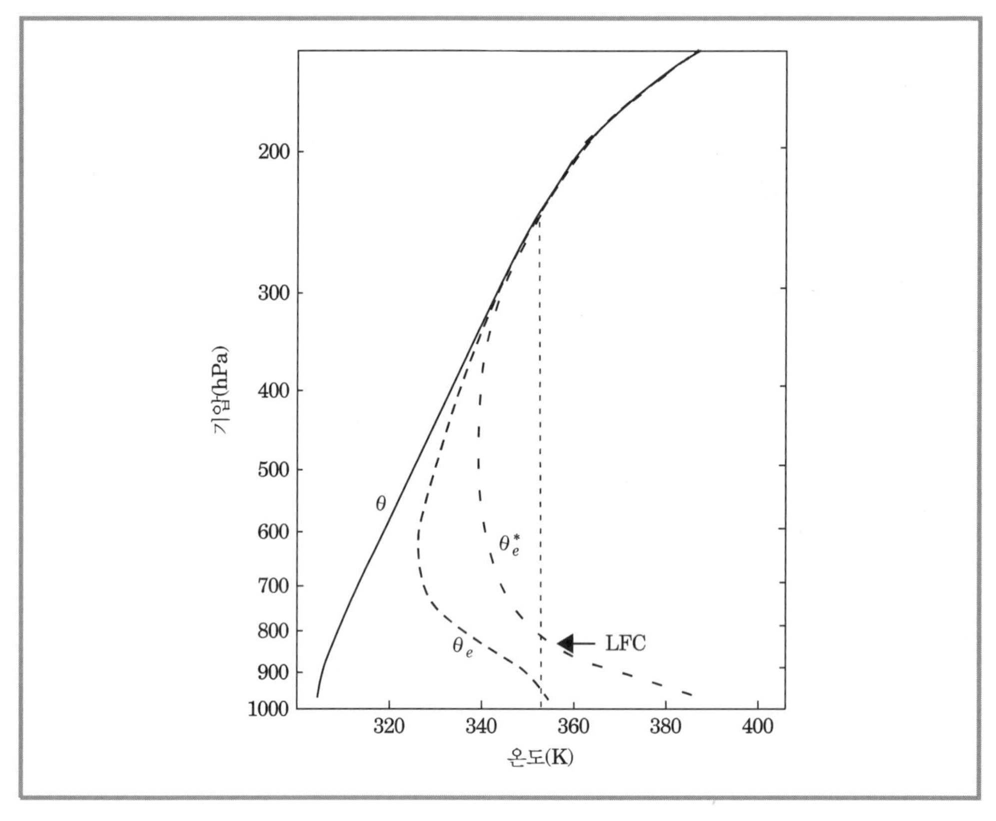

그림 2.8 조건부 불안정과 관계된 기온의 연직분포의 모식도로서 북미 대륙의 중서부 지역에서 발생하는 뇌우의 전형적인 예를 나타낸다. 여기서 θ는 온위, θ_e는 상당온위, θ_e^*는 같은 연직 분포를 가졌을 경우에 포화되었다고 가정했을 때의 공기의 상당온도를 각각 나타낸다. 점선은 주변의 다른 공기와 섞이지 않으면서 지상으로부터 상승한 공기 덩어리의 θ_e를 나타낸다.

(즉, 공기 덩어리가 LFC에 도달되어야 한다). 대류권의 평균상대습도는 100%에 훨씬 못 미치는데 경계층에서는 더욱 작다. 따라서 포화가 되려면, 경계층에서의 활발한 난류혼합 또는 강제적인 상승운동에 의한 하층수렴이 필요하다.

공기 덩어리를 LFC에 도달하게 하려면 어느 정도 상승해야 하는지는 그림 2.8로부터 추정할 수 있다. 고도 $z_0-\delta z$에서부터 위단열적으로 상승하는 공기 덩어리는 고도 $z_0-\delta z$에서의 θ_e를 보존할 것이다. 그러나 공기 덩어리의 부력은 주변과 공기 덩이의 밀도 차이에만 의존한다. 따라서 고도 z_0에서 부력을 계산하려면 z_0의 주변 공기의 θ_e와 $\theta_e(z_0-\delta z)$를 비교하는 것은 옳지 않은데, 왜냐하면 만일 주변 공기가 불포화 상태라면 공기 덩어리와 주변공기의 θ_e의 차이는 일차적으로 혼합비의 차이에 의한 것이지 밀도(온도)의 차이에 의한 것이 아니기 때문이다. 공기 덩어리의 부력을 계산하기 위해서는 $\theta_e(z_0-\delta z)$는 $\theta_e^*(z_0)$와 비교되어야 하는데, $\theta_e^*(z_0)$는 주변 공기가 등온적으로 포화되었다고 가정했을 때의 상당온위를 나타낸다. 만일

$\theta_e(z_0 - \delta z) > \theta_e^*(z_0)$이라면, 공기 덩어리는 z_0까지 상승하면 부력을 얻게 될 것인데, 그렇게 되면 z_0에서 공기 덩어리는 주변 공기의 온도보다 높게 될 것이다.

그림 2.8에서 960 hPa로부터 상승한 공기의 θ_e는 θ_e^*와 교차하게 되는데, 반면에 850 hPa보다 훨씬 높은 고도로부터 어떤 방식으로든 아무리 높은 고도까지 상승한다 하여도 절대로 θ_e^*와 교차할 수는 없다. 이것이 바로 해양에서 대류역전을 발생시키기 위해서는 하층수렴이 필요한 원인이다. 지표 근처의 공기만이 강제적으로 상승하였을 때에 부력을 가질 수 있는 만큼 충분히 θ_e가 높다. 육지 위의 대류는 충분한 경계층 수렴이 없이도 발생할 수 있는데, 충분한 지표면 가열이 있으면 공기 덩이가 부력을 가질 수 있기 때문이다. 그러나 지속적인 깊은 대류는 평균적인 하층 수증기의 수렴을 필요로 한다.

권장 문헌

Curry and Webster, *Thermodynamics of Atmospheres and Oceans*, 대기열역학을 매우 상세하게 잘 설명한다.

Pedlosky, *Geophysical Fluid Dynamics*, 회전좌표계의 운동방정식을 깊이 다루며, 규모분석에 대한 심도 있는 이론을 제공한다.

Salby, *Fundamentals of Atmospheric Physics*, 기초보존방정식을 기초적인 내용부터 심도 있게 다루고 있다.

문제

2.1 배가 10 kmh^{-1}의 속도로 북쪽으로 진행하고 있다. 지상 기압이 북쪽으로 감에 따라 5 Pakm^{-1}의 비율로 증가한다. 만일 배에서 측정된 기압이 100 Pa/3h의 비율로 감소하고 있다면, 배가 지나고 있는 인근의 섬에서의 기압의 변화율은?

2.2 관측소로부터 북쪽으로 50 km 떨어진 곳에서의 온도는 관측소보다 3℃ 낮다. 바람이 북동쪽으로부터 20 ms^{-1}의 속도로 불어오고 있고, 복사열에 의해 공기의 온도가 1℃h^{-1}의 비율로 증가하고 있다면, 관측소에서의 국지적 온도 변화율은?

2.3 식 (2.7)에서 쓰였던 다음 관계식을 유도하라.

$$\Omega \times (\Omega \times \mathbf{r}) = -\Omega^2 \mathbf{R}$$

2.4 운동에 따른 $\boldsymbol{k}$의 변화율을 계산하기 위한 식 (2.13)을 유도하라.

2.5 1 kg의 건조공기가 일정한 속도로 상승한다고 하자. 만일 이 공기 덩이가 태양복사에 의하여 10^{-1} W kg^{-1}의 비율로 가열된다고 할 때, 이 공기 덩이를 일정한 온도가 유지되

도록 하기 위해서 상승속도는 얼마가 되어야 하는가?

2.6 초기의 기압과 밀도가 p_s, ρ_s인 공기 덩이가 단열과정으로 기압 p로 팽창할 때 밀도 ρ를 나타내는 식을 유도하라.

2.7 1000-hPa 고도의 20℃인 공기 덩이가 단열적으로 상승한다. 이 공기 덩이가 500-hPa 고도에 도달했을 때의 밀도는?

2.8 800-hPa 고도에 정지해 있던 20℃의 공기 덩이가 주위 공기보다 1℃ 높은 온도를 유지한 채 500-hPa 고도로 상승한다고 가정하자. 800-~500-hPa 공기층의 평균온도가 260K라고 할 때, 부력에 의해 주위에 방출된 에너지를 구하라. 그리고 만일 방출된 에너지가 전부 운동 에너지의 형태로 전환된다면 500-hPa 고도에서의 연직 속도는 얼마가 되겠는가?

2.9 단열감률(즉, 일정한 온위)을 가진 대기에 있어서, 지오퍼텐셜 고도가 다음과 같이 됨을 보여라.

$$Z = H_\theta \left[1 - (p/p_0)^{R/c_p}\right]$$

여기서 p_0는 $Z=0$에서의 기압이고, $H_\theta \equiv c_p\theta/g_0$는 대기의 총지오퍼텐셜 고도를 나타낸다.

2.10 어떤 허리케인은 중심으로부터 $r \geq r_0$로 주어지는 거리에 대하여, 접선속도성분이 $v_\lambda = V_0(r_0/r)^2$으로 주어지는 반지름에 대한 의존성을 가지는 것으로 관측되기도 한다. $V_0 = 50\,\mathrm{ms}^{-1}$, $r_0 = 50\,\mathrm{Km}$라고 두고, 중심으로부터 먼 영역($r \to \infty$)과 $r = r_0$ 사이에서 경도풍평형이 성립되고 $f_0 = 5 \times 10^{-5}\mathrm{s}^{-1}$로 주어진다고 가정하여, 전체 지오퍼텐셜 차를 구하라. 중심으로부터 얼마의 거리에서 원심력과 코리올리 힘이 같아지는가?

2.11 등온위 좌표계(4.6절을 참고)에서 온위는 연직 좌표계로 사용된다. 단열적인 운동에 있어서 운동을 따라서 온위는 보존되기 때문에, 등온위 좌표계는 공기 덩이의 실제 운동궤적을 추적하는 데 매우 편리하다. z(고도)좌표계에서 θ좌표계로 수평기압 경도를 변환하면 다음과 같이 표현됨을 보여라.

$$\frac{1}{\rho}\nabla_z p = \nabla_\theta M$$

여기서 $M \equiv c_p T + \Phi$는 몽고메리 유선함수이다.

2.12 프랑스의 과학자들은 지구를 선회하는 동안 온위가 일정하게 유지되는 고층 풍선을 고안하였다. 그 풍선이 온도가 200K인 등온의 적도 하부성층권에 있다고 가정하자. 만일 이 풍선이 평형고도에서 연직 방향으로 δz만큼 상승하였다고 가정하면, 초기의 고도를 중심으로 상하로 진동할 것이다. 이때의 진동 주기는?

2.14 2.4절과 2.7절의 규모분석방법을 적용하여 식 (2.55)의 근사적 열역학에너지 방정식을 유도하라.

MATLAB 연습

M2.1 MATLAB 스크립트 파일 **standard_T_p.m**은 미국 표준 대기의 온도와 온도감률을 고도의 함수로 정의하고 그래프를 그려준다. 이 파일을 기압과 온위를 계산하고 그래픽으로 표출하는 스크립트 파일로 변환하라. 단, 온도 및 온도감률과 같은 포맷으로 나타내어라.

[〈힌트〉 기압을 계산하기 위하여 정역학 방정식을 지표로부터 δz까지 적분하라.] 만일, z와 $z+\delta z$ 사이의 평균 규모고도를 $H=R[T(z)+T(z+\delta z)]/(2g)$로 정의한다면, $p(z+\delta z)=p(z)\exp[-\delta z/H]$이 된다. (이 식에 있어서는 한 층씩 위로 올라감에 따라 고도에 따라 변하는 H의 국지적 값을 사용해야 한다).

M2.2 MATLAB 스크립트 파일 **thermo_profile.m**은 열대대기의 평균 사운딩에 대하여 기압과 온도 자료를 읽어들이는 간단한 파일이다. 이 파일을 실행시켜, **tropical_ temp.dat**에 저장된 자료를 읽어서 기압과 온도 관계를 그래픽으로 나타내어라. 각 기압면에서 지오퍼텐셜 고도를 구할 때는 측고(hypsometric) 관계식을 이용하라. 각 기압과 온도에 해당하는 온위를 계산하고, 온도와 온위의 변화를 각각 기압과 지오퍼텐셜 고도의 함수로서 플롯하라.

DYNAMIC METEOROLOGY

제 3 장

기본 방정식들의 초보적인 응용

제 2장에서 논의되었던 지균풍 이외에 속도, 기압 그리고 온도 장 사이의 관계를 나타내는 다른 근사식들이 있는데, 이 식들은 기상 시스템을 분석할 때 유용하다. 우리들은 기본적인 힘의 균형으로부터 유도된 바람의 산정, 유적과 유선분석, 온도풍, 그리고 연직 운동에 대한 산정과 지상 기압 경향을 고찰한다.

3.1 등압 좌표에서의 기본 방정식

이 주제는 기압이 연직좌표인 좌표계를 이용하여 아주 편리하게 논의되어진다. 따라서 이 장의 초보적인 응용을 소개하기 전에 등압좌표에서 역학방정식을 제시하는 것이 유용하다.

3.1.1 수평 운동량 방정식

근사 수평 운동량 방정식 (2.24)와 (2.25)는 벡터 형식으로

$$\frac{D\boldsymbol{V}}{Dt}+f\boldsymbol{k}\times\boldsymbol{V}=-\frac{1}{\rho}\nabla p \tag{3.1}$$

로 쓰여진다. 여기서 $\boldsymbol{V}=\boldsymbol{i}u+\boldsymbol{j}v$는 수평속도 벡터이다. 식 (3.1)을 등압 좌표형으로 표현하기 위하여 기압 경도력을 식 (1.33)과 식 (1.34)를 이용하여 변환시켜

$$\frac{D\boldsymbol{V}}{Dt}+f\boldsymbol{k}\times\boldsymbol{V}=-\nabla_p\Phi \tag{3.2}$$

를 얻는다. 여기서 ∇_p는 기압을 일정하게 둔 채 적용하는 수평경도 연산자이다.

p는 독립적인 연직좌표이므로 전도함수를 다음과 같이 전개하여야 한다.

$$\begin{aligned}\frac{D}{Dt}&\equiv\frac{\partial}{\partial t}+\frac{Dx}{Dt}\frac{\partial}{\partial x}+\frac{Dy}{Dt}\frac{\partial}{\partial y}+\frac{Dp}{Dt}\frac{\partial}{\partial p}\\&=\frac{\partial}{\partial t}+u\frac{\partial}{\partial x}+v\frac{\partial}{\partial y}+\omega\frac{\partial}{\partial p}\end{aligned} \tag{3.3}$$

고도 좌표계에서 $w\equiv Dz/Dt$가 하는 역할과 같이 등압 좌표계에서 $\omega\equiv\frac{Dp}{Dt}$('오메가' 연직 운동이라 부름)는 운동을 따르면서 측정한 기압의 변화이다. 우리들은 x와 y에 대한 편미분은 기압이 일정한 상태, 즉 등압면상에서 계산되어진다는 점에 유의한다.

식 (3.2)에서 지균 관계를 나타내는 등압 좌표형은

$$f\boldsymbol{V}_g=\boldsymbol{k}\times\nabla_p\Phi \tag{3.4}$$

이다. 식 (2.23)과 식 (3.4)를 비교하여 보면 등압 좌표의 이점을 쉽게 볼 수 있다. 후자의 방정식에서는 밀도가 없다. 따라서 어떠한 고도에서 같은 지오퍼텐셜 경도가 주어지면 동일한 지균풍을 나타내며, 이에 반하여 같은 수평 기압 경도가 주어지더라도 밀도에 따라서 다른 지균풍 값들을 나타낸다. 더구나 f 를 상수로 여긴다면, 등압상태에서 지균풍의 수평 발산은 0이다.

$$\nabla_p \cdot \boldsymbol{V}_g = 0$$

3.1.2 연속 방정식

연속 방정식 (2.31)을 고도 좌표에서 기압 좌표로 변환하는 것은 가능하다. 그러나 라그랑지안 조절 부피(control volume) $\delta V = \delta x \delta y \delta z$를 고려하고 부피요소를 $\delta V = -\delta x \delta y \delta p / (\rho g)$로 표현하기 위하여 정역학 방정식 $\delta p = -\rho g \delta z$($\delta p < 0$임에 주의)를 적용하여 직접 등압형으로 유도하는 것이 보다 간단하다. 운동을 따라서 보존되는 이 유체요소의 질량은 $\delta M = \rho \delta V = -\delta x \delta y \delta p / g$이다.

$$\frac{1}{\delta M}\frac{D}{Dt}(\delta M) = \frac{g}{\delta x \delta y \delta p}\frac{D}{Dt}\left(\frac{\delta x \delta y \delta p}{g}\right) = 0$$

미분 후에 연쇄법칙을 이용하고 미분 연산자의 순서를 바꾸면[1)]

$$\frac{1}{\delta x}\delta\left(\frac{Dx}{Dt}\right) + \frac{1}{\delta y}\delta\left(\frac{Dy}{Dt}\right) + \frac{1}{\delta p}\delta\left(\frac{Dp}{Dt}\right) = 0$$

또는

$$\frac{\delta u}{\delta x} + \frac{\delta v}{\delta y} + \frac{\delta \omega}{\delta p} = 0$$

$\delta x, \delta y, \delta p \to 0$으로 극한을 취하고 δx와 δy가 등압상태에서 계산되면, 등압계에서의 연속 방정식이 구해진다.

$$\left(\frac{\partial u}{\partial x} + \frac{\partial v}{\partial y}\right)_p + \frac{\partial \omega}{\partial p} = 0 \tag{3.5}$$

이러한 연속 방정식의 형은 밀도 장과 연관되어 있지 않고 시간 미분이 없다. 식 (3.5)가 간단해지는 것이 등압 좌표계의 커다란 장점 중의 하나이다.

1) 지금부터 g를 하나의 상수로 여긴다.

3.1.3 열역학 에너지 방정식

$Dp/Dt = \omega$로 하고, 식 (3.3)을 사용하여 DT/Dt를 전개함으로써 열역학 제1법칙 (2.43)을 등압계 상에서 표현할 수 있다. 즉,

$$c_p\left(\frac{\partial T}{\partial t}+u\frac{\partial T}{\partial x}+v\frac{\partial T}{\partial y}+\omega\frac{\partial T}{\partial p}\right)-\alpha\omega = J$$

이 식은

$$\left(\frac{\partial T}{\partial t}+u\frac{\partial T}{\partial x}+v\frac{\partial T}{\partial y}\right)-S_p\omega = \frac{J}{c_p} \qquad (3.6)$$

로 다시 쓸 수 있다. 여기서 상태 방정식과 푸아송 방정식 (2.44)를 이용하여

$$S_p \equiv \frac{RT}{c_p p}-\frac{\partial T}{\partial p} = -\frac{T}{\theta}\frac{\partial \theta}{\partial p} \qquad (3.7)$$

를 구할 수 있으며, 이것은 등압계의 정적 안정도 매개변수이다. 식 (2.49)와 정역학 방정식을 이용하여, 식 (3.7)을

$$S_p = (\Gamma_d - \Gamma)/\rho g$$

로 다시 쓴다. 따라서 기온감률이 건조단열보다 작으면 S_p는 양이다. 그러나 밀도는 대략 고도에 따라서 지수적으로 감소하므로 S_p는 고도에 따라 급격하게 증가한다. 이렇게 안정도 계수인 S_p가 고도에 크게 의존하는 것이 등압 좌표의 작은 단점이다.

3.2 균형류

종관 일기도에 묘사된 것처럼 대기운동계가 겉으로 복잡함에도 불구하고 기상학적인 요란 내의 기압(지오퍼텐셜 고도)과 속도분포는 실제적으로 다소 간단한 근사적인 힘의 균형에 의하여 연결되어 있다. 대기운동에서 수평적인 힘의 균형을 정량적으로 이해하기 위하여 흐름이 정상상태(즉, 시간에 대해 독립적임)를 보이고 또한 속도의 연직성분이 없다고 이상화한다. 더구나 수평 운동량 방정식 (3.2)의 등압형을 소위 자연 좌표계의 성분으로 전개하여 흐름장을 묘사하는 것이 편리하다.

3.2.1 자연 좌표

자연 좌표계는 단위 벡터 $\boldsymbol{t}$, $\boldsymbol{n}$, 그리고 $\boldsymbol{k}$인 직교집합(orthogonal set)에 의하여 정의된다. 단위

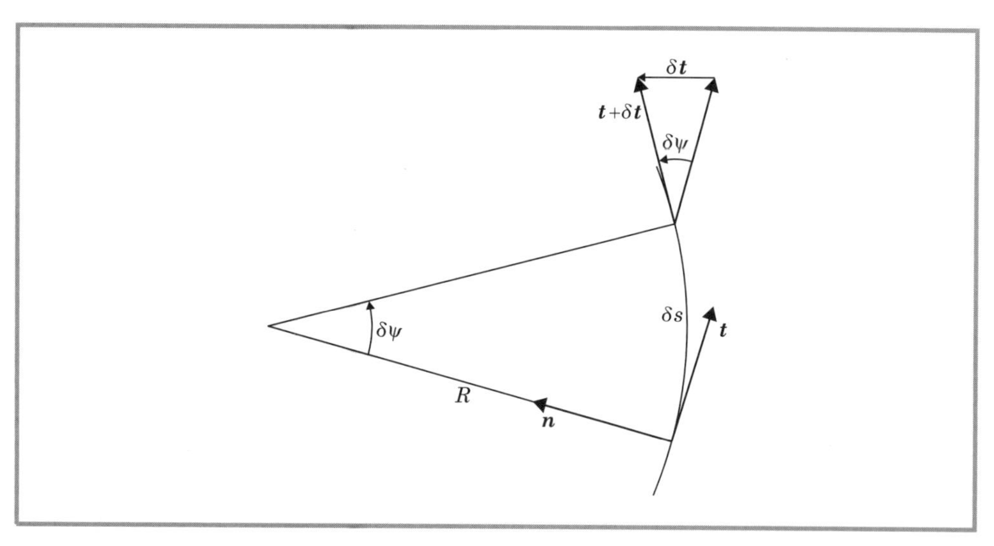

그림 3.1 운동에 따른 단위 접선 벡터 t의 변화율

벡터 $\boldsymbol{t}$는 각 점에서 수평속도에 평행한 방향이고, 단위 벡터 $\boldsymbol{n}$은 수평속도에 직각이며 흐르는 방향의 왼쪽이 양이 된다. 또한 단위 벡터 $\boldsymbol{k}$는 연직방향으로 위로 향한다. 이러한 계에서 수평속도는 $\boldsymbol{V} = V\boldsymbol{t}$로 쓰며 V는 수평속도로 $V \equiv Ds/Dt$로 정의되는 비음수 스칼라이며, 여기서 $s(x, y, t)$는 수평면에서 움직이는 공기 덩이가 지나가는 곡선의 거리이다. 따라서 운동을 따르면서 측정한 가속도는

$$\frac{D\boldsymbol{V}}{Dt} = \frac{D(V\boldsymbol{t})}{Dt} = \boldsymbol{t}\frac{DV}{Dt} + V\frac{D\boldsymbol{t}}{Dt}$$

이다.

운동을 따르면서 측정한 $\boldsymbol{t}$의 변화율을 그림 3.1을 이용하여 기하학적으로 유도한다.

$$\delta\psi = \frac{\delta s}{|\boldsymbol{R}|} = \frac{|\delta \boldsymbol{t}|}{|\boldsymbol{t}|} = |\delta \boldsymbol{t}|$$

여기서 R은 공기 덩이의 운동을 따르면서 측정한 곡률 반경이며 $|\boldsymbol{t}| = 1$을 이용했다. 관례로 R은 곡률의 중심이 $+\boldsymbol{n}$방향에 놓여 있을 때 +로 정한다. 따라서 $R > 0$인 경우, 공기 덩이는 운동방향의 왼쪽으로 방향을 바꾸며, $R < 0$인 경우, 공기 덩이는 운동방향의 오른쪽으로 방향을 바꾼다.

$\delta s \to 0$이 되도록 극한을 취하면 $\delta\boldsymbol{t}$는 $\boldsymbol{n}$에 평행한 방향이 된다는 점에 주의하면, 앞의 관계식으로부터 $D\boldsymbol{t}/Ds = \boldsymbol{n}/R$이 된다. 따라서

$$\frac{D\boldsymbol{t}}{Dt} = \frac{D\boldsymbol{t}}{Ds}\frac{Ds}{Dt} = \frac{\boldsymbol{n}}{R}V$$

그리고

$$\frac{DV}{Dt} = t\frac{DV}{Dt} + n\frac{V^2}{R} \tag{3.8}$$

그러므로 운동을 따르면서 측정한 가속도는 공기 덩이의 속도 변화율과 공기가 흘러가는 유적의 곡률에 기인한 구심 가속도의 합이다. 코리올리 힘은 항상 운동방향에 대해 연직으로 작용하므로 이 힘의 자연 좌표형은 간단히

$$-f\boldsymbol{k} \times \boldsymbol{V} = -fV\boldsymbol{n}$$

이고, 반면에 기압 경도력은

$$-\nabla_p \Phi = -\left(\boldsymbol{t}\frac{\partial \Phi}{\partial s} + \boldsymbol{n}\frac{\partial \Phi}{\partial n}\right)$$

로 나타낸다. 자연 좌표계로 나타낸 아래의 성분 방정식으로 수평 운동량 방정식을 전개한다.

$$\frac{DV}{Dt} = -\frac{\partial \Phi}{\partial s} \tag{3.9}$$

$$\frac{V^2}{R} + fV = -\frac{\partial \Phi}{\partial n} \tag{3.10}$$

식 (3.9)와 식 (3.10)은 운동방향에 평행한 힘의 균형과 그리고 연직방향에서의 힘의 균형을 각각 나타낸다. 지오퍼텐셜 등고도선에 평행한 운동의 경우, $\partial\Phi/\partial s = 0$이고 운동을 따라서 측정한 속력은 일정하다. 또한 유적을 따르는 운동방향에 연직한 지오퍼텐셜 경도가 일정한 경우, 식 (3.10)으로부터 유적의 곡률 반지름 역시 일정함을 알 수 있다. 이런 경우 식 (3.10)에 있는 세 항이 순 힘의 균형에 대한 상대적인 기여도에 따라 유체는 몇 가지 간단한 범주로 나누어질 수 있다.

3.2.2 지균류

등고도선에 평행한 직선 ($\boldsymbol{R} \rightarrow \pm\infty$) 운동을 하는 흐름을 지균운동이라 한다. 지균운동에서는 코리올리 힘의 수평성분과 기압 경도력이 정확히 균형을 이루어 $V = V_g$가 되며 지균풍 V_g는[2)]

$$fV_g = -\partial\Phi/\partial n \tag{3.11}$$

로 정의된다. 이러한 균형을 그림 3.2에 도식적으로 나타낸다. 등고도선이 위도대에 평행하여

2) 실제로 속력 V는 자연 좌표계 상에서 항상 양이 되어야 하지만, 흐름의 방향에 연직한 고도 경도에 비례하는 V_g는 뒤에서 보여줄 그림 3.5c에서 보인 '이상(anomalous)' 저기압인 경우처럼 음이기도 한다.

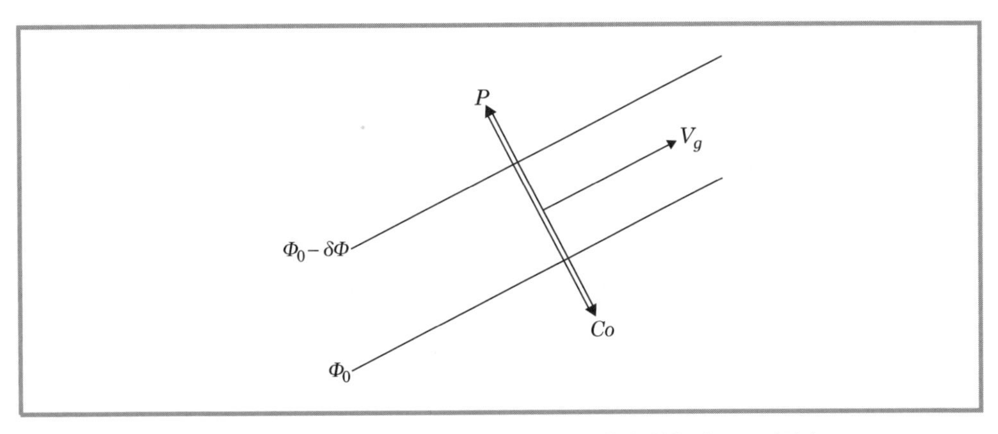

그림 3.2 지균 평형을 위한 힘의 균형. 기압 경도력은 P로, 코리올리 힘은 C_0로 표시된다.

야만 실제 바람은 정확하게 지균운동 상태에 있을 수 있다. 2.4.1소절에서 논의한 것처럼 일반적으로 지균풍은 중위도 종관 요란에서 일어나는 실제 바람에 대한 좋은 근사이지만, 다음에서 다루어야 할 몇 가지 특별한 경우에서는 이러한 근사가 성립되지 않는다.

3.2.3 관성류

만일 등압면에서 지오퍼텐셜 장이 균일하여 수평 기압 경도가 없으면, 식 (3.10)은 코리올리 힘과 원심력 사이의 균형식으로 된다.

$$V^2/R+fV=0 \tag{3.12}$$

식 (3.12)를 곡률 반지름에 대하여 풀면, 다음과 같다.

$$R=-V/f$$

이 경우 식 (3.9)로부터 속력은 일정하여야 하므로 (f가 위도에 따라 변한다는 것을 무시하면) 곡률 반지름 역시 일정하다. 따라서 공기 덩이는 안티사이클론성(anticyclonic) 방향[3]으로 원의 궤도를 그리게 된다. 이러한 변동주기는

$$P=\left|\frac{2\pi R}{V}\right|=\frac{2\pi}{|f|}=\frac{\frac{1}{2}\text{일}}{|\sin\phi|} \tag{3.13}$$

이다. P는 푸코 진자가 180° 회전하는 데 걸리는 시간과 같다. 따라서 이 주기를 종종 반진자일

3) 안티사이클론성 흐름은 북반구에서는 시계방향으로의 회전이며, 남반구에서는 반시계방향으로의 회전이다. 사이클론성 흐름(cyclonic flow)은 각 반구에서 이와는 반대 방향으로의 회전이다.

(one-half pendulum day)이라고 한다.

상대 운동에 의하여 나타난 코리올리 힘과 원심력 모두 유체의 관성에 의하여 야기되므로 이러한 형의 운동을 전통적으로 관성진동이라고 하고 반지름이 |R|인 이러한 원을 관성 원이라 부른다. 그러나 식 (3.12)에 의하여 지배되는 '관성류'는 절대 기준틀에서의 관성운동과는 다르다는 것을 인식하는 것이 중요하다. 식 (3.12)에 의하여 지배되는 이 흐름은 1.3.4소절에서 언급된 일정한 각운동량 진동이다. 이러한 흐름에서 운동면에 대하여 연직으로 작용하는 중력은 그 진동이 수평면 위에서 유지되도록 한다. 진짜 관성운동에서는 모든 힘들이 사라지면서 운동은 일정한 절대속도를 유지한다.

대기에서 운동은 거의 언제나 기압 경도력에 의해 생성되고 유지된다. 순수한 관성 운동이 되기 위해 요구되는 균일한 기압상태는 거의 존재하지 않는다. 그러나 해양에서는 내부의 기압 경도력에 의한 것보다도 해면을 가로질러 지나가는 일시적인 바람에 의하여 해류가 종종 형성된다. 결과적으로 많은 양의 에너지는 거의 관성주기로 진동하는 해류에서 일어난다. 그림 3.3은 바베이도스 섬 부근에 위치한 해류 계기가 기록한 하나의 예이다.

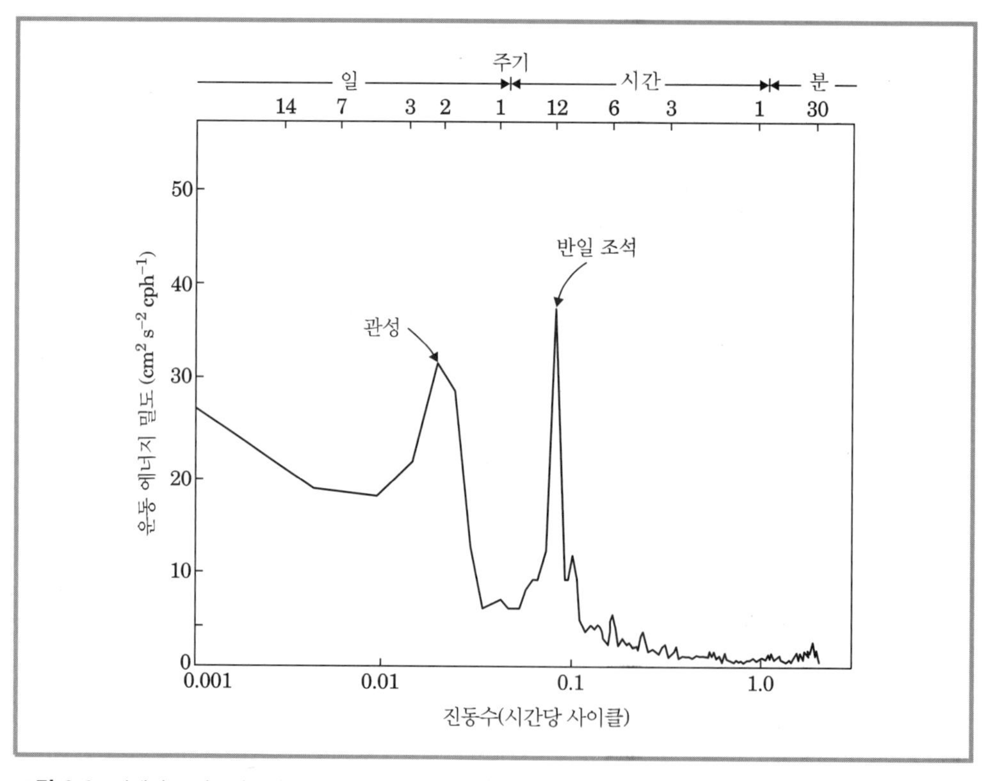

그림 3.3 바베이도스(북위 13°) 근처 해양 30m 깊이에서의 운동 에너지의 누승(power) 스펙트럼. 종축은 단위 진동수 간격에 대한 운동 에너지 밀도를 나타낸다(cph^{-1}은 시간당 회전수를 나타낸다.) 이러한 형태의 그림은 총운동 에너지가 다른 주기를 갖는 여러 진동들로 분산되는 모양을 보여준다. 13° 위도에서의 관성진동 주기에 해당하는 53시간에 강한 절정이 있음에 유의할 것(Warsh et al., 1971. 미국기상학회의 허가를 받아 사용됨).

3.2.4 선형류

요란의 수평 규모가 충분히 작은 경우, 전향력은 기압 경도력 및 원심력과 비교하여 볼 때 작아서 식 (3.10)에서 무시되므로, 흐름의 연직방향에서의 힘의 균형은

$$\frac{V^2}{R} = -\frac{\partial \Phi}{\partial n}$$

이다. 이 식을 V에 관하여 풀면, 선형풍의 속력,

$$V = \left(-R\frac{\partial \Phi}{\partial n}\right)^{1/2} \tag{3.14}$$

을 얻게 된다. 그림 3.4에서 보인 것처럼 선형류는 사이클론성(반시계), 또는 안티사이클론성(시계) 방향이다. 어느 경우든 기압 경도력은 곡률의 중심을 향하는 방향이며 원심력은 곡률의 중심에서 멀어져가는 방향이다.

선형균형의 근사는 원심력 대 코리올리 힘의 비율이 클 경우에 유효하다. 이 비율 $V/(fR)$는 2.4.2소절에서 논의한 로스비 수에 대응된다. 선형규모의 운동 예로서 전형적인 토네이도를 들 수 있다. 소용돌이의 중심에서 300 m 떨어진 곳에서의 접선 속도가 30 ms^{-1}라고 가정하자. 그리고 $f = 10^{-4}\,\text{s}^{-1}$라 하면 로스비 수는 $R_0 = V/|fR| \approx 10^3$이며, 이것은 토네이도의 경우, 힘의

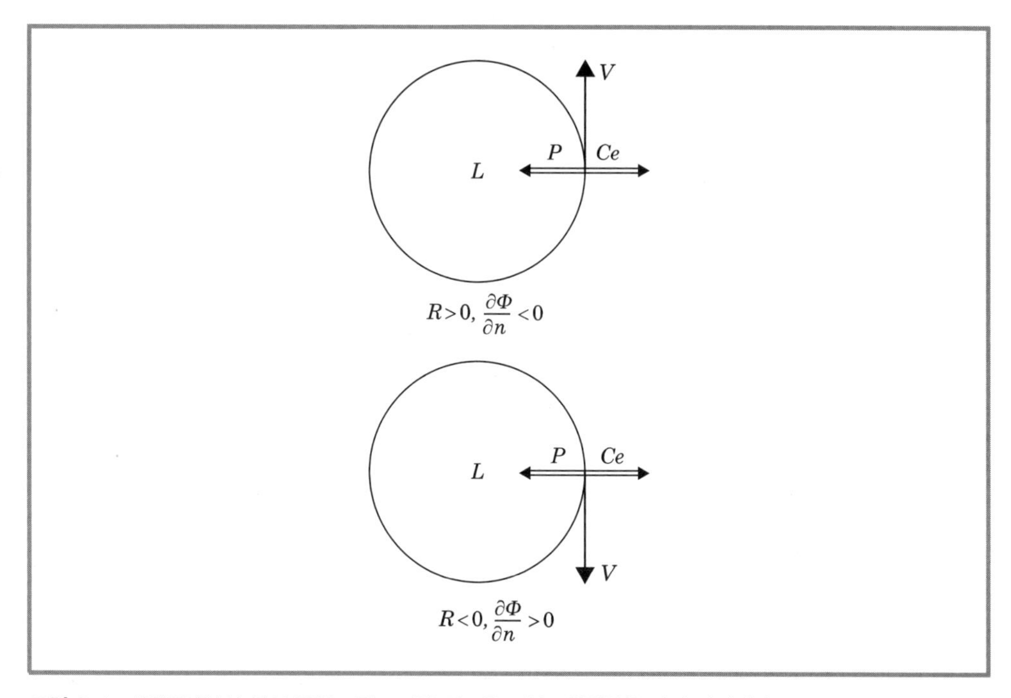

그림 3.4 선형류에서의 힘의 균형 : P는 기압 경도를, Ce는 원심력을 각각 나타낸다.

균형을 계산하는 데 있어 코리올리 힘이 무시될 수 있음을 의미한다. 그러나 북반구에서의 관측에 의하면 대부분의 토네이도는 사이클론성(반시계) 방향으로 회전한다. 이러한 현상은 토네이도는 사이클론성 회전을 선호하는 주위 환경 속에 있다는 사실에 기인한다(9.6.1소절 참조). 반면에 보다 작은 규모의 소용돌이인 먼지 회오리(dust devil)나 바다 용오름(water spout)은 선호하는 회전방향이 없다. Sinclair(1965)가 수집한 자료에 의하면 작은 규모의 소용돌이들의 방향은 사이클론성 방향으로 관측되는 경우만큼 안티사이클론성 방향으로도 종종 관측된다.

3.2.5 경도풍 근사

등고선에 평행하여 접선 가속도가 없는 무마찰 수평 흐름을 **경도류**라 한다. 경도류는 코리올리 힘, 원심력 그리고 기압 경도력 사이에서 균형을 유지한다. 지균류처럼 순수한 경도류는 아주 특별한 환경 아래에서만 존재할 수 있다. 그러나 어느 점에서나 식 (3.10)을 만족하도록 등고선에 평행한 바람 성분인 경도풍을 정의하는 것은 항상 가능하다. 이런 이유로 식 (3.10)은 보통 경도풍 방정식이라고 한다. 식 (3.10)은 공기 덩이의 유적 곡률에 기인한 원심력을 고려하기 때문에 종종 경도풍은 지균풍보다도 실제 바람에 가깝다.

경도풍의 속력은 식 (3.10)을 V에 대하여 풀면 구할 수 있는데 그 결과는

$$\begin{aligned} V &= -\frac{fR}{2} \pm \left(\frac{f^2R^2}{4} - R\frac{\partial \Phi}{\partial n} \right)^{1/2} \\ &= -\frac{fR}{2} \pm \left(\frac{f^2R^2}{4} + fRV_g \right)^{1/2} \end{aligned} \tag{3.15}$$

이며, 하부 식은 식 (3.11)을 사용하여 $\partial \Phi / \partial n$를 지균풍으로 표현한 것이다. V가 실수이고 또한 음수가 아니어야 하기 때문에 수학적으로 가능한 식 (3.15)의 모든 근들이 물리적으로 가능한 해가 되는 것은 아니다. 물리적으로 의미있는 해를 구하기 위하여 표 3.1에서 R과 $\partial \Phi / \partial n$의 부호에 따라 식 (3.15)의 여러 근들을 분류한다.

그림 3.5에서 네 가지 허용된 해에 대한 힘의 균형을 볼 수 있다. 식 (3.15)는 정상 고기압과 이상 고기압의 모든 경우, 근 안에 있는 양이 비음수가 되어야 하므로 기압 경도는 제한됨을 보여 준다. 즉,

$$|fV_g| = \left| \frac{\partial \Phi}{\partial n} \right| < \frac{|R| f^2}{4} \tag{3.16}$$

따라서 고기압 내에서 기압 경도는 $|R| \to 0$이 되면서 0으로 접근하여야 한다. 고기압 중심 부근의 기압 장은 항상 균일하고 바람도 저기압 중심 부근과 비교하여 볼 때 잔잔하다.

그림 3.5에 보인 원대칭 운동인 경우, 회전축에 관한 절대 각운동량은 $VR + fR^2/2$로 주어진

| 표 3.1 | 북반구에서의 경도풍 방정식의 근의 분류

부호 $\partial\Phi/\partial n$	R>0	R<0
양수($V_g<0$)	+근[a] : 비물리적	+근 : 비기압적 흐름(이상 저기압)
	−근 : 비물리적	−근 : 비물리적
음수($V_g>0$)	+근 : 사이클론성 흐름 (정상 저기압)	+근 : ($V>-fR/2$) : 안티사이클론성 흐름 (이상 고기압)
	−근 : 비물리적	−근 : ($V<-fR/2$) : 안티사이클론성 흐름 (정상 고기압)

[a] 두 번째와 세 번째 세로줄에 있는 용어인 +근과 −근은 식 (3.15)의 마지막 항에서 취한 부호를 가리킨다.

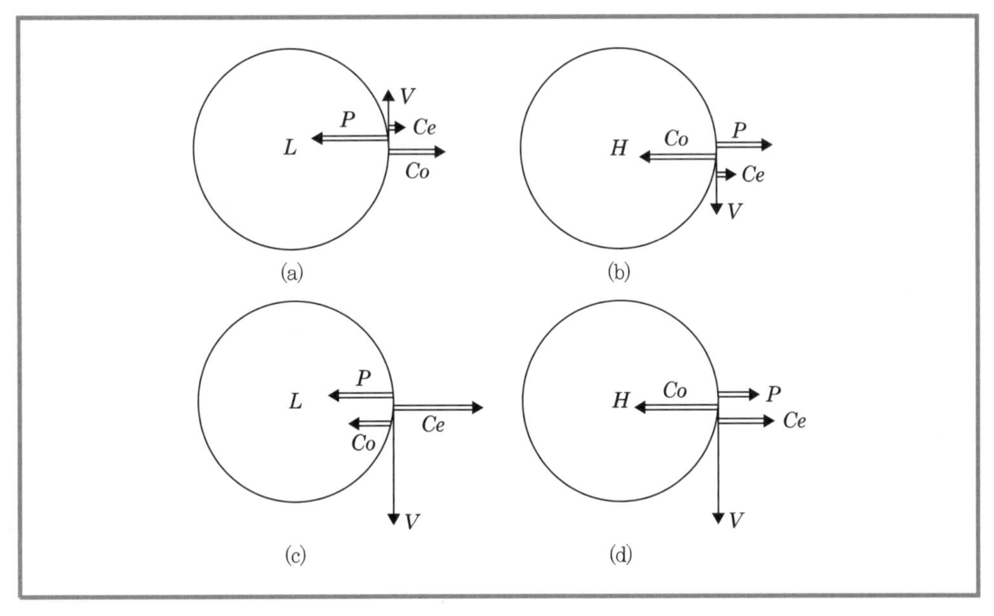

그림 3.5 경도류의 네 가지 형태에 대한 북반구에서의 힘의 균형 : (a) 정상 저기압, (b) 정상 고기압, (c) 이상 저기압, (d) 이상 고기압.

다. 식 (3.15)에 의해 북반구에서의 정상적인 경도풍 균형은 +절대 각운동량을 가지며 반면에 비정상적인 경우는 −절대 각운동량을 가진다는 것이 쉽게 증명된다. −절대 각운동량의 유일한 원천은 남반구이므로, 비정상적인 경우는 적도 근처를 제외하고는 잘 발생하지 않을 것 같다.

이상(anomalous) 저기압(그림 3.5c)을 제외한 모든 경우에서 코리올리와 기압 경도력의 수평성분들은 서로 반대방향으로 향하고 있으며, 이러한 흐름을 기압적(baric)이라 한다. 이상 저기압은 비기압적이다. 이상 저기압인 경우 식 (3.11)에서 정의된 지균풍 V_g는 음이며 확실히 실제 바람의 속도를 잘 나타내지 못한다.[4] 더구나 그림 3.5에 보인 것처럼 원심력과 코리올리 힘의 수평성분이 같은 부호를 가질 때에만($Rf > 0$) 경도풍은 사이클론성이며, 이 힘들이 서로 반대 부호를 가지면($Rf < 0$) 안티사이클론성이다. 남반구에서는 안티사이클론성과 사이클론성 흐름의 방향이 반대이므로 어느 반구이든 사이클론성 흐름이 되기 위한 $Rf > 0$인 조건은 같다.

지균풍 식 (3.11)의 정의는 흐름의 방향에 연직한 힘의 균형식 (3.10)을

$$V^2/R + fV - fV_g = 0$$

인 형으로 다시 쓰는 데 이용될 수 있다. 전체를 fV로 나누면 지균풍 대 경도풍의 비율이

$$\frac{V_g}{V} = 1 + \frac{V}{fR} \tag{3.17}$$

임을 알게 된다. 정상적인 사이클론성 흐름($fR > 0$)인 경우 V_g는 V보다 더 큰 반면에, 안티사이클론성 흐름($fR < 0$)인 경우 V_g는 V보다 더 작다. 그러므로 지균풍은 사이클론성 곡률을 보이는 곳에서 균형을 이룬 바람보다 크게 추정되며 안티사이클론성 곡률을 보이는 곳에서는 보다 작게 추정된다. 중위도 종관계의 경우, 경도풍과 지균풍의 속도 차이는 보통 10 ~ 20%를 초과하지 않는다[$V/(fR)$의 크기는 바로 로스비 수임에 유의하라]. 열대 요란인 경우, 로스비 숫자는 1에서 10의 범위 안에 있으며 지균풍보다는 경도풍 식을 적용하여야 한다. 식 (3.17)에서 $V_g < 0$인 비기압적인 이상 저기압은 $V/(fR) < -1$인 경우에만 존재할 수 있음을 볼 수 있다. 따라서 비기압적인 흐름은 토네이도와 같은 작은 규모의 격렬한 소용돌이와 관련되어 있다.

3.3 유적과 유선

균형류를 논의하기 위하여 앞 절에서 사용된 자연 좌표계 상에서의 $s(x, y, t)$는 수평면에서 공기 덩이가 지나가는 길로 표현되는 곡선에 따르는 거리로 정의되었다. 유한한 시간 동안에 하나의 특정 공기 덩이가 따르는 경로를 그 공기 덩이의 유적이라 한다. 따라서 경도풍 방정식에서 이용되는 경로 s의 곡률 반지름 R은 공기 덩이의 유적의 곡률 반지름이다. 실제 사용에서는 지오퍼텐셜 등고선의 곡률 반지름을 이용하여 R을 추정하는데, 그 이유는 종관 일기도로부터 쉽게 추정할 수 있기 때문이다. 그러나 등고선은 실제로 경도풍의 유선이다(즉, 어느 곳에서나 순간적인 속도에 평행한 선들이다).

4) 자연 좌표계에서 속력 V는 명백히 양수인 것을 기억하라.

어느 한 순간에서 일어나는 속도 장의 순간 묘사인 유선과, 유한한 시간 간격 동안에 개개의 유체 덩이들의 운동을 추적한 유적과는 확실하게 구별하는 것이 중요하다. 카테시안 좌표에서 수평 유적은 유한한 시간 동안에 추적할 각 공기 덩이에 대하여

$$\frac{Ds}{Dt} = V(x, y, t) \tag{3.18}$$

를 적분함으로써 얻어지며, 반면에 유선은

$$\frac{dy}{dx} = \frac{v(x, y, t_0)}{u(x, y, t_0)} \tag{3.19}$$

를 시각 t_0에서 x에 대하여 적분함으로써 얻어진다(유선은 속도 장에 평행하므로 수평면에서 유선의 기울기는 바로 수평속도 성분의 비율이다). 정상상태의 운동 장일 경우에만(즉, 속도의 국지 변화율이 없는 장) 유선과 유적은 서로 일치한다. 그러나 종관 요란은 **정상상태**(steady-state)의 운동이 아니다. 종관 요란은 일반적으로 그 요란 주위를 순환하는 바람과 같은 크기의 속력으로 움직인다. 경도풍 방정식에서 유적의 곡률 대신에 유선의 곡률을 사용함에 따라 일어날 수 있는 오차를 추정하기 위하여, 이동하는 기압계에 대한 유적곡률과 유선곡률의 상호관계를 조사할 필요가 있다.

$\beta(x, y, t)$가 등압면의 각 점에서 바람의 각방향(angular direction)을, 그리고 R_t와 R_s는 유적과 유선의 곡률 반지름을 각각 나타낸다고 하자. 그러면, 그림 3.6에서 $\delta s = R\delta\beta$이므로 $\delta s \to 0$으로 극한을 취하면

$$\frac{D\beta}{Ds} = \frac{1}{R_t} \quad \text{그리고} \quad \frac{\partial\beta}{\partial s} = \frac{1}{R_s} \tag{3.20}$$

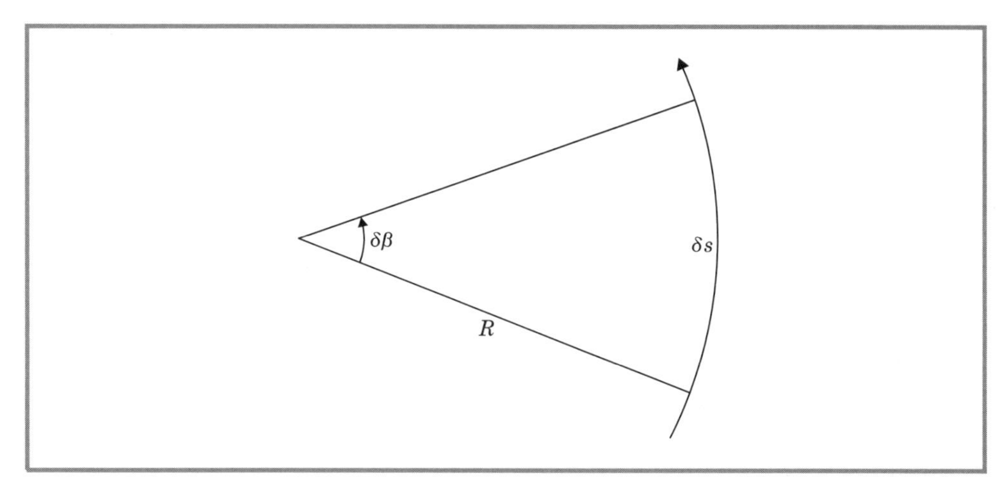

그림 3.6 바람의 각방향의 변화 $\delta\beta$ 와 곡률 반지름 R과의 관계

이다. 여기서 $D\beta/Ds$는 유적을 따라서 측정한 풍향의 변화율이고(반시계방향으로 회전하는 경우는 +) $\partial\beta/\partial s$는 어느 순간에 유선을 따라서 측정한 풍향의 변화율이다. 따라서 운동을 따르면서 측정한 풍향의 변화율은

$$\frac{D\beta}{Dt} = \frac{D\beta}{Ds}\frac{Ds}{Dt} = \frac{V}{R_t} \tag{3.21}$$

이고, 또한 전미분을 전개하면

$$\frac{D\beta}{Dt} = \frac{\partial\beta}{\partial t} + V\frac{\partial\beta}{\partial s} = \frac{\partial\beta}{\partial t} + \frac{V}{R_s} \tag{3.22}$$

이다. 식 (3.21)과 식 (3.22)를 결합함으로써 바람의 국지 회전의 크기를 구하는 식을 얻는다.

$$\frac{\partial\beta}{\partial t} = V\left(\frac{1}{R_t} - \frac{1}{R_s}\right) \tag{3.23}$$

식 (3.23)은 풍향의 국지 변화율이 없을 때에만 유적과 유선은 서로 일치함을 보여준다.

일반적으로 중위도 종관계는 상층 고도의 서풍류에 의하여 이류 되므로 결과적으로 동쪽으로 이동한다. 이러한 경우 계가 이동하면서 등고선 패턴의 모양이 일정한 상태를 유지한다고 하더라도 종관계의 이동에 의하여 국지적으로 바람의 전향이 일어난다. 이와 같은 상황인 경우, 원형의 등고선 패턴이 이상적으로 일정한 속도 $\boldsymbol{C}$로 움직인다고 할 경우에는 R_t와 R_s의 관계를 쉽게 정할 수 있다. 이러한 경우 바람의 국지 전향은 전적으로 유선 패턴의 움직임에 기인하여

$$\frac{\partial\beta}{\partial t} = -\boldsymbol{C}\cdot\nabla\beta = -C\frac{\partial\beta}{\partial s}\cos\gamma = -\frac{C}{R_s}\cos\gamma$$

이 되며 여기서 γ는 유선(등고도선)과 계의 이동 방향이 이루는 사이 각이다. 이 앞 식을 식 (3.23)에 대입하고, 식 (3.20)을 이용하여 R_t에 대하여 풀면 유선의 곡률과 유적의 곡률과의 관계식을 얻을 수 있다.

$$R_t = R_s\left(1 - \frac{C\cos\gamma}{V}\right)^{-1} \tag{3.24}$$

이동하는 유선 패턴의 어느 곳에서나 식 (3.24)를 이용하여 유적의 곡률을 계산할 수 있다. 등고도선이 이동하는 속도보다 풍속이 더 큰 경우와 더 작은 경우를 대상으로, 처음에 저기압계 중심의 정북쪽, 동쪽, 남쪽 그리고 서쪽에 위치한 공기 덩이들의 유적곡선을 그림 3.7에 나타낸다. 이 예에서 표시된 유적들은 지균 균형을 근거로 하므로 등고도선은 유선과 같다. 간단히 하기 위하여 풍속은 그 계의 중심으로부터 떨어진 거리에 의존하지 않는다고 가정하였다.

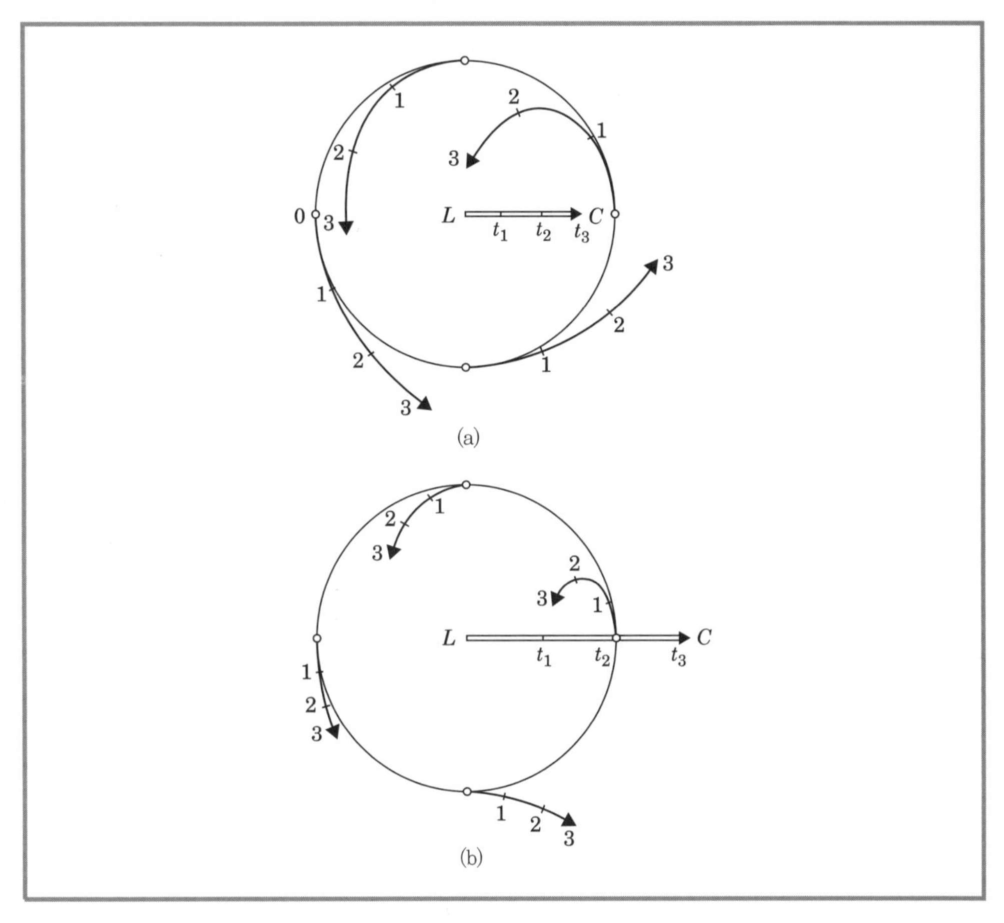

그림 3.7 북반구의 경우, (a) $V=2C$와 (b) $2V=C$로 이동 중인 원형 저기압 순환계에 대한 유적들. 숫자는 연속하는 시간에서의 위치를 가리킨다. L은 기압이 가장 낮은 곳을 의미한다.

그림 3.7b의 경우, 유적곡률이 유선곡률과 반대인 영역은 저기압 중심의 남쪽에 위치한다. 흔히 종관규모의 기압계는 바람속도와 견줄 정도인 속도로 이동하므로 종종 등고도선의 곡률을 근거로 계산한 경도풍의 속도는 지균풍보다 실제의 바람속도를 잘 근사하지 못한다. 사실, 유적곡률이 변함에 따라 실제 경도풍의 풍속은 등고도선을 따라 변할 것이다.

3.4 온도풍

지균풍은 수평 온도경도가 있으면 연직 시어를 가져야 하는데 이것은 정역학 평형을 근거로 한 간단한 물리적인 고찰로부터 쉽게 알 수 있다. 지균풍 식 (3.4)는 등압면 상에서 지오퍼텐셜 경도에 비례하므로 그림 3.8에서 보인 것처럼 $+y$축 방향의 지균풍이 고도에 따라 크기가 증가

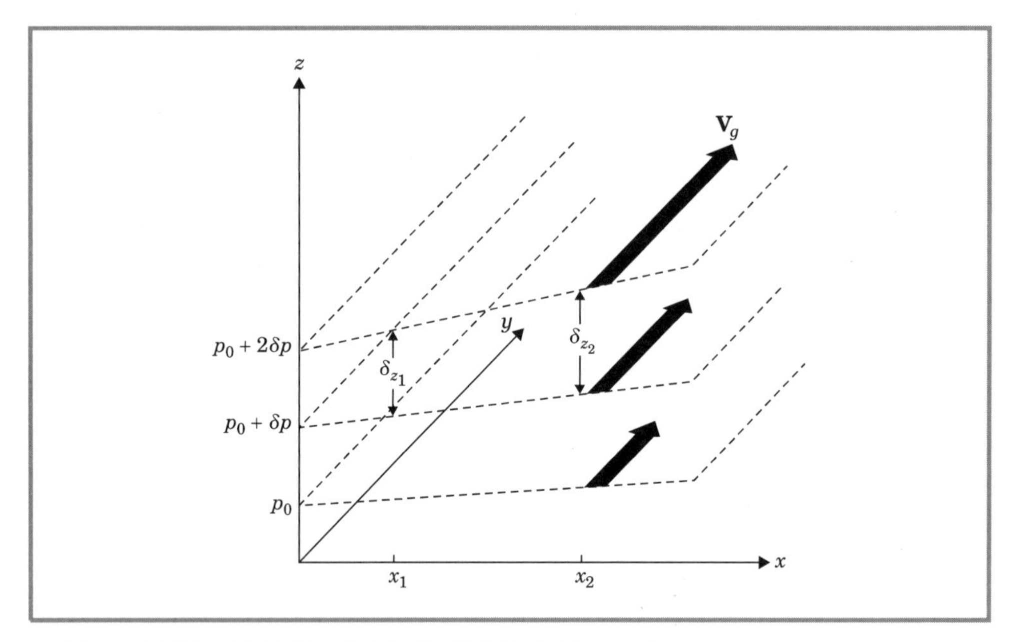

그림 3.8 지균풍의 연직 시어와 수평 기온 경도와의 관계(주의 : $\partial p < 0$)

하는 경우, x축에 대한 등압선의 기울기 역시 고도에 따라 증가되어야 한다. 측고 공식 (1.30)에 따르면 (+)기압 간격 δp에 대응하는 두께 δz는

$$\delta z \approx g^{-1} RT \delta \ln p \tag{3.25}$$

이다.

따라서 두 등압면 사이에 있는 층의 두께는 그 층의 평균온도, T에 비례한다. 그림 3.8에서, 공기 기둥 δz_1의 평균온도 T_1은, 공기 기둥 δz_2의 평균온도 T_2보다 작아야만 한다. 따라서 고도에 따른 $+x$방향으로 향하는 기압 경도력의 증가는 $+x$방향으로 향하는 온도경도와 결부돼야 한다. x_2의 연직 기둥에 있는 공기는 보다 따뜻하므로(밀도가 작으므로) 주어진 기압만큼 하강하기 위해서는 그 깊이가 x_1에 위치한 공기가 차지하는 연직 기둥의 깊이보다 더 깊어야 한다.

지균풍 성분의 고도에 따른 변화율을 나타내는 방정식은 등압 좌표계를 이용하여 대부분 쉽게 유도된다. 등압 좌표에서 지균풍 식 (3.4)는

$$v_g = \frac{1}{f}\frac{\partial \Phi}{\partial x} \quad \text{그리고} \quad u_g = -\frac{1}{f}\frac{\partial \Phi}{\partial y} \tag{3.26}$$

로 주어지는 성분들을 가지며 여기서 기압이 일정한 상태에서 미분한다. 또한, 이상기체 법칙을 이용하여 정역학 방정식을

$$\frac{\partial \Phi}{\partial p} = -\alpha = -\frac{RT}{p} \tag{3.27}$$

로 쓸 수 있다. 식 (3.26)을 기압에 대하여 미분하고 식 (3.27)을 적용하면

$$p\frac{\partial v_g}{\partial p} \equiv \frac{\partial v_g}{\partial \ln p} = -\frac{R}{f}\left(\frac{\partial T}{\partial x}\right)_p \tag{3.28}$$

$$p\frac{\partial u_g}{\partial p} \equiv \frac{\partial u_g}{\partial \ln p} = \frac{R}{f}\left(\frac{\partial T}{\partial y}\right)_p \tag{3.29}$$

를 얻으며 또는 벡터형

$$\frac{\partial \boldsymbol{V}_g}{\partial \ln p} = -\frac{R}{f}\boldsymbol{k} \times \nabla_p T \tag{3.30}$$

를 얻는다.

식 (3.30)을 종종 **온도풍** 방정식이라고 한다. 그러나 이것은 실제로 연직바람 층밀림을 나타내는 하나의 관계식이다(즉, $\ln p$에 대한 지균풍의 변화율). 엄격히 말하면, **온도풍**이라는 용어는 두 고도에 위치한 지균풍들 사이의 벡터 차를 가리킨다. 온도풍 벡터를 $\boldsymbol{V}_T$라 하면 식 (3.30)을 기압고도 p_0에서 고도 p_1까지 적분하면($p_1 < p_0$)

$$\boldsymbol{V}_T \equiv \boldsymbol{V}_g(p_1) - \boldsymbol{V}_g(p_0) = -\frac{R}{f}\int_{p_0}^{p_1}(\boldsymbol{k} \times \nabla_p T)\, d\ln p \tag{3.31}$$

를 얻는다.

$< T >$를 기압 p_0와 p_1 사이에 있는 층의 평균온도를 나타낸다고 하면, 온도풍의 x와 y의 성분들은

$$u_T = -\frac{R}{f}\left(\frac{\partial < T >}{\partial y}\right)_p \ln\left(\frac{p_0}{p_1}\right), \quad v_T = \frac{R}{f}\left(\frac{\partial < T >}{\partial x}\right)_p \ln\left(\frac{p_0}{p_1}\right) \tag{3.32}$$

로 주어진다. 주어진 층에 대한 온도풍을 그 층의 상부와 하부에서의 지오퍼텐셜 차이의 수평경도 항으로 달리 표현하기도 한다.

$$u_T = -\frac{1}{f}\frac{\partial}{\partial y}(\Phi_1 - \Phi_0), \quad v_T = \frac{1}{f}\frac{\partial}{\partial x}(\Phi_1 - \Phi_0) \tag{3.33}$$

T를 평균 $< T >$로 대치한 후 정역학 방정식 (3.27)을 연직적으로 p_0에서 p_1까지 적분함으로써 식 (3.32)와 식 (3.33)이 동등한 것을 쉽게 증명할 수 있다. 그 결과가 측고 공식 (1.22)이다.

$$\Phi_1 - \Phi_0 \equiv gZ_T = R < T > \ln\left(\frac{p_0}{p_1}\right) \tag{3.34}$$

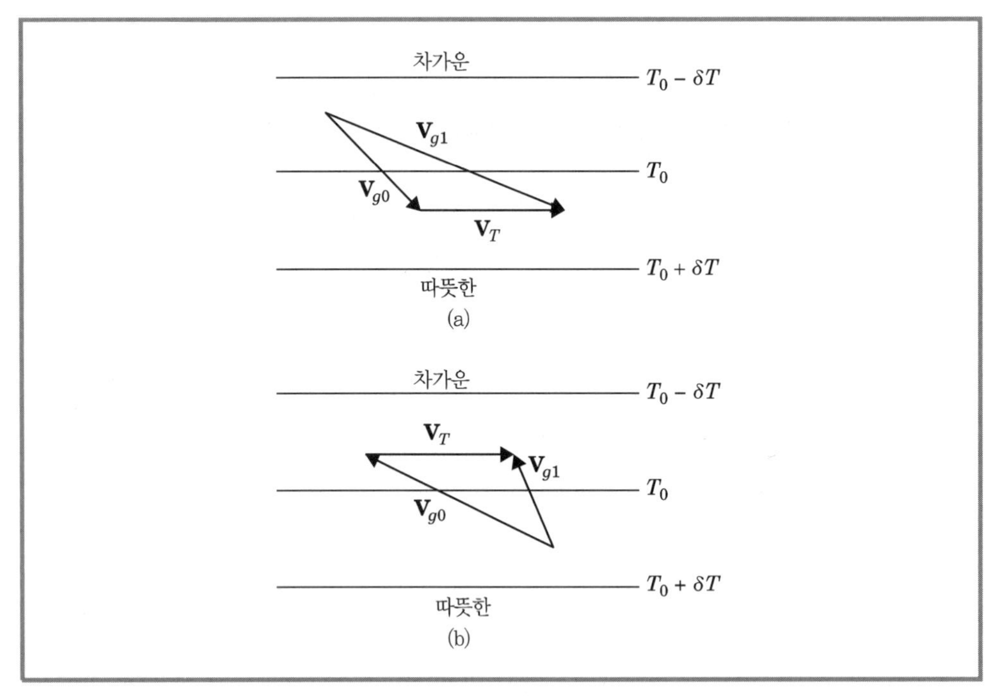

그림 3.9 지균풍의 방향변화와 온도이류와의 관계 : (a) 고도에 따른 바람의 반전, (b) 고도에 따른 바람의 순전

Z_T는 지오퍼텐셜 미터 단위로 측정한 p_0와 p_1 사이에 있는 층의 두께이다. 식 (3.34)로부터 두께는 그 층의 평균온도에 비례함을 안다. 그러므로 Z_T가 같은 선(두께의 등치선)은 그 층의 평균온도의 등온선과 동등하다. 또한, 그림 3.9에서 보인 것처럼 한 층 내에서 평균 수평 온도 이류를 추정하기 위하여 이 방정식을 사용할 수 있다. 식 (3.33)의 벡터 형,

$$V_T = \frac{1}{f}\boldsymbol{k} \times \nabla(\Phi_1 - \Phi_0) = \frac{g}{f}\boldsymbol{k} \times \nabla Z_T = \frac{R}{f}\boldsymbol{k} \times \nabla < T > \ln\left(\frac{p_0}{p_1}\right) \tag{3.35}$$

로부터 북반구인 경우, 온도풍은 바람이 흘러가는 쪽으로 향하여 더운 공기를 오른쪽으로 두고 등온선(등두께선)에 평행하게 분다는 것이 명백하다. 따라서 그림 3.9a에서 예시한 것처럼 고도가 높아짐에 따라 반시계방향으로 회전하는(backs : 반전) 지균풍은 차가운 공기이류와 관련된다. 반대로 그림 3.9b에서 보인 것처럼 고도가 높아짐에 따라 지균풍이 시계방향으로 회전하는 것(veering : 순전)은 그 층 내에서 지균풍에 의한 따뜻한 공기이류를 나타낸다.

따라서 주어진 장소에서 단 하나의 탐측(sounding)에 의해 바람의 연직 단면이 얻어지며 이 자료만을 갖고서도 수평 온도이류와 그것의 연직 의존도를 올바르게 추정하는 것이 가능하다. 이와 다르게, 단 하나의 면에서 지균 속도를 안다면 평균 온도 장으로부터 다른 어느 면에서의 지균풍이 추정될 수 있다. 따라서, 850 hPa에서의 지균풍을 알고 850 hPa과 500 hPa 사이에 있는 층의 평균 수평온도경도를 안다면, 500 hPa에서의 지균풍을 구하기 위해 온도풍 방정식을

이용할 수 있다.

3.4.1 순압과 경압대기

순압대기는 $\rho=\rho(p)$로서 밀도가 단지 기압에만 의존하는 대기여서 등압면 역시 등밀도면이다. 이상기체인 경우, 대기가 순압적이라면 등압면 역시 등온이다. 따라서 순압대기에서는 $\nabla_p T=0$이며 온도풍 방정식 (3.30)은 $\partial \boldsymbol{V}_g/\partial \ln p=0$이 되어 지균풍은 고도에 대하여 독립적임을 나타낸다. 따라서 순압은 회전하는 유체운동에 아주 강한 구속력을 행사한다. 대규모 운동은 고도와 관계없이 단지 수평위치와 시간에만 의존할 수 있다.

밀도가 온도와 기압 모두에 의존하는, $\rho=\rho(p, T)$인 대기를 경압대기라고 한다. 경압대기에서 지균풍은 일반적으로 층밀림을 갖고 있으며 이 층밀림은 온도풍 방정식 (3.30)에 의하여 수평 온도경도와 연관되어 있다. 확실히, 경압대기는 기상역학에서 제일 중요하다. 그러나 뒷장에서 보겠지만, 보다 간단한 순압대기를 연구함으로써 많은 부분을 배울 수 있다.

3.5 연직 운동

앞에서 언급하였듯이 종관규모 운동인 경우, 연직 속도 성분은 전형적으로 초당 수cm의 크기를 갖는다. 그러나 일상적인 기상 탐측은 단지 초당 1m 정도의 정밀도로 풍속이 측정된다. 따라서, 일반적으로 연직 속도는 직접 측정되는 것이 아니고, 직접 측정된 장으로부터 추정되어야만 한다.

연직 운동장을 추정하기 위한 두 가지 방법은 연속 방정식을 근거로 한 운동학적 방법과 열역학 에너지 방정식을 근거로 한 단열적 방법이다. 등압 좌표계를 사용하여 이 두 가지 방법 모두를 적용하기 때문에 $w(z)$보다는 $\omega(p)$가 추정된다. 이 두 가지 연직 속도의 크기는 정역학 근사(어림)로 서로 연관되어 있다.

Dp/Dt를 (x, y, z)좌표계에서 전개하면

$$\omega \equiv \frac{Dp}{Dt}=\frac{\partial p}{\partial t}+\boldsymbol{V}\cdot\nabla p+w\left(\frac{\partial p}{\partial z}\right) \tag{3.36}$$

를 얻는다. 종관규모 운동인 경우, 수평속도는 1차 근사로 지균적이다. 그러므로 $\boldsymbol{V}=\boldsymbol{V}_g+\boldsymbol{V}_a$로 쓸 수 있다. 여기서 $\boldsymbol{V}_a$는 비지균풍이며 $|\boldsymbol{V}_a| \ll |\boldsymbol{V}_g|$이다. 그러나 $\boldsymbol{V}_g=(\rho f)^{-1}\boldsymbol{k}\times\nabla p$ 이어서 $\boldsymbol{V}_g\cdot\nabla p=0$이다. 이 결과와 정역학 근사를 사용하여 식 (3.36)을

$$\omega=\frac{\partial p}{\partial t}+\boldsymbol{V}_a\cdot\nabla p-g\rho w \tag{3.37}$$

로 다시 쓸 수 있다. 식 (3.37)의 오른쪽에 있는 세 항들의 크기를 비교하면, 종관규모의 경우

$$\partial p/\partial t \sim 10\,\mathrm{hPa\,d^{-1}}$$
$$\boldsymbol{V}_a \cdot \nabla p \sim (1\,\mathrm{ms^{-1}})(1\,\mathrm{Pa\,km^{-1}}) \sim 1\,\mathrm{hPa\,d^{-1}}$$
$$g\rho w \sim 100\,\mathrm{hPa\,d^{-1}}$$

이다. 따라서

$$\omega = -\rho g w \tag{3.38}$$

로 하는 것은 아주 좋은 근사가 된다.

3.5.1 운동학적 방법

연직 속도를 추정하는 한 방법은 연속 방정식을 연직적으로 적분하는 것에 기초하고 있다. 식 (3.5)를 기압에 대하여 기준면 p_s에서 임의면 p까지 적분하면

$$\begin{aligned}\omega(p) &= \omega(p_s) - \int_{p_s}^{p}\left(\frac{\partial u}{\partial x}+\frac{\partial v}{\partial y}\right)_p dp \\ &= \omega(p_s) + (p_s - p)\left(\frac{\partial < u >}{\partial x}+\frac{\partial < v >}{\partial y}\right)_p\end{aligned} \tag{3.39}$$

를 얻는다. 여기서 각진 괄호는 기압을 가중값으로 한 연직 평균이다.

$$< \ > \equiv (p - p_s)^{-1}\int_{p_s}^{p}(\ )\,dp$$

식 (3.38)을 이용하여 식 (3.39)의 평균화된 형을

$$w(z) = \frac{\rho(z_s)w(z_s)}{\rho(z)} - \frac{p_s - p}{\rho(z)g}\left(\frac{\partial < u >}{\partial x}+\frac{\partial < v >}{\partial y}\right) \tag{3.40}$$

로 다시 쓸 수 있다. 여기서 z와 z_s는 각각 기압면 p와 p_s의 고도이다.

연직 속도장을 추정하기 위하여 식 (3.40)을 이용하려면 수평발산에 대하여 알고 있어야 한다. 수평발산을 계산하기 위하여 편미분 $\partial u/\partial x$와 $\partial v/\partial y$는 보통 유한차 근사를 사용하여 u와 v의 장으로부터 추정된다(13.2.1소절을 참조). 예를 들어 그림 3.10의 x_0, y_0의 점에서 수평속도의 발산을 구하기 위하여

$$\frac{\partial u}{\partial x}+\frac{\partial v}{\partial y} \approx \frac{u(x_0+d)-u(x_0-d)}{2d}+\frac{v(y_0+d)-v(y_0-d)}{2d} \tag{3.41}$$

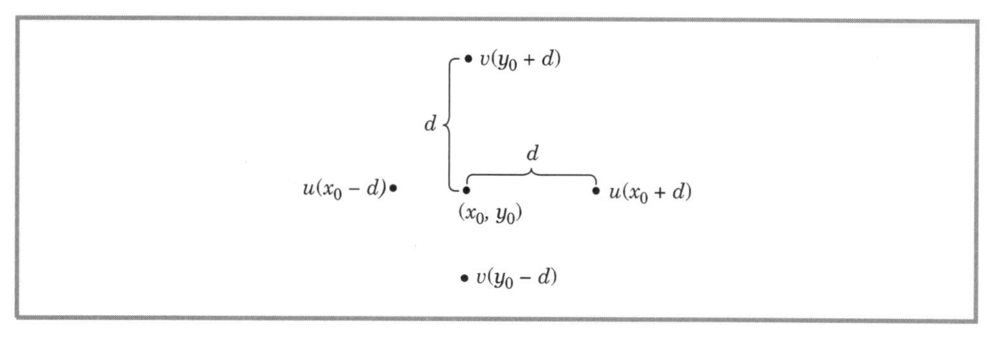

그림 3.10 수평발산을 추정하기 위한 격자

로 쓴다.

그러나 중위도 종관규모의 운동인 경우 수평속도는 거의 지균평형인 상태에 있다. 코리올리 매개변수의 변화에 따른 작은 효과를 제외하면(문제 3.19를 참조), 지균풍은 비발산적이다. 즉, $\partial u/\partial x$와 $\partial v/\partial y$는 크기는 거의 같고 부호가 서로 반대이다. 따라서 수평발산은 주로 바람이 지균평형을 이루지 못하는 작은 성분(즉, 비지균풍)에 의하여 일어난다. 식 (3.41)에서 여러 바람성분들 중의 한 성분에 대한 값을 구하는 과정에서 발생한 10%의 오차로 인하여 추정된 발산이 100%의 오차 범위에 쉽게 들 수 있다. 이러한 이유로 관측된 수평바람으로부터 연직 운동장을 추정하는 경우, 연속 방정식 방법은 바람직하지 않다.

3.5.2 단열적 방법

연직 속도를 추정하는 두 번째 방법은 열역학 에너지 방정식을 근간으로 하는 것인데, 이 방법은 수평속도를 측정할 때 발생하는 오차에 그렇게 민감하지 않다. 비단열 가열 J가 열 균형에 있는 다른 항들과 비교하여 작다고 가정하면, 식 (3.6)에 의해

$$\omega = S_p^{-1}\left(\frac{\partial T}{\partial t}+u\frac{\partial T}{\partial x}+v\frac{\partial T}{\partial y}\right) \tag{3.42}$$

를 얻게 된다.

항상, 중위도에서는 지균풍을 사용하여 온도이류를 아주 정확하게 추정할 수 있으므로 지오퍼텐셜과 온도자료의 이용이 가능한 경우에는 단열적 방법을 적용할 수 있다. 단열적 방법의 단점은 온도의 국지 변화율에 대한 정보가 있어야 한다는 점이다. 짧은 시간 간격으로 관측이 이루어지지 않으면 넓은 지역에 걸쳐 $\partial T/\partial t$를 추정하는 것이 어려울 것이다. 넓은 지역에 걸쳐 호우를 동반한 폭풍처럼 강한 단열가열이 있는 상황에서는 이 방법 역시 다소 부정확할 것이다. 이러한 어려움들을 극복하기 위해 소위 오메가 방정식을 근간으로 하여 ω를 추정하는 대체 방법을 제6장에서 설명한다.

3.6 지상 기압 경향

음의 지상 기압 경향이 발달한다는 것은 사이클론성 일기 요란이 접근하고 있다는 예고로 받아들여진다. 지상 기압 경향과 바람 장을 연결시키고, 이론적으로 단기 예보의 근거로 사용되는 간단한 수식은 식 (3.39)에서 $p \to 0$으로 극한을 취함으로써

$$\omega(p_s) = -\int_0^{p_s} (\nabla \cdot \boldsymbol{V})\, dp \tag{3.43}$$

가 구해지며 뒤이어 식 (3.37)을 이용하여 대치함으로써

$$\frac{\partial p_s}{\partial t} \approx -\int_0^{p_s} (\nabla \cdot \boldsymbol{V})\, dp \tag{3.44}$$

가 구하여진다. 여기서 지면은 수평적이어서 $w_s = 0$으로 가정하였고 3.5.1절의 규모 논의에 따라 지상에서 비지균 속도에 의한 이류는 무시하였다.

식 (3.44)에 따르면, 한 지점에서의 지상 기압 경향은 그 지점의 상공에 있는 대기의 연직 기둥에서 일어나는 질량의 총수렴(total convergence)에 의하여 결정된다. 이러한 결과는 직접적으로 정역학 가정의 귀결이고, 이 가정은 한 지점에서의 기압은 단지 그 지점 상공에 있는 공기 기둥의 무게에 의하여 결정된다는 것을 뜻한다. 공기 기둥 내에서의 온도변화는 지상 기압이 아닌 상층 기압면의 고도에 영향을 준다.

앞에서 언급한 것처럼, 비록 경향 방정식이 하나의 예보용으로 사용될 수 있는 것처럼 보이지만, 3.5.1소절에서 논의한 것처럼 발산은 비지균풍장에 의존하기 때문에 $\nabla \cdot \boldsymbol{V}$를 관측에 의하여 정확하게 계산하기가 어려워 경향 방정식의 용도는 아주 제한되어 있다. 더구나 연직 보상을 하려는 경향이 강하다. 따라서 하부 대류권에서 수렴이 있으면 상층에 발산이 있으며, 반대로 하부 대류권에서 발산이 있으면 상층에 수렴이 있다. 적분된 수렴 또는 발산의 최종값은 불완전하게 결정된 양을 대상으로 연직 적분하여 구한 작은 나머지 값(residual)이다.

그럼에도 불구하고, 식 (3.44)는 지상 기압변화의 원인 및 기압변화와 수평발산과의 관계를 이해하는 데 있어 도움을 주는 것으로 정성적인 의의를 가진다. 이러한 점은 (하나의 가능한 예로서) 열적 저기압의 발달을 생각함으로써 설명될 수 있다. 열의 근원이 중층 대류권에서 국지적으로 온난 편차를 야기하였다고 하자(그림. 3.11a). 그러면 측고 공식 (3.34)에 따라 상층 기압면의 고도가 온난 편차역의 상부로 올라가며, 결과적으로 상층면에서 수평 기압 경도력이 있게 되어 이 면에서 바람이 발산하도록 한다. 식 (3.44)에 의하여 이 상층면에서의 발산은 처음에 지상 기압이 감소하도록 할 것이며 이에 따라 온난 편차역의 하부로 지상 저기압을 생성시킬 것이다(그림 3.11b). 그러면 지상 저기압과 연관된 수평 기압 경도는 하층면 수렴과 그리고 상층면 발산을 보상하려는 연직 순환을 일으킨다. 상층 발산과 하층 수렴 사이의 보상되

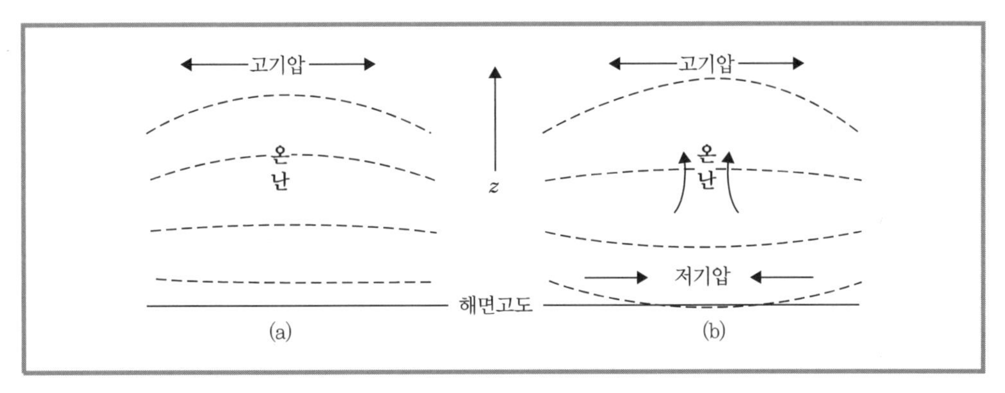

그림 3.11 중간 대류권에서의 열의 근원에 대한 지상 기압의 조절. 점선은 등압선을 나타낸다. (a) 처음에 위치했던 고도가 상층 기압면에서 증가한다. (b) 지면은 상층면에서의 발산에 대응한다.

는 정도에 따라 지상 기압이 지속적으로 하강할 것인지, 일정한 상태를 유지할 것인지, 또는 상승할 것인지 결정된다.

위에서 예로서 보인 열적으로 움직이는 순환이 결코 유일하게 가능한 순환의 형태는 아니다(예로서 한랭 핵 저기압은 중요한 종관규모의 특징이다). 그러나 예로서 보인 열적 순환에 의하여, 어떻게 상층면에서의 역학 과정이 지면에 전달되며 그리고 지면과 상층 대류권이 발산적인 순환에 의하여 어떻게 역학적으로 연결될 것인가에 관한 통찰력이 길러진다. 이러한 주제는 제6장에서 보다 자세히 검토될 것이다.

식 (3.44)는 등고도에서 기압의 변동을 결정하는 하나의 하부 경계조건이다. 역학 방정식 (3.2), (3.5), (3.6) 그리고 식 (3.27)로 이루어진 등압 좌표계가 지배 방정식 집합(set)으로 사용되면, 하부 경계조건은 등압상태에서 지오퍼텐셜(또는 지오퍼텐셜 고도)의 변화항으로 수식화되어야 한다. 그러한 수식은 단순히 $D\Phi/Dt$를 등압 좌표에서 전개함으로써 얻어진다.

$$\frac{\partial \Phi}{\partial t} = -\mathbf{V}_a \cdot \nabla \Phi - \omega \frac{\partial \Phi}{\partial p}$$

그리고 식 (3.27)과 식 (3.43)을 대입함으로써

$$\frac{\partial \Phi_s}{\partial t} \approx -\frac{RT_S}{p_s}\int_0^{p_s} (\nabla \cdot \mathbf{V})\, dp \tag{3.45}$$

를 얻을 수 있다. 여기서 다시 비지균풍에 의한 이류를 무시했다.

실용적으로 볼 때, 이 경계조건 식 (3.45)는 시간과 공간에 따라 변하는 기압 p_s에서 적용되어야 하므로 이 경계조건을 이용하기가 어렵다. 간단한 모델에서는 p_s가 일정하며(통상 1000 hPa) 그리고 p_s에서 $\omega = 0$로 가정하는 것이 보통이다. 현대적인 예보 모델에서는 하부 경계가 항상 좌표면이 되는 대체 좌표계가 일반적으로 채택된다. 이러한 접근방법은 10.3.1소절에서 서술된다.

문제

3.1 공기속도(공기에 대한 상대속도)가 $200\,\mathrm{ms}^{-1}$로 60° 방향을 향하여(즉, 60° 북동쪽으로) 날아가는 비행기가 지상에 대하여 정동쪽으로 $225\,\mathrm{ms}^{-1}$의 속도로 움직인다. 만일 비행기가 등압면을 난다고 하면, 정상(steady) 기압 장, 지균풍, 그리고 $f=10^{-4}\mathrm{s}^{-1}$임을 가정할 때 고도 변화율(수평거리 km당 m 단위로)이 얼마가 되는가?

3.2 실제 바람이 지균풍의 오른쪽 30° 방향으로 향하고 있다. 만일 지균풍이 $20\,\mathrm{ms}^{-1}$이면, 풍속의 변환율은 얼마인가? $f=10^{-4}\mathrm{s}^{-1}$로 두어라.

3.3 토네이도가 일정한 각속도 ω로 회전하고 있다. 토네이도의 중심에서의 지상 기압이

$$p=p_0\exp\left(\frac{-\omega^2 r_0^2}{2RT}\right)$$

로 표현됨을 보여라. 여기서 p_0는 중심으로부터의 거리 r_0에서의 지상 기압이고 T는 온도이다(일정하다고 가정). 만일, 온도가 228 K이고 중심으로부터 100 m 떨어진 곳에서의 기압과 풍속이 각각 1000 hPa과 $100\,\mathrm{ms}^{-1}$이라면, 중심 기압은 얼마인가?

3.4 1000 km당 100 m의 지오퍼텐셜 고도의 경도를 이루는 등압면상에서의 지균풍의 풍속(ms^{-1})을 계산하고, 이와 같은 기압 경도를 갖고 곡률 반지름이 ±500 km인 경우, 가능한 모든 경도풍의 풍속과 비교하라. $f=10^{-4}\mathrm{s}^{-1}$으로 한다.

3.5 정상적인 안티사이클론성 경도 풍속 대 지균 풍속의 최대 가능 비율을 결정하라.

3.6 등온 좌표에서의 지균 평형은

$$f\boldsymbol{V}_g=\boldsymbol{k}\times\nabla_T(RT\ln p+\Phi)$$

로 쓸 수 있음을 보여라.

3.7 원형 저기압계의 중심에서 동쪽, 북쪽, 남쪽, 그리고 서쪽 500 km에 위치한 공기 입자의 유적에 대한 곡률 반지름들을 각각 결정하라. 이 계는 $15\,\mathrm{ms}^{-1}$로 동쪽으로 움직인다. 지균류는 어디에서나 동일한 접선 풍속 $15\,\mathrm{ms}^{-1}$를 갖는다고 가정한다.

3.8 문제 3.7에서 계산된 곡률 반지름을 사용하여 문제 3.7의 네 가지 공기입자에 대한 정상적인 경도풍의 풍속들을 구하고, 이 속도들을 지균풍의 풍속들과 비교하라. ($f=10^{-4}\mathrm{s}^{-1}$로 한다). 문제 3.7에서 언급된 네 가지 공기입자에 대한 곡률 반지름을 다시 구하기 위하여 여기서 계산된 경도풍의 풍속을 사용하라. 네 가지 공기입자들에 대한 경도풍의 풍속을 다시 구하기 위하여 새롭게 계산된 곡률 반지름을 사용하라. 이 경우에 지균풍 근사를 이용한다면 곡률 반지름은 어느 정도의 오차를 보이는가? [몇 차례 반복적으로 계산할 수 있으며 빠르게 수렴함에 유의하라.]

3.9 기압 경도가 0으로 접근함에 따라, 정상 안티사이클론인 경우, 경도풍은 지균풍으로

그리고 이상 안티사이클론인 경우, 관성류(3.2.3소절)로 됨을 보여라.

3.10 750과 500 hPa 사이에 있는 층의 평균온도는 동쪽으로 갈수록 100 km당 3℃ 감소한다. 만일 750-hPa 지균풍이 남동풍 $20\,\text{ms}^{-1}$이라면 500 hPa에서의 지균 풍속과 풍향은 얼마인가? ($f=10^{-4}\text{s}^{-1}$로 하라)

3.11 문제 3.10의 경우 750-~500-hPa 층에서의 평균 온도이류는 얼마가 되겠는가?

3.12 북위 43°에서 공기의 연직 기둥이 처음에는 900에서 500 hPa 사이에서 등온상태이다. 900 hPa에서 지균풍이 서풍 $10\,\text{ms}^{-1}$이고, 700 hPa에서 지균풍이 서풍 $10\,\text{ms}^{-1}$이고, 500 hPa에서는 서풍 $20\,\text{ms}^{-1}$이다. 두 개의 층, 900 ~ 700 hPa과 700 ~ 500 hPa에서의 평균 수평 온도경도를 계산하고, 각 층에서 이류온도 변화율을 계산하라. 600과 800 hPa 사이에서 건조단열 기온감률을 형성하기 위하여 이 이류 패턴이 얼마나 오랫동안 지속되어야 하는가? (900 ~ 500 hPa에서는 기온감률이 선형적이고 800-~600-hPa 두께는 2.25 km라고 가정한다.)

3.13 북위 45°에 위치한 바다를 가로지르는 비행기 조종사는 기압 고도계와 해면 위 절대고도를 측정하는 레이더 고도계를 갖고 있다. $100\,\text{ms}^{-1}$의 공기속도(공기에 대한 상대속도)로 비행하면서 1013 hPa로 고도계를 원점 조정시킨 기압 고도계를 참조하면서 고도를 유지한다. 조종사는 지시된 6000 m 고도를 유지한다. 한 시간 비행의 처음 시작시에 레이더 고도계는 5700 m를 가리켰으며, 끝나는 시간에는 5950 m를 가리켰다. 비행기가 향하는 방향으로부터 얼마만큼의 각도로, 그리고 얼마만큼 옆으로 벗어나 있는가?

3.14 남반구 $f<0$ 경우에 대하여 표 3.1과 같은 경도풍 분류기법을 시행하라.

3.15 소위 지균 운동량 근사(Hoskins, 1975)에서 정상 원형류(3.17)에 대한 경도풍 식은 근사식

$$VV_g R^{-1}+fV=fV_g$$

로 대치되었다. 이 근사식으로 계산된 속력 V를 문제 3.8에서 경도풍 공식을 사용하여 구한 것들과 비교하라.

3.16 사이클론성 흐름에 대하여 지균 운동량 근사가 경도풍 근사와 10% 차이가 나기 전까지 비율 $V_g/(fR)$는 어느 정도 클 수 있겠는가?

3.17 금성은 그 축을 중심으로 아주 느리게 회전하기 때문에 타당한 근사로서 코리올리 매개변수를 0으로 할 수 있다. 위도대에 평행한 정상적이고(steady) 무마찰 운동인 경우 운동량 방정식 (2.20)은 선형 평형(cyclostrophic balance)의 형태로 된다.

$$\frac{u^2\tan\phi}{a}=-\frac{1}{\rho}\frac{\partial p}{\partial y}$$

이 수식을 등압 좌표로 변환시켜서 이 사례의 온도풍 방정식이

$$\omega_r^2(p_1) - \omega_r^2(p_0) = \frac{-R\ln(p_0/p_1)}{a\sin\phi\cos\phi}\frac{\partial < T>}{\partial y}$$

형태로 수식화될 수 있음을 보여라. 여기서 R은 기체상수이며, a는 금성의 반지름, $\omega_r \equiv u/(a\cos\phi)$은 상대 각속도이다. ω_r이 단지 기압만의 함수로 되기 위해서는 위도에 따라서 $< T>$(연직적으로 평균된 온도)는 어떻게 변해야만 하겠는가? 만일 적도 상공 60 km 고도($p_1 = 2.9\times10^5$ Pa)에서의 동서 속도가 $100\,\mathrm{ms^{-1}}$이고 그 행성의 지면($p_0 = 9.5\times10^6$ Pa)에서는 동서 속도가 사라진다면, 적도와 극에서 연직으로 평균한 온도의 차이는 얼마인가?

ω_r은 단지 기압에만 의존한다고 한다. 이 행성의 반지름은 $a = 6100$ km이고, 기체상수는 $R = 187\,J\,\mathrm{kg^{-1}\,K^{-1}}$이다.

3.18 사이클론성 폭풍이 통과하는 동안에 바람이 시간당 10°의 율로 순전(시계방향으로 변함)하는 관측소에서 등압선의 곡률 반지름이 800 km로 관측되었다. 그 관측소를 통과하는 공기입자에 대한 유적의 곡률 반지름은 얼마인가? (풍속은 $20\,\mathrm{ms^{-1}}$이다.)

3.19 구형의 지구상에서 등압 좌표로 나타낸 지균풍의 발산은

$$\nabla\cdot \boldsymbol{V}_g = -\frac{1}{fa}\frac{\partial \Phi}{\partial x}\left(\frac{\cos\phi}{\sin\phi}\right) = -v_g\left(\frac{\cot\phi}{a}\right)$$

로 주어짐을 보여라(부록 C에 있는 발산 연산자에 대한 구면 좌표식을 사용하라).

3.20 관측소의 동쪽, 북쪽, 서쪽 그리고 남쪽 50 km에 위치한 곳으로부터 다음의 바람 자료를 각각 수신하였다. 90°, $10\,\mathrm{ms^{-1}}$; 120°, $4\,\mathrm{ms^{-1}}$; 90°, $8\,\mathrm{ms^{-1}}$; 60°, $4\,\mathrm{ms^{-1}}$. 이 관측소에서의 수평발산을 근사적으로 계산하라.

3.21 문제 3.20에서 주어진 풍속은 각각 ±10%의 오차를 갖고 있다고 하자. 가장 최악의 경우에 계산된 수평 발산값은 몇 %의 오차를 갖겠는가?

3.22 임의의 관측소 상공의 여러 기압면에서 계산된 수평 바람의 발산을 다음의 표에 나타내었다. 온도가 260 K인 등온 대기로 가정하고, 1000 hPa에서 $w = 0$로 두어 각 면에서의 연직 속도를 계산하라.

기압(hPa)	$\nabla\cdot\mathrm{V}(\times10^{-5}\,\mathrm{s^{-1}})$
1000	+0.9
850	+0.6
700	+0.3
500	0.0
300	−0.6
100	−1.0

3.23 850-hPa 면에서의 기온감률은 $4\,\mathrm{K\,km^{-1}}$이라고 가정하자. 만일 임의의 장소에서 기온이 $2\,\mathrm{K\,h^{-1}}$의 율로 감소하고, 바람은 서풍이 $10\,\mathrm{m\,s^{-1}}$이고, 기온은 서쪽으로 갈수록 5K/100km의 율로 감소한다면, 850-hPa 면에서의 연직 속도를 단열적 방법으로 계산하라.

MATLAB 연습

M3.1 밀도와 식 (3.7)에서 정의된 정적 안정도 매개변수인 S_p의 연직 단면을 계산하기 위하여 M2.1과 M2.2에서 언급한 상황을 고려하여 MATLAB 스크립트를 보다 더 수정하라. $z=0$에서 $z=15\,\mathrm{km}$까지 연직적으로 이 값들을 도면에 그려라. 유한 차분 근사를 하여 S_p의 연직미분을 근사적으로 구할 필요가 있을 것이다(13.2.1절 참조).

M3.2 이 연습의 목적은 종관규모의 흐름에서의 유적과 유선의 차이를 이해하기 위한 것이다. 동서방향의 평균류가 없는 대기에서의 이상적인 중위도 종관 요란을 나타내기 위하여 아래의 sine과 cosine이 결합된 패턴의 지오퍼텐셜을 이용한다.

$$\Phi(x, y, t) = \Phi_0 + \Phi' \sin[k(x-ct)]\cos ly$$

여기서 $\Phi_0(p)$는 기압에만 의존하는 표준 대기 지오퍼텐셜이며, Φ'은 지오퍼텐셜 파동 요란의 크기이며, c는 파동 패턴을 동서방향으로 전달하는 위상(phase) 속도이며 k와 l은 각각 x와 y방향의 파수(wave number)이다. 그 흐름이 지균균형 상태에 있다면, 지오퍼텐셜은 유선함수에 비례한다. 동서방향과 남북방향의 파수가 같다($k=l$)고 하고, $U' \equiv \Phi' k/f_0$를 섭동(perturbation) 바람 진폭이라고 정의하자. 여기서 f_0는 일정한 코리올리 매개변수이다. 그러면 유적은 아래에 있는 일련의 상미분 방정식들을 풀어서 얻어지는 (x, y)공간의 경로로 주어진다.

$$\frac{Dx}{Dt} = u = -f_0^{-1}\frac{\partial \Phi}{\partial y} = +U'\sin[k(x-ct)]\sin ly$$

$$\frac{Dy}{Dt} = v = +f_0^{-1}\frac{\partial \Phi}{\partial x} = +U'\cos[k(x-ct)]\cos ly$$

[U'(양의 상수)은 요란바람(disturbance wind)의 x와 y성분의 진폭을 나타냄을 유의하라.] MATLAB 스크립트 **trajectory_1.m**은 동서방향의 평균류가 사라지는 특별한 경우에 대한 방정식의 정확한 수치해를 제공한다. 세 개의 분리된 유적은 부호로 그려진다. 이 사례들에 대하여 $U'=10\,\mathrm{m\,s^{-1}}$로 두고, $c=5$, 10, 그리고 $15\,\mathrm{m\,s^{-1}}$로 하여 이 스크립트를 실행하라. 각각의 사례에 대하여 세 유적의 움직임을 서술하라. 왜 유적이 지오퍼텐셜 고도 패턴이 전달되는 위상 속도 c에 의존하는가?

M3.3 MATLAB 스크립트 **trajectory_2.m**은 평균 동서류를 추가함으로써 M3.2의 사례를 일반

화시킨 것이다. 이 경우, 지오퍼텐셜 분포는

$$\Phi(x, y, t) = \Phi_0 - f_0 \overline{U} l^{-1} \sin ly + \Phi' \sin[k(x-ct)] \cos ly$$

로 주어진다.

(a) 이 경우 평균 동서방향의 바람이 위도에 대해 어떻게 의존하는지를 나타내라.

(b) 초기 x의 위치를 $x = -2250\,\text{km}$ 그리고 $U' = 15\,\text{ms}^{-1}$로 두고 스크립트를 실행하라. 각각 $\overline{U} = 10\,\text{ms}^{-1}$, $c = 5\,\text{ms}^{-1}$ 그리고 $\overline{U} = 5\,\text{ms}^{-1}$, $c = 10\,\text{ms}^{-1}$로 두고 두 경우를 실행하라. 원래 $x = -2250\,\text{km}$에 중심을 둔 기압능이 이동한 동서방향의 거리를 각각의 경우에 대하여 구하라. 이 정보를 활용하여 각각의 경우에 대해 4일간의 유적의 특성(모양과 길이)들을 간단히 설명하라.

(c) 초기 위치, $\overline{U}$ 그리고 c를 어떻게 결합하면 직선 유적을 만들어내겠는가?

M3.4 기압골과 기압능이 NE에서 SW로 기울어진 채로 이동하는 파동과 동서방향의 평균 제트가 합쳐진 것을 표현하는 지오퍼텐셜 분포를 알아보기 위하여 초기에 반지름이 작은 원 안에 놓여 있는 N 입자들의 덩어리의 분산을 조사하는 데 MATLAB 스크립트 **trajectory_3.m**을 사용할 수 있다. 사용자들은 평균 동서풍의 진폭 $\overline{U}$, 요란 수평바람 U', 파동의 전달 속도 c, 그리고 초기의 덩어리 중심의 y 위치를 입력하여야만 한다.

(a) 세 경우에 대하여 $y = 0$, $U' = 15\,\text{ms}^{-1}$ 그리고 $\overline{U} = 10.12$, 그리고 $15\,\text{ms}^{-1}$로 각각 두고 모델을 실행하라. 모든 입자 덩어리에 대하여 20일간의 유적을 계산하라. 이 세 가지 경우에 입자 덩어리의 분산이 달라지는 이유를 설명하라.

(b) $c = 10\,\text{ms}^{-1}$, $U' = 15\,\text{ms}^{-1}$ 그리고 $\overline{U} = 12\,\text{ms}^{-1}$인 경우에 대하여, 초기 y값을 250, 500 그리고 750 km로 지정하여 추가적인 세 사례를 실행하라.

이러한 실행을 통하여 그 결과가, $y = 0\,\text{km}$ 그리고 $\overline{U} = 12\,\text{ms}^{-1}$인 사례와 어떻게 다른지 서술하고, 그리고 그 차이점들에 대하여 설명하라.

D Y N A M I C M E T E O R O L O G Y

제4장

순환, 소용돌이도 및 위치 소용돌이도

고전 역학에서 각운동량 보존원리는 회전을 포함하는 운동의 해석에서 자주 취급된다. 이 원리는 회전하는 물체의 운동에 강력한 제약을 가한다. 유사한 보존법칙들도 또한 유체의 회전 장에 적용된다. 그러나 대기와 같은 연속체에서 '회전'의 정의는 강체의 회전보다 더 복잡하고 미묘하다.

순환(circulation)과 소용돌이도(vorticity)는 유체의 회전을 측정하는 두 가지 주요 방법이다. 순환은 스칼라 적분량으로 유체의 유한면적에 대한 회전의 거시적 측정이며, 소용돌이도는 유체 내의 어느 점에서의 회전의 미시적 측정의 벡터장이다. 위치 소용돌이도(potential vorticity)는 소용돌이 개념을 확장하여 운동에 대한 열역학적 제약을 포함함으로써 대기역학을 해석함에 있어 강력한 기본 틀을 제공한다.

4.1 순환 정리

순환 C는 유체 내의 닫힌곡선에 대한 국지적 접선 방향의 속도 벡터 성분에 대한 선 적분으로 정의된다.

$$C \equiv \oint \boldsymbol{U} \cdot dl = \oint |\boldsymbol{U}| \cos\alpha \, dl$$

여기서 $l(s)$는 원점에서 닫힌곡선 C 위의 점 $s(x, y, z)$까지의 위치 벡터이고, dl은 $\delta l = l(s+\delta s) - l(s)$를 $\delta s \rightarrow 0$로 취한 극한을 나타낸다. 따라서 dl 은 그림 4.1에서와 같이, 닫힌곡선에 국지적 접선인 변위 벡터이다. 닫힌곡선을 따라 반시계방향으로 적분했을 때 $C > 0$이면 편의상 순환을 양(+)으로 정한다.

회전의 측정인 순환은 z축에 대해 각속도 Ω로 회전하는 강체에서 반경 R의 유체의 회전고리(회선)를 생각함으로써 나타낼 수 있다. 이 경우 $\boldsymbol{U} = \boldsymbol{\Omega} \times \boldsymbol{R}$이며 $\boldsymbol{R}$은 회전축으로부터 유체회

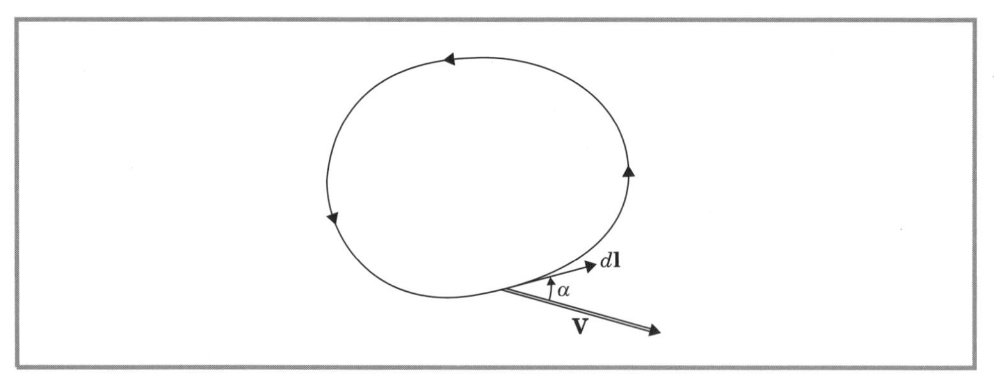

그림 4.1 닫힌곡선에 대한 순환

선까지의 거리이다. 따라서 유체회선에 대한 순환은 다음과 같다.

$$C \equiv \oint \boldsymbol{U} \cdot d\boldsymbol{l} = \int_0^{2\pi} \Omega R^2 d\lambda = 2\Omega\pi R^2$$

이 경우, 순환은 회전축에 대한 유체회선의 각운동량의 2π 배이다. $C/(\pi R^2) = 2\Omega$임을 이용하여 다르게 표현하면, 순환을 회선에 의해 닫혀 있는 면적으로 나눈 것으로, 회선의 회전 각속도의 두 배와 같다. 각운동량이나 각속도와는 달리 순환은 회전축에 대한 기준이 없어도 계산할 수 있다. 따라서 순환은 '각속도'를 쉽게 정의할 수 없는 상황에서 유체회선의 특징을 결정하는 데 사용된다.

순환정리는 유체입자들의 닫힌 회선에 대한 뉴턴의 제2법칙을 선 적분함으로써 구할 수 있고, 절대 좌표계에서 점성력을 무시하면 다음과 같다.

$$\oint \frac{D_a \boldsymbol{U}_a}{Dt} \cdot d\boldsymbol{l} = -\oint \frac{\nabla p \cdot d\boldsymbol{l}}{\rho} - \oint \nabla \Phi \cdot d\boldsymbol{l} \tag{4.1}$$

여기서 만유인력은 지오퍼텐셜 Φ^*의 기울기로 진중력으로 표현되며 $\nabla\Phi^* = -\boldsymbol{g}^* = g^*\boldsymbol{k}$가 된다. 여기서 좌변항의 미분연산자[1]는 다음과 같이 쓸 수 있다.

$$\frac{D_a \boldsymbol{U}_a}{Dt} \cdot d\boldsymbol{l} = \frac{D}{Dt}(\boldsymbol{U}_a \cdot d\boldsymbol{l}) - \boldsymbol{U}_a \cdot \frac{D_a}{Dt}(d\boldsymbol{l})$$

또는 $\boldsymbol{l}$ 이 위치 벡터이므로, $D_a\boldsymbol{l}/Dt \equiv \boldsymbol{U}_a$ 그러므로

$$\frac{D_a \boldsymbol{U}_a}{Dt} \cdot d\boldsymbol{l} = \frac{D}{Dt}(\boldsymbol{U}_a \cdot d\boldsymbol{l}) - \boldsymbol{U}_a \cdot d\boldsymbol{U}_a \tag{4.2}$$

식 (4.2)를 식 (4.1)에 대입하고 완전미분의 닫힌 회선에 대한 선적분이 0임을 이용하면

$$\oint \nabla \Phi \cdot d\boldsymbol{l} = \oint d\Phi = 0$$

이며,

$$\oint \boldsymbol{U}_a \cdot d\boldsymbol{U}_a = \frac{1}{2}\oint d(\boldsymbol{U}_a \cdot \boldsymbol{U}_a) = 0$$

이므로 다음의 순환정리를 얻는다.

$$\frac{DC_a}{Dt} = \frac{D}{Dt}\oint \boldsymbol{U}_a \cdot d\boldsymbol{l} = -\oint \rho^{-1} dp \tag{4.3}$$

1) 스칼라의 경우 $D_a/Dt = D/Dt$ (즉, 운동에 따른 변화율은 기준계에 의존하지 않는다)이다. 그러나 벡터의 경우 2.2.1소절에서 보인 바와 같이, 이 관계가 성립하지 않음을 유의하라.

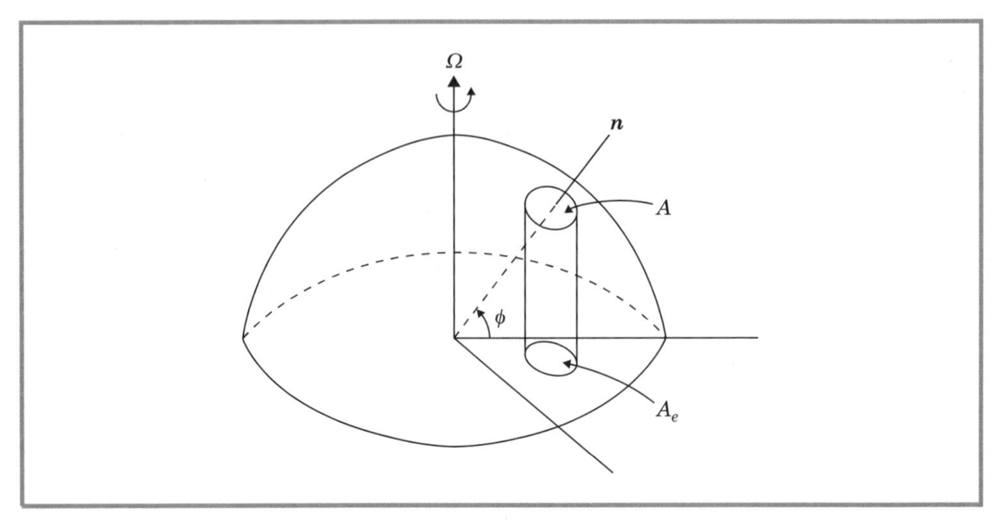

그림 4.2 A_e는 위도 ϕ에 중심을 둔 수평면적 A를 적도면에 투영한 것이다.

식 (4.3)의 우변항을 솔레노이드(solenoid)항이라고 부른다. 여기서 $dp = \nabla p \cdot d\boldsymbol{l}$는 호의 길이의 증분에 따른 압력 증가분이다. 순압유체에서 밀도는 기압만의 함수이므로 솔레노이드항은 0이 된다. 그러므로 순압유체에서의 절대순환은 운동을 따라 보존된다. 이것을 켈빈의 순환정리(Kelvin's circulation theorem)라 한다. 유체에서의 이 결과는 강체역학에서 각운동량에 해당되는 것이다.

기상분석에서, 절대순환의 일부인 C_e가 자전축에 대한 지구의 자전에 기인하기 때문에, 절대순환보다 상대순환 C를 사용하는 것이 더 편리하다. C_e를 계산하기 위해서 스토크스의 정리를 벡터 $\boldsymbol{U}_e$에 적용한다. 여기서 $\boldsymbol{U}_e = \boldsymbol{\Omega} \times \boldsymbol{r}$은 위치 $\boldsymbol{r}$에서의 지구의 자전속도이다.

$$C_e = \oint \boldsymbol{U}_e \cdot d\mathbf{l} = \int_A \int (\nabla \times \boldsymbol{U}_e) \cdot \boldsymbol{n} dA$$

여기서 A는 곡선에 의해 닫힌 면적이며, 단위법선 $\boldsymbol{n}$은 오른나사의 법칙에 의해 선적분의 반시계방향으로 정의된다. 즉, 그림 4.1의 닫힌곡선에서 $\boldsymbol{n}$의 방향은 지면 위로 향하게 된다. 만약 선적분을 수평면에서 계산한다면 $\boldsymbol{n}$은 국지적 연직방향을 따르게 된다(그림 4.2를 보라). 벡터 항등식(부록 C참조)에 의해

$$\nabla \times \boldsymbol{U}_e = \nabla \times (\boldsymbol{\Omega} \times \boldsymbol{r}) = \nabla \times (\boldsymbol{\Omega} \times \boldsymbol{R}) = \boldsymbol{\Omega} \nabla \cdot \boldsymbol{R} = 2\boldsymbol{\Omega}$$

이므로 $(\nabla \times \boldsymbol{U}_e) \cdot \boldsymbol{n} = 2\Omega \sin\phi \equiv f$ 는 코리올리 매개변수이다. 따라서 지구자전에 따르는 수평면에서의 순환은

$$C_e = 2\Omega < \sin\phi > A = 2\Omega A_e$$

이다. 여기서 $<\sin\phi>$는 면적소 A 위에서의 평균을 의미하며, A_e는 그림 4.2에서와 같이 A를 적도면 위에 투영한 면적이다. 따라서 상대순환은 다음과 같이 쓸 수 있다.

$$C = C_a - C_e = C_a - 2\Omega A_e \tag{4.4}$$

운동을 따라 식 (4.4)를 미분하고 식 (4.3)을 대입하면, **비에르크네스 순환정리**(Bjerknes circulation theorem)를 얻는다.

$$\frac{DC}{Dt} = -\oint \frac{dp}{\rho} - 2\Omega \frac{DA_e}{Dt} \tag{4.5}$$

순압유체에 대해, 식 (4.5)를 초기상태(첨자1)에서 말기상태(첨자 2)까지의 운동을 따라 적분하면, 다음과 같은 순환의 변화를 얻는다.

$$C_2 - C_1 = -2\Omega(A_2\sin\phi_2 - A_1\sin\phi_1) \tag{4.6}$$

식 (4.6)은 순압유체에서 유체 입자들의 닫힌 회선에 대한 상대순환이 고리에 의해 닫힌 수평면적의 변화 또는 위도변화에 따라 변함을 나타낸다. 더 나아가, 북반구에서 음의 절대순환은 유체입자들의 닫힌 회선이 남반구로부터 적도를 횡단하여 이류될 때만 발달될 수 있다. 3.2.5 소절에서 논의한 바와 같이 이상 경도풍 균형은 음의 절대순환을 가진 예이다(문제 4.6을 보라).

| 예 | 제 |

적도에 중심을 둔 반경 100km의 원형 영역 내의 공기가 초기에 지구에 대해 정지해 있다고 가정하자. 만약 이 원형 공기 덩이가 면적을 일정하게 유지하면서 등압면을 따라 북극으로 이동한다면, 원둘레에 대한 순환은

$$C = -2\Omega\pi r^2 \left[\sin\left(\frac{\pi}{2}\right) - \sin(0)\right]$$

이 된다. 그러므로 직경 $r = 100\text{km}$에서 평균 접선속도는

$$V = \frac{C}{(2\pi r)} = -\Omega r \approx -7\text{ms}^{-1}$$

이다. 여기서 음의 부호는 공기가 고기압성 상대순환임을 나타낸다.

경압 유체에서 순환은 식 (4.3)의 기압-밀도 솔레노이드항에 의해 생성된다. 이 과정은 그림 4.3과 같이 해풍순환의 발달로 설명할 수 있다. 해상의 평균기온이 이웃한 육상의 평균기온보다 더 낮다고 가정하자. 만약 기압이 지표면에서 균일하다면, 육상의 등압면은 해양을 향해 아래로 기울어지는 반면 등밀도면은 육지를 향해 아래로 기울어질 것이다.

기압-밀도면의 교차 때문에 생기는 가속도를 계산하기 위해서는, 순환이론을 적용하여 해안선에 대한 연직단면을 선적분한다. 이상기체 방정식을 식 (4.3)에 대입하면,

$$\frac{DC_a}{Dt} = -\oint RTd\ln p$$

를 얻는다.

그림 4.3에서 회선에 대해서는 수평선분을 등압면에서 취했기 때문에 회선의 연직선분에 대해서만 선적분을 할 수 있다. 순환의 증가율은

$$\frac{DC_a}{Dt} = R\ln\left(\frac{p_0}{p_1}\right)(\overline{T_2} - \overline{T_1}) > 0$$

지금 $\langle v \rangle$를 회선을 따른 평균 접선속도라 하면

$$\frac{D\langle v \rangle}{Dt} = \frac{R\ln(p_0/p_1)}{2(h+L)}(\overline{T_2} - \overline{T_1}) \tag{4.7}$$

이 된다. 만약 $p_0 = 1000\,\text{hPa}$, $p_1 = 900\,\text{hPa}$, $\overline{T_2} - \overline{T_1} = 10°\text{C}$, $L = 20\,\text{km}$, $h = 1\,\text{km}$이면 식 (4.7)은 약 $7 \times 10^{-3}\,\text{ms}^{-2}$의 가속도가 된다. 마찰력을 무시하면 약 1시간 내에 $25\,\text{m s}^{-1}$의 풍속을 이끌어낸다. 실제로는 풍속이 증가하면 마찰력은 가속률을 줄이며, 온도이류는 바다-육지 간의 온도차를 줄일 것이다. 따라서 기압-밀도 솔레노이드에 의한 운동 에너지의 생성과 마찰 소멸 사이에 균형이 이루어지게 된다.

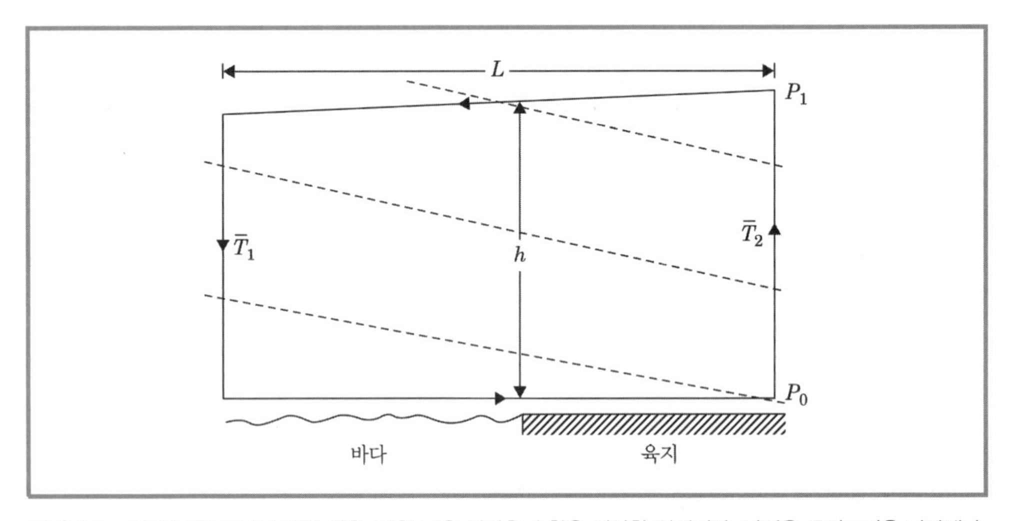

그림 4.3 순환정리의 해풍에 대한 적용. 닫힌 굵은 직선은 순환을 계산한 회선이다. 파선은 등밀도면을 나타낸다.

4.2 소용돌이도

유체의 미시적 회전의 측정인 소용돌이도는 속도의 커얼(curl)로서 표현되는 벡터 장이다. 절대 소용돌이도 ω_a는 절대속도의 커얼이며, 상대 소용돌이도 ω는 상대속도의 커얼이다.

$$\omega_a \equiv \nabla \times \boldsymbol{U}_a, \quad \omega \equiv \nabla \times \boldsymbol{U}$$

그러므로 카테시안 좌표계에서

$$\omega = \left(\frac{\partial w}{\partial y} - \frac{\partial v}{\partial z}, \frac{\partial u}{\partial z} - \frac{\partial w}{\partial x}, \frac{\partial v}{\partial x} - \frac{\partial u}{\partial y} \right)$$

이다. 종관 규모 운동에 대한 소용돌이도 벡터의 스칼라 규모분석은 수평성분에 대한 주된 기여가 $\frac{\partial u}{\partial z}$와 $\frac{\partial v}{\partial z}$[2]로 $\frac{U}{H}$와 같은 규모이나, 연직성분은 $\frac{\partial u}{\partial y}$ 및 $\frac{\partial v}{\partial x}$로 $\frac{U}{L}$과 같은 규모이다. 그러므로 소용돌이도의 연직성분은 수평성분과 비교해서 $\frac{H}{L}$크기, 또는 $10\,\text{km}/1000\,\text{km} = 0.01$에 해당한다. 우리는 소용돌이도 백터가 주로 수평방향을 가리킴을 알았고, 이는 $\frac{fH}{U} = R_o^{-1}\frac{H}{L} \sim 0.1$의 크기를 갖는 행성 규모의 기여를 포함하여도 마찬가지 사실이다. 여기서 R_o는 로스비 수이다. 대류권 내에서 고도의 증가에 따라 풍속이 증가하는 편서풍 제트류의 소용돌이도 백터는 대체로 북쪽을 향한다.

이러한 분석의 결과는 이상하게 보일지 모르지만, 사실 대규모 기상역학에서는 일반적으로 절대 소용돌이도와 상대 소용돌이도의 연직성분만을 고려하며 이들은 각각 η와 ζ로 나타낸다.

$$\eta \equiv \boldsymbol{k} \cdot (\nabla \times \boldsymbol{U}_a), \ \ \zeta \equiv \boldsymbol{k} \cdot (\nabla \times \boldsymbol{U})$$

이 책의 나머지 장에서는 η와 ζ를 '연직성분'이라는 수식어 없이 절대 소용돌이도와 상대 소용돌이도로 각각 사용한다. 우리가 왜 비교적 규모가 작은 소용돌이도의 연직성분에 초점을 맞추는지는 위치 소용돌이도에 대한 충분한 논의를 가진 후 설명하기로 한다. 그러나 중요한 점은 종관규모와 대규모에서의 소용돌이도의 연직성분이 온위의 연직 기울기와 밀접하게 연관되어 있으며 수평 기울기와 비교하여 매우 크기 때문이다.

대규모 양의 ζ지역은 북반구에서 저기압성 폭풍우와 연관되어 발달하는 경향이 있고 대규모 음의 ζ지역은 남반구에서 저기압성 폭풍우와 연관되어 발달하는 경향이 있다. 두 경우에 ζ는 행성회전의 국지값인 f와 동일한 기호를 가지므로 저기압성을 $f\zeta > 0$로 정의할 수 있다. 따라서, 상대 소용돌이도 분포는 기상분석을 위한 우수한 진단자이다.

절대 소용돌이도와 상대 소용돌이도의 차이는 **행성 소용돌이도**(planetary vorticity) 유무의 차이며, 이것은 지구자전에 의한 지구 소용돌이도의 국지 연직성분 $\boldsymbol{k} \cdot \nabla \times \boldsymbol{U}_e = 2\Omega \sin\phi \equiv f$이다. 그러므로 $\eta = \zeta + f$ 또는 카테시안 좌표계에서

$$\zeta = \frac{\partial v}{\partial x} - \frac{\partial u}{\partial y}, \qquad \eta = \frac{\partial v}{\partial x} - \frac{\partial u}{\partial y} + f$$

이다. 상대 소용돌이도와 앞 절에서 논의한 상대순환 C 사이의 관계는 다른 접근방법, 즉 소용돌이도의 연직성분은 수평면에서 닫힌곡선에 대한 순환을 닫힌 면적으로 나누고, 면적을

---

2) w를 포함한 항은 종관 기상계와 비교하면 무시할 수 있다.

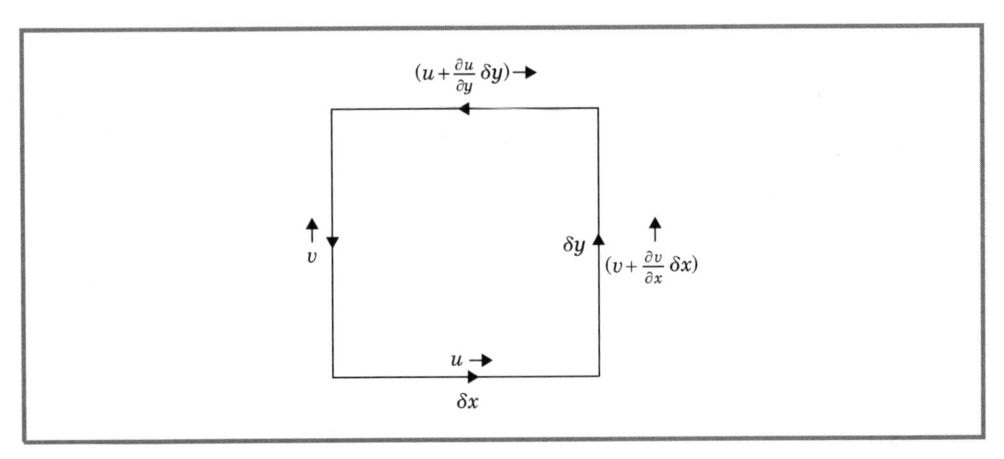

그림 4.4 수평면에서 면적요소에 대한 순환과 소용돌이도의 관계

0으로 접근시키는 극한을 취한 것과 같다고 정의함으로써 더욱 명백해진다.

$$\zeta \equiv \lim_{A \to 0}\left(\oint \boldsymbol{V} \cdot d\boldsymbol{l} \right) A^{-1} \tag{4.8}$$

이 후자의 정의는 이 장의 서론에서 논의되었던 소용돌이도와 순환의 관계를 명백하게 한다. ζ의 이런 두 정의의 일치는 그림 4.4에서처럼 $(x,\ y)$ 평면에 면적 $\delta x \delta y$의 직사각형의 요소에 대한 순환을 생각해보면 쉽게 증명할 수 있다. 그림에서 직사각형의 각 변에 대해 $\boldsymbol{V} \cdot d\boldsymbol{l}$ 을 계산하면 다음 순환을 얻는다.

$$\delta C = u\delta x + \left(v + \frac{\delta v}{\delta x}\delta x\right)\delta y - \left(u + \frac{\delta u}{\delta y}\delta y\right)\delta x - v\delta y = \left(\frac{\partial v}{\partial x} - \frac{\partial u}{\partial y}\right)\delta x \delta y$$

이 식을 면적 $\delta A = \delta x \delta y$로 나누면 다음이 된다.

$$\frac{\delta C}{\delta A} = \left(\frac{\partial v}{\partial x} - \frac{\partial u}{\partial y}\right) \equiv \zeta$$

소용돌이도와 순환 사이의 관계는 속도 벡터를 적용한 스토크스 정리에 의해 더 간단히 주어진다.

$$\oint \boldsymbol{U} \cdot d\boldsymbol{l} = \iint_A (\nabla \times \boldsymbol{U}) \cdot \boldsymbol{n} dA$$

여기서 A는 곡선에 의해 닫힌 면적이며 $\boldsymbol{n}$은 면적소 dA의 단위 법선 벡터이다. 즉 스토크스의 정리는 어느 닫힌 회선에 대한 순환은 그 곡선에 의해 닫힌 면적 위의 소용돌이도의 법선성분의 적분과 같다는 것을 나타낸다. 따라서 유한면적에 대하여, 면적으로 나눈 순환은 그 지역에서 소용돌이도의 **평균** 법선성분으로 주어진다. 결과적으로 강체 회전에서 유체의 소용돌이도는 회전 각속도의 2배이다. 그러므로 소용돌이도는 유체의 국지 각속도의 측정이라 할 수 있다.

4.2.1 자연 좌표에서의 소용돌이도

소용돌이도의 물리적인 해석은 자연 좌표계(3.2.1소절 참조)에서 소용돌이도의 연직성분을 고려하면 간단해진다. 만약 그림 4.5에서처럼 무한 극소 폐곡선에 대한 순환을 계산하면 다음을 얻을 수 있다.[3)]

$$\delta C = V\,[\delta s + d(\delta s)] - \left(V + \frac{\partial V}{\partial n}\delta n\right)\delta s$$

그림 4.5에서 $d(\delta s) = \delta\beta\delta n$이고, $\delta\beta$는 거리 δs에서 바람방향의 각변화이다. 그러므로,

$$\delta C = \left(-\frac{\partial V}{\partial n} + V\frac{\partial \beta}{\partial s}\right)\delta n \delta s$$

또는 $\delta n,\ \delta s \to 0$으로 극한을 취하면,

$$\zeta = \lim_{\delta n, \delta s \to 0} \frac{\delta C}{(\delta n \delta s)} = -\frac{\partial V}{\partial n} + \frac{V}{R_s} \tag{4.9}$$

여기서 R_s는 유선[식 (3.20)]의 곡률반경이다. 순 연직 소용돌이도 성분은 두 부분, 즉 (1) 흐름 방향에 대한 법선방향의 풍속의 변화율인 $-\partial V/\partial n$, 즉 **시어 소용돌이도**(shear vorticity)와 (2) 유선을 따르는 바람의 회전인 V/R_s, 즉 **곡률 소용돌이도**(curvature vorticity)의 합으로 표현된다. 따라서 직선운동도 속도가 흐름축에 법선방향으로 변하면 소용돌이도를 갖는다. 예를 들면, 그림 4.6a에서 제트류의 최대 속도의 북쪽에 저기압성 상대 소용돌이도가 그리고 남쪽에 고기압성 상대 소용돌이도가 있으며(북반구의 조건), 이것은 흐름 내에 놓인 작은 수레바퀴의 회전을 고려하면 쉽게 알 수 있다. 그림 4.6a 안의 두 개의 작은 수레바퀴 중 아래 것은 회전축의 북쪽 회전날개 위의 풍력이 남쪽 회전날개 위의 풍력보다 더 강하기 때문에 시계방향 (고기

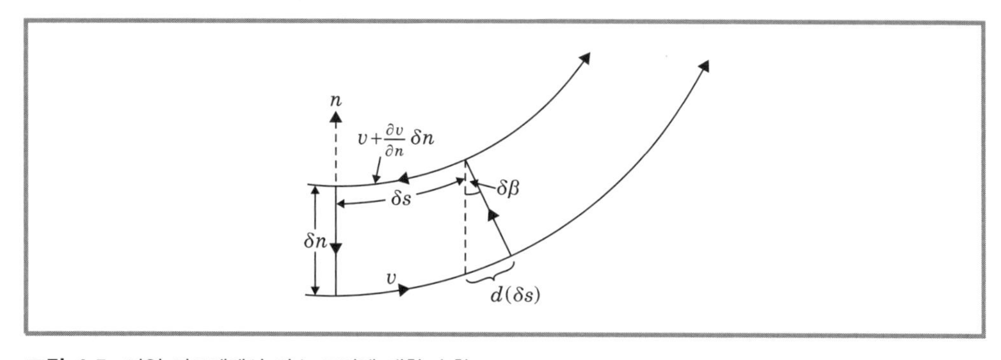

그림 4.5 자연 좌표계에서 미소 고리에 대한 순환

3) n은 수평면상에서의 좌표로 국지 흐름방향에 직각이고, 하류를 바라볼 때 좌측이 양의 값임을 상기하라.

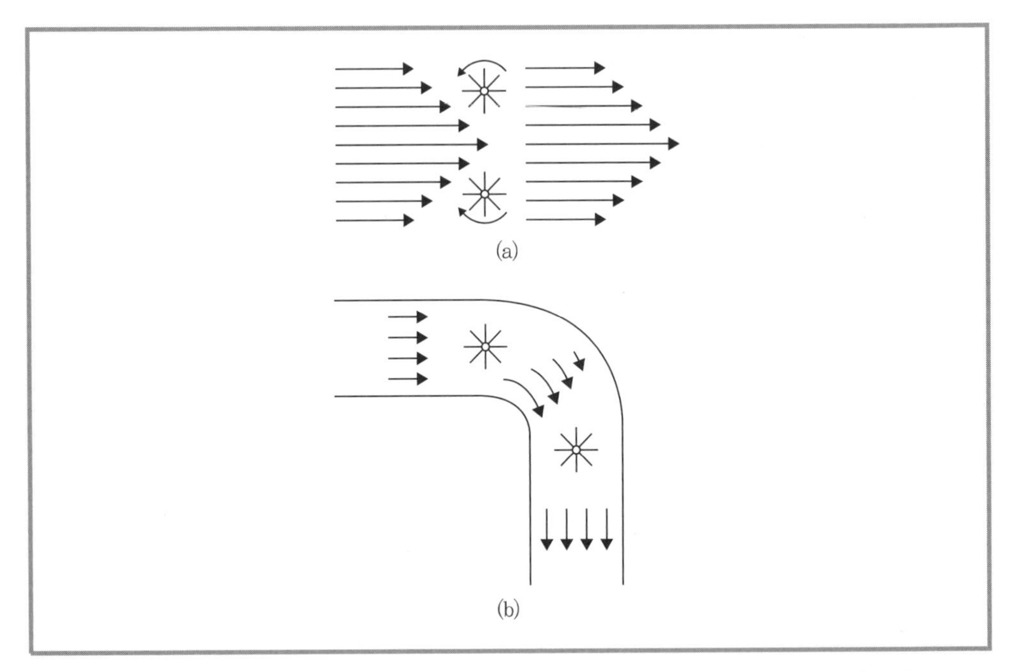

그림 4.6 2차원 흐름의 두 모양 : (a) 소용돌이도를 갖는 선형 시어 흐름, (b) 소용돌이도가 0인 흐름

압성)으로 회전한다. 물론 위쪽의 수레바퀴는 반시계방향(저기압성)으로 회전한다. 그래서 서풍 제트류의 극 쪽과 적도 쪽은 각각 저기압성과 고기압성 시어 측이 된다.

반대로 곡선 흐름은 시어 소용돌이도가 곡률 소용돌이도와 크기는 같고 방향이 반대이면 0의 소용돌이도를 가진다. 이것은 그림 4.6b에 예시한 것처럼 상류에서 0의 상대 소용돌이도를 갖는 마찰 없는 유체가 관 안의 구부러진 주위를 흐르는 경우이다. 곡관에서 내부경계를 따르는 유체는 오른쪽으로 갈수록 더 빠르므로 수레바퀴는 돌지 않는다.

4.3 소용돌이도 방정식

앞 절에서 소용돌이도의 운동학적 특성을 논의하였다. 이 절에서는 운동방정식을 이용한 소용돌이도 역학이 소용돌이도의 시간변화율에 대해 어떻게 기여하는지를 서술한다.

4.3.1 카테시안 좌표형

종관 운동에 대한 소용돌이도 방정식은 근사 수평 운동방정식 (2.24)와 (2.25)를 사용하여 유도할 수 있다. y로 동서성분 운동방정식을 미분하고 x로 남북성분 운동방정식을 미분하면 다음을 얻는다.

$$\frac{\partial}{\partial y}\left(\frac{\partial u}{\partial t}+u\frac{\partial u}{\partial x}+v\frac{\partial u}{\partial y}+w\frac{\partial u}{\partial z}-fv=-\frac{1}{\rho}\frac{\partial p}{\partial x}\right) \tag{4.10}$$

$$\frac{\partial}{\partial x}\left(\frac{\partial v}{\partial t}+u\frac{\partial v}{\partial x}+v\frac{\partial v}{\partial y}+w\frac{\partial v}{\partial z}+fu=-\frac{1}{\rho}\frac{\partial p}{\partial y}\right) \tag{4.11}$$

식 (4.10)에서 식 (4.11)을 빼고, $\zeta=\partial v/\partial x-\partial u/\partial y$를 사용하면 **소용돌이도 방정식**을 얻는다.

$$\begin{aligned}&\frac{\partial\zeta}{\partial t}+u\frac{\partial\zeta}{\partial x}+v\frac{\partial\zeta}{\partial y}+w\frac{\partial\zeta}{\partial z}+(\zeta+f)\left(\frac{\partial u}{\partial x}+\frac{\partial v}{\partial y}\right)\\&\quad+\left(\frac{\partial w}{\partial x}\frac{\partial v}{\partial z}-\frac{\partial w}{\partial y}\frac{\partial u}{\partial z}\right)+v\frac{df}{dy}=\frac{1}{\rho^2}\left(\frac{\partial\rho}{\partial x}\frac{\partial p}{\partial y}-\frac{\partial\rho}{\partial y}\frac{\partial p}{\partial x}\right)\end{aligned} \tag{4.12}$$

코리올리 매개변수가 y만의 함수이므로 $Df/Dt=v(df/dy)$이 된다. 식 (4.12)로부터 다음의 카테시안 좌표형 소용돌이도 방정식을 얻는다.

$$\frac{D}{Dt}(\zeta+f)=-(\zeta+f)\left(\frac{\partial u}{\partial x}+\frac{\partial v}{\partial y}\right)-\left(\frac{\partial w}{\partial x}\frac{\partial v}{\partial z}-\frac{\partial w}{\partial y}\frac{\partial u}{\partial z}\right)+\frac{1}{\rho^2}\left(\frac{\partial\rho}{\partial x}\frac{\partial p}{\partial y}-\frac{\partial\rho}{\partial y}\frac{\partial p}{\partial x}\right) \tag{4.13}$$

식 (4.13)은 운동을 따라 절대 소용돌이도의 변화율은 우변의 세 항, 즉 발산(또는 소용돌이 늘림)항, 기울기(또는 뒤틀림)항, 그리고 솔레노이드항의 합으로 주어짐을 뜻한다.

발산장에 의한 소용돌이도의 증가(강화)와 감소(약화), 즉 식 (4.13)의 우변 첫째 항은 각운동량이 보존될 때 강체의 관성 모멘트의 변화로부터 일어나는 각운동량 변화와 유사한 것이다. 만약 수평흐름이 발산이라면, 연속된 유체 덩이에 의해 둘러싸인 면적은 시간에 따라 증대할 것이며, 또 순환이 보존된다면 둘러싸인 유체의 평균 절대 소용돌이도는 약화된다. 그러나 흐름이 수렴이면 연속된 유체 덩이에 둘러싸인 면적은 시간에 따라 감소할 것이며, 소용돌이도는 강화될 것이다. 소용돌이도 변화의 이러한 메커니즘은 종관규모 요란에서 매우 중요하다.

식 (4.13) 우변의 두 번째 항은 수평 방향의 소용돌이도가 불균일한 상승 운동에 의해 연직으로 기울어져 생성되는 연직 소용돌이도를 나타낸다. 이 과정은 그림 4.7에 나타내었다. 그림과 같이 속도의 y성분이 고도에 따라 증가하면 시어 소용돌이도가 생기는데 이 시어 소용돌이도의 방향은 오른나사의 법칙에 따라 음(−)의 x방향으로 힘이 가해지는 지역을 보여준다. 이러한 힘은 굵은 화살표로 나타내었다. 만약 x방향으로 w가 감소하는 연직 운동 장이 있다면, 연직 운동에 의한 이류는 처음에 x방향과 평행했던 소용돌이도 벡터를 기울어지게 만들고 이 소용돌이도 벡터에는 연직성분이 생긴다. 만약 $\partial v/\partial z>0$이고 $\partial w/\partial x<0$이면 양의 연직 소용돌이도가 생성된다.

끝으로 식 (4.13)의 우변의 셋째 항은 순환정리 식 (4.5)에서의 솔레노이드항과 미시적 입장에서 같다. 둘이 같음을 증명하기 위하여 스토크스의 정리를 솔레노이드항에 적용하면 다음과 같다.

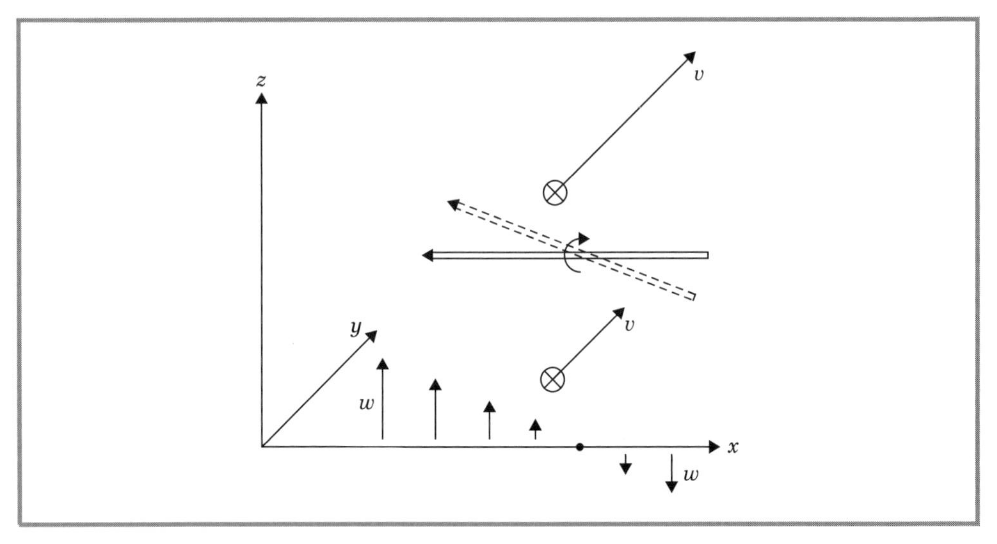

그림 4.7 수평 소용돌이도 벡터(이중화살)의 기울기에 의한 소용돌이도의 생성

$$-\oint \alpha dp \equiv -\oint \alpha \nabla p \cdot d\boldsymbol{l} = -\iint_A \nabla \times (\alpha \nabla p) \cdot \boldsymbol{k} dA$$

여기서 A는 곡선 $\boldsymbol{l}$ 에 의해 닫힌 수평면적이다. 벡터 항등식 $\nabla \times (\alpha \nabla p) \equiv \nabla \alpha \times \nabla p$를 적용하면

$$-\oint \alpha\, dp = -\iint_A (\nabla \alpha \times \nabla p) \cdot \boldsymbol{k}\, dA$$

그러나 소용돌이도 방정식에서 솔레노이드항은 다음과 같이 쓸 수 있다.

$$-\left(\frac{\partial \alpha}{\partial x}\frac{\partial p}{\partial y} - \frac{\partial \alpha}{\partial y}\frac{\partial p}{\partial x}\right) = -(\nabla \alpha \times \nabla p) \cdot \boldsymbol{k}$$

이 두 식의 우변을 비교해보면, 소용돌이도 방정식에서 솔레노이드항은 순환정리에서 솔레노이드항을 면적으로 나누고 $A \rightarrow 0$으로 극한을 취한 것과 같다.

4.3.2 등압 좌표에서의 소용돌이도 방정식

운동을 등압 좌표계에서 고찰하면 더욱 간단한 형태의 소용돌이도 방정식을 얻는다. 벡터 연산자 $\boldsymbol{k} \cdot \nabla \times$를 운동량 방정식 (3.2)에 연산시키면 소용돌이도 방정식을 얻게 되며, 여기서 ∇은 등압면에서 수평기울기이다. 이 과정을 쉽게 하기 위해서 다음과 같은 벡터 항등식을 쓰면,

$$(\boldsymbol{V} \cdot \nabla)\boldsymbol{V} = \nabla\left(\frac{\boldsymbol{V} \cdot \boldsymbol{V}}{2}\right) + \zeta \boldsymbol{k} \times \boldsymbol{V} \tag{4.14}$$

여기서 $\zeta = \boldsymbol{k} \cdot (\nabla \times \boldsymbol{V})$이다. 식 (3.2)를 다시 쓰면

$$\frac{\partial \boldsymbol{V}}{\partial t} = -\nabla\left(\frac{\boldsymbol{V} \cdot \boldsymbol{V}}{2} + \Phi\right) - (\zeta + f)\boldsymbol{k} \times \boldsymbol{V} - \omega \frac{\partial \boldsymbol{V}}{\partial p} \tag{4.15}$$

이제 식 (4.15)에 연산자 $\boldsymbol{k} \cdot \nabla \times$를 적용한다. 어떤 스칼라 A에 대해 $\nabla \times \nabla A = 0$ 그리고 임의의 벡터 $\boldsymbol{a}, \boldsymbol{b}$에 대해

$$\nabla \times (\boldsymbol{a} \times \boldsymbol{b}) = (\nabla \cdot \boldsymbol{b})\boldsymbol{a} - (\boldsymbol{a} \cdot \nabla)\boldsymbol{b} - (\nabla \cdot \boldsymbol{a})\boldsymbol{b} + (\boldsymbol{b} \cdot \nabla)\boldsymbol{a} \tag{4.16}$$

라는 사실을 이용하면 첫째 항을 소거할 수 있고, 둘째 항을 단순화시킬 수 있으므로 등압좌표에서의 소용돌이도 방정식은 다음과 같이 된다.

$$\frac{\partial \zeta}{\partial t} = -\boldsymbol{V} \cdot \nabla(\zeta + f) - \omega \frac{\partial \zeta}{\partial p} - (\zeta + f)\nabla \cdot \boldsymbol{V} + \boldsymbol{k} \cdot \left(\frac{\partial \boldsymbol{V}}{\partial p} \times \nabla \omega\right) \tag{4.17}$$

식 (4.13)과 식 (4.17)을 비교하면, 등압 좌표계에서는 기압-밀도 솔레노이드에 의해 소용돌이도가 생성되지 않음을 알 수 있다. 이러한 차이점은 등압 좌표계에서 수평 편미분에서는 p를 일정하게 두고 계산하기 때문에 소용돌이도의 연직성분은 $\zeta = (\partial v / \partial x - \partial u / \partial y)_p$ 가 되며, 고도 좌표계에서는 z를 일정하게 두고 미분하므로 $\zeta = (\partial v / \partial x - \partial u / \partial y)_z$ 가 된다. 실제적으로 이러한 차이점은 그리 중요하지 않은데, 그 이유는 다음 절에서 밝히겠지만 솔레노이드항은 일반적으로 매우 작아서 종관규모 운동에서는 무시할 수 있기 때문이다.

4.3.3 소용돌이도 방정식의 규모분석

2.4절에서 우리는 종관규모 운동에 대해 각 항들의 크기의 차수를 계산함으로써 운동방정식을 간단히 할 수 있음을 알았고, 같은 기법을 소용돌이도 방정식에도 적용할 수 있다. 다음과 같이 종관규모 운동에 대해 대표적인 관측 크기에 기본을 둔 변수 장들의 특성 규모를 택한다.

U	$\sim$	$10\,\mathrm{m\,s^{-1}}$	수평규모
W	$\sim$	$1\,\mathrm{cm\,s^{-1}}$	연직규모
L	$\sim$	$10^6\,\mathrm{m}$	길이규모
H	$\sim$	$10^4\,\mathrm{m}$	깊이규모
δp	$\sim$	$10\,\mathrm{hPa}$	수평기압규모
ρ	$\sim$	$1\,\mathrm{kg\,m^{-3}}$	평균밀도
$\delta\rho/\rho$	$\sim$	10^{-2}	밀도 변동비율
L/U	$\sim$	$10^5\,\mathrm{s}$	시간규모
f_0	$\sim$	$10^{-4}\,\mathrm{s^{-1}}$	코리올리 매개변수
β	$\sim$	$10^{-11}\,\mathrm{m^{-1}\,s^{-1}}$	'베타' 매개변수

여기서 다시 소용돌이도 패턴이 기압배치 패턴과 같이 수평풍속과 같은 속도로 움직이는 경향이 있기 때문에 이류 시간규모를 택한다. 이러한 규모들을 사용하여 식 (4.12) 항들의 규모를 계산한다. 먼저

$$\zeta = \frac{\partial v}{\partial x} - \frac{\partial u}{\partial y} \lesssim \frac{U}{L} \sim 10^{-5}\mathrm{s}^{-1}$$

여기서 부등호는 규모의 차수보다 작거나 같음을 나타낸다. 그러므로 다음과 같이 된다.

$$\frac{\zeta}{f_0} \lesssim \frac{U}{(f_0 L)} \equiv \mathrm{Ro} \sim 10^{-1}$$

중위도 종관규모계에서 상대 소용돌이도는 행성 소용돌이도에 비해 매우 작다(로스비 차수). 그러므로 소용돌이도 방정식의 발산항에서 ζ는 f와 비교하여 무시할 수 있다.

$$(\zeta + f)\left(\frac{\partial u}{\partial x} + \frac{\partial v}{\partial y}\right) \approx f\left(\frac{\partial u}{\partial x} + \frac{\partial v}{\partial y}\right)$$

식 (4.12)의 각 항들의 크기는 다음과 같다.

$$\begin{aligned}
\frac{\partial \zeta}{\partial t},\ u\frac{\partial \zeta}{\partial x}, v\frac{\partial \zeta}{\partial y} &\sim \frac{U^2}{L^2} &&\sim 10^{-10}\mathrm{s}^{-2} \\
w\frac{\partial \zeta}{\partial z} &\sim \frac{WU}{HL} &&\sim 10^{-11}\mathrm{s}^{-2} \\
v\frac{df}{dy} &\sim U\beta &&\sim 10^{-10}\mathrm{s}^{-2} \\
f\left(\frac{\partial u}{\partial x} + \frac{\partial v}{\partial y}\right) &\lesssim \frac{f_0 U}{L} &&\sim 10^{-9}\mathrm{s}^{-2} \\
\left(\frac{\partial w}{\partial x}\frac{\partial v}{\partial z} - \frac{\partial w}{\partial y}\frac{\partial u}{\partial z}\right) &\lesssim \frac{WU}{HL} &&\sim 10^{-11}\mathrm{s}^{-2} \\
\frac{1}{\rho^2}\left(\frac{\partial \rho}{\partial x}\frac{\partial p}{\partial y} - \frac{\partial \rho}{\partial y}\frac{\partial p}{\partial x}\right) &\lesssim \frac{\delta\rho\delta p}{\rho^2 L^2} &&\sim 10^{-11}\mathrm{s}^{-2}
\end{aligned}$$

마지막 세 항에서 부등호가 사용되는데 이것은 각각의 경우에서 식의 두 항들이 부분적으로 상쇄되어서 실제 크기가 표시된 것보다 더 작을 수 있기 때문이다. 실제로, 이것은 발산항(네 번째 열거항)에 적용되는 경우로 만약 $\partial u/\partial x$와 $\partial v/\partial y$의 크기가 비슷하지 않고 부호가 같다면 발산항은 다른 어떤 항보다 더 큰 크기의 차수를 갖고 방정식은 만족하지 않는다. 그러므로 소용돌이도 방정식의 규모분석은 종관규모 운동이 준 비발산(quasi-nondivergence)임을 보여준다. 발산항이 소용돌이도 이류항과 균형이 이루어지도록 충분히 작기 위해서는 다음 차수와 같아야 한다.

$$\left|\left(\frac{\partial u}{\partial x}+\frac{\partial v}{\partial y}\right)\right| \lesssim 10^{-6}\mathrm{s}^{-1}$$

수평발산은 종관규모계에서 소용돌이도에 비하여 작아야만 한다. 위의 규모분석과 로스비수의 정의로부터 다음을 알 수 있다.

$$\left|\left(\frac{\partial u}{\partial x}+\frac{\partial v}{\partial y}\right)\Big/ f_0\right| \lesssim \mathrm{Ro}^2$$

그리고,

$$\left|\left(\frac{\partial u}{\partial x}+\frac{\partial v}{\partial y}\right)\Big/ \zeta\right| \lesssim \mathrm{Ro}$$

그러므로 수평발산과 상대 소용돌이도의 비는 상대 소용돌이도와 행성 소용돌이도의 비와 크기가 같다.

소용돌이도 방정식에서 $10^{-10}\mathrm{s}^{-2}$의 차수를 갖는 항들만을 모으면 종관규모 운동에 유용한 근사식을 얻는다.

$$\frac{D_h(\zeta+f)}{Dt} = -f\left(\frac{\partial u}{\partial x}+\frac{\partial v}{\partial y}\right) \tag{4.18}$$

여기서

$$\frac{D_h}{Dt} \equiv \frac{\partial}{\partial t}+u\frac{\partial}{\partial x}+v\frac{\partial}{\partial y}$$

앞에서 언급한 바와 같이 식 (4.18)은 강력한 저기압성 폭풍우에서는 정확하지 않다. 그러므로 상대 소용돌이도는 발산항에 남아 있어야 한다.

$$\frac{D_h(\zeta+f)}{Dt} = -(\zeta+f)\left(\frac{\partial u}{\partial x}+\frac{\partial v}{\partial y}\right) \tag{4.19}$$

식 (4.18)은 종관규모에서 수평운동에 따르는 절대 소용돌이도의 변화는 수평수렴 또는 발산에 기인하는 행성 소용돌이도의 증가와 감소에 의해 근사적으로 주어짐을 뜻한다. 그러나 식 (4.19)에서 운동을 따라 절대 소용돌이도의 변화를 유발하는 것은 절대 소용돌이도의 증가와 감소 때문인 것이다.

식 (4.19)의 소용돌이도 방정식은 저기압성 요란이 고기압성 요란보다 왜 더 강력한가를 시사해준다. 진폭이 일정한 수렴의 경우 상대 소용돌이도는 증가하고 $(\zeta+f)$는 커질 것이므로, 상대 소용돌이도가 높은 비율로 커지게 된다. 또한 발산율이 일정한 경우, 상대 소용돌이도는 감소하지만, $\zeta\rightarrow -f$일 때 우측의 발산항은 0에 접근하고 상대 소용돌이도는 아무리 강력한 발산이라도 더 큰 음(−)의 값이 될 수 없다(이러한 저기압과 고기압의 잠재적 강도 차이는 경도풍 근사와 연결지어 3.2.5소절에서 논의한 바 있다).

그러나 식 (4.18)과 식 (4.19)의 근사형은 기상전선 부근에서는 타당하지 않다. 전선대에서 수평변동 규모는 $\sim 100\,\mathrm{km}$이고, 연직 속도 규모는 $\sim 10\,\mathrm{cm\ s^{-1}}$이다. 이러한 규모에서 연직이류와 기울기항 그리고 솔레노이드항은 모두 발산항만큼 크게 된다.

4.4 위치 소용돌이도

이제 우리는 켈빈 정리가 특정한 적분 등치선의 경압 역학에 적용되는 것을 살펴보기 위해 순환 정리로 되돌아간다. 켈빈 정리는 대기역학에서 매우 심오한 내용을 함축하고 있다. 이를 임의의 닫힌 등고선에 적용하기보다는 온위가 보존되는 등온위면으로 그 가능성을 한정해보자. 등온위면 상에서 솔레노이드항은 정확히 0임을 증명해본다.

이상기체의 법칙(1.25)을 응용하면, 온위(2.44)는 등온위(θ)면에 대한 기압과 밀도 사이의 관계로 표현할 수 있다.

$$\rho = p^{c_v/c_p}(R\theta)^{-1}(p_s)^{R/c_p}$$

등온위면 위에서 밀도는 기압만의 함수이며, 순환정리(4.3)에서 솔레노이드항은 없어진다.

$$\oint \frac{dp}{\rho} \propto \oint dp^{(1-c_v/c_p)} = 0$$

단열과 비마찰 흐름에서, 등온위(θ)면의 유체 덩이들의 닫힌 회선에 대해 계산한 순환은, 순압 유체에서와 같은 형식이 된다. 즉, 경압유체에서도 켈빈의 순환정리는 성립한다.

스토크스의 정리로부터 순환 대신에 그 면에 수직인 소용돌이도의 성분으로 바꿀 수 있다.

$$C_a = \oint \boldsymbol{U}_a \cdot d\boldsymbol{l} = \iint_A \boldsymbol{\omega}_a \cdot \boldsymbol{n}\, dA \tag{4.20}$$

여기서 $\boldsymbol{n}$은 면에 수직인 단위 백터이다. 이제 우리는 $\boldsymbol{n}$과 dA를 보존량으로 대치한다. 등온위면으로 위아래가 막힌 극소의 원기둥을 생각해보자(그림 4.8). 단열 흐름에서 원기둥 안의 온위와 공기질량 dm은 보존된다. 원기둥을 횡단하는 제일 큰 차수의 테일러 근사는 $d\theta \approx |\nabla\theta| dh$로 주어진다. 여기서 dh는 기둥의 높이이다. 원기둥 내의 공기 질량은 $dm = \rho\, dA\, dh$에 의해 주어지므로

$$dA = \frac{dm}{\rho}\frac{|\nabla\theta|}{d\theta} \tag{4.21}$$

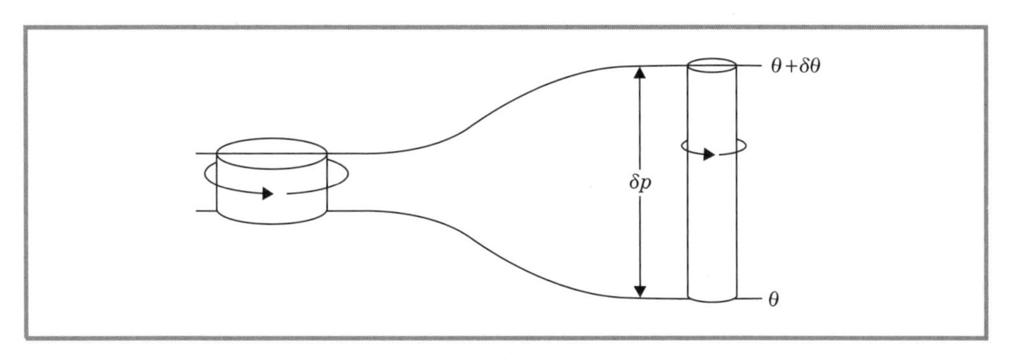

그림 4.8 위치 소용돌이도를 보존하면서 단열적으로 움직이는 공기의 원통기둥

이다. 면에 수직인 소용돌이도가 거의 일정하도록 충분히 작은 극소의 원기둥을 취하면

$$\frac{DC_a}{Dt} \approx \frac{D}{Dt}\left[\boldsymbol{\omega}_a \cdot \boldsymbol{n}\, dA\right] = 0 \tag{4.22}$$

여기서

$$\boldsymbol{n} = \frac{\nabla\theta}{|\nabla\theta|} \tag{4.23}$$

식 (4.22)에 (4.21)과 (4.23)을 대입하고 운동을 따라 dm과 $d\theta$가 보존되는 사실을 주지하면, 에르텔의 위치 소용돌이도 방정식을 얻는다.

$$\frac{D}{Dt}\left[\frac{\boldsymbol{\omega}_a \cdot \nabla\theta}{\rho}\right] = 0 \tag{4.24}$$

이 유명한 **에르텔의 위치 소용돌이도 정리**는, 대기역학에서 가장 중요한 이론적 결과 중 하나이다. 이 식이 의미하는 바는 위치 소용돌이도, 혹은 PV(Π)는 운동을 따라 보존된다는 것이다.

$$\Pi = \frac{\boldsymbol{\omega}_a \cdot \nabla\theta}{\rho} \tag{4.25}$$

이 결과는 모든 기본적인 물리적 보존법칙이 이 하나의 식(표현)으로 연결되기 때문에 심오하고 중요하다. 유체를 연구함에 있어서, 운동량 장이 열역학 장과 독립적으로 변동하는 것으로 보일 수도 있지만, 위치 소용돌이도는 그러한 변동에 강력한 제약 요소가 된다. 그들은 운동을 따라 PV를 보존하는 방향으로 진행되어야만 한다. 예를 들어, 절대 소용돌이도 백터가 수평성분을 갖고 있지 않은 상황의 경우 PV는 다음과 같이 주어진다.

$$\frac{1}{\rho}\left(\frac{\partial v}{\partial x} - \frac{\partial u}{\partial y} + f\right)\frac{\partial\theta}{\partial z} \tag{4.26}$$

이 경우 우리는 PV는 절대 소용돌이도와 정적 안정도의 곱이라는 사실을 알 수 있다. 즉 한 요소가 증가하면 다른 요소는 감소해야만 한다. 이 관계는 그림 4.8에 설명되어 있다. 공기덩이가 우측으로 이동하면 정적 안정도는 감소하고, 그 결과 PV를 보존하기 위해 소용돌이도는 증가해야 한다. 각 운동량 보존법칙과 소용돌이 늘림과의 연관성은 특히 명백하다.

식 (4.25)에서 PV에 대한 연직기여의 규모는 $\frac{U\theta^*}{\rho^* HL}+\frac{f\theta^*}{H}$이며, 여기서 θ^*와 ρ^*는 온위와 밀도의 전형적인 규모 값이다. 식에서 둘째 항은 행성회전의 기여를 나타낸다. 식 (4.25)를 전개하면 수평기여의 규모는 $\frac{U\theta^*}{\rho^* HL}$($w$의 작은 기여는 무시)로 주어져, 수직기여와 수평기여의 비는,

$$1+R_o^{-1} \tag{4.27}$$

로스비 수가 작은(약 0.1) 종관규모와 대규모에서, 이 분석은 PV에 대한 주된 기여가 연직방향으로부터 온다는 것을 보여준다. 이것이 대기역학에서 왜 소용돌이도의 연직성분을 중요시 하는가를 설명해준다. 비록 소용돌이도 벡터가 기본적으로 수평방향으로 놓일지라도 온위의 기울기는 주로 연직방향을 향하므로 이는 연직 소용돌이도의 중요성을 더욱 높여준다. PV에 대한 가장 큰 차수의 근사치는

$$\Pi \approx \frac{f}{\rho}\frac{\partial\theta}{\partial z} \tag{4.28}$$

대류권의 전형적인 값을 취하면, PV의 특성값을 추산할 수 있다.

$$\Pi_{trop} \cong \left(\frac{10^{-4}\mathrm{s}^{-1}}{1\,\mathrm{kg\,m}^{-3}}\right)(5\,\mathrm{K\,km}^{-1}) = 0.5\times10^{-6}\,\mathrm{K\,m^2\,s^{-1}\,kg^{-1}} \equiv 0.5\,\mathrm{PVU} \tag{4.29}$$

'PVU'의 정의는 일반적으로 'PV 단위($1\mathrm{PVU}=10^{-6}\mathrm{Km^2s^{-1}kg^{-1}}$)'의 규모를 사용하여 나타낸다. 성층권 하부에서 $\frac{\partial\theta}{\partial z}$는 한 차수 더 크며 PV의 특성값도 그만큼 크다.

대류권에서 PV값의 갑작스런 점프 때문에 PV는 그 경계면에서 유용한 역학적 정보를 제공한다. 실제로 PV와 온위가 보존되는 단열과 비마찰 조건하에서, '역학적' 대류권계면에 대한 온위선도(PV면으로 정의되는)는 온대 기상계에 대해 유용하고도 많은 정보를 제공한다. 그 이유는 대류권계면 상에서 등온위선은 바람에 의해서만 이류되기 때문이다. 더욱이 온위면상의 PV선과 다른 등온위선들을 비교하면, 하나의 PV선도로도 권계면의 상태를 묘사하는 데 충분하다.

역학적 대류권계면 구조와 일반적인 500-hPa 등고선(gpm)도와 비교한 예를 그림 4.9에 보여준다. 500-hPa 등압면도(그림 4.9a)의 익숙한 형상인 북아메리카 서부상공의 장파 패턴파

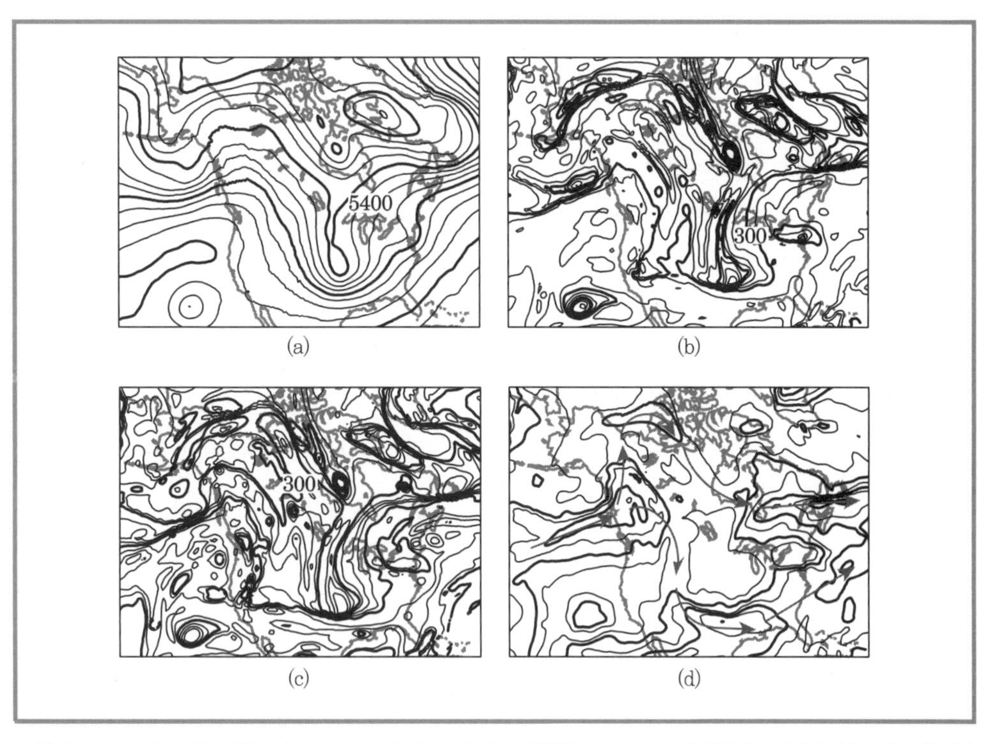

그림 4.9 2012년 1월 12일 (a) 500-hPa 등압면의 지오퍼텐셜 고도와 (b) 대류권계면의 등압선도, (c) 온위선 그리고 (d) 풍속의 비교. 지오퍼텐셜 고도는 60 m 간격, 온위선은 5 K 간격, 기압은 50 hPa 간격이고 풍속은 매 10 ms^{-1}이다. 매 네 번째 등고선은 굵은 선으로 표시하고 풍속은 둘째선 마다 굵게 표시하였다. 그림 (d) 안의 회색 화살은 제트류의 주된 경로를 나타낸다.

기압능, 대륙중부 상공의 기압골, 그리고 뉴욕상공과 태평양 연안의 알라스카의 길게 뻗어 나온 돌출부로 접근하는 단파 기압골을 볼 수 있다. 파동 모양의 그림 외에 저기압성 소용돌이가 캘리포니아 남서부, 허드슨만 상공, 그리고 배핀 섬 부근에 위치하고 있다.

대류권계면 기압(그림 4.9b)은 기압골이 대류권계면의 고도가 낮아진 곳에 있음을 보여준다. 실제로 대류권계면은 몇몇의 기압골과 소용돌이에서 500-hPa 면 아래에 위치함을 알 수 있다. 그러므로 기압골은 큰 값의 성층권 위치 소용돌이도와 결합되어 있고, 보통 대류권이라고 여겨지는 고도로 성층권 공기가 국지적으로 내려온 것이다. 기압능과 아열대 위도에서는 대류권계면이 200 ~ 250 hPa로 고도가 높아지고, PV는 주위에 비해서 비정상적으로 낮다.

대류권계면상의 온위(그림 4.9c)는 500-hPa 일기도에서 뚜렷한 기압골이 그들 중심 부근에서 소용돌이 모양으로 나타남을 보여준다. 이것은 닫힌 온위선의 형태를 보고 추정할 수 있는데 온위와 위치 소용돌이도가 보존된다면 공기는 닫힌 대류권계면의 온위선 안에 갇히게 된다. 이러한 이유로, 이 모양을 때로는 물질 맴돌이(material eddy)라 한다. 물질 맴돌이의 위치변동은 요란을 움직이는 유일한 수단이며 이는 매개체의 순 이동 없이도 정보들을 전파할 수 있는 파동과는 대비되는 것이다. 요란에 추가하여, 대류권계면 온위의 수평 기울기는 전선에 밀집되어 있고, 소규모의 잡파(노이즈)로 채워지고 혼합된 지역으로 분리되어 있다. 예를 들면, 이 전선들의 일부를 따라 미국 중부의 기압골의 기저에서 기압 장은 대류권이 기본적으로 연직임을 나타낸다.

끝으로, 제트류는 대류권계면 부근에 위치하므로, 이러한 조망은 상이한 고도에 위치하는 제트류를 묘사하는 데에 여러 개의 일기도가 요구되는 등압면에 비해서 훨씬 더 유용하다. 우리는 중위도 제트가 캐나다 서부해안에 도달하여 북쪽지류와 남쪽지류로 분리되는 것을 볼 수 있고, 남쪽지류는 영역의 아래쪽 가장자리 부근의 아열대 제트와 연계되어 있음을 볼 수 있다(그림 4.9d).

완벽을 기하기 위하여, 에르텔 위치 소용돌이도 방정식이 마찰 소멸에 의한 운동량의 생성원 $\mathcal{F}$와 잠재 가열과 같은 엔트로피의 생성원 $\mathcal{H}$를 포함하는 하나의 형식으로 유도될 수 있음을 주목하라. 그 결과로

$$\frac{D\Pi}{Dt}=\frac{\omega_a}{\rho}\cdot\nabla\mathcal{H}+\frac{\nabla\theta}{\rho}\cdot\left(\nabla\times\frac{\mathcal{F}}{\rho}\right) \tag{4.30}$$

여기서 Π는 식 (4.25)에 의해 정의된 에르텔 PV이다. 우변 첫째항은 소용돌이도 벡터가 엔트로피 생성원의 국지 최대값 방향을 가리킬 때 양이다. 이것은 구름과 강수가 대류권의 하층 및 중층에서 발견되는 온대저기압 부근에서 자주 발생한다(그림 4.10a).

이러한 경우 지표부근 소용돌이도의 연직성분은 응결에 의한 잠열방출이 최대인 상공으로 향한다. 가열이 최대인 곳 상공에서는 소용돌이도 벡터와 가열의 기울기가 서로 반대방향이기 때문에 위치 소용돌이도는 감소한다. 우변의 둘째 항은 마찰력의 커얼이 엔트로피의 기울기와 같은 방향을 향하는 곳에서 양이다. 다시 온대 저기압의 경우를 적용하면, 지표마찰이 운동에 역방향으로 작용한다는 것을 가정하면, 마찰의 커얼은 엔트로피의 기울기와 반대방향을 가리키는 벡터이고 이것은 에르텔 PV에 음의 경향을 낳는다(그림 4.10b).

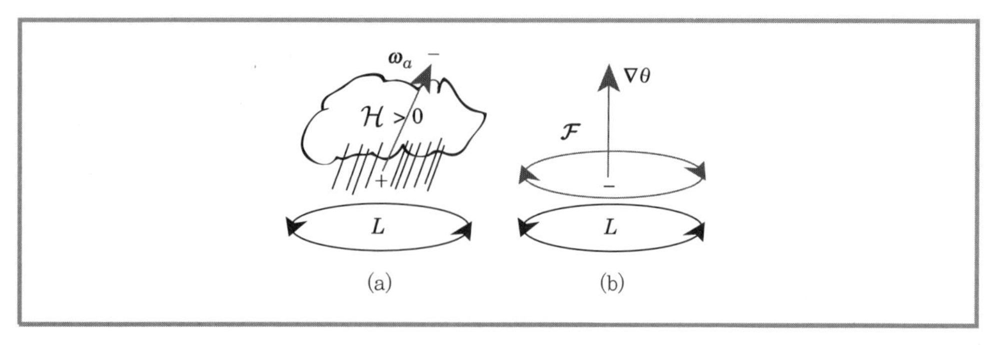

그림 4.10 (a) 엔트로피와 (b) 운동량의 생성원이 위치 소용돌이도 변화에 작용하는 역할을 설명하는 그림. (a)는 지상 저기압상의 강수운을 묘사한 것으로 소용돌이도 벡터 ω는 상향 우측으로 향한다. 잠재 가열은 구름 속에서 최대를 나타내고 구름의 하부(혹은 상부)에서 양의 PV경향을 유발한다. (b)는 지면마찰의 역할을 나타낸다(회색화살표는 반대방향의 지상순환). 지면 마찰의 커얼은 소용돌이도 벡터의 반대방향으로 향하고 음의 PV경향을 유발한다.

4.5 천수 방정식

균질 비압축성 유체에서, 위치 소용돌이도 보존은 보다 더 간단한 형식을 취한다. 이를 알아보기 위해 먼저 유용하고 단순화된 천수방정식을 유도한다. 이 방정식은 후에 대기역학의 핵심 분야를 다루는 데에 이용될 것이다. 밀도가 일정한 경우 외에, 얕은 근사는 유체의 깊이가 고려대상의 수평규모와 비교해서 작음을 의미한다. 이러한 작은 가로 세로 비의 결과로서 정역학 근사를 사용할 수 있다.

$$\frac{\partial p}{\partial z} = -\rho_o g \tag{4.31}$$

여기서 ρ_o는 밀도로 상수이다. 유체의 깊이 $h(x, y)$에 대해 정역학 방정식을 적분하면

$$P(z) = \rho_o g(h-z) + p(h) \tag{4.32}$$

여기서 $p(h)$는 천수 층의 최상부 압력으로 상수이다. 식 (4.32)를 이용하여 운동량 방정식의 압력을 대치하면,

$$\frac{D_h \boldsymbol{V}}{Dt} = -g\nabla_h h - f\boldsymbol{k}\times \boldsymbol{V} \tag{4.33}$$

여기서 $\boldsymbol{V}$는 초기에 (x, y)만의 함수로 가정하고, h도 (x, y)의 함수이므로, 식 (4.33)의 $\boldsymbol{V}$는 항상 2차원이 된다.

밀도가 일정한 유체에서 질량보존은 간단한 식이 된다.

$$\nabla \cdot (u, v, w) = 0 \tag{4.34}$$

비압축성은 열역학 제1법칙도 단순화시키는데 이는 유체가 더 이상 일을 하지 못하기 때문이다. 그러므로 열을 가하지 않는 한, 온도는 운동을 따라 일정하다(2.41 참조). 수압은 밀도와 온도의 함수이고 $p=f(T, \rho)$이다. 그러나 운동을 따라 비압축성은 $dp= \frac{\partial f}{\partial T}dT+ \frac{\partial f}{\partial \rho}d\rho= 0$이 되므로

$$\frac{D\rho}{Dt}=0 \tag{4.35}$$

이 사실을 식 (4.32)에 적용하면

$$\frac{D_h h}{Dt}= w(h) \tag{4.36}$$

여기서 $w=\frac{Dz}{Dt}$는 연직 운동이고, $(x,\ y,\ z)$의 함수이다. 식 (4.34)를 깊이 h에 대해 적분하면 $w(h)=-h\nabla_h \cdot \boldsymbol{V}$가 되고, 식(4.36)에서 w를 제거하는 데 사용하면

$$\frac{D_h h}{Dt}=-h\nabla_h \cdot \boldsymbol{V} \tag{4.37}$$

천수방정식은 (4.33)과 (4.37)로 구성되고, 세 개의 미지 변수$(u,\ v,\ h)$의 시간에 따른 변화를 기술한다. 4.3.1소절에 유도한 것과 동일한 방법으로, 천수 소용돌이도 방정식도 식 (4.33)으로부터 다음과 같이 유도된다.

$$\frac{D_h}{Dt}(\zeta+f)=-(\zeta+f)\left(\frac{\partial u}{\partial x}+\frac{\partial v}{\partial y}\right) \tag{4.38}$$

천수방정식계에서, 절대 소용돌이도는 운동을 따라 소용돌이 늘림을 통해 증가한다.

천수 위치 소용돌이도 보존은 식 (4.37)을 이용하여 식 (4.38) 우변의 발산을 대체함으로써 얻어진다.

$$\frac{D_h}{Dt}\left[\frac{\zeta+f}{h}\right]=0 \tag{4.39}$$

그러므로 천수 위치 소용돌이도, $(\zeta+f)/h$는 절대 소용돌이도를 유체의 깊이로 나눔으로써 얻어진다. 운동을 따라 절대 소용돌이도가 증가한다면, 유체의 깊이도 동일하게 증가해야 한다. 천수방정식에서 깊이의 역은 층의 상부와 하부면이 등온위면이기 때문에 정적 안정도와 유사하다. 만약 층의 깊이 h가 작아지면, 등온위선의 간격은 더욱 좁아진다.

위치 소용돌이도가 x와 y에 함수이므로 식 (4.39)만이 매우 단순화된 에르텔 PV의 방정식이 된다. 이 식은 대규모 역학에 대한 통찰력을 얻는 데 매우 유용하다. 예를 들면, 그림 4.11에서 보는 무한히 긴 높은 산맥에 편서풍이 부딪히는 것을 고려하자. 산의 풍상 측에서 흐름은 균일하므로 $\zeta=0$이라고 가정한다. 깊이가 h인 유체 기둥은 등엔트로피면 θ_0와 $\theta_0+\delta\theta$ 사이에 갇혀 있고 산맥을 넘는 동안 두면 사이에 계속 갇혀 있다. 이미 산맥을 횡단한 공기는 산의 풍상측과 풍하 측의 상층면을 높이는데 그 이유는 제5장에서 더 탐구할 것이다.

유체기둥이 높은 산맥에 접근하면, 유체기둥은 수직으로 늘어나고 위치 소용돌이도 $(\zeta+f)/h$를 보존하기 위하여 ζ의 증가가 일어난다. 양의 저기압성 소용돌이도는 흐름의 저기압성 곡률과 연관되어 있고, 저기압성 곡률은 극향류를 일으키며, f를 증가시킨다. 그러므로 위치 소용돌이도 보존에 의해 ζ가 감소하게 된다. 공기 기둥이 산을 넘어감에 따라 그들의 연직범위는 줄어들고, 상대 소용돌이도는 음이 된다. 따라서 공기 기둥은 고기압성 소용돌이도를 얻게 되며 남쪽으로 이동한다.

공기 기둥이 산 위를 넘어 그들의 원래 깊이로 되돌아왔을 때 그 공기 덩이는 원래 위도보다

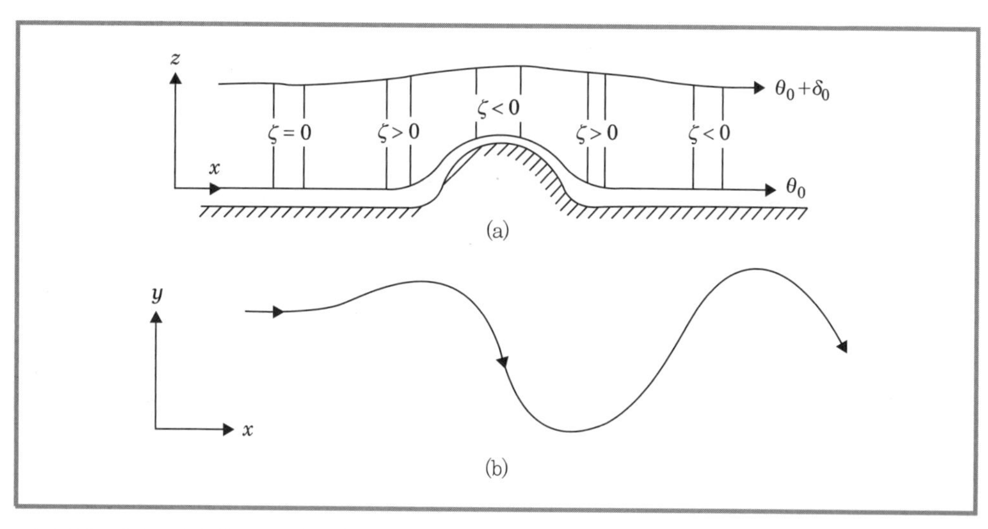

그림 4.11 높은 산맥 위로 흐르는 편서풍의 모식도. (a) 함수 x로서의 유체기둥의 깊이, (b) (x, y) 평면상에서 공기 덩이의 궤적

남쪽에 위치하게 되어 f는 더 작아지므로, 상대 소용돌이도는 양이 되어야만 한다. 따라서 궤적은 저기압성 곡률을 가지며 공기 기둥은 북으로 전향하게 된다. 공기 덩이가 원래 위도로 다시 돌아왔을 때 그것은 여전히 극향 속도 성분을 가질 것이며, 그들의 방향이 다시 역전될 때까지 고기압성 곡률을 계속적으로 얻으면서 극 쪽으로 갈 것이다. 공기 덩이는 수평면에서 파동 형태의 궤적을 따라 위치 소용돌이도를 보존하면서 풍하 측으로 이동한다. 그러므로 대규모 산등성 위에 계속적으로 부는 서풍은 산 위에서 고기압성 흐름을 만들고, 산맥의 동쪽에는 저기압성 흐름을 만들며, 풍하 측으로는 파동열이 이어진다.

산등성 위를 지나는 동풍류의 경우는 매우 다르다(그림 4.12). 풍상 측 늘림은 흐름의 저기압성 회전을 일으키고 적도 방향 운동성분을 야기한다. 공기 기둥이 산 위에서 서쪽과 적도 쪽으로 움직일 때 그들의 깊이는 수축하고, 절대 소용돌이도는 감소하게 되어 위치 소용돌이도는 보존된다. 절대 소용돌이도의 감소는 고기압성 상대 소용돌이도의 발달과 적도 방향의 운동에 기인하는 f의 감소에 의해 일어난다. 고기압성 상대 소용돌이도는 점차 공기 기둥을 회전시키며 그것이 산 정상에 도달했을 때 서쪽으로 향하게 한다. 서쪽의 산 아래로 이동하는 동안 위치 소용돌이도가 보존되고 앞의 과정과는 단순히 반대이다. 단지 산에서 풍하 쪽으로 일정거리 떨어진 공기 기둥은 원래의 위도에서 다시 서쪽으로 움직이게 된다.

이와 같이 위도에 종속인 코리올리 매개변수는 거대한 산맥 위의 서풍과 동풍에 대해 아주 큰 차이를 만들어낸다. 서풍의 경우 산맥은 먼 풍하 측까지 퍼지는 파동 형태의 유선을 만든다. 동풍의 경우 유선의 요란은 산맥으로부터 멀어져갈수록 사라진다.

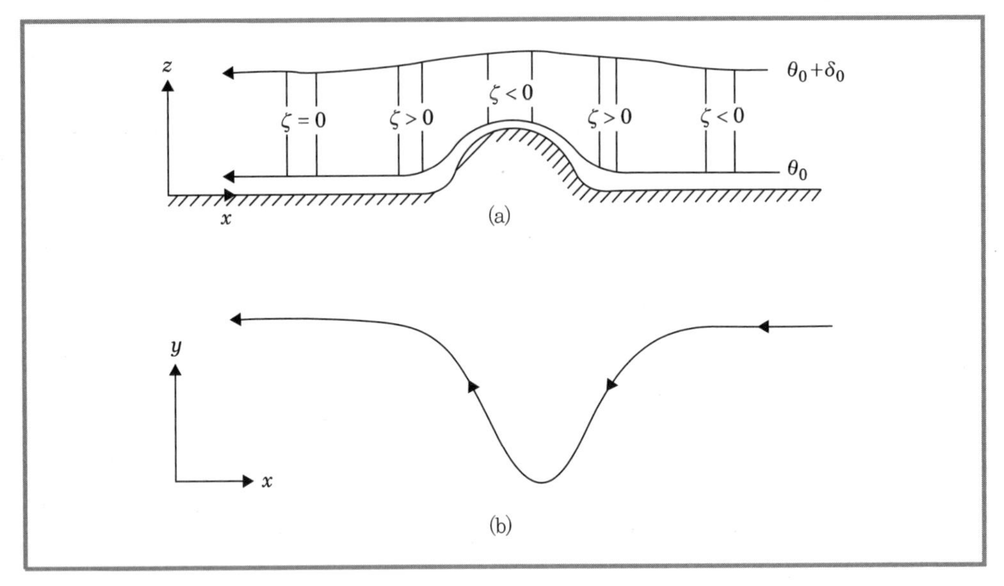

그림 4.12 높은 산맥 위로 흐르는 동풍의 모식도. 설명은 그림 4.11과 동일.

4.5.1 순압 위치 소용돌이도

순압 유체를 가정하면 천수방정식보다 더 단순화된 위치 소용돌이도 방정식의 유도가 가능하다. 순압 유체의 정의는 기압이 단지 밀도에만 의존함을 상기하라. 천수에서, 식 (4.32)는 h와 z가 상수인 경우, $w=0$이 되고 유체는 수평적으로 비발산인 것을 의미한다.

$$\frac{\partial u}{\partial x}+\frac{\partial v}{\partial y}=0 \tag{4.40}$$

위치 소용돌이도 보존은 다음과 같이 단순화된다.

$$\frac{D_h}{Dt}(\zeta+f)=0 \tag{4.41}$$

식 (4.41)을 순압 위치 소용돌이도 방정식이라 하며, 절대 소용돌이도는 운동을 따라 보존됨을 뜻한다. 이 식은 대규모 대기역학의 이론적 연구에 널리 사용되고 있다.

비발산 수평운동에 대해서 흐름 장은 유선함수 $\psi(x, y)$로 표시할 수 있고, 속도성분은 $u=-\partial\psi/\partial y$, $v=+\partial\psi/\partial x$로 주어진다. 그러면 소용돌이도는

$$\zeta=\frac{\partial v}{\partial x}-\frac{\partial u}{\partial y}=\frac{\partial^2\psi}{\partial x^2}+\frac{\partial^2\psi}{\partial y^2}\equiv\nabla_h^2\psi$$

로 주어진다. 따라서 속도 장과 소용돌이도는 둘 다 단일 스칼라 장 $\psi(x, y)$의 변화로 표시되고

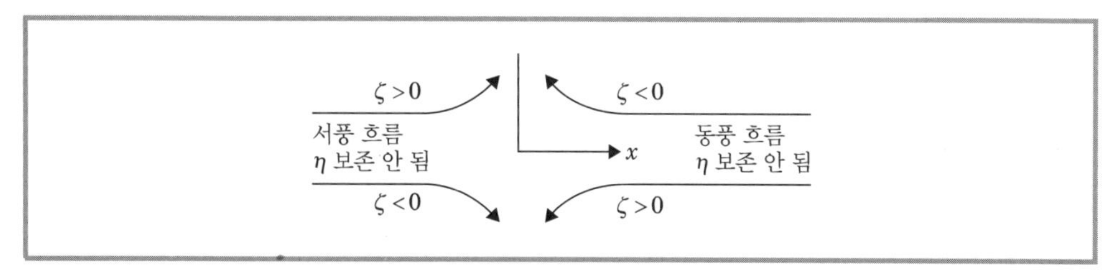

그림 4.13 곡선 흐름의 궤적에 대한 절대 소용돌이도 보존

식 (4.41)은 소용돌이도 예상 방정식으로 다음과 같이 쓸 수 있다.

$$\frac{\partial}{\partial t}\nabla^2\psi = -\boldsymbol{V}_\psi \cdot \nabla(\nabla^2\psi + f) \tag{4.42}$$

여기서 $\boldsymbol{V}_\psi \equiv \boldsymbol{k} \times \nabla\psi$는 비발산 수평바람이다. 식 (4.42)는 상대 소용돌이도의 국지 경향은 절대 소용돌이도의 이류에 의해 주어짐을 뜻한다. 이 방정식은 유선함수와 소용돌이도 및 바람장의 진행을 수치적으로 풀 수 있다. 중층 대류권에서의 흐름은 종관규모에서 종종 거의 비발산이므로 식 (4.42)는 종관규모 500-hPa 흐름 장의 단기예보에 매우 유용한 모델이다.

서풍과 동풍 흐름의 비대칭을 묘사한 간단한 예에서와 같이 운동을 따라 절대 소용돌이도의 보존은 흐름에 대한 강력한 제약이다. 어떤 점 (x_0, y_0)에서 흐름이 동서방향이며, 상대 소용돌이도는 없어져 $\eta(x_0, y_0) = f_0$인 경우를 가정하자. 만약 절대 소용돌이도가 보존된다면 어느 점에서의 운동은 (x_0, y_0)을 통과하여 지나가는 공기 덩이의 궤적을 따라 $\zeta + f = f_0$를 만족해야 한다. f는 북쪽으로 갈수록 증가하므로 풍하 측에서 북쪽으로 휘어진 궤적은 $\zeta = f_0 - f < 0$이어야만 한다. 반면에 남쪽으로 휘어진 궤적은 $\zeta = f_0 - f > 0$이다. 그러나 그림 4.13과 같이 만약 흐름이 서풍이라면, 북향 곡률의 풍하 측은 $\zeta > 0$이며 남향 곡률은 $\zeta < 0$이다. 서풍 동서 흐름은 절대 소용돌이도가 운동을 따라 보존된다면 순전히 동서풍으로만 남아 있어야 한다. 동풍 흐름의 경우는 그림 4.13에서와 같이 반대가 된다. 북향과 남향 곡률은 각각 음과 양의 상대 소용돌이도와 연관되어 있다. 따라서 동풍은 북쪽이나 남쪽으로 휘어지는 경우에도 절대 소용돌이도는 여전히 보존된다.

4.6 등온위 좌표에서의 에르텔 위치 소용돌이도

이제 등온위 좌표에서 운동량과 엔트로피의 생성원에 기인한 비보존 효과의 내용을 포함하여 에르텔 위치 소용돌이도를 더욱 상세히 취급해보기로 한다. 우리는 등온위 좌표에서 기본 보존 법칙의 서술로부터 시작한다.

4.6.1 등온위 좌표에서 운동방정식

만약 대기가 안정하게 성층되어서 온도 θ가 고도에 따라 일정하게 증가한다면 θ는 독립적인 연직 좌표로서 사용될 수 있다. 이 좌표계에서 연직 속도는 $\dot{\theta} \equiv D\theta/Dt$이다. 그러므로 단열 운동들은 등온위 좌표계에서 볼 때 2차원이다. 등온위 좌표계에서 단면적 δA와 연직범위 $\delta\theta$를 갖는 극소 제어부피(control volume)는 다음의 질량을 갖는다.

$$\delta M = \rho\delta A\delta z = \delta A\left(-\frac{\delta p}{g}\right) = \frac{\delta A}{g}\left(-\frac{\partial p}{\partial\theta}\right)\delta\theta = \sigma\delta A\delta\theta \tag{4.43}$$

여기서 (x, y, θ) 공간에서의 밀도는 다음과 같이 정의된다.

$$\sigma \equiv -g^{-1}\partial p/\partial\theta \tag{4.44}$$

등온위 좌표계에서 수평 운동량 방정식은 등압 좌표형 식 (4.15)를 변환시킴으로써 얻을 수 있다.

$$\frac{\partial \boldsymbol{V}}{\partial t} + \nabla_\theta\left(\frac{\boldsymbol{V}\cdot\boldsymbol{V}}{2} + \Psi\right) + (\zeta_\theta + f)\boldsymbol{k}\times\boldsymbol{V} = -\dot{\theta}\frac{\partial\boldsymbol{V}}{\partial\theta} + \boldsymbol{F}_r \tag{4.45}$$

여기서 ∇_θ는 등온위면 위에서의 기울기, $\zeta_\theta \equiv \boldsymbol{k}\cdot\nabla_\theta\times\boldsymbol{V}$은 등온위 상대 소용돌이도이고 $\Psi \equiv c_pT + \Phi$는 몽고메리 유선함수(Montgomery streamfunction)이다(제2장의 문제 2.11 참조). 여기서 마찰항 $\boldsymbol{F}_r$을 비단열 연직이류항과 함께 우변에 포함시켰다. 연속 방정식은 3.1.2소절의 등압계에서 사용했던 것과 유사한 방법으로 식 (4.43)으로부터 다음과 같이 유도된다.

$$\frac{\partial\sigma}{\partial t} + \nabla_\theta\cdot(\sigma\boldsymbol{V}) = -\frac{\partial}{\partial\theta}(\sigma\dot{\theta}) \tag{4.46}$$

Ψ와 σ 장은 정역학 방정식을 통해 기압 장과 연결되며, 등온위 좌표계에서 정역학 방정식은 다음의 형을 가진다.

$$\frac{\partial\Psi}{\partial\theta} = \Pi(p) \equiv c_p\left(\frac{p}{p_s}\right)^{R/c_p} = c_p\frac{T}{\theta} \tag{4.47}$$

여기서 Π를 엑스너 함수(Exner function)라 한다. 식 (4.44)~(4.47)을 이용하면 $\dot{\theta}$와 $\boldsymbol{F}_r$이 알려진 경우 $\boldsymbol{V}$, σ, Ψ, p를 예측할 수 있는 닫힌계이다.

4.6.2 위치 소용돌이도 방정식

만약 $\boldsymbol{k}\cdot\nabla_\theta\times$식 (4.45)를 취하고 항들을 재정리하면, 다음의 등온위 소용돌이도 방정식을 얻는다.

$$\frac{\tilde{D}}{Dt}(\zeta_\theta+f)+(\zeta_\theta+f)\nabla_\theta\cdot \boldsymbol{V}=\boldsymbol{k}\cdot\nabla_\theta\times\left(\boldsymbol{F}_r-\dot{\theta}\frac{\partial \boldsymbol{V}}{\partial\theta}\right) \tag{4.48}$$

여기서

$$\frac{\tilde{D}}{Dt}=\frac{\partial}{\partial t}+\boldsymbol{V}\cdot\nabla_\theta$$

이며 등온위면 상에서 수평운동에 따르는 전 도함수이다.

식 (4.46)을 $\sigma^{-2}\partial\sigma/\partial t=-\partial\sigma^{-1}/\partial t$를 이용하여 다시 쓰면,

$$\frac{\tilde{D}}{Dt}(\sigma^{-1})-(\sigma^{-1})\nabla_\theta\cdot \boldsymbol{V}=\sigma^{-2}\frac{\partial}{\partial\theta}(\sigma\dot{\theta}) \tag{4.49}$$

가 된다. 식 (4.48)에 σ^{-1}을 곱하고, 식 (4.49)에 $(\zeta_\theta+f)$를 각 항에 곱하고 더하면 보존법칙

$$\begin{aligned}\frac{\tilde{D}\Pi}{Dt}&=\frac{\partial\Pi}{\partial t}+\boldsymbol{V}\cdot\nabla_\theta\Pi\\&=\frac{\Pi}{\sigma}\frac{\partial}{\partial\theta}(\sigma\dot{\theta})+\sigma^{-1}\boldsymbol{k}\cdot\nabla_\theta\times\left(\boldsymbol{F}_r-\dot{\theta}\frac{\partial \boldsymbol{V}}{\partial\theta}\right)\end{aligned} \tag{4.50}$$

을 얻는다. 여기서 $\Pi\equiv(\zeta_\theta+f)/\sigma$는 에르텔 위치 소용돌이도이다. 만약 식 (4.50)의 우변에서 비단열과 마찰항을 계산할 수 있다면, 등온위면 상에서 수평 운동에 따르는 Π의 변화를 결정할 수 있다. 비단열과 마찰항이 작으면 위치 소용돌이도는 등온위 좌표계에서 운동 중 거의 보존된다.

제트류와 전선과 같이 역학 장에서 커다란 기울기를 가지는 기상 요란들은 에르텔 위치 소용돌이도에서의 큰 편차와 관계가 있다. 상층 대류권에서 이러한 편차들은 단열 조건과 비슷한 경우에 신속히 이류하는 경향이 있다. 그래서 위치 소용돌이도 편차 패턴은 등온위면에서 양적으로 보존된다. 이 물질적 보존성질 때문에 위치 소용돌이도 편차는 기상학적 요란의 변화를 추적하거나 확인하는 데 매우 유용하다.

4.6.3 등온위 소용돌이도의 적분제약

등온위 소용돌이도 방정식 (4.48)은 다음의 형식으로 쓸 수 있다.

$$\frac{\partial\zeta_\theta}{\partial t}=-\nabla_\theta\cdot[(\zeta_\theta+f)\boldsymbol{V}]+\boldsymbol{k}\cdot\nabla_\theta\times\left(\boldsymbol{F}_r-\dot{\theta}\frac{\partial \boldsymbol{V}}{\partial\theta}\right) \tag{4.51}$$

임의의 벡터 $\boldsymbol{A}$는

$$\mathbf{k} \cdot (\nabla_\theta \times \mathbf{A}) = \nabla_\theta \cdot (\mathbf{A} \times \mathbf{k})$$

의 관계를 만족하므로 식 (4.51)은 다음과 같이 다시 쓸 수 있다.

$$\frac{\partial \zeta_\theta}{\partial t} = -\nabla_\theta \cdot \left[(\zeta_\theta + f)\, \mathbf{V} - \left(\mathbf{F}_r - \dot{\theta} \frac{\partial \mathbf{V}}{\partial \theta} \right) \times \mathbf{k} \right] \tag{4.52}$$

식 (4.52)는 등온위 소용돌이도가 우변의 괄호 내의 수평 속(flux) 벡터의 발산과 수렴에 의해서만 변화될 수 있다는 사실을 나타낸다. 소용돌이도는 등온위면을 가로지르는 연직 이동에 의해서는 변하지 않는다. 더욱이 등온위면의 면적 위에서의 식 (4.52)의 적분과 발산정리(부록 C.2)의 응용은 지면과 교차하지 않는 한 등온위면에 대해 ζ_θ의 전구 평균은 일정함을 보여준다. 더욱이 구면상에서 ζ_θ의 적분은 ζ_θ의 전구 평균이 정확히 0임을 보여준다. 이러한 등온위면 위의 소용돌이도는 생성되거나 소멸되지 않으며, 다만 등온위면을 따른 수평 속에 의해 강화되거나 약화될 뿐이다.

권장 문헌

Acheson, *Elementary Fluid Dynamics*, 소용돌이도에 대한 대학원 수준의 좋은 개론서이다.

Hoskins et al.(1985) 에르텔 위치 소용돌이도에 대한 수준 높은 논의와 종관규모 요란에 대한 진단과 예측의 응용을 기술하였다.

Pedlosky, *Geophysical Fluid Dynamics*, 제2장에서 순환, 소용돌이도, 그리고 위치 소용돌이도에 대해 자세히 기술하고 있다.

Vallis, *Atmospheric and Oceanic Fluid Dynamics*, 제4장에서 소용돌이도와 위치 소용돌이도에 대해 취급하고 있다.

Williams and Elder, *Fluid Physics for Oceanographers and Physicists*, 초보 수준의 소용돌이도 역학개론이며 유체역학의 일반적 개론서이다.

문제

4.1 북쪽으로 $10\,\text{ms}^{-1}/500\,\text{km}$의 비율로 감소하는 동풍(서향 흐름)에 대해 한 변이 1000 km인 사각형 주위의 순환은 얼마인가? 이 사각형에서 평균 상대 소용돌이도는 얼마인가?

4.2 북위 30°에서 100 km의 반경을 갖는 원통 공기 기둥이 원래 반경의 2배만큼 팽창되었다. 만약 이 공기가 초기에 정지상태였다면, 팽창 후 표면에서의 평균 접선속도는 얼마인가?

4.3 북위 30°에서 공기 덩이가 북쪽으로 절대 소용돌이도를 보존하면서 움직인다. 만약 그들의 초기 상대 소용돌이도가 $5 \times 10^{-5}\,\text{s}^{-1}$이라면, 북위 90°에 도달할 경우 이 공기

덩이의 상대 소용돌이도는 얼마인가?

4.4 북위 60°에서 초기에 $\zeta=0$인 공기 기둥이 지표면으로부터 고도 10 km에 고정된 대류권계면까지 늘어났다. 만약 공기 기둥이 북위 45°에서 고도가 2.5 km인 산 위까지 움직인다면, 그것이 산 정상을 지나갈 때 절대 소용돌이도와 상대 소용돌이도는 얼마인가? 흐름이 순압 위치 소용돌이도 방정식을 만족한다고 가정하라.

4.5 이중 환대(annulus)의 내반경이 200 km이고 외반경이 400 km일 경우 평균 소용돌이도를 계산하라. 그들의 접선속도는 $V=A/r$로 주어지며 여기서 $A=10^6\,\mathrm{m^2s^{-1}}$이고 r은 미터단위(m)이다. 내반경이 200 km인 환대에서 평균 소용돌이도는 얼마인가?

4.6 3.2.5소절에서 논의한 이상 경도풍이 북반구에서 음의 절대순환을 갖고 음의 평균 절대 소용돌이도를 가짐을 보여라.

4.7 $(x,\ y)$평면에서 $(0,\ 0)$, $(0,\ L)$, $(L,\ L)$, $(L,\ 0)$에 꼭지점을 갖는 사각형이 있다. 만약 온도가 동쪽으로 1°C/200 km의 비율로 상승하고 기압이 북쪽으로 1 hPa/200 km의 비율로 증가한다면 이 사각형 주위의 순환의 변화율을 계산하라. $L=1000$ km이고 $(0,\ 0)$에서 기압은 1000 hPa이다.

4.8 카테시안 좌표계에서 벡터를 전개하여 식 (4.14)을 증명하라.

4.9 평평한 밑면을 갖고, 상층 경계에서는 자유면을 갖는 원통 탱크 내에서 강체회전하고 있는 비압축성 유체에 대해 깊이가 반경에 종속인 공식을 유도하라. 탱크의 중심에서 깊이를 H, 탱크의 회전 각속도를 Ω, 탱크의 반경을 a로 하라.

4.10 만약 원통 기둥이 탱크의 중심으로부터 50 cm 이동한다면, 회전원통 내의 유체기둥에 대하여 상대 소용돌이도는 얼마나 변할까? 탱크는 1분에 20회전율로 돌고, 중심에서 유체의 깊이는 10 cm이며 유체는 초기에 강체회전 상태이다.

4.11 저기압성 소용돌이가 $V=V_0(r/r_0)^n$으로 주어지는 접선속도 연직분포를 갖고 선형풍 균형에 놓여 있다. 여기서 V_0는 소용돌이 중심으로부터 거리 r_0에서의 접선속도 성분이다. 반경 r에서 유선에 대한 순환을 계산하라. 그리고 반경 r에서의 소용돌이도와 기압을 계산하라(p_0는 r_0에서의 기압이며, 밀도는 일정하다고 가정한다).

4.12 위도 45°에서 서풍 동서 흐름이 남북으로 위치한 산 장벽 위로 단열적으로 강제상승한다. 산에 부딪치기 전에 서풍은 남쪽을 향하여 $10\,\mathrm{ms^{-1}}$/1000 km의 비율로 선형적으로 증가한다. 산 정상의 고도는 800 hPa이며 대류권계면은 300 hPa에 위치한다. 공기의 초기 상대 소용돌이도는 얼마인가? 만약 강제상승 동안 남쪽을 향하여 위도 5° 정도 편향되었다면 정상에 도달했을 때 공기의 상대 소용돌이도는 얼마인가? 만약 정상으로 올라가는 동안 흐름의 속도가 $20\,\mathrm{ms^{-1}}$로 일정하다면 정상에서 유선의 곡률반경은 얼마인가?

4.13 대칭 연직축에 대해 각속도 Ω로 회전하고 있는 반경이 a이고 깊이 H가 일정한 원통그릇이 초기에 이 그릇에 대해 정지하고 있는 균질 비압축성 유체로 가득 채워져 있다.

유체의 부피 V는 원통의 중심에서 침출점을 통해 줄어들고 소용돌이가 생긴다. 마찰을 무시하고, 상대 방위속도(즉 탱크와 함께 회전하는 좌표계에서의 속도)를 반경의 함수로 나타내어라. 운동이 깊이에 무관하며 $V \ll \pi a^2 H$임을 가정하라. 또 상대 소용돌이도와 상대순환을 계산하라.

4.14 (a) 위도 60°, 높이 100 km에서 지구표면에 대해 초기에 정지하고 있는 공기의 동서 고리가 지구표면에 대해 $10\,\mathrm{m\,s^{-1}}$의 동풍 성분을 얻기 위해서는 얼마나 변위하여야만 하는가?

(b) 동일한 속도를 얻기 위해 연직적으로 얼마만큼 높이를 움직여야 하는가? 무마찰 대기를 가정하라.

4.15 내반경이 10 cm, 외반경이 20cm, 그리고 깊이가 10 cm인 투과 벽을 갖는 이중 원통의 수평운동이 고도와 방위에 독립이며, $u = 7 - 0.2r$, $v = 40 + 2r$의 관계가 있다. 여기서 u는 반지름 속도, 그리고 v는 접선속도 성분$(\mathrm{cm\,s^{-1}})$이며, 밖으로 향하고 반시계방향일 때 (+)이다. 그리고 r은 이중수조 중심으로부터의 거리(cm)이다. 비압축성 유체를 가정하고 다음을 계산하라.

(a) 이중수조 고리에 대한 순환

(b) 이중수조 고리 내에서의 평균 소용돌이도

(c) 이중수조 고리 내에서의 평균 발산

(d) 이중수조 꼭대기에서 평균 연직 소용돌이도(밑면에서 연직 속도는 0으로 함)

4.16 식 (4.52)에서 기술한 바와 같이 지면과 교차하지 않는 등온위면 상의 전구적 평균 등온위 소용돌이도가 0임을 증명하라. 등압면 상의 등압 소용돌이도에서도 같은 결과가 나타남을 보여라.

MATLAB 연습

M4.1 식 (4.41)에서 비발산 수평운동에 대하여 흐름장은 유선함수 $\psi(x, y)$로 표시될 수 있으므로 소용돌이도는 $\zeta = \partial^2\psi/\partial x^2 + \partial^2\psi/\partial y^2 \equiv \nabla^2\psi$로 주어짐을 알았다. 만약 소용돌이도가 x와 y에 모두 단일 정현파 요란으로 나타낼 수 있다면, 유선함수는 소용돌이도와 같이 동일한 공간분포를 가지며 또 반대 부호를 갖는데 이는 정현의 2차 도함수가 동일한 정현함수의 음(−)에 비례한다는 사실로부터 쉽게 증명할 수 있다. MATLAB 스크립트 **Vorticity_1.m**에 그 한 예제를 보여주고 있다. 그러나 소용돌이도의 패턴이 공간 내에서 국소적일 때 유선함수와 소용돌이도의 공간규모는 매우 상이하다. 이러한 후자의 상황은 MATLAB 스크립트 **Vorticity_demo.m**에 서술하였으며, 이것은 $(x, y) = (0, 0)$인 곳의 소용돌이도의 점원에 상응하는 유선함수를 보여준다. 이 문제를 풀기 위해서는 **Vorticity_1.m**의 코드 $\zeta(x, y) = \exp[-b(x^2 + y^2)]$를 이용하여 변형해야 한다. 여기서 b

는 상수이다. $b=1\times10^{-4}\mathrm{km}^{-2}$에서 $4\times10^{-7}\mathrm{km}^{-2}$까지 여러 값의 b에 대하여 모델을 돌려보라. 소용돌이도와 유선함수의 최대값이 1/2로 감소하는 것이 수평규모의 비율에 의존함을 매개변수 b의 함수로서 표 또는 선도에서 보여라. 코리올리 매개변수가 상수인 지균운동에 대하여, 여기서 정의된 유선함수가 지오퍼텐셜 고도에 비례함을 유의하라. 500-hPa 고도도와 500-hPa 소용돌이도 장도의 정보내용에 관한 이 연습문제에서 여러분은 어떤 결론을 내릴 수 있는가?

M4.2 MATLAB 스크립트 **geowinds_1.m**(일기도 작성용 도구상자가 있을 때) 및 **geowinds_2.m**(일기도 작성용 도구상자가 없을 때)는 1998년 11월 10일 북미구역의 관측 500-hPa 고도와 수평 바람 장을 보여주는 등고선을 기입한 도표가 들어 있다. 또한 500-hPa 등고선에 바람의 세기를 중첩한 천연색도표를 보여준다. 중심 차분공식(13.2.1소절을 참조)을 이용하여 지균풍 성분, 지균풍 세기, 상대 소용돌이도, 지균풍의 소용돌이도, 소용돌이도 빼기 지균 소용돌이도를 계산하라. 그림 4.1과 4.2의 모델을 500-hPa 고도장의 일기도 위에 이들 장들을 겹쳐놓아라. 소용돌이도와 지균 소용돌이도의 차가 최대인 지역의 분포와 부호를 제3장에서 배운 힘의 균형으로 설명하라.

DYNAMIC METEOROLOGY

제5장

대기의 파동운동 : 선형섭동이론

만일 미래의 대기순환에 대한 정확한 예측이 목적이라면 잠열, 복사전달, 경계층 마찰 등의 과정을 전부 포함하는 원시 방정식계의 정교한 수치 모델만이 최선의 결과를 가져다 줄 것이다. 그러나 그러한 모델(모형)이 가지는 본래의 복잡성 때문에 예측된 대기순환에 관계된 물리적 과정에 대한 간단명료한 해석은 불가능하다. 만일 우리가 대기순환의 기본적 성질에 대한 물리적 통찰을 얻기를 원한다면, 여러 과정이 생략된 간단한 모형을 사용하고, 그로부터 얻어진 결과를 보다 완전한 모형과 비교하는 것이 바람직할 것이다. 대기운동에서 흔히 관찰되는 파동운동과 관련된 과정은 지배방정식의 수치적 적분만으로 이해하는 것은 매우 어려운 일이다. 따라서 이상적인 대기에 대하여 해석적인 해를 구하는 것은 매우 중요한 일이며 이 장의 핵심적인 주제다.

우선 이 장에서는 대기 파동운동의 정성적 분석에 매우 유용한 **섭동법**에 대해서 다룬다. 그런 다음, 이 방법을 여러 종류의 대기 파동운동을 조사하는 데 사용한다. 제6장과 제7장에서는 준지균 방정식을 유도하는 과정과 **종관규모 요란**의 발달을 연구하는 데 섭동법이 사용될 것이다.

5.1 섭동법

섭동법에서 모든 공간변수는 두 부분으로 나뉘는데, 하나는 **기본 장** 성분으로서 시간과 경도방향으로 일정한 값을 갖는다고 가정되며, 또 하나는 이러한 기본 장으로부터의 편차값을 나타내는 섭동부분이다. 따라서 예를 들어, $\overline{u}$가 시간과 경도방향에 대해 평균한 동서풍을 나타낸다면, u'는 그 평균값으로부터 편차값을 나타내어 완전한 동서풍은 $u(x, t)=\overline{u}+u'(x, t)$로 표현된다. 이 경우에 예를 들면, 관성 가속도항 $u\partial u/\partial x$는

$$u\frac{\partial u}{\partial x}=(\overline{u}+u')\frac{\partial}{\partial x}(\overline{u}+u')=\overline{u}\frac{\partial u'}{\partial x}+u'\frac{\partial u'}{\partial x}$$

과 같이 쓰일 수 있다.

섭동법의 기본적 가정은 섭동값이 0일 때 기본 장 자체가 지배방정식을 만족시키고, 섭동부분은 기본 장 부분에 비해 훨씬 작아서 섭동값의 곱으로 이루어진 항은 무시될 수 있다는 것이다. 섭동의 진폭이 반으로 감소하면 섭동 장에 선형적으로 비례하는 항은 반으로 줄어들지만, 섭동 장의 2차 함수로 나타내어지는 항은 4분의 1로 감소한다. 따라서 비선형 항은 섭동의 진폭이 매우 작다고 가정하면 무시할 수 있을 정도로 작아지게 된다. 위의 예에서 만일 $|u'/\overline{u}|\ll 1$이면

$$|\overline{u}\partial u'/\partial x| \gg |u'\partial u'/\partial x|$$

이 되어 후자의 요건이 만족된다.

만일 섭동값의 곱으로 된 항들이 무시된다면 비선형 지배방정식은 기본 장 변수를 계수로 하는 섭동변수에 대한 선형 미분방정식으로 바뀐다. 이런 방정식들은 이미 알려진 기본 장을 바탕으로 섭동변수의 구조와 특성을 밝히기 위해서 표준적 방법에 의해 해가 구해진다. 상수계수를 가진 방정식의 해는 삼각함수 또는 지수함수로 나타낼 수 있다. 섭동방정식의 해는 파동의 전파속도, 연직구조, 성장과 소멸의 조건을 결정한다. 섭동법은 특히 주어진 기본 장이 미소진폭의 섭동에 대한 안정성을 조사하는 데 유용하며, 이를 응용하는 것이 제7장의 주제이다.

5.2 파동의 성질

파동 운동은 공간에서 전파되어 가는 공간변수(예를 들면, 속도나 기압과 같은)의 진동이다. 이 절에서 우리는 선형의 정현파적 파동운동에 관심을 갖고 있다. 그런 파동들의 역학적 성질의 대부분은 매우 친숙한 역학계인 선형조화 진동자의 그것과 같다. 선형조화 진동자의 한 가지 중요한 성질은 주기(즉, 한 번의 진동을 하는 데 필요한 시간)가 진동의 진폭과 무관하다는 점이다. 대부분의 자연 진동계에 있어서 이러한 성질은 매우 작은 진폭의 진동에 대해서만 성립한다. 이러한 계의 고전적인 예는 길이 l인 질량 없는 줄에 매달린 질량 M의 진자로 구성된 단진자 운동(그림 5.1)인데, 여기서 진자는 평형점 $\theta=0$를 중심으로 자유롭게 진동할 수 있도록 되어 있다. 진자의 운동과 평행한 성분의 중력은 $-Mg\sin\theta$이므로 진자의 운동방정식은

$$Ml\frac{d^2\theta}{dt^2} = -Mg\sin\theta$$

변위가 매우 작은 경우에 $\sin\theta \approx \theta$가 되어 지배방정식은

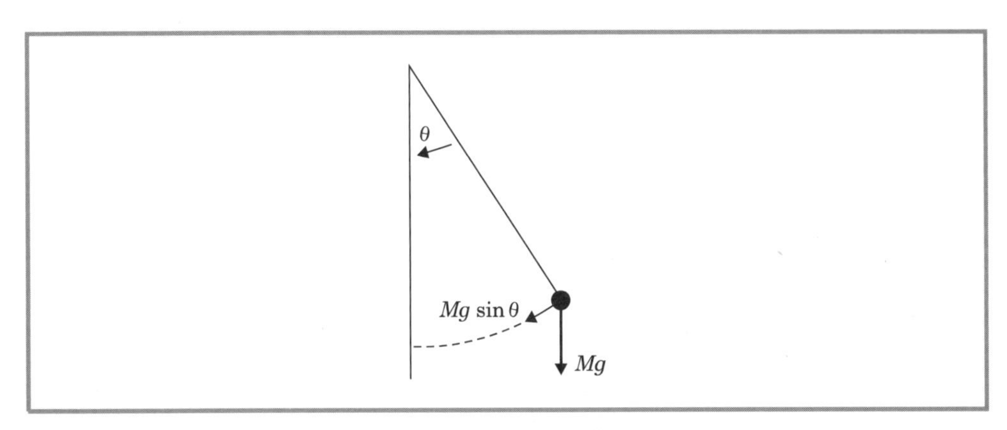

그림 5.1 단진자 운동

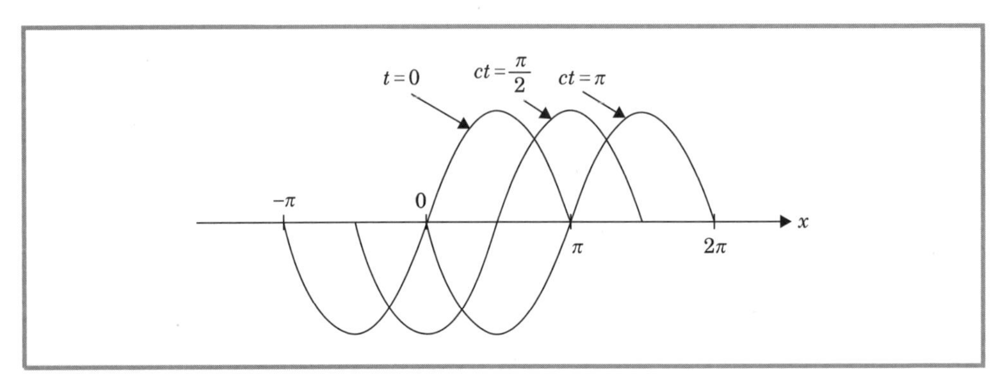

그림 5.2 속도 c로 x의 양의 방향으로 전파하는 정현파(파수는 1로 가정)

$$\frac{d^2\theta}{dt^2}+\nu^2\theta=0 \tag{5.1}$$

과 같이 된다. 여기서 $\nu^2 \equiv g/l$ 조화진동자 방정식 (5.1)은 일반해

$$\theta=\theta_1\cos\nu t+\theta_2\sin\nu t=\theta_0\cos(\nu t-\alpha)$$

를 갖는다. 여기서 $\theta_1, \theta_2, \theta_0$ 그리고 α는 초기조건에 의해서 결정되는 상수(이 장 끝 부분의 문제 5.1을 참조)이며, ν는 진동수이다. 따라서 완전해는 진폭 θ_0와 위상 $\phi(t)=\nu t-\alpha$로 표현된다. 위상은 시간에 따라 선형적으로 변하는데 한 주기에 2π만큼 변한다.

진행파 또한 진폭과 위상으로 진동운동을 특징지을 수 있다. 그러나 진행파에 있어서 위상은 시간뿐만 아니라 하나 또는 둘 이상의 공간변수에 의존하므로 x방향으로 전파되는 1차원 진행파는 $\phi(x, t)=kx-\nu t-\alpha$이다. 여기서 파수 k는 2π를 파장으로 나누어준 값으로 정의된다. 진행파에 있어서 위상 속도 $c \equiv \nu/k$와 같은 속도로 이동하는 관찰자에게 위상은 항상 일정하게 보인다. 이 사실은 만일 위상이 운동을 따라서 일정하게 유지되려면, 다음과 같은 식을 통해서 증명할 수 있다.

$$\frac{D\phi}{Dt}=\frac{D}{Dt}(kx-\nu t-\alpha)=k\frac{Dx}{Dt}-\nu=0$$

따라서 위상이 일정하게 되려면, $Dx/Dt=c=\nu/k$. $\nu>0, k>0$일 때 $c>0$이 된다. 그 경우에 만일 $\alpha=0$, $\phi=k(x-ct)$이 되어, ϕ가 일정한 값을 유지하려면 x는 시간에 따라 증가해야 한다. 그러면 정현파의 위상은 그림 5.2에 예시된 것처럼 x의 양의 방향으로 전파된다.

5.2.1 푸리에 시리즈

요란을 간단한 정현파로 나타내는 것은 지나치게 단순하게 취급하는 것처럼 보일지 모른다.

왜냐하면 대기 중의 요란은 결코 순수한 정현파가 아니기 때문이다. 그러나 잘 정의된 경도의 함수는 동서 평균값과 정현파 성분의 푸리에 시리즈의 합으로 표현될 수 있다.

$$f(x) = \sum_{s=1}^{\infty}(A_s \sin k_s x + B_s \cos k_s x) \tag{5.2}$$

여기서 $k_s = 2\pi s/L$은 동서 파수(단위 m^{-1}), L은 어떤 위도에서의 위도원(위도를 따른 지구둘레)의 길이, s 행성파수는 위도원을 따른 파의 수를 나타내는 정수이다. 계수 A_s는 식 (5.2)의 양변에 $\sin(2\pi nx/L)$를 곱하여 위도원을 따라 적분함으로써 계산된다(n은 정수). 직교성의 관계를 적용하면

$$\int_0^L \sin\frac{2\pi sx}{L}\sin\frac{2\pi nx}{L}dx = \begin{Bmatrix} 0, & s \neq n \\ L/2, & s = n \end{Bmatrix}$$

다음 식을 얻는다.

$$A_s = \frac{2}{L}\int_0^L f(x)\sin\frac{2\pi sx}{L}dx$$

비슷한 과정으로 식 (5.2)의 양변에 $\cos(2\pi nx/L)$을 곱한 뒤 적분하면

$$B_s = \frac{2}{L}\int_0^L f(x)\cos\frac{2\pi sx}{L}dx$$

A_s와 B_s는 푸리에 계수라 불리며,

$$f_s(x) = A_s \sin k_s x + B_s \cos k_s x \tag{5.3}$$

는 함수 $f(x)$의 s번째 조화상수 또는 s번째 푸리에 성분으로 불린다. 만일 어떤 변수 예를 들어 경도방향으로 변화하는 지오퍼텐셜 고도 요란의 푸리에 성분이 계산되면, 가장 큰 진폭의 푸리에 성분은 위도원을 따라서 센 파 또는 골의 수에 해당하는 s에 나타날 것이다. 정성적인 정보만이 요구된다면, 일반적으로 푸리에 분석을 가장 대표적인 푸리에 성분에 제한하여도 충분하며, 관측된 공간변수의 거동이 그 성분의 거동과 유사하다고 가정한다. 푸리에 성분에 대한 표현은 복소 지수함수를 사용하면 더욱 간단명료하게 나타낼 수 있다. 오일러 공식에 따르면

$$\exp(i\phi) = \cos\phi + i\sin\phi$$

여기서 $i \equiv (-1)^{1/2}$는 허수를 나타낸다. 따라서

$$f_s(x) = \mathrm{Re}[C_s \exp(ik_s x)] = \mathrm{Re}[C_s \cos k_s x + iC_s \sin k_s x] \tag{5.4}$$

와 같이 쓸 수 있는데, 여기서 Re[ ]는 '실수부분', 그리고 C_s는 복소계수를 나타낸다. 식 (5.3)과 식 (5.4)를 비교하면, $f_s(x)$에 대한 두 가지 표현은 만일 다음 식이 만족되면 같아짐을 알 수 있다.

$$B_s = \mathrm{Re}[C_s] \text{와 } A_s = -\mathrm{Im}[C_s]$$

여기서 Im[ ]은 '허수부분'임을 나타낸다. 이러한 지수 함수적 표기는 이하 전개될 섭동법과 제7장에서도 응용될 것이다.

5.2.2 분산과 군속도

선형 진동자의 기본적 성질은 진동수 ν가 오로지 진동자의 물리적 성질에만 의존하고, 운동 그 자체에는 의존하지 않는다는 점이다. 그러나 진행파에 있어서는 ν는 일반적으로 매질의 물리적 성질뿐만 아니라 섭동의 파수에도 의존한다. 따라서, $c=\nu/k$, 위상 속도 또한 $\nu \propto k$인 특별한 경우를 제외하고는 파수에 따라 변한다. 파수에 따라 위상 속도가 변하는 파동에 있어서는, 일정한 한 장소에서 발생한 요란의 여러 정현파는 시간이 지남에 따라 서로 다른 위치로 이동해 있을 것이다. 즉, 그들은 분산된다. 이러한 파동을 분산성 파동이라 부르며, ν와 k의 관계를 나타내는 식을 분산 관계식이라 부른다. 어떤 유형의 파동, 예를 들면 음파는 파수에 의존하지 않는 위상 속도를 가진다. 이러한 비분산성 파동에 있어서, 공간적으로 고립된 여러 푸리에 성분을 가진 요란(파군)은 위상 속도로 공간을 전파해나갈 때 초기의 형태가 그대로 유지된다.

분산성 파동에 있어서는 파군이 전파됨에 따라 파군의 형태가 일정하게 유지되지 않는다. 파군의 푸리에 각 성분은 상대적 위상에 따라 서로 강화하거나 상쇄하기 때문에, 파동의 에너지는 그림 5.3에 보인 것처럼 제한된 영역에 국한될 것이다. 더욱이, 파군은 일반적으로 시간이 경과함에 따라 넓어진다. 즉, 분산된다.

파동이 분산성을 가질 때, 파군의 속도는 일반적으로 각 푸리에 성분파의 평균 위상 속도와는 다르다. 따라서, 그림 5.4와 같이 개개의 파동성분은 파군이 전파됨에 따라 파군의 속도보다

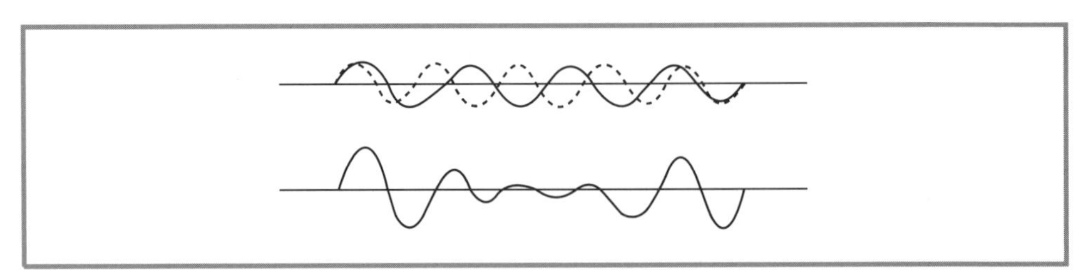

그림 5.3 파장이 약간 다른 두 정현파로 구성된 파군. 비분산성 파동에 있어서, 아래쪽의 그림은 모양이 변하지 않은 채로 그대로 전파된다. 분산성 파동에 있어서 파동의 전체적인 형태는 시간에 따라 변한다.

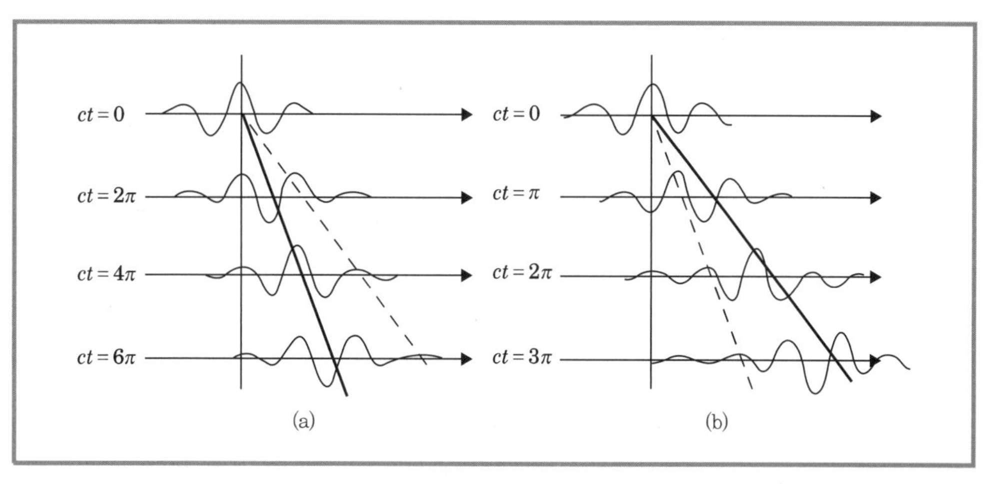

그림 5.4 파군의 전파를 보여주는 모식도 : (a) 위상 속도보다 군속도가 작은 경우, (b) 위상 속도보다 군속도가 큰 경우. 굵은 선은 군속도를, 점선은 위상 속도를 나타낸다.

더 빨리 또는 더 느리게 파군속을 통과하여 진행한다. 잘 알려진 예가 배(선박)가 진행할 때 배 뒤쪽에서 발생하는 파동(심해파)인데, 개개 파동의 골은 파군의 속도(군속도)보다 2배나 빨리 이동한다. 그러나 종관규모의 대기요란에 있어서 군속도는 위상 속도보다 크다. 이 결과 풍하 쪽에서는 새로운 요란이 형성되는데, 이에 대해서는 나중에 다시 다루기로 한다.

군속도, 즉 실제 관측되는 요란(즉, 에너지)이 전파하는 속도는 다음과 같이 유도할 수 있다. 진폭은 같으나 파수와 진동수가 각각 조금씩 다른, 즉 $2\delta k$와 $2\delta\nu$의 차이를 가진 수평방향으로 진행하는 두 파동성분을 고려하자. 전체 요란은

$$\Psi(x,t) = \exp\{i\ [(k+\delta k)x-(\nu+\delta\nu)t]\}+\exp\{i\ [(k-\delta k)x-(\nu-\delta\nu)t]\}$$

가 되는데, 여기서 Re[ ]은 생략되어 있으며, 오로지 식 (5.4)에서와 같이 실수부분만이 물리적 의미를 가지고 있다고 전제한다. 식을 정리하면

$$\Psi = \left[e^{i(\delta kx-\delta\nu t)}+e^{-i(\delta kx-\delta\nu t)}\right]e^{i(kx-\nu t)} = 2\cos(\delta kx-\delta\nu t)e^{i(kx-\nu t)} \tag{5.5}$$

식 (5.5)로 표현되는 요란은 파장 $2\pi/k$의 고주파수 반송파(위상 속도는 두 푸리에 성분의 평균인 ν/k)와 파장 $2\pi/\delta k$의 저주파 성분(**포락선**, 전파속도 $\delta\nu/\delta k$)의 곱으로 되어 있다. 따라서 $\delta k \to 0$의 극한에서 포락선의 수평속도, 즉 **군속도**는 바로

$$c_{gx} = \partial\nu/\partial k$$

으로 쓸 수 있다. 그러므로 파동의 에너지는 군속도로 전파되며 이러한 결과는 파군(또는 포락선)의 파장 $2\pi/\delta k$가 대표적 파동성분의 파장 $2\pi/k$보다 크다고만 하면 어떤 파동의 군에도 적용된다.

5.2.3 2차원 및 3차원 파동의 특성

2차원 및 3차원에서의 파동의 특성을 완벽하게 이해하는 것은 이 장과 파동의 특성을 벡터 지향적으로 설명하고자 하는 다음 장을 다루는 데 매우 중요하다. 간단히 하기 위해서 2차원을 먼저 다루겠으나 파동에 대한 표기 방법은 매우 일반적이어서 3차원에도 그대로 적용될 수 있다.

스칼라 장의 2차원 평면파, f는 다음과 같이 나타낼 수 있다.

$$f(x, y, t) = Re\{Ae^{i(kx+ly-\nu t)}\} = Re\{Ae^{i\phi}\} \tag{5.6}$$

독립변수 (x, y)와 t는 공간과 시간을 각각 나타낸다. k와 l은 x와 y방향의 파수(m^{-1}), ν는 진동수(s^{-1})이다. 파동은 진폭 A(f의 단위와 동일)와 위상각 ϕ에 의하여 결정된다. ϕ는 독립변수의 1차함수이며, ϕ의 공간과 시간의 특성은 각각 독립적으로 고려하는 것이 편리하다.

어떤 시각에 $\phi = kx + ly + C$, C는 상수와 같이 나타내지므로 ϕ는 $kx + ly$의 값이 일정한 선을 따라서 같은 값을 갖게 된다. 이는 ϕ는 상수 값을 갖게 되므로 $d\phi = \frac{\partial \phi}{\partial x}\delta x + \frac{\partial \phi}{\partial y}\delta y = 0$을 의미한다.

따라서 이 선의 경사는 $\left.\frac{\delta y}{\delta x}\right|_{\phi} = -k/l$가 된다. 일정한 값을 갖는

$$e^{i\phi} = e^{i(\phi + 2\pi n)} \tag{5.7}$$

는 고기압과 저기압과 같은 일정한 위상선을 나타내는데, 단 n은 정수이다(그림 5.5). 파동벡터는 다음과 같이 정의된다.

$$\boldsymbol{K} = \nabla \phi \tag{5.8}$$

$\mathcal{K} = |\boldsymbol{K}|$는 총 파수를 나타낸다. 따라서 $\lambda = \frac{2\pi}{\mathcal{K}}$는 파장인데 두 개의 동일 위상선 사이의 거리를

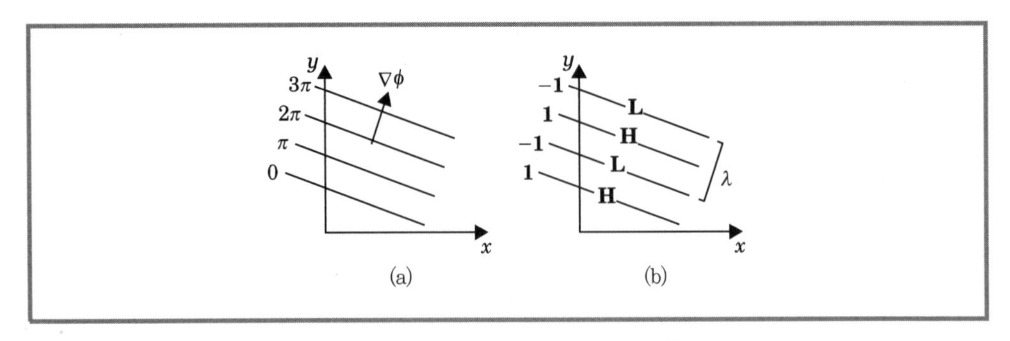

그림 5.5 어떤 시간에 대한 2차원 평면파의 구조 : (a) 위상각 ϕ, (b) 위상 $e^{i\phi}$. λ는 파장을 나타냄. 만일 $\nu > 0$이면 파동은 파동벡터, $\nabla\phi$의 방향으로 전파한다.

의미한다.

공간의 어느 한 점에서, $\phi = C - \nu t$ (C는 상수)이므로 ϕ는 시간에 대하여 1차함수이다. 따라서 진동수는

$$\nu = -\frac{\partial \phi}{\partial t} \tag{5.9}$$

로 정의되는데 동일 위상선이 공간의 고정된 위치를 통과하는 속도를 의미한다. 파동주기는 $\frac{2\pi}{|\nu|}$인데 동일 위상을 갖는 두 점 사이의 거리를 나타낸다(단위 : 초). **위상 속도**($\mathrm{ms^{-1}}$)는 동일 위상선이 파동벡터를 따라 얼마나 빨리 진행하는가를 나타낸다.

$$c = \frac{\nu}{\mathcal{K}} = -\frac{1}{|\nabla \phi|}\frac{\partial \phi}{\partial t} \tag{5.10}$$

이 식은 앞 장에서 다루었던 1차원 파동의 위상 속도를 2차원으로 일반화시킨 것이다. 특히, 2차원 및 3차원에서는 위상 속도는 $c_x = \frac{\nu}{k}$, $c_y = \frac{\nu}{l}$와 같이 좌표축 방향에 따라 달라지는데 동일 위상선이 각각 x와 y방향으로 전파되는 속도를 의미한다. 더욱이, c, c_x, c_y는 벡터 합의 법칙을 따르지 않기 때문에 $c^2 \neq c_x^2 + c_y^2$가 된다.

중요한 것은, ϕ와 A는 일반적으로 복소수라는 점이다. 만일 ϕ가 복소수라면, 즉 $\phi = \phi_r + i\phi_i$, $e^{i\phi} = e^{i(\phi_r + i\phi_i)} = e^{i\phi_r}e^{-\phi_i} \equiv A^* e^{i\phi_r}$이며, ϕ_r은 앞에서 설명한 것처럼 파동의 위상각이고, $A^* = Ae^{-\phi_i}$는 시간과 공간에 의존하는 진폭을 나타낸다. 예를 들면 만일 진동수 ν가 허수 부분을 가지고 있다면 파동은 시간에 따라 증가하거나 감소하는 진폭을 가지게 된다. 그러한 파동은 진폭이 일정한 값으로 유지되는 중립 파동과는 달리 **불안정** 파동이라고 불린다. 제7장에서는 시간에 따라 변하는 진폭을 구하는 방법에 대해서 알아볼 것이며 진동수가 허수를 가지는 조건에 대하여 공부할 것이다.

지금부터는 군속도에 대하여 알아보기로 하자. 군속도는 여러 개의 파장과 진동수를 가진 파동이 진행하는 속력과 방향을 나타낸다. 무한한 공간을 차지하는 순수한 평면파와는 달리, 이 경우에는 식 (5.6)의 ϕ가, 진동수 ν와 파수벡터 $\boldsymbol{K}$가 시간과 공간의 함수이기 때문에, 시간과 공간에 대하여 서서히 변한다. 식 (5.8)과 (5.9)는 파수벡터와 진동수를 각각 나타내는데 시간과 공간에 대하여 변한다. 식 (5.8)과 (5.9)로부터 다음 식을 얻을 수 있다.

$$\frac{\partial \boldsymbol{K}}{\partial t} + \nabla \nu = 0 \tag{5.11}$$

진동수는 분산 관계식에 의하여 정의되는데, 이는 곧 ν가 $\boldsymbol{K}$ 함수임을 의미하게 된다. 벡터 $\nabla \nu$는 연쇄 미분법칙을 이용하면 다음과 같이 나타낼 수 있다.

$$\nabla \nu = (\nabla_k \nu \cdot \nabla) \boldsymbol{K} \tag{5.12}$$

여기서, $\nabla_k \nu = \left(\frac{\partial \nu}{\partial k}, \frac{\partial \nu}{\partial l}\right)$는 군속도 $\boldsymbol{C}_g$를 의미한다. 따라서, 식 (5.11)은 아래와 같이 쓸 수 있다.

$$\frac{\partial \boldsymbol{K}}{\partial t} + (\boldsymbol{C}_g \cdot \nabla) \boldsymbol{K} = 0 \tag{5.13}$$

결과적으로 군속도와 같은 속도로 운동하는 좌표계에서는 파수벡터는 보존된다. 즉, 여러 개의 파동이 마치 특정한 진동수와 파장을 가진 하나의 파동과 같이 일정한 속도로 전파되는 것이다.

5.2.4 파동 해를 구하는 방법

대기의 운동을 지배하는 방정식을 적절히 근사함으로써, 파동의 운동에 대한 해를 구할 수 있다. 비록 각각의 모든 경우가 다르기는 하지만 이러한 문제를 풀기 위한 일반적인 과정은 아래와 같다.

1. **기본 장을 선택한다.** 기본 장은 대기의 단순화된 상태를 나타낸다. 일반적으로 우리는 관심의 대상이 되는 운동을 제외한 다른 복잡한 요소들은 제거한다. 예를 들면 이 장에서 우리는 정지 상태 또는 정역학 평형을 이루고 있는 기본 장을 사용한다. 기본 장은 음악 악기와 닮은 점이 있는데, 악기는 어떠한 음조를 내는가가 중요하다.
2. **지배방정식을 선형화한다.** 기본 장이 주어지면 5.1절의 섭동법을 사용하여 방정식을 선형화한다.
3. **식 (5.6) 형태의 파동해를 가정한다.** 만일 선형방정식의 계수가 독립변수에 의존하지 않는다면, 주기적인 조건을 가지는 경우에 파동함수는 식 (5.6)의 $e^{i\phi}$의 형태로 가정될 수 있다. 만일, 예를 들어 운동 영역이 y방향으로 주기적이지 않으면, 또는 기본 장이 y방향으로 변한다면 y방향으로는 파동해의 형태를 가정할 수 없다. 그 대신에 $F(y)e^{i(kx-\nu t)}$와 같은 형태의 일반적 함수를 가정하는데, 이렇게 하면 구조함수 $F(y)$에 대해서 풀어야 하는 상미분 방정식이 유도된다.
4. **분산 및 편광 관계식의 해를 구한다.** 파동 형태의 해를 선형 방정식에 대입하면 미분 방정식이 대수 방정식으로 변환된다. 또는 상수가 아닌 계수를 갖는 경우에는 상미분 방정식으로 변환된다. 일반적으로 파수가 독립변수로 사용되는데 진동수는 파수의 함수로 나타내진다. 이것이 바로 분산 관계식이다. 파동의 진폭은 일의적으로 정할 수 없지만 변수들 간의 관계식, 즉 편광 관계식이 얻어진다. 만일 변수들이 같은 형태와 같은 부호를 갖는다면 그들은 동 위상이 되고[예를 들면 $\sin(x)$], 만일 같은 형태와 반대 부호를 갖는다면 역 위상이 된다[예를 들면 $\sin(x)$와 $-\sin(x)$]. 만일 변수들이 $90°$의 위상 차이를 가지면 그들은 직각 위상이 된다[예를 들면 $\sin(x)$와 $\cos(x)$].

5.3 간단한 유형의 파동

유체 중의 파동은 평형위치로부터 변위가 주어졌을 때, 유체입자에 작용하는 복원력의 작용으로 발생한다. 복원력은 압축성, 중력, 자전, 또는 전자기 효과 등에 의해 생성될 수 있다. 이 절에서는 음파와 천수중력파 두 종류의 간단한 유형의 파동을 고려하자.

5.3.1 음파

음파는 종파의 한 종류로, 파동이 진행하는 방향으로 입자가 진동한다. 소리는 매질의 단열적 팽창과 압축의 반복에 의해 전파된다. 한 예로서, 왼쪽 끝이 얇은 막으로 되어 있는 튜브의 단면을 그림 5.6에 나타낸다. 만일 얇은 막이 진동하게 되면, 그 주변의 공기는 막이 좌우로 움직임에 따라 압축과 팽창을 교대로 반복하게 될 것이다. 그 결과로 나타나는 기압 경도의 진동은 인접한 공기의 진동 가속도와 균형을 이루게 되고, 이것은 더욱 멀리 떨어진 지점까지의 기압 진동도 가져오게 한다. 공기입자의 소밀의 반복을 통한 계속적인 기압의 단열적 증가와 감소의 결과는 그림 5.6에 보인 것처럼, 튜브의 오른쪽으로 계속 전파되는 속도와 기압의 정현파적 패턴으로 나타나게 된다. 그러나 개개 공기의 입자가 오른쪽으로 이동하는 것은 아니며, 단지 기압 패턴이 음파의 속도로 오른쪽으로 전파되는 데 반해서 좌우로 진동(왕복운동)만 할 뿐이다.

섭동법을 소개하기 위하여, 그림 5.6에 예시된 문제를 생각해보자. 즉 x 방향으로 평행한 직선의 파이프 안에서 전파되는 1차원의 음파를 고려하자. 횡파적인 진동을 배제하기 위하여

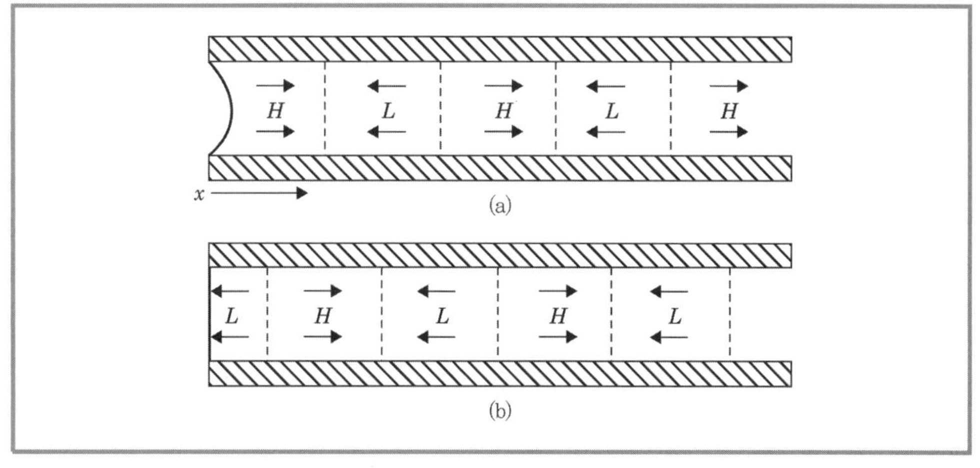

그림 5.6 왼쪽 끝에 유연한 박막을 가진 튜브 내에서 음파의 전파를 나타낸 모식도. H와 L은 각각 고압부와 저압부의 중심을 나타낸다. 화살표는 속도의 섭동을 나타낸다. 그림 (b)는 그림 (a)보다 1/4주기가 지난 후의 상황을 나타낸다.

(즉, 파가 진행하는 방향에 대해 직각인 방향으로 공기입자가 움직이는 진동), $v=w=0$을 가정하자. 또한, $u=u(x, t)$로 둠으로써 모든 변수가 y와 z에 의존하는 것을 배제한다. 이러한 제한을 둘 경우 운동량 방정식, 연속 방정식, 단열적 운동의 열역학 방정식은 각각

$$\frac{Du}{Dt}+\frac{1}{\rho}\frac{\partial p}{\partial x}=0 \tag{5.14}$$

$$\frac{D\rho}{Dt}+\rho\frac{\partial u}{\partial x}=0 \tag{5.15}$$

$$\frac{D\ln\theta}{Dt}=0 \tag{5.16}$$

과 같이 쓸 수 있다. 여기서, $D/Dt=\partial/\partial t+u\,\partial/\partial x$이다. 식 (2.44)와 온위가 다음과 같이 표현되는 이상기체 법칙을 상기하면

$$\theta=(p/\rho R)(p_s/p)^{R/c_p}$$

단, $p_s=1000\,\mathrm{hPa}$이며, 식 (5.16)로부터 θ를 제거하면

$$\frac{1}{\gamma}\frac{D\ln p}{Dt}-\frac{D\ln\rho}{Dt}=0 \tag{5.17}$$

단, $\gamma = c_p/c_v$이며, 식 (5.15)와 식 (5.17)에서 ρ를 제거하면

$$\frac{1}{\gamma}\frac{D\ln p}{Dt}+\frac{\partial u}{\partial x}=0 \tag{5.18}$$

과 같이 된다.

종속 변수는 이제 기본 장 부분(윗줄로 표시)과 섭동부분(′으로 표시)으로 나누어질 수 있다.

$$\begin{aligned} u(x, t) &= \bar{u}+u'(x, t) \\ p(x, t) &= \bar{p}+p'(x, t) \\ \rho(x, t) &= \bar{\rho}+\rho'(x, t) \end{aligned} \tag{5.19}$$

식 (5.19)를 식 (5.14)와 (5.18)에 대입하면

$$\frac{\partial}{\partial t}(\bar{u}+u')+(\bar{u}+u')\frac{\partial}{\partial x}(\bar{u}+u')+\frac{1}{(\bar{\rho}+\rho')}\frac{\partial}{\partial x}(\bar{p}+p')=0$$

$$\frac{\partial}{\partial t}(\bar{p}+p')+(\bar{u}+u')\frac{\partial}{\partial x}(\bar{p}+p')+\gamma(\bar{p}+p')\frac{\partial}{\partial x}(\bar{u}+u')=0$$

만일 $|\rho'/\bar{\rho}| \ll 1$이면, 밀도항을 다음과 같이 근사하기 위해서 이항전개를 사용할 수 있다.

$$\frac{1}{(\bar{\rho}+\rho')} = \frac{1}{\bar{\rho}}\left(1+\frac{\rho'}{\bar{\rho}}\right)^{-1} \approx \frac{1}{\bar{\rho}}\left(1-\frac{\rho'}{\bar{\rho}}\right)$$

섭동항끼리의 곱을 무시하고, 기본 장이 상수값을 갖는다고 하면, 선형 섭동 방정식을 얻을 수 있다.[1)]

$$\left(\frac{\partial}{\partial t}+\bar{u}\frac{\partial}{\partial x}\right)u' + \frac{1}{\bar{\rho}}\frac{\partial p'}{\partial x} = 0 \tag{5.20}$$

$$\left(\frac{\partial}{\partial t}+\bar{u}\frac{\partial}{\partial x}\right)p' + \gamma\bar{p}\frac{\partial u'}{\partial x} = 0 \tag{5.21}$$

식 (5.21)에 $(\partial/\partial t+\bar{u}\,\partial/\partial x)$의 미분연산을 가하고 식 (5.20)을 대입하여 u'을 제거하면, 다음 식을 얻는다.[2)]

$$\left(\frac{\partial}{\partial t}+\bar{u}\frac{\partial}{\partial x}\right)^2 p' - \frac{\gamma\bar{p}}{\bar{\rho}}\frac{\partial^2 p'}{\partial x^2} = 0 \tag{5.22}$$

이 식은 전자기 이론에서 흔히 볼 수 있는 표준적인 **파동 방정식**의 형태이다. x방향으로 진행하는 평면파의 정현파를 나타내는 간단한 해는

$$p' = A\exp[ik(x-ct)] \tag{5.23}$$

여기서, 간단히 하기 위해서 Re{ }을 생략하였다. 전에 언급한 것처럼 오로지 식 (5.23)의 실수부분이 물리적 의미를 갖고 있다. 가정된 해 식 (5.23)을 식 (5.22)에 대입하면 위상 속도 c는 다음 식을 만족한다.

$$(-ikc+ik\bar{u})^2 - (\gamma\bar{p}/\bar{\rho})(ik)^2 = 0$$

여기서, $A\exp[ik(x-ct)]$항은 양변에 공통되므로 소거하였다. c에 대한 해는

$$c = \bar{u} \pm (\gamma\bar{p}/\bar{\rho})^{1/2} = \bar{u} \pm (\gamma R\bar{T})^{1/2} \tag{5.24}$$

따라서, 위상 속도가 식 (5.24)를 만족하면 식 (5.23)은 식 (5.22)의 해가 된다. 식 (5.24)에 의하면 동서 기본류에 대한 상대적 위상 속도는 $c-\bar{u}=\pm c_s$가 된다($c_s \equiv (\gamma R\bar{T})^{1/2}$). 이것이 **음파의 단열속도**로 불리는 양이다.

여기서 동서 기본류는 단지 **도플러 편이**를 가져와서 주어진 파수 k에 대한 지상에서 느끼는

---

1) 선형근사의 타당성을 제시하기 위하여, 섭동 장이 기본 장보다 반드시 작을 필요는 없다. 단, 식 (5.20)과 식 (5.21)에서 상대적으로 큰 선형항에 비해서 섭동항끼리의 곱으로 된 항들이 작다는 것만이 요구된다.

2) 미분연산자의 제곱은 보통 다음과 같이 쓰인다.

$$\left(\frac{\partial}{\partial t}+\bar{u}\frac{\partial}{\partial x}\right)^2 = \frac{\partial^2}{\partial t^2} + 2\bar{u}\frac{\partial^2}{\partial t\,\partial x} + \bar{u}^2\frac{\partial^2}{\partial x^2}$$

진동수가

$$\nu = kc = k(\bar{u} \pm c_s)$$

가 되도록 한다. 따라서 바람이 있는 경우, 고정된 위치에서 느끼는 진동수는 관찰자의 위치에 따라 다르다. 만일 $\bar{u} > 0$이면, 정지된 발원점에서 나오는 음파의 진동수는 동쪽(하류)에서는 크게($c = \bar{u} + c_s$), 서쪽(상류)에서는 더 작게($c = \bar{u} - c_s$) 나타난다.

5.3.2 천수중력파

순수한 파동운동의 두 번째 예로서, 천수파로 알려진 수평으로 전파되는 진동을 고려해보자. 여기서는 중 고위도 지역의 주요 파동 운동인 로스비 파와 중력파에 대한 기초지식을 제공하고자 한다.

평균 깊이가 $\bar{h}$이고, 코리올리 인자가 일정한 값을 가지며 운동이 없는 기본 상태를 가정한 뒤 천해파 방정식(4.5절에서 유도됨)을 운동이 없는 기본 상태에 대하여 선형화한다. 식 (4.33)의 선형 운동량 방정식과 질량 보존식 (4.37)은 다음과 같다.

$$\begin{aligned} \frac{\partial u'}{\partial t} &= -g\frac{\partial h'}{\partial x} + fv' \\ \frac{\partial v'}{\partial t} &= -g\frac{\partial h'}{\partial y} - fu' \\ \frac{\partial h'}{\partial t} &= -\bar{h}\left(\frac{\partial u'}{\partial x} + \frac{\partial v'}{\partial y}\right) \end{aligned} \tag{5.25}$$

위 식에서 ′은 섭동치, 즉 운동이 없는 기본상태로부터의 편차를 나타낸다. 식 (5.25)는 미지수 u', v', h'에 대한 연립 1차 편미분 방정식계를 나타낸다. 이 방정식을 풀기 위한 한 가지 방법은 하나의 미지수에 대한 3차 편미분 방정식으로 변환하여 해를 구하는 것이다. 이렇게 하기 위해서는 먼저 식 (5.25)를 시간에 대하여 미분한다.

$$\frac{\partial^2 h'}{\partial t^2} = -\bar{h}\left(\frac{\partial^2 u'}{\partial t \partial x} + \frac{\partial^2 v'}{\partial t \partial y}\right) \tag{5.26}$$

식 (5.26)의 오른쪽 항은 식 (5.25)의 첫 번째와 두 번째 식을 이용하면 다음과 같이 쓸 수 있다.

$$\frac{\partial^2 h'}{\partial t^2} = \bar{h}\left(g\nabla_h^2 h' - f\zeta'\right) \tag{5.27}$$

다시 한 번 시간에 대하여 미분하면 다음과 같이 3차 미분방정식을 얻게 된다.

$$\frac{\partial^3 h'}{\partial t^3} + \left(f^2 - g\bar{h}\nabla_h^2\right)\frac{\partial h'}{\partial t} = 0 \tag{5.28}$$

여기서, $\partial\zeta'/\partial t$는 선형화된 식 (4.38)을 이용하면 다음과 같이 바꿀 수 있다(f는 상수로 간주함).

$$\frac{\partial \zeta'}{\partial t} = -f\left(\frac{\partial u'}{\partial x} + \frac{\partial v'}{\partial y}\right) \tag{5.29}$$

수평 경계조건이 주기적이라고 가정하면, f와 $g\bar{h}$는 상수이기 때문에 다음과 같이 파동해를 가정할 수 있다.

$$h' = \mathrm{Re}\left\{Ae^{i(kx+ly-\nu t)}\right\} \tag{5.30}$$

파동해를 식 (5.28)에 대입하면 진동수에 관한 3차식을 얻을 수 있다.

$$\nu^3 - \nu\left[f^2 + g\bar{h}\left(k^2 + l^2\right)\right] = 0 \tag{5.31}$$

이것이 천해파 방정식의 분산관계식이다. $\nu = 0$도 하나의 해가 되는데, 만일 $\nu \neq 0$라면

$$\nu^2 = f^2 + g\bar{h}\left(k^2 + l^2\right) \tag{5.32}$$

선형대수를 잘 이해하고 있는 독자를 위하여 이와는 다른 또 한 가지 해법을 소개하고자 한다. h', u', v'에 대한 식 (5.30)의 파동해를 직접 식 (5.25)에 대입하면 편미분 방정식은 다음과 같은 형태의 대수 방정식으로 변환할 수 있다.

$$\boldsymbol{Ax} = 0 \tag{5.33}$$

여기서, $\boldsymbol{x}$는 미지수 $[u'\nu'h']^T$의 칼럼벡터를 나타내며,

$$\boldsymbol{A} = \begin{bmatrix} -i\nu & -f & ikg \\ f & -i\nu & ilg \\ \bar{h}k & -\bar{h}l & -\nu \end{bmatrix} \tag{5.34}$$

만일 행렬 $\boldsymbol{A}$의 역산이 불가능하다면 식 (5.33)은 모든 변수가 0이 아닌 해를 가질 수 있다. 이것은 행렬 $\boldsymbol{A}$의 행렬식(determinant)이 0이 아니라고 설정하면 되는데 그 결과는 식 (5.31)과 같게 될 것이다.

지금부터 파동의 구조에 대하여 살펴보기로 하는데, 우선 $\nu = 0$의 경우부터 조사해보자. 식 (5.25)를 보면 파동이 정체파동이기 때문에 왼쪽 항은 0이 된다. 이러한 파동은 지구자전의 크기에 의존하기 때문에, $f = 0$이면 진폭, A는 0이 된다. $f \neq 0$인 경우에는 식 (5.25)는 다음과 같은 관계식을 의미하게 된다.

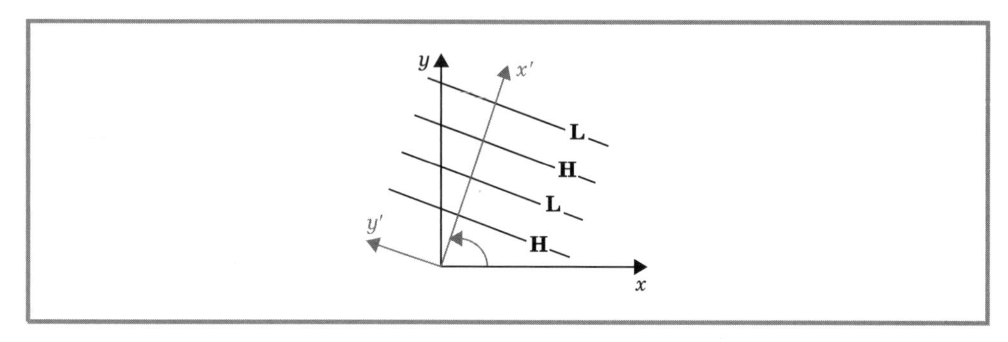

그림 5.7 남북 파수 $l=0$이 되도록 위상선과 나란한 방향을 y 방향으로 설정하기 위한 좌표 변환

$$v' = \frac{g}{f}\frac{\partial h}{\partial x}$$
$$u' = -\frac{g}{f}\frac{\partial h}{\partial y} \tag{5.35}$$

정체파동은 지균풍 균형을 이루고 있으며 코리올리 인자의 값이 일정한 값을 갖는 조건에서의 **로스비 파동**의 예를 나타낸다. 코리올리 인자가 상수가 아닌 경우에 로스비 파동은 전파되는 성질을 가지게 되는데 이것에 대해서는 5.7절에서 다루기로 하겠다.

$\nu \neq 0$ 경우의 파동해는 **관성중력파**라고 불리는데, 입자의 진동이 중력과 관성력의 두 가지 힘에 영향을 받기 때문이다. 관성적인 측면은 5.7절에서 자세히 다루어질 것이기 때문에 여기서는 중력적인 측면에 대해서만 설명하기로 한다. $f=0$인 극한의 경우에는, **관성중력파**는 단순한 중력파가 되는데 식 (5.32)로부터 위상 속도는 다음과 같이 나타낼 수 있다.

$$c = \sqrt{g\bar{h}} \tag{5.36}$$

이 경우에 모든 파동은 같은 속도로 움직이는 비분산성 파동이 된다. $\bar{h}=4\,\mathrm{km}$인 유체인 경우 천해중력파의 속도는 약 $200\,\mathrm{ms^{-1}}$이다. 따라서 해양의 파동은 매우 빠른 속도로 전파된다. 한 가지 강조할 것은 이 파동은 수심 $\bar{h}$에 비하여 파장이 훨씬 큰 경우에만 적용된다는 점이다. 이러한 파장이 긴 파동은 지진과 같은 대규모의 외력에 의하여 발생할 수 있다.[3]

파동의 구조와 운동의 특성을 더 자세히 알아보기 위하여 같은 위상을 나타내는 선이 y 방향이 되도록 좌표변환을 하자(그림 5.7). 그러면 $l=0$이 되기 때문에 x와 y좌표에 대한 프라임 기호를 생략하기로 한다. 이 경우에 위상선과 직각인 방향과 나란한 방향의 속도 성분인 u', ν' 각각은 다음과 같이 쓸 수 있다.

---

3) 해저의 지진 또는 화산분출에 의하여 발생하는 장파는 쓰나미(tsunami)라고 불린다.

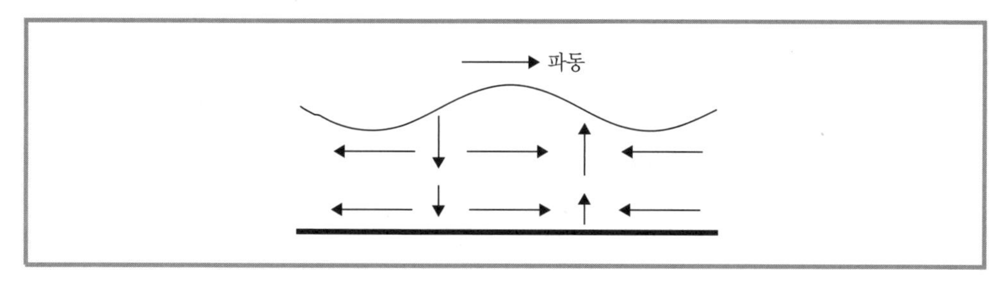

그림 5.8 그림 5.7과 같이 좌표계가 회전되었을 경우에 대하여 천해 중력파의 고도와 속도를 나타내는 모식도

$$u' = \frac{\nu k g}{\nu^2 - f^2} h'$$
$$v' = \frac{-ikgf}{\nu^2 - f^2} h' \tag{5.37}$$

식 (4.34)로부터 식 (5.25)의 세 번째 식은 다음과 같이 된다.

$$\frac{\partial w'}{\partial z} = -\frac{\partial u'}{\partial x} = \frac{1}{\bar{h}} \frac{\partial h'}{\partial t} \tag{5.38}$$

이를 z에 관해 적분하면 다음과 같이 w'을 얻을 수 있다.

$$w'(z) = \frac{1}{\bar{h}} \frac{\partial h'}{\partial t} \int_0^z dz' = \frac{-ikcz}{\bar{h}} h' \tag{5.39}$$

여기서 w'의 실수 부분을 취하면

$$\mathrm{Re}\{w'\} = -\frac{kcz}{\bar{h}} \mathrm{Re}\{ih'\} = \frac{kczA}{\bar{h}} \sin(\phi) \tag{5.40}$$

과 같이 된다. 이 식으로부터 w'은 h'과 90°의 위상차를 가지는데, 파동이 오른쪽(왼쪽)으로 전파하게 되면 w'이 h'보다 위상이 90°가 앞서게(뒤서게) 된다.

식 (5.37)과 식 (5.39)에서 $\nu = c = 0$로 설정하면, 정체 로스비 파동의 지균류를 구할 수 있다. $u' = 0$(위상선에 직각인 방향의 흐름이 없음), $\nu' = -ikg/f$, $w = 0$이 된다. 관성 중력파에 대해서는($\nu \neq 0$), 배경류가 없을 경우에 위상선과 나란한 방향의 흐름은 0이 된다. 그러한 경우에 파동의 전파에 관한 역학적 특성은 매우 분명하다. 식 (5.32)로부터 $\nu^2 - f^2$가 0보다 크며, 회전 좌표계인 경우에는 $u' = c/\bar{h}$. 이것은 c의 부호에 따라 u'이 h'과 동위상이거나 역위상임을 나타낸다. 그림 5.8은 파동이 오른쪽으로 전파하는 경우($c > 0$)의 모식도를 나타낸다. u 바람 장의 수렴과 발산은 고도 장을 높이거나 낮추게 되어, 파동을 그림 5.8의 오른쪽 편으로 전파시킨다. 질량보존으로부터 예상할 수 있듯이 w 바람 장은 수렴이 있는 경우에는 상승류를 나타내는데,

하부경계면에서는 0이 되고 위로 갈수록 선형적으로 증가하게 된다. c의 부호가 바뀐다 해도 h'에는 영향을 미치지 않으나 u와 w의 방향이 반대가 되어 파동이 왼쪽으로 전파되게 된다.

끝으로 회전좌표계에서 파동의 와도와 잠재와도(PV, 위치 소용돌이도)를 살펴보자. y방향으로는 변화가 없기 때문에 상대와도는 다음과 같이 간단히 나타낼 수 있다.

$$\zeta = \frac{\partial v'}{\partial x} = \frac{k^2 g f}{\nu^2 - f^2} h' \tag{5.41}$$

잠재와도 방정식 (4.39)의 선형화된 식은 (5.29)와 (5.25)의 세 번째 식으로부터 구할 수 있다.

$$\frac{\partial}{\partial t}\left[\zeta - \frac{f}{h} h'\right] = 0 \tag{5.42}$$

PV 보존 방정식에서 이류항은 선형화되었기 때문에 이류항이 생략되었다. 식 (5.42)는 다음과 같이 정의된 선형화된 PV

$$Q' = \zeta - \frac{f}{h} h' \tag{5.43}$$

가 공간의 어느 위치에서나 보존됨을 나타낸다. 이것은 선형역학에 있어서 유체 운동의 역학적 특성을 결정하는 데 대단히 위력적인 역할을 하는데 이 점에 대해서는 식 (5.25)의 초기치 문제를 다루는 5.6절에서 다루기로 하겠다.

평균 깊이가 작은(천수의) 유체에서 발생하는 로스비 파에 대해서는 회전좌표계의 와도는 다음과 같은데,

$$\zeta_{RW} = -\frac{k^2 g}{f} h' \tag{5.44}$$

고도 장과는 역위상이 되며 규모가 작을 경우에는 큰 값을 가진다. 로스비 파동의 잠재와도(PV)는 간단히 $\frac{f}{h}h'$로 나타낼 수 있는데, 비현실적으로 파장이 긴 경우를 제외하고는 와도(잠재와도)와 같은 부호를 가지게 된다.

천해 관성중력파에 대해서는 회전좌표계의 와도는

$$\zeta_{GW} = \frac{f}{h} h' \tag{5.45}$$

과 같이 되는데 고도 장과 동위상을 가지며, f가 0이 아닐 경우만 0이 아닌 값을 갖는다. 식(5.45)와 (5.43)으로부터 관성중력파의 잠재와도는 명확하게 0이 된다.

수심이 얕은 회전 유체에 대하여 로스비 파와 관성중력파의 중요한 차이점을 요약하면 다음과 같다.

- 로스비 파동은 f가 상수인 경우에 정체파가 되지만, 관성중력파는 매우 빠르게 전파한다.
- 관성중력파의 와도는 매우 작지만 발산은 매우 크다. 그러나 로스비 파동은 지균류를 유지하며 와도는 크지만, 수렴과 발산은 0이다.
- 관성중력파의 잠재와도는 0이나, 로스비 파는 유한한 값의 잠재와도를 갖는다.

이러한 성질은 밀도 성층 대기의 파동에도 일반화시킬 수 있는데 다음의 두 절에서 다루기로 하겠다. 이들은 복잡한 비선형방정식으로부터 관성중력파를 제거하여 준지균방정식을 유도하는데 매우 중요하며, 제6장과 제7장의 중위도 지역의 날씨계의 역학을 조사하는 데 유용하게 사용될 것이다.

5.4 내부중력(부력)파

비회전계의 성층 대기에 있어서의 중력파의 전파특성을 살펴보기로 하자. 대기 중력파는 대기가 안정성층을 이룰 때만 존재하게 되어 연직방향으로 변위가 주어진 공기입자는 부력진동을 하게 된다(2.7.3소절 참조). 중력파에 있어서 부력이 복원력이기 때문에 **부력파**(buoyancy wave)란 이름이 이런 종류의 파동에는 더욱 적합하다. 그러나 여기서는 전통적으로 써 왔던 **중력파**(gravity wave)란 이름을 일반적으로 사용하도록 한다.

상하가 모두 경계면이 뚜렷한 유체에서(예를 들면, 해양과 같은) 중력파는 일차적으로는 수평면에서 전파된다. 왜냐하면 연직방향으로 전파되는 파동은 경계면에서 반사되어 정립파를 형성하기 때문이다. 그러나 대기처럼 상부경계가 없는 유체에서 중력파는 수평방향뿐만 아니라 연직방향으로도 전파된다. 연직방향으로 전파되는 파동에 있어서, 위상은 고도에 따라 변하며, 이러한 파동을 **내부파**(internal waves)라고 한다. 비록 중력파가 종관규모 일기예보에서는 일반적으로 중요하지는 않다 하더라도(사실 준지균 모형에서는 여과되어서 존재하지 않는다), 중규모 운동에 있어서는 중요할 수도 있다. 예를 들면, 중력파는 산악 **풍하파**(lee wave)의 발생 원인이 된다. 또한 하층으로부터 상층으로 에너지를 전달하는 중요한 메커니즘이 되기도 하고, 청천난류(CAT)의 원인이 되기도 한다.

5.4.1 순수 내부중력파

간단히 하기 위하여, 코리올리 힘을 무시하고 x, z평면에서 전파되는 2차원 내부중력파에만 관심을 두기로 하자. 이러한 파동에 있어서 주파수에 대한 표현식은 2.7.3소절에서 발전시킨 파슬법을 수정함으로써 얻어질 수 있다.

내부중력파는 그림 5.9에 보인 것처럼 입자의 진동이 등위상선과 나란한 횡파의 한 종류이다. 그림 5.8에 보인 것처럼 연직방향으로부터 각 α만큼 경사진 선을 따라 δs만큼 이동된

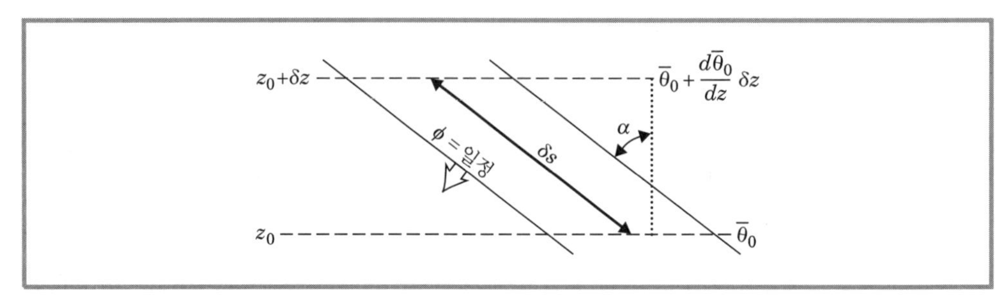

그림 5.9 등위상선이 연직방향과 각이 α만큼 기울어진 순수 중력파에 있어서의 유체입자의 진동경로(굵은 화살표)

공기 덩이의 연직변위는 $\delta z = \delta s \cos \alpha$ 이다. 이 공기 덩이에 작용하는 단위 질량당 연직부력은 식 (2.52)에서 보인 것처럼 $-N^2 \delta z$이다. 따라서, 공기 덩이가 이동하는 경사진 경로에 평행한 부력의 성분은

$$-N^2 \delta z \cos \alpha = -N^2 (\delta s \cos \alpha) \cos \alpha = -(N \cos \alpha)^2 \delta s$$

공기 덩이 진동에 대한 운동량 방정식은

$$\frac{d^2(\delta s)}{dt^2} = -(N \cos \alpha)^2 \delta s \tag{5.46}$$

이 되는데, $\delta s = \exp[\pm i(N \cos \alpha)t]$의 일반해를 갖게 된다. 따라서, 공기 덩이는 진동수 $\nu = N \cos \alpha$로 단순 조화진동을 하게 된다. 이 진동수는 오로지 정적 안정도(부력진동수 N으로 계산된)나 연직방향과 위상선이 이루는 각에만 의존하게 된다.

위와 같은 경험적 유도는 2차원의 내부중력파에 대한 선형화된 방정식을 고려함으로써 타당성이 증명될 수 있다. 간단히 하기 위하여, 2.8절의 부시네스크 근사를 도입하기로 하자. 부시네스크 근사에서 밀도는 연직 운동량 방정식의 부력항의 중력과 관계된 것을 제외하고는 상수처럼 취급된다. 따라서, 이 근사에서 대기는 비압축성으로 취급되고 국지적 밀도변화는 기본 밀도 장에 비해서 작다고 가정한다. 기본 장 밀도의 연직변화는 중력과 관계된 항을 제외하고서는 무시되기 때문에, 부시네스크 근사는 연직 운동 규모가 대기규모($H \approx 8$km)보다 작을 때에만 타당성을 갖게 된다.

자전효과를 무시하면, 비압축 대기의 2차원 운동에 대한 기본방정식은 다음과 같다.

$$\frac{\partial u}{\partial t} + u\frac{\partial u}{\partial x} + w\frac{\partial u}{\partial z} + \frac{1}{\rho}\frac{\partial p}{\partial x} = 0 \tag{5.47}$$

$$\frac{\partial w}{\partial t} + u\frac{\partial w}{\partial x} + w\frac{\partial w}{\partial z} + \frac{1}{\rho}\frac{\partial p}{\partial z} + g = 0 \tag{5.48}$$

$$\frac{\partial u}{\partial x} + \frac{\partial w}{\partial z} = 0 \tag{5.49}$$

$$\frac{\partial\theta}{\partial t}+u\frac{\partial\theta}{\partial x}+w\frac{\partial\theta}{\partial z}=0 \tag{5.50}$$

여기서 온위 θ는 다음 식에 의해서 기압과 관계있다.

$$\theta=\frac{p}{\rho R}\left(\frac{p_s}{p}\right)^{\kappa}$$

이 식의 양변에 로그를 취하면

$$\ln\theta=\gamma^{-1}\ln p-\ln\rho+\text{일정} \tag{5.51}$$

식 (5.47)~(5.51)을 선형화하기 위하여

$$\begin{aligned}&\rho=\rho_0+\rho' \qquad u=\bar{u}+u'\\&p=\bar{p}(z)+p' \quad\ \ w=w'\\&\theta=\bar{\theta}(z)+\theta'\end{aligned} \tag{5.52}$$

과 같이 두는데, 여기서 동서 기본류 $\bar{u}$와 밀도 ρ_0는 상수라고 가정한다. 기본 장의 기압은 정역학 방정식을 만족해야만 한다.

$$d\bar{p}/dz=-\rho_0 g \tag{5.53}$$

여기서 기본 장의 온위는 식 (5.51)을 만족해야 하므로,

$$\ln\bar{\theta}=\gamma^{-1}\ln\bar{p}-\ln\rho_0+\text{일정} \tag{5.54}$$

식 (5.52)를 식 (5.47)~(5.51)에 대입하고 섭동항끼리의 곱을 무시하면 선형화된 방정식을 얻을 수 있다. 예를 들면, 식 (5.48)의 마지막 두 항은 다음과 같이 간단히 될 수 있다.

$$\begin{aligned}\frac{1}{\rho}\frac{\partial p}{\partial z}+g&=\frac{1}{\rho_0+\rho'}\left(\frac{d\bar{p}}{dz}+\frac{\partial p'}{\partial z}\right)+g\\&\approx\frac{1}{\rho_0}\frac{d\bar{p}}{dz}\left(1-\frac{\rho'}{\rho_0}\right)+\frac{1}{\rho_0}\frac{\partial p'}{\partial z}+g=\frac{1}{\rho_0}\frac{\partial p'}{\partial z}+\frac{\rho'}{\rho_0}g\end{aligned} \tag{5.55}$$

여기서 $\bar{p}$를 소거하기 위하여 식 (5.53)이 사용되었다. 식 (5.51)의 섭동형태는 다음 관계식을 이용함으로써 얻을 수 있다.

$$\ln\left[\bar{\theta}\left(1+\frac{\theta'}{\bar{\theta}}\right)\right]=\gamma^{-1}\ln\left[\bar{p}\left(1+\frac{p'}{\bar{p}}\right)\right]-\ln\left[\rho_0\left(1+\frac{\rho'}{\rho_0}\right)\right]+\text{일정} \tag{5.56}$$

이제 $\ln(ab)=\ln(a)+\ln(b)$와 $\varepsilon\ll 1$에 대해서는 $\ln(1+\varepsilon)\approx\varepsilon$가 성립됨과 식 (5.54)를 이용하

면, 식 (5.56)은 다음과 같이 근사될 수 있다.

$$\frac{\theta'}{\bar{\theta}} \approx \frac{1}{\gamma}\frac{p'}{\bar{p}} - \frac{\rho'}{\rho_0}$$

ρ'에 대해서 풀면

$$\rho' \approx -\rho_0\frac{\theta'}{\bar{\theta}} + \frac{p'}{c_s^2} \tag{5.57}$$

여기서 $c_s^2 \equiv \bar{p}\gamma/\rho_0$는 음속의 제곱을 나타낸다. 부력 파동운동에 대해서는 $|\rho_0\theta'/\bar{\theta}| \gg |p'/c_s^2|$, 즉 기압변화에 의한 밀도변화는 온도변화에 의한 밀도변화에 비해 매우 작다. 따라서 제1차 근사로서,

$$\theta'/\bar{\theta} = -\rho'/\rho_0 \tag{5.58}$$

식 (5.55)와 식 (5.58)을 이용하면, 식 (5.47)～(5.50)의 선형화된 방정식은

$$\left(\frac{\partial}{\partial t} + \bar{u}\frac{\partial}{\partial x}\right)u' + \frac{1}{\rho_0}\frac{\partial p'}{\partial x} = 0 \tag{5.59}$$

$$\left(\frac{\partial}{\partial t} + \bar{u}\frac{\partial}{\partial x}\right)w' + \frac{1}{\rho_0}\frac{\partial p'}{\partial z} - \frac{\theta'}{\bar{\theta}}g = 0 \tag{5.60}$$

$$\frac{\partial u'}{\partial x} + \frac{\partial w'}{\partial z} = 0 \tag{5.61}$$

$$\left(\frac{\partial}{\partial t} + \bar{u}\frac{\partial}{\partial x}\right)\theta' + w'\frac{d\bar{\theta}}{dz} = 0 \tag{5.62}$$

식 (5.60)을 x에 대해 미분한 다음 식 (5.59)를 z에 대해 미분한 식을 빼고 p'을 소거하면 다음 식을 얻을 수 있다.

$$\left(\frac{\partial}{\partial t} + \bar{u}\frac{\partial}{\partial x}\right)\left(\frac{\partial w'}{\partial x} - \frac{\partial u'}{\partial z}\right) - \frac{g}{\bar{\theta}}\frac{\partial \theta'}{\partial x} = 0 \tag{5.63}$$

이 식은 바로 소용돌이도 방정식의 y성분이다. 식 (5.61)과 식 (5.62)를 사용하여 u'과 θ'을 식 (5.63)으로부터 소거하면 w'의 단일변수 방정식을 얻을 수 있다.

$$\left(\frac{\partial}{\partial t} + \bar{u}\frac{\partial}{\partial x}\right)^2\left(\frac{\partial^2 w'}{\partial x^2} + \frac{\partial^2 w'}{\partial z^2}\right) + N^2\frac{\partial^2 w'}{\partial x^2} = 0 \tag{5.64}$$

여기서 $N^2 \equiv g\,d\ln\bar{\theta}/dz$는 부력진동수의 제곱인데 상수로 가정한다.[4)]

---

4) 엄격히 말하자면, ρ_0가 상수이면 N^2은 상수가 될 수가 없다. 그러나 연직변위가 작은 요란에 대해서는 N^2의 연직변화는 그다지 중요하지 않다.

식 (5.64)는 다음 형태의 조화파동 해를 갖는다.

$$w' = \mathrm{Re}[\hat{w}\exp(i\phi)] = w_r\cos\phi - w_i\sin\phi \tag{5.65}$$

여기서 $\hat{w} = w_r + iw_i$은 실수부가 w_r, 허수부가 w_i인 복소함수의 진폭이고, $\phi = kx + mz - \nu t$는 위상인데 x, t 그리고 z에 대해서 선형적으로 의존한다고 가정한다. 여기서, 수평파수 k는 실수이다. 왜냐하면 해는 항상 x방향으로 정현파이기 때문이다. 연직파수 $m = m_r + im_i$는 복소수일 수도 있다. 이 경우에 m_r은 z방향으로 정현파적 변화를, m_i는 부호가 양 또는 음인가에 따라 z방향으로의 지수함수적 증가 또는 감소를 나타낸다. m이 실수일 때 총파수는 벡터 $\boldsymbol{\kappa} \equiv (k, m)$로 간주될 수 있다. 파수 벡터는 등위상선에 직각이며, 위상이 증가하는 방향과 일치하는데, 각각의 성분 $k = 2\pi/L_x$와 $m = 2\pi/L_z$은 수평과 연직파장에 역비례한다. 가정된 해를 식 (5.64)에 대입하면 분산 관계식이 얻어진다.

$$(\nu - \bar{u}k)^2(k^2 + m^2) - N^2k^2 = 0$$

즉,

$$\hat{\nu} \equiv \nu - \bar{u}k = \pm Nk/(k^2 + m^2)^{1/2} = \pm Nk/|\boldsymbol{\kappa}| \tag{5.66}$$

여기서 $\hat{\nu}$, **고유진동수**(intrinsic frequency)는 기본류에 대한 상대적인 진동수인데 양(음)의 부호는 기본류에 대하여 동쪽(서쪽)으로의 위상전파를 나타낸다.

만일 $k > 0$ 그리고 $m < 0$으로 놓으면, 그림 5.10과 같이 등위상선은 연직축에 대하여 동편으로 기울게 된다(즉, $\phi = kx + mz$가 x가 증가함에 따라 일정한 값을 갖기 위해서는 $k > 0$, $m < 0$일 때 z 또한 증가해야만 한다). 식 (5.66)의 양의 근은 기본류에 대하여 동쪽 하방으로 위상이 전파되는 것에 해당되는데, 기본류에 대한 수평과 연직방향의 위상 속도는 각각 $c_x = \hat{\nu}/k$와 $c_z = \hat{\nu}/m$으로 주어진다.[5] 군속도의 성분 c_{gx}와 c_{gz}는 각각

$$c_{gx} = \frac{\partial\nu}{\partial k} = \bar{u} \pm \frac{Nm^2}{(k^2 + m^2)^{3/2}} \tag{5.67}$$

$$c_{gz} = \frac{\partial\nu}{\partial m} = \pm\frac{(-Nkm)}{(k^2 + m^2)^{3/2}} \tag{5.68}$$

로 주어지는데, 여기서 복부호(±)는 식 (5.66)에서도 같은 의미로 쓰인다. 따라서 군속도의 연직성분은 기본류에 대한 연직 위상 속도와는 반대의 부호를 갖는다(연직하방으로의 위상전파는 상방으로 에너지가 전파됨을 의미한다) 더욱이 식 (5.45)로부터 쉽게 알 수 있듯이, 군속

5) 위상 속도는 벡터가 아니라는 점에 유의해야 한다. 등위상선에 연직 방향으로의 위상 속도(즉 그림 5.10의 굵은 화살표)는 $\nu/(k^2 + m^2)^{1/2}$로 주어지는데, 이것은 $(c_x^2 + c_z^2)^{1/2}$과는 엄연히 다르다.

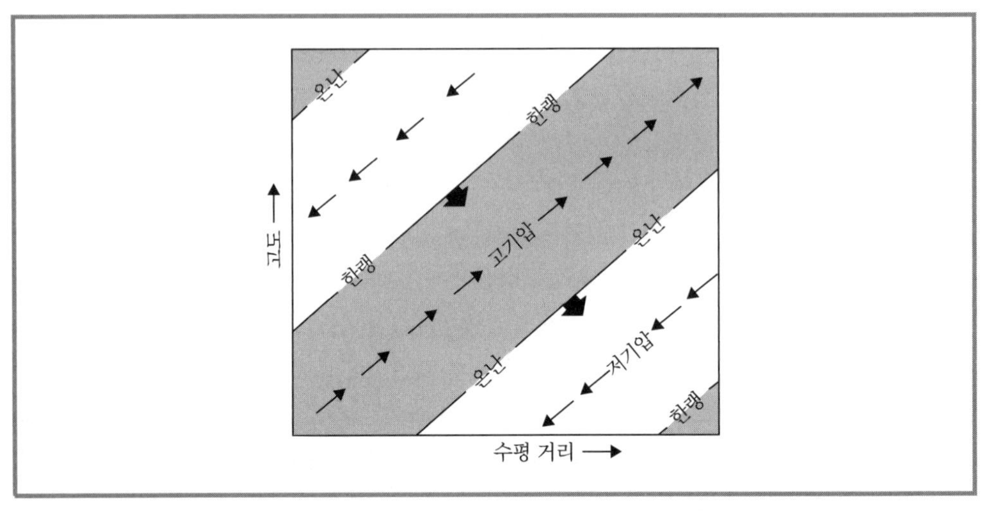

그림 5.10 내부중력파에 있어서의 기압, 온도, 속도의 섭동에 대한 위상을 나타내는 이상적인 연직단면. 가는 화살표는 섭동 속도장, 굵은 화살표는 위상 속도를 나타낸다. 음영으로 나타낸 부분은 연직상방 운동을 나타낸다.

도 벡터는 등위상선과 나란하다. 따라서 내부중력파는 군속도가 위상전파 방향과 연직이라는 놀라운 특성을 가진다. 또한 에너지는 군속도로 전파되는데, 이것은 천수중력파나 음파에서와 같이 파동의 골과 마루에 연직인 방향이 아니라 에너지가 그것들과 나란한 방향으로 전파됨을 의미한다. 대기에서 대류권의 적운대류, 산악 위의 기류, 그리고 기타 다른 과정에 의해 발생한 내부중력파의 에너지는 대기규모 높이의 몇 배나 넘는 대기상층까지 전파되지만, 유체입자 자체는 1km에도 훨씬 못 미치는 연직범위 내에서 진동할 뿐이다.

그림 5.10을 참조하면 등위상선이 연직방향과 이루는 각은

$$\cos\alpha = L_z/(L_x^2 + L_z^2)^{1/2} = \pm k/(k^2 + m^2)^{1/2} = \pm k/|\boldsymbol{\kappa}|$$

이 됨을 알 수 있다. 따라서, $\hat{\nu} = \pm N\cos\alpha$ (즉, 중력파의 진동수는 부력진동수에 비해 작다)가 성립되어 식 (5.46)의 경험적 파슬진동 모델과 매우 잘 일치한다. 등위상선의 기울기는 진동수의 부력진동수에 대한 비율에만 의존하며, 파장과는 관계없다.

5.5 회전 성층 대기의 선형 파동

성층 대기의 선형 파동 분석법을 좌표계가 회전하는 경우에 적용해보기로 하자. 5.3.2소절의 천해파 분석과 마찬가지로 회전좌표계에서는 정체 로스비 파가 존재하게 된다. 수평규모가 수백 km 이상이며, 주기가 몇 시간 이상 되는 중력파는 정역학 평형을 이루고 있으나, 코리올리 효과의 영향을 받기 때문에 순수중력파와는 달리 입자의 운동궤적이 직선이 아니라 타원을

그린다. 이러한 **타원편극**(elliptical polarization)현상은 회전유체에서 코리올리 효과라고 하는 것이 입자의 수평변위를 저해한다는 것을 상기하면 정성적으로 이해될 수 있다. 그러나 이것은 안정성층 대기에서 부력이 연직변위를 저해하는 것과는 다소 다른 점이 있다. 후자의 경우, 저항력은 유체입자의 변위방향과 반대방향으로 작용하는 데 반해서, 전자의 경우는 수평변위에 대해 직각 오른쪽 방향으로 작용한다.

5.5.1 순수 관성진동

3.2.3소절에서 코리올리 효과가 있는 정지대기에서 수평운동을 하는 공기 덩이는 고기압성의 원형궤적을 그린다는 것을 알았다. 2.7.3소절에서 부력진동을 논하기 위해 사용한 파슬법을 도입하면 이런 유형의 관성운동을 지균풍의 일반류가 존재하는 경우에까지 일반화하는 것이 가능하다.

만일 기본류가 동서방향의 지균풍 u_g라 하고, 공기 덩이의 이동이 주위의 기압을 변화시키지 않는다고 가정하면, 근사적인 운동방정식은 다음과 같다.

$$\frac{Du}{Dt}=fv=f\frac{Dy}{Dt} \tag{5.69}$$

$$\frac{Dv}{Dt}=f\,(u_g-u) \tag{5.70}$$

$y=y_0$에서 지균풍과 같은 속도로 움직이고 있는 공기 덩이를 고려하자. 만일 공기 덩이가 흐름방향을 가로지르는 방향으로 δy만큼 변위를 갖는다고 하면, 식 (5.49)의 적분형태로부터 새로운 동서방향의 속도를 얻을 수 있다.

$$u(y_0+\delta y)=u_g(y_0)+f\delta y \tag{5.71}$$

$y_0+\delta y$에서의 지균풍은

$$u_g(y_0+\delta y)=u_g(y_0)+\frac{\partial u_g}{\partial y}\delta y \tag{5.72}$$

와 같이 근사될 수 있다.

식 (5.71)과 식 (5.72)를 사용하여 $y_0+\delta y$에서 식 (5.50)을 계산하면

$$\frac{Dv}{Dt}=\frac{D^2\delta y}{Dt^2}=-f\left(f-\frac{\partial u_g}{\partial y}\right)\delta y=-f\frac{\partial M}{\partial y}\delta y \tag{5.73}$$

여기서, $M\equiv fy-u_g$는 **절대 운동량**이다.

이 식은 밀도 성층대기에서 연직방향으로 변위를 가진 공기 덩이의 운동을 기술하는 식

(2.52)와 수학적으로는 똑같다. 식 (5.73) 우변의 부호에 따라서, 공기 덩이는 본래의 위치로 되돌아가려고 하든가, 그 위치에서부터 더욱 멀어지려는 경향을 갖게 된다. 따라서 이 계수는 **관성 불안정**(inertial instability)의 조건을 결정하게 된다.

$$f\frac{\partial M}{\partial y}=f\left(f-\frac{\partial u_g}{\partial y}\right)\begin{cases} >0 & \text{안정} \\ =0 & \text{중립} \\ <0 & \text{불안정} \end{cases} \tag{5.74}$$

관성계에서 보았을 때, 이 불안정은 축대칭의 소용돌이에서 반지름 방향으로 변위를 갖는 공기 덩이에 있어서 기압 경도력과 관성력의 불균형에서 비롯된다. f가 양(음)인 북반구(남반구)에서 흐름은 $\partial M/\partial y$, 절대 소용돌이도가 양(음)이면 관성적으로 안정하다. 관측된 자료분석에 따르면 온대지방의 종관규모계에 있어서 대기흐름은 관성적으로 언제나 안정하다. 그러나 상층 제트의 고기압성 시어(층밀림)가 존재하는 곳에서 종종 중립에 가까운 조건이 형성된다. 광범위한 지역에 걸친 관성 불안정의 발생은 즉시 관성적으로 불안정한 운동을 발생시켜 마치 대류운동이 연직 시어(층밀림)를 감소시키듯이 절대 운동량과 f의 곱이 양의 값이 될 때까지 수평적으로 유체를 혼합시킨다(이러한 사실은 왜 시계방향의 시어가 큰 상태로 존재할 수 없음을 설명해준다).

5.5.2 로스비 파와 관성중력파

흐름이 관성적으로나 중력적으로 안정되어 있을 때, 공기 덩이의 수평변위는 자전효과와 부력에 의해 방해를 받으며, 이 결과 발생하는 진동을 **관성중력파**(inertia-gravity waves)라 한다. 이러한 파동에 있어서의 분산관계는 5.4절에서 적용되었던 파슬법과 유사한 방법을 써서 유도할 수 있다. 그림 5.11과 같이 (y, z) 평면에서 경사진 경로를 따라 움직이는 파슬의 진동을 고려하자. δz만큼 변위가 주어졌을 때, 파슬 진동이 일어나고 있는 경사진 경로에 나란한 성분의 부력은 $-N^2\delta z\cos\alpha$가 된다. 그리고 δy만큼 남북변위가 주어졌을 때, 경사진 경로에 평행한 성분의 코리올리 힘(관성력)은 $-f^2\delta y\sin\alpha$가 된다. 단, 여기서 기본류인 지균풍은 위도에 관계없이 일정하다고 하였다. 따라서, 공기 덩이에 대한 조화 진동자 방정식 (5.46)은 다음과 같이 수정된다.

$$\frac{D^2\delta s}{Dt^2}=-(f\sin\alpha)^2\delta s-(N\cos\alpha)^2\delta s \tag{5.75}$$

여기서, δs는 공기 덩이의 섭동변위이다.

위 식으로부터 진동수는 다음의 분산 관계식을 만족함을 알 수 있다.

$$\nu^2=N^2\cos^2\alpha+f^2\sin^2\alpha \tag{5.76}$$

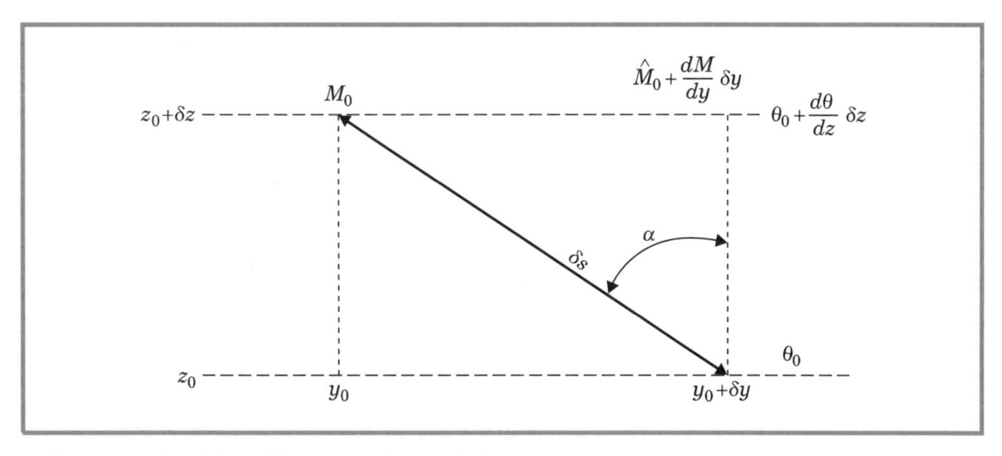

그림 5.11 관성중력파에 대한 입자진동의 $y-z$ 단면도

일반적으로 $N^2 > f^2$이므로 식 (5.76)은 관성중력파의 진동수가 $f \leq |\nu| \leq N$의 범위에 존재함을 나타낸다. 운동궤적이 연직에 가까워질수록 진동수는 N에 가까워지고, 수평에 가까워질수록 f 에 가까워진다. 중위도 대류권의 전형적인 대기조건에 있어서 관성중력파의 주기는 12분에서 15시간 정도의 범위에 존재한다. 식 (5.76)에서 우변의 두 번째 항이 첫 번째 항과 크기가 비슷할 때만 지구의 자전효과가 중요하게 된다. 이렇게 되려면 $\tan^2\alpha \sim N^2/f^2 = 10^4$이 요구되는데, 이 경우에는 식 (5.76)으로부터 $\nu \ll N$이 됨을 알 수 있다. 따라서, 저주파의 중력파만이 지구 자전효과에 의해 큰 영향을 받으며, 이들의 운동궤적 경사는 매우 작다.

파슬법을 통하여 위에서 유도한 분산 관계식의 타당성은 선형화된 역학 방정식을 사용함으로써 증명할 수 있으나 이 경우에는 지구의 자전효과를 포함시킬 필요가 있다. 자전효과에 큰 영향을 받는 비교적 장주기인 파동에 있어서 운동궤적 경사가 작다는 것은 운동의 수평규모가 연직규모에 비해 훨씬 크다는 것을 의미한다. 따라서, 운동은 정역학 평형을 이루고 있다고 가정할 수 있다. 기본류가 없다고 가정하면, 식 (5.59)~(5.62)의 선형화된 식은 다음과 같이 바뀐다.

$$\frac{\partial u'}{\partial t} - fv' + \frac{1}{\rho_0}\frac{\partial p'}{\partial x} = 0 \tag{5.77}$$

$$\frac{\partial v'}{\partial t} + fu' + \frac{1}{\rho_0}\frac{\partial p'}{\partial y} = 0 \tag{5.78}$$

$$\frac{1}{\rho_0}\frac{\partial p'}{\partial z} - \frac{\theta'}{\bar{\theta}}g = 0 \tag{5.79}$$

$$\frac{\partial u'}{\partial x} + \frac{\partial v'}{\partial y} + \frac{\partial w'}{\partial z} = 0 \tag{5.80}$$

$$\frac{\partial \theta'}{\partial t} + w'\frac{d\bar{\theta}}{dz} = 0 \tag{5.81}$$

식 (5.79)의 정역학 관계식을 사용하여 식 (5.81)에서 θ'를 소거하면 다음 식이 유도된다.

$$\frac{\partial}{\partial t}\left(\frac{1}{\rho_0}\frac{\partial p'}{\partial z}\right)+N^2 w'=0 \tag{5.82}$$

$$u' = \mathrm{Re}[\hat{u}\exp i(kx+ly+mz-\nu t)]$$
$$v' = \mathrm{Re}[\hat{v}\exp i(kx+ly+mz-\nu t)]$$
$$w' = \mathrm{Re}[\hat{w}\exp i(kx+ly+mz-\nu t)]$$
$$p'/\rho_0 = \mathrm{Re}[\hat{p}\exp i(kx+ly+mz-\nu t)]$$

식 (5.77), (5.78) 그리고 식 (5.82)에 대입하면,

$$\hat{u}=(\nu^2-f^2)^{-1}(\nu k+ilf)\hat{p} \tag{5.83}$$
$$\hat{v}=(\nu^2-f^2)^{-1}(\nu l-ikf)\hat{p} \tag{5.84}$$
$$\hat{w}=-(\nu m/N^2)\hat{p} \tag{5.85}$$

식 (5.80)을 이용하면 분산 관계식을 얻을 수 있다.

$$m^2\nu^3-\left[N^2(k^2+l^2)+f^2m^2\right]\nu=0 \tag{5.86}$$

식 (5.31)의 천해파 분산식과 마찬가지로 정체 로스비 파에 해당되는 $\nu=0$의 해가 존재한다. 이 경우 시간에 대하여 독립적이기 때문에 식 (5.77)과 (5.78)의 지균류를 의미하며, 식 (5.81)로부터 $w'=0$.

$\nu\neq 0$의 경우에는 정역학의 관성 중력파에 대한 분산 관계식을 얻을 수 있다.

$$\nu^2=f^2+N^2(k^2+l^2)m^{-2} \tag{5.87}$$

정역학적 파동은 $(k^2+l^2)/m^2 \ll 1$을 만족해야 하므로, 식 (5.87)은 연직전파 가능한 파동(m 실수)에 대해서는 $|f|<|\nu|\ll N$가 만족하여야 함을 의미한다. 만일 다음과 같이 가정하면, 식 (5.87)은 식 (5.76)의 극한 형태임을 알 수 있는데,

$$\sin^2\alpha\to 1,\quad \cos^2\alpha=(k^2+l^2)/m^2$$

이것은 정역학 근사와 일치한다. [또한 식 (5.87)은 만일 상당깊이(equivalent depth) $\bar{h}=N^2/gm^2$을 사용하면 천해파 분산식(5.32)으로부터 정확하게 근사될 수도 있다.]

$l=0$(그림 5.7)이 되도록 좌표축을 선택하면, 군속도의 연직성분과 수평성분의 비는 다음과 같이 됨을 증명할 수 있다(문제 5.14를 참조).

$$|c_{gz}/c_{gx}|=|k/m|=(\nu^2-f^2)^{1/2}/N \tag{5.88}$$

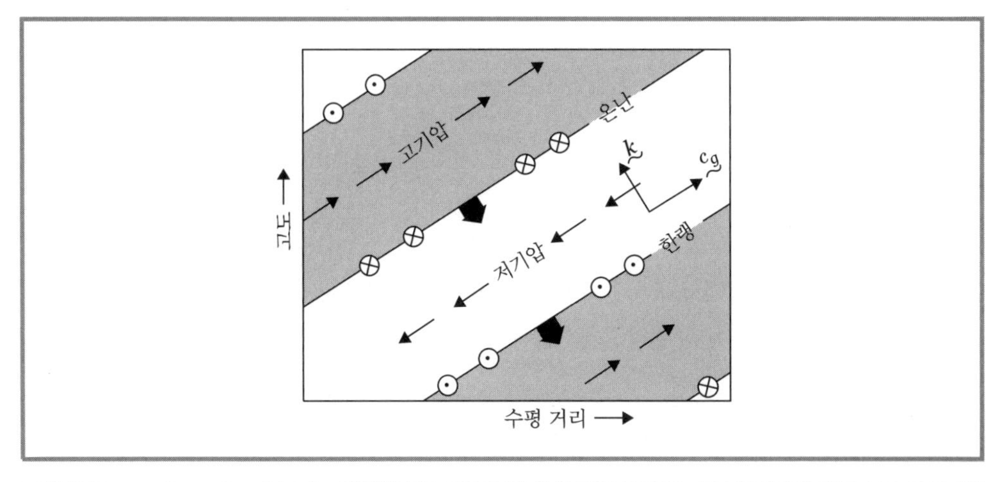

그림 5.12 $m<0$, $\nu>0$, 그리고 $f>0$(북반구)인 경우에 연직상방으로 전파되는 관성중력파에 대한 속도, 지오퍼텐셜 그리고 온도편차 사이의 관계를 보여주기 위한 파수 벡터 $\boldsymbol{k}$를 포함하는 $x-z$ 단면도. 가는 경사진 선은 등위상면(파수 벡터에 연직)을, 굵은 화살표는 위상전파의 방향을 나타낸다. 가는 화살표는 동서 및 연직방향의 속도섭동을 나타낸다. 남북방향의 바람성분은 지면으로 들어가는 화살표(북쪽으로 향하는)와 지면으로부터 나오는 화살표(남쪽으로 향하는)로 표기되어 있다. 섭동 바람 벡터는 위로 감에 따라 시계방향으로 회전한다(Andrews et al., 1987).

따라서, 고정된 v 값에 대하여, 관성중력파는 순수한 내부중력파에 비해서 훨씬 더 수평적으로 전파된다. 그러나 후자의 경우와 마찬가지로, 군속도 벡터는 등위상선의 방향과 나란하다.

$l=0$인 경우에 식 (5.83)과 식 (5.84)로부터 $\hat{p}$를 소거하면 $\hat{v}=-if\hat{u}/\nu$를 얻을 수 있고, $\hat{u}$가 실수인 경우에 섭동 수평운동은 다음 식을 만족시켜 수평속도 벡터는 고기압성 방향(북반구에서 시계방향)으로 회전함을 쉽게 증명할 수 있다.

$$u'=\hat{u}\cos(kx+mz-\nu t), \quad v'=\hat{u}(f/\nu)\sin(kx+mz-\nu t) \tag{5.89}$$

그 결과, 유체입자는 파수 벡터에 연직인 평면에서 타원궤도를 그리게 된다. 또한 식 (5.89)는 에너지가 연직상방으로 전파되는 파동(예를 들면, $m<0$과 $\nu<0$)에 있어서 수평속도 벡터는 위로 갈수록 고기압성 방향으로 바뀜을 알 수 있는데, 이러한 특징들은 그림 5.12의 연직단면도에 잘 나타나 있다. 시간에 따라 수평속도 벡터가 고기압성 방향으로 회전하는 것은 기상자료로부터 관성중력파를 선별해내는 중요한 방법이 된다.

식 (5.78)을 x에 대해 미분한 다음 식 (5.77)을 y에 대해 미분한 식을 빼주면 선형 와도 방정식을 얻는다.

$$\frac{\partial\zeta'}{\partial t}=-f\left(\frac{\partial u'}{\partial x}+\frac{\partial v'}{\partial y}\right)=f\frac{\partial w'}{\partial z} \tag{5.90}$$

식 (5.81)로부터 $\partial w'/\partial z$를 취한 다음 식 (5.90)에 대입하면 선형의 잠재와도 방정식을 얻을 수 있다.

$$\frac{\partial \Pi'}{\partial t} = 0 \tag{5.91}$$

이것은 선형화된 PV

$$\Pi' = \zeta + f\frac{\partial}{\partial z}\left(\frac{\theta'}{d\bar{\theta}/dz}\right) \tag{5.92}$$

는 선형의 천해파 방정식에서와 마찬가지로 공간에 따라 보존됨을 나타낸다. $l=0$의 경우에 대하여 식 (5.83)과 (5.84)의 편광관계식을 이용하면 로스비 파동에 대해서는

$$\zeta = -\frac{k^2}{f}\hat{p} \tag{5.93}$$

그리고 관성중력파에 대해서는

$$\zeta = \frac{fm^2}{N^2}\hat{p} \tag{5.94}$$

로 나타낼 수 있다.

이 결과는 만일 부력 진동수 N이 일정하다면 관성중력파의 선형 잠재와도(5.92)는 0이 됨을 (연습문제 5.16을 볼 것) 증명하는 데 사용될 수 있다. 그러므로 선형의 천해파와 마찬가지로 선형의 잠재와도 방정식 (5.91)은 파동 현상으로부터 중력파를 효율적으로 제거할 수 있다. 이것은 다음 절에서 상세히 다루어질 것인데, 지균 균형이 임의의 초기 상태로부터 다다를 수 있는 최종 상태가 될 수 있음을 보여줄 것이다. 이 결과는 또한 제6장의 준지균 방정식을 유도하는 데 사용될 것인데, 그것은 식 (5.91)을 선형화된 PV(5.92)의 비선형 이류를 포함하도록 보다 일반화할 것이다.

5.6 지균조절

이 장에서는 초기에 균형을 이루지 않는 상태로부터 지균 균형으로 발전하는 **역학적 과정**, 즉 **지균조절과정**에 대해서 알아보기로 한다. 간단히 하기 위해서 5.3.2소절의 선형화된 천해파 방정식을 사용하기로 한다. 여기서 다루고자 하는 문제는 임의의 초기 조건으로부터 시간이 충분히 경과한 후의 선형방정식 (5.25)의 해를 구하는 것이다.

이 문제를 풀기 위한 핵심은 식 (5.42)로부터 찾아볼 수 있는데, 선형화된 잠재와도 방정식은 다음과 같다.

$$\frac{\partial Q'}{\partial t} = 0 \tag{5.95}$$

여기서, Q'은 잠재와도의 섭동값을 나타낸다. 이것은 보존 관계식을 의미한다.

$$Q'(x, y, t) = \zeta'/f - h'/\bar{h} = \text{일정} \tag{5.96}$$

그러므로, 초기의 Q'의 분포를 알면, Q'의 분포를 언제든지 알 수 있다.

$$Q'(x, y, t) = Q'(x, y, 0)$$

또한, 최종적으로 조절된 상태는 시간에 관한 미분방정식을 풀지 않고도 결정할 수 있다. 일반적으로 u', v', h'은 시간이 지남에 따라 바뀌지만 Q'은 항상 일정한 값을 유지됨에 주의하기 바란다.

이러한 문제는 1930년대 로스비가 최초로 풀었으며, 흔히 로스비 조절문제라고 불린다. 약간 비현실적인, 간단한 조절과정의 예로서, 다음과 같은 초기조건을 가진 회전계에서의 이상화된 천수파 운동을 고려하자.

$$u', v' = 0, \quad h' = -h_0 \mathrm{sgn}(x) \tag{5.97}$$

여기서 $\mathrm{sgn}(x)$은 '(x)의 부호'라는 의미로서, $x > 0$일 때 $\mathrm{sgn}(x) = 1$이며 $x < 0$일 때 $\mathrm{sgn}(x) = -1$이다. 이것은 흐름이 없는 초기에 h'가 $x = 0$에서 계단식 함수를 가짐에 해당한다. 따라서 식 (5.96)으로부터 다음과 같이 쓸 수 있다.

$$(\zeta'/f) - (h'/\bar{h}) = (h_0/\bar{h})\mathrm{sgn}(x) \tag{5.98}$$

식 (5.27)에서 ζ'을 소거하기 위해서 식 (5.98)을 사용하면,

$$\frac{\partial^2 h'}{\partial t^2} - c^2\left(\frac{\partial^2 h'}{\partial x^2} + \frac{\partial^2 h'}{\partial y^2}\right) + f_0^2 h' = -f_0^2 h_0 \mathrm{sgn}(x) \tag{5.99}$$

여기에서 $c^2 = g\bar{h}$이다.

초기에 h'는 y방향으로는 변화하지 않는다고 주어졌기 때문에 시간이 경과해도 마찬가지이다. 따라서 최종적인 정상상태에서 식 (5.99)는

$$-c^2 \frac{d^2 h'}{dx^2} + f^2 h' = -f^2 h_0 \mathrm{sgn}(x) \tag{5.100}$$

이 식의 해로서는

$$\frac{h'}{h_0} = \begin{Bmatrix} -1 + \exp(-x/\lambda_R), & x > 0 \\ +1 - \exp(+x/\lambda_R), & x < 0 \end{Bmatrix} \tag{5.101}$$

여기서, $\lambda_R \equiv f_0^{-1}\sqrt{g\bar{h}}$는 로스비 **변형반경**(radius of deformation)이다. 그러므로, 변형반경은

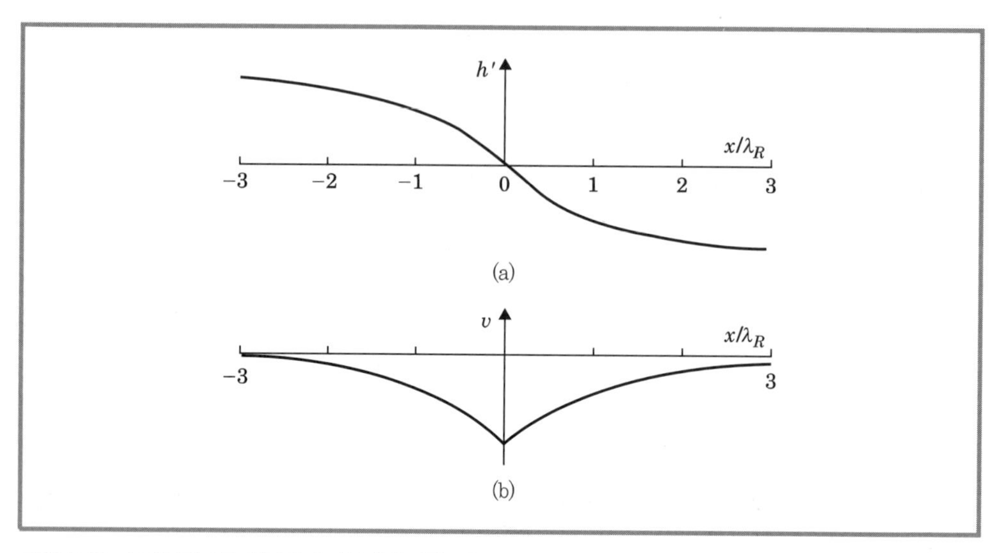

그림 5.13 식 (5.97)으로 정의된 초기상태에 대한 지균조절 평형해. 그림 (a)는 최종상태의 고도분포 단면, 그림 (b)는 최종상태의 지균속도 단면을 나타낸다(Gill, 1982).

주어진 고도 장이 지균평형으로 접근하는 과정에서 조절되는 수평규모 범위로 해석될 수 있다. $|x| \gg \lambda_R$에 대해서, 최초의 h'는 변하지 않은 채로 남는다. 식 (5.101)을 식 (5.25)에 대입하면, 정상상태의 속도 장은 지균 평형상태이며 비발산적이다.

$$u' = 0, \quad v' = \frac{g}{f}\frac{\partial h'}{\partial x} = -\frac{gh_0}{f\lambda_R} exp(-|x|/\lambda_R) \tag{5.102}$$

정상상태의 위 식의 해(5.102)는 그림 5.13에 나타나 있다.

식 (5.102)는 결코 식 (5.25)에서 $\partial/\partial t = 0$으로 놓음으로써 유도되지는 않는다. 그렇게 하면 ($\partial/\partial t = 0$으로 놓으면) 단지 지균균형을 나타내는 것이 되고, 어떠한 분포를 하고 있는 h'도 다음 관계식을 만족할 뿐이다.

$$fu' = -g\frac{\partial h'}{\partial y}, \quad fv' = g\frac{\partial h'}{\partial x}, \quad \frac{\partial u'}{\partial x} + \frac{\partial v'}{\partial y} = 0$$

식 (5.25)를 결합하여 위치 소용돌이도 방정식을 얻고, 흐름의 위치 소용돌이도가 언제나 보존된다는 조건을 부여하는 것만이, 지균균형을 이루는 최종상태의 축퇴성을 제거할 수 있는 방법이 된다. 달리 말하면 비록 어떤 고도 장이 식 (5.25)의 정상상태의 방정식을 만족한다 하더라도, 주어진 초기조건과 부합되는 고도 장은 단 하나뿐이다. 이러한 고도 장은 보존량인 위치 소용돌이도의 분포로부터 계산할 수 있기 때문에 쉽게 찾을 수 있다.

비록 최종상태가 시간에 의존하는 미분방정식을 풀지 않고 계산할 수 있더라도 만일 조절과정의 시간진전이 요구된다면, 식 (5.97)의 초기조건하에서 식 (5.99)를 풀어야 하지만, 이것은 이 절의 범위를 벗어나므로 생략한다. 그러나 우리는 조절과정 동안 중력파에 의해서 분산되는 에너지를 계산할 수 있으며, 이를 위해서는 최종상태와 초기상태의 에너지 변화만 계산하면 된다.

단위 수평면적당 위치 에너지는

$$\int_0^{h'} \rho g z\, dz = \rho g h'^2/2$$

로 주어진다. 따라서 조절과정 동안 y방향으로 단위길이당 방출(복사)된 위치 에너지는

$$\int_{-\infty}^{+\infty} \frac{\rho g h_0^2}{2} dx - \int_{-\infty}^{+\infty} \frac{\rho g h'^2}{2} dx = 2\int_0^{+\infty} \frac{\rho g h_0^2}{2}\left[1-\left(1-e^{-x/\lambda_R}\right)^2\right] dx = \frac{3}{2}\rho g h_0^2 \lambda_R \tag{5.103}$$

비회전의 경우($\lambda_R \to \infty$) 초기의 가용 위치 에너지는 모두 방출되어(운동 에너지로 전환됨), 무한의 에너지 방출이 일어나게 된다(에너지는 중력파의 형태로 모두 방출되어버리고 $t \to \infty$일 때, $|x| \to \infty$까지 펼쳐진 평탄한 자유표면만이 남게 된다).

회전계의 경우 식 (5.103)의 유한한 양만이 운동 에너지로 전환된다. 그리고 이 운동 에너지의 일부분만이 방출되며(멀리 사라진다), 그 나머지는 정상상태인 지균평형의 순환으로 존재하게 된다. 정상상태에서 단위길이당 운동 에너지는

$$2\int_0^{+\infty} \rho \bar{h} \frac{v'^2}{2} dx = \rho \bar{h}\left(\frac{g h_0}{f\lambda_R}\right)^2 \int_0^{+\infty} e^{-2x/\lambda_R} dx = \frac{1}{2}\rho g h_0^2 \lambda_R \tag{5.104}$$

따라서, 회전계의 경우 유한한 양의 위치 에너지가 복사(방출)된다. 그러나 방출된 위치 에너지의 1/3만이 정상상태의 지균모드로 남게 되며, 나머지 2/3는 관성중력파의 형태로 복사된다(멀리 사라지게 된다). 이러한 간단한 분석으로부터 다음과 같은 요점을 제시할 수 있다.

- 회전유체로부터 위치 에너지를 빼앗는 것은 어렵다. 여기서 든 예에서는 위치 에너지가 무한히 저장되어 있다 하더라도(왜냐하면 $|x| \to \infty$일 때 h'가 유한하기 때문에), 오직 유한한 양만이 지균평형이 이루어지기 전에 운동 에너지로 전환된다.
- 위치 소용돌이도 보존법칙을 사용하게 되면, 시간 적분을 하지 않고도 정상상태의 지균균형이 이루어진 상태의 소용돌이도와 고도 장을 구할 수 있다.
- 정상해의 수평규모는 로스비 변형반경 λ_R이다.

5.7 로스비 파

대규모 대기순환에서 가장 중요한 유형의 파동은 **로스비 파** 또는 **행성파**(plan etary wave)이다. 마찰이 없는 일정한 깊이를 갖는 순압유체(수평속도 성분의 발산은 0이 된다)에 있어서 로스비 파는 절대 소용돌이도를 보존하는 운동인데, 이것은 소위 베타 효과라고 불리는 위도에 따라 변하는 코리올리 힘의 존재로 인하여 발생하게 된다. 좀 더 일반적으로, 경압대기에 있어서 로스비 파는 절대 소용돌이도를 보존하는 운동으로 위치 소용돌이도가 등온위면을 따라 변하기(경도를 갖기) 때문에 발생한다.

위도에 따른 코리올리 인자의 변화는 f 를 기준 위도(ϕ_0)에 대하여 테일러 급수로 전개하여 처음의 두 항만으로 근사할 수 있다.

$$f = f_0 + \beta_y \tag{5.105}$$

여기서 $\beta \equiv (df/dy)_{\phi_0} = 2\Omega\cos\phi_0/a$이고 ϕ_0에서 $y=0$를 채택한다. 이러한 근사법은 일반적으로 **중위도 β-면 근사**라고 한다. 로스비 파의 전파를 이해하기 위하여 초기에 위도선을 두르고 있는 유체입자들로 구성된 사슬을 고려해보자. 절대 소용돌이도 η는 $\eta = \zeta + f$ 로 주어지는데, 여기서 ζ는 상대 소용돌이도, f 는 코리올리 매개변수를 나타낸다. 시간 t_0에서 $\zeta = 0$라고 가정하자. 시간 t_1에서, 유체입자가 초기의 위도에서 δy만큼 남북방향으로 변위를 가졌다고 생각하면,

$$(\zeta + f)_{t_1} = f_{t_0}$$

즉

$$\zeta_{t_1} = f_{t_0} - f_{t_1} = -\beta\delta y \tag{5.106}$$

여기서, $\beta \equiv df/dy$는 초기위도에서의 행성 소용돌이도 경도를 나타낸다.

식 (5.106)으로부터 만일 유체입자의 사슬이 절대 소용돌이도를 보존하면서 정현파적인 남북변위를 가진다고 하면, 남쪽으로의 변위에 대해서 소용돌이도의 섭동값은 양(즉, 저기압성)이 되고, 북쪽으로의 변위에 대해서 섭동값은 음(즉, 고기압성)이 될 것이다.

이러한 소용돌이도의 섭동값은 남북방향의 속도를 유발시키는데, 그림 5.14와 같이 이 속도장은 최대 소용돌이도 서쪽에서는 유체입자 사슬을 남쪽으로 이류시키고, 최소 소용돌이도의 서쪽에서는 북쪽으로 이류시킨다. 따라서, 유체입자는 평형위도를 중심으로 남북으로 진동을 하며, 최대와 최소의 소용돌이도 패턴은 서쪽으로 전파된다. 이렇게 서쪽으로 전파되는 소용돌이도장이 로스비 파를 구성한다. 마치 중력파에 있어서 온위의 연직 경도가 양일 때 유체입자의 연직 운동이 안정성층에 의해서 방해를 받는 동시에 복원력을 제공하는 것처럼, 로스비 파에 있어서는 절대 소용돌이도의 남북경도는 유체입자의 남북변위를 어렵게 하고 복원 메커니즘을

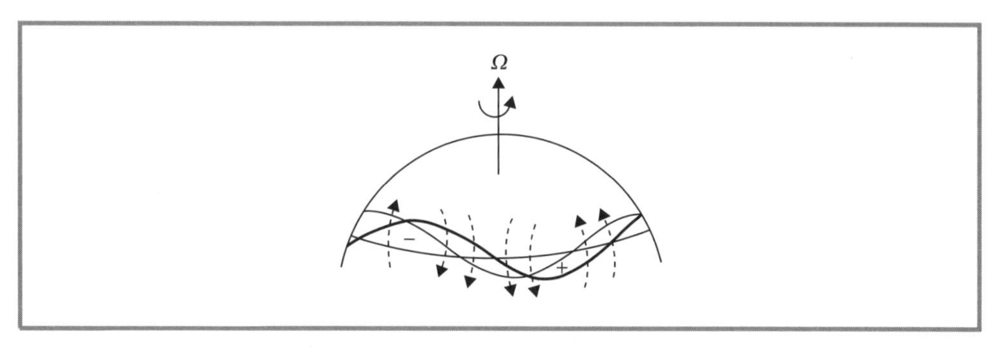

그림 5.14 남북으로 변위가 주어진 유체입자 사슬에 대한 섭동 소용돌이도 장과 유도된 속도 장(파선 화살표). 굵은 파동모양의 선은 최초의 섭동위치를, 가는 선은 유도된 속도 장에 의한 이류 때문에 발생한 서쪽으로의 변위를 각각 나타낸다.

제공한다.

위의 예에서 서진속도 c는 $\delta y = a\sin[k(x-ct)]$로 놓음으로써 계산될 수 있는데, 여기서, a는 남북변위의 최대값이다. 그러면, $v = D(\delta y)/Dt = -kca\cos[k(x-ct)]$가 되며,

$$\zeta = \partial v/\partial x = k^2 ca\sin[k(x-ct)]$$

식 (5.106)의 δy와 ζ에 대입하면,

$$k^2 ca\sin[k(x-ct)] = -\beta a\sin[k(x-ct)]$$

즉,

$$c = -\beta/k^2 \tag{5.107}$$

따라서, 위상 속도는 평균류에 대하여 서쪽 전파이며, 동서 파수의 제곱에 반비례한다.

5.7.1 자유 순압 로스비 파

순압 로스비 파에 대한 분산 관계식은 선형화된 소용돌이도 방정식에 대한 파동 형태의 해를 구함으로써 유도할 수 있다. 식 (4.41)의 순압 소용돌이도 방정식은 절대 소용돌이도가 수평운동을 따라 보존됨을 나타내고 있다. 중위도 β면에 대해서는 다음과 같이 쓸 수 있다.

$$\left(\frac{\partial}{\partial t}+u\frac{\partial}{\partial x}+v\frac{\partial}{\partial y}\right)\zeta+\beta v=0 \tag{5.108}$$

운동이 기본 장과 섭동 장의 합으로 구성되어 있다고 가정하자.

$$u=\bar{u}+u', \quad v=v', \quad \zeta=\partial v'/\partial x-\partial u'/\partial y=\zeta'$$

그리고 다음 식과 같이 섭동 유선함수 ψ'를 정의한다.

$$u' = -\partial\psi'/\partial y, \quad v' = \partial\psi'/\partial x$$

이로부터 $\zeta' = \nabla^2\psi'$. 식 (5.108)의 섭동 형태는 다음과 같이 된다.

$$\left(\frac{\partial}{\partial t} + \bar{u}\frac{\partial}{\partial x}\right)\nabla^2\psi' + \beta\frac{\partial\psi'}{\partial x} = 0 \tag{5.109}$$

여기서 섭동에 대한 2차항(섭동값과 섭동값의 곱으로 이루어진 항)은 무시하였다. 다음과 같은 형태의 해를 찾기로 하자.

$$\psi' = \mathrm{Re}[\Psi \exp(i\phi)]$$

여기서 $\phi = kx + ly - \nu t$인데, k와 l은 각각 동서방향, 남북방향의 파수를 나타낸다. 식 (5.109)에 ψ'에 대입하면

$$(-\nu + k\bar{u})(-k^2 - l^2) + k\beta = 0$$

이 되고, ν에 대해서 쉽게 풀 수 있다.

$$\nu = \bar{u}k - \beta k/K^2 \tag{5.110}$$

여기서 $K^2 \equiv k^2 + l^2$은 총수평파수의 제곱이다.

$c = \nu/k$이므로 평균류에 대한 동서방향의 위상 속도는

$$c - \bar{u} = -\beta/K^2 \tag{5.111}$$

이며, 평균류가 0이고, $l \to 0$이면 이 식은 식 (5.109)가 된다. 따라서 로스비 파의 위상전파는 동서 평균류에 대하여 항상 서쪽이다. 더욱이 로스비 파의 위상 속도는 총수평파수의 제곱에 반비례하므로, 로스비 파는 위상 속도가 파장에 따라 급격하게 증가하는 분산성 파동이다.

대표적인 중위도 종관규모 요란에 대해서, 남북과 동서규모가 6000 km 정도로 서로 비슷할 때($l \approx k$) 식 (5.111)로부터 계산한 동서평균류에 대한 로스비 파의 위상 속도는 대략 $-8\,\mathrm{ms}^{-1}$이다. 동서 평균류는 일반적으로 편서풍이며 $8\,\mathrm{ms}^{-1}$보다는 크기 때문에, 종관규모 로스비 파는 보통 동쪽으로 전파되며, 전파속도는 동서 평균류보다는 약간 작은 정도이다. 파장이 긴 파동에 있어서, 서쪽으로 전파되는 로스비 파의 위상 속도는 동서 평균류에 의한 이류효과만큼 충분히 크기 때문에 요란은 지표면에 대해서 정체된다. 식 (5.111)로부터 자유 로스비 파는

$$K^2 = \beta/\bar{u} \equiv K_s^2 \tag{5.112}$$

를 만족할 때 정체파가 된다. 이 조건의 중요성은 다음 절에서 좀 더 자세히 논의하기로 하자.

항상 서쪽으로만 전파되는 로스비 파의 위상 속도와는 달리, 동서방향의 군속도는 평균류에 대해서 서쪽일 수도 동쪽일 수도 있는데, 이는 동서 파수와 남북 파수의 비에 의해서 결정된다(문제 5.20을 볼 것). 그러나 정체 로스비 파(즉, $c=0$인 모드)에 대해서 동서방향의 군속도는 지상에서 보았을때 동쪽 방향이며, 종관규모 로스비 파 또한 지상에 대하여 동쪽 전파의 군속도를 갖는다. 종관규모 파동에 있어서 평균동서류에 의한 이류는 로스비 파의 위상 속도보다 커서 위상 속도도 지상에 대하여 동쪽 전파인데, 군속도보다는 작다. 그림 5.4b에 나타낸 것처럼, 이것은 새로운 섭동이 기존 섭동의 풍하 쪽에 발달함을 의미하는데 예보에 있어서 매우 중요하게 고려해야 할 사항이다.

완전한 원시 방정식의 섭동 방정식을 사용하여 자유행성파에 대한 덜 제한적인 분석을 하는 것도 가능하다. 이 경우 자유 모드의 구조는 상하 경계조건에 결정적인 영향을 받는다. 그러한 분석의 결과는 매우 복잡하기는 하나, 수평분산 성질은 천수파 모형의 그것들과 상당히 유사하다. 정역학적으로 안정한 대기에서 발생될 수 있는 자유진동은, 자전효과로 다소 변형된 중력파(동진 또는 서진)와 대기 안정도에 의해 약간 변형된 로스비 파(서쪽으로 진행)로 구성되어 있다. 이러한 자유진동은 대기진동의 정상 모드(normal mode)인 만큼, 이들은 대기에 작용하는 여러 가지 힘에 의해 끊임없이 발생된다. 행성규모 자유진동은, 매우 주의 깊은 자료분석으로 검출할 수 있다 하더라도 일반적으로 진폭은 매우 작다. 이것은 아마도 위상 속도가 큰 그러한 파동들에 대한 강제력이 매우 약하기 때문이다. 한 가지 예외는 주기 16일을 가진 동서 파수 1인 모드인데, 이는 겨울 성층권에서 상당히 큰 진폭을 갖는다.

5.7.2 강제 지형성 로스비 파

자유전파 로스비 파는 대기에서 매우 약하게 발생되지만, 강제 정체 로스비 파는 진폭이 크기 때문에 행성규모 대기순환을 이해하는 데 상당히 중요하다. 그러한 모드는 동서방향으로 변하는 비단열적인 가열의 분포 또는 지형 위의 흐름에 의하여 발생할 수 있다. 이들 중 북반구 온대지방 대기순환에 있어서 특히 중요한 것은 로키나 히말라야 산맥 위를 흐르는 대기흐름에 의하여 강제되는 정체 로스비 파라 할 수 있다. 이것은 바로 4.3절에서, 대규모 산을 넘는 위치 소용돌이도를 보존하는 흐름에 있어서 유선의 남북편향 문제에서 정성적으로 다루어졌던 지형성 로스비 파이다.

지형성 로스비 파의 가장 간단한 역학적 모형으로, 천해파의 잠재와도 방정식 (4.39)를 약간 변형한 형태를 사용할 것이다. 유체의 상층경계는 H로 고정되어 있고 하층경계면은 $h_T(x, y)$로서 공간적으로 변하고 있다고 가정하자(단, $|h_T| \ll H$를 가정함). 또한 와도 ζ를 지균와도 ζ_g로 근사하고, $|\zeta_g| \ll f_0$라고 가정하자. 그러면 식 (4.39)를 다음과 같이 근사할 수 있다.

$$H\left(\frac{\partial}{\partial t} + \boldsymbol{V} \cdot \nabla\right)(\zeta_g + f) = -f_0 \frac{Dh_T}{Dt} \tag{5.113}$$

선형화한 다음에 중위도 β-면 근사를 적용하면 다음과 같다.

$$\left(\frac{\partial}{\partial t}+\bar{u}\frac{\partial}{\partial x}\right)\zeta'_g+\beta v'_g=-\frac{f_0}{H}\bar{u}\frac{\partial h_T}{\partial x} \tag{5.114}$$

하층경계면이 정현파의 구조를 하고 있는 특별한 경우에 대하여 식 (5.114)의 해를 조사해보고, 다음 식으로 표현되는 지형을 고려하자.

$$h_T(x,\ y)=\mathrm{Re}[h_0\exp(ikx)]\cos ly \tag{5.115}$$

그리고 다음 섭동의 유선함수를 사용하여 지균풍과 소용돌이도를 나타내자.

$$\psi(x,\ y)=\mathrm{Re}\left[\psi_0\exp(ikx)\right]\cos ly \tag{5.116}$$

그러면, 식 (5.114)는 다음 식으로 주어지는 복소수의 진폭을 가진 정상상태의 해를 갖는다.

$$\psi_0=f_0h_0/\left[H\left(K^2-K_s^2\right)\right] \tag{5.117}$$

유선함수는 $K^2-K_s^2$의 부호에 따라서 정확하게 산악과 위상이 일치하거나(산 위에 파의 마루가 존재), 또는 완전히 위상이 반대가 된다(산 위에 파의 골이 존재). 장파인 경우($K<K_s$) 식 (5.114)의 지형에 의한 소용돌이도의 원천은 기본적으로 행성 소용돌이도의 남북이류(베타효과)와 균형을 이루며, 단파($K>K_s$)인 경우 소용돌이도의 원천은 주로 상대 소용돌이도의 동서이류와 균형을 이룬다.

지형성 파동해 식 (5.117)은 파수가 임계파수 K_s와 정확히 같을 때 진폭이 무한대로 발산하는 비현실적인 특성을 가지고 있다. 식 (5.112)으로부터 이러한 특이성은 자유 로스비 파가 정체파가 되는 동서 위상 속도에서 발생한다는 것임을 알 수 있다. 따라서, 그것은 순압계에서의 공명반응으로 간주될 수 있다.

차니와 엘리어슨(Charney and Eliassen, 1949)은 겨울철의 평균적인 북반구 중위도 500-hPa 고도 장의 동서분포를 설명하기 위하여 지형성 로스비 파 모형을 사용하였다. 그들은 에크만 펌핑 형태로 경계층 마찰을 도입함으로써 공명 특이점에 의한 불가능 해를 제거하였는데, 순압 소용돌이도 방정식에서 에크만 펌핑은 단지 상대 소용돌이도의 선형감쇠에 지나지 않는다(8.3.4소절 참조). 따라서 소용돌이도 방정식은

$$\left(\frac{\partial}{\partial t}+\bar{u}\frac{\partial}{\partial x}\right)\zeta_g'+\beta v_g'+r\zeta_g'=-\frac{f_0}{H}\bar{u}\frac{\partial h_T}{\partial x} \tag{5.118}$$

가 되는데, 여기서 $r\equiv\tau_e^{-1}$은 식 (8.37)에서 정의된 회전멈춤 시간(spin-down time)의 역수에 해당한다. 정상상태의 흐름에 있어서, 식 (5.118)은 다음과 같은 복소수 진폭의 해를 가진다.

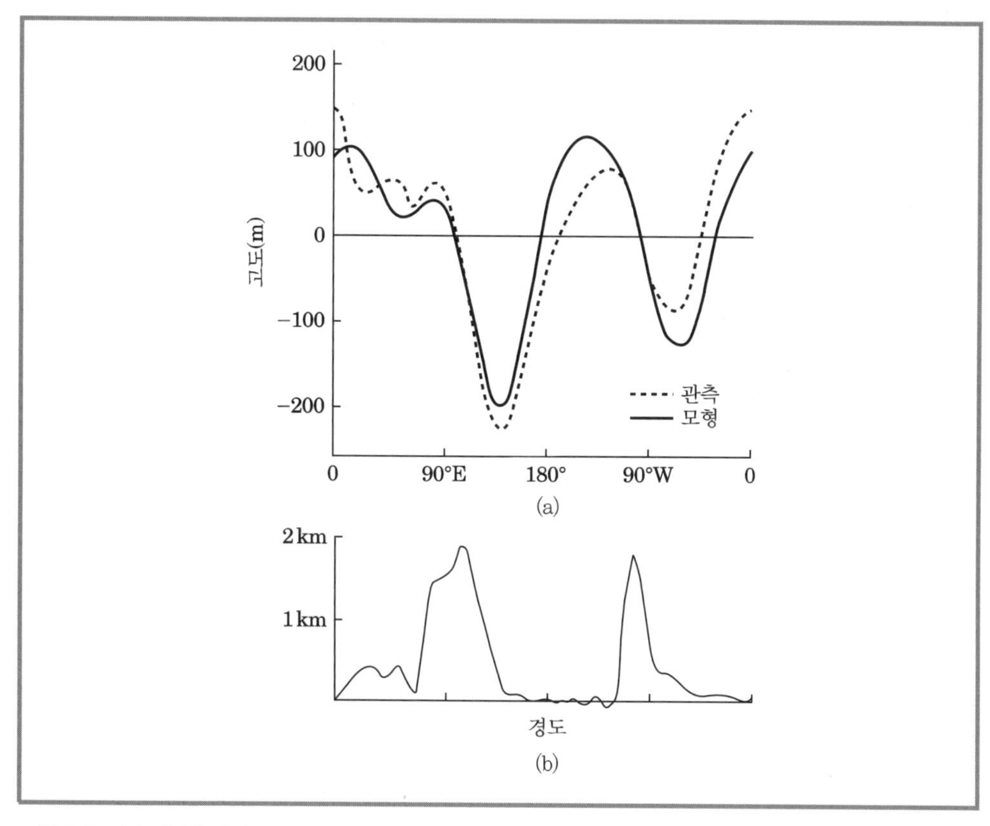

그림 5.15 (a) 실선은 차니-엘리어슨 모형에서 계산된(관계된 매개변수는 본문에 나와 있음) 지오퍼텐셜 고도 요란 ($\equiv f_0\Psi/g$)의 동서변화를 나타내고, 파선은 관측으로부터 얻어진 1월 평균의 45°N에서의 500-hPa 고도 장 섭동을 나타낸다. (b) 계산에서 사용된 45°N의 평활화된 지형의 단면도를 나타낸다(Held, 1983).

$$\psi_0 = f_0 h_0 / \left[H\left(K^2 - K_s^2 - i\varepsilon\right)\right] \tag{5.119}$$

여기서, $\varepsilon \equiv rK^2(k\bar{u})^{-1}$이다. 따라서 경계층 마찰은 반응의 위상을 이동시키고 공명에서의 특이점 해를 제거시킨다. 그러나 진폭은 여전히 $K = K_s$에서 최대가 되고 유선함수의 파골(though)은 산의 마루(crest)에 대해서 동쪽으로 1/4주기 치우쳐 나타나게 되어 관측된 사실과 근사적으로 일치한다.

푸리에 전개를 이용하여, 현실적인 지형의 분포에 대해서 식 (5.118)의 해를 구할 수 있다. 북위 45°의 평활화된 지형 h_T, 남북파장의 반을 위도 35°에 해당하는 길이, $\tau_e = 5$일, $\bar{u} = 17\,\mathrm{ms}^{-1}$, $f_0 = 10^{-4}\mathrm{s}^{-1}$, 그리고 $H = 8\,\mathrm{km}$로 각각 주어졌을 때의 해를 그림 5.15에 나타내었다. 여러 매개변수들의 대략성과 모형의 간단함에도 불구하고, 차니와 엘리어슨 모형은 놀라울 정도로 북반구 중위도 500-hPa 등압면의 정체파 패턴을 잘 표현하고 있다.

권장 문헌

Chapman and Linzden, *Atmospheric Tides : Thermal and Gravitational,* 대기 조석에 관한 이론 및 관측적인 측면에 대한 고전적인 참고서적이며, 이론적 전개는 선형섭동이론에 바탕을 두고 있다.

Gill, *Atmosphere-Ocean Dynamics,* 중력파, 관성중력파, 로스비 파 등에 관한 내용을 심도 있게 다루고 있으며, 특히 해양에서 관측되는 진동 및 파동현상에 중점을 두고 있다.

Hilderbrand, *Advanced Calculus for Applications,* 이 장에서 나오는 파동방정식과 푸리에 급수 등에 대한 수학적 방법론을 다루는 표준 수학서적 중의 하나이다.

Nappo, *An Introduction to Atmospheric Gravity Waves,* 대기 중력파의 이론 및 관측적 특성에 관한 훌륭한 입문서적이다.

Scorer, *Natural Aerodynamics,* 장애물에 의해 발생하는 파동의 여러 가지 특성을 정성적 측면에서 매우 훌륭하게 다루고 있다.

문제

5.1 $F(x) = \text{Re}\,[C\exp(imx)]$는 다음과 같이 쓰일 수 있음을 보여라.

$$F(x) = |C|\cos m(x + x_0)$$

여기서, $x_0 = m^{-1}\sin^{-1}(C_i/|C|)$, C_i는 C의 허수부를 나타낸다.

5.2 대기파동의 연구에서는 감쇠 또는 증폭하는 파동들을 고려할 필요가 종종 있다. 그런 경우의 해로 다음 형태를 가정할 수 있다.

$$\psi = A\cos(kx - \nu t - kx_0)\exp(\alpha t)$$

여기서, A는 초기의 진폭, α는 증폭인자, 그리고 x_0는 초기위상이다. 위 식은 좀 더 간단한 식

$$\psi = \text{Re}\left[Be^{ik(x-ct)}\right]$$

으로 표현될 수 있음을 증명하라. 여기서 B와 c는 복소수의 상수이다. B와 c의 실수와 허수부를 A, α, k, ν, 그리고 x_0를 사용하여 결정하라.

5.3 이 장에서 다루었던 몇 가지 파동형태는 파동방정식의 일반적 형태인 다음 식에 의해서 지배된다.

$$\frac{\partial^2\psi}{\partial t^2} = c^2\frac{\partial^2\psi}{\partial x^2}$$

이 방정식의 해는 x의 양과 음의 방향으로 c의 속도로 전파하는 임의의 함수형태를 가진 파동해를 가짐을 보일 수 있다. ψ에 대하여 임의의 초기 함수형태를 고려하자. $t=0$일 때 $\psi=f(x)$. 만일 이 함수형태가 형태의 변화 없이 x방향으로 c의 속도로 이동한다면, $\psi=f(x')$가 되는데, 여기서 x'은 c의 속도로 이동하는 좌표계이다. 즉, $x=x'+ct$. 따라서, 고정된 좌표 x를 써서 $\psi=f(x-ct)$로 쓸 수 있다. 이는 형태를 바꾸지 않고 c의 속도로 x방향으로 전파하는 파동에 해당한다. $\psi=f(x-ct)$가 임의의 연속적인 파동형태 $f(x-ct)$에 대하여 하나의 해가 됨을 증명하라.

〈힌트〉 $x-ct=x'$로 놓고 미분의 연쇄 법칙을 이용하여 f를 미분하라.

5.4 1차원의 음파에 대한 기압의 섭동값이 식 (5.23)으로 주어진다고 가정하여 이에 해당하는 동서풍과 밀도의 섭동값을 구하라. u'과 ρ'의 진폭과 위상을 p'의 진폭과 위상을 이용하여 표현하라.

5.5 $DT/Dt=0$, 즉 등온운동에 있어서 음파의 속도는 $(gH)^{1/2}$로 주어짐을 보여라. 단, $H=RT/g$는 규모고도이다.

5.6 5.3.1소절에서는 수평방향으로 놓인 튜브 속에서 전파되는 1차원의 음파에 대한 선형 방정식을 발전시켰다. 비록 이러한 상황이 직접대기에 적용될 수 없다 하더라도, 대기운동의 경우 램모드라고 불리는 특별한 모드가 존재하는데, 이는 $w'=0$을 유지하면서 수평으로만 전파되는 음파의 일종이다. 이러한 진동은 화산폭발이나 핵실험과 같은 강한 폭발현상이 있을 때 관측되어 왔다. 식 (5.20), (5.21)은 선형화된 정역학 방정식, 그리고 연속 방정식 (5.15)를 모두 사용하여, 램모드의 진폭이 연직방향으로 어떻게 변화하는지를 유도하라. 단, 여기서 대기의 온도는 일정하고 $z=0$에서의 기압 섭동값은 식 (5.23)의 형태를 갖는다고 가정하라. 또 이 모드에 대하여, 연직방향으로 적분한 단위면적당 운동 에너지를 계산하라.

5.7 천수중력파에서 자유표면의 섭동값이 다음과 같이 주어질 때,

$$h'=\mathrm{Re}\left[Ae^{ik(x-ct)}\right]$$

속도 섭동 $u'(x,t)$를 구하라. 그리고 동쪽으로 전파되는 모드에 대하여, h'와 u'의 위상관계를 간략히 그려라.

5.8 2차원 내부중력파에서 연직 속도의 섭동값이 식 (5.65)으로 주어질 때, u', p', θ'에 대한 해를 구하라. 이 결과를 이용해서 식 (5.58)에서 쓰인

$$|\rho_0\theta'/\overline{\theta}|\gg|p'/c_s^2|$$

의 근사가 타당함을 보여라.

5.9 문제 5.8과 같은 조건에서, 수평운동량의 연직 속도 $\rho_0\overline{u'w'}$을 섭동 연직 속도의 진폭 A를 사용하여 표현하라. 또한 위상 속도가 동쪽이며 동시에 연직하방일 때 이 운동량속

이 양임을 보여라.

5.10 만일 식 (5.60)이 정역학 방정식으로 대체된다면(즉, w'항을 무시) 내부중력파에 대한 진동수 방정식은, $|k| \ll |m|$인 파동에 대하여 식 (5.66)의 섬근적 극한에 해당함을 보여라.

5.11 (a) 2차원 내부중력파에서 지상에서 잰 군속도 벡터(intrinsic group velocity)는 등위상선에 나란함을 보여라.

(b) 장파극한 ($|k| \ll |m|$)에서, 군속도의 x방향 성분의 크기는 동서방향의 위상 속도와 같아서 에너지는 한 주기 동안 한 파장길이만큼 전파됨을 보여라.

5.12 다음의 주어진 조건에 대하여, 정현파적으로 변하는 지형 위의 흐름에 의하여 강제 발생되는 정체중력파에 대하여 수평과 연직 속도의 섭동값을 구하라. 지형의 높이는 $h = h_0 \cos kx (h_0 = 50\,\text{m})$, $N = 2 \times 10^{-2}\,\text{s}^{-1}$, $\bar{u} = 5\,\text{ms}^{-1}$ 그리고 $k = 3 \times 10^{-3}\,\text{m}^{-1}$.

〈힌트〉 진폭이 작은 지형에 대해서 ($h_0 k \ll 1$) 하부 경계조건은 다음 근사를 쓸 수 있다.

$$z = 0\text{에서 } w' = Dh/Dt = \bar{u}\partial h/\partial x$$

5.13 식 (5.88)에 주어진 연직과 수평방향의 관성중력파 군속도의 비를 증명하라.

5.14 $\bar{u} = 0$일 때, 내부중력파에 대하여 파수 κ는 군속도 벡터와 연직임을 보여라.

5.15 식 (5.110)로 주어지는 분산 관계로부터 순압 로스비 파의 군속도의 식을 구하라. 정체 로스비 파에 있어서 군속도의 동서방향 성분은 항상 양이므로, 로스비 파의 에너지 전파는 지형에 의한 에너지원에 대해서 풍하 쪽으로 향한다는 것을 증명하라.

5.16 5.5.2절에서 다룬 내부중력파는 부력 진동수 N의 값이 일정한 경우 선형 잠재와도는 0이 됨을 증명하라.

MATLAB 연습

M5.1 (a) MATLAB 스크립트 **phase_demo.m**은 푸리에 급수 $F(x) = A\sin(kx) + B\cos(kx)$는 $F(x) = \text{Re}\, C\exp(ikx)$와 동등하다는 것을 보여준다. 단, A와 B는 실수의 상수이고, C는 복소수의 상수이다. 파일 **phase_demo.m**을 수정하여 $F(x) = |C|\cos k(x + x_0) = |C|\cos(kx + \alpha)$는 같은 푸리에 급수를 나타냄을 보여라. 단, $kx_0 \equiv \alpha = \sin^{-1}(C_i/|C|)$, C_i는 C의 허수부분, α는 MATLAB 파일에서 정의된 '위상'을 나타낸다. 계산 결과를 스크립트의 전체 그림 세 개 중 세 번째 그림으로 표출하라.

(b) 여러 값의 위상각(0, 30, 60, 90°)에 대하여 스크립트 파일을 각각 실행하여 α와 $F(x)$의 최대값과의 관계를 정하라.

M5.2 이 문제에서는 분산파동의 합성으로 파동군(또는 파동의 포락선(envelope))이 형성되는

것을 조사하게 될 것이다. 한 예로서 군속도가 위상 속도의 1/2이 되는 심해파를 들 수 있다. MATLAB 스크립트 **grp_vel_3.m**은 파고를 네 경우에 대해서 보여주는데, 각각의 경우에 파동군은 진동수와 파수가 서로 다른 여러 파동으로 구성돼 있다. 스크립트 파일의 코드를 조사하여, 반송파의 주기와 파장을 구하고, 파동의 숫자를 4부터 32까지 변화시켜가면서 스크립트 파일을 여러 번 실행하라. 시간 $t=0$(그래프의 맨 윗줄)에 있어서 포락선의 폭의 1/2에 해당하는 길이(편의상, 반폭이라 하자)를 파동군에 포함된 파동의 개수의 함수로서 구하라. 포락선 폭의 1/2에 해당하는 길이는 최대 진폭의 위치($x=0$)와 최대 진폭의 1/2이 되는 위치 사이의 거리로 정의된다. 이것은 명령어 **ginput**을 사용하여 그래프로부터 구할 수 있다. MATLAB을 사용하여 파동의 개수와 반폭의 관계를 나타내는 그래프를 그려라.

M5.3 스크립트 파일 **geost_adjust_1.m**은 **yprim_adj_1.m**과 더불어 순압 모델에 있어서 정현파 모양으로 변하는 초기 고도 장이 주어질 때, 속도장의 1차원 지균조절을 보여준다. 방정식은 y방향에 의존하지 않는 경우에 대해서, 식 (7.69), (7.70), (7.71)의 간략화된 형태로, 초기조건은 $u'=v'=0$, $\phi' \equiv gh' = 9.8\cos(kx)$이다. 최종적인 속도 장은 오로지 y방향의 성분만을 가지고 있다. 시간을 최소한 10일로 택하고 위도 30°와 60°에 대해서 파일 **geost_adjust_1.m**을 실행하라. 각각의 경우에 대해서 파장을 2000, 4000, 6000, 800km로 정하라(총 8번의 실행). u', v', ϕ'의 초기와 최종상태의 값과, 초기 에너지에 대한 최종상태의 에너지 비율을 제시하는 표를 작성하라. 명령어 **ginput**을 사용하면 MATLAB그래프로부터 값을 읽을 수 있는데, 보다 정확히 하기 위해서 MATLAB 파일에 코드를 추가하여 필요한 값을 출력하여라. MATLAB 파일을 수정하여 단위 질량당 운동 에너지 $v'^2/2$와 위치 에너지 $\phi'^2/(2gH)$의 상대적 비율을 구하라. 각 여덟 가지 경우에 대하여 운동 에너지와 위치 에너지의 비율을 구하고 표로 제시하라.

M5.4 스크립트 파일 **geost_adjust_2.m**과 **yprim_adj_2.m**은 M5.3을 연장한 것으로서, 초기의 고도 섭동 장이 $h_0(x) = -h_m/[1+(x/L)^2]$와 같이 주어진 경우의 지균조절 과정을 조사하는 것이다. 여기서는 64개의 푸리에 모드를 고려하고, 변환과정에서는 고속 푸리에 변환(FFT)을 사용한다(FFT 과정에 128개의 모드가 있으나, 그중 64개만이 유효한 정보를 제공함). 이 경우는 단 5일의 시간 적분을 하라(앞의 문제에 비해서 많은 계산시간을 요함). 동서파장을 500km로 정하고 위도 15, 30, 45, 60, 75, 90°의 여섯 경우에 대하여 모델을 실행하고, 동영상을 작성 · 관찰하라. 동서류는 전부 초기 섭동 장으로부터 전파되어 나가는 중력파 모드에 있음에 유의하라. 남북류는 전파되어 나가는 중력파 모드와 지균류의 두 가지 성분을 모두 가지게 된다. 명령어 **ginput**를 사용하여 최종상태 지균류(v 성분)의 동서규모를 추정하라. 단, 동서규모는 중심부분 왼쪽의 음의 소용돌이도의 최대값과 오른쪽의 양의 소용돌이도의 최대값이 있는 지점 간의 거리로 정의하며, 동서규모를 위도의 함수로 플롯하여라. 또, 동서규모를 본문에서 정의한 로스비 변형반경의

크기와 비교하라($gH = 400\ \mathrm{m^2s^{-2}}$를 사용).

M5.5 여기서는 동서규모에 따른 로스비 파의 위상 속도를 조사한다. MATLAB 프로그램 **rossby_1.m**에서 동서파장을 5000, 10000, 20000 km로 정하여 실행하라. 각각의 경우에 대하여, 서로 다른 평균동서류를 사용하여, 로스비 파가 정체파(stationary wave)가 되는 동서류의 크기를 찾아라.

M5.6 MATLAB 프로그램 **rossby_2.m**은 기본류가 없는 상태에서 초기의 소용돌이도 섭동 장(모델의 중심부분에 위치함)에 의해 발생한 로스비 파의 동영상을 보여준다. 스크립트 파일을 실행하여, 로스비 파의 위상은 서진(westward propagation)함에 비해 섭동 장은 초기의 동쪽 편에 발달함을 확인하라. 섭동 장의 발달과정으로부터, $t = 7.5$일에 있어서의 섭동 장의 대략적인 파장과 동쪽 편으로 전파되는 섭동 장의 군속도를 구하라(파장은 명령어 **ginput**를 사용하여, 인접한 두 파골 사이의 거리를 구하면 됨). 식 (5.108)에서 유도된 군속도와 여기서 추정된 군속도를 비교하고, 여기서 추정한 군속도가 식 (5.108)의 군속도와 다른 이유를 생각하라.

M5.7 MATLAB 프로그램 **rossby_3.m**은 고립된 지형 위의 흐름에 의해 발생한 지형성 로스비 파의 지오퍼텐셜 고도와 남북류 속도를 계산해준다. 이 프로그램은 푸리에 급수를 사용한다. 여기서는 풍상측으로부터 지형 쪽으로의 파동전파를 최소화하기 위하여 2일 시간 규모의 에크만 소산이 사용된다(이 경우에도 여전히 파동전파는 완전히 피할 수는 없다). 동서류를 $10\,\mathrm{ms^{-1}}$에서부터 $100\,\mathrm{ms^{-1}}$까지 $10\,\mathrm{ms^{-1}}$ 간격으로 변화시키면서 프로그램을 실행하라. 명령어 **ginput**를 사용하여, 남북류의 최소값과 최대값이 있는 지점 간의 거리를 측정하여 풍하측 파골의 규모를 추정하라(이 규모는 섭동파장의 약 1/2에 해당할 것이다). 각각의 경우에 대하여, 여기서 계산한 값과 공명이 일어나는 동서파장(공명파장)과 비교하라. 단, 공명파장은 식 (5.112)에서 주어지는데, $L_x = 2\pi/k(K^2 = k^2 + l^2$, $l = \pi/8 \times 10^6)$가 된다(실제의 섭동은 서로 다른 동서파장에 대한 여러 해의 합이므로, 두 결과가 정확히 일치됨을 기대하지 말 것).

D Y N A M I C   M E T E O R O L O G Y

제 6 장

준지균 분석

기상역학의 한 주된 목표는 대규모 대기 운동의 관측된 구조를 그 운동을 지배하는 물리 법칙들로써 설명하는 것이다. 이들 법칙들은, 운동량, 질량 및 에너지의 보존을 표현하는 바, 압력, 온도 및 속도 장들 사이의 관계를 완전히 결정한다. 제2장에서 본 바와 같이, 이들 지배 법칙들은 아주 복잡해서 심지어 (모든 대규모 기상 시스템에 대해 성립하는) 정역학 어림을 적용할 때에도 그러하다. 하지만, 열대밖 종관규모 운동에 대해서 수평 속도는 어림잡아 지균적이다(2.4절을 보라). 흔히 **준지균**이라 일컬어지는 그런 운동들은 열대 요란이나 행성규모 요란보다 분석하기에 더 간단하다. 그들은 또한 전통적인 단기의 날씨 예보에서 관심을 끄는 주요 시스템이고 따라서 역학적인 분석을 위해 합당한 한 출발점이라 할 것이다.

열대밖 날씨 시스템들이 거의 지균적이며 정역학적이라는 관측에 더하여, 제5장의 선형 파동 분석에서 우리는 로스비 파의 성질들이 이 날씨 시스템들을 닮은 반면에 관성중력파의 성질들이 그 시스템들을 닮지 않았다는 것을 알게 되었다. 구체적으로, 로스비 파들은 느린 위상 속력과 0이 아닌 잠재와도(위치 소용돌이도)를 가진 반면에 관성중력파는 빠르게 움직이며 그 잠재와도는 없거나 거의 0이다. 우리는 이 성질들을 활용해서 온 방정식들을 걸러 한 간단한 집합 곧 준지균(QG) 방정식들을 얻을 것이다. 이 방정식 계를 개발하기에 앞서, 중위도 종관 계들과 그들 안에 담겨진 평균 순환들의 관측된 구조를 간단히 정리하는 것이 유익하다. 그런 다음에 우리는 QG 방정식들을 개발해서 잠재와도(PV)와 온위를 이용하는데 이들은 이해를 위한 한 틀('PV 생각하기')을 제공한다. 역학을 위한 둘째 틀('w 생각하기')은 '오메가 방정식'을 통한 연직 운동의 진단에 기초하며, 또한 철저히 탐색될 것이다.

6.1 열대밖 순환들의 관측된 구조

한 종관 차트 위에 그려진 대기의 순환 시스템들은 제3장에서 논의된 간단한 원형 소용돌이들을 거의 닮지 않고 있다. 오히려, 그들은 일반적으로 아주 비대칭적인 형태를 가지며, 전선이라 불리는 좁은 띠를 따라 가장 강한 바람과 가장 큰 온도 경도가 집중되어 있다. 또한, 그런 시스템들은 일반적으로 매우 경압적이다. 지위(지오퍼텐셜)와 속도 섭동들의 진폭과 위상들이 다 고도에 따라 상당히 변한다. 이 복잡성의 일부는 이 종관 시스템들이 한 균일한 평균 흐름에 얹혀 있는 것이 아니라 자체로 매우 경압적인 한 느리게 변화하는 행성규모 흐름 속에 담겨져 있다는 사실에 기인한다. 더욱, 이 행성규모 흐름은 산악(곧 대규모 지형 편차)과 대륙-해양 가열 대조의 영향을 받으므로 경도에 크게 의존한다. 그러므로 종관 시스템들을 위도와 고도에 따라서만 변화하는 동서 흐름에 얹힌 요란들로 보는 것이 이론적인 분석에서 한 유용한 일차 근사이지만(예로 제7장을 보라), 보다 완전한 서술은 관측된 동서 비대칭을 요구한다.

동서로 평균된 단면들은 종관규모 에디들이 담긴 행성규모 순환의 총체적인 구조에 관한 다소 유용한 정보를 제공한다. 그림 6.1은 동서로 평균된 동서 바람과 온도의 자오 단면들을

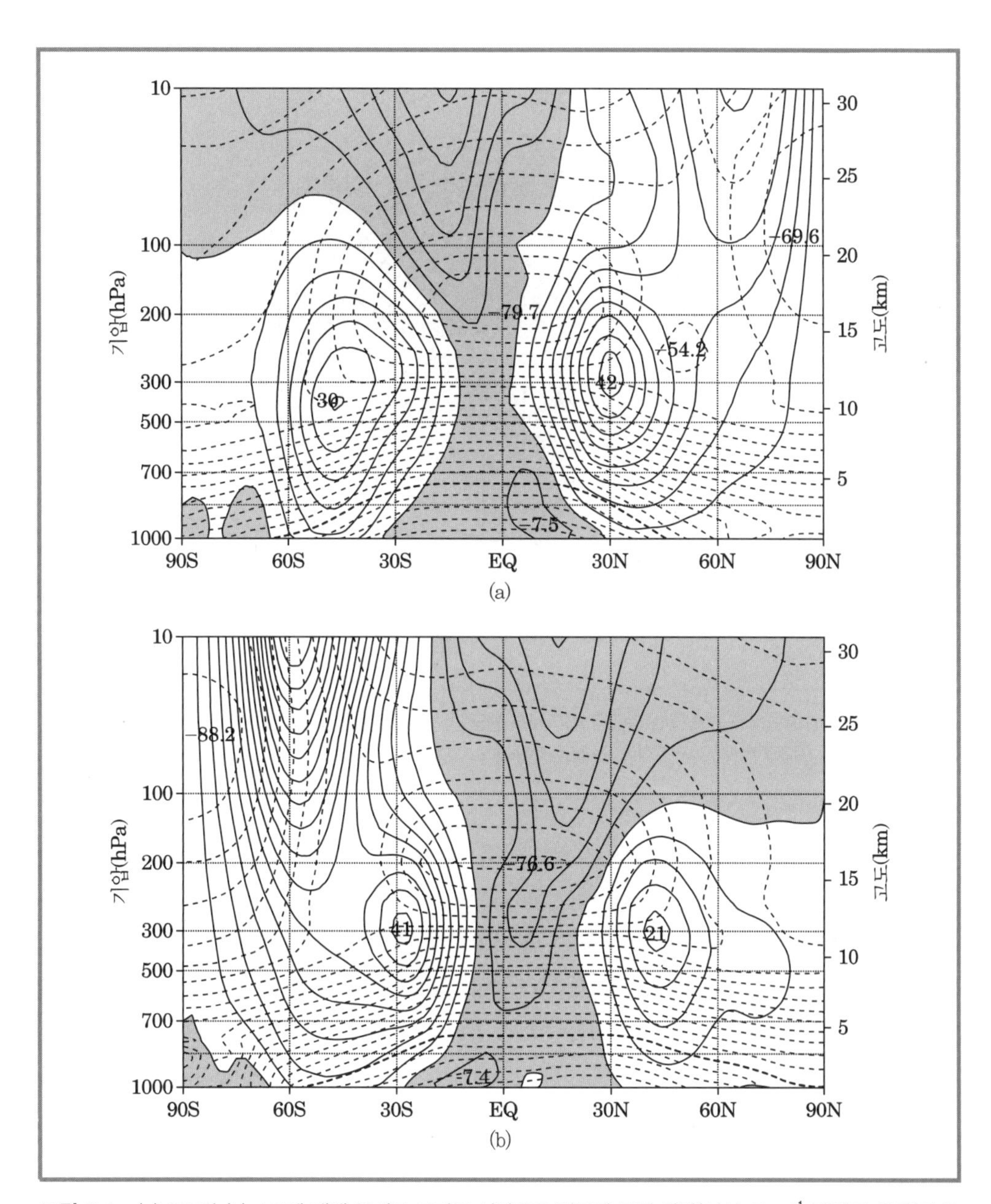

그림 6.1 (a) DJF와 (b) JJA에 대해 동서로 그리고 시간으로 평균된 동서 바람(실선, 5 ms^{-1} 간격)과 온도(파선, 5 K 간격)의 자오 단면들. 동풍은 그림자로 덮여 있고 0℃ 등온선은 진하게 그려져 있다. 바람은 ms^{-1}로, 온도는 ℃로 나타냈다(NCEP/NCAR 재분석에 기초함; Wallace, 2003에 따름).

12월, 1월, 2월(DJF)의 동지 계절과 6월, 7월, 8월(JJA)의 하지 계절에 대해 보이고 있다. 이 단면들은 대략 해면(1000 hPa)에서 약 32 km 고도(10 hPa)에 이른다. 따라서 대류권과 성층권 하부가 보인다. 이 장에서 우리는 대류권의 바람과 온도의 구조에 관심을 가지며, 성층권은 제12장에서 논의된다.

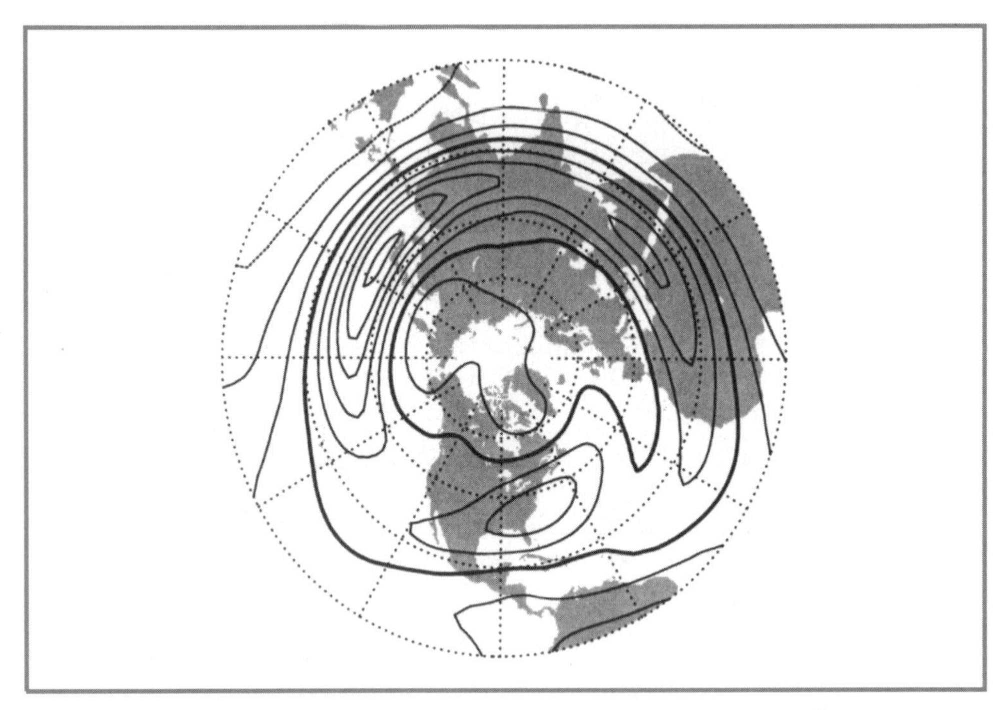

그림 6.2 1958~1997년의 DJF에 대해 평균된 200-hPa 평균 동서 바람. 등치선 간격은 10 ms^{-1}이다(굵은 등치선은 20 ms^{-1}을 나타냄)(NCEP/NCAR 재분석에 기초함; Wallace, 2003에 따름).

북반구 대류권에서의 평균 극향 온도 경도는 여름보다 겨울에 아주 크다. 남반구에서 여름과 겨울의 온도 차이는 보다 더 작은데, 이것은 해양의 열 관성이 크고 남반구 표면의 대부분이 해양으로 덮여 있기 때문이다. 평균 동서 바람과 온도 장이 상당한 정확도로 온도풍 관계를 만족시키기 때문에, 동서 풍속의 계절 순환이 자오 온도 경도의 그것과 비슷하다. 북반구에서 동서 바람의 최대 크기는 여름보다 겨울에 2배 정도로 더 큰 반면에 남반구에서 동서 바람의 최대 크기의 계절 차이는 아주 더 작다. 더욱, 두 계절에서 다 동서 바람의 최대 크기의 심(평균 제트 기류의 축이라 불림)은 **권계면**(대류권과 성층권 사이의 경계) 바로 밑에서 대류권을 통해 적분된 온도풍이 한 극대 값을 가지는 위도에 위치한다. 두 반구에서 이것은 겨울 동안에 위도 약 30°에 있지만 여름에는 약 45°로 극 쪽으로 옮긴다.

그림 6.1의 동서로 평균된 자오 단면들이 모든 경도에서 평균 바람 구조를 나타내지 못한다는 것은 북반구에서 DJF에 대해 시간 평균된 동서 바람 성분의 200-hPa 등압면 분포(그림 6.2)에서 보인다. 명백하게 어떤 경도에서 시간 평균 동서 흐름은 동서로 평균된 분포로부터 매우 큰 편차를 보인다. 특히, 강한 동서 바람의 최대(제트)가 아시아와 북미 대륙의 바로 동쪽 30°N 부근과 아라비아 반도의 북쪽에 있고, 뚜렷한 최소는 동태평양과 동대서양에 있다. 종관규모 요란들은 서태평양과 서대서양의 제트와 관련되어 시간 평균 동서 바람이 최대인 구역에서 선택적으로 발달하고 대략 제트 축을 따르는 **폭풍 행로**를 따라 풍하 쪽으로 전파하는

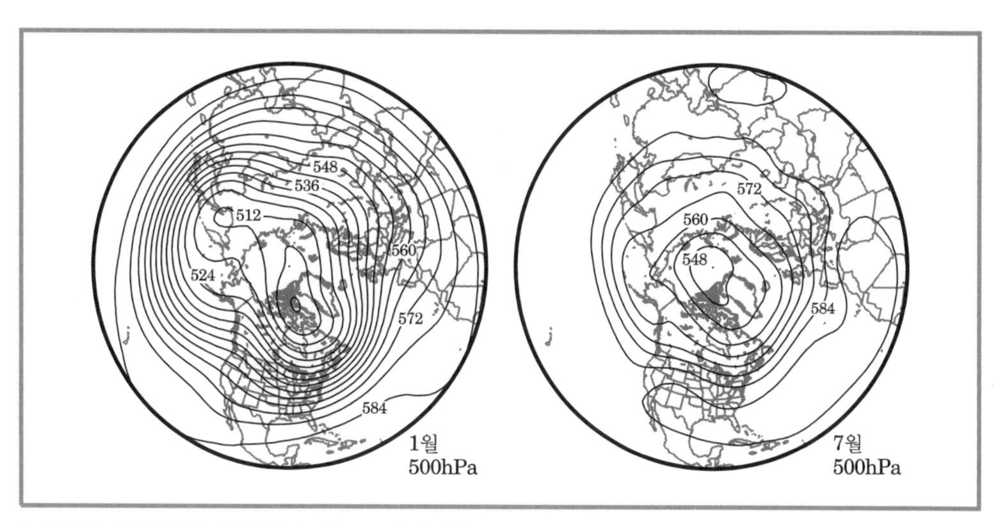

그림 6.3 북반구에서 1월(왼쪽)과 7월(오른쪽)에 대해 30년 평균된 500-hPa 지위 고도 등치선들. 지위 고도 등치선들이 매 60 m마다 보이고 있다(NOAA/ESRL http://www.esrl.noaa.gov/psd/로부터 개작됨).

경향을 보인다.

북반구 겨울철의 기후학적인 제트 기류가 동서 대칭으로부터 크게 벗어나는 것은 북반구 1월 및 7월에 대한 평균 500-hPa 지위의 등치선들을 보이는 그림 6.3을 살펴도 쉽게 추론될 수 있다. 동서 대칭으로부터의 뚜렷한 편차가 명백한 것은 대륙과 해양의 분포에 연계된다. 가장 두드러진 비대칭 구조들은 미주와 아주 대륙의 동쪽에 있는 골들이다. 그림 6.2를 참고하면, 우리는 35°N과 145°E에 있는 강렬한 제트가 그 지역에 있는 반영구적인 골의 한 결과임을 본다. 곧, 종관 시스템들이 묻혀 있는 평균 흐름이 실로 경도-의존적인 시간 평균 흐름으로 간주되어야 한다는 점이 명백하다. 북반구 여름에 500-hPa 지위 고도는 극지에서의 승온에 기인하여 열대에 비해 고위도에서 아주 더 많이 증가한다. 한 결과로, 극향 온도 대조가 겨울철에서보다 더 적고 고도 대조와 제트 기류가 더 약하고 더 고위도에 위치한다.

그 경도-의존성에 더하여, 행성규모 흐름은 일시적인 종관규모 요란들과의 상호작용 때문에 또한 나날이 변화한다. 사실, 관측에 따르면 일시적인 행성규모 흐름의 진폭은 시간 평균의 그것에 비교될 만하다. 한 결과로, 월평균 차트들은 제트의 위치와 강도가 변화하기 때문에 순간적인 제트 기류의 실제 구조를 평활시키는 경향을 보인다. 곧, 어느 한 시각에 보면 제트 기류 구역에서 행성규모 흐름은 시간 평균 차트에 표시된 것보다 훨씬 더 큰 경압성을 가진다. 이 점이 북미 위에서 관측된 한 제트 기류의 연직 단면을 보인 그림 6.4에 도식적으로 설명되어 있다. 그림 6.4a는 동서 바람과 온위를 보이는 반면에 그림 6.4b는 온위와 에르텔 잠재와도를 보인다. 잠재와도의 2-PVU 등치선은 개략적으로 권계면을 표시한다. 그림 6.4a에 전시된 바와 같이, 제트 기류의 축은 극전선대라 불리는 강한 온위 경도의 한 좁은 경사 지대 위에 위치한다. 이것은 일반적으로 따뜻한 열대 공기로부터 극지 발원의 찬 공기를 가르는 지대이다. 큰

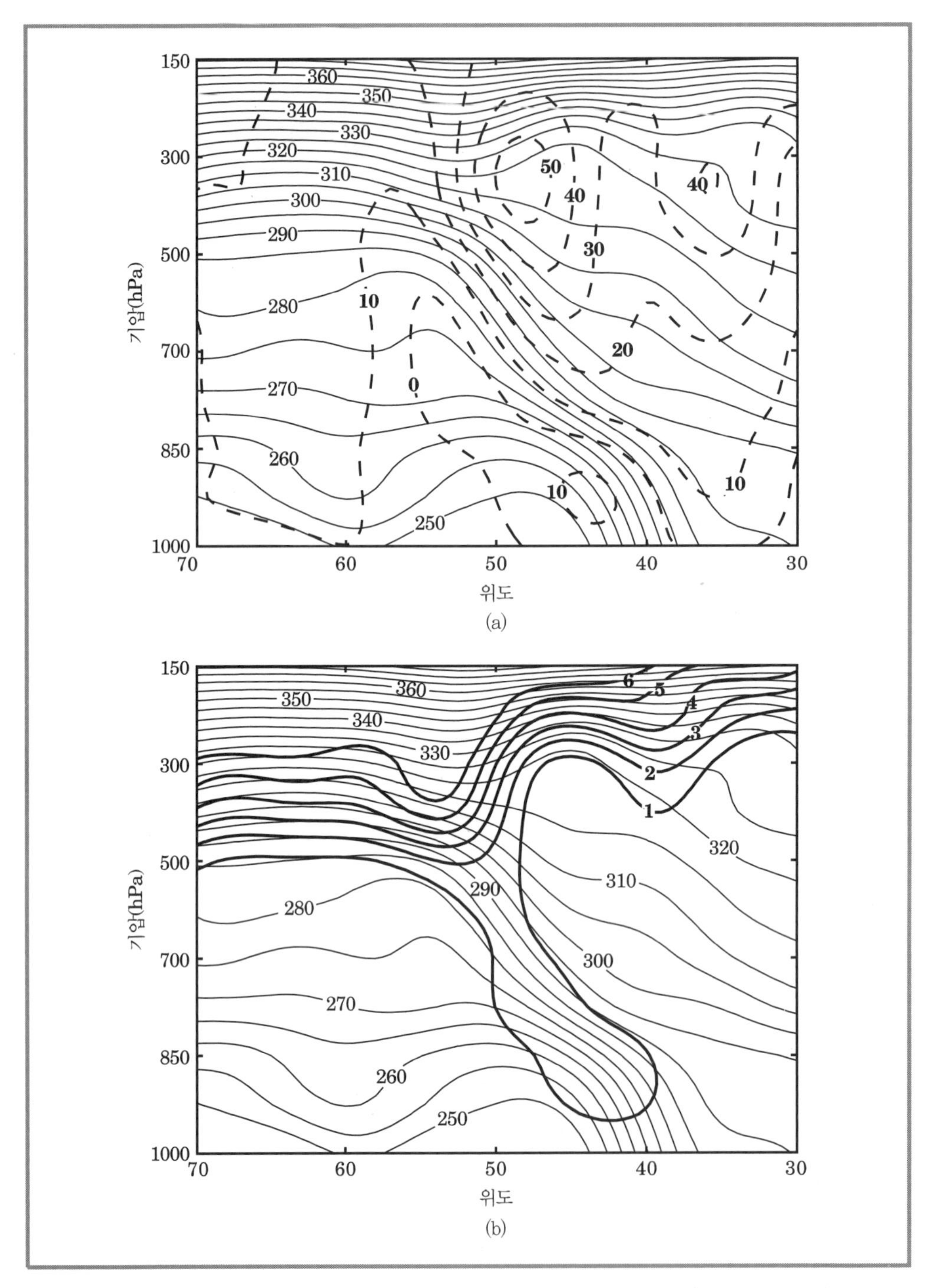

그림 6.4 1999년 1월 14일 2000 UTC에 경도 80W에서 잡은 위도-고도 단면들. (a) 온위 등치선들(가는 실선, K)과 동서 바람 등풍속선들(파선, ms^{-1}). (b) 가는 실선들은 (a)에서와 같고, 굵은 실선은 PVU(1PVU = 10^{-6} $Kkg^{-1}m^2s^{-1}$)로 표시된 에르텔 잠재와도.

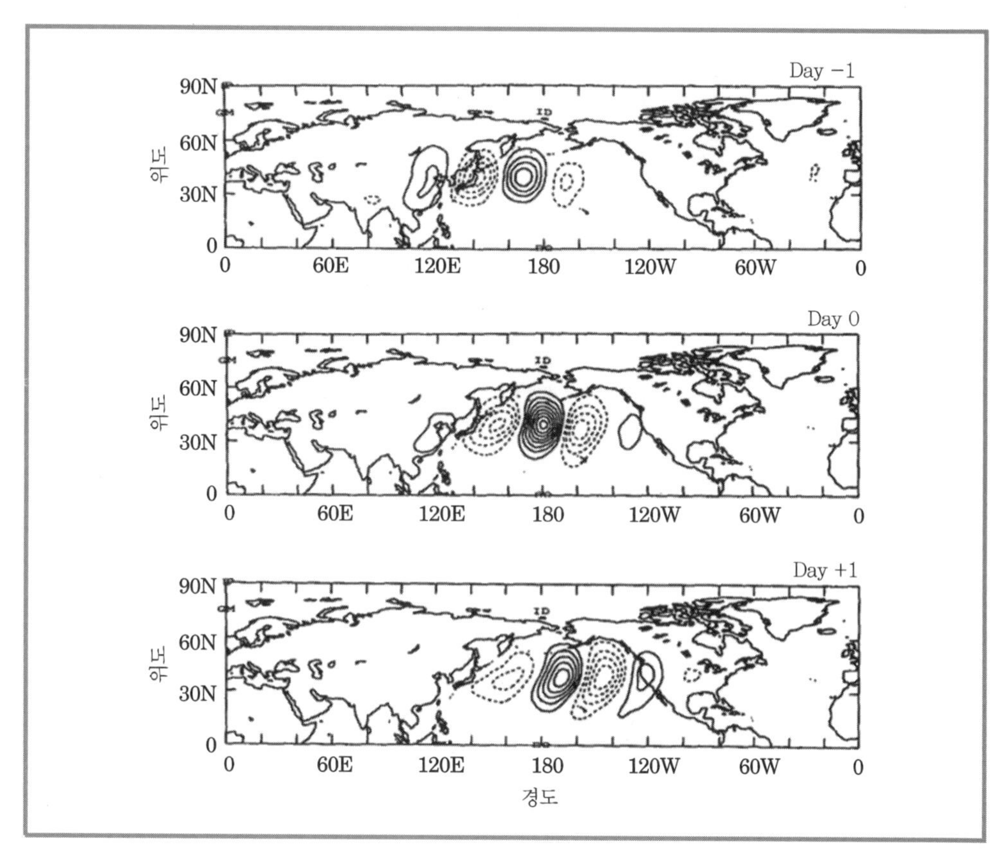

그림 6.5 40°N, 180°W의 기초 점에 상관된 자오 바람의 선형 회귀. 등치선의 간격은 2 ms^{-1}이고, 파선은 음 값을 보인다. 위, 중간 그리고 아래 패널들은 그 기초 점에 대해 각각 −1, 0 그리고 +1일의 지연을 보이며, 이들은 북태평양을 가로지르는 경압 파들의 운동을 드러낸다(Chang, 1993을 따름. 미국기상학회의 허가를 받아 사용됨).

크기의 온위 경도를 보이는 이 지대 위에 한 강한 제트 심이 출현함은 물론 단순한 우연이 아니라 오히려 온도풍 균형의 한 귀결이다.

그림 6.4에서 온위 등치선들은 성층권에서의 강한 정지 안정도를 표시한다. 그들은 또한 등온위면(일정한 θ면)들이 제트의 부근에서 권계면을 자른다는 사실을 보이므로, 공기는 비단열적인 가열이나 냉각 없이 대류권과 성층권 사이를 움직일 수 있다. 하지만, 권계면에서 에르텔 잠재와도의 강한 경도는 등온위 면들을 따라 권계면을 통과하는 흐름에 강한 저항을 제공한다. 하지만, 전선 지역에서 잠재와도 면들이 상당히 아래로 변위되어 있어, 제트의 극 쪽에 있는 강한 상대 와도와 전선의 찬 공기 쪽에 있는 강한 정지 안정도와 연관된 한 강한 양의 잠재와도 아노말리가 전선 지대에 나타남에 유의하라.

강한 속도 시어가 나타나는 제트들이 작은 섭동들에 대하여 불안정한 것은 유체 역학에서 흔히 관찰되는 일이다. 한 불안정한 제트 속으로 주입된 아무 작은 요란은 자라면서 제트로부터 에너지를 끌어내며 증폭하려 할 것이다. 중위도의 종관규모 시스템들에 대해, 그 주요 불안정

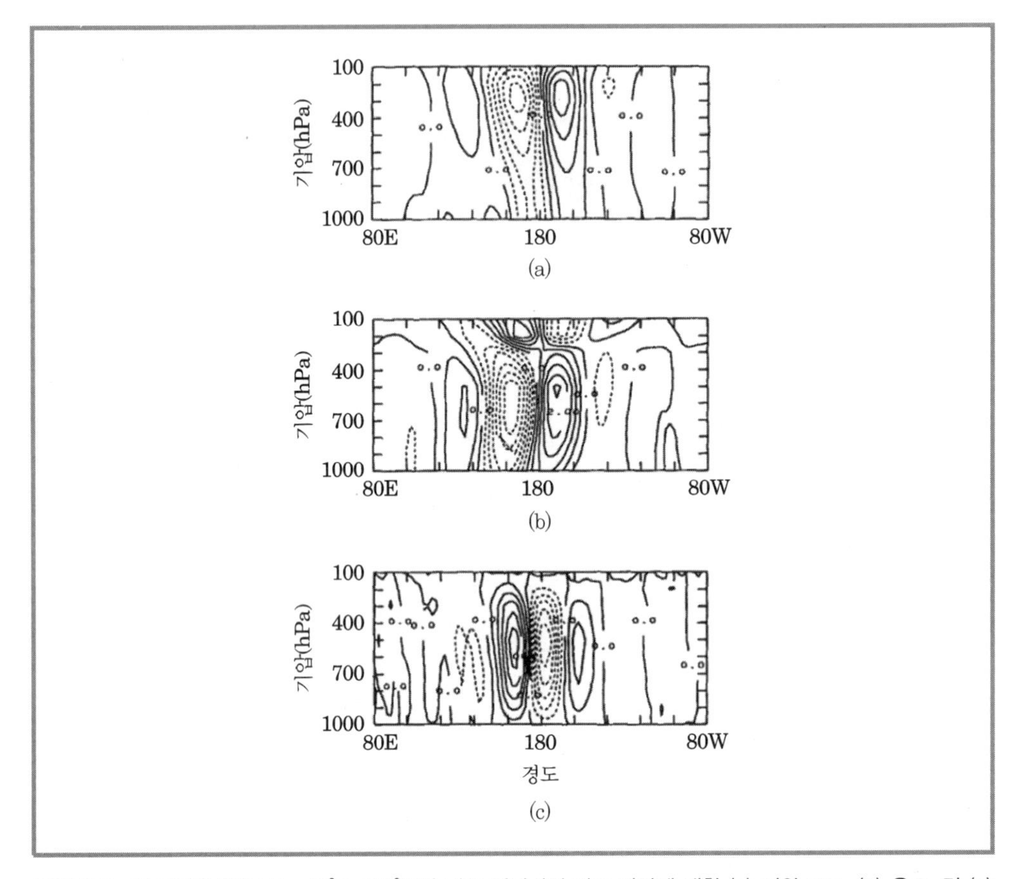

그림 6.6 이 그림은 300 hPa, 40°N, 180°W의 기초 점에서의 자오 바람에 대한 (a) 지위 고도, (b) 온도, 및 (c) 연직 운동(ω)의 각 선형 회귀를 경도-고도 평면에 보인 것이다. 등치선 간격은 지위 고도에 대해 20 m, 온도에 대해 0.5 K, 및 연직 운동에 대해 0.02 Pas^{-1}이고, 파선은 음 값을 보인다. (Chang, 1993을 따름. 미국기상학회의 허가를 받아 사용됨.) 경압 파들의 연직 구조가 드러난다. 고도에 따라 지위 고도 아노말리들은 서쪽으로 기울고, 온도 아노말리들은 동쪽으로 기운다. 상승 운동은 지위 고도의 골 축의 동쪽에 있다.

은 경압 불안정이라 불리는데, 이는 그것이 온도의 자오 경도, 또는 동등하게, 온도풍 균형으로부터, 연직 바람 시어에 의존하기 때문이다. 비록 온도의 수평 경도가 전선 지대 부근에서 극대화하지만, 대부분의 경압 불안정 모형들이 지균적으로 스케일된 운동들을 서술하는 반면에 강한 전선 지대들 부근에서의 요란들은 매우 비지균적이기에, 경압 불안정은 전선 불안정과 같지 않다. 제7장에 보이는 바와 같이, 경압 요란들은 자체적으로 기존의 온도 경도를 강화해서 전선 지대들을 발생시킬 수도 있다.

중위도 폭풍 궤적들 안에서 요란들은 경압 파들과 보다 작은 규모 소용돌이들의 형태를 택한다. 자오 바람의 한 통계 분석에 따르면, 경압 파들은 약 4000 km의 지배적인 파장을 가지고 동쪽으로 대략 10 ~ 15 ms^{-1}로 이동한다(그림 6.5). 그 파동들의 연직 구조는 지위 고도 장에서 고도에 따라 서향 경사를 보이고, 정역학 균형에 일치하게, 온도 장에서 고도에

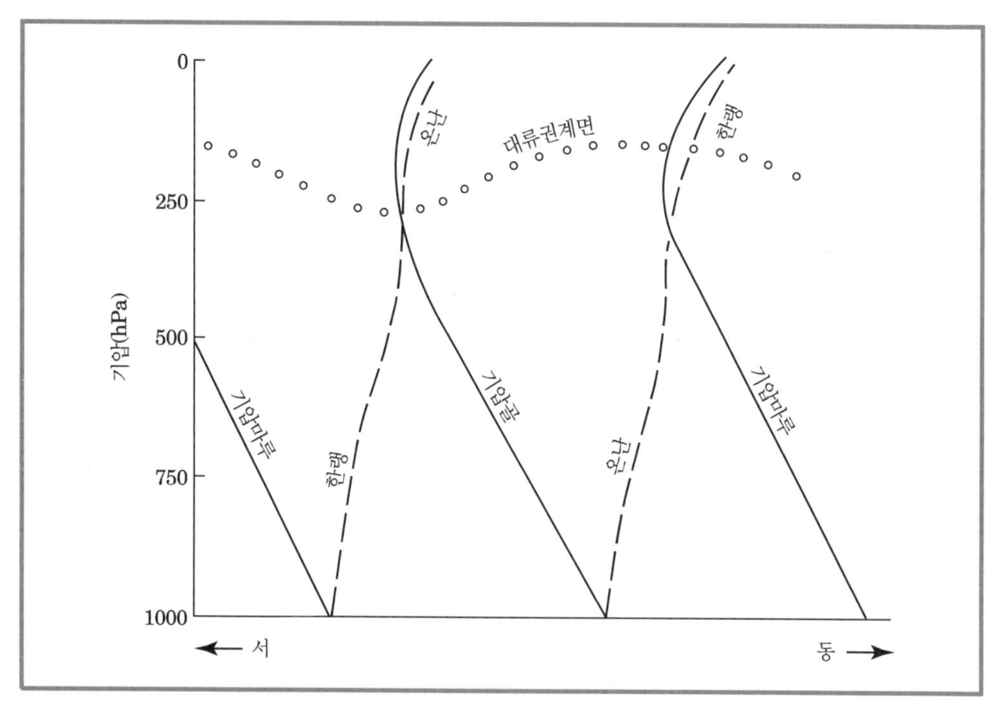

그림 6.7 한 발달하는 경압 파를 통한 동서 단면. 실선들은 골과 마루 축들이고 파선들은 온도 극치들의 축들이다. 열린 원들의 사슬은 권계면을 나타낸다.

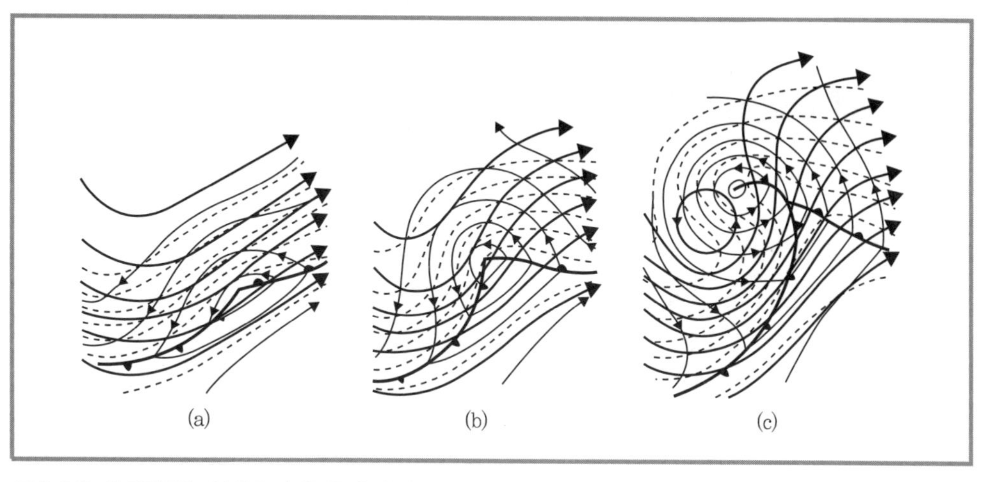

그림 6.8 한 발달하는 열대밖 사이클론의 세 발달 단계들의 각각에 대해 도식적으로 그린 500-hPa 고도의 등치선들 (굵은 실선들), 1000-hPa 고도의 등치선들 (가는 선들) 및 1000-~500-hPa 층후의 등치선들(파선들). (a) 시초의 발달 단계, (b) 빠른 발달 단계, 및 (c) 폐색 단계. (Palmén and Newton, 1969를 따름.)

따라 동향 경사를 보인다(그림 6.6). 연직 운동은 대류권의 중층에서 극치를 보이며, 골과 마루 사이에서 상승 운동, 그리고 골의 서쪽에서 하강 운동이 나타난다. 연직 운동의 이 조직화된 패턴들이 중위도에서 구름과 강수를 대체적으로 설명하며, 이 순환들의 역학적인 발원을 이해하는 것이 이 장의 주요 주제이다. 한 이상화된 발달하는 경압 시스템의 기본적인 면모들이 그림 6.7에 예시된 도식적인 연직 단면에 잡혀 있다. 대류권을 통틀어 골과 마루 축들은 고도에 따라 서쪽으로 (풍상 쪽으로) 기우는 반면에,[1] 가장 따뜻하고 가장 차가운 공기의 축들은 반대의 기울기를 가지는 것으로 관측된다. 이후에 다루겠지만 골과 마루의 서향 기울기는 평균 흐름이 그 발달하는 파동에 잠재 에너지를 전달하기 위해 필요하다. (그림 6.7에 나오지 않는) 성숙 단계에서, 500 hPa과 1000 hPa에서의 골들은 거의 같은 위상을 가지고, 한 귀결로, 온도 이류와 에너지 전환이 꽤 약하다.

경압 파들의 이 통계적인 서술은 열대밖 사이클론(저기압)들의 형태로 나타나는 날씨 요란들의 개별적인 실현들에서 명백하다. 한 전형적인 열대밖 사이클론의 발달 단계들이 그림 6.8에 도식적으로 보인다. 빠른 발달의 단계에서 상층과 지표 흐름들 사이에 한 협동적인 상호작용이 있다. 강한 한랭 이류가 지표에서의 골의 서쪽에 나타나는 것으로 보이며, 보다 약한 온난 이류가 동쪽에 있다. 온도 이류의 이 패턴은 500 hPa에서의 골이 지표 골에 뒤짐으로써 (골의 서쪽에 위치함으로써) 1000-~500-hPa 층 안에서의 평균 지균풍이 1000-~500-hPa 층후선을 지표 골의 서쪽에 있는 더 큰 층후 쪽과 동쪽에 있는 더 작은 층후 쪽으로 향한다는 사실로 귀결된다.

6.2 준지균 방정식들의 유도

이 장의 주된 목표는 역학 방정식들에 의해 종관 규모 운동들에 부과되는 구속들을 통해서 중위도 종관 시스템들의 관측된 구조가 어떻게 해석될 수 있는지를 보이는 것이다. 구체적으로, 우리가 보이는 것은 거의 정역학적이고 지균적인 운동들에 대해 3차원 흐름 장이 압력 장에 의해 개략적으로 결정된다는 점이다. 이 규모로 일어나는 연직 운동의 작은 크기를 생각하면, 이것은 놀랄 만한 결과이다. 여기서 우리는 고도 z를 연직 좌표로 사용하고, 부시네스크 어림을 도입하므로 밀도는 부력을 제외하면 어디서나 일정하다. 이 접근의 장점은 왼손 좌표계를 쓰면서 연직 운동의 부호를 (상승을 음으로) 뒤집는 기압 좌표계에 비해 간단하고 명료하다는 점이다. 그럼에도 불구하고 대부분의 날씨와 기후 자료들은 압력 좌표로 담겨 있어, 6.7절에서 우리는 등압 좌표 형식의 방정식들을 제시할 것이다. 완벽을 위해, 등압 방정식들도 코리올리 모수의 일차 변화를 용납(β 평면 어림)하지만, 이 장의 나머지는 f 평면 어림을 사용한다.

---

1) 그림 6.6이 드러내는 바와 같이, 실제로 위상 기울기들은 700-hPa 고도 밑에 집중되는 경향을 보인다.

이것은 분석을 단순화시키고, 중위도 제트 기류 부근에서 주변 잠재와도 경도들이 f의 경도보다 아주 더 크기 때문에, 중위도에서 좋은 어림이다.

6.2.1 준비

지균풍, $\boldsymbol{V}_g=(u_g, v_g)$은

$$\boldsymbol{V}_g=\frac{1}{\rho_0 f}\boldsymbol{k}\times\nabla_h p=\frac{1}{\rho_0 f}\left(-\frac{\partial p}{\partial y}, \frac{\partial p}{\partial x}\right) \tag{6.1}$$

으로 주어지며, 여기서 ρ_0와 f는 각각 부시네스크 어림과 f 평면 어림으로 상수들이다. ∇_h가 수평 경도 연산자 $\left(\frac{\partial}{\partial x}, \frac{\partial}{\partial y}\right)$임을 상기하라. 지균 상대와도,

$$\zeta_g=\frac{\partial v_g}{\partial x}-\frac{\partial u_g}{\partial y}=\frac{1}{\rho_0 f}\nabla_h^2 p \tag{6.2}$$

는 연직 축 주위의 지균풍의 회전 성분을 재며, 여기서 둘째 관계식은 식 (6.1)로부터 나온다. 지균 상대 와도는 압력 장에 의해 완전히 결정된다.

우리는 바람이 그 방정식들의 이류 항들 가운데 하나를 제외한 모든 곳에서 지균풍으로 어림될 수 있다고 가정할 것이다. 이 어림을 위한 기초는 다음의 규모 논의로부터 유도된다. 오일러의 시간 경향과 수평 이류는

$$\frac{\partial}{\partial t}+u\frac{\partial}{\partial x}+v\frac{\partial}{\partial y}\sim\frac{U}{L} \tag{6.3}$$

와 같이 스케일되는데, $w\sim Ro\frac{H}{L}U$이기 때문에 연직 이류는

$$w\frac{\partial}{\partial z}\sim\frac{U}{L}Ro \tag{6.4}$$

와 같이 스케일되며, 여기서 Ro는 2.4.2소절에서 논의된 로스비 수 U/fL이다. 연직으로 이류되는 양의 크기가 Ro^{-1} 또는 그 이상이 아니라면, 연직 이류는 작은 로스비 수에 대해 무시될 수 있다. 더구나 수평 운동량의 라그랑즈의 경향이 로스비 수로 스케일되기 때문에 비지균 바람 역시 그리된다. 식 (2.24)와 (2.25)를 보라. 한 결과로, 비지균 바람은 지균풍에 비해 작다. 그러므로 한 작은 로스비 수에 대해, 좋은 어림으로 우리는 다음의 치환

$$\frac{D}{Dt}\rightarrow\frac{D}{Dt_g}=\frac{\partial}{\partial t}+\boldsymbol{V}_g\cdot\nabla_h=\frac{\partial}{\partial t}+u_g\frac{\partial}{\partial x}+v_g\frac{\partial}{\partial y} \tag{6.5}$$

을 시행할 수 있는 바, 이는 단순히 지균풍을 따르는 물질 도함수이다.

거의 지균적인 ('준지균') 수평 바람에 더하여, 우리는 압력의 연직 분포가 거진 정역학적('준 정역학')이라고 가정한다. 여기서 우리가 상기할 것은 비록 우리가 w에 대한 예단적인 (예보) 방정식을 갖지 않더라도 이것이 w가 0임을 뜻하는 것이 아니라 오히려 그것이 다른 변수들로부터 진단적으로 유도되어야 함을 뜻한다는 점이다. 2.4.3소절에서 했던 바와 같이, 우리는 정지해 있고 완전하게 정역학 균형에 있는 한 대기를 가정한다. 상단 가로줄로 표시되면, 이 **참고 대기**에 대해

$$\frac{\partial \bar{p}}{\partial z} = -\bar{\rho} g$$

그 참고 대기로부터의 섭동들도 정역학 균형에 있어,

$$\frac{\partial p}{\partial z} = \frac{\rho_0}{\bar{\theta}} \theta g \tag{6.6}$$

여기서 p와 θ는 각각 요란 압력과 온위이고, ρ_0는 한 일정한 밀도(부시네스크 어림의 한 결과)이고, $\bar{\theta}$는 z만의 한 함수이다. 온위의 온전한 값은 θ_{tot}로 표시될 것이다.

더불어, 지균 및 정역학 균형의 가정들은 온도풍 관계를 생산한다(3.4절을 보라).

$$\boldsymbol{V}_T = \frac{\partial \boldsymbol{V}_g}{\partial z} = \frac{g}{f\bar{\theta}} \boldsymbol{k} \times \nabla_h \theta \tag{6.7}$$

우리는 요란 온위가 하는 역할이 압력이 지균풍을 위해 하는 것과 똑같다는 점에 유념한다. 바람은 가장 큰 경도 부근에서 가장 큰 크기를 가지고 그 등치선들을 따라 흐른다.

식 (2.54)로부터, 강한 비단열 가열이 없는 때에, 그리고 한 작은 로스비 수에 대해, 열역학의 첫째 법칙은

$$\boxed{\frac{D\theta}{Dt_g} = -w \frac{d\bar{\theta}}{dz}} \tag{6.8}$$

와 같이 표현될 수 있다. 이는 **준지균 열역학 에너지 방정식**이다. 식 (6.8)은 지균 운동을 따르는 섭동 온위가 참고 온위의 연직 이류에 기인해 변한다는 점을 말한다. 식 (6.8)에 연직 이류가 나타나는 것은 참고 대기의 ($1/Ro$ 정도로) 큰 정지 안정도를 반영하다는 점에 유의하라. 이후의 논의를 단순화하기 위해, 우리는 정지 안정도를 일정하게 잡는데, 이는 대류권을 위해 적절한 우세 어림이다. 이것은 부력 진동수(2.7.3소절을 보라)

$$N = \left[\frac{g}{\bar{\theta}} \frac{d\bar{\theta}}{dz} \right]^{1/2} \tag{6.9}$$

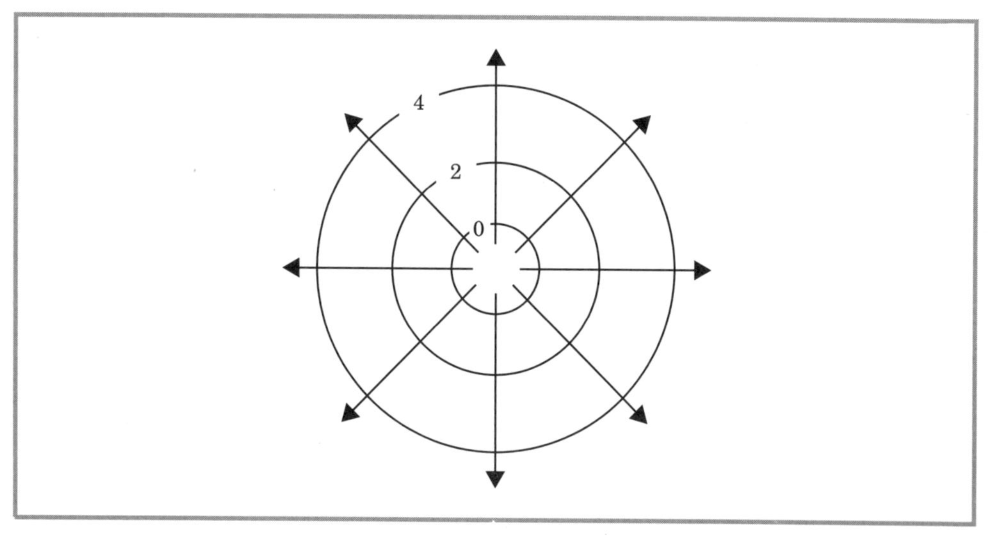

그림 6.9 한 스칼라 함수 ϕ의 경도 연산자의 예시. ϕ의 경도, 곧 한 벡터 장이 큰 값들을 향하고 ϕ가 일정한 선들에 직교하는 화살들로 예시되어 있다. 라플라시안은 그 경도의 발산으로 주어지며, ϕ가 국지적으로 최소인 부근에서 국지적으로 최대이다.

역시 일정하다는 것을 암시한다.

끝으로, 뒤따르는 많은 결과들이 스칼라 장들에 관한 경도 및 라플라시안 연산들에 대한 친숙을 가정하기 때문에, 우리는 이들 용어들과 그들의 해석들을 간단히 살펴본다. 한 2차원 스칼라 함수 ϕ가 주어지면, ϕ의 경도 곧 $\nabla_h \phi$는 한 벡터 양으로서 큰 값들을 향하며 ϕ가 일정한 선들에 직교한다(그림 6.9). 라플라시안은 ϕ의 경도의 발산 곧 $\nabla_h^2 \phi = \nabla_h \cdot (\nabla_h \phi)$로 주어지는데, 이는 한 스칼라 양이다. 경도가 보다 큰 값들 쪽으로 향하기 때문에, 라플라시안은 ϕ가 국지적으로 최소인 곳에서 양이고 국지적으로 최대이다. 역으로 라플라시안은 ϕ가 국지적으로 최대인 곳에서 음이고 국지적으로 최소이다.

6.3 QG 방정식들의 잠재와도 유도

이제 준지균 역학의 한 견해를 위한 기초를 제공할 잠재와도의 보존을 고려하자. 5.3.2 및 5.5.2소절들에서 우리는 빠른 중력파 운동들의 잠재와도가 0임을 발견했다. 열대밖 날씨 시스템들의 역학은, 지균적으로 균형되어 있고 0이 아닌 PV를 가지는, 로스비 파들에 더 가까이 관련되어 있음으로, 그 중력파들을 지배 방정식들로부터 걸러내는 것이 유익한 것으로 입증된다. 이것은 선형화된 PV 방정식 (5.91)로 이루어지지만, 그 선형 역학은, 제트 기류와의 상호작용을 포함해서, 날씨 시스템들을 이해하기에 필요한 많은 견지들에서 부족하다. 이 상호작용들은 PV 방정식의 이류 항들로부터 오는데, (5.91)에 이들이 빠져 있어 재도입되지 않으면 안 된다. 의외로 이것은 쉽게 이뤄진다. 첫째, 우리는 5.1절의 섭동법을 이용해서 6.2.1소절에 설명된 참고 대기 주위로 에르텔 PV를 선형화하되, 비선형 이류 항들을 남겨둔다. 둘째로, 우리는 식 (6.5)에 이르던 추론으로 PV와 이류 항들 둘 다에서 바람을 지균풍으로 바꾼다.

부시네스크 어림에 대해, 에르텔 PV 보존 법칙 식 (4.24)는

$$\frac{D\Pi}{Dt}=\frac{D}{Dt}\left[\frac{\omega_a\cdot\nabla\theta_{tot}}{\rho_0}\right]=0 \tag{6.10}$$

와 같이 표현될 수 있다. 여기서

$$\omega_a=(\eta,\xi,\zeta+f) \tag{6.11}$$

는 3차원 와도 벡터이다. $\nabla\theta_{tot}=\left(\frac{\partial\theta}{\partial x},\frac{\partial\theta}{\partial y},\frac{\partial\theta}{\partial z}+\frac{d\bar{\theta}}{dz}\right)$이기 때문에, 식 (6.10)의 점 곱에서 비선형 항[2]들을 내는 x 및 y 기여를 버려야 되고, 그러면 식 (6.11)이

$$\frac{D}{Dt}\frac{1}{\rho_0}\left[(\zeta+f)\frac{\partial\theta_{tot}}{\partial z}\right]=0 \tag{6.12}$$

와 같이 된다는 점에 우리는 곧 주목한다. 치환 $\theta_{tot}=\bar{\theta}+\theta$와 다시 비선형 항들의 버림은

$$\frac{D}{Dt}\frac{1}{\rho_0}\left[(\zeta+f)\frac{d\bar{\theta}}{dz}+f\frac{\partial\theta}{\partial z}\right]=0 \tag{6.13}$$

을 준다. 상수 $\frac{d\bar{\theta}}{dz}$로 인수분해하면,

$$\frac{D}{Dt}\frac{1}{\rho_0}\frac{d\bar{\theta}}{dz}\left[\zeta+f+f\frac{\partial}{\partial z}\left\{\left(\frac{d\bar{\theta}}{dz}\right)^{-1}\theta\right\}\right]=0 \tag{6.14}$$

이 나온다. 비록 $\frac{d\bar{\theta}}{dz}$이 상수라고 가정되고 있지만 우리가 이것을 연직 도함수 안에 두는 것은 $\frac{d\bar{\theta}}{dz}$이 z의 함수인 경우에서조차 이 일반 형식이 성립하기 때문이다. 끝으로, 바람을 지균적으로 어림하면 우리는

$$\frac{D}{Dt_g}\frac{1}{\rho_0}\frac{d\bar{\theta}}{dz}\left[\zeta_g+f+f\frac{\partial}{\partial z}\left\{\left(\frac{d\bar{\theta}}{dz}\right)^{-1}\theta\right\}\right]=0 \tag{6.15}$$

2) 종속 변수들의 함수들의 곱으로, 이 경우에 요란 와도와 온위.

곧

$$\frac{D}{Dt_g}\frac{1}{\rho_0}\frac{d\bar{\theta}}{dz}q=0 \tag{6.16}$$

을 얻는다. 여기서

$$q=\zeta_g+f+f\frac{\partial}{\partial z}\left\{\left(\frac{d\bar{\theta}}{dz}\right)^{-1}\theta\right\} \tag{6.17}$$

은 **준지균 잠재와도**(QG PV)이다.

식 (6.16)은 QG PV가 지균 운동을 따라 보존됨을 말하는데, 이는 온 흐름을 따르는 에르텔 PV의 보존에 유사하다. 우리는 첫 인자 $\frac{1}{\rho_0}\frac{d\bar{\theta}}{dz}$가 시간에 무관하고 단지 QG PV를 z에 무관한 함수로 스케일한다는 점에 유념한다. 관례로 이 인자는 무시된다. 하지만, 그렇게 함으로써 단위가 와도의 그것(s^{-1})으로 변한다. 비록 선형화의 한 결과로 에르텔 PV가 와도와 정지 안정도의 한 곱인데 비하여 QG PV는 그들의 한 합이 되지만, 한 공기 덩이를 따르는 역학적 해석은 정성적으로 비슷하다. 와도의 증가는 PV를 보존하기 위해 정지 안정도의 감소를 수반해야 된다.

준지균 열역학 에너지 방정식 (6.8)의 연직 도함수를 택하고 그 결과를 식 (6.15)에서 정지 안정도를 바꾸는데 이용하면, **준지균 와도 방정식**

$$\frac{D}{Dt_g}(\zeta_g+f)=f\frac{\partial w}{\partial z} \tag{6.18}$$

이 얻어진다. 지균 운동을 따라 지균 절대 와도 ζ_g+f는 연직 온동에 의한 행성 자전의 신장에 기인하여 변한다. 상대와도의 신장에 기인하는 기여가 없다는 사실은 준지균 어림이 상대와도가 f에 비해 작은 때에만 형식적으로 정당함을 가리킨다. 이것은 작은 로스비 수 어림과 일치하는데, 까닭인즉 f에 대한 와도의 크기 U/L의 비율이 $U/(fL)$이다. 다행히, 준지균 방정식들은 이 제한적인 조건에도 불구하고 관측된 요란 진폭들에 대해 정성적으로 여전히 유용하다. 준지균 와도 방정식에 나온 연직 운동은 **준지균 질량 연속 방정식**

$$\frac{\partial u_a}{\partial x}+\frac{\partial v_a}{\partial y}+\frac{\partial w}{\partial z}=0 \tag{6.19}$$

에 의해 수평 운동에 연결된다. 여기서 $\boldsymbol{V}_a=(u_a,\ v_a)$는 비지균 바람이다. 이 결과는 부시네스크 어림과 (2.60을 보라) 지균풍이 f 평면에서 무발산(비발산)이란 사실로부터 직접적으로 유도된다.

우리는 이제 준지균 어림을 위한 운동량 보존의 문제로 돌아간다. 만일 우리가 운동량 방정식들(예로 2.24 및 2.25)에서 운동량을 지균적으로 어림한다면, 정상 상태 표현들이 되어 역학이 없어진다. 그러므로 운동량 방정식 안에 비지균 효과들이 있어야 되고 (그래서 준-지균성), 이것은 우리가 운동량 보존으로 우리의 분석을 시작하지 않은 한 이유이다. 물질 도함수를 지균적으로 어림하면, 운동량 방정식은 일반적으로

$$\frac{D\boldsymbol{V}_g}{Dt_g} = -\frac{1}{\rho_0}\nabla_h(p_g + p_a) - f\boldsymbol{k}\times(\boldsymbol{V}_g + \boldsymbol{V}_a) \qquad (6.20)$$

와 같이 적힐 수 있는데, 이는 압력과 바람 장 둘 다 안에 비지균 효과들을 인정한다. 제4장에서처럼 v_g 운동량 방정식을 x로 미분하고 u_g 운동량 방정식을 y로 미분하여 와도 방정식을 형성하면,

$$\frac{D\zeta_g}{Dt_g} = -f\left(\frac{\partial u_a}{\partial x} + \frac{\partial v_a}{\partial y}\right) = f\frac{\partial w}{\partial z} \qquad (6.21)$$

이 나오는데, 여기서 마지막 등식은 준지균 질량 연속 방정식에 의해 이루어진다. f가 일정함에 주목하여 이것을 물질도함수 안에 넣으면 우리는 준지균 와도 방정식 (6.18)을 되찾는다. 이것은 식 (6.20)이 이전에 유도된 식들과 일관됨을 보이지만, 곧 뒤에 설명될 이유 때문에, 식 (6.20) 안에 있는 개별적인 항들엔 모호함이 있다.

그 운동량 방정식 안에서 모호함은 두 가지 효과들을 포함한다. 첫째, 경도의 회전은 0이기에, 식 (6.20) 안에서 p_a에 아무 장 $\tilde{p}_a$을 더해도 우리는 똑같은 와도 방정식 (6.18)에 도달한다. 둘째, 그 운동량 방정식 안에서 비지균 바람에 아무 벡터 장 $\widetilde{\boldsymbol{V}}_a$을 더해도, $\nabla_h \cdot \widetilde{\boldsymbol{V}}_a = 0$이라면, 우리는 똑같은 와도 방정식에 도달한다. 곧 p_a와 $\boldsymbol{V}_a$는 임의의 장들이지만, **준지균 발산 방정식**

$$\nabla_h^2 p_a = \rho_0 f\zeta_a + 2J(u_g,\ v_g) \qquad (6.22)$$

을 통해 관계된다. 이 식은 식 (6.20)에서 u_g 운동량 방정식을 x로 미분하고 v_g 운동량 방정식을 y로 미분하여 얻어진다. 여기서 $J(u_g,\ v_g) = \frac{\partial u_g}{\partial x}\frac{\partial v_g}{\partial y} - \frac{\partial v_g}{\partial x}\frac{\partial u_g}{\partial y}$는 한 야코비안이고 $\zeta_a = \frac{\partial v_a}{\partial x} - \frac{\partial u_a}{\partial y}$는 비지균 연직 와도이다. 비록 식 (6.22)가 비지균 압력과 비지균 바람의 회전 부분을 지균풍에 관련시키는 한 진단 방정식을 제공할지라도, 부가적인 정보가 없으므로, 그 비지균 성질들의 하나는 그 시스템을 완결시키려면 제거되어야 된다. 이 취사선택은 임의적이고, 그러므로 식 (6.20)의 오른쪽에 있는 항들이 그러하다. 가장 통상적인 취사선택, 곧 $p_a = 0$은 온 비지균 효과들을 $\boldsymbol{V}_a$ 안에 넣어, **준지균 운동량 방정식**

$$\boxed{\frac{D\boldsymbol{V}_g}{Dt_g} = -f\boldsymbol{k}\times \boldsymbol{V}_a} \tag{6.23}$$

을 준다. 우리는 이 임의적인 취사선택이 와도나 잠재와도의 역학에 효과를 내지 않는다는 것을 강조한다. 비지균 바람의 발산 부분은 연속 방정식을 통해 잘 속박되고 'w-생각하기'에서 한 본질적인 역할을 수행할 것이다. 첫째 우리는 준지균 역학의 'PV-생각하기' 견해를 탐색하는데, 이는 비지균 운동에 대해 아무 역할도 하지 않는다.

이 절의 주안점

- QG 방정식들은 한 작은 로스비 수와 강한 층리를 가지는 한 참고 대기에 대해 정의된다.
- QG PV는 에르텔 PV의 한 선형화로서 와도의 연직 성분과 요란 정지 안정도의 기여들의 한 합으로 되어 있다.
- 지균 운동을 따라 지균 와도는 주변 행성 자전의 신장에 기인하여 변한다.
- 압력에 대한 비지균 효과를 무시하면, 지균 운동에 따라, 지균 운동량은 비지균 바람의 코리올리 전향에 기인하여 변한다. 발산적인 비지균 바람은 질량 연속 방정식에 의해 연직 운동에 연결되고, 회전적인 비지균 바람은 QG 발산 방정식에 의해 지균풍으로부터 어림된다.

6.4 잠재와도 생각하기

잠재와도 보존이 근본적인 물리적 보존 법칙들의 전부를 한 단순한 식으로 표현한다는 사실은 날씨 시스템들의 역학을 위한 매우 힘세고 단순한 해석의 기초를 제공한다. 'PV 생각하기'를 이루는 두 본질적인 요소들 곧 반전과 보존을 세밀히 조사하기에 앞서, 우리는 QG PV의 스케일링 성질들을 조사한다.

지균 및 정역학 관계식들을 이용해서 QG PV (6.17)에서 와도와 온위를 대치하고 N이 부력 진동수임을 상기하면,

$$q-f=\frac{1}{\rho_0 f}\nabla_h^2 p+\frac{1}{\rho_0}\frac{\partial}{\partial z}\frac{f}{N^2}\frac{\partial p}{\partial z} \tag{6.24}$$

가 얻어지고, 따라서 QG PV는 압력 장에 의해 완전히 결정된다. 이 놀라운 사실은 초기에 압력 장만 알면 예보를 만들고 그 시스템들이 왜 그리고 어떻게 발전하는지를 이해하도록 우리를 허락한다. 수평 및 연직 방향의 각 길이 규모 L 및 H와 압력 장의 지균 스케일링 $p\sim\rho_0 UfL$을 이용해 식 (6.24)를 무차원화하면

$$q-f\sim\frac{U}{L}\left(\hat{\nabla}_h^2\hat{p}+\frac{1}{B^2}\frac{\partial^2\hat{p}}{\partial\hat{z}^2}\right) \tag{6.25}$$

가 얻어진다. 여기서 우리는 부력 진동수 N이 상수라 가정했고, 상단 모자 기호는 자리 크기가 1이라 가정되는 무차원 변수들을 표시하며, B는 무차원 버거 수이다. 와도와 유사하게, $q-f$는 '상대적인' QG PV로 생각될 수 있고, 우리는 이 양을 위한 자연적인 스케일링이 연직 와도의 그것, 곧 U/L과 같음을 본다. 식 (6.16)으로부터 스케일링 인자를 포함하면 에르텔 PV와 같은 단위로 QG PV를 위한 한 스케일링 $\frac{U}{\rho_0 L}\frac{d\bar{\theta}}{dz}$이 얻어진다.

버거 수는 자전에 대한 층리의 중요성의 한 근본적인 척도이며, 적어도 네 가지의 유용한 형식으로 표현될 수 있다.

$$B=\frac{NH}{fL}=\frac{L_R}{L}=\frac{H}{H_R}=\frac{Ro}{Fr} \tag{6.26}$$

둘째 등식은 버거 수가 운동의 규모 길이 L에 대한 로스비 반경 $L_R=\frac{NH}{f}$의 비로 주어짐을 보인다. 로스비 반경에 비해 큰 요란들은 작은 버거 수를 가지는 바, 와도 신장의 중요성을 장려한다. 셋째 등식은 버거 수가 로스비 깊이 $H_R=\frac{fL}{N}$에 대한 규모 깊이 H의 비로도 주어짐을 보인다. 로스비 깊이는 요란의 연직 영향을 재며, 요란 길이 규모와 자전과 함께 증가하며 또 정지 안정도가 작아지면 증가한다. 끝으로, 버거 수는 프루드 수 $Fr=\frac{U}{NH}$에 대한 로스비 수 $Ro=\frac{U}{fL}$의 비로도 주어지는데, 이들의 둘 다는 무차원 수들이다. 우리가 보아온 바와 같이, 로스비 수는 주변 와도 f에 대한 요란 와도 $\frac{U}{L}$의 중요성을 재고, 현재 상황에서, 프루드 수[3]는 부력 진동수 N에 대해 상대적으로 요란 연직 시어 $\frac{U}{H}$의 중요성을 잰다. QG 방정식들을 유도함에 있어서 우리는 강한 주변 자전 ($\zeta \ll f$)과 층리 (큰 $\frac{d\bar{\theta}}{dz}$)를 가정했고, 그래서 Ro와 Fr 둘 다 작은데(1보다 아주 더 작음), 이는 버거 수가 1에 가깝고 QG PV의 두 항들이 동등하게 중요함을 암시한다. 이것은 또한 자연적인 요란 길이 규모들이 $L \sim L_R$ 및 $H \sim H_R$ 임을 암시하는데, 이는 날씨 시스템들의 역학을 논의함에 있어서 유용한 지침을 제공한다.

이 절의 주안점

- QG PV는 압력 장에 의해 완전히 결정된다.
- QG PV에 대한 와도 및 정지 안정도 기여들의 상대적인 중요성은 버거 수에 의해 측정된다.

---

3) 온도풍 관계에 의해, 지균풍의 연직 시어는 수평 온도 경도에 비례하고, 그래서 프루드 수는 등온위면들의 기울기들을 잰다.

6.4.1 PV 반전, 유도 흐름 및 조각적인 PV 반전

PV 반전은 PV로부터 다른 장들을 찾아내는 운동학적인 진단 기술이다. $B=1$에 대해 식 (6.25)는

$$\hat{q} - Ro^{-1} = \hat{\nabla}^2 \hat{p} \tag{6.27}$$

와 같이 적힐 수 있다. 상수 Ro^{-1}은 주변 자전 및 층리에 기인하며, 비록 클지라도, 그것이 역학적 의의를 갖지 못하는 것은 PV의 값을 어디서나 단지 일정하게 변화시킬 뿐이기 때문이다. 그러므로 무차원 QG PV $\hat{q}$의 관심 안의 특징들은 무차원 압력 장의 라플라시안에 의해 결정된다. 비교적으로 낮은 압력의 영역들은 QG PV의 큰 값들과 연관되고, 높은 압력의 영역들은 상대적으로 작은 QG PV와 연관된다. QG PV 반전은

$$\hat{p} = \hat{\nabla}^{-2} \hat{q} \tag{6.28}$$

을 풂으로써 QG PV로부터 압력을 찾아내는 일이다. $\hat{\nabla}^2$이 도함수들을 취하는 일이기 때문에, 우리는 $\hat{\nabla}^{-2}$이 QG PV로부터 압력 장을 회수하기 위해서 반도함수들, 곧 적분들을 취하는 일일 것이라고 기대한다.

QG PV의 온-차원 형식으로 돌아와서 우리는 식 (6.24)를 f로 곱하여

$$f(q-f) = \frac{1}{\rho_0} \nabla_h^2 p + \frac{1}{\rho_0} \frac{\partial}{\partial z} \frac{f^2}{N^2} \frac{\partial p}{\partial z} = \mathrm{L}\, p \tag{6.29}$$

를 구한다. 여기서

$$\mathrm{L} = \frac{1}{\rho_0} \nabla_h^2 + \frac{1}{\rho_0} \frac{\partial}{\partial z} \frac{f^2}{N^2} \frac{\partial}{\partial z} \tag{6.30}$$

은 어림잡아 x와 y에 대해 상대적으로 $\frac{f^2}{N^2}$만큼 z 방향으로 '늘려진' 한 3차원 라플라시안 연산자이다. 식 (6.28)에서 논의된 무차원화된 변형은 이 신장을 제거한다. 곱 fq는 북반구와 남반구 둘 다에서 사이클론(안티사이클론)에 대해 양(음)이기 때문에 PV 생각하기를 위해 '반구적으로 중성'인 해석을 제공함으로 유용한 조합이다.[4] 연산자 L 이 한 라플라시안 같이 행동하기에, $f(q-f)$는 p가 한 최소인 곳에서 한 최대일 것인 바, 이는 사이클론에 대해 북반구에서 $q>0$이고 남반구에서 $q<0$이며 그 반대가 안티사이클론(고기압)에 대해 성립한다.

무차원 경우에서처럼, 기호적으로 우리는 L 의 작용을 반전시키는 연산자

4) 이 관계는 상대 와도로부터 유도되어 사이클론은 행성 자전과 똑같은 부호를 가진다.

$$p = \mathrm{L}^{-1}(fq) \tag{6.31}$$

로써 QG PV 반전을 정의할 수 있는 바, 이는 QG PV 장($\mathrm{L}^{-1}f^2$으로부터의 상수는 영으로 취함)으로부터 압력 장을 회수한다. 압력 장이 주어지면, 지균풍과 요란 온위가 식 (6.1)과 (6.6)으로부터 각각 회수된다. 이 관점에서 바람과 온위 장은 QG PV에 의해 '유도'되거나 또는 일어난다.

잠재와도를 반전시키는 때엔 경계 조건들이 꼭 제공되어야 한다. 수평 방향으로 주기적인 조건들을 가정하면, 지표와 같은 수평 경계들에서의 경계 조건들은 압력(디리클레 조건), 압력의 도함수(노이만 조건) 또는 압력과 그 연직 도함수의 한 선형 조합(로빈 조건)의 지정을 수반한다. 경계 조건들이 빠지면 '자유 공간' 풀이가 적용된다. 정역학 방정식 (6.6)으로부터, 노이만 조건들은 경계에서 온위 장의 한 지정을 수반한다. 지표 온위 장이 잠재와도로부터 독립적이라고 가정함은 대기 역학에 대한 한 강력한 접근을 제공하는데, 왜냐하면 QG PV와 θ 둘 다가 운동을 따라 보존되기 때문이다. 지표 온위에 대한 보존 법칙($w=0$을 가진 6.8)이 QG PV를 위한 보존식 (6.16)을 닮아 있기 때문에, 지표 온위는 지표에서의 QG PV로 간주될 수도 있다. 만약에 QG PV가 $z=0$에서 지표 온위 θ에 직접적으로 비례하는 한 '스파이크' 기여로 증대된다면, 수학적으로, 비균질적인 노이만 경계 조건을 한 균질적인 조건($z=0$에서 $\theta=0$이라고 둠)으로 바꿈으로써 우리는 이 연관을 정밀하게 만들 수 있다. 이 'PV-θ' 견해는 대류권 안에서 권계면 파동들과 연관된 것 같은 그런 PV 아노말리들이 지상 사이클론들 같은 그런 지표 특징들과 어떻게 상호작용을 하는지를 이해하기 위해 특별히 유용하다.

PV 반전과 연관된 개념들을 예시하기 위해 우리는 이 장에서 표준적인 두 요란들을 고찰한다. 첫째 요란은 상층 대류권의 일기도들에서 저기압의 고립된 골(등압면 위에서 낮은 지위고도)로 나타나는 한 '단파' 골을 따른 모형이다. 이 요란은, 가우스 구조와 2 PVU의 최대치를 가지고 중층 대류권 안에 있는 것으로 여겨지는, 저기압성 QG PV의 한 국지화된 방울과 연관되어 있다(그림 6.10). 그 PV 방울로 유도되는 흐름은 그 요란의 '가장자리' 근처에서 가장 크고 거리에 따라 감쇠하는데(그림 6.10a), 이는 그 반전의 중요한 비국지적인 면모를 예시하는 것이다. 그 바람은 QG PV를 갖는 그 지역으로부터 1000 km 이상에서도 0이 아니다. 이것은 한 역학적 과정이 멀리 떨어진 한 PV 아노말리로 유도된 흐름에 의존할 수도 있다는 개념 곧 '원거리 작용'을 떠올린다.

그림 6.10에서 그 요란은 가장 간단한 가능한 제트 기류, 곧 x와 y 방향으로 일정한 한 동서 바람이 지상으로부터 위로 선형적으로 증가하는 그런 기류 안에 묻혀 있다. 그것의 간단성에도 불구하고, 그림 6.10b로부터 이 배열이 편서 제트 기류 안에 있는 단파 골을 위한 한 좋은 모형이라는 것이 명백하다. 그 '늘려진' 라플라시안 풀이가 연직 단면들에서 분명한데, 이들은 그 비국지적인 영향이 상층의 QG PV에 기인한 저기압의 영역을 통해 지표까지 내뻗음을 드러낸다(그림 6.10c). 끝으로, 그림 6.10d에서 그 PV 방울이 저기압성 와도의 한 국지적인

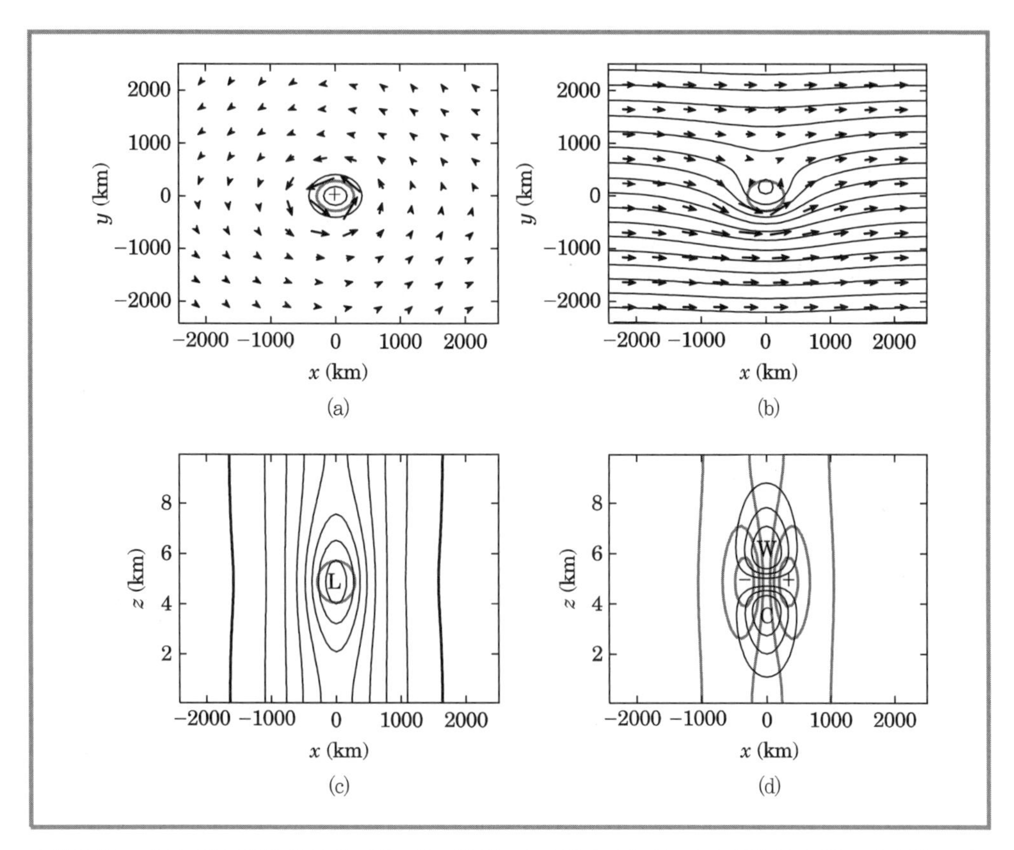

그림 6.10 높이에 따라 선형적으로 증가하는 한 편서풍으로 구성되는 한 제트 기류 안에 묻혀 있는 2 PVU의 크기를 가진 한 이상적인 국지화된 QG PV 방울의 반전. (a) 고도 5 km에서 PV 등치선들이 매 0.5 PVU마다 보이고 있다. 화살로 표시된, 그 PV 아노말리로 유도된, 바람의 최대 풍속은 22 ms^{-1}이다. (b) 등압선들은 매 42 hPa(등압면 고도로 매 60 m에 해당함) 그리고 가장 긴 바람 벡터들은 36 ms^{-1}의 풍속을 가진다. 1 hPa마다 그려 넣은 아노말리 압력으로 (30 m 고도 등치선에 해당함) 굵은 선은 0을 나타낸다. 그리고 (d) 매 6 ms^{-1} 간격의 자오 바람 등치선 (굵은 실선)들과 매 2 K 간격의 온위 아노말리 등치선 (가는 실선)들. ('W'와 'C'는 각각 '온난한' 값과 '한랭한' 값을 나타냄.) (a), (b) 및 (c)에서 1-PVU QG PV 등치선은 굵은 회색 선으로 표시되어 있다.

최대, 그 PV 방울을 두르는 한 저기압성 바람의 흐름, 그리고 그 PV 방울 위로 '따뜻한' 공기와 아래로 '차가운' 공기를 가지는 정지 안정도의 한 국지적인 최대와 연관되어 있음을 우리는 본다.

이전에 언급된 바와 같이, 지표 온위는 PV의 역할을 수행한다. 지표에서 더운(찬) 공기는 낮은(높은) 압력에 연관되고, 온도풍 추론으로, 지표에서 대류권 속으로 위로 감쇠하는 저기압성(고기압성) 순환과 연관된다(그림 6.11). 이것은 정역학 방정식으로부터, 그리고 QG PV를 0으로 두면, 라플라스 문제에 대한 풀이들이 경계에서 극값들을 가진다는 사실로부터 이해될 수 있다. 권계면에 대한 일차적인 어림은 지표에 유사한 굳은 경계인데, 이 어림에서 찬(더운) 공기는 낮은(높은) 압력 그리고 권계면으로부터 아래로 감쇠하는 저기압성(고기압성) 순환과 연관된다.

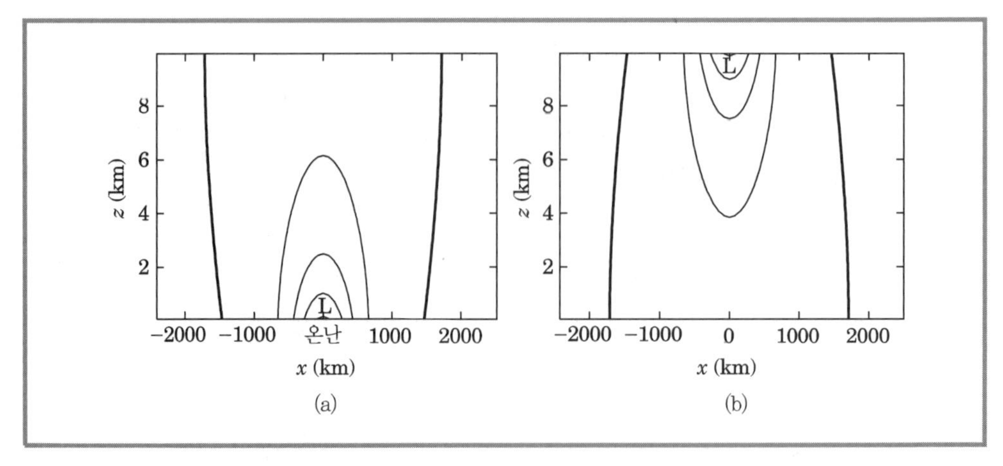

그림 6.11 지표 온난 아노말리 (a)와 권계면 한랭 아노말리 (b)와 연관된 등압선들. 등압선 간격은 21 hPa(30 m 고도 등치선에 해당함)이고 굵은 선은 0을 나타낸다. 온위 아노말리들은 10 K의 진폭과 그림 6.10에 보인 PV 아노말리와 똑같은 수평 모습을 가진다.

유도된 흐름이란 개념은 대기의 상이한 부분들과 그들의 상호작용 (곧 역학)을 고려할 때 가장 강하다. QG PV 연산자 L 이 선형이기 때문에 대기는 성분들로 쪼개질 수 있고, 그들의 합은 온전한 장들을 준다. 이 '조각적인 PV 반전' 틀은 수학적으로

$$p = \sum_{i=1}^{N} p_i = \sum_{i=1}^{N} \mathrm{L}^{-1}(fq_i) \tag{6.32}$$

와 같이 표현된다. 각 PV 요소 q_i에 대해 한 압력 장 p_i가 연관되고 이로부터 바람과 온도가 회수될 수 있다. (지균 및 정역학 균형 역시 선형 연산들이기 때문에) 그 조각들을 다 더하면 각 변수에 대해 온전한 장이 얻어진다.

조각적인 PV 반전을 예시하기 위해 우리는 둘째의 표준적인 요란을 소개한다. 그것은 편서 제트 기류 안에 있는 한 곧은 국지화된 바람 최대로서 '제트 줄무늬'라 알려져 있다(그림 6.12). 그 제트 줄무늬를 모형화하기 위해, 한 고기압성 QG PV 아노말리의 극 쪽으로 한 저기압성 QG PV 아노말리를 가지는 한 타원형 쌍극자가 사용된다. 이 쌍극자로 유도되는 흐름은 그들 사이에 강한 바람의 한 제트를 생성하고(그림 6.12a), 앞 예제에서와 같은 한 간단한 편서 제트에 더해질 때, 우리는 그 넓은 편서풍 안에 더 강한 바람이 '공간적으로 국지화되는' 돌발을 본다(그림 6.12b). 이제 QG PV의 양과 음의 타원들만으로 유도되는 흐름을 고려하면, 우리는 그 제트가 그 소용돌이들 사이에 존재하는 것을 보는데, 이는 이곳에서 각 타원으로부터의 기여가 그 다른 것으로부터의 기여로 보강되기 때문이다. 더욱이, 각 타원으로부터의 흐름은 그 다른 소용돌이로 한 대칭적인 모양으로 확장한다(그림 6.12c, d). 이 시스템의 그 역학은 그 QG PV를 이류시키는 각 타원으로부터의 흐름의 성분에 의해 간단히 이해되는 바, (1) 각 타원의 '자기' 이류와 연관되는 역학은 거의 없고, (2) 그 역학은 대립하는 타원에 의한

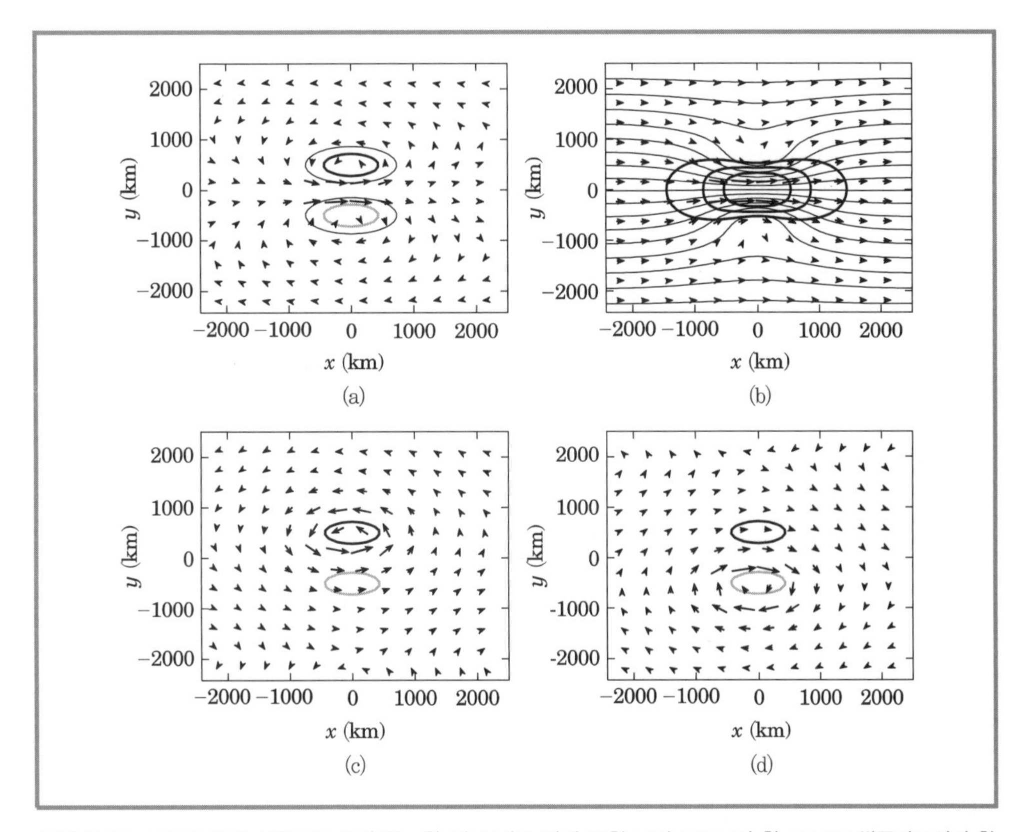

그림 6.12 고도에 따라 선형으로 증가하는 한 제트 기류 안에 묻힌 크기 2 PVU의 한 QG PV 쌍극자로서의 한 '제트 줄무늬'의 이상화된 모형. (a) 5 km 고도에서의 PV 등치선들이 매 0.5 PVU마다 보인다. PV 아노말리로 유도된 바람이 화살들로 보이는데, 최고 풍속은 22 ms^{-1}이다. (b) 5 km에서 등압선은 매 42 hPa마다 (등압면에서 60 m 지위 고도 등치선에 해당), 온 바람(PV 쌍극자와 편서 제트의 합에 기인하는 바람) 벡터들, 그리고 (굵은 실선으로) 등풍속 선들(20, 30, 및 40 ms^{-1}). (c) 양의 아노말리로 유도된 바람. (d) 음의 PV 아노말리로 유도된 바람. (c)와 (d)에서 그 −1 및 +1 PVU QG PV 등치선들이 각각 진한 회색 및 검정 실선들로 표시되어 있다.

QG PV의 이류에 초점을 맞추나 그 이류들은 그 두 타원들을 대칭적으로 아래쪽으로(그 시스템을 직선으로) 이동시키지만 그 이류는 제트 줄무늬 그 자체의 바람보다 훨씬 더 느린 속도로 일어난다.

이 절의 주안점

- 압력 장은 한 반전 관계를 통해 QG PV에 의해 완전히 결정된다. 지균 및 정역학 관계들을 통해, 지균풍과 온위 장들도 마찬가지로 QG PV로부터 회수된다.
- 지표에선 더운 공기가 저기압성 QG PV에 유사하고, 권계면에선 찬 공기가 저기압성 QG PV에 유사하다.
- QG PV 반전은 한 라플라시안 같은 연산자로 정의됨으로, 저기압성 QG PV에서의 국지적인 최대들이 압력에서의 최소들을 내준다.
- 조각적인 QG PV 반전은 QG PV 장을 성분들로 쪼개고 QG PV 반전으로 한 압력 장을 각 성분에 연관시키는 일이다. 그 조각들의 합은 전체 압력 장과 같다.

6.4.2 PV 보존과 QG '고도 경향' 방정식

QG PV로부터 지균풍을 회수하는 능력이 주어지면, QG 예측은 PV 생각하기 견해로부터 탐구될 수 있다. 식 (6.16)에서 QG 물질 도함수의 전개는

$$\frac{\partial q}{\partial t} = -\boldsymbol{V}_g \cdot \nabla_h q \tag{6.33}$$

을 주며 이는 공간의 한 점에서 QG PV의 시간 변화율이 전적으로 지균풍에 의한 QG PV의 이류로 결정된다는 것을 말한다. 이것은 한 역학적 예보 모형을 위한 기초를 제공한다. QG PV의 초기 분포가 주어지면, 우리는 식 (6.31)을 이용하여 압력을 위해 이 장을 반전하고, 그 다음에 압력은 지균풍을 준다. QG PV와 지균풍의 지식은 식 (6.33)으로부터 QG PV의 미래 배치의 예측을 고려한다. 미래 시각에 그 QG PV는 바람을 위해 반전될 수 있고, 그 과정은 미래 속으로 무한정으로 반복될 수 있다.

하지만, 문제를 완결시키기 위해 식 (6.33)을 위한 경계 조건들을 지정할 필요가 있다. 한 굳은 수평면으로 어림되는 지표에선 연직 운동이 없고 그러므로 QG 열역학 에너지 방정식은

$$\frac{\partial \theta}{\partial t} = -\boldsymbol{V}_g \cdot \nabla_h \theta \tag{6.34}$$

의 형식을 취한다. θ가 q의 역할을 하는 곳에서 이 식이 식 (6.33)과 동일함에 주목하라. 그러므로 식 (6.33)으로 q를 전진시킴에 더하여, 우리는 식 (6.34)로 θ 역시 전진시키고, 이는 미래 시각에 QG PV 반전을 위한 경계 조건들을 제공한다. 상층 경계 조건을 위해, 다른 굳은 수평 경계를 이용해서 권계면에 대한 한 투박한 어림 또는 성층권 안의 한 더 높은 고도를 표현할 수 있다.

이 접근은 열대밖 날씨 시스템의 발전에 대한 극히 강력한 어림인데, 여기서 우리는 미래를 예측하려고 완전한 시스템의 다섯 변수들(u, v, w, p, θ)에 대한 복잡한 방정식들을 푸는 것에 비해, 단 한 개의 변량의 수평 이류의 값을 구하면 된다. 그럼에도 불구하고, 우리는 QG PV를 직접적으로 재지 않으며, 압력의 한 예보가 흔히 더 직관적이다. 우리는 $\frac{\partial}{\partial t} f(q-f) = \frac{\partial}{\partial t}(fq) = \mathrm{L}\frac{\partial p}{\partial t}$임에 주목하면서 식 (6.33)으로부터 한 압력 경향 방정식을 얻을 수 있다.

$$\mathrm{L}\frac{\partial p}{\partial t} = -\boldsymbol{V}_g \cdot \nabla_h (fq) \tag{6.35}$$

여기서 L은 준-라플라시안 연산자 (6.30)이다. 그러므로 압력 경향 $\frac{\partial p}{\partial t}$을 얻기 위해, 우리는 반전 연산자 L^{-1}을 QG PV 이류 항에 적용한다. QG PV 최대의 풍하 측에서와 같이 QG PV 이류의 국지적인 최대 부근에서 압력 경향이 한 국지적인 최소일 것(곧 압력이 떨어질

것)으로 우리는 기대한다.

압력 경향을 위한 경계 조건들은 식 (6.34)에 정역학 방정식 (6.6)을 이용하면 나온다.

$$\frac{\partial}{\partial z}\frac{\partial p}{\partial t}=\frac{\rho_0 g}{\bar{\theta}}(-\boldsymbol{V}_g\cdot\nabla_h\theta) \tag{6.36}$$

지표에서의 온난 이류는 압력 경향이 지표로부터 위로 증가함을 암시하므로, 만일 그 경향이 음이면(압력이 떨어지면) 그것은 경계에서 가장 음일 것이다.

식 (6.35)의 오른쪽에서 식 (6.17)을 이용해 q를 바꾸면

$$\mathrm{L}\frac{\partial p}{\partial t}=-\boldsymbol{V}_g\cdot\nabla_h\zeta_g-\boldsymbol{V}_g\cdot\nabla_h\left(f\frac{\partial}{\partial z}\frac{d\bar{\theta}}{dz}^{-1}\theta\right) \tag{6.37}$$

마지막 항에서 온도풍 방정식 (6.7)을 이용하면, 이 식은

$$\boxed{\mathrm{L}f\frac{\partial p}{\partial t}=-\boldsymbol{V}_g\cdot\nabla_h(f\zeta_g)+f^2\frac{\partial}{\partial z}\left[\frac{d\bar{\theta}}{dz}^{-1}(-\boldsymbol{V}_g\cdot\nabla_h\theta)\right]} \tag{6.38}$$

이 되며 **준지균 압력 경향 방정식** 또는 압력 좌표에서 지위 고도가 압력의 역할을 하니까(6.7절을 보라), **고도 경향 방정식**이라 알려져 있다. L 이 그것이 작용하는 변량의 부호를 뒤집는다는 개략적인 어림셈을 상기하면, (1) 지균풍에 의한 저기압성 지균 와도 이류가 있는 곳과 (2) 온위의 지균 이류가 위로 증가하는 곳에서 압력이 감소할 것임을 우리는 본다. 첫째 상황의 한 예가 상층 골의 풍하 측에 일어나는데, 이는 골 안에서 저기압성 와도가 한 국지적인 최대이기에 그렇다. 둘째 상황의 한 예는 지표 한랭 전선 뒤에서와 같이 하층 대류권 안에서 한랭 이류가 고도에 따라 감소하는 곳에서 일어난다. 만일 대기가 매우 안정적이면(큰 $\frac{d\bar{\theta}}{dz}$), 압력 경향이 와도 이류로 지배되며, 또 식 (6.30)으로부터 그 반응이 연직으로 국지적이므로, 그 역학이 거의 수평적인 분리된 층들의 한 집합이 됨에 주목하라.

편서 시어에 놓인 PV 방울에 대해(그림 6.10을 참고하라), 압력 경향 방정식의 풀이는 기대된 바와 같이 그 PV 방울의 풍하 측에서 압력이 떨어짐을 보인다(그림 6.13a). 연직방향으로, 그 상층 특징의 풍하 측에서 압력은 지표를 포함해서 한 깊은 층에 걸쳐 떨어진다(그림 6.13b). 경계 조건(6.36)에 기인하여 그 반응은 연직으로 비대칭적이다. 그 PV 방울의 오른쪽 온난 이류는 경계들에서 $\frac{\partial p}{\partial t}$의 상향 증가를 뜻하므로, 압력 하강은 지표에서 한 국지적인 최소이다. PV 견해로부터, 더운 공기는 지표에서 저기압성 QG PV 같이 작용하고 그 반면에 권계면에선 고기압성 PV 같이 작용함을 상기하라. 그러므로 온도 이류는 지표에서 그 PV 방울로부터의 경향을 보강하고 그 반면에 권계면에선 상쇄가 있다.

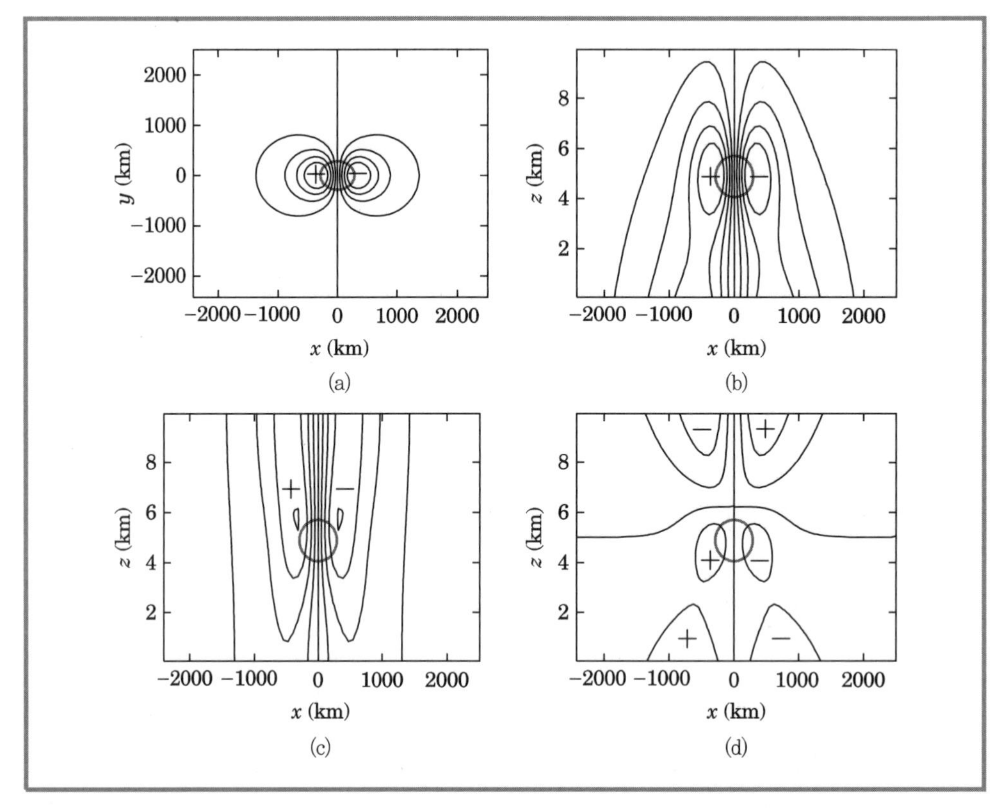

그림 6.13 그림 6.10에 보인 연직 시어 안에 있는 그 PV 방울과 연관된 압력 경향. (a) 5 km에서의 평면도. (b) $y=0$을 따른 단면도. (c) 와도 이류 기여 분의 $y=0$을 따른 단면도. (d) 온도 이류 기여 분의 $y=0$을 따른 단면도. (c)와 (d)의 합은 (b)와 같다. 압력 경향 등치선은 매 5 hPa(day)$^{-1}$마다, 그리고 그 1-PVU QG PV 등치선은 진한 회색 실선으로 각각 보인다.

와도와 온위의 이류로부터 개별적인 기여들을 조사하면, 고도에 따른 편서풍의 증가에 기인하여, 와도 이류로부터의 압력 경향의 크기가 PV 방울 위에서 가장 크고 온위 이류로부터의 압력 경향은, 이전에 서술된 경계 조건에 부분적으로 기인하여, 지표와 권계면 사이에서(그림 6.13c, d) 부호를 바꾼다.

이 절의 주안점

- 압력은 저기압성 QG PV 이류의 국지적인 최대 부근에서 떨어진다.
- 압력은 저기압성 지균 와도 PV 이류의 국지적인 최대 부근에서 떨어진다.
- 압력은 온위의 지균 이류가 고도에 따라 증가하는 곳(고도에 따라 한랭 이류가 고도에 감소하거나 온난 이류가 증가하는 곳) 부근에서 떨어진다.
- 지표에서 온위의 지균 이류는 압력 경향의 연직 경도의 부호를 결정한다(온난 이류는 고도에 따른 압력 경향 증가를 뜻한다).

6.5 연직 운동(w) 생각하기

잠재와도의 이류가 지균풍으로 완전히 결정되기 때문에 연직 운동은 PV 생각하기에서 아무 역할도 하지 않는다. 비록 QG PV의 물질적인 보존에 있어서 온도와 운동량 조절이 암시적이라 해도, 이 변화들을 명시적으로 고려하는 것이 날씨 시스템들의 역학을 이해하는 데 흔히 도움이 된다. 이 틀에서 QG 역학은 각각 열역학 에너지 방정식

$$\frac{\partial \theta}{\partial t} = -\boldsymbol{V}_g \cdot \nabla_h \theta - w\frac{d\bar{\theta}}{dz} \tag{6.39}$$

와 와도 방정식

$$\frac{\partial}{\partial t}(\zeta_g + f) = -\boldsymbol{V}_g \cdot \nabla_h(\zeta + f) + f\frac{\partial w}{\partial z} \tag{6.40}$$

을 통해 표현될 수 있다. 연직 운동은 θ와 ζ_g 둘 다의 발전을 통제한다. 그러므로 우리는 이 틀을 수학적으로 마감할 뿐만 아니라 구름이 생기거나 조건부 불안정이 방출될 수도 있는 위치들에서 유용한 정보도 제공할 w에 대한 한 방정식을 요구한다.

그 w 방정식을 얻기 위해 우리는 식 (6.39)와 (6.40) 사이에서 시간 도함수를 제거한다. 첫째 식 (6.2)와 (6.6)을 이용해 온위와 와도가 압력 항들로 표현되면,

$$\frac{\partial \theta}{\partial t} = \frac{\bar{\theta}}{\rho_0 g}\frac{\partial}{\partial z}\frac{\partial p}{\partial t}, \quad \frac{\partial \zeta}{\partial t} = \frac{1}{\rho_0 f}\nabla_h^2\frac{\partial p}{\partial t} \tag{6.41}$$

압력의 시간 경향들을 제거하기 위해 $\frac{g}{f\bar{\theta}}\nabla^2\frac{\partial \theta}{\partial t}$와 $\frac{\partial}{\partial z}\frac{\partial \zeta}{\partial t}$을 취하고 그 결과 식들을 서로 빼면,

$$\nabla_h^2 w + \frac{f^2}{N^2}\frac{\partial^2 w}{\partial z^2} = \frac{g}{\bar{\theta}N^2}\nabla_h^2(-\boldsymbol{V}_g \cdot \nabla_h \theta) - \frac{f}{N^2}\frac{\partial}{\partial z}(-\boldsymbol{V}_g \cdot \nabla_h \zeta) \tag{6.42}$$

이 얻어진다. 이 식은 보다 더 일반적으로 **준지균 연직 운동** 방정식[또는 압력 좌표로 연직 운동을 위한 기호가 오메가(ω)인 경우에 오메가 방정식]의 '전통적인' 형식으로 알려져 있다. 그 왼쪽은 다시 한 준-라플라시안 연산자

$$\widetilde{\mathrm{L}} = \nabla_h^2 + \frac{f^2}{N^2}\frac{\partial^2}{\partial z^2} \tag{6.43}$$

를 품으며, 그것의 해석은 QG PV 반전에서의 L 에 대한 그것과 비슷하다. 특히 우리는 한 주어진 강제에 대한 w에서의 반응이, $\frac{f^2}{N^2}$이 작은 때 곧 행성 자전이 작고 정지 안정도가

큰 때, 주로 수평 방향으로 있을 것임을 본다.

식 (6.42)로부터 우리는 상승 운동($w>0$)이 온난 이류가 국지적으로 최대이고 지균풍에 의한 지균 와도의 이류가 위로 증가하는 곳과 연관됨을 본다. 두 경우 모두에서 식 (6.42)의 오른 쪽은 음이고, 그 준-라플라시안 $\widetilde{L}$을 위해 그 부호를 뒤집는 때 양이 된다.

오메가 방정식의 그 전통적인 형식이 갖는 한 문제는 그 두 오른쪽 항들 사이에 대단한 상쇄가 존재한다는 점이다. 이 상쇄를 드러내고 그 오메가 방정식의 서로 다른 두 형식들을 개발하려면, 식 (6.42)의 오른쪽을 전개할 필요가 있다. 이것은 벡터 기호가 적합하지 않은 벡터 곱들의 경도를 취하는 일이다. 스칼라 기호가 귀찮아지는 때 수학적인 조작들을 단순화시키기 위해 벡터 기호가 사용되듯이, 벡터 기호가 어색해지는 상황들에서 흔히 지수 기호로 이동하는 것이 현명하다. 많은 방법들에서 지수 기호는 벡터 기호보다 더 간단하고 덜 모호하다. 우리는 오직 기초적인 요소들만을 필요에 따라 소개한다.

지수 기호는 한 벡터의 성분들을 표현하기 위해 한 하단 지수를 사용한다. 예로, 벡터 기호로 $\boldsymbol{U}=(u,\ v,\ w)$인 바람 벡터는 u_i와 같이 적힐 수 있다. 지수 기호로 $u_1=u$, $u_2=v$ 그리고 $u_3=w$이다. 마찬가지로 벡터 좌표 방향 $(x,\ y,\ z)$은 간단히 x_i 같이 적힐 수 있다. 지수 기호의 주요 단순화는 '반복되는 지수들이 합을 나타낸다'는 점이다. 예를 들면, 2차원에서 $a_ib_i=a_1b_1+a_2b_2$이다. 합산 뒤에 남겨지는 지수들은, 바보 지수라 불리며 일관되게만 한다면 자유로이 바뀌어도 좋다. 두 벡터들 사이의 스칼라 곱은 일반적으로

$$c=\boldsymbol{a}\cdot\boldsymbol{b}=a_ib_j\delta_{ij}=a_ib_i=a_jb_j \tag{6.44}$$

와 같이 적힐 수 있는데, 여기서 δ_{ij}는 크로네커 델타로서 $i=j$인 때 1이고 그렇지 않으면 영이어서 벡터 성분들의 곱들의 익숙한 합을 내준다. 그러므로 스칼라 곱을 표현하는 때, 관련 변량들의 첨자들을 맞추는 게 편리하고 δ_{ij}를 쓸 필요를 회피한다. 벡터 기호로 경도 연산자 ∇는 지수 기호로 $\boldsymbol{e}_i\dfrac{\partial}{\partial x_i}$와 같은 형식을 취하며 여기서 $\boldsymbol{e}_i$는 한 단위 벡터이다. 이것이 유용한 까닭은 곱 법칙이나 연쇄 법칙 같은 미분학의 전형적인 공식들의 전부가 그대로 적용되기 때문이다. 이류는 경도 연산자와 스칼라 곱을 연합시키고, 지수 기호를 위해, 예로,

$$\boldsymbol{U}\cdot\nabla\theta=u_i\frac{\partial\theta}{\partial x_i} \tag{6.45}$$

와 같이 나타난다.

우리는 이제 오메가 방정식의 그 전형적인 형식을 지수 기호를 써서

$$\widetilde{L}w=\frac{g}{\bar{\theta}N^2}\frac{\partial}{\partial x_i}\frac{\partial}{\partial x_i}\left(-v_j\frac{\partial\theta}{\partial x_j}\right)-\frac{f}{N^2}\frac{\partial}{\partial x_3}\left(-v_j\frac{\partial\zeta}{\partial x_j}\right) \tag{6.46}$$

와 같이 적을 수 있고, 여기서 우리는 바람과 와도의 첨자 g를 떨어뜨렸고, 지수 i와 j는 1과 2의 값들을 (x와 y 방향으로) 취한다. 가장 내부의 도함수들을 취하면

$$\widetilde{\mathrm{L}}\,w = \frac{g}{\overline{\theta}N^2}\frac{\partial}{\partial x_i}\left(-\frac{\partial v_j}{\partial x_i}\frac{\partial \theta}{\partial x_j} - v_j\frac{\partial^2\theta}{\partial x_i \partial x_j}\right) - \frac{f}{N^2}\left(-\frac{\partial v_j}{\partial x_3}\frac{\partial \zeta}{\partial x_j} - v_j\frac{\partial}{\partial x_j}\frac{\partial \zeta}{\partial x_3}\right) \tag{6.47}$$

이 주어진다. 와도의 정의 $\zeta_g = \frac{1}{\rho_0 f}\frac{\partial^2 p}{\partial x_i^2}$ 그리고 정역학 균형 $\frac{1}{\rho_0}\frac{\partial p}{\partial x_3} = \frac{g}{\overline{\theta}}\theta$로부터, 우리는 $\frac{\partial \zeta}{\partial x_3} = \frac{g}{f\overline{\theta}}\frac{\partial^2\theta}{\partial x_i^2}$을 찾아낸다. 이 항등식을 식 (6.47)에 쓰고 그 첫 항에서 그 나머지 도함수를 취하면,

$$\begin{aligned}\widetilde{\mathrm{L}}\,w = {} & \frac{g}{\overline{\theta}N^2}\left(-\frac{\partial^2 v_j}{\partial x_i^2}\frac{\partial \theta}{\partial x_j} - 2\frac{\partial v_j}{\partial x_i}\frac{\partial^2\theta}{\partial x_i \partial x_j} - v_j\frac{\partial}{\partial x_j}\frac{\partial^2\theta}{\partial x_i^2}\right) \\ & + \frac{f}{N^2}\left(\frac{\partial v_j}{\partial x_3}\frac{\partial \zeta}{\partial x_j} + v_j\frac{\partial}{\partial x_j}\frac{g}{f\overline{\theta}}\frac{\partial^2\theta}{\partial x_i^2}\right)\end{aligned} \tag{6.48}$$

이 주어진다. 이제 괄호 안의 마지막 항들이 서로 상쇄함이 명백하다. 더욱 우리는

$$\frac{g}{\overline{\theta}N^2}\frac{\partial^2 v_j}{\partial x_i^2}\frac{\partial \theta}{\partial x_j} = \frac{f}{N^2}\frac{\partial v_j}{\partial x_3}\frac{\partial \zeta}{\partial x_j} \tag{6.49}$$

을 보일 수 있다(문제 6.3을 보라).

이제 오메가 방정식의 두 다른 형식들이 곧 회수된다. 식 (6.49)를 써서 식 (6.48)에서 와도를 가지는 항을 바꾸면 곧 간결한 형식

$$\widetilde{\mathrm{L}}\,w = -2\frac{g}{N^2\overline{\theta}}\frac{\partial}{\partial x_i}\left(\frac{\partial v_j}{\partial x_i}\frac{\partial \theta}{\partial x_j}\right) \tag{6.50}$$

이 주어진다. 이 식은 벡터 기호로

$$\boxed{\widetilde{\mathrm{L}}\,w = 2\nabla_h \cdot \boldsymbol{Q}} \tag{6.51}$$

와 같이 적힐 수 있다. 여기서 $\boldsymbol{Q} \equiv -\frac{g}{N^2\overline{\theta}}e_i\frac{\partial v_j}{\partial x_i}\frac{\partial \theta}{\partial x_j}$는 '$\boldsymbol{Q}$ 벡터'이다. $\boldsymbol{Q}$ 벡터를 성분 형식

$$\boldsymbol{Q} = -\frac{g}{N^2\overline{\theta}}(Q_1, Q_2) - \frac{g}{N^2\overline{\theta}}\left(\frac{\partial u_g}{\partial x}\frac{\partial \theta}{\partial x} + \frac{\partial v_g}{\partial x}\frac{\partial \theta}{\partial y}, \frac{\partial u_g}{\partial y}\frac{\partial \theta}{\partial x} + \frac{\partial v_g}{\partial y}\frac{\partial \theta}{\partial y}\right) \tag{6.52}$$

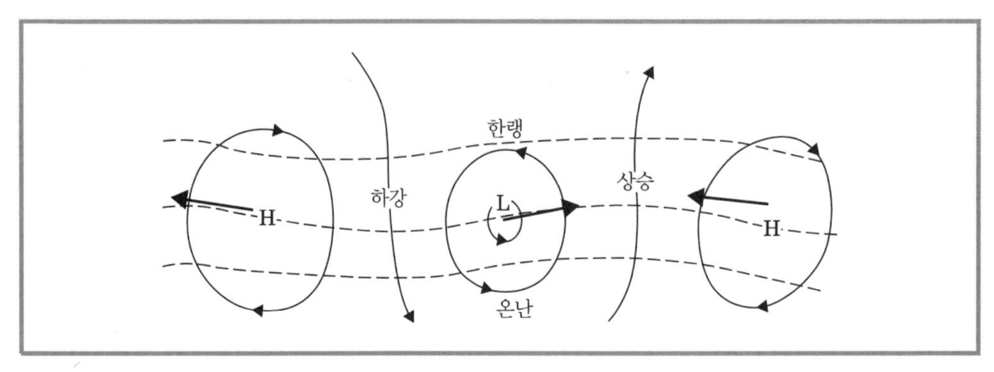

그림 6.14 한 가족의 사이클론들과 안티사이클론들을 위한 등압선(실선)들과 등온선(파선)들의 한 이상화된 패턴에 대한 $\boldsymbol{Q}$ 벡터들(Sanders and Hoskins, 1990을 따름)

으로 적고 보면, 연직 운동은 바람의 수평 경도들과 온위의 수평 경도들의 곱들에 연관되어 있다. 이들 효과들은 온위의 수평 경도들의 변화들을 수반하는데, 이는 제9장에서 더 철저히 탐구될 것이다. $\boldsymbol{Q}$ 벡터가 수렴하는 지역들에서 상승하는 운동이 나타나므로, 식 (6.51)의 오른쪽은 음이고 $\tilde{L}$는 부호를 뒤집는다.

한 일기도 위의 한 주어진 점에서 $\boldsymbol{Q}$ 벡터의 방향과 크기는 다음과 같이 추산될 수 있다. 먼저 $\boldsymbol{Q}$ 벡터가

$$\boldsymbol{Q} = -\frac{g}{N^2\overline{\theta}}\left(\frac{\partial \boldsymbol{V}_g}{\partial x} \cdot \nabla_h \theta, \frac{\partial \boldsymbol{V}_g}{\partial y} \cdot \nabla_h \theta\right) \tag{6.53}$$

와 같이 적힐 수 있음에 유의하라. 찬 공기가 왼쪽에 놓이도록 국지적인 등온선을 x축으로 삼는 한 직각 좌표계에 대해 운동을 고찰하면, 식 (6.53)은 단순화되어

$$\boldsymbol{Q} = -\frac{g}{N^2\overline{\theta}}\left|\frac{\partial \theta}{\partial y}\right| \boldsymbol{k} \times \frac{\partial \boldsymbol{V}_g}{\partial x} \tag{6.54}$$

을 줄 수 있다. 여기서 우리는 $\frac{\partial u_g}{\partial x} = -\frac{\partial v_g}{\partial y}$ 그리고 그 지정된 좌표계에서 $\frac{\partial \theta}{\partial y} < 0$라는 사실을 썼다. 그래서 (찬 공기를 왼쪽에 두고) 등온선을 따라 $\boldsymbol{V}_g$의 벡터 변화를 추산하고 이 변화 벡터를 시계방향으로 90°를 돌린 다음에 그 결과 벡터를 $\frac{g}{N^2\overline{\theta}}\left|\frac{\partial \theta}{\partial y}\right|$로 곱함으로써 $\boldsymbol{Q}$ 벡터가 얻어질 수 있다. 그림 6.14에 보인 한 예는 약간 요란된 편서 온도풍 안에서 사이클론들과 안티사이클론들의 한 이상화된 패턴을 보인다. 저기압의 중심 부근에서 등온선을 따라 동쪽으로 움직이며 잰 지균풍 변화는 북풍에서 남풍으로의 변화이다. 곧 지균풍 변화는 북쪽을 가리키고 90° 시계방향 회전은 온도풍에 평행한 한 $\boldsymbol{Q}$ 벡터를 산출한다. 고기압에선, 똑같은 추론으로, $\boldsymbol{Q}$ 벡터는 온도풍에 반대로 향한다. $\nabla \cdot \boldsymbol{Q}$의 패턴은 골의 서쪽 한랭 이류의 지역에서

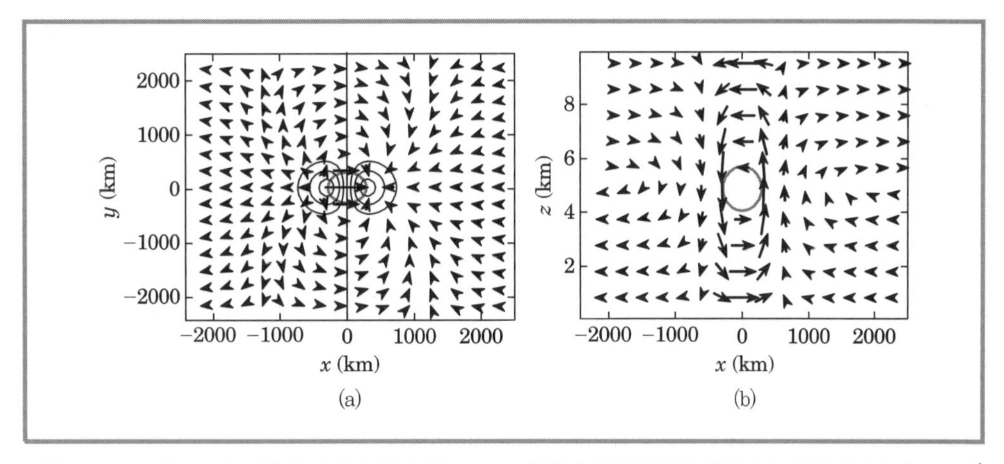

그림 6.15 그림 6.10에 보인 연직 시어 안에 있는 그 PV 방울과 연관된 연직 운동. (a) $\boldsymbol{Q}$ 벡터들과 매 2 cms^{-1}마다 보인 w의 등치선들. $\boldsymbol{Q}$ 벡터들이 수렴하는 곳에 상승 운동이 있다. (b) $y=0$을 따르는, 비지균 순환(u_a, w)의 연직 단면도. 그 1-PVU QG OV 등치선이 굵은 회색 실선으로 보인다.

하강, 그리고 골의 동쪽 온난 이류의 지역에서 상승 운동을 준다.

식 (6.49)를 써서 (6.48)의 첫 항을 바꾸면 오메가 방정식의 아직 또 하나의 형식이

$$\boxed{\widetilde{\mathrm{L}}\,w=2\frac{f}{N^2}\frac{\partial v_i}{\partial x_3}\frac{\partial \zeta}{\partial x_i}+D} \tag{6.55}$$

와 같이 얻어지는데, 여기서 $D=-2\frac{g}{\bar{\theta}N^2}\frac{\partial v_j}{\partial x_i}\frac{\partial^2\theta}{\partial x_i \partial x_j}$는 '변형 항'이다. $\partial v_i/\partial x_3$가 벡터 기호로 온도풍 $\boldsymbol{V}_T$ 임에 유의하면, 그 변형 항은 $\boldsymbol{Q}$ 벡터의 발산에 나타나는 두 항들 가운데 하나이다. 벡터 기호로 식 (6.55)는

$$\widetilde{\mathrm{L}}\,w=-\frac{2}{N^2}[-\boldsymbol{V_T}\cdot\nabla_h(f\zeta_g)]+D \tag{6.56}$$

와 같이 되는데, 이는 QG 오메가 방정식의 **서트클리프**(Sutcliffe) **형식**이라 불린다. 변형 항을 무시하면, 우리는 온도풍에 의해 저기압성 와도가 이류되는 지역에 상승공기가 위치함을 본다. 비록 이 어림은 변형 항이 연직 운동의 잠재적으로 중요한 원천임을 무시하기는 하지만, 온도풍에 의한 와도의 이류는 상층 일기도에서 쉽게 가시화된다.

편서 시어에 놓인 PV 방울을 위한 연직 운동의 장이 그림 6.15에 보인다. 그 PV 방울의 풍하(풍상) 측에 상승(하강) 운동의 구역에서 $\boldsymbol{Q}$ 벡터들이 수렴(발산)함에 주목하라. 그 PV 방울을 통한 한 동서 단면은 질량 연속성에 의해 상승하며 하강하는 운동들을 연결하는 비지균 순환을 드러낸다. QG PV가 최대인 고도에서 온위의 국지적인 시간 경향을 고려하자. 요란 온위가 이 고도에서 0이니까, 이 양의 이류가 없는 반면에(그림 6.10d를 보라), (y에 따라

선형적으로 감소하는) 기초 상태 온위 경도의 요란 이류가 그 PV 방울의 오른(왼)쪽으로 증가(감소)함을 암시한다. 지균 및 정역학 균형은 이 지균 이류 패턴에 의해 '붕괴'되지만 비지균 순환에 의해 '복구'된다. 연직 운동 패턴이 상승(하강) 운동의 구역에서 대기를 차게(덥게) 하여 앞서 논의된 지균 이류로부터의 경향에 반대한다는 점에 주목하라. 더욱, 수평적인 지균 바람의 코리올리 전향은 그 PV 방울 위(아래)의 바람의 v_g 성분을 증가(감소)하기 위해 행동하는데, 이는 새로운 온위 분포를 가지고 온도풍 균형을 회복한다. 준지균 방정식들 안에서, 이 조절 '과정'들은 즉각적이어서 대기는 늘 준지균 및 준정역학 균형에 있다. 역학의 PV 관점으로 돌아가 연결하면, 우리가 말할 수 있는 것은 만일 그 QG PV가 지균 운동을 따라 보존되어야 한다면 지균 및 정역학 균형을 유지하는 그 비지균 순환이 요구된다는 점이다.

$\boldsymbol{Q}$ 벡터가 없는 경우에, 그래도 QG 오메가 방정식의 서트클리프 형식을 이용해서 연직 운동 패턴이 쉽게 스케일될 수 있음에 유의하라. 편서 시어 제트로 지배되는 온도풍은 대부분 양의 x쪽으로 향하므로, 온도풍에 의한 지균 와도의 이류는 그 PV 방울의 오른(왼)쪽으로 양(음)이다. 한 결과로, 우리는 그 방울의 오른(왼)쪽에 상승(침강) 운동을 기대한다. 이 기법은 일기도에서 상승 및 침강 구역들을 재빨리 스케일하는 데 극히 유용할 수 있다.

제트 줄무늬 예에서, 제트의 '입구 오른쪽'과 '출구 왼쪽' 구역들에서 상승 운동을 가지는 4-세포 패턴(그림 6.16)이 명백하다. 제트 입구(그림 6.17a)와 제트 출구(그림 6.17b)를 통한

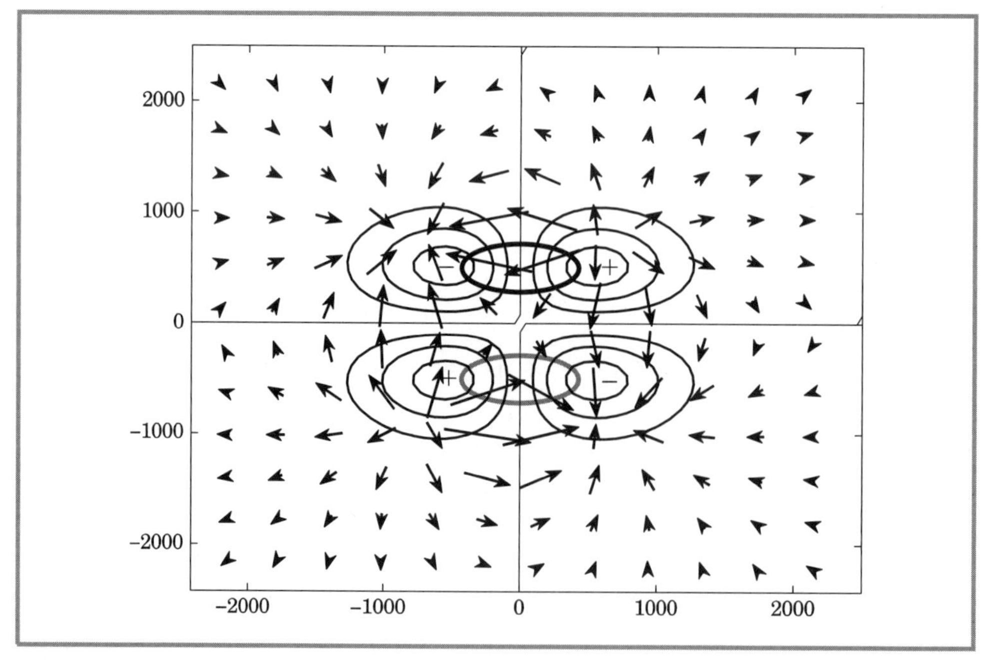

그림 6.16 그림 6.12에 보인 제트 줄무늬와 연관된 연직 운동. 등치선들은 5 km 고도에서의 연직 운동을 매 1 cm s^{-1} 간격으로 보이고, 화살들은 발산적인 비지균 풍을 보인다. 굵은 회색 및 검은색 선들은 각각 −1- 및 1-PVU QG PV 등치선들을 표시한다.

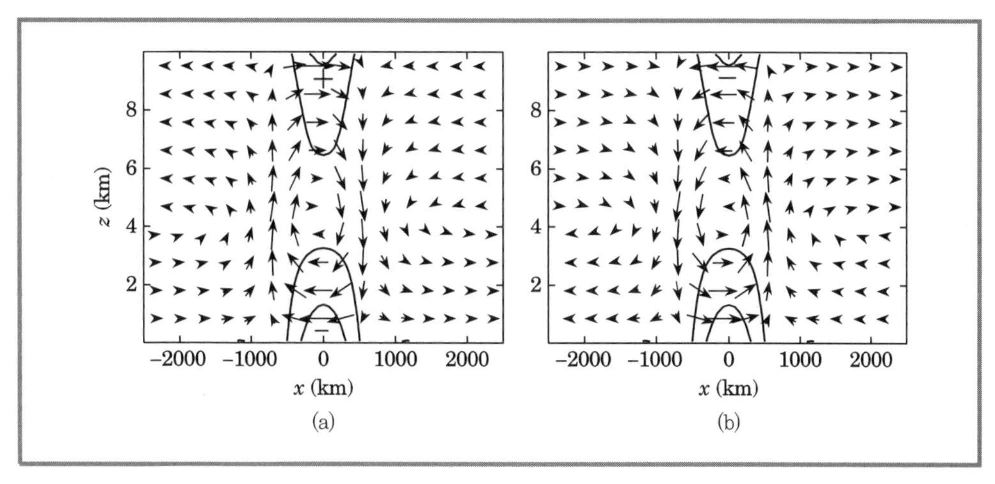

그림 6.17 (a) 제트 입구(x =−700 km) 및 (b) 제트 출구(x =700 km) 구역들. 부근에서의 비지균 순환(u_a, w)의 연직 단면. 등치선들은 지균 동서 바람의 가속도 $\frac{Du}{Dt}$를 매 시간당 5 ms^{-1} 간격으로 보인다.

연직 단면들은 상층에서 동서 운동량을 증가(감소)시키는 횡적인 비지균 순환들을 드러낸다. 이들 순환 패턴들은 제트 안으로(밖으로) 가속(감속)시키고, 아울러 제트 입구(출구) 구역들에서 동서 바람의 연직 시어를 증가(감소)시킨다. 제트 입구 구역에서 비교적으로 더운 공기가 상승하고 반면에 비교적으로 찬 공기가 침강하는데, 이는 그 제트 줄무늬에서 잠재 에너지를 보다 더 강한 바람의 운동 에너지로 전환한다. 제트 출구 구역에선 역 과정이 일어난다.

이 절의 주안점

- QG 방정식들은 연직 운동을 위한 한 진단 방정식을 갖는다.
- 공기는 온난 이류 및 지균풍에 의한 지균 와도 이류의 상향 증가의 국지적인 최대 부근에서 상승한다.
- 공기는 $\boldsymbol{Q}$ 벡터 수렴의 국지적인 최대 부근에서 상승한다.
- 공기는 온도풍에 의한 저기압성 와도 이류의 국지적인 최대 부근에서 상승한다.

6.6 한 경압 요란의 이상화된 모형

우리는 준지균 역학을 위해 역학적으로 일치하는 두 개의 틀을 개발했다. 여기서 우리는 이 두 틀들을 적용해서 열대밖 사이클론들을 강화하는 과정, 곧 이른바 사이클론발생을 이해하려 한다(그림 6.7, 6.8 그리고 동반하는 본문들을 보라). 그림 6.18은 그 발달 과정에 수반된 주요 요소들을 예시한다. 거의 모든 발달하는 사이클론들은 권계면의 풍하 측 굽이침에 기인하는 한 상층 요란에 의해 선행된다. 이 풍하 측 굽이침은 그림 6.18에서 + 부호로 표현된 이상한 저기압성 PV의 한 방울과 연관되어 있다. 그림 6.10과 연계되어 논의된 바와 같이, 그러한 PV 방울은 저기압, 저기압성 바람들, 및 그 방울 위(아래)의 더운(찬) 공기와 연관된다. 지표에서, 한 발달하는 사이클론은 그 PV 방울로부터 시어 아래쪽에서 비교적으로 더운 지표 공기의 한 지역으로서 나타난다. 그림 6.11과 연계해 논의된 바와 같이, 이상하게 더운 지표 공기는 저기압성 PV같이 행동하며 저기압 및 위로 약해지는 저기압성 바람들과 연관된다. 통틀어서, 이 PV 아노말리들은 고도에 따라 서쪽으로 기우는 압력 장들과 고도에 따라 동쪽으로 기우는 온위 장들을 산출한다. 한 마지막 중요한 구성요소는 주변 흐름인데, 이는 권계면에서의 한 최대까지 위로 증가하는 편서풍들의 모습을 취한다.

그 PV-θ(운동학적인) 견해로부터, 상층 PV 방울의 동쪽에 저기압이 발달하는데, 이는 그 방울로부터 유도되는 흐름이 온난 이류를 통해 지표의 더운 아노말리의 진폭을 증가시키려하기 때문이다(그림 6.18b, 굵은 파선). 이 메커니즘은 주변 온위 장의 한 극 쪽 감소와, 온도풍에 의해, 앞서 가정된 바와 같이 편서풍의 한 위쪽 증가를 요구한다. 마찬가지로, 상층 PV 방울의 고도에서 PV의 극 쪽 증가가 주어지면, 그 아노말리의 진폭은 그 지표의 온난 아노말리(그림 6.18b, 가는 실선)로부터 유도되는 흐름에 의한 PV의 적도 쪽 이류에 기인하여 증가할 것이다.

한 고도 경향 (역학적인) 견해로부터, 그림 6.13으로부터 우리가 아는 바로, 그 상층 PV 방울의 동쪽에서 그 주변 편서 시어에 의한 저기압성 QG PV의 이류에 기인하여 압력이 떨어진다. 더욱이, 그 발달하는 지표 저기압의 서쪽에서 한랭 이류의 위쪽 증가는 상층 저기압의 강화를 초래한다. 마찬가지 추론으로, 그 PV 방울로부터 시어 위쪽으로 일어나는 지표 고기압의 발달을 이해할 수 있다.

그 w 견해로부터, 그 상층 PV 방울의 동쪽에서 하층 와도는 이 위치의 위로 상승하는 대류권 공기와 연관된 소용돌이 신장 때문에 증가한다(그림 6.18a, 화살들). 그림 6.15로부터, 우리는 편서 시어 안에 있는 PV 방울들이 지표 부근에서 와도를 증가시키는 이 상승하는 공기 및 수렴과 연관되는 비지균 순환들을 생성한다는 것을 안다. 열역학 에너지 방정식으로부터, 상승하는 공기는 특히 온난 이류에 기인하는 승온을 상쇄하여 그 기둥을 차게 하기 쉽다. 층후 추론으로는, 지표 저기압 위의 승온이 등압면들 사이 간격의 증가와 연관되므로 하부 성층권에 한 고정된 상층 면이 주어지면 그 증가된 층후는 지표 기압의 하강으로서 실현된다. 다시, 그 PV 방울로부터 시어 위쪽 지표 고기압의 발달은 하강하는 공기와 연관된 소용돌이 수축으로 이해될 수 있다.

우리는 이제 사이클론발생의 이 마른 서술에 구름과 강수의 기여들을 더할 수 있다. 상승 운동의 구역에서 우리는 잠열 방출에 기인하여 구름이 생길 것을 기대한다. 그 w 견해로부터, 이 더해진 열은 그 기둥을 덥게 함으로써 그 발달하는 사이클론을 강화함을 돕는다. 그 PV-θ 견해로부터, 우리가 인정해야 할 것은 그 잠열 가열이 공기 덩이들을 따라 PV가 보존되지 않음을 암시한다는 것이며, 4.4절로부터, 우리가 유의할 것은 최대 가열의 고도 밑에서 저기압성 PV가 발생된다는 점이다(그림 6.10a를 보라). 이 '새로운' PV는 지표 사이클론 위에

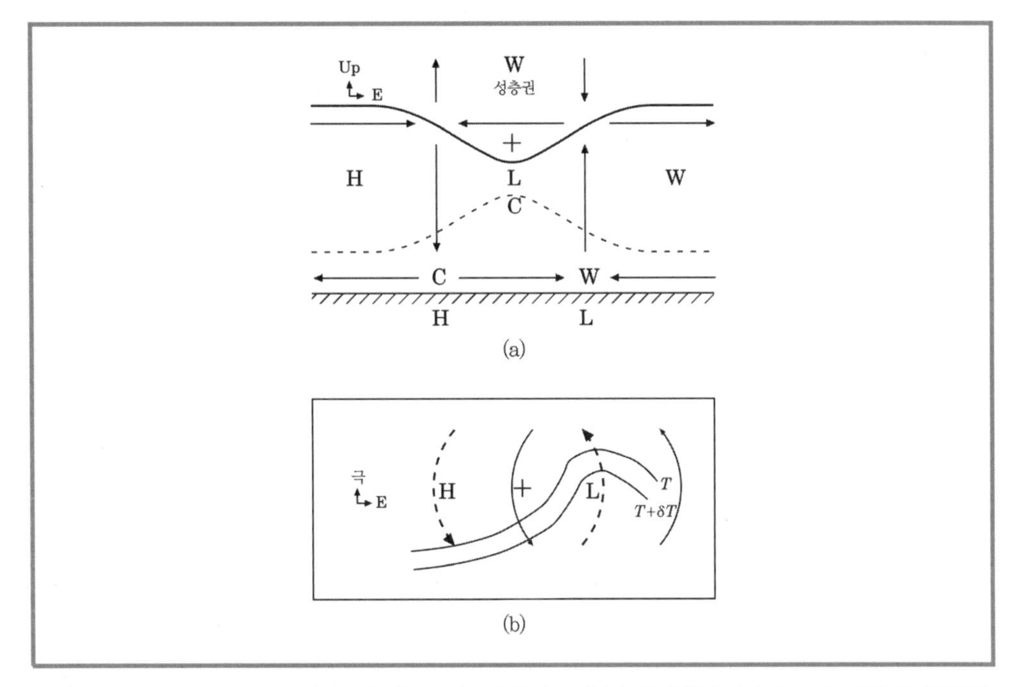

그림 6.18 열대밖 사이클론 발달에 적용되는 준지균 추론의 도식. (a) 동서 연직 단면이 보이는 것은 권계면(굵은 실선), 지표(음영 사선), 하층 대류권의 등온위면(파선), 그리고 편서풍이 지표로부터 권계면까지 증가하고 있는 그 전형적인 경우에 잠재와도를 보존하는 데 필요한 공기 순환들이다. 비교적으로 더운(찬) 공기의 구역은 'W'('C')로, 비교적으로 낮은(높은) 기압의 구역은 'L'('H')로 표시되었다. (b) 지표 등온선(실선), 상층 PV 요란과 연관된 지상 바람(화살 달린 굵은 파선), 그리고 지표 사이클론과 연관된 지상 바람(화살 달린 가는 실선)을 보이는 수평 개괄 도면. (a)와 (b) 둘 다에서, '+'는 그 낮아진 권계면에 기인하는 PV 요란의 위치를 보인다(Hakim, 2002로부터).

위치하고, PV 반전과 중첩 추론의 한 결과로, 압력의 한 감소와 저기압성 순환의 한 증가를 산출한다.

마지막으로, 우리가 유의할 점은 주변 정지 안정도가 감소하는 때 그 사이클론발생 과정은 가속된다는 것이다. 이것은 로스비 깊이의 증가를 통한 PV-θ 견해로부터 이해될 수 있는 바, 이 증가는 상층 PV 방울이 지표에 유도하는 흐름을 증가시킨다. 그 w 견해로부터, 더 약한 정지 안정도는 더 강하고 더 깊은 비지균 순환과 또한 연관된다. 역으로, 사이클론발생 과정은 증가하는 주변 정지 안정도에 대해 느려진다. 이것은 열대밖 사이클론들의 주된 폭풍 궤적들이 왜 대서양과 태평양의 서쪽 변방들에서 발견되는 지의 한 이유이다. 상층 해양의 높은 열용량은 겨울에 비교적으로 더운 물이 그 위에 놓인 하층 대기를 가열함을 용납하여 대류권의 정지 안정도를 약하게 만든다.

6.7 QG 방정식들의 등압 형식

날씨의 격자점 자료와 일기도들은 일반적으로 등고면이 아니라 등압면 위에서 주어진다. 이에 대한 이유는 부분적으로 역사적이지만, 압력이 연직 좌표로 사용되면 밀도가 지배 방정식들에서 암시적이 되기 때문이기도 하다. 그럼에도 불구하고 압력을 연직 좌표로 쓰는 것은 압력이 위가 아니라 아래로 증가하기에 한 왼손 좌표계를 산출하고 이는 그 방정식들의 보다 더 거북스런 해석들을 초래한다. 상향 연직 운동은 등압 좌표계에서 음이다. ($\omega = Dp/Dt$가 연직 운동이다.) 다음은 등압 좌표계에서 증명 없이 제시된 QG 방정식들의 한 요약이다. 이 방정식들의 해석은 이 장에서 일찍이 제시된 고도 좌표계로 적힌 대응 부분들의 그것과 같지만, 예외적으로 여기서 β-효과 (코리올리 모수가 위도에 따라 선형적으로 변화함)의 포함에 기인하여 부가적인 항들이 나타난다. 이들은 흔히 작지만, 완전성을 위해 여기에 포함된다.

정역학 균형은

$$\frac{\partial \Phi}{\partial p} = -\alpha = -RT/p \tag{6.57}$$

로 주어진다. 지균풍은

$$\boldsymbol{V}_g \equiv f_0^{-1} \boldsymbol{k} \times \nabla_h \Phi \tag{6.58}$$

로 정의되는데, 여기서 Φ는 지위이고, 베타 평면 어림이 코리올리 모수에 적용되어

$$f = f_0 + \beta y \tag{6.59}$$

인데, 여기서 f_0는 한 상수이고 $\beta \equiv (df/dy)_{\phi_0} = 2\Omega \cos\phi_0/a$ 그리고 $\phi = \phi_0$에서 $y = 0$이다. QG 운동량 방정식은

$$\frac{D_g \boldsymbol{V}_g}{Dt} = -f_0 \boldsymbol{k} \times \boldsymbol{V}_a - \beta y \boldsymbol{k} \times \boldsymbol{V}_g \tag{6.60}$$

의 모양을 취하고 QG 질량 연속 방정식은

$$\frac{\partial u_a}{\partial x} + \frac{\partial v_a}{\partial y} + \frac{\partial \omega}{\partial p} = 0 \tag{6.61}$$

이다. 단열적인 QG 열역학 에너지 방정식은

$$\left(\frac{\partial}{\partial t} + \boldsymbol{V}_g \cdot \nabla_h\right) T - \left(\frac{\sigma p}{R}\right) \omega = 0 \tag{6.62}$$

인데, 여기서 $\sigma \equiv -RT_0 p^{-1} d\ln\theta_0/dp$는 참고 대기의 정지 안정도를 잰다. QG 와도 방정식은 β 항을 제외하면 변화 없이 그대로이다.

$$\frac{D_g \zeta_g}{Dt} = -f_0\left(\frac{\partial u_a}{\partial x} + \frac{\partial v_a}{\partial y}\right) - \beta v_g \tag{6.63}$$

그 QG 고도 경향 방정식의 와도-온도-이류 형식($\chi \equiv \partial \Phi / \partial t$)

$$\left[\nabla^2 + \frac{\partial}{\partial p}\left(\frac{f_0^2}{\sigma}\frac{\partial}{\partial p}\right)\right]\chi = -f_0 \boldsymbol{V}_g \cdot \nabla_h\left(\frac{1}{f_0}\nabla^2\Phi + f\right) - \frac{\partial}{\partial p}\left[-\frac{f_0^2}{\sigma}\boldsymbol{V}_g \cdot \nabla_h\left(-\frac{\partial \Phi}{\partial p}\right)\right] \tag{6.64}$$

은 행성 와도의 이류를 포함하며, 이는 QG PV 방정식

$$\left(\frac{\partial}{\partial t} + \boldsymbol{V}_g \cdot \nabla_h\right) q = \frac{D_g q}{Dt} = 0 \tag{6.65}$$

에서도 마찬가지인데, 여기서 QG PV는

$$q \equiv \frac{1}{f_0}\nabla^2\Phi + f + \frac{\partial}{\partial p}\left(\frac{f_0}{\sigma}\frac{\partial \Phi}{\partial p}\right) \tag{6.66}$$

으로 주어진다. QG 오메가(연직 운동) 방정식의 서트클리프 형식은 행성 와도의 이류를 포함해서

$$\left(\nabla^2 + \frac{f_0^2}{\sigma}\frac{\partial^2}{\partial p^2}\right)\omega \approx \frac{f_0}{\sigma}\left[\frac{\partial \boldsymbol{V}_g}{\partial p} \cdot \nabla_h\left(\frac{1}{f_0}\nabla^2\Phi + f\right)\right] \tag{6.67}$$

이다. 마지막으로, 그 QG 오메가(연직 운동) 방정식을 위한 $\boldsymbol{Q}$-벡터 형식은

$$\sigma \nabla^2 \omega + f_0^2 \frac{\partial^2 \omega}{\partial p^2} = -2\nabla \cdot \boldsymbol{Q} + f_0 \beta \frac{\partial v_g}{\partial p} \tag{6.68}$$

이고, 여기서 $\boldsymbol{Q}$-벡터는

$$\boldsymbol{Q} \equiv (Q_1, Q_2) = \left(-\frac{R}{p}\frac{\partial \boldsymbol{V}_g}{\partial x} \cdot \nabla T, -\frac{R}{p}\frac{\partial \boldsymbol{V}_g}{\partial y} \cdot \nabla T\right) \tag{6.69}$$

로 주어진다.

권장 문헌

Blackburn, *Interpretation of Ageostrophic Winds and Implications for Jetstream Maintenance,* 변수 f(VF)와 상수 f(CF)가 사용된 경우들의 비지균 운동들 사이의 차이를 논의한다.

Bluestein, *Synoptic-Dynamic Meteorology in Midlatitudes, Vol II,* 중위도 종관 요란들을 대학원 수준에서 상세하게 다룬다.

Cunningham and Keyser(2006), PV 견지에서 제트 줄무늬를 이해하기 위한 이론적인 기초를 제공한다.

Durran and Snellman(1987), 한 관측된 시스템의 연직 운동을 진단함에 있어서 오메가 방정식의 전통적인 형식과 $\boldsymbol{Q}$ 벡터 형식 둘 다의 적용을 예시한다.

Hakim, Cyclogenesis in *Encyclopedia of Atmospheric Sciences.*

Lackmann, *Midlatitude Synoptic Meteorology : Dynamics, Analysis, and Forecasting,* 일기 분석과 예보에 준지균 방정식들을 적용한다.

Martin, *Mid-Latitude Atmospheric Dynamics : A First Course,* 이 장에서와 유사한 자료들을 다루면서 열대밖 사이클론들의 발달을 강조한다.

Pedlosky, *Geophysical Fluid Dynamics, 2nd Edition,* 대기와 해양 둘 다에 대한 적용을 염두에 두고 준지균 시스템의 한 상세한 형식적인 유도를 제시한다.

Vallis, *Atmospheric and Oceanic Fluid Dynamics : Fundamental and Large-Scale Circulation,* 준지균 방정식들을 포함해서 대기와 해양 둘 다의 역학의 한 포괄적인 다룸을 제시한다.

Wallace and Hobbs, *Atmospheric Science : An Introductory Survey,* 중위도 종관규모 요란들의 관측된 구조와 발전에 관한 한 우수한 입문 수준의 서술을 제공한다.

문제

6.1 선형 시어를 가지는 한 기초 상태 $\overline{U}=\lambda z$(λ는 상수)에 대해 기초 상태 QG PV가 z에만 의존하는 것과, 요란 QG PV가

$$\left(\frac{\partial}{\partial t}+\overline{U}\frac{\partial}{\partial x}\right)q'=0$$

을 따른다는 것을 보여라.

6.2 부시네스크 연속 방정식

$$\frac{\partial u}{\partial x}+\frac{\partial v}{\partial y}+\frac{\partial w}{\partial z}=0$$

이, 첨자 a로 비지균 바람을 나타내면,

$$\frac{\partial u_a}{\partial x}+\frac{\partial v_a}{\partial y}+\frac{\partial w}{\partial z}=0$$

와 같이 적힐 수 있음을 보여라.

6.3 항등식 (6.49)를 증명하라.

6.4 이 문제에서 여러분은 비지균 이차 순환의 QG 유선함수를 위한 한 식을 유도할 것이다. f와 $\dfrac{d\bar{\theta}}{dz}$가 상수들이라 가정하고, 지균 흐름이 2차원이라 가정하라. 구체적으로 $u_g = u_g(z, t)$이고 $v_g = v_g(y, t)$이다.

(a) 지균 균형과 정역학 균형

$$\boldsymbol{V}_g = \frac{1}{\rho_0 f}\boldsymbol{k}\times\nabla_h p, \quad \frac{\partial p}{\partial z} = \frac{\rho_0 g}{\bar{\theta}}\theta$$

을 가지고 출발해서 온도풍 균형의 유지가

$$\frac{D}{Dt_g}\frac{\partial u_g}{\partial z} = -\frac{g}{\bar{\theta}f}\frac{D}{Dt_g}\frac{\partial \theta}{\partial y}$$

를 요구함을 보여라.

(b) u_g 운동량 방정식

$$\frac{Du_g}{Dt_g} = fv_a$$

로부터 (a)의 결과 식의 왼쪽을 결정하라. 그 결과를 물리적으로 해석하라.

(c) 열역학 에너지 방정식으로부터 (a)의 결과 식의 오른 쪽을 결정하라. 그 결과를 물리적으로 해석하라.

(d) 이제 (b)와 (c)의 결과들을 (a)에서 이용하라. 이때 비지균 바람의 유선함수 ψ는 $v_a = \dfrac{\partial \psi}{\partial z}$ 그리고 $w = -\dfrac{\partial \psi}{\partial y}$로 정의된다. 그 방정식의 왼쪽에서 결과를 모두 유선함수 항들로 표현하라.

(e) (d)의 결과의 오른쪽이 대류권 중층에서 한 국지적인 최소에 이른다고 가정하라. 그 비지균 순환 유선들을 v_a와 w를 보이는 화살들과 함께 한 y-z 단면에 스케치하라.

6.5 구상의 저기압성 QG PV 아노말리 두 개를 고려하라. 한 아노말리는 원점에 위치하며 단위 반경을 가진다. 둘째 아노말리는 $(x, y, z) = (2, 0, 0)$에 위치하고 그 다른 아노말리의 해당 값들의 절반인 반경과 진폭을 가진다. 이 두 아노말리들의 모양이 유지된다고 가정하고 이들이 추적하는 궤적을 산정하여 (x, y) 스케치를 그려라. 그 아노말리들의 위의 한 고도에서 w 장을 보이는 둘째 스케치를 그려라.

6.6 (a) β-평면 위에서 3D QG 로스비 파들에 대한 분산 관계식을 유도하라. 평균 흐름과 경계들이 없는 평면파들을 가정하라. (요란 PV를) 지배하는 방정식은 한 부가적인

항으로 수정된다.

$$\frac{Dq}{Dt_g} + v\beta = 0$$

(b) 군속도 벡터를 유도하라. 그 결과를 설명하라.

6.7 QG 운동량 방정식

$$\frac{D\boldsymbol{V}_g}{Dt_g} = -f\boldsymbol{k} \times \boldsymbol{V}_a$$

으로 출발해서 QG 운동 에너지 방정식

$$\frac{\partial K}{\partial t_g} + \nabla \cdot \boldsymbol{S} = \frac{g}{\theta_0} w\theta$$

를 유도하라.

6.8 우리는 점들이나 구들과 연관되는 간단한 PV 분포들을 고려해왔다. 이제 변의 길이가 L인 한 입방체 안에 완전히 담긴 한 극히 복잡한 PV 구조를 고려하자. 그 PV의 상세한 구조를 모르지만, 그 입방체의 가장자리에서의 순환과 그 입방체의 위와 아래에서의 평균 θ를 그 입방체 안에서의 평균 PV에 관련짓는 한 공식을 유도하라.
〈힌트〉 먼저 QG PV가 한 벡터 장의 발산으로 표현될 수 있음을 보여라.

MATLAB 연습

M6.1 이상화된 QG PV 반전 루틴 **QG_PV_inversion.m**을 이용하여 요란 수평 규모의 영향을 조사하라. 2 PVU의 진폭을 가진 평행육면체 초기 조건($ipv = 1$)을 이용하라. 요란 최저 압력이 요란의 크기(루틴 **QG_initial_ value.m**에서 파라미터 iw로 제어됨)의 함수로서 어떻게 변하는지의 평면도를 만들라. 디리클레 경계 조건(0의 지표 압력; $idn = -1$이라 두라)을 사용하여 예제를 반복하고 결과들을 노이만 경우에 비교하라. 그 경계들을 매우 멀리 이동시키면서 그 예제를 다시 반복하라(**grid_setup.m**에서 ZH를 10으로 두라). 그 PV 아노말리 밑으로 한 고정된 거리(예로 그 아노말리 밑 5.5 km)에서 세 풀이들 모두의 압력을 비교하라. 노이만 및 디리클레 경우들을 위한 경계 조건들에 대한 민감도에 관하여 무슨 결론을 얻을 수 있나?

M6.2 이상화된 QG PV 반전 루틴 **QG_PV_inversion.m**에서 요란을 2 PVU의 진폭을 가지는 한 제트 줄무늬($ipv = 5$)에 맞추어라. 풍속을 계산하고 그 풍속과 (화살 통을 써서) 바람 벡터의 평면도를 만들라. 그 쌍극지 패턴이 뒤집어지도록 QG PV 진폭 변수 $pvmag$에서

부호를 변화시킴으로써 한 저지 패턴을 만들라. 그 소용돌이들 사이에서 그 전체 동서 바람의 속력이 0이 되도록 한 일정한 동서 바람을 포함시켜 풍속과 바람 벡터의 평면도를 만들라. 고립된 저기압성 및 고기압성 소용돌이들에 조각적인 QG PV 반전을 수행하고 그 일정한 동서 바람을 포함해 'PV 생각하기'를 써서 왜 그 저지 패턴이 안 움직이는지를 설명하라.

M6.3 코드 **QG_model.m**은 PV−θ 형식에서 준지균 방정식들의 수치 해결사이다. 그 모형을 한 간단한 선형 시어($ijet = 1$) 안에 있는 PV의 한 방울($ipv = 4$)로 초기화하라. 그 모형이 96시간을 달리게 하라. 도형 코드 **plot_QG_model.m**을 이용해 여러 시간들에 그 해를 위한 그림들을 만들라. **QG_diagnostics.m**을 이용해 그 풀이를 진단하라. 고도 경향 방정식의 풀이들로부터, 지표 압력 장의 발전을 서술하라. 그 진단된 연직 운동의 장으로부터 와도 방정식의 소용돌이 신장 항을 진단하고, 그 결과를 이용해 지표 지균 와도 장의 발전을 서술하라. 마지막으로, 그 PV 방울이 그 선형 시어에 걸쳐 기울 것으로 기대할 수도 있겠으니, 이것이 일어나는지 알아보도록 하고 찾은 바를 설명하라.

M6.4 M6.3에서의 풀이를 위해, 식 (6.22)에 정의된 회전적인 비지균 바람에 대해 $p_a = 0$으로 두고 풀어라. 그 바람의 이 성분이 발산을 갖지 않기에, 우리는 한 유선함수를 써서 그 바람을

$$\boldsymbol{V}_a = \boldsymbol{k} \times \nabla \psi_a \tag{6.70}$$

와 같이 표현할 수 있다. 식 (6.70)으로부터 식 (6.22)에 사용될 수 있는 비지균 와도를 위한 한 표현을 유도하라. 그 방울의 고도에서 화살 통을 가지고 그 회전적인 비지균 바람을 그 압력의 장과 더불어 작도하라. 그 전체 비지균 바람(회전 및 발산 성분 다)과 지균풍의 합은 경도풍의 QG 추산을 제공한다. 그 결과들은 3.2.5소절에 기초한 기대와 어떻게 비교되는가?

M6.5 M6.2에 서술된 PV(낮은 PV 위에 높은 PV가 있는 쌍극자)를 위한 한 저지하는 배열을 가지고 **QG_model.m**을 초기화하라. **QG_diagnostics.m**을 이용해 구름과 강수의 선호 위치들을 결정하라. 어떻게 w 패턴이 한 제트 줄무늬와 비교되는가? 파라미터 $Unot$를 이용해 그 선형 시어에 한 일정한 바람을 더하고, 그 바람 값을 스케일링 모수 U를 이용해 무차원화할 것임에 유의하라. 그 블록을 정체적으로 만드는 $Unot$의 한 값을 뽑아라. 다음에, 그 마지막 몇 출력 시간에 QG PV와 경계 온위 장들을 평균하고, 그 패턴을 정체적으로 만드는 $Unot$의 값을 가지고 한 새 실험을 위한 초기 조건으로 그 결과를 이용하라. 그 결과가 그 첫 실험과 얼마나 다른가? 그 초기 조건에 한 소-진폭 무작위 장을 더하여 그 실험을 반복하라. 대기 중에서 블록들이 왜 그리 완고한지에 관해 그 결과는 무엇을 말하는가?

제7장

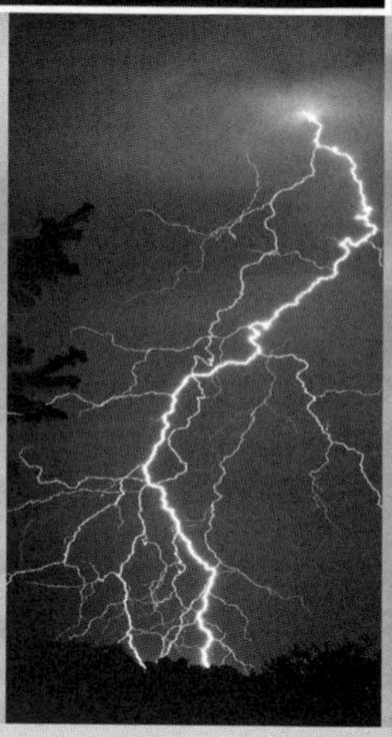

경압 발달

제6장은 준지균 방정식들이 중위도 종관 계들 안에서의 와도, 온도 및 연직 속도 장들 중에서 관측된 관계들을 정성적으로 설명할 수 있음을 보였다. 그 장에서 사용된 진단적인 접근은 종관 계들의 구조를 들여다보는 유용한 통찰을 제공했다. 그것은 또한 역학적인 분석에서 잠재와도의 열쇠 역할을 드러냈다. 하지만, 그것은 그런 요란들의 기원, 성장률, 및 전파 속도에 관한 정량적인 정보를 제공하지 못했다. 이 장은 제5장의 선형 섭동 분석이 그 준지균 방정식들로부터 그런 정보를 얻는 데 어떻게 이용될 수 있는지를 보인다.

종관규모 날씨 요란들의 발달은 흔히 **사이클론발생**이라 일컬어지는데 이는 발달하는 종관 시스템들에서 상대 와도의 역할을 강조하는 한 용어이다. 이 장은 사이클론발생에 이르는 과정들을 분석한다. 구체적으로, 우리는 종관규모 요란들의 성장을 설명함에 있어 그 평균 흐름의 역학적인 불안정의 역할을 논의한다. 더욱이, 그런 불안정이 없는 경우에서조차, 우리는 경압 요란들이 만일 적절히 배열되어 있다면 유한한 기간들에 걸쳐 증폭할 수 있음을 보인다. 곧 그 준지균 방정식들은, 비록 9.2절에 논의된 바와 같이 전선들과 아종관-규모 폭풍들의 발달을 모형화하는 데엔 비지균 효과들이 꼭 포함되어야 할지라도, 종관규모 폭풍들의 발달을 이해함을 위해 참으로 한 온당한 이론적인 기초를 제공한다.

7.1 유체역학적인 불안정

한 동서-평균 흐름 장은, 만일 그 흐름 속으로 들어온 한 작은 요란이 그 평균 흐름으로부터 에너지를 꺼내면서 저절로 자란다면, 유체역학적으로 불안정하다고 말해진다. 유체 불안정들을 두 가지 유형, 곧 덩이 불안정과 파동 불안정으로 나눔이 유용하다. 덩이 불안정의 가장 간단한 예는 한 유체 덩이가 정적으로 불안정한 한 유체 안에서 연직으로 변위되는 때 일어나는 대류적인 뒤집힘이다(2.7.3소절을 보라). 또 하나의 예는 관성 불안정인데, 이는 북반구에서 음의 절대 와도 또는 남반구에서 양의 절대 와도를 가지는 한 축대칭 소용돌이 안에서 한 덩이가 반경 방향으로 변위되는 때 일어난다. 이 불안정은 5.5.1소절에 논의되어 있다. **대칭 불안정**이라 불리는, 덩이 불안정의 더 일반적인 한 유형이 날씨 요란에서 중요할 수도 있다. 이것은 9.3절에서 논의된다.

하지만, 기상학에서 중요한 불안정들의 대부분은 파동 전파와 연관되어 있다. 종관 기상학을 위해 중요한 그 파동 불안정들은 일반적으로 동서로 대칭인 기초 흐름 장에 대한 동서로 비대칭인 섭동들의 모양으로 일어난다. 일반적으로 그 기초 흐름은 수평 및 연직 평균-흐름 시어를 둘 다 갖는 한 제트 기류이다. **순압 불안정**은 한 제트 같은 흐름 안에 있는 수평 시어와 연관되는 한 파동 불안정이다. 순압 불안정들은 그 평균-흐름 장으로부터 운동 에너지를 추출함으로써 자란다. 하지만, **경압 불안정**은 평균 흐름의 연직 시어와 연관된다. 경압 불안정들은 그 기초 상태 흐름의 연직 시어를 위한 온도풍 균형을 제공하기 위해 존재해야 하는 평균 수평 온도

경도와 연관되는 잠재 에너지를 전환함으로써 자란다. 이들 불안정 유형들의 어느 것에서도 그 덩이 방법은 한 만족스런 안정도 기준을 제공하지 않는다. 그 시스템으로 지원되는 여러 파동 모드들을 위한 구조와 증폭률을 결정하기 위해 그 지배 방정식들의 한 선형화된 변형이 분석되는 보다 더 엄격한 접근이 요구된다.

제5장의 문제 5.2에서 표시된 바와 같이, 불안정도 분석에의 전통적인 접근은 $\exp[ik(x-ct)]$의 형식의 한 단일 푸리에 파동 모드로 구성되는 한 작은 섭동이 이입된다고 가정하는 것, 그리고 그 위상 속도 c가 한 허수 부분을 가지는 조건들을 결정하는 것이다. **정상 모드 방법**이라 불리는, 이 기법은 다음 절에서 한 경압 흐름의 안정도를 분석하기 위해 적용된다.

불안정도 분석의 다른 대안적 방법은 **초기 값 접근**이다. 이 방법은 폭풍들의 발달에 이르는 섭동들이 일반적으로 단일 정상 모드 섭동들로 서술될 수 없고 오히려 한 복잡한 구조를 가진다는 것을 인식에 의해 유발된다. 그런 요란들의 초기 성장은 그 초기 요란의 잠재와도 분포에 강하게 의존한다. 하루나 이틀의 시간 규모에서 그런 성장은 유사한 규모의 정상 모드의 그것과 상당히 다를 수 있다. 물론 비선형 상호작용이 없다면 가장 빨리 성장하는 정상 모드 요란이 결국에 지배할 것임에 틀림없다.

큰 진폭의 상층 잠재와도 아노말리가 지표에 자오 온도 경도가 이미 존재하는 지역으로 이류하면 초기 조건들에 강하게 의존하는 사이클론발생이 일어난다. 그 경우에, 그림 7.1에 도식적으로 보인 바와 같이, (6.6절에서 논의된 바와 같이 아래로 연장하는) 그 상층 아노말리에 의해 유도되는 순환은 지표에서 온도 이류에 이르게 된다. 이것은 지표 부근에서 한 잠재와도 아노말리를 유도하고, 이는 다시 그 상층 아노말리를 보강한다. 다소의 조건들 아래 그

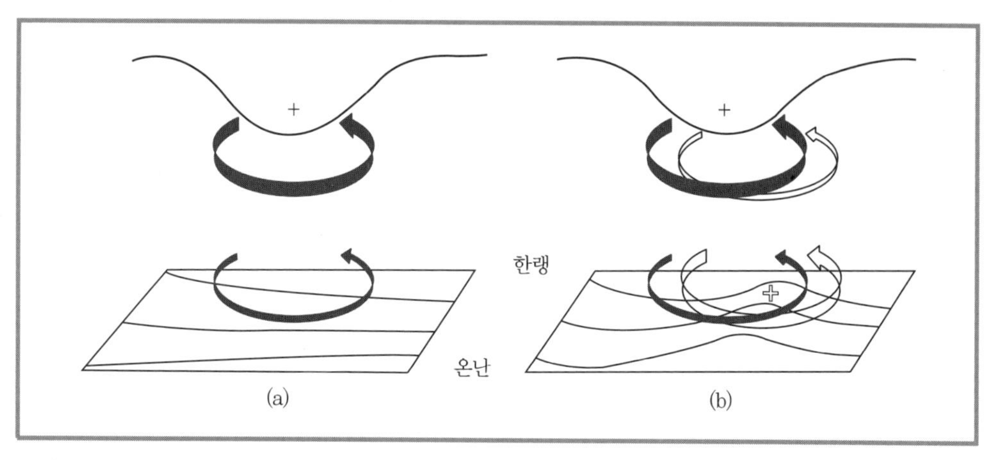

그림 7.1 한 하층 경압 지역 위에 도착한 한 상층 잠재와도 섭동과 연관된 사이클론발생의 한 도식적인 그림. (a) 그 상층 잠재와도 아노말리에 의해 유도된 하층 저기압성 와도. 잠재와도 아노말리에 의해 유도된 순환이 굳은 화살로 보이고, 온위 등치선이 하부 경계에 보인다. 유도된 하층 순환에 의한 온위의 이류는 그 상층 와도 아노말리의 약간 동쪽에 온난 아노말리를 준다. 이것은 다시 (b)에서 열린 화살로 보인 한 저기압성 순환을 유도할 것이다. 그 유도된 상층 순환은 그 원래의 상층 아노말리를 보강할 것이고 그 요란의 증폭을 줄 수 있다(Hoskins et al., 1985를 따름).

지표 및 상층 잠재와도 아노말리들이 맞물리게 되어 그 결과로 유도되는 순환들은 그 아노말리 패턴의 한 매우 급속한 증폭을 일으킨다. 사이클론발생에 대한 초기 값 접근의 상세한 논의는 이 책의 범위 너머에 있다. 여기서 우리는 그 가장 간단한 정상 모드 불안정 모형들에 주로 집중한다.

7.2 정상 모드 경압 불안정 : 이층 모형

심지어 고도로 이상화된 평균-흐름 프로필에 대해서조차, 연속적으로 층리된 대기 안에서의 경압 불안정의 수학적인 취급은 복잡한 편이다. 그런 모형을 고려하기 전에, 우리는 먼저 경압 과정들을 병합시킬 수 있는 가장 간단한 모형에 초점을 둔다. 그 대기는 0, 2 및 4로 라벨을 단 평면(일반적으로 각각 0-, 500- 및 1000-hPa 등압면들로 택해진 평면)들로 한정된 두 구별된 층들로 표현된다. 중위도 β 평면을 위한 준지균 와도 방정식이, 그림 7.2에서, 1 및 3으로 표시된 250- 및 750-hPa 고도에 각각 적용되고, 반면에 그 열역학 에너지 방정식은 2로 표시된 500-hPa 고도에 적용된다.

그 이층 모형의 구체적인 방정식들을 적어 내기 전에, 그 준지균 방정식들의 등압 형식을 위해 한 **지균 유선함수** $\psi \equiv \Phi/f_0$를 정의하는 것이 편리하다. 그러면 지균풍과 지균 와도는 각각

$$\boldsymbol{V}_\psi = \boldsymbol{k} \times \nabla_h \psi, \quad \zeta_g = \nabla_h^2 \psi \tag{7.1}$$

와 같이 표현될 수 있다. 준지균 와도 방정식과 정역학 열역학 에너지 방정식은 ψ와 ω를 통해

$$\frac{\partial}{\partial t}\nabla_h^2 \psi + \boldsymbol{V}_\psi \cdot \nabla_h\left(\nabla_h^2 \psi\right) + \beta\frac{\partial \psi}{\partial x} = f_0\frac{\partial \omega}{\partial p} \tag{7.2}$$

$$\frac{\partial}{\partial t}\left(\frac{\partial \psi}{\partial p}\right) = -\boldsymbol{V}_\psi \cdot \nabla_h\left(\frac{\partial \psi}{\partial p}\right) - \frac{\sigma}{f_0}\omega \tag{7.3}$$

와 같이 적힐 수 있다.

이제 우리는 와도 방정식 (7.2)를 1과 3으로 표시된 두 고도, 곧 그 두 층들의 중간에 적용한다. 이것을 하기 위해, 우리는 발산 항 $\partial\omega/\partial p$를 이 고도들에서 추정해야 하는데 그 도함수들에 대한 어림

$$\left(\frac{\partial \omega}{\partial p}\right)_1 \approx \frac{\omega_2 - \omega_0}{\delta p}, \quad \left(\frac{\partial \omega}{\partial p}\right)_3 \approx \frac{\omega_4 - \omega_2}{\delta p} \tag{7.4}$$

을 이용한다. 여기서 $\delta p = 500\,\mathrm{hPa}$은 고도 0에서 2, 그리고 2에서 4까지 사이의 압력 간격이고, 그 첨자 기호는 각종속 변수를 위한 연직고도를 표시하기 위해 사용된다. 그 결과로 생기는

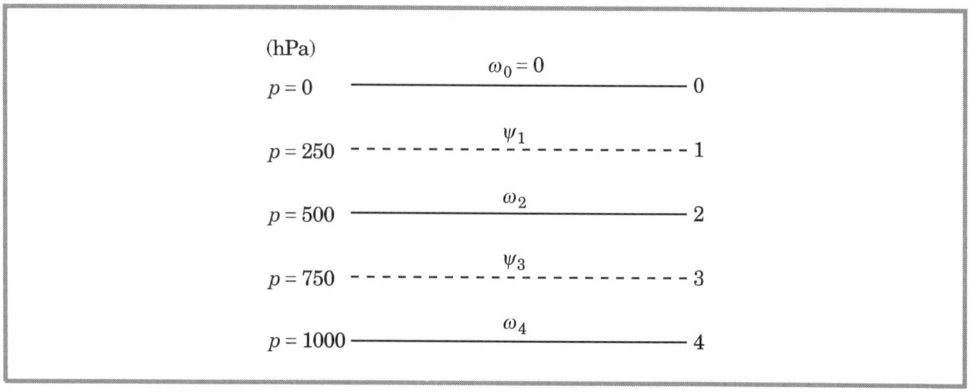

(hPa)

$p = 0$ ———— $\omega_0 = 0$ ———— 0

$p = 250$ - - - - ψ_1 - - - - 1

$p = 500$ ———— ω_2 ———— 2

$p = 750$ - - - - ψ_3 - - - - 3

$p = 1000$ ———— ω_4 ———— 4

그림 7.2 이층 경압 모형을 위한 변수들의 연직 배치

와도 방정식들은

$$\frac{\partial}{\partial t}\nabla_h^2\psi_1 + \boldsymbol{V}_1 \cdot \nabla_h\left(\nabla_h^2\psi_1\right) + \beta\frac{\partial\psi_1}{\partial x} = \frac{f_0}{\delta p}\omega_2 \tag{7.5}$$

$$\frac{\partial}{\partial t}\nabla_h^2\psi_3 + \boldsymbol{V}_3 \cdot \nabla_h\left(\nabla_h^2\psi_3\right) + \beta\frac{\partial\psi_3}{\partial x} = -\frac{f_0}{\delta p}\omega_2 \tag{7.6}$$

이다. 여기서 우리는 $\omega_0 = 0$이라는 사실을 이용했고, $\omega_4 = 0$을 가정했는데, 이는 한 평평한 하부 경계를 위한 좋은 어림이다.

우리는 다음으로 고도 2에서 열역학 에너지 방정식 (7.3)을 적는다. 여기서 우리는 차분 공식

$$(\partial\psi/\partial p)_2 \approx (\psi_3 - \psi_1)/\delta p$$

을 이용해 $\partial\psi/\partial p$를 산정해야 한다. 그 결과는

$$\frac{\partial}{\partial t}(\psi_1 - \psi_3) = -\boldsymbol{V}_2 \cdot \nabla_h(\psi_1 - \psi_3) + \frac{\sigma\delta p}{f_0}\omega_2 \tag{7.7}$$

이다. 식 (7.7)에서 그 오른쪽의 첫째 항은 500 hPa에서의 바람에 의한 250에서 750 hPa까지 층후의 이류이다. 하지만, 500-hPa 유선함수 ψ_2는 이 모형에서 한 예측 장이 아니다. 그러므로 ψ_2는 250 hPa과 750 hPa 사이에서의 선형적인 내삽으로써 얻어져야 될 것이다.

$$\psi_2 = (\psi_1 + \psi_3)/2$$

이 내삽 공식이 사용되면, 식 (7.5), (7.6) 및 (7.7)은 변수 ψ_1, ψ_3 그리고 ω_2로 적힌 예측 방정식들의 한 닫힌 집합이 된다.

7.2.1 선형 섭동 분석

그 분석을 가급적으로 간단히 하기 위해 유선함수 ψ_1과 ψ_3이 y에만 의존하는 기초 상태 부분들과 x와 t에만 의존하는 섭동들로 구성된다고 가정한다. 그러면 우리는

$$\psi_1 = -U_1 y + \psi'_1(x, t) \quad (7.8)$$
$$\psi_3 = -U_3 y + \psi'_3(x, t)$$
$$\omega_2 = \omega'_2(x, t)$$

와 같이 둔다. 그러면 고도 1과 3에서 동서 속도들은 각각 U_1과 U_3의 값을 가지고 일정하다. 그러므로 섭동 장은 자오 및 연직 성분들만을 가진다.

식 (7.8)을 식 (7.5), (7.6) 및 (7.7) 속에 대입하고 선형화시키면, 섭동 방정식들이

$$\left(\frac{\partial}{\partial t} + U_1 \frac{\partial}{\partial x}\right)\frac{\partial^2 \psi'_1}{\partial x^2} + \beta \frac{\partial \psi'_1}{\partial x} = \frac{f_0}{\delta p}\omega'_2 \quad (7.9)$$

$$\left(\frac{\partial}{\partial t} + U_3 \frac{\partial}{\partial x}\right)\frac{\partial^2 \psi'_3}{\partial x^2} + \beta \frac{\partial \psi_{3'}}{\partial x} = -\frac{f_0}{\delta p}\omega'_2 \quad (7.10)$$

$$\left(\frac{\partial}{\partial t} + U_m \frac{\partial}{\partial x}\right)(\psi'_1 - \psi'_3) - U_T \frac{\partial}{\partial x}(\psi'_1 + \psi'_3) = \frac{\sigma \delta p}{f_0}\omega'_2 \quad (7.11)$$

와 같이 얻어지는데, 여기서 우리는 $\boldsymbol{V}_2$를 표현하기 위해 ψ_1과 ψ_3를 통해 선형적으로 내삽했고,

$$U_m \equiv (U_1 + U_3)/2, \quad U_T \equiv (U_1 - U_3)/2$$

를 정의했다. 곧 U_m과 U_T는 각각 연직으로 평균된 평균 동서 바람과 평균 온도풍이다.

이 계의 역학적인 성질들은 만일 식 (7.10)과 (7.11)을 결합하여 ω'_2를 소거하면 더 명확히 표현된다. 우리는 먼저 식 (7.9)와 (7.10)이

$$\left[\frac{\partial}{\partial t} + (U_m + U_T)\frac{\partial}{\partial x}\right]\frac{\partial^2 \psi'_1}{\partial x^2} + \beta \frac{\partial \psi'_1}{\partial x} = \frac{f_0}{\delta p}\omega'_2 \quad (7.12)$$

$$\left[\frac{\partial}{\partial t} + (U_m - U_T)\frac{\partial}{\partial x}\right]\frac{\partial^2 \psi'_3}{\partial x^2} + \beta \frac{\partial \psi'_3}{\partial x} = -\frac{f_0}{\delta p}\omega'_2 \quad (7.13)$$

과같이 다시 적힐 수 있음을 유념한다. 이제 우리는 순압 섭동과 경압 섭동을

$$\psi_m \equiv (\psi'_1 + \psi'_3)/2', \quad \psi_T \equiv (\psi'_1 - \psi'_3)/2 \quad (7.14)$$

와 같이 정의한다. 식 (7.12)와 (7.13)을 더하고 식 (7.14)에서의 정의를 이용하면

$$\left[\frac{\partial}{\partial t} + U_m \frac{\partial}{\partial x}\right]\frac{\partial^2 \psi_m}{\partial x^2} + \beta \frac{\partial \psi_m}{\partial x} + U_T \frac{\partial}{\partial x}\left(\frac{\partial^2 \psi_T}{\partial x^2}\right) = 0 \quad (7.15)$$

이 나오고 식 (7.12)에서 식 (7.13)을 빼고 식 (7.11)과 결합시켜 ω'_2을 소거하면

$$\left[\frac{\partial}{\partial t}+U_m\frac{\partial}{\partial x}\right]\left(\frac{\partial^2\psi_T}{\partial x^2}-2\lambda^2\psi_T\right)+\beta\frac{\partial\psi_T}{\partial x}+U_T\frac{\partial}{\partial x}\left(\frac{\partial^2\psi_m}{\partial x^2}+2\lambda^2\psi_m\right)=0 \tag{7.16}$$

이 나오는데, 여기서 $\lambda^2\equiv f_0^2/[\sigma(\delta p)^2]$. 식 (7.15)와 (7.16)은 각각 순압 (연직으로 평균된) 섭동 및 경압 (온도의) 섭동 와도들을 지배한다.

제5장에서와 같이, 우리는 파동 같은 풀이들이

$$\psi_m=Ae^{ik(x-ct)},\ \ \Psi_T=Be^{ik(x-ct)} \tag{7.17}$$

의 형식으로 존재한다고 가정한다. 이 가정된 풀이들을 식 (7.15)와 (7.16) 속에 대입하고 공통적인 지수 인자로 나누면, 그 계수 A와 B에 대하여 한 쌍의 연립 1차 대수 방정식들

$$ik\left[(c-U_m)k^2+\beta\right]A-ik^3U_TB=0 \tag{7.18}$$

$$ik\left[(c-U_m)(k^2+2\lambda^2)+\beta\right]B-ikU_T(k^2-2\lambda^2)A=0 \tag{7.19}$$

이 얻어진다. 이 집합은 동차적이기 때문에, 사소하지 않은 풀이들은 A와 B 계수들의 행렬식이 0이어야만 존재한다. 그래서 위상 속력 c는

$$\begin{vmatrix}(c-U_m)k^2+\beta & -k^2U_T\\ -U_T(k^2-2\lambda^2) & (c-U_m)(k^2+2\lambda^2)+\beta\end{vmatrix}=0$$

을 만족시켜야 되고, 이는 c에 대한 2차 방정식

$$(c-U_m)^2k^2(k^2+2\lambda^2)+2(c-U_m)\beta(k^2+\lambda^2)+\left[\beta^2+U_T^2k^2(2\lambda^2-k^2)\right]=0 \tag{7.20}$$

을 준다. 이 식은 제5장에서 개발된 선형 파동 분산 방정식과 유사하다. 식 (7.20)에 보인 분산 관계식은 그 위상 속력을 위해

$$c=U_m-\frac{\beta(k^2+\lambda^2)}{k^2(k^2+2\lambda^2)}\pm\delta^{1/2} \tag{7.21}$$

을 내주는데, 여기서

$$\delta=\frac{\beta^2\lambda^4}{k^4(k^2+2\lambda^2)^2}-\frac{U_T^2(2\lambda^2-k^2)}{(k^2+2\lambda^2)}.$$

이제 우리는 위상 속력이 식 (7.21)을 만족할 때에만 식 (7.17)이 식 (7.15)와 (7.16) 시스템의 한 풀이라는 점이다. 비록 식 (7.21)이 무척 복잡해 보인다 해도, 이제 명백한 것은 $\delta<0$이면

위상 속력이 허수 부분을 가지고 섭동들이 지수적으로 증폭할 것이라는 점이다. 지수적인 성장에 필요한 일반적인 물리적 조건들을 논의하기에 앞서, 두 특별한 경우들을 고찰하는 것이 유익하다.

첫째 특별한 경우로 $U_T = 0$라 두면 기초 상태 온도풍이 사라지고 평균 흐름이 순압적이다. 이 경우에 위상 속력은

$$c_1 = U_m - \beta k^{-2} \tag{7.22}$$

$$c_2 = U_m - \beta(k^2 + 2\lambda^2)^{-1} \tag{7.23}$$

이다. 이들은 실수 변량으로서 순압 기초 상태 흐름을 갖는 이층 모형에 대한 자유(정상 모드) 진동에 해당한다. 위상 속력 c_1은 단순히 y 종속성이 없는 순압 로스비 파에 대한 분산 관계식이다(5.7절을 보라). 식 (7.18)과 (7.19) 속에 c를 위한 식 (7.22)를 대입하면, 우리는 이 경우에 $B = 0$ 이어서 섭동이 구조적으로 순압적임을 본다. 하지만, 식 (7.23)의 표현은 내부 경압 로스비 파에 대한 위상 속력으로 해석될 수 있다. c_2가 문제 7.16에 주어진 자유 표면을 갖는 균질 해양에 대한 로스비 파 속력에 유사한 한 분산 관계식임에 주목하라. 하지만, 이층 모형에서 분모에 해양의 경우에 대한 f_0^2/gH 대신에 $2\lambda^2$이 나타난다.

이 경우들의 각각에서 로스비 파와 연관된 연직 운동이 있어 정지 안정도가 파동 속력을 수정한다. 만일 c_2가 식 (7.18)과 (7.19) 속에 대입된다면, 결과적으로 생기는 ψ_1과 ψ_3 장들의 위상이 180°로 어긋나 비록 그 기초 상태가 순압적이라 해도 그 섭동이 경압적임을 보이는 문제가 독자를 위한 한 문제로 남겨진다. 더욱, ω'_2 장은 250-hPa 지위 장과 1/4주기의 위상 차이를 가지며 최대 상승 운동은 250-hPa 골의 서쪽에 나타난다.

이 연직 운동은, 만일 우리가 $c_2 - U_m < 0$이므로 요란 패턴이 평균 바람에 대해 상대적으로 서쪽으로 움직인다는 점에 주의한다면, 이해될 수 있다. 이제, 평균 바람으로 움직이는 좌표계에서 보면 와도 변화는 오직 행성 와도 이류와 수렴 항들에 기인하고, 그 반면에 층후 변화는 오직 연직 운동에 의한 단열 가열이나 냉각으로 초래되어야 한다. 따라서 그 계의 서향 이동이 요구하는 층후 변화를 산출하기 위해 250-hPa 골의 서쪽에 상승 운동이 있어야 된다.

식 (7.22)와 (7.23)을 비교하면, 중위도 대류권의 평균 조건인 $\lambda^2 \approx 2 \times 10^{-12}\,\mathrm{m}^{-2}$가 동서 파장 4300 km에 대한 k^2에 어림잡아 같기 때문에, 그 경압 모드의 위상 속력이 일반적으로 순압 모드의 그것보다 훨씬 작다.[1)]

둘째로 특별한 경우로, 우리는 $\beta = 0$을 가정한다. 예를 들어 이 경우는 유체가 두 회전하는 수평면들에 의해 각각 아래와 위로 제한되어 중력 벡터와 회전 벡터가 모든 곳에서 평행한

1) 자유 내부 로스비 파의 존재는 실제로 이층 모형의 한 약점으로 간주되어야 한다. Lindzen et al.(1968)은 이 모드가 현실의 대기의 아무 자유 진동에도 해당하지 않는다는 것을 보였다. 오히려 그것은 $p = 0$에서 $w = 0$이라고 두는 상층 경계 조건의 사용에 말미암은 한 가짜 모드이며, 이 조건은 형식적으로 대기의 상단에 한 뚜껑을 두는 것에 해당하게 된다.

실험실 상황에 해당한다. 그런 한 상황에서

$$c = U_m \pm U_T \left(\frac{k^2 - 2\lambda^2}{k^2 + 2\lambda^2} \right)^{1/2} \tag{7.24}$$

동서 파수들이 $k^2 < 2\lambda^2$을 만족시키는 파동들에 대해 식 (7.24)는 허수 부분을 갖는다. 그래서 임계 파장 $L_c = \sqrt{2}\,\pi/\lambda$ 보다 긴 모든 파동들은 증폭할 것이다. λ의 정의로부터 우리는

$$L_c = \delta p \pi (2\sigma)^{1/2} / f_0$$

을 적을 수 있다.

대류권의 전형적인 조건들에 대해 $(2\sigma)^{1/2} \approx 2 \times 10^{-3}\,\mathrm{N^{-1} m^3 s^{-1}}$이다. 그래서 $\delta p = 500\,\mathrm{hPa}$과 $f_0 = 10^{-4}\,\mathrm{s^{-1}}$을 가지고 우리는 $L_c \approx 3000\,\mathrm{km}$를 찾아낸다. 또한 이 공식으로부터 명확한 것은 경압 불안정에 대한 임계 파장이 정지 안정도에 따라 증가한다는 점이다. 짧은 파동들을 안정화시키는 정지 안정도의 역할은 다음과 같이 정성적으로 이해될 수 있다. 정현적인 섭동에 대해 상대와도, 그리고 차등적인 와도 이류는, 파수의 제곱으로 증가한다. 하지만, 제6장에서 보인 바와 같이, 차등적인 와도 이류가 있는 한, 정역학적인 온도 변화와 지균적인 와도 변화를 유지하기 위해서 이차 연직 순환이 요구된다. 그래서 고정된 진폭의 한 지위 섭동에 대해, 그 동반하는 연직 순환의 상대 강도는 요란의 파장이 감소함에 따라 증가해야 한다. 정지 안정도는 연직 변위에 저항하는 경향을 가지기 때문에 짧은 파장들은 그래서 안정화될 것이다.

또한 재미있는 것은 $\beta = 0$를 가지면 불안정을 위한 임계 파장이 기초 상태 온도풍 U_T의 크기에 의존하지 않는다는 점이다. 하지만, 그 성장률은 U_T에 의존한다. 식 (7.17)에 따르면, 요란 풀이의 시간 종속은 $\exp(-ikct)$의 형식을 갖는다. 그래서 지수적인 성장률은 $\alpha = kc_i$이고, 여기서 c_i는 위상 속력의 허수 부분을 표시한다. 현재의 경우

$$\alpha = k\,U_T \left(\frac{2\lambda^2 - k^2}{2\lambda^2 + k^2} \right)^{1/2} \tag{7.25}$$

그러므로 성장률은 평균 온도풍의 일차 함수로서 증가한다.

모든 항들이 존속된 식 (7.21)의 일반적인 경우로 돌아가 $\delta = 0$으로 두고 보면, 흐름이 한계적으로 안정한 U_T와 k의 모든 값들을 연결하는 중립 곡선이 계산되므로 안정도 기준이 가장 쉽게 이해된다. 식 (7.21)로부터 $\delta = 0$의 조건은

$$\frac{\beta^2 \lambda^4}{k^4 (2\lambda^2 + k^2)} = U_T^2 (2\lambda^2 - k^2) \tag{7.26}$$

을 암시한다. U_T와 k 사이의 이 복잡한 관계식은 식 (7.26)을 $k^4/2\lambda^4$에 대해 풀어

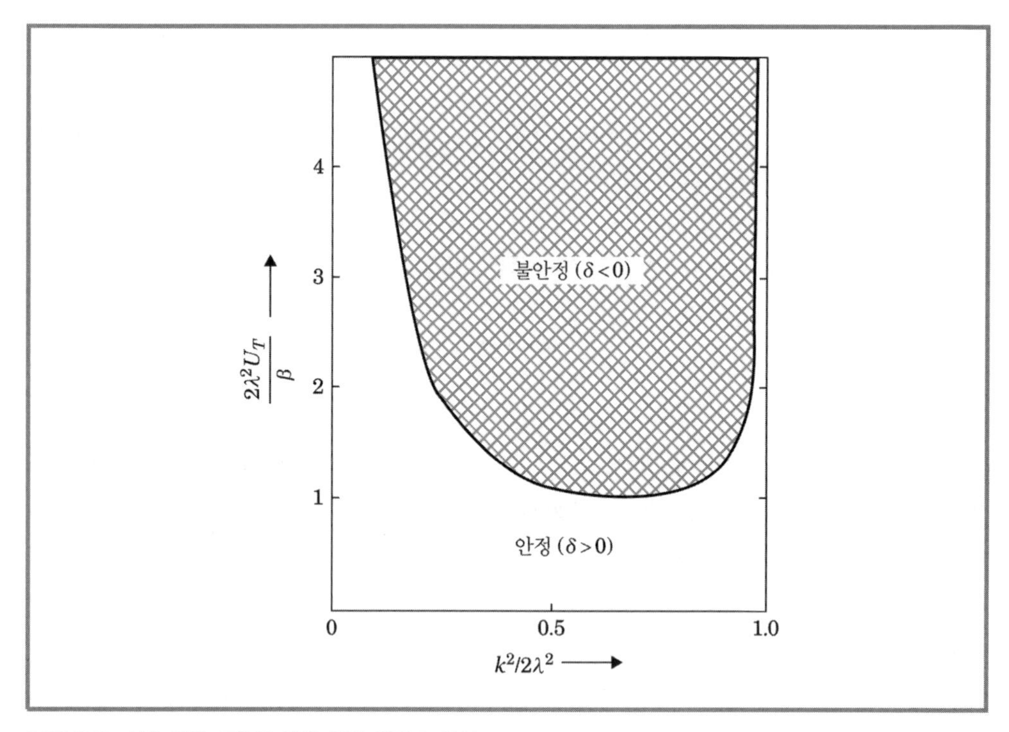

그림 7.3 이층 경압 모형을 위한 중립 안정도 곡선

$$k^4/(2\lambda^4) = 1 \pm \left[1 - \beta^2/(4\lambda^4 U_T^2)\right]^{1/2}$$

을 얻음으로써 가장 잘 보일 수 있다.

그림 7.3에 동서 파수의 제곱에 비례하는 무차원 변량 $k^2/2\lambda^2$이 온도풍에 비례하는 무차원 모수 $2\lambda^2 U_T/\beta$에 대해 그려져 있다. 그림 7.3에 표시된 바와 같이, 중립 곡선은 U_T, k 평면의 그 불안정 구역을 그 안정 구역으로부터 분리한다. 이제 불안정한 근들이 오직 $|U_T| > \beta/(2\lambda^2)$에 대해서 존재하기 때문에, β 효과의 삽입은 흐름을 안정화시키는 데 명백하게 도움이 된다. 더불어 불안정한 성장에 필요한 U_T의 최소값은 k에 강하게 의존한다. 그래서 β 효과는 파동 분광의 장파 말단($k \to 0$)을 강하게 안정화시킨다. 다시 말해, 흐름은 임계 파장 $L_c = \sqrt{2}\,\pi/\lambda$보다 짧은 파동들에 대해 항상 안정하다.

β 효과에 연관된 이 장파 안정화는 장파의 급속한 서향 전파 (곧, 로스비 파 전파)로 말미암아 초래되는 것으로, 이는 모형에 β 효과를 포함시켰을 때에만 일어난다. 우리는 경압적으로 불안정한 파들이 언제나 동서 풍속의 최대값과 최소값 사이의 한 속력으로 전파한다는 것을 보일 수 있다. 곧, $U_1 > U_3 > 0$인 통상적인 중위도의 경우에 우리의 이층 모형에 대해서, 위상 속력의 실수 부분은 불안정한 파들에 대해 부등식 $U_3 < c_r < U_1$을 만족한다. 연속적인 대기에서, 이것은 $U = c_r$인 한 고도가 있어야 됨을 암시한다. 그런 고도는 이론가들에 의해 임계 고도라

불리고 종관 예보자들에 의해 지향 고도라 불린다. 장파들과 약한 기초 상태 바람 시어에 대해, 식 (7.21)로 주어지는 풀이들은 $c_r < U_3$을 가질 것이고, 지향 고도는 없으며, 불안정한 성장은 일어날 수 없다.

식 (7.26)을 k에 대해 미분하고 $dU_T/dk = 0$이라 놓음으로써, 우리는 불안정한 파들이 존재할 수 있는 U_T의 최소값이 $k^2 = \sqrt{2}\lambda^2$일 때 일어난다는 것을 찾아낸다. 이 파수는 최대 불안정의 파동에 해당한다. 만일 U_T가 0에서 시작해 점차적으로 증가된다면 흐름이 먼저 파수가 $k = 2^{1/4}\lambda$인 섭동들에 대해 먼저 불안정해질 것이다. 그담에 그 섭동들은 증폭할 것이고, 그 과정에서 그 평균 온도풍으로부터 에너지를 빼앗고, 그로써 U_T를 감소시키고 그 흐름을 안정화시킬 것이다.

정지 안정도의 정상적인 조건들 아래에서 최대 불안정의 파장은 약 4000 km인 바, 이는 중위도 종관 시스템들의 평균 파장에 가깝다. 더욱, 이 파장에서 한계 안정도를 위해 필요한 온도풍은 오직 약 $U_T \approx 4\,\mathrm{m\,s^{-1}}$이며, 이는 250과 750 hPa 사이의 시어가 $8\,\mathrm{ms^{-1}}$임을 암시한다. 동서로 평균된 흐름에 대해 이보다 더 큰 시어들은 중위도에서 분명히 흔한 일이다. 그러므로 중위도 종관 시스템들의 관측된 행동은 그런 시스템들이 경압적으로 불안정한 기초 흐름의 미세한 섭동들로부터 발원할 수 있다는 가설과 일치한다. 물론, 실제 대기에서 많은 다른 요인들이, 예를 들어, 제트 기류 안의 수평 시어, 유한 진폭 섭동들의 비선형 상호작용들, 및 강수 시스템들 안에서의 잠열의 방출이, 종관 시스템들의 발달에 영향을 미칠 수 있다. 하지만, 관측적인 연구들, 실험실 모사들, 그리고 수치 모형들은 모두 경압 불안정이 중위도에서의 종관 파동 발달의 주요 기작임을 제안한다.

7.2.2 경압 파들 안에서의 연직 운동

이층 모형이 준지균 시스템의 한 특별한 경우이기에, 연직 운동을 강요하기에 확실한 물리적 기작들은 6.5절에서 논의된 것들이어야 될 것이다. 그래서 연직 운동의 강제는 (고도 2에서 산정되는) 온도 이류에 의한 강제와 (고도 1과 고도 3에서의 와도 이류들 사이의 차이로서 산정되는) 차등적인 와도 이류에 의한 강제와의 합을 통해 표현될 수 있다. 대안적으로, 연직 운동의 강제는 $\boldsymbol{Q}$ 벡터의 발산을 통해서 표현될 수 있다.

이층 모형에 대한 오메가 방정식의 $\boldsymbol{Q}$ 벡터 형식은 식 (6.68)로부터 간단히 유도될 수 있다. 우리는 먼저 그 왼쪽 둘째 항을 p에 대한 차분법으로 추정한다. 식 (7.4)를 이용하고 다시 $\omega_0 = \omega_4 = 0$이라 두면, 우리는

$$\frac{\partial^2 \omega}{\partial p^2} \approx \frac{(\partial\omega/\partial p)_3 - (\partial\omega/\partial p)_1}{\delta p} \approx -\frac{2\omega_2}{(\delta p)^2}$$

을 얻고, 이층 모형에서 온도가

$$\frac{RT}{p} = -\frac{\partial \Phi}{\partial p} \approx \frac{f_0}{\delta p}(\psi_1 - \psi_3)$$

와 같이 표현될 수 있음에 주목한다. 그래서 식 (6.68)은

$$\sigma\left(\nabla_h^2 - 2\lambda^2\right)\omega_2 = -2\nabla_h \cdot \boldsymbol{Q} \tag{7.27}$$

이 되고, 여기서

$$\boldsymbol{Q} = \frac{f_0}{\delta p}\left[-\frac{\partial \boldsymbol{V}_2}{\partial x} \cdot \nabla_h(\psi_1 - \psi_3), \quad -\frac{\partial \boldsymbol{V}_2}{\partial y} \cdot \nabla_h(\psi_1 - \psi_3)\right]$$

경압적으로 불안정한 파들 안에서의 연직 운동의 강제를 검토하기 위해 우리는 식 (7.8)에서와 똑같은 기초 상태 및 섭동 변수들을 정함으로써 식 (7.27)을 선형화시킨다. 평균 동서 바람과 섭동 유선함수들이 y에 무관한 이 상황에 대해서, $\boldsymbol{Q}$ 벡터는 오직 x 성분만을 가지고 있다.

$$Q_1 = \frac{f_0}{\delta p}\left[\frac{\partial^2 \psi_2'}{\partial x^2}\left(U_1 - U_3\right)\right] = \frac{2f_0}{\delta p} U_T \zeta_2'$$

이 경우에 $\boldsymbol{Q}$ 벡터의 모양은 그림 6.14의 그것과 비슷하여, 동쪽(서쪽)을 가리키는 $\boldsymbol{Q}$가 골(마루)에 중심을 잡는다. 이것은 $\boldsymbol{Q}$가 지균 운동만으로 강제되는 온도 경도의 변화를 표현한다는 사실과 일치한다. 이 간단한 모형에서 온도 경도는 전적으로 평균 동서 바람의 연직 시어 $[U_T \propto -\partial \overline{T}/\partial y]$에 기인하고, 그 섭동 자오 속도의 시어는 500-hPa 골의 서쪽(동쪽)에서 따뜻한(찬) 공기를 극(적도) 쪽으로 이류하는 경향을 가지므로, 온도 경도의 성분이 골에서 동쪽으로 향하는 경향이 있다.

선형화된 모형에서 $\boldsymbol{Q}$ 벡터에 의한 연직 운동의 강제는 식 (7.27)로부터

$$\left(\frac{\partial^2}{\partial x^2} - 2\lambda^2\right)\omega_2' = -\frac{4f_0}{\sigma \delta p} U_T \frac{\partial \zeta_2'}{\partial x} \tag{7.28}$$

로 주어진다. 이제

$$\left(\frac{\partial^2}{\partial x^2} - 2\lambda^2\right)\omega_2' \propto -\omega_2'$$

임을 관찰하고,

$$w_2' \propto -\omega_2' \propto -U_T \frac{\partial \zeta_2'}{\partial x} \propto -v_2' \frac{\partial \overline{T}}{\partial y}$$

에 주의함으로써 식 (7.28)을 물리적으로 해석할 수 있다. 곧, 기초 상태 온도풍에 의한 요란

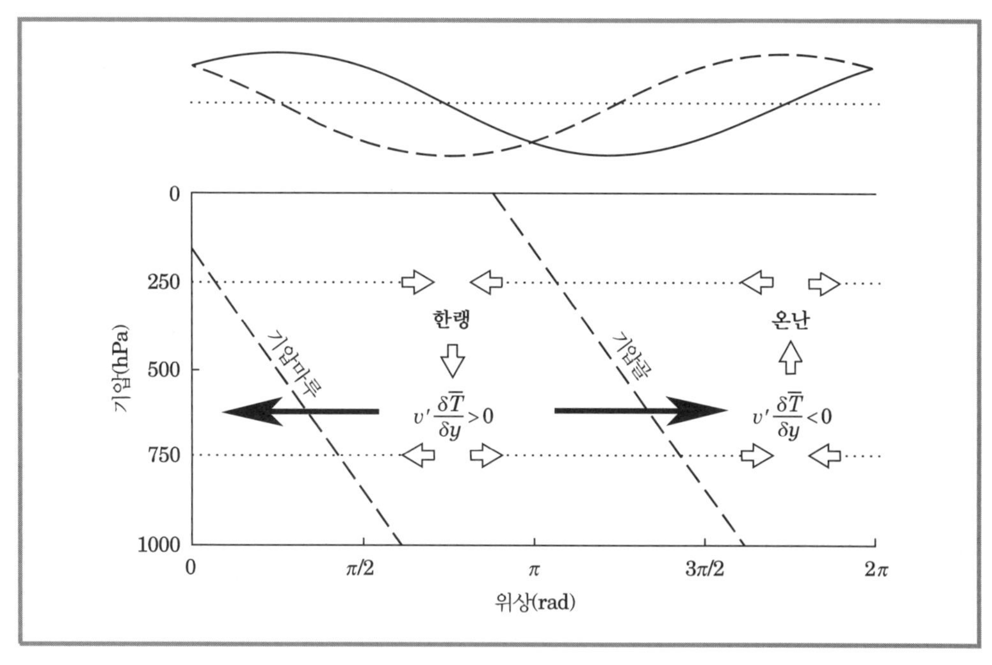

그림 7.4 이층 모형에서의 한 불안정한 경압 파의 구조. (위) 500-hPa 섭동 지위(실선)와 온도(파선)의 상대적인 위상들. (아래) 이층 모형의 한 불안정한 경압 파를 위한 지위, 자오 온도 이류, 비지균 순환 (열린 화살), ***Q*** 벡터 (굳은 화살), 및 온도 장들

와도의 음(양) 이류로, 또는 대안적으로, 섭동 자오 바람에 의한 기초 상태 온도 장의 한랭(온난) 이류로, 하강(상승) 운동이 강요된다.

이제 이층 모형 안에서 경압적으로 불안정한 한 요란의 구조를 그려내기에 필요한 정보가 마련되었다. 그림 7.4의 아래 부분은 중위도의 흔한 상황인 $U_T > 0$에 대하여 지위 장과 발산적인 이차 운동의 장 사이의 위상 관계를 도식적으로 보인다. 고도들 사이에서 선형 내삽을 이용했기 때문에 골과 마루의 축들은 고도에 따라 서쪽으로 기우는 직선들이다. 이 예에서 ψ_1 장은 위상에서 ψ_3 장보다 약 65° 뒤지므로 250-hPa 골은 위상에서 750-hPa 골의 서쪽으로 65°에 놓인다. 500 hPa에서 섭동 층후 장은 그림 7.4의 위 부분에 보인 바와 같이 지위 장에 1/4 파장만큼 뒤지며, 층후 및 연직 운동의 장들은 위상으로 한 위상에 있다. 섭동 자오 바람에 의한 온도 이류가 500-hPa 층후 장과 한 위상에 있으므로 섭동 바람에 의한 기초 상태 온도의 이류가 섭동 층후 장을 강화하기로 작용함에 주목하라. 이 경향은 그림 7.4에서 500-hPa 고도에 보이는 동서로 향하는 ***Q*** 벡터에 의해서도 예증된다.

그림 7.4에 보인 바와 같이, ***Q*** 벡터의 발산으로 강제되는 연직 운동의 패턴은 250-hPa 골(마루) 근처에서 양(음)의 와도 경향을 기여하고 750-hPa 마루(골) 근처에서 음(양)의 와도 경향을 기여하는 한 발산-수렴 패턴과 연관되어 있다. 모든 경우들에 있어서 이 와도 경향들이 골과 마루에서의 와도의 극값들을 증가시키려 하기에, 이 이차 순환 시스템은 요란의 강도를

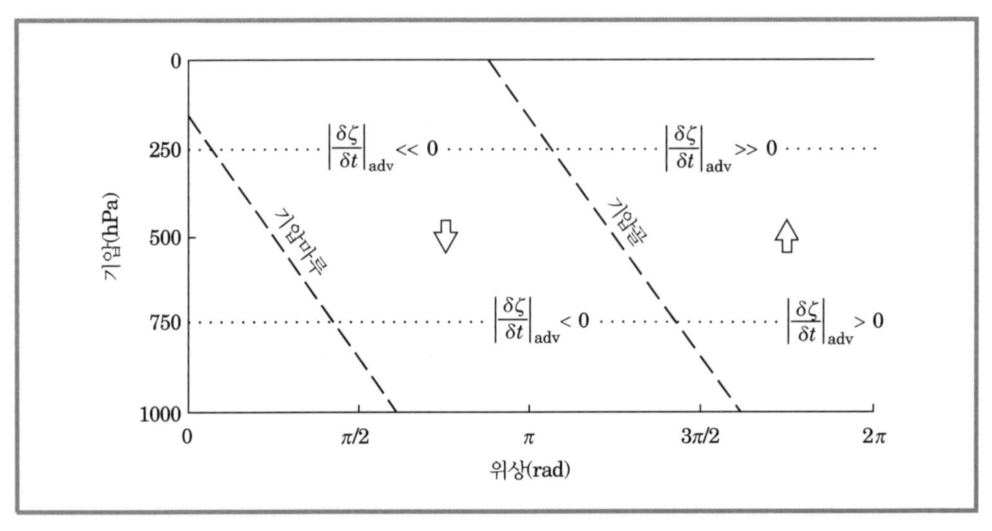

그림 7.5 이층 모형의 한 불안정한 경압 파에 대해서 와도 이류에 기인하는 와도 변화의 위상을 보이는 연직 단면

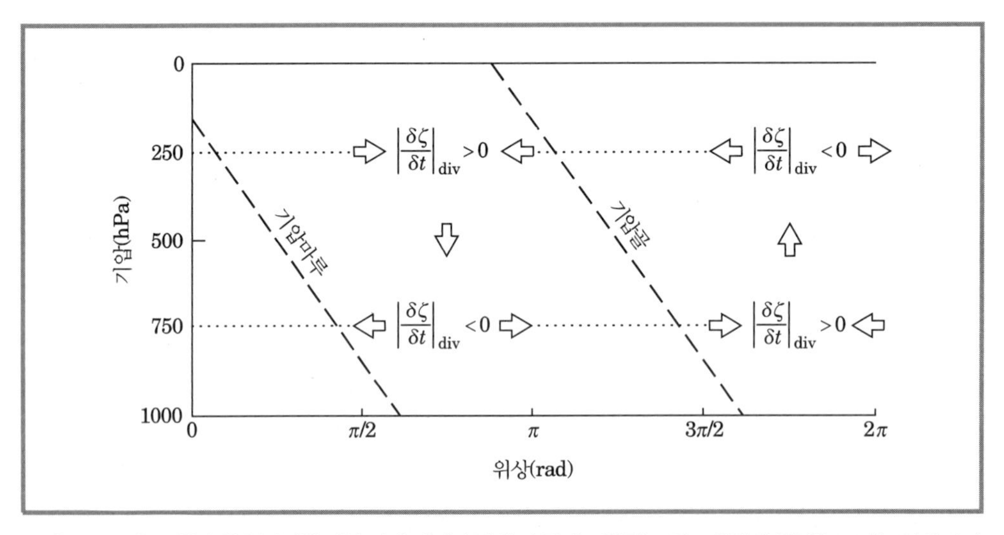

그림 7.6 이층 모형의 한 불안정한 경압 파에 대해서 발산-수렴에 기인하는 와도 변화의 위상을 보이는 연직 단면

증가시키기로 작용할 것이다.

물론, 각 고도에서의 와도의 전체 변화는 와도 이류와 발산적인 순환에 기인하는 와도 신장과의 합으로 결정된다. 이 과정들의 상대적인 기여들이 그림 7.5와 그림 7.6에 각각 도식적으로 표시되어 있다. 그림 7.5에서 볼 수 있는 바와 같이, 와도 이류는 1/4 파장만큼 와도 장을 앞선다. 이 경우에 기초 상태 바람이 고도에 따라 증가하기에, 250 hPa에서의 와도 이류는 750 hPa에서의 그것보다 더 크다. 만일 다른 과정들이 와도 장에 영향을 안 미친다면, 이 차등적인 와도 이류의 효과는 상층 골과 마루 패턴을 하층 패턴보다 더 빨리 동쪽으로 이동시킬

것이다. 그래서 골-마루 패턴의 서향 기울기는 빨리 파괴될 것이다. 차등적인 와도 이류가 존재하는 가운데서 이 기울기의 유지는 발산적인 이차 순환과 연관된 와도 신장에 의한 와도의 농축에 기인한다.

그림 7.6을 참고하면, 발산 효과에 의한 와도의 농축이 와도 장에 250 hPa에서 약 65° 뒤지고 750 hPa에서 약 65° 앞선다. 결과적으로, 와도의 최대 및 최소의 앞에서 순 와도 경향들은 상층에선 이류 경향보다 작고 하층에선 이류 경향보다 크다.

$$\left|\frac{\partial \zeta_1'}{\partial t}\right| < \left|\frac{\partial \zeta_1'}{\partial t}\right|_{\text{adv}}, \quad \left|\frac{\partial \zeta_3'}{\partial t}\right| > \left|\frac{\partial \zeta_3'}{\partial t}\right|_{\text{adv}}$$

더욱, 발산 효과에 의한 와도 농축은, 한 성장하는 요란에 필요한 만큼, 250-hPa와 750-hPa 고도 둘 다에서 골들과 마루들의 와도 섭동을 증폭하려 할 것이다.

7.3 경압 파들의 에너지론

앞 절은 적당한 조건 아래에서 연직으로 전단되고 지균적으로 균형 잡힌 기초 상태 흐름이 관측된 종관규모 시스템들의 범위 안에 드는 수평 파장을 갖는 파동 같은 작은 섭동들에 대해 불안정하다는 것을 보였다. 경압적으로 불안정한 그런 섭동들은 평균 흐름에서 에너지를 끌어내어 지수적으로 증폭할 것이다. 이 절은 선형화된 경압 요란을 고찰하고, 경압적으로 불안정한 섭동들의 에너지 원이 평균 흐름의 잠재 에너지라는 것을 보인다.

7.3.1 가용 잠재 에너지

경압 파들의 에너지론을 논의하기에 앞서 일반적인 관점에서 대기의 에너지를 고찰할 필요가 있다. 모든 실제적인 목적들을 위해서, 대기의 전체 에너지는 내부 에너지, 중력의 위치 에너지 및 운동 에너지의 합이다. 하지만, 내부 및 중력의 위치 에너지의 변동들을 구별해서 고찰할 필요가 없는데 그 까닭은 정역학 대기 안에서 이 두 형태의 에너지는 비례하고 **전체 잠재 에너지**라 불리는 단일 항으로 합쳐질 수 있기 때문이다. 내부 에너지와 중력의 위치 에너지의 비례성은 지표에서 대기의 꼭대기에 이르는 단위 수평 단면의 공기 기둥에 대해 이들 형태의 에너지를 고찰함으로써 논증될 수 있다.

높이가 dz인 기둥의 한 연직 토막 안의 내부 에너지를 dE_I라 두면, 내부 에너지의 정의로부터(2.6절을 보라)

$$dE_I = \rho c_v T dz$$

그러므로 기둥 전체에 대한 내부 에너지는

$$E_I = c_v \int_0^\infty \rho T dz \tag{7.29}$$

이다. 하지만, 고도 z에서 두께가 dz인 한 조각에 대해 중력의 위치 에너지는

$$dE_P = \rho g z dz$$

이므로 기둥 전체의 중력의 위치 에너지는

$$E_P = \int_0^\infty \rho g z dz = -\int_{p_0}^0 z dp \tag{7.30}$$

이다. 여기서 우리는 정역학 방정식을 대입하여 식 (7.30)의 마지막 적분을 얻은 것이다. 식 (7.30)을 부분적으로 적분하고 이상기체 법칙을 이용하면, 우리는

$$E_P = \int_0^\infty p dz = R \int_0^\infty \rho T dz \tag{7.31}$$

을 얻는다. 식 (7.29)과 (7.30)의 비교로 우리는 $c_v E_P = R E_I$임을 안다. 그래서 전체 잠재 에너지는

$$E_P + E_I = (c_p/c_v) E_I = (c_p/R) E_P \tag{7.32}$$

와 같이 표현될 수 있다. 그러므로 정역학 대기에서 전체 잠재 에너지는 E_I 또는 E_P 하나만 계산하면 얻어질 수 있다.

폭풍에서는 전체 잠재 에너지의 아주 작은 부분만이 운동 에너지로의 전환에 쓰일 수 있기 때문에 전체 잠재 에너지는 대기 에너지의 척도로서는 매우 불편한 것이다. 왜 전체 잠재 에너지의 대부분이 쓰일 수 없는가를 정성적으로 논증하기 위해 우리는 그림 7.7에 보인 바와 같이 연직 칸막이로 갈라진 동일 질량의 두 건조 공기로 애초에 구성된 간단한 모형 대기를 고찰한다. 이 두 공기 질량들은 각각 균일한 온위 θ_1과 θ_2를 가지며, $\theta_1 < \theta_2$라 하자. 이 칸막이의 양쪽에서 지면 압력은 1000 hPa인 것으로 잡는다. 우리가 원하는 바는 이 칸막이를 제거할 때 동일한 부피 안에서 질량의 단열 재배치로 이룰 수 있는 최대의 운동 에너지를 계산하는 것이다.

이제 단열 과정에 대해 전체 에너지는 보존된다. 곧

$$E_K + E_P + E_I = const$$

여기서 E_K는 운동 에너지를 표시한다. 만일 공기 질량들이 초기에 정지하고 있다면 $E_K = 0$이다. 그래서 프라임(′)으로 말기 상태를 표시하면

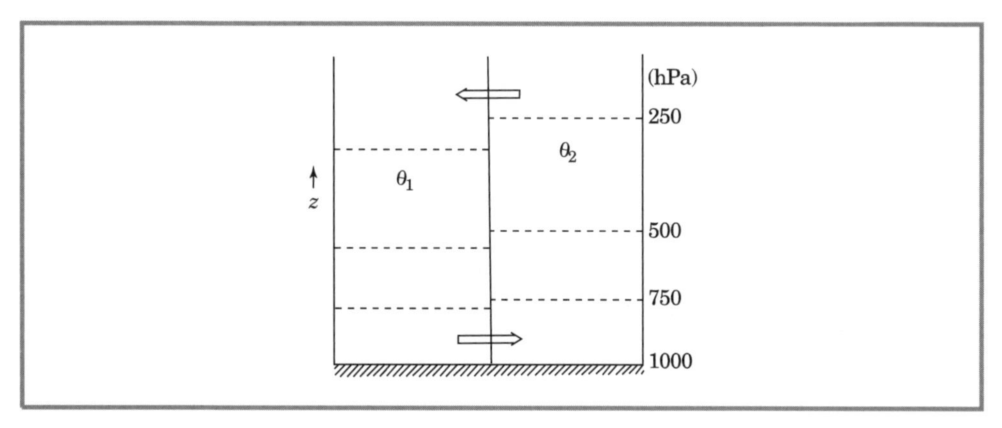

그림 7.7 한 연직 칸막이로 분리된 서로 다른 온위의 두 기단들. 파선들은 등압면들을 표시한다. 화살들은 그 칸막이가 제거되는 때 운동의 방향을 보인다.

$$E_K' + E_P' + E_I' = E_P + E_I$$

를 얻게 되고 식 (7.32)의 도움으로 칸막이의 제거로 이룩될 운동 에너지는

$$E_K' = (c_p/c_v)(E_I - E_I')$$

와 같이 표현될 수 있다. 단열 과정에 대해서 θ는 보존되므로 두 공기 질량들은 섞일 수 없다. 이 질량들이 재배치되는 가운데 500-hPa 등압면이 두 질량들 사이의 수평 경계가 되면서 온위가 θ_1인 공기가 온위가 θ_2인 공기 밑으로 완전히 깔릴 때 E_I'은 최소값(E_I''으로 표시됨)을 가질 것이 명백하다. 그 경우에 단열 과정은 더 이상 E_I''을 축소할 수 없기 때문에 전체 잠재 에너지 $(c_p/c_v)E_I''$는 운동 에너지로의 전환에 쓰일 수 없다.

가용 잠재 에너지(APE)는 이제 한 닫힌계의 전체 잠재 에너지와 질량의 단열 재배치로 이룰 수 있는 최소의 전체 잠재 에너지와의 차이로 정의될 수 있다. 곧, 위에 주어진 이상화된 모형에 대해, 기호 P로 표시되는 APE는

$$P = (c_p/c_v)(E_I - E_I'') \tag{7.33}$$

이며, 이는 단열 과정으로 이룰 수 있는 최대의 운동 에너지와 동등하다.

로렌즈(Lorenz, 1960)가 보인 것은 가용 잠재 에너지가 등압면 위 온위 분산의 대기 전체에 대한 부피 적분으로 어림된다는 점이다. 곧, 주어진 한 등압면에 대한 평균 온위를 $\overline{\theta}$, 이 평균으로부터의 국지 편차를 θ', 그리고 전체 부피를 V로 각각 나타내면, 단위 부피당 평균 가용 잠재 에너지는 비례 관계

$$\overline{P} \propto V^{-1} \int \left(\overline{\theta'^2} / \overline{\theta}^2 \right) dV$$

를 만족한다. 준지균 모형에 대해서, 이 비례 관계는 다음 소절에서 보일 바와 같이 가용 잠재 에너지의 정확한 척도이다.

관측은 대기 전체에 대해서

$$\overline{P}/\left[\left(c_p/c_v\right)\overline{E}_I\right] \sim 5\times10^{-3}, \quad \overline{K}/\overline{P} \sim 10^{-1}$$

을 가리킨다. 곧 대기의 전체 잠재 에너지의 0.5%만이 쓸 수 있는 것이고, 이 쓸 수 있는 부분 중에서 오직 10%만이 실제로 운동 에너지로 전환된다. 이 관점에서 보면 대기는 매우 비효율적인 열기관이라 하겠다.

7.3.2 이층 모형을 위한 에너지 방정식들

7.2절의 이층 모형에서, 섭동 온도 장은 $\psi_1' - \psi_3'$, 곧 250-~750-hPa 층후에 비례한다. 그래서 앞 절에 주어진 논의의 관점에서 우리는 이 경우에 가용 잠재 에너지가 $(\psi_1' - \psi_3')^2$에 비례할 것으로 예견한다. 이것이 사실로 그러하다는 것을 보이기 위해, 우리는 그 계에 대한 에너지 방정식들을 다음과 같이 유도한다. 먼저 우리는 식 (7.9)를 $-\psi_1$으로, 식 (7.10)을 $-\psi_3$으로, 그리고 식 (7.11)을 $(\psi_1' - \psi_3)$으로 곱한다. 다음에 우리는 그 결과 식들을 섭동의 한 파장에 걸쳐 동서 방향으로 적분한다.

그 결과로 생기는 동서로 평균된[2)]항들은 제7장에서 했던 바와 같이 상단 막대들로 표시될 것이다.

$$\overline{(\ )} = L^{-1}\int_0^L (\ )\, dx$$

여기서 L은 섭동의 파장이다. 그래서 식 (7.9)의 첫 항에 $-\psi_1'$을 곱해 평균하고 부분미분으로 우리는

$$\overline{-\psi_1' \frac{\partial}{\partial t}\left(\frac{\partial^2 \psi_1'}{\partial x^2}\right)} = -\overline{\frac{\partial}{\partial x}\left[\psi_1' \frac{\partial}{\partial x}\left(\frac{\partial \psi_1'}{\partial t}\right)\right]} + \overline{\frac{\partial \psi_1'}{\partial x}\frac{\partial}{\partial t}\left(\frac{\partial \psi_1'}{\partial x}\right)}$$

을 얻는다. 오른쪽의 첫 항은 x에 대한 완전한 미분을 한 완전한 주기에 걸쳐 적분한 것이기 때문에 사라진다. 오른쪽의 둘째 항은 다시 쓰면

$$\frac{1}{2}\frac{\partial}{\partial t}\overline{\left(\frac{\partial \psi_1'}{\partial x}\right)^2}$$

2) 한 동서 평균은 일반적으로 한 전체 위도 원 주위로의 평균을 가리킨다. 하지만, 한 정수 m으로 파수가 $k = m/(a\cos\phi)$인 한 단일 정현파로 구성된 요란에 대해, 한 파장에 걸친 평균은 동서 평균과 동일하다.

인데, 이는 바로 한 파장에 걸쳐 평균된 단위 질량당 섭동 운동 에너지의 시간 변화율이다. 마찬가지로 식 (7.9)의 왼쪽의 이류 항은 그것에 $-\psi'_1$을 곱하고 x에 대해 적분하면

$$-\overline{U_1\psi'_1\frac{\partial^2}{\partial x^2}\left(\frac{\partial\psi'_1}{\partial x}\right)} = -\overline{U_1\frac{\partial}{\partial x}\left[\psi'_1\frac{\partial}{\partial x}\left(\frac{\partial\psi'_1}{\partial x}\right)\right]} + U_1\overline{\frac{\partial\psi'_1}{\partial x}\frac{\partial^2\psi'_1}{\partial x^2}} = \frac{U_1}{2}\overline{\frac{\partial}{\partial x}\left(\frac{\partial\psi'_1}{\partial x}\right)^2} = 0$$

와 같이 적힐 수 있다.

곧, 운동 에너지의 이류는 한 파장에 걸쳐 적분되면 사라진다. 식 (7.10)과 (7.11)의 여러 항들을 모조리 $-\psi'_3$와 $(\psi'_1 - \psi'_3)$으로 각각 곱한 다음에 똑같은 방법으로 평가하면, 우리는 다음과 같은 섭동 에너지 방정식들의 집합

$$\frac{1}{2}\frac{\partial}{\partial t}\overline{\left(\frac{\partial\psi'_1}{\partial x}\right)^2} = -\frac{f_0}{\delta p}\overline{\omega'_2\psi'_1} \tag{7.34}$$

$$\frac{1}{2}\frac{\partial}{\partial t}\overline{\left(\frac{\partial\psi'_3}{\partial x}\right)^2} = +\frac{f_0}{\delta p}\overline{\omega'_2\psi'_3} \tag{7.35}$$

$$\frac{1}{2}\frac{\partial}{\partial t}\overline{(\psi'_1-\psi'_3)^2} = U_T\overline{(\psi'_1-\psi'_3)\frac{\partial}{\partial x}(\psi'_1+\psi'_3)} + \frac{\sigma\delta p}{f_0}\overline{\omega'_2(\psi'_1-\psi'_3)} \tag{7.36}$$

을 얻는다. 여기서 전과 같이 $U_T \equiv (U_1 - U_3)/2$ 이다.

섭동 운동 에너지를 250- 및 750-hPa 고도에서의 운동 에너지들의 합이 되도록

$$K' \equiv (1/2)\left[\overline{(\partial\psi'_1/\partial x)^2} + \overline{(\partial\psi'_3/\partial x)^2}\right]$$

과 같이 정의하면, 우리는 식 (7.34)와 (7.35)를 더해

$$dK'/dt = -(f_0/\delta p)\overline{\omega'_2(\psi'_1-\psi'_3)} = -(2f_0/\delta p)\overline{\omega'_2\psi_T} \tag{7.37}$$

를 구한다. 곧, 섭동 운동 에너지의 변화율은 섭동 층후와 연직 운동 사이의 상관에 비례한다.

만일 우리가 이제 섭동 가용 잠재 에너지를

$$P' \equiv \lambda^2\overline{(\psi'_1-\psi'_3)^2}/2$$

와 같이 정의하면, 우리는 식 (7.36)으로부터

$$\begin{aligned} dP'/dt &= \lambda^2 U_T\overline{(\psi'_1-\psi'_3)\partial(\psi'_1+\psi'_3)/\partial x} + (f_0/\delta p)\overline{\omega'_2(\psi'_1-\psi'_3)} \\ &= 4\lambda^2 U_T\overline{\psi_T\partial\psi_m/\partial x} + (2f_0/\delta p)\overline{\omega'_2\psi_T} \end{aligned} \tag{7.38}$$

을 얻는다. 식 (7.38)의 마지막 항은 식 (7.37)에 있는 운동 에너지 발원 항과 크기가 같고

부호가 반대이다. 이 항은 명백히 잠재 에너지와 운동 에너지 사이의 전환을 나타냄에 틀림없다. 만일 평균적으로 연직 운동이 층후가 평균보다 더 큰 곳($\psi_1' - \psi_3' > 0$)에서 양($\omega_2' < 0$)이고 평균보다 더 적은 곳에서 음이라면,

$$\overline{\omega_2'(\psi_1' - \psi_3')} = 2\overline{\omega'_2 \psi_T} < 0$$

이고 섭동 잠재 에너지는 운동 에너지로 전환되고 있다. 물리적으로, 이 상관은 상층의 찬 공기가 밑에서 올라오는 따뜻한 공기로 대체되는 한 전복을 나타내는데, 이는 확실히 질량 중심을 낮추고 따라서 섭동의 위치 에너지를 낮추려 하는 것이다. 하지만, 식 (7.38)의 첫 항에 기인하는 잠재 에너지 발생이 운동 에너지로의 잠재 에너지의 전환을 능가하기만 하면, 요란의 가용 잠재 에너지와 운동 에너지는 아직 함께 성장할 수 있다.

식 (7.38)의 잠재 에너지 발생 항은 섭동 층후 ψ_T와 500 hPa에서의 자오 속도 $\partial\psi_m/\partial x$ 와의 상관에 의존한다. 이 항의 역할을 이해하기 위해 한 특별한 정현 파동 요란을 고찰하는 것이 도움이 된다. 요란의 순압 및 경압 부분이 각각

$$\psi_m = A_m \cos k(x - ct) \quad \text{그리고} \quad \psi_T = A_T \cos k(x + x_0 - ct) \tag{7.39}$$

와 같이 적힐 수 있다고 상정하자. 여기서 x_0는 위상 차이를 표시한다. ψ_m이 500-hPa 지위에 비례하고, ψ_T는 500-hPa 온도 (또는 250-~750-hPa 층후)에 비례하기 때문에 위상각 kx_0은 500 hPa에서 지위와 온도 장 사이의 위상 차이를 준다. 더욱, A_m과 A_T는 각각 500-hPa 요란 지위와 온도 장의 진폭의 척도들이다. 식 (7.39)의 표현들을 이용하면, 우리는

$$\begin{aligned}\overline{\psi_T \frac{\partial \psi_m}{\partial x}} &= -\frac{k}{L}\int_0^L A_T A_m \cos k(x + x_0 - ct)\sin k(x - ct)\,dx \\ &= \frac{k A_T A_m \sin kx_0}{L}\int_0^L [\sin k(x - ct)]^2\,dx \\ &= (A_T A_m k \sin kx_0)/2\end{aligned} \tag{7.40}$$

을 얻는다. 식 (7.40)을 식 (7.38)에 대입하고 보면, 보통 중위도의 경우인 편서 온도풍($U_T > 0$)에 대해, 만일 섭동 잠재 에너지가 증가해야 한다면, 식 (7.40)의 상관은 양이어야 된다. 곧, kx_0은 부등식 $0 < kx_0 < \pi$을 만족해야 한다. 더욱, $kx_0 = \pi/2$에서, 곧 500 hPa에서 온도 파동이 지위 파동에 90° 뒤질 때, 그 상관은 양의 최대일 것이다.

그림 7.4가 일찍이 이 경우를 도식적으로 보였다. 명백히, 온도 파동이 1/4 주기로 지위에 뒤지는 때, 500-hPa 골의 동쪽 지균풍에 의한 따뜻한 공기의 북향 이류와 500-hPa 골의 서쪽 찬 공기의 남향 이류가 함께 최대화된다. 결과적으로, 한랭 이류는 250-hPa 골 밑에서 강하고 온난 이류는 250-hPa 마루 밑에서 강하다. 그 경우에, 6.4.2소절에서 이미 논의된 바와 같이,

상층 요란이 강화될 것이다. 여기서 꼭 주의할 것은 만일 온도 파동이 지위 파동에 뒤지면 골과 마루 축들이 고도에 따라 서쪽으로 기울 것이고, 이것은, 6.1절에 언급된 바와 같이, 증폭하는 중위도 종관 시스템들에 대한 경우일 것으로 인지된다.

그림 7.4를 다시 참고하고 오메가 방정식 (7.28)로 암시되는 연직 운동 패턴을 상기하면, 우리는 식 (7.38)의 오른쪽 두 항들의 부호들이 같을 수 없음을 안다. 그림 7.4의 서쪽으로 기우는 섭동에서, 연직 운동은 500-hPa 골의 뒤 찬 공기에서 하향이어야 된다. 따라서 온도와 연직 속도 사이의 상관은 이 상황에서 양이어야 된다. 다시 말하면,

$$\overline{\omega'_2 \psi_T} < 0$$

그래서 준지균 섭동들에 대하여, 고도에 따른 섭동의 서향 기울기는 수평 온도 이류가 섭동의 가용 잠재 에너지를 증가시킬 것과 연직 순환이 섭동 가용 잠재 에너지를 섭동 운동 에너지로 전환시킬 것을 함께 암시한다. 역으로, 고도에 따른 시스템의 동향 기울기는 식 (7.38)의 오른쪽 두 항들의 부호들을 둘 다 바꿀 것이다.

비록 식 (7.38)에서 잠재 에너지 발생 항과 잠재 에너지 전환 항의 부호들이 발달하는 경압파에 대해서 늘 반대라 할지라도, 요란의 전체 에너지 $P' + K'$의 성장을 결정하는 것은 오직 잠재 에너지 발생 속도이다. 이것은 식 (7.37)과 (7.38)을 더해

$$d(P' + K')/dt = 4\lambda^2 U_T \overline{\psi_T \partial\psi_m / \partial x}$$

를 얻음으로써 증명될 수 있다. 자오 속도와 온도 사이의 상관이 양이고 $U_T > 0$인 한, 섭동의 전체 에너지는 증가할 것이다. 연직 순환이 가용 잠재 에너지와 운동 에너지 사이에서 요란 에너지를 전환시킬 뿐 섭동의 전체 에너지에 영향을 주지 않음에 주목하라.

섭동의 전체 에너지의 증가율은 기초 상태 온도풍 U_T의 크기에 의존한다. 이것은 물론 동서로 평균된 자오 온도 경도에 비례한다. 섭동 에너지의 생성이 따뜻한 공기의 조직적인 극 쪽 수송과 찬 공기의 조직적인 적도 쪽 수송을 요구하기 때문에, 명백한 점은 경압적으로 불안정한 요란들이 자오 온도 경도를 축소하려하고 그렇게 해서 평균 흐름의 가용 잠재 에너지를 축소하려 한다. 이 후자의 과정은 선형화된 방정식들을 통해 수학적으로 설명될 수 없다. 하지만, 그림 7.8로부터 우리가 질적으로 알 수 있는 바는 동서 평균 온위 면보다 작은 기울기를 가지고 극(적도)쪽과 위(아래)쪽으로 움직이는 덩어리들이 그들의 주위보다 더 따뜻해(차가와)지리라는 점이다.

그런 덩어리들에 대하여, 요란 자오 속도와 온도 사이, 그리고 요란 연직 속도와 온도 사이의 상관들은 경압적으로 불안정한 요란들에게 필요한 만큼 둘 다 양일 것이다. 하지만, 평균 온위 기울기보다 더 큰 궤도 기울기들을 갖는 덩어리들에 대하여, 이 두 상관들은 함께 음일 것이다. 그런 덩어리들은 요란 운동 에너지를 요란 가용 잠재 에너지로 전환하고, 후자는 다시 동서

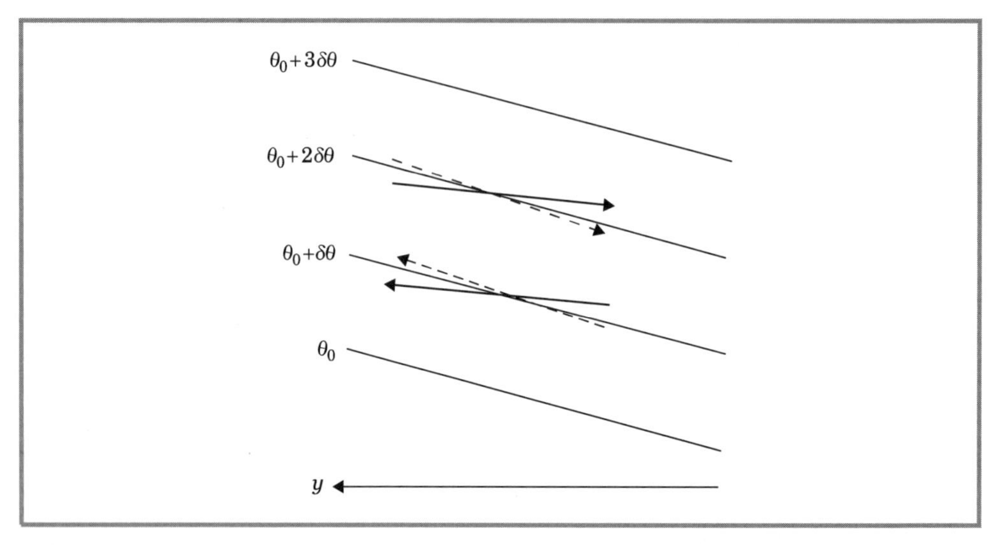

그림 7.8 경압적으로 불안정한 한 요란과 경압적으로 안정한 한 요란을 위해 각각 동서 평균 등온위면들에 대해 상대적으로 그려진 덩이 궤적들의 기울기들. 실선 화살들은 불안정한 요란, 그리고 파선 화살들은 안정한 요란을 위한 궤적들을 나타낸다.

평균 가용 잠재 에너지로 전환된다. 그러므로 섭동이 평균 흐름으로부터 에너지를 추출할 수 있으려면 섭동 덩어리 궤적들이 자오 평면에서 온위 면들의 기울기들보다 더 작은 기울기들을 가져야 되며, 한 순 열 수송이 있으려면 공기의 한 영구적인 재배치가 일어나야만 된다.

극 쪽으로 움직이는 공기는 상승하고 적도 쪽으로 움직이는 공기는 하강해야 됨을 앞에서 알았기에, 명백한 것은 온위 면의 자오 기울기가 큰 대기일수록 에너지 발생 속도가 클 수 있다는 점이다. 우리는 왜 경압 불안정이 단파 절리를 갖느냐는 점도 알 수 있다. 전에 언급된 바와 같이, 그 연직 순환의 세기는 파장이 감소하면 증가해야 된다. 곧, 덩어리 궤적들의 기울기들은 감소하는 파장과 더불어 증가해야 되고, 어떤 임계 파장에 대하여 궤적 기울기는 온위 면들의 기울기보다 더 커지게 될 것이다. 가장 빠른 증폭이 가장 작을 수 있는 규모에서 일어나는 대류 불안정과는 달리, 경압 불안정은 중간 범위의 규모에서 가장 효과적이다.

준지균 섭동들에 대한 에너지 흐름이 그림 7.9에 블록 도형의 방법으로 정리되어 있다. 이 유형의 에너지 도형에서 각 블록은 한 특별한 유형의 에너지 저장소를 나타내고, 화살들은 에너지 흐름의 방향들을 표시한다. 완전한 에너지 사이클은 선형 섭동 이론으로 유도될 수 없지만 제10장에서 질적으로 논의될 것이다.

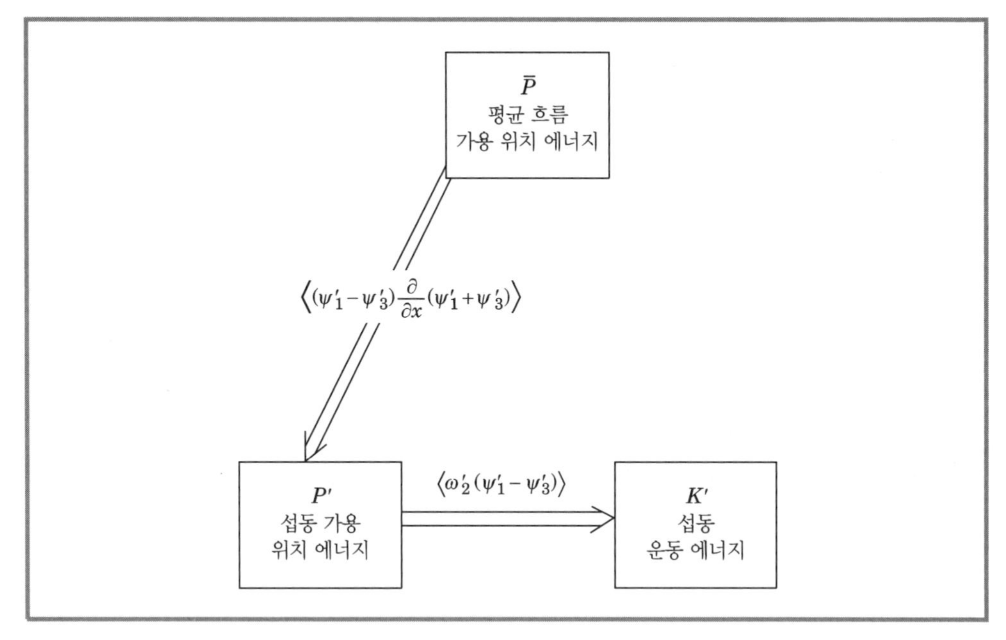

그림 7.9 한 증폭하는 경압 파 안에서의 에너지 흐름

7.4 한 연속적으로 층리된 대기의 경압 불안정

앞의 두 절에서 경압 불안정의 몇몇 기초적 면모들이 간단한 이층 모형의 상황으로 밝혀졌다. 연직 시어에 대한 성장률의 의존도와 단파 절리의 존재가 명백히 예시되었다. 하지만, 이층 모형은 하나의 심한 속박을 받는데, 그것은 대규모 시스템들의 고도 종속이 연직으로 오직 둘뿐인 자유도(곧, 250 hPa과 750 hPa에서의 유선함수들)로써 적절히 대표될 수 있다고 가정한 것이다. 중위도에서 대부분의 종관규모 시스템들이 대류권의 깊이에 견줄만한 연직 규모를 갖는 것으로 관측된다 하더라도, 관측된 연직 구조들은 서로 다르다. 지상 근처나 권계면 근처에 집중된 요란들은 이층 모형으로 전혀 정확히 표현될 수 없다.

현실적인 평균 동서 바람 프로필에 대한 경압 모드들의 구조 분석은 꽤 복잡하며 실제로 수치 방법으로써만 될 수 있는 것이다. 하지만, 구체적인 정상 모드 풀이들을 얻지 않고서도 레일리가 처음 개발한 한 적분 정리로부터 경압 또는 순압 불안정에 대한 필요조건들을 얻는 것이 가능하다. 7.4.2소절에서 논의되는 이 정리는 경압 불안정이 평균 자오 잠재와도 경도와 평균 자오 지표 온도 경도에 어떻게 긴밀하게 관련되어 있는지를 또한 보일 것이다.

만일 다수의 간단화시키는 가정들을 만든다면, 연속적으로 층리된 대기를 위해 표준 방법들로써 풀 수 있는 연직 구조에 대한 2계 미분 방정식에 이르는 방식으로 한 안정도 문제를 제기하는 것이 가능하다. 이 문제는 원래 영국 기상학자 이디(Eady, 1949)가 연구한 것이며,

비록 수학적으로는 이층 모형과 유사하지만 부가적인 통찰을 제공한다. 그것이 7.4.3소절에서 개발된다.

7.4.1 로그-압력 좌표

레일리 정리와 이디 안정도 모형의 유도는 그 표준적인 등압 좌표에서 압력의 대수(곧 로가리듬)에 기초하는 한 연직 좌표로의 변환으로 쉬워진다. **로그-압력 좌표**에서, 연직 좌표는

$$z^* \equiv -H\ln(p/p_s) \tag{7.41}$$

와 같이 정의된다. 여기서 (보통 1000 hPa로 잡는) p_s는 표준 참고 압력이고, 전구 평균 온도 T_s을 가지고 쓰는 $H \equiv RT_s/g$는 표준 규모 고도이다. 온도가 T_s인 등온 대기의 특별한 경우에 z^*는 기하학적인 고도와 정확히 같고, 밀도 프로필은 참고 밀도

$$\rho_0(z^*) = \rho_s \exp(-z^*/H)$$

로 주어진다. 여기서 ρ_s는 $z^*=0$에서의 밀도이다.

한 현실적인 온도 프로필을 갖는 대기에 대해서 z^*는 어림으로서만 고도에 동등하지만, 대류권 안에선 그 차이가 보통 꽤 작다. 이 좌표계에서 연직 속도는

$$w^* \equiv Dz^*/Dt$$

이다. 로그-기압 좌표계에서 수평 운동량 방정식은 등압 좌표계에서의 그것과 똑같아

$$D\boldsymbol{V}/Dt + f\boldsymbol{k} \times \boldsymbol{V} = -\nabla_h \Phi \tag{7.42}$$

이다. 하지만, 연산자 D/Dt는 이제

$$D/Dt \equiv \partial/\partial t + \boldsymbol{V} \cdot \nabla_h + w^* \partial/\partial z^*$$

와 같이 정의된다. 정역학 방정식 $\partial\Phi/\partial p = -\alpha$는, 양변에 p를 곱하고 이상기체 법칙을 이용함으로써, 로그-기압 좌표계로 변환되어

$$\partial\Phi/\partial \ln p = -RT$$

이 되는데, 그 양변을 $-H$로 나누고 식 (7.41)을 이용하면

$$\partial\Phi/\partial z^* = -RT/H \tag{7.43}$$

이 주어진다. 연속 방정식의 로그-압력 형식은 등압 좌표 형식 (3.5)의 변환으로 얻어질 수

있다. 우리는 먼저

$$w^* \equiv -(H/p)Dp/Dt = -H\omega/p$$

이므로

$$\frac{\partial\omega}{\partial p} = -\frac{\partial}{\partial p}\left(\frac{pw^*}{H}\right) = \frac{\partial w^*}{\partial z^*} - \frac{w^*}{H} = \frac{1}{\rho_0}\frac{\partial(\rho_0 w^*)}{\partial z^*}$$

임에 주의한다. 그래서 로그-압력 좌표에서 연속 방정식은 간단히

$$\frac{\partial u}{\partial x} + \frac{\partial v}{\partial y} + \frac{1}{\rho_0}\frac{\partial(\rho_0 w^*)}{\partial z^*} = 0 \tag{7.44}$$

이 된다.

열역학의 첫째 법칙 식 (3.6)이 로그-압력 형식으로

$$\left(\frac{\partial}{\partial t} + \boldsymbol{V}\cdot\nabla\right)\frac{\partial\Phi}{\partial z^*} + w^* N^2 = \frac{\kappa J}{H} \tag{7.45}$$

와 같이 표현될 수 있음을 보이는 문제가 독자에게 맡겨진다. 여기서

$$N^2 \equiv (R/H)(\partial T/\partial z^* + \kappa T/H)$$

는 제곱된 부력 진동수이고 2.7.3소절을 보라), $\kappa \equiv R/c_p$ 이다. 열역학 방정식 (3.6)의 등압 형식에서의 정지 안정도 모수 S_p와는 달리, 모수 N^2 은 대류권 안에서 고도에 따라 오직 약하게 변한다. 그것은 대단한 오차 없이 상수로 가정될 수 있다. 이것이 로그-압력 공식화의 주요 장점이다.

준지균 잠재와도 방정식은 등압 계에서와 같은 형식을 갖지만, $\varepsilon \equiv f_0{}^2/N^2$ 로 두고 q는

$$q \equiv \nabla_h^2\psi + f + \frac{1}{\rho_0}\frac{\partial}{\partial z^*}\left(\varepsilon\rho_0\frac{\partial\psi}{\partial z^*}\right) \tag{7.46}$$

와 같이 정의된다.

7.4.2 경압 불안정 : 레일리 정리

이제 중위도 β 평면에서 연속적으로 층리된 대기의 한 안정도 문제를 검토하자. 준지균 잠재와도 방정식의 선형화된 형식은 로그-압력 좌표로

$$\left(\frac{\partial}{\partial t} + \bar{u}\frac{\partial}{\partial x}\right)q' + \frac{\partial\bar{q}}{\partial y}\frac{\partial\psi'}{\partial x} = 0 \tag{7.47}$$

와 같이 표현될 수 있다. 여기서

$$q' \equiv \nabla_h^2 \psi' + \frac{1}{\rho_0}\frac{\partial}{\partial z^*}\left(\varepsilon\rho_0 \frac{\partial \psi'}{\partial z^*}\right) \tag{7.48}$$

그리고

$$\frac{\partial \bar{q}}{\partial y} = \beta - \frac{\partial^2 \bar{u}}{\partial y^2} - \frac{1}{\rho_0}\frac{\partial}{\partial z^*}\left(\varepsilon\rho_0 \frac{\partial \bar{u}}{\partial z^*}\right) \tag{7.49}$$

이층 모형에서와 같이, 아래와 위 경계 등압면들에서 경계 조건들이 필요하다. 그 흐름이 단열적이고 연직 운동 w^*가 이 경계들에서 사라진다고 가정하면, 수평 경계 면들에서 유효한 열역학 에너지 방정식 (7.45)의 선형화된 형식은 간단히

$$\left(\frac{\partial}{\partial t} + \bar{u}\frac{\partial}{\partial x}\right)\frac{\partial \psi'}{\partial z^*} - \frac{\partial \psi'}{\partial x}\frac{\partial \bar{u}}{\partial z^*} = 0 \tag{7.50}$$

이다. 그 측면 경계 조건은 다음과 같다.

$$y = \pm L \text{에서 } \partial\psi'/\partial x = 0, \text{ 따라서 } \psi' = 0 \tag{7.51}$$

이제 섭동이 x 방향으로 전파하는 한 개의 동서 푸리에 성분으로 구성된다고 가정하자. 그러면

$$\psi'(x, y, z, t) = \mathrm{Re}\{\Psi(y, z)\exp[ik(x - ct)]\} \tag{7.52}$$

여기서 $\Psi(y, z) = \Psi_r + i\Psi_i$는 복소 진폭, k는 동서 파수, 그리고 $c = c_r + ic_i$는 복소 위상 속력이다. 식 (7.52)가 대안적으로

$$\psi'(x, y, z, t) = e^{kc_i t}\,[\Psi_r \cos k(x - c_r t) - \Psi_i \sin k(x - c_r t)]$$

와 같이 표현될 수 있음에 주목하라. 그러므로 아무 y, z^*에서 Ψ_r과 Ψ_i의 상대적 크기들이 파동의 위상을 결정한다.

식 (7.52)를 식 (7.47)과 (7.50)에 대입하면

$$(\bar{u} - c)\left[\frac{\partial^2 \Psi}{\partial y^2} - k^2\Psi + \frac{1}{\rho_0}\frac{\partial}{\partial z^*}\left(\varepsilon\rho_0 \frac{\partial \Psi}{\partial z^*}\right)\right] + \frac{\partial \bar{q}}{\partial y}\Psi = 0 \tag{7.53}$$

그리고

$$z^* = 0 \text{에서 } (\bar{u} - c)\frac{\partial \Psi}{\partial z^*} - \frac{\partial \bar{u}}{\partial z^*}\Psi = 0 \tag{7.54}$$

이 나온다. 때때로 이론적인 연구들에서 하듯이, 만일 위 경계가 유한한 높이에 있는 단단한 뚜껑인 것으로 친다면, 그 조건 식 (7.54)는 그 경계에서도 마찬가지로 적절하다. 대안적으로, 위 경계 조건은 $z^* \to \infty$ 에서 Ψ가 유한하게 남는 것을 요구하는 것으로 정해질 수 있다.

식 (7.53)은, 그 경계 조건들과 더불어, $\Psi(y, z^*)$ 에 대한 한 선형 경계 값 문제를 구성한다. 현실적인 평균 동서 바람 프로필들에 대해 식 (7.53)에 대한 풀이를 얻는 것은 일반적으로 간단하지 않다. 그럼에도 불구하고, 우리는 그 시스템의 에너지론을 간단히 분석함으로써 안정도 성질들에 관한 유용한 정보를 얻을 수 있다.

식 (7.53)을 $(\bar{u}-c)$ 로 나누고 그 결과 식을 실수 및 허수 부분들로 분리시키면, 우리는

$$\frac{\partial^2 \Psi_r}{\partial y^2}+\frac{1}{\rho_0}\frac{\partial}{\partial z^*}\left(\varepsilon\rho_0\frac{\partial \Psi_r}{\partial z^*}\right)-\left[k^2-\delta_r(\partial\bar{q}/\partial y)\right]\Psi_r-\delta_i\,\partial\bar{q}/\partial y\Psi_i=0 \tag{7.55}$$

$$\frac{\partial^2 \Psi_i}{\partial y^2}+\frac{1}{\rho_0}\frac{\partial}{\partial z^*}\left(\varepsilon\rho_0\frac{\partial \Psi_i}{\partial z^*}\right)-\left[k^2-\delta_r(\partial\bar{q}/\partial y)\right]\Psi_i+\delta_i\,\partial\bar{q}/\partial y\Psi_r=0 \tag{7.56}$$

을 얻는다. 여기서

$$\delta_r=\frac{\bar{u}-c_r}{(\bar{u}-c_r)^2+c_i^2} \quad \text{그리고} \quad \delta_i=\frac{c_i}{(\bar{u}-c_r)^2+c_i^2}$$

이다. 마찬가지로, 식 (7.54)를 $(\bar{u}-c)$ 로 나누고 실수 및 허수 부분들로 분리시키면 $z^*=0$ 에서의 경계 조건으로

$$\frac{\partial \Psi_r}{\partial z^*}+\frac{\partial\bar{u}}{\partial z^*}(\delta_i\Psi_i-\delta_r\Psi_r)=0\,,\quad \frac{\partial \Psi_i}{\partial z^*}-\frac{\partial\bar{u}}{\partial z^*}(\delta_r\Psi_i+\delta_i\Psi_r)=0 \tag{7.57}$$

이 얻어진다. 식(7.55)에 Ψ_i, 그리고 식 (7.56)에 Ψ_r 를 각각 곱하고, 그 전자에서 그 후자를 빼면,

$$\rho_0\left[\Psi_i\frac{\partial^2\Psi_r}{\partial y^2}-\Psi_r\frac{\partial^2\Psi_i}{\partial y^2}\right]+\left[\Psi_i\frac{\partial}{\partial z^*}\left(\varepsilon\rho_0\frac{\partial\Psi_r}{\partial z^*}\right)-\Psi_r\frac{\partial}{\partial z^*}\left(\varepsilon\rho_0\frac{\partial\Psi_i}{\partial z^*}\right)\right] \tag{7.58}$$
$$-\rho_0\delta_i(\partial\bar{q}/\partial y)\left(\Psi_i^{\,2}+\Psi_r^{\,2}\right)=0$$

이 나온다. 미분의 연쇄 규칙을 이용하면, 식 (7.58)은

$$\rho_0\frac{\partial}{\partial y}\left[\Psi_i\frac{\partial\Psi_r}{\partial y}-\Psi_r\frac{\partial\Psi_i}{\partial y}\right]+\frac{\partial}{\partial z^*}\left[\varepsilon\rho_0\left(\Psi_i\frac{\partial\Psi_r}{\partial z^*}-\Psi_r\frac{\partial\Psi_i}{\partial z^*}\right)\right] \tag{7.59}$$
$$-\rho_0\delta_i(\partial\bar{q}/\partial y)\left(\Psi_i^{\,2}+\Psi_r^{\,2}\right)=0$$

와 같이 표현될 수 있다.

식 (7.59)의 중괄호들 가운데 첫째 항은 y에 대한 완전 미분이고, 둘째 항은 z^*에 대한 완전 미분이다. 그래서 만일 식 (7.59)가 y, z^* 영역에 걸쳐 적분된다면, 그 결과는

$$\int_0^\infty \left[\Psi_i \frac{\partial \Psi_r}{\partial y} - \Psi_r \frac{\partial \Psi_i}{\partial y}\right]_{-L}^{+L} \rho_0 \, dz^* + \int_{-L}^{+L} \left[\varepsilon \rho_0 \left(\Psi_i \frac{\partial \Psi_r}{\partial z^*} - \Psi_r \frac{\partial \Psi_i}{\partial z^*}\right)\right]_0^\infty dy$$
$$= \int_0^\infty \int_{-L}^{+L} \rho_0 \delta_i \frac{\partial \bar{q}}{\partial y} \left(\Psi_i^{\,2} + \Psi_r^{\,2}\right) dy \, dz^* \tag{7.60}$$

와 같이 표현될 수 있다. 하지만, 식 (7.51)로부터 $y = \pm L$에서 $\Psi_i = \Psi_r = 0$이므로 식 (7.60)의 첫째 항은 사라진다. 더욱, Ψ가 $z^* \to \infty$에도 유한하다면 식 (7.60)의 둘째 항에 대한 위 경계의 기여도 사라진다. 그 다음에 아래 경계에서 식 (7.57)을 이용해 이 항에 나오는 연직 도함수들을 소거하면, 식 (7.60)은

$$c_i \left[\int_0^\infty \int_{-L}^{+L} \frac{\partial \bar{q}}{\partial y} \frac{\rho_0 |\Psi|^2}{|\bar{u} - c|^2} dy \, dz^* - \int_{-L}^{+L} \varepsilon \frac{\partial \bar{u}}{\partial z^*} \frac{\rho_0 |\Psi|^2}{|\bar{u} - c|^2}\bigg|_{z^*=0} dy\right] = 0 \tag{7.61}$$

와 같이 표현될 수 있다. 여기서 $|\Psi|^2 = \Psi_r^{\,2} + \Psi_i^{\,2}$는 요란 진폭의 제곱이다.

식 (7.61)은 준지균 섭동들의 안정도에 관해 중요한 암시를 준다. 불안정 모드들에 대해 c_i는 영이 아니고, 그래서 식 (7.61)의 중괄호 안은 영이어야 된다. 이제 $|\Psi|^2/|\bar{u} - c|^2$는 음이 아니므로, 불안정은 아래 경계에서의 $\partial \bar{u}/\partial z^*$와 영역 전체에서의 $(\partial \bar{q}/\partial y)$가 어떤 구속 조건들을 만족할 때에만 가능하다.

1. 만일 $z^* = 0$에서 $\partial \bar{u}/\partial z^* = 0$이면 (이는 온도풍 균형으로 자오 온도 경도가 그 경계에서 사라짐을 의미함), 식 (7.61)의 둘째 적분이 사라진다. 그래서 불안정이 일어나기 위해선 그 첫째 적분도 0이 되어야 한다. 이는 $\partial \bar{q}/\partial y$가 영역 안에서 부호를 바꿀 경우 (다시 말하면, 어딘가에서 $\partial \bar{q}/\partial y = 0$일 경우)에만 일어날 수 있다. 이는 레일리 필요조건이란 이름으로 불리며, 잠재와도의 근본적인 역할을 드러내는 또 하나의 예이다. $\partial \bar{q}/\partial y$는 정상적으로 양이기 때문에, 아래 경계에 온도 경도가 없는 상황에서, 불안정은 잠재와도의 음의 경도가 내부에 존재해야만 가능하다는 것이 명백하다.
2. 만일 모든 곳에서 $\partial \bar{q}/\partial y \geq 0$이라면 $c_i > 0$를 위해 아래 경계 어딘가에서 $\partial \bar{u}/\partial z^* > 0$일 필요가 있다.
3. 만일 $z^* = 0$의 모든 곳에서 $\partial \bar{u}/\partial z^* < 0$이면 불안정이 일어나기 위해 어딘가에서 $\partial \bar{q}/\partial y < 0$일 필요가 있다. 그래서 아래 경계에서의 편서 (동향 또는 서풍) 시어와 편동(서향 또는 동풍) 시어 사이에 비대칭성이 있으며, 서풍 시어가 경압 불안정에 보다 더 유리하다.

식 (7.49)의 기초 상태 잠재와도 경도는

$$\frac{\partial \bar{q}}{\partial y} = \beta - \frac{\partial^2 \bar{u}}{\partial y^2} + \frac{\varepsilon}{H}\frac{\partial \bar{u}}{\partial z^*} - \varepsilon\frac{\partial^2 \bar{u}}{\partial z^{*2}} - \frac{\partial \varepsilon}{\partial z^*}\frac{\partial \bar{u}}{\partial z^*}$$

와 같은 형식으로 적힐 수 있다. β는 어디에서나 양이기 때문에, 만일 ε이 상수라면 기초 상태 잠재와도의 음 경도는 평균 흐름의 강한 양의 곡률(곧 $\partial^2 \bar{u}/\partial y^2$ 또는 $\partial^2 \bar{u}/\partial z^{*2} \gg 0$)이나 강한 음의 연직 시어($\partial \bar{u}/\partial z^* \ll 0$)에 대해서만 일어날 수 있다. 강한 양의 자오 곡률은 편동풍 제트의 축이나 편서풍 제트의 가장자리에 일어날 수 있다. 그런 수평 곡률과 연관된 불안정은 **순압 불안정**이란 이름으로 불린다. 중위도에서 정상적인 경압 불안정은 $\partial \bar{q}/\partial y > 0$이고 지상에서 $\partial \bar{u}/\partial z^* > 0$인 평균 흐름과 연관된다. 따라서 그런 불안정의 존재를 위해 지상에서의 평균 자오 온도 경도가 필수적이다. 만일 평균 잠재와도 경도의 국지적인 반전을 초래할 만큼 충분히 강한 동풍의 평균 바람 전단이 있다면, ε이 매우 빠르게 고도에 따라 감소하기 때문에, 권계면에서 경압 불안정이 야기될 수도 있다.

7.4.3 이디 안정도 문제

이 소절은 앞 소절에서 다룬 한 연속적인 대기에서의 불안정을 위한 필요조건들을 만족하는 가장 간단한 모형에서의 불안정 모드들의 구조(고유함수)와 성장률을 분석한다. 간소함을 위해 우리는 다음 가정들을 세운다.

- 기초 상태 밀도가 상수(부시네스크 어림)
- f-평면 기하학($\beta=0$)
- $\partial \bar{u}/\partial z^* = \Lambda =$ 상수
- $z^*=0$ 및 H에서 단단한 뚜껑

이 조건들은 대기의 한 조잡한 모형에 불과하지만, 수평 규모와 안정도에 대한 연직 구조의 의존을 공부하기 위한 첫째 어림을 제공한다. 그 영역 안에서의 평균 잠재와도가 영임에도 불구하고, 이 이디 모형이 앞 소절에서 논의된 불안정을 위한 필요조건들을 만족하는 까닭은 위 경계에서의 기초 상태 평균 흐름의 연직 시어가 아래 경계 적분과 크기가 같고 부호가 반대인 부가적인 항을 식 (7.61)에서 제공하기 때문이다.

앞서 언급된 어림들을 사용하면, 준지균 잠재와도 방정식은

$$\left(\frac{\partial}{\partial t} + \bar{u}\frac{\partial}{\partial x}\right)q' = 0 \tag{7.62}$$

이다. 여기서 요란 잠재와도는

$$q' = \nabla_h^2 \psi' + \varepsilon \frac{\partial^2 \psi}{\partial z^{*2}} \tag{7.63}$$

으로써 주어지고 $\varepsilon \equiv f_0^2/N^2$이다. 열역학 에너지 방정식은 그 수평 경계들($z^* = 0$, H)에서

$$\left(\frac{\partial}{\partial t} + \bar{u}\frac{\partial}{\partial x}\right)T' = 0 \tag{7.64}$$

이다. 앞 소절에서와 같이 $\Psi(z^*)$가 한 복소 진폭이고 c가 한 복소 위상 속력인 때

$$\begin{aligned} \psi'(x, y, z^*, t) &= \Psi(z^*)\cos ly \exp[ik(x-ct)] \\ \bar{u}(z^*) &= \Lambda z^* \end{aligned} \tag{7.65}$$

라 두면, 우리는 식 (7.65)를 식 (7.62)에 대입하여

$$(\bar{u} - c)q' = 0 \tag{7.66}$$

을 구한다.

식 (7.66)에서 우리는 $q' = 0$ 아니면 $\bar{u} - c = 0$을 본다. $\bar{u} = \Lambda z^*$ 이기에, $\bar{u} - c = 0$은 파동 속력이 그 흐름 속력과 같은 고도에서만 0이 아닌 q'을 허락한다. 더욱이, $\bar{u}$가 엄격히 실수이기에, 이 경우에 파동 속력은 마찬가지로 그래야 되겠고, 그러므로 이 특별한 풀이 분지는 특이한 중립 모드들(그 파의 지향 고도에서 PV의 스파이크들)을 서술한다. 그들은 이디 모형에서 잠재와도 요란들의 발전을 서술하기에 유용하지만, 불안정을 서술하진 않는다. 그러므로 불안정 모드들은 $q' = 0$을 가져야 되는 바, 이는 식 (7.63)으로부터 그 연직 구조가 2계 미분 방정식

$$\frac{d^2\Psi}{dz^{*2}} - \alpha^2 \Psi = 0 \tag{7.67}$$

의 풀이로써 주어짐을 암시한다. 여기서 $\alpha^2 = (k^2 + l^2)/\varepsilon$이다. 유사한 대입을 식 (7.64)에 시행하여 나오는 경계 조건

$$z^* = 0,\ H\text{에서}\ \ (\Lambda z^* - c)d\Psi/dz^* - \Psi\Lambda = 0 \tag{7.68}$$

은 지표($z^* = 0$)와 권계면($z^* = H$)에 놓인 단단한 수평 경계들($w^* = 0$)에 대해 유효하다.

식 (7.67)의 일반 풀이는

$$\Psi(z^*) = A\sinh\alpha z^* + B\cosh\alpha z^* \tag{7.69}$$

의 형식으로 적힐 수 있다. 식 (7.69)를 $z^* = 0$와 $z^* = H$에서의 경계 조건들인 식 (7.68)에 대입하면, 진폭 A와 B에 대한 두 선형 동차 방정식들의 한 집합

$$-c\alpha A - B\Lambda = 0$$

$$\alpha(\Lambda H - c)(A\cosh\alpha H + B\sinh\alpha H) - \Lambda(A\sinh\alpha H + B\cosh\alpha H) = 0$$

이 나온다. 이층 모형에서와 같이, 사소하지 않은 풀이는 A와 B의 계수들의 행렬식이 0이 될 때에만 존재한다. 또다시, 이것은 위상 속력 c에 대한 2차 방정식에 이른다. 그 풀이는 (문제 8.12를 보라)

$$c = \frac{\Lambda H}{2} \pm \frac{\Lambda H}{2}\left[1 - \frac{4\cosh\alpha H}{\alpha H\sinh\alpha H} + \frac{4}{\alpha^2 H^2}\right]^{1/2} \tag{7.70}$$

와 같은 형식을 갖는다. 그래서

$$\text{만일 } 1 - \frac{4\cosh\alpha H}{\alpha H\sinh\alpha H} + \frac{4}{\alpha^2 H^2} < 0\text{이면, } c_i \neq 0$$

이고, 그러면 흐름은 경압적으로 불안정하다. 식 (7.70)의 중괄호 속의 양이 0과 같은 때, 흐름은 **중립으로 안정**하다고 말해진다. 이 조건은 $\alpha = \alpha_c$에서 일어나며, 여기서

$$\alpha_c^2 H^2/4 - \alpha_c H(\tanh\alpha_c H)^{-1} + 1 = 0 \tag{7.71}$$

이다. 항등식

$$\tanh\alpha_c H = 2\tanh\left(\frac{\alpha_c H}{2}\right) \Big/ \left[1 + \tanh^2\left(\frac{\alpha_c H}{2}\right)\right]$$

을 이용해서 식 (7.71)을 인수로 분해하면

$$\left[\frac{\alpha_c H}{2} - \tanh\left(\frac{\alpha_c H}{2}\right)\right]\left[\frac{\alpha_c H}{2} - \coth\left(\frac{\alpha_c H}{2}\right)\right] = 0 \tag{7.72}$$

이 나온다. 그래서 α의 임계값은 $\alpha_c H/2 = \coth(\alpha_c H/2)$로 주어지고, 이것은 $\alpha_c H \cong 2.4$를 암시한다. 따라서 불안정은 $\alpha < \alpha_c$ 곧

$$(k^2 + l^2) < (\alpha_c^2 f_0{}^2/N^2) \approx 5.76/L_R^2$$

를 요구한다. 여기서 $L_R \equiv NH/f_0 \approx 1000\,\text{km}$는 한 연속적으로 층리된 유체의 로스비 변형 반경이다. 식 (7.16) 바로 밑에 정의된 λ^{-1}와 비교하라. 동서 및 자오 파수가 서로 같은 파동들 $(k = l)$에 대해 최대 성장의 파장은

$$L_m = 2\sqrt{2}\,\pi L_R/(H\alpha_m) \cong 5500\,\text{km}$$

가 된다. 여기서 α_m은 kc_i가 최대가 되는 α의 값이다.

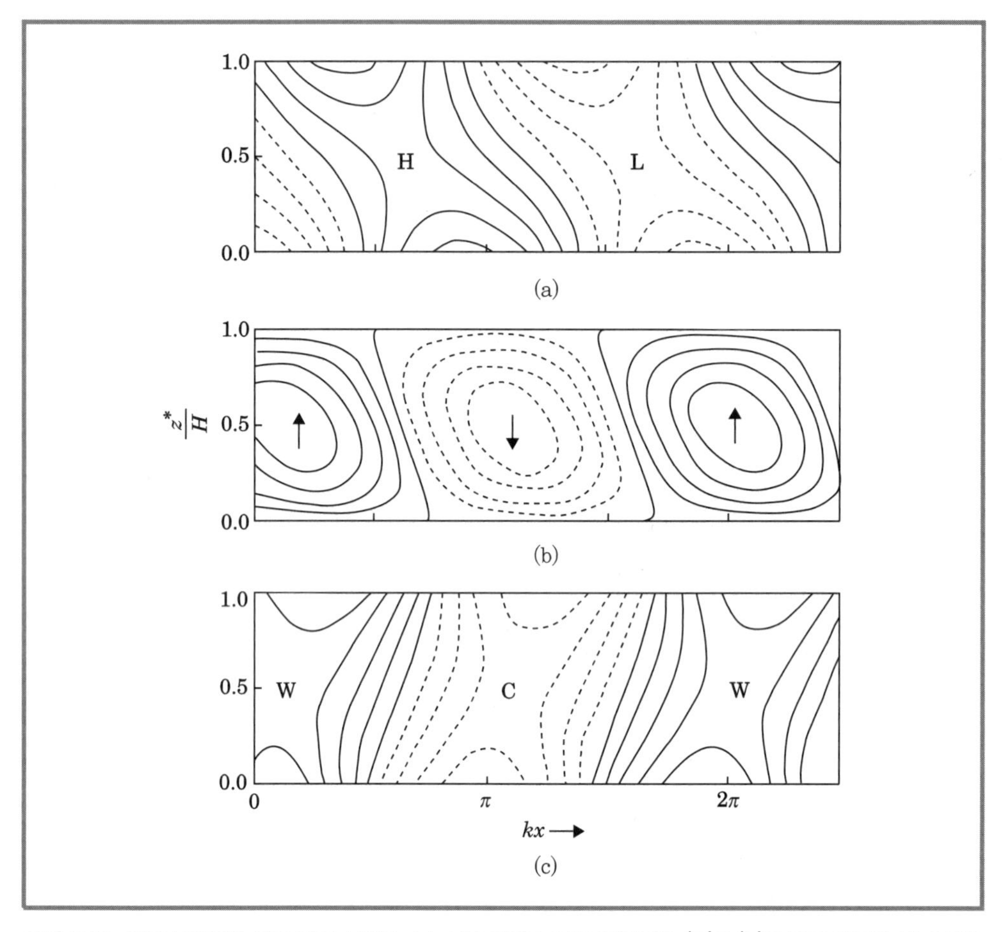

그림 7.10 가장 불안정한 이디 파의 성질들. (a) 섭동 지위 고도의 등치선들. 'H'와 'L'은 각각 마루와 골 축들을 표시한다. (b) 연직 속도의 등치선들. 위 및 아래 화살들은 각각 최대의 상승 및 하강 운동을 표시한다. (c) 섭동 온도의 등치선들. 'W' 및 'C'는 각각 가장 더운 및 찬 온도들을 표시한다. 이 모든 틀들에서 1과 1/4 파장들이 명확하게 보인다.

이 α의 값을 유선함수의 연직 구조에 대한 풀이 식 (7.69)에 대입하고 아래 경계 조건을 써서 계수 B를 A를 통해 표현하면, 우리는 그 가장 불안정한 모드의 연직 구조를 결정할 수 있다. 그림 7.10에 보인 바와 같이, 평균 흐름으로부터 가용 잠재 에너지를 끌어내기 위한 요구들과 일치하도록, 골과 마루 축들이 고도에 따라 서쪽으로 기운다. 하지만, 가장 따뜻한 공기와 가장 차가운 공기의 축들은 고도에 따라 동쪽으로 기우는데, 이는 온도가 단 한 고도에서 주어진 이층 모형으로부터 결정될 수 없었던 한 결과이다. 더욱, 그림 7.10a와 7.10b는 섭동 자오 속도가 양인 곳, 곧 상층 골 축의 동쪽에서 연직 속도도 양임을 보인다. 그래서 덩어리는 $\theta' > 0$ 인 구역에서 극 쪽으로 그리고 위로 움직인다. 역으로, 상층 골 축의 서쪽에서 덩어리 운동은 적도 쪽으로, 그리고 아래로 일어나며 여기서 $\theta' < 0$이다. 그래서 두 경우들다가, 전에 그림 7.8에 보인, 에너지를 전환하는 덩어리 궤적 기울기들과 일치한다.

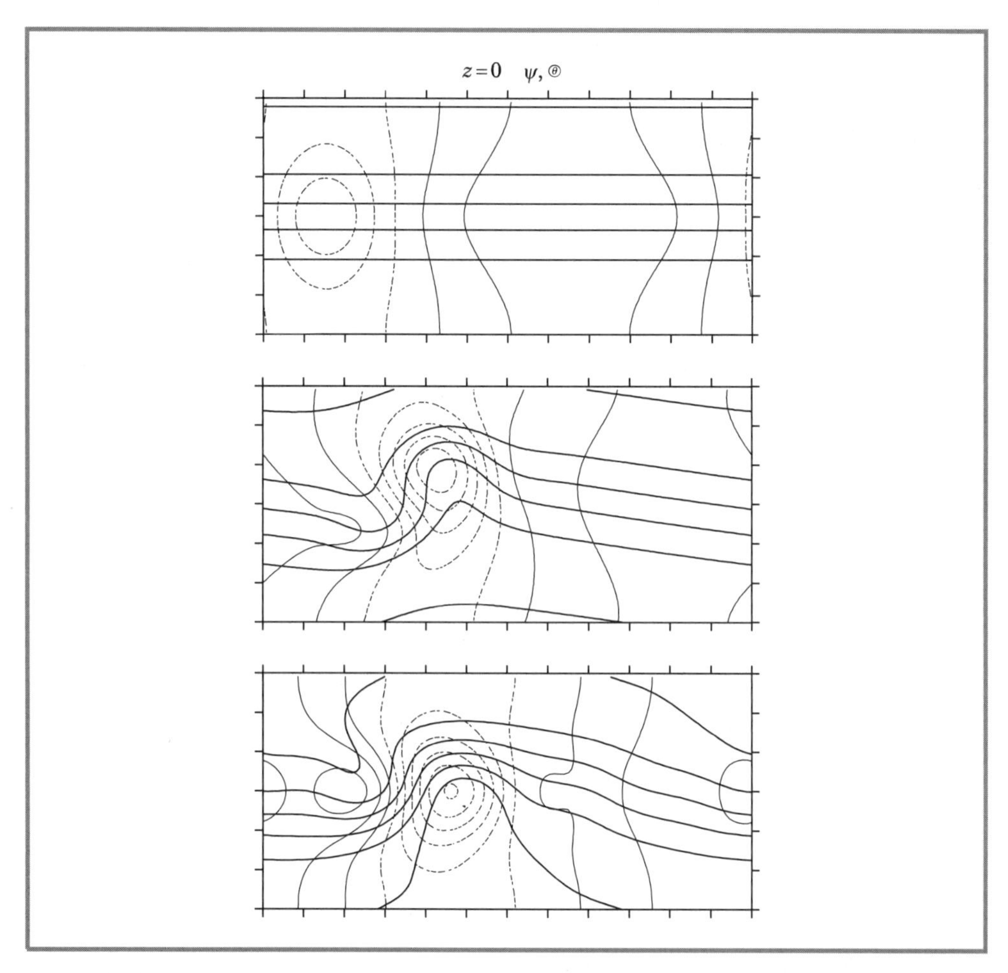

그림 7.11 한 이상적인 편서 제트 기류 안에서 공간적으로 국지화된 요란의 발달. 파선들은 압력을 매 4 hPa마다 보이고 실선들은 온위를 매 5 K마다 보인다. 한 상층 PV 아노말리와 연관된 한 초기의 지상 요란(위 틀)이 48 h 뒤에(중간 틀) 한 잘 발달된 열대밖 사이클론으로 발전한다. 그 불안정한 정상 모드들에 내려진 그 초기 요란의 투영만을 위한 그 선형 풀이는 (아래 틀) 그 완전히 비선형적인 풀이의 발달의 대부분을 포착한다(Hakim, 2000으로부터 번안됨. 미국기상학회의 허가를 받아 사용됨).

비록 그 이디 모형이 중위도 에디 장들의 통계를 지배하는 그 경압 파들을 닮은 불안정한 풀이들을 내준다 할지라도, 개별적인 사이클론 사건들은 고도로 국지화되어 있고 때로 그 가장 불안정한 모드의 성장률로 서술되기보다 더 빠른 속도로 발달한다. 두 주제들은 지표 저기압들의 발달을 선행하는 것으로 흔히 관측되는 유한-진폭의, 국지화된, 상층 초기 요란들을 위한 초기치 문제들을 고려함으로써 해결된다. 그림 7.11은 한 국지화된 초기 요란으로부터 발달하는 지표 저기압을 보인다. 48시간 뒤에 그 완전히 비선형적인 풀이가 한 성숙한 열대밖 사이클론을 닮아, 저기압 주위로 더운 공기가 극 쪽으로 움직이고 찬 공기가 적도 쪽으로 움직이는 것에 주목하라. 그 성장하는 불안정 모드들만을 위한 선형적인 풀이들은 그 완전히 비선형적인 풀이를 어림하고 그 (비선형적인) 발달이 그 불안정 모드들만에 얹힌 그 초기 요란의 투영에 의해 설명될 수 있음을 보인다. 지상 및 상층 PV 아노말리들의 상호작용과 지상의 한랭 및 온난 전선들의 발달의 상세한 점들 때문에, 비선형 효과들이 지표 저기압의 극 쪽으로의 표류에 관련된다. 비록 그 불안정 모드들이 지표 저기압들의 발달을 설명함에 충분하다 해도, 심지어 모든 모드들이 중립인 때에서조차, 일시적인 발달이 또한 가능하다는 것이 판명되고 있다.

7.5 중립 모드들의 성장과 전파

앞에서 제안된 바와 같이, 어떤 바람직한 초기 배열들을 가지는 경압 파 요란들은 경압 불안정이 없어도 빨리 증폭할 수 있다. 비록 빠른 일시적인 성장을 일으키는 최적한 초기 섭동들에 관한 이론이 이 책의 범주를 넘어선다 해도, 그 주된 의견들은 이층 모형으로부터의 한 예를 가지고 수학적으로 밝혀지고 예시될 수 있다.

성장의 한 중심적인 개념은 요란들의 진폭을 측정하기에 필요한 한 계량을 수반한다. 우리는 이 척도를 한 평균값이라 부른다. 한 스칼라 z의 크기 $|z|$가 한 익숙한 예인데, 그것은 실수 값 z를 위한 그 절대 값을 준다. 복소 값의 $z=a+ib$에 대해, 그 크기는, $|z|=(z^*z)^{1/2}=(a^2+b^2)^{1/2}$로 정의되는 바와 같이, 복소평면 위에서 한 벡터의 길이를 준다. 함수들을 위해, 우리는 이 정의의 한 자연적인 연장을 채택해

$$|f|=[\langle f, f\rangle]^{1/2} \tag{7.73}$$

와 같이 적는다. 여기서 한 단일 독립 변수 x에 대해

$$\langle f, g\rangle=\int f^* g\,dx \tag{7.74}$$

은 한 스칼라 결과를 주는 한 내적이다. 특히, $g=f$에 대해 식 (7.74)는 $|f|^2$가 f^*f에 걸친 적분을 준다는 것을 드러내는 것으로, 이는 이전에 논의된 복소수들에 대한 제곱된 스칼라 성분들의 합의 한 연속적인 유사체이다. 우리는 초기 시각 t_0에서의 평균값에 대한 관심의 시각 t에서의 평균값의 비율로서 한 시간 간격에 걸친 증폭을

$$A=\frac{|f|_t}{|f|_{t_0}} \tag{7.75}$$

와 같이 정의한다.

프라임을 떼고

$$\psi = \Psi(z)\, e^{i\phi} e^{kc_i t} \tag{7.76}$$

의 형식을 가지는, 이디 모형의 정상 모드들을 고려하라. 여기서 $\phi = k(x - c_r t)$, 그리고 c_r과 c_i는 각각 그 위상 속력의 실수부와 허수부이다. 한 단일 정상 모드의 진폭은, 식 (7.75)로 정의된 바와 같이, $t_0 = 0$이라 둘 때,

$$\left[\frac{\iint \Psi^* e^{-i\phi} e^{kc_i t} \Psi e^{i\phi} e^{kc_i t} dx\, dz}{\iint \Psi^* e^{-ikx} \Psi e^{ikx} dx\, dz}\right]^{1/2} = \left[e^{2kc_i t} \frac{\iint \Psi^* \Psi dx\, dz}{\iint \Psi^* \Psi dx\, dz}\right]^{1/2} = e^{kc_i t} \tag{7.77}$$

로 주어진다. 중립 모드들에 대해 $c_i = 0$이고 $A = 1$이다. 그렇지 않으면, 진폭은 c_i의 부호에 따라 지수적으로 자라거나 감쇠한다. 주목할 것은, 식 (7.76)에서의 공간과 시간 분리 때문에, 그 정상 모드들의 공간 구조의 아무 함수라도 식 (7.77)로 주어지는 그 똑같은 비율로 증폭한다는 점이다. 이것은, 한 단일 모드에 대해, 식 (7.77)에 구해진 그 지수적인 성장이 그 평균값에 무관하다는 것을 뜻한다.

이제 두 중립 모드들의 합, $\psi_1 + \psi_2$를 고려하자. 이 경우에, 증폭은

$$\left[\frac{\langle \psi_1 + \psi_2,\ \psi_1 + \psi_2 \rangle_t}{\langle \psi_1 + \psi_2,\ \psi_1 + \psi_2 \rangle_{t_0}}\right]^{1/2} = \left[\frac{\langle \psi_1, \psi_1 \rangle_t + \langle \psi_2, \psi_2 \rangle_t + 2\langle \psi_1, \psi_2 \rangle_t}{\langle \psi_1, \psi_1 \rangle_{t_0} + \langle \psi_2, \psi_2 \rangle_{t_0} + 2\langle \psi_1, \psi_2 \rangle_{t_0}}\right]^{1/2} \tag{7.78}$$

으로 주어진다. 여기서 우리는 $\langle f, g \rangle = \langle g, f \rangle^*$라는 사실을 이용했다. 그 모드들이 중립이니까, $\langle \psi_1, \psi_1 \rangle$과 $\langle \psi_2, \psi_2 \rangle$은 상수들이고, 증폭은 항

$$\langle \psi_1, \psi_2 \rangle_t = e^{ik(c_1 - c_2)t} \iint \Psi_1^* \Psi_2\, dx dz \tag{7.79}$$

으로 결정된다. 이것은 만일 그 모드들이 그 선택된 평균값에서 직교한다면, 곧

$$\iint \Psi_1^* \Psi_2\, dx dz = 0 \tag{7.80}$$

이라면, 증폭이 없다는 것을 보인다. 달리, 만일 그 모드들이 직교하지 않는다면, 그 진폭은 그 모드들의 위상 속도들의 차이에 비례하는 주기로 변동한다. 한 물리적인 해석은, 그 모드들이 서로에게 상대적으로 움직이기 때문에, 그 합이 서향 기울기의 요란[3]을 주고 그 합의 진폭이 증가하는 때가 있다는 것이다. 그러므로 그 증폭 효과는 일시적이고 그 선택된 평균값에 의존한다. 대조적으로, 그 불안정 모드들은 모든 시간에 지수적으로 자라며, 증폭의 척도들은 그 평균값에 의존하지 않는다.

---

3) 이 해석은 7.3.2소절에 보인 바와 같이, ψ^2에 비례하는 에너지에 기초하고 있다.

7.5.1 중립 파들의 일시적인 성장

이제 7.2절의 이층 모형을 위해 한 예를 고려하자. 만일 우리가 그 β 효과를 무시하고 $U_m = 0$이라 두고 $k^2 > 2\lambda^2$을 가정한다면, 그 이층 모형은 식 (7.24)로 주어지는 두 서로 반대로 전파하는 중립 풀이들을 가지며, 그 동서 위상 속력들은

$$c_1 = +U_T\mu, \quad c_2 = -U_T\mu \tag{7.81}$$

이다. 여기서

$$\mu = \left[\frac{k^2 - 2\lambda^2}{k^2 + 2\lambda^2}\right]^{1/2}.$$

그 다음에 식 (7.17)로부터 이 두 모드들로 구성되는 한 요란은

$$\psi_m = A_1 \exp[ik(x - c_1 t)] + A_2 \exp[ik(x - c_2 t)] \tag{7.82a}$$

$$\psi_T = B_1 \exp[ik(x - c_1 t)] + B_2 \exp[ik(x - c_2 t)] \tag{7.82b}$$

와 같이 표현될 수 있지만, 식 (7.18)로부터

$$c_1 A_1 - U_T B_1 = 0, \quad c_2 A_2 - U_T B_2 = 0$$

이다. 그러므로 식 (7.81)의 도움으로 다음을 얻는다.

$$B_1 = \mu A_1, \quad B_2 = -\mu A_2 \tag{7.83}$$

전적으로 상층에 갇힌 한 초기 요란에 대해, $\psi_m = \psi_T \, (\psi_1 = 2\psi_m, \ \psi_3 = 0)$이 쉽게 입증된다. 그래서 초기에 $A_1 + A_2 = B_1 + B_2$이고 식 (7.83)으로부터 대입으로

$$A_2 = -A_1[(1-\mu)/(1+\mu)]$$

가 주어진다. 따라서 A_1이 실수이면, 식 (7.82a, b)의 유선함수들은

$$\begin{aligned} \psi_m(x, t) &= A_1\left[\cos[k(x - \mu U_T t)] - \frac{(1-\mu)}{(1+\mu)}\cos[k(x + \mu U_T t)]\right] \\ &= \frac{2\mu A_1}{(1+\mu)}\left[\cos kx \cos(k\mu U_T t) + \frac{1}{\mu}\sin kx \sin(k\mu U_T t)\right] \end{aligned} \tag{7.84a}$$

$$\begin{aligned} \psi_m(x, t) &= \mu A_1\left[\cos[k(x - \mu U_T t)] + \frac{(1-\mu)}{(1+\mu)}\cos[k(x + \mu U_T t)]\right] \\ &= \frac{2\mu A_1}{(1+\mu)}\left[\cos kx \cos(k\mu U_T t) + \mu \sin kx \sin(k\mu U_T t)\right] \end{aligned} \tag{7.84b}$$

와 같이 표현될 수 있다.

식 (7.84a, b)의 오른쪽에서 첫째 형식들은(역자 주 : 첫째 줄들은), 작은 μ에 대해, 순압 모드는 초기에 거의 동일한 진폭과 180° 위상 차이를 갖는 두 파들로 구성되므로 거의 서로 상쇄하는 반면에 경압 모드는 위상이 동일한 매우 약한 두 파들로 구성된다는 것을 보인다.

시간이 전진함에 따라, 반대로 전파하는 그 두 순압 모드들은 서로를 보강하기 시작하여 시각 $t_m = \pi/(2k\mu U_T)$에서 초기 골의 동쪽 90°에 한 최대 진폭의 골에 이른다. 그럼 식 (7.84)로부터 그 경압 및 순압 모드들은 시각 t_m에

$$(\psi_m)_{\max} = 2A_1(1+\mu)^{-1}\sin kx \qquad (7.85\text{a,b})$$
$$(\psi_T)_{\max} = 2A_1\mu^2(1+\mu)^{-1}\sin kx$$

이고, 이로부터 우리는 쉽게

$$(\psi_1)_{\max} = 2A_1(1+\mu^2)(1+\mu)^{-1}\sin kx, \quad (\psi_3)_{\max} = 2A_1(1-\mu)\sin kx$$

을 보일 수 있고, 그러므로 작은 μ에 대해 그 결과하는 요란은 거의 순압적이다. 그래서 그 초기 요란은 증폭할 뿐만 아니라 연직으로 펼쳐진다. 최대 진폭에 이르는 성장 시간은 그 기초 상태 온도풍에 역비례 한다. 하지만, 그 최대 진폭은 오직 그 초기 진폭과 모수 μ에만 의존한다.

그림 7.12는 $f_0 = 10^{-4}\,\text{s}^{-1}$, $\sigma = 2\times10^{-6}\,\text{m}^2\,\text{Pa}^{-2}\,\text{s}^{-2}$, $U_T = 35\,\text{ms}^{-1}$, 그리고 3000 km의 한 동서 파장에 대해 순압 및 경압 유선함수들의 초기 및 최대 진폭들을 보인다. 이 경우에, 그 순압 요란의 진폭은 약 48 h 안에 8배로 증가한다. 비록 이 조건들에 대한 그 가장 불안정한 모드가 1일이 지나기 전에 비슷한 양만큼 증폭한다 할지라도, 만일 그 상층 초기 중립 요란이 초당 수 미터의 속도 진폭을 가진다면, 그것의 성장은 한 훨씬 작은 초기 섭동으로부터 지수적으로 자라는 한 정상 불안정을 며칠의 시간 규모로 며칠에 걸쳐 능가할 수도 있다.

정상 모드 경압 불안정에서와 같이, 그 중립 모드들의 일시적인 증폭을 위한 에너지는 그 평균 흐름의 가용 잠재 에너지가 남북 온도 이류로 요란 잠재 에너지로 전환되고 곧 뒤따르는 이차적인 연직 순환에 의해 요란 운동 에너지로 전환하는 데 연유한다. 이 이차 순환은 그 상층 유선함수 장을 90° 위상만큼 뒤지는 한 연직 속도 장을 가진다. 그래서 최대 상향 운동과 하층 수렴이 그 초기 상층 마루의 서쪽에 일어나고, 최대 하향 운동과 하층 발산이 그 초기 상층 골의 서족에 일어난다. 이 수렴과 발산 패턴에 연관되는 와도 경향들은 상층에서의 동향 와도 이류와 부분적으로 균형을 잡고, 또한 초기 상층 골의 동쪽에 하층 골을, 그리고 초기 상층 마루의 동쪽에 하층 마루를 생산하기로 작용한다. 그 결과로 거의 순압적인 골과 마루의 패턴이 위상으로 초기의 골과 마루의 패턴 동쪽 90°에 발달한다. 정상 모드 불안정과 달리, 이 경우에 그 성장은 무한정 계속하지 않는다. 오히려 μ의 한 주어진 값에 대해 시각 $t_m = \pi/(2kU_T\mu)$에 그 최대 성장이 일어난다. 그 동서 파수가 그 단파 불안정 절리에 접근함에 따라 그 전체 증폭은 증가하지만 그 증폭 시간 또한 길어진다.

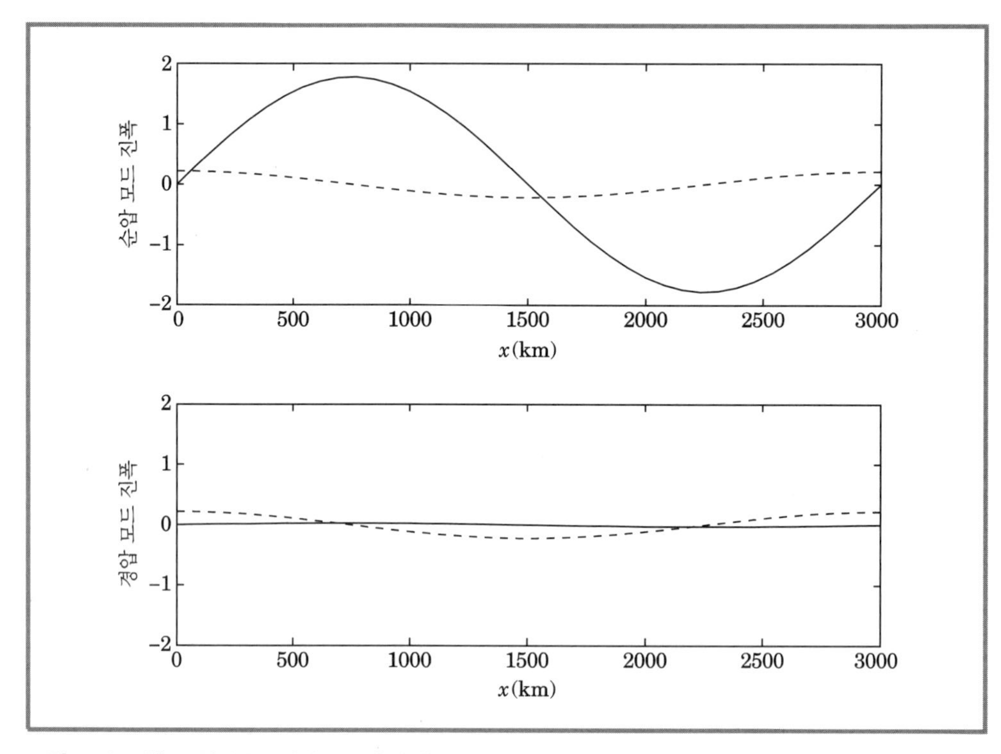

그림 7.12 이층 모형에서 초기에 그 상층에 온전히 갇힌 한 일시적인 중립 요란이 진폭의 동서 분포. 파선들은 그 경압 및 순압 모드들의 초기 분포를 보이고, 실선들은 최대로 증폭된 시간에서의 분포를 보인다.

7.5.2 풍하 발달

몇몇 상황들 아래서 동서 군속도가 동서 위상 속력을 넘어서므로 한 파군의 에너지가 그 개별적인 파동 요란들보다 더 빨리 전파한다는 것이 7.2.2소절에서 주목되었다. 이 분산 효과가 문제 5.15에서 순압 로스비 파들을 위해 예시되어 있다. 하지만, 종관 규모에서 그 원래의 파동 요란의 풍하 측에서 새 요란의 발달이 일어나기 위해 β 효과가 필요한 것은 아니다. 중립 파들의 분산과 풍하 발달을 한 간단한 상황에서 설명하기 위해 일정한 코리올리 모수를 가진 이층 통로 모형이 이용될 수 있다.

파의 주파수를 통해 표현되면, 식 (7.24)의 분산 관계는

$$\nu = kU_m \pm k\mu U_T \tag{7.86}$$

이 된다. 여기서 μ는 식 (7.81) 밑에 정의되어 있다. 그 해당하는 군속도는 그러면

$$c_{gx} = \frac{\partial \nu}{\partial x} = U_m \pm U_T\mu\left(1 + \frac{4k^2\lambda^2}{k^4 - 4\lambda^4}\right) \tag{7.87}$$

이다. 식 (7.87)과 (7.81)의 비교는 그 평균 동서 흐름에 상대적으로 잰 군속도가 동쪽과 서쪽으

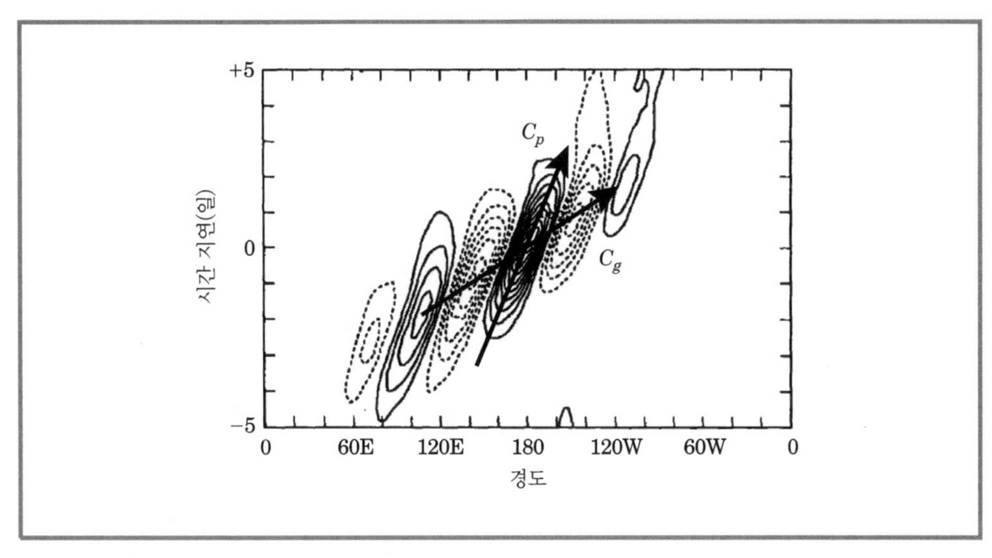

그림 7.13 경도와 시간 지연의 함수로 보인 자오 바람의 시계열 상관. 상관은 매 0.1 단위(곧 −1과 1 사이의 무단위 수)로 180°에서의 참고 시계열에 대한 것이다. 결과들은 겨울 동안 북위 30°에서 60°에 걸쳐 평균된 것이다(Chang, 1993으로부터. 미국기상학회의 허가를 받아 사용됨).

로 향하는 중립 모드들 둘 다에 대해 식 (7.87)의 오른쪽에 있는 괄호 안의 인자만큼 그 위상 속도를 초과한다는 것을 보인다. 예로, $k^2 = 2\lambda^2(1+\sqrt{2})$이면, 그 군속도가 그 위상 속력의 두 배인 바, 이는 전에 그림 7.4에서 도식적으로 보인 상태이다.

중위도 폭풍 궤적들에서의 경압 파들의 관측들은 파동 에너지의 풍하 발달을 명백하게 보인다. 예로, 북태평양 위에서 경압 파 위상 속력은 약 $10\,\mathrm{m\,s^{-1}}$인 반면에 그 군속도는 $30\,\mathrm{m\,s^{-1}}$이다(그림 7.13). 한 결과로, 아시아 해안선 근처에서 발달하는 열대밖 사이클론들의 그 충격은, 심지어 그 초기 요란이 그 쇠약 단계 중에 중태평양에 도달하는데 닷새나 걸릴 수 있다 해도, 사흘 안에 북아메리카 서해안을 따라 느껴질 수 있다.

권장 문헌

Charney(1947) 경압 불안정에 관한 한 고전적인 논문이다. 수학적인 수준은 앞서 있지만, 좌르니의 논문은 주요 결과들을 읽기 쉬운 한 우수한 정성적인 개요를 담고 있다.

Hoskins, McIntyre, and Robertson(1985) 사이클론발생과 경압 불안정을 잠재와도 견지에서 논의한다.

Pedlosky, *Geophysical Fluid Dynamics*(2nd ed.) 정상 모드 경압 불안정을 수학적으로 앞선 수준에서 철저히 다룬다.

Pierrehumbert and Swanson(1995) 경압 불안정의 수많은 면모들을 시공적인 발달을 포함해 재검토한다.

Vallis, *Atmospheric and Oceanic Fluid Dynamics : Fundamentals and Large-Scale Circulation,* 여기서 고려된 것들과 비슷한 경압 불안정의 주제들을 다룬다.

문제

7.1 식 (7.25)를 이용해 $\beta=0$인 때 경압 불안정의 최대 성장률이

$$k^2 = 2\lambda^2(\sqrt{2}-1)$$

에서 일어난다는 것을 보여라. 만일 $\lambda^2 = 2\times10^{-12}\text{m}^{-1}$이고 $U_T = 20\,\text{ms}^{-1}$이면, 그 가장 빨리 자라는 파가 e^1의 인자로 증폭하려면 얼마나 오래 걸리는가?

7.2 위상 속력이 식 (7.23)을 만족시키는 한 경압 로스비 파를 위해 ψ_3'과 ω_2'를 ψ_1'을 써서 풀어라. ψ_1', ψ_3', ω_2' 사이의 위상 관계를 준지균 이론을 통해 설명하라. (이 경우에 $U_T=0$ 임에 주의하라.)

7.3 $U_1 = -U_3$이고 $k^2 = \lambda^2$인 경우에 대해 한계적으로 안정한 파들 곧 식 (7.21)에서 $\delta=0$인 파들을 위해 ψ_3'과 ω_2'를 ψ_1'로 풀어라.

7.4 $\beta=0$, $k^2=\lambda^2$, 그리고 $U_m = U_T$ 인 경우에 대해 ψ_3'과 ω_2'를 ψ_1'로 풀어라. ψ_1', ψ_3', ω_2' 사이의 위상 관계를 증폭하는 파를 위한 그 준지균 파들의 에너지론을 통해서 설명하라.

7.5 한 경압 유체가 한 회전하는 수조 안에서 두 개의 단단한 뚜껑 사이에 갇혀 있다고 상상하자. 이때 $\beta=0$이지만, 속도에 비례하는 선형 끌림의 형식으로 마찰이 있다(곧 $\boldsymbol{F}_r = -\mu\boldsymbol{V}$). 이층 모형 섭동 와도 방정식들이 직각 좌표로

$$\left(\frac{\partial}{\partial t} + U_1\frac{\partial}{\partial x} + \mu\right)\frac{\partial^2\psi'_1}{\partial x^2} - \frac{f}{\delta p}\omega'_2 = 0$$

$$\left(\frac{\partial}{\partial t} + U_3\frac{\partial}{\partial x} + \mu\right)\frac{\partial^2\psi'_3}{\partial x^2} + \frac{f}{\delta p}\omega'_2 = 0$$

와 같이 적힐 수 있다는 것을 보여라. 여기서 섭동들은 식 (7.8)에 주어진 형식으로 가정된다. 형식 (7.17)의 풀이들을 가정하고, 위상 속력이 식 (7.21)에 유사한 한 관계식을 만족하되 β가 어디서나 $i\mu k$로 대치된다는 것과, 한 결과로 경압 불안정을 위한 조건이

$$U_T > \mu(2\lambda^2 - k^2)^{-1/2}$$

이 된다는 것을 보여라.

7.6 $\beta=0$의 경우에 대해 250-hPa와 750-hPa 지위 장들 사이의 위상 차이를 그 가장 불안

정한 경압 파에 대해 결정하라(문제 7.1을 보라). 그 500-hPa 지위 장과 층후 장 (ψ_m, ψ_T)이 위상으로 90°를 벗어나 있다는 것을 보여라.

7.7 문제 7.6의 조건들에 대해, ψ_m의 진폭이 $A=10^7\,\mathrm{m^2s^{-1}}$이라 주어지는 때, 식 (7.18)과 (7.19)를 함께 풀어 B를 얻어라. λ^2이 $2\times10^{-12}\,\mathrm{m^{-2}}$이고 U_T가 $15\,\mathrm{ms^{-1}}$이라고 두자. 그 결과들을 이용해서 ψ_1'과 ψ_3'을 위한 표현들을 얻어라.

7.8 문제 7.7의 상황에 대해, 식 (7.28)을 이용해 ω_2'를 계산하라.

7.9 지상에서 온도와 압력이 각각 $p=10^5\,\mathrm{Pa}$과 $T=300\,\mathrm{K}$로 주고 한 단열 감률을 가지는 대기에 대해 단위 단면적 당 전체 잠재 에너지를 계산하라.

7.10 그림 7.7에 보인 것 같이 한 연직 칸막이로 분리되어 일정한 온위 $\theta_1=320\,\mathrm{K}$와 $\theta_2=340\,\mathrm{K}$에 있는 두 기단들을 고려하자. 각 기단은 $10^4\,\mathrm{m^2}$의 수평 면적을 점유하고 지표($p_0=10^5\,\mathrm{Pa}$)로부터 대기의 상단까지 미친다. 이 시스템의 가용 잠재 에너지는 얼마인가? 그 전체 잠재 에너지의 얼마가 이 경우에 쓸 만한가?

7.11 문제 7.7과 7.8에 주어진 조건들을 만족시키는 그 불안정한 파에 대해, 식 (7.37)과 (7.38)에 있는 에너지 전환 항들을 계산하고 그래서 섭동 운동 및 가용 잠재 에너지들의 순간적인 변화율들을 얻어라.

7.12 식 (7.62)와 (7.64)로부터 출발하여, 식 (7.70)에 주어진 이디 파의 그 위상 속력 c를 유도하라.

7.13 불안정한 경압 파들은 열을 극 쪽으로 전달함으로써 전구 열 수지에 중요한 역할을 담당한다. 그 이디 파 풀이에 대해 한 파장에 걸쳐 평균된 극향 열 속, 곧

$$\overline{v'T'}=\frac{1}{L}\int_0^L v'T'dx$$

가 고도에 무관하고 성장하는 파에 대해 양이라는 것을 보여라. 만일 그 평균 바람 시어가 갑절이 된다면, 한 주어진 순간에서의 그 열 속의 크기는 어떻게 변하는가?

7.14 식 (7.69)에서 그 계수 A가 실수라 가정하고, 그 이디 안정도 문제에서 $k=l$인 경우에 그 가장 불안정한 모드에 대해 지균 유선함수 $\psi'(x,\,y,\,z^*,\,t)$에 대한 한 표현을 얻어라. 이 결과를 이용해 그 해당하는 연직 속도 w^*에 대해 A를 통한 한 표현을 유도하라.

7.15 식 (7.85a, b)로 주어지는 그 이층 모형에서의 그 중립 경압 파 요란을 위해, 그 해당하는 ω'_2 장을 유도하라. 이 이차 순환과 연관된 그 수렴 및 발산 장들이 그 요란의 발전에 어떻게 영향을 미치는지 설명하라.

7.16 문제 7.15의 상황에 대해, 동서 잠재 에너지의 에디 가용 잠재 에너지로의 전환, 그리고 에디 가용 잠재 에너지의 에디 운동 에너지로의 전환을 위한 표현들을 유도하라.

MATLAB 연습

M7.1 MATLAB 스크립트 **twolayer_model_1A.m**에서 입력 동서 파수를 변화시킴으로써, 그 이층 모형이 경압적으로 불안정한 가장 짧은 동서 파장과 그 기초 상태 온도풍이 $15\,\mathrm{ms}^{-1}$인 경우에 최대 불안정(곧 가장 빠른 성장률)의 파장을 구하라. 그 주어진 경우는 7.2.1 소절에 주어진 상황에 해당한다. **twolayer_model_1B.m**의 코드는 자오 파수 $m=\pi/(3000\,\mathrm{km})$를 가지고 유한 자오 너비가 가정된다는 점에서만 다를 뿐이다. 단파 절리와 최대 성장을 위한 그 동서 파장들을 그 두 경우들에 대해 비교하라.

M7.2 MATLAB 스크립트 **twolayer_model_2A.m**을 이용해 초기에 250-hPa 고도에 온전히 갇힌 한 요란과 연관된 일시 성장을 조사하라. 그 기초 상태 온도풍을 $25\,\mathrm{ms}^{-1}$로 두어라. M7.1에서 결정되는 그 불안정 절리보다 더 짧은 동서 파장들을 조사함으로써, 그 요란의 가장 큰 증폭을 주는 동서 파장을 구하라. 파수 $m=\pi/(3000\,\mathrm{km})$으로 자오 종속을 포함하는 스크립트 **twolayer_model_2B.m**을 이용해 이 연습을 반복하라. 경압적으로 불안정할 만큼 충분히 긴 파장이 선택되면 그 프로그램이 종결될 것임에 주의하라. 일시적으로 자라는 안정 모드들의 연직 구조를 논의하라. 실제 대기에서 무슨 종류의 상황을 이 풀이가 있는 그대로 본뜨는가?

M7.3 MATLAB 스크립트 **twolayer_model_3b.m**은 이층 모형에서 동쪽으로 전파하는 9개의 중립파들로 구성되는 한 파군의 전파를 보이는데, 그 파수들의 범위는 $0.6k$에서 $1.6k$까지이고, 여기서 $k=2\pi/L$ 그리고 $L=1850\,\mathrm{km}$이다. 그 스크립트를 가동하고 그 애니메이션으로부터 $U_T=15$ 및 $30\,\mathrm{ms}^{-1}$의 경우들에 대해 그 특성적인 위상 속도와 특성적인 군속도를 추정하라.

M7.4 그 이층 모형에서 그 에디 장들이 한 자오 종속을 포함하므로 식 (7.17)이

$$\psi_m = A\cos(my)e^{ik(x-ct)}, \quad \psi_T = B\cos(my)e^{ik(x-ct)}$$

가 된다고 상정하라. 여기서 $m=2\pi/L_y$ 그리고 $L_y=3000\,\mathrm{km}$이다. 가장 불안정한 파의 동서 파장을 결정하라. 그 다음에 ψ_m, ψ_T, 그리고 ω'_2 장들에 대해 풀고, MATLAB 스크립트 **contour_sample.m**을 한 템플릿으로 사용해서 이 장들의 (x, y) 단면도들을 그려라. 〈힌트〉 이 경우에 그 풀이들은 문제 7.6에서 7.8까지의 풀이들과 비슷하지만, 어디서나 k^2이 k^2+m^2으로 대치된다.

M7.5 MATLAB 스크립트 **eady_model_1.m**은 시각 $t=0$에서 가장 불안정한 파동 모드에 대한 이디 모형(7.4.3소절) 풀이의 연직 및 자오 단면도들을 보인다. 이 스크립트를 수정해서 식 (7.71)에 주어진 그 중립 안정도 조건에 해당하는 이디 파를 위한 풀이를 그려라. 이 경우에 그 연직 구조를 준지균 이론을 통해 설명하라.

D Y N A M I C   M E T E O R O L O G Y

제 8 장

행성경계층

행성경계층은 대기의 흐름이 지구표면과의 상호작용에 의해 직접적인 영향을 크게 받는 부분이다. 궁극적으로 이 상호작용은 분자점성에 좌우된다. 그러나 분자확산은 연직 시어가 대단히 큰 지표 수 mm 내에서만 운동방정식의 다른 항에 견줄 만하다. 이러한 분자확산은 작은 규모의 난류 에디의 운동에는 중요하지만, **점성아층**(viscous sub-layer) 바깥쪽의 평균풍에 대한 경계층 방정식에서는 중요하지 않다. 그럼에도 점성은 지표에서 속도의 소실을 유발하는 등 여전히 중요한 간접적인 역할을 한다. 이러한 **비활경계조건**(no-slip boundary condition)의 결과로 아주 약한 바람에 의해서도 지표 근처에서 큰 속도 시어가 존재하게 되어 난류 에디의 발달을 이끈다.

이러한 난류 운동은 기상 관측망으로 관측되는 규모보다 훨씬 작은 규모의 공간적 시간적 변동을 가진다. 지표 가열에 의해 생긴 대류 에디와 더불어 시어에 의해 유발된 에디는 지표로 운동량을 전달하는 데 있어서 분자과정에 의한 것보다 훨씬 효율적이며, 지면으로부터 잠열과 현열을 대기로 전달하는 데도 분자과정에 의한 것보다 몇 차수(order) 더 빠르다. 행성경계층은 이러한 난류수송에 의해 형성되는데, 대기가 정적으로 극히 안정한 경우는 30 m 정도이고 대류가 활발한 경우는 3 km 이상의 깊이를 가진다. 평균적으로 중위도 지역에서 행성경계층은 대기의 하층 수 km 정도를 차지하며 전체 대기 질량의 약 10%를 포함한다. 이 층에서의 공기덩어리의 일반적인 연직 이동거리를 고려하여, 이 후의 분석에서는 2.8절에서 살펴본 부시네스크 근사를 적용할 것이다.

행성경계층에서 유체의 역학적 구조는 점성으로 인해 직접적으로 만들어지는 것이라기보다는 대기의 흐름이 난류라는 점에 의해 결정된다. 행성경계층의 위에 존재하는 **자유대기**에서 이와 같은 난류는 제트류 주변지역과 전선, 대류운 지역을 제외한 곳에서 종관규모 운동을 근사적으로 취급하는 과정에서 무시될 수 있다. 그러나 행성경계층에서는 앞 장에서 다룬 역학 방정식이 난류의 영향을 적절히 다룰 수 있도록 수정되어야 한다.

8.1 대기난류

난류는 공간과 시간적으로 다양한 규모를 가지며 불규칙한 준무작위 운동을 한다. 이러한 에디들은 지표 근처의 공기괴를 지표로부터 분리시킴으로써 경계층을 가로질러 운동량과 온위 같은 대기의 특성을 혼합시킨다. 앞 장에서 논의된 수평규모보다 작은 연직규모를 갖는 대규모 회전류(rotational flow)와 달리 행성경계층에서 난류 에디는 수평적으로나 연직적으로 거의 같은 규모를 가지려는 경향이 있다. 그러므로 최대 에디 거리 규모는 행성경계층 높이인 약 10^3 m로 국한된다. 최소 거리규모(10^{-3} m)는 분자마찰에 의한 확산이 형성된 경우에 존재하는 가장 작은 에디의 크기이다.

관측이 아무리 공간적으로 조밀하고 시간적으로는 짧은 간격으로 이루어졌다 할지라도 난류는 분해(resolve)될 수 없는데 이는 난류의 진동수가 관측의 횟수보다 크고 공간규모는 관측점 간의 거리보다 작기 때문이다. 경계층 밖의 자유대기에서는 종관 및 대규모 순환의 진단과 예보에 있어 분해되지 않는 규모의 운동에 대한 문제는 심각하지 않다(제9장에서 논의되는 중규모 순환에서는 중요하지만). 자유대기에서는 대부분의 에너지를 포함하는 에디들은 종관적 관측계에 의해 분해된다. 그러나 행성경계층에서는 분해되지 않은 난류 에디가 아주 중요하다. 에디들은 지표로부터 열과 수분의 전달을 통하여 지표의 에너지 균형을 유지시키고, 또한 지표로부터 운동량 수송을 통해 운동량 균형을 유지시킨다. 후자의 과정은 행성경계층 내에서 대규모 흐름의 운동량 균형을 극적으로 변화시켜 지균평형이 더 이상 대규모 바람 장에 대한 적절한 근사가 되지 않게 한다. 이것은 기상역학에서 차지하는 경계층 역학의 중요한 일면이다.

8.1.1 레이놀즈 평균

난류에서는 속도와 같이 한 점에서 관측된 임의의 장 변수(field variable)는 다양한 크기의 에디가 그 점을 통과함에 따라 시간에 따라 빠르게 변화한다. 관측이 대규모 운동을 나타내는 값이 되기 위해서는 크기가 작은 에디의 변동을 제거하기에 충분히 길며, 동시에 대규모 흐름의 경향을 보기에는 충분히 짧은 기간에 대해 흐름을 시간평균 해야 한다. 이를 위해서 장 변수들이 천천히 변하는 평균 장과 급격히 변화하는 난류성분으로 나누어질 수 있다고 가정한다. 레이놀즈에 의해 소개된 방법에 따르면, 예를 들어 w 와 θ 와 같은 임의 장 변수에 대한 평균을 오버바($\bar{\ }$)로 표시하고 변동성분을 프라임($'$)으로 표시한다. 따라서 $w=\bar{w}+w'$ 와 $\theta=\bar{\theta}+\theta'$ 와 같이 표현된다.

정의에 따라 시간평균을 했을 때 변동성분의 평균은 없어지므로 평균과 변동값의 곱도 시간평균을 했을 때 없어진다. 즉,

$$\overline{w'\bar{\theta}}=\overline{w'}\ \bar{\theta}=0$$

여기서 평균변수는 평균한 기간에 대해 일정하다는 사실을 이용하였으며, 변동성분들의 곱의 평균(공분산)은 없어지지 않는다. 예를 들어, 평균적으로 난류의 연직 속도가 온위의 변동이 양인 곳에서 상향이고, 반대로 음인 곳에서 하향하는 경우 $\overline{w'\theta'}$ 는 양의 값을 가지고 두 변량은 양의 상관관계를 가진다.

이와 같은 규칙은 두 변수의 곱의 평균은, 평균의 곱의 평균과 변동성분의 곱의 평균의 합으로 표현된다는 것을 의미한다.

$$\overline{w\theta}=\overline{(\bar{w}+w')(\bar{\theta}+\theta')}=\bar{w}\ \bar{\theta}+\overline{w'\theta'}$$

부시네스크 방정식 (2.56)~(2.59)에 레이놀즈 분리(decomposition)를 적용하기 전에 각 방정식에 있는 총미분항을 속(flux) 형태로 다시 쓰면 편리하다. 예를 들어 식 (2.56)에서 왼쪽

항은 연속 방정식 (2.60)을 이용하면 다음과 같이 표현한다.

$$\frac{Du}{Dt}=\frac{\partial u}{\partial t}+u\frac{\partial u}{\partial x}+v\frac{\partial u}{\partial y}+w\frac{\partial u}{\partial z}+u\left(\frac{\partial u}{\partial x}+\frac{\partial v}{\partial y}+\frac{\partial w}{\partial z}\right)=\frac{\partial u}{\partial t}+\frac{\partial u^2}{\partial x}+\frac{\partial uv}{\partial y}+\frac{\partial uw}{\partial z} \tag{8.1}$$

각 독립변수를 평균항과 변동항으로 나누고, 식 (8.1)에 대입한 후, 평균하면 다음 식을 얻는다.

$$\overline{\frac{Du}{Dt}}=\frac{\partial \bar{u}}{\partial t}+\frac{\partial}{\partial x}(\bar{u}\,\bar{u}+\overline{u'u'})+\frac{\partial}{\partial y}(\bar{u}\,\bar{v}+\overline{u'v'})+\frac{\partial}{\partial z}(\bar{u}\,\bar{w}+\overline{u'w'}) \tag{8.2}$$

평균 속도 장은 연속 방정식 (2.60)을 만족하므로 식 (8.2)는 다음과 같이 다시 쓸 수 있다.

$$\overline{\frac{Du}{Dt}}=\frac{\bar{D}\bar{u}}{Dt}+\frac{\partial}{\partial x}(\overline{u'u'})+\frac{\partial}{\partial y}(\overline{u'v'})+\frac{\partial}{\partial z}(\overline{u'w'}) \tag{8.3}$$

여기서

$$\frac{\bar{D}}{Dt}=\frac{\partial}{\partial t}+\bar{u}\frac{\partial}{\partial x}+\bar{v}\frac{\partial}{\partial y}+\bar{w}\frac{\partial}{\partial z}$$

는 평균운동을 따라가면서 본 시간 변화율이다. 따라서 평균 방정식은 아래와 같은 형태를 갖는다.

$$\frac{\bar{D}\bar{u}}{Dt}=-\frac{1}{\rho_0}\frac{\partial \bar{p}}{\partial x}+f\,\bar{v}-\left[\frac{\partial\overline{u'u'}}{\partial x}+\frac{\partial\overline{u'v'}}{\partial y}+\frac{\partial\overline{u'w'}}{\partial z}\right]+\bar{F}_{rx} \tag{8.4}$$

$$\frac{\bar{D}\bar{v}}{Dt}=-\frac{1}{\rho_0}\frac{\partial \bar{p}}{\partial y}-f\,\bar{u}-\left[\frac{\partial\overline{u'v'}}{\partial x}+\frac{\partial\overline{v'v'}}{\partial y}+\frac{\partial\overline{v'w'}}{\partial z}\right]+\bar{F}_{ry} \tag{8.5}$$

$$\frac{\bar{D}\bar{w}}{Dt}=-\frac{1}{\rho_0}\frac{\partial \bar{p}}{\partial z}+g\frac{\bar{\theta}}{\theta_0}-\left[\frac{\partial\overline{u'w'}}{\partial x}+\frac{\partial\overline{v'w'}}{\partial y}+\frac{\partial\overline{w'w'}}{\partial z}\right]+\bar{F}_{rz} \tag{8.6}$$

$$\frac{\bar{D}\bar{\theta}}{Dt}=-\bar{w}\frac{d\theta_0}{dz}-\left[\frac{\partial\overline{u'\theta'}}{\partial x}+\frac{\partial\overline{v'\theta'}}{\partial y}+\frac{\partial\overline{w'\theta'}}{\partial z}\right] \tag{8.7}$$

$$\frac{\partial \bar{u}}{\partial x}+\frac{\partial \bar{v}}{\partial y}+\frac{\partial \bar{w}}{\partial z}=0 \tag{8.8}$$

식 (8.4)~(8.7)에서 대괄호 안의 여러 공분산항은 난류속(turbulent flux)을 나타낸다. 예를 들어 $\overline{w'\theta'}$는 운동학적으로 연직 난류 열속(turbulent heat flux)이다. 유사하게 $\overline{w'u'}=\overline{u'w'}$는 동서 운동량의 연직 난류속이다. 많은 경우 경계층에서는 난류속 발산항의 크기가 식 (8.4)~(8.7)에 있는 다른 항과 비슷한 크기를 가진다. 이러한 경우 평균류만 다루고자 하여도 난류속 항을 무시할 수 없다. 경계층 바깥부분에는 난류속이 충분히 약하므로 식 (8.4)~(8.7)의 대괄호 안의 항들은 대규모 흐름을 분석할 때 무시될 수 있다. 이러한 가정은 제3, 4장에서 묵시적으로 이용되었다.

전체 흐름에 대한 방정식 (8.4)~(8.8)과 제3장과 제4장의 근사 방정식들과는 달리 평균류에 대한 완전한 방정식 (2.56)~(2.60)은 닫힌 방정식이 아니다. 왜냐하면 5개의 미지의 평균변수 $\bar{u}$, $\bar{v}$, $\bar{w}$, $\bar{\theta}$, $\bar{p}$ 외에도 난류속들이 미지이기 때문이다. 이러한 문제를 해결하기 위해 알려진 5개의 평균 상태변수로 미지의 속들을 근사시키는 닫힘 가정(closure assumption)이 사용된다. 수평적으로 비균질한 지역(해안가, 도시, 산림지역) 이외에서는 수평 난류속이 균질하다고 가정하며 대괄호 안에 있는 난류속의 수평적 미분항이 연직적 미분항에 비해 상대적으로 작아 무시할 수 있으므로 방정식을 간단화시킬 수 있다.

8.2 난류 운동 에너지

난류 에디와 관계있는 소용돌이(vortex) 늘림(stretching)과 비틀림(twisting)은 항상 난류에너지를 작은 규모로 흐르도록 하는데, 작은 규모에서는 난류 에너지가 점성확산에 의해 소멸된다. 그러므로 만약 난류 운동 에너지가 통계적으로 정상상태를 유지하고 있다고 한다면 이는 계속적인 난류의 생성이 있다는 것을 의미한다. 경계층 난류의 주된 생성은 지표 근처의 바람과 온도의 분포구조에 크게 의존한다. 만약 감률이 불안정하면 경계층 난류가 대류적으로 생성되며, 만약 안정하다면 바람 시어에 의한 불안정이 경계층 난류를 형성하게 된다. 이러한 과정들의 상대적인 역할은 난류 운동 에너지(Turbulent Kinetic Energy, TKE)에 대한 수지를 살펴봄으로써 이해될 수 있다.

난류의 생성을 살펴보기 위해 평균하지 않은 방정식 (8.4)~(8.6)으로부터 평균한 운동 방정식 (2.56)~(2.58)을 뺀다. 그리고 각각에 u', v', w'를 곱한 후 세 식을 더하고 평균을 취하면 난류 운동 에너지 방정식을 얻는다. 이 방정식의 완벽한 형태는 대단히 복잡하지만 기본적인 형태는 다음과 같이 표현할 수 있다.

$$\frac{\bar{D}(TKE)}{Dt} = MP + BPL + TR - \varepsilon \tag{8.9}$$

여기서 $TKE \equiv (\overline{u'^2} + \overline{v'^2} + \overline{w'^2})/2$는 단위 질량당 난류 운동 에너지, MP는 기계적 생성, BPL은 부력 생성 또는 소실, TR은 수송이나 기압(pressure force)에 의한 재분배, 그리고 마지막으로 ε은 마찰에 의한 소멸을 의미한다. ε는 항상 양인데 이는 분자점성에 의한 가장 작은 규모의 난류소실을 의미한다.

식 (8.9)에서 부력항은 평균류 위치에너지와 난류 운동 에너지 사이의 에너지 변환을 나타내며, 이것은 대기질량의 중심이 낮아지는 (높아지는) 운동에 대해서는 양(음)을 나타낸다. 이 항은 다음과 같은 형태[1)]를 갖는다.

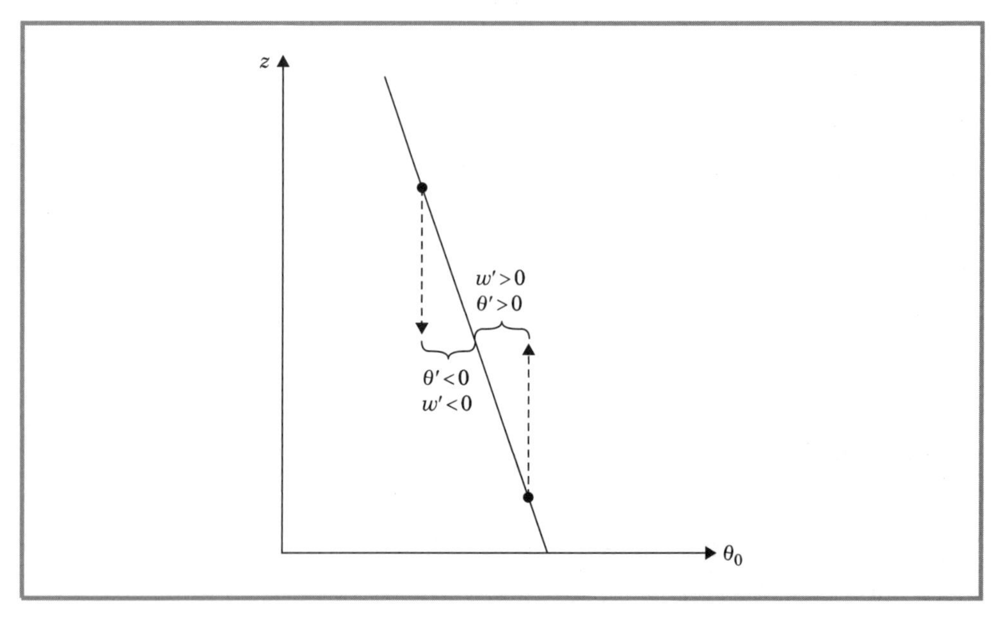

그림 8.1 평균 온위 $\theta_0(z)$가 고도에 따라 감소할 때, 위 또는 아래로의 공기 덩이 변위에 대한 연직 속도와 온위변동과의 상관관계

$$BPL \equiv \overline{w'\theta'}(g/\theta_0)$$

지표가 가열되어 불안정한 기온감률(2.7.2소절)이 지표 근처에서 발달하고 동시적으로 대류전복(convective overturning)이 생기는 경우 부력 생성항은 양의 값을 갖는다. 그림 8.1에서 보듯이 대류 에디들은 연직 속도와 온위변동 사이에 양의 관계를 가지며 그에 따라 난류 운동에너지의 생성과 양의 열속을 제공한다. 대류적으로 불안정한 경계층에서 이 항은 지배적인 생성항이다. 정적으로 안정된 대기에 있어서 BPL은 음수이고 난류를 줄이거나 없애려 한다.

경계층이 정적으로 안정하든 불안정하든 바람 시어에 의한 역학적 불안정은 난류를 생성하며, 이 과정은 평균류와 난류변동 간의 에너지 변환을 나타내는 식 (8.9)에 있는 기계적 생성항에 의해 표현된다. 이 항은 평균류의 시어에 비례하고 다음과 같은 형태를 가진다.

$$MP \equiv -\overline{u'w'}\frac{\partial \overline{u}}{\partial z} - \overline{v'w'}\frac{\partial \overline{v}}{\partial z} \tag{8.10}$$

MP는 운동량속이 평균 운동량 경도의 아래쪽으로 향할 때 양의 값을 가진다. 그러므로 만일 지표 근처에서 평균 연직 시어가 편서풍이면($\partial\overline{u}/\partial z > 0$), $MP > 0$이기 위해서 $\overline{u'w'} < 0$이다.

정적으로 안정된 층에서 난류는 기계적 생성이 안정도와 점성소산(viscous dissipation)

1) 실제로 경계층에서 부력은 건조공기보다 크게 낮은 밀도를 갖는 수증기의 존재에 의해서 크게 변화한다. 이러한 효과를 고려하기 위하여 온위는 식 (8.9)에서 기온위로 교체되어야 한다(예로서 Curry and Webster, 1999, p.67을 보라).

의 감쇄 효과를 극복하기에 충분히 클 때에만 존재한다. 이러한 조건은 속 리차드슨 수(Flux Richardson nuhpaer)라 불리는 값에 의해 정량적으로 계측된다.

$$Rf \equiv -BPL/MP$$

만약 경계층이 정적으로 불안정하다면 $Rf<0$이고, 난류는 대류에 의해 유지된다. 안정된 경우 Rf는 0보다 커질 것이다. 관측에 의하면 Rf가 약 0.25보다 작을 때에만(즉, 기계적 생성이 부력 상쇄보다 4배 이상 클 때) 기계적 생성이 안정된 층에서 난류를 발생시킨다. MP는 시어에 의존하기 때문에 이 값은 항상 지표에 가까울 때 커진다. 그러나 정적 안정도가 커질수록 난류가 생성되는 층의 깊이는 줄어든다. 그러므로 강한 기온역전이 있을 때, 예를 들어 야간 복사냉각이 있을 때, 경계층 깊이는 수십 m 정도가 되고 연직혼합이 크게 억제된다.

8.3 행성경계층 운동량 방정식

점성아층 위에 수평적으로 균질한 난류가 있는 특별한 경우, 분자점성과 수평 난류 운동량속 발산항은 무시될 수 있다. 평균류 수평 운동방정식 (8.4)와 식 (8.5)는 다음과 같다.

$$\frac{\overline{D}\overline{u}}{Dt} = -\frac{1}{\rho_0}\frac{\partial \overline{p}}{\partial x} + f\,\overline{v} - \frac{\partial \overline{u'w'}}{\partial z} \tag{8.11}$$

$$\frac{\overline{D}\overline{v}}{Dt} = -\frac{1}{\rho_0}\frac{\partial \overline{p}}{\partial y} - f\,\overline{u} - \frac{\partial \overline{v'w'}}{\partial z} \tag{8.12}$$

일반적으로 위 두 식은 난류 운동량속의 연직분포를 알아야만 $\overline{u}$와 $\overline{v}$에 대해 풀 수 있다. 난류 운동량속은 난류 구조에 의존하기 때문에 일반해가 가능하지 않다. 따라서 많은 근사적인 준경험적 방법이 사용된다.

중위도 종관규모 운동의 경우 1차 근사적으로 관성 가속항, 즉 식 (8.11)과 식 (8.12)의 왼쪽항이 코리올리 힘과 기압 경도력 항에 비해 무시될 수 있음을 2.4절에서 보였다. 경계층 위에서는 이와 같은 근사가 단순히 지균균형이었다. 경계층에서도 관성 가속항은 코리올리 힘과 기압 경도력에 비해 여전히 작지만 난류속항은 포함되어야 한다. 그러므로 1차 근사적으로 행성경계층 방정식은 코리올리 힘, 기압 경도력, 난류 운동량속 발산 사이의 3개항 균형(three-way balance)으로 표현된다.

$$f\left(\overline{v} - \overline{v}_g\right) - \frac{\partial \overline{u'w'}}{\partial z} = 0 \tag{8.13}$$

$$-f\left(\overline{u} - \overline{u}_g\right) - \frac{\partial \overline{v'w'}}{\partial z} = 0 \tag{8.14}$$

여기서 기압 경도력을 지균풍으로 표현하기 위해 식 (2.23)을 사용하였다.

8.3.1 잘 혼합된 경계층

만약 대류경계층의 꼭대기에 안정한 층이 놓인다면 난류혼합은 잘 혼합된 혼합층의 형성을 유도한다. 이러한 경계층은 지표가열이 강한 낮 동안의 육지에서와 해양표면 근처 공기의 온도가 표면수 온도보다 더 차가운 해양에서 종종 발생한다. 전형적으로 열대해양은 이러한 형태의 경계층을 가진다.

잘 혼합된 경계층(well-mixed boundary layer)에서는 풍속과 온위가 그림 8.2에서처럼 거의 고도에 무관하고, 1차 근사적으로 혼합이 속도와 온위가 고도에 따라 일정하고 난류속이 고도에 따라 선형적으로 변하는 넓은 평판(slab)과 같은 층으로 취급할 수 있다. 단순화시키기 위해서 난류가 경계층의 꼭대기에서 없어진다고 가정한다. 관측자료에 의하면 지표 운동량속은 **총체공기역학방법**(bulk aerodynamic formula)[2]에 의해 표현될 수 있다.

$$(\overline{u'w'})_s = -C_d|\overline{\boldsymbol{V}}|\overline{u}, \qquad (\overline{v'w'})_s = -C_d|\overline{\boldsymbol{V}}|\overline{v}$$

여기서 C_d는 **무차원 항력계수**(drag coefficient), $|\overline{\boldsymbol{V}}| = h(\overline{u}^2 + \overline{v}^2)^{\frac{1}{2}}$, 첨자 s는 지표면을 의미한다(표준 풍속계 고도 참고). C_d는 해양에서 1.5×10^{-3} 정도의 차수를 가지며, 거친 땅에 대해서는 이보다 몇 배 더 크다.

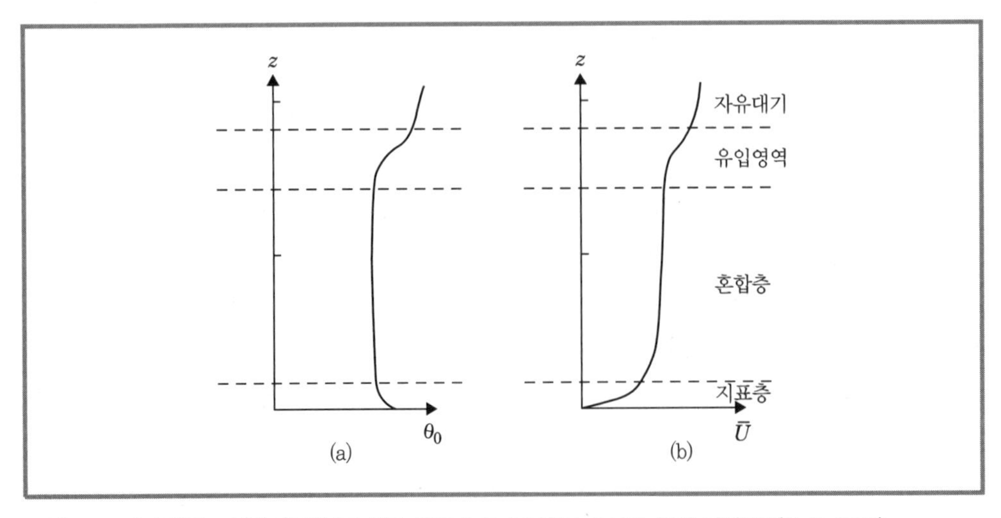

그림 8.2 잘 혼합된 경계층에서의 (a) 평균 온위 θ_0와 (b) 평균 동서풍 U의 연직구조(Stull, 1988)

2) 난류 운동량속은 예를 들어 $\tau_{ex} = \rho_0\overline{u'w'}$와 같이 정의함으로써 가끔 '에디 응력'으로 표현된다. 이 용어는 분자마찰과 혼돈을 일으킬 수 있기 때문에 피하기로 한다.

근사 행성경계층 방정식 (8.13)~(8.14)를 지표에서 경계층 상층 $z=h$까지 적분함으로써 다음 식들을 얻는다.

$$f\left(\bar{v}-\bar{v}_g\right) = -\left(\overline{u'w'}\right)_s/h = C_d|\overline{\boldsymbol{V}}|\,\bar{u}\ /h \tag{8.15}$$

$$-f\left(\bar{u}-\bar{u}_g\right) = -\left(\overline{v'w'}\right)_s/h = C_d|\overline{\boldsymbol{V}}|\,\bar{v}\ /h \tag{8.16}$$

일반성을 잃지 않으면서 $\bar{v}_g=0$이 되도록 축을 선택하면, 식 (8.15)와 식 (8.16)은 다음과 같이 다시 나타낼 수 있다.

$$\bar{v}=\kappa_s|\overline{\boldsymbol{V}}|\bar{u},\quad \bar{u}=\bar{u}_g-\kappa_s|\overline{\boldsymbol{V}}|\bar{v} \tag{8.17}$$

여기서 $\kappa_s \equiv \dfrac{C_d}{(fh)}$이다. 따라서 혼합층에서 풍속은 지균풍속보다 작고, 저기압 쪽으로 향하는 운동성분이 있으며(즉, 북반구에서는 지균풍속의 왼쪽으로, 남반구에서는 오른쪽으로) 그 크기는 κ_s에 의존한다. 예를 들어, 만약 $\bar{u}_g=10\,\mathrm{ms}^{-1}$이고 $\kappa_s=0.05\,\mathrm{m}^{-1}\mathrm{s}$이면 이상적인 모습을 가진 평판 혼합층의 모든 고도에서 $\bar{u}=8.28\,\mathrm{ms}^{-1}$, $\bar{v}=3.77\,\mathrm{ms}^{-1}$, $|\overline{\boldsymbol{V}}|=9.10\,\mathrm{ms}^{-1}$이다.

기압이 낮은 쪽으로 향하는 흐름에 의한 일은 지표에서 마찰소산과 균형을 이룬다. 경계층 난류는 풍속을 낮추는 경향이 있기 때문에 난류 운동량속 항은 종종 경계층 마찰이라 불린다. 그러나 그 힘은 분자점성에 의한 것이 아니라 난류에 의한 것이라는 것을 기억하라.

정성적으로 경계층에서 등압선을 가로지르는 흐름은 기압 경도력, 코리올리 힘, 난류항력(turbulent drag) 간의 세 힘의 균형에 의한 직접적인 결과로 이해될 수 있다.

$$f\boldsymbol{k}\times\overline{\boldsymbol{V}} = -\frac{1}{\rho_0}\nabla\bar{p}-\frac{C_d}{h}|\overline{\boldsymbol{V}}|\overline{\boldsymbol{V}} \tag{8.18}$$

그림 8.3은 이 균형을 나타낸다. 코리올리 힘은 항상 속도에 직각이고 난류항력은 속도에 반대로 작용하는 힘이기 때문에 그 두 힘의 합은 바람이 기압이 낮은 쪽으로 향할 때에만 기압

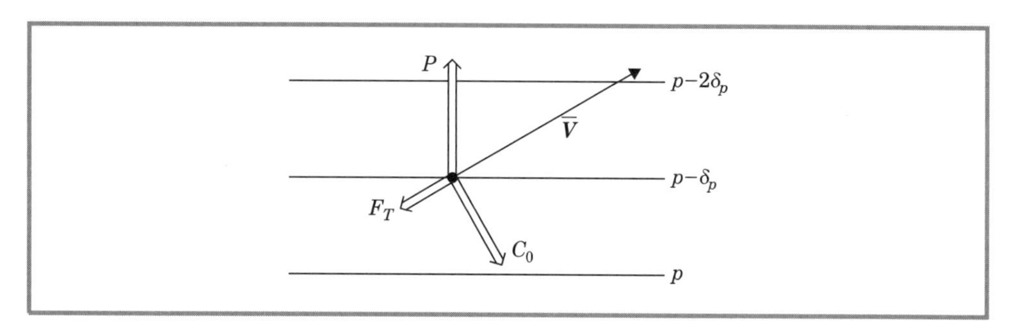

그림 8.3 잘 혼합된 행성경계층에서 힘들의 균형, P는 기압 경도력, C_0는 전향력, F_T는 마찰력을 의미한다.

경도력과 정확하게 균형을 이룬다. 또한, 난류항력이 증가하면 등압면을 가로지르는 각도도 증가하는 것을 쉽게 알 수 있다.

8.3.2 속-기울기 이론

중립 또는 안정하게 성층화된 경계층에서 풍속과 풍향은 고도에 따라 크게 변한다. 간단한 평판모형(slab model)은 더 이상 적절하지 않다. 경계층 변수에 대한 닫힘 방정식을 구하기 위해서는 평균변수로 표현되는 난류 운동량속 발산의 연직종속을 결정하는 다른 수단이 필요하다. 이러한 닫힘 문제(closure problem)에 대한 전형적인 접근방법은 난류 에디들이 분자확산과 유사한 방법으로 작용해 주어진 임의 변수의 속이 국지 기울기의 평균에 비례한다고 가정하는 것이다. 이 경우 식 (8.13)과 식 (8.14)의 난류속항은 아래와 같이 쓰여질 수 있다.

$$\overline{u'w'} = -K_m\left(\frac{\partial \overline{u}}{\partial z}\right), \qquad \overline{v'w'} = -K_m\left(\frac{\partial \overline{v}}{\partial z}\right)$$

또한 온위속도 아래와 같이 표현될 수 있다.

$$\overline{\theta' w'} = -K_h\left(\frac{\partial \overline{\theta}}{\partial z}\right)$$

여기서 $K_m(\mathrm{m^2 s^{-1}})$는 에디 점성계수, K_h는 에디 열확산계수이다. 위와 같은 닫힘방안을 K-이론이라 한다.

K-이론에는 많은 한계가 있다. 분자 점성계수와 달리 에디 점성(eddy viscosity)은 유체의 물리적 특성보다는 흐름에 의존하고 각 상황에 대해 경험적으로 결정되어야 한다는 것이다. 가장 간단한 방법은 에디 교환계수(eddy exchange coefficient)가 일정하다고 가정하는 것이다. 이 근사는 자유대기에서 수동적 추적물(passive tracer)의 소규모 확산을 측정하는 데 적절하다. 그러나 이와 같은 근사는 전형적인 난류 에디들의 규모와 강도가 지표로부터의 거리와 대기 안정도에 크게 의존하는 경계층에서는 적당하지 않다. 더구나, 많은 경우에 대단히 활동적인 에디들은 경계층의 깊이와 같은 규모를 가지며, 운동량속이나 열속 어느 것도 평균적 국지 기울기에 비례하지 않는다. 예를 들어, 많은 혼합층에서 평균 성층화가 거의 중립에 가까움에도 불구하고 열속은 양의 값을 가진다.

8.3.3 혼합길이 가설

경계층에서 에디 확산계수를 구하는 적절한 모형을 결정짓기 위한 가장 간단한 접근법은 유체역학자인 Ludwig Prandtl에 의해 소개된 혼합길이(mixing length) 가설에 기초한다. 이 가설은 평균분자가 평균 자유경로(mean free path)를 이동하여 다른 분자들과 충돌하고 운동량을 교환하는 것과 같이 연직적으로 놓인 유체 덩어리가 특성거리(characteristic distance) ξ'를 움직이면서 처음 위치에서 갖고 있던 평균적 상태의 특성을 운반하며 주변 유체와 섞는다고 가정한다. 분자역학과 유사하게 이 변위는 ξ'와 평균 물리량의 기울기에 의존하는 난류변동(turbulent fluctuation)을 생성하는 것으로 가정된다. 예를 들어,

$$\theta' = -\xi'\frac{\partial\overline{\theta}}{\partial z}, \quad u' = -\xi'\frac{\partial\overline{u}}{\partial z}, \quad v' = -\xi'\frac{\partial\overline{v}}{\partial z}$$

여기서 상향 공기 덩이의 변위에 대해 $\xi' > 0$, 하향 공기 덩이의 변위에 대해 $\xi' < 0$을 나타낸다. 이 가설은 온위와 같은 보존성을 갖는 물리량에 대해서 에디 규모가 평균류 규모보다 작거나 또는 평균경도는 고도에 따라 일정한 경우에 적절하다. 그러나 이 가설은 속도의 경우에는 비교적 덜 적절한데, 이는 기압 경도력이 에디 변위 동안 속도를 실질적으로 변화시킬 수 있기 때문이다.

그럼에도 불구하고 혼합길이 가설을 사용한다면 동서 운동량의 연직 난류속은 아래와 같이 표현된다.

$$-\overline{u'w'} = \overline{w'\xi'}\frac{\partial\overline{u}}{\partial z} \tag{8.19}$$

남북방향의 운동량속과 온위속에 대해서도 위와 유사한 표현이 사용된다. 평균 장의 값으로 w'을 추정하기 위해 대기의 연직 안정도는 거의 중립적이어서 부력효과가 작다고 가정하자. 에디의 수평규모는 연직규모와 비슷하여 $|w'| \sim |\boldsymbol{V}'|$이고 아래 식을 쓸 수 있다.

$$w' \approx \xi'\left|\frac{\partial\overline{\boldsymbol{V}}}{\partial z}\right|$$

여기서 $\boldsymbol{V}'$와 $\overline{\boldsymbol{V}}$는 각각 수평 바람 장의 난류와 평균부분을 의미하는데, 가령 $\xi' > 0$이면 $w > 0$이므로 평균 바람경도의 절대값이 필요하다(즉, 공기괴의 상향변위는 상향 에디 속도와 관계가 있다). 따라서 운동량속은 다음 식과 같이 표현된다.

$$-\overline{u'w'} = \overline{\xi'^2}\left|\frac{\partial\overline{\boldsymbol{V}}}{\partial z}\right|\frac{\partial\overline{u}}{\partial z} = K_m\frac{\partial\overline{u}}{\partial z} \tag{8.20}$$

여기서 에디 점성은 $K_m = \overline{\xi'^2}\,|\partial\overline{\boldsymbol{V}}/\partial z| = l^2|\partial\overline{V}/\partial z|$로 정의되고, 혼합길이는

$$l \equiv \left(\overline{\xi'^2}\right)^{1/2}$$

와 같이 정의되는데, 이것은 2차 제곱근 공기 덩이 변위로 평균 에디 크기의 척도이다. 이 결과는 크기가 큰 에디와 시어가 강할 경우 난류혼합이 더 강하다는 것을 의미한다.

8.3.4 에크만 층

만일 식 (8.13)과 식 (8.14)의 난류 운동량속 발산을 나타내기 위해 속-기울기 근사를 이용하고 K_m을 상수로 취급한다면 다음과 같은 에크만 층(Ekman layer)에서의 운동방정식을 얻는다.

$$K_m \frac{\partial^2 u}{\partial z^2} + f(v - v_g) = 0 \tag{8.21}$$

$$K_m \frac{\partial^2 v}{\partial z^2} - f(u - u_g) = 0 \tag{8.22}$$

여기서 모든 변수들에 대해서 레이놀즈 평균하였으므로 오버바는 생략하였다.

에크만 층 방정식 (8.21)과 (8.22)를 이용하여 지균평형으로부터 벗어난 경계층 내 바람장의 높이에 따른 변화를 결정할 수 있다. 가능한 한 분석을 간단히 하기 위해 방정식들이 전 경계층에 적용된다고 가정한다. 그러면 지표에서 수평속도 성분이 0이고, 층의 최상층에서는 지균값에 접근한다는 u, v에 대한 경계조건이 필요하다.

$$\begin{aligned} &u = 0, \quad v = 0 \quad z = 0 \\ &u \to u_g, \quad v \to v_g \quad z \to \infty \end{aligned} \tag{8.23}$$

식 (8.21)과 식 (8.22)를 풀기 위해 식 (8.22)에 복소수($i = (-1)^{\frac{1}{2}}$)를 곱하고 그 결과와 (8.21)을 합하면 복소수 속도($u + iv$)에 대한 2차 미분 방정식을 얻는다.

$$K_m \frac{\partial^2 (u + iv)}{\partial z^2} - \mathrm{i}f\,(u + iv) = -\mathrm{i}f\,(u_g + iv_g) \tag{8.24}$$

간단히 하기 위해서, 지균풍은 높이에 무관하며 지균풍이 동서($v_g = 0$) 성분만 있다고 가정한다. 이 경우 식 (8.24)의 일반해는 아래와 같다.

$$(u + iv) = A\exp\left[(\mathrm{i}f/K_m)^{1/2} z\right] + B\exp\left[-(\mathrm{i}f/K_m)^{1/2} z\right] + u_g \tag{8.25}$$

$\sqrt{i} = (1 + i)/\sqrt{2}$ 임을 증명할 수 있는데 이를 이용하고 식 (8.23)의 경계조건을 적용하면 북반구($f > 0$)에서 $A = 0$, $B = -u_g$임을 얻는다. 따라서 복소수 속도는 아래와 같다.

$$u + iv = -u_g \exp\left[-\gamma(1 + i)z\right] + u_g$$

여기서 $\gamma = (f/2K_m)^{1/2}$이다.

오일러 공식 $\exp(-i\theta) = \cos\theta - i\sin\theta$를 적용하고 실수부와 허수부를 분리하면 북반구에서 다음의 결과를 얻는다.

$$u = u_g(1 - e^{-\gamma z}\cos\gamma z), \quad v = u_g e^{-\gamma z}\sin\gamma z \tag{8.26}$$

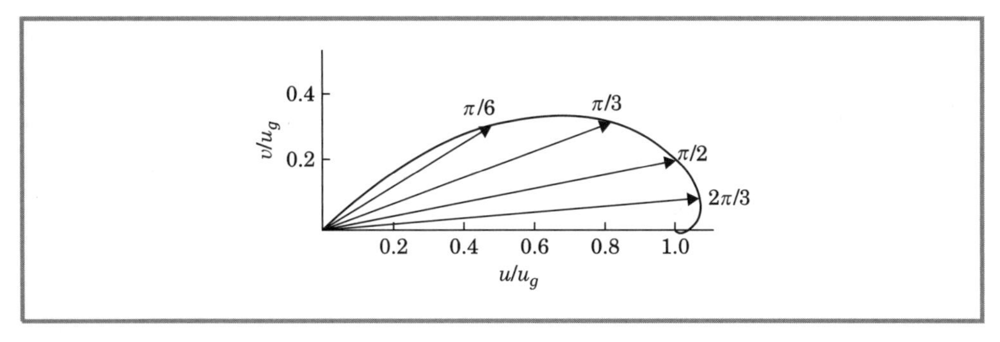

그림 8.4 에크만 나선해에서 바람성분의 속도도. 화살은 에크만 층 내 몇 개의 층에서의 속도 벡터를 가리키고, 나선은 고도에 따른 속도의 변화를 나타낸다. 나선에 쓰인 수는 무차원 고도인 γz값을 나타낸다.

이 해는 스웨덴 해양학자인 Vagn Walfrid Ekman의 이름을 딴 유명한 에크만 나선(Ekman spiral)이다. 그는 해양에서 바람에 의한 해류(취송류)에 대한 유사한 해를 처음으로 유도했다. 해 (8.26)의 구조는 그림 8.4에 그린 호도그래프에 의해 가장 잘 표현된다. 이 그림에서 바람의 동서와 남북성분이 높이의 함수로서 그려져 있다. 두꺼운 곡선은 나선을 따라 원점으로부터 멀어짐에 따라 증가하는 γz의 값에 대해서 식 (8.26)의 u와 v의 값에 상응하는 모든 점들을 연결한 것이다. 화살표는 화살표 지점에 표시된 γz의 값에 대한 속도를 보여준다. $z=\pi/\gamma$일 때 바람은 평행하고 지균값과 거의 같다. 이 고도를 에크만 층의 꼭대기로 하여 이때 깊이를 에크만 층의 높이 $De \equiv \pi/\gamma$로 일반적으로 정의한다.

관측에 의하면 바람은 지표 위 약 1km에서 지균값에 접근한다. $De = 1\,\mathrm{km}$, $f = 10^{-4}\mathrm{s}^{-1}$라 두면, γ에 대한 정의에 따라 $K_m \approx 5\,\mathrm{m}^2\mathrm{s}^{-1}$ 얻을 수 있다. 식 (8.20)으로부터 경계층 속도 시어의 일반적인 값인 $|\delta \mathbf{V}/\delta z| \sim 5\times10^{-3}\mathrm{s}^{-1}$에 대해 혼합거리는 약 30m가 된다. 이 값은 경계층 깊이에 비해 매우 작은 크기이며 이는 혼합길이의 개념이 유용하다는 것을 뜻한다.

정성적으로 에크만 층 해의 가장 두드러진 특징은 8.3.1소절의 혼합층의 해와 같이 경계층 바람성분이 저기압 쪽을 향한다는 것이다. 이는 혼합층의 경우와 같이 기압 경도력, 코리올리 힘, 난류항력 간의 균형에 따른 직접적인 결과이다.

여기서 논의된 이상적인 에크만 층은 실제 대기경계층에서 관측이 거의 드물다. 이는 난류 운동량속이 평균 운동량의 기울기에 일반적으로 단순히 비례하지 않기 때문이라는 것에 일부 원인이 있다. 그러나 속-기울기 모형(flux-gradient model)이 옳다 하더라도 일정한 에디 점성계수를 가정하는 것은 여전히 적절하지 않다. 왜냐하면 실제 K_m은 지표 근처에서 고도에 따라 급속히 변화하기 때문에 에크만 층 해를 지표 근처까지 연장하여 해석해서는 안 된다.

8.3.5 지표층

에크만 층 모형의 일부 문제점들은 대기경계층을 **지표층**(surface layer)과 그 나머지 부분으로 구분함으로써 해결할 수 있다. 지표층은 안정도에 따라 깊이가 결정되며 총경계층의 10% 이내를 차지한다. 지표층은 난류 에디에 의한 연직 운동량 전달에 의해 전적으로 유지되며 코리올리 힘이나 기압 경도력의 영향을 직접 받지 않는다. 분석을 용이하게 하기 위해 지표면의 바람이 x축에 평행하다고 가정하자. 그러면 운동학적 난류 운동량속은 아래와 같이 정의되는 **마찰속도**(friction velocity) u_*로 표현된다.[3]

$$u_*^2 \equiv \left|\overline{(u'w')_s}\right|$$

관측에 의하면 지표 운동량속의 크기는 $0.1\,\mathrm{m^2s^{-2}}$ 정도의 크기를 갖고, 마찰속도는 일반적으로 $0.3\,\mathrm{ms^{-1}}$의 크기를 갖는다.

2.4절의 규모분석에 따라 식 (8.11)의 코리올리 힘과 기압 경도력은 중위도에서 약 $10^{-3}\,\mathrm{ms^{-2}}$의 크기를 갖는데, 지표층에서 운동량속 발산이 이 크기를 초과할 수 없다. 그렇지 않으면 균형을 이루지 못한다. 따라서 만약 이러한 항들이 운동량속 발산과 균형을 이루려면 아래와 같은 조건을 만족해야 한다.

$$\frac{\delta(u_*^2)}{\delta z} \le 10^{-3}\,\mathrm{ms^{-2}}$$

그러므로 $\delta z = 10\,\mathrm{m}$이면 $\delta(u_*^2) \leqq 10^{-2}\,\mathrm{m^2\,s^{-2}}$이므로, 지상 10m 이내 대기에서 연직 운동량속의 변화는 지표속(surface flux)의 10%보다 작고, 1차 근사적으로 대기의 하층 수 m에서 난류속은 지표에서와 같은 일정한 값을 유지한다고 가정할 수 있다. 그렇다면 식 (8.20)을 이용하면 지표면 운동량속은 에디 점성계수로 매개변수화된다.

$$K_m \frac{\partial \bar{u}}{\partial z} = u_*^2 \tag{8.27}$$

에크만 층 해에 K_m을 적용함에 있어서 전 경계층에 대하여 일정한 값을 가정했다. 그러나 지표 근처에서 연직 에디 규모는 지표까지의 거리로 제한한다. 그러므로 혼합 길이에 대한 논리적 선택은 $l = kz$이며, 여기서 k는 상수이다. 이러한 경우 $K_m = (kz)^2 |\partial \bar{u}/\partial z|$이다. 이를 식 (8.27)에 대입하고 결과에 제곱근을 취하면 아래와 같다.

$$\partial \bar{u}/\partial z = u_*/(kz) \tag{8.28}$$

z에 대해 적분하면 대수적 **바람분포**(logarithmic wind profile)를 얻는다.

$$\bar{u} = (u_*/k)\ln(z/z_0) \tag{8.29}$$

---

3) 지표 에디 응력은 $\rho_0 u_*^2$와 같다.

여기서, 거칠기 길이 z_0는 $z=z_0$에서 $\overline{u}=0$이 되도록 선택된 적분상수이다. 식 (8.29)에서 상수 k는 폰 카르만(Von Karman's) 상수라 불리는 보편상수이며, 실험을 통해서 k가 0.4 정도의 값을 갖는 것으로 알려졌다. 거칠기 길이 z_0는 지표의 물리적 특성에 의해 다양하게 변한다. 예를 들어 초지(grassy field)에서는 일반적으로 1 ~ 4 cm 정도의 크기를 가진다. 식 (8.29)를 유도하는 데 많은 가정들이 필요하지만, 여러 가지 실험 결과들은 대수적 바람분포가 지표층에서 관측된 바람분포와 잘 일치됨을 보여준다.

8.3.6 수정된 에크만 층

앞에서 지적했듯이 에크만 층의 해는 지표층에서는 적용될 수가 없다. 행성경계층에 대한 좀 더 만족스런 표현은 에크만 나선에 대수적인 지표층 구조를 조합해야 얻을 수 있으며, 이러한 접근에서 에디 점성계수는 다시 상수로 취급된다. 그러나 식 (8.24)는 지표층 위에서만 적용시키고 에크만 층 바닥에서 시어와 속도는 지표층 상한에서의 값과 일치시킨다. 따라서 수정된 에크만 나선은 고전적 에크만 나선보다 관측에 좀 더 부합한다. 그러나 행성경계층에서 관측된 바람은 대개 나선구조와는 상당히 벗어나 있으므로, 일시성과 경압효과(즉, 경계층에서의 지균풍 연직 시어)가 에크만 해로부터의 일탈을 가져올 수도 있다. 그러나 거의 중립적인 정적 안정도를 갖고 있는 정상상태의 순압상황에서도 에크만 나선은 거의 관측되지 않는다.

에크만 층 바람분포 구조는 정적으로 중립인 대기에 대해 일반적으로 불안정한 것으로 밝혀졌으며, 이 불안정의 결과로 발달한 순환은 경계층의 깊이에 상당하는 수평적 연직적 규모를 가진다. 그러므로 단순한 속-기울기 관계로부터 그것들을 매개변수화하는 것은 불가능하다. 그러나 이러한 순환은 일반적으로 상당한 양의 운동량을 연직적으로 수송하므로, 결과적으로 에크만 나선의 특징인 경계층 바람과 지균풍 간의 각도가 감소하게 된다. 전형적으로 관측되는 호도그래프(hodograph)가 그림 8.5에 있다. 비록 상세한 구조는 다소 에크만 나선과 다르지만

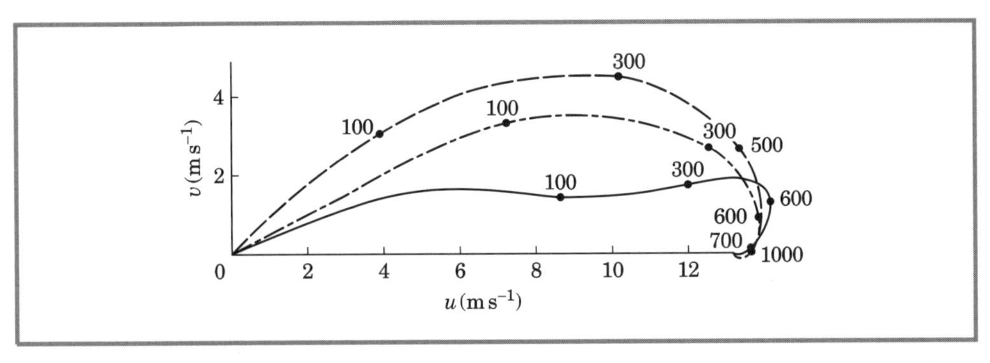

그림 8.5 1968년 4월 4일, 플로리다(약 북위 30°), 잭슨빌에서 관측한 평균바람 속도도(굵은 선)와 이에 상응하는 에크만 나선(점선), 그리고 $De \cong 1200$ m로 계산한 수정된 에크만 나선(선-점 선). 높이의 단위는 m이다(Brown, 1970, 미국기상학회의 허가를 받아 재사용함).

경계층에서 연직적으로 적분한 수평 질량수송은 여전히 저기압을 향한다. 다음 장에서 보듯이 그것은 종관 또는 더 큰 규모운동에 대해 중요한 의미를 갖는다.

8.4 2차 순환과 선회감소

혼합층해 (8.17)과 에크만 나선해 (8.26)은 모두 대기경계층에서 수평바람이 저기압 쪽으로 향하는 성분을 가진다는 것을 나타낸다. 그림 8.6에서 보듯이 이것은 저기압성 순환에서 질량의 수렴을, 고기압성 순환에서는 질량의 발산을 의미하므로, 질량보존에 의해 저기압성 순환의 경우에는 경계층의 밖으로, 그리고 고기압성 순환에서는 경계층의 안으로 향하는 연직 운동이 발생한다. 이렇게 유도된 연직 운동의 크기를 추정하기 위해서 $v_g = 0$를 가정하면 경계층의 임의 고도에서 단위 면적당 등압면을 가로지르는 질량수송은 $\rho_0 v$가 된다. 전 층을 통해 연직적으로 뻗쳐진 단위 폭의 기둥에 대한 순 질량수송은 단순히 $\rho_0 v$의 연직적분이 된다. 혼합층에 대한 이 적분은 간단하게 $\rho_0 vh(\mathrm{kg\,m^{-1}s^{-1}})$이고, 여기서 h는 층의 깊이이다. 에크만 나선은 다음과 같다.

$$M = \int_0^{De} \rho_0 v dz = \int_0^{De} \rho_0 u_g \exp(-\pi z/De) \sin(\pi z/De) dz \tag{8.30}$$

여기서 $De = \pi/\gamma$는 8.3.4소절에서 정의된 에크만 층의 깊이이다.

평균 연속 방정식 (8.8)을 경계층의 깊이에 대해 적분하면

$$w(De) = -\int_0^{De} \left(\frac{\partial u}{\partial x} + \frac{\partial v}{\partial y}\right) dz \tag{8.31}$$

여기서 $w(0) = 0$임을 가정하였고, u_g는 x에 독립적이므로 다시 $v_g = 0$임을 가정하면, 식 (8.26)을 식 (8.31)에 대입하고 식 (8.30)과 비교함으로써 에크만 층의 상한에서 질량수송은 아래와 같이 주어진다.

$$\rho_0 w(De) = -\frac{\partial M}{\partial y} \tag{8.32}$$

그러므로 경계층 밖으로 나가는 질량속은 층 내에서 등압선을 가로지르는 질량수송의 수렴과 같다. 이와 같은 경우 지균 소용돌이도는 $-\partial u_g/\partial y = \zeta_g$이므로 식 (8.30)을 적분한 후 식 (8.32)에 대입하면[4)]

4) 방정식이 양반구에서 유효하도록 코리올리 매개변수의 절대값에 대한 그 값의 비가 포함되었다.

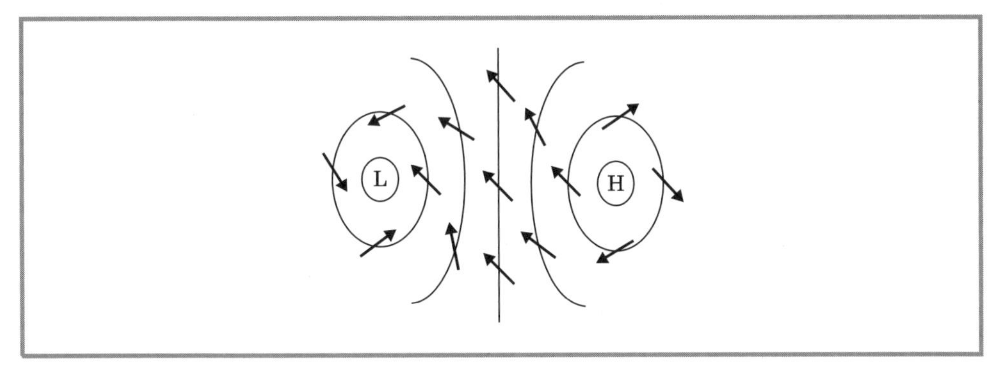

그림 8.6 북반구에서 고 · 저기압 중심과 관련된 지표풍의 도식적인 모습(화살표). 등압선은 얇은 선으로 나타냈고, 'L'과 'H'는 각각 저, 고기압 중심이다(Stull, 1988 제공).

$$w(De) = \zeta_g\left(\frac{1}{2\gamma}\right) = \zeta_g\left|\frac{K_m}{2f}\right|^{1/2}\left(\frac{f}{|f|}\right) \tag{8.33}$$

여기서 경계층 내의 높이에 따른 밀도의 변화는 무시하였고 $1+e^{-\pi} \approx 1$임을 가정했다. 그러므로 경계층 꼭대기에서의 연직 속도는 지균 소용돌이도에 비례한다는 중요한 결과를 얻는다. 이러한 방법으로 경계층 속의 영향은 난류의 혼합보다 일반적으로 훨씬 우세한 강제 2차 순환을 통해 자유대기로 직접 전달된다. 이 과정을 **경계층 펌핑**(boundary layer pumping)이라 한다. 이것은 오직 회전유체에서만 발생하여 회전류와 비회전류 사이의 기본적인 차이 중의 하나이다. $\zeta_g \sim 10^{-5}\text{s}^{-1}$, $f \sim 10^{-4}\text{s}^{-1}$, $De \sim 1\,\text{km}$의 크기를 가지는 전형적인 종관규모계의 경우 식 (8.33)으로부터 주어지는 연직 속도는 초속 수 mm 정도의 크기를 가진다.

컵에 있는 차를 휘저었을 때 생기는 순환의 감소도 경계층 펌핑과 유사하다. 컵의 바닥과 측면으로부터 먼 곳에는 반지름 방향 기압 경도와 회전하는 유체의 원심력 사이에 근사적인 평형이 존재한다. 그러나 바닥 근처에서 점성은 운동을 감소시키며 원심력은 반지름 방향 기압 경도와 평형을 이루기에 충분하지 못하다(반지름 방향 기압 경도는 물이 비압축성 유체이기 때문에 깊이에 무관하다). 그러므로 컵의 바닥 근처에서 컵의 중심으로 물의 유입이 일어나는데, 이러한 유입 때문에 차를 휘저었을 때 차 찌꺼기가 컵의 바닥 중심으로 모이는 것을 항상 본다. 질량의 연속성에 의해서 바닥 경계층에서 중심으로 유입되는 흐름은 상향운동을 일으키고, 경계층 꼭대기를 통과한 상승운동은 이후 축의 중심 바깥으로 향하는 느린 보상운동을 나머지 전 층에 걸쳐서 일어난다. 회전축의 바깥으로 향하는 이러한 느린 반지름 방향 흐름은 대체로 각운동량을 보존하며 높은 각운동량 유체를 낮은 각운동량 유체로 대치함으로써 컵 내에서 단순한 확산에 의한 것보다 더 급속히 소용돌이도를 선회감소시키는 역할을 한다.

대기의 소용돌이를 선회감소시키는 2차 순환에 대한 특성 시간규모는 순압대기를 가정하면 쉽게 나타내진다. 종관규모 운동에 대한 소용돌이도 방정식 (4.38)은 근사적으로 다음과 같다.

$$\frac{D\zeta_g}{Dt} = -f\left(\frac{\partial u}{\partial x} + \frac{\partial v}{\partial y}\right) = f\frac{\partial w}{\partial z} \tag{8.34}$$

여기서 발산항에 있는 ζ_g는 f에 비해 작기 때문에 무시했고 또한 f의 위도변화도 무시했다. 순압대기에서 지균 소용돌이도가 높이에 무관하기 때문에, 식 (8.34)는 에크만 층의 꼭대기 ($z = De$)에서 대류권계면($z = H$)까지 쉽게 적분할 수 있다.

$$\frac{D\zeta_g}{Dt} = +f\left[\frac{w(H) - w(De)}{(H - De)}\right] \tag{8.35}$$

식 (8.33)으로부터 $w(De)$를 대입하고 $w(H) = 0, H \gg De$를 가정하면, 식 (8.35)는 다음과 같이 구해진다.

$$\frac{D\zeta_g}{Dt} = -\left|\frac{fK_m}{2H^2}\right|^{1/2}\zeta_g \tag{8.36}$$

이 방정식은 시간에 대해 적분하면 다음 식을 얻는다.

$$\zeta_g(t) = \zeta_g(0)\exp(-t/\tau_e) \tag{8.37}$$

여기서 $\zeta_g(0)$은 $t = 0$에서 지균 소용돌이도의 값이고 $\tau_e \equiv H\,|2/(fK_m)\,|^{1/2}$은 소용돌이도가 처음 값의 e^{-1}만큼 감소하는 데 걸리는 시간을 말한다.

이러한 **e-배감** 시간규모(e-folding time scale)를 순압 **선회감소 시간**(spin-down time)이라 한다. 전형적인 값으로 $H \equiv 10\,\mathrm{km}$, $f = 10^{-4}\mathrm{s}^{-1}$, $K_m = 10\,\mathrm{m}^2\mathrm{s}^{-1}$의 크기를 택하면 e-배감 시간규모는 $\tau_e \approx 4$일이다. 그러므로 순압대기에서 중위도 종관규모 요란에 대한 특성 선회감소 시간은 수일 정도이다. 이러한 소멸 시간규모는 일반적인 점성확산에 대한 소멸 시간규모와 비교가 된다. 점성확산에 대한 시간규모는 확산 방정식의 규모분석으로부터 추정될 수 있다.

$$\frac{\partial u}{\partial t} = K_m\frac{\partial^2 u}{\partial z^2} \tag{8.38}$$

만약 τ_d가 확산 시간규모이고 H가 확산에 대한 특성 연직규모이면 확산 방정식으로부터 아래의 관계식을 얻는다.

$$U/\tau_d \sim K_m U/H^2$$

그러므로 $\tau_d \sim H^2/K_m$이다. 위에 언급한 H와 K_m의 값에 대해 확산 시간규모는 약 100일이다. 그리므로 대류운이 없는 경우 선회감소 과정은 회전하는 대기에서 에디 확산보다 소용돌이도 소멸에 훨씬 더 효과적이다. 적난운 대류는 대류권의 바닥에서 꼭대기까지 열과 운동량의 급속

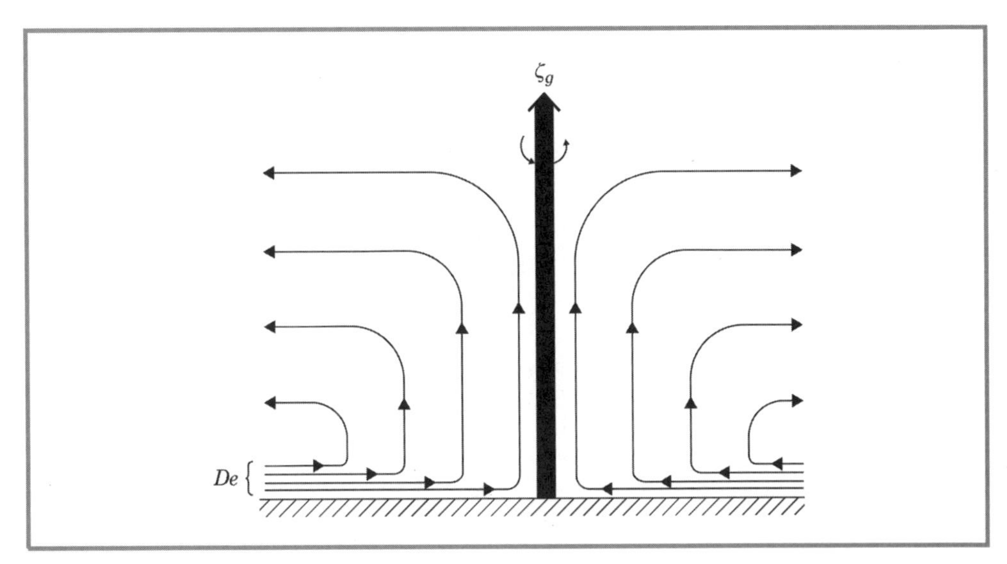

그림 8.7 순압대기에서 사이클론적 소용돌이에 대한 행성경계층에서의 마찰수렴에 의해 유도된 2차 순환의 유선. 순환은 소용돌이의 전체 깊이까지 확장된다.

한 난류수송을 유발할 수 있으며, 이러한 것들은 경계층 펌핑과 더불어 태풍과 같은 강력한 시스템에서는 고려되어야 한다.

물리적으로 대기의 경우에 있어 선회감소 과정은 종관규모계에서 주로 원심력이 아닌 코리올리 힘이 기압 경도력과 균형을 이룬다는 것을 제외하고는 찻잔에 대한 모사실험과 유사하다. 경계층 항력에 의해 강제된 2차 순환의 역할은 유체의 내부에 느린 반지름 방향류를 유발한다는 것인데 이 흐름은 경계층 위 소용돌이도의 방위순환(azimuthal circulation)에 겹쳐져 나타난다. 이 2차 순환은 임의 저기압의 중심에서 바깥쪽으로 불어나가는데 그 결과 유체분자들에 의해 만들어진 임의 폐곡선의 수평면적은 증가한다. 순환은 보존되기 때문에 소용돌이 중심으로부터 떨어진 지점에서 방위속도는 시간에 따라 감소해야 한다. 그러나 다른 관점으로 본다면, 바깥으로 흐르는 유체에 대한 코리올리 힘은 시계방향으로 향하고 따라서 이 힘은 소용돌이 순환의 방향에 반대되는 토크를 유발한다. 그림 8.7은 이러한 2차 순환류의 유선에 대한 정성적인 도면이다.

이제 **2차 순환**이라는 용어가 무엇을 의미하는가는 명확해졌다. 이것은 단순히 물리적 제한에 의해 주된 순환(이 경우 소용돌이의 방위순환)에 겹쳐지는 순환으로, 경계층의 경우 점성이 2차 순환의 요인이다. 그러나 나중에 살펴보겠지만 온도이류나 비단열 가열들도 2차 순환에 중요한 역할을 한다.

위의 논의에서는 중립적으로 성층화된 순압대기의 경우만 고려하였는데, 안정적으로 성층화된 좀 더 현실적인 경압대기의 경우 2차 순환에 대한 분석은 더욱 복잡하다. 그러나 성층화의 영향을 정성적으로 이해하기는 비교적 쉽다. 안정된 대기에서는 공기 덩어리의 밀도가 주변보

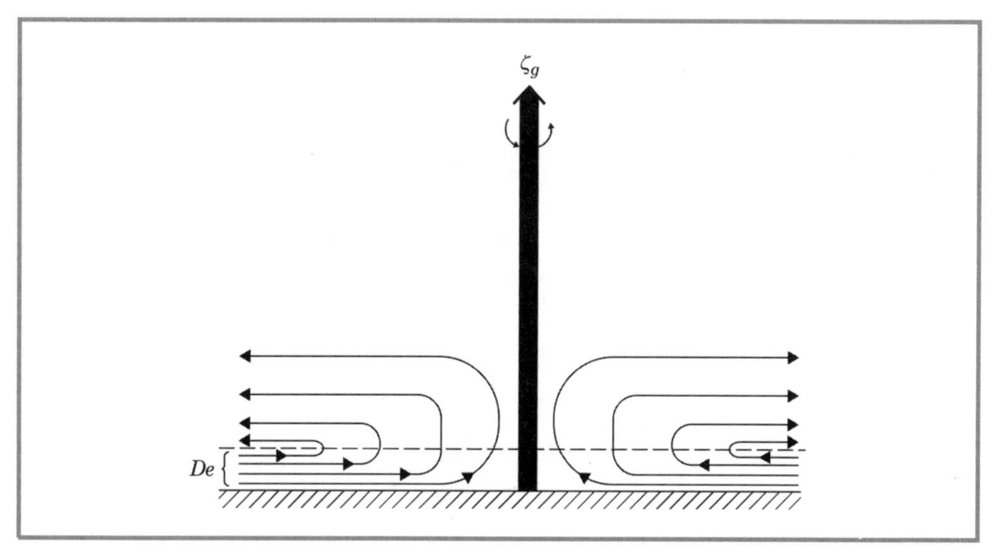

그림 8.8 안정적으로 성층화된 경압대기에서 사이클론적 소용돌이에 대한 행성경계층에서의 마찰 수렴에 의해 유도된 2차 순환의 유선. 순환은 내부에서 높이에 따라 감소한다.

다 무겁기 때문에 부력(2.7.3소절 참조)은 공기 덩이의 상승운동을 억제한다. 따라서 내부 2차 순환은 정적 안정도에 비례해서 높이에 따라 감소한다.

이렇게 연직적으로 변하는 2차 순환을 그림 8.8에 그렸는데 상층에 영향을 주지 않으면서 에크만 층의 꼭대기에서 빠르게 소용돌이도를 선회감소시킨다. 경계층 꼭대기에서 지균 소용돌이도가 0이 될 경우 에크만 층의 펌핑 작용은 소멸된다. 그 결과 나타나는 것이 경계층 꼭대기에서 ζ_g를 0으로 하기에 충분히 큰 방위속도의 연직 시어를 갖는 경압성 소용돌이다. 이 지균풍의 연직 시어는 반지름 방향의 온도경도가 존재할 경우 형성되는데, 반지름 방향 온도경도는 에크만 층 밖으로 나가는 공기 덩이의 단열적 냉각과정에 의한 선회감소 동안에 형성된다. 그러므로 경압대기에서 2차 순환의 두 가지 역할은 다음과 같이 요약된다. (1) 코리올리 힘의 작용을 통해서 소용돌이의 방위속도장를 변화시킨다. (2) 방위속도의 연직 시어와 반지름 방향 온도경도 사이에 온도풍 균형이 유지되도록 하기 위해서 온도 장의 분포를 변화시킨다.

권장 문헌

Arya, *Introduction of Micrometeorology,* 경계층 역학과 난류를 소개한 학부 저학년 수준의 훌륭한 개론서이다.

Garratt, *The Atmospheric Boundary Layer,* 대학원 수준에서 읽을 경계층 물리의 개론을 다룬 훌륭한 책이다.

Stull, *An Introduction to Boundary Layer Meteorology,* 주제에 대한 모든 부분을 이해하기 쉽고 명료하게 다룬 대학원 저학년 수준의 책이다.

문제

8.1 에크만 나선 방정식 (8.26)이 $v_g = 0$인 경우, 실제로 경계층 방정식 (8.21)과 식 (8.22)의 해임을 직접 대입하여 증명하라.

8.2 지균풍이 x와 y의 성분 (u_g, v_g) 모두를 가지는 좀 더 일반적인 경우에 대한 에크만 나선해를 유도하라(u_g와 v_g는 높이에 대해 독립임).

8.3 코리올리 매개변수와 밀도를 상수로 두고 문제 8.2에서 얻은 더 일반적인 에크만 나선해에 대해 식 (8.33)이 옳음을 보여라.

8.4 물로 가득찬 회전하는 원통모양 용기 안에 있는 층류(larminar flow)에 대한(분자 동점성 $\nu = 0.01\,\text{cm}^2\text{s}^{-1}$) 에크만 층의 깊이와 선회감소 시간을 계산하라. 여기서 유체 깊이가 $30\,\text{cm}$이고, 탱크의 회전율이 1분당 10회이다. 원통의 벽으로부터의 점성확산에 대한 시간규모가 선회감소 시간과 비슷하기 위해서 탱크의 반지름은 얼마나 작아야 하나?

8.5 북위 43°에서 지균풍이 $15\,\text{ms}^{-1}$인 편서풍이 분다고 가정하자. 혼합층 해 식 (8.17)과 에크만 층 해 식 (8.26)을 사용하여 행성경계층에서 등압선을 가로지르는 순 수송량을 계산하라. 여기서 식 (8.17)의 $|\boldsymbol{V}| = u_g$, $h = De = 1\,\text{km}$, $\kappa_s = 0.05\,\text{m}^{-1}\text{s}$, $\rho = 1\,\text{kgm}^{-3}$이다.

8.6 해양에서 바람으로 유도된 표면 에크만 층에 대한 방정식을 유도하라. 바람응력 τ_w는 일정하고, x축에 평행하다고 가정하자. 대기-바다 경계면($z=0$)에서 난류 운동량속의 연속성에 의해 $z=0$에서 공기밀도로 나눈 바람응력이 해양에서의 난류 운동량속과 같아야 한다. 따라서 만일 속-기울기 이론이 지면에서 경계조건으로 사용된다면,

$$\rho_0 K \frac{\partial u}{\partial z} = \tau_w, \quad \rho_0 K \frac{\partial v}{\partial z} = 0, \quad z = 0$$

가 된다. 여기서 K는 해양에서의 에디 점성(상수라고 가정)이다. 저층 경계조건으로 $z \to -\infty$일 때, u, $v \to 0$으로 가정하자. 만약 $K = 10^{-3}\,\text{m}^2\text{s}^{-1}$일 때 위도 북위 43°에서 에크만 층의 깊이는 얼마인가?

8.7 바람으로 유도된 해양표면 에크만 층에서 연직적으로 적분된 질량수송이 북반구에서 표면바람 응력방향의 90° 오른쪽으로 향함을 보여라. 이 결과를 물리적으로 설명하라.

8.8 깊이 $H = 3\,\text{km}$인 균질 순압해양이 동서로 대칭인 지균 제트를 가지며 그 구조가

$$u_g = U\exp[-(y/L)^2]$$

로 주어졌다. 여기서 $U = 1\,\text{ms}^{-1}$, $L = 200\,\text{km}$인 상수이다. 해양 바닥의 에크만 층에서

의 수렴에 의해 생성된 연직 속도를 계산하고, 내부에서 일어난 2차 가로지름-흐름(cross-stream)운동의 남북분포가 u_g의 남북분포와 같음을 보여라. 만약, $K=10^{-3}\,\mathrm{m^2s^{-1}}$, $f=10^{-4}\mathrm{s}^{-1}$일 때, $\overline{v}$, $\overline{w}$의 최대값은?(w와 에디 응력은 표면에서 없다고 가정)

8.9 근사적으로 동서방향으로 평균한 운동방정식 $\partial\overline{u}/\partial t \cong f\overline{v}$를 이용하여 문제 8.8에서 동서 제트류에 대한 선회감소 시간을 계산하라.

8.10 혼합층 방정식 (8.17)을 사용하여 행성경계층 꼭대기에서 연직 속도에 대한 방정식을 유도하라. $|\overline{V}|=5\,\mathrm{ms^{-1}}$은 x와 y에 독립적이고(무관함) $\overline{u_g}=\overline{u_g}(y)$를 가정한다. 만약 $h=1\,\mathrm{km}$, $\kappa_s=0.05$이고 결과가 $De=1\,\mathrm{km}$인 에크만 층 해로부터 유도된 연직 속도와 같다면 가져야 하는 K_m값은 얼마인가?

8.11 지표층에서 $K_m=kzu_*$임을 보여라.

MATLAB 연습

M8.1 MATLAB 스크립트 **mixed_layer_wind1.m**은 $v_g=0$, $\kappa_s=0.05\,\mathrm{m^{-1}s}$일 때 u_g의 범위가 $1\sim20\,\mathrm{ms^{-1}}$인 경우에 대해 식 (8.17)의 u, v를 구하기 위한 간단한 반복기법을 사용한다. 그 스크립트를 실행시키면, u_g가 $19\,\mathrm{ms^{-1}}$보다 큰 경우 이 반복기법은 해를 구할 수 없다는 것을 알 수 있다. 모든 범위의 지균풍에 적용이 가능한 대안은 3.2.1소절에서 소개된 자연 좌표계를 이용한다.

(a) 자연 좌표계에서는 혼합층 모델(그림 8.3)에서 속도 벡터에 대해 수평하게 그리고 연직으로 균형을 이루는 힘이 아래처럼 표현되는 것을 보여라.

$$f\kappa_s V^2=fu_g\cos\beta, \qquad fV=fu_g\sin\beta$$

이것은 기압 경도력이 북쪽으로 향하므로 $fu_g=|\rho_0^{-1}\nabla p|$로 나타내고, β는 기압 경도력 벡터와 혼합층의 속도 $\boldsymbol{V}$ 사이의 각이라는 것을 가정했다(8.3.1소절에서는 다른 방식으로 표현됨).

(b) MATLAB을 사용하여 u_g의 범위가 $1\sim50\,\mathrm{ms^{-1}}$인 경우의 V와 β를 구하고 u_g에 대해 V와 β를 그려라.

〈힌트〉 위의 두 식을 V에 대해서 푼 뒤 β에 대해서 u_g를 변화시켜 두 식의 V값이 같아지도록 한다.

M8.2 $\Phi_0=9800\,\mathrm{m^2s^{-2}}$, $f_0=10^{-4}\,\mathrm{s^{-1}}$, $U_0=5\,\mathrm{ms^{-1}}$, $A=1500\,\mathrm{m^2s^{-2}}$, $k=\pi L^{-1}$, $l=\pi L^{-1}$, $L=6000\,\mathrm{km}$일 때 혼합층 꼭대기에서의 지오퍼텐셜의 분포는 $\Phi(x,\ y)=\Phi_0-f_0U_0y+A\sin kx\sin ly$로 나타낼 수 있다.

(a) **mixed_layer_wind1.m**에 주어진 방법을 이용하여 $\kappa_s = 0.05$인 경우에 혼합층에서의 바람분포를 결정하라.

(b) 문제 8.10의 공식을 사용해서 혼합층의 깊이가 1 km일 때 혼합층 꼭대기에서의 연직 속도의 분포를 구하라(MATLAB 스크립트인 **mixed_layer_wind_2.m**은 연직 속도장과 소용돌이도의 등치선을 그릴 수 있는 보기판이 있다).

M8.3 M8.2의 지오퍼텐셜 분포에 대해서 에크만 층 이론을 사용하여 경계층 꼭대기에서의 연직 속도의 패턴을 유도하라. $K_m = 10\,\mathrm{m^2s^{-1}}$임을 가정하고, 소용돌이와 연직 속도장을 그리기 위해 MATLAB을 사용하라. 혼합층과 에크만 이론으로부터 유도된 연직 속도 패턴이 다른 이유를 설명하라.

DYNAMIC METEOROLOGY

제 9 장

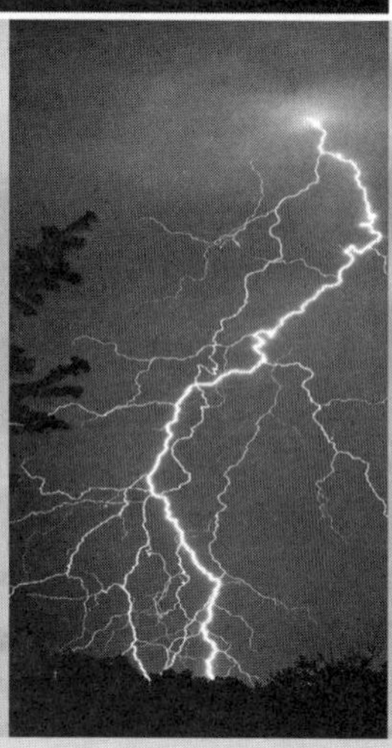

중규모 순환

앞의 장들은 주로 종관규모와 행성규모 순환들의 역학에 초점을 맞추었다. 그와 같은 대규모의 운동은 지구자전의 영향을 강하게 받기 때문에 적도지역 밖에서는 전향력이 관성을 압도한다(다시 말해 로스비 수가 작다). 제6장에서 본 바와 같이, 대규모 운동들은 1차적 근사로서, 준지균 이론에 의해 다루어질 수 있다.

여러 해 동안 준지균 운동의 연구는 기상역학의 중심 주제였다. 그러나 주요 순환들 모두가 준지균계로 분류되지는 않는다. 어떤 순환들은 로스비 수가 10에 가까우며, 어떤 것들은 지구자전의 영향을 거의 받지 않는다. 상당히 다양한 현상들이 그러한 순환에 속한다. 그러나 그 순환들의 수평규모는 모두 종관규모(다시 말해, **대규모**) 현상들의 그것보다는 작고, 맑은 날 발생하는 개개의 적운(다시 말해, **미시규모** 현상)보다는 크다. 이 때문에 이들을 중규모 순환으로 분류한다. 대부분의 악기상은 중규모 운동계들과 연관되어 있다. 따라서 중규모 현상의 이해는 과학적으로나 실질적으로 모두 중요한 것이다.

9.1 중규모 순환들의 에너지원

중규모 역학은 일반적으로 10 ~ 1000 km의 수평규모를 갖는 운동계에 대한 학문으로 정의된다. 그것은 작게는 뇌우와 내부중력파로부터 크게는 전선과 태풍을 포함하고 있다. 중규모 운동계의 다양한 속성을 고려할 때, 종관규모에서의 준지균 이론과 같이 중규모 역학 전반을 지배하는 하나의 통일된 개념적 틀이 존재하지 않는 것은 그리 놀랄 만한 것이 아니다. 실제로, 어떤 현상을 지배하는 역학 과정들은 관련된 중규모 순환계의 형태에 따라 크게 달라진다.

중규모 요란의 가능한 원인으로는 중규모 고유의 불안정성, 중규모의 열적 또는 지형적 강제, 대규모 또는 미시규모 운동으로부터의 비선형적 에너지 전달, 구름 물리과정들과 역학과정들 간의 상호작용 등이 포함된다.

공기의 속도 또는 열적 구조와 연관된 불안정성이 대기요란의 풍부한 원천이 되긴 하나, 대부분의 불안정성은 대규모(경압 불안정과 대부분의 순압 불안정) 또는 소규모(대류불안정과 켈빈-헬름홀츠 불안정)에서 최대 성장률을 갖는다. 단지 대칭 불안정(9.3절에서 논의됨)만이 중규모 고유의 불안정성이다.

산봉우리를 지나는 흐름에 의해 생긴 산악파는 일반적으로 소규모 현상이다. 그러나 대형 산맥을 지나는 흐름은 10 ~ 100 km의 중규모 지형성 요란을 일으킬 수 있으며, 이때 발생하는 요란의 특징은 평균 바람 장과 정적 안정도의 연직구조 그리고 지형의 규모에 따라 다르다. 특정 흐름과 안정도 조건하에서, 콜로라도 로키의 프론트 레인지와 같은 산맥 위의 흐름은 풍하 측 경사면에서 강한 폭풍을 가져올 수 있다.

소규모로부터 중규모로의 에너지 전달은 중규모 대류계의 가장 중요한 에너지원이다. 이러한 에너지 전달은 개개의 대류세포로부터 시작되고, 이들은 성장하여 뇌우와 대류복합체(예를 들어 스콜선, 중규모 사이클론, 심지어는 태풍)를 형성한다. 이와는 반대로 종관규모 순환에서의 온도, 소용돌이도 이류와 연관되어 있는 대규모로부터의 에너지 전달은 전선순환의 발달을 가져온다.

9.2 전선과 전선발생

제7장의 경압 불안정 설명에서, 평균 온도풍 U_T는 y축에 대해 독립적인 상수로 간주하였다. 이 가정은 기본적 불안정 기구를 내포하면서 동시에 수학적으로 간단한 모형을 얻기 위해 필요했던 것이었다. 그러나 대기 중에서 경압 불안정도의 분포가 균질하지 않음은 6.1절에서 지적된 바 있다. 오히려, 수평 온도경도는 대류권 제트류와 연관된 경압구역에 집중되어 있으므로, 당연히 경압파의 발달은 그러한 구역에 집중되어 있다.

우리는 제7장에서 경압파 에너지론에서 경압파가 평균류로부터 가용 위치 에너지(available potential energy)를 빼와야 함을 밝힌 바 있다. 따라서 평균적으로 경압파의 발달은 남북 온도경도를 약화시킨다(다시 말해 평균 온도풍을 약화시킨다). 물론 극-적도 간의 평균 온도경도는 차등 태양복사 가열에 의해 계속적으로 회복되고, 시간평균된 온도경도 패턴이 유지된다. 그 외에도 개개의 경압성 에디 내에서 온도경도를 현저하게 증가시킬 수 있는 역학적 과정들이 존재한다. 그와 같이 형성된 온도경도는 지표 부근에서 특히 강한데 이러한 구역들을 **전선**이라 부른다.

전선을 발생시키는 과정들은 **전선발생적**(frontogenetic)이라 한다. 전선은 일반적으로 발달하는 경압파와 관련하여 발생하기 때문에, 시간평균된 제트류와 연결된 폭풍경로(storm track)에 집중적으로 나타난다. 따라서 경압성 요란이 평균적으로는 저온 쪽으로 열을 수송하여 극과 열대지역 간의 온도 차이를 줄이긴 하나, 국지적으로는 그 요란에서의 흐름이 온도경도를 증가시킬 수 있다.

9.2.1 전선발생의 운동학

전선발생 역학의 완결적 논의는 이 교재의 범위를 넘어선다. 그러나 전선발생에 대한 정성적 설명은 주어진 수평 흐름장에서 온도를 비반응성 트레이서(passive tracer)로 취급하여 온도경도의 변화를 생각해봄으로써 얻어질 수 있으며, 이러한 접근 방법을 **운동학**이라 한다. 운동학에서는, 이류된 트레이서가 흐름에 미치는 영향이나 관련된 물리 힘에 대한 설명 없이, 어떤 장 변수(field variable)에 대한 이류의 영향만을 생각한다.

온도경도에 대한 순수한 지균흐름의 영향은 식 (6.51)에서 $\boldsymbol{Q}$ 벡터에 의해 주어진 바 있다. 문제를 단순화하기 위해 남북방향의 온도경도만을 생각하면, 비지균 효과와 단열 효과를 무시

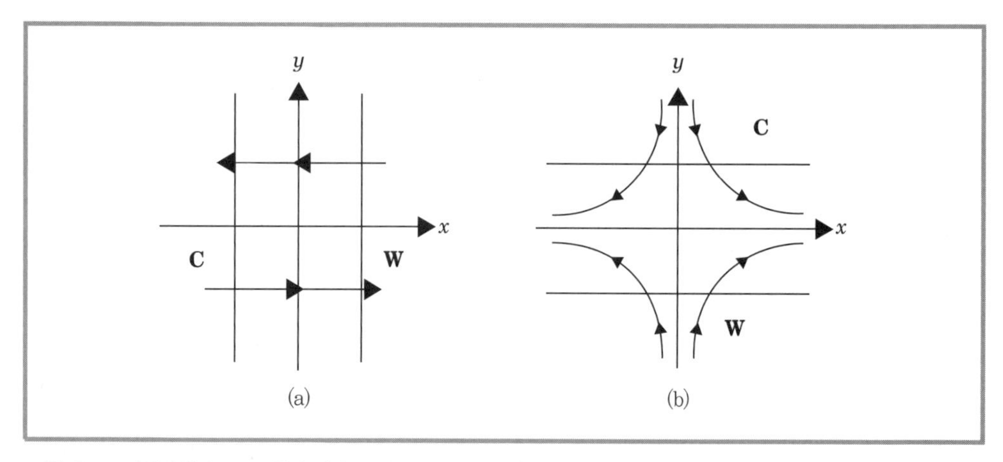

그림 9.1 전선발생적 흐름 형태 : (a) 수평 시어 변형과 (b) 수평 늘림 변형

한 식 (6.46)으로부터

$$\frac{D_g}{Dt}\left(\frac{\partial T}{\partial y}\right) = -\left[\frac{\partial u_g}{\partial y}\frac{\partial T}{\partial x} - \frac{\partial u_g}{\partial x}\frac{\partial T}{\partial y}\right] \tag{9.1}$$

여기에서 우리는 지균풍이 무발산적이어서 $\partial v_g/\partial y = -\partial u_g/\partial x$이 된다는 사실을 활용하였다. 식 (9.1) 우변 괄호 안의 두 항은 각각 수평 시어 변형(horizontal shear deformation)과 늘림 변형(stretching deformation)에 의한 강제라 하겠다.

수평 시어는 유체 덩이(fluid parcel)에 대해 두 가지 효과를 지니고 있다. 시어는 유체 덩이를 회전시키려 하고(시어 소용돌이도가 존재하기 때문에), 시어 벡터와 나란한 방향(x축)을 따라 늘림으로써(그림 9.1a), 그리고 시어 벡터에 연직방향으로 수축시킴으로써 유체 덩이의 모양을 변형시킨다. 따라서 그림 9.1a에서 x방향의 온도경도는 양의 y방향으로 회전하고 동시에 시어에 의해 강화된다. 수평 시어는 한랭, 온난전선 모두에서 중요한 전선발생 기구이다. 예를 들어, 그림 9.2의 지상 일기도에서 B 지점의 서쪽에는 북풍 성분의 지균풍이 그리고 동쪽에는 남풍 성분의 지균풍이 존재한다. 이와 같은 사이클론 시어(cyclonic shear)는 등온선을 회전시키고 B 지점을 지나는 최대 시어 선을 따라 등온선을 밀집시킨다(B 지점의 북서쪽에는 강한 한랭이류가 있는 반면 B 지점의 남동쪽에는 온도이류가 약함을 유의하자).

초기의 온도 장이 수축 축(contraction axis, 그림 9.1b의 y축)을 따라 온도경도를 갖고 있을 때, 수평 늘림 변형은 온도 장을 이류시킴으로써 등온선을 신장 축(dilation axis, 그림 9.1b의 x축)을 따라 밀집시킨다. 이 효과가 식 (9.1) 우변의 둘째 항에 의해 표현된다는 것은 그림 9.1b에서 $\partial T/\partial y < 0$이고 $\partial u_g/\partial x > 0$임에 의해 입증될 수 있다.

그림 9.1b에 보인 속도장은 순수 늘림 변형 장(pure stretching deformation field)이고, 순수 변형 장은 비회전적(irrotational)인 동시에 무발산적(nondivergent)이다. 따라서 순수

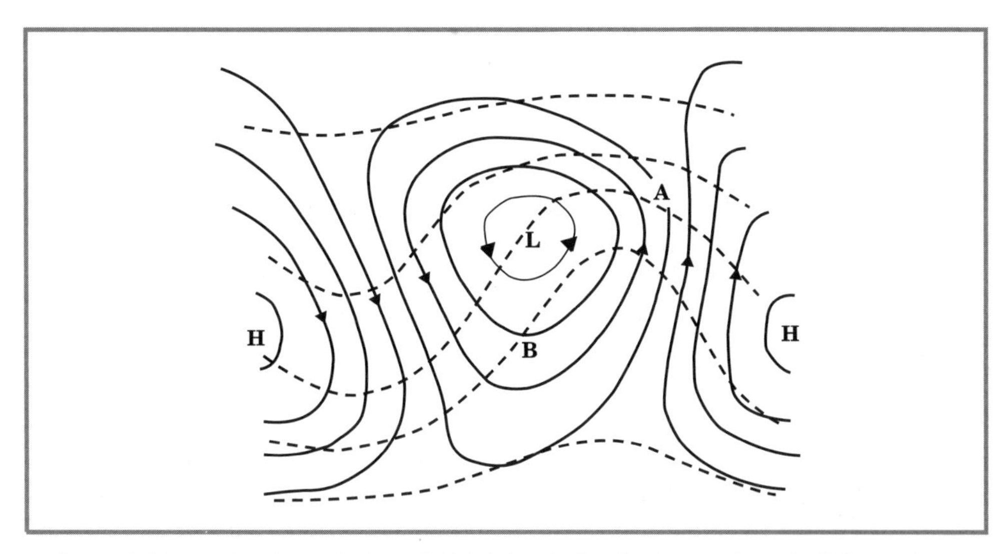

그림 9.2 경압파 요란에 대한 도식적 지표 등압선(실선)과 등온선(점선). 화살표는 지균풍의 방향을 나타낸다. 수평 늘림 변형이 지점 A에서의 온도경도를 강화시킨다. 수평 시어 변형은 지점 B에서 경도를 강화시킨다(Hoskins and Bretherton, 1972, 미국기상학회의 허가를 받아 사용함).

변형 장에 의해 이류된 공기 덩이는 회전하지도 않으면서 또 일정한 수평면적을 유지하면서 모양의 변화를 겪게 될 것이다. 그림 9.1b의 이 변형 장은 $\psi=-Kxy$로 주어진 유선함수(stream function)를 갖는다. 여기에서 K는 상수이다. 이러한 장에서 이류는 특징적인 비율을 갖고 수평 면적소의 모양을 변형시킨다. 이것은 두 변의 길이가 각각 δx와 δy로 표현될 수 있으며, 모양의 시간 변화율은 다음과 같이 표현된다.

$$\frac{1}{(\delta x/\delta y)}\frac{D(\delta x/\delta y)}{Dt}=\frac{1}{\delta x}\frac{D\delta x}{Dt}-\frac{1}{\delta y}\frac{D\delta y}{Dt}=\frac{\delta u}{\delta x}-\frac{\delta v}{\delta y}\approx\frac{\partial u}{\partial x}-\frac{\partial v}{\partial y}$$

그림 9.1b의 속도장에 대한 $\delta x/\delta y$의 변화율이 $+2K$가 됨을 쉽게 증명할 수 있다. 따라서, x축과 y축에 나란한 변을 갖는 정사각형은 x축으로는 늘어나고, y축으로는 수축되어 직사각형으로 변형될 것이다.

하층에서의 수평 변형은 한랭전선과 온난전선 모두에서 중요한 전선발달 기구이다. 그림 9.2에서 점 A 부근에서의 흐름은 $\partial u/\partial x>0$ 그리고 $\partial v/\partial y<0$인 특징을 지니고 있어 그 수축축이 등온선에 거의 연직인 늘림 변형 장이 존재한다. 이 변형 장은 점 A의 남쪽에 강한 온난이류를 그리고 점 A의 북쪽에는 약한 온난이류를 가져온다.

그림 9.2에서와 같이, 발달하는 온난전선 부근에서의 하층 흐름이 순 변형 장을 닮을 수도 있지만, 경압성 요란에서 대류권 상부의 전체 흐름은 강한 서풍의 존재 때문에 순 변형 장의 흐름을 보이는 경우가 드물다. 오히려, 평균류와 수평 늘림 변형이 합쳐서 형성되는 합류(confluent flow)가 나타난다(그림 9.3). 그 같은 합류는 공기가 풍하측으로 이동할 때 흐름을

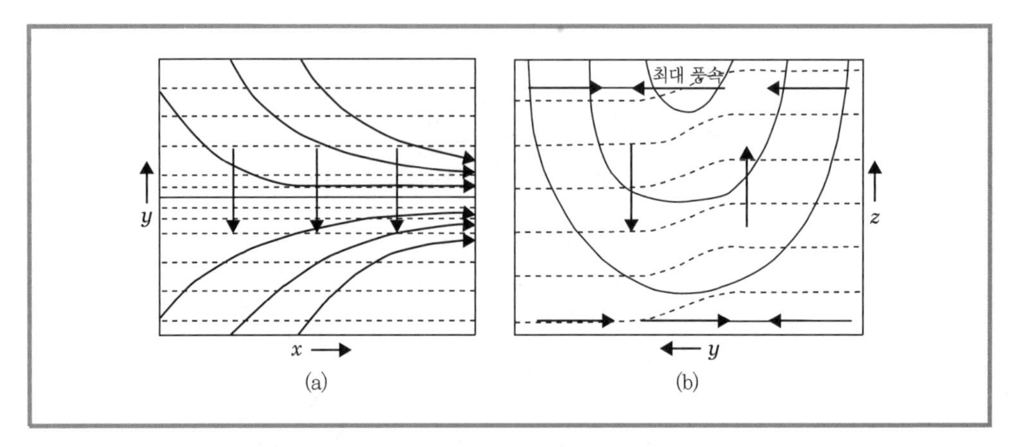

그림 9.3 (a) 전선발생적 합류에서의 수평 유선, Q 벡터(두꺼운 화살표), 등온선, (b) 합류를 가로지르는 연직단면에서의 등풍속선(실선), 등온선(점선), 그리고 연직과 가로 운동(화살표)(Sawyer, 1956, 왕립협회의 허가를 받아 사용함).

가로지르는 방향에서의 온도경도를 강화시킨다. 제트의 강도와 위치에 대해 준정상 상태의 행성규모 파동이 미치는 영향 때문에 대류권 제트류에는 합류구역이 항상 존재한다. 사실, 월 평균 500-hPa 일기도(그림 6.3 참조)는 아시아 대륙과 북아메리카 대륙의 동쪽에 각각 대규모 합류가 존재함을 보여주고 있다. 관측적 관점에서 볼 때, 이 두 구역은 강한 경압 파동발달과 전선발달 구역으로 알려진 곳이다.

수평 시어와 앞서 논의된 수평 늘림 변형은 종관규모($\sim 1000\,\mathrm{km}$)의 극-적도 온도경도를 강화시키는 기구(mechanism)로 작용한다. 이러한 과정이 작동하는 시간규모는 식 (9.1)을 이용하여 계산할 수 있다. 예를 들어 지균풍이 순 변형 장을 구성한다고 가정하여 $u_g = Kx$, $v_g = -Ky$라 하고, T를 y만의 함수로 두자. 그러면 식 (9.1)은 다음과 같이 정리된다.

$$\frac{D_g}{Dt}\left(\frac{\partial T}{\partial y}\right) = K\frac{\partial T}{\partial y}$$

따라서 지균운동은 다음처럼 쓸 수 있다.

$$\frac{\partial T}{\partial y} = e^{Kt}\left(\frac{\partial T}{\partial y}\right)_{t=0}$$

일반적으로 K는 대략 $10^{-5}\,\mathrm{s}^{-1}$정도의 값을 가지므로, 온도경도는 약 3일 정도면 원래 경도 크기의 10배 정도로 증폭될 수 있다. 이는 실제로 관측된 전선발달 속도에 비해 현저히 느린 것이다.

따라서, 중위도 사이클론에서는 대략 50 km의 넓이를 갖는 구역에서 하루 이내의 시간규모를 갖고 강한 온도경도의 발달이 나타나는데, 지균 변형 장만으로는 이러한 급격한 전선발달을 일으킬 수 없다. 이 급격한 공간 및 시간규모의 감소는 준지균 종관 흐름에 의해 유도되는

2차 순환의 전선발생적 특징에 주로 기인한다(습윤 과정들도 급격한 전선 발달에서는 중요한 역할을 할 수 있다).

2차류(secondary flow)의 성질은 그림 9.3a에 보인 $\boldsymbol{Q}$ 벡터 패턴으로부터 추출할 수 있으며, 6.5절에서 논의된 바와 같이 $\boldsymbol{Q}$ 벡터의 발산은 2차적 비지균 순환을 일으킨다. 그림 9.3의 상황에서 이 순환은 그림 9.3b에서 보인 바와 같이 전선을 가로지르는 면에서 나타나는데, 이 비지균 순환에 의한 온도 장의 이류는 제트 축의 온난지역 쪽 지상에서 수평 온도경도를 증가시킨다. 반면에, 2차 순환의 상부 흐름에 의한 온도이류는 제트류의 한랭지역 쪽에서의 온도경도를 강화시키는 경향이 있다. 그 결과, 전선구역은 고도 증가에 따라 한랭 공기 쪽으로 기울게 된다. 비지균 순환에서의 연직 운동 분포는 단열적 온도 변화(전선의 한기 쪽에서의 단열가열과 난기 쪽에서의 단열냉각)를 통해 대류권 중간층에서의 전선을 약화시키려 한다. 이러한 이유 때문에 전선은 대류권 하부와 대류권계면 부근에서 가장 강하다.

전선발달과 연관된 2차 순환은 온도풍 균형을 깨려는 이류 과정들이 존재하는 상황에서, 전선에 나란한 흐름과 전선을 가로지르는 온도경도 간의 온도풍 균형을 유지하기 위해 필수적인 것이다. 수평 온도이류에 의한 등온선 밀집은 상층에서의 흐름을 가로지르는 방향의 기압경도를 증가시키기 때문에, 온도풍 관계가 유지되기 위해서는 전선에서 연직바람 시어의 증가가 있어야 한다. 이때 필요한 상층 제트의 가속은 제트를 가로지르는 비지균 바람의 전향 가속에 의해 이루어진다. 제트가 가속될 때, 제트의 한기 쪽에서는 사이클론 소용돌이도가 그리고 난기 쪽에서는 안티사이클론 소용돌이도가 발생되어야만 한다. 이러한 소용돌이도 변화는 제트류 고도에서의 흐름이 제트 축의 한기 쪽에서는 수렴 그리고 난기 쪽에서는 발산적이 되어야 함을 의미하는 것이다. 질량보존에 의해 요구되는 연직순환과 하층에서의 비지균적 2차 흐름이 그림 9.3b에 표시되어 있다.

9.2.2 반지균 이론

앞에서 논의된 전선발달적 운동 장의 역학을 분석하기 위해서는 2.8절에서 소개된 부시네스크 근사를 이용하는 것이 편하다. 이 근사에서는 부력항을 제외한 다른 항에서의 밀도가 일정한 값을 갖는 기준값 ρ_0로 대체되는데, 이러한 근사는 운동방정식을 간단화하면서도 그 결과에는 큰 영향을 주지 않는다. 그러므로 전체 기압과 밀도를 표준 대기값과의 편차로 대체하는 것 또한 유용한 방법이다. 따라서, 우리는 $\Phi(x, y, z, t)=(p-p_0)/\rho_0$를 밀도에 의해 정규화된 기압 편차라 하고, $\Theta=\theta-\theta_0$를 온위 편차라 부르기도 한다. 여기에서, $p_0(z)$와 $\theta_0(z)$는 고도의 함수로서 각각 표준 대기에서의 기압과 온위를 나타낸다.

위의 정의들에 근거하여 수평 운동량 방정식, 열역학 에너지 방정식, 정역학 방정식, 그리고 연속 방정식은 다음과 같이 된다.

$$\frac{Du}{Dt} - fv + \frac{\partial \Phi}{\partial x} = 0 \tag{9.2}$$

$$\frac{Dv}{Dt} + fu + \frac{\partial \Phi}{\partial y} = 0 \tag{9.3}$$

$$\frac{D\Theta}{Dt} + w\frac{d\theta_0}{dz} = 0 \tag{9.4}$$

$$b \equiv \frac{g\Theta}{\theta_{00}} = \frac{\partial \Phi}{\partial z} \tag{9.5}$$

$$\frac{\partial u}{\partial x} + \frac{\partial v}{\partial y} + \frac{\partial w}{\partial z} = 0 \tag{9.6}$$

여기서 b는 부력이고, θ_{00}는 온위의 기준 값으로 상수이다. 그리고,

$$\frac{D}{Dt} \equiv \frac{\partial}{\partial t} + u\frac{\partial}{\partial x} + v\frac{\partial}{\partial y} + w\frac{\partial}{\partial z}$$

앞에서의 논의로부터 전선과 관련된 공간규모는 전선에 나란한 방향에서의 규모가 전선을 가로지른 방향의 그것보다 훨씬 큼을 분명히 알 수 있다. 이 규모의 차이는 전선을 2차원 구조로서 모형화할 수 있음을 암시하는 것이다. 편의를 위해, 전선은 정체적이고 전선을 가로지르는 방향이 y축과 나란하도록 축을 택하자. 그러면, $L_x \gg L_y$의 관계가 얻어지는데, L_x와 L_y는 각각 전선에 나란한 방향과 가로지르는 방향에서의 수평규모들을 나타낸다. 비슷하게, $U \gg V$가 되는데, U와 V는 각각 전선에 나란한 흐름과 가로지르는 흐름의 속도규모이다. 그림 9.4는 전선에 대한 이같은 규모들을 보여주고 있다.

전선에 나란한 방향과 가로지르는 방향의 운동에 관련된 수평규모들의 차이를 이용함으로써 전선역학을 단순화시킬 수 있다. 이를 위해, $U \sim 10\,\text{ms}^{-1}$, $V \sim 1\,\text{ms}^{-1}$, $L_x \sim 1000\,\text{km}$, $L_y \sim 100\,\text{km}$라 하자. $D/Dt \sim V/L_y$(전선을 가로지르는 방향의 이류 시간규모) 그리고 로스비수(Rossby number) $\text{Ro} \equiv \text{V}/fL_y \ll 1$이라 가정하면, x와 y성분의 운동량 방정식에서 관성항과 전향력 항의 비는 다음과 같이 표현될 수 있다.

$$\frac{|Du/Dt|}{|fv|} \sim \frac{UV/L_y}{fV} \sim Ro\left(\frac{U}{V}\right) \sim 1$$

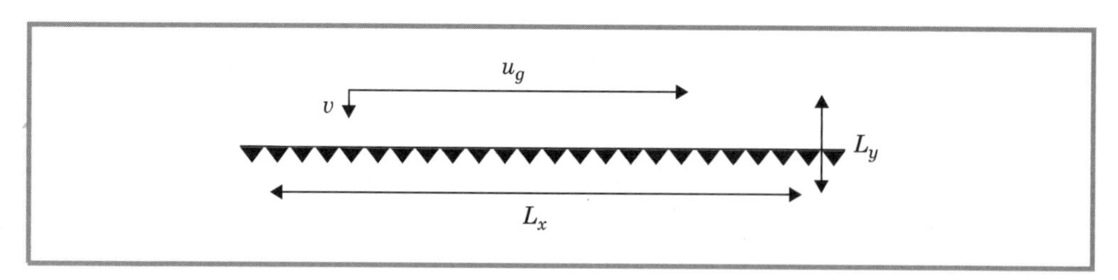

그림 9.4 x축에 평행한 전선에 대한 속도와 길이규모

$$\frac{|Dv/Dt|}{|fu|} \sim \frac{V^2/L_y}{fU} \sim \mathrm{Ro}\left(\frac{V}{U}\right) \sim 10^{-2}$$

전선과 나란한 흐름은 전선을 가로지르는 기압 경도와 1% 정도의 오차 범위에서 지균균형 상태에 있으나, 전선을 가로지르는 흐름은 지균 균형 상태에 있지 않다. 그러므로, 지균풍을 다음과 같이 정의한다면,

$$fu_g = -\partial\Phi/\partial y, \quad fv_g = \partial\Phi/\partial x$$

그리고 수평속도 장을 지균 성분과 비지균 성분으로 분리한다면, 적절한 근사로서 속도의 각 성분을 $u = u_g$, $v = v_g + v_a$로 표현할 수 있으며, v_g와 v_a는 같은 크기 규모(order of magnitude)를 갖는다.

전선 규모화(frontal scaling)를 위해서, x성분 운동량 방정식 (9.2), 열역학 에너지 방정식 (9.4), 그리고 연속 방정식 (9.6)은 다음과 같이 표현할 수 있다.

$$\frac{Du_g}{Dt} - fv_a = 0 \tag{9.7}$$

$$\frac{Db}{Dt} + wN^2 = 0 \tag{9.8}$$

$$\frac{\partial v_a}{\partial y} + \frac{\partial w}{\partial z} = 0 \tag{9.9}$$

여기서, 식 (9.8)은 식 (9.5)를 이용하여, 식 (9.4)의 Θ를 b로 바꿈으로써 얻어지며, N은 다음과 같이 온위의 함수로 정의되는 부력진동수(buoyancy frequency)이다.

$$N^2 \equiv \frac{g}{\theta_{00}} \frac{\partial \theta_0}{\partial z}$$

전선과 나란한 흐름은 지균 균형 상태에 있기 때문에, u_g와 b는 온도풍 관계에 의해 연결될 수 있다.

$$f\frac{\partial u_g}{\partial z} = -\frac{\partial b}{\partial y} \tag{9.10}$$

식 (9.7)과 식 (9.8)이 이들의 준지균 형태와는 다름을 유의하라. x성분의 운동량이 지균 근사로 표현되고 전선과 나란한 이류 역시 지균적이지만, 전선을 가로지르는 방향에서의 운동량과 온도의 이류는 지균 바람뿐만 아니라 비지균 바람($V_{a,}$ w)에도 기인한다.

$$\frac{D}{Dt} = \frac{D_g}{Dt} + \left(v_a \frac{\partial}{\partial y} + w\frac{\partial}{\partial z}\right)$$

여기에서 D_g/Dt는 식 (6.5)에서 정의되었다. 식 (9.7)에서 운동량을 지균값으로 대체한 것을 **지균 운동량 근사**(geostrophic momentum approximation)라 하며, 결과적으로 얻어지는 예측 방정식들을 **반지균**(semigeostrophic) 방정식이라 한다.[1]

9.2.3 전선을 가로지르는 순환

방정식 (9.7)~(9.10)은 닫힌 체계로서 동서풍(zonal wind) 또는 온도의 분포로부터 전선을 가로지르는 비지균 순환을 결정하는 데 이용될 수 있다. 그림 9.3에서 보인 바와 같이 대규모 지균 흐름이 변형을 통해 남북 온도경도를 증가시키고 있다고 가정하자. 온도경도가 증가할 때, 지균 관계를 유지하기 위해서는 바람의 연직 시어 또한 증가해야 한다. 이것은 상부 대류권에서 u_g의 증가를 의미하는데, 이 증가는 전선을 가로지르는 비지균 순환과 연관된 전향 가속에 의해 만들어져야만 한다[식 (9.7) 참조]. 2차 순환의 구조는 6.5절에서 논의된 오메가 방정식과 유사한 방정식을 유도함으로써 계산할 수 있다.

먼저 식 (9.8)을 y에 대해 미분한 후 연쇄 법칙(chain rule)을 이용하여 다음과 같은 결과를 얻을 수 있다.

$$\frac{D}{Dt}\left(\frac{\partial b}{\partial y}\right)=Q_2-\frac{\partial v_a}{\partial y}\frac{\partial b}{\partial y}-\frac{\partial w}{\partial y}\left(N^2+\frac{\partial b}{\partial z}\right) \tag{9.11}$$

여기서

$$Q_2=-\frac{\partial u_g}{\partial y}\frac{\partial b}{\partial x}-\frac{\partial v_g}{\partial y}\frac{\partial b}{\partial y} \tag{9.12}$$

식 (9.12)는 6.5절에서 논의된 $\boldsymbol{Q}$ 벡터의 y성분을 부시네스크 근사를 이용하여 표현한 것이다.

그 다음, 식 (9.7)을 z에 대해 미분하고, 연쇄법칙을 다시 이용하여 식을 재편성하고, 온도풍 관계 식 (9.10)을 이용하여 $\partial u_g/\partial z$을 $\partial b/\partial y$로 대체한다. 그 결과는 다음과 같이 쓸 수 있다.

$$\frac{D}{Dt}\left(f\frac{\partial u_g}{\partial z}\right)=Q_2+\frac{\partial v_a}{\partial z}f\left(f-\frac{\partial u_g}{\partial y}\right)+\frac{\partial w}{\partial z}\frac{\partial b}{\partial y} \tag{9.13}$$

6.5절에서 본 바와 같이, Q_2로 주어지는 지균 강제는 온도풍 식의 온도경도와 연직 시어 부분들을 반대 방향으로 변화시킴으로써 온도풍 관계를 깨뜨리려는 경향을 갖는다. 지균 균형을 깨려는 이 같은 지균 이류의 경향은 전선을 가로지르는 2차 순환에 의해 상쇄된다.

이 경우 2차 순환은 y, z 평면에서의 2차원 횡단순환(transverse circulation)이다. 따라서 2차 순환은 남북 유선함수 ψ_M로 표현할 수 있으며, 그에 따라

$$v_a=-\partial\psi_M/\partial z, \quad w=\partial\psi_M/\partial y \tag{9.14}$$

1) 일부 저자들은 지균좌표계라 불리는 변환된 좌표계에서 쓰여진 방정식들에 이 이름을 붙였다(예, Hoskins, 1975).

식 (9.14)는 연속 방정식 (9.9)를 똑같이 만족한다. 식 (9.11)과 (9.13)을 더한 후, 온도풍 관계식 (9.10)을 이용하여 시간 도함수를 제거하고, 식 (9.14)를 이용하여 v_a와 w를 제거하면, **소이어-엘리어슨**(Sawyer-Eliassen) **방정식**을 얻게 된다.

$$N_s^2 \frac{\partial^2 \psi_M}{\partial y^2} + F^2 \frac{\partial^2 \psi_M}{\partial z^2} + 2S^2 \frac{\partial^2 \psi_M}{\partial y \partial z} = 2Q_2 \tag{9.15}$$

여기에서

$$N_s^2 \equiv N^2 + \frac{\partial b}{\partial z}, \quad F^2 \equiv f\left(f - \frac{\partial u_g}{\partial y}\right) = f\frac{\partial M}{\partial y}, \quad S^2 \equiv -\frac{\partial b}{\partial y} \tag{9.16}$$

여기서 M은 절대 운동량이다.

$$M = fy - u_g$$

식 (9.15)는 (9.7)과 (9.8)에서 비지균 순환에 의한 이류를 무시함으로써 얻어진 준지균 형태와 비교될 수 있는데, 이 형태는 다음의 식으로 주어진다.

$$N^2 \frac{\partial^2 \psi_M}{\partial y^2} + f^2 \frac{\partial^2 \psi_M}{\partial z^2} = 2Q_2 \tag{9.17}$$

준지균 경우, 좌변의 미분 연산자의 계수들은 표준 대기 정적 안정도, N과 행성 소용돌이도, f에만 의존하나, 반지균 경우 그 계수들은 N_s와 S 항들을 통해 온위 편차(표준 대기 온위로부터의 편차)에 의존하고 또 F항을 통해 절대 소용돌이도에 의존한다.

식 (9.17)과 같이 좌변 도함수들의 계수가 양의 값을 갖는 식을 **타원 경계값 문제**(elliptic boundary value problem)라 한다. 이 식은 Q_2와 경계조건들에 의해 특이하게 결정되는 해 ψ_M를 갖는다. 그림 9.1b에 보인 상황에서, $\partial v_g/\partial y$와 $\partial b/\partial y$가 음의 값을 갖기 때문에 전선구역에서의 강제항 Q_2는 음의 값을 갖는다. 유선함수는 따뜻한 쪽 공기가 상승하고 찬 쪽의 공기가 하강하는 y축 대칭의 순환을 묘사한다. 반지균 경우의 식 (9.15)도 $N_s^2 F^2 - S^4 > 0$이면 타원 경계값 문제가 된다. 이 조건에 따라 에르텔의 위치 소용돌이도가 북반구에서는 양의 값을, 남반구에서는 음의 값을 가지게 되며, 온대지방의 **불포화** 대기에서는 거의 항상 이 조건이 만족된다(문제 9.1 참조).

식 (9.16)의 계수들의 공간 변화와 교차 도함수 항의 존재는 그림 9.5에서와 같이 2차 순환의 왜곡을 가져온다. 전선구역(frontal zone)은 고도 증가에 따라 차가운 쪽으로 기울어져 있으며, 전선의 난기 쪽 절대 소용돌이도가 큰 구역에서는 하층에 전선을 가로지르는 흐름의 강화가 있으며 고도 증가에 따라 순환이 기울어진다.

전선발달 시간규모에 대한 비지균 순환의 영향은 준지균적 전선발달과 반지균적 전선발달에

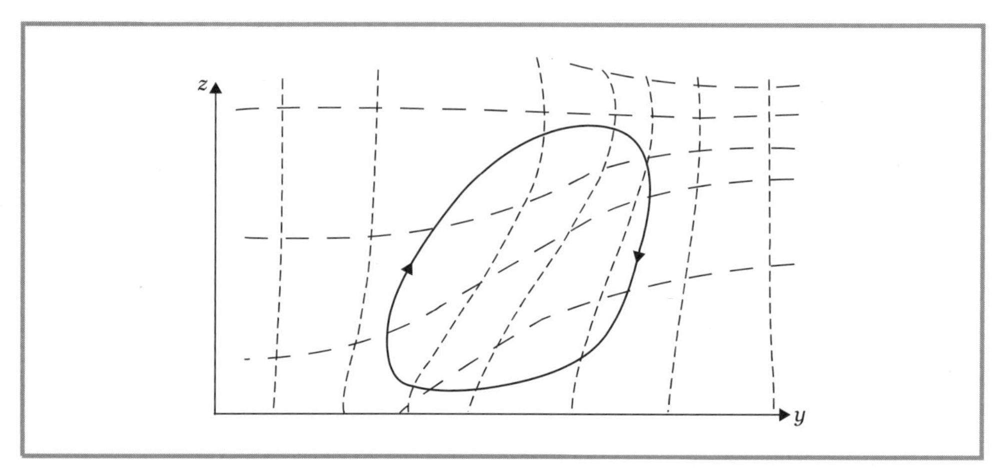

그림 9.5 2차원 전선발달에 있어서의 비지균 순환(굵은 실선)과 온위(긴 점선) 및 절대 운동량(짧은 점선)의 관계. 찬 공기는 오른쪽에, 따뜻한 공기는 왼쪽에 존재한다. 찬 방향으로 기울어진 순환, 그리고 전선구역에서의 절대 운동량과 온위장의 경도가 강화되어 있음을 주목하자.

포함되어 있는 과정들을 비교함으로써 설명될 수 있다. 반지균 이류의 경우는 양의 피드백이 있어, 준지균 경우에 비해, 전선발달의 시간규모가 현저하게 줄어들 수 있다. 온도경도가 증가할 때, Q_2가 증가하고, 2차 순환 또한 증가해야만 한다. 그 결과, 준지균 경우에서와는 달리, $|\partial T/\partial y|$ 증가에 따라 $|\partial T/\partial y|$의 증대율도 증가하게 된다. 이 같은 양의 피드백 때문에, 마찰효과가 없다면, 반지균 모형은 12시간 이내에 무한대의 수평 온도경도를 생산할 수 있다.

9.3 대칭 경압 불안정

관측에 따르면 종관규모 계와 연관된 중규모의 구름과 강수 띠가 흔히 나타난다. 이들은 보통 전선과 나란하게 위치하나 독립적 존재들이다. 전선과 마찬가지로, 이들 중규모 구조들은 보통 강한 경압 불안정과 연관되어 있으며, 이들 규모는 평균 바람 시어를 가로지르는 방향보다는 평균 바람 시어와 나란한 방향의 길이 규모가 훨씬 크다. 이들의 발생원으로 유력한 것은 **대칭 불안정**(symmetric instability)으로 알려진 2차원 형태의 경압 불안정이다[기울어진 대류(slantwise convection)라고도 일컫는다].

일반적 대기 조건하에서, 부력은 공기의 연직변위를 억제함으로써 움직이려는 공기 덩이를 안정화시키려 하고, 지구자전은 공기의 수평범위를 억제함으로써 공기 덩이를 안정화시키려 한다. 연직변위에 대한 불안정성을 정적(또는 정역학) 불안정(hydrostatic or static instability)이라 한다(2.7.3소절 참조). 비포화 공기에 대해, 정적 안정성은 국지 부력진동수의 제곱이 양인 경우($N_s^2 > 0$)를 말한다. 반면에 수평변위에 대한 공기의 불안정은 관성 불안정(inertial instability)이라 한다(5.5.1소절 참조). 관성 안정 조건 식 (5.74)는 식 (9.16)에서 정의된 F^2가 양의 값을 가지는 경우 나타난다.

만일 공기 덩이가 연직이나 수평방향이 아닌 경사진(slantwise) 경로를 따라 변위된다면, 어떤 경우에는 정적 안정조건과 관성 안정조건을 각기 만족할 때에라도 그러한 변위는 불안정할 수 있다. 그러한 불안정은 평균 수평바람의 연직 시어가 존재할 때에만 일어날 수 있으며, 섭동이 평균류와 나란한 축에는 독립적인 특징을 갖는 특수한 형태의 경압 불안정으로 볼 수 있겠다. 한편으로는 아래에서 보인 바와 같이, 대칭 불안정은 등온위 관성 불안정(isentropic inertial instability)으로 볼 수 있다.

대칭 불안정 조건들의 도출을 쉽게 하기 위해서, 우리들은 앞 절에서의 부시네스크 방정식들을 사용하고, x좌표에 독립인 흐름을 가정한다. 평균류가 x축과 나란하고 아울러 수평 온도경도와 온도풍 균형을 이루고 있다고 가정한다.

$$f\partial u_g/\partial z = -\partial b/\partial y = -(g/\theta_{00})\partial\Theta/\partial y \tag{9.18}$$

이전의 경우와 마찬가지로 여기서도 θ_{00}는 온위의 대표값으로 상수이다.

2.7.3소절과 5.5.1소절을 따라, 연직변위에 대한 안정도는 온위($\theta=\theta_0+\Theta$)의 분포에 의해 그리고 수평변위에 대한 안정도는 절대 동서 운동량(absolute zonal momentum)에 의해 결정된다. 절대 동서 운동량은 $M\equiv fy-u_g$로 정의된다($\partial M/\partial y=f-\partial u_g/\partial y$는 동서성분의 평균 절대 소용돌이도를 나타낸다).

순압 흐름에 대해, 온위면은 수평적이며 절대 운동량 면은 남북 단면에서 연직으로 기울어져 있다. 그러나 평균류가 서풍이고 고도 증가에 따라 증가할 때에는, 온위면과 절대 운동량 면에 모두 극 쪽을 향해 상향 기울기를 갖는다(그림 9.6). 중위도 대류권에서 연직과 수평 복원력의 상대적 크기는 비, $N_s^2/(f\partial M/\partial y)$로 주어진다. 일반적으로 대류권에서 이 비율은 약 10^4 규모를 갖는다. 따라서, 평균류에 연직인 단면에서의 공기운동은 M면보다는 θ면에 더 가깝도록 될 것이다. 이 때문에, 공기의 변위를 분석하는 데는 등온위 좌표를 이용하는 것이 더 자연스럽다. 5.5.1소절에서의 논지는 y에 대한 도함수가 일정한 θ조건하에서 취해지는 한 여기에서도 여전히 적용될 수 있다. 그러한 운동의 안정도는 θ면과 M면의 상대적 기울기에 의존하게 되며, 일반적으로 M면이 θ면보다 더 기울어져 있기 때문에(그림 9.5) 공기 덩이의 변위는 안정하다. 그러나 θ면이 M면보다 더 기울어질 때는

$$f\,(\partial M/\partial y)_\theta < 0 \tag{9.19}$$

이기 때문에 θ면을 따른 변위에 대해 흐름은 불안정하다. 이 상황은 약한 연직 안정도와 강한 수평 기온경도를 갖는 구역에서 일어날 수 있다. 조건 식 (9.19)는 M의 도함수가 경사진 θ면을 따라 얻어진다는 것을 제외하면 관성 불안정 조건 식 (5.74)와 유사한 것이다.

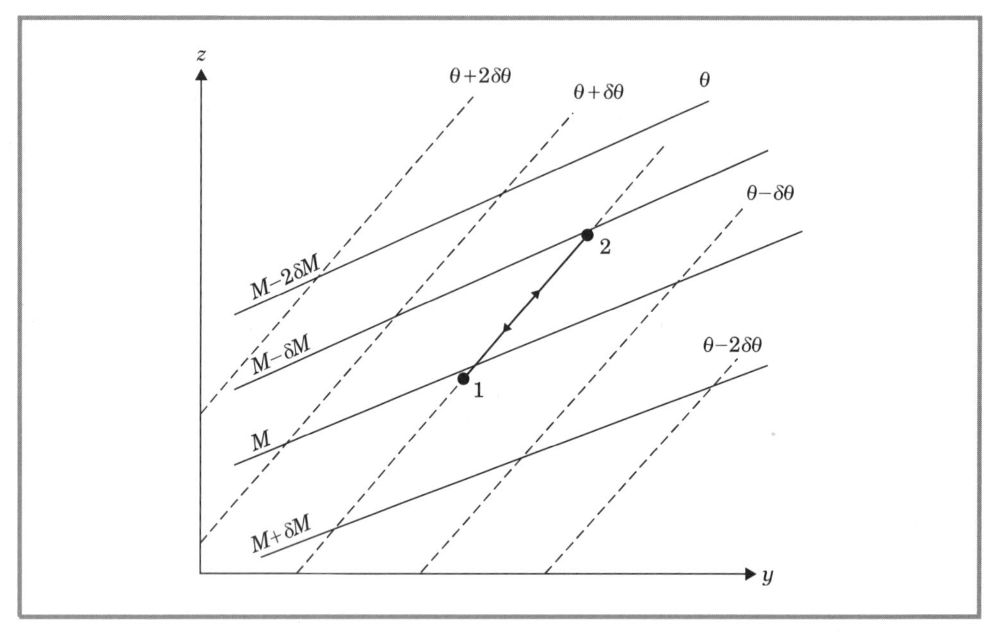

그림 9.6 대칭 불안정에 있는 기본상태에 대해 절대 운동량과 온위의 등치선을 보여주는 단면. 점 1과 2 사이의 등온위 경로를 따른 운동은 위도에 따라 M이 감소하므로 불안정하다. 자세한 것은 본문을 참조하라.

조건 식 (9.19)에 $-g(\partial\theta/\partial p)$를 곱해주면, 대칭 불안정 조건은 다음과 같이 에르텔의 위치 소용돌이도 식 (4.12)에 의해 표현될 수 있다.

$$f\overline{P} < 0 \tag{9.20}$$

여기에서 $\overline{P}$는 기본상태 지균류의 위치 소용돌이도이다. 따라서 북반구에서 초기 위치 소용돌이도가 어디에서나 양의 값을 보인다면, 단열운동을 통해서는 대칭 불안정이 발생할 수 없는데, 그 이유는 단열운동에서 위치 소용돌이도는 보존되고 결과적으로 항상 양의 값을 갖기 때문이다.

식 (9.19)가 대칭 불안정 조건임을 증명하기 위해, 우리는 그림 9.6에 보인 튜브 1과 튜브 2의 교류에 필요한 평균 운동 에너지의 변화를 생각해보기로 하자(이 튜브들은 각각 y_1과 $y_2 = y_1 + \delta y$에 위치하며, x축을 따라 무한히 연장되어 있어 2차원적이라고 가정한다). 두 튜브가 같은 온위면에 놓여 있기 때문에, 이들은 같은 양의 가용 위치 에너지(available potential energy)를 갖는다. 따라서, 순간적인 튜브의 교류는 δ(KE)(교류 후의 운동 에너지-초기 운동 에너지)가 음값을 가질 때 가능하다. 그렇지 않으면 그러한 교류, 즉 남북방향 운동과 연직 운동을 위한 에너지를 외부로부터 공급해주어야 한다.

초기에 이 튜브의 움직임은 x축에 나란하고 지균 균형 상태에 있어 두 튜브의 절대 운동량은

$$M_1 = fy_1 - u_1 = fy_1 - u_g(y_1,\ z),$$

$$M_2 = fy_2 - u_2 = fy_1 + f\delta y - u_g(y_1 + \delta y, z + \delta z) \tag{9.21}$$

튜브들의 절대 운동량은 보존되므로 교류 후의 섭동 속도(동서성분)는 다음과 같이 주어진다.

$$M_1' = fy_1 + f\delta y - u_1' = M_1, \quad M_2' = fy_1 - u_2' = M_2 \tag{9.22}$$

식 (9.21)과 (9.22)에서 M_1과 M_2를 제거시키고, 섭동 속도에 대해 해를 구하면 다음의 결과를 얻게 된다.

$$u_1' = f\delta y + u_1, \quad u_2' = -f\delta y + u_2$$

초기와 최종 상태의 동서 운동 에너지 차이는 다음과 같다.

$$\delta(\mathrm{KE}) = \frac{1}{2}\left(u_1'^2 + u_2'^2\right) - \frac{1}{2}\left(u_1^2 + u_2^2\right) = f\delta y(u_1 - u_2 + f\delta y) = f\delta y(M_2 - M_1) \tag{9.23}$$

따라서 $\delta(\mathrm{KE})$는 음의 값을 갖고 조건 $f(M_2 - M_1) < 0$이 만족되는 한, 비강제적인 남북방향의 운동이 일어날 것이다. 튜브들이 같은 온위면에 놓이기 때문에, 이것은 조건 식 (9.19)에 해당되는 것이다.

대칭 불안정 조건이 나타날 가능성을 추정하기 위해서는 안정도 기준을 평균류 리차드슨 수(Richardson number)로 표현하는 것이 유용하다. 이를 위해서 우리는 먼저 M면에서 다음과 같은 관계가 성립됨을 이용하여 M면의 기울기를 구할 수 있음을 유의하자.

$$\delta M = \frac{\partial M}{\partial y}\delta y + \frac{\partial M}{\partial z}\delta z = 0$$

따라서 일정한 M에서 δz와 δy의 비, 즉 M면의 기울기는 다음과 같다.

$$\left(\frac{\delta z}{\delta y}\right)_M = \left(-\frac{\partial M}{\partial y}\right) \Big/ \left(\frac{\partial M}{\partial z}\right) = \left(f - \frac{\partial u_g}{\partial y}\right) \Big/ \left(\frac{\partial u_g}{\partial z}\right) \tag{9.24}$$

비슷하게, 온위면의 기울기는

$$\left(\frac{\delta z}{\delta y}\right)_\theta = \left(-\frac{\partial \theta}{\partial y}\right) \Big/ \left(\frac{\partial \theta}{\partial z}\right) = \left(f\frac{\partial u_g}{\partial z}\right) \Big/ \left(\frac{g}{\theta_{00}}\frac{\partial \theta}{\partial z}\right) \tag{9.25}$$

여기에서 우리는 남북방향의 온도경도를 동서성분 바람의 연직 시어로 표현하기 위하여 온도풍 관계를 이용하였다. 따라서 식 (9.24)와 식 (9.25)의 비는

$$\left(\frac{\delta z}{\delta y}\right)_M \Big/ \left(\frac{\delta z}{\delta y}\right)_\theta = f\left(f - \frac{\partial u_g}{\partial y}\right)\left(\frac{g}{\theta_{00}}\frac{\partial \theta}{\partial z}\right) \Big/ \left[f^2\left(\frac{\partial u_g}{\partial z}\right)^2\right] = \frac{F^2 N_s^2}{S^4}$$

여기에서 마지막 항의 기호는 식 (9.16)에 정의되어 있다.

대칭 불안정이 발생하기 위해서는 θ면의 기울기가 M면의 기울기보다 커야 하기 때문에, x축에 나란한 지균류가 불안정해지기 위한 필수조건은 다음과 같다.

$$\left(\frac{\delta z}{\delta y}\right)_M \bigg/ \left(\frac{\delta z}{\delta y}\right)_\theta = f\left(f - \frac{\partial u_g}{\partial y}\right)\mathrm{Ri} \bigg/ f^2 = \frac{F^2 N_s^2}{S^4} < 1 \qquad (9.26)$$

여기에서 평균류 리차드슨 수 Ri는 다음과 같이 정의된다.

$$\mathrm{Ri} \equiv \left(\frac{\mathrm{g}}{\theta_{00}} \frac{\partial\theta}{\partial \mathrm{z}}\right) \bigg/ \left(\frac{\partial u_g}{\partial z}\right)^2$$

따라서 평균류의 상대 소용돌이도가 0이 되면 ($\partial u_g/\partial y = 0$), 불안정 조건은 $\mathrm{Ri} < 1$이 된다.

대칭 불안정 조건이 $F^2N_s^2 - S^4 < 0$으로도 표현될 수 있음을 유의하면, 조건 식 (9.26)을 식 (9.20)과 연결시킬 수 있다. 결과적으로 다음의 관계를 얻을 수 있다(문제 9.1 참조).

$$F^2 N_S^2 - S^4 = (\rho f g/\theta_{00})\overline{P} \qquad (9.27)$$

대규모 위치 소용돌이도 $\overline{P}$는 북(남)반구에서는 보통 양(음)의 값을 갖기 때문에, 식 (9.27)은 보통 양의 값을 갖는다. 즉, 대칭 불안정 조건은 드물게 나타난다. 그러나 대기가 포화되었다면 정적 안정도 조건은 상당온위의 감률에 의해 표현되고, 대칭 불안정도에 대해 중립 조건이 쉽게 나타날 수 있다(9.5절 참조).

마지막으로, 대칭적 변위에 대한 안정도 조건, $F^2N_s^2 - S^4 > 0$은 소이어-엘리어슨 방정식 (9.15)가 타원형 경계값 문제가 될 조건과 동일함을 인식하는 것이 중요하다. 따라서, 대칭 경압 섭동에 대해 흐름이 안정할 때 식 (9.15)에 의해 지배되면서 유의적으로 강제되는 횡단순환(transverse circulation)은 Q_2가 0이 아닐 경우에 나타날 것이다[식 (9.12) 참조]. 그러나 자유 횡단순환(free transverse circulation)은 강제력이 없을 경우에도 나타날 수 있는데, 이는 운동량 방정식의 y성분에서 수평 가속도 항을 포함할 때 가능하다. 결과적으로, 횡단순환에 대한 방정식은 다음과 같은 형태를 가진다(부록 F 참조).

$$\frac{\partial^2}{\partial t^2}\left(\frac{\partial^2 \psi_M}{\partial z^2}\right) + N_s^2 \frac{\partial^2 \psi_M}{\partial y^2} + F^2 \frac{\partial^2 \psi_M}{\partial z^2} + 2S^2 \frac{\partial^2 \psi_M}{\partial y \partial z} = 0 \qquad (9.28)$$

이는 식 (9.15)와 비교해보아야 한다. 식 (9.28)은 $F^2N_s^2 - S^4 > 0$일 때 안정한 진동을 나타내는 해를 가지는 반면에, $F^2N_s^2 - S^4 < 0$일 때는 지수적으로 증가하는 해를 가진다. 이는 대칭 경압 불안정을 나타낸다.

9.4 산악파

안정화된 공기가 변화하는 지형 위를 흘러갈 때 부력 진동이 발생한다. 여기에서는 첫째로, 정현파 형태로 변하는 지형 그리고 일정한 바람과 안정도를 갖는 경우를 고려하고, 그 다음에 국지화된 산악 지형과 연직으로 변화하는 안정도와 바람을 고려하기로 한다.

9.4.1 정현 곡선 지형 위의 파

평균유속 $\bar{u}$를 가진 안정 성층화된 공기가 정현파 구조를 가진 지형 위를 흐를 때, 개개의 공기입자는 평형고도를 중심으로 상하로 교대로 변위를 갖게 되며, 그림 9.7과 같이 지형 위를 지날 때 부력진동을 하게 된다. 이 경우에, 지면에 대해서 정체된 파동형태의 해가 존재하게 된다. 그러한 정체파에 있어서 w'은 (x, z)에만 의존하게 되고, 식 (5.64)는 다음과 같이 간단하게 된다.

$$\left(\frac{\partial^2 w'}{\partial x^2}+\frac{\partial^2 w'}{\partial z^2}\right)+\frac{N^2}{\bar{u}^2}w' = 0 \tag{9.29}$$

다음의 식

$$w' = Re\,\hat{w}\exp^{i(kx+mz)} \tag{9.30}$$

을 (9.29)에 대입하면 다음의 식을 얻는다.

$$m^2 = \frac{N^2}{\bar{u}^2} - k^2 \tag{9.31}$$

주어진 N, k 그리고 $\bar{u}$에 대해서 식 (9.31)은 연직구조를 결정해준다. 만일 $|\bar{u}| < N/k$이면, 식 (9.31)은 $m^2 > 0$(즉, m은 실수가 되어야 한다)임을 보여주고, 식 (9.29)는 연직방향으로 전파되는 해를 가진다. $m^2 < 0$일 때, $m = im_i$로 허수가 되어 식 (9.29)의 해는 연직으로 갇힌(trapped) 파의 형태가 된다.

$$w' = \hat{w}\exp(ikx)\exp(-m_i z)$$

따라서, 연직 전파는 $|\bar{u}k|$(평균류에 대한 진동수의 크기)가 부력 진동수보다 작을 때만 가능하다.

안정된 성층, 수평규모가 큰 지형의 요철, 상대적으로 약한 평균류 등은 연직 전파 가능한 파를 생성시키는 유리한 조건을 제공한다(실수 m). 이러한 파동의 에너지원은 지상에 존재하기 때문에, 이들은 상층 방향으로 에너지를 수송하므로, 평균 동서류에 대한 상대적인 위상

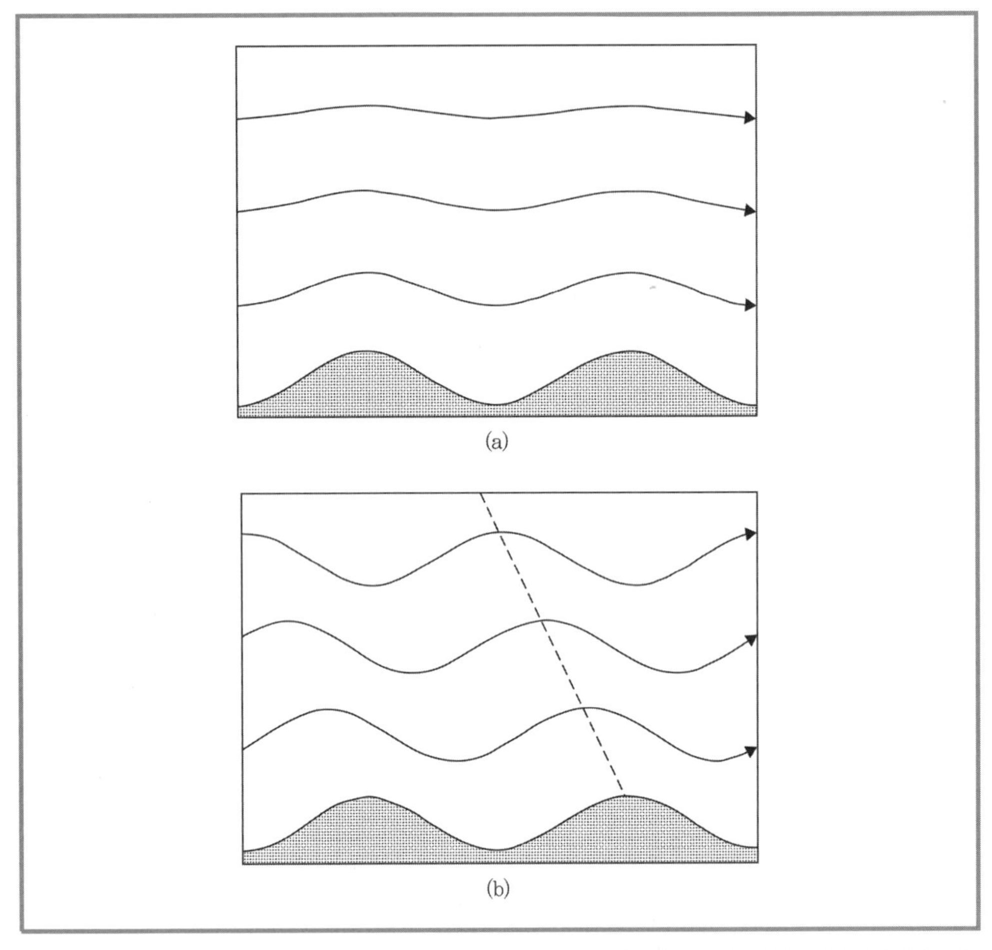

그림 9.7 좁은 능(a)과 넓은 능(b)이 정현파적으로 무한하게 펼쳐진 지형 위를 흐르는 정상류에서의 유선의 모습. (b)에서 파선은 최대 연직 변위의 위상 축을 나타낸다(Durran, 1990, 미국기상학회의 허가를 받아 사용함).

속도는 하향 성분을 가져야한다. 따라서, $\bar{u}>0$이면, 등위상 선은 위로 가면서 서쪽으로 기울어야 한다. 그러나, m이 허수일 경우 해 (9.30)은 연직방향에 대해서 지수함수적 변화를 보이게 되는데, 진폭은 $\mu^{-1}(\mu=|m|)$의 높이가 증가함에 따라 지수함수적으로 감소한다. $z\rightarrow\infty$일 때, 유한한 값을 갖기 위해서는 하층 경계면으로부터 상층으로 감에 따라 지수함수적으로 감소하는 해를 선택해야만 한다.

실수와 허수의 m에 대한 해의 특징을 좀 더 명확하게 대비시키기 위해서, 산의 높이가 다음 식으로 주어지는 산 위를 흐르는 서풍의 예를 들어보자.

$$h(x)=h_M\cos kx$$

여기서 h_M은 지형의 진폭을 나타낸다. 하층경계면에서의 흐름은 경계면에 나란해야 하므로,

하층경계면에서의 연직 속도 섭동은 흐름에 따른 하층 경계면 높이의 변화율로서 주어져야 한다.

$$w'(x, 0) = (Dh/Dt)_{z=0} \approx \overline{u}\partial h/\partial x = -\overline{u}kh_M \sin kx$$

그리고 이를 만족시키는 식 (9.29)의 해는 다음과 같이 쓸 수 있다.

$$w(x, z) = \begin{Bmatrix} -\overline{u}h_M ke^{-\mu z}\sin kx, & \overline{u}k > N \\ -\overline{u}h_M k\sin(kx+mz), & \overline{u}k < n \end{Bmatrix} \tag{9.32}$$

고정된 평균류와 부력진동수에 대해서, 해의 특성은 오로지 지형의 수평규모에만 의존한다. 식 (9.32)의 두 가지 경우는 각각 좁은 능과 넓은 능에 해당하는 것으로 볼 수 있는데, 그 이유는 주어진 $\overline{u}$와 N에 대하여 해의 특성은 동서 파수 k에 의해 결정되기 때문이다. 평균류가 서풍일 때 이 두 가지 경우에 해당하는 유선형태가 그림 9.7에 예시되어 있다. 좁은 능의 경우(그림 9.7a), 최대 연직변위는 능의 꼭대기에서 발생하며, 요란의 진폭은 고도 증가에 따라 감소한다. 넓은 능의 경우(그림 9.7b), 최대 연직변위를 잇는 선은 고도 증가에 따라 서쪽으로 기울고($m > 0$), 평균류에 대해 상대적으로 서향 전파하는 내부중력파와 일관되게 진폭은 연직 방향으로 일정하다.

한편, 고정된 값의 동서 파수와 부력진동수에 대해서, 해는 오로지 평균 동서류의 크기에만 의존한다. 식 (9.32)에 나타낸 것처럼, 임계값 N/k보다 약한 평균류가 존재할 때만 연직전파가 가능한 파동이 발생한다.

식 (9.29)는 일정한 기본 흐름 조건들에 대해 얻어진 것이다. 실제에서는, 동서류 $\overline{u}$와 안정화 매개변수 N이 모두 고도와 함께 변화하며, 지형은 주기적 형태보다는 고립된 능의 경우가 보다 일반적이다. 지형의 형태, 평균류와 대기 안정도의 연직변화에 따라 대단히 다양한 반응이 가능하다. 어떤 조건들에서는 큰 진폭의 파동이 형성될 수 있는데, 이것은 매우 강한 풍하측 경사면 바람(downslope wind) 또는 강한 청천난류를 발생시키기도 한다. 이러한 순환들은 9.4.4소절에서 더 논의될 것이다.

9.4.2 고립된 능 위의 흐름

주기적 정현곡선 능(periodic series of sinusoidal ridge) 위를 지나는 흐름이 하나의 사인함수로, 다시 말해 1개의 푸리에 성분(Fourier harmonic)으로 표현될 수 있는 것과 같이, 한 개의 고립된 능(isolated ridge)을 지나는 흐름은 여러 푸리에 성분의 합으로 근사될 수 있다 (5.2.1소절 참조). 따라서, 동서방향으로 변하는 지형은 다음과 같이 푸리에 시리즈로 표현될 수 있다.

$$h_M(x) = \sum_{s=1}^{\infty} \mathrm{Re}\left[h_s \exp(ik_s x)\right] \tag{9.33}$$

여기서, h_s는 지형에 대한 s번째 푸리에 성분의 진폭이다. 그러면 우리는 식 (9.29)의 파동 방정식에 대한 해를 푸리에 성분의 합으로 표현할 수 있다.

$$w(x, z) = \sum_{s=1}^{\infty} \mathrm{Re}\{W_s \exp\left[i(k_s x + m_s z)\right]\} \tag{9.34}$$

여기서, $W_s = ik_s \bar{u} h_s$ 그리고 $m_s^2 = N^2/\bar{u}^2 - k_s^2$이다.

개개의 푸리에 모드는, m_s가 실수 또는 허수 여부에 따라, 전체 해 식 (9.34)에 대해 연직으로 전파 또는 소멸하는 파로 기여한다. 이는 k_s^2이 $N^2/\bar{u}^2$보다 작으냐 또는 크냐에 달려 있다. 따라서 각각의 푸리에 모드는 주기적 사인형 지형에 대한 해 (9.30)로서 해석될 수 있다. 좁은 능에 대해서는 식 (9.33)에서 파수가 $N/\bar{u}$ 보다 큰 푸리에 성분들이 지배적이고, 이때의 요란은 고도 증가에 따라 소멸한다. 넓은 능에 대해서는 파수가 $N/\bar{u}$ 보다 작은 푸리에 성분들이 지배적이고, 이때의 요란은 연직으로 전파한다. 넓은 산악의 한계에서, $m_s^2 \approx N^2/\bar{u}^2$이며, 흐름은 연직방향으로 주기적이고(파장은 $2\pi m_s^{-1}$), 위상선은 그림 9.8에서 보는 바와 같이 고도 증가에 따라 풍상 측으로 기울어져 있다.

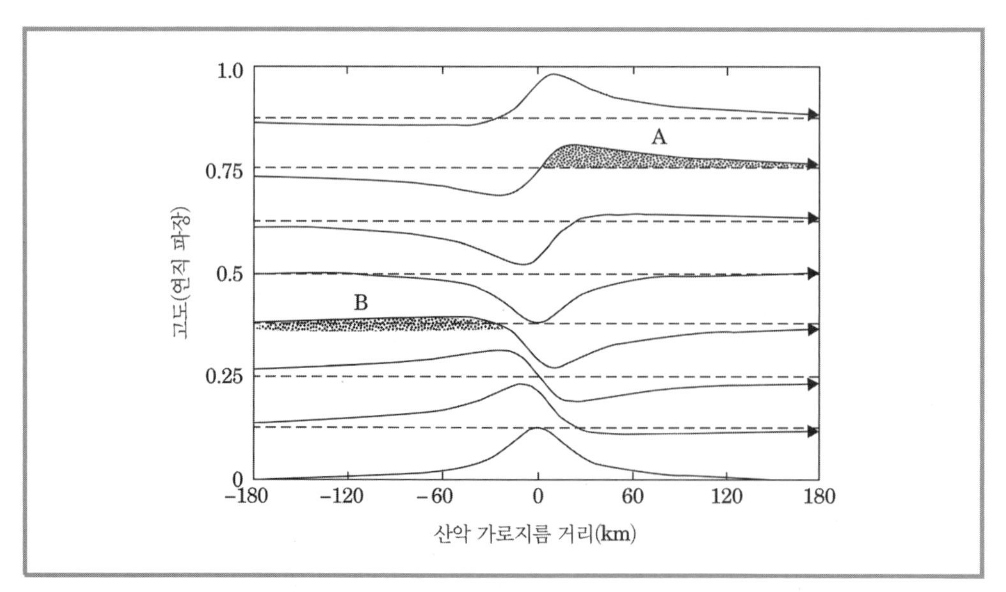

그림 9.8 고도 증가에 따른 풍상 측으로의 위상 기울어짐을 보여주는 넓은 고립능 위에서 유선. 패턴이 연직으로 주기적이고 1개의 연직 파장을 보임. 충분한 수분이 있다면, 능의 풍상 측과 풍하 측 어느 쪽에서도 유선이 평형으로부터 위쪽으로 변위된 지역(그늘진 지역)에 지형성 구름이 형성될 수 있다(Durran, 1990, 미국기상학회의 허가를 받아 사용함).

넓은 산악을 지나는 흐름에 의해 유발되어 연직으로 전파되는 중력파들은 수분의 고도 분포에 따라 산악의 풍상 측과 풍하 측 모두에서 구름을 발생시킬 수 있다. 그림 9.7에 보인 예에서, A와 B로 표기된 지점들은 각각 산악의 풍하 측에서 그리고 풍상 측에서 유선이 위로 변위된 구역들을 나타내는 것이다. 충분한 수분이 이들 구역에 존재하면 그림 9.8에서 어둡게 나타낸 것처럼 A나 B구역에서 지형성 구름이 형성될 수 있다.

9.4.3 풍하파

$\bar{u}$와 N이 고도 증가에 따라 변한다면, 식 (9.29)는 다음 식에 의해 대체되어야 한다.

$$\left(\frac{\partial^2 w'}{\partial x^2}+\frac{\partial^2 w'}{\partial z^2}\right)+l^2 w'=0 \tag{9.35}$$

여기에서 스코러(Scorer) 매개변수 l은 다음과 같이 정의되며

$$l^2 = N^2/\bar{u}^2 - \bar{u}^{-1} d^2\bar{u}/dz^2$$

그리고 연직 전파의 조건은 $k_s^2 < l^2$이 된다.

만일 산을 가로지는 바람의 속도가 고도 증가에 따라 현저하게 증가한다면, 또는 하층에 안정한 기층이 존재하여 N이 고도 증가와 함께 현저하게 감소한다면, 지표 부근에는 중력파가 연직으로 전파할 수 있는 층이 존재하게 되고 그 위에는 파동이 연직으로 전파하지 못하고 소멸하는 층이 존재하게 된다. 이 경우, 하층에서 연직으로 전파하는 파동은 상층에 도달하게 되면 반사되어 아래로 되돌아온다. 어떤 경우는 산의 풍하 측에서 파동이 상층과 지표에 의해 계속적으로 반사되어 그림 9.9에서와 같이 일련의 '갇힌' 풍하파(trapped lee wave)를 형성하게 된다.

스코러 매개변수의 연직 변화도 대류권 전체 깊이를 전파해가는 파동의 진폭을 변화시킬 수 있다. 평균류 속도가 0이 되는(다시 말해, $l \to \infty$인) 임계고도(critical level)가 존재하게 되면 파의 깨짐과 난류 혼합을 가져올 수 있는 진폭 강화가 일어날 수 있다.

9.4.4 풍하 측 경사면 폭풍

산맥의 풍하 측 경사면에서는 종종 강한 폭풍현상(downslope windstorm)이 관측된다. 어떤 경우는 연직으로 전파하는 선형 중력파의 부분적 반사에 의해 강화된 지상풍이 나타나기도 하지만, 산악을 지나는 안정한 공기흐름과 연관되어 관측되는 폭풍현상들은 기본적으로 비선형 과정들에 의해 설명될 수 있는 것으로 보인다.

비선형성의 역할을 설명하기 위하여, 대류권은 무요란(undisturbed) 깊이 h를 갖는 안정한 하층 대기와 그 위에 약하게 안정한 상층 대기가 존재한다고 가정하고, 하층 대기는 자유면

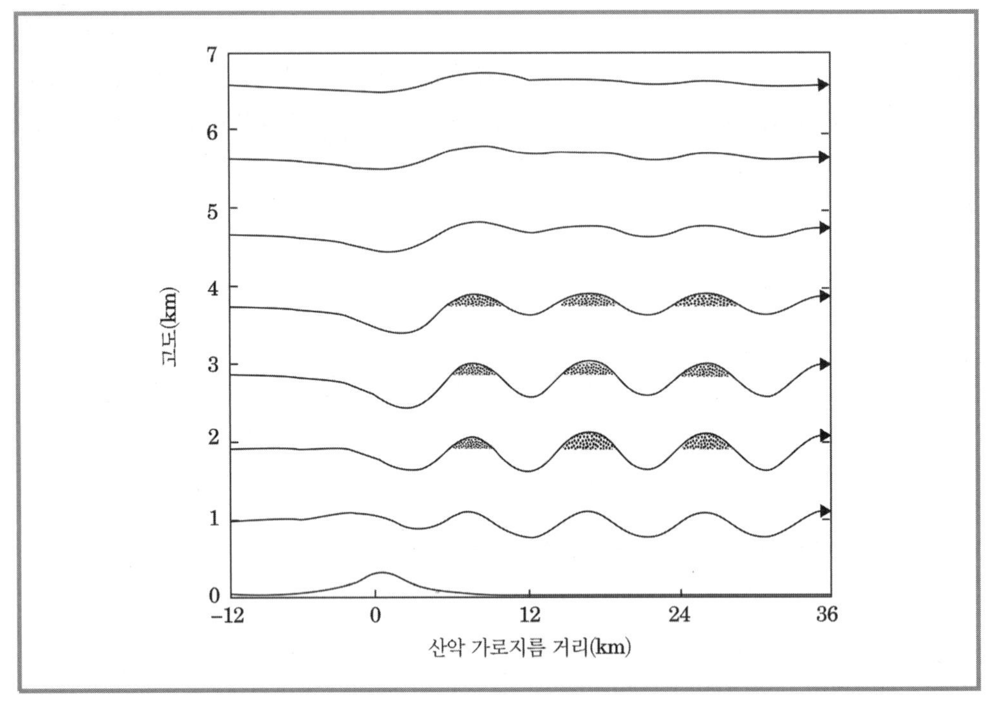

그림 9.9 스코러 매개변수가 연직으로 변하는 흐름이 지형 위를 통과할 때 생성된 갇힌 풍하파(trapped lee wave)에 대한 유선. 빗금 친 지역은 풍하파 구름이 발생할 가능성이 있는 지역을 나타낸다(Durran, 1990, 미국기상학회의 허가를 받아 사용함).

(free surface) $h(x, t)$를 갖는 순압유체처럼 움직인다고 가정하자. 또, 요란은 기층의 연직 깊이보다 훨씬 더 긴 수평파장을 지니고 있다고 가정한다. 그러면 하층 대기에서의 공기운동은 4.5절에서의 천수 방정식(shallow-water equation)에 의해 설명될 수 있다. 다만, 하부 경계조건은 다음으로 대체한다.

$$w(x, h_M) = Dh_M/Dt = u\partial h_M/\partial x$$

여기에서 h_M은 지면의 고도를 나타낸다.

우리는 먼저 작은 진폭의 지형 위를 지나는 정상류(steady flow)를 고려함으로써 이 모형의 선형적 양태를 살펴보기로 하자. 회전을 무시하면, 선형화된 정상상태(steady state)의 천수 방정식은 다음과 같다.

$$\bar{u}\frac{\partial u'}{\partial x}+g\frac{\partial h'}{\partial x}=0 \tag{9.36}$$

$$\bar{u}\frac{\partial(h'-h_M)}{\partial x}+H\frac{\partial u'}{\partial x}=0 \tag{9.37}$$

여기에서 $h'=h-H$, H는 경계면의 평균 고도, $h'-h_M$은 하층 두께와 H의 차이이다.

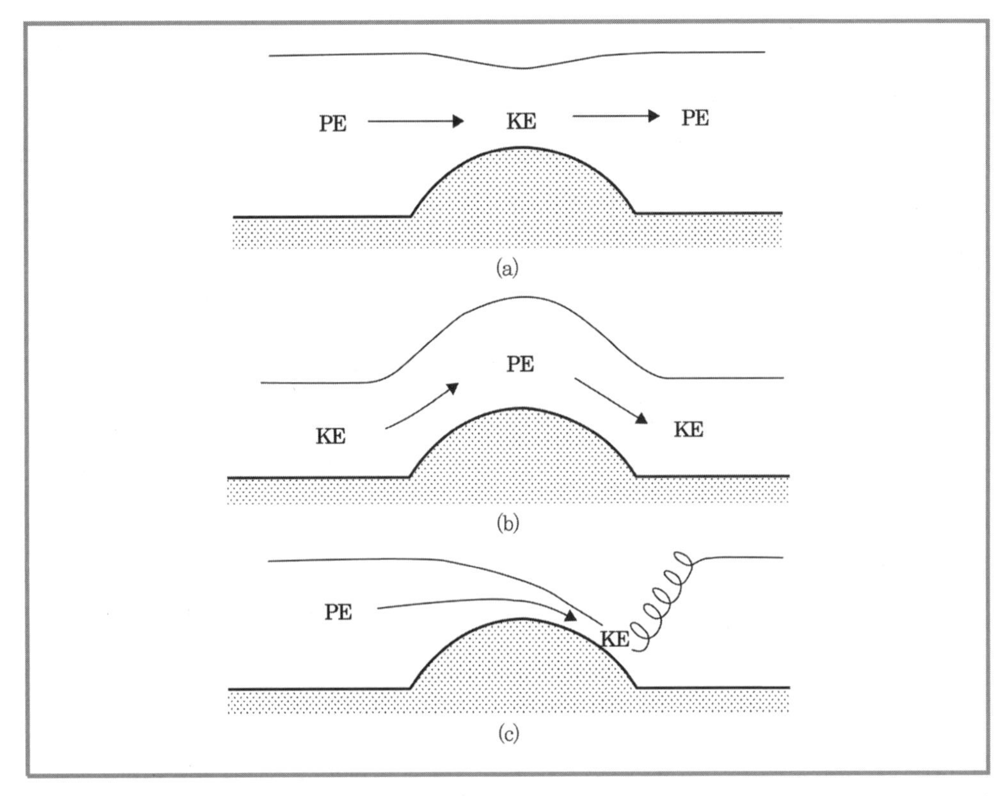

그림 9.10 자유표면을 가지는 순압유체의 장애물 위에서의 흐름. (a) 임계 이하적 흐름(subcritical flow, 모든 곳에서 $Fr < 1$). (b) 임계 초과적 흐름(supercritical flow, 모든 곳에서 $Fr > 1$). (c) 풍하 측 경사에서의 임계 초과적 흐름. 장애물 바닥 근처에서의 수력학 뜀(hydraulic jump)을 거쳐 임계 이하적 흐름으로 적응하는 모습을 보인다(Durran, 1990, 미국기상학회의 허가를 받아 사용함).

식 (9.36)과 식 (9.37)에 대한 해를 다음과 같이 쓸 수 있다.

$$h' = -\frac{h_M(\overline{u}^2/c^2)}{(1-\overline{u}^2/c^2)}, \quad u' = \frac{h_M}{H}\left(\frac{\overline{u}}{1-\overline{u}^2/c^2}\right) \tag{9.38}$$

여기에서 $c^2 \equiv gH$은 천수파의 속력이다. 섭동 장 h'과 u'은 평균류 프루드 수($Fr^2 = \overline{u}^2/c^2$)의 크기에 의존한다. $Fr < 1$일 때의 흐름은 **임계 이하적**(subcritical) 흐름이라 한다. 이러한 흐름 속에서는 천수 중력파의 속력이 평균류의 그것 보다 크며, 요란의 깊이와 바람 장은 위상이 다르다(out of phase). 그림 9.10a에 보인 것처럼, 산악 위에서의 접면 고도 섭동은 음이며, 속도 섭동은 양이다. $Fr > 1$일 때의 흐름은 **임계 초과적**(supercritical) 흐름이라 한다. 이 흐름 속에서 평균류의 속력은 천수파의 그것보다 크며, 중력파는 고도와 속도 섭동 간의 정상적 순응(adjustment)을 이루는 데 역할을 못한다. 그 이유는 파동이 능으로부터 풍하 측으로 평균류에 의해 이류가 되기 때문이다. 이 경우 유체는 풍상 측에서 장애물을 올라가면서 두꺼워지고 느려진다(그림 9.10b). $Fr \sim 1$일 때는 식 (9.38)에 의해 분명히 알 수 있듯이, 섭동은 더 이상 작지 않고 선형 해는 성립되지 못한다.

식 (9.36)과 (9.37)에 해당하는 비선형 방정식은 다음과 같이 쓸 수 있다.

$$u\frac{\partial u}{\partial x}+g\frac{\partial h}{\partial x}=0 \tag{9.39}$$

$$\frac{\partial}{\partial x}\left[u(h-h_M)\right]=0 \tag{9.40}$$

식 (9.39)를 적분하면 움직이는 공기가 지니는 운동 에너지와 위치 에너지의 합, $u^2/2+gh$은 일정함을 알 수 있다. 따라서 에너지 보존에 따라 u가 증가(감소)하면 h가 감소(증가)해야만 한다. 식 (9.40)은 질량속, $u(h-h_M)$ 또한 보존되어야 함을 보여준다. 능 위에서의 흐름에서 운동과 위치 에너지의 교류방향은 식 (9.39)와 식 (9.40) 두 식 모두가 만족하여야만 하는지의 필요성에 의해 결정된다.

식 (9.39)에 u를 곱해주고 식 (9.40)을 이용하여 $\partial h/\partial x$를 제거하면 다음의 식을 얻게 된다.

$$(1-Fr^2)\frac{\partial u}{\partial x}=\frac{ug}{c^2}\frac{\partial h_M}{\partial x} \tag{9.41}$$

여기에서 천수파 속도, c와 프루드 수는 유체의 국지적 두께를 이용하여 정의된다.

$$c^2 \equiv g(h-h_M),\ \ Fr^2 \equiv u^2/c^2$$

식 (9.41)에 따르면, $Fr<1$이면 산악의 풍상 측 경사면($\partial h_M/\partial x>0$)에서의 흐름은 가속되나 ($\partial u/\partial x>0$), $Fr>1$이면 그 흐름은 감속될 것이다.

임계 이하적 흐름이 풍상 측 경사면을 따라 상승하면, Fr은 u의 증가와 c의 감소로 인해 증가하려 할 것이다. 능의 정상에서 $Fr=1$이면, 식 (9.41)로부터 흐름은 그림 9.10c에 보인 것처럼 임계 초과적이고, 풍하 측의 난류적 물 뜀(turbulent hydraulic jump)에서 주변의 임계 이하적 조건에 적응할 때까지 계속 가속될 것이다. 이 경우 풍하 측 경사면에서는 매우 큰 속도가 나타날 수 있는데, 그 이유는 유체 기주(column)가 장애물을 통과해 가는 전 기간 동안에 걸쳐 위치 에너지가 운동 에너지로 변환되기 때문이다. 연속적으로 성층화된 대기에서의 조건들은 천수 수력학 모형(hydraulic model)에서의 그것들보다는 더 복잡한 모습을 보이지만, 수치실험 결과들은 수력학 모형이 풍하 측 경사면 폭풍에서 일어나는 주요 과정들에 대한 합리적 개념 모형을 제시하고 있음을 입증해주고 있다.

9.5 적운 대류

적운 대류와 연관된 중규모 뇌우는 기상학적으로 중요한 모든 중규모 순환들 중 주류를 차지하는 것이다. 그러한 계들을 고려하기 전에, 먼저 개개 적운의 열역학적, 역학적 측면들을 조사할 필요가 있다. 적운 대류는 이론적으로 다루기에는 대단히 복잡한 주제인데, 그 어려움의 대부분은 적운이 복잡한 내부 구조를 갖는다는 사실에 기인한다. 그들은 일반적으로 단명한 여러 개의 상승기류 구역으로 구성되는데, 이들은 부력 상승하는 공기요소[**열기포**(thermal)라 함]에 의해 만들어진다. 상승하는 열기포는 주변공기를 구름 안으로 **흡입**해 혼합시킴으로써 구름 안의 공기 성질을 변화시킨다.

열기포들은 비정수적이고, 비정상적이며, 상당히 난류적이다. 개개 열기포의 부력(즉, 그것과 주변공기 간의 밀도 차이)은 주변공기의 기온감률, 흡기에 의한 희석률(dilution rate), 구름물방울의 수액 하중에 의한 항력(drag) 등 여러 요인들에 의해 결정된다. 열적 대류의 역학에 대한 자세한 논의는 이 교재의 범위를 넘어서는 것이다. 이 절에서 우리는 1차원의 단순한 구름모형을 이용하며, 습윤 대류의 열역학적 측면에 초점을 맞출 것이다. 대류 뇌우의 역학은 9.6절에서 다루어질 것이다.

9.5.1 대류 가용 위치 에너지(CAPE)

대류 뇌우의 발달은 깊은 대류가 일어나기에 좋은 환경이 존재하는가에 의해 좌우된다. 주어진 온도와 수분 연직구조에서의 깊은 대류 발생 가능성 정도를 측정하기 위해 여러 가지 지수들이 개발되어 왔다. 특히 유용한 방법이 **대류 가용 위치 에너지**(Convective Avail-able Potential Energy, CAPE)이다. CAPE는 공기 덩이가 주위와 섞이지 않고 상승하며 주위 기압에 순간적으로 적응한다고 가정했을 때(수증기와 응결된 물이 부력에 주는 영향은 무시함), 정적으로 불안정한 공기 덩이가 얻을 수 있는 운동 에너지의 최대 가능값을 말한다.

이와 같은 공기 덩이에 대한 운동량 식은 (2.51)인데, 이 식은 공기 덩이의 연직 운동을 따라 다음과 같이 다시 쓸 수 있다.

$$\frac{Dw}{Dt} = \frac{Dz}{Dt}\frac{Dw}{Dz} = w\frac{Dw}{Dz} = b' \tag{9.42}$$

여기서 $b'(z)$는 다음과 같이 주어지는 부력이고, T_{env}는 주위 대기의 온도를 나타낸다.

$$b' = g\frac{(\rho_{env} - \rho_{parcel})}{\rho_{parcel}} = g\frac{(T_{parcel} - T_{env})}{T_{env}} \tag{9.43}$$

식 (9.42)를 자유 대류고도 z_{LFC}부터 부력이 중립이 되는 고도 z_{LNB}까지 공기 덩이의 운동을 따라서 적분하면 다음과 같은 결과를 얻는다.

$$\frac{w_{\max}^2}{2} = \int_{z_{LFC}}^{z_{LNB}} g\left(\frac{T_{parcel} - T_{env}}{T_{env}}\right) dz \equiv B \tag{9.44}$$

여기서 B는 단위질량의 공기 덩이가 자유 대류고도에서의 정지 상태로부터 부력이 중립이 되는 대류권계면 부근 고도까지 부력 상승하여 얻게 될 최대 운동 에너지이다(그림 2.8 참고). 수액에 의한 음의 부력은 유효부력을 감소시키므로(특히 적도에서), 이것은 흡입이 없는 공기 덩이가 갖게 될 실제 운동 에너지의 과대 추정값이다.

전형적인 적도 해양대기의 연직구조에서 공기 덩이 온도가 $1 \sim 2\,\mathrm{K}$ 정도 초과하는 것은 $10 \sim 12\,\mathrm{km}$ 두께에서 일어나므로, 이 경우 전형적 CAPE의 값은 $B \approx 500\,\mathrm{m^2\,s^{-2}}$이다. 반면에 북아메리카 중서부의 강한 뇌우에서 공기 덩이의 온도 초과는 $7 \sim 10\,\mathrm{K}$(그림 2.8 참조)가 될 수 있으므로 $B \approx 2000 \sim 3000\,\mathrm{m^2\,s^{-2}}$가 된다. 후자의 경우 관측된 상승기류($50\,\mathrm{m\,s^{-1}}$까지 이름)는 전자의 경우($5 \sim 10\,\mathrm{m\,s^{-1}}$)보다 훨씬 강하다. 적도 적란운에서의 상승속도가 중위도 뇌우에서의 그것보다 훨씬 작게 관측되는 주된 이유는 평균 적도 대기에서 CAPE가 작기 때문이다.

9.5.2 흡입

앞에서는 대류세포가 주위와의 혼합 없이 상승하며, 상승하는 동안 일정한 θ_e를 유지한다고 가정하였다. 그러나 실제에서 상승하는 포화된 공기 덩이는 상대적으로 건조한 주위 공기의 일부를 흡입(entrainment)하거나 혼합하여 희석하는 경향이 있다. 만약 주위 공기가 포화되지 않았다면 대류세포 내에서 포화를 유지하기 위해 주위 공기가 흡입할 때 상승하는 공기 덩이에 있는 수액의 일부가 증발되어야만 한다. 흡입에 의해 야기된 증발냉각은 공기 덩이의 부력을 감소시킬 것이다(즉, θ_e를 감소시킨다). 따라서 흡입이 있는 대류세포에서 상당온위는 일정하게 유지되지 않고 고도 증가에 따라 감소하며, 이 같은 결과는 주위 대기와 구름에서의 값이 같지 않은 다른 보존변수들[2]에 대해서도 비슷하게 적용될 수 있다. 흡입이 구름 내 연직구조를 변화시킬 것이다.

단위 공기질량당 임의 보존변수의 양을 A라고 표시하고, 일차 근사로서 대류세포가 그림 9.11과 같이 정상상태 제트로 모형화될 수 있다고 가정하면, 흡입하는 대류세포에서 A의 연직 의존을 추정할 수 있다. 따라서 임의 변수의 양 mA_{cld}를 가지는 질량 m인 포화된 공기가 시간증분 δt 동안 δm의 흡입된 공기(임의 변수량 $\delta m A_{env}$를 가지는)와 섞이면, 구름 내에서 A의 변화 δA_{cld}는 다음의 질량균형 관계에 의해 주어진다.

$$(m + \delta m)(A_{cld} + \delta A_{cld}) = mA_{cld} + \delta m A_{env} + (DA_{cld}/Dt)_s m\delta t \tag{9.45}$$

2) 보존변수는 발생과 소모가 없는 경우 운동을 따라서 보존되는 변수이다(예를 들면 화학적 미량 성분).

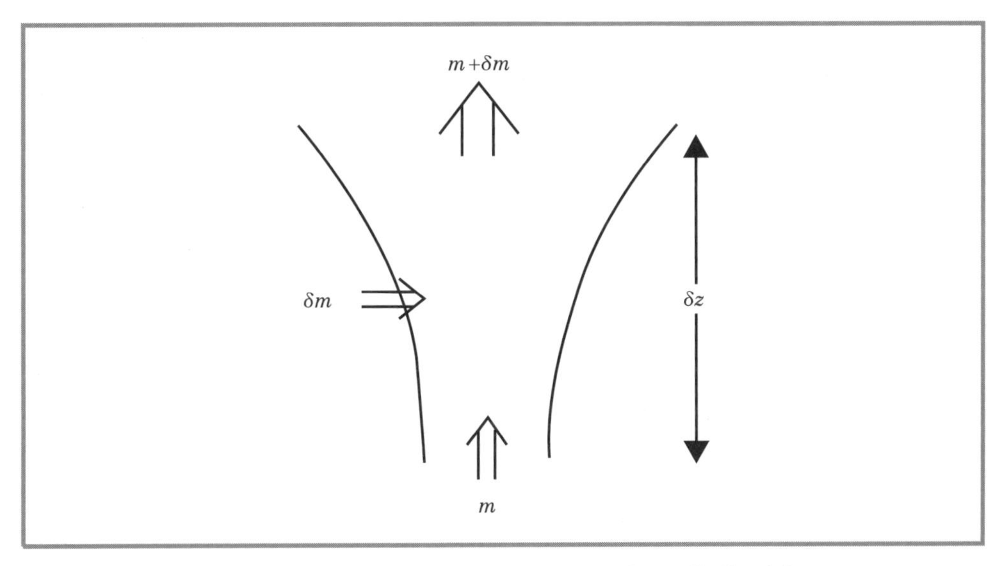

그림 9.11 적운 대류의 흡입 제트 모형(entraining jet model). 설명은 본문을 참조하라.

여기서, $(DA_{dd}/Dt)_s$는 흡입과 관련되지 않은 발생과 소모에 의한 A_{dd}의 변화율을 가리킨다. 식 (9.45)를 δt로 나눈 후, 2차 항들을 무시하고 정리하면 다음과 같다.

$$\frac{\delta A_{dd}}{\delta t}=\left(\frac{DA_{dd}}{Dt}\right)_S-\frac{1}{m}\frac{\delta m}{\delta t}(A_{dd}-A_{env}) \tag{9.46}$$

공기 덩이의 상승속도를 w라 하면 시간증분 δt 동안에 공기가 상승하는 거리는 $\delta z=w\delta t$이므로 식 (9.46)에서 δt를 제거할 수 있게 된다. 따라서 연속적으로 흡입이 일어나는 대류세포에서 A_{dd}의 연직변화에 대한 다음의 방정식을 얻는다.

$$w\frac{dA_{dd}}{dz}=\left(\frac{DA_{dd}}{Dt}\right)_S-w\lambda(A_{dd}-A_{env}) \tag{9.47}$$

여기서 흡입률 $\lambda\equiv d\ln m/dz$로 정의하였다.

흡입이 없는 경우 θ_e는 보존되므로, $A_{dd}=\ln\theta_e$라 하면 식 (9.47)로부터 다음을 얻는다.

$$\begin{aligned}\left(\frac{d\ln\theta_e}{dz}\right)_{dd}&=-\lambda[(\ln\theta_e)_{dd}-(\ln\theta_e)_{env}]\\&\approx-\lambda\left[\frac{L_c}{c_pT}(q_s-q_{env})+\ln\left(\frac{T_{dd}}{T_{env}}\right)\right]\end{aligned} \tag{9.48}$$

여기서 우변 마지막 형식을 얻는 데에 식 (2.70)이 이용되었다. 따라서 흡입이 일어나는 대류세포가 흡입이 일어나지 않는 세포보다 부력이 약하다. 식 (9.47)에서 $A_{dd}=w$라 놓고, 식 (9.42)

를 적용하며 그리고 기압이 부력에 주는 효과를 무시하면, 단위 질량당 운동 에너지의 연직 의존이 다음과 같이 됨을 알 수 있다.

$$\frac{d}{dz}\left(\frac{w^2}{2}\right)=g\left(\frac{T_{dd}-T_{env}}{T_{env}}\right)-\lambda w^2 \tag{9.49}$$

흡입이 있는 세포는 부력 감소뿐만 아니라 질량 흡입에 의해 부과되는 항력 때문에 흡입이 없는 세포보다 가속이 약화된다.

구름 내 수분 변수들에 대한 적절한 관계식을 알면, 식 (9.48)과 식 (9.49)는 구름 변수들의 연직분포를 결정하는 데 이용될 수 있다. 그와 같은 1차원 구름 모형들은 과거에 매우 많이 이용되었다. 그러나 이런 유형의 모형으로는 최대 구름 두께와 구름 물 농도 같은 구름 특성들을 동시에 만족스럽게 예측할 수 없기 때문에, 실제에서는 대류세포에 의해 유발된 기압 섭동들이 운동량 수지에 중요하다. 그리고 흡입은 동시에 일어나지 않고 산발적으로 일어나기 때문에 일부 세포들은 별 희석 없이 대류권 대부분에서 상승을 할 수 있다. 좀 더 정교한 1차원 모형들이 이 결점을 부분적으로 극복할 수 있기는 하지만, 뇌우 역학에서 가장 중요한 일부 측면(예를 들면, 주위 바람 장 연직 시어의 영향)은 다차원 모형에서만 고려될 수 있다.

9.6 대류 뇌우

대류 뇌우는 매우 다양한 형태를 가질 수 있다. 이들은 작게는 하나의 대류운(또는 세포)과 관련된 고립 뇌우부터 크게는 여러 개의 다세포 뇌우로 이루어진 중규모 대류 복합체(mesoscale convective complex)에까지 이른다. 여기에서 우리는 뇌우를 세 가지 주요 유형 단세포(single-cell), 다세포(multicell), 초대형 세포 뇌우(supercell storm)로 분류한다. 앞 절에서 살펴본 바와 같이 대류 가용 위치 에너지는 열역학 조건이 적운 대류의 발달에 좋은 조건인가의 여부를 나타낸다. 그러므로 CAPE는 대류 강도에 대한 정보를 제공한다. 그러나 그것은 뇌우가 어떤 중규모 조직을 가질 것인가에 대해서는 아무런 정보를 제공하지 않는다. 위에 제시한 대로 뇌우 유형은 하부 대류권의 연직 시어에도 의존하는 것으로 드러났다.

연직 시어가 약할 때(4 km 아래에서 10 $\mathrm{ms^{-1}}$보다 작을 때)는 단세포 뇌우가 발달하는데, 이 뇌우는 지속시간이 짧은(약 30분) 경향이 있으며, 8 km 이하 기층의 평균풍을 따라 이동한다. 중간 정도의 연직 시어(4 km 아래에서 $\sim 10-20\,\mathrm{ms^{-1}}$)가 있을 때는 다세포 뇌우가 발달하는데, 개개의 세포는 30분 정도의 수명을 가지나 스톰의 수명은 수 시간이 될 수도 있다. 다세포 뇌우에서 강수의 증발로 생긴 하강기류는 지표에 찬 유출 기류 돔을 형성하고, 찬 유출류가 조건부 불안정인 지표대기를 들어 올리는 **돌풍전선**(gust front)을 따라 새로운 세포가 발달한다. 연직 시어가 큰 경우(4 km 아래에서 20 $\mathrm{ms^{-1}}$ 이상)는 열역학적으로 좋은 조건에 있다 하더라도 대류세포의 강한 기울임이 스톰의 발달을 지연시키는 경향이 있어, 초기세포가 완전히 발달하기 위해서는 한 시간 또는 그 이상을 필요로 한다. 이 발달은 평균 바람의 왼쪽과 오른쪽으로 움직이는 2개 뇌우로의 분리를 동반할 수도 있다. 보통 왼쪽으로 이동하는 스톰(left-moving storm)은 급속하게 소멸하는 반면, 오른쪽으로 이동하는 스톰(right-moving storm)은 천천히 진화하여 하나의 상승 핵과 길게 늘어지는 하강류가 있는 회전하는 순환이 된다. 그와 같은 초대형 세포 뇌우는 종종 호우, 우박, 그리고 강렬한 토네이도를 발생시킨다. 다세포나 초대형 세포 뇌우들이 종종 스콜선이라 부르는 선을 따라 열을 지어 발달하는데, 스콜선(squall line)은 개개 뇌우와는 다른 방향으로 움직일 것이다.

9.6.1 초대형 세포 뇌우에서 회전의 발달

초대형 세포 뇌우는 초기에 회전이 없는 환경에서부터 회전하는 중규모 사이클론을 발달시키는 경향 때문에 역학적으로 특별한 관심을 받는다. 그와 같은 계에서 사이클론 순환이 우세한 것은 전향력이 초대형 세포 역학에서 어떤 역할을 한다는 것을 암시할 수도 있는 것이다. 그러나 지구회전이 초대형 세포 뇌우에서의 회전 발달에 적절한 것이 아니라는 것을 쉽게 보일 수 있다.

초대형 세포 역학을 정량적으로 다루기 위해서는 대기의 밀도성층이 고려되어야 하지만, 그와 같은 계에서 회전을 발달시키고 오른쪽으로 이동하는 세포가 우세하게 되는 과정을 이해하는 데는 부시네스크 근사를 이용하는 것으로도 충분하다. 그러면 오일러 운동량 방정식과 연속 방정식은 다음과 같이 표현된다.

$$\frac{D\boldsymbol{U}}{Dt} = \frac{\partial \boldsymbol{U}}{\partial t} + (\boldsymbol{U} \cdot \nabla)\boldsymbol{U} = -\frac{1}{\rho_0}\nabla p + b\boldsymbol{k}$$

$$\nabla \cdot \boldsymbol{U} = 0$$

여기서 $\boldsymbol{U} \equiv \boldsymbol{V} + \boldsymbol{k}w$는 3차원 속도이고, ∇는 3차원 경도 연산자, ρ_0는 일정한 기본상태 밀도, p는 수평평균으로부터의 기압편차, $b \equiv -g\rho'/\rho_0$는 총부력이다.

벡터 표현

$$(\boldsymbol{U} \cdot \nabla)\boldsymbol{U} = \nabla\left(\frac{\boldsymbol{U} \cdot \boldsymbol{U}}{2}\right) - \boldsymbol{U} \times (\nabla \times \boldsymbol{U})$$

을 이용하여 운동량 방정식을 다시 쓰면 다음을 얻는다.

$$\frac{\partial \boldsymbol{U}}{\partial t} = -\nabla\left(\frac{p}{\rho_0} + \frac{\boldsymbol{U} \cdot \boldsymbol{U}}{2}\right) + \boldsymbol{U} \times \boldsymbol{\omega} + b\boldsymbol{k} \tag{9.50}$$

$\nabla \times$식 (9.50)을 취하고, 경도의 컬(curl)은 0이 되는 것을 상기하면, 다음의 3차원 소용돌이도

방정식을 얻는다.

$$\frac{\partial \omega}{\partial t} = \nabla \times (\boldsymbol{U} \times \omega) + \nabla \times (b\boldsymbol{k}) \tag{9.51}$$

소용돌이도의 연직성분을 $\zeta = \boldsymbol{k} \cdot \omega$라 하고 $\boldsymbol{k} \cdot$ 식 (9.51)을 취하면, 회전하지 않는 기준틀 (reference frame)에서 소용돌이도 ζ의 경향 방정식을 얻는다.

$$\frac{\partial \zeta}{\partial t} = \boldsymbol{k} \cdot \nabla \times (\boldsymbol{U} \times \omega) \tag{9.52}$$

부력이 소용돌이도의 수평성분에만 영향을 미침을 주목하라.

기본상태 서풍 흐름에 단일 대류 상승류가 얹혀진 흐름을 생각해보자. 기본상태 서풍 흐름은 연직 좌표 z에만 위존한다. 이 기본상태를 다음과 같이 두어 선형화하고

$$\omega = jd\bar{u}/dz + \omega'(x, y, z, t), \qquad \boldsymbol{U} = \boldsymbol{i}\bar{u} + \boldsymbol{U}'(x, y, z, t)$$

식 (9.55)의 오른쪽 항의 선형화된 형태가 다음과 같이 되므로

$$\boldsymbol{k} \cdot \nabla \times (\boldsymbol{U} \times \omega) = -\boldsymbol{k} \cdot \nabla \times (\boldsymbol{i}w' d\bar{u}/dz + \boldsymbol{j}\bar{u}\zeta')$$

선형화된 소용돌이도 경향은 다음과 같다.

$$\frac{\partial \zeta'}{\partial t} = -\bar{u}\frac{\partial \zeta'}{\partial x} + \frac{\partial w'}{\partial y}\frac{d\bar{u}}{dz} \tag{9.53}$$

식 (9.53)의 오른쪽 첫째 항은 기본류에 의한 이류이고, 두 번째 항은 차등 연직 운동에 의해 수평 시어 소용돌이도가 연직 소용돌이도로 기울어짐을 나타낸다.

$d\bar{u}/dz$가 양의 값을 가지므로, 이와 같은 기울어짐에 의한 소용돌이도 경향은 상승 핵의 남쪽에서 양의 값을, 상승 핵의 북쪽에서 음의 값을 가지게 될 것이다. 결과로 그림 9.12a와 같이 남쪽에서는 사이클론 회전을 하고 북쪽에서는 안티사이클론 회전을 하는 소용돌이도 쌍이 생성된다. 결국 강수 하중에 의한 음의 부력 발달이 초기 상승이 있던 지점 상부에서 하강기류를 발달시키고, 그림 9.12b와 같이 뇌우는 분리된다. 새로운 상승 핵이 반대로 회전하는 소용돌이도 쌍에 중심을 두며 자리 잡게 된다.

스톰의 측면 소용돌이에서 상승기류가 발생하는 것을 이해하기 위해 기압 섭동 장을 조사해 보았다. $\nabla \cdot$ 식 (9.53)을 취하면 기압 섭동에 대한 진단 방정식을 얻는다.

$$\nabla^2\left(\frac{p}{\rho_0}\right) = -\nabla^2\left(\frac{\boldsymbol{U} \cdot \boldsymbol{U}}{2}\right) + \nabla \cdot (\boldsymbol{U} \times \omega) + \frac{\partial b}{\partial z} \tag{9.54}$$

식 (9.54)의 오른쪽 첫 2개 항은 역학적 강제를, 마지막 항은 부력 강제를 나타낸다. 관측과

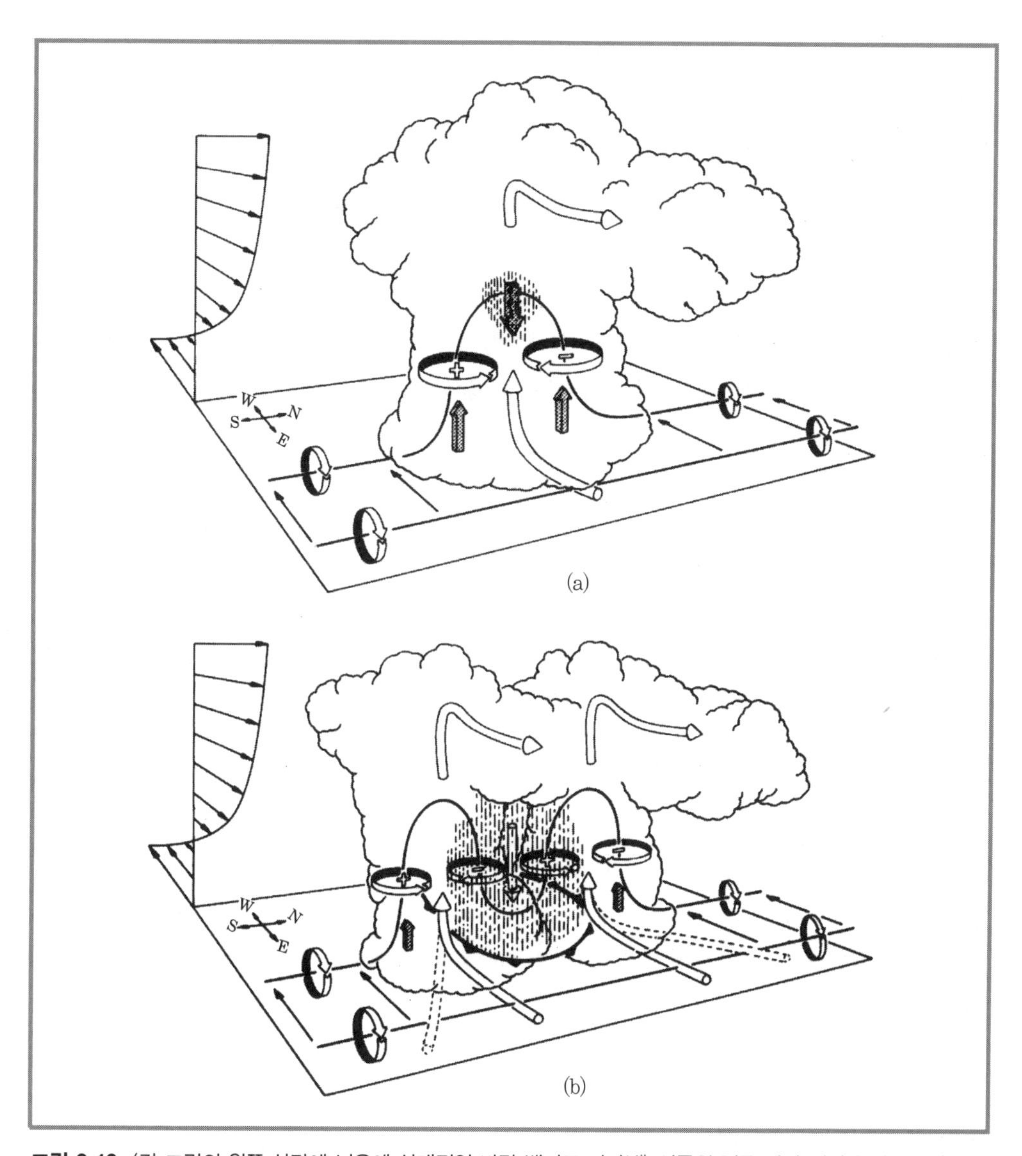

그림 9.12 (각 그림의 왼쪽 상단에 뇌우에 상대적인 바람 벡터로 나타낸) 서풍의 평균 바람 시어를 가지는 초대형 세포 뇌우에서 회전과 분리의 발달. 원기둥 화살표는 구름에 상대적인 흐름의 방향을 나타낸다. 원모양의 화살표는 회전의 방향을 나타내고 두꺼운 실선은 소용돌이 선들을 나타낸다. +와 −부호는 소용돌이 튜브 기울어짐에 의해 생긴 사이클론과 안티사이클론 회전을, 그늘진 화살표는 상승과 하강의 성장을 나타낸다. 연직 빗금은 강수지역을 의미한다. (a) 초기 상태 : 주의 대기의 시어 소용돌이도가 상승기류 안에서 휩쓸리면서 연직으로 기울어지고 늘려졌다. (b) 분리 단계 : 새로운 상승 세포 사이에서 하강기류가 형성된다. 지표에 있는 가지달린 선은 하강유출류를 나타낸다(Klemp, 1987, 연례리뷰에서 허가를 받아 사용함).

수치모형들에 의하면 식 (9.54)의 부력 강제가 연직 운동량 방정식의 부력을 일부 보상하는 기압 섭동을 만들어내는 반면에, 역학적으로 강제된 기압 섭동은 상당한 정도의 연직가속을 일으킬 것이다.

왼쪽과 오른쪽 소용돌이에서의 요란 기압 경도력에 대한 역학적 기여를 계산하기 위해 각 소용돌이 축에 중심을 둔 원기둥 좌표(r, λ, z)를 이용하고, 일차 근사로 방위속도 v_λ(사이클론 흐름을 +로)가 λ에 무관하다고 가정하였다. 이 계에서 스톰에 상대적인 수평운동과 소용돌이도의 연직성분은 다음과 같이 근사적으로 주어진다.

$$\boldsymbol{U}' \approx \boldsymbol{j}_\lambda v_\lambda, \quad \boldsymbol{k} \cdot \boldsymbol{\omega}' = \zeta' \approx r^{-1}\partial(rv_\lambda)/\partial r$$

여기서, j_λ는 방위각 방향의 단위 벡터(반시계방향이 +)이고, r은 소용돌이 축으로부터의 거리이다. j_λ를 반지름 방향의 단위 벡터라 하면 다음을 얻는다.

$$\boldsymbol{U} \times \boldsymbol{\omega} \approx \boldsymbol{i}_\lambda \frac{v_\lambda}{r}\frac{\partial}{\partial r}(rv_\lambda)$$

연직규모가 반지름 규모보다 훨씬 크다고 가정하면 원기둥 좌표에서 라플라시안은 다음과 같이 근사될 수 있다.

$$\nabla^2 \approx \frac{1}{r}\frac{\partial}{\partial r}\left(r\frac{\partial}{\partial r}\right)$$

따라서 소용돌이들에서 기압 섭동의 역학성분(p_{dyn})은 식 (9.54)로부터 다음과 같이 표현된다.

$$\frac{1}{r}\frac{\partial}{\partial r}\left(\frac{r}{\rho_0}\frac{\partial p_{dyn}}{\partial r}\right) \approx -\frac{1}{r}\frac{\partial}{\partial r}\left[r\frac{\partial\left(v_\lambda^2/2\right)}{\partial r}\right] + \frac{1}{r}\frac{\partial}{\partial r}\left[v_\lambda\frac{\partial(rv_\lambda)}{\partial r}\right] = \frac{1}{r}\frac{\partial v_\lambda^2}{\partial r} \tag{9.55}$$

식 (9.55)를 r에 대해 적분하면 선형균형(cyclostrophic balance) 방정식을 얻는다(3.2.4소절을 참조).

$$\rho_0^{-1}\partial p_{dyn}/\partial r \approx v_\lambda^2/r \tag{9.56}$$

따라서 회전이 사이클론성인지 안티사이클론성인지에 관계없이 소용돌이의 중심에 최소 기압이 위치한다. 소용돌이 튜브의 뒤틀림(twisting)과 늘림(stretching)에 의해 생긴 중간대류권의 강한 회전은 '원심펌프(centrifugal pump)' 효과를 만드는데, 이는 중간대류권 소용돌이에 중심을 둔 음의 역학적 기압 섭동의 원인이 된다. 이것은 기압 경도력의 연직성분에 상향의 역학적 기여를 만들어 상향가속을 제공하는데, 이 가속은 그림 9.12에 보인 바와 같이, 반대로 회전하는 2개의 소용돌이가 중심에 상승기류를 만든다. 이 상승기류들은 하강기류에 의해 분리되는데, 이 하강기류는 결국 스톰의 분리와 원래 스톰의 오른쪽과 왼쪽으로 이동하는 두 개의 새로운 대류 중심의 발달을 가져온다(그림 9.12b).

이 절에서 논의한 대로 기본류의 연직 시어와 관련된 수평 소용돌이도의 기울임과 늘림은 중규모 회전성 초대형 세포의 발달을 설명할 수 있다. 그러나 이 과정이 초대형 세포 뇌우에 종종 동반되는 토네이도에서 관측되는 강한 소용돌이도를 만들어낼 수 있을 것으로 보이지는 않는다. 수치모사들은 이것들이 오히려 **돌풍전선**을 따라 지표 부근에서 부력의 수평경도 때문에 만들어진 매우 강한 수평 소용돌이도의 기울임과 늘림에 관련되는 경향이 있다는 것을 보여주고 있다. 돌풍전선은 대류 하강류에 의해 생성된 음의 부력을 가지는 유출류가 온난습윤한 경계층 공기를 만나는 곳이다.

9.6.2 오른쪽으로 이동하는 스톰

주위 대기의 바람 시어가 위에서 논의한 경우와 같이 일정한 방향일 때(그림 9.13a 참조)는 안티사이클론성(왼쪽 이동)과 사이클론성(오른쪽 이동) 상승기류 핵들 모두에게 똑같이 좋은 조건이 된다. 그러나 미국 중부의 대부분 강한 뇌우에서 평균류의 방향은 고도에 따라 안티사이클론성으로 변하는데, 주위환경의 이런 방향 시어는 왼쪽으로 이동하는 스톰 중심은 억제하는 반면, 오른쪽으로 이동하는 스톰 중심에는 유리한 조건이 된다. 따라서 오른쪽으로 이동하는 스톰이 왼쪽으로 이동하는 스톰보다 훨씬 자주 관측된다.

다시 역학적 기압 섭동을 고려하면 오른쪽으로 이동하는 스톰이 우세한 것을 정성적으로 이해할 수 있다. 기본상태의 바람 시어 벡터를 $\overline{\boldsymbol{S}} \equiv \partial \overline{\boldsymbol{V}}/\partial z$로 정의하고 고도에 따라 시계방향으로 바뀐다고 가정하자. 이 경우에 기본상태 소용돌이도는

$$\overline{\omega} = \boldsymbol{k} \times \overline{\boldsymbol{S}} = -\boldsymbol{i}\partial\overline{v}/\partial z + \boldsymbol{j}\partial\overline{u}/\partial z$$

이므로 식 (9.54)의 역학적 기압에 다음과 같은 형태의 선형 기여가 있는 것을 알 수 있다.

$$\nabla \cdot (\boldsymbol{U}' \times \overline{\omega}) \approx -\nabla \cdot (w' \overline{\boldsymbol{S}})$$

식 (9.54)로부터 이 효과에 기인한 기압 섭동의 부호를 결정하기 위해 다음을 고려하면

$$\nabla^2 p_{dyn} \sim -p_{dyn} \sim -\frac{\partial}{\partial x}(w' S_x) - \frac{\partial}{\partial y}(w' S_y) \tag{9.57}$$

세포의 역 시어(upshear) 지역에 양의 역학적 기압 섭동이 있고, 순 시어(downshear) 지역에 음의 섭동이 있게 된다(장애물의 풍상 측에 양의 기압 섭동이 있고 풍하 측에 음의 기압 섭동이 있는 것과 유사). 그림 9.13은 결과적인 역학적 기압 섭동의 모습이다. 단일 방향 시어 경우(그림 9.13a), 야기된 기압 형태는 스톰 전방에서 상승류의 발달에 유리하다. 그러나 그림 9.13b에서와 같이 시어 벡터가 고도 증가에 따라 시계방향으로 회전할 때, 식 (9.57)은 사이클론 회전하는 세포의 측면에 상향의 연직 기압 경도력이 그리고 안티사이클론 회전하는 세포의 측면에 하향의 기압 경도력이 나타나게 되는 역학적 기압 섭동 패턴이 야기됨을 보여준다. 따라서 주위 시어가 시계방향으로 회전하는 경우 초기 상승지역의 남쪽에서 오른쪽으로 이동하는 사이클론 소용돌이에서 더 강한 상승이 가능해진다.

그림 9.13 초대형 세포 뇌우에서 상승류와 주위 대기 바람 시어의 상호작용에 의해 생성된 기압과 연직소용돌이도 섭동. (a) 고도 변화에 대해 바람 시어 방향이 변하지 않는 경우. (b) 고도에 따라 바람 시어가 시계방향으로 회전. 넓은 열린 화살표는 시어 벡터를, H와 L은 역학적 기압 섭동이 높은 곳과 낮은 곳을 각각 의미한다. 빗금친 화살표는 결과적인 연직 기압 경도이다(Klemp, 1987, 연례 리뷰에서 허가를 받아 사용함).

9.7 허리케인

다른 지역에서는 열대 사이클론과 태풍으로도 불리는 허리케인은 열대 해양의 매우 따뜻한 해수면 위에서 발달하는 강한 소용돌이의 폭풍우이다. 비록 허리케인에서 관측되는 바람과 적운이 소용돌이 중심에 대해 완전히 축대칭은 아니지만 허리케인 역학의 근본적인 측면은 허리케인은 축대칭 소용돌이로 이상화하여 모형화할 수 있다. 일반적으로 허리케인은 일부 중위도 종관계와 비슷한 수백 km의 반경 규모를 가진다. 그러나 허리케인에서 강한 대류와 강풍이 존재하는 지역은 반경 100 km 정도이므로, 허리케인을 중규모계로 구분하는 것이 타당하다.

앞 절에서 다룬 회전대류 스톰과는 달리, 허리케인 소용돌이는 그것의 소용돌이도 수지에서 지구 회전을 포함하지 않고서는 이해될 수 없다. 허리케인에서 관측되는 빠른 회전은 소용돌이 늘림에 의한 연직성분 절대 소용돌이도의 집중에 의한 것이지 수평 소용돌이도의 연직으로의 기울임에 의한 것이 아니다. 이 스톰에서 최대 접선속도는 대개 $50 \sim 100\,\mathrm{ms^{-1}}$에 걸쳐 있다. 그와 같은 빠른 속도와 상대적으로 작은 규모에서는 전향력과 비교하여 원심력항을 무시할 수 없다. 따라서 1차적 근사로서, 정상상태 허리케인에서 방위속도는 반지름 방향 기압 경도력과 경도풍 균형에 있다. 정역학 균형은 허리케인 규모에서도 성립되는데, 이는 방위 속도의

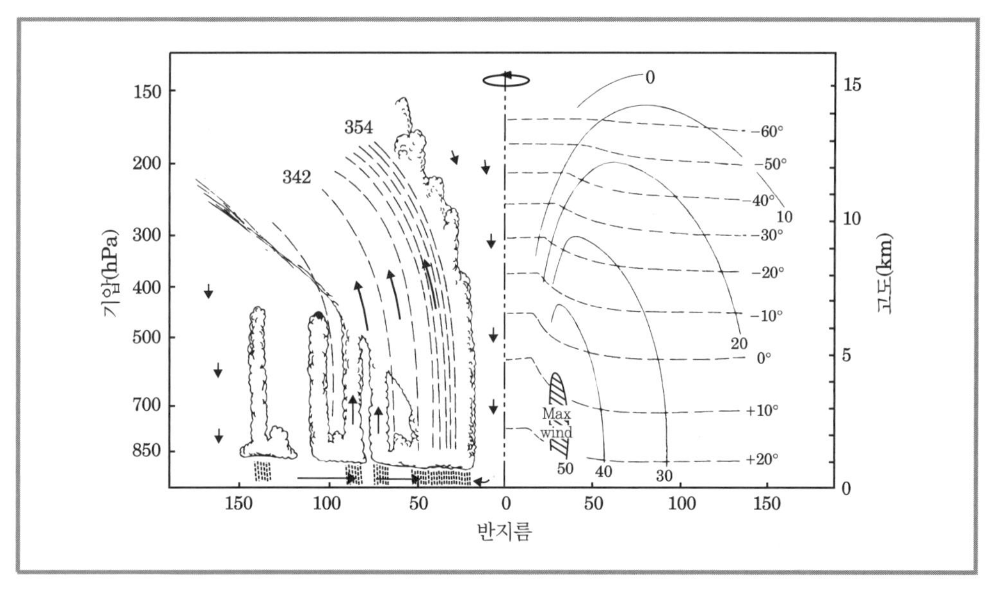

그림 9.14 도식적으로 보인 허리케인의 구조. 얇은 실선은 방위풍속(azimuthal wind speed)으로 대류권 하부에서 최대값을 보인다. 수평에 가까운 파선은 대류권 내에서 고도 증가에 따라 감소하는 기온을 나타낸다. 연직에 가까운 얇은 파선은 구름 벽 내에서 잘 혼합된 상당온위를 보인다. 화살은 2차 순환을 나타내는데, 하층에서는 내향 방사유입(radial inflow), 눈벽에서는 상승류, 허리케인 주변과 눈 안에서는 하강류를 보여준다(Wallace and Hobbs, 2006로부터 인용).

연직 시어가 반지름 방향 온도경도의 함수라는 의미를 내포한다.

허리케인의 1차 순환(primary circulation)은 저기압을 중심으로 회전하는 사이클론 흐름으로 구성되며, 중심으로부터 15 ~ 50 km 거리에서 그리고 행성경계층 꼭대기 부근인 1 ~ 1.5 km 고도에서 최대 풍속이 나타난다(그림 9.14). 허리케인의 2차 순환은 하층에서의 반지름방향 유입(radial inflow), 태풍 눈벽에서 상당온위를 보존하며 상승하는 기류, 상층에서의 반지름방향으로 나가는 유출(radial outflow) 등으로 구성된다. 상층에서 유출되는 공기는 주변환경에서 점진적으로 하강하게 된다. 이 2차 순환은 눈벽에서의 잠재가열(latent heating)의 반지름 방향 경도와 경계층에서의 운동량 소산(dissipation)의 연직 경도에 의해 작동된다. 이에 대한 이해는 이들 효과를 포함한 식 (9.15)의 일반화를 통해 얻어질 수 있다. 눈벽 안에서 등 θ_e 면과 등 각운동량 면은 일치하기 때문에 눈벽에서 상승하는 공기 덩이는 조건부 대칭 불안정에 대해 중립적이기 때문에 외부 강제를 필요로 하지 않는다. 눈벽은 경계층 위에 하강 기류가 존재하여 구름이 없고 상대적으로 따뜻한 공기를 갖는 반경 15 ~ 50 km의 태풍 눈을 둘러싼다.

9.7.1 성숙한 허리케인의 역학

열대 저기압은 1차적으로 잘 정의된 중심을 가지며 축대칭이기 때문에 각운동량은 그 강도를 나타낼 수 있는 유용한 척도가 된다. 연직 축에 대한 각운동량은 다음과 같이 정의된다.

$$m = r\nu + fr^2 \tag{9.58}$$

등압좌표계에서 방위 경도풍, V는 다음에 의해 결정된다.

$$\frac{\partial \Phi}{\partial r} = \frac{V^2}{r} + fV \tag{9.59}$$

그리고 비체적 α를 이용한 정역학 균형은 다음과 같이 표현된다.

$$\frac{\partial \Phi}{\partial p} = -\alpha \tag{9.60}$$

온도풍 관계는 $\partial/\partial p$(9.59)와 $\partial/\partial r$(9.60)의 등관계로부터 다음과 같이 얻어진다.

$$-\frac{\partial \alpha}{\partial r} = \frac{2m}{r^3}\frac{\partial m}{\partial p} \tag{9.61}$$

이 같은 형식의 온도풍 식이 제3장에서 다룬 것과는 다르지만, 일반적 해석은 비슷하다. 밀도의 반지름 방향 경도는 각운동량의 연직 경도와 연결 된다. 식 (9.61)에서 비체적을 제거하고 엔트로피로 표현하기 위해 소위 막스웰 관계를 이용하면[3)]

3) 위키피디아는 열역학 제1법칙과 편도함수 대체의 결과인 이 열역학 변수 간의 관계들을 특히 잘 설명하고 있다.

$$\left.\frac{\partial \alpha}{\partial r}\right|_p = \frac{\partial \alpha}{\partial s}\frac{\partial s}{\partial r}$$

$$\left.\frac{\partial \alpha}{\partial x}\right|_p = \left.\frac{\partial T}{\partial p}\right|_s \tag{9.62}$$

엔트로피와 각운동량 등치선은 눈벽에서 근사적으로 상당히 비슷한 모습을 보이기 때문에, 엔트로피를 각운동량만의 함수로 간주한다. 이것은 엔트로피의 반지름방향 경도가 각운동량의 반지름방향 경도에 비례함을 의미한다.

$$\left.\frac{\partial s}{\partial r}\right|_p = \frac{\partial s}{\partial m}\frac{\partial m}{\partial r} \tag{9.63}$$

따라서, (9.61)은 다음과 같이 된다.

$$\frac{2m}{r^3}\frac{\partial m}{\partial p} = -\left.\frac{\partial T}{\partial p}\right|_s \frac{\partial s}{\partial m}\frac{\partial m}{\partial r} \tag{9.64}$$

한편, 다음의 관계를 고려하면,

$$\frac{\partial m/\partial p}{\partial m/\partial r} = -\left.\frac{\partial r}{\partial p}\right|_m \tag{9.65}$$

온도풍은 각운동량(그리고 엔트로피) 면 기울기의 함수로 표현될 수 있다.

$$\frac{2m}{r^3}\left.\frac{\partial r}{\partial p}\right|_m = -\left.\frac{\partial T}{\partial p}\right|_s \frac{\partial s}{\partial m} \tag{9.66}$$

식 (9.66)이 눈 벽 내의 각 고도에서 적용되지만, 이 식을 각운동량 면을 따라 경계층 위 최대 속도 고도 b로부터 출류(outflow) 고도 t까지 적분하는 것 또한 다음과 같이 유용한 결과를 가져 온다(그림 9.15).

$$\frac{1}{r_b^2} - \frac{1}{r_t^2} = \frac{1}{m}\frac{\partial s}{\partial m}(T_t - T_b) \tag{9.67}$$

출류 반경이 최대 바람의 반경 보다 훨씬 더 크다고 가정하면, 좌변의 둘째 항은 무시될 수 있으며, 결과적으로, 식 (9.58)에 의해 예견되는 것처럼, 각운동량은 최대 바람의 반경 r_b, 최대 바람 지점과 출류 지점 간의 온도 차이, 그리고 엔트로피와 각운동량의 관계에 의존하게 된다. 이 마지막 관계는 경계층에 대한 다음의 종결 방안에 의해 결정된다. 엔트로피와 각운동량 방정식에서 경계층 내 지배적 균형이 반지름방향 이류와 난류 혼합 간의 균형이라면,

$$-u\frac{\partial m}{\partial r} \approx \frac{\partial \tau_m}{\partial z}$$

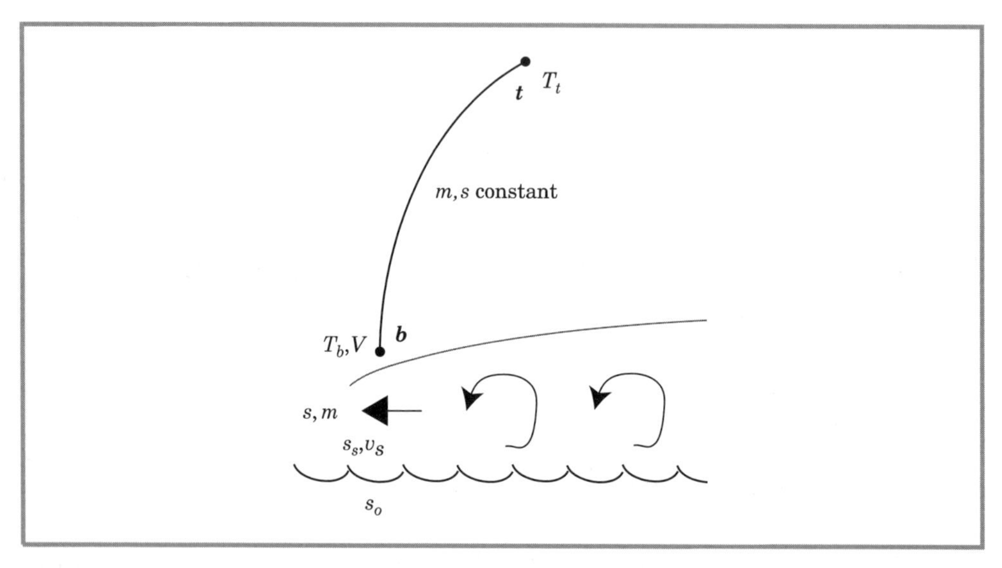

그림 9.15 잠재강도이론의 핵심 요소들. 끝점 b와 t를 연결하는 굵은 곡선은 등엔트로피면과 등각운동량면을 나타내는데, 이 면을 따라 온도풍 식을 적분한다. 이 곡선은 경계층 꼭대기(기울어진 엷은 곡선으로 표시)에서 시작된다. 경계층 내에서, 엔트로피와 각운동량의 반지름 방향 이류(굵은 화살, 각운동량에 대해서는 양의 값, 엔트로피에 대해서는 음의 값을 나타냄)가 난류에 의한 연직 속곡선의 화살)과 균형을 이룬다. 해수면에서는 대기와 해양의 엔트로피 값(각각 s_s와 s_o) 간에 차이가 있다. 지상 바람은 v_s로 주어졌다.

$$-u\frac{\partial s}{\partial r} \approx \frac{\partial \tau_s}{\partial z} \tag{9.68}$$

여기에서 τ_m과 τ_s는 각각 각운동량과 엔트로피의 연직 난류속이다(8.3절 참조). 이 방정식들을 나누는 것은 다음을 의미한다.

$$\left.\frac{\partial s}{\partial m}\right|_r = \left.\frac{\partial \tau_s}{\partial \tau_m}\right|_z \tag{9.69}$$

즉, 난류속들 간의 관계에 의해 지배되는 엔트로피와 각운동량 간의 관계이다. 이제 이들 난류속들이 경계층 내 깊이에 대해 독립적이라고 가정하면, 이들 양들은 다음 공기역학 수식들로 주어지는 지표 속들에 의해 결정된다.

$$\begin{aligned} \tau_{s0} &= C_S|\boldsymbol{V}|_0(s_s - s_0) \\ \tau_{m0} &= C_D|\boldsymbol{V}|_0(m_s - m_0) = C_D|\boldsymbol{V}|_0 r v_s \end{aligned} \tag{9.70}$$

여기에서 $|\boldsymbol{V}|$는 지표 풍속이고, C_S와 C_D는 각각 엔트로피와 각운동량의 지표교환계수이다. 엔트로피(각운동량)의 지표 값은 $s_s(m_s)$이며, 유사하게 해수면 값은 $s_o(m_o)$이다. 각운동량속에 대한 마지막 등식에서, 해양의 방위 속력은 대기의 그것(v_s)에 비하면 작다고 가정하였다.

경계층 내의 방위 바람에 대해서는 아무런 가정을 하지 않았음을 유의하자. 특히, 바람이 경도풍 균형 상태에 있다는 가정을 하지 않았다. 식 (9.70)을 결합하면

$$\tau_{s0} = \left[\frac{C_S(s_s - s_o)}{C_D r v_s} \right] \tau_{m0} \tag{9.71}$$

이 되고, 식 (9.69)로부터 다음의 관계를 얻게 한다.

$$\left.\frac{\partial s}{\partial m}\right|_r = \frac{C_S(s_s - s_o)}{C_D r v_s} \tag{9.72}$$

엔트로피와 각운동량 간의 관계를 가지고 식 (9.67)로 돌아가보자. 큰 r_t를 가정하며 식 (9.72)를 이용하면 다음의 관계를 얻는다.

$$\frac{m v_s}{r_b} = \frac{C_S}{C_D}(s_o - s_s)(T_b - T_t) \tag{9.73}$$

식 (9.58)을 이용하면 식 (9.73)의 좌변은 다음과 같다

$$V v_s + 0.5 f r_b v_s \tag{9.74}$$

전형적 허리케인 모수들에 대해, 둘째 항은 대략 5% 오차 범위 내에서 무시될 수 있다. 마지막으로 '지상 바람 경정계수'를 이용하여 최대 바람 지점의 경도풍을 해수면에서의 풍속(경도풍이 아님)에 관계시키면 $v_s = aV$, 관측에 따르면 a 값은 $0.8 \sim 0.9$ 범위의 값을 갖는다. 이들 치환은 정상 상태의 스톰에 대해 '잠재 강도(potential intensity)' 식을 만들어낸다(Emanuel. 1988).

$$\boxed{V^2 = a^{-1} \frac{C_S}{C_D}(s_o - s_s)(T_b - T_t)} \tag{9.75}$$

약 5%의 효과를 갖는 a 인자를 제외하면, 정상상태의 허리케인 강도는 지표교환계수의 비율, 해양과 대기 간의 지표 엔트로피 차이, 경계층 상한과 출류 점 간의 온도 차이 등의 제곱근에 의존한다. 지표 교환계수의 비율은 정확한 값은 모르나, 0.7 부근의 값을 갖는 것으로 알려져 있다. 지표 엔트로피의 차이는 수분과 열이 해양으로부터 대기로의 순 속(net flux)을 갖는 가운데 수분과 열적 효과가 합해져 나타난다. 따라서, 직관에 반하는 것처럼 보이나, 식 (9.75)는 정상 상태에서 잠재 강도는 대기가 더 차갑고 건조할 때 더 강하다. 그 물리적 이유는 그 같은 상황이 엔트로피의 방사 경도(radial gradient)를 더 크게 해주기 때문이다. T_b는 경계층 꼭대기의 값이지만 보통 해수면 온도로 근사되고 있다. 해수면 온도의 사용은 이 지역에서 형성되는 스톰의 잠재 강도 추정치의 전구 지도를 만들 수 있게 해준다.

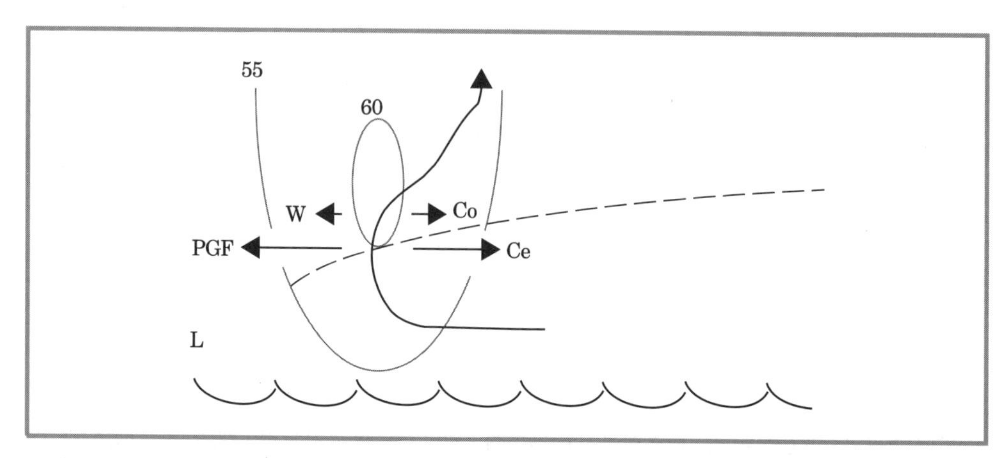

그림 9.16 최대풍 반경(회색의 방위바람 등풍속선, m/s) 부근에서 경계층으로부터 자유대기로 이동하는 공기 덩이를 따라 나타나는 방위 바람에 대한 비균형적 기여들(굵은 화살). 큰 기압경도력이 허리케인 눈 속의 저기압('L')을 향하고 있다. 연직운동이 약하면, 수평 방위 운동량('W')의 연직 이류는 무시될 수 있으며, 결과적으로 코리올리힘('Co')과 원심력('Ce')의 합이 기압경도력과 균형을, 즉 경도풍균형을 이루게 된다. 연직이류가 커진다면, 균형을 이루기 위해서는 더 강한 방위바람이 필요하게 되며, 경도풍보다 더 강한 바람을 가져온다. 이 상황에서 공기덩이가 최대풍 고도에 접근하면 연직이류는 0에 가까워지고, 결과적으로 풍속을 감속시키는 순 외향 힘이 초래된다.

식 (9.75)가 정상상태 강도를 추정하기 때문에 단기의 강도 변동에 적용되지는 않는다. 그렇기 때문에, 모든 가정들이 만족되는 상황에서도 식 (9.75)를 능가하는 강한 스톰들이 때때로 발견될 것으로 기대된다. 그럼에도 불구하고, 변동 주기 동안의 시간 평균치는 식 (9.75)가 주는 값 안에 있을 것이다. 물론, 식 (9.75)의 배경에 있는 가정들이 실패한다면, 그 추정치도 역시 오류일 수 있다. 이러한 상황이 자주 일어날 수 있는 곳에서의 한 양상은 최대 바람 지점에서의 경도풍 가정에서 나타난다. 구체적으로, 경계층 내에서 방위 각운동량의 연직 이류는 운동량 방정식에 경도풍 균형에서 고려되지 못하는 새로운 항이 추가되게 한다. 최대풍 고도 아래에서 이 항의 기여는 기압 경도력과 같은 부호를 가진다(그림 9.16). 정상 상태에서, 이 효과들과 균형을 이루기 위해 필요한 구심력과 전향력은 연직 이류가 없을 때 더 강해진다. 결과적으로 경계층 꼭대기 부근에서 방위 바람은 초경도풍(supergradient) 경향을 보이며 이러한 효과는, 방사 바람(radial wind)의 방사 경도가 클 때 나타나는, 큰 연직 이류 상황에서도 나타난다. 공기 덩이가 최대풍 고도에 접근하면 연직 이류는 0에 가까워지고 공기 덩이를 감속시키는 순 외향 힘(net outward force)을 초래한다. 결과적으로 경계층 바로 위의 공기는 바깥쪽으로(radially outward) 흐르는 경향을 보이게 되는데, 특히, 초경도 효과(supergradient effect)가 클 때 더 그러하다.

9.7.2 허리케인의 발달

열대 저기압의 기원은 아직도 활발한 연구 대상이다. 매년 많은 열대 요란이 발생하지만, 그

중에서 허리케인으로 발달하는 것은 드물다. 따라서 허리케인의 발달은 다소 특별한 조건을 필요로 하는 것이 틀림없다. 앞의 제7장에서 살펴본 바와 같이, 선형 안정성 이론은 온대 경압성 요란의 발달을 설명하는 데는 매우 성공적이다. 이 같은 접근은 어느 조건에서 초기 요란의 불안정 증폭이 발생하는가를 이해하고자 하는 허리케인 발달에 대한 이론적 연구의 합리적 출발점을 제공한다.

그러나 열대에서는 잘 정리된 선형 불안정이 조건부 불안정뿐이며, 이 불안정은 단일 적운의 규모에서 최대 성장률을 갖는다. 따라서 이것은 운동의 종관규모 조직화를 설명할 수 없다. 더구나 관측들에 따르면 열대의 평균 대기는 경계층에서조차도 포화되어 있지 않다. 따라서 공기 덩이가 LFC에 도달하여 양의 부력을 갖기 위해서는 상당한 정도의 강제상승을 받아야만 하는데, 공기 덩이의 이런 강제상승은 경계층에서의 난류 플륨과 같은 소규모 운동에 의해서만 가능하다. 경계층 난류가 공기 덩이를 LFC까지 상승시키는 효율은 경계층 대기의 온도와 습도에 의존한다. 열대에서는 경계층이 포화되거나 불안정화되지 않으면 깊은 대류가 시작되기 어려운데, 그러한 상황은 경계층에서 대규모(또는 중규모) 상승이 있을 때 일어난다. 따라서 대규모 하층수렴이 있는 지역에 대류가 집중되는 경향이 있다. 이런 집중은 대규모 수렴이 직접대류를 일으켜서가 아니라, 오히려 대규모 수렴이 공기 덩이가 LFC까지 상승하기에 좋은 환경을 만들어주기 때문이다.

따라서 적운 대류와 대규모 운동은 서로 협력하여 상호작용하는 관계로 흔히 인식되고 있다. 적운의 잠열방출에 기인한 비단열 가열은 대규모(또는 중규모) 사이클론 요란을 만들며, 이 요란은 경계층 펌핑을 통하여 적운 대류가 발달하기 좋은 환경을 유지하는 데 필요한 하층의 수분수렴을 만든다. 이런 생각들을 선형 안정성 이론[**제2종 조건부 불안정**(CISK)으로 불림]으로 형식화하려는 여러 시도가 있었다. 이 이론은 허리케인의 성장을 적운규모와 대규모 수분수렴 사이의 조직화된 상호작용의 결과로 본다. 이 상호작용 과정을 그림 9.17a에 도식적으로 보였다. 그러나 태풍 발달에 대한 CISK 모델은 이와 같은 상호작용이 허리케인 규모에서 최대 성장률을 가져온다는 것에 대한 증거가 거의 없었기 때문에 성공적이지 못했다.

열대대기의 안정성에 대해 하나의 다른 관점은, 바람에 의해 유도되는 지표 열교환(Wind-Induced Surface Heat Exchange, WISHE)으로 불리는 것으로, 대기-해양 상호작용 이론에 근거하고 있다. 그림 9.17b에 도식화되어 있는 이 WISHE 이론에 따르면, 허리케인의 위치 에너지가 대기와 그 아래에 놓인 해양 사이의 열역학적 불균형에서 생기는데, 식 (9.75)의 엔트로피 차이를 통해 정량화될 수 있다. 대기-해양 상호작용이 마찰소산과 균형을 이루기 위한 위치 에너지를 제공하는 효율은 해양에서 대기로의 위치 에너지 전달률에 의해 결정되며, 이것은 지표 풍속의 함수이다. 강한 지상 바람은 해수면을 거칠게 만들고 증발률을 크게 증가시킨다. 따라서 허리케인의 발달은 강한 증발을 일으키는 데 필요한 바람을 제공할 수 있는 유한 진폭의 초기 요란(예를 들어, 적도파)의 존재에 의존한다. 적절한 초기 요란이 주어지면 다음과 같은 되먹임이 일어날 것이다. 안쪽을 향하는 나선의 지상바람이 증가하면 해양으로부터의

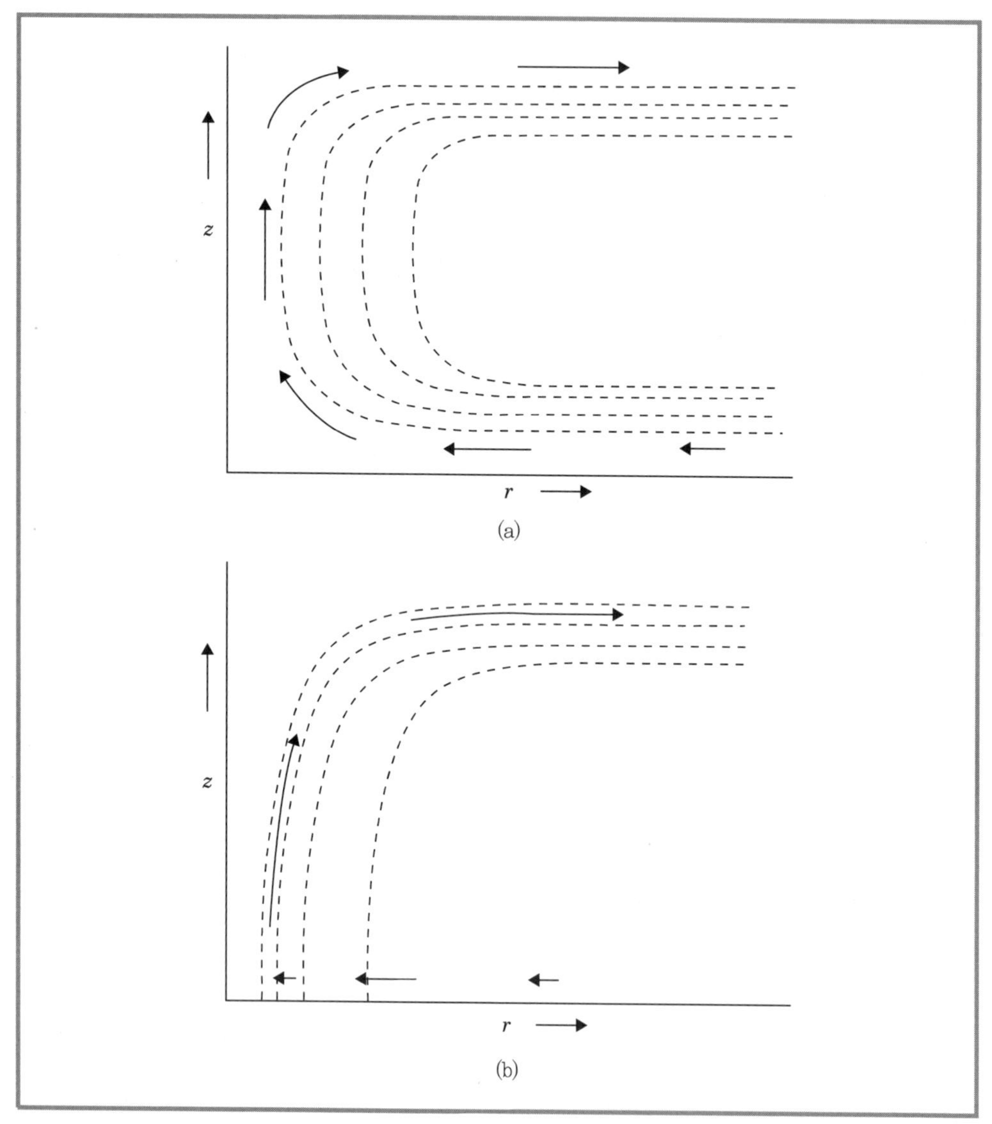

그림 9.17 태풍 발달에 대한 (a) CISK와 (b) WISHE 이론에서, 일정 포화습구 온위면(dashed contour, r 증가에 따라 값도 증가)과 남북 순환(arrow) 간의 관계를 보여주는 남북 단면도. (a) 경계층에서의 마찰수렴은 환경을 습하게 하고 상승을 통해 기층을 불안정화 한다. 이 과정은 소규모의 공기 플륨을 쉽게 자유 대류고도에 이르게 하고 적난운을 발생시킨다. 강수로 야기되는 비단열 가열은 대규모 순환, 결과적으로 대규모 수렴을 유지시킨다. (b) 포화 습구온위는 경계층의 습구온위와 바로 연결되어 있다. 강화된 지표 잠열 속으로 인해 경계층 습구온위는 증가하고 이 때문에 온난 중심(warm core)이 발달한다(Emanuel, 2000).

수분 전달률이 증가하고, 이것은 경계층을 포화시켜 대류의 강도를 증가시키고, 이것은 다시 2차 순환을 더욱 강화시킨다. 관측된 열대 사이클론 발생 사례들은 유한진폭의 초기 요란을 필요로 하는 것으로 보이는데, 그 이유는 그러한 요란들이 있을 때 성숙에 이르는 데 필요한 시간이 더 짧기 때문이다. 초기 요란의 진폭이 작아질수록 성숙에 이르는 시간이 더 길어지는

데, 이는 발달에 불리한 환경에 따라 발달 과정을 붕괴 또는 방해할 확률이 커지는 것과 마찬가지이다.

여러 환경 요인들이 발달 과정을 늦추거나 방해할 수 있다. 그러나 가장 중요한 요인은 연직 바람시어와 건조 공기라 하겠다. 연직 바람시어는 대류를 기울어지게 함으로써 가열이 연직으로 배열되지 못하게 한다. 무엇보다도, 시어는 초기 요란의 주위에서 연직 속도의 쌍극자를 초래하면서 순환이 축대칭이 되지 못하여 결과적으로 스톰의 업시어 측 대류권 중층에 건조공기를 초래한다. 건조공기는 대류계로 흡입되면서 강한 하강 기류를 초래하고 저엔트로피 공기를 지표로 수송하게 되어 조건부 불안정성을 감소시킨다. 따라서 발달하는 스톰의 위로 (대류권 중층으로) 건조공기가 지속적으로 공급되면 스톰 발달은 상당히 억제될 것이다. 결과적으로, 요란과 함께 이동하는 틀 안에서 폐쇄된 유선을 동반하는 깊은 층을 갖는 요란의 발달이 유리할 것이다. 그 이유는 공기가 요란 안에 갇히게 됨으로써, 대류는 주의의 건조 공기를 흡입하지 않고 배기(detrainment)를 통해 대류권을 습하게 만들기 때문이다.

권장 문헌

Durran(1990)은 산악파와 풍하 측 폭풍의 역학을 고찰하였다.

Eliassen(1990)은 전선 구역 내에서의 2차 순환을 논하였다.

Emanuel, *Atmospheric Convection,* 대칭 불안정성에 대한 자세한 설명을 담은, 대류를 주제로 한 대학원 수준의 교재이다.

Emanuel(2000)은 허리케인 발달에 대한 WISHE 이론의 정성적 설명을 제공하고 있다.

Keppert and Wang(2001), 열대사이클론 경계층에서의 초경도풍 발생에 있어서 연직이류의 중요성을 논의했다.

Hoskins(1982)는 전선발생의 반지균 이론(semigeostrophic theory)을 논의하고, 수치모형들의 결과를 요약하였다.

Houze, *Cloud Dynamics,* 대학원 수준에서 대류성 스톰을 논하고 있다.

Klemp(1987)는 토네이도 뇌우의 역학을 기술하였다.

문제

9.1 온위 좌표계에서 고도 좌표계로 변환함으로써 에르텔 위치 소용돌이도 P가 $F^2N_s^2-S^4$에 비례함을 보여라[식 (9.27) 참조].

9.2 고도만의 함수인 기본상태 동서류에 놓인 정상파에 대한 선형화된 부시네스크 방정식에서 시작하여 식 (9.35)를 유도하고, 스코러 매개변수(Scorer parameter)가 그와 같은 형태로 주어짐을 증명하라.

9.3 넓은 능 한계($k_s \ll m_s$)에 있는 고립 능(isolated ridge) 위의 정상류에 대해, 그룹 속도 벡터가 위로 향하여 에너지가 능의 풍상 측 또는 풍하 측으로 전파할 수 없음을 보여라.

9.4 920 hPa에 위치한 온도 20℃의 공기 덩이가 포화되었다(혼합비 16 gkg^{-1}). 이 공기 덩이의 θ_e를 계산하라.

9.5 흡입하는 적운 상승류에서 공기의 질량(m)이 고도에 따라 지수 함수적으로 증가한다고 가정하자. $m = m_0 e^{z/H}$ 여기서, m_0는 기준고도에서의 질량이고, $H = 8$ km이다. 2 km 고도에서 상승속도가 3 ms^{-1}이고 상승류에 순 부력이 없다고 가정하면, 8 km 고도에서의 상승속도는 얼마인가?

9.6 습윤 정적 에너지와 θ_e 사이의 근사 관계가 식 (2.71)과 같이 주어짐을 증명하라.

9.7 어떤 허리케인에서 방위속도 성분이, 중심으로부터의 거리 $r \geq r_0$에 대해, $v_\lambda = V_0 (r_0/r)^2$의 관계를 갖는 것으로 관측되었다. $V_0 = 50$ ms^{-1} 그리고 $r_0 = 50$ km로 두고, 경도풍 균형과 $f_0 = 5 \times 10^{-5}$ s^{-1}를 가정하여 $r \to \infty$와 $r = r_0$ 사이의 총지오퍼텐셜 차이를 구하라. 중심으로부터의 거리가 얼마일 때 전향력과 원심력이 같은가?

9.8 식 (9.61)로 주어지는 축대칭 소용돌이에 대해 각운동량 형식의 경도풍 균형을 유도하라. 식 (9.59)로부터 시작하라.

MATLAB 연습

M9.1 MATLAB 스크립트 **surface_front_1.m**은 주어진 변형 장에 의한 초기 온도경도의 밀집을 나타낸다. 온도 장이 초기에 y에 따라 선형적으로 감소한다고 두자. $T(y) = 300 - 10^{-2} y$, 여기서 y 단위는 km이다. 수평 바람 장은 유선함수 $\psi(x, y) = -15k^{-1}\sin(kx)\sin(my)$로 주어지고, 여기서, $k = 2\pi/3 \times 10^6$이며 $m = \pi/3 \times 10^6$이다. 변형(deformation)을 $\partial u/\partial x - \partial v/\partial y$라고 정의할 때, 이 유선함수에 대한 변형 장을 계산하고 그려라. 모형을 실행하고 온도경도가 증가하는 곳을 관찰하라. 최대 온도경도를 시간의 함수로서 그리도록 코드를 수정하라. 온도경도가 근사적으로 지수적 증가를 보이는 것은 얼마 동안인가? 원점에서의 온도경도 증가에 대한 e-감쇠시간은 얼마인가?

M9.2 MATLAB 스크립트 **profile_1.m**과 함수 **Tmoist.m**은 **sounding.dat** 파일의 기압, 온도, 습도 자료를 이용하여, 온도와 이슬점의 연직분포 그리고 최하층에서부터 상승한 공기입자가 상승 응결 고도로부터 위단열적 상승할 경우 갖게 될 온도의 연직분포를 계산하고 도표로 보이기 위한 것이다. 이 스크립트를 온위, 상당온위, 포화 온위의 연직구조를 그리도록 수정하라.

〈힌트〉 포화 시의 온도는 포화 수증기압 항에 역을 취해줌으로써 계산할 수 있다. 포화 수증기압은 (D.4)를 적분함으로써 얻을 수 있다.

$$e_s = e_{s,tr}\exp\left[\frac{L_v}{R_v}\left(\frac{1}{T_{tr}} - \frac{1}{T}\right)\right]$$

여기서, $e_{s,tr}$은 6.11 hPa, T_{tr} 은 273.16 K, 그리고 L_v는 $2.5 \times 10^6\,\mathrm{Jkg^{-1}}$으로서 각각 삼중점에서의 포화 수증기압, 삼중점의 온도, 증발 잠열이다.

M9.3 M9.2의 열역학적 연직구조(sounding)에 대해, CAPE와 흡입(entrainment) 없이 최하층에서부터 상승하는 공기입자의 연직 속도 분포를 계산하라. 최대 상승 속도는 얼마이며, 공기입자가 중립 부력 고도를 넘어가게 되는 거리가 얼마인가?

M9.4 MATLAB 스크립트 lee_wave_1.m은 N과 평균 동서흐름이 변함없을 경우에 대해 고립된 능(isolated ridge) 위에서의 흐름에 대한 해를 구하기 위해서 푸리에 급수 방법을 사용한다. $\bar{u} = 50\,\mathrm{ms^{-1}}$일 때 능의 폭을 다양하게 변화시키며 스크립트를 실행시켜보고, 유의적으로 연직전파를 일으키는 능의 폭은 얼마나 되는지를 결정하라(즉, 고도에 따라 연직 속도의 위상선이 기울어지기 시작하는 능의 폭은 얼마인가?).

M9.5 스크립트 lee_wave_2.m은 넓은 능의 한계(wide ridge limit)에 있는 산 위의 흐름에 대한 근사적 해석해를 그린다. 산의 높이는 다음과 같이 주어진다.

$$h(x) = h_0 L^2 / (L^2 + x^2)$$

여기서, L은 능의 폭 규모이고 h_0는 능의 높이이다. 능의 높이를 2 km로 정하고, 동서방향의 평균 바람 장을 변화시키며 얻어지는 해의 동서 평균 바람 장에 대한 의존성을 논하라(연직규모는 본문 그림 9.7에서 본 바와 같이 연직파장에서 주어짐을 명심하라). 산악의 높이를 변화시킬 수 있도록 스크립트를 수정하고 파의 깨짐(wave breaking)이 일어나기 위해서 산의 높이에 대한 연직파장의 비율은 얼마여야 하는지 결정하라[파의 깨짐 현상의 징후는 유선(streamline)이 연직될 때 나타난다].

M9.6 6 km 고도 부근에서 고도 증가에 따라 정지 안정도가 급격하게 감소하는 경우에 대해, 정현파 모양의 하부 경계면 위의 흐름에 의해 강제되는 정상상태의 중력파를 고려하자. 따라서, 부력 진동수는 고도에 의존하고, (9.32)로 부어지는 단순 해석 해는 더 이상 성립되지 않는다. 스크립트 linear _grav_wave_1.m은 이 상황에 대해 매우 정확한 수치 해를 제공한다.

(a) 동서 파장(zonal wavelength)이 10 ~ 100 km 범위에서 변할 때, 파행태의 정성적 변화를 기술하라.

(b) 영역의 상부(6 km 고도 위)에서 파의 연직 전파가 나타날 수 있는 최소 동서 파장을 최대한 정확하게 구하라.

(c) 동서 파장이 20 km로부터 100 km까지 증가할 때, 6 km 고도에서의 운동량 속과 운동량속 수렴의 진폭이 어떻게 달라지는지 결정하라. 여리 파장에 대해 구하고,

운동량 속과 동서 힘(zonal force)의 크기가 갖는 정현파 지형 파장에 대한 의존도를 볼 수 있도록 그려보라.

DYNAMIC METEOROLOGY

제10장

대기 대순환

넓은 의미에서 대기 대순환(general circulation)은 전구 대기유체의 총체적 운동이다. 구체적으로 대순환 연구란 바람, 온도, 습도, 강수 그리고 다른 기상인자들을 시간으로 평균한 기후역학에 관한 것이다. 대기 대순환은 종관 날씨계와 관련한 변동들을 제거하기에 충분히 긴 기간에 대해서 그러나 월별 또한 계절변동과 같은 변동을 포함하기에는 충분히 짧은 기간에 대해서 시간평균한 흐름에 관한 것이다.

대순환에 관한 과거의 관측적, 이론적 연구는 주로 동서방향으로 평균된 흐름의 역학에 관한 것에 국한되었다. 그러나 시간적으로 평균된 순환은 지형의 영향과 지면-해양 간의 열적 차이로 인한 경도적으로 비대칭적인 강제 때문에 경도를 따라 크게 변한다. 경도적으로 변하는 대순환 성분은 시간에 대해 거의 변동이 없는 **준정지**(quasi-stationary) 순환과 계절적으로 바뀌는 **몬순 순환**(monsoonal circulations) 그리고 계절안 및 경년변화 등과 같은 **저주파 변동**(low-frequency variability) 등으로 구별된다. 대순환의 물리적 특성을 이해하기 위해서는 동서 평균순환은 물론이고 경도와 시간에 따라 변화하는 모든 성분을 고려하여야 한다.

그럼에도 불구하고 대기 대순환의 논의를 시작하기 위해 동서 평균류를 유지시키는 여러 가지 과정들을 분리해내는 것은 유용하다. 이를 위해서는 흐름을 동서 평균성분과 그로부터의 에디 성분으로 구분하는 이전 장에서 배운 선형 파동이론을 따른다. 그러나 이 장에서는 에디 운동의 발달보다는 동서 평균순환의 구조에 대한 에디의 영향만을 다루기로 한다. 동서 평균류에 초점을 둠으로써 대륙에 의한 영향을 받지 않는 순환을 추출해낼 수 있으며 이에 따라 열적으로 유도된 모든 회전유체에 대해 공통적으로 적용되는 순환을 다루게 된다. 특히 동서 평균류의 각운동량과 에너지 수지에 관해서 논할 것이다. 또한 평균 남북면 순환(즉, 동서 평균된 연직-남북 속도 성분의 순환)이 6.5절에서의 연직 운동 방정식과 유사한 진단방정식을 만족하지만 그 순환은 비단열적 가열과 에디, 열속과 운동량속의 분포에 의한 강제력에 의해 이루어지는 순환이라는 것을 보이게 된다.

동서 평균순환을 다룬 후, 경도적으로 변하는 시간평균 순환을 고려한다. 이 장에서는 중위도 지역에서의 순환에 중점을 둘 것이며, 준지균 이론의 틀 안에서 논의될 것이다. 적도지역에서의 대기 대순환은 제11장에서 다룰 것이다.

10.1 문제의 본질

대기 대순환의 본성에 대한 이론적 연구는 아주 긴 역사를 가지고 있다. 이 분야에 대한 초기 연구 중 가장 중요한 연구는 18세기 영국인 George Hadley에 의한 것이다. Hadley가 무역풍 순환의 원인을 연구하던 중 무역풍 순환이 적도와 극 지역의 태양 가열의 차이에 의한 열적 대류임을 알았다. 그는 대기 대순환이 적도 지역에서 가열된 공기가 상승하여 극향하고 이것이 냉각되어 침강해서 다시 극에서 적도로 순환하는 동서적으로 대칭적인 대류임을 가시적으로 보여주었다. 동시에 전향력은 극으로 향하는 공기를 상층에서는 동쪽으로 편향하고 적도로 향하는 지표면에서는 서쪽으로 편향시키는 역할을 한다고 했다. 물론 후자는 북반구(남반구) 무역풍 지역에서의 북동풍(남동풍)의 지표면 바람과 일치한다. 이와 같은 순환을 지금은 해들리 순환 또는 해들리 세포라 한다.

물리적 법칙을 벗어나지 않는다는 관점에서는 각 반구의 적도로부터 극에 걸친 해들리 세포 순환이 수학적으로는 가능하나 실제 관측된 해들리 순환은 적도 지역에 국한되어 있다. 지구대기에 존재하는 조건들에 대해서 전구적으로 대칭적인 해들리 순환은 경압적으로 불안정할 것이라는 수많은 연구들이 있다. 만약 그와 같은 순환이 어떠한 기구에 의해서든 형성된다면 적도 이외의 지역에서는 경압성 에디들이 발달하고 에디들이 열과 운동량속을 방출하여 동서 평균순환을 변화시킴으로써 그러한 순환을 재빨리 흐트러뜨린다.

그러므로 관측된 대기 대순환은 동서 대칭 과정만으로는 이해될 수 없다. 그보다는 복사와 역학적 과정들의 3차원적인 상호작용에 의해 발달되는 것으로 정성적으로 이해될 수가 있다. 평균적으로 대기와 지표가 흡수하는 순 태양 에너지와 지구로부터 방출되는 지구 장파복사 에너지는 균형을 이룬다. 그러나 연평균적으로 태양 에너지는 적도에서 최대이며, 극에서는 최저로 위도에 따라 차이가 있는 반면에, 방출되는 장파복사는 위도에 따라 차이가 크지 않다. 따라서 전체적으로 적도에서는 에너지의 과잉이, 극 지역에서는 부족이 나타난다.

이런 가열의 차이로 인해 상대적으로 적도 지역이 극 지역에 비해서 따뜻하게 되고 이에 따라 적도와 극 간의 온도경도가 형성된다. 그러므로 동서 평균 유효 위치 에너지가 증가하게 된다. 그러나 어느 시점에 이르면 (극과 적도 간에 존재하는 온도경도와 지균균형을 이루며 발달하는) 편서풍의 온도풍이 경압적으로 불안정해진다. 제8장에서 보인 것과 같이 경압파는 열을 극향 수송하는데, 이 파는 열수송(행성파와 해류에 의한 열수송을 포함하여)을 통하여 극 지역의 부족한 복사 에너지가 균형을 이룰 때까지 강화되어 남북 온도의 경도차를 완화시킨다. 동시에 이런 섭동은 위치 에너지를 운동 에너지로 전환시키는 데 이것이 대기마찰에 의한 소산효과에 대응하여 운동 에너지를 유지시킨다.

열역학적인 관점에서 대기는 높은 온도의 적도 지역에서 순 에너지를 흡수(주로 해면으로부터 증발에 의한 숨은 열의 형태로)하고 낮은 온도의 중위도에서 에너지를 방출하는 열기관이라 볼 수 있다. 이러한 방법으로 순 복사 에너지는 유효 위치 에너지를 생성하고 운동 에너지로 일부 전환되어 마찰소산에 대항하여 순환을 유지시킨다. 또한, 흡수되는 태양 에너지의 일부만이 운동 에너지로 전환되므로, 공학적 관점에서 대기는 다소 비효율적인 열기관이다. 그러나 만약 대기운동을 작동시키는 많은 제약들을 고려한다면, 실제로 대기는 역학적으로 가능한 만큼의 운동 에너지를 효율적으로 생산한다.

앞에서 보았듯이 경압 불안정이 준지균계 틀 안에 있기 때문에 위의 정성적인 토의는 적도 이외 지역에서의 대순환의 총체적인 모습이 준지균 이론을 바탕으로 이해할 수 있다는 것을 뜻한다. 이러한 사실과 가능한 한 방정식을 간단히 하기 위하여, 중위도 β평면의 준지균 방정식이 정성적으로 표현되는 적도 이외 지역에서의 동서방향 평균성분과 경도적으로 변화하는 성분에 대한 논의에 국한할 것이다.

준지균 모형은 운동의 규모와 관련된 많은 준지균 가정들이 가능한 형태의 해를 제한하기 때문에 대순환의 완전한 이론을 제시할 수 없으므로, 대순환에 대한 정량적인 모델링은 구면좌표계에서의 원시 방정식을 기본으로 한 복잡한 수치 모형으로 구성되어야 한다. 이러한 모델링 노력의 궁극적인 목적은 대순환을 충실히 모사하여 외적 강제력을 가진 변수(예를 들어 대기 중 CO_2 농도)들의 변화에 따른 기후학적 변화를 정확히 예측하는 것이다. 현재 모형들은 상당히 정확하게 현세의 기후와 변화하는 외부 조건에 따른 기후계의 반응을 비교적 정확히 예측할 수 있다. 그러나 수많은 물리적 과정의 표현에 있어서의 불확실성, 특히 구름과 강수에 있어서의 불확실성은 이러한 모형에 근거한 정량적인 기후변화 예측의 신뢰성을 제한한다.

10.2 동서 평균순환

그림 6.1은 겨울철과 여름철의 경도적으로 평균된 관측 동서류의 전구분포이다. 양 반구 사이에 중요한 차이가 있기는 하지만 양반구에서 모두 위도 30° ~ 35° 부근의 대류권계면 근처에서 최대 풍속을 가지는 편서 제트류가 나타나는 것이 특징적이다. 이 편서풍은 특히 북반구에서 (그림 6.2 참조) 경도에 따라 다양하게 나타나나 동서로 대칭적인 성분이 두드러지는데, 이것을 **평균 동서풍**(mean zonal wind)이라 한다.

동서 평균류로부터의 일탈류에 대한 시간평균은 대기 대순환, 특히 북반구의 대순환 측면에서 중요하지만, 3차원적 시간평균된 순환을 고려하기 전에 동서 대칭성분에 대한 역학적 이해가 우선 되어야 한다. 이 절에서는 동서방향 대칭운동의 역학을 준지균 이론과 제7장에서 논의한 대수-기압 좌표계를 이용하여 풀어내고 축 대칭적 소용돌이와 관련한 남북순환이 경압파 내에서의 2차 발산순환과 역학적으로 유사함을 보인다.

대수-기압 좌표계에서 운동방정식, 정역학 방정식, 연속 방정식, 열역학 에너지 방정식은 아래와 같다.

$$Du/Dt - fv + \partial\Phi/\partial x = X \tag{10.1}$$

$$Dv/Dt + fu + \partial\Phi/\partial y = Y \tag{10.2}$$

$$\partial\Phi/\partial z = H^{-1}RT \tag{10.3}$$

$$\partial u/\partial x + \partial v/\partial y + \rho_0^{-1}\partial(\rho_0 w)/\partial z = 0 \tag{10.4}$$

$$DT/Dt + (\kappa T/H)w = J/c_p \tag{10.5}$$

여기서

$$\frac{D}{Dt} \equiv \frac{\partial}{\partial t} + u\frac{\partial}{\partial x} + v\frac{\partial}{\partial y} + w\frac{\partial}{\partial z}$$

그리고 X와 Y는 작은 규모 에디에 의한 항력의 동서 남북성분이다.

편의상 이 장과 다음 장에서는 대수-기압과 기하고도 좌표계를 구분하기 위해서 제7장에서 사용한 별표 표기를 제거했다. 따라서 이 장에서 z는 7.4.1소절에서 정의된 대수-기압 변수이다.

동서 평균순환의 분석은 경도적으로 평균된 흐름(주로 평균류라 하고 오버바로 표기)과 경도적으로 변동하는 요란(주로 에디라 하고 프라임으로 표기)의 상호작용에 관한 연구를 포함한다. 따라서 임의의 변수 A는 $A = \overline{A} + A'$로 나타낸다. 이와 같은 평균은 위도, 고도, 시간에 대하여 고정되어 있으므로 **오일러 평균**(eulerian mean)이다. 오일러 평균 방정식은 (10.1)~(10.5)의 방정식을 동서 평균을 취함으로 얻을 수 있다. 식 (10.4)를 이용하여 변수 A에 대한 총미분을 속 형태로 다음과 같이 전개할 수 있다.

$$\begin{aligned}\rho_0\frac{DA}{Dt} &= \rho_0\left(\frac{\partial}{\partial t} + \boldsymbol{V}\cdot\nabla + w\frac{\partial}{\partial z}\right)A + A\left[\nabla\cdot(\rho_0\boldsymbol{V}) + \frac{\partial}{\partial z}(\rho_0 w)\right] \\ &= \frac{\partial}{\partial t}(\rho_0 A) + \frac{\partial}{\partial x}(\rho_0 Au) + \frac{\partial}{\partial y}(\rho_0 Av) + \frac{\partial}{\partial z}(\rho_0 Aw) \end{aligned} \tag{10.6}$$

여기서, $\rho_0 = \rho_0(z)$이다.

동서 평균 연산자를 취하면 아래와 같다.

$$\rho_0\overline{\frac{DA}{Dt}} = \frac{\partial}{\partial t}(\rho_0\overline{A}) + \frac{\partial}{\partial y}\left[\rho_0(\overline{A}\,\overline{v} + \overline{A'v'})\right] + \frac{\partial}{\partial z}\left[\rho_0(\overline{A}\,\overline{w} + \overline{A'w'})\right] \tag{10.7}$$

여기서 동서 평균은 x성분에 독립적이므로 $\partial(\overline{\ \ })/\partial x = 0$이라는 것을 이용하였다. 또한 변수 a와 b의 곱의 평균은 아래와 같음을 이용하였다.

$$\overline{ab} = \overline{(\overline{a} + a')(\overline{b} + b')} = \overline{\overline{a}\,\overline{b}} + \overline{\overline{a}b'} + \overline{a'\overline{b}} + \overline{a'b'} = \overline{a}\,\overline{b} + \overline{a'b'}$$

즉, $\overline{a}$와 $\overline{b}$는 x에 독립적이고 $\overline{a'} = \overline{b'} = 0$이며 $\overline{\overline{a}b'} = \overline{a}\,\overline{b'} = 0$이라는 사실을 이용하였다.

식 (10.7)의 오른쪽에 있는 $(\overline{v}, \overline{w})$를 포함하는 항들은 식 (10.4)를 동서 평균하여 이류형태로 다시 쓸 수 있다.

$$\partial\overline{v}/\partial y + \rho_0^{-1}\partial(\rho_0\overline{w})/\partial z = 0 \tag{10.8}$$

식 (10.7)의 오른쪽의 평균항에 미분 연쇄법을 적용한 후 식 (10.8)을 대입하면 식 (10.7)은 다음과 같이 다시 쓸 수 있다.

$$\rho_0\overline{\frac{DA}{Dt}} = \rho_0\frac{\overline{D}}{Dt}(\overline{A}) + \frac{\partial}{\partial y}\left[\rho_0(\overline{A'v'})\right] + \frac{\partial}{\partial z}\left[\rho_0(\overline{A'w'})\right] \tag{10.9}$$

여기서

$$\frac{\overline{D}}{Dt} \equiv \frac{\partial}{\partial t} + \overline{v}\frac{\partial}{\partial y} + \overline{w}\frac{\partial}{\partial z} \tag{10.10}$$

식 (10.10)은 평균 남북 운동($\overline{v}$, $\overline{w}$)에 따른 변화율이다.

10.2.1 상례적인 오일러 평균

식 (10.1)과 식 (10.5)에 식 (10.9)의 평균법을 적용하면 중위도 β평면에서 준지균 운동에 대한 동서 평균 동서 운동방정식과 열역학 에너지 방정식을 얻을 수 있다.

$$\partial\overline{u}/\partial t - f_0\overline{v} = -\partial(\overline{u'v'})/\partial y + \overline{X} \tag{10.11}$$

$$\partial\overline{T}/\partial t + N^2HR^{-1}\overline{w} = -\partial(\overline{v'T'})/\partial y + \overline{J}/c_p \tag{10.12}$$

여기서, N은 부력진동수이고 아래와 같이 정의된다.

$$N^2 \equiv \frac{R}{H}\left(\frac{\kappa T_0}{H} + \frac{dT_0}{dz}\right)$$

준지균 규모화와 일치하도록 식 (10.11)과 식 (10.12)에서 비지균 평균 남북순환에 의한 이류와 연직 에디속 발산은 무시했다. 준지균 규모에서 이 두 항은 나머지 항들에 비해 아주 작다는 것을 쉽게 보여줄 수 있다(문제 10.4). 분해할 수 없는 에디에 의해 생긴 응력은 경계층뿐 아니라 상층 대류권과 하층 성층권에서도 중요하기 때문에 동서 평균한 난류 항력을 식 (10.11)에 포함시킨다.

동서 평균된 남북 운동방정식도 위와 유사한 규모화에 의해 지균균형으로 정확하게 근사된다.

$$f_0\overline{u} = -\partial\overline{\Phi}/\partial y$$

위 식은 정역학 관계 식 (10.3)과 합쳐져 온도풍 관계식을 이끈다.

$$f_0\partial\overline{u}/\partial z + RH^{-1}\partial\overline{T}/\partial y = 0 \tag{10.13}$$

동서 평균 바람과 온위의 분포 사이의 관계는 비지균 평균 남북순환($\overline{v}$, $\overline{w}$)에 대한 강한 구속력을 부과한다. 평균 남북순환이 없는 경우 식 (10.11)의 에디 운동량속 발산과 식 (10.12)의 에디 열속 발산은 평균 동서풍과 온도 장을 각각 변화시켜 온도풍 균형을 파괴하려 할 것이다. 그러나 지균균형으로부터의 평균 동서바람의 작은 일탈에 의한 기압 경도력은 평균 남북순환을 유도하는데, 이 순환은 식 (10.13)이 만족되도록 평균 동서바람과 온도 장을 조정시킨다. 많은 경우에 있어서 이와 같은 보상은 에디 열속과 운동량속이 크더라도 평균 동서류가 변하지 않도록 한다. 평균 남북순환은 동서 평균순환에 있어서 종관규모 준지균계에서 2차 발산순환과 같은 역할을 한다. 사실, 정상 평균류 상태일 경우, $(\overline{v}, \overline{w})$ 순환은 식 (10.11)과 (10.12)에서의 균형이 다음과 같도록 비단열 가열과 에디 강제와 균형을 이루어야 한다.

- 코리올리 힘 $(f_0\overline{v})$≈에디 운동량 속의 발산
- 단열 냉각≈비단열 가열과 에디 열속의 수렴의 합

관측에 의하면 적도 이외 지역에서 이러한 균형은 경계층 위에서 근사적으로 성립된다. 그러므로 동서 평균류의 변화는 강제항과 평균 남북순환 간의 약간의 불균형으로부터 발생한다.

오일러 평균 남북순환은 6.4절의 오메가 방정식과 유사한 방정식의 강제항으로 결정된다. 이 방정식을 유도하기 전에 평균 남북질량 순환이 남북 평면에서 비발산임을 살피는 것이 유용하다. 따라서 연속 방정식 (10.8)을 만족하는 남북 질량수송 유선함수를 다음과 같이 표현할 수 있다.

$$\rho_0\overline{v} = -\frac{\partial\overline{\chi}}{\partial z}, \qquad \rho_0\overline{w} = \frac{\partial\overline{\chi}}{\partial y} \tag{10.14}$$

그림 10.1은 평균 남북순환의 방향과 $\overline{\chi}$의 부호와의 관계를 도식적으로 나타낸다.

$\overline{\chi}$의 진단 방정식은 먼저 아래와 같이 유도된다.

$$f_0\frac{\partial}{\partial z}(10.11)+\frac{R}{H}\frac{\partial}{\partial y}(10.12)$$

그리고 식 (10.13)을 이용하여 시간 미분을 제거하고 $\overline{\chi}$로 평균 남북순환을 표현하기 위해서 식 (10.14)를 사용한다. 따라서 타원 방정식(elliptic equation)이 다음과 같은 형태를 갖는다.

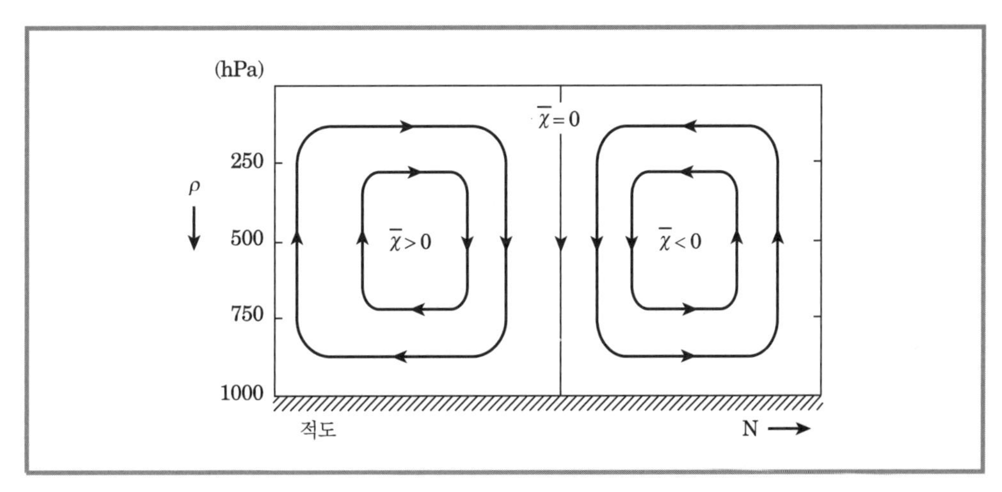

그림 10.1 연직 및 남북 운동에 대한 오일러 평균한 남북 유선함수의 관계

$$\frac{\partial^2 \overline{\chi}}{\partial y^2} + \frac{f_0^2}{N^2}\rho_0 \frac{\partial}{\partial z}\left(\frac{1}{\rho_0}\frac{\partial \overline{\chi}}{\partial z}\right) = \frac{\rho_0}{N^2}\left[\frac{\partial}{\partial y}\left(\frac{\kappa \overline{J}}{H} - \frac{R}{H}\frac{\partial}{\partial y}(\overline{v'T'})\right)\right.$$
$$\left. - f_0\left(\frac{\partial^2}{\partial z \partial y}(\overline{u'v'}) - \frac{\partial \overline{\chi}}{\partial z}\right)\right] \tag{10.15}$$

식 (10.15)는 평균 남북순환을 정성적으로 진단하는 데 사용된다. $\overline{\chi}$는 경계에서 없기 때문에 y와 z에 대해 이중 푸리에 시리즈(double Fourier series)로 표현될 수 있다. 따라서 식 (10.15)의 왼쪽 편의 타원 연산자(elliptic operator)는 근사적으로 $-\overline{\chi}$에 비례하고 식 (10.15)는 아래와 같이 정성적으로 표현된다.

$$\overline{\chi} \propto -\frac{\partial}{\partial y}(\text{비단열적 가열}) + \frac{\partial^2}{\partial y^2}(\text{대규모 에디 열속})$$
$$+ \frac{\partial^2}{\partial y \partial z}(\text{대규모 에디 운동량속}) + \frac{\partial}{\partial z}(\text{동서 항력})$$

북반구에서 y가 증가함에 따라 비단열 가열이 감소하므로, 오른쪽의 첫 번째 항은 양의 값을 가지고 $\overline{\chi} > 0$인 평균 남북순환 세포를 만든다. 이러한 순환에서는 따뜻한 공기가 상승하고 차가운 공기가 하강하기 때문에 **열적 직접**(thermally direct) 세포라 한다. 이러한 과정은 그림 10.2에서 보여주듯이 적도 지역의 해들리 순환을 설명한다. 에디의 영향이 없는 이상적인 해들리 세포의 경우 불균등 비단열적 가열은 적도 지역의 단열적 냉각과 고위도 지역의 단열적 가열에 의해서만 균형을 이룬다.

북반구 중위도 지역에서는 일시 종관규모 에디들과 정체 행성파에 의한 에디의 열속의 극향은 열을 고위도로 전달하는데, 그림 10.3에서 보인 것처럼 위도 50° 부근 하층 대류권에서 최대 열속 $\overline{v'T'}$을 만든다. $\overline{\chi}$가 $\overline{v'T'}$의 2차 미분에 비례하므로(즉, $\overline{v'T'} > 0$인 곳에서 음의

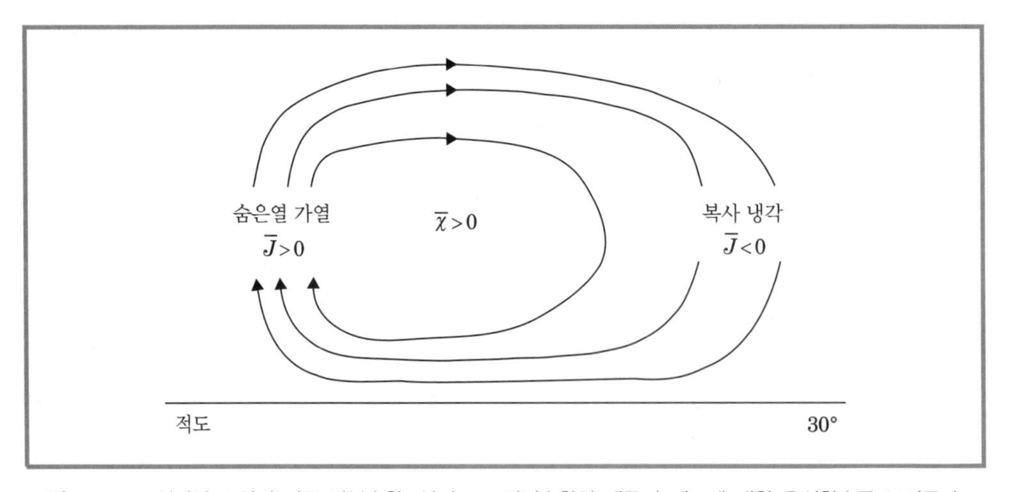

그림 10.2 도식적인 오일러 평균 남북순환. 열적으로 직접순환인 해들리 세포에 대한 유선함수를 보여준다.

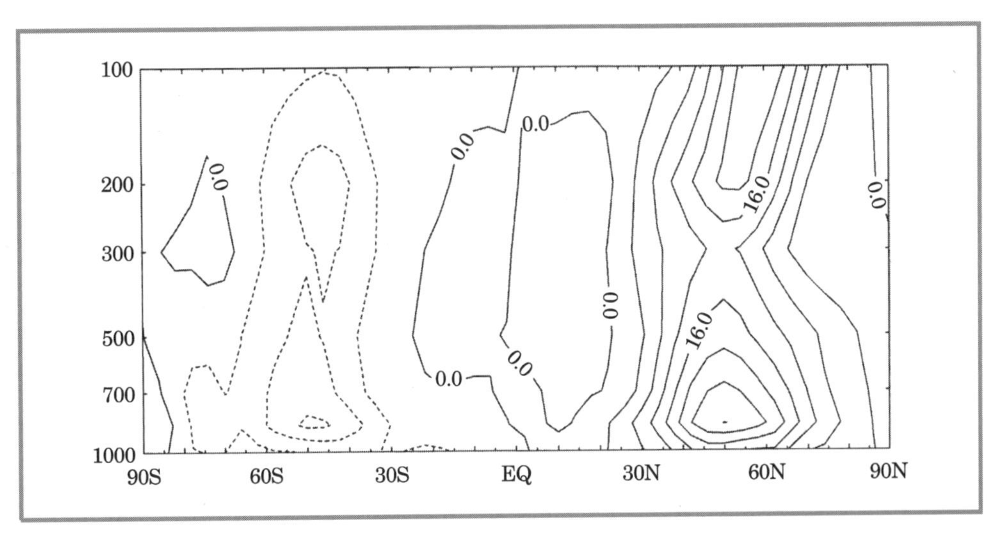

그림 10.3 북반구에서 북향하는 에디 열속의 관측된 분포(℃ms^{-1})(Schubert et al., 1990)

값을 가짐) 열속 강제항은 중위도 하층 대류권에 중심을 둔 $\overline{\chi} < 0$인 평균 남북순환 세포를 만든다. 따라서 에디 열속이 간접 남북순환을 유도한다.

이러한 간접 남북순환의 존재는 지균균형과 정역학 균형을 유지하기 위해 필요하다. $\overline{v'T'}$가 최대인 위도의 북쪽에서는 에디 열속의 수렴이 있고 적도 쪽에서는 발산이 있으므로, 에디 열수송은 극-적도 간의 평균 온도경도를 감소시킨다. 만약에 평균 동서류가 지균을 유지하려면 온도풍 또한 감소해야만 한다. 에디 운동량 수송이 없는 경우 온도풍의 감소는 그림 10.4에서 보는 것과 같이 평균 남북순환에 의한 코리올리 토크에 의해서만 가능하다. 동시에, 연속성에 의하여 유도된 평균 연직 운동이 에디 열속의 발산 지역에서의 단열 가열과 수렴지역에서의

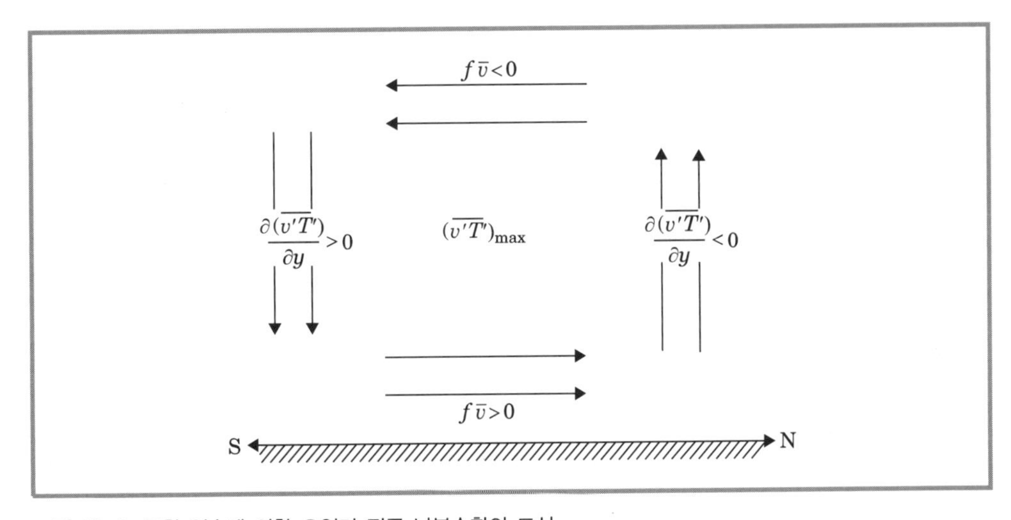

그림 10.4 극향 열속에 의한 오일러 평균 남북순환의 도식

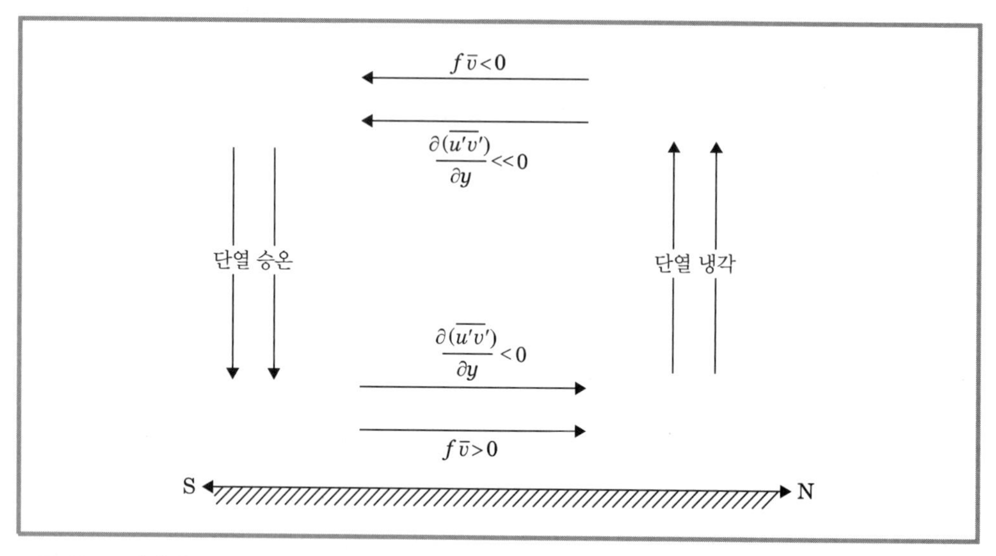

그림 10.5 에디 운동량속 수렴의 연직경도에 의해 강제된 도식적인 오일러 평균 남북순환

단열 냉각을 유도함으로써 에디 열속과 관련된 온도 경향에 반대로 작용하는 것은 놀랄 만한 것이 아니다.

식 (10.15)의 마지막 강제항은 수평 에디 운동량속 수렴의 연직경도에 비례한다. 그러나 이것은 아래와 같이 쓰일 수 있다(문제 10.5).

$$-\frac{\partial^2}{\partial z \partial y}(\overline{u'v'}) = +\frac{\partial}{\partial z}(\overline{v'\zeta'})$$

따라서 이 항은 남북성분 소용돌이도 속의 연직 도함수에 비례한다. 물리적으로 이 에디 강제를 물리적으로 이해하기 위해서, 그림 10.5에 나타낸 것과 같이 운동량속 수렴(또는 소용돌이도 속)이 양이고 높이에 따라 증가한다고 가정하자. 실제로 제트류의 중심의 극쪽 북반구 대류권에서 이는 사실인데 그림 10.6에서도 볼 수 있듯이 $\overline{u'v'}$가 극향하며 대류권 위도 30°(평균 제트류 중심)의 대류권계면 부근에서 최대로 나타나기 때문이다. 중위도 대류권에서 운동량속이 $\partial^2\overline{u'v'}/\partial y\partial z < 0$와 같으므로 $\overline{\chi} < 0$인 평균 남북순환이 다시 유도된다. 식 (10.11)로부터 유도된 간접 남북순환의 코리올리 토크는 운동량속 수렴에 의한 가속과 균형을 이루는데, 그렇지 않았더라면 그 수렴은 평균 동서류의 연직 시어를 증가시켜 온도풍 균형을 파괴시켰을 것이다.

따라서 에디 열속과 운동량속의 분포는 양반구의 위도 45° 부근의 극 쪽에서는 상승운동을 적도 쪽에서는 하강운동을 하는 평균 남북세포를 유도한다. 이러한 에디 강제는 중위도 지역에서는 직접 비단열 가열에 의한 강제 효과보다 더 강하여 관측에서 보는 것과 같은 열적 간접순환인 **페렐 세포**(Ferrel cell)를 유도한다.

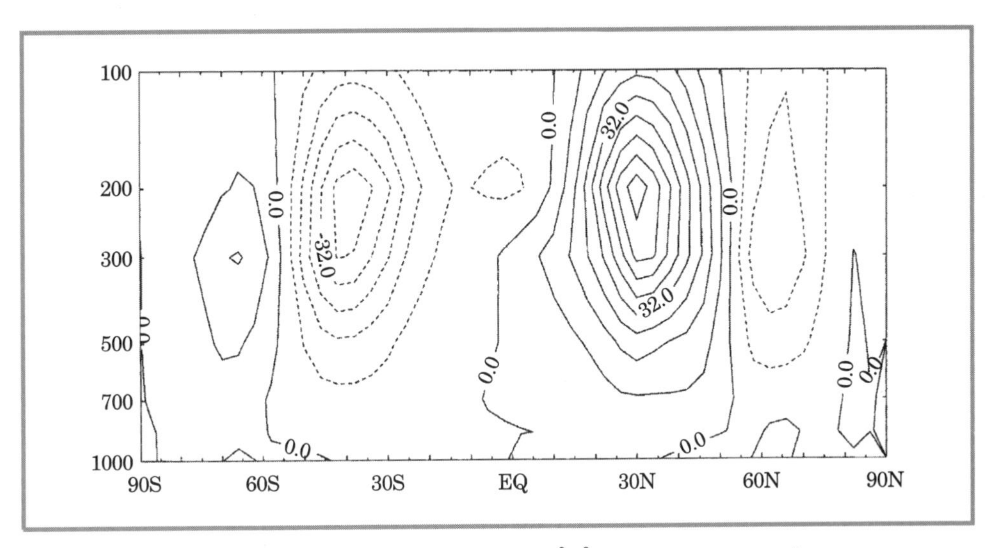

그림 10.6 북반구 겨울에 관측된 북향 에디 운동량속 분포(m^2s^{-2})(Schubert et al., 1990).

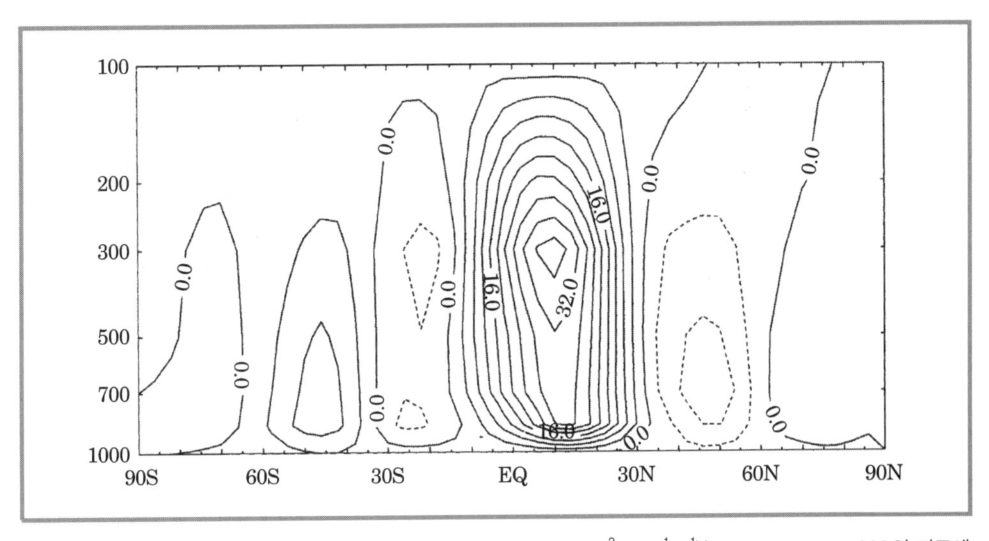

그림 10.7 북반구 겨울에 관측된 오일러 평균 남북순환의 유선함수(10^2 kgm^{-1} s^{-1})(Schubert et al., 1990의 자료에 근거함)

결과적으로 관측된 기후학적 오일러 평균 남북순환이 그림 10.7에 있다. 기본적으로 순환은 비단열적 가열에 의한 적도 해들리 세포와 에디에 의한 중위도 페렐 세포로 구성된다. 또한 고위도 극 지역에서는 약한 열적 직접순환 세포가 있다. 남북순환은 여름철보다 겨울철에, 특히 북반구에서 더욱 강하게 나타나는데, 이것은 식 (10.15)의 비단열적 강제항과 에디속 강제항들이 강한 계절변동을 하고 있음을 의미한다.

페렐 세포를 이해하는 것은 수수께끼와 같은데 이는 개개의 경압성 에디에 의해서 발생한

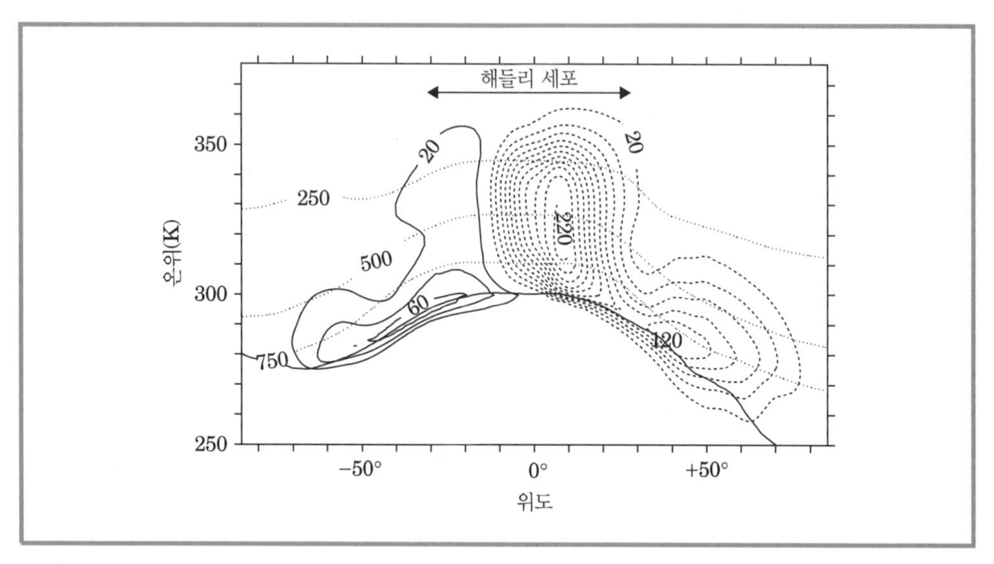

그림 10.8 1980~2001년의 ERA-40 재분석자료로부터 구해진 등온위 질량속 유선함수의 1월 동서평균 분포. 유선함수 간격은 $20\times10^9\ \mathrm{kgs^{-1}}$이며 음의 값을 중심으로 시계방향으로 회전하는 순환을 의미한다. 점선은 등압면을 의미하며 아래 실선은 지상온위의 중간값이다(Schneider, 2006. 연례 리뷰의 허가를 받아 사용함).

연직순환은 더운공기가 상승하고 찬공기가 하강하는 열적으로는 직접순환이기 때문이다. 그러나 이러한 순환을 오일러 동서평균을 해서 살펴보면 남북순환은 열적으로 간접순환이 된다. 이러한 수수께끼는 등온위좌표계(그림 10.8)로 남북순환을 살펴보면 풀리게 되는데, 이 남북순환은 해들리 세포와 고위도에서의 열적 직접순환이 있음을 나타낸다. 이는 페렐 세포가 오일러 평균과정에서 나타난 가공적 결과이며 엔트로피의 에디속이 평균 순환의 속에 비해서 크다는 것을 의미한다.

적도와 중위도 순환세포에 대한 상층 대류권에서의 동서 운동량 균형은 평균 남북 표류(drift)에 의한 전향력과 에디 운동량속 수렴 간의 균형에 의해 유지된다. 적도 지역에서의 비단열적 가열과 고위도 지역에서의 에디 열속 수렴과 균형을 이루는 상승운동(단열 냉각)과 아열대 지역에서의 에디 열속 발산에 균형을 이루는 하강운동(단열 가열)에 의하여 열균형은 유지된다.

평균 운동량 방정식과 열역학 방정식의 에디속 항의 존재와 평균류와 에디 과정 간의 상쇄로 인하여, 상례적인 오일러 평균으로부터 평균류의 순 에디 강제력을 진단하는 것은 다소 비효율적이다. 수명이 긴 추적물에 대한 오일러 평균 연속 방정식에서도 유사하게 평균류와 에디가 서로 상쇄됨을 볼 수 있다. 따라서 이러한 방정식으로 추적물의 수송을 계산하는 것 또한 비효율적이다. 유사한 에디와 평균류 보상이 장수하는 추적자에 대한 오일러 연속 방정식에 나타나므로 이 방정식으로 추적자 이동을 계산하는 것도 비효율적이라는 것을 보여줄 수 있다.

10.2.2 변형된 오일러 평균

에디 강제를 더 분명하게 진단하고 남북 평면에서의 수송 과정을 보다 직접적으로 분석하기 위한 동서 평균 순환분석의 또 다른 방법으로 Andrews와 Mcintyre(1976)에 의해 소개된 **변형된 오일러 평균**(TEM) 방법이 있다. 이와 같은 변환은 식 (10.12)에서 에디 열속 수렴과 단열적 냉각이 상호 크게 상쇄되는 반면에 비단열적 가열항이 작다는 점을 고려한다. 평균적으로 공기덩이는 온위가 비단열 가열에 의해 증가하기만 한다면 보다 높은 평형 고도로 상승하므로 평균 연직순환과 평균 남북질량류를 결정하는 것은 비단열 과정과 관련된 나머지 **남북순환**이다.

TEM 방정식은 식 (10.11)과 식 (10.12)로부터 나머지 순환($\bar{v}^*$, $\bar{w}^*$)을 다음과 같이 정의함으로써 얻을 수 있다.

$$\bar{v}^* = \bar{v} - \rho_0^{-1} R H^{-1} \partial\left(\rho_0 \overline{v' T'} / N^2\right) / \partial z \tag{10.16a}$$

$$\bar{w}^* = \bar{w} + R H^{-1} \partial\left(\overline{v' T'} / N^2\right) / \partial y \tag{10.16b}$$

위와 같이 정의한 나머지 연직 속도는 단열적 온도변화에 기여하는 평균 연직 속도의 일부가 에디 열속 발산에 의해 상쇄되지 않는다는 것을 분명히 나타낸다.

($\bar{v}$, $\bar{w}$)를 제거하기 위해서 식 (10.11)과 식 (10.12)에 식 (10.16a)을 대입하여 TEM 방정식을 얻을 수가 있다.

$$\partial \bar{u} / \partial t - f_0 \bar{v}^* = +\rho_0^{-1} \nabla \cdot \boldsymbol{F} + \bar{X} \equiv \bar{G} \tag{10.17}$$

$$\partial \bar{T} / \partial t + N^2 H R^{-1} \bar{w}^* = \bar{J} / c_p \tag{10.18}$$

$$\partial \bar{v}^* / \partial y + \rho_0^{-1} \partial\left(\rho_0 \bar{w}^*\right) / \partial z = 0 \tag{10.19}$$

여기서, $\boldsymbol{F} \equiv \boldsymbol{j} F_y + \boldsymbol{k} F_z$, EP속(Eliassen-Palm flux)는 남북 평면(y, z)에서의 벡터인데, 대규모 준지균 에디의 경우에 다음의 성분을 갖는다.

$$F_y = -\rho_0 \overline{u' v'}, \qquad F_z = \rho_0 f_0 R \overline{v' T'} / (N^2 H) \tag{10.20}$$

그리고 $\bar{G}$ 는 대 · 소규모 에디에 의한 총동서방향 강제력을 뜻한다.

TEM 방정식은 에디 열속과 운동량속이 동서 평균순환의 변화를 유도하기 위해서 각각 작용하는 것이 아니라 단지 EP속의 발산에 따라 주어진 조합으로 작용함을 보여준다. 그러므로 에디의 근본적인 역할은 동서방향 힘을 발하도록 하는 것이다. 이 동서 평균류의 에디 강제는 $\boldsymbol{F}$ 장(field)에서 그리고 그 발산의 등치선을 그림으로써 쉽게 알 수 있다. 표준 상태 밀도에 의해 적절히 규모화되었을 때, 이들 등치선은 준지균 에디에 의해 작용되는 단위 질량당 동서 강제력을 의미한다. 그림 10.9는 북반구 겨울철 전구 평균 EP속 발산장을 보여준다. 대부분의 중위도 대류권에서 EP속이 수렴함으로써 에디들이 대기의 편동 동서력에 영향을 주는 것을

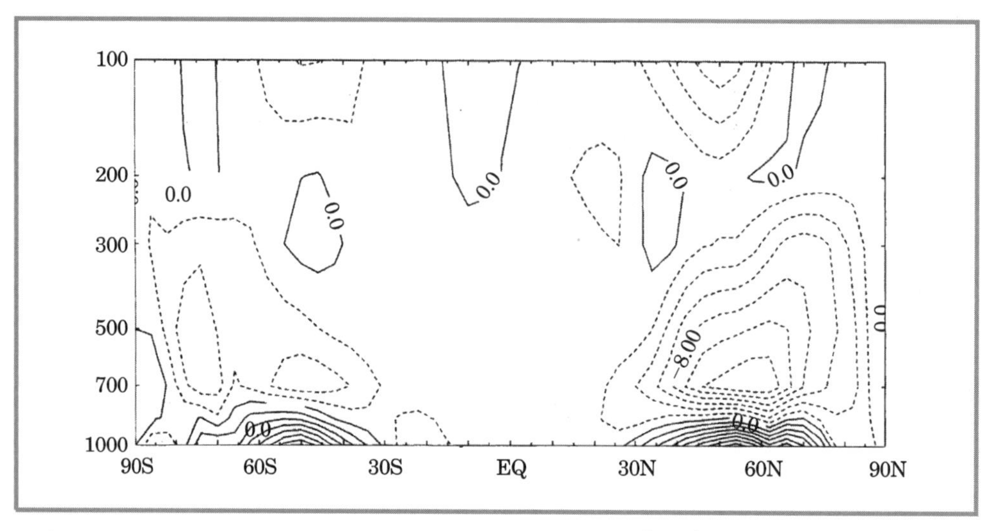

그림 10.9 북반구 겨울철의 표준밀도 ρ_0로 나뉘어진 EP속 분포(단위 : $\text{ms}^{-1}\ \text{day}^{-1}$)(Schubert et al., 1990의 자료에 근거함)

알 수 있다. 계절적 시간규모에 있어서 식 (10.17)의 EP속 발산에 의한 동서력은 나머지 평균 남북순환에 작용하는 코리올리 힘과 거의 균형을 이룬다. 이 균형에 대한 조건은 다음 절에서 논하게 된다.

나머지 평균 남북순환의 구조는 아래와 같은 나머지 유선함수를 정의함으로써 결정된다.

$$\overline{\chi}^* \equiv \overline{\chi} + \rho_0 \frac{R}{H}\frac{\overline{v'T'}}{N^2}$$

식 (10.14)와 식 (10.15)에 이것을 대입하면 다음과 같은 식을 얻는다.

$$\rho_0 \overline{v}^* = -\frac{\partial \overline{\chi}^*}{\partial z}, \qquad \rho_0 \overline{w}^* = \frac{\partial \overline{\chi}^*}{\partial y}$$

$$\frac{\partial^2 \overline{\chi}^*}{\partial y^2} + \rho_0 \frac{f_0^2}{N^2}\frac{\partial}{\partial z}\left(\frac{1}{\rho_0}\frac{\partial \overline{\chi}^*}{\partial z}\right) = \frac{\rho_0}{N^2}\left[\frac{\partial}{\partial y}\left(\frac{\kappa \overline{J}}{H}\right) + f_0 \frac{\partial \overline{G}}{\partial z}\right] \qquad (10.21)$$

일반적으로 북반구(남반구) 대류권에서 비단열속과 EP속의 식 (10.21) 오른쪽 생성항에 대한 기여는 여름반구에서보다는 겨울반구에서 크다. 북반구의 대류권에서 생성항들은 일반적으로 음의 값을 갖고 남반구에서는 일반적으로 양의 값을 갖는데, 이는 $\overline{\chi}^*$ 자체가 북반구에서는 양이고 남반구에서는 음이라서 잔여 남북순환이 각 반구에서 1개의 열적 직접순환을 갖는다는 것을 의미하고, 그림 10.10에서 보이는 것과 같이 특히 겨울반구에서 가장 강한 세포를 갖는다.

상례적인 오일러 평균과 달리, 시간평균된 조건에 대한 잔여 평균 연직 운동은 비단열적 가열률에 비례한다. 이것은 남북 평면에서의 비단열적 순환(diabatic circulation)을 근사적으로

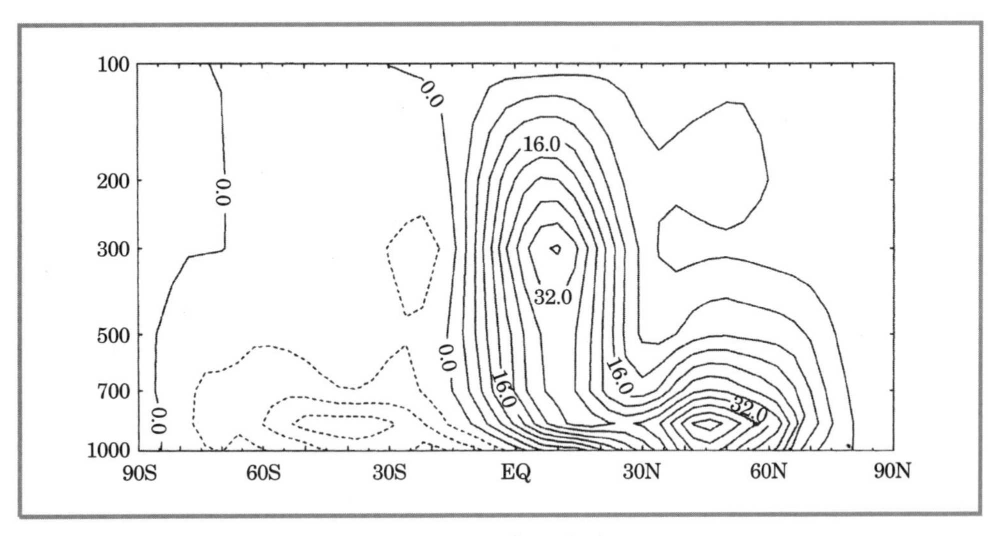

그림 10.10 북반구 겨울의 잔여 평균 남북 유선함수(10^2 kgm^{-1} s^{-1})(Schubert et al., 1990의 자료에 근거함)

나타낸다. 즉, 공기 덩이의 온위가 주위 공기 덩이에 조정되기 위해서 상승하는 공기 덩이가 비단열적으로 가열되고 하강하는 공기 덩이가 냉각되는 순환을 말한다. 그러므로 시간평균된 나머지 잔여 남북순환은 공기 덩이의 평균순환으로 근사되고, 이것은 상례적인 오일러 평균과 달리 추적물질들의 평균 이류수송에 대한 근사를 제공한다.

10.2.3 동서 평균 위치 소용돌이도 방정식

중위도 동서 평균순환을 좀 더 자세히 살펴보기 위해서 준지균 위치 소용돌이도 방정식을 동서 평균하면 다음의 식을 얻는다.

$$\partial \bar{q}/\partial t = -\partial\left(\overline{q'v'}\right)/\partial y \tag{10.22}$$

여기서 동서 평균 위치 소용돌이도는

$$\bar{q} = f_0 + \beta y + \frac{1}{f_0}\frac{\partial^2 \bar{\Phi}}{\partial y^2} + \frac{f_0}{\rho_0}\frac{\partial}{\partial z}\left(\frac{\rho_0}{N^2}\frac{\partial \bar{\Phi}}{\partial z}\right) \tag{10.23}$$

그리고 에디 위치 소용돌이도는 아래와 같다.

$$q' = \frac{1}{f_0}\left(\frac{\partial^2 \Phi'}{\partial x^2} + \frac{\partial^2 \Phi'}{\partial y^2}\right) + \frac{f_0}{\rho_0}\frac{\partial}{\partial z}\left(\frac{\rho_0}{N^2}\frac{\partial \Phi'}{\partial z}\right) \tag{10.24}$$

식 (10.22)의 오른쪽 항의 $\overline{q'v'}$는 위치 소용돌이도의 남북방향 속의 발산이다. 식 (10.22)에 의해서, 단열적 준지균류의 경우에 위치 소용돌이도의 평균분포는 에디 위치 소용돌이도 속이 없지 않으면 변할 수 있다. 동서 평균 위치 소용돌이도는 평균 지오퍼텐셜에 대한 적절한 경계 조건과 더불어 동서 평균 지오퍼텐셜 분포를 완벽하게 결정하고 동서 평균 지균풍과 온도의 분포도 결정한다. 따라서 에디에 의해 유도된 평균류 가속은 위치 소용돌이도속이 0이 아닌 값을 가질 때 생긴다.

위치 소용돌이도속이 에디 운동량 및 열속과 연관이 있음을 알 수 있다. 먼저 준지균 운동에 대해서 속 형태로 표현된 에디 수평속도는 지균적이다.

$$f_0 v' = \partial\Phi'/\partial x, \qquad f_0 u' = -\partial\Phi'/\partial y$$

그러므로,

$$\overline{v'\frac{\partial^2\Phi'}{\partial x^2}} = \frac{1}{f_0}\overline{\frac{\partial\Phi'}{\partial x}\frac{\partial^2\Phi'}{\partial x^2}} = \frac{1}{2f_0}\overline{\frac{\partial}{\partial x}\left(\frac{\partial\Phi'}{\partial x}\right)^2} = 0$$

여기서 우리는 동서로 평균을 취하면 x방향의 완전 미분이 없어지는 것을 이용하였다. 그러므로,

$$\overline{q'v'} = \overline{\frac{v'}{f_0}\frac{\partial^2\Phi'}{\partial y^2}} + \frac{f_0}{\rho_0}\overline{v'\frac{\partial}{\partial z}\left(\frac{\rho_0}{N^2}\frac{\partial\Phi'}{\partial z}\right)}$$

미분 연쇄법을 이용하면 오른쪽 항은 아래와 같이 다시 표현된다.

$$\overline{\frac{v'}{f_0}\frac{\partial^2\Phi'}{\partial y^2}} = \frac{1}{f_0^2}\left(\overline{\frac{\partial\Phi'}{\partial x}\frac{\partial^2\Phi'}{\partial y^2}}\right) = \frac{1}{f_0^2}\left[\frac{\partial}{\partial y}\left(\overline{\frac{\partial\Phi'}{\partial x}\frac{\partial\Phi'}{\partial y}}\right) - \frac{1}{2}\frac{\partial}{\partial x}\overline{\left(\frac{\partial\Phi'}{\partial y}\right)^2}\right] = -\frac{\partial}{\partial y}(\overline{u'v'})$$

그리고

$$\frac{f_0}{\rho_0}\overline{v'\frac{\partial}{\partial z}\left(\frac{\rho_0}{N^2}\frac{\partial\Phi'}{\partial z}\right)} = \frac{1}{\rho_0}\left[\frac{\partial}{\partial z}\left(\frac{\rho_0}{N^2}\overline{\frac{\partial\Phi'}{\partial x}\frac{\partial\Phi'}{\partial z}}\right) - \frac{\rho_0}{2N^2}\frac{\partial}{\partial x}\overline{\left(\frac{\partial\Phi'}{\partial z}\right)^2}\right] = \frac{f_0}{\rho_0}\frac{\partial}{\partial z}\left(\frac{\rho_0}{N^2}\overline{v'\frac{\partial\Phi'}{\partial z}}\right)$$

그러므로

$$\overline{q'v'} = -\frac{\partial\overline{u'v'}}{\partial y} + \frac{f_0}{\rho_0}\frac{\partial}{\partial z}\left(\frac{\rho_0}{N^2}\overline{v'\frac{\partial\Phi'}{\partial z}}\right) \tag{10.25}$$

따라서 평균류 분포의 순 변화를 유도하는 운동량속($\overline{u'v'}$)이나 열속($\overline{v'\partial\Phi'/\partial z}$)이 아니라, 위치 소용돌이도속에 의해서 주어지는 조합에 의한 것이다. 임의 상황하에서 에디 운동량속과 에디 열속의 각각은 아주 클 수 있으나 식 (10.25) 안의 조합은 실제로 없어진다. 이와 같은 상쇄 효과는 상례적인 오일러 평균법을 이용한 에디에 의한 평균류 강제의 분석을 어렵게 한다.

식 (10.25)와 식 (10.20)을 비교하면 위치 소용돌이도속이 EP속 벡터의 발산에 비례함을 볼 수 있다.

$$\overline{q'v'} = \rho_0^{-1}\nabla \cdot \boldsymbol{F} \tag{10.26}$$

그러므로 식 (10.17)에서 동서력에 대한 대규모 운동의 영향은 준지균 위치 소용돌이도의 남북 속과 같다. 만약에 운동이 단열적이고 위치 소용돌이도속이 0이 아니라면 식 (10.22)는 평균류의 분포가 시간에 따라 변해야 함을 의미한다. 이러한 이유로 식 (10.17)에서 코리올리 토크와 동서력 항 간에 완벽한 상호 보상은 있을 수가 없다.

10.3 각운동량 수지

앞 절에서는 중위도 지역에서 동서 평균순환을 유지하는 데 대규모 에디가 중요한 역할을 하고 있다는 것을 보이기 위해서 준지균 동서 평균 방정식을 이용하였다. 특히, 평균류의 강제를 상례적인 오일러 평균과 TEM 형식으로 나타내어 비교하였다. 이 절에서는 대기와 지구의 전체 각운동량 균형을 고려하여 운동량 수지를 고려하였다. 그리고 단순히 대기에서의 특정한 고도와 위도에 대한 운동량 균형을 고려하기보다는 대기와 지구 간의 각운동량의 전달과 대기에서의 각운동량의 흐름을 고려해야 한다.

이를 위해서 구면 좌표계에서의 TEM 방정식을 이용하는 것이 가능하다. 그러나 이 절에서는 지표면으로부터 대기의 상한까지 확장된 공기의 동서 고리모양에 대한 각운동량 균형을 고려하는 것이 주 관심이다. 이 경우 상례적인 오일러 평균법을 사용하는 것이 더욱 간단하다. 또한 σ-**좌표계**(sigma coordinate)를 이용하는 것이 편리한데, 이 좌표계는 좌표계의 표면을 지구의 지표면으로 한다.

지구의 평균 회전률은 거의 일정하기 때문에 대기의 각운동량도 평균적으로 보존한다. 대기는 지상풍이 편동풍 지역인 (즉, 대기의 각운동량이 지구의 각운동량보다 작은 지역) 적도 지역에서 지구로부터 각운동량을 얻고 지상풍이 편서풍 지역인 중위도 지역에서 각운동량을 지구로 잃는다. 따라서 대기 안에서는 각운동량의 순 극향 수송이 있어야 한다. 그렇지 않으면 지표마찰에 의한 토크는 편서풍과 편동풍을 모두 감소시킨다. 또한 대기의 전구 각운동량이 일정하다고 가정하면 편동풍대에서 지구로부터 대기로 주어지는 각운동량은 편서풍 지역에서 지구로 들어가는 각운동량과 균형을 이뤄야 한다.

적도 지역에서 극향 운동량 수송은 축대칭 해들리 순환에서 극향하는 흐름에 의한 절대 각운동량의 이류와 에디에 의한 수송으로 나눈다. 그러나 중위도 지역에서는 각운동량을 극으로 수송하는 것은 에디 운동이며, 대기의 각운동량 수지는 정성적으로 그림 10.11과 같이 나타난다.

이 그림이 의미하듯이 겨울철에 위도 30° 지역에서 각운동량의 최대 극향 속이 나타나고 45° 지역에서 최대 수평 속의 수렴이 존재한다. 속 수렴의 최고는 상층 편서풍 지역에서의

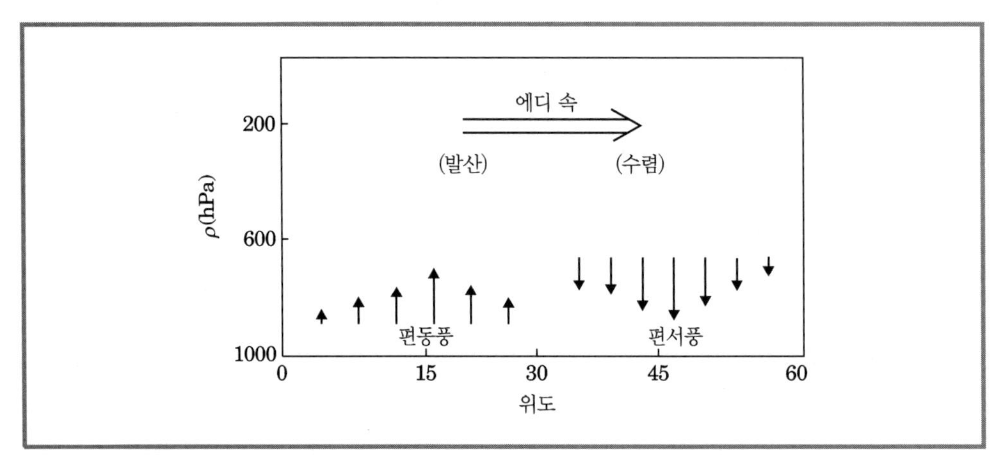

그림 10.11 대기-지구계에 대한 도식적인 평균 각운동량 수지

강한 에너지의 전환이 있음을 의미하는데 이러한 수렴은 대기가 지표로 운동량을 잃음에도 불구하고 중위도의 양의 동서풍을 유지해주는 기구이다.

마찰이나 기압 토크를 무시할 때 공기 덩이에 대한 절대 각운동량은 보존되므로 절대 각운동량을 이용하여 운동량 수지를 분석하는 것이 용이하다. 대기의 단위 질량당 절대 각운동량은 아래와 같다.

$$M = (\Omega a \cos\phi + u)a\cos\phi$$

여기서, a는 지구의 반경이다. 관측된 동서풍의 위도별 분포를 유지하는 데 동서 에디 항력이 얼마나 중요한 역할을 담당하는가는 만일 적도에서 정지된 공기의 동서 링이 M을 보존하면서 극 쪽으로 위치를 바꿨다고 가정할 때 발생할 동서 평균속도를 살펴봄으로써 알 수 있다. 그 경우에 $u(\phi) = \Omega a \sin^2\phi / \cos\phi$이고, 따라서 각운동량을 보존하는 해들리 순환에서는 위도 30° 에서 $u \approx 130\,\mathrm{ms}^{-1}$이며, 이는 관측보다 훨씬 크다.

명백히 임의 공기 덩어리의 절대 각운동량은 해들리 순환에서 극 쪽으로 이류할 때 감소해야만 한다. 공기 덩어리의 절대 각운동량은 동서 기압 경도와 에디 응력에 의한 토크에 의해서만 변한다. 등압 좌표계에서 각운동량 형태로 표현된 뉴턴의 제2법칙은 아래와 같다.

$$\frac{DM}{Dt} = -a\cos\phi\left[\frac{\partial\Phi}{\partial x} + g\frac{\partial\tau_E^x}{\partial p}\right] \tag{10.27}$$

여기서 τ_E^x는 연직 에디 응력의 동서성분이고, 수평 에디 응력이 연직 에디 응력에 비해 무시할 수 있을 정도로 작다고 가정한다.

10.3.1 시그마 좌표계

등압 좌표계와 대수-기압 좌표계 어느 것도 좌표계의 바닥과 실제 하층 경계가 일치하지 않는다. 분석적 연구를 위해서 하층 경계를 등압면으로 가정하고 아래와 같은 경계조건을 근사적으로 사용하는 것이 편리하다.

$$\omega(p_s) \approx -\rho_0 g w(z_0)$$

여기서, 기압면 p_s와 지표면 고도 z_0가 같다고 가정한다(여기서 p_s는 보통 1000 hPa로 한다). 물론 이 가정은 지면이 평평한 경우에조차 맞지 않는다. 기압은 지표에서도 변화한다. 그러나 무엇보다도 중요한 것은 지표의 고도는 일반적으로 변하기 때문에 어느 곳이든지 기압 경향이 없다 할지라도 하층 경계조건으로 기압 p_s를 일정하게 적용할 수 없다. 이보다는 $p_s = p_s(x, y)$이어야 한다. 그러나 지표에 적용하는 경계조건을 수평적 변수의 함수로 하여 수학적 분석을 하는 것은 대단히 불편하다.

이러한 문제는 지표기압으로 정규화된 기압에 비례하는 연직 좌표계를 정의함으로써 극복된다. 가장 일반적인 좌표계는 $\sigma \equiv p/p_s$로 정의하는 **σ-좌표계**이다. 여기서 $p_s(x, y, t)$는 지표면 기압이다. 따라서 위에 정의한 σ는 대기의 상한에서 0이고, 지면에서 1을 가지며 고도가 높아짐에 따라 감소하는 무차원 독립 연직 좌표이다. σ-좌표계에서 하층 경계조건으로 항상 $\sigma = 1$을 적용한다. 또한 연직 σ 속도는 아래와 같이 정의된다.

$$\dot{\sigma} \equiv D\sigma/Dt$$

연직 σ 속도는 기울기가 있는 지표면에서도 항상 0이다. 따라서 σ-계에서 하층 경계조건은 아래와 같다.

$$\dot{\sigma} = 0, \quad \sigma = 1$$

등압 좌표계의 역학 방정식을 σ-계로 변환시키기 위해서 먼저 1.4.3소절에서 보여준 것과 유사한 방법으로 기압 경도력을 변환한다. p 대신에 Φ를, s 대신에 σ, z 대신에 p를 식 (1.36)에 대입하면 다음 식을 얻는다.

$$(\partial\Phi/\partial x)_\sigma = (\partial\Phi/\partial x)_p + \sigma\,(\partial \ln p_s/\partial x)(\partial\Phi/\partial\sigma) \tag{10.28}$$

어떤 변수든 유사한 방법으로 변환이 가능하므로, 변환을 일반화시키면,

$$\nabla_p(\ ) = \nabla_\sigma(\ ) - \sigma\nabla \ln p_s \,\partial(\ )/\partial\sigma \tag{10.29}$$

운동방정식 (3.2)를 변환식 (10.29)에 적용하면 다음 식을 얻는다.

$$\frac{D\boldsymbol{V}}{Dt}+f\boldsymbol{k}\times\boldsymbol{V}=-\nabla\Phi+\sigma\nabla\ln p_s\frac{\partial\Phi}{\partial\sigma} \tag{10.30}$$

여기서 ∇는 σ가 일정한 면에서의 연산자이고 총미분은 다음과 같이 정의된다.

$$\frac{D}{Dt}=\frac{\partial}{\partial t}+\boldsymbol{V}\cdot\nabla+\dot{\sigma}\frac{\partial}{\partial\sigma} \tag{10.31}$$

수평바람의 발산을 표현하기 위한 연속 방정식도 먼저 식 (10.29)를 이용하여 σ-계로 변환될 수 있다.

$$\nabla_p\cdot\boldsymbol{V}=\nabla_\sigma\cdot\boldsymbol{V}-\sigma(\nabla\ln p_s)\cdot\partial\boldsymbol{V}/\partial\sigma \tag{10.32}$$

$\partial\omega/\partial p$항을 변환하기 위해서 p_s는 σ에 독립적이므로

$$\frac{\partial}{\partial p}=\frac{\partial}{\partial(\sigma p_s)}=\frac{1}{p_s}\frac{\partial}{\partial\sigma}$$

따라서 연속 방적식 (3.5)는 다음과 같다.

$$p_s(\nabla_p\cdot\boldsymbol{V})+\partial\omega/\partial\sigma=0 \tag{10.33}$$

이제, σ 연직 속도는 아래와 같이 쓴다.

$$\dot{\sigma}=\left(\frac{\partial\sigma}{\partial t}+\boldsymbol{V}\cdot\nabla_\sigma\right)_p+\omega\frac{\partial\sigma}{\partial p}=-\frac{\sigma}{p_s}\left(\frac{\partial p_s}{\partial t}+\boldsymbol{V}\cdot\nabla p_s\right)+\frac{\omega}{p_s}$$

위 식을 σ에 관해 미분하고 재정리하면 변환된 연속 방정식을 얻을 수 있다.

$$\frac{\partial p_s}{\partial t}+\nabla\cdot(p_s\boldsymbol{V})+p_s\frac{\partial\dot{\sigma}}{\partial\sigma}=0 \tag{10.34}$$

식 (2.44)의 푸아송의 방정식과 상태 방정식을 이용하여 σ-계에서의 정역학 근사를 다음과 같이 쓴다.

$$\frac{\partial\Phi}{\partial\sigma}=-\frac{RT}{\sigma}=-\frac{R\theta}{\sigma}(p/p_0)^\kappa \tag{10.35}$$

여기서 $p_0=10^3\,\text{hPa}$이다.

식 (2.46)의 총미분을 전개하여 σ-좌표계에서의 열역학 방정식을 쓰면 다음과 같다.

$$\frac{\partial\theta}{\partial t}+\boldsymbol{V}\cdot\nabla\theta+\dot{\sigma}\frac{\partial\theta}{\partial\sigma}=\frac{J}{c_p}\frac{\theta}{T} \tag{10.36}$$

10.3.2 동서 평균 각운동량

각운동량 방정식 (10.27)을 식 (10.28)과 식 (10.35)를 이용하여 σ-좌표계에서의 방정식으로 변환하면,

$$\left(\frac{\partial}{\partial t}+\boldsymbol{V}\cdot\nabla+\dot{\sigma}\frac{\partial}{\partial\sigma}\right)M=-a\cos\phi\left(\frac{\partial\Phi}{\partial x}+\frac{RT}{p_s}\frac{\partial p_s}{\partial x}+\frac{g}{p_s}\frac{\partial\tau_E^x}{\partial\sigma}\right) \tag{10.37}$$

연속 방정식 (10.34)에 M을 곱하고 p_s를 식 (10.37)에 곱하여 더함으로써 속 형태의 각운동량 방정식을 얻을 수 있다.[1]

$$\begin{aligned}\frac{\partial(p_sM)}{\partial t}&=-\nabla\cdot(p_sM\boldsymbol{V})-\frac{\partial(p_sM\dot{\sigma})}{\partial\sigma}\\&\quad-a\cos\phi\left[p_s\frac{\partial\Phi}{\partial x}+RT\frac{\partial p_s}{\partial x}\right]-ga\cos\phi\frac{\partial\tau_E^x}{\partial\sigma}\end{aligned} \tag{10.38}$$

동서 평균 각운동량 수지를 구하기 위해 식 (10.38)을 경도적으로 평균한다. 부록 C에 주어진 것과 같이 수평발산에 대해 구면 좌표계를 사용하면,

$$\nabla\cdot(p_sM\boldsymbol{V})=\frac{1}{a\cos\phi}\left[\frac{\partial(p_sMu)}{\partial\lambda}+\frac{\partial(p_sMv\cos\phi)}{\partial\phi}\right] \tag{10.39}$$

식 (10.38)의 오른쪽 항의 괄호 항은 아래와 같이 다시 표현할 수 있다.

$$\left[p_s\frac{\partial}{\partial x}(\Phi-RT)+\frac{\partial}{\partial x}(p_sRT)\right] \tag{10.40}$$

여기서 정역학 방정식 (10.35)를 이용하여 아래와 같이 쓸 수 있다.

$$(\Phi-RT)=\Phi+\sigma\partial\Phi/\partial\sigma=\partial(\sigma\Phi)/\partial\sigma$$

p_s가 σ에 대해 독립적이므로 다음의 식을 얻는다.

$$\left[p_s\frac{\partial\Phi}{\partial x}+RT\frac{\partial p_s}{\partial x}\right]=\left[\frac{\partial}{\partial\sigma}\left(p_s\sigma\frac{\partial\Phi}{\partial x}\right)+\frac{\partial}{\partial x}(p_sRT)\right] \tag{10.41}$$

식 (10.38)에 식 (10.39)와 (10.41)을 대입하고 동서 평균하면

$$\frac{\partial\overline{(p_sM)}}{\partial t}=-\frac{1}{\cos\phi}\frac{\partial}{\partial y}(\overline{p_sMv}\cos\phi)-\frac{\partial}{\partial\sigma}\left[\overline{p_sM\dot{\sigma}}+ga\cos\phi(\overline{\tau_E^x})+(a\cos\phi)\overline{\sigma p_s\frac{\partial\Phi}{\partial x}}\right] \tag{10.42}$$

---

1) 시그마 좌표계에서 질량요소 $\rho_0dxdydz$가 $-g^{-1}p_s\,dxdyd\sigma$의 형태를 갖는 것을 보여줄 수 있다(문제 10.2). 그러므로 시그마 공간에서 p_s는 물리적 공간에서의 밀도와 유사한 역할을 한다.

식 (10.42)의 오른쪽 항은 각각 각운동량의 수평속의 수렴과 연직속의 수렴을 나타낸다.

$\sigma=0$, 1에서 $\dot{\sigma}=0$임을 고려하며 식 (10.42)를 지구의 지표면($\sigma=1$)에서 대기의 상한($\sigma=0$)까지 연직적으로 적분을 하면 다음과 같다.

$$\int_0^1 g^{-1}\frac{\partial}{\partial t}\overline{p_s M}d\sigma = -(g\cos\phi)^{-1}\int_0^1\frac{\partial}{\partial y}\left(\overline{p_s Mv}\cos\phi\right)d\sigma - a\cos\phi\left[\left(\overline{\tau}_E^x\right)_{\sigma=1}+\overline{p_s\partial h/\partial x}\right] \tag{10.43}$$

여기서 $h(x,\ y)=g^{-1}\Phi(x,\ y,\ 1)$는 하층의 높이($\sigma=1$)이고, $\sigma=0$에서 에디 응력이 없다고 가정한다.

식 (10.43)은 지표면에서 대기의 상한까지 남북으로 단위 폭을 가지는 동서 공기 고리에 대한 각운동량 수지를 나타낸다. 오랜 기간 평균을 했을 때 오른쪽의 세 항, 즉 남북 각운동량속의 수렴, 지표면에서의 작은 규모의 난류속에 의한 토크, 지면 기압 토크는 평형을 이루어야 한다. σ-좌표계에서 지면 기압 토크는 특별히 간단한 형태를 갖는다($-\overline{p_s\partial h/\partial x}$). 그러므로 지면 기압 토크는 지면 기압과 지면 기울기($\partial h/\partial x$)가 양의 상관관계를 가진다면 대기에서 지표로 각운동량을 전달하도록 작용한다. 관측에서도 중위도 지역에서 이와 같은 현상은 일반적인데, 이는 그림 4.11에서 보듯이 산의 동쪽에 비해 서쪽에서 기압이 커지는 경향이 있기 때문이다. 북반구 중위도에서 지면 기압 토크는 대기와 지면 간의 총운동량 교환의 절반 정도를 차지하지만, 남반구나 적도 지역에서는 이 교환이 난류 에디 응력에 의해 주로 이루어진다.

지표면의 각운동량의 소멸을 보충하기 위한 각운동량의 남북수송을 담당하는 에디 운동의 역할은 아래와 같이 흐름을 평균과 에디 성분으로 나눔으로써 잘 밝혀낼 수 있다.

$$M=\overline{M}+M'=(\Omega a\cos\phi+\overline{u}+u')a\cos\phi$$
$$p_s v=\overline{(p_s v)}+(p_s v)'$$

여기서 프라임은 동서 평균으로부터의 편차이다. 따라서 남북속은 다음과 같다.

$$\overline{(p_s Mv)}=\left[\Omega a\cos\phi\overline{p_s v}+\overline{u}\ \overline{p_s v}+\overline{u'(p_s v)'}\right]a\cos\phi \tag{10.44}$$

위 식에서 오른쪽의 세 남북속 항은 각각 Ω-운동량속, 남북 표류(drift), 남북 에디 운동량속이라 불린다.

표류항은 적도 지역에서는 중요하지만 중위도 지역에서는 에디속에 비해 작으므로, 근사적으로 중위도에서 무시될 수 있다. 더욱이 남북 Ω-운동량속은 연직적으로 적분된 속에는 기여하지 않음을 보일 수 있다. 연속 방정식 (10.34)를 동서 평균하고 연직적분함으로써 다음 식을 얻는다.

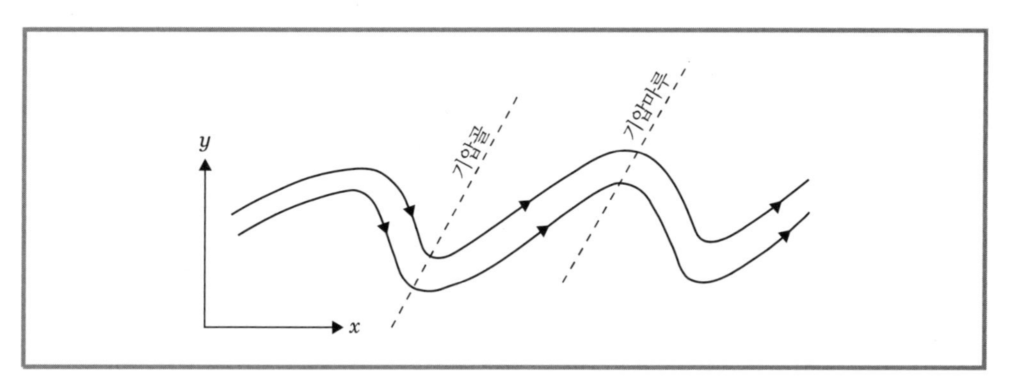

그림 10.12 양의 에디 운동량속에 대한 도식적인 유선

$$\frac{\overline{\partial p_s}}{\partial t} = -(\cos\phi)^{-1}\frac{\partial}{\partial y}\int_0^1 \overline{p_s v}\cos\phi d\sigma \tag{10.45}$$

따라서 시간평균한 흐름의 경우[식 (10.45)의 왼쪽 항이 없어짐] 위도를 가로지르는 순 질량류 (net mass flow)는 없다. 그러므로 연직적으로 적분된 남북 각운동량속은 다음과 같이 근사되어 주어진다.

$$\int_0^1 \overline{p_s M v} d\sigma \approx \int_0^1 \overline{u'(p_s v)'} a\cos\phi d\sigma \approx \int_0^1 a\cos\phi \bar{p}_s \overline{u'v'} d\sigma \tag{10.46}$$

여기서 p_s의 부분변화는 v'의 변화에 비해 작으므로 $(p_s v)' \approx \overline{p_s} v'$임을 가정한다. 그러므로 각운동량속은 식 (10.20)에서 주어진 EP속의 남북성분의 음에 비례한다.

그림 10.6에 보인 것과 같이 북반구에서 에디 운동량속은 중위도에서 양이고 편서풍대에서 30°로부터 극 쪽으로 위도에 따라 감소한다. 준지균류의 경우 양의 에디 운동량속은 그림 10.12에서 보인 것처럼 골과 마루의 축이 기울어져 수평면에서 비대칭적인 경우에 가능하다. 평균적으로 골과 마루의 위상이 남서-북동쪽으로 기울어져 있을 때 남북류 $v' > 0$인 지역(남북류가 극향하는 지역)에서 동서류는 평균보다 클 것이고($u' > 0$), $v' < 0$인 지역(남북류가 적도로 향하는 지역)에서는 평균보다 작을 것이다($u' < 0$). 따라서 $\overline{u'v'} > 0$가 되고 에디가 동서 운동량을 극향 수송할 것이다.

식 (10.42)에 나타낸 바와 같이 총연직 운동량속은 대규모 운동에 의한 속($\overline{p_s M\dot{\sigma}} \approx \Omega a\cos\phi\overline{p_s\dot{\sigma}}$)과 기압 토크에 의한 속$(a\cos\phi)\overline{\sigma p_s \partial\Phi/\partial x}$ 그리고 작은 규모 난류 응력에 의한 속 $ga\cos\phi\overline{\tau_E^x}$으로 구성된다. 앞에서 언급한 것과 같이 마지막 두 항은 적도 지역에서 지표로부터 대기로의 운동량 수송과 중위도 지역의 대기에서 지표로의 수송과 관련된 항이다. 그러나 행성 경계층 밖에서는 대류권의 연직 운동량 수송은 주로 연직 Ω-운동량속($\Omega a\cos\phi\overline{p_s\dot{\sigma}}$)에 기인한다.

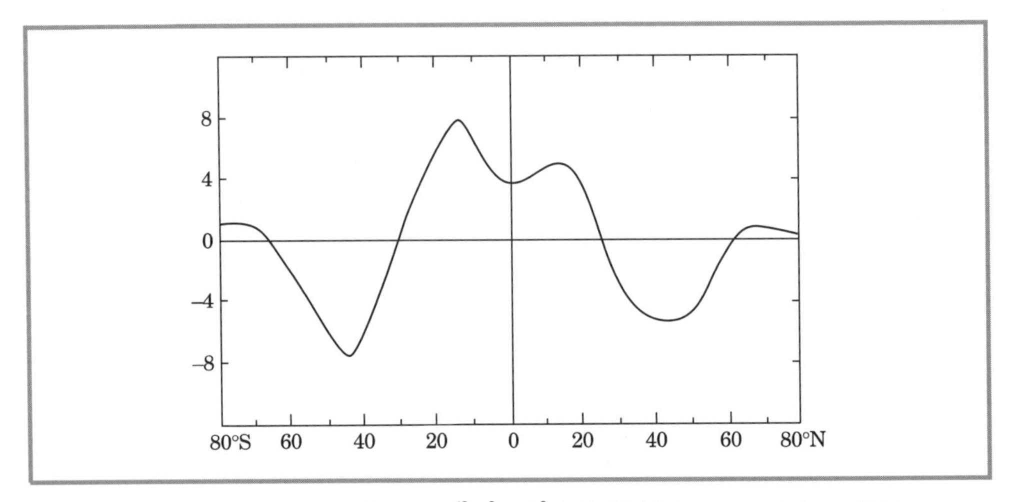

그림 10.13 대기에 가해진 연평균 동향 토크 10^{18} m^2 kgs^{-2}의 위도별 분포(Oort and Peixoto, 1983).

그림 10.13은 동서 평균 총지면 토크의 연평균 추정값을 보인다. 총지면 토크는 대기 각운동량의 극향 속에 의해 균형을 이룬다. 적도의 10° 이내를 제외하고 북향 속의 거의 대부분은 식 (10.46)의 오른쪽 항에 주어진 에디속 항에 의해서 설명된다. 따라서 운동량 수지와 에너지 순환은 모두 에디에 의한 수송에 절대적으로 의존한다.

10.4 로렌츠(Lorenz) 에너지 순환

앞 절에서는 각운동량 균형으로 동서적으로 평균된 흐름과 경도적으로 변하는 에디 운동 사이의 상호관계를 논했다. 에디와 평균류 사이의 에너지 교환을 살펴보는 것 역시 중요하지만, 10.2절에서처럼 이 절에서도 중위도 β평면에서의 준지균류에 대한 분석에 한정한다. 오일러 평균 방정식을 아래와 같이 쓸 수 있다.

$$\partial\bar{u}/\partial t - f_0\bar{v} = -\partial\left(\overline{u'v'}\right)/\partial y + \bar{X} \quad (10.47)$$

$$f_0\bar{u} = -\partial\bar{\Phi}/\partial y \quad (10.48)$$

$$\frac{\partial}{\partial t}\left(\frac{\partial\bar{\Phi}}{\partial z}\right) + \bar{w}\,N^2 = \frac{\kappa}{H}\bar{J} - \frac{\partial}{\partial y}\left(\overline{v'\frac{\partial\Phi'}{\partial z}}\right) \quad (10.49)$$

$$\partial\bar{v}/\partial y + \rho_0^{-1}\partial\left(\rho_0\bar{w}\right)/\partial z = 0 \quad (10.50)$$

여기서 미분된 지오퍼텐셜 두께로 식 (10.49)의 온도를 표현하기 위해 정역학 근사식 (10.3)을 이용했다. 또한 식 (10.47)과 식 (10.49)에서의 평균 남북순환에 의한 이류와 연직 에디속을 다시 무시했다. 그러나 식 (10.47)의 난류의 응력 $\bar{X}$는 포함시키는데 이것은 분해되지 않는 난류 에디에 의한 소산이 에너지 평형에 필수적인 요소이기 때문이다.

평균류와 난류 간의 에너지 교환을 분석하기 위해 에디 운동에 대한 유사한 역학적 방정식계가 필요하다. 문제를 단순화하기 위해 에디가 아래의 선형 방정식계를 만족한다고 가정한다.[2)]

$$\left(\frac{\partial}{\partial t}+\bar{u}\frac{\partial}{\partial x}\right)u'-\left(f_0-\frac{\partial \bar{u}}{\partial y}\right)v'=-\frac{\partial \Phi'}{\partial x}+X' \tag{10.51}$$

$$\left(\frac{\partial}{\partial t}+\bar{u}\frac{\partial}{\partial x}\right)v'+f_0u'=-\frac{\partial \Phi'}{\partial y}+Y' \tag{10.52}$$

$$\left(\frac{\partial}{\partial t}+\bar{u}\frac{\partial}{\partial x}\right)\frac{\partial \Phi'}{\partial z}+v'\frac{\partial}{\partial y}\left(\frac{\partial \bar{\Phi}}{\partial z}\right)+N^2w'=\frac{\kappa J'}{H} \tag{10.53}$$

$$\frac{\partial u'}{\partial x}+\frac{\partial v'}{\partial y}+\frac{1}{\rho_0}\frac{\partial(\rho_0 w')}{\partial z}=0 \tag{10.54}$$

여기서 X'와 Y'는 분해되지 않은 난류 운동에 의해 동서방향으로 변하는 항력의 성분이다.

전구 평균을 다음과 같이 정의하자.

$$\langle\ \rangle \equiv A^{-1}\int_0^{\infty}\int_0^{D}\int_0^{L}(\ )dxdydz$$

L은 위도원 둘레의 거리, D는 중위도 β평면에서의 남북 간 거리, A는 β평면의 전체 수평면적이다. 그러면 임의 변량 Ψ는 아래와 같다.

$\langle \partial\Psi/\partial x\rangle=0$

$\langle \partial\Psi/\partial y\rangle=0$ 만일 $y=\pm D$에서 Ψ가 없는 경우

$\langle \partial\Psi/\partial z\rangle=0$ 만일 $z=0$와 $z\rightarrow\infty$에서 Ψ가 없는 경우

평균류의 운동 에너지 변화에 관한 예측 방정식은 식 (10.47)에 $\rho_0\bar{u}$를 곱하고 식 (10.48)에 $\rho_0\bar{v}$를 곱한 후 더함으로써 얻는다.

$$\rho_0\frac{\partial}{\partial t}\left(\frac{\bar{u}^2}{2}\right)=-\rho_0\bar{v}\frac{\partial \bar{\Phi}}{\partial y}-\rho_0\bar{u}\frac{\partial}{\partial y}\left(\overline{u'v'}\right)+\rho_0\bar{u}\,\bar{X}$$

$$=-\frac{\partial}{\partial y}\left(\rho_0\bar{v}\,\bar{\Phi}\right)+\rho_0\bar{\Phi}\frac{\partial \bar{v}}{\partial y}-\frac{\partial}{\partial y}\left(\rho_0\bar{u}\,\overline{u'v'}\right)+\rho_0\overline{u'v'}\frac{\partial \bar{u}}{\partial y}+\rho_0\bar{u}\,\bar{X}$$

전체 부피에 대해 적분하면,

$$\frac{d}{dt}\left\langle\frac{\rho_0\bar{u}^2}{2}\right\rangle=+\left\langle\rho_0\bar{\Phi}\frac{\partial \bar{v}}{\partial y}\right\rangle+\left\langle\rho_0\overline{u'v'}\frac{\partial \bar{u}}{\partial y}\right\rangle+\langle\rho_0\bar{u}\,\bar{X}\rangle \tag{10.55}$$

---

2) 유사한 분석이 비선형의 경우에도 실행될 수 있다.

여기서 $y=\pm D$일 경우 $\bar{v}=0$, $\overline{u'v'}=0$임을 가정한다. 식 (10.55)의 오른쪽 항들은 각각 동서 평균 기압에 의한 일, 에디 운동 에너지의 동서 평균 운동 에너지로의 전환, 그리고 동서 평균 난류 응력에 의한 소산항으로 해석될 수 있다. 오른쪽의 첫 번째 항은 연속 방정식을 이용하여 아래와 같이 다시 쓸 수 있다.

$$\left\langle \rho_0 \bar{\Phi} \frac{\partial \bar{v}}{\partial y} \right\rangle = -\left\langle \bar{\Phi} \frac{\partial \rho_0 \bar{w}}{\partial z} \right\rangle = \left\langle \rho_0 \bar{w} \frac{\partial \bar{\Phi}}{\partial z} \right\rangle = \frac{R}{H} \langle \rho_0 \bar{w}\, \bar{T} \rangle$$

여기서 $z=0, \infty$일 때 $\rho_0\bar{w}=0$임을 가정했다. 그러므로 전체 영역에 대한 평균을 하면 기압일 (pressure work) 항은 동서 평균 연직 질량속($\rho_0\bar{w}$)과 동서 평균 온도(또는 두께)의 상관에 비례한다. 평균적으로 따뜻한 공기가 상승하고 차가운 공기가 하강할 경우 이 항은 양이다. 즉, 위치 에너지에서 운동 에너지로의 전환이 있을 경우에 양의 값을 가진다.

7.3.1소절에서 보인 것처럼 준지균계 내의 가용 위치 에너지(APE)는 표준 대기로부터 온도 편차의 제곱을 정적 안정도로 나눈 것에 비례한다. 동서 평균된 유효 위치 에너지는 아래와 같이 편미분 두께로 표현된다.

$$\bar{P} \equiv \frac{1}{2}\left\langle \frac{\rho_0}{N^2}\left(\frac{\partial \bar{\Phi}}{\partial z}\right)^2 \right\rangle$$

$\rho_0(\partial\bar{\Phi}/\partial z)/N^2$를 식 (10.49)에 곱하고 공간에 대해 평균을 하면 다음을 얻는다.

$$\frac{d}{dt}\left\langle \frac{\rho_0}{2N^2}\left(\frac{\partial \bar{\Phi}}{\partial z}\right)^2 \right\rangle = -\left\langle \rho_0 \bar{w} \frac{\partial \bar{\Phi}}{\partial z} \right\rangle + \left\langle \frac{\rho_0 \kappa \bar{J}}{N^2 H}\left(\frac{\partial \bar{\Phi}}{\partial z}\right) \right\rangle - \left\langle \frac{\rho_0}{N^2} \frac{\partial \bar{\Phi}}{\partial z} \frac{\partial}{\partial y}\left(\overline{v' \frac{\partial \Phi'}{\partial z}}\right) \right\rangle \quad (10.56)$$

위 식의 오른쪽의 첫 번째 항은 식 (10.55)의 오른쪽의 첫 번째 항과 크기가 같고 부호가 반대인데, 이는 이항이 동서 평균 운동 에너지와 위치 에너지 사이의 변환을 나타내는 항이라는 것을 확인한다. 두 번째 항은 온도와 비단열 가열 사이의 상호관계에 관한 항인데, 이것은 비단열 과정에 의한 동서 평균 위치 에너지의 생성을 표현한다. 남북 에디 열속을 포함하는 마지막 항은 동서 평균과 에디 위치 에너지 사이의 변환을 나타내는 항이다.

식 (10.55)의 오른편 두 번째 항과 식 (10.56)의 마지막 항이 동서 평균 에너지와 에디 에너지 간의 변환을 나타내는 항이라는 것은 에디 운동 에너지와 유효 위치 에너지에 대한 방정식을 유도하기 위한 식 (10.51)~(10.53) 에디 방정식에 대한 유사한 연산을 통해 확인될 수 있다.

$$\frac{d}{dt}\left\langle \rho_0 \frac{\overline{u'^2}+\overline{v'^2}}{2} \right\rangle = +\left\langle \rho_0 \overline{\Phi'\left(\frac{\partial u'}{\partial x}+\frac{\partial v'}{\partial y}\right)} \right\rangle - \left\langle \rho_0 \overline{u'v'} \frac{\partial \bar{u}}{\partial y} \right\rangle + \langle \rho_0 (\overline{u'X'}+\overline{v'Y'}) \rangle \quad (10.57)$$

$$\frac{d}{dt}\left\langle \frac{\rho_0}{2N^2}\overline{\left(\frac{\partial \Phi'}{\partial z}\right)^2} \right\rangle = -\left\langle \rho_0 \overline{w' \frac{\partial \Phi'}{\partial z}} \right\rangle + \left\langle \frac{\rho_0 \kappa \overline{J' \partial\Phi'/\partial z}}{N^2 H} \right\rangle - \left\langle \frac{\rho_0}{N^2}\left(\frac{\partial^2 \bar{\Phi}}{\partial z \partial y}\right)\left(\overline{v' \frac{\partial \Phi'}{\partial z}}\right) \right\rangle \quad (10.58)$$

$z=0$에서 $w'=0$이면 식 (10.57)의 오른쪽 항의 첫 번째 항은 연속 방정식 (10.54)를 사용하여 아래와 같이 쓸 수 있다.

$$\left\langle \rho_0 \overline{\Phi'\left(\frac{\partial u'}{\partial x}+\frac{\partial v'}{\partial y}\right)}\right\rangle = -\left\langle \overline{\Phi' \frac{\partial(\rho_0 w')}{\partial z}}\right\rangle = \left\langle \rho_0 \overline{w'\left(\frac{\partial \Phi'}{\partial z}\right)}\right\rangle$$

이것은 식 (10.58)의 오른쪽의 첫 번째 항과 크기가 같고 반대의 부호를 가진다. 따라서 이 항은 오일러 평균한 에디 운동 에너지와 에디 위치 에너지 간의 변환을 나타낸다. 유사하게 식 (10.58)의 마지막 항은 식 (10.56)의 마지막 항과 크기가 같고 반대 부호를 가지므로 에디와 동서 평균 유효 위치 에너지 사이의 변환을 나타낸다.

로렌츠 에너지 순환은 동서 평균 및 에디 운동 에너지와 유효 위치 에너지를 정의함으로써 간단히 표현될 수 있다.

$$\overline{K} \equiv \left\langle \rho_0 \frac{\overline{u}^2}{2}\right\rangle, \qquad K' \equiv \left\langle \rho_0 \frac{\overline{u'^2}+\overline{v'^2}}{2}\right\rangle,$$

$$\overline{P} \equiv \frac{1}{2}\left\langle \frac{\rho_0}{N^2}\left(\frac{\partial \overline{\Phi}}{\partial z}\right)^2\right\rangle, \qquad P' \equiv \frac{1}{2}\left\langle \frac{\rho_0}{N^2}\overline{\left(\frac{\partial \Phi'}{\partial z}\right)^2}\right\rangle$$

에너지 변환 항들은

$$[\overline{P}\cdot\overline{K}] \equiv \left\langle \rho_0 \overline{w}\frac{\partial \overline{\Phi}}{\partial z}\right\rangle, \ [P'\cdot K'] \equiv \left\langle \rho_0 \overline{w'\frac{\partial \Phi'}{\partial z}}\right\rangle,$$

$$[K'\cdot\overline{K}] \equiv \left\langle \rho_0 \overline{u'v'}\frac{\partial \overline{u}}{\partial y}\right\rangle, [P'\cdot\overline{P}] \equiv \left\langle \frac{\rho_0}{N^2}\overline{v'\frac{\partial \Phi'}{\partial z}}\frac{\partial^2 \overline{\Phi}}{\partial y \partial z}\right\rangle$$

그리고 생성 및 소멸 항들은

$$\overline{R} \equiv \left\langle \frac{\rho_0}{N^2}\frac{\kappa \overline{J}}{H}\frac{\partial \overline{\Phi}}{\partial z}\right\rangle, \qquad R' \equiv \left\langle \frac{\rho_0}{N^2}\overline{\frac{\kappa J'}{H}\frac{\partial \Phi'}{\partial z}}\right\rangle,$$

$$\overline{\varepsilon} \equiv \langle \rho_0 \overline{u}\,\overline{X}\rangle, \varepsilon' \equiv \langle \rho_0(\overline{u'X'}+\overline{v'Y'})\rangle$$

방정식 (10.55)~(10.58)은 간단하게 아래와 같이 표현될 수 있다.

$$d\overline{K}/dt = [\overline{P}\cdot\overline{K}]+[K'\cdot\overline{K}]+\overline{\varepsilon} \tag{10.59}$$

$$d\overline{P}/dt = -[\overline{P}\cdot\overline{K}]+[P'\cdot\overline{P}]+\overline{R} \tag{10.60}$$

$$dK'/dt = [P'\cdot K']-[K'\cdot\overline{K}]+\varepsilon' \tag{10.61}$$

$$dP'/dt = -[P'\cdot K']-[P'\cdot\overline{P}]+R' \tag{10.62}$$

여기서 $[A\cdot B]$는 A에서 B로의 에너지의 변환을 의미한다.

총에너지(운동 및 유효 위치)의 변화율에 대한 방정식을 얻기 위해 식 (10.59)~(10.62)를 더하면,

$$d(\overline{K}+K'+\overline{P}+P')/dt=\overline{R}+R'+\overline{\varepsilon}+\varepsilon' \qquad (10.63)$$

무점성 단열 흐름의 경우에 오른쪽 항이 무시되고 총에너지($\overline{K}+K'+\overline{P}+P'$)는 보존된다. 이 시스템에서 동서 평균 운동 에너지는 동서 평균된 남북 운동방정식이 지균 근사로 교체되었으므로 평균 남북 흐름으로부터의 기여는 포함하지 않는다(마찬가지로 정역학 근사의 사용은 평균이나 에디 연직 운동 어느 것도 총운동 에너지에 포함되지 않는 것을 뜻한다). 따라서 총에너지에 포함된 변량들은 사용된 모형의 특성에 좌우되며, 어떠한 모형의 경우에도 에너지의 정의는 사용된 근사와 일맥상통해야 한다.

장기간 평균을 한 경우 식 (10.63)의 왼쪽 항은 사라진다. 따라서 동서 평균 및 에디 비단열적 과정에 의한 유효 위치 에너지의 생성은 평균 및 에디 운동 에너지 소멸과 균형을 이루어야 한다.

$$\overline{R}+R'=-\overline{\varepsilon}-\varepsilon' \qquad (10.64)$$

온도가 높은 적도에서 태양 복사가열이 최대이므로, 동서 평균 가열에 의한 동서 평균 위치 에너지의 생성 $\overline{R}$은 양의 값을 가진다. 에디 비단열적 과정이 복사와 확산(R')으로 제한된 건조대기의 경우에, 에디 유효 위치 에너지의 비단열적 생성은 음의 값을 갖는데, 그 이유는 대기로부터 외계로 방출하는 열복사가 온도가 높아짐에 따라 함께 증가하고 따라서 대기에서의 수평적 온도분포를 감소시키기 때문이다. 그러나 지구대기의 경우 구름과 강수의 존재는 R'의 분포를 크게 변화시킨다. 그림 10.14에서 보듯이, 북반구에서는 R'가 양의 값이고 $\overline{R}$에 비해서 절반 정도의 값을 갖는다는 것이 현재의 추정이다. 따라서 비단열적 가열은 동서 평균 및 에디 APE를 발생시킨다.

따라서 식 (10.59)에서 식 (10.62)는 상례적인 오일러 평균의 관점에서 준지균 에너지 순환을 완전히 묘사한다. 이 방정식들이 포함하는 내용은 그림 10.14의 4개의 상자 선도로 요약된다. 이 그림에서 사각형은 에너지의 저장고를 의미하고 화살표는 생성, 소멸, 변환을 의미한다. 북반구 계절 평균에 대한 대류권에서의 변환 항들의 관측방향은 화살에 의해서 표현됐다. 이와 같은 다양한 변환의 방향은 에너지 방정식만을 고려해서는 이론적으로 추론될 수 없다는 것을 강조한다. 여기서 주어진 변환 항들은 사용된 동서 평균 모형의 특정한 형태의 한 결과라는 것을 간과해서는 안 된다. TEM 방정식에 대한 유사한 에너지 방정식은 다소 다른 변환을 가진다. 따라서 현재 여기서 주어진 에너지의 전환들은 대기의 본질적인 특성이라기보다는 오일러 평균계의 특성이라 할 수 있다.

그럼에도 불구하고 상례적인 오일러 평균 모형은 경압파동의 연구에 있어서 일반적으로 사용되는 방법이기에 여기 그려진 4-상자 에너지 선도는 대순환을 유지하는 날씨 요란의 역할

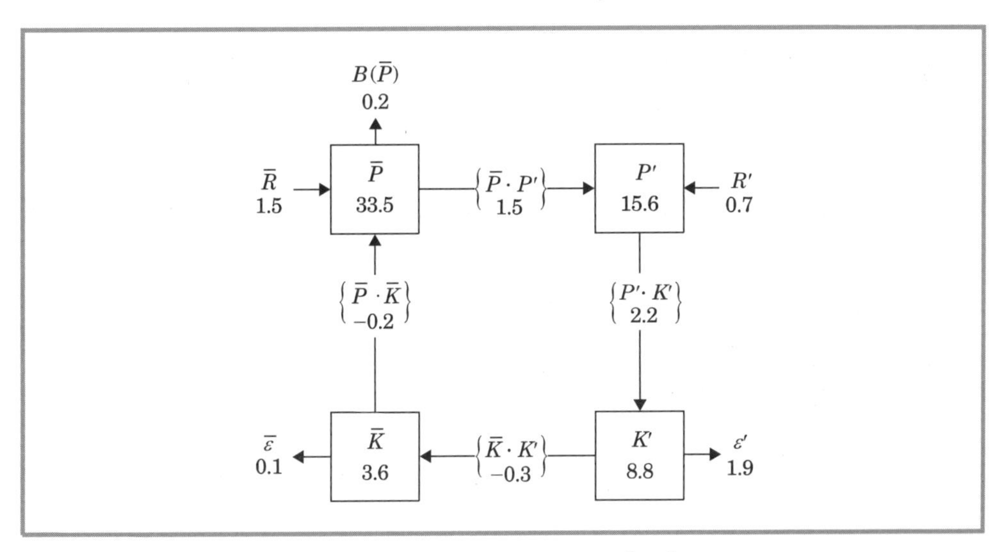

그림 10.14 북반구에서 관측된 평균 에너지 순환. 사각형 안의 수는 10^5 Jm^{-2} 단위의 에너지 양. 화살표 옆의 수는 Wm^{-2} 단위의 에너지 변환율. $B(\overline{P})$는 남반구로의 순 에너지속을 나타낸다. 다른 표시는 본문에 정의되었다(Oort and Peixoto, 1974).

을 설명하는 유용한 그림이다. 그림 10.14에서 요약된 것처럼 관측된 에너지 순환은 다음과 같은 정성적인 모습을 보인다.

1. 동서 평균 비단열 가열은 적도에서는 가열, 극 지역에서는 냉각작용을 통하여 평균 동서 APE를 생성한다.
2. 경압 에디는 따뜻한 공기를 극으로, 차가운 공기를 적도로 수송하고 평균 APE를 에디 APE로 전환시킨다.
3. 동시에 에디 APE는 에디 내에서의 연직 운동을 통해서 에디 KE로 전환된다.
4. 동서 운동 에너지는 $\overline{u'v'}$ 상관에 의한 에디 KE로의 변환에 의해서 주로 유지된다. 이것은 다음 절에서 논의될 것이다.
5. 에너지는 에디 및 평균류 내에서 지표면과 내부 마찰에 의해서 소산된다.

요약하면, 오일러 평균법에 의해 주어진 관측대기 에너지 순환은 경압 불안정 에디들이 중위도에서 에너지 순환을 담당하는 주된 요란이라는 사실을 뒷받침한다. 난류 응력에 의해 소산된 운동 에너지를 재보충시키는 것이 에디이며, 극 지역의 복사부족을 보충하기 위해서 열을 극으로 수송하는 것도 에디이다. 일시적 경압 에디들과 더불어 강제 정체 지형파와 자유 로스비 파 또한 열속을 극으로 수송하는 역할을 담당한다. 반면에 동서 평균 대류에 의한 평균 APE에서 평균 KE로의 직접변환은 중위도 지역에서는 작고 음의 값을 가지며, 적도 지역에서는 양의 값을 갖는다. 이 변환은 적도 지역에서의 평균 해들리 순환을 유지하는 중요한 역할을 한다.

10.5 경도에 따라 바뀌는 시간평균 흐름

지금까지는 대순환의 동서 평균 성분을 중심적으로 다루었다. 경도적으로 균일한 지면을 가진 행성의 경우에 계절적으로 평균적인 흐름은 동서방향으로 대칭적인 순환을 나타낸다. 그 이유는 그러한 가상의 행성에서는 동서방향으로 비대칭적인 일시적 에디(즉, 날씨 요란)들이 통계적으로 경도에 독립적이기 때문이다. 그러나 지구는 대규모의 산악 지형과 대륙-해양 간의 열적 대비에 의해서 경도적으로 비대칭인 지구 규모 시간평균 운동이 강한 강제력을 받게 된다. 정체파(stationary wave)라 불리는 이러한 운동은 특히 북반구 겨울철에 아주 강하게 나타난다.

관측은 대류권 내의 정체파가 일반적으로 상당 순압구조를 가지려 한다는 것을 보여주고 있다. 즉, 파의 진폭은 높이에 따라 증가하나 위상선은 연직적으로 서려 한다는 것이다. 비록 비선형적인 과정이 정체파의 형성과 유지에 중요할 수 있지만 기후학적 정체파형은 강제 순압 로스비 파로 1차 근사될 수 있다. 동서 평균 순환에 중첩될 때 이와 같은 파들은 국지적으로 시간평균 편서풍을 강화 또는 약화시키는데, 이는 다시 날씨계의 요란을 발달, 진행시키는 데 큰 영향을 미친다. 따라서 이것들은 기후학적 흐름의 근본적인 형태를 나타낸다.

10.5.1 정체 로스비 파

시간평균 동서 비대칭 순환 중에서 가장 특징적인 것은 히말라야와 로키 산맥에 의해서 야기된 북반구의 정체 행성파의 모습이다. 이것은 5.7.2소절에서 보여준 것같이 위도 45° 지역에 나타나는 준정체파동의 형태는 평균 편서류가 대규모 지형의 영향을 받을 때 반응하는 강제된 파동으로 1차 근사할 수 있다. 또한 더욱 자세한 분석을 통해 동서 비대칭 열원이 기후적인 정체파 형태의 강제력에 기여한다는 것도 알 수 있다. 그러나 관측된 정체파 형태의 강제력에 영향을 주는 데 있어서 열원과 지형의 상대적인 중요성에 관해서는 논란의 여지가 있다. 두 과정은 비단열 가열이 지형의 영향을 받기 때문에 분리하기 힘들다.

5.7.2소절에서 지형 로스비 파에 대한 논의는 β평면 채널 모형을 이용하였는데, 이때 파동의 전파가 위도에 평행함을 가정했다. 그러나 실제로는 대규모의 지형과 열원은 경도적으로 뿐만 아니라 위도적으로도 한정되어 있다. 그리고 이와 같은 외력에 의한 정체파는 에너지를 남북방향으로 뿐만 아니라 동서방향으로 전파한다. 국지적인 강제에 대한 순압 로스비 파의 정량적인 분석을 위해서 구면 좌표계에서의 순압 소용돌이도 방정식을 이용하고 또한 평균 동서풍의 위도에 따른 변화를 고려하는 것이 필요하다. 이 책에서는 이와 같은 상황에 대한 수학적 분석은 다루지 않는다. 그러나 5.7절의 β평면 분석을 일반화함으로써 이와 같은 경우에 대한 파동 전파의 본질적 특성을 정성적으로 얻을 수 있다. 따라서 특정한 폭의 채널에 파의 전달을 한정하는 가정을 하기보다는 β평면을 남북방향으로 무한대로 확장시키고 로스비 파가 인공적인

장애물로부터 반사됨 없이 남북으로 진행할 수 있다고 가정한다.

자유 순압 로스비 파의 해는 식 (5.109)의 형태이고 식 (5.110) 분산관계를 만족한다. 여기서 l은 남북방향 파수이고 변화를 인정한다. 식 (5.112)에 의하면 주어진 동서 파수 k에 대해 다음과 같이 주어지는 l에 대해서 자유해는 정체적이다.

$$l^2 = \beta/\bar{u} - k^2 \tag{10.65}$$

따라서 예를 들어 임의의 k에서 주로 반응을 야기시키는 독립된 산 위를 흐르는 편서류는 식 (10.65)를 만족하는 양과 음의 l을 갖는 정상파를 만든다. 5.7.1소절에서 살펴보았듯 비록 평균류에 대한 로스비 파의 위상의 전파가 항상 서향이라 할지라도, 군속도의 경우는 그렇지 않다. 식 (5.110)으로부터 군속도의 x와 y성분을 구하면,

$$c_{gx} = \frac{\partial \nu}{\partial k} = \bar{u} + \beta \frac{(k^2 - l^2)}{(k^2 + l^2)^2} \tag{10.66}$$

$$c_{gy} = \frac{\partial \nu}{\partial l} = \frac{2\beta kl}{(k^2 + l^2)^2} \tag{10.67}$$

또한 정체파의 경우 위 식은 (10.65)를 이용하여 다음과 같이 표현될 수도 있다.

$$c_{gx} = \frac{2\bar{u}k^2}{(k^2 + l^2)}, \qquad c_{gy} = \frac{2\bar{u}kl}{(k^2 + l^2)} \tag{10.68}$$

정체 로스비 파의 군속도 벡터는 파동의 마루에 직교한다. 그리고 항상 동향의 동서성분을 가지고 남북성분은 l의 부호가 양이냐 음이냐에 따라 북향 또는 남향이 결정된다. 그 크기는 다음과 같이 나타난다(문제 10.9 참조).

$$|\mathbf{c_g}| = 2\bar{u} \cos \alpha \tag{10.69}$$

그림 10.15에서 보듯이 l이 양일 경우 α는 등위상선과 y축 사이의 각이다.

군속도에 의해 에너지가 전파되므로 식 (10.68)은 국지적인 지형에 반응하는 정체파가 두 개의 파열(wave train)로 구성됨을 보인다. 즉, $l>0$일 경우 동쪽과 북쪽으로 확장되며 $l<0$ 경우 동쪽과 남쪽으로 확장된다. 그림 10.16는 구면 기하학을 사용하여 계산한 경우를 나타낸다. 개개의 골과 마루의 위치가 정체파의 경우 고정되지만, 이 예에 있어서 파열은 시간이 경과해도 소멸되지 않는데 이것은 소산효과가 원천으로부터의 로스비 파 군속도에 의한 에너지 전파와 상쇄되기 때문이다.

대기 내 기후학적 정체파의 분포에 대한 여기(excitation)의 원인은 지구의 수많은 지형적, 열적 요인에 의한 것이다. 따라서 파동의 전파에 관한 정확한 진로를 파악하는 것은 쉽지 않다. 그럼에도 구면 기하학을 이용한 상세한 계산은 2차원 순압 로스비 파의 전파가 관측되는 중위

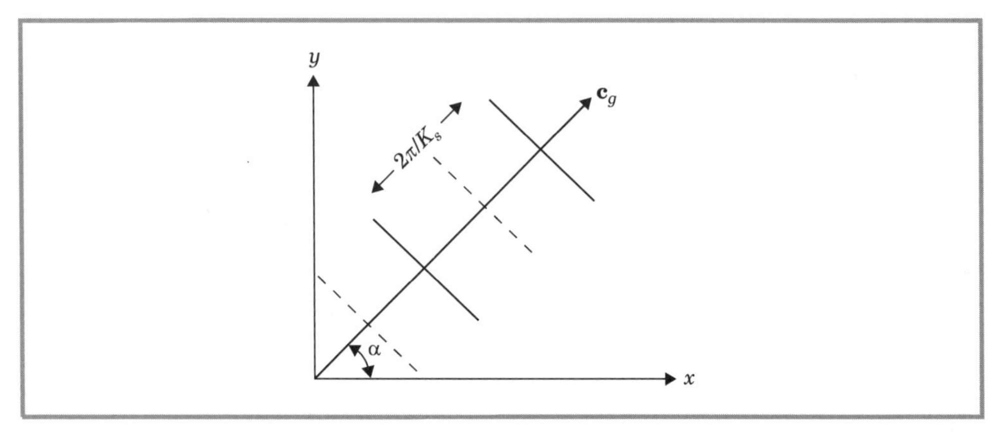

그림 10.15 편서풍 흐름에서 정체성 평면 로스비 파. 마루(실선)와 골(점선)은 y축에 대해 α 각을 가진다. 지면에 대한 군속도 c_g는 x축에 대해서 α의 각을 가진다. 파장은 $2\pi/K_s$이다(Hoskins, 1983).

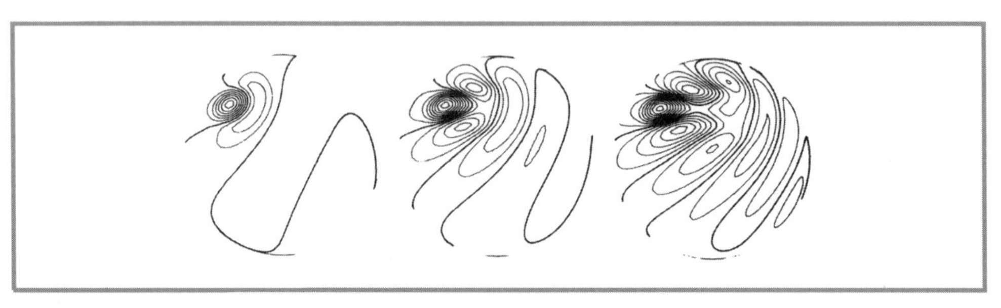

그림 10.16 일정한 각속도의 편서풍이 북위 30°와 서위 45°에 중심을 둔 원형 강제에 부딪힐 때, 구면에 발생한 소용돌이도 패턴. 왼쪽에서 오른쪽으로 그림은 강제력이 있은 후 2, 4, 6일 후의 반응을 나타낸다. 5개 등고선 간격은 만약 파의 진행이 없다면 하루에 일어날 수 있는 최대 소용돌이도 반응에 해당한다. 굵은 선은 0인 등고선이다. 그림은 무한대에서 바라볼 때 구에 투영된 것이다(Hoskins, 1983).

도 시간평균 흐름의 동서 대칭으로부터의 일탈을 1차 근사적으로 보여준다.

고립된 지형구조에 의해 여기된 로스비 파는 운동량 수지에도 중요한 역할을 담당한다. 식 (5.109)에서 진폭계수 Ψ가 실수라 하면 남북 운동량속은 다음과 같이 표현된다.

$$\overline{u'v'} = -\overline{(\partial\psi'/\partial x)(\partial\psi'/\partial y)} = -\Psi^2 kl/2$$

식 (10.68)로부터 만일 $\bar{u} > 0$이라면 다음을 증명할 수 있다.

$$c_{gy} > 0\text{이면 } \overline{u'v'} < 0$$
$$c_{gy} < 0\text{이면 } \overline{u'v'} > 0$$

그러므로 편서 운동량은 파의 생성지역으로 수렴한다(에너지속이 발산하는 곳). 이 에디 운동량속 수렴은 10.3절에서 논의된 기압 토크 기구를 통해 지면으로 사라지는 운동량과 균형을 이루는 데 필요하다.

10.5.2 제트류와 스톰 경로

정체파와 관련된 경도적으로 비대칭인 지오퍼텐셜의 편차가 동서 평균된 지오퍼텐셜의 분포에 더해질 때, 국지적으로 남북 지오퍼텐셜 경도가 강화된 시간평균장이 나타나며, 이에 따라 북반구의 아시아와 북아메리카 제트류가 강화된다. 이 두 제트의 존재는 그림 6.3에서와 같은 1월 500-hPa 지오퍼텐셜 고도 장으로부터 추측할 수 있다. 기압골과 관련된 강한 지오퍼텐셜의 남북경도가 아시아와 북아메리카 대륙의 동쪽의 중심에 위치하고 있다(연평균장에서도 강도는 약하지만 같은 모습을 찾을 수 있다). 이와 같이 반영구적인 골과 관련된 동서류가 그림 6.2에 나타나 있다. 서태평양과 서대서양에서의 이 두 강한 제트 중심과 더불어 북아프리카와 중동에 중심을 둔 약한 제트도 있다. 그림 6.2는 제트류 구조에 나타나는 동서 대칭성으로부터의 큰 편차를 단적으로 잘 보여준다. 중위도 지역에서 동서류의 크기는 아시아 제트의 중심 부근과 북아메리카의 서쪽에 풍속이 약한 곳과는 3배 이상의 차이가 있다.

위에서 언급한 것처럼 비록 아시아 북아메리카 제트가 중첩된 기후학적 정체파의 분포가 주로 지형적인 영향을 받지만, 제트 구조는 대륙-해양 간의 열적 차이에 의해서도 영향받음을 알 수 있다. 따라서 아시아와 북아메리카 제트의 강한 연직 시어는 남동의 따뜻한 해수와 북서의 차가운 육지의 대조에 의한 겨울 동안 아시아와 북아메리카 대륙의 동안에 형성되는 온도의 강한 남북구배에 의한 온도풍 균형을 반영한다. 그러나 제트류의 만족할 만한 설명을 하기 위해서는 열적 구조뿐만 아니라 제트 입구에서는 서풍이 가속되고 출구에서는 속도가 감속되는 효과도 고려해야 한다.

제트류에서의 운동량 수지와 관측된 일기분포와의 관련성을 이해하기 위해 β 효과를 무시한 동서성분 운동방정식을 식 (6.38) 형태로 나타낸다.

$$\frac{D_g u_g}{Dt} = f_0(v - v_g) \equiv f_0 v_a \tag{10.70}$$

여기서 v_a는 비지균풍의 남북성분이다. 이 식은 공기 덩이가 제트 입구에서는 편서가속($Du_g/Dt > 0$)이 극향 비지균풍 성분($v_a > 0$)에 의해서만 나타나고, 반대로 제트의 출구에서는 편동가속이 적도를 향하는 비지균풍 성분에 의해서만 나타난다는 것을 의미한다. 이와 같은 남북류는 그림 10.17에서 보는 것처럼 연직순환을 동반하게 된다. 이와 같은 2차 순환은 제트 중심으로 향하는 쪽에서 열적인 직접순환이다. 관측되는 동서류의 가속을 위해서는 v_a의 크기가 2 ~ $3\,\mathrm{ms}^{-1}$ 정도여야 한다. 이 값은 중위도 지역에 우세한 동서 평균 간접순환인 페렐 세포보다 한 차수 정도 큰 반면에, 제트 중심으로부터 나오는 쪽에서의 2차 순환은 열적인 간접순환이지만, 페렐 세포보다 훨씬 강하다. 제트의 극 쪽(사이클론적 시어가 있는)의 연직 운동 형태는

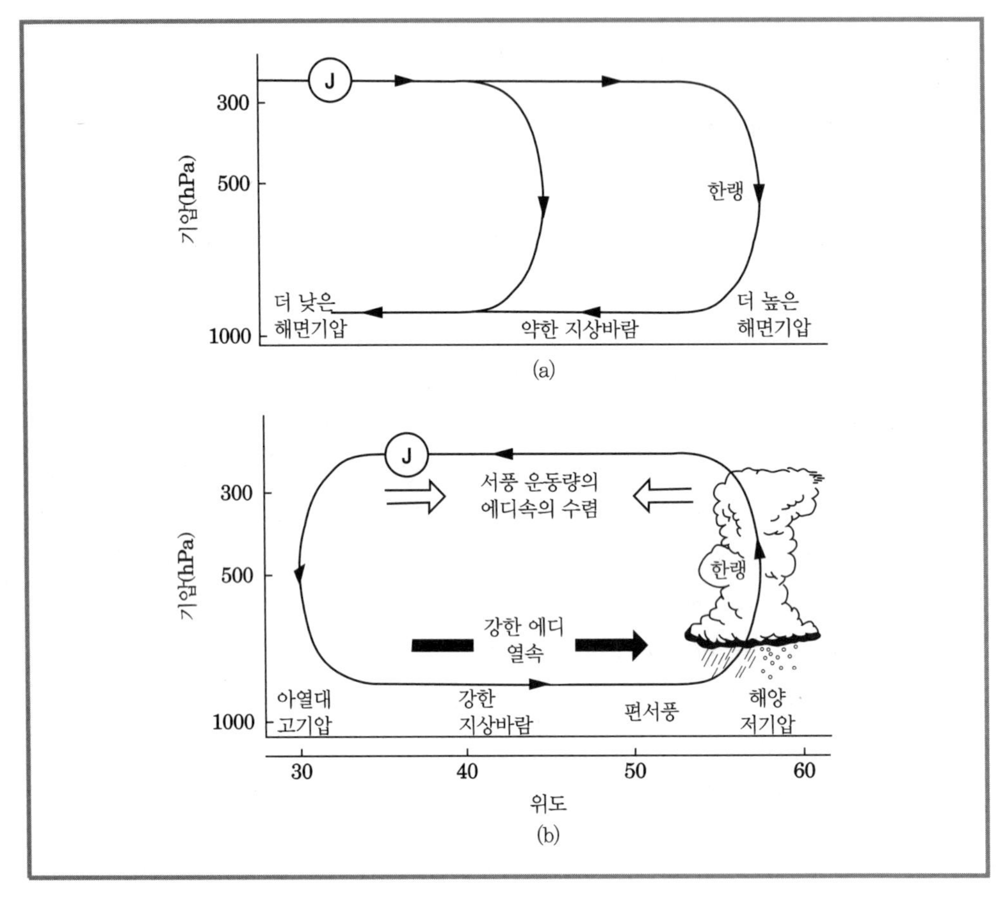

그림 10.17 시간평균 2차 남북순환(연속적인 얇은 선)과 제트류 중심(J라고 표시)으로부터 (a) 상류 쪽과 (b) 하류 쪽에 위치한 제트류와의 관계를 나타내는 남북 단면도(Blackmon et al., 1977, 미국기상학회의 허가를 받아 재사용함).

제트와 관련된 정체골 지역의 서쪽에서 하강하고 골의 동쪽에서 상승한다는 의미에서 깊은 일시 경압 에디와 관련된 연직 운동과 유사하다는 것은 흥미롭다(그림 6.18를 참조).

경압적으로 불안정한 종관규모 요란의 성장률이 온도풍의 강도에 비례하므로 태평양과 대서양의 제트류 지역이 저기압 발달의 중요한 근원지임은 놀라운 것이 아니다. 전형적으로 일시 경압파는 제트의 입구 지역에서 발달하고 제트가 흘러가는 방향으로 이류되면서 성장하고 출구 지역에서 소멸한다. 제트의 구조를 유지하는 데 있어서 이러한 일시 에디들의 역할을 이해하는 것은 다소 복잡하다. 폭풍경로에서 극으로 향하는 강한 일시 에디 열속은 기후적인 제트를 약화시키는 반면, 대류권 상층에서 일시 에디 소용돌이도속은 제트의 구조를 유지해준다. 두 경우 모두 제트와 관련된 2차 비지균 순환은 평균적인 열 및 운동량 균형을 유지하기 위해서 일시 에디속의 영향과 부분적으로 균형을 이루려 한다.

10.6 저주파 변동

대순환을 이해하기 위해서는 동서 평균된 파동 및 정체파동 성분과 그들의 연주기 변동뿐만 아니라 개개의 일시적 에디보다 긴 시간규모의 불규칙적인 변동성도 고려하여야 한다. **저주파 변동**(low-frequency variability)이란 그러한 대순환의 성분을 의미하는 용어이다. 저주파 변동은 7~10일 정도 주기의 날씨 편차에서 수년 주기의 변동까지 다양하다(11.1.6소절 참조).

대기의 저주파 변동의 가능한 요인으로는 해수면 온도(SST)의 편차 강제를 꼽을 수 있는데, 이 해수면 온도 편차는 대기와 해양의 상호작용으로부터 기인한다. 해양 혼합층의 큰 열적 관성 때문에 이러한 해수면 온도 편차들은 대기의 아계절적(subseasonal) 변동보다 더 큰 시간규모를 갖게 되며, 해수면 온도 편차는 계절 또는 경년 시간규모 변동에서 커다란 중요성을 갖는 것으로 여겨진다.

그러나 아계절적 시간규모를 가지는 변동성은 비록 해수면 온도 편차가 특정한 형태의 변동의 발생을 선호하지만 중위도 지역에서 내부 비선형 대기역학의 결과로 해수면 온도 편차에 의한 강제 없이도 발생된다고 본다. 내부적으로 생산된 저주파 변동의 일례로는 고주파 일시파의 위치 소용돌이도속에 의한 대규모 편차의 강제가 있다. 이 과정은 소위 저지(blocking) 형태라 불리는 고진폭 준정체파 요란의 유지에 중요한 요소이다. 일부 저지는 **고립파**(solitary wave)라 불리우는 특별한 비선형 파형과 관련성이 있는데, 이것은 로스비 파 분산에 의한 감쇄가 비선형 이류에 의한 강화와 균형을 이룬다. 비록 대부분의 내부기구들이 비선형성을 가지며, 경도적으로 변하는 시간평균 흐름이 공간적으로 정체됐지만 저주파에서 진동을 하는 선형 순압 정상모드에 대해 불안정할 수 있다는 일부 증거가 있다. 전지구적 규모의 그러한 모드는 관측된 원격상관(teleconnection pattern)에 영향을 줄 수 있다.

10.6.1 기후 체계

중위도 순환이 강한 동서류와 약한 파를 가진 순환인 소위 높은 지수상태와 반대로 약한 동서류와 큰 진폭의 파를 가진 순환인 낮은 지수상태를 교대로 나타내는 것은 오랫동안 관측되었다. 이러한 현상은 주어진 외력에 대해 하나 이상의 기후 체계가 존재한다는 것과 관측된 기후는 카오스적으로 이러한 체계 사이를 오간다는 것을 의미한다. 준안정 대기의 기후 체계가 높은 지수, 낮은 지수 상태와 실제로 어떻게 구분되는지는 논란의 여지가 있는 문제지만, 2개의 준안정류 체계 사이의 진동에 대한 일반적인 개념은 실험으로 설득력 있게 보일 수 있다.

기후 체계의 개념은 Charney와 DeVore(1979)에 의한 단순한 대기모형을 통해 보일 수 있다. 이들은 감쇄되는 지형 로스비 파가 동서 평균류와 상호작용을 할 때 나타나는 평형 평균상태를 연구하였다. 그들의 모형은 5.7.2소절에 주어진 지형성 로스비 파 분석의 연장이다. 이 모형에서 파의 요란은 식 (5.118)에 의해 지배를 받는데, 이 식은 약한 소멸이 고려된 순압 소용돌이도 방정식 (5.113)의 선형화된 형태이다. 동서 평균 흐름은 순압운동량 방정식에 지배된다.

$$\frac{\partial \bar{u}}{\partial t} = -D(\bar{u}) - \kappa(\bar{u} - U_e) \tag{10.71}$$

여기서 오른쪽의 첫 번째 항은 파들과 평균류 간의 상호작용에 의한 강제력을, 두 번째 항은 외적으로 결정되는 정상상태 흐름 U_e로의 선형적인 이완을 나타낸다.

동서 평균 방정식 (10.71)은 흐름을 동서 평균과 에디 부분으로 분리하고 동서 평균함으로써 식 (5.113)으로부터 얻는다.

$$\frac{\partial}{\partial t}\left(-\frac{\partial \bar{u}}{\partial y}\right) = -\frac{\partial}{\partial y}\left(\overline{v_g{}'\zeta_g{}'}\right) - \frac{f_0}{H}\frac{\partial}{\partial y}\left(\overline{v_g{}'h_T}\right)$$

y에 관해 적분하고 외부 강제항을 더하면 식 (10.71)과 다음의 식을 얻는다.

$$D(\bar{u}) = -\overline{v_g{}'\zeta_g{}'} - (f_0/H)\overline{v_g{}'h_T} \tag{10.72}$$

문제 10.5에서 보여주는 바처럼 에디 소용돌이도속[식 (10.72) 오른쪽의 첫 번째 항]은 에디 운동량속의 발산에 비례한다. 때때로 **형체항력**(form drag)이라 불리는 두 번째 항은 순압모형에서 각운동량 균형 방정식 (10.43)의 지면 기압 토크항과 상응한다.

만약 h_T와 에디 지균 유선함수가 식 (5.115), (5.116)에서 주어진 것같이 각각 x, y방향으로 단일 조화파로 이루어졌다면, 소용돌이속은 무시되고, 식 (5.119)을 이용하여 형체항력은 아래와 같이 나타낼 수 있다.

$$D(\bar{u}) = -\left(\frac{f_0}{H}\right)\overline{v_g{}'h_T} = \left(\frac{rK^2 f_0^2}{2\bar{u}H^2}\right)\frac{h_0^2\cos^2 ly}{\left[(K^2 - K_s^2)^2 + \varepsilon^2\right]} \tag{10.73}$$

여기서, r은 경계층 소산에 따른 선회감소율, ε는 식 (5.119) 아래에서 정의되며 K_s는 식 (5.112)에서 정의되었던 공명 정체 로스비 파 수이다.

그림 10.18에서 보는 바와 같이 식 (10.73)으로부터 형체항력은 $\bar{u} = \beta/K^2$일 때 최대이다. 반면에 (10.71)의 오른쪽의 마지막 항은 $\bar{u}$가 증가함에 따라 선형적으로 감소한다. 따라서 적절한 매개변수에 대해 파응력(wave drag)이 외적 강제와 균형을 이뤄 정상상태 해가 존재하는 3개의 $\bar{u}$가 가능하다(그림 10.18에서 점 A, B, C). 해를 점 A, B, C의 주변에 이동시켜 봄으로써, B는 불안정한 평형이고 반대로 A와 C는 안정적인 평형에 해당한다는 것을 쉽게 증명할 수 있다(문제 10.12). 해 A는 저지체계와 유사한 큰 진폭의 파를 갖는 낮은 지수 평형에 해당하며, 해 C는 강한 동서류와 약한 파를 갖는 높은 지수 평형에 해당한다. 따라서 이와 같은 간단한 모형에서 동일한 강제에 의한 두 가지 '기후'가 가능하다.

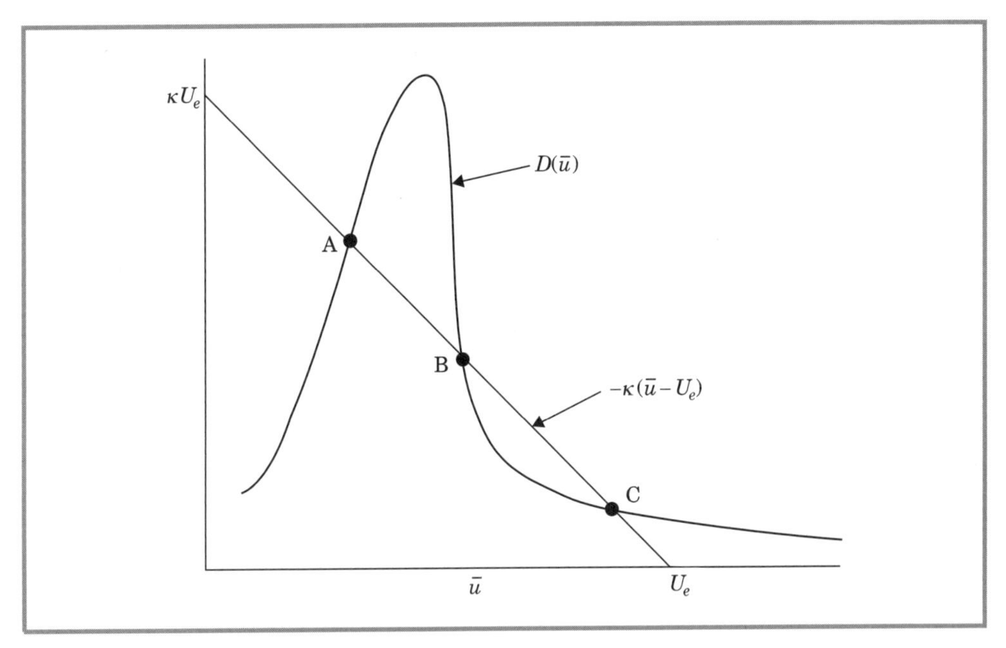

그림 10.18 차니-디보어 모형의 도식적인 정상상태의 해(Held, 1983).

차니-디보어(Charney-DeVore) 모형은 대단히 단순화된 대기모형으로, 많은 자유도를 갖는 모형들은 일반적으로 여러 개의 정상해를 갖지 않는다. 오히려 그러한 모형들은(비정상) 해가 임의의 기후 체계로 군집하는 경향이 있으며 예측하기 힘든 방법으로 기후 체계 사이를 이동한다. 이것은 광범위한 비선형 역학계의 특징이며, 일반적으로 **카오스**(chaos)라고 알려져 있다(13.7절 참조).

10.6.2 고리 모드

차니-디보어 모형에 두 번째 남북 모드가 합해지면, 양반구의 중위도 대기순환 변동성의 선행 모드들과 정성적으로 닮은 진동해를 구한다(MATLAB 연습문제 M10.2를 보라). **고리 모드**(annular mode)라 불리는 이러한 관측된 모드들의 특징은 극과 중위도 지역에서 서로 반대 부호의 지오퍼텐셜 편차를 가지며 위도 45°의 적도방향과 극방향에서 반대의 동서류 편차 부호를 갖는 것이다(그림 10.19). 고리 모드는 대류권에서는 일년 내내 존재하나, 성층권으로 잘 확장되는 겨울철, 특히 북반구에서 가장 강하다. 고리 모드와 관련한 동서 대칭 평균류 편차는 스스로 동서 대칭 흐름 편차에 의해서 영향을 받는 에디 운동량속 편차에 의해 유지된다.

겨울철 고리 모드의 하강전파에 관한 증거가 있는데 이는 성층권에서의 순환변화가 대류권에서의 고리 모드를 선행할 수 있음을 암시한 것이다. 성층권과 대류권 간의 역학적 관계는 제12장에서 다시 다룬다.

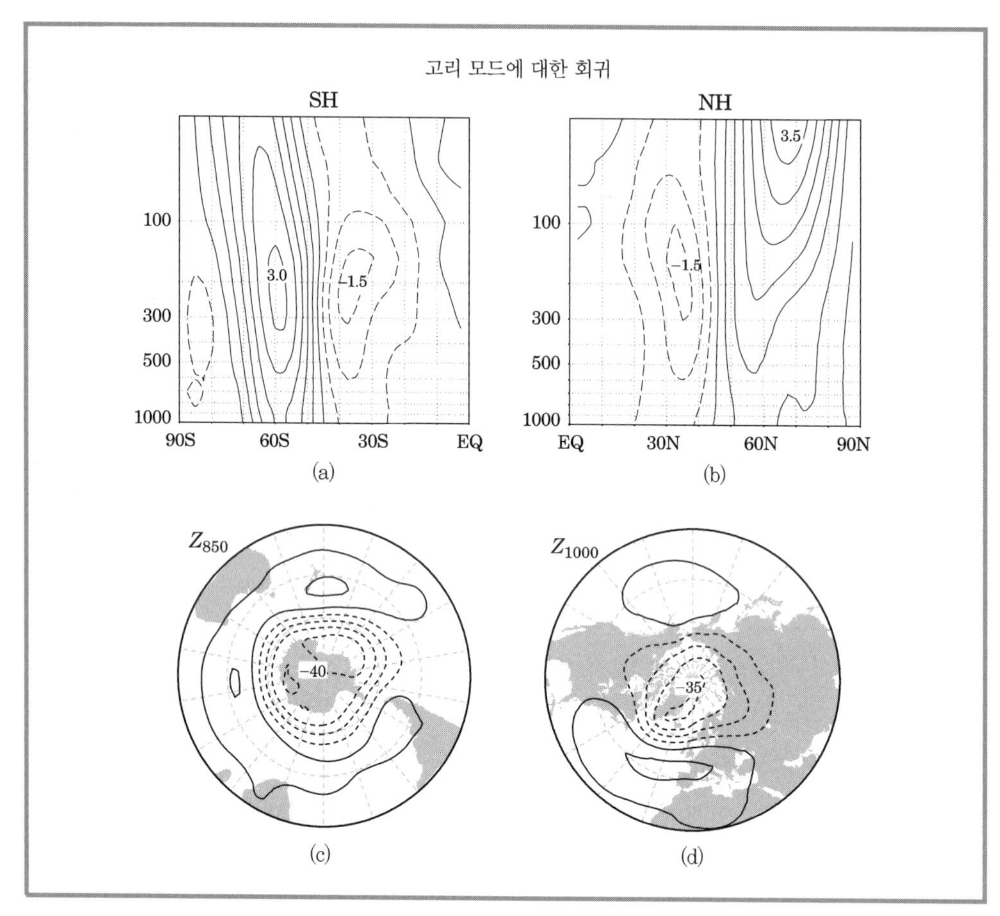

그림 10.19 (위) 평균-동서바람에 대한 원형 모드 편차의 전형적인 크기를 보여주는 경도-고도 단면도(세로는 hPa로 표현된 기압이며 등치선의 간격은 0.5 ms^{-1}). (아래) 대류권 하부 지오퍼텐셜 고도(등치선 간격 : 10 m). (왼쪽) 남반구, (오른쪽) 북반구. 위상은 높은 지수상태(강한 극 소용돌이)에 해당한다. 낮은 지수상태는 반대 부호의 편차를 갖는다(Thompson and Wallace, 2000, 미국기상학회의 허가를 받아 재사용함).

10.6.3 해수면 온도 편차

해수면 온도(SST) 편차는 해양으로부터의 숨은 열(잠열)과 느낌열(현열) 속의 교환을 변화시키고 이상 가열 형태를 만들어냄으로써 대기에 영향을 준다. 전구적인 규모반응을 일으키는 이와 같은 해수면 온도 편차의 효율성은 로스비 파를 만들어내는 능력과 관련이 있다. 열적 편차는 소용돌이도장을 흔들어 놓음으로써 로스비 파 반응을 유도해낸다. 여기에는 열적 편차가 연직 운동장 편차를 유도하고, 연직 운동은 다시 소용돌이 튜브 스트레칭 편차를 유도해야 하는 과정이 필요하다.

저주파 요란의 경우 열역학 에너지 방정식 (10.5)는 다음과 같이 근사된다.

$$\boldsymbol{V} \cdot \nabla T + wN^2HR^{-1} \approx J/c_p \tag{10.74}$$

따라서 비단열 가열은 수평 온도이류나 연직 운동에 의한 단열냉각에 의해 균형을 이룬다. 로스비 파를 만들어내기 위한 해수면 온도 편차에 의한 비단열적 가열의 능력은 이 두 가지 과정 중 어느 것이 더 우세한가에 의해 결정된다. 중위도 지역에서 해수면 온도 편차는 주로 하층 가열을 유도하고 이것은 대부분 수평 온도이류에 의해 균형을 이룬다. 적도 지역에서의 양의 해수면 온도 편차는 대류의 강화와 관련이 있고 그 결과로 발생한 비단열 가열은 단열냉각에 의해 균형을 이룬다. 적도의 편차는 서태평양 지역에서 가장 큰 영향을 주는데, 이는 이 지역이 평균적으로 해수면 온도가 높아서 작은 양의 편차에 의해서도 강한 증발을 유발하기 때문이다. 이러한 현상은 온도에 따른 포화 수증기압이 지수적으로 증가하기 때문이다. 질량의 연속성에 의해 적운 대류에서의 상향운동은 대류권 하층에서의 수렴과 상층에서의 발산을 유도한다.

하층의 수렴은 주변을 습윤하게 하고 불안정하게 하여 대류를 유지시키며 상층에서의 발산은 소용돌이도 편차를 일으킨다. 평균류가 상층 발산지역에서 편서풍 지역이면, 강제된 소용돌이도 편차는 정체 로스비 파열을 만들며, 이러한 편차에 의한 북반구 겨울철 상층 대류권 고도의 관측 편차[Pacific North America Pattern(PNA)라 불리는]가 그림 10.20에 나타나 있다. 순압 로스비 파 이론(10.5.1소절)에 의해 이미 예측되듯이, 이 패턴은 적도의 생성지역으로부터 방사되어 대원을 따라 줄지어 전파되는 정체 로스비 파의 파열이다. 이와 같은 방법으로 적도의 해수면 온도 편차는 중위도 지역에 저주파 변동을 생성해내는데, 해수면 온도 편차와 내부변동의 영향이 완전히 독립적이지 않을 수 있다. 특히 대기는 해수면 온도 편차가 없는 경우보다 그림 10.20과 같은 형태와 연관된 편차 흐름의 체계 속에 존재하려는 경향이 더 강하다.

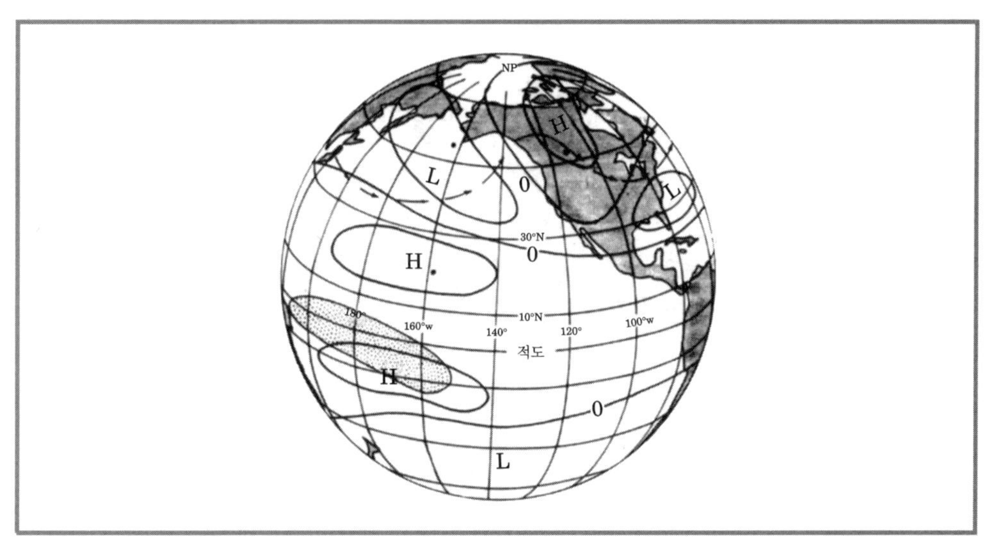

그림 10.20 적도 태평양의 ENSO 동안 북반구 겨울에서 중, 상층 대류권 고도 편차의 PNA 패턴. 적도 강수가 증가한 지역은 그림자로 나타냈으며, 화살표는 편차 상태에 대한 200-hPa 유선을 나타낸다. H와 L은 각각 고, 저기압 편차를 표시한다. 정체성 로스비 파 이론에 의해 예측되듯이 편차 패턴은 군속도의 동쪽 성분을 따라 큰 원 경로를 따라 진행한다(Horel and Wallace, 1981, 미국기상학회의 허가를 받아 재사용함).

10.7 대순환 수치 실험

대기의 상태를 실험실에서 모두 같이 재현할 수 없기 때문에 현재 기후를 정량적으로 모사하거나 의도적이거나 또는 비의도적인 인간 활동에 의한 기후변화를 예측하기 위해서는 슈퍼컴퓨터를 이용하여 수치적 모사를 하는 것이 유일한 실용적인 방법이다. 대기 대순환 모형(Atmospheric General Circulation Model, AGCM)은 종관규모 날씨 요란을 명시적으로 모사한다는 점에서 대규모 수치예보 모형과 유사하다(제13장을 보라). 그러나 날씨예보는 특정한 초기상태로부터 흐름의 전개가 요구되는 **초기값**의 문제인 반면, 대순환 모델링은 평균순환을 특정한 외적 강제조건에 대해 계산하는 **경계값**의 문제이다.

대부분의 AGCM들은 해면온도를 주어진 강제력으로 처리한다. 물론 실제로는 대기와 해양은 강한 상호작용을 한다. 바람은 해류를 이끌고 또 해류는 해면온도에 영향을 미치며 해면온도는 또다시 대기에 영향을 준다. 이와 같은 상호작용은 **접합대순환 모형**을 이용하여 모사할 수 있는데 이러한 모형을 지구시스템 모형(ESM)이라고도 한다. 이 모형들은 대기를 해양, 지면, 생물권, 빙권 등과 같은 다른 기후시스템의 구성 성분들과 연결시키는 플럭스 커플러를 갖고 있다. AGCM의 역학적 핵심부분은 기상역학 방정식의 수치해를 포함하며 구면에서 구할 수 있는 분석적 비선형 해와 비교될 수 있는데, 이와는 달리 완전히 접합된 시스템에서는 알려진 해가 없다. 그러므로 ESM들에 있어서 검증은 모사된 예측과 기상장비에 의해 관측이 실시된 이후의 관측 자료와의 비교를 통해 일반적으로 이루어진다.

대기모형 상호비교 사업(AMIP)은 모사의 여러 가지 면을 지정함으로써 다양한 모형들의 성능을 비교하도록 하는 표준실험 설계 방안을 마련한다. 실험에서는 해면온도와 해빙 경계조건를 주어지며 더불어 오존과 이산화탄소와 같이 복사학적으로 중요한 기체들의 농도도 설정한다. 마찬가지로 접합모형 상호비교 사업(CMIP)에서도 ESM들을 비교하기 위한 규정을 마련한다. 수집된 AMIP와 CMIP 자료들은 기후연구와 모형 상호비교를 위한 여러 가지 유용한 정보들을 제공해왔으며, 이들 자료는 웹을 통하여 무료로 얻을 수 있다.

AGCM들과 ESM들의 발달에 관한 관심은 기초연구뿐만 아니라 미래기후를 예측하는 데 대한 사회적 관심을 이끈다. 기후변화에 관한 정부간 협의체(IPCC)로부터의 주기적인 보고서는 모형들에 의한 예측을 잘 요약하고 있을 뿐만 아니라 기후 연구에 관한 최신의 결과들을 심도있게 정리하고 있다. 이 보고서에 의하면 산업혁명 이전과 비교하여 이산화탄소가 2배가 되었을 때 전구평균 지상 온도는 2.0 ~ 4.5℃ 상승할 것으로 예측한다. 온난화는 실제로 이보다 더 클 수 있다는 작지만 무실할 수 없는 가능성을 예측하고 있다. 기후민감도에 관한 소개를 다루는 10.8절에서는 이렇게 넓은 폭의 불확실성이 왜 생기는지에 관한 기초적 이해를 다룰 것이다.

이러한 엄청난 복잡성과 많은 중요한 적용 때문에 대순환 모델링은 짧게 소개하기는 매우 힘든 전문적인 영역이 되었다. 여기서 우리는 단지 가장 중요한 물리적 과정들에 관한 요약과 기후 모델링에 적용한 예만 살펴본다. 수치예보 모형의 형식에 관한 기술적인 면은 제13장에 간단히 소개된다.

10.7.1 역학적 편성

대부분의 GCM은 10.3.1소절에서 도입한 σ-좌표계로 표현된 원시 방정식을 기본으로 한다. 그 절에서 언급했듯이 σ-좌표계는 기압 좌표계의 역학적 이점을 가지면서도 지표에서의 경계조건을 쉽게 처리한다.

σ-좌표계 GCM의 최소한의 예측 방정식은 수평 운동방정식 (10.30), 연속 방정식 (10.34), 열역학 에너지 방정식 (10.36), 그리고 아래와 같이 정의한 수증기 연속 방정식을 포함한다.

$$\frac{D}{Dt}(q_v) = P_v \tag{10.75}$$

여기서, q_v는 수증기 혼합비, P_v는 모든 생성(source)과 소멸(sink)의 합이다. 더불어 지오퍼텐셜과 온도 장 간의 진단 관계를 얻기 위해서 정역학 방정식 (10.35)를 이용한다. 마지막으로, 지표기압 $p_s(x, y, t)$을 예단하기 위한 관계식도 필요하다. 이것은 식 (10.34)를 연직적으로 적분한 후, $\sigma=0$, 1에서 $\dot{\sigma}=0$을 경계조건으로 사용하여 얻는다.

$$\frac{\partial p_s}{\partial t} = -\int_0^1 \nabla \cdot (p_s \boldsymbol{V}) d\sigma \tag{10.76}$$

연직변화는 일반적으로 대기를 여러 개의 층으로 나눈 후 유한 차분법을 이용하여 표현한다. AGCM들은 일반적으로 지상에서 고도 30 km까지 1 ~ 3 km 간격의 층을 가진다. 그러나 일부 모형들은 거의 중간권계면까지 확장되어 더 많은 층을 갖기도 한다. 또한 GCM의 수평격자는 수백 km 정도에서 100 km 이하까지 매우 다양하다.

10.7.2 물리적 과정과 매개변수화

전형적인 GCM에 표현된 다양한 형태의 지표와 대기 과정들과 이러한 과정들 간의 상호 작용을 그림 10.21에 나타냈다. 많은 물리적 과정 중 특히 중요한 과정은 (1) 복사, (2) 구름과 강수, (3) 난류 혼합과 교환 등이다.

10.1절에서 언급했듯이 대기순환을 이끄는 기본적 과정은, 적어도 겨울반구의 저위도에서는 지표에서 흡수하는 태양복사가 외계로 방출되는 장파복사보다 큰 반면, 고위도에서는 장파복사가 태양복사보다 크기 때문에 생기는 부등복사 가열이다. 대기와 해양의 대순환은 열적 균형을 만족시키기 위해서 열을 남북 또는 연직적으로 전달한다.

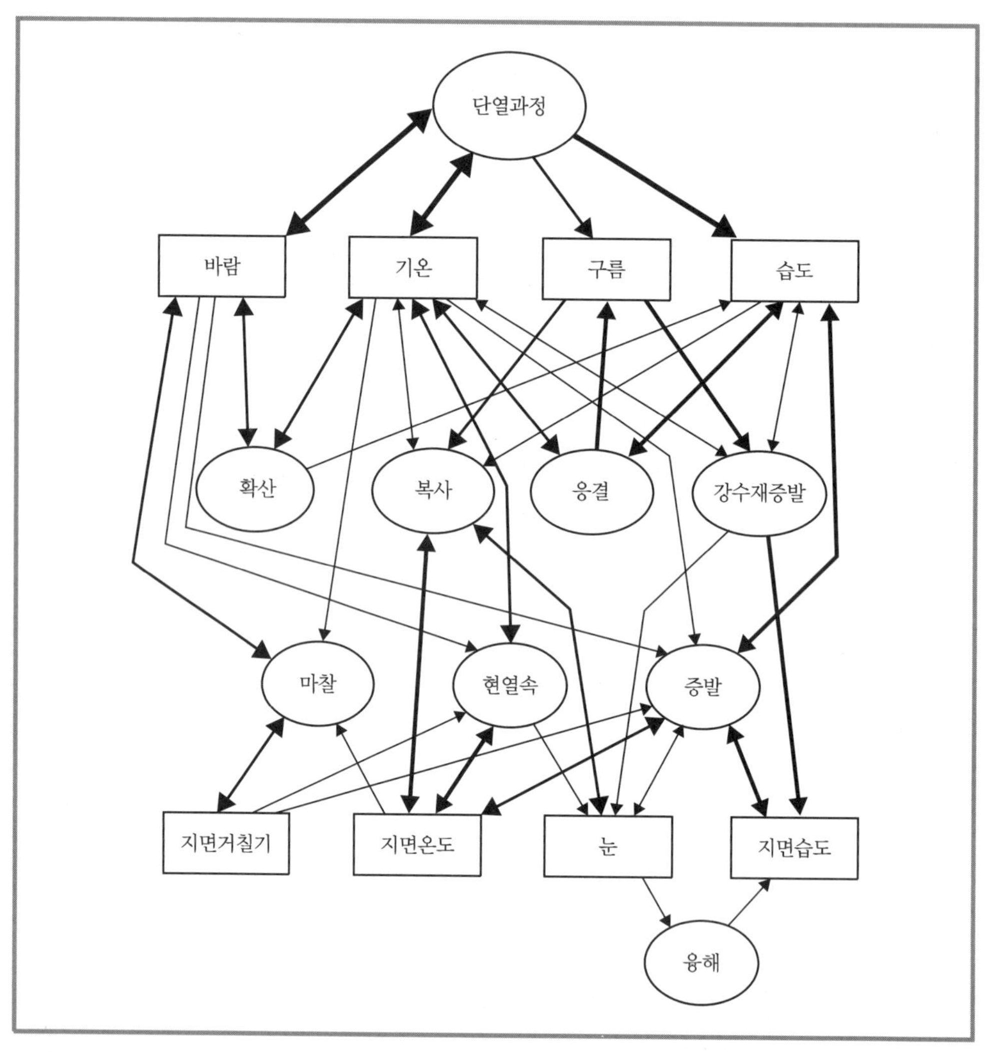

그림 10.21 AGCM들에 일반적으로 포함되는 과정과 그들 간의 상호작용을 나타내는 도식적 그림. 각 화살표의 두께는 특정 화살표가 나타내는 상호작용의 중요성을 대략 나타낸다(Simmons and Bengtsson, 1984, 케임브리지대학교의 허가를 받아 사용함).

지표에서 흡수된 태양복사의 절반은 물을 증발시키는 데 사용되며, 이로써 대기는 수분을 유지한다. 주로 대류운과 관련된 잠열 방출로 태양에 의한 복사가열은 대기로 열을 전달한다. 전구 증발 분포는 해수면 온도의 분포를 따르는데, 해수면 온도 자체는 해수순환은 물론이고 대기와의 상호작용에 따른다. 이것이 왜 스스로 해면온도를 예측하는 접합 대기-해양 GCM을 돌리는 것이 대규모 대기-해양이 기후에 미치는 영향을 이해하는 데 중요한가를 설명한다. 그러나 현재 대부분의 대기 AGCM들은 월별, 계절별 평균 해수면 온도를 경계조건으로 사용하는 반면에, 육지 위에서 지표 온도는 태양과 적외 복사의 변화에 매우 빨리 조정되기 때문에 지표 에너지 균형 방정식으로 결정한다.

태양복사에 의한 대기복사 가열과 장파 열 복사에 의한 가열과 냉각은 난이도가 다양한 복사전달 모형으로 계산한다. 이산화탄소, 오존, 심지어는 구름과 같이 복사에서 중요한 성분의 동서 평균 분포 등도 종종 다뤄진다. 그러나 보다 더 완벽한 모형들은 코드 안에 동서 및 시간에 따라 변화하는 예측된 구름을 이용한다.

운동량, 열, 수분 등의 경계층 속은 대부분 AGCM에서 총체 공기역학 방법(8.3.1소절 참조)을 이용해서 매개변수화한다. 전형적으로 속은 대기의 가장 낮은 층에서의 수평속도와 경계에서 가장 낮은 층에서의 장변수 간의 차이를 곱한 값에 비례하도록 한다. 일부 모형에서는 저층 2km 이내에 여러 개의 층을 놓고 모형이 예측한 경계층 정적 안정도를 이용함으로써, 난류속의 매개변수화에 경계층을 명시적으로 분해한다.

물 순환은 보통 매개변수화와 명시적인 예측의 조합으로 표현되며, 수증기 혼합비는 일반적으로 명시적으로 예측되는 장의 하나이다. 층운과 대규모 강수의 분포는 습도분포로 결정되는데 예측된 습도가 100%를 초과할 때 그 초과분이 응결하는 것으로 한다. 대류운과 강수들의 분포를 나타내는 데에는 평균상태의 열과 습도구조를 이용한 매개변수화가 사용되어야 한다.

10.8 기후민감도, 되먹임, 불확실성

이전에 살펴봤듯이 ESM들은 이산화탄소의 농도가 산업혁명 이전에 비하여 2배가 되었을 때 기온이 3℃ 가량 증가된다고 보았다. 그러나 예측은 더 더운 쪽으로 긴 꼬리를 갖는 비대칭 확률분포를 보인다. 이러한 불확실성의 원인을 이해하기 위하여 지구시스템의 열수지를 변화시키는 부과된 강제력에 의해서 한 평형상태에서 다른 평형상태로 지구 평균 기온이 변화는 것으로 전형적으로 정의되는 기후민감도에 관해서 재검토해보자. 변화가 적다고 가정하면 테일러 급수에 의한 기온의 첫 번째 근사는 다음과 같다.

$$T(R_0+\delta R) = T(R_0) + \left.\frac{\partial T}{\partial R}\right|_{R_0} \delta R \tag{10.77}$$

여기서 평형상태에 있는 전구 평균 기온, T는 매개변수 R에 의해서만 의존한다고 가정하는데, R은 지면에서의 순복사가열 등으로 간주될 수도 있고 R_0는 섭동되지 않은 기후에서의 값이다. δR만큼의 복사 가열에 의한 섭동이 주어지면 이에 대한 반응은 다음과 같이 주어진다.

$$\delta T = \left.\frac{\partial T}{\partial R}\right|_{R_0} \delta R = \lambda \delta R \tag{10.78}$$

여기서 λ는 주어진 강제력에 대한 기온의 변화를 결정하는 기후민감도 매개변수이다. λ를 결정하기 위한 모형 실험에서는 순간적으로 이산화탄소의 양을 2배로 함으로써 섭동을 시키고

난 후 모형이 새로운 평형상태(전구 평균 기온이 새로운 값에 도달할 때)에 도달할 때까지 적분을 실시한다. 모델 결과들은 강한 온실 강제력 때문에 상대적으로 아주 빠른 초기 반응을 보여주는데, 전체 온난화의 절반가량의 기온 상승이 약 50년 이내에 일어나고 그 후에 서서히 새로운 평형상태에 도달하며 이때 걸리는 시간은 약 1000년 정도이다.

새로운 평형상태로 진행되는 과정에는 되먹임과 같은 지구시스템의 여러 가지 양태들 간의 상호작용이 관여하는데 이러한 되먹임에 대해서는 다음에 다룬다. 되먹임과정이 없는 경우, 약 $4\,\mathrm{Wm}^{-2}$의 δR_0 때문에 $\delta T_0 = 1.2\,℃$ 가량의 온난화가 있는 것으로 모델결과는 보여주는데, 이는 $0.3\,\mathrm{K}(\mathrm{Wm}^{-2})^{-1}$의 '제어' 기후민감도에 해당한다. 되먹임은 이 제어된 값을 증가시킬 수도 있고 감소시킬 수도 있는데 그 증감은 '결과값' δT에 비례한다.

$$\delta T = \delta T_0 + f\delta T \tag{10.79}$$

여기서 '되먹임 인자' f는 증폭을 결정한다. 되먹임은 기온에 의존하는 구름과 같은 물리적 과정 때문인데 구름은 복사강제력에 영향을 준다. 그러므로 우리는 $R(\alpha_i(T))$을 택하는데, 여기서 α_i는 물리적과정을 나타므로 식 (10.78)에 연쇄법칙을 적용하면 다음의 식을 얻는다.

$$\delta T = \lambda \delta R_0 + \lambda \sum_i \frac{\partial R}{\partial \alpha_i} \frac{\partial \alpha_i}{\partial T} \delta T \tag{10.80}$$

이 결과는 되먹임 인자가 아래와 같이 정의된다면 식 (10.79)와 유사하다.

$$f = \lambda \sum_i \frac{\partial R}{\partial \alpha_i} \frac{\partial \alpha_i}{\partial T} \tag{10.81}$$

식 (10.79)를 δT에 관해서 정리하면 다음과 같다.

$$\delta T = \frac{\delta T_0}{1-f} \tag{10.82}$$

만약 되먹임 매개변수가 양이면 주어진 강제력에 대해서 제어 반응을 증폭시키며 $f \geq 1$는 물리적이지 않은 해를 나타낸다. $1/(1-f)$가 비선형적인 함수이기 때문에[3] 작은 f에 의해서도 에 큰 변화를 유도할 수 있음을 유념하라. 이러한 사실은 그림 10.22를 통해 볼 수 있는데 기후예측에 대한 불확실성의 진수를 보여준다. 기후모형은 않은 불확실성을 안고 자연계를 근사한 것이므로(그림 10.22에 가우시안을 가정한) 되먹임 인자에도 불확실성이 있다. 이러한 되먹임 불확실성으로 인해, 분포의 최고점(3℃)에 비하여 높은 온난화(8 ~ 12℃) 쪽으로 '긴 꼬리'를 갖는 δT에 관한 비가우시안분포가 나타난다. 긴 꼬리를 줄이기 위해서는 되먹임 인자

3) 작은 되먹임 인자의 한계에서, $1/(1-f) \approx 1+f$이다. 이는 선형 되먹임이며, 되먹임이 제어값 $\delta T = \delta T_0 + f\delta T_0$에 비례할 때의 식 (10.79)와 과정들 α_i, 이 온도에 종속되지 않을 때의 식 (10.80)과 일관된다.

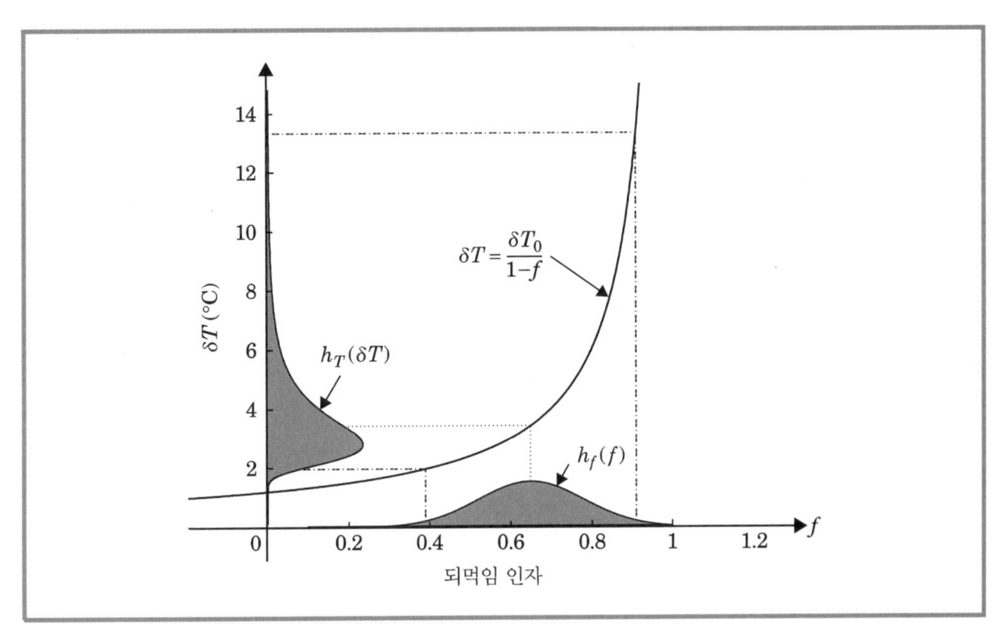

그림 10.22 식 (10.82)(실곡선)가 어떻게 되먹임 인자 f(가로축)의 불확실성이 평형 기온의 변화 δT(세로축)에 나타나는가 보여주는 그림. 회색 명암은 표출을 위해서 되먹임 인자가 가우시안 분포를 갖는 확률함수를 갖는다고 본 것이다. 제어 평형온도 변화는 3℃로 했다. 점선(파선)은 되먹임 인자에 대한 평균(95% 신뢰구간)을 나타낸다(Roe and Baker, 2007의 허가를 받아 개작됨).

의 분포를 좁혀야 한다. 전체 되먹임은 많은 되먹임 과정들[식 (10.80)을 보라]의 합이므로 복잡한 지구시스템 내에서는 엄청나게 다루기 어렵지만 적절히 보정된 보다 단순한 모형에서는 비교적 쉽게 다룰 수도 있다.

ESM의 많은 되먹임 중에서 아래의 과정들은 가장 중요한 것으로 믿어진다.

1. **수증기 되먹임**은 수증기의 포화수증기압은 클라우시우스-클라페이론 방정식에 의거해 기온에 따라 증가하기 때문에 발생한다. 수증기는 지구대기에서 가장 중요한 온실기체이다. 따라서 상대습도가 바뀌지 않는다면 양의 되먹임은 CO_2와 같은 강제력 때문에 기온이 증가할 때 발생한다. 이는 대기의 수증기량이 늘어날수록 온난화가 더 일어나기 때문이다. 반대로 냉각을 일으키는 강제력은 포화수증기압을 감소시키고 이는 냉각을 더욱 일으키게 된다.
2. **얼음-알베도 되먹임**은 얼음이 태양 빛을 반사시키고 얼음양의 감소는 지구 알베도를 감소시키기 때문에 발생한다. 반대로 얼음양의 증가는 지구 알베도를 증가시켜 이후 얼음의 양을 더욱 증가시키게 된다.
3. **구름 되먹임**은 대단히 복잡한 양상을 보이는데, 그 중 한 가지 단순한 되먹임은 저층운의 면적 덮힘이다. 저층운은 지면온도와 비슷한 복사를 하는데 이는 외향하는 장파복사에 큰 영향을 미치지 않으나 태양 빛을 반사하는 성질이 강해서 들어오는 순태양복사를 감소

시킨다. 그러므로 만약 온난화에 의해서 하층운이 다소 적게 발생하게 되면 온난화가 가속될 수 있다. 반면에 만약 온난화가 더 많은 하층운을 만들게 되면 음의 되먹임이 일어난다.

4. **기온감률 되먹임**은 특히 적도지역과 같은 곳에서 기온감률이 포화단열선을 따르기 때문에 발생한다. 포화단열선은 기온이 증가함에 따라 덜 가파르기 때문에(더 많은 잠열이 상승한 공기 덩어리의 단열감온을 보상하므로), 음의 되먹임이 발생한다. 이는 작은 기온감률은 작은 온난화를 일으키기 때문이다. 반대로 기온의 감소는 기온감률의 증가를 일으켜 더 많은 냉각을 일으킨다.

권장 문헌

James, *Introduction to Circulating Atmospheres,* 전구 대순환의 관측과 이론을 탁월하게 소개하고 있다.

Lorenz, *The Nature and Theory of the General Circulation of the Atmosphere,* 비록 진부한 느낌이 있기는 하지만 관측과 이론의 관점에서 주제를 잘 다루고 있다.

Randall (ed.) *General Circulation Model Development,* 대순환 모델링의 여러 가지 문제들을 다루고 있다.

Schneider(2006), 대기 대순환의 새로운 검토를 제공한다.

Washington and Parkinson, *An introduction to Three-Dimensional Climate Modeling,* 대순환 모델링에 관한 물리적 기초와 수리적 문제를 망라하는 훌륭한 교재이다.

문제

10.1 등압 열역학 에너지 방정식 (2.42)로 시작하여 대수-기압 버전 식 (10.5)를 유도하라.

10.2 σ 좌표계에서 질량요소 $\rho_0 dx\, dy\, dz$가 $-g^{-1} p_s\, dx\, dy\, d\sigma$ 형태를 취함을 보여라.

10.3 적도에서 $\bar{u}=0$이고, 절대 각운동량이 위도에 무관하다는 가정하에, 북위 30°에서 200-hPa 고도의 평균 동서풍 $\bar{u}$를 계산하라. 에디 운동의 역할에 대해 이 결과가 가지는 의미는 무엇인가?

10.4 평균 남북순환에 의한 이류가 준지균 운동에 있어서 동서로 평균한 방정식 (10.11)과 (10.12)에서 무시될 수 있음을 규모분석으로 보여라.

10.5 준지균 에디에 대해서 식 (10.15)의 오른편 [ ]항에서 마지막 항 옆의 항이 에디 남북 상대 소용돌이도 속의 연직 도함수에 비례함을 보여라.

10.6 방정식 (10.16)~(10.19)에서 시작하여, 잔여 유선함수 (10.21)에 대한 지배 방정식을 유도하라.

10.7 그림 10.13에서 주어진 관측자료를 사용하여, 각 가능한 에너지 변환이나 손실에 대해 관측된 에너지 저장을 복원하거나 소모하는 데 필요한 시간을 계산하라($1\text{W}=1\text{Js}^{-1}$).

10.8 지표면 기압과 지표면 고도의 분포가 다음과 같은 지형에 의해 대기에 가해지는 단위 수평 면적당 지면 토크를 계산하라.

$$p_s = p_0 + \hat{p}\sin kx,\quad h = \hat{h}\sin(kx-\gamma)$$

여기서, $p_0 = 1000\,\text{hPa}$, $\hat{p} = 10\,\text{hPa}$, $\hat{h} = 2.5\times 10^3\,\text{m}$, $\gamma = \pi/6\,\text{rad}$, $k = \dfrac{1}{(a\cos\phi)}$, 여기서 $\phi = \dfrac{\pi}{4}\text{rad}$은 위도이고, a는 지구 반지름이다. kg s^{-2}으로 답을 표현하라.

10.9 식 (10.66)과 식 (10.67)에서 시작하여 정체된 로스비 파의 지표에 대한 군속도가 파의 마루에 연직이고, 식 (10.69)에 주어진 크기를 가짐을 보여라.

10.10 열적으로 성층화된 액체가 내부 반지름이 $0.8\,\text{m}$이고 외부 반지름이 $1.0\,\text{m}$, 깊이가 $0.1\,\text{m}$인 회전하는 고리 안에 담겨 있다고 하자. 바닥경계에서 온도가 상수 T_0로 주어진다. 유체는 상태 방정식 (10.75)를 만족하고 $\rho_0 = 10^3\,\text{kgm}^{-3}$, $\varepsilon = 2\times 10^{-4}\text{K}^{-1}$이다. 만약 온도가 $1\,℃\,\text{cm}^{-1}$의 율로 바깥 반지름 경계를 따라 높이에 따라 선형적으로 증가하고, 내부 반지름 경계를 따라서는 고도에 따라 일정하다면(상수라면), 회전율 $\Omega = 1\,\text{rad s}^{-1}$에 대한 상부경계에서의 지균속도를 구하라(온도는 각 층에서 반지름에 선형적으로 변한다고 가정하자).

10.11 그림 10.18에서 평형점으로부터의 작은 섭동에 대한 $\dfrac{\partial\bar{u}}{\partial t}$를 고려하여 점 B는 불안정 평형점인 반면 A, C는 안정한 점임을 보여라.

MATLAB 연습

M10.1 MATLAB 스크립트인 **topo_wave_1.m**은 중위도 β평면에서 평균 동서류가 일정하고, 고도 $h_T(x,y) = h_0L^2(L^2+x^2+y^2)^{-1}$인 원형의 산에 의해 강제 받을 때의 선형화된 소용돌이도 방정식 (5.118)을 풀기 위해 유한 차분법을 사용한다. 여기서 h_0는 산의 고도이며, L은 수평규모이다. 동서류가 각각 5, 10, 15, $20\,\text{ms}^{-1}$일 때 스크립트를 실행시켜 각각 경우의 산의 풍하측에서 생성되어 남과 북으로 진행하는 연속된 로스비 파열의 수평파장과 군속도를 계산하라. 그 결과를 10.5.1소절에 나타난 식과 비교하라.

M10.2 MATLAB 스크립트인 **C_D_modle.m**은 10.6.1소절에서 나타난 Charney와 Devore (1979) 모형을 2개의 남북면 모드로 변형한 것이다. 이 모델의 해는 첫 번째 모드 동서 평균된 유선함수의 강제[zf(1)로 표현]와 이 모드에서의 초기진폭[zinit(1)로 표현]에

따라 일정하거나, 시간에 따라 주기적이거나 또는 불규칙하게 변한다. zf(1) =0.1, 0.2, 0.3, 0.4, 0.5로 두고 각각의 경우의 zinit(1)이 zinit(1) =zf(1)과 0.1일 때를 계산하라. 10개의 경우에 해가 일정한지, 주기적인지, 또는 불규칙한지 살펴보자. 각각의 경우에 대해서 무차원의 시간 간격 $2000 < t < 3000$으로 동서 평균된 동서류의 평균을 계산하라. 이 결과가 그림 10.18과 같은가? 각각의 경우 유선함수의 위상이 지형과 같은 위상에 있는지 반대 위상에 있는지 살펴보고, 5.7.2소절에 나타난 지형 로스비 파의 해와 정성적으로 일치하는지 살펴보라.

M10.3 MATLAB 스크립트인 **baroclinic_model_1.m**은 평균류에 대한 경압 에디의 영향을 간단한 예로 나타냈다. 이 스크립트는 동서 평균류의 성분인 U_m과 불안정 경압파와 관련한 남북 소용돌이도와 열속에 의해 야기되는 U_T의 변화를 계산함으로써 7.2절에서 논의된 2층 경압 불안정 모델을 확장하였다. β평면에서 약한 에크만 층의 감쇄가 있는 경우에 대해 계산한다. 에디는 7.2절의 선형화된 모형(6000 km에서 고정된 동서파장)에 의해 지배되나, 동서 평균류는 에디 평균류의 상호작용과 에디의 열속, 운동량속의 결과로 변화한다. 이 모형에서 평균 온도풍은 남북방향으로 사인 곡선의 형태를 가지며, 평균류의 요소인 U_m과 U_T이 남북의 경계에서 소멸되는 경압 불안정한 복사평형 상태($U0$ rad로 정의)로 완화된다. $U0$ rad $= 10, 20, 30, 40\ \mathrm{m\,s^{-1}}$인 4개의 경우에 에디 운동 에너지가 평형상태가 되도록 충분히 오랜 시간 모형을 실행시켜라. 각각의 경우의 U_m과 U_T의 최대값을 표로 나타내며, 7.2절의 경압 불안정 이론을 이용하여 이를 설명하라.

DYNAMIC METEOROLOGY

제11장

열대 역학

이 책은 이전 장까지 열대밖(즉, 약 30°에서 극 쪽의 지역)의 순환에 대해 강조해왔다. 이것은 열대지방에 흥미로운 운동이 없어서가 아니라 오히려 열대지방의 운동이 상대적으로 복잡성을 띠고 있기 때문이다. 열대 운동을 이해하는 데는 온대지방의 준지균 이론 같은 간단한 이론적인 도구가 없다.

열대지역 이외의 지역에서 종관규모 요란의 주된 에너지원은 남북 간의 온도경도에 연관된 대상 유효 위치 에너지이다. 관측에 의하면 잠열 방출이나 복사가열은 온대의 종관규모 운동계의 에너지 수지(energetics)에 부차적인 기여만을 한다. 반면 열대대기는 매우 작은 수평적 온도 차이로 인해 유효 위치 에너지를 많이 보관하지 못한다. 따라서 최소한 적도 부근에서 발생하는 요란들의 에너지원은 잠열 방출에 기인한 것이다. 열대 지방에서 발생하는 잠열 방출량의 대부분은 대류성 구름계에 연관되어 있다. 하지만 실제 강수는 중규모계에 포함된 층운으로 이루어진 중규모 지역에서 발생하며 이 구름계는 일반적으로 대규모 순환에 포함되어 있다.

열대지방의 강수와 연관된 비단열 가열은 국지적 대기순환을 일으킬 뿐만 아니라 적도파의 생성을 통하여 원격 반응 또한 야기한다. 따라서 적운 대류와 중규모 및 대규모 순환과 밀접한 상호작용이 있게 되며, 이 사실은 열대 운동계를 이해하는 데 있어서 매우 중요하다. 더욱이 열대지방 비단열 가열의 분포는 해수면 온도의 변화에 의해 많은 영향을 받으며, 또한 이 해수면 온도의 분포는 대기운동에 의해 강하게 영향을 받는다.

따라서 열대 순환을 이해하기 위해서는 적도파의 역학, 적운 대류와 중규모 순환과 대규모 순환의 상호작용, 대기-해양 상호작용 등을 함께 고려해야 한다. 이 책에서는 이들 주제에 대해서 상세히 다루지는 않겠다. 하지만 열대 운동이 대기 대순환에 근본적인 역할을 하고 열대와 중위도 운동의 상호작용이 온대지방의 장기예보에 중요한 변수 중 하나이기 때문에 온대지방의 운동을 강조하는 의미에서 열대 운동의 몇 가지는 꼭 짚고 넘어가야 할 것이다.

물론 열대와 온대의 구분이 항시 뚜렷이 나타나는 것은 아니다. 아열대 지역(약 위도 30°)에서는 계절이나 지리적 위치에 따라 열대나 온대지역의 순환 특성이 둘 다 나타나곤 한다. 따라서 이 장에서 논하는 바를 분명히 하기 위해 남위 30°에서 북위 30° 이내의 지역, 특히 중위도의 영향이 거의 없는 지역에 초점을 맞추기로 한다.

11.1 관측된 대규모 열대 순환의 구조

코리올리 매개변수의 값이 작다는 사실은 물론이려니와 에너지원의 특성 때문에 대규모 적도 운동계는 중위도 운동계와는 판이하게 다른 특징적인 구조를 가지고 있다. 이들 중 많은 부분은 11.3절에서 논할 열대파 모드로 이해할 수 있다. 하지만 열대 파동설을 논하기 전에 열대대기에서 관측되는 주요 순환들을 검토해볼 필요가 있다.

11.1.1 열대 수렴대

과거에는 열대의 대순환이 양쪽 반구의 하층 대기가 적도 부근의 **열대 수렴대**(Intertropical Convergence Zone, ITCZ)로 몰려들고 이 공기는 상층으로 균일하게 강제상승하고 또 상승한 공기는 극 쪽으로 퍼져서 양쪽 반구로 적도의 열이 전달되는 열적 직접순환으로서의 해들리 순환으로 이루어져 있다고 생각했었다. 하지만 관측된 상당온위(θ_e)의 연직분포는 이처럼 대규모로 뒤집는 간단한 대기모형과 불일치를 이룬다. 그림 11.1에서 보는 바와 같이 평균적 열대 대기는 대략 600 hPa 하층에서만 조건부 불안정한 모습을 보인다. 따라서 상방으로의 대규모 질량수송이 있다면 그 흐름이 상부 대류권에서는 θ_e의 역경도 방향이 되어 ITCZ 지역에서 상부 대류권을 냉각시키게 될 것이다. 그러한 순환은 위치 에너지를 생산해내지 못할 것이며 따라서 열대 영역의 열평형을 만족시킬 수 없게 된다.

ITCZ 내에서 지면으로부터 대류권 상부로 효과적인 열전달의 유일한 방법은 '열탑(熱塔, hot tower)'이라 불리는 대단히 큰 규모의 적란운의 중심부에서 위단열 상승에 의해서만 가능할 것이다. 그러한 운동에서 구름 내의 공기 덩이는 대략적으로 볼 때 θ_e를 보존한다. 공기 덩이는 상층에 도달했을 때, 상층의 주변장보다 어느 정도 따뜻한 온도를 갖게 된다. 그러므로 만약 ITCZ 내의 연직 운동이 주로 개별적인 대류세포에 국한되어 있다고 가정한다면 열대지역의 열수지는 최소한 정성적으로는 설명될 수 있을 것이다. Riehl과 Malkus(1958)는 전 세계적

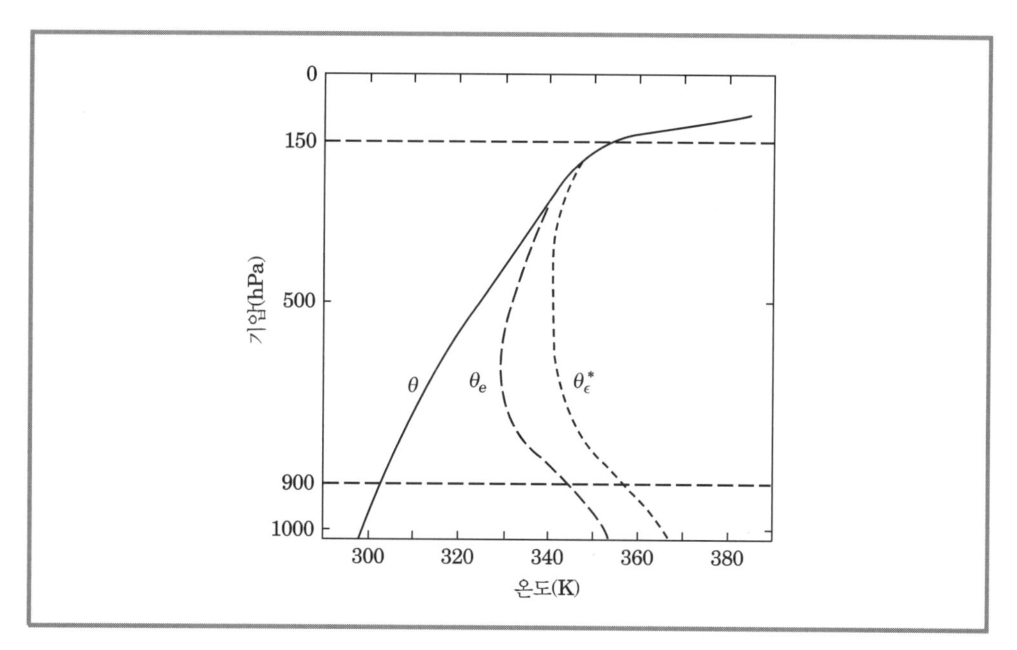

그림 11.1 열대 대기의 온위 θ, 상당온위 θ_e, 포화상태를 가정할 때 같은 온도의 상당온위 θ_e^*의 전형적 연직분포. 이 그림은 중위도 스콜선의 온도분포를 보인 그림 2.8과 비교해보아야 한다(Ooyama, 1969, 미국기상학회의 허가를 받아 사용함).

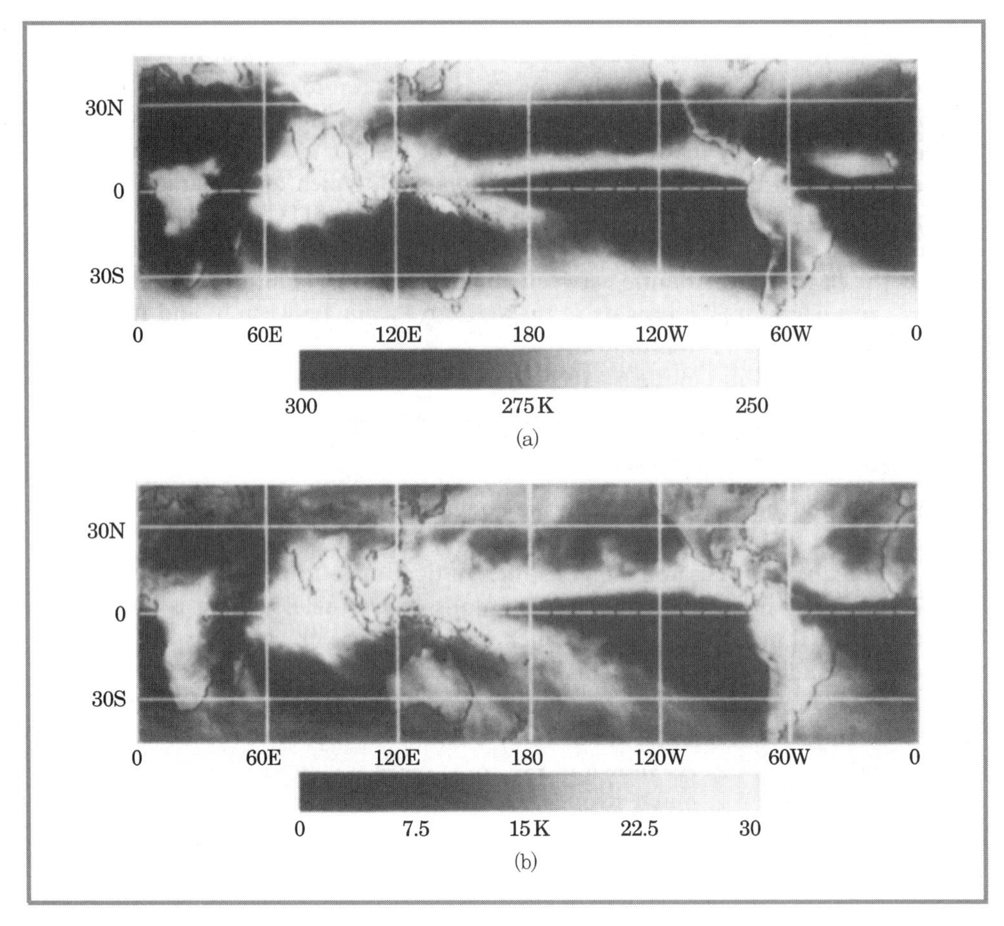

그림 11.2 1983년 8월 14일부터 12월 17일까지의 (a) 시간평균 적외 밝기온도, (b) 평균으로부터의 3시간 표준편차. 밝기온도가 낮은 부분은 높은 모루권운의 존재를 말한다(Salby, 1991, 미국기상학회의 허가를 받아 사용함).

으로 ITCZ 내의 연직 열전달에 필요한 열탑은 1500 ~ 5000개 정도만 있으면 될 것이라고 추정했다.

적운 대류로 이루어진 좁은 띠 형태의 ITCZ는 여러 가지 관측들, 특히 위성사진으로 더욱 분명히 나타난다. 그 예가 열대지역에 대해서 1983년 8월 14일부터 12월 17일 기간에 적외선 구름 밝기온도를 보인 그림 11.2에 있다. 밝기온도가 낮은 부분은 대류성 폭풍우의 높은 모루 구름의 존재를 말하는 것이다. ITCZ는 북위 5°에서 10° 사이에 대서양을 가로질러 태평양까지 연장된 깊은 대류운이 일직선상으로 나타난 것을 말한다.

관측에 의하면 ITCZ 내의 강수량은 그 아래 해양의 표면으로부터의 수분 증발량을 훨씬 상회한다. 따라서 ITCZ 내의 대류를 유지하기 위해서는 많은 양의 수증기가 필요한데 이는 하층 대류권의 무역풍에 의한 수렴에 의해서 제공되어야 한다. 대규모의 흐름이 이러한 방식으로 ITCZ 내의 대류를 유지하기 위한 잠열 공급을 제공하는 것이다. 한편 대류성 가열은 중층

대류권의 온도 섭동을 생성하며 이는(정역학 조정에 의해서) 지면과 상층의 기압 섭동을 야기해 하층의 공기유입을 유지하게 하는 것이다.

이상의 ITCZ에 대한 설명은 사실 너무 단순화된 감이 없지 않다. 실제 해양상에서 ITCZ가 기다란 띠 모양으로 나타나는 일은 거의 없으며, 또한 바로 적도에서 나타나는 일도 거의 없다. 오히려 주로 수백 km 크기의 뚜렷한 구름 무리와 맑은 하늘이 교대로 길게 늘어선 상태로 나타난다. ITCZ의 강도는 시간과 공간에 따라서도 크게 달라진다. 특히 북위 5°～10° 사이에 대서양과 태평양에서 지속적으로 나타나며(그림 11.2) 이따금 서태평양에는 남위 5°～10° 사이에서 나타나기도 한다.

그림 11.2에서 ITCZ와 연관된 깊은 대류가 평균적으로 북위 5°～10° 사이에서는 물론 그림 11.2에서 보인 기간에서도 나타남을 보이고 있다. 또한 깊은 대류의 표준편차 역시 같은 지역에서 최대값을 보이고 있는데, 이는 ITCZ가 지속적인 강수와 상승운동 지역이라기보다 일시적인 구름 무리가 흘러다니는 장소라는 생각과 일치하는 것이다. 그림 11.2에서 다소 충격적인 현상은 적도 해역의 건조지역일 것이다.

위에서 기술한 바대로 ITCZ와 연관된 연직 질량속은 지역적으로 차이가 있으며 이는 매우 중요하다. 그럼에도 불구하고 동서 평균 성분 또한 상당량이 있으며 이는 해들리 순환의 상향 질량속을 구성한다. 이 해들리 순환은 그림 10.7과 같이 양쪽 반구 저위도에서 대류권을 뒤집는 열적 직접순환으로 구성되어 있다. 해들리 순환의 중심은 ITCZ의 평균위도에 위치한다. 그림 10.7에서 보듯이 해들리 순환은 겨울 반구 쪽이 여름 반구 쪽보다 훨씬 강하다. 관측에 의하면 적도를 중심으로 대칭인 양쪽 반구의 해들리 순환은 거의 나타나지 않으며, 이는 춘, 추분경에도 마찬가지이다. 또한 11월부터 3월까지는 북쪽 세포, 5월부터 9월까지는 남쪽 세포의 세력이 월등해지며, 4월과 10월에는 급격한 전이가 발생한다(Oort, 1983 참조).

11.1.2 적도파 요란

그림 11.2b에서 보듯이 ITCZ와 연관된 구름양에서 관측되는 변동성은 일반적으로 ITCZ를 따라 서쪽으로 전파하는 약한 적도파 요란과 연관된 강수지역에 그 원인이 있다. 그러한 서진하는 요란이 존재하며 그 요란이 ITCZ 내의 구름양의 많은 부분에 원인을 제공하였다는 것은 매일의 위성사진을 동서방향의 좁다란 띠로 잘라내어 재구성한 시간-경도 그림을 보면 쉽게 알 수 있다. 그 예가 그림 11.3이다. 뚜렷이 정의된 구름띠가 오른쪽에서 왼쪽 아래로 흐르는 것을 볼 수 있으며 이 구름 무리의 위치는 경도와 시간의 함수로 결정지어진다. 분명히 알 수 있는 것은 태평양의 5 ~ 10°N 위도 내의 구름양의 많은 부분은 서진하는 요란에 연관되어 있다는 것이다. 그림 11.3에서 보이는 구름선의 기울기는 서진하는 속도가 대략 $8 \sim 10\,\mathrm{ms^{-1}}$ 정도라는 것을 암시하며, 구름띠 간의 경도별 거리는 대략 $3000 \sim 4000\,\mathrm{km}$ 이며 이런 종류의 요란에 상응하는 주기는 4～5일 정도이다.

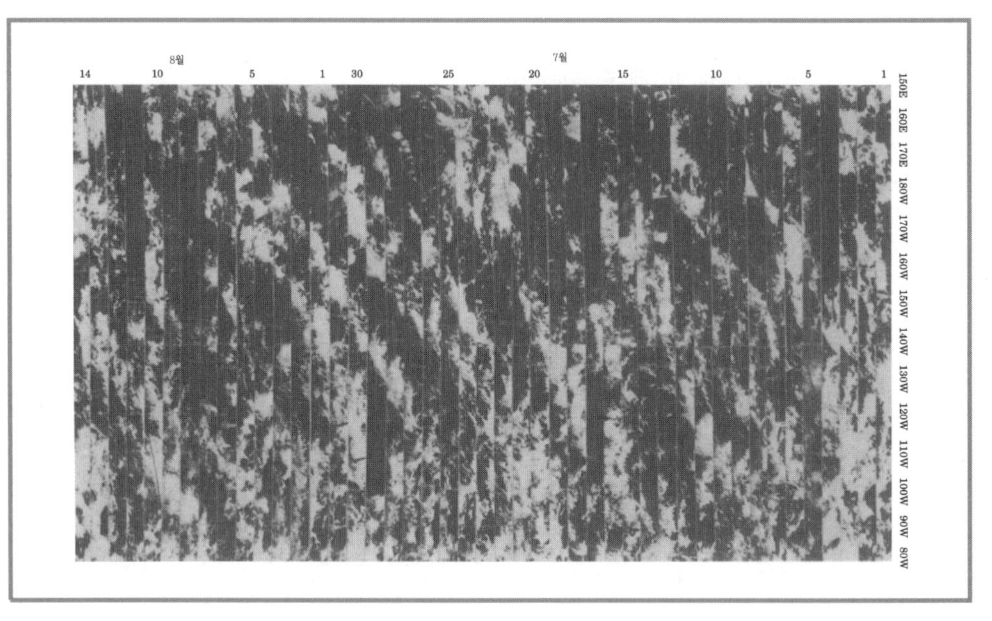

그림 11.3 1967년 7월 1일부터 8월 14일까지 태평양의 북위 5°~10° 위도띠 내의 위성사진의 시간-경도 단면도. 구름띠가 오른쪽에서 왼쪽 아래로 흘러내리는 것으로 구름 무리의 서진을 알 수 있다(Chang, 1970, 미국기상학회의 허가를 받아 사용함).

여러 분석 연구에 의하면 이러한 서진하는 요란은 대류성 강수역 내의 잠열 방출에 의해 추진된다. 이러한 종류의 요란의 연직구조의 모식도가 그림 11.4에 있다. 이러한 요란에서의 연직 운동은 비단열 가열률에 비례하므로 가장 큰 연직 운동은 대류역에서 일어난다. 이 경우 질량의 연속성에 의해 하층에서는 수렴이, 상층 대류권에서는 발산이 일어나야 한다. 그러므로 절대 소용돌이도가 f 와 같은 부호값을 갖는다고 가정하면 소용돌이도 방정식의 발산항에 의해 하층 대류권에서는 저기압성 소용돌이도의 생성이 있게 되며 상층 대류권에서는 고기압성 소용돌이도의 생성이 있게 된다. 질량과 속도 장의 적응 과정을 통해 하층에서 기압골과 상층에서 기압마루가 생성된다.[1)] 따라서 대류역의 두께(혹은 기층의 평균온도)는 주변장보다 훨씬 높게 된다.

이러한 적도 파동에서 대류가 활발한 곳에서는 순 상승운동이 있게 되며 중층 대류권의 온도가(비록 1℃ 미만이긴 하지만) 평균값보다 높게 나타난다. 따라서 온도와 연직 운동, 온도와 비단열 가열 간의 상관계수는 양의 값을 갖게 되고 비단열 가열에 의해 생성된 위치 에너지는 즉각 운동 에너지로 변환된다[식 (10.62)에서 $P' \cdot K'$ 변환이 R'와 균형을 이루는 것]. 이러한 근사에서는 유효 위치 에너지 형태로 에너지의 저장은 없다. 따라서 이들 요란에 대한 에너지 순환은

1) 열대기상에서 사용되는 '기압골', '기압마루'란 용어는 중위도에서의 경우와 마찬가지로 기압의 극소값, 극대값를 말한다. 북반구의 동풍대에서는 동서 평균 기압은 위도에 따라 증가하며 따라서 열대기압골을 나타내는 등압선은 중위도의 기압마루와 흡사한 모양을 보인다(즉, 등압선이 북쪽으로 볼록한 모양을 나타낸다).

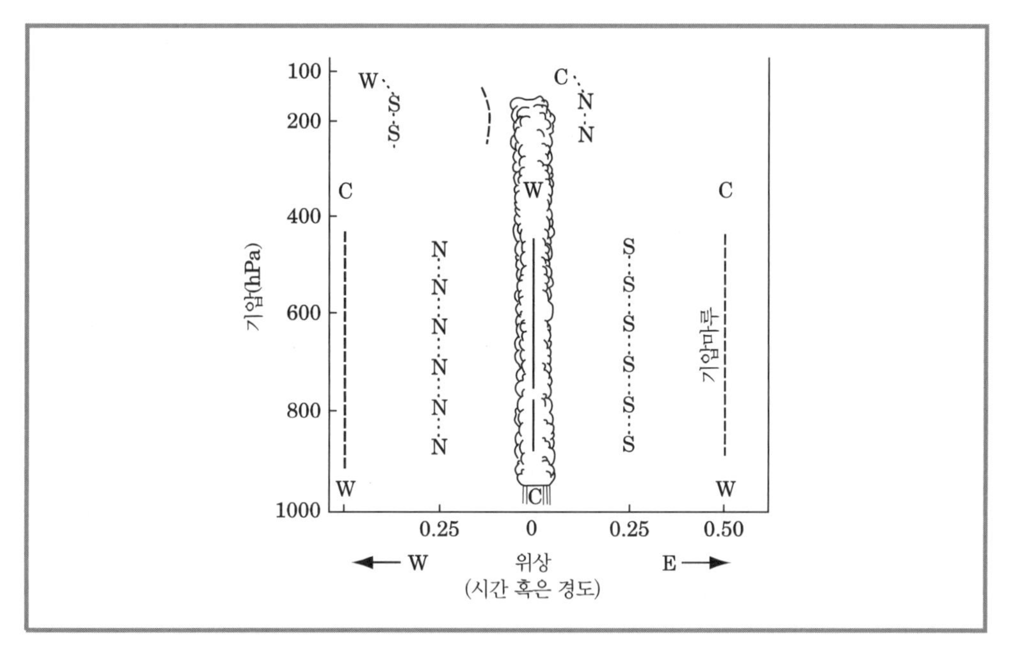

그림 11.4 적도파 요란의 기압골 축(실선), 기압마루 축(파선) 그리고 북풍과 남풍축(점선)을 보이는 모식적 모델. 온난공기와 한랭공기 지역은 각기 W와 C로 표시되어 있다. 그림에서 나타낸 축은 북풍(N)과 남풍(S) 성분에 대한 것이다(Wallace, 1971, 미국지구물리학회의 허가를 받아 사용함).

유효 위치 에너지가 운동 에너지보다 훨씬 큰 중위도 경압계와는 현격히 다를 수밖에 없다.

적란운에 의한 잠열 방출이 대규모 요란에 효과적인 에너원이 되기 위해서는 9.7.2소절에서 언급된 바와 같이 대류 스케일과 대규모 운동 간의 상호작용이 있어야만 한다. 그러한 상호작용에서는 하부 고도에서의 대규모 수렴이 주변장의 습도를 높이고 안정도를 감소시켜 작은 규모의 열기포(thermal)가 자유대류고도까지 쉽게 도달하여 깊은 적운 대류를 만들어내게 한다. 그 반면 대류세포는 하층 수렴과 관련된 2차 순환을 강화시키는 대규모 열원을 제공하게 되는 것이다.

서태평양에서 관측되는 종관규모 적도파 요란 내의 강수지역에서의 발산의 전형적인 연직분포의 모습이 그림 11.5에 있다. 수렴은 행성경계층 내의 하층 마찰 유입에만 국한된 것이 아니라 열탑이 최대 부력을 얻는 거의 400 hPa까지 걸쳐 있다. 상당히 높은 고도까지 확장되어 있는 수렴은 대류세포 속으로 상당량의 중층 대기의 유입(entrainment)을 암시한다. 중층 대기는 상대적으로 건조하기 때문에 이 유입은 액체수의 상당량의 증발을 야기해 혼합된 상태의 구름과 주변 공기를 포화에 이르게 한다. 따라서 이것은 구름 내의 부력을 감소시키며 만약 증발에 의한 냉각이 충분하다면 부력에 역행하는 대류성 하강기류를 야기할 수 있다. 그러나 적도파 내에 존재하는 규모가 큰 적란운에서 중심부 한가운데의 상승기류는 주변장과 어느 정도의 거리를 유지하고 있는 이유로 유입과정을 피할 수 있어서 주변 장에 의한 희석 없이

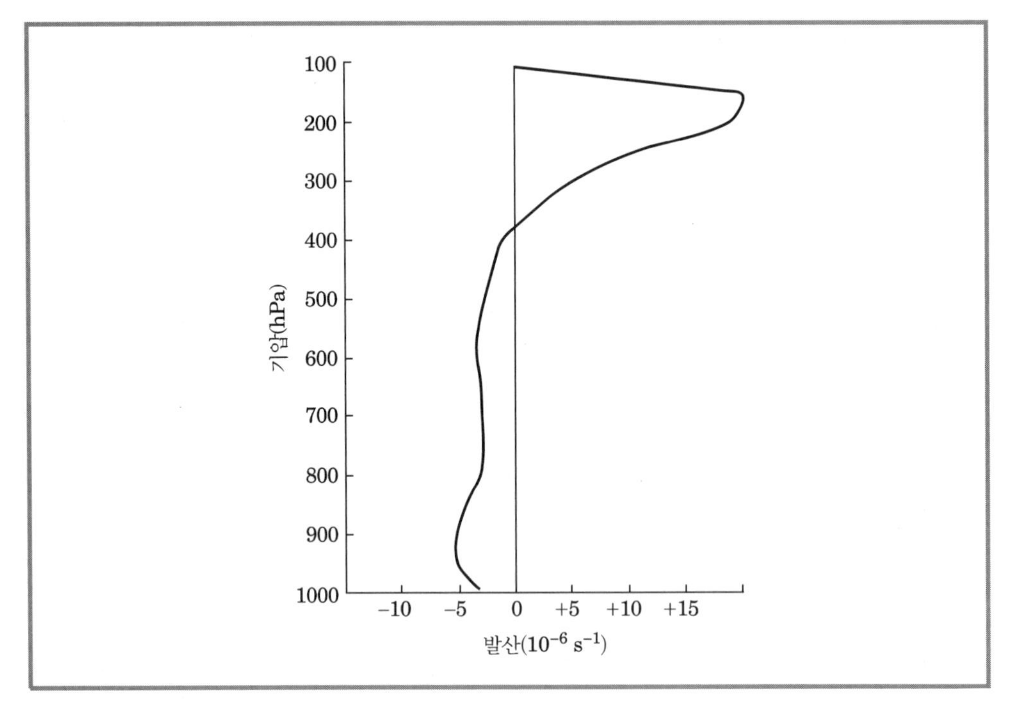

그림 11.5 많은 적도 요란의 합성에 의거한 4° 정사각형 영역 내의 평균 발산의 연직분포(Williams, 1971에서 인용).

대류권계면까지 침투할 수 있다. 11.1.1소절의 '열탑'은 바로 이것을 말한 것이다. 열탑은 ITCZ 내의 경계층 위로의 열과 질량 수송에 중요한 역할을 하고 파동요란은 ITCZ를 따라 활동적인 대류성 강수 영역을 포함하고 있다. 따라서 분명한 점은 적도파가 대기의 대순환에 필수 불가결한 역할을 한다는 것이다.

11.1.3 아프리카 파동요란

이 장의 이전 부분에서 다룬 내용은 열대 해양의 대부분의 ITCZ 요란에만 국한된 것이다. 하지만 북아프리카 대륙에서는 지면 조건에 의한 국지적 효과가 특이한 상황을 만들어내며 이는 따로 논의할 필요가 있다. 북반구 여름철 동안 사하라 사막이 심하게 가열되면 하층 대류권에서 적도와 25°N 사이에서 극심한 양부호의 온도경도가 발생한다. 이로 야기되는 동풍의 온도풍이 그림 11.6에서 보는 바와 같은 16°N 부근과 약 650-hPa 고도에 나타나는 강한 동풍 제트의 원인을 제공한다. 종관규모의 요란이 발생하여 제트 중심 남쪽의 저기압성 시어 영역에서 서쪽으로 전파되는 것이 관측된다.

이따금 이러한 요란은 서대서양의 열대성 폭풍이나 허리케인으로까지 발달하기도 한다. 아프리카 파동요란의 평균 파장은 약 2500 km이고 서진속도는 약 8 ms^{-1}이며 이는 대략 3.5일의

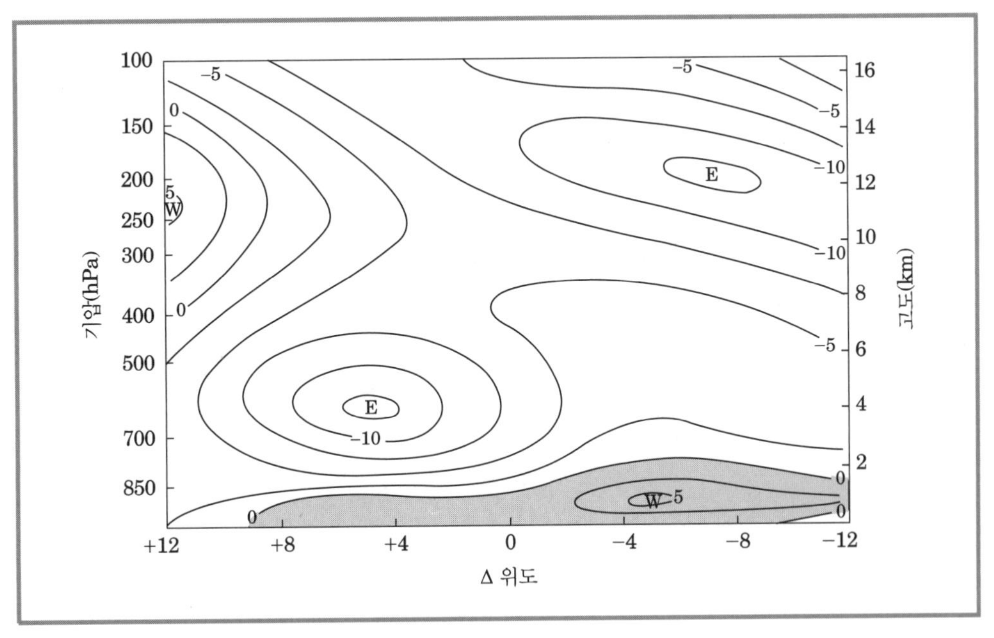

그림 11.6 1974년 8월 23일부터 9월 19일까지 북아프리카 지역(경도 30°W부터 10°E까지)의 평균 동서풍의 분포. 여기서 보여진 위도는 700-hPa 고도에서 최대 요란 진폭이 나타나는 위도(약 12°N)에 대한 상대위도. 등치선 간격은 2.5 ms^{-1}이다(Reed et al., 1977, 미국기상학회의 허가를 받아 사용함).

주기가 됨을 암시한다. 이 요란의 수평속도 섭동은 그림 11.7에서 보는 바와 같이 650-hPa 고도에서 극대가 나타난다. 여기서 물론 파동과 연관된 상당량의 조직적인 대류가 있기는 하지만 이 파의 경우는 잠열 방출에 의한 것보다는 동풍 제트와 연관된 순압 불안정과 경압 불안정이 이 파를 추진시키는 원동력이다.

그림 11.8에 아프리카 동풍 제트(그림 11.6)의 절대 소용돌이도의 모습이 보인다. 음영부분은 절대 소용돌이도의 기울기가 음의 값인 영역을 말한다. 따라서 그림에서 분명한 점은 아프리카 제트가 8.4.2소절에서 논의된 순압 불안정의 필요조건을 만족한다는 것이다.[2] 하층 대류권의 강한 동풍 제트와 연관된 경압 불안정 또한 이들 요란에 중요한 역할을 한다. 따라서 평균류의 에너지로부터 순압 전환과 경압 전환이 아프리카 파동요란의 발생에 중요한 역할을 담당하는 것이다.

그러한 요란들은 서쪽으로 진행을 계속하며, 대서양에 도달하게 되어 강한 평균 시어가 없어진 상태에서도 계속 존재한다. 이때는 파를 유지하는 근본적 에너지원이 더 이상 순압 불안정과 경압 불안정이 아니며 오히려 해양상의 대류계를 통한 비단열 과정이 에너지원이라고 할 수 있을 것이다.

2) 유의할 점은 그림 11.6의 분포는 동서 평균이 아니라 한정된 동서 영역에 대한 시간평균이라는 것이다. 만약 시간평균된 동서류의 경도별 변화규모가 요란의 규모에 비해 크다면 시간평균값은 선형 안정도 계산에 기본류로 사용하기에 합당하다고 볼 수 있다.

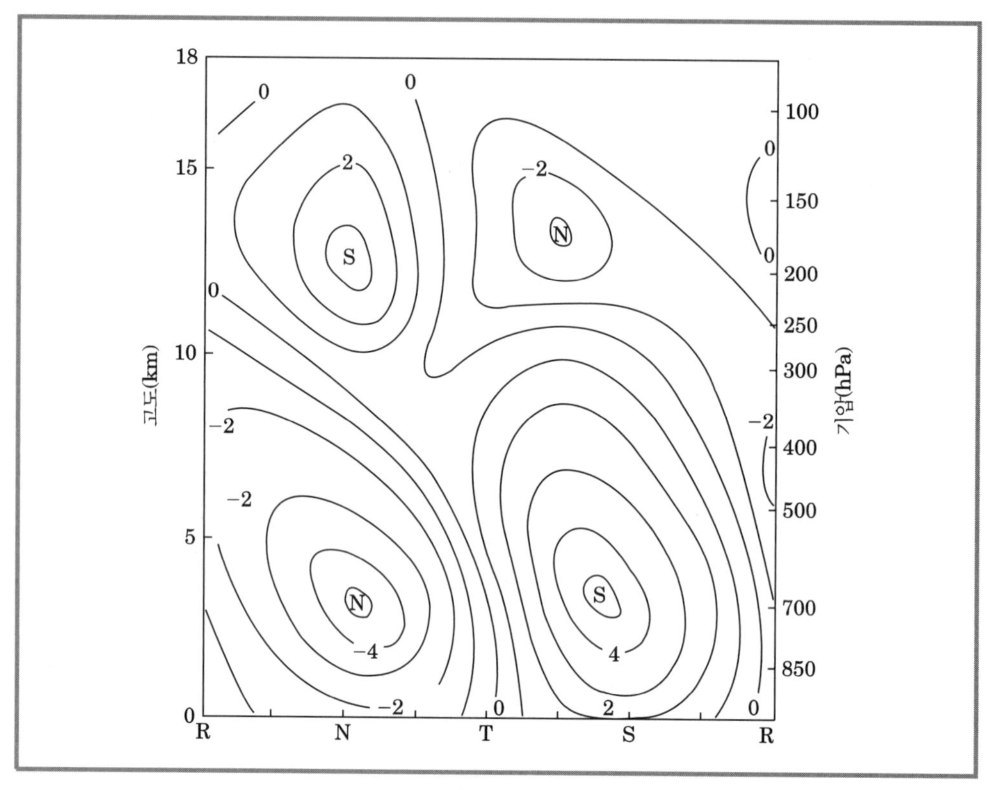

그림 11.7 그림 11.6의 기준 위도를 따라 보인 ms^{-1} 단위의 섭동 남북 속도의 연직 단면도. R, N, T, S는 각기 기압마루, 북풍, 기압골, 남풍을 말한다(Reed et al., 1977, 미국기상학회의 허가를 받아 사용함).

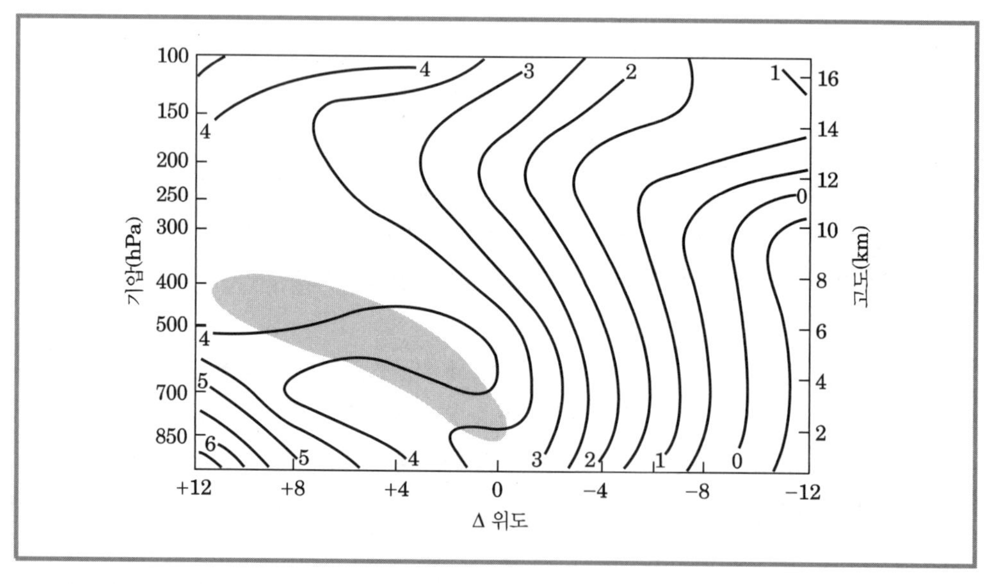

그림 11.8 그림 11.6의 평균 바람 장에 상응하는 절대 소용돌이도(단위 $10^{-5}\ s^{-1}$). 음영부분은 $\beta-\partial^2\bar{u}/\partial y^2$가 음이 되는 지역을 표시한 것이다(Reed et al., 1977, 미국기상학회의 허가를 받아 사용함).

11.1.4 열대 몬순

몬순(monsoon)이란 용어는 통상 어떤 종류의 계절적으로 뒤바뀌는 순환계를 지칭하는 일반적인 의미로 사용된다. 몬순 순환의 근본 추진력은 육지와 바다 표면의 열적 성질의 차이이다. 지표면 온도의 계절적 변화에 반응하는 토양의 얇은 층은 같은 시간규모에 반응하는 해양의 상부보다 훨씬 적은 열용량을 가지고 있으므로 태양복사는 육지를 훨씬 빨리 데우게 된다. 바다에 비해 육지 쪽이 상대적으로 따뜻해지며 이에 따라 적운 대류가 활발해지고 그 결과로 많은 잠열을 방출하게 된다. 이렇게 해서 대류권 전체가 따뜻하게 되는 것이다.

열대지방의 많은 부분은 몬순의 영향을 받는다. 가장 넓은 범위의 몬순 순환은 아시아 몬순이다. 이 몬순은 또한 인도 대륙의 기후를 완전히 좌우하여 온난 다습한 여름과 한랭 건조한 겨울의 기후를 만든다. 여름 몬순의 구조에 대한 이상적 모델이 그림 11.9에 있다. 그림 11.9에 나타나 있듯이 1000-~200-hPa 두께는 육지 쪽이 바다 쪽보다 두껍다. 그 결과 상층에서는 육지로부터 해양으로 향하는 기압 경도력이 있게 된다.

이 기압 경도(그림 11.9의 화살표)에 반응하여 발생하는 발산성 바람은 대륙상의 공기 기둥으로부터의 순 질량수송을 야기하며 이에 따라 대륙에는 지상 저기압을 생성하게 된다(이따금 열적 저기압이라고 칭함). 그러면 그곳을 메우려는 수렴성 바람이 하층에 있게 된다. 이 하층 흐름은 수분의 수렴을 야기하며 이는 경계층 내에서 상당온위를 증가시킴으로 해서 주변 장을 점점 더 적운성 대류가 발생하기에 좋은 조건으로 만들게 된다. 이것이 바로 몬순 순환의 주된 에너지원이다.

대륙에서의 하층 수렴과 상층 발산은 이차적 순환인 하층의 저기압성 순환과 상층의 고기압성 순환을 만들어낸다. 따라서 소용돌이도는 지균 평형상태로 조정된다. 그림 11.9에서 보듯이 연직 운동과 온도 장 사이에는 뚜렷한 양의 상관관계가 있다. 그러므로 몬순 순환은 중위도 경압 맴돌이처럼 맴돌이 유효 위치 에너지를 맴돌이 운동 에너지로 전환시키게 된다.

하지만 경압 맴돌이와는 달리 몬순 순환의 근본적인 에너지 순환은 동서 평균된 위치에너지나 운동 에너지를 포함하고 있지 않다. 오히려 맴돌이 위치 에너지는 비단열 가열(잠열, 복사기열)에 의해 직접 생산되며 이는 열적 직접 순환성 이차 순환에 의해 맴돌이 운동 에너지로 전환되며, 맴돌이 운동 에너지는 마찰에 의해 소멸하게 된다(맴돌이 운동 에너지의 일부분은 동서 운동 에너지로 전환됨). 몬순 순환은 건조한 대기에서도 존재할 수 있겠으나 비단열 가열이 지면 부근의 얇은 층에서만 국한될 것이고 따라서 이 경우는 실제 관측되는 몬순보다 훨씬 약할 것이다. 적운 대류와 그에 따른 잠열의 방출이 있음으로 해서 맴돌이 위치 에너지의 발생을 크게 증폭시켜서 전지구적 순환의 주요 현상 중 하나인 여름 몬순이 탄생하는 것이다.

겨울철에는 바다와 육지 간의 열 대비가 반대로 되어 순환이 그림 11.9와 반대가 된다. 그 결과로 대륙이 차고 건조해지며 강수는 상대적으로 따뜻한 해양에서 주로 발생한다.

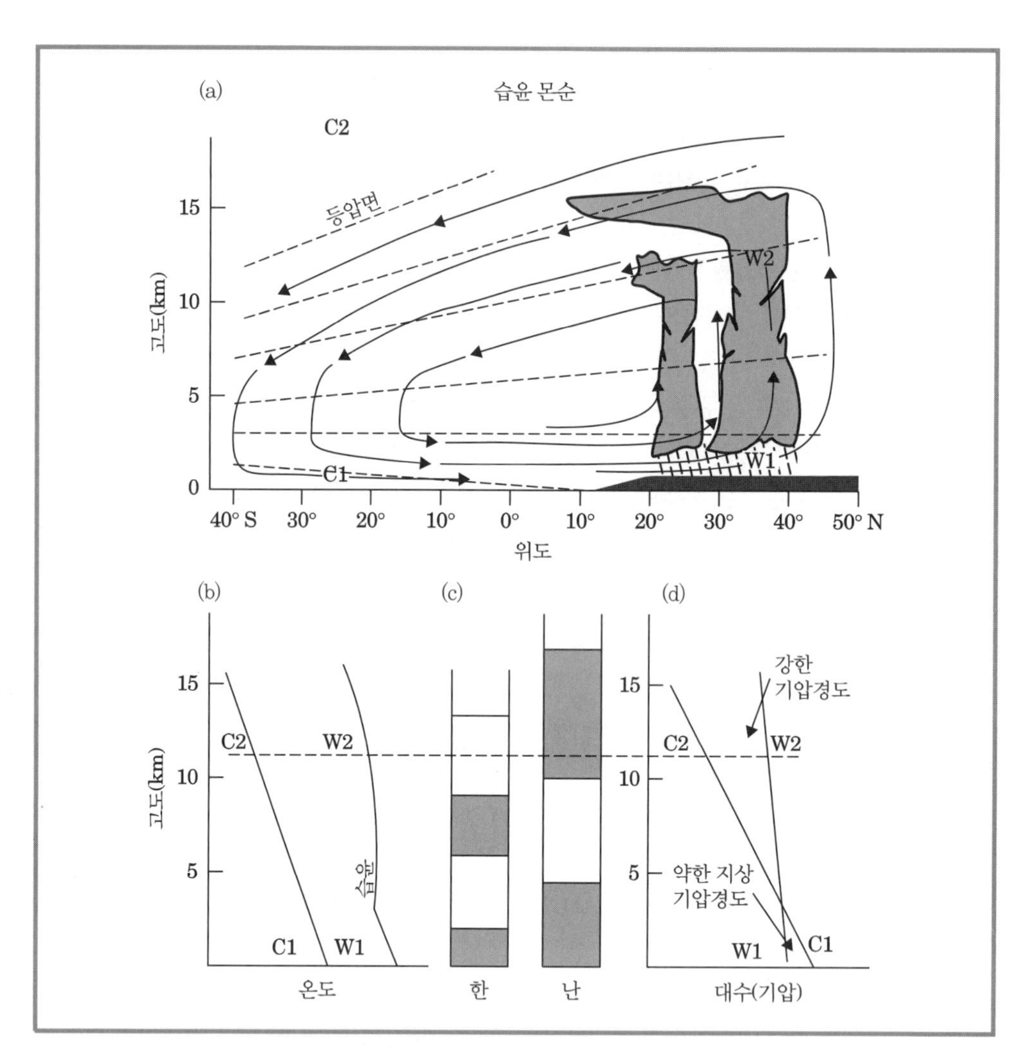

그림 11.9 아시아 몬순에서 습윤 단계의 모식도. (1) 화살표는 남북순환 파선은 등압선. (2) C1 – C2 공기기둥과 W1 – W2 기둥에 해당하는 온도의 연직분포. (3) 찬 영역과 따뜻한 영역에서의 질량 분포의 모식도. (4) 고도의 함수로서의 수평 기압 차(Wester and Fasullo, 2003).

11.1.5 워커 순환

적도 지역에서 비단열 가열의 패턴을 살펴보면 동서방향의 변화가 대단히 심하다. 그 이유는 주로 취송(wind-driven) 해류의 효과로 발생하는 해수면 온도가 경도별로 다르기 때문이다. 그러한 해수면 온도 변화는 대기순환의 동서대칭을 생성해내고 어떤 지역에서는 해들리 순환보다 강하게 나타나기도 한다. 그림 11.10에 모식적으로 표현된 적도상에서 동서로 뒤엎는 순환은 특히 유의해 살펴보아야 한다. 수 개의 뒤엎는 세포들이 표시되어 있는데 이들은 적도 부근의 아프리카, 중남미, 인도네시아 지역에서의 비단열 가열과 연관되어 있으며, 그중 규모나 강도 면에 있어서 탁월한 곳은 태평양의 순환 세포일 것이다. 이 세포를 워커 순환(walker

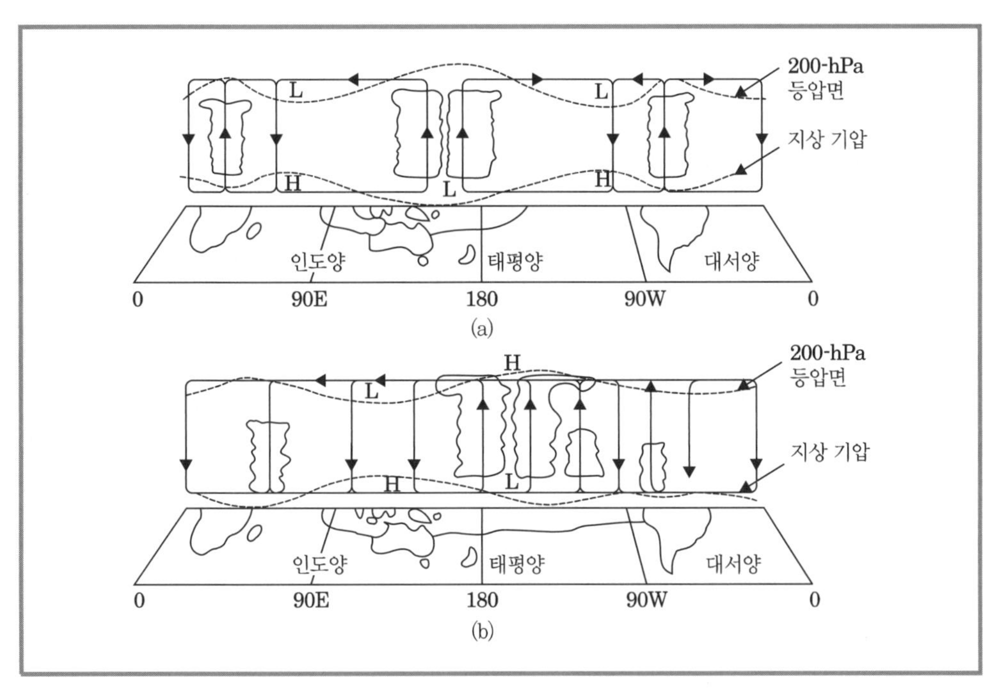

그림 11.10 (a) 정상 상태와 (b) 엘니뇨 상태일 때의 적도를 따라서 본 워커 순환의 모식도(Webster, 1983; Webster and Chang, 1988; 미국기상학회의 허가를 받아 사용함).

circulation)이라고 부른다. 이는 순환과 연관된 지면기압에 대해 처음으로 보고한 G. T. Walker의 이름을 따른 것이다.

그림 11.10에서 제시된 바, 이 기압 양상은 서태평양에서 지상 저기압, 동태평양에서 지상 고기압으로 구성되어 있다. 그 결과로 서쪽으로 향하는 기압 경도력이 태평양의 적도상에서 동풍을 불게 하는 추진력으로 작용한다. 이 동풍은 적도상의 평균 동풍에 비해 훨씬 강하며 이에 동반된 수증기 수송이 바로 그 지역의 높은 해수면 온도 때문에 발생하는 많은 양의 증발과 함께 서태평양에서 발생하는 대류의 습기원(moisture source)이 된다.

태평양 적도상에서 부는 시간평균된 동풍에 의한 응력은 해양 표층의 열균형에 큰 영향을 끼친다. 응력에 의해서 따뜻한 바닷물이 서태평양 쪽으로 이류해 가고 해양의 에크만 층에서 북쪽 수송이 발생하게 되어 연속성에 의해 적도의 용승(upwelling)을 야기한다. 적도를 따라 바닷물의 냉설(冷舌, cold tongue)이 나타나는 이유는 바로 이 용승으로 설명되며 이는 곧 그림 11.2에서 나타난 적도의 건조지역의 주된 이유가 되기도 한다.

11.1.6 엘니뇨와 남방진동

워커 순환과 연관된 동서방향의 기압 경도는 불규칙적인 경년 변동을 한다. 이 전구 규모의 기압 시소(see-saw) 현상과 그에 연관된 바람 패턴, 온도, 강수량의 변화를 워커는 남방진동

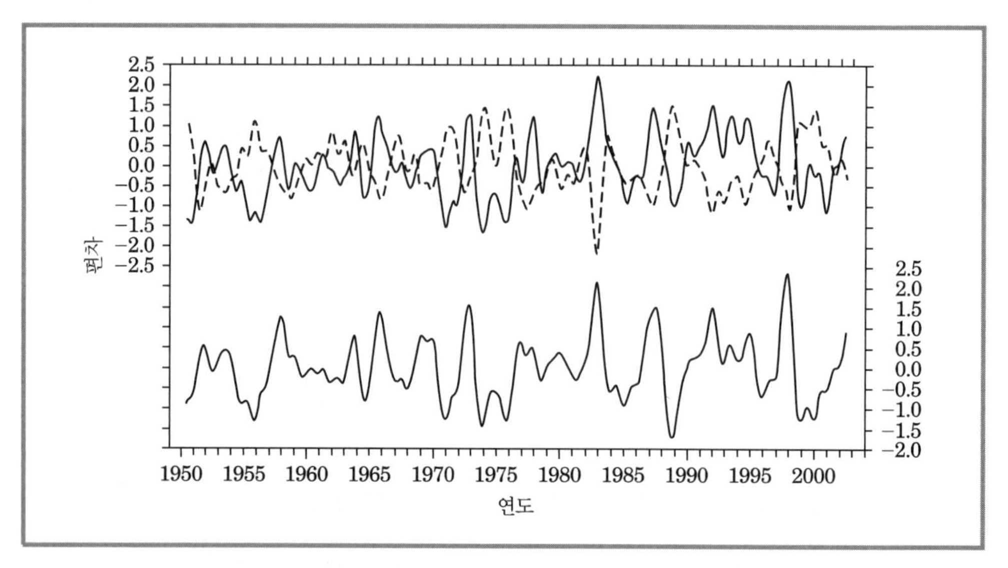

그림 11.11 동태평양의 해수면 온도 편차(℃)의 시계열(아래 곡선)과 다윈(위 그림 실선)과 타히티(위 그림 파선)에서의 해면기(hPa) 편차. 1년 이하 주기의 진동을 제거하기 위해서 자료가 평활되었다. 그림은 워싱턴대학교의 Todd Mitchell 박사에 의해 제공되었다.

(southern oscillation)이라 불렀다. 이 진동은 적도 태평양의 동쪽과 서쪽 지역 간 지상 기압의 기후 평년값으로부터의 편차(anomaly)의 시계열을 보면 분명히 나타난다. 그림 11.11의 윗부분에서 보듯이 타히티와 호주의 다윈 간의 지상 기압의 편차는 음의 상관관계를 보이며 2~5년의 주기로 강하게 변동하고 있다. 이 관측소 간의 기압차가 큰 기간 동안에는 워커 순환이 평소보다 훨씬 강하며 그 일반적인 구조는 시간적 평균값의 모습을 띄게 된다. 반면 기압차가 약한 동안은 워커 순환은 약해지면 최대 강수역이 원위치보다 동쪽으로 이동한 모습으로 나타난다(그림 11.10b, 그림 참조).

다윈과 타히티 간의 기압차가 약한 기간 동안에 무역풍이 약해지면 이는 바람에 의해 야기된 해수의 용승을 감소시키며 동태평양의 수온약층은 깊어지게 된다. 그 결과로 그림 11.11의 아랫부분에 보인 바와 같이 해수면 온도가 증가하게 된다. 이를 엘니뇨(El Niño, 남자아기라는 의미의 스페인어)라 부른다. 원래 이 용어는 매년 크리스마스경에 발생하는 페루와 에콰도르 해안의 바닷물이 따뜻해지는 현상을 일컫는 말이었다(따라서 El Niño는 아기예수를 뜻함). 하지만 지금은 훨씬 더 넓은 의미에서 남방진동에 연관된 대규모의 해양에서의 편차 현상을 일컫는다. 반대 현상이 나타나는 경우에는 다윈과 타히티 간의 큰 기압차로 인해 무역풍이 강해지며 이는 해수의 용승을 강화시키게 되며 수온약층은 깊어진다. 이 결과 적도 태평양의 해수면 온도는 낮아지며 이를 라니냐(La Niña)라고 부른다.

무역풍의 약화와 연관된 해양의 편차는 해안부터 시작된다. 하지만 수개월이 지나는 일련의 과정을 거치면서 적도를 따라 서쪽으로 퍼지면서 적도 태평양 전체에 걸쳐 양의 해수면 온도 편차가 나타나게 된다. 이 해수면 온도 편차는 또다시 무역풍의 약화를 가져오게 된다. 이러한 대기와 해양 간의 변화를 총칭하는 복합체를 이제 ENSO(El Nino-Southern Oscillation)라고 일컫는다. 이는 대기-해양의 상호작용과 연관된 경년기후 변동의 하나의 극적인 예이다.

ENSO에 대한 연구 중 선도적인 이론 모델은 '지연 진동자(delayed oscillator)' 모델이다. 이 모델에서 동태평양에서의 해수면 온도 편차 T는

$$\frac{dT}{dt} = bT(t) - cT(t-\tau)$$

의 형식을 만족한다. 여기서, b와 c는 양의 상수이고 τ는 적도 해양에서 조절 시간에 의해 결정되는 지연시간을 말한다. 우변의 첫 번째 항은 다윈과 타히티 간의 기압 차의 변화량과 관련된 양의 되먹임(positive feedback)을 의미한다. 이 항은 바람의 약화가 해수면 온도의 증가를 야기 → 바람의 약화 → 해수면 온도의 증가로 계속 연결되는 되먹임을 의미하는 것이다. 두 번째 항은 해수면 온도 변화 → 해양에서의 적도파의 전파(11.4절 참조) → 이에 의해 야기되는 수온약층의 조절과정(따라서 해양의 온도)으로 연결되는 음의 되먹임(negative feedback)을 의미한다. 음의 되먹임 과정에서 시간 지연은 동태평양에서 대기-해양 상호작용에 의해 야기된 파동 에너지가 해양의 서쪽 경계에 도달하는 데 걸리는 시간을 말한다. 실제적인 인자의 값들을 적용한 지연 진동 모델로 ENSO 진동을 추정해 보면 3~4년의 주기로 계산된다. 이러한 간략화된 모델을 사용하면 ENSO 순환주기의 평균적인 양상에 대해 정성적으로는 설명이 가능하다. 하지만 ENSO는 실제로 주기가 불규칙하며 이러한 불규칙성을 상기의 간략화된 모델로는 설명할 수 없다.

적도 지역의 심오하고 난해한 현상들 외에도 ENSO는 열대 바깥지역에서의 광범위한 경년기후 편차 소용돌이도 관련이 있다. 따라서 ENSO를 몇 개월 전에 예측할 수 있는 모델이 개발된다면 대단히 실용적인 것이 될 것이다.

11.1.7 적도 계절안 진동

엘니뇨와 연관된 경년변동 외에도 적도 순환은 중요한 계절안 진동을 포함하고 있다. 이것은 30~60일 주기로 나타나는 것으로 발견한 사람의 이름을 따라 매든-줄리안 순환(Madden-Julian Oscillation, MJO)이라 일컫는다. 이 적도 계절안 진동의 구조를 그림 11.12에 나타내었다. 그림은 경도-고도의 단면도 형식으로 적도를 따라 MJO의 발달 모습을 보이고 있으며 각 그림당 시간은 약 10일 정도이다. 그림 11.12에서 나타난 순환은 시간평균된 적도 순환으로부터의 편차를 나타낸 것이다.

MJO는 인도양에서의 지상 기압의 음의 편차의 발달로부터 시작된다. 이는 경계층 습기 수렴의 강화를 동반하고, 대류를 강화시키며, 대류권의 온도를 상승시켜, 권계면 고도의 증가를 야기한다. 이 편차 양상은 점차 $5\,\mathrm{ms^{-1}}$의 속도로 동쪽으로 이동하여 서태평양상에서 가장

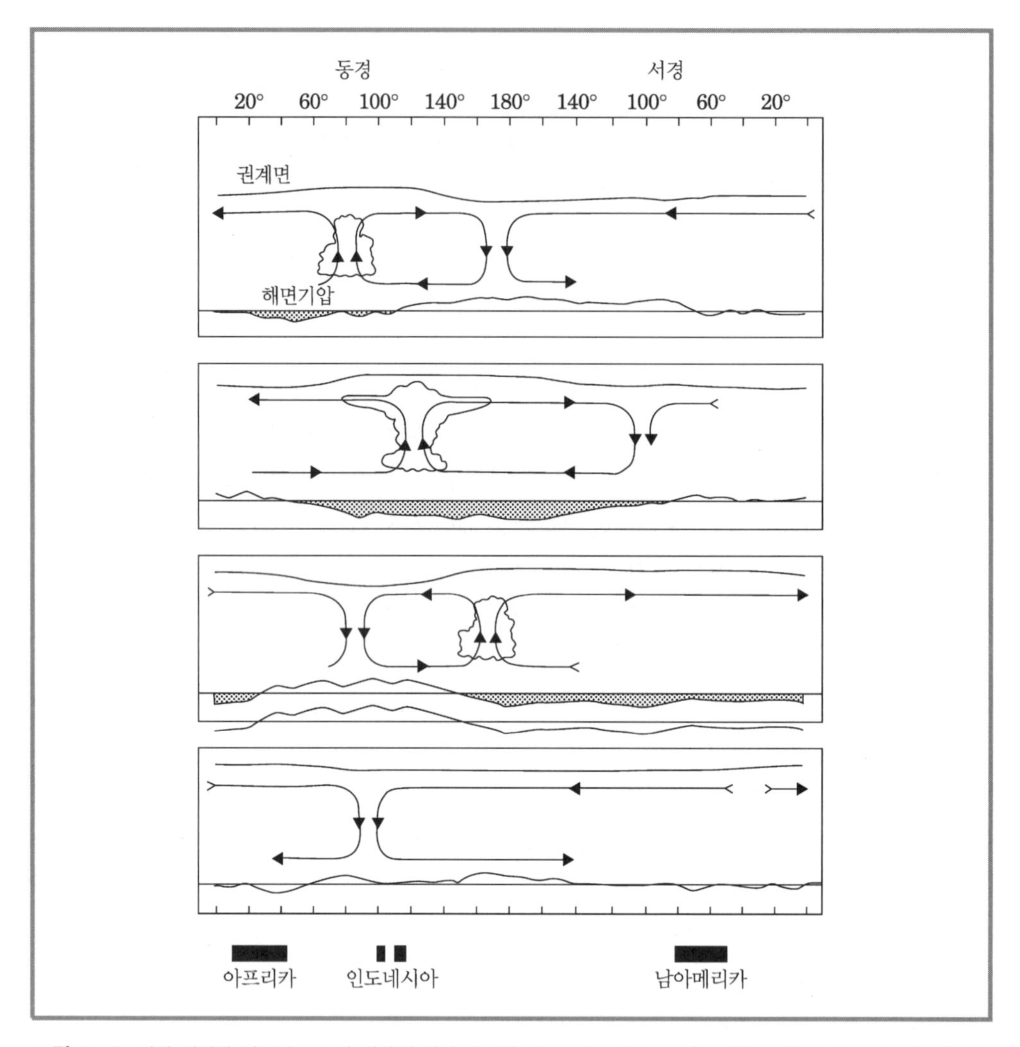

그림 11.12 열대 계절안 진동인 MJO와 연관된 편차 패턴의 경도-고도 단면도. 각 그림은 아래쪽으로 약 10일 간격의 양상을 대표한다. 유선은 도서 순환을, 상단의 곡선은 권계면 고도, 하단의 곡선은 해면 기압(음영부분은 평균 이하)를 말한다(Madden and Julian, 1972에서 인용; Madden, 2003).

큰 강도로 나타난다. 편차가 중태평양에서의 찬 바닷물을 지나면서 서서 전 지구적으로 추적이 가능할 때도 있다. 이 계절안 진동은 적도 로스비 파나 켈빈 파(그림 11.4 참조)와 관련되어 있다고 알려져 있다. 하지만 이 MJO를 설명하는 완전한 이론은 현재까지 제시되지 않은 상태이다.

11.2 대규모 열대 운동의 규모 해석

대류규모와 종관규모 간의 상호작용에 포함된 불확실성에도 불구하고 열대 지방의 종관규모 운동의 특징에 대한 정보를 규모 해석 방법을 통해 얻을 수 있다. 이 경우의 규모 해석을 가장 편리하게 하기 위해서 7.4.1소절에서 소개된 대수-기압 좌표계로 쓰인 지배 방정식을 사용하기로 한다.

$$\left(\frac{\partial}{\partial t}+\boldsymbol{V}\cdot\nabla+w^*\frac{\partial}{\partial z^*}\right)\boldsymbol{V}+f\boldsymbol{k}\times\boldsymbol{V}=-\nabla\Phi \tag{11.1}$$

$$\partial\Phi/\partial z^*=RT/H \tag{11.2}$$

$$\partial u/\partial x+\partial v/\partial y+\partial w^*/\partial z^*-w^*/H=0 \tag{11.3}$$

$$\left(\frac{\partial}{\partial t}+\boldsymbol{V}\cdot\nabla\right)T+\frac{w^*N^2H}{R}=\frac{J}{c_p} \tag{11.4}$$

적도지방의 종관규모 운동에 대해서 식 (11.1)~(11.4)의 각 항의 크기를 비교해보기로 하자. 우선 연속 방정식 (11.3)에 의해 주어지는 연직 속도 규모 W의 상한에 대해 주의해야 한다. 4.5절에서 논의된 바에 따르면

$$\frac{\partial u}{\partial x}+\frac{\partial v}{\partial y}\leq U/L$$

이다. 하지만 밀도 규모 고도(density scale height) H 정도 크기의 연직규모의 운동에 대해서는

$$\partial w^*/\partial z^*-w^*/H\sim W/H$$

이므로 연속 방정식에서 수평 발산과 연직 늘림 항이 균형을 이루자면 연직 운동 규모는 $W\leq HU/L$의 규제를 만족해야 한다. 다음 여러 변수들에 대한 다음과 같은 특징 규모를 정의한다.

$H\sim 10^4\,\mathrm{m}$	연직길이 규모
$L\sim 10^6\,\mathrm{m}$	수평길이 규모
$U\sim 10\,\mathrm{ms^{-1}}$	수평속도 규모
$W\leq HU/L$	연직속도 규모
$\delta\Phi$	지오퍼텐셜 변동 규모
$L/U\sim 10^5\,\mathrm{s}$	이류에 의한 시간규모

여기서 수평길이 규모와 수평속도 규모의 크기는 중위도 지방이나 열대지방을 막론하고 종관규모의 관측값의 전형적 크기와 같다. 이리하여 이에 상응하는 규모 해석을 통해 특징적 연직

속도나 지오퍼텐셜의 변동이 질량, 운동량 및 열역학 에너지의 보존 같은 역학적 규제에 어떻게 나타나는가에 대해 보이려고 한다.

지오퍼텐셜 변동 $\delta\Phi$의 크기는 운동방정식의 각 항의 규모를 비교함으로써 추정할 수 있다. 이 목적을 위해서 식 (11.1)의 항들과 수평 관성 가속항

$$(\boldsymbol{V}\cdot\nabla)\boldsymbol{V}\sim U^2/L$$

의 크기와 비교하면 다음과 같다.

$$|\partial\boldsymbol{V}/\partial t|/|(\boldsymbol{V}\cdot\nabla)\boldsymbol{V}|\sim 1 \tag{11.5}$$

$$|w^*\partial\boldsymbol{V}/\partial z^*|/|(\boldsymbol{V}\cdot\nabla)\boldsymbol{V}|\sim WL/UH\le 1 \tag{11.6}$$

$$|f\boldsymbol{k}\times\boldsymbol{V}|/|(\boldsymbol{V}\cdot\nabla)\boldsymbol{V}|\sim fL/U=\mathrm{Ro}^{-1}\le 1 \tag{11.7}$$

$$|\nabla\Phi|/|(\boldsymbol{V}\cdot\nabla)\boldsymbol{V}|\sim\delta\Phi/U^2 \tag{11.8}$$

우리는 이전에 $f\sim 10^{-4}\mathrm{s}^{-1}$ 크기의 중위도에서는 로스비 수 Ro가 작아서 1차 근사로 전향력과 기압 경도력이 균형을 이룬다는 것을 보인 바 있다. 그 경우 $\delta\Phi\sim fUL$이다. 그러나 적도 지역에서는 $f\le 10^{-5}\mathrm{s}^{-1}$이므로 로스비 수는 1 정도 또는 그 이상의 크기이다. 그러므로 전향력과 기압 경도력이 균형을 이룬다고 가정하는 것은 적절하지 못한다. 사실 식 (11.5)~(11.8)에서 알 수 있는 것은 식 (11.1)에서 기압 경도력이 균형을 이루려면 지오퍼텐셜 섭동의 규모는 $\delta+\Phi\sim U^2\sim 100\,\mathrm{m^2s^{-2}}$이어야 한다는 것이다. 따라서 종관규모의 열대요란과 관련된 지오퍼텐셜 섭동의 크기는 중위도의 같은 규모의 요란보다 한 차수 작은 값이어야 한다.

열대의 지오퍼텐셜 섭동의 진폭에 적용되는 이러한 규제는 종관규모 열대 운동계의 구조에 지대한 결과를 야기한다. 그 결과는 열역학 에너지 방정식에 규모 논리를 적용하면 쉽게 알 수 있다. 우선 온도 섭동의 크기를 추정해보자. 식 (11.2)의 정역학 근사에 의하면 연직규모가 규모 고도와 비슷한 시스템에 대해서는

$$T=(H/R)\partial\Phi/\partial z^*\sim(\delta\Phi/R)\sim U^2/R\sim 0.3\,\mathrm{K} \tag{11.9}$$

로 표현할 수 있게 된다. 따라서 깊은 열대 시스템의 특징 중 하나는 종관규모의 온도 섭동이 무시할 수 있을 정도로 작다는 것이다. 열역학 에너지 방정식에 의하면 그러한 시스템에서는

$$\left(\frac{\partial}{\partial t}+\boldsymbol{V}\cdot\nabla\right)T\sim 0.3\,\mathrm{Kd^{-1}}$$

이 됨을 알 수 있다.

강수가 없는 상황에서 비단열 가열은 주로 장파복사의 방출에 의한 것이며 이는 대류권을 $J/c_p\sim 1\mathrm{Kd^{-1}}$의 비율로 냉각시키게 된다. 실제 온도 섭동이 작으므로 이 복사 냉각은 침강 운동에 의한 단열적 승온과 대략 균형을 이루게 된다. 그러므로 식 (11.4)의 일차적 근사에

따라 w^*의 진단적 관계식은

$$w^*(N^2H/R) = J/c_p \tag{11.10}$$

로 된다.

열대 대류권에서는 $N^2H/R \sim 3\,\mathrm{Kkm}^{-1}$이다. 따라서 연직 운동의 규모는 $W \sim 0.3\,\mathrm{cms}^{-1}$ 그리고 식 (11.6)에서 $WL/UH \sim 0.03$이다. 그러므로 강수가 없는 상태에서 연직 운동은 같은 규모의 온대 종관계의 값보다 훨씬 작을 수밖에 없다. 식 (11.1)에서는 물론 연속 방정식 (11.3)에서 연직 이류항을 무시하면 수평바람의 발산은 $\sim 3\times10^{-7}\mathrm{s}^{-1}$이 된다. 따라서 흐름은 거의 비발산이다.

대류성 요란이 없는 상태에서 열대지방의 흐름이 준지균적 성격을 띠고 있다면 지배방정식은 더욱 간단해진다. 헬름홀츠[3]의 정리에 의하면 어떤 바람 장이라도 비발산(nondivergent) 부분 $\boldsymbol{V}_\psi$와 비회전(irrotational) 부분 $\boldsymbol{V}_e$로 다음과 같이 표현할 수 있다.

$$\boldsymbol{V} = \boldsymbol{V}_\psi + \boldsymbol{V}_e$$

여기서 $\nabla\cdot\boldsymbol{V}_\psi = 0$, $\nabla\times\boldsymbol{V}_e = 0$이다.

2차원 바람 장에 대해서 비발산 부분은 유선함수 ψ를 이용하여

$$\boldsymbol{V}_\psi = \boldsymbol{k}\times\nabla\psi \tag{11.11}$$

로 정의할 수 있으며 혹은 카테시안 좌표계로

$$u_\psi = -\frac{\partial\psi}{\partial y},\quad v_\psi = \frac{\partial\psi}{\partial x}$$

로도 표현할 수 있어서 이를 이용하면 $\nabla\cdot\boldsymbol{V}_\psi = 0$, $\zeta = \boldsymbol{k}\cdot\nabla\times\boldsymbol{V}_\psi = \nabla^2\psi$가 됨을 쉽게 알 수 있다. ψ의 등치선은 비발산 바람의 유선과 일치하기 때문에 ψ의 등치선 간격은 비발산 바람의 강도에 반비례하게 된다. 따라서 $\boldsymbol{V}_\psi$의 공간적 분포는 종관 일기도상에 ψ의 등치선을 그려봄으로써 쉽게 알 수 있다.

이제 식 (11.1)에서 $\boldsymbol{V}$를 $\boldsymbol{V}_\psi$로 근사하고 크기가 작은 연직 이류항을 무시하면 강수와 상관없는 열대지역에 유효한 다음과 같은 운동방정식을 얻는다.

$$\frac{\partial\boldsymbol{V}_\psi}{\partial t} + (\boldsymbol{V}_\psi\cdot\nabla)\boldsymbol{V}_\psi + f\boldsymbol{k}\times\boldsymbol{V}_\psi = -\nabla\Phi \tag{11.12}$$

다음과 같은 벡터등식

---

3) 예를 들어 Bourne and Kendall(1968) 190쪽을 보라.

$$(\boldsymbol{V}\cdot\nabla)\boldsymbol{V}=\nabla\left(\frac{\boldsymbol{V}\cdot\boldsymbol{V}}{2}\right)+\boldsymbol{k}\times\boldsymbol{V}\zeta$$

을 사용하여 식 (11.12)를 다음과 같이 다시 쓸 수 있다.

$$\frac{\partial\boldsymbol{V}_\psi}{\partial t}=-\nabla\left(\Phi+\frac{\boldsymbol{V}_\psi\cdot\boldsymbol{V}_\psi}{2}\right)-\boldsymbol{k}\times\boldsymbol{V}_\psi(\zeta+f)\tag{11.13}$$

다음에 $\boldsymbol{k}\cdot\nabla\times$식 (11.13)을 하게 되면 다음과 같이 비발산 흐름에 유효한 소용돌이도 방정식

$$\left(\frac{\partial}{\partial t}+\boldsymbol{V}_\psi\cdot\nabla\right)(\zeta+f)=0\tag{11.14}$$

를 얻을 수 있다. 이 방정식은 응결에 의한 가열이 없을 때, 연직 운동 규모가 대기의 규모 고도의 크기인 열대의 종관규모의 순환은 순압적, 즉 비발산 바람을 따라 절대 소용돌이도가 보존된다는 것을 말한다. 그러한 요란은 위치 에너지를 운동 에너지로 전환시키지 못하며 다만 평균류의 운동 에너지로부터 순압적 에너지 전환으로부터나 아니면 중위도 시스템 혹은 열대의 강수성 요란으로부터 수평적인 상호작용에 의해 운동의 추진력을 얻게 된다.

비발산 바람과 소용돌이도는 유선함수로 표현할 수 있기 때문에 식 (11.14)를 이용해 예측을 하기 위해서는 어느 시점에서건 단 하나의 함수 ψ만 있으면 가능하다. 기압분포는 필요하지도 않을 뿐더러 예보되지 않는다. 오히려 기압분포는 진단적으로 결정된다.

기압과 유선함수와의 관계는 $\nabla\cdot$ 식 (11.13)으로서 구할 수 있다. 이것은 지오퍼텐셜과 유선함수장 간의 진단적 관계를 말하는데 흔히 **비선형 균형 방정식**(nonlinear balance equation)이라 일컬어지며 그 형태는 다음과 같다.

$$\nabla^2\left[\Phi+\frac{1}{2}(\nabla\psi)^2\right]=\nabla\cdot[(f+\nabla^2\psi)\nabla\psi]\tag{11.15}$$

하나의 특별한 경우로 정상상태의 원형 흐름에 대해서 식 (11.15)는 경도풍 근사에 상당하게 된다. 경도풍의 경우와는 달리 식 (11.15)는 궤도의 곡률에 대한 정보를 필요로 하지 않기 때문에 Φ를 구하기 위해서는 한 등압면 상에서 어느 순간의 ψ의 분포만 있으면 된다. 반대로 식 (11.15)에서 Φ의 분포가 주어졌다면 ψ를 구할 수도 있다. 이 경우는 ψ에 대한 2차 방정식이 되므로 일반적으로 2개의 해가 존재하며 각각은 정상 상태, 이상 상태의 경도풍에 상응하게 된다.

이러한 균형 조건은 상기의 규모 논리가 적용될 때만 유효하다. 지금까지의 논리는 연직규모가 대기의 규모 고도 정도의 크기라는 가정, 또 수평적 크기가 1000 km의 차수라는 가정하에 전개된 것이다. 소용돌이도 방정식에서 발산항이 활성적인 강수역 외의 지역에서도 중요한 역할을 하는 행성 규모 운동이란 특별한 경우가 있다(11.4절을 참조). 이런 운동에서의 기압장은 균형 관계식으로부터 구할 수 없으며, 이 경우의 기압 분포는 원시 방정식 형태의 역학

방정식으로부터 구할 수밖에 없다.

강수를 동반하는 열대의 종관규모의 운동에서는 상기의 규모 논리의 상당부분이 조정되어야 한다. 이러한 시스템에서의 전형적 강수율은 $2\,\mathrm{cm\,d^{-1}}$ 정도의 크기이다. 이것은 $1\mathrm{m}^2$의 단면적을 가진 공기 기둥에 $m_w = 20\,\mathrm{kg}$의 응결 시사한다. 응결에 의한 잠열이 $L_c \approx 2.5\times10^6\,\mathrm{Jkg^{-1}}$이므로 이 강수율은 공기 기둥에

$$m_w L_c \sim 5\times10^7\,\mathrm{Jm^{-2}d^{-1}}$$

의 열에너지가 가해짐을 의미한다. 만일 이 열이 질량 $p_0/g \approx 10^4\,\mathrm{kgm^{-2}}$의 전체 공기 기둥에 균일하게 퍼진다고 가정하면 공기의 단위 질량당 평균 가열률은

$$J/c_p \approx [L_c m_w / c_p(p_0/g)] \sim 5\,\mathrm{Kd^{-1}}$$

이 된다.

실제로 깊은 대류성 구름들에 의한 응결 가열은 공기 기둥에 골고루 퍼지는 것이 아니라 $300 \sim 400\,\mathrm{hPa}$ 사이에 최대로 나타나 가열률이 $10\,\mathrm{Kd^{-1}}$ 정도로 될 수도 있다. 이 경우 열역학 에너지 방정식 (11.10)을 대략적으로 적용하여 300-~400-hPa 기층에서 단열냉각이 응결 가열과 균형을 이룬다고 생각하면 강수를 동반한 종관규모의 연직 운동의 크기는 $W\sim 3\,\mathrm{cms^{-1}}$ 정도로 추정할 수 있다. 그러므로 열대지방에서 강수를 동반한 요란의 평균 연직 운동은 요란 바깥쪽에서의 연직 운동보다 한 차원 값이 크다. 결과적으로 이런 요란에서는 상대적으로 발산 성분이 커서 식 (11.14)의 순압 소용돌이도 방정식이 합당한 근사가 되지 못한다. 이 경우의 흐름을 제대로 분석하기 위해서는 원시 방정식을 사용해야 한다.

11.3 응결 가열

공기가 수증기의 응결에 의해 가열되는 방식은 응결 과정의 성격에 직결된다. 특별히 대규모 연직 운동에 의한 잠열 방출과 (즉, 종관적인 강제상승) 깊은 적운 대류에 의한 잠열 방출과는 차이를 구분할 필요가 있다. 전자는 일반적으로 중위도 종관 시스템과 연관되어 있다. 따라서 열역학 에너지 방정식에서의 잠열 방출은 종관 규모의 변수로서 쉽게 기술할 수 있다. 반면 많은 적란운 세포의 협동적 활동으로부터 야기되는 대규모 가열장을 종관 변수로서 표현하는 것은 훨씬 어려운 일이다.

적운 대류에 의한 응결 가열의 문제를 고려하기 전에 대규모 강제 상승에 의한 응결 가열이 수치 모델에서 어떻게 표현되는가에 대해 짚고 넘어갈 필요가 있다. 2.9.1소절에 언급된 위단열과정에 대한 대략적인 열역학 에너지 방정식은 다음과 같다.

$$\frac{D\ln\theta}{Dt} \approx -\left(\frac{L_c}{c_p T}\right)\frac{Dq_s}{Dt} \tag{11.16}$$

상당 정적 안정도 Γ_e를 다음과 같이 정의한다면 식 (11.16)은

$$\left(\frac{\partial}{\partial t} + \boldsymbol{V}\cdot\nabla\right)\theta + w\Gamma_e \approx 0 \tag{11.17}$$

로 쓸 수 있으며 여기서 Γ_e는

$$\Gamma_e \approx \begin{cases} (\Gamma_s/\Gamma_d)\partial\theta_e/\partial z & q \geq q_s \text{이고 } w > 0\text{인 경우} \\ \partial\theta/\partial z & q < q_s \text{이거나 } w < 0\text{인 경우} \end{cases}$$

이다. 여기서 Γ_s와 Γ_d는 각각 포화단열감률과 건조단열감률을 말한다. 따라서 대규모 강제상승의 경우($\Gamma_e > 0$), 열역학 에너지 방정식은 정적안정도가 상당 정적안정도로 대치된 것을 제외하고 단열 과정에서의 경우와 같은 형태가 된다.

하지만 만약 $\Gamma_e < 0$이라면 대기는 조건부 불안정한 상태이며 응결은 주로 적운 대류에 의해서 발생한다. 그러한 경우 연직 속도는 종관 규모의 w가 아닌 개별 적운 상승류에 의해 결정된다. 따라서 열역학 에너지 방정식을 구성하는데 있어서 종관 변수만으로는 가능하지 않다. 하지만 열역학 에너지 방정식을 어느 정도 간략화할 수는 있다. 11.2절의 식 (11.10)으로부터 열대 지방에서의 온도 변동은 작다는 것을 상기해보라. 그러면 단열 냉각과 비단열 가열할은 대략 균형을 이룬다. 그러면 식 (11.16)은 대략

$$w\frac{\partial\ln\theta}{\partial z} \approx -\frac{L_c}{c_p T}\frac{Dq_s}{Dt} \tag{11.18}$$

과 같이 근사적으로 표현할 수 있다. 식 (11.18)에서 종관 규모 연직 속도인 w는 활동적인 대규 세포에서의 매우 큰 연직 운동과 주변 장에서의 작은 값의 연직 운동의 평균값이다. 따라서 w'을 대류세포 내부의 연직 속도, $\overline{w}$를 주변 장의 연직속도라 하면

$$w = aw' + (1-a)\overline{w} \tag{11.19}$$

로 쓸 수 있으며 여기서 a는 대류가 차지하는 정규화된 부분 면적이다. q_s의 변화를 운동을 따라 변화하는 $w\frac{\partial q_s}{\partial z}$로 간주하면 식 (11.18)은

$$w\frac{\partial\ln\theta}{\partial z} \approx -\frac{L_c}{c_p T}aw'\frac{\partial q_s}{\partial z} \tag{11.20}$$

의 형태로 쓸 수 있다. 문제는 식 (11.20)의 우변에 있는 응결 가열항을 종관 규모의 변수로

표현하는 일이다.

이 적운 대류 가열을 **모수화**(parameterize)하는 문제는 열대 기상학에서 도전해볼 만한 몇 가지 과제 중의 하나이다. 이론적인 연구들에서[4] 흔히 사용되는 간단한 접근 방식은 다음과 같다. 구름 내의 물의 저장량은 다소 작기 때문에 응결에 의한 총 연직 적분된 가열률은 대략 다음과 같은 순강수율

$$-\int_{z_c}^{z_T}(\rho a w' \, \partial q_s/\partial z)dz = P \tag{11.21}$$

에 비례할 것이다. 여기서 z_c와 z_T는 각각 구름 밑면 고도와 구름 꼭대기 고도, P는 강수율 $(\mathrm{kgm^{-2}s^{-1}})$을 말한다.

상대적으로 적은 양의 습기가 대기의 수증기 혼합비를 변화시키는 데 들어가기 때문에 순강수율은 대략 공기 기둥 내로의 습기 수렴과 지면으로부터의 증발과 같을 것이다. 따라서

$$P = -\int_0^{z_m}\nabla \cdot (\rho q \boldsymbol{V})dz + E \tag{11.22}$$

로 쓸 수 있으며 여기서 E는 증발률$(\mathrm{kgm^{-2}s^{-1}})$이고 z_m은 습윤층 꼭대기의 고도이다 (대부분의 적도 해상에서 $z_m \approx 2\,\mathrm{km}$). q에 대한 근사적인 연속 방정식

$$\nabla \cdot (\rho q \boldsymbol{V}) + \partial(\rho q w)/\partial z \approx 0 \tag{11.23}$$

을 식 (11.22)에 대입하면

$$P = (\rho w q)_{z_m} + E \tag{11.24}$$

를 얻을 수 있다. 식 (11.24)를 사용하면 연직 평균된 가열율을 종관 규모의 변수 $w(z_m)$와 $q(z_m)$으로 표현할 수 있다.

그러나 아직도 결정되지 않은 사항은 열의 연직 분포이다. 가장 흔한 접근 방식은 관측에 의해 경험적으로 결정된 연직 분포를 사용하는 것이다. 그 경우 식 (11.16)은

$$\left(\frac{\partial}{\partial t} + \boldsymbol{V} \cdot \nabla\right)\ln\theta + w\frac{\partial \ln\theta}{\partial z} = \frac{L_c}{\rho c_p T}\eta(z)[(\rho w q)_{z_m} + E] \tag{11.25}$$

로 쓸 수 있다. 여기서 η는 $z < z_c$, $z > z_T$일 때 $\eta(z) = 0$이고 $z_c \le z \le z_T$일 때

$$\int_{z_c}^{z_T}\eta(z)dz = 1$$

---

4) 예를 들어 Steven and Linzen(1978)을 보시오.

을 만족하는 가중 함수이다. 식 (11.20)에서 비단열 가열이 단열 냉각과 대략적인 균형을 이룬다는 점을 염두에 두면 식 (11.25)의 $\eta(z)$는 대규모 연직 질량속 ρw와 같은 연직구조를 가질 것임을 알 수 있다. 관측에 의하면 많은 열대 종관규모 요란에서의 $\eta(z)$는 약 400-hPa 고도에서 최대값을 보이며 이는 그림 11.5에 보인 발산 패턴과 일관적인 것이다.

상기의 과정은 열대 지방의 평균적 상황에 대한 것이다. 실제 비단열 가열의 연직분포는 구름 높이의 국지적 분포에 의해 결정된다. 따라서 운고의 분포가 적운 모수화에서 중요한 인자가 된다. 대규모 변수로서 이 분포를 결정하는 적운 모수화의 방안이 Arakawa와 Schubert (1974)에 의해 개발되었다. 많은 다른 종류의 적운 모수화 방안들이 과거 수십 년 동안 제시되었다. 이 적운 모수화에 대한 상세한 논의는 이 책의 목적에 벗어나 제외하였다.

11.4 적도 파동설

적도파는 대기나 해양에 있어서 적도에 붙들려서(즉, 적도 지역으로부터 극 쪽으로 가면서 감쇠한다) 동진하는 요란과 서진하는 요란의 중요한 무리이다. 조직화된 열대성 대류에 의한 비단열 가열이 대기의 적도파의 운동을, 바람에 의한 응력이 해양의 적도파를 야기한다. 이 대기의 적도파를 통해서 대류성 폭풍의 역학적 효과가 열대지방에서 동서방향의 넓은 범위로 퍼져나갈 수도 있다. 따라서 그러한 파들은 국지적 열원(熱源)에 대한 원격 반응을 야기하기도 한다. 더욱이 이 파들은 하층 습기 수렴의 양상에 영향을 미침으로써 대류성 가열의 시공간적 분포를 부분적으로 조절하기도 한다. 반면 해양의 적도파의 전파는 국지적인 바람 응력의 편차로 인해 수온약층과 해수면 온도에 원격 반응을 야기한다. 이 과정에 대해서는 11.1.6소절에서 논의된 바 있다.

11.4.1 적도 로스비 모드와 로스비-중력 모드

적도 파동설에 대해 완전히 설명하려면 상당히 복잡한 전개가 필요하다. 적도파를 가장 간단한 형태로 소개하기 위해서 이 책에서는 4.5절에 소개된 천수 모델(shallow water model)을 사용하여 수평구조의 이해에 집중하기로 한다. 성층화된 대기에서 연직방향으로의 전파에 대해서는 제12장에 논의될 것이다. 문제를 간단히 하기 위해서 여기서는 기본류가 없는 상태에서 평균 깊이 h_e의 유체 시스템에 선형화된 운동량 방정식과 연속 방정식을 고려하자. 여기서는 관심사가 열대지방이므로 5.7절의 **적도 β평면상**의 카테시안 좌표계를 사용하기로 한다. 이 근사를 사용하면 $\cos\phi$항은 1이 되며 $\sin\phi$항은 y/a로 대치할 수 있다. 여기서 y는 적도로부터의 거리이고, a는 지구반경이다. 이 근사에서 코리올리 매개변수는

$$f \approx \beta y \tag{11.26}$$

이다. $\beta \equiv 2\Omega/a$이며 Ω는 지구의 자전 각속도이다. 이를 이용하면 평균 깊이 h_e의 기본류가 없는 상태에서 섭동에 대한 선형화된 천수 방정식(4.5절)은

$$\partial u'/\partial t - \beta y v' = -\partial \Phi' \partial x \quad (11.27)$$

$$\partial v'/\partial t + \beta y u' = -\partial \Phi' \partial y \quad (11.28)$$

$$\partial \Phi'/\partial t + g h_e (\partial u'/\partial x + \partial v'/\partial y) = 0 \quad (11.29)$$

가 된다. 여기서 $\Phi' = gh'$은 지오퍼텐셜 섭동이며 $(\ )'$ 항들은 섭동 변수를 말한다.

x와 t에 대한 종속성은 해를 다음과 같이 동서방향으로 전파하는 파의 형태로 지정함으로써 분리해낼 수 있다.

$$\begin{pmatrix} u' \\ v' \\ \Phi' \end{pmatrix} = \begin{bmatrix} \hat{u}(y) \\ \hat{v}(y) \\ \hat{\Phi}(y) \end{bmatrix} \exp[i(kx - \nu t)] \quad (11.30)$$

식 (11.30)을 식 (11.27)~(11.29)에 대입하면 남북방향의 구조함수의 $\hat{u}$, $\hat{v}$, $\hat{\Phi}$의 y에 대한 연립 상미분 방정식을 다음과 같이 구할 수 있다.

$$-i\nu\hat{u} - \beta y \hat{v} = -ik\hat{\Phi} \quad (11.31)$$

$$-i\nu\hat{v} + \beta y \hat{u} = -\partial\hat{\Phi}/\partial y \quad (11.32)$$

$$-i\nu\hat{\Phi} + g h_e (ik\hat{u} + \partial\hat{v}/\partial y) = 0 \quad (11.33)$$

식 (11.31)을 $\hat{u}$에 대해 풀고 그 결과를 식 (11.32)와 식 (11.33)에 대입하면

$$(\beta^2 y^2 - \nu^2)\hat{v} = ik\beta y\hat{\Phi} + i\nu\partial\hat{\Phi}/\partial y \quad (11.34)$$

$$(\nu^2 - g h_e k^2)\hat{\Phi} + i\nu g h_e \left(\frac{\partial\hat{v}}{\partial y} - \frac{k}{\nu}\beta y \hat{v} \right) = 0 \quad (11.35)$$

을 구할 수 있다. 마지막으로 식 (11.35)를 식 (11.34)에 대입하면 $\hat{\Phi}$을 소거하면 단 하나의 미지수 $\hat{v}$에 대한 2차 미분방정식

$$\frac{\partial^2 \hat{v}}{\partial y^2} + \left[\left(\frac{\nu^2}{g h_e} - k^2 - \frac{k}{\nu}\beta \right) - \frac{\beta^2 y^2}{g h_e} \right] \hat{v} = 0 \quad (11.36)$$

를 구할 수 있다. 식 (11.36)은 균질하므로 $|y|$가 클 때 값이 감쇠하는 조건을 만족하는 비사소해(nontrivial solution)가 정상 모드 요란의 주파수에 상응하는 어떠한 값의 ν에 대해서만 존재할 것이라는 것을 기대할 수 있다.

이 방정식에 대해 상세히 논하기 전에 $h_e \to \infty$일 때나 $\beta = 0$일 때 일어날 점근 한계에 대해 고려해 볼 필요가 있다. 전자의 경우는 운동이 비발산적이라고 가정하는 것과 동일한 상황인데

이 경우 식 (11.36)은

$$\frac{\partial^2 \hat{v}}{\partial y^2} + \left[-k^2 - \frac{k}{\nu}\beta \right] \hat{v} = 0$$

로 된다. ν가 로스비와 분산 관계 $\nu = -\beta k/(k^2 + l^2)$를 만족한다면 해는 $\hat{v} \sim \exp(ily)$의 형태로 존재한다. 이것은 비발산 순압류에 대해서 적도 역학은 특별한 것이 전혀 없다는 것을 예시한다. 여기서 지구자전의 역할은 β의 형태로만 나타난다(f 와는 무관함). 반면에 $\beta = 0$라면 자전의 모든 영향은 제거되어 식 (11.36)은 천수 중력파 모델로 귀결되며 그 비사소 해는

$$\nu = \pm [gh_e (k^2 + l^2)]^{1/2}$$

이 된다.

식 (11.36)으로 되돌아가서 $|y| \to \infty$일 때 요란 장이 0으로 되는 경계조건에 입각한 v의 남북 분포에 대한 해를 구하기로 한다. 이 경계조건이 꼭 필요한 이유는 위도 ±30° 이상에서는 $f \approx \beta y$의 근사가 유효하지 않기 때문이다. 따라서 해가 구면상의 완전한 해에 좋은 근사가 되기 위해서는 적도에 붙들려 있게 된다. 식 (11.36)은 y방향의 조화 진동자에 대한 고전적 방정식과는 다른데, 대괄호 내의 계수가 상수가 아닌 y의 함수이기 때문이다. 아주 작은 y에 대해서 이 계수는 양의 값이며 y방향으로 진동하는 해를 갖는다. 큰 값의 y에 대해서 y에 따라 증가하는 해와 감소하는 해를 갖는다. 여기서 y에 따라 감소하는 해만이 주어진 경계조건을 만족한다.

밝혀진 바에 의하면[5] 적도에서 멀어지면서 감소하는 조건을 만족하는 식 (11.36)의 해는 대괄호 내의 계수 중 상수 부분이 다음과 같은 관계를 만족해야만 존재한다.

$$\frac{\sqrt{gh_e}}{\beta}\left(-\frac{k}{\nu}\beta - k^2 + \frac{\nu^2}{gh_e} \right) = 2n+1, \text{ 단 } n = 0,\ 1,\ 2\cdots \tag{11.37}$$

이 식은 동서 파수 k와 남북 파수 n에 대해 허락된 적도에 붙들린 자유진동의 주파수를 결정하는 3차 분산 방정식이다. 이들 해는 y를 다음과 같은 무차원 남북 좌표계

$$\xi \equiv \left(\beta / \sqrt{gh_e} \right)^{1/2} y$$

로 대치함으로써 가장 쉽게 표현될 수 있다. 그러면 해는

$$\hat{v}(\xi) = v_0 H_n(\xi) \exp(-\xi^2/2) \tag{11.38}$$

의 형태로 되며 여기서 v_0는 상수의 바람, $H_n(\xi)$는 n차 헤르미트 다항식(Hermite polynomial)이

---

5) Matsuno(1966)를 보시오

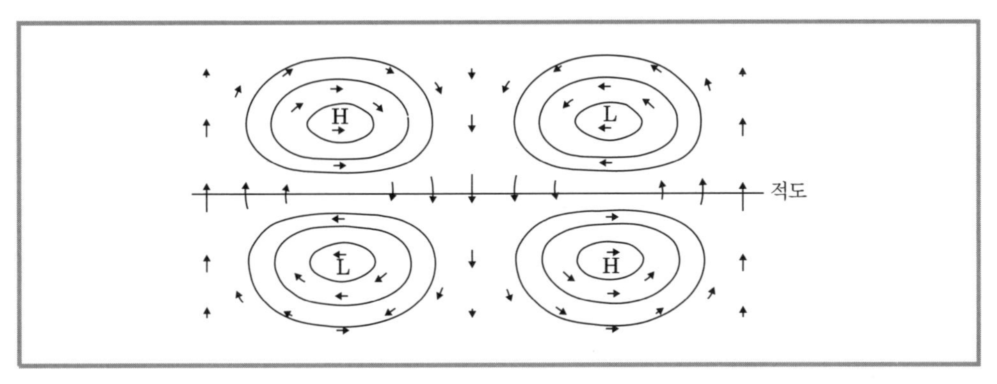

그림 11.13 적도 로스비-중력파와 연관된 수평속도와 고도의 섭동의 구조(Matsuno, 1966, 일본학술진흥회의 허가를 받아 사용함).

다. 이 다항식의 처음 몇 항은 다음과 같은 값을 갖는다.

$$H_0 = 1, \quad H_1(\xi) = 2\xi, \quad H_2(\xi) = 4\xi^2 - 2$$

따라서 지수 n은 $|y| < \infty$의 영역 내의 남북속도 분포에서 노드의 개수에 상응한다.

일반적으로 식 (11.37)의 3개의 해는 적도에 붙들려 동진하는 중력파, 서진하는 중력파 그리고 서진하는 적도 로스비 파로 해석될 수 있다. $n=0$의 경우(남북속도 섭동이 적도를 중심으로 가우스 분포를 이룰 때)는 분리해서 다루어야 한다. 이 경우 (11.37)의 분산 관계는

$$\left(\frac{\nu}{\sqrt{gh_e}} - \frac{\beta}{\nu} - k\right)\left(\frac{\nu}{\sqrt{gh_e}} + k\right) = 0 \tag{11.39}$$

으로 인수분해할 수 있다.

서진하는 중력파에 상응하는 근 $\nu/k = -\sqrt{gh_e}$ 는 허락되지 않는다. 그 이유는 식 (11.34)와 식 (11.35)를 합쳐서 $\hat{\Phi}$를 소거하는 과정에서 식 (11.39)의 두 번째 괄호가 0이 되면 안 되는 묵시적 가정 때문이다. 식 (11.39)의 첫 번째 괄호에서 구할 수 있는 해는

$$\nu = k\sqrt{gh_e}\left[\frac{1}{2} \pm \frac{1}{2}\left(1 + \frac{4\beta}{k^2\sqrt{gh_e}}\right)^{1/2}\right] \tag{11.40}$$

이다.

양의 해는 동진하는 적도 관성-중력파에 상응하며 음의 해는 서진하는 파에 상응하며 이는 각각 긴 파장의 동서 규모($k \to 0$)에 대한 관성-중력파와 종관규모 요란의 동서규모 특성을 지닌 로스비 파를 닮았다. 이 모드는 일반적으로 **로스비-중력파**(rossby-gravity)로 일컬어진다. 서진하는 $n=0$의 해의 수평구조가 그림 11.13에 있으며 주파수와 이 파의 모드와 여러 다른 적도파 모드 간의 상관관계가 그림 11.14에 있다.

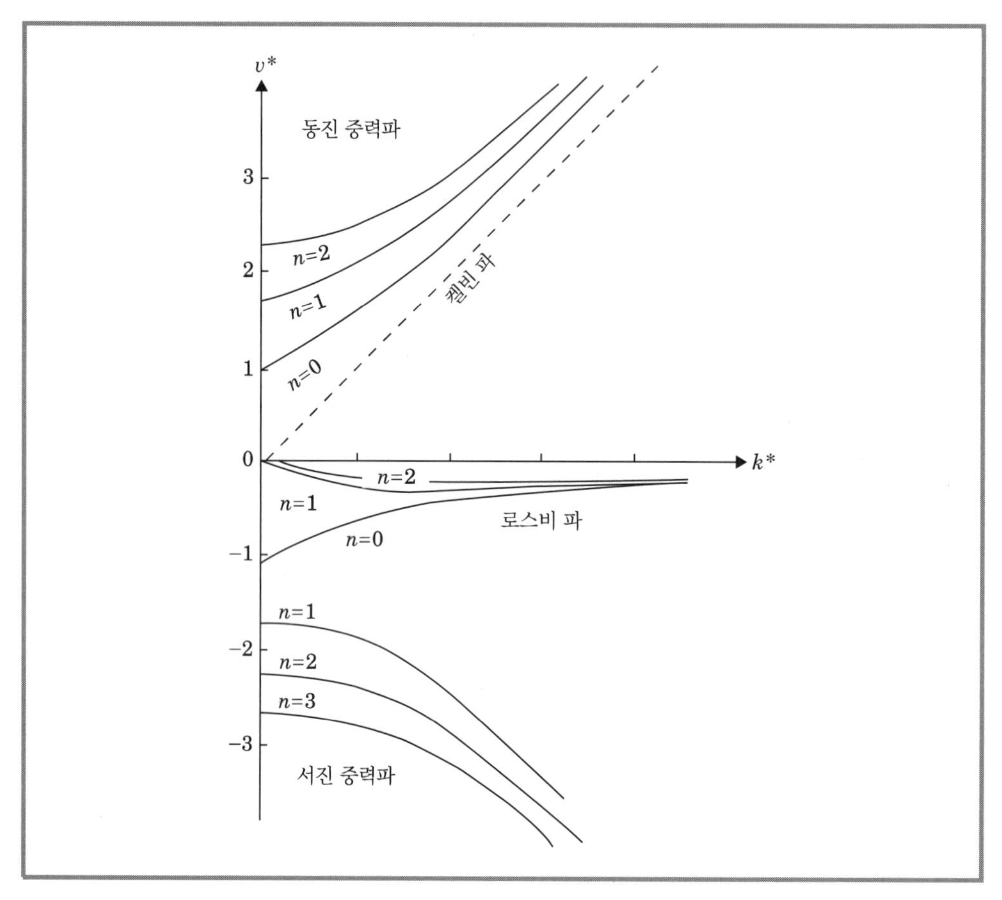

그림 11.14 자유 적도파에 대한 분산 선도. 주파수와 동서 파수는 $\nu^* \equiv \nu/(\beta\sqrt{gh_e})^{1/2}$, $k^* \equiv k(\sqrt{gh_e}/\beta)^{1/2}$로 무차원화되었다. 곡선은 동진 중력파, 서진 중력파 그리고 로스비 모드와 켈빈 모드의 동서 파수에 대한 주파수의 종속성을 보이고 있다(k^* 축의 틱 마크는 왼쪽이 0이며 1단위 간격마다 표시됨).

11.4.2 적도 켈빈 파

이전 절에서 논의된 모드들 외에도 실제적으로 매우 중요한 또 다른 적도파가 있다. 적도 켈빈 파(Kelvin wave)라고 불리는 이 모드는 남북속도 섭동이 0이면 따라서 식 (11.31)~(11.33)은

$$-i\nu\hat{u} = -ik\hat{\Phi} \tag{11.41}$$

$$\beta y\hat{u} = -\partial\hat{\Phi}/\partial y \tag{11.42}$$

$$-i\nu\hat{\Phi} + gh_e(ik\hat{u}) = 0 \tag{11.43}$$

의 간단한 형태로 줄어든다. 식 (11.41)과 식 (11.43)을 합쳐서 $\hat{\Phi}$를 소거하면 켈빈 파의 분산 관계는 통상의 천수 중력파의 경우와 동일하게 된다.

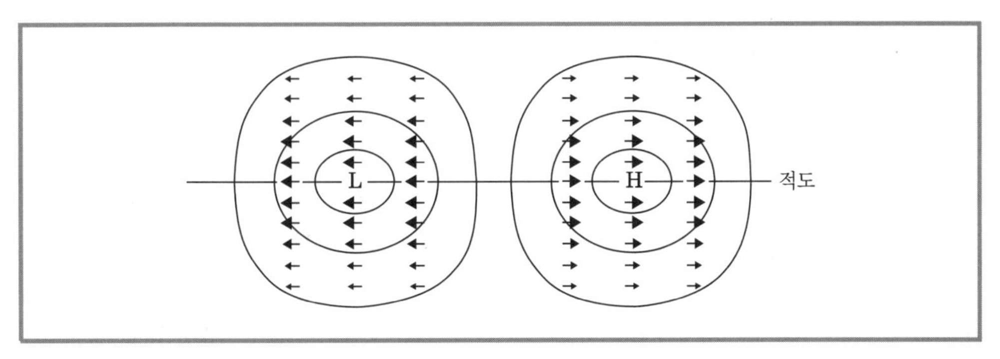

그림 11.15 적도 켈빈 파와 연관된 수평속도와 고도의 섭동의 구조(Matsuno, 1966)

$$c^2 \equiv (\nu/k)^2 = gh_e \tag{11.44}$$

식 (11.44)에 의하면 위상 속도 c는 양의 값이 될 수도 있고 음의 값이 될 수도 있다. 그러나 식 (11.41)과 식 (11.42)를 합쳐서 $\hat{\Phi}$를 소거하면 남북 구조를 결정하기 위한 1차방정식

$$\beta y\hat{u} = -c\partial\hat{u}/\partial y \tag{11.45}$$

을 구할 수 있다. 이를 적분하면

$$\hat{u} = u_0 \exp(-\beta y^2/2c) \tag{11.46}$$

를 구할 수 있으며 여기서 u_0는 적도에서 섭동 동서속도의 진폭이다. 식 (11.46)에 의하면 적도로부터 감쇠하는 해가 존재하기 위해서는 위상 속도가 양이어야 한다($c > 0$). 따라서 켈빈 파는 동쪽으로 진행하며 또 적도에 중심을 두고 위도에 따라 가우스 분포를 하고 있는 동서속도와 지오퍼텐셜 섭동을 갖고 있다. e-폴드(e-folding) 감쇠폭은

$$Y_K = |2c/\beta|^{1/2}$$

이며 위상 속도 $c = 30\,\mathrm{ms}^{-1}$의 값에 대해서 $Y_K \approx 1600\,\mathrm{km}$가 된다.

켈빈 파의 바람과 지오퍼텐셜의 섭동구조가 그림 11.15에 있다. 동서방향으로 힘의 균형은 동진하는 천수 중력파의 경우와 똑같다. 따라서 적도를 따른 연직 단면도는 그림 5.10과 같게 된다. 켈빈 모드의 남북방향의 힘의 균형은 동서속도와 남북 간의 기압 경도 간의 완전한 지균균형을 이룬다. 이 특별한 적도 모드가 존재하는 것은 적도를 사이에 두고 코리올리 매개변수의 부호가 바뀌는 데 기인한다.

11.5 정상 강제 적도 운동

적도지방의 모든 동서 비대칭 순환이 비점성 적도 파동설에 의해 설명될 수 있는 것은 아니다. 준정상 순환의 경우에는 동서 기압 경도력은 관성보다는 난류 항력과 균형을 이룬다. 워커 순환은 비단열 가열에 의해 생성되는 준 정상 순환이라고 볼 수 있다. 그러한 순환을 모델링하기 위한 가장 간단한 방법은 비단열 가열을 지정하고 적도 파동설의 방정식을 사용하여 대기의 반응을 계산하는 것이다. 하지만 이러한 모델들은 비단열 가열의 분포가 경계층 내의 평균류와 상당온위의 분포에 매우 종속적이라는 사실을 무시한 것이다. 따라서 일관적인 모델이 되기 위해서는 비단열 가열을 외부적으로 지정된 양으로 간주할 것이 아니라 해의 일부로서(예를 들어 11.3절에서 예시된 적운 매개변수화 방식을 사용) 구해져야 한다.

식 (11.25)에서 보인 바와 같이 이 방식을 사용하여 대류권을 통틀어 온도 섭동을 풀기 위해서는 대류 가열의 연직분포에 대한 정보를 필요로 한다. 하지만 정체 적도 순환의 근본적 양상은 경계층만을 포함한 모델에 의해 어느 정도 설명될 수 있다는 증거가 있다.

대류계의 역학이 경계층 내의 증발과 습기 수렴에 매우 의존한다는 사실을 염두에 두면 이는 별로 놀랄 만한 일은 아니다. 적도 해양상의 경계층은 대략 2km 정도 두께의 혼합층(그림 8.2를 참조)으로 볼 수 있으며 그 위를 밀도 불연속 $\delta\rho$의 역전층이 덮고 있다. 혼합층 내의 가온도는 해면 온도와 강한 상관관계에 있다. 혼합층 상단의 기압 장이 균일하다고 가정하면 지면 기압은 혼합층 내의 정역학 질량 조절에 의해 결정될 것이다. 그 결과로 나타나는 기압의 섭동은 층의 꼭대기에서의 밀도 불연속과 평균 깊이 H_b에서의 편차인 h에 의존한다. 이 밖에 혼합층 내의 가온위 섭동에 의한 기여도 있다. 따라서 혼합층의 지오퍼텐셜 섭동은

$$\Phi = g(\delta\rho/\rho_0)h - \Gamma\theta_v \tag{11.47}$$

으로 표현되며 여기서 $\Gamma \equiv (gH_b/\theta_0)$는 상수이고 ρ_0와 θ_0는 각각 혼합층에서 밀도와 온위의 기준 상수를 의미한다.

식 (11.47)에 의하면 해면 온도의 양의 편차와 경계층 고도의 음의 편차는 표면의 저기압을 생성할 것이며 그 역도 성립한다. 경계층 고도가 심하게 변하지 않는다면 지면의 기압 경도는 해수면 온도경도에 비례할 것이다. 그러한 혼합층 내의 정상 순환의 역학은 식 (11.27)~(11.29)의 적도 파동 방정식에 시간 미분항이 선형 감쇠항으로 대치된 일련의 선형방정식으로 근사될 수 있다.

따라서 운동방정식에서 지면 맴돌이 응력이 혼합층 내의 평균속도에 비례한다고(계수 a) 매개변수화될 수 있다고 가정한다. 연속 방정식에서는 혼합층 고도의 섭동이 층 내의 질량 수렴에 비례한다. 여기서 비례상수는 대류에 의한 경계층에서 유체의 유통 때문에 대류가 있을 경우가 없을 경우보다 작은 값이 된다. 혼합층 내의 정상 운동에 대한 연직 평균된 운동량

방정식의 x, y성분은

$$\alpha u - \beta y v + \partial \Phi / \partial x = 0 \quad (11.48)$$

$$\alpha v + \beta y u + \partial \Phi / \partial y = 0 \quad (11.49)$$

으로 쓸 수 있다. 또한 연속 방정식은

$$\alpha h + H_b (1-\varepsilon)(\partial u/\partial x + \partial v/\partial y) = 0 \quad (11.50)$$

으로 표현될 수 있으며 ε은 대류가 없을 경우 0, 있을 경우는 3/4 정도인 계수다. 식 (11.47)을 식 (11.50)에 대입하면

$$\alpha \Phi + c_b^2 (1-\varepsilon)(\partial u/\partial x + \partial v/\partial y) = -\alpha \Gamma \theta_v \quad (11.51)$$

를 얻을 수 있으며 여기서, $c_b^2 \equiv g(\delta\rho/\rho_0)H_b$는 혼합층 꼭대기에서의 역전층을 따라 전파되는 중력파의 위상 속도의 제곱을 말한다[완전한 논의를 보려면 Battisti 등(1992)을 참고하라].

식 (11.48), (11.49), (11.51)은 주어진 경계층의 섭동 가온도 θ_v에 대해 경계층 변수들 u, v, Φ를 예측하기 위한 닫힌계가 된다. 그러나 인자 ε은 대류의 유무에 의존하기 때문에

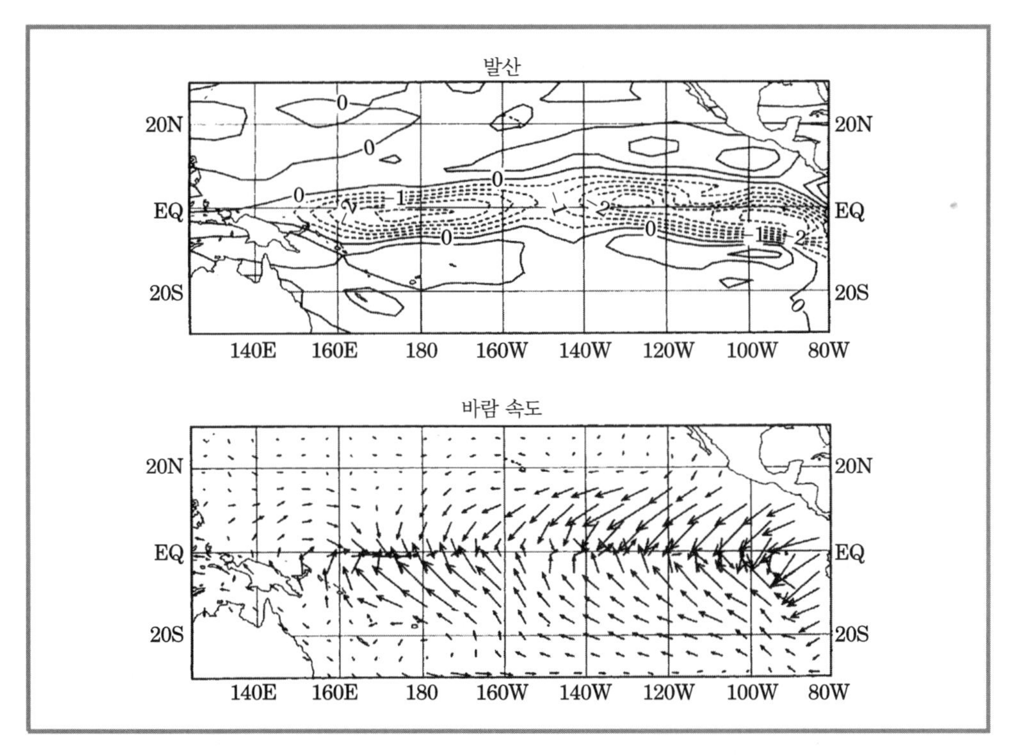

그림 11.16 적도 태평양에서 엘니뇨의 해수면 온도 편차에 의해 강제된 정상 지면 순환(D. Battisti 제공).

시스템은 대류의 존재를 시험하기 위해 식 (11.22)를 이용해 반복에 의해서만 풀 수 있다. 이 모델은 정상 지면 순환을 계산하기 위해 사용된다. 전형적인 ENSO에 상응하는 온도 편차에 대한 비정규 순환에 대한 모형적 순환이 그림 11.16에 보인다. 경계층 모델 내의 대류성 되먹임에 의해 수렴 지역이 온난 해수면 온도 편차 지역보다 좁은 것에 유의할 필요가 있다.

권장 문헌

Philander, *El Niño, La Niña, and the Southern Oscillation,* ENSO에 관해서 대기 해양의 문제를 고급레벨에서 다룬 좋은 책이다.

Trenberth(1991), ENSO에 대해 매우 훌륭한 복습 조사 문헌이다.

Wallace(1971), 적도 태평양상의 종관규모의 대류권 파동요란의 구조에 대해 자세히 복습 조사된 문헌이다.

Webster and Fasullo(2003), 열대 몬순의 구조와 역학에 대해 매우 훌륭한 복습 조사 문헌이다.

문제

11.1 북위 15° 위치에서 에크만 층의 상부에서 상대 소용돌이도가 $\zeta = 2\times10^{-5}\mathrm{s}^{-1}$이라 하자. 맴돌이 저항계수 $K_m = 10\,\mathrm{m}^2\mathrm{s}^{-1}$이고 에크만 층의 상부에서 수증기 혼합비가 $12\,\mathrm{g\,kg}^{-1}$이라고 하자. 11.3절의 방법을 사용하여 에크만 층 내의 습기 수렴에 의한 강수율을 추정하라.

11.2 11.1.3소절에서 언급된 바대로 어떤 적도 파동의 에너지원은 순압 불안정이다. 다음과 같은 적도 근처의 편동풍 제트를 고려하자.

$$\bar{u}(y) = -u_0 \sin^2[l(y-y_0)]$$

여기서 u_0, y_0, l 은 상수이며 y는 적도부터의 거리를 말한다. 이 속도 분포가 순압 불안정이 되기 위한 필요조건을 구하라.

11.3 균형 방정식 (11.15)의 비선형항

$$G(x,\ y) \equiv -\nabla^2\left(\frac{1}{2}\nabla\psi\cdot\nabla\psi\right) + \nabla\cdot(\nabla\psi\nabla^2\psi)$$

이 카테시안 좌표계에서 다음과 같이 쓸 수 있음을 보여라.

$$G(x,\ y) = 2\left[(\partial^2\psi/\partial x^2)(\partial^2\psi/\partial y^2) - (\partial^2\psi/\partial x\partial y)^2\right]$$

11.4 문제 11.3의 결과를 이용하여 f가 상수일 경우 식 (11.15)의 균형 방정식은

$$\Phi = \Phi_0(x^2+y^2)/L^2$$

인 동심원적인 지오퍼텐셜의 상황에서 식 (3.15)의 경도풍 방정식과 동등하게 됨을 보여라. 여기서 Φ_0는 상수인 지오퍼텐셜이고 L은 상수의 길이 규모이다.

〈힌트〉 $\psi(x, y)$가 Φ와 같은 (x, y)에 종속함수 관계에 있다고 가정하라.

11.5 식 (11.27)~(11.29)의 섭동 방정식으로부터 시작해서 적도 파동의 운동 에너지와 유효 위치 에너지의 합이 보존됨을 보여라. 따라서 켈빈 파에 대해서 운동 에너지와 유효 위치 에너지가 같은 비율로 구성되어 있음을 보여라.

11.6 로스비-중력 모드의 동서풍과 지오퍼텐셜 섭동을 남북바람 분포 식 (11.38)에 대한 종속 관계로 표현하여라.

11.7 식 (11.48), (11.49)의 선형 모델을 이용하여 $u_g = u_0\exp(-\beta y^2/2c)$, $v_g = 0$의 지균풍이 부는 상황에서 혼합층 내의 발산의 남북분포를 계산하라. u_0, c는 상수이다.

11.8 $n=1$ 적도 로스비 모드의 주파수가 $\nu = -k\beta(k^2+3\beta/\sqrt{gh_e})^{-1}$로 근사됨을 보여라. 그리고 이 결과를 사용하여 $\hat{u}(y)$와 $\hat{\Phi}(y)$장을 $\hat{v}(y)$로 표현하라.

〈힌트〉 로스비 파의 위상 속도는 $\sqrt{gh_e}$ 보다 훨씬 작다는 사실을 이용하라.

MATLAB 연습

M11.1 MATLAB 스크립트 **profile_2.m**과 함수 **Tmoist.m**은 **tropical_temp.dat**에 있는 사모아 (14°S, 171°W)에서의 12월~3월 동안의 평균 기압과 온도 자료를 사용하여 상대습도가 80%인 상수라고 가정한 상태에서, 온도와 노점온도의 연직분포, 그리고 사운딩의 최저점에서 공기 덩이가 단열 상승하여 LCL에 도달한 후에 위단열 상승을 할 경우 해당 고도에 상응하는 온도를 계산하는 기능을 갖고 있다. 이 스크립트를 수정하여 온위, 상당온위, 포화상당온위를 표출할 수 있도록 하라.

〈힌트〉 M9.2 참조.

M11.2 M11.1의 열역학 사운딩에 대해서 CAPE와 최하층에서 상승한 공기 덩이의 연직 운동의 분포를 계산하라. 단, 유입(entrainment)이 없다고 가정한다. 최대 연직 속도는 얼마이며 공기덩이가 중립 부력 고도를 지나 얼마나 지나칠 것인가? 평균적인 열대 사운딩과 관련된 대류에 관해서 어떤 결론을 내릴 수 있을 것인가?

M11.3 유선함수 $\psi = A\sin kx \sin ly$로 주어진 간단한 비발산류를 고려한다. MATLAB 스크립트 **nonlinear_balance.m**은 주어진 지오퍼텐셜 Φ에 대하여 비선형 평형 방정식 (11.15)를 푸는 프로그램이며 여기서 코리올리 매개변수는 북위 30°의 값을 상수로 사용한다. 진폭 A를 0.4×10^7부터 $4.0\times10^7\,\mathrm{m^2s^{-1}}$까지 변경시키면서 이 스크립트를 수행하라. 지오

퍼텐셜 장이 A에 따라 어떻게 변화되는지 주의 깊게 살펴보라. $A=4.0\times10^7\,\mathrm{m^2\,s^{-1}}$ 경우 MATLAB의 **gradient** 함수를 사용하여 지균풍과 비지균풍을 계산해보라. 이 지균풍과 비지균풍을 함께 그리고 그림에 보이는 비지균풍의 구조에 대해 그 의미를 설명하라.

M11.4 적도 β평면에서 혼합층 내의 수평류가 적도파 모드에 의해서 강제된다고 할 때 이에 대한 간단한 모델은

$$\frac{\partial u}{\partial t}=-\alpha u+\beta yv-\frac{\partial \Phi}{\partial x}$$

$$\frac{\partial v}{\partial t}=-\alpha v-\beta yu-\frac{\partial \Phi}{\partial y}$$

로 표현할 수 있고, 여기서 $\Phi(x,\ y,\ t)$는 식 (11.30)으로 주어진다. MATLAB 스크립트 **equatorial_mixed_layer.m**은 위의 식을 풀어 파장 4000 km, $\sqrt{gh_e}=18\,\mathrm{ms^{-1}}$로서 서진하는 요란에 상응하는 로스비-중력파($n=0$ 모드)에 의해 강제되는 혼합층 내의 수평바람과 발산을 계산하다. 이 코드를 해가 시간에 따라 주기성을 갖도록 충분한 시간 동안 수행시켜라. 그런 후 파장 10000 km, $\sqrt{gh_e}=36\,\mathrm{ms^{-1}}$로 다시 수행하라. 각 경우 파에 의해 강제된 최대 수렴이 나타나는 위도에서 코리올리 매개변수의 진동의 주파수를 비교하라. 이 결과에서 어떤 결론을 얻을 수 있는가.

M11.5 M11.4에서 유도된 주파수와 지오퍼텐셜 공식을 사용하고 MATLAB 스크립트 M11.4를 수정하여 파장 4000km, $\sqrt{gh_e}=18\mathrm{ms^{-1}}$에 대한 $n=1$ 로스비 모드에 대한 혼합층 바람과 발산 양상을 계산하라.

M11.6 MATLAB 스크립트 **forced_equatorial_mode2.m**은 적도 β평면에서의 천수파에서 일시적인 국부적 질량 소스에 의해 생성되는 바람과 고도 섭동의 시간 변화를 계산한다. 이 모델은 방정식 (11.48), (11.49), (11.51)에 기초된 것이나 여기서는 시간 변화항이 포함되었다($\varepsilon=0$로 설정되었다. 하지만 사용자들이 원한다면 다른 값을 사용해서 실험할 수 있다). 질량 소스는 적도와 x방향으로는 $x=0$에 위치해 있으며 처음 2.5일 동안에는 서서히 진폭이 커지며 그 후에는 감소하여 5일째 0이 된다. 이 스크립트를 발산과 소용돌이도의 등고선을 그릴 수 있게 수정하라. 10일까지 이 스크립트를 수행한 후 그 결과에 대해서 질량 소스의 왼쪽과 오른쪽으로의 에너지 전파의 구조와 속도에 대해 유의하여 적도 파동설로 해석하라.

D Y N A M I C   M E T E O R O L O G Y

제12장

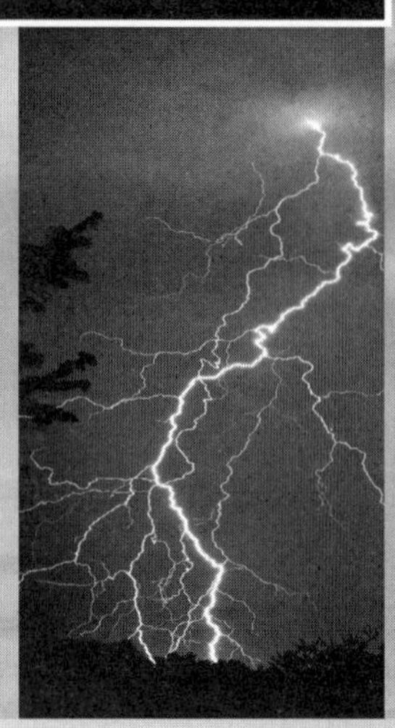

중층대기 역학

중층대기(middle atmosphere)는 일반적으로 대류권계면 고도(위도에 따라 다르지만 대략 10 ~ 16 km)로부터 약 100 km에 걸쳐 있는 지역을 말한다. 중층대기의 온도의 연직분포(그림 12.1)에 따라 크게 2개의 층, 즉 **성층권**(stratosphere)과 **중간권**(mesosphere)으로 구분할 수 있다. 성층권은 대류권계면으로부터 약 50km 고도의 성층권계면까지 걸쳐 있는 영역을 말하는데 전반적으로 고도에 따른 온도의 증가로 인해 정적 안정도가 매우 크다. 중간권은 **성층권계면**(stratopause)으로부터 약 80 ~ 90 km 고도의 **중간권계면**(mesopause)까지 걸쳐 있는 영역으로 기온감률은 대류권의 값과 비슷하다.

이 책은 이전 장까지 대류권의 역학에만 초점을 두었다. 대류권에는 대기 질량의 약 85%와 대기 중 수분의 거의 전량이 모여 있다. 대류권 내의 모든 과정들이 일기 요란과 기후 변화에 영향을 주는 데는 의심할 바 없다. 그럼에도 불구하고 중층대기의 중요성을 무시할 수는 없다. 대류권과 중층대기는 복사와 역학적 과정으로 연결되어 있기 때문에 전구예보나 기후 모델에서는 이를 꼭 고려해야만 한다. 이들은 또한 오존층의 광화학에서 중요한 미량물질(trace

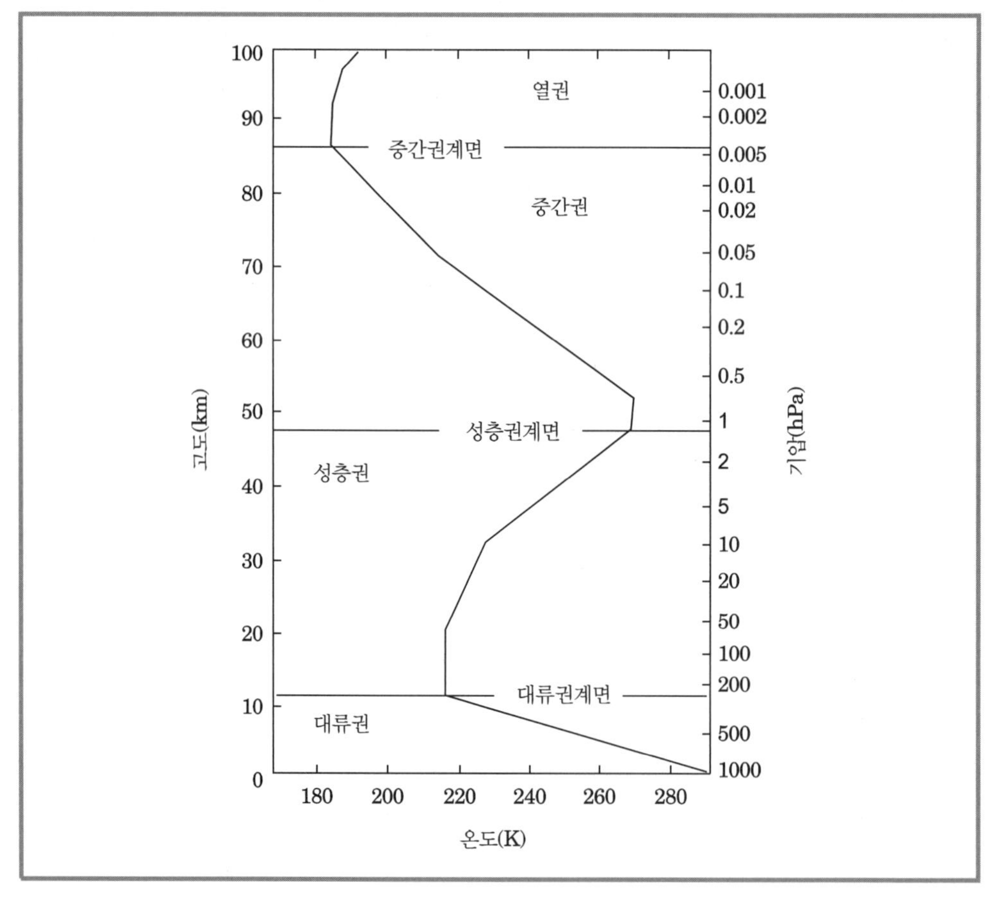

그림 12.1 중위도 평균온도의 연직분포(1976년 U.S. 표준 대기에 근거함).

substance)의 교환과도 연결되어 있다. 이 장에서는 주로 중층대기 하부의 역학적 과정과 대류권과의 연계에 대해서 초점을 맞출 것이다.

12.1 중층대기의 구조와 순환

하부대기 및 중층대기의 1월과 7월의 동서 평균온도의 단면도가 각각 그림 12.2와 그림 12.3에 있다. 대류권에서 흡수되는 태양 복사량은 매우 적기 때문에 대류권의 열적 구조는 적외 복사냉각, 작은 규모의 에디에 의한 지면으로부터 현열과 잠열의 연직 수송, 종관규모의 에디에 의한

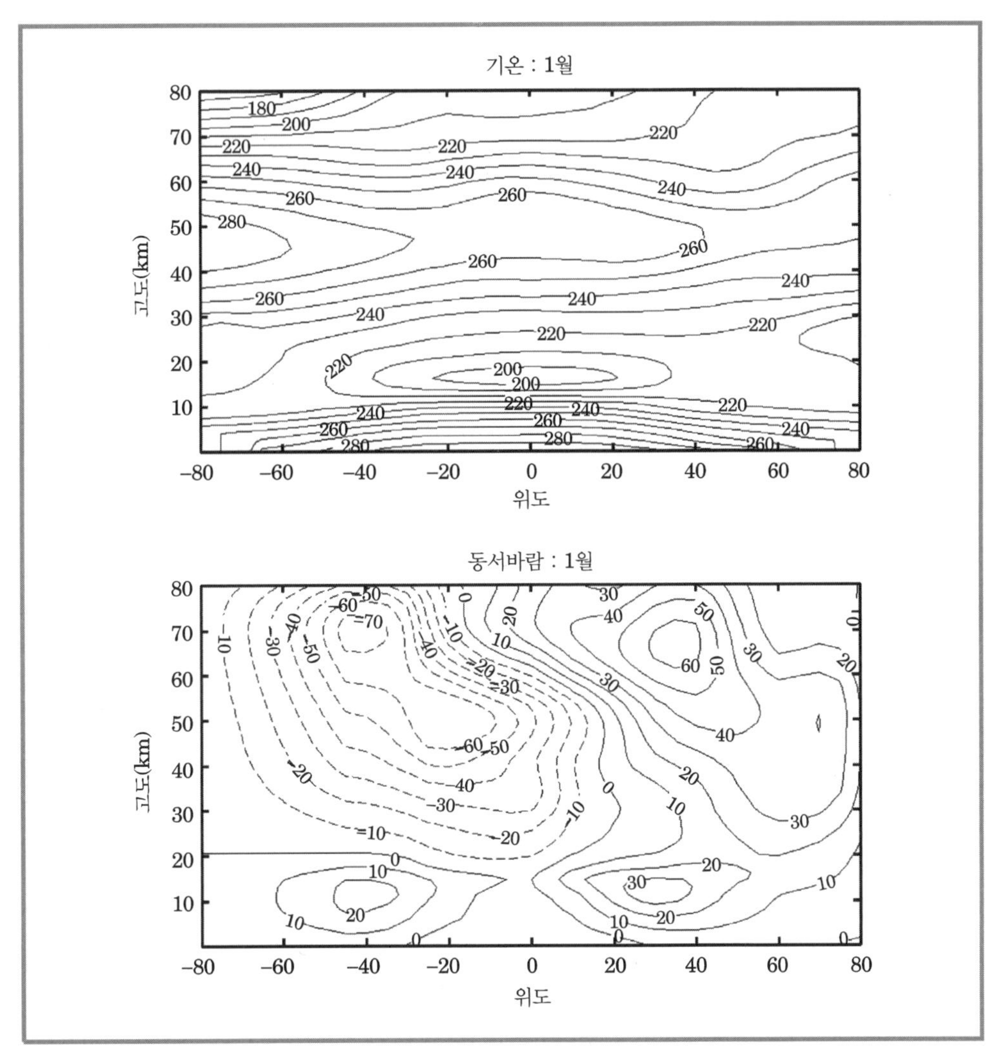

그림 12.2 관측된 1월 동서 평균온도(K)와 동서바람(ms^{-1})(Flemming et al., 1990에서 인용)

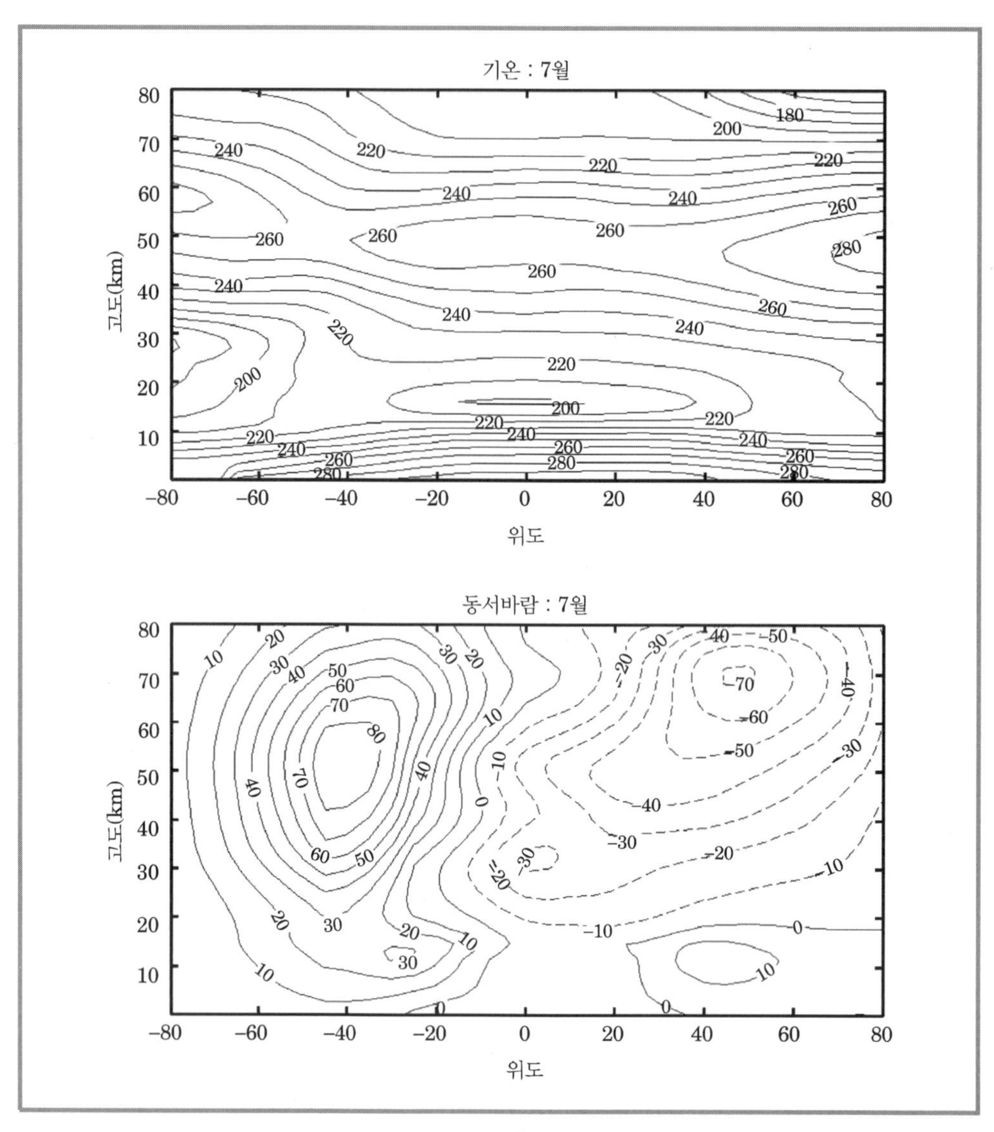

그림 12.3 관측된 7월 동서 평균온도(K)와 동서바람(ms^{-1})(Fleming et al., 1990에서 인용)

대규모 열 수송 간의 대략적 균형에 의해 유지된다. 그 결과로 지면 온도가 적도 지역에서 최대가 되고 양 극쪽으로 갈수록 줄어드는 평균 열적 구조를 보이게 된다. 또한 온도는 고도에 따라 약 6℃km^{-1}의 기온감률로 급격히 감소한다.

반면 성층권에서는 적외 복사냉각이 오존에 의한 태양 자외선의 흡수에 의한 복사 가열과 평균적으로 균형을 이룬다. 오존층에서의 태양에 의한 가열의 결과로 성층권의 평균온도는 고도에 따라 증가하여 고도 50km 부근의 성층권계면에서 최대값을 보인다. 성층권계면 이상의 고도에서는 오존에 의한 태양복사 가열이 줄어듦에 따라 고도에 온도도 감소함을 보인다.

중층대기의 남북 온도 구조 역시 대류권의 경우와 판이하게 다르다. 성층권 하부에서의 온도는 대류권 상부의 영향을 강하게 받는데 적도에서는 최저값을 보이며 여름 반구의 극과 겨울 반구의 중위도에서는 최대값을 보인다. 약 30-hPa 고도 이상에서의 온도는 여름 극에서 겨울 극 쪽으로 균일하게 감소하여 복사평형 조건과 대략적인 일치를 보인다.

중층대기에서의 기후적인 평균 동서풍은 주로 위성으로부터 관측된 온도분포로부터 유도된다. 이는 주로 성층권 하부에서의 한 등압면(통상적인 기상 분석으로부터 구한다)에서의 지균풍을 하부 경계조건으로 삼아 연직방향으로 온도풍 방정식을 적분함으로써 구해진다. 1월과 7월의 평균 동서풍의 단면도가 각기 그림 12.2와 그림 12.3의 아랫부분에 있다. 주된 양상은 약 60 km 고도에서 풍속의 최대값을 보이는 여름 반구의 동풍 제트와 겨울 반구의 서풍 제트다. 특히 유의할 사항은 겨울 반구의 고위도의 서풍 제트다. 이 극야(極夜) 제트는 준정체 행성파의 연직 전파에 도파관(導波管, waveguide)의 역할을 한다. 북반구에서 그러한 파에 의한 EP속 수렴은 이따금 평균 동서류의 급격한 감속을 유도하여 12.2절에 논의될 극 지역에서의 **성층권 돌연승온**(sudden stratospheric warming)을 야기하기도 한다.

적도 중층대기에서의 동서 평균류는 연직으로 전파되는 적도파 모드 특히 켈빈 모드와 로스비-중력 모드에 강한 영향을 받는다. 이러한 파들은 평균류와 상호작용을 통해 **준 2년 주기 진동**(Quasi-Biennial Oscillation, QBO)이라 불리는 장주기 진동을 야기한다.

그림 12.3에서는 보이지 않았지만 이 진동은 적도 중층대기의 평균 동서풍에 매우 큰 경년변화를 일으킨다.

12.2 중층대기의 동서 평균 순환

10.1절에서 논의된 바와 같이 대기 대순환은 우선적으로 지면에서의 태양복사의 흡수에 기인한 비단열 가열에 대한 대기의 반응이라 할 수 있다. 따라서 대기는 차등(差等) 비단열 가열에 의해 추진된다고 말할 수도 있다. 하지만 중층대기 같은 대기의 일부 영역에 대해서는 순환이 비단열 가열에 의해 추진된다고 말하는 것은 옳지 못하다. 오히려 이 경우는 일부 영역과 나머지 영역 간의 운동량과 에너지 교환을 고려할 필요가 있다.

에디 운동이 없는 경우에 중층대기의 동서 평균온도는 복사적으로 결정된 상태로 접근(relax)될 것이다. 그 경우 열관성(熱慣性)에 의한 작은 시간지연(lag) 효과를 제외하면 온도는 태양 가열의 연주기를 따라 변화하는 복사평형에 상응하게 될 것이다. 이러한 상황에서의 순환은 남북 온도경도와 온도풍 관계에 있는 동서 평균 동서류로만 구성될 것이다. 연변화에서 작은 효과를 무시한다면 그러한 가상적 상태에서는 남북순환, 연직순환, 성층권과 대류권 간의 교환 등은 전혀 없을 것이다.

북반구 겨울 동안 복사적으로 구한 온도의 단면도가 그림 12.4에 있다. 이 그림과 그림

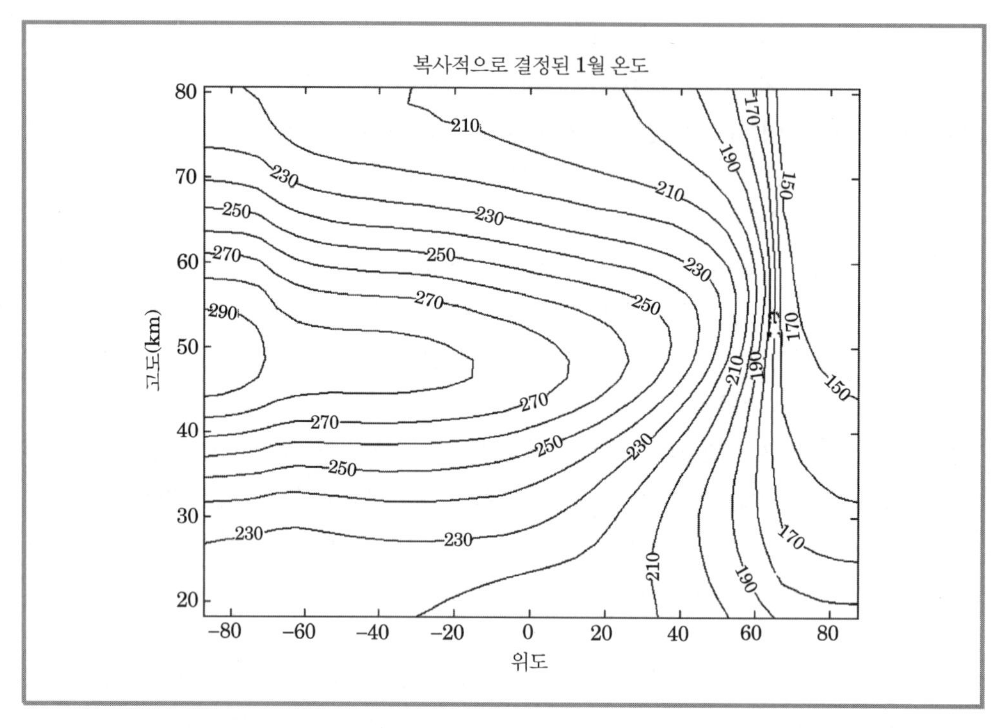

그림 12.4 연 주기를 통하여 시간적분하는 복사 모델로부터 복사적으로 결정된 중층대기의 북반구 동지 때 온도분포. 실제적 대류권 온도와 구름양이 대류권계면에서 상향 복사속을 결정하는 데 사용되었다(Shine, 1987에서 인용됨).

12.2에 있는 관측된 온도 분포를 비교해보아야 한다. 30 ~ 60 km 고도 부근에서 겨울 극에서 여름 극으로 가면서 온도가 일정하게 증가하는 것은 복사적으로 결정된 온도와 일관성이 있기는 하지만 두 극 간의 실제 온도 차이는 복사적으로 결정된 온도에서의 차이보다 훨씬 작다. 60 km 이상의 고도에서는 심지어 기울기의 부호가 서로 반대가 된다. 여름 반구 쪽의 극에서의 중간권계면 부근의 관측 온도는 겨울 반구에서보다 훨씬 낮다.

이러한 복사적으로 결정된 상태로부터의 편차는 에디 수송에 의해 유지될 수밖에 없다. 따라서 중층대기에서 관측된 복사가열이나 복사냉각은 평균순환을 야기한다기보다 흐름을 복사 균형상태로부터 벗어나도록 하는 에디에 의한 결과이다. 이 에디에 의해 추진된 순환은 복사평형으로부터 매우 큰 국지적 편차를 일으키는 남북, 연직성분을 갖고 있다. 특히 이 현상은 겨울 성층권과 겨울 및 여름의 중간권계면 부근에서 뚜렷이 나타난다.

12.2.1 공기 덩이의 라그랑지안 모드

통상적인 오일러 평균적 접근 방식으로 보자면(10.2.1소절) 중층대기에서의 시·공간적 평균 온도 분포를 결정하는 것은 순 복사가열 혹은 냉각, 에디 열 전달, 평균 남북순환$(\overline{v}, \overline{w})$에 의한 비단열 가열이나 냉각 등 사이의 순 잔여이다. 이러한 틀이 남북 단면에서의 수송에 좋은 접근 방식이 아니라는 것은 대규모 파동이 존재하는 경우 정상상태의 단열운동을 고려해보면 쉽게 알 수 있다. 식 (10.12)에 의하면 그러한 상황에서 양 부호의 극 쪽 열속을 가진 파동은 $\overline{w}$가 0이 되지 않는다. 고위도에서는 상승류와 함께 열속의 수렴이 있게 되며, 저위도에서는 하강류와 함께 열속의 발산이 있게 된다. 하지만 흐름이 비단열적이라면 등온위면을 가로지르는 운동은 있을 수 없으며 그로 인해 정상상태에서는 $\overline{w}$ 가 0이 아니라 할지라도 순 연직수송은 있을 수 없다. 따라서 $\overline{w}$는 그러한 상황에서는 공기 덩이의 연직 운동(즉, 연직수송)에 대한 근사를 제공하지 못한다.

하지만 오일러 평균 연직 운동이 유한한 값을 가지는 데도 연직수송이 어떻게 0이 되는 것일까? 이 '수송 제로'의 모순에 대한 해결은 그림 12.5a에 보인 대로 서풍의 배경류에 포함된 대규모의 정상파의 경우에 단열 흐름을 고려해봄으로써 가능하다. S_1, S_2, S_3의 유선을 따라 움직이는 공기 덩이는 평균 위도를 기준으로 진동하며 그러는 동안 파동과 연관된 등온위면이 위아래로 움직임에 따라 적도 쪽으로 이동하는 공기는 위쪽으로, 극쪽으로 이동하는 공기는 아래쪽으로 움직인다. 하지만 파동의 한 주기를 거치는 동안 공기 덩이를 따라 순 연직 운동은 0이며 공기 덩이는 등온위면을 벗어나지 않는다. 그러므로 순 연직수송은 0인 것이다. 하지만

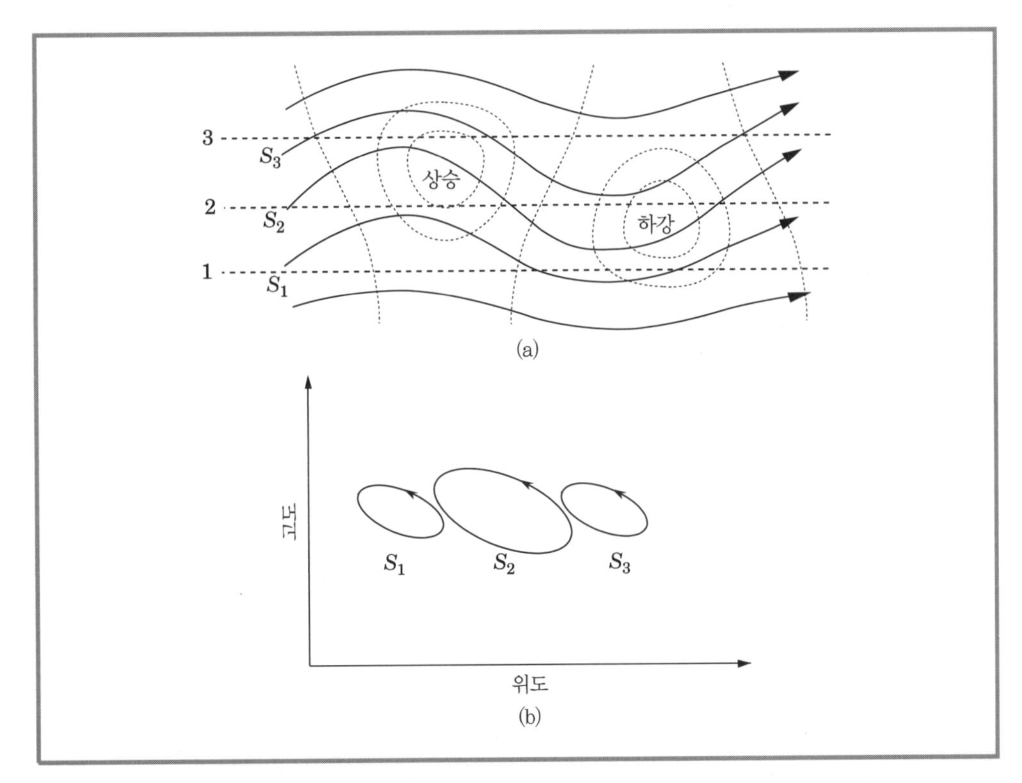

그림 12.5 서풍 동서류에서 단열 행성파와 관련된 공기 덩이의 운동. (a) S_1, S_2, S_3로 라벨 붙여진 실선은 공기 덩이의 궤적, 굵은 파선은 위도 선, 가는 점선은 연직 속도의 등치선을 뜻한다. (b) 공기 덩이의 진동의 경도면에 대한 투영.

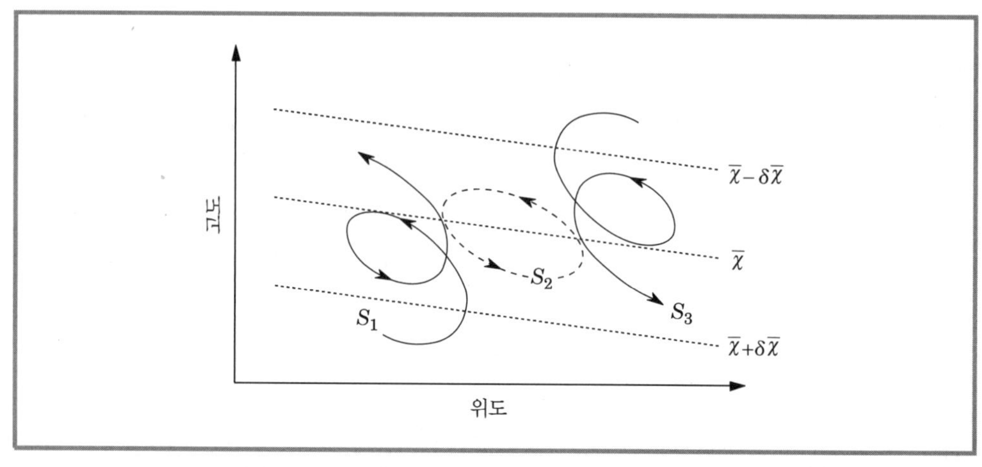

그림 12.6 저위도에서 비단열 가열, 고위도에서 비단열 냉각이 있는 편서풍대의 행성파의 공기 덩이의 운동을 경도면에 투영한 모습. 가는 점선은 비단열 순환에 의한 수송 때문에 미량기체 혼합비의 등치면이 기울어진 것을 보인다.

만일 위도를 따라 지구 한 바퀴를 돌며 연직 속도의 평균을 계산한다면 그림 12.5a에 분명히 보이는 것처럼 ϕ_3 위도 원을 따라 파동의 진폭이 최대인 곳의 북쪽으로 오일러 평균은 상방향이다[$\overline{w}(\phi_3) > 0$]. 그 이유는 그 위도에서 상승운동의 영역이 하강운동이 나타나는 부분보다 더 넓기 때문이다.

반대로 ϕ_1 위도의 최대 진폭이 나타나는 곳의 적도쪽으로는 오일러 평균은 아래쪽 방향이다[$\overline{w}(\phi_1) < 0$]. 이렇듯 통상적인 오일러 평균순환은 미량 요소들이 최대 진폭의 극쪽에서는 위쪽으로 최대 진폭의 적도쪽에서는 아래쪽으로 수송될 것이라는 틀린 개념을 제공할 수 있다. 실제적으로는 단열적 파동운동을 하는 이 같은 이상적인 예에서의 공기 덩이는 순 연직 이동을 하는 것이 아니라 단순히 같은 등온위면 상을 왔다 갔다 하는 것뿐이며 그 궤적은 남북-고도의 단면상에서는 그림 12.5b의 타원 형태이며 따라서 순 연직 운동은 0이고 순 연직수송도 없다.

등온위면을 가로지르는 평균 수송이 있으려면 그것은 오로지 순 비단열 가열이나 냉각에 의해서만 가능하다. 겨울 성층권에서 정체성 행성파의 진폭이 큰 편이고 저위도에서 비단열 가열과 고위도에서 비단열 냉각이 있다면 공기 덩이 운동의 남북 단면도 상에서의 운동은 그림 12.5b에서 보듯이 타원형 궤적을 갖게 되며 평균 연직 표류는 그림 12.6과 같이 나타난다. 이 그림에서 분명히 알 수 있는 것은 비단열 가열과 냉각과 관련된 유체 덩이의 연직수송 때문에 연직적으로 성층화된 오랫동안 존재하는 미량 성분은 저위도에서는 상방으로 고위도에서는 하방으로 수송된다는 것이다. 따라서 순 수송 효과를 효율적으로 표현하기 위해서는 등온위면을 가로지르는 공기 덩이의 운동을 흉내내는 연직 평균 순환이 어떤 방법으로라도 동서 평균 과정에 포함되어야 한다.

12.2.2 변형된 오일러 평균(Transformed Eulerian Mean, TEM)

많은 경우에 10.2.2소절에 소개된 TEM 방정식은 전구 규모의 중층대기 수송에 관한 연구에 있어서 매우 유용하게 사용된다. 이를 수식화하는 과정에서 동서 평균 운동량 방정식, 질량보존 방정식, 열역학 에너지 방정식, 온도풍 방정식은 다음과 같다.[1]

$$\partial \overline{u}/\partial t - f_0 \overline{v}^* = \rho_0^{-1}\nabla \cdot \boldsymbol{F} + \overline{X} \equiv \overline{G} \tag{12.1}$$

$$\partial \overline{T}/\partial t + N^2 H R^{-1} \overline{w}^* = -\alpha_r [\overline{T} - \overline{T}_r(y,\ z,\ t)] \tag{12.2}$$

$$\partial \overline{v}^*/\partial y + \rho_0^{-1}\partial(\rho_0 \overline{w}^*)/\partial z = 0 \tag{12.3}$$

$$f_0 \partial \overline{u}/\partial z + R H^{-1} \partial \overline{T}/\partial y = 0 \tag{12.4}$$

여기서, 잔여 순환($\overline{v}^*$, $\overline{w}^*$)는 식 (10.16a, b)에 정의된 바 있고, $\boldsymbol{F}$는 대규모 에디에 의한 EP속이고, $\overline{X}$는 소규모 에디에 의한 동서력(예를 들어 중력파 항력)이고, $\overline{G}$는 전체 **동서력**(zonal force)을 말한다. 식 (12.2)에서 비단열 가열은 동서 평균온도 $\overline{T}(y,\ z,\ t)$와 복사평형 온도 $\overline{T}_r(y,\ z,\ t)$의 차이에 비례하는 뉴턴 완화 형식으로 근사되었으며 여기서 α_r는 뉴턴 냉각률이다.

에디가 어떠한 과정을 통해서 중층대기의 동서 평균온도 분포와 복사적으로 결정된 상태 간의 차이를 일으키는가에 대해 이해하기 위해서 TEM 방정식계를 사용하여 중위도 강제력에 대한 이상화된 모델을 고려해보기로 하자. 그 순환이 강제력의 주기에 의존하는 정도는 이상화된 모델로 근사가 가능한데, 그 경우 $\overline{T}_r$은 고도만의 함수이고, 강제력은 주기 σ의 단순 주기함수라고 하자. 그러면 $\overline{w}^*$와 $\overline{G}$는

$$\begin{bmatrix} \overline{w}^* \\ \overline{G} \end{bmatrix} = Re\begin{bmatrix} \hat{w}(\phi,\ z) \\ \hat{G}(\phi,\ z) \end{bmatrix} e^{i\sigma t} \tag{12.5}$$

의 형태를 취할 수 있으며 여기서 $\hat{w}$와 $\hat{G}$는 위도와 고도의 함수인 진폭이며 복소수이다. 식 (12.1)과 식 (12.3)을 합쳐서 $\overline{v}^*$를 소거하고 그 결과로 나오는 식과 식 (12.2)와 식 (12.4)를 합쳐서 $\overline{T}$를 소거하면 아래의 $\hat{w}$에 관한 편미분 방정식을 구할 수 있다.

$$\frac{\partial}{\partial z}\left(\frac{1}{\rho_0}\frac{\partial(\rho_0 \hat{w})}{\partial z}\right) + \left(\frac{i\sigma}{i\sigma + \alpha_r}\right)\left(\frac{N^2}{f_0^2}\right)\frac{\partial^2 \hat{w}}{\partial y^2} = \frac{1}{f_0}\frac{\partial}{\partial y}\left(\frac{\partial \hat{G}}{\partial z}\right) \tag{12.6}$$

$\hat{w}$의 남북 평면상에서의 구조는 강제항 $\hat{G}$의 남북-고도에 따른 분포에 의존한다. 미분 방정식 (12.6)은 형태상으로 타원형이다. 그 말은 어느 지역에 작용한 강제력은 대규모 순환 형태의

---

1) 제10장에서는 대수-기압 좌표를 z^* 대신 z로 표현했다.

비국부적 반응을 야기하며 동서류와 남북 간의 온도경도를 온도풍 관계를 유지시키도록 한다는 것을 의미한다.

식 (12.6)의 계수에서 보듯이 비국부적 반응의 특성은 강제력의 주기와 뉴턴 냉각률 간의 비율에 의존한다. 다음의 세 경우를 고려해보자.

1. **고주파 변동** $\sigma \gg \alpha_r$: 운동은 대략 단열적이다(성층권 돌연승온의 경우처럼). 즉,

$$\frac{i\sigma}{i\sigma+\alpha_r} \to 1$$

   강제력 지역에서 떨어진 곳에서는 식 (12.6)의 우변 항이 0이 되어 좌변의 두 항은 서로 균형을 이룬다. 이러한 평형이 유지되기 위해서는 간단한 규모 논리에 의하면 중위도에서 반응의 연직규모 δz, 수평규모 δy와 $\delta z \sim (f_0/N)\delta y \sim 10^{-2}\delta y$의 관계가 있어야 한다.
2. **저주파 변동(예를 들어 연 순환)** : 뉴턴 냉각률 크기는 하부 성층권에서 $\alpha_r \approx 1/(20\text{일})$에서 고도에 따라 증가하여 성층권계면에서 $\alpha_r \approx 1/(5\text{일})$ 정도의 크기가 된다. 따라서 $\sigma < \alpha_r$이고 식 (12.6) 좌변의 두 번째 항의 계수가 경우(1)보다 줄어들게 되어 연직방향의 운동 규모가 증가하게 된다.
3. **정상상태** $\sigma/\alpha_r \to 0$: 이 극단의 경우에는 $\partial\bar{u}/\partial t = 0$이다. 그리고 이 경우 식 (12.6)을 사용하는 것보다 식 (12.1)을 사용하는 것이 간단하고, 아래와 같이 코리올리 힘과 동서 마찰력 간의 평형 형태가 된다.

$$-f_0\bar{v}^* = \bar{G} \tag{12.7}$$

$z \to \infty$일 경우 $\rho_0\bar{w}^* \to 0$이 되므로, 위 방정식을 연속 방정식 (12.3)과 합치면

$$\rho_0\bar{w}^* = -\frac{\partial}{\partial y}\left[\frac{1}{f_0}\int_z^\infty \rho_0\bar{G}dz'\right] \tag{12.8}$$

이 된다. 식 (12.8)에 의하면 국부적 강제 지역 바로 위 지역에서 $\bar{w}^*$는 0이 되며 바로 아래에서는 상수값을 갖는다. 따라서 용어 **하향지배**는 이따금 이 정상상태의 상황을 일컫는다.

식 (12.8)을 열역학 제1법칙 식 (12.2)에 대입하고 시간변화 항을 무시하면 시간과, 동서방향으로 평균된 평균온도의 복사 평형온도으로부터의 편차가 동서 강제력 분포에 의존함을 분명히 보이는 표현을 얻게 된다.

$$(\bar{T}-\bar{T}_r) = \frac{N^2H}{\alpha_r\rho_0R}\frac{\partial}{\partial y}\left[\frac{1}{f_0}\int_z^\infty \rho_0\bar{G}dz'\right] \tag{12.9}$$

따라서 정상상태의 경우 주어진 고도에서 복사평형으로부터의 온도 편차는 그 고도 이상의

공기 기둥 내의 동서 강제력 분포의 남북 경도에 의존한다.

이 절에서는 수학적으로 간단히 하기 위해서 코리올리 매개변수의 위도에 따른 변화와 구면 효과는 방정식을 유도해내는 과정에서 무시되었다. 이 모델을 구면 좌표계로 확장하는 것은 그리 어려운 작업이 아니다. 그림 12.7에는 전술한 세 가지 경우의 주파수 영역에 대해 구면효과를 포함시켜 국부적인 중위도 강제력에 반응하는 남북 질량 순환의 유선을 보여준다.

그림 12.2와 12.4를 비교해보면 복사평형으로부터의 편차가 여름 중간권과 겨울 중간권, 그리고 겨울 성층권의 극에서 크게 나타남을 알 수 있다. 식 (12.9)에 의하면 동서 강제력이 커야만 하는 위치와 계절이 있다. 중간권의 동서 강제력은 주로 연직방향으로 전파하는 내부중력파에 의해서 야기된다는 것이 정설이다. 이 내부중력파는 대류권으로부터 중간권으로 운동량을 전송하며 중간권에서는 파의 분쇄(wave breaking)가 강한 동서 강제력을 생성한다. 겨울 성층권에서의 동서 강제력은 주로 정체 행성 로스비 파에 기인한다. 12.3절에서 논의된 바와 같이 이 파의 연직전파는 평균 동서풍이 서풍이고 어떤 임계값보다 작을 경우에 가능하며 이 임계값은 파의 파장에 의존도가 매우 높다. 그러므로 열대밖 성층권에서는 겨울철에는 큰 값(즉, 복사평형으로부터 큰 편차)의 $\delta\overline{T}$, 여름철에는 작은 값의 $\delta\overline{T}$를 보이는 강한 연 주기가 기대된다.

실제로 그림 12.2와 12.4에서 이 현상을 관측할 수 있다. 더욱이 에디 강제력은 열대밖 성층권에서 관측온도를 복사평형 온도 이상으로 유지하기 때문에 복사냉각이 존재해야 하며 식 (12.3)에서 볼 때 잔여 연직 운동은 아래쪽 방향이어야 한다. 이는 질량 연속성에 의해 열대지방에서의 잔여 연직 운동은 상 방향이어야 하며 따라서 그 지역에서 온도는 복사평형 온도 이하가 된다는 것을 의미한다. 주의할 점은 열대 성층권에서 상 방향 잔여 운동과 순 복사가열을 초래하는 것은 국부적 강제력이 아니라 열대밖 에디에 의한 역학적 요인이라는 것이다.

12.2.3 동서 평균 수송

TEM의 관점에서 보자면 겨울 성층권에서의 전반적인 남북순환은 그림 12.8에 대략적으로 보인 바와 같다. 잔여 순환은 질량과 미량의 화학물질을 열대 지방에서는 대류권계면을 지나 위쪽으로, 온대지방에서는 아래쪽으로 수송한다. 이 연직 순환은 성층권 하부에서 EP속 수렴에 의해 평형을 이루는 극쪽으로의 남북 표류에 의해 완성된다. 이 모식도가 대략적으로 정확하다는 것은 연직으로 성층화된 잔류기간이 긴 미량기체의 동서 평균 혼합비 분포를 조사해 보면 확인할 수 있다. 예를 들어 N_2O의 분포가 그림 12.9에 있다. N_2O는 지상에서 생성되어 대류권 내에서는 균일하게 혼합되어 있으나 성층권에서는 광화학 분해에 의해서 고도에 따라 감소한다. 따라서 그림 12.9에 보인 바와 같이 성층권에서는 혼합비가 상층으로 갈수록 감소하게 된다. 하지만 등혼합비 면이 적도지방에서는 위쪽으로 고위도에서는 아래쪽으로 치우쳐

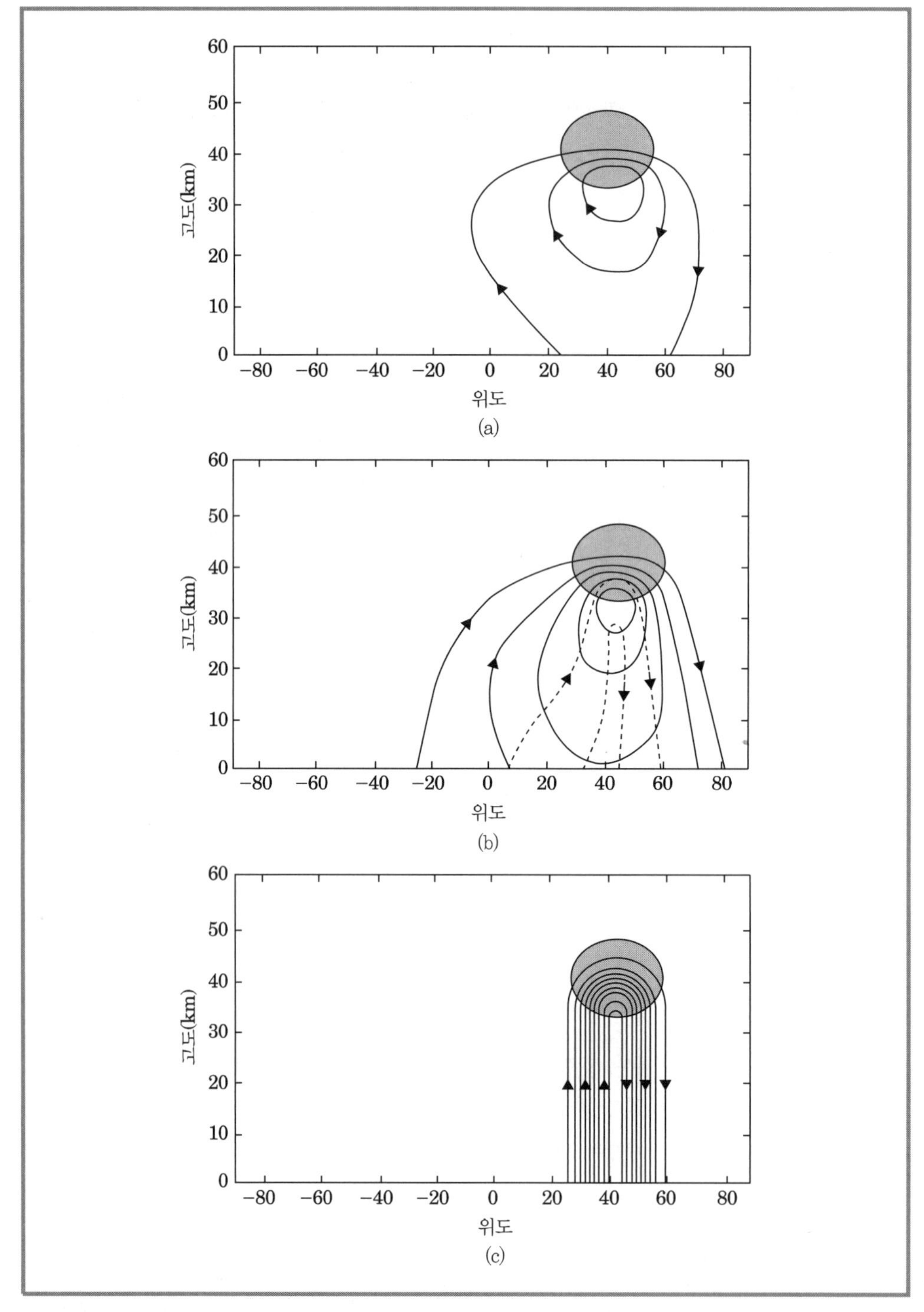

그림 12.7 음영 처리된 영역에 가해진 서쪽 방향의 강제력에 대한 동서 대칭순환의 반응. 등치선은 TEM 남북순환의 유선이며 모든 패널의 등치선 간격은 같다. (a) 고주파 강제력에 대한 단열 반응. (b) 연주기 강제력과 20일 복사 감쇠 시간규모에 대한 반응. 실선은 강제력과 같은 위상인 반응, 점선은 강제력과 90° 위상 차이의 반응. (c) 정상상태 강제력에 대한 반응(Holton et al., 1995, 미국기상학회의 허가를 받아 사용함)

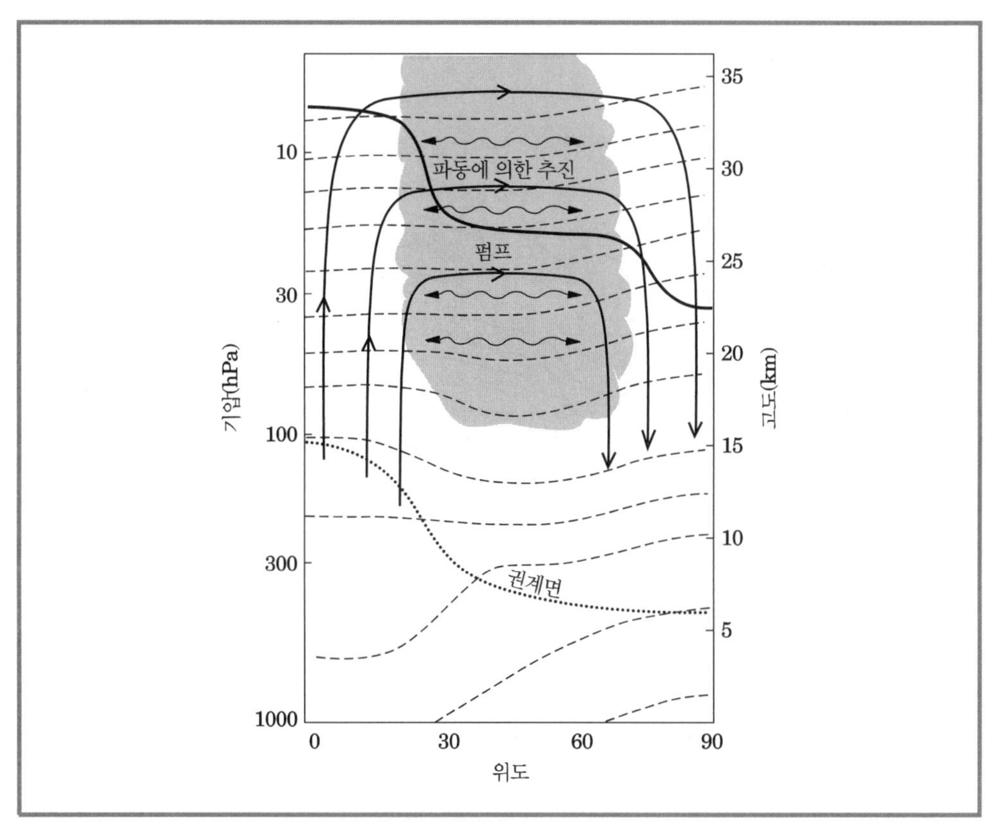

그림 12.8 중층대기에서의 파동에 의해 추진된 순환과 그 순환의 수송에 대한 역할을 보이는 모식 단면도. 가는 파선 : 등온위면, 실선 : 파동에 의해 야기된 강제력(음영 부분)으로 추진되는 TEM 경도면 순환의 등치선, 파동 형태의 양쪽 화살 곡선 : 에디 운동에 의한 남북 수송과 혼합, 굵은 파선 : 장수 미량기체 혼합비의 등치선.

있음에 유의하기 바란다. 이는 평균 남북 질량수송이 그림 12.9에서 제시된 것 같이 적도에서는 위쪽으로 온대지방에서는 아래쪽으로 향하고 있음을 의미한다.

그림 12.8에 보인 바와 같이 겨울 성층권에서의 이 미량기체들은 잔여 남북 운동에 의한 느릿한 남북 표류 외에도 행성파의 분쇄에 의한 급격한 준등온위 수송과 혼합에도 크게 영향을 받는다. 그러한 (공간과 시간에 의해 크게 영향을 받는) 에디 수송은 성층권 내의 수송을 정확히 모델링하기 위해서는 꼭 포함시켜야 하는 요소이다.

중간권에서의 잔여 순환은 거의 단 하나의 순환 세포, 즉 여름 극 지역에서 상승하여 여름 반구에서 겨울 반구로 향하는 남북 표류와, 겨울 극 지역에서 하강하는 순환으로 이루어져 있다. 이 순환은 성층권에서의 잔여 순환과 마찬가지로 에디에 의해 추진된다. 하지만 중간권에서의 탁월한 에디는 연직방향으로 전파하는 내부중력파이며 이는 성층권에서의 에디 활동을 좌우했던 행성파보다 공간적으로나 시간적으로 작은 규모로 되어 있다.

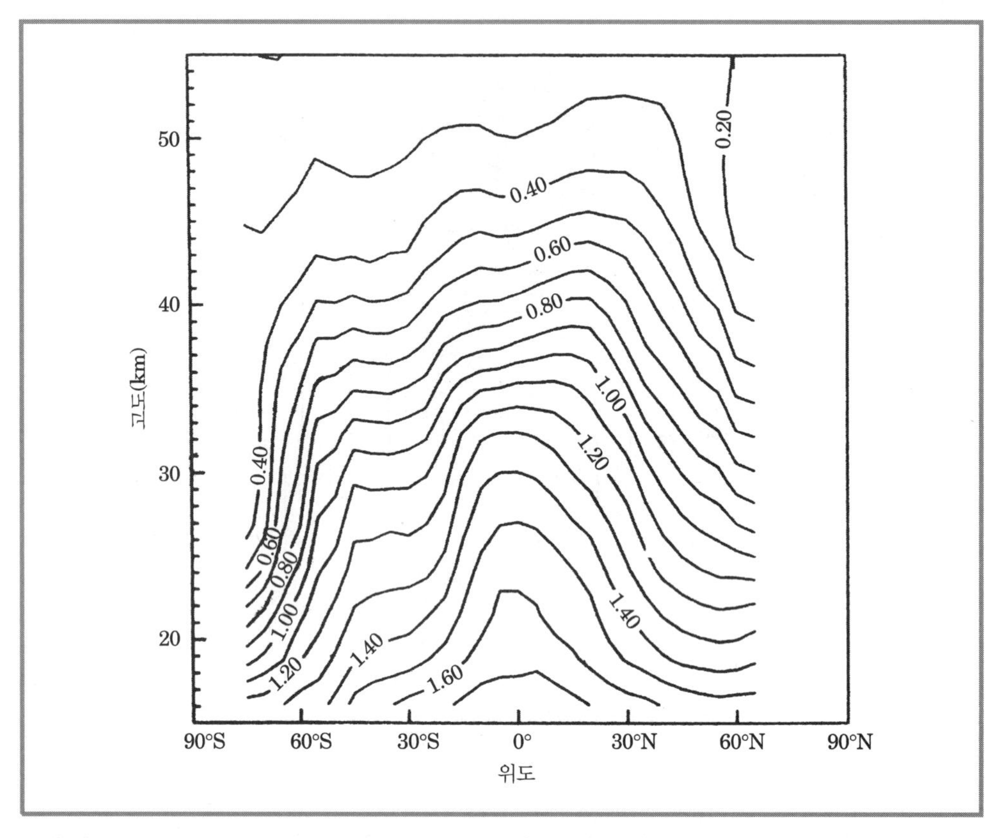

그림 12.9 UARS(Upper Atmospheric Research Satellite) 위성의 HALOE(Halogen Occulatation Experiment) 관측 자료로부터 분석된 메탄의 10월 동서 평균 단면도. 단위는 ppmv. 성층권에서의 광화학적 파괴로 인한 강한 연직 성층화에 유의하라. 적도지역에서의 혼합비 등치선이 위쪽으로 불룩하게 솟아오른 것은 상층으로의 질량 흐름의 증거이고 고위도로 가며 등치선이 기울어지는 것은 극 지역에서의 하강기류의 증거이다. 남반구 중위도에서 등치선이 평평한 부분은 겨울철 행성파 활동에 의한 준 단열 파동 수송에 대한 증거이다(Norton, 2003에 인용).

12.3 연직으로 전파되는 행성파

12.1절에서 우리는 성층권에서의 가장 탁월한 에디 운동은 연직으로 전파하는 준 정체행성파(로스비 파)이고 이 파는 겨울 반구에 국한되어 있다는 것을 지적한 바 있다. 성층권에 종관규모의 운동이 없고 행성파가 겨울 반구에만 국한되어 있다는 것을 이해하기 위해서는 행성파가 연직으로 전파할 수 있을 조건에 대해 조사할 필요가 있다.

12.3.1 선형 로스비 파

성층권에서의 행성파의 전파를 분석하는 데 있어서 7.4.1소절에 소개된 대수-기압 좌표계로 쓰인 방정식을 사용하면 편리하다. 중층대기에서의 온대지방 행성파 운동을 분석함에 있어 우리는 이 운동이 중위도 β평면상에 있다고 가정하고 대수-기압 좌표계로 쓰인 다음과 같은 준지균 위치 소용돌이도 방정식

$$\left(\frac{\partial}{\partial t}+\boldsymbol{V}_g\cdot\nabla\right)q=0 \tag{12.10}$$

을 사용한다. 여기서

$$q\equiv\nabla^2\psi+f+\frac{f_0^2}{\rho_0N^2}\frac{\partial}{\partial z}\left(\rho_0\frac{\partial\psi}{\partial z}\right)$$

이다. $\psi=\Phi/f_0$는 지균 유선함수이며 f_0는 중위도 기준위도에서의 상수인 코리올리 매개변수 값이다. 이제 운동이 상수의 동서 평균류에 작은 진폭의 요란이 중첩된 상태라고 가정하자. 그러므로 $\psi=-\bar{u}\,y+\psi'$, $q=\bar{q}+q'$이라 하고 식 (12.10)을 선형화하면 섭동 q'은

$$\left(\frac{\partial}{\partial t}+\bar{u}\,\frac{\partial}{\partial x}\right)q'+\beta\frac{\partial\psi'}{\partial x}=0 \tag{12.11}$$

을 만족해야 한다. 여기서

$$q'\equiv\nabla^2\psi'+\frac{f_0^2}{\rho_0N^2}\frac{\partial}{\partial z}\left(\rho_0\frac{\partial\psi'}{\partial z}\right) \tag{12.12}$$

이다.

식 (12.11)은 다음과 같은 동서 파수 k와 남북 파수 l, 동서 위상 속도 c_x인 조화파(harmonic wave) 형태의 해를 갖는다.

$$\psi'(x,\ y\ ,z,\ t)=\Psi(z)e^{i(kx+ly-kc_xt)+z/2H} \tag{12.13}$$

여기서 ($\rho_0^{-1/2}$에 비례하는) $e^{z/2H}$ 항이 포함된 것은 방정식의 연직 종속성을 간단히 하기 위한 것이다. 식 (12.13)을 (12.11)에 대입하면 $\Psi(z)$는

$$d^2\Psi/dz^2+m^2\Psi=0 \tag{12.14}$$

을 만족하여야 하며 여기서

$$m^2\equiv\frac{N^2}{f_0^2}\left[\frac{\beta}{(\bar{u}-c_x)}-(k^2+l^2)\right]-\frac{1}{4H^2} \tag{12.15}$$

이다.

7.4절에서 연직으로 전파되는 해를 갖기 위해서는 $m^2>0$의 조건과 그리고 이 경우 m은

연직 파수임을 상기하자[즉, 식 (12.14)의 해는 $\Psi(z) = Ae^{imz}$이고, 여기서 A는 상수인 진폭이고, m의 부호는 군속도(group velocity)가 양의 값이 되도록 결정된다]. 정상파의 경우($c_x = 0$) 식 (12.15)로부터 연직방향으로 전파되는 모드는 평균 동서류가

$$0 < \bar{u} < \beta\left[\left(k^2 + l^2\right) + f_0^2/\left(4N^2H^2\right)\right]^{-1} \equiv U_c \qquad (12.16)$$

의 조건을 만족할 때만 존재한다는 것을 알 수 있다. 식 (12.16)에서 U_c는 **로스비 임계 속도**(critical velocity)라고 불린다. 따라서 파의 수평규모에 의해서 결정되는 임계값보다 약한 서풍이 존재할 때만 정체파의 연직 전파가 일어날 수 있다. 여름 반구에서는 성층권의 평균 동서바람은 동풍이기 때문에 정체 행성파는 연직으로 붙들려 있게 된다.

실제 대기에서의 평균 동서바람은 상수가 아니라 위도와 고도에 따라 변한다. 또한 관측 연구와 이론적 연구에 의하면 실제 임계 속도는 β평면 이론에서의 값보다 클 수도 있다. 그럼에도 불구하고 식 (12.16)은 행성파의 연직 전파를 추정하는 데 있어서 대략적으로나마 도움이 될 수 있다.

12.3.2 로스비 파 분쇄

로스비 파의 **파 분쇄**(Rossby wavebreaking)라는 용어는 간단히 말해 물질 등고선(material contour)의 급작스런 비가역적 변형을 일컫는 말이다. 식 (12.10)에 의하면 로스비 파에서 위치 소용돌이도는 대략 보존되기 때문에 등온위면상에서 위치 소용돌이도의 등치선은 대략 물질 등치선이라 볼 수 있다. 그리고 위치 소용돌이도장을 고려해봄으로써 파 분쇄를 가장 효과적으로 예시할 수 있다. 파 분쇄는 파의 진폭이 커져서 역학 방정식에서 비선형 효과가 더 이상 무시할 수 없어질 정도로 커질 경우 발생한다. 예를 들어 흐름이 평균과 요란장으로 나뉜다면 준지균 위치 소용돌이도 보존 방정식 (12.10)은 비선형 항이 포함되었을 경우

$$\left(\frac{\partial}{\partial t} + \bar{u}\frac{\partial}{\partial x}\right)q' + v'\frac{\partial \bar{q}}{\partial y} = -u'\frac{\partial q'}{\partial x} - v'\frac{\partial q'}{\partial y} \qquad (12.17)$$

로 된다.

지면에 상대적으로 c_x의 위상 속도로 전파하는 정상파의 경우 시간과 공간에 따른 위상의 변화는 $\phi = k(x - c_x t)$로 주어지며 여기서 k는 동서 파수이다. 그리고

$$\frac{\partial}{\partial t} = -c_x\frac{\partial}{\partial x}$$

임을 쉽게 확인할 수 있다. 그래서 식 (12.17)의 선형화된 버전에는 도플러-변위 평균 바람에 의한 요란 위치 소용돌이도 q'의 이류와 요란 남북바람에 의한 평균 위치 소용돌이도의 이류

간에 평형이 있게 된다.

$$(\bar{u}-c_x)\frac{\partial q'}{\partial x} = -v'\frac{\partial \bar{q}}{\partial y} \tag{12.18}$$

선형 근사의 합당성은 식 (12.17) 우변의 두 항의 크기를 식 (12.18)의 항들과 비교해봄으로써 면밀히 조사할 수 있다. 선형성은

$$|\bar{u}-c_x| \gg |u'| \tag{12.19a}$$

와

$$\partial\bar{q}/\partial y \gg |\partial q'/\partial y| \tag{12.19b}$$

의 조건을 만족해야만 성립한다. 기본적으로 이 기준은 x, y 평면상에서 등물질선의 기울기가 작아야 됨을 요구한다.

식 (12.13)에서도 지적했다시피 평균 동서풍이 상수인 대기에서는 연직으로 전파되는 선형 로스비 파의 진폭은 고도에 따라 지수적으로 증가한다. 따라서 요란의 진폭이 충분히 커지는 어떤 고도에서 파의 분쇄가 일어나야만 한다. 하지만 실제 대기에서는 평균 동서류는 위도와 고도에 따라 변하고 있으며, 이 변화는 로스비 파 분쇄에 의해 발생하게 되는 평균류 강제력과 분포를 이해하는 데 매우 중요하다. 가장 간단한 예로서 로스비 파 분쇄는 파동의 도플러 변위 위상 속도가 0이 되는$(\bar{u}-c_x=0)$ 임계면이 존재할 때 발생한다. 그런 경우 식 (12.19)는 심지어 작은 진폭의 파일지라도 적용되지 않는다.

임계면 부근에서의 파동의 행태를 이해하기 위해서는 12.3.1소절의 로스비 파 분석을 그림 12.2의 계절 평균 동서바람의 상태로 일반화할 필요가 있다. 여기서 동서바람은 위도와 고도의 함수인 $\bar{u}=\bar{u}(y, z)$가 된다. 식 (12.11)에서 x와 t에 대한 의존도는 해를

$$\psi' = e^{z/2H} Re[\Psi(y,\ z)e^{ik(x-c_x t)}] \tag{12.20}$$

로 봄으로써 분리할 수 있다. 그러면

$$\frac{\partial^2\Psi}{\partial y^2} + \frac{f_0^2}{N^2}\frac{\partial^2\Psi}{\partial z^2} + n_k^2\Psi = 0 \tag{12.21}$$

을 구할 수 있으며 여기서 N^2의 연직변화는 무시한다.

$$n_k^2(y,\ z) = (\bar{u}-c_x)^{-1}\partial\bar{q}/\partial y - k^2 - f_0^2/(4H^2N^2) \tag{12.22}$$

식 (12.21)은 형태에 있어서 굴절률이 n_k인 매질 속에서 전파하는 2차원 광파에 대한 방정식과

흡사하다. 그 경우 선형 로스비 파 EP속은 광선과 같은 행태를 보이는 선을 따라 전파된다는 것을 볼 수 있다. 따라서 파의 활동은 n_k^2가 큰 양의 값을 갖는 지역으로 휘는 선을 따라 전파되고 음의 지역은 피한다. 파수가 작은 정체성($c_x = 0$) 로스비 파의 경우 n_k^2는 서풍이 그다지 크지 않은 지역에서 부호가 양이 되며, 평균류가 0이 되는 임계면을 따라 무한대로 증가한다. 따라서 파의 활동에 대한 굴절 지수는 겨울 반구에서 양부호가 되나 적도 부근 바람이 0이 되는 곳으로 갈수록 급격히 증가한다. 그 결과 로스비 파의 활동은 상방향으로 적도 쪽으로 전파되려는 경향이 있으며, 파 분쇄는 적도 임계선 부근에서 발생하게 된다.

12.4 성층권 돌연승온

성층권 하부에서 온도는 적도에서 최저값, 여름 극과 겨울 반구 약 45°에서 최대값을 보이고 있다(그림 12.2 참조). 온도풍 관계에 의하면 겨울철 위도 45°에서부터 극 쪽으로 급격한 온도 감소는 강한 서풍 연직 시어를 갖는 동서풍을 의미한다.

북반구의 차가운 성층권 극지방에서 이러한 서풍 시어의 평균적(normal) 겨울 양상은 대략 2년에 한 번 정도 한 겨울에 엄청난 변화를 일으킨다. 몇 날 정도의 기간 동안 극 소용돌이는 크게 변형되어 부서져(그림 12.10 참조) 극 성층권의 대규모 승온을 동반하며, 이 결과로 남북 간 온도경도를 급격히 역으로 바꾸고 (온도풍 관계를 통하여) 극지방을 중심으로 동풍을 생성한다. 50-hPa 고도에서 불과 며칠동안 40K의 온도가 상승한 적이 있었다.

돌연승온에 대한 많은 관측 연구에 의하면 대류권으로부터 동서 파수 1, 2의 행성파의 전파의 강화가 이 현상에는 필수 불가결한 것으로 확인되었다. 주로 승온은 북반구에서만 관측되기 때문에 논리적으로 볼 때 파의 전파가 성층권으로 강화되는 것은 (남반구보다는 북반구에서 훨씬 강한) 지형에 의한 강제파에 의한 것이라 결론을 내릴 수 있을 것이다. 북반구라 할지라도 어떠한 조건이 맞아떨어지는 겨울철에만 돌연승온이 발생한다.

지금까지 알려진 바에 의하면 돌연승온은 행성파의 강제력 때문에 발생하는 시간에 따라 변하는 평균류 강제의 예라는 것이다. 10.2.3소절에서 우리는 행성파가 동서 평균 순환을 감속시키기 위해서는 적도 쪽으로의 에디 위치 소용돌이도속(즉, 순 EP속의 수렴)이 있어야 함을 보인 바 있다. 더 나아가 정상상태의 마찰이 없는 파에 대해서는 EP속 발산이 0이 된다는 것도 보였다. 성층권의 극야 제트 내의 통상적인 정체 행성파에 대해서는 복사 및 마찰에 의한 감쇠가 작기 때문에 이 조건이 최소한 근사적으로는 만족되어야 한다. 따라서 돌연승온이 발생하는 동안에 일어나는 파와 평균류 간의 강한 상호작용은 파의 일시성(즉, 시간에 따른 진폭의 변화)과 파의 소멸에 연관될 수밖에 없다. 돌연승온 기간에 발생하는 대부분의 평균류의 극적인 감속은 대류권 내에서의 준정체 행성파의 증폭과 이어지는 성층권으로의 전파에 기인한다.

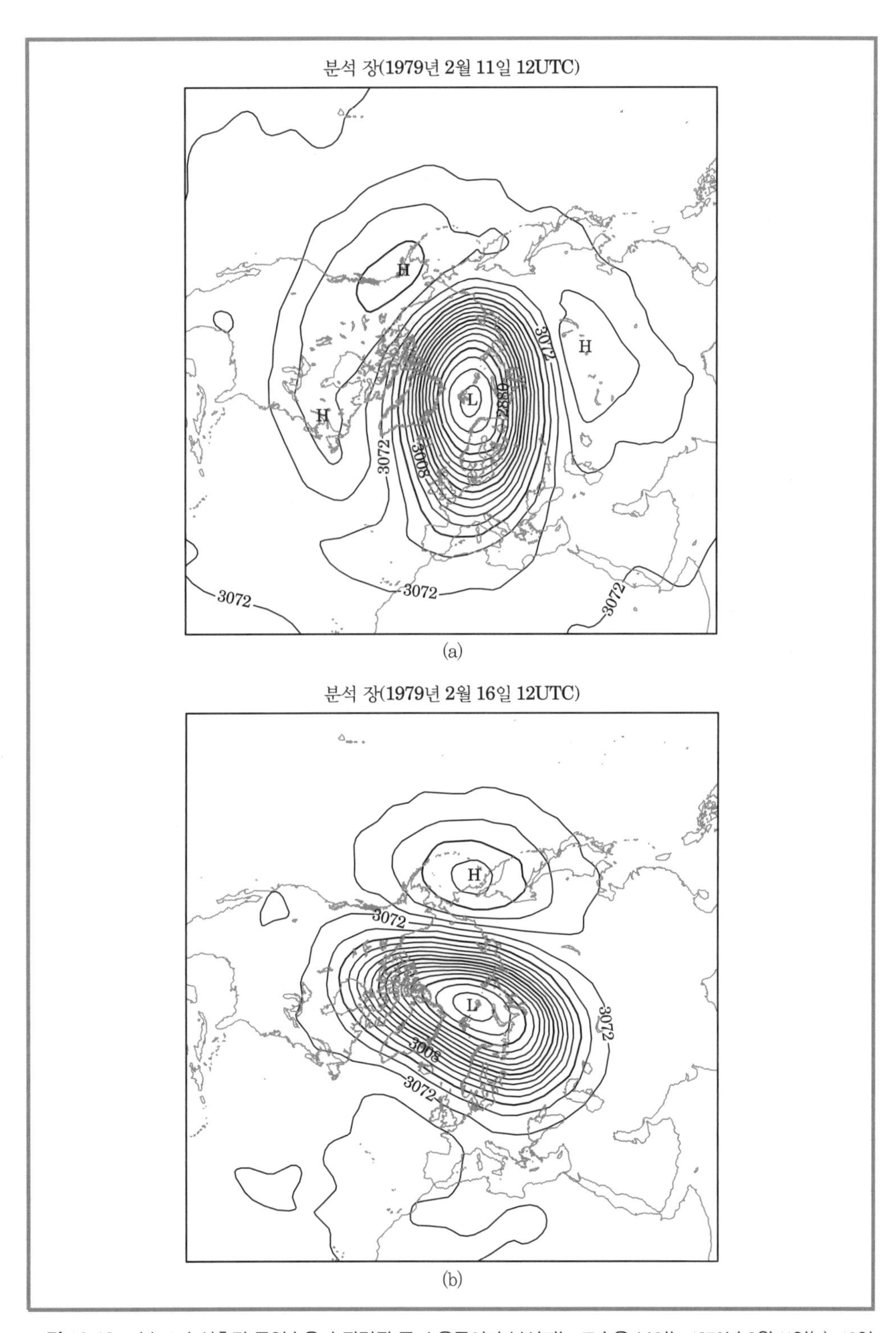

그림 12.10 파수 2파 성층권 돌연승온과 관련된 극 소용돌이가 부서지는 모습을 보이는 1979년 2월 11일(a), 16일(b), 21일(c) 12UTC 시각의 10-hPa 지오퍼텐셜 고도. 등고선 간격 : 160m(뒤에 그림 이어짐)(유럽중기예보 센터로부터 제공된 ERA-40 재분석 자료로 분석함)

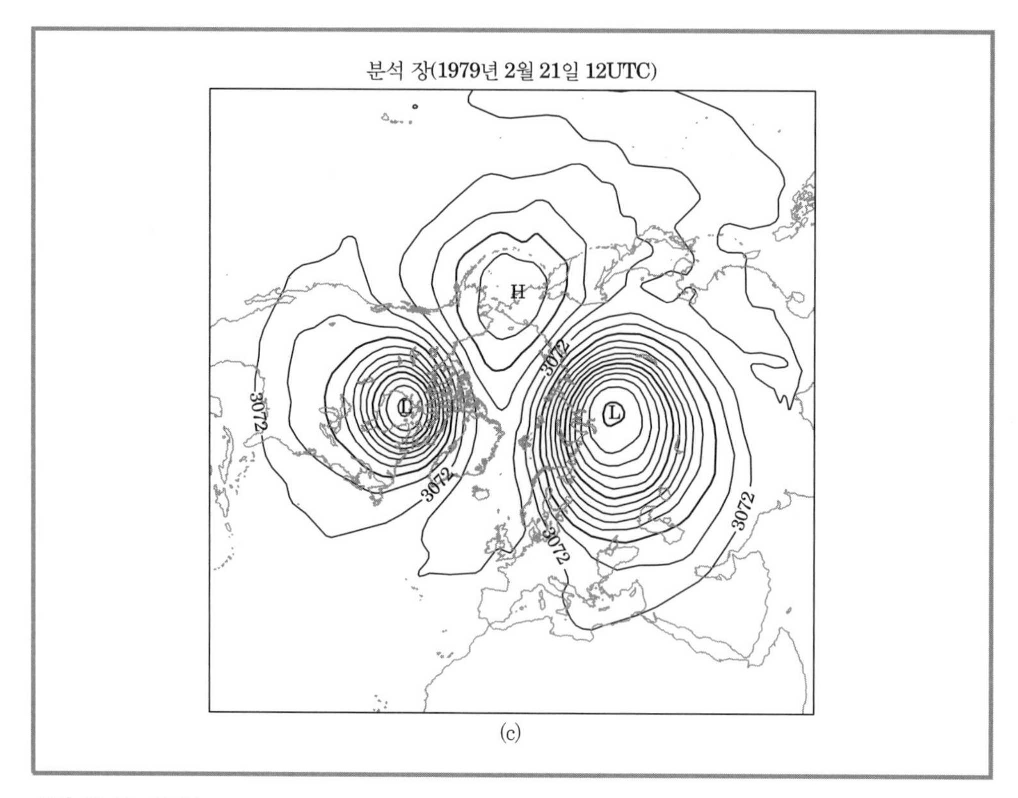

그림 12.10 (계속)

이 과정은 동서 평균 위치 소용돌이도와 에디 위치 소용돌이도 간의 상호작용을 고려함으로써 이해할 수 있다. 돌연승온이 발생하는 짧은 시간규모에 대해서 비단열 과정과 마찰은 무시할 수 있다고 가정한다. 또한 에디 운동은 근사적으로 선형화된 에디 소용돌이도 방정식에 의해 지배되며 동서 평균은 에디 속의 수렴에 의해서만 변화된다고 가정한다. 따라서 에디와 평균류는 다음과 같은 준선형계

$$\left(\frac{\partial}{\partial t}+\bar{u}\frac{\partial}{\partial x}\right)q' + v'\frac{\partial \bar{q}}{\partial y} = -S' \tag{12.23}$$

로 서로 관련지어진다. 여기서

$$q' \equiv \nabla^2\psi' + \frac{f_0^2}{\rho_0}\frac{\partial}{\partial z}\left(\frac{\rho_0}{N^2}\frac{\partial \psi'}{\partial z}\right) \tag{12.24}$$

이며, 에디 감쇠항 $-S'$는 기계적 열적 마찰에 대한 효과를 나타내기 위해 추가되었다. (레일라이 마찰과 뉴턴 냉각이 같은 크기라면 $S' = \alpha q'$이 되며 α는 소산율 계수다.) 식 (12.23)에 q'을 곱하고

$$\bar{u}\overline{q'\frac{\partial q'}{\partial x}}=\frac{\bar{u}}{2}\frac{\partial \overline{q'^2}}{\partial x}=0$$

임에 유의하고 식 (10.26)을 이용하여 동서 평균을 취하면

$$\frac{\partial A}{\partial t}+\nabla\cdot\boldsymbol{F}=D \tag{12.25}$$

를 구할 수 있다. 여기서 **파동 활동** A와 **소산** D는 각각

$$A\equiv\frac{\rho_0\overline{(q')^2}}{2\partial\bar{q}/\partial y},\quad D\equiv-\frac{\rho_0\overline{S'q'}}{\partial\bar{q}/\partial y} \tag{12.26}$$

으로 정의되는 양이다.

준지균 방정식을 만족하는 선형 행성파의 경우

$$\boldsymbol{F}=(0,\,c_{gy},\,c_{gz})A \tag{12.27}$$

임을 보일 수 있다. 따라서 EP속은 파동 활동 A에 남북 단면 $(y,\ z)$ 평면에서의 군속도를 곱한 값으로 주어진다. 파동과 평균류 간의 상호작용에 필수적인 것은 파동 활동의 속(flux of wave activity)으로 파동 에너지의 속이 아니다.

식 (12.25)에 의하면 만약 소멸 항과 시간변화 항이 0이라면 EP속 발산 항도 0이 되어야 한다. 식 (12.1)에 대입하면 정상(steady, $\partial A/\partial t=0$) 보존성(conservative, $D=0$) 파의 경우 파동에 의한 평균류 가속은 없다는 **비가속 정리**로 귀결된다. 파동에 의해 야기되는 강제력이 존재하기 위해서는 EP속 발산이 0이 아니며 파동에 의한 시간변화와 소멸 항에 의존하게 된다.

성층권 돌연승온에서 행성파의 진폭은 시간에 따라 급격히 증가한다. 북반구 겨울철에 파수 1, 2의 준정체 행성파는 지형 강제력에 의해서 대류권 내에서 생성된다. 이 파들은 연직방향으로 전파되어 성층권에 이르며 이는 파동 활동의 국부적인 증가를 의미한다. 따라서 $\partial A/\partial t>0$은 식 (12.25)에서 의미하듯 준보존성 흐름($D=0$)에 있어서 준지균 위치 소용돌이도 속은 음이며 엘리아슨-팜 속 장은 수렴이라는 것을 뜻한다.

$$\rho_0\overline{v'q'}=\nabla\cdot\boldsymbol{F}<0 \tag{12.28}$$

또한 보통의 경우 $D<0$이다. 따라서 소멸 항과 파동의 발달은 EP속 수렴을 생성한다(즉, 적도 쪽으로의 위치 소용돌이도 속).

변환 오일러 평균 동서 운동량 방정식 (12.1)에 의하면 EP속 수렴은 동서 평균된 동서바람의 감속을 유도하고 이 감속은 코리올리 토크 $f\bar{v}^*$에 의해 부분적으로 상쇄된다. 그 결과 극야 제트(polar night jet)는 약화되어 더 많은 파동이 성층권으로 침투할 수 있는 상황을 허용하며,

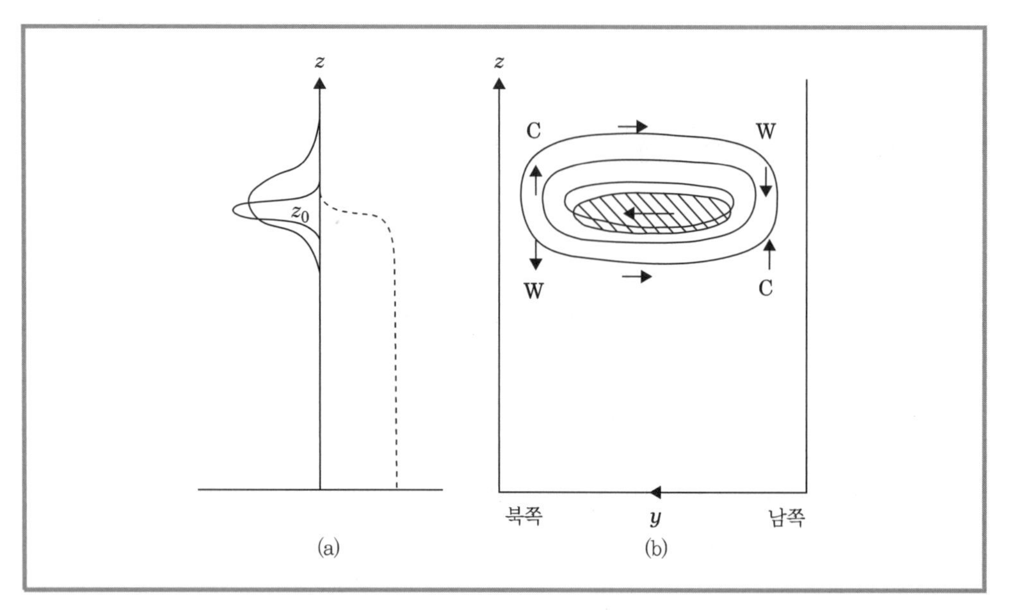

그림 12.11 성층권 승온 기간 동안 일어나는 시간에 따라 변하는 파와 평균류의 상호작용에 대한 모식도. (a) EP속의 고도별 분포(파선), z_0는 그림의 현재 시각에 파의 꾸러미(wave packet)의 선단이 도달한 고도이다. (b) EP속이 수렴하고 있는 지역(빗금), 유도되는 동서 가속의 등치선(가는 선) 그리고 유도되는 잔여 순환(화살표)의 위도-고도 단면도. 승온이 발생하는 지역(W)과 냉각이 발생하는 지역(C)이 또한 표시되어 있다(Andrew et al., 1987에서 인용).

어떤 점에 이르러서는 평균 동서바람의 부호가 바뀌게 되어 임계층이 형성된다. 정체성 선형 파동은 그 고도 이상으로 전파되지 못하며 그 층 이하에서는 강한 EP속 수렴과 동풍 가속이 더욱 빠르게 진행된다.

시간에 따라 변하는 행성파 활동의 상방 전파에 의해 야기된 엘리아슨-팜 속 때문에 동서 평균 바람이 감속하는 과정에 대한 설명이 그림 12.11a에 나타나 있다. 또한 감속이 에디 강제보다 연직방향으로 넓은 범위에 퍼져 있다는 점도 유의해야 하는데, 이는 TEM 방정식으로부터 유도되는 평균 동서풍의 가속에 관한 방정식이 타원형이라는 성격에 기인한다. 그림 12.11b에는 TEM 잔여 남북순환과 동서바람의 감속과 관련된 온도 섭동의 양상을 보이고 있다. 온도풍 관점에서 보면 극야 제트의 감속은 극성층권의 승온과 적도 성층권의 냉각을 야기하며 그 보상 효과로 극 중간권의 따뜻해짐과 적도 중간권의 냉각이 있게 된다. 결국에는 흐름이 점점 동풍에 가까워질수록 파동은 연직으로 전파될 수 없게 된다. 그렇게 되면 파동에 의해 유도된 잔여 순환은 감소하며 복사냉각 과정에 의해 서서히 찬 극 온도의 상태로 복원된다. 또한 온도풍 관계에 의해 흐름도 서풍 극 소용돌이인 정상적인 상태로 복원된다.

어떤 경우에는 파의 진폭이 극의 승온을 생성할 만큼 충분히 크기는 하나 평균 동서풍을 역전시키기에는 충분하지 못할 수도 있다. 이러한 '부승온(minor warming)'은 매년 발생하며 발생 후 겨울 순환은 곧 정상으로 복귀된다. '주 승온(major warming)'은 2년에 한 번 정도씩만 발생하는데 이 경우 극 지역에서 낮게는 30-hPa 고도까지 평균 동서류의 역전이 발생한다.

주 승온이 아주 늦은 겨울에 발생한다면 다음번 정상적인 계절적 순환에 의해 역전되기 전에는 서풍의 극 소용돌이가 복원되지 못한다.

12.5 적도 성층권의 파

11.4절에서 우리는 천수 방정식 이론으로 적도에 붙들린 파들에 대해서 논의한 바 있다. 그러나 어떠한 조건하에서 적도파들은 (중력파나 로스비 파 모두) 연직으로 전파할 수 있으므로 연직 구조를 조사하기 위해서는 천수 모델은 연속적으로 성층화된 대기에 대한 모델로 대치되어야 한다. 밝혀진 바에 의하면 연직으로 전파하는 적도파는 통상적인 중력 모드와 비교해 보면 물리적 성질이 비슷한 점이 많다. 5.6절에서 우리는 코리올리 매개변수가 상수이고 파가 x, y방향으로 사인함수로 이루어진 간단한 상황에서 연직으로 전파하는 중력파에 대해 논의한 바 있다.

그러한 관성-중력파는 주파수가 부등식 $f < \nu < N$을 만족할 때만 연직방향의 전파가 가능하다는 것을 밝혔다. 따라서 일반적으로 중위도에서 주기가 수일 정도의 파는 연직방향으로 붙들려 있다(즉, 성층권으로 현저하게 전파될 수 없다). 그러나 적도 쪽으로 다가갈수록 코리올리 주기가 감소하므로 장주기 파들은 연직 전파가 가능해진다. 따라서 적도 지역에서는 장주기의 연직으로 전파하는 내부중력파의 존재의 가능성이 높아지는 것이다.

11.4절에서 우리는 적도 β평면에서 선형화된 섭동을 고려했다. 선형화된 운동방정식, 연속방정식, 열역학 제1법칙은 대수-기압 좌표계로 다음과 같이 표현될 수 있다.

$$\partial u'/\partial t - \beta y v' = -\partial \Phi'/\partial x \tag{12.29}$$

$$\partial v'/\partial t + \beta y u' = -\partial \Phi'/\partial y \tag{12.30}$$

$$\partial u'/\partial x + \partial v'/\partial y + \rho_0^{-1}\partial(\rho_0 w')/\partial z = 0 \tag{12.31}$$

$$\partial^2 \Phi'/\partial t \partial z + w' N^2 = 0 \tag{12.32}$$

다시 섭동은 동서로 전파하는 것을 물론 m의 연직 파수로 연직방향으로도 전파한다고 가정하자. 기본상태의 밀도의 성층화 때문에 $\rho_0^{-1/2}$의 비율로 고도에 따른 진폭의 증가가 있을 것이다. 따라서 x, y, z, t에 대한 종속성은

$$\begin{pmatrix} u' \\ v' \\ w' \\ \Phi' \end{pmatrix} = e^{z/2H} \begin{bmatrix} \hat{u}(y) \\ \hat{v}(y) \\ \hat{w}(y) \\ \hat{\Phi}(y) \end{bmatrix} \exp[i(kx + mz - \nu t)] \tag{12.33}$$

로서 분리해낼 수 있다. 식 (12.33)을 식 (12.29)~(12.32)에 대입하면 연직 구조에 대한 연립

상미분 방정식을 구할 수 있다.

$$-i\nu\hat{u} - \beta y\hat{v} = -ik\hat{\Phi} \tag{12.34}$$

$$-i\nu\hat{v} + \beta y\hat{u} = -\partial\hat{\Phi}/\partial y \tag{12.35}$$

$$(ik\hat{u} + \partial\hat{v}/\partial y) + i(m + i/2H)\hat{w} = 0 \tag{12.36}$$

$$\nu(m - i/2H)\hat{\Phi} + \hat{w}N^2 = 0 \tag{12.37}$$

12.5.1 연직으로 전파되는 켈빈 파

켈빈 파에 대해서는 상기의 섭동 방정식은 훨씬 간단하게 된다. $\hat{v}=0$로 두고 식 (12.36)과 식 (12.37)에서 $\hat{w}$를 제거하면

$$-i\nu\hat{u} = -ik\hat{\Phi} \tag{12.38}$$

$$\beta y\hat{u} = -\partial\hat{\Phi}/\partial y \tag{12.39}$$

$$-\nu(m^2 + 1/4H^2)\hat{\Phi} + \hat{u}kN^2 = 0 \tag{12.40}$$

로 된다.

식 (12.38)을 이용하여 식 (12.39)와 식 (12.40)에서 Φ를 제거한다. 이렇게 하여 $\hat{u}$가 만족해야 할 2개의 독립적 방정식이 만들어진다. 첫째 식은 $\hat{u}$의 남북 분포를 결정하며 이는 식 (11.47)과 똑같은 식이다. 둘째는 단순한 분산 방정식

$$c^2(m^2 + 1/4H^2) - N^2 = 0 \tag{12.41}$$

이며 11.4절에서와 마찬가지로 $c^2 = (\nu^2/k^2)$이다.

만약 대부분의 관측되는 성층권 켈빈 파의 경우처럼 $m^2 \gg 1/4H^2$라면 식 (12.41)은 정역학적 한계 ($|k| \ll |m|$)에서 내부중력파(5.66)에 대한 분산 관계로 귀결된다. 대류권의 요란에 의해서 강제되는 성층권의 파에 대해서는 에너지 전파(즉, 군속도)는 상방 성분을 가져야 한다. 그러므로 5.4절의 논리에 의하여 위상 속도는 하향 성분을 가져야만 한다. 우리는 11.4절에서 켈빈 파가 적도에 붙들려 있기 위해서라면 동쪽으로 전파해야 한다($c > 0$)는 것을 보인 바 있다. 하지만 동쪽으로의 위상 전파가 가능하기 위해서는 아래쪽으로의 위상 전파에 대한 $m < 0$의 조건을 요구한다. 따라서 연직으로 전파하는 켈빈 파는 그림 12.12에 보인 바와 같이 고도에 따라 동쪽으로 기울어진 위상선을 가지고 있다.

12.5.2 연직으로 전파하는 로스비-중력파

모든 다른 적도 모드에 대해서는 식 (12.34)~(12.37)은 11.4.1소절에서 천수 방정식에 대해서 설명된 방식과 동일한 방식으로 해결될 수 있다. 만약 $m^2 \gg 1/4H^2$를 가정하고

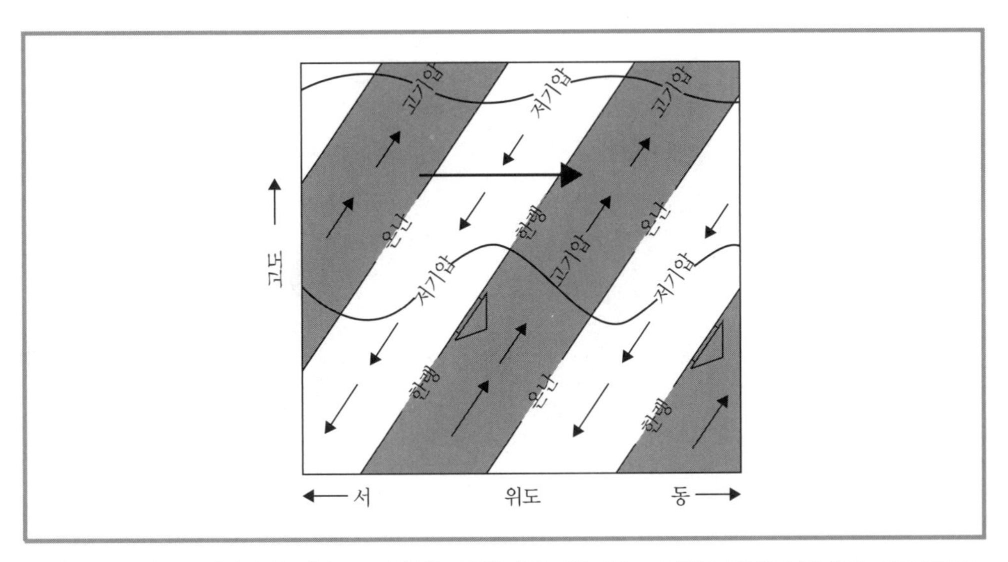

그림 12.12 적도를 따라서 본 열적으로 감쇠하는 켈빈 파의 기압, 온도, 바람의 섭동을 보인 경도-고도 단면도. 굵은 파형곡선은 물질선을, 짧은 화살표는 위상의 전파를 뜻한다. 고기압 지역은 음영으로 처리되어 있다. 작은 화살표의 길이는 파의 진폭에 비례하며 감쇠로 인해 고도에 따라 감소한다. 크고 짙은 화살표는 파 응력 발산으로 인한 순 평균류 가속을 가리키는 것이다.

$$gh_e = N^2/m^2$$

로 두면 결과적으로 얻어지는 남북 구조 방정식은 식 (11.38)과 동일하다. $n=0$모드에 대해서 식 (11.41)은

$$|m| = N\nu^{-2}(\beta + \nu k) \quad (12.42)$$

가 됨을 의미한다.

$\beta=0$이면 또 다시 정역학 내부중력파에 대한 분산 관계식을 복원하게 된다. 식 (12.42)에서 β효과의 역할은 동쪽으로 전파하는($\nu>0$) 파와 서쪽으로 전파하는($\nu<0$) 파 간의 대칭성을 감소시키는 일이다. 동쪽으로 전파하는 모드는 서쪽으로 전파하는 모드보다 작은 연직 파장을 갖고 있다. 연직으로 전파하는 $n=0$의 모드는 $c=\nu/k>-\beta/k^2$일 때만 존재할 수 있다. $k=s/a$이므로 (s는 위도 원둘레에 있는 파의 개수) 이 조건이 암시하는 바는 $\nu<0$이라면 해는

$$|\nu| < 2\Omega/s \quad (12.43)$$

의 부등식을 만족하는 주파수에 대해서만 존재한다는 것이다. 식 (12.43)을 만족하지 못하는 주파수에 대해서는 파의 진폭은 적도에서 멀어지면서 감소하지 않을 것이므로 이는 극에서의 경계조건을 만족시킬 수 없다.

약간의 수학적 유도 과정을 통해 $n=0$ 모드에 대한 수평속도와 지오퍼텐셜 섭동의 남북

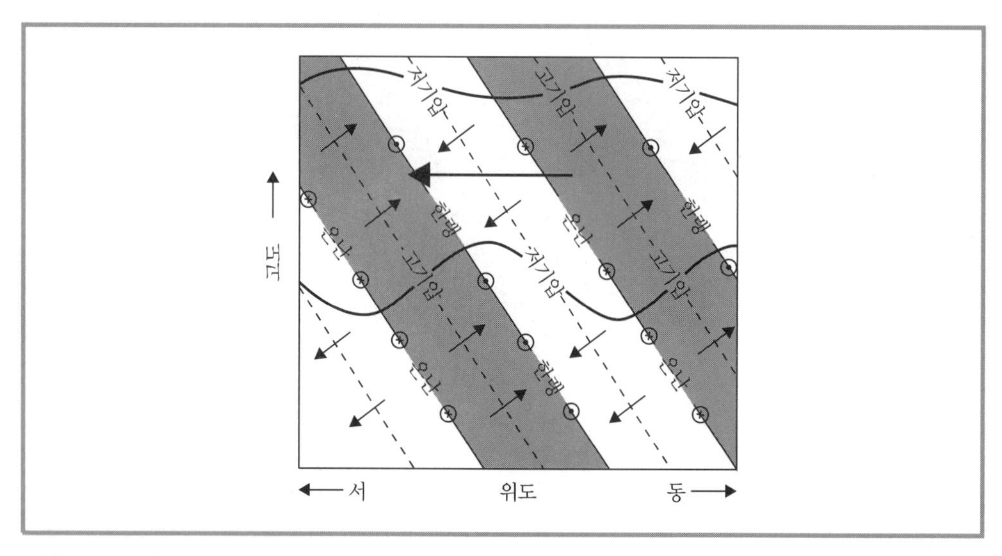

그림 12.13 적도에서 약간 북쪽 어느 위도에서 경도선을 따라서 본 열적으로 감쇠하는 로스비-중력파의 기압, 온도, 바람의 섭동을 보인 경도-고도 단면도. 고기압 지역은 음영으로 처리되어 있다. 작은 화살표는 바람의 동서, 연직 바람의 섭동이며 길이는 파의 진폭에 비례한다. 남북바람 섭동은 종이 뒤쪽(북쪽)과 종이 앞쪽(남쪽)으로 향하는 화살표로 나타냈다. 크고 짙은 화살표는 파 응력 발산으로 인한 순 평균류 가속을 가리키는 것이다.

구조는

$$\begin{pmatrix} \hat{u} \\ \hat{v} \\ \hat{\Phi} \end{pmatrix} = v_0 \begin{pmatrix} i|m|N^{-1}\nu y \\ 1 \\ i\nu y \end{pmatrix} \exp\left(-\frac{\beta|m|y^2}{2N}\right) \tag{12.44}$$

으로 표현될 수 있다.

서쪽으로 전파되는 $n=0$ 모드는 일반적으로 로스비-중력 모드[2]라 일컫는다. 상방으로 에너지가 전파되기 위해서 이 모드는 통상의 서진하는 내부중력파와 마찬가지로 아래쪽으로 위상 전파하는($m<0$) 성격을 가져야 한다. 북반구의 한 위도에서 x, z 평면상에서의 파의 구조를 그림 12.13에 나타냈다. 특별히 관심을 끄는 것은 극쪽(적도 쪽)으로 이동하는 공기는 양(음)부호의 온도 섭동을 가지고 있어서 에디 열속(heat flux)의 연직 EP속에 대한 기여도가 양의 값이라는 사실이다.

12.5.3 관측된 적도파

켈빈 파와 로스비-중력파 두 경우 모두 적도 성층권의 관측 자료에서 그 존재가 확인된 바 있다. 관측된 성층권의 켈빈 파는 주로 동서 파수 $s=1$로 구성되어 있으며 그 주기는 12~20

2) 어떤 저자들은 이 항을 동쪽과 서쪽으로 전파하는 $n=0$파 두 경우 모두에 적용한다.

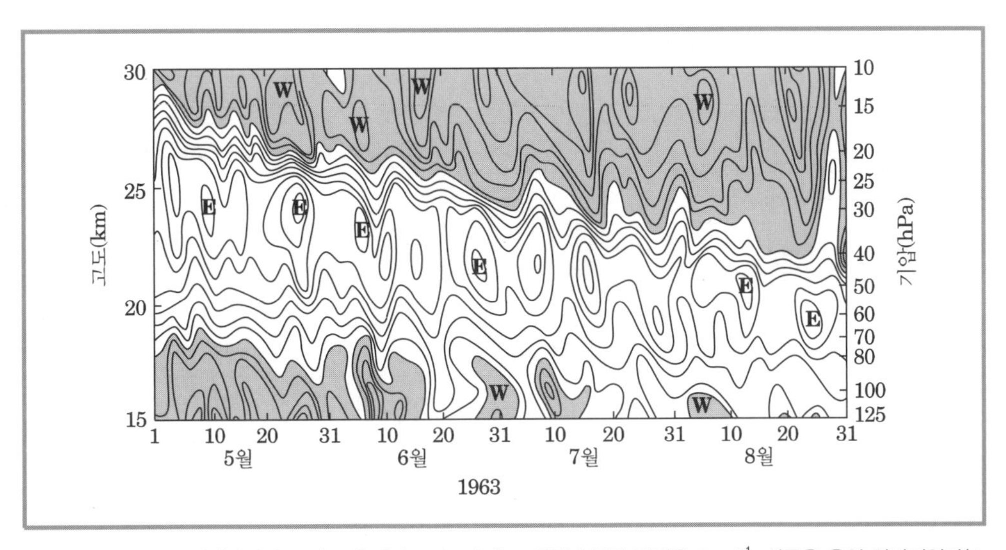

그림 12.14 칸톤 섬(3°S)에서 동서풍의 시간-고도 단면도. 등풍속선의 간격은 5 ms^{-1}. 서풍은 음영 처리되었다(J. M. Wallace와 V. E. Kousky 제공).

일 범위에 있다. 적도의 한 관측지점에서 켈빈 파의 진행에 따른 동서바람의 진동에 대한 예가 시간-고도 단면도의 형태로 그림 12.14에 보인다. 그림 12.14에서 보인 관측기간 동안 준 2년 주기 진동(12.6절 참조)의 서풍의 단계가 하강하고 있어서 각 고도에서 시간이 지남에 따라 평균 동서바람이 증가하고 있음을 보이고 있다. 그러나 이 경년변화에 약 12일의 주기로 최대 풍속이 변하고 약 10 ~ 20 km의 연직 파장(진동의 고도에 따른 기울어짐으로부터 계산됨)을 갖는 큰 변동 성분이 중첩되어 있다는 것에 유의할 필요가 있다.

같은 기간 동안 온도 장의 관측에 의하면 온도 진동은 동서바람의 진동을 1/4주기로 앞서가는 것으로 밝혀졌는데(즉, 최대 온도가 최대 서풍에 앞서 나타남) 이는 켈빈 파가 상층으로 전파하는 데 꼭 필요한 위상 관계이다(그림 12.12 참조). 다른 관측소에서의 관측 결과도 마찬가지로 이 진동이 이론적으로 예측된 속도로 동쪽으로 전파됨을 보이고 있다.

로스비-중력 모드의 존재 역시 적도 태평양 성층권의 관측 자료로부터 확인된 바 있다. 이 모드의 존재를 확인하는 가장 쉬운 방법은 남북바람 성분을 조사한 것이다. 그 이유는 로스비-중력 모드는 v'이 적도에서 최대값을 보이기 때문이다. 관측된 로스비-중력파는 $s=4$의 파수에 연직 파장 6 ~ 12 km 그리고 4 ~ 5일의 주기를 갖는다. 켈빈 파와 로스비-중력파는 전부 적도로부터 위도 거리로 약 20° 내에서만 탁월한 진폭을 가지고 있다.

켈빈 모드와 로스비-중력 모드의 성질에 대해 관측값과 이론적인 값과의 상세한 비교가 표 12.1에 있다. 이론과 관측을 비교하는 데 있어서 역학적으로 중요한 것은 지면에 상대적인 주파수가 아니라 평균류에 상대적인 주파수라는 것을 상기할 필요가 있다.

켈빈 파와 로스비-중력파는 적도 대류권에서 대규모 대류 가열의 진동에 의해 야기된다. 이 파들은 대류권의 전형적 일기 요란에 비해서 많은 에너지를 갖고 있지는 않으나 적도 성층권

| 표 12.1 | 적도 하부 성층권에서 관측된 탁월한 행성파들의 특성

이론적 성격	켈빈 파	로스비-중력파
발견자	Wallace와 Kousky(1968)	Yanai와 Maruyama(1966)
주기(지면에 근거) $2\pi\omega^{-1}$	15일	4 ~ 5일
동서 파수 $s = ka\cos\phi$	1 ~ 2	4
연직 파장 $2\pi m^{-1}$	6 ~ 10 km	4 ~ 8 km
지면에 상대적인 평균 위상 속도	$+25\,ms^{-1}$	$-23\,ms^{-1}$
파가 발견될 때 동서 평균류	동풍(최대≈$-25\,ms^{-1}$)	서풍(최대≈$+7\,ms^{-1}$)
최대 동서류에 상대적인 평균 위상 속도	$+50\,ms^{-1}$	$-30\,ms^{-1}$
대략적인 관측된 진폭		
u'	$8\,ms^{-1}$	$2 \sim 3\,ms^{-1}$
v'	0	$2 \sim 3\,ms^{-1}$
T'	2 ~ 3K	1K
대략적인 추정 진폭		
Φ'/g	30 m	4 m
w'	$1.5\times10^{-3}\,ms^{-1}$	$1.5\times10^{-3}\,ms^{-1}$
대략적 남북규모 $(2N/\beta\|m\|)^{1/2}$	1300 ~ 1700 km	1000 ~ 1500 km

Andrew 등(1987)에서 인용

에서는 주된 요란이며 연직으로 에너지와 운동량의 전파를 통해 성층권 대순환에 중대한 역할을 한다. 여기서 논의된 성층권 모드 외에도 성층권 상부와 중간권에서 매우 중요한 좀 더 빠른 속도의 켈빈, 로스비-중력 모드도 있다. 또한 적도 중층대기의 운동량 균형에 중요한 역할을 담당하는 넓은 스펙트럼의 적도 중력파도 있다.

12.6 준 2년 주기 진동

대기의 주기적 진동을 찾는 연구는 오랜 역사를 갖고 있다. 하지만 외부적으로 강제된 일변화나 연변화 성분을 제외하면 진정으로 주기적인 대기 진동에 대해서는 뚜렷한 증거가 존재하지 않는다. 주기적 강제 함수에 연관되지 않으면서도 주기적인 행동을 보이는 현상에 가장 가까운 것을 꼽으라면 아마도 준 2년 주기 진동(Quasi-Biennial Oscillation, QBO)일 것이다. 이 진동은 다음과 같은 관측된 양상을 보인다.

1. 경도에 따른 차이가 없는 동풍의 체계와 서풍 체계가 24개월에서 30개월의 주기로 규칙적으로 바뀐다.
2. 다음에 바뀔 체계가 30km 이상의 고도에 처음 나타나서 한 달에 1km의 비율로 아래쪽으로 전파된다.
3. 아래쪽으로의 전파는 30 ~ 23km 고도까지는 진폭의 감소 없이 일어나며 23km 이하에서는 진폭이 급격히 감소한다.
4. 진동은 최대 진폭 약 $20\,\text{ms}^{-1}$로 적도를 중심으로 대칭이며, 반폭(反幅, half-width) 약 12°로 위도에 따라 가우스 분포를 보인다.

이 진동은 그림 12.15에 보인 대로 적도에서 동서바람의 시간-고도 단면도를 이용하면 가장 잘 볼 수 있다. 그림에서 분명히 알 수 있는 바는 한 체계가 다른 체계로 바뀌고 있는 고도에서 바람의 연직 시어가 매우 강하다는 것이다. QBO는 평균 남북운동과 연직 운동이 매우 작기 때문에 QBO의 동서바람 장과 온도 장은 온도풍 균형 방정식을 만족한다. 따라서 적도 β평면상에서

$$\beta y \partial \bar{u}/\partial z = -RH^{-1}\partial \bar{T}/\partial y$$

의 관계가 성립한다. 적도를 중심으로 대칭인 관계로부터 $y=0$에서 $\partial \bar{T}/\partial y = 0$이 되며 로피탈의 법칙(L'Hopital's rule)에 의해 적도에서의 온도풍 균형은

$$\partial \bar{u}/\partial z = -R(H\beta)^{-1}\partial^2 \bar{T}/\partial y^2 \tag{12.45}$$

의 형태로 쓸 수 있다.

식 (12.45)는 적도에서 QBO 온도 섭동의 크기를 추정하는 데 사용할 수 있다. 적도에서 관측된 평균 동서풍의 연직 시어가 $\sim 5\,\text{ms}^{-1}\text{km}^{-1}$이고 남북 규모가 $\sim 1200\,\text{km}$이므로 식 (12.45)로부터 적도에서 온도 섭동의 진폭은 $\sim 3\,\text{K}$가 됨을 알 수 있다. 온도의 2차 미분은 온도 자체와 반대 부호를 갖기 때문에 서풍 지역과 동풍 지역은 각기 온난한 편차(warm anomaly)와 한랭한 편차(cold anomaly)의 온도값을 갖는다고 볼 수 있다.

QBO의 이론적 모델을 세우려면 대략 2년의 주기성, 진폭의 감소 없이 아래쪽으로 전파, 적도에서 경도에 따른 차이가 없는 서풍의 발생 등을 설명할 수 있어야만 한다. 적도를 따라 일주하는 서풍은 단위 질량당 각운동량이 지구의 값보다 크기 때문에 경도에 따른 차이가 없고 이류로는 진동이 서풍 단계로 변하는 과정을 전혀 설명할 수 없다. 따라서 아래쪽으로 전파하는 QBO의 시어 지역에서 서풍의 가속을 생성하기 위해서는 에디에 의한 운동량의 연직 수송이 있어야만 한다.

관측 연구나 이론 연구에 의해 확인된 바에 의하면 QBO를 추진시키기에 필요한 동서운동량 근원의 적잖은 부분은 연직으로 전파하는 적도 켈빈 파와 로스비-중력파가 제공한다. 그림

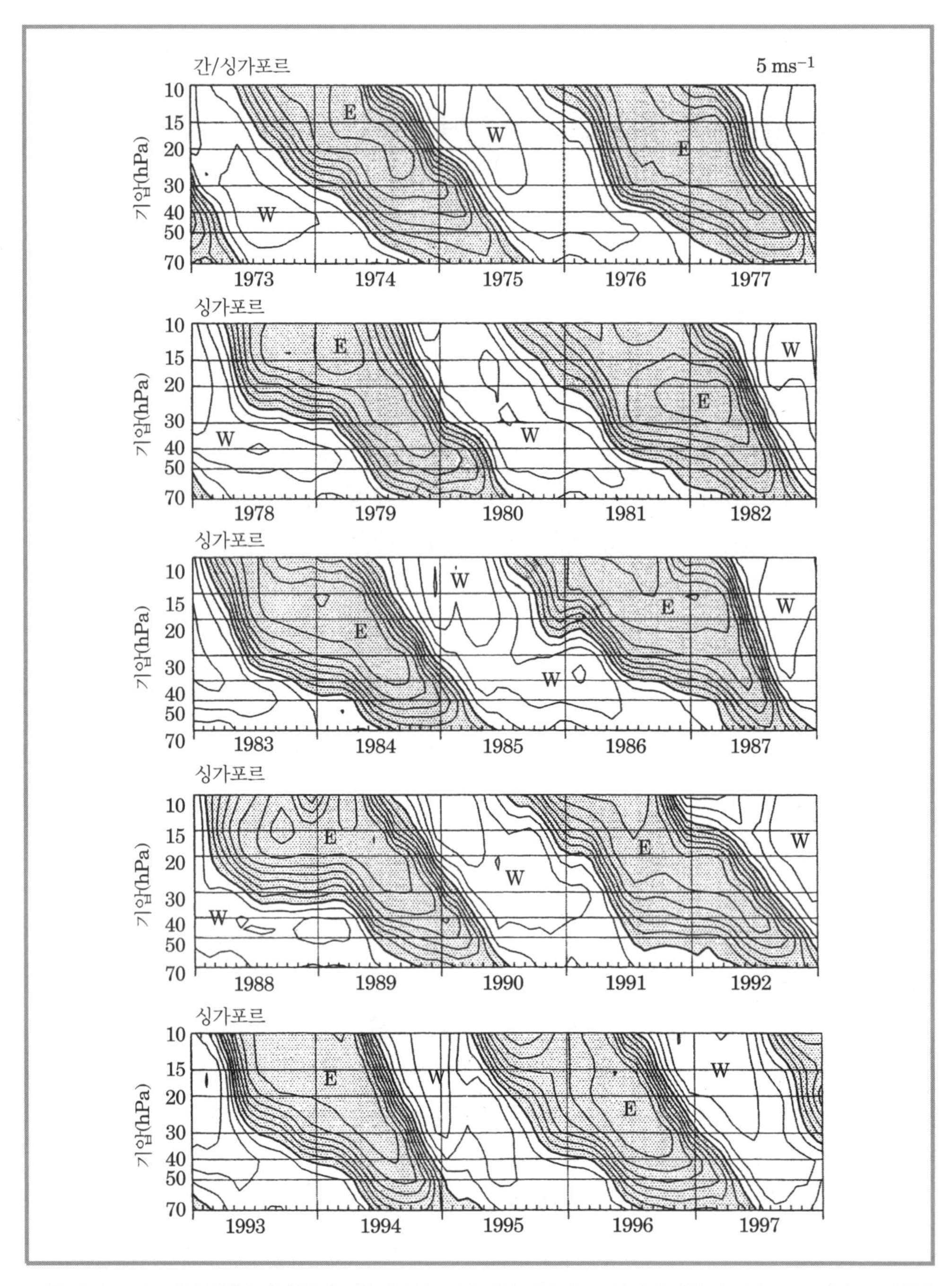

그림 12.15 적도지역 관측소에서 월평균 동서풍의 그 달 기후 평균값으로부터의 편차의 시간-고도 단면도. 아래쪽으로 전파되는 동풍 영역(E)과 서풍 영역(W)이 교대로 나타남에 유의하라(Dunkerton, 2003 인용, 자료는 B. Naujokat 제공).

12.12에서 보면 상방으로 에너지를 전파하는 켈빈 파는 상방으로 서풍 운동량을 수송한다(즉, u'과 w'이 양의 상관관계에 있으므로 $u'w' > 0$). 따라서 켈빈 파는 QBO가 필요로 하는 서풍 운동량 원을 제공한다.

로스비-중력 모드의 연직 운동량 수송은 특별한 주의를 필요로 한다. 그림 12.13을 조사해 보면 로스비-중력 모드에 대해서도 $\overline{u'w'} > 0$가 됨을 알 수 있다. 이 파의 평균류에 대한 전체적 효과는 연직 운동량속만으로는 확인될 수 없고 연직 EP속까지를 향하는 EP속에 크게 기여한다. 이 모드는 극 쪽으로의 강한 열속($\overline{v'T'} > 0$)을 갖고 있어서 상방으로 향하는 EP속에 크게 기여한다. 이는 연직 운동량속보다 훨씬 커서 그 결과로 로스비-중력 모드는 동풍 운동량을 상방으로 전달하여 QBO의 동풍 단계에 필요한 운동량 근원을 제공한다. 하지만 관측된 켈빈 파와 로스비-중력파의 운동량속은 QBO의 동서 가속의 관측량만큼을 설명하는 데는 부족하다. 추가적인 파동 원, 예를 들어 대류성 폭풍에서 발생하는 중력파 등 또한 QBO의 강제력에 기여한다.

12.4절에서 지적된 바와 같이 준지균파 모드는 파가 일시적이거나 혹은 기계적으로나 열적으로 감쇠하지 않는 이상 평균류의 가속에 순 영향을 미치지 않는다. 적도 켈빈 파와 로스비-중력파에도 같은 논리가 적용된다. 적도 성층권 파는 적외 복사에 의한 열적 감쇠나 소규모 난류 운동에 의한 열적 감쇠와 기계적 감쇠에 좌우된다. 그러한 감쇠는 파의 도플러 주파수에 큰 영향을 받는다.

도플러 주파수가 감소하면 군속의 연직성분 또한 감소하여 파가 주어진 연직 거리를 전파하는 동안 파의 에너지가 감쇠하는 데 걸리는 시간은 길어지게 된다. 따라서 편서풍 켈빈 파는 주로 도플러 주파수가 고도에 따라 감소하는 서풍 시어 지역에서 감쇠하는 경향이 크다. 이 감쇠와 연관된 운동량속의 수렴은 평균류의 서풍 가속을 제공하므로 이는 서풍 시어 영역을 내려오게 한다. 마찬가지로 서쪽으로 진행하는 중력파와 로스비-중력파는 편동풍 시어 지역에서 감쇠하므로 편동풍 가속을 야기하여 편동풍 시어 지역을 하강하게 한다. 결론적으로 QBO는 일단 연직으로 전파하는 적도파 모드에 의해 파의 일시성과 감쇠를 통하여 발생하며 이는 편서풍 시어 지역에서 편서풍의 가속을 그리고 편동풍 시어 지역에서 편동풍의 가속을 야기한다.

이러한 파와 평균류 간의 상호작용이 일어나는 과정은 그림 12.12와 12.13의 굵은 파형 곡선을 조서함으로써 예시될 수 있다. 이 선들은 파와 연관된 속도장에 의해 유체 덩이의 수평 표면(물질면, material surface)의 연직 위치이동을 가리키는 것이다(충분히 약한 열적 감쇠라면 이것은 등온위면과 거의 같다). 파형곡선은 상방으로의 최대 위치이동은 상승속도 섭동의 최대값이 나타난 후 1/4주기가 지나서 나타남을 보인다. 켈빈 파의 경우(그림 12.12) 양의 기압 섭동이 음의 물질면 기울기와 일치함을 보인다. 따라서 파형의 물질선 아래의 유체는 위의 유체에 동쪽으로 향하는 기기압을 가한다. 파의 진폭은 고도에 따라 감소하기 때문에 그림 12.12에서 2개의 물질선 중 아래의 선에 미치는 힘이 더 크다. 따라서 그림 12.12의 두 물질선 사이에 있는 유체에 가해지는 순 편서풍 가속이 있게 된다.

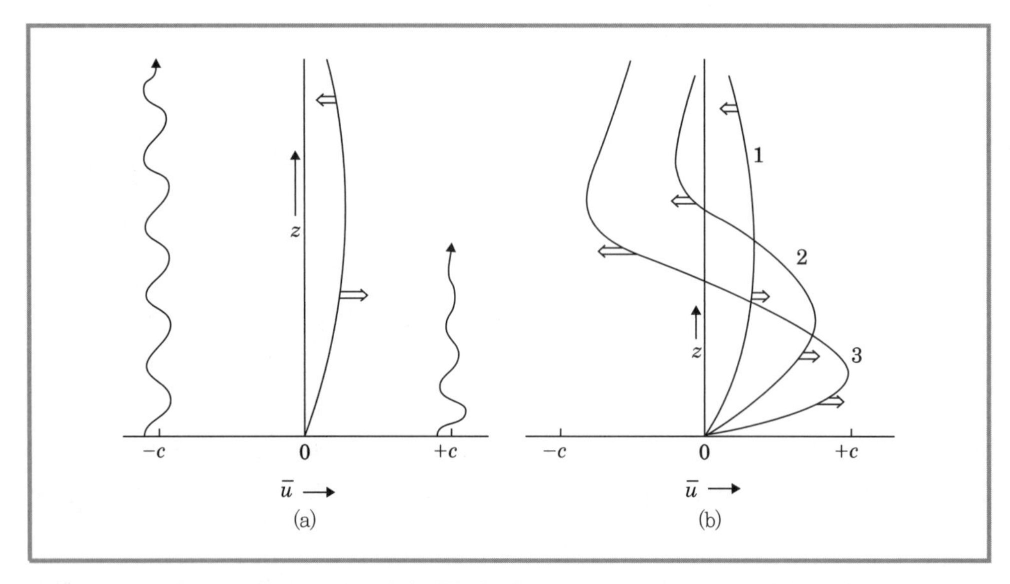

그림 12.16 동서풍 QBO을 이야기하는 파에 의한 가속을 보인 모식도. 위상 속도가 각기 $+c$와 $-c$인 동쪽으로 전파되는 파와 서쪽으로 전파되는 파가 상방으로 전파되어 도플러 주파수에 관련된 비율로 소멸한다. (a) 초기의 약한 서풍류가 켈빈 파를 선택적으로 감쇠시켜 하층에서 서풍 가속을, 상층에서 동풍 가속을 일으킨다. (b) 하강하는 서풍 시어 지역이 켈빈 파의 침투를 막고 로스비-중력파는 그 위의 하강하는 동풍을 생성한다. 넓은 화살표는 평균풍의 가속에 최대로 일어나는 위치와 방향을 가리킨다. 물결 모양 곡선은 파의 도달 고도를 가리킨다(Plumb, 1982에서 인용).

반면 로스비-중력파에 대해서는 양의 기압 섭동이 물질선의 양의 경사와 일치한다. 따라서 그림 12.13에서 보듯이 이 선의 아래쪽에 있는 유체에 의해 서쪽으로 향하는 힘이 위쪽의 유체에 가해지게 된다. 이 경우 그림 12.13에서 보듯이 2개의 파동 형태의 물질선 사이에 있는 유체에 순 편동풍 가속이 있게 된다. 따라서 물결 모양의 물질면을 가로지르는 응력에 대해 숙고해보면 파의 EP속에 대한 명시적 조사를 생략하더라도 파에 의해 야기되는 평균류의 가속을 이해할 수 있을 것이다.

같은 양의 편동풍 운동량과 편서풍 운동량이 파에 의해서 대류권계면을 가로질러 전달되는 동안 어떻게 상기의 역학과정이 평균 동서류의 진동을 야기하는가에 대한 것은 그림 12.16은 살펴보면 대략적으로 이해할 수 있다. 그림 12.16a에서 만약 초기에 평균 동서풍이 약한 편서풍이라면 동쪽으로 전파되는 파동은 낮은 고도에서 감쇠되며 서풍 가속을 생성한다. 이러한 파의 가속은 시간에 따라 아래쪽으로 이동하며 평균 편서풍은 증대되고 파동에 의해 야기된 가속은 더 낮은 고도에까지 집중된다. 반면 서쪽으로 전파되는 파동은 높은 고도까지 침투하여 편동풍을 생성해내며 역시 시간에 따라 아래쪽으로 이동하게 된다. 결국 대류권까지 접근하면 서풍은 감쇠하여 성층권은 동풍이 지배하게 되어 이번에는 켈빈 파가 높은 고도까지 침투할 수 있어서 새로운 서풍의 단계를 생성하게 되는 것이다. 이러한 방식으로 평균 동서풍은 서풍과 동풍으로 지속적으로 바뀌게 되며 이때 주기는 외부적 강제성 진동이 아니라 주로 파의 연직 운동량 수송이나 기타 다른 성질에 의해 결정된다.

12.7 미량물질 수송

전지구적 수송에 관한 연구에는 대기 추적물의 운동이 포함되는데 이 추적물은 유체의 덩이를 인식할 수 있는 화학물이나 역학적 양으로 정의된다. 화학적 추적물로는 대기 중에서 공간적 변화가 심한 미량기체가 사용된다. 역학적 추적물(위치 소용돌이도와 온위)로는 어떤 특정한 조건하에 운동을 따라 보존되는 위치 소용돌이도나 온위 같은 흐름장의 특정 성질이 사용된다. 이들 역시 수송의 해석에 유용하게 사용될 수 있다.

12.7.1 역학적 추적물

식 (2.44)에 정의된 온위는 공기 덩이의 연직 위치에 대한 라벨로 간주될 수 있다. 대기는 안정적으로 성층화되어 있기 때문에 온위는 고도에 따라 단순 증가함을 보인다(그림 12.17에서 보듯이 대류권에서는 서서히, 성층권에서는 빠르게 증가한다). 따라서 독립된 연직 좌표로 사용될 수 있으므로 4.6.1소절에 소개된 등온위 좌표계가 그것이다. 단열적으로 이동하는 공기 덩이는 등온위면 상에 머물러 있고 그에 상응하는 온위값으로 꼬리표를 달고 있다고 볼 수 있다. 따라서 등온위 좌표로 본다면 그러한 공기 덩이의 운동은 2차원적이라 볼 수 있다.

온위면은 대략 수평이다. 하지만 실제 공간상에서 등온위면은 온도의 단열 변화와 함께 오르락내리락 한다. 따라서 미량물질 자료를 추적하는 데 기압이나 고도가 아닌 온위가 유용하게 사용될 수 있다. 그렇다면 일시적 운동(예를 들어 중력파)과 연관된 연직이동으로 야기된

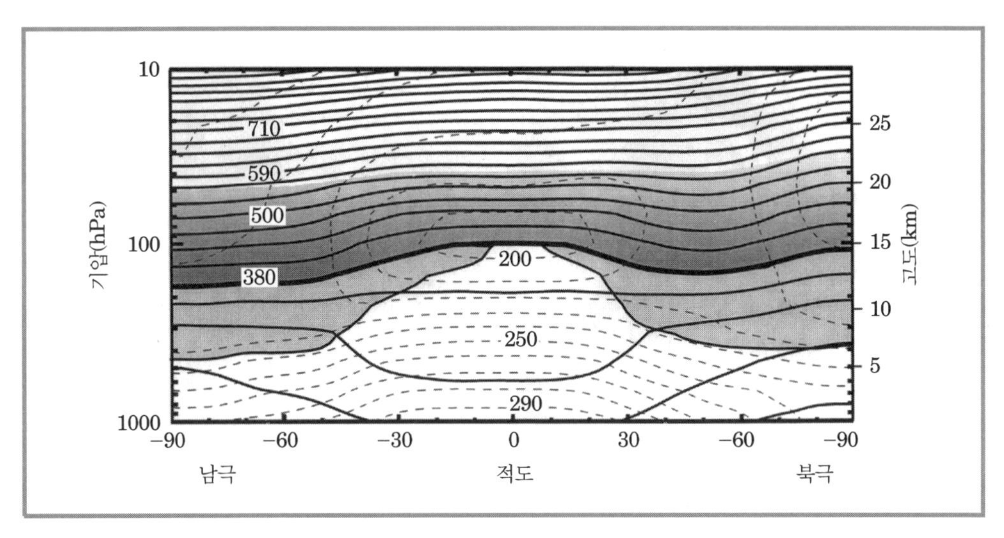

그림 12.17 1월 평균 온위면(실선)과 온도(점선)에 대한 위도-고도 단면도. 굵은 선은 380 K 등온위이며 그 위로 모든 온위면은 중층대기에 속한다. 380 K 선 아래 엷게 음영 처리된 지역은 최하부 성층권이며 이곳에서 Θ면은 대류권계면을 가로지른다(음영 지역의 아래쪽 경계선)(C. Appenzeller 제공).

특정 지역의 고도나 기압에서의 가역 변화도 설명 가능하다.

많이 사용되는 또 다른 역학적 추적물인 위치 소용돌이도(Potential Vorticity, PV)는 단열, 무마찰 흐름에서 보존되는 양이다. 식 (4.25)에 정의된 대로 PV는 등온위면 상에서 남북방향으로 양의 기울기를 가지며, 남반구에서는 음의 값, 적도 혹은 적도 부근에서 0, 그리고 북반구에서 양의 값을 갖는다. 위치 소용돌이도는 고도와 위도에 따라 강한 경도를 갖는다. 단열적으로 무마찰 흐름에서 이동하는 공기 덩이는 위치 소용돌이도와 온위를 보존하기 때문에 그 운동은 등온위면 상에서 위치 소용돌이도의 등치선과 평행하게 된다. 급격한 남북 간의 수송은 극 쪽의 높은 위치 소용돌이도 값이 적도 쪽으로 혹은 적도 쪽의 낮은 위치 소용돌이도 값이 극 쪽으로 이동하기 때문에 강한 위치 소용돌이도 편차를 생성해낸다. 전술한 바와 같이 배경 위치 소용돌이도 장의 남북 경도는 로스비 파를 만들어냄으로써 남북 간의 변위에 저항한다. 따라서 등온위면 상의 강한 위치 소용돌이도 경도가 있는 지역은 수송에 반투성(半透性) 장벽 역할을 한다. 이 장벽 효과는 에디 확산이 남북수송에 좋은 모델이 되지 못하는 이유 중 하나이다.

위치 소용돌이도는 등온위면 상의 수평 바람과 온도의 분포 만에 의해서 결정되는 양이기 때문에 위치 소용돌이도의 분포는 통상적인 종관 관측에 의해서 구할 수 있다. 따라서 적절한 화학적 추적물의 관측이 불충분한 상황에서, 등온위면 상의 위치 소용돌이도의 시간 변화는 등온위면 상의 미량물질 수송에 관한 연구에 있어서 훌륭한 대용물이 될 수 있다. 이밖에 역학적 연구에서는 여타의 추적물과는 달리 위치 소용돌이도는 매우 중요한 성질을 갖고 있는데 그것은 위치 소용돌이도가 흐름에 의해 이류되는 양임은 물론 실제로 흐름에 의해서 결정된다는 점이다. 따라서 등온위면 상의 위치 소용돌이도 분포를 이용해 바람과 온도 장을 역으로 계산할 수 있다. 위치 소용돌이도 분포의 변화가 있다면 이는 온도와 바람의 변화가 있는 것이라고 말할 수 있다. 준지균적 경우에 무엇인가 변화가 일어나면 그 변화는 지균 균형과 정역학 균형에 맞추어야만 한다. 더 일반적으로 말하자면 어떠한 변화가 있더라도 역학 장에서 더 높은 차원의 균형은 유지된다.

12.7.2 화학적 추적물

대기의 준보존성 화학적 추적물들의 기후적 분포를 고려해봄으로써 대규모 수송의 본질에 관하여 많은 것을 배울 수 있다. 그러한 추적물들의 분포는 역학적 그리고 화학적 과정 간의 경쟁에 의해 결정된다. 이 경쟁은 특징적인 역학적 시간규모와 화학적 시간규모를 비교해봄으로써 근사적으로 추정할 수 있다. **화학적 시간규모**(chemical timescale)란 화학적 소스와 싱크에 의해 추적물이 완전히 대치되거나 사라지는 데 걸리는 평균시간을 말하며, **역학적 시간규모**(dynamical timescale)란 이류나 확산에 의해 추적물이 적도에서 극까지 혹은 연직방향으로는 규모 고도(scale height)를 가로지르는 데 걸리는 평균시간을 말한다. 추적물 기후를 결정하는 데 있어서 수송의 역할은 추적물의 소스와 싱크의 본질과 그 분포, 그리고 역학적 과정과 화학적 과정의 상대적인 시간규모에 종속적이다.

만일 화학적 시간규모가 역학적 시간규모보다 훨씬 짧다면 추적물은 광화학적 평형상태에 있을 것이고 수송은 그 분포에 직접적으로 영향을 주지 않을 것이다. 하지만 수송은 문제의 추적물의 광화학적 생성과 소멸에 참여하는 다른 기체들의 밀도를 부분적으로 조절함으로써 간접적인 영향을 끼칠 수 있다.

만약 화학적 시간규모가 역학적 시간규모보다 훨씬 길다면 추적물은 흐름에 의해서 단순히 수동적으로 이류될 뿐이다. 국부적인 소스와 싱크가 없는 상황에서 그러한 추적물은 수송에 의한 확산 효과로 인해 결국에는 잘 섞일 것이다. 이러한 이유로 N_2O와 같은 기체는 대류권에서 균질한 분포를 갖게 되며 따라서 대류권 내 수송에 관한 연구에 유용하지 않게 되는 것이다.

화학적 시간규모와 역학적 시간규모가 비슷한 크기라면 기체들의 관측된 농도분포는 화학적 소스와 싱크 그리고 수송에 의한 순 효과에 의해 결정된다. 관심을 두는 많은 기체의 경우 화학적 시간규모와 역학적 시간규모의 비율은 대류권과 성층권에서 서로 많이 다르고 성층권에서는 고도에 따라 현격한 차이가 있다. 대류권이나 성층권의 아랫부분에서 오랜 기간 동안 장수하는 추적물을 특별히 **장수 추적물**(long-lived tracer)이라 일컫는다. 그리고 추적물의 개략적 전체 질량은 대류권과 하부 성층권에 몰려 있으며 그 일생 기간은 화학적 시간규모가 역학적 시간규모와 비슷하거나 짧은 고도로의 추적물의 (느린) 속에 의해 대부분 결정된다.

12.7.3 성층권에서의 수송

수송과정은 이류와 같이 대기의 평균 운동을 포함하는 과정과, 난류나 확산으로 특성화된 과정으로 나눌 수 있다. 점 발생원(point source), 예를 들어 화산 폭발과 같은 경우 구분은 확실하다. 이류는 연기기둥의 질량 중심을 평균 바람의 방향을 따라서 이동시키며 난류 확산은 연기기둥을 평균 바람에 직각인 평면 위로 확산시킨다. 하지만 전지구적 규모로 볼 때는 이류과정과 확산과정이 항시 뚜렷이 구분되는 것은 아니다. 대기는 공간 · 시간적으로 변하는 여러 규모의 운동으로 특징지어지는 것이기 때문에 '평균'과 '난류'를 뚜렷이 구분 짓기는 곤란하다.

실제로는 특정한 관측 네트워크나 사용 가능한 수송 모델을 사용하여 명시적으로 계산할 수 있는 수송과정은 이류 운동으로 간주되고 나머지 미해결 운동은 확산적인 것으로 간주한다. 그렇다면 미해결 운동의 효과는 평균류를 이용하여 어떠한 형태로라도 매개변수화되어야만 한다. 보통 이러한 매개변수화 과정에는 미해결 운동에 의한 추적물 속(flux)은 해결된 추적물 분포의 경도에 비례한다는 가정이 포함된다. 그러나 이러한 접근이 물리적으로 항상 올바른 것은 아니다. 전지구적 수송을 모델링하는 데 있어서 가장 큰 문제점은 미해결 에디 운동이 전체 수송에 기여하는 바를 정확히 표현해야만 한다는 것이다.

12.2절에서 논의된 바와 같이 중층대기에서 전지구적 잔여 순환은 로스비 파와 중력파에 의해 유도된 동서 강제력(zonal force)에 의해 추진된다. 잔여 순환이 중층대기에서 미량 화학

물질의 남북, 연직수송에 필수불가결한 역할을 한다는 것은 그리 놀라운 일이 아니다. 그 외에도 잔여 순환을 추진시키는 강제력을 야기하는 파동들도 파 분쇄와 관련 있는 준등온위적 휘젓기와 혼합에 역시 책임이 있다. 따라서 수송을 이해하기 위해서는 에디와 평균류 수송에 대한 효과를 함께 이해해야 한다.

역학적 연구에서는 보통 화학성분을 부피 혼합비(volume mixing ratio) 혹은 몰분율(mole fraction)로서 특성을 부여한다. 이에 대한 정의는 $\chi \equiv n_T/n_A$, 여기서 n_T와 n_A는 각각 미량물질과 공기에 대한 수 밀도(분자수/m^{-3})를 말한다. 소스와 싱크가 없을 때 혼합비는 운동을 따라 보존되는 양이므로 다음과 같은 추적물 연속 방정식을 만족한다.

$$\frac{D\chi}{Dt} = S \tag{12.46}$$

여기서 S는 모든 화학적 소스와 싱크의 합을 말한다.

12.2절에서 논의된 바와 같이 역학적 변수인 경우에는 동서방향으로 평균된 혼합비 $\overline{\chi}$와 에디 혼합비 χ'로 분리 정의하는 것이 유용하다. 역시 이 경우도 식 (10.16a, b)에 정의된 평균 경도면 잔여 순환($\overline{v}^*, \overline{w}^*$)를 활용하는 것도 유용하다. TEM 기반 동서 평균된 추적물 연속 방정식은

$$\frac{\partial \overline{\chi}}{\partial t} + \overline{v}^* \frac{\partial \overline{\chi}}{\partial y} + \overline{w}^* \frac{\partial \overline{\chi}}{\partial z} = \overline{S} + \frac{1}{\rho_0} \nabla \cdot \boldsymbol{M} \tag{12.47}$$

로 쓸 수 있으며 여기서, $\boldsymbol{M}$은 에디의 확산 효과와 잔여 경도면 순환으로 기술하지 못하는 이류 효과를 합한 것을 의미한다. 모델에서는 $\boldsymbol{M}$을 포함한 항은 남북 · 연직방향의 에디 확산으로 나타내며 여기서 확산계수는 경험적으로 결정된다.

중층대기에서 장수 추적물의 분포를 결정하는 데 있어서 파동에 의해 야기된 전지구적 순환의 역할을 이해하기 위해서는, 파동이 없고 따라서 파동에 의해 야기되는 동서 강제력이 없는 가상적 대기를 고려해본다면 도움이 된다. 그런 경우, 12.2절에서 논의된 바와 같이 중층대기는 복사평형으로 완화될 것이며 잔여 순환은 없어지게 되며 따라서 미량기체의 분포는 느린 상방으로의 확산과 광화학적 파괴 사이의 평형에 의해 결정될 것이다. 따라서 미량기체의 등혼합비 면은 연평균적으로 수평에 가까울 것이다. 이것은 실제 관측 분포와는 다른데 실제 등혼합비 면은 열대지방에서는 위로 극쪽에서는 아래로 향해 있다(예 : 그림 12.9).

12.2절에서 논의된 바와 같이 파동에 의해 야기된 전구 규모 순환은 저위도에서 등온위면을 가로지르며 위쪽으로 그리고 극쪽으로 움직이는 운동(비단열 가열을 동반)과, 고위도에서 등온위면을 가로지르며 아래쪽으로 그리고 적도쪽으로 움직이는 운동(비단열 냉각을 동반)으로 구성되어 있다. 물론 실제 공기 덩이의 궤적은 동서 평균된 운동을 따르지는 않고 3차원적인 파동 운동에 의해 영향을 받는다. 그럼에도 불구하고 평균적 비단열 가열과 냉각에 의해 정의된

비단열 순환은 전지구적 수송 순환과 매우 근사하다. 계절적 시간규모와 그보다 더 큰 시간규모에 대해서는 일반적으로 TEM 잔여 순환이 비단열 순환에 좋은 근사가 되며 일반적인 기상분석 자료로 계산해 내기에 훨씬 간단하다. 온도 변화가 큰 짧은 주기의 현상에 대해서는 잔여 순환이 비단열 순환에 대해 좋은 근사가 되지 못한다.

그림 12.9에 보인 장수(長壽, long-lived) 미량기체에 대한 관측은 전구 수송에 관한 상기의 개념 모델을 강력하게 지지한다. 중위도의 어떤 지역에서는 미량기체 혼합비의 등치선이 거의 수평인 곳이 있다. 이는 쇄파(碎派, surf) 구역에서 행성파 분쇄에 의한 남북 확산의 수평적 균질화 역할을 반영하는 것이다. 같은 과정이 로스비 파 분쇄가 일어나기 쉬운 중위도 쇄파 구역에서 등온위면 상의 위치 소용돌이도 분포를 균질하게 하려는 경향이 있다. 쇄파 구역의 범위는 장수 미량기체와 위치 소용돌이도의 강한 남북 경도가 있는 지역의 남쪽과 북쪽의 한계 위도 안쪽으로 한정된다. 그러한 경도의 존재는 열대지역의 안쪽과 바깥쪽의 혼합, 그리고 극 겨울 소용돌이의 안쪽과 바깥쪽의 혼합이 약하다는 증거가 된다. 따라서 이 위치를 종종 '수송 장벽'이라 부른다. 쇄파 구역의 아열대 경계와 극 경계에서 수송 장벽을 따라 생기는 강한 위치 소용돌이도 경도, 강한 바람, 그리고 강한 바람 시어는 모두 파 분쇄를 억제하며, 따라서 혼합을 최소화하고 그 위치에서 강한 경도를 유지하게 한다.

권장 문헌

Andrews, Holton, Leovy, *Middle Atmosphere Dynamics,* 성층권과 중간권의 역학을 대학원 수준에서 다루고 있다.

Brasseur and Solomon, *Aeronomy of the Middle Atmosphere,* 성층권의 화학에 대해 고급 수준에서 매우 훌륭한 논의를 제공한다.

문제

12.1 $20 \sim 50\,\mathrm{km}$의 기층 내에서 온도가 $2\,\mathrm{K\,km^{-1}}$의 감률로 고도에 따라 선형적으로 감소한다고 가정하자. 만약 $20\,\mathrm{km}$에서 온도가 $200\,\mathrm{K}$라면 $50\,\mathrm{km}$에서 대수-기압 고도 z가 실제 고도와 같게 되는 규모 고도 H의 값을 구하라($20\,\mathrm{km}$에서 z가 실제고도와 같다고 가정하고 $g = 9.81\,\mathrm{m\,s^{-2}}$를 상수로 둘 것).

12.2 동서 파수 1, 2, 3(즉, 1, 2, 3은 위도를 따라 한 바퀴 돈 원둘레에서 파의 개수)에 대한 로스비 임계속도를 구하라. 운동은 북위 45°에서의 β평면상에서의 운동이며 규모 고도 $H = 7\,\mathrm{km}$, 부력주파수 $N = 2 \times 10^{-2}\,\mathrm{s^{-1}}$ 그리고 남북 규모는 무한대($l = 0$)이다.

12.3 정체성 선형 로스비 파가 고도 $h(x) = h_0 \cos(kx)$인 정현 형태의 지형을 흐르는 흐름에 의해 강제된다고 하자. 여기서 h_0는 상수이고 k는 동서 파수이다. 이 경우 유선함수

ψ에 관한 하층 경계조건은

$$(\partial\psi/\partial z) = -hN^2/f_0$$

가 됨을 보여라. 이 경계조건과 적절한 상층 경계조건을 사용하고, 12.3.1소절의 방정식들을 사용하여 $|m| \gg (1/2H)$인 경우 $\psi(x, z)$의 해를 구하라. $|m| \gg (1/2H)$일 경우에 산맥에 대한 골짜기의 상대적 위치가 m^2의 부호에 어떻게 관여하는가?

12.4 $y=0, \pi/l$ 그리고 $z=0, \pi/m$로 한계가 지워진 중위도 채널에서 동서 평행 흐름에서 정상 상태의 평균 남북순환에 대한 아주 간단한 모델을 고려해보자. 동서 평균 동서류 $\bar{u}$는 온도풍 관계에 있고 에디 운동량속과 열속은 없다고 가정하자. 간단하게 하기 위해서 $\rho_0 = 1$(부시네스크 근사), 그리고 소규모 운동에 의한 동서 강제력은 $\bar{X} = -\gamma\bar{u}$의 선형 항력으로 표현하자. 비단열 가열은 $J/c_p = (H/R)J_0 \cos ly \sin mz$로 둔다. 그리고 N과 f는 상수다. 그러면 방정식 (12.1), (12.2), (12.3), (12.4)는 다음과 같은 형태로 된다.

$$-f_0\bar{v}^* = -\gamma\bar{u}$$

$$+N^2HR^{-1}\bar{w}^* = +\bar{J}/c_p$$

$$\bar{v}^* = -\frac{\partial\bar{\chi}^*}{\partial z}, \quad \bar{w}^* = \frac{\partial\bar{\chi}^*}{\partial y}$$

$$f_0\partial\bar{u}/\partial z + RH^{-1}\partial\bar{T}/\partial y = 0$$

채널의 경계를 통과하는 흐름은 없다고 가정하고 $\bar{\chi}^*, \bar{v}^*, \bar{w}^*$로 정의된 잔여 순환에 대한 해를 구하라.

12.5 문제 12.4의 상황에서 정상상태의 바람 장과 온도 장 $\bar{u}, \bar{T}$를 구하라.

12.6 동서 파수 1, 위상 속도 $40\,\mathrm{ms^{-1}}$, 동서속도 섭동의 진폭 $5\,\mathrm{ms^{-1}}$인 켈빈 파의 지오퍼텐셜과 연직 속도의 섭동을 구하라. $N^2 = 4\times10^{-4}\,\mathrm{s^{-2}}$으로 두어라.

12.7 문제 12.6의 상황에서 연직 운동량속 $M \equiv \rho_0\overline{u'w'}$을 계산하라. M이 상수가 됨을 보여라.

12.8 식 (12.44)에 주어진 u', v', Φ' 섭동에 상응하는 로스비-중력파의 연직 속도 섭동의 형태를 결정하라.

12.9 동서 파수가 4이고 위상 속도가 $-20\,\mathrm{ms^{-1}}$인 로스비-중력파에 대해서 연직 운동량속 $M \equiv \rho_0\overline{u'w'}$이 최대로 나타나는 위도를 찾아라.

12.10 적도 QBO의 하강하고 있는 편서풍 상황에서의 평균 동서 시어가 적도 β평면에서

$$\partial\bar{u}/\partial z = \Lambda\exp(-y^2/L^2)$$

로 주어졌다고 가정하자. $|y| \ll L$에서 상응하는 대략적인 온도 편차의 남북 종속성을 결정하라. $L = 1200\,\mathrm{km}$이다.

12.11 복사냉각은 20일의 냉각 시간의 뉴턴 냉각으로 근사되고 연직 시어는 5 km당 20 $\mathrm{m\,s^{-1}}$이고 남북 반폭의 위도가 12°라고 할 때, 적도 QBO의 편서풍 시어 구역에서 TEM 잔여 연직 속도를 추정하라.

MATLAB 연습

M12.1 MATLAB 스크립트 **topo_Rossby_wave.m**은 고립된 기압마루 위를 흐르는 흐름에 의해 강제된 정체 선형 로스비 파에 대한 여러 가지 변수장에 대한 해를 그림으로 그리는 스크립트이다. 12.3.1소절에 논의된 것을 따라 β평면 채널 모델이 사용되었다. 평균 바람값 5, 10, 15, 20, 25 $\mathrm{m\,s^{-1}}$를 적용하여 이 스크립트를 수행하라. 평균 바람값의 변화에 따라 지오퍼텐셜과 온위 섭동이 어떻게 바뀌는지 기술하라. 이 결과를 12.3.1소절에 주어진 논지에 근거해서 설명하라.

M12.2 문제 12.4의 상황에서 $J_0 = 10^{-6}\,\mathrm{s^{-3}}$, $N = 10^{-2}\,\mathrm{s^{-1}}$, $f = 10^{-4}\,\mathrm{s^{-1}}$, $l = 10^{-6}\,\mathrm{m^{-1}}$, $m = \pi/H$, $H = 10^4\,\mathrm{m}$, $\gamma = 10^{-5}\,\mathrm{s^{-1}}$로 두자. $\bar{u}$, $\bar{v}^*$, $\bar{w}^*$, $\bar{T}$의 등치선을 그려보고 이 변수장들과 가해진 비단열 가열과의 관계를 논하라.

M12.3 MATLAB 스크립트 **sudden_warming_model.m**은 북위 60°에 중심을 둔 중위도 β평면상에서 성층권 돌연승온에 대한 아날로그를 제공한다. 동서 파수 $s = 1$ 혹은 $s = 2$의 단일 행성파의 진폭이 하층경계에(16 km 고도로 간주) 주어졌고 시간적분을 수행하여 주어진 파의 EP속에 의해 강제되는 성층권에서의 동서 평균 바람의 진전과정을 구한다. $s = 1$과 2의 각 경우에 대해서 지오퍼텐셜 고도 100 m부터 400 m까지 50 m 간격으로 변화시키면서 모델을 수행하라. 각 경우 흐름이 정상상태로 가는지 아니면 돌연승온이 반복해서 나타나는지에 대해 주의를 기울여라. 코드를 수정하여 $s = 2$, 강제력이 200 m의 경우 EP속 발산의 시간-고도 전개에 대한 그림을 그려라.

M12.4 MATLAB 스크립트 **qbo_model.m**은 Plumb(1977)에 의해 최초로 제기된 적도 QBO를 간략화한 1차원 모델이다. 이 모델에서 평균 동서바람은 하층경계에서 크기는 같으나 부호가 반대인 위상 속도를 갖고 똑같은 진폭의 2개의 파동에 의해 강제된다. 초기 평균 바람은 약한 서풍 연직 시어를 갖는다. 만약 이 모델이 충분히 약한 강제력에 대해 수행된다면 바람은 정상상태에 도달한다. 하지만 임계 진폭보다 큰 강제력에 대해서라면 아래쪽으로 전파되는 진동 해가 나타나며 이 경우 강제력의 진폭이 진동의 주기를 결정한다. 이 스크립트를 강제력 0.04에서 0.40의 범위에서 수행해 보고 크게 진동하는 해가 존재할 대략적인 최소 강제력과 강제력 진폭에 대한 주기의 종속성을 구하라. 스크립트를 수정하여 여러 번 진동하는 동안 동서풍의 시간평균을 구하라. 동쪽으로의 강제력이 0.15 서쪽으로의 강제력이 0.075인 경우에 대해 수행해보라. 이 경우 시간평균된 바람이 어떻게 변하는가?

제13장

수치 모델링 및 예측

기상역학은 현대의 일기예측에 필요한 이론적인 근거와 방법을 제공한다. 간단히 요약하면, 역학적 예측의 목적은 역학 방정식의 근사적 수치 방정식계를 사용하여 현재 대기순환 상태의 정보로부터 미래 대기순환 상태를 예측하는 것이다. 이러한 목적을 달성하기 위하여 기상 변수들의 초기 관측값, 기상 변수로 구성된 닫힌 예측 방정식계, 기상 변수의 미래값을 얻기 위한 예측 방정식계의 시간 적분 방법이 필요하다.

수치예측은 고도의 매우 전문화된 분야로서 지속적으로 발전한다. 기상예측 업무 센터들은 복잡한 예측모형을 사용하기 때문에 모형의 해를 얻기 위하여 현존하는 가장 빠른 슈퍼컴퓨터가 필요하다. 이 책의 개요적 내용 수준으로는 그와 같은 모형을 상세하게 소개하기 어렵다. 그러나 다행히도 순압 소용돌이도 방정식과 같은 간단한 모형을 이용하여 수치예측에 관한 많은 특징을 설명할 수 있다. 실제로, 수치예측 초기에 사용된 순압 소용돌이도 방정식은 현업 수치예측 모형의 기초가 되었다.

13.1 역사적 배경

영국의 과학자 L. F. Richardson은 역사상 처음으로 날씨의 수치예측을 시도하였다. 1922년에 출간된 그의 저서, *Weather Prediction by Numerical Process*는 이 분야의 고전이다. 이 책에서 Richardson은 대기의 운동을 지배하는 미분 방정식을 근사하여 주어진 공간의 유한개 점들에서 여러 대기변수의 경향값을 나타낼 수 있는 대수차분 방정식계를 보였다. 이 격자점들에서 대기변수들의 관측값을 알면 대수차분 방정식계를 수치적으로 풀어 대기변수들의 경향을 계산할 수 있었다.

계산된 대기변수들의 경향을 작은 시간 증분만큼 전진 외삽하여 짧은 미래 시간에서의 대기변수의 추정값을 얻을 수 있었다. 이렇게 얻은 대기변수의 새로운 값을 사용하여 대기변수의 경향을 다시 계산하고, 이 일을 반복하여 시간적으로 더 앞선 대기 변수값을 외삽하였다. 그는 이 과정을 계속 반복하였다. 지구의 작은 지역에서 짧은 시간 동안 예측하더라도 이와 같은 과정은 엄청난 양의 산술 계산을 필요로 한다. Richardson은 전구 규모의 날씨를 따라잡기 위한 예측 계산에 64,000명을 동원하여야 한다고 추정하였다. 그는 고속의 디지털 컴퓨터 시대를 내다보지 못했다.

이와 같은 무리한 작업이 관련되는 데도 불구하고 Richardson은 2개의 격자점에서 해면기압 경향을 예측하는 사례를 시도했다. 불행하게도 그 결과는 매우 형편없었다. 예측된 기압 변화는 관측과 비교하여 1차수 더 컸다. 그 당시 이 실패는 일차적으로 불충분한 초기 자료에 기인한다고 여겼다. 특히 고층 기상탐측이 없었던 것에 그 원인이 있었다고 생각했다. 그러나 현재 알려진 바와 같이 Richardson의 방안에는 또 다른 매우 심각한 문제가 있었다.

Richardson이 합당한 예측을 하는 데 실패한 이후 여러 해 동안 아무도 수치예측을 다시 시도하지 않았다. 제2차 세계대전이 끝난 후 수치예측에 대한 관심이 다시 나타났는데 이는 기상 관측망이 대단히 확장된 데 원인이 있기도 하지만 그보다도 더 중요한 배경은 디지털 컴퓨터의 탄생이었다. 이 디지털 컴퓨터가 수치예측에 필요한 엄청난 양의 산술계산을 감당해 낼 수 있었기 때문이다. 동시에 Richardson이 제안한 방안이 수치예측을 위한 가장 간단하고 가능성 있는 것이 아니었음을 알게 되었다. 그의 방정식들은 기상학적으로 중요하면서도 천천히 움직이는 운동계를 지배할 뿐만 아니라 고속의 음파와 중력파들을 포함하고 있었다. 음파와 중력파의 진폭은 자연에서는 매우 작은 것이 보통이다. 나중에 그 이유를 설명하겠지만, Richardson이 초기시간 간격 이후 수치 계산을 수행했다면, 이들 진동들이 가상으로 증폭되고, 이로 인하여 계산과정에서 많은 '잡음'이 나타나고 결과적으로 기상학적으로 의미 있는 요란들이 가려졌을 것이다.

미국의 기상학자 J. G. Charney는 1948년 지균 근사와 정역학 근사를 체계적으로 도입하여 역학 방정식을 간소화하면 음파와 중력파의 진동을 제거할 수 있다고 생각하였다. Charney가 여과한 근사방정식들은 기본적으로 준지균 모형의 방정식이었다. 결국 Charney의 접근 방법은 지오퍼텐셜 소용돌이도의 보존성을 이용한 것이었다. 이 모형의 특별한 경우는 **상당 순압 모형**인데 1950년 세계 최초의 수치예측을 제작하는 데 사용한 것이다.

이 모형은 500 hPa 근처의 지오퍼텐셜을 예측하였다. 따라서 이 모형은 보편적 개념의 '날씨'를 예측한 것은 아니었으나, 예보자들은 이를 대규모 순환과 관련된 지역 날씨를 예측하는 도구로 사용하였다. 이후 다층 준지균 모형이 나와 해면 기압과 온도 분포를 명시적으로 예측하였다. 그러나 준지균 모형에 내포된 본질적인 근사로 인하여 그와 같은 예측의 정확도는 한계가 있을 수밖에 없었다.

더욱 성능이 우수한 컴퓨터가 등장하고, 더욱 정교한 모델링 기술이 개발됨에 따라 수치예측은 이제 Richardson의 공식과 아주 유사한 그리고 준지균 모형보다도 훨씬 더 정확한 모형으로 되돌아오게 되었다. 그렇지만, 수치예측의 기술적 측면을 간단히 살펴보기 위해서는 가장 간소화된 여과 모형인 순압 소용돌이도 방정식을 고려할 가치가 있다.

13.2 운동방정식의 수치적 근사

운동방정식은 **초기값 문제**(initial value problem)로 알려진 일반적인 방정식계로서 좋은 예이다. 미분 방정식계의 해가 경계조건과 어떤 시간의 미래 장의 값 또는 그 미분값에 의하여 결정될 때 그 미분 방정식을 초기값 문제로 취급한다. 분명히 날씨 예측은 비선형 초기값 문제의 기본적 예이다. 가장 간단한 예측 방정식인 순압 소용돌이도 방정식조차도 비선형 때문에 해석해를 구하기가 아주 복잡하다. 다행히도 순압 소용돌이도 방정식보다 훨씬 더 간단히 선형화된 모범 방정식을 이용하면 초기값 문제의 수치해에 대한 일반적 면모를 설명할 수 있다.

13.2.1 유한 차분

운동방정식은 종속 변수가 2차로 된 항(이류항)을 가지고 있다. 이와 같은 방정식은 일반적으로 해석적으로 풀 수 없고, 적절한 격자로 분리하여 근사한 후 수치적으로 풀어야 한다. 격자로 분리하는 가장 간단한 형태가 유한 차분 방법이다.

구간 $0 \le x \le L$에서 어떤 미분 방정식의 해인 변수 장 $\psi(x)$을 정하고 유한 차분의 개념을 소개하고자 한다. 이 구간을 길이 δx의 J개 세부 구간으로 나누면 $\psi(x)$를 $\Psi_j = \psi(j\delta x)$인 $J+1$개 값으로 근사할 수 있다. Ψ_j들은 $x = j\delta x$로 주어지는 $J+1$개의 격자점에서의 장의 값들이다. 여기서 $j=0,\ 1,\ 2,\ \cdots,\ J$이며 $\delta x = L/J$이다. 만일 δx는 ψ가 변화하는 규모에 비하여 충분히 작다면, $J+1$개 격자값들은 $\psi(x)$와 그 미분들을 잘 근사할 수 있다.

한 연속 변수를 유한 차분으로 표현할 때 그 장을 유한 푸리에 급수 전개로 근사할 수 있다면 그 연속 변수의 정확도의 한계를 얻을 수 있다. 유한 푸리에(Fourier) 급수 전개는 다음과 같다.

$$\psi(x) = \frac{a_0}{2} + \sum_{m=1}^{J/2}\left[a_m \cos\frac{2\pi m x}{L} + b_m \sin\frac{2\pi m x}{L}\right] \tag{13.1}$$

Ψ_j의 $J+1$개 값은 식 (13.1)에서 $J+1$개의 계수를 결정하면 충분하다. 즉, a_0와 파수 $m = 1,\ 2,\ 3,\ \cdots,\ J/2$에 해당하는 a_m과 b_m을 결정하는 것이 가능하다. 식 (13.1)에서 가장 짧은 파장 성분은 $L/m = 2L/J = 2\delta x$ 파장이다. 따라서 유한 차분으로 분해할 수 있는 가장 짧은 파의 파장은 격자 간격의 2배인 것이다. 그러나 미분의 정확한 표현은 $2\delta x$보다 훨씬 큰 파장에 대해서만 가능하게 된다.

이제 어떤 미분 방정식의 한 유한 차분 근사를 얻기 위하여 격자점에서 변수 Ψ_j를 어떻게 이용하는가를 살펴보자. 즉, 유한 차분장에서 $d\psi/dx$와 $d^2\psi/dx^2$와 같은 미분들을 표현하고자 한다. 우선, 점 x_0 주위에서 테일러 급수를 전개하여 살펴보자.

$$\psi(x_0+\delta x) = \psi(x_0) + \psi'(x_0)\delta x + \psi''(x_0)\frac{(\delta x)^2}{2} + \psi'''(x_0)\frac{(\delta x)^3}{6} + \mathrm{O}[(\delta x)^4] \tag{13.2}$$

$$\psi(x_0-\delta x) = \psi(x_0) - \psi'(x_0)\delta x + \psi''(x_0)\frac{(\delta x)^2}{2} - \psi'''(x_0)\frac{(\delta x)^3}{6} + \mathrm{O}[(\delta x)^4] \tag{13.3}$$

여기서 프라임들은 x 대한 미분을 가리키고, $\mathrm{O}[(\delta x)^4]$는 크기 $(\delta x)^4$의 차수 또는 그보다 작은 크기의 차수들을 무시한다는 의미이다.

식 (13.2)에서 식 (13.3)을 빼고 $\psi'(x)$에 대하여 풀면 1차 미분의 유한 차분 표현은 다음과 같다.

$$\psi'(x_0) = \frac{\psi(x_0+\delta x) - \psi(x_0-\delta x)}{2\delta x} + \mathrm{O}[(\delta x)^2] \tag{13.4}$$

식 (13.2)와 식 (13.3)을 서로 더하고 $\psi''(x)$에 대해서 풀면 2차 미분의 유한 차분 표현은 다음과 같다.

$$\psi''(x_0) = \frac{\psi(x_0+\delta x) - 2\psi(x_0) + \psi(x_0 - \delta x)}{(\delta x)^2} + \mathrm{O}[(\delta x)^2] \tag{13.5}$$

식 (13.4)와 식 (13.5)의 차분한 근사는 양쪽의 같은 거리에 있는 점들로 표현되므로 이들을 **중앙 차분**(centered difference)이라 부른다. 이들 근사는 $(\delta x)^2$ 차수의 항을 무시한다. 따라서 **절단오차**(truncation error)는 $(\delta x)^2$ 차수라 한다. 격자 구간을 줄이면 정확도는 더 높아지나 격자점들의 수가 증가하는 비용을 부담해야 한다. 또 다른 방법으로는 격자 간격을 줄이지 않고도 고차수의 정확도를 얻을 수 있다. 즉, 격자 구간 $2\delta x$에 대하여 식 (13.2)와 (13.3)에 비슷한 공식을 쓰고 식 (13.2)와 (13.3)을 비슷한 방법으로 사용하여 $(\delta x)^4$와 이보다 작은 오차의 항들을 제거한다. 그러나 이 방법은 더욱 복잡한 차분을 표현해야 하는 단점이 있고 경계 근처의 격자점들에 적용하는 어려움이 있다.

13.2.2 중앙 차분 : 명시시간 적분

하나의 예시 모형으로서 선형 1차원 이류 방정식

$$\frac{\partial q}{\partial t} + \frac{c\partial q}{\partial x} = 0 \tag{13.6}$$

을 생각하자. 여기서, c는 주어지는 속도이고 $q(x, 0)$는 주어지는 초기 조건이다. 이 방정식을 중앙 차분 방정식으로 표현하여 x와 t에 대한 2차수 정확도로 근사할 수 있다. 중앙 차분 방정식은

$$\frac{q(x,t+\delta t) - q(x,t-\delta t)}{2\delta t} = \frac{-c[q(x+\delta x,t) - q(x-\delta x,t)]}{2\delta x} \tag{13.7}$$

원래의 미분 방정식 (13.6)을 대수 방정식 (13.7)로 대체한 것이다. x와 t로 구성된 격자망을 정의하면 식 (13.7)은 유한 개의 점에서 해를 결정할 수 있다(그림 13.1 참조). 지수 m과 s로 격자망의 모든 점들을 정의하면 편리하다. 이제 $x = m\delta x$, $m = 0, 1, 2, 3, \cdots, M$ 그리고 $t = s\delta t$, $s = 0, 1, 2, 3, \cdots, S$로 격자점들을 모두 정의할 수 있으며, $\hat{q}_{m,s} \equiv q(m\delta x, s\delta t)$로 쓴다. 그러면 차분 방정식 (13.7)을 다음과 같이 표현할 수 있다.

$$\hat{q}_{m,s+1} - \hat{q}_{m,s-1} \equiv -\sigma(\hat{q}_{m+1,s} - \hat{q}_{m-1,s}) \tag{13.8}$$

여기서 $\sigma \equiv c\delta t/\delta x$는 **쿠랑**(courant)수이다. 이 시간 차분은 **등넘기**(leapfrog) 방법이라는 것이다. 왜냐하면 시간 스텝 s에서의 경향은 시간 스텝 $s+1$과 $s-1$에서 계산한 값들의 차로 나타나

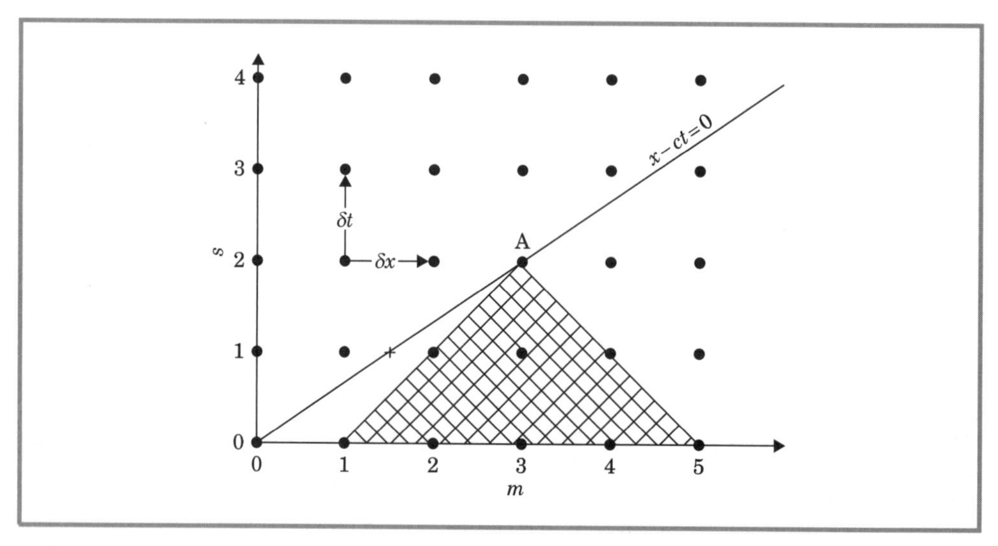

그림 13.1 $m=3$, $s=2$일 때 1차원 선형 이류 방정식에 대한 명시적 유한 차분 해에 의존하는 영역(격자 모양 지역)을 보이는 $x-t$ 공간의 격자. 검은 점들은 격자를 나타낸다. 사선은 $q(x,\ t)=q(0,0)$를 지나는 특성 곡선이며, '+'는 반라그랑지안 차분 방안에 대한 내삽 점을 보인 것이다. 이 예에서 A점의 유한 차분 해가 $q(0,\ 0)$에 의존하지 않으므로 등넘기 방안은 불안정하다.

기 때문이다(즉, 점 s를 건너뜀으로써).

등넘기 차분은 초기 시간 $t=0(s=0)$에서 사용할 수 없다. 왜냐하면 $\hat{q}_{m,-1}$을 모르기 때문이다. 첫 시간 스텝으로는 전방 차분 근사와 같은 다른 방법이 필요하다. 전방 차분법은

$$\hat{q}_{m,1}-\hat{q}_{m,0}\equiv-\left(\frac{\sigma}{2}\right)\left(\hat{q}_{m+1,0}-\hat{q}_{m-1,0}\right) \tag{13.9}$$

이다. 이류 방정식 (13.8)의 중앙 차분 방안은 **명시**(explicit) 시간 차분 방안의 한 예이다. 명시 차분 방안에서는 어떤 주어진 격자점에서 시간 스텝 $s+1$의 예측 장 값은 전시간 스텝의 알려진 값에만 의존한다(등넘기 방법의 경우, 시간 스텝 s와 $s-1$의 값을 사용). 그러면 차분 방정식은 단순히 격자들을 진행하면서 각 점에서의 해를 구하여 풀 수 있다. 따라서 명시 등넘기 방안은 풀기가 쉽다. 그러나 다음 절에서 보일 것이지만, 이 방안은 가상 계산적 모드를 일으키고, 쿠랑 수를 허용할 최대값을 주어야 하는 엄격한 조건을 가지는 단점이 있다. 계산 모드를 일으키지 않는 대체 명시 방안들이 많이 있지만(문제 13.3 참조), 이들 역시 쿠랑 수가 충분히 작아야 하는 필요조건을 가진다.

13.2.3 계산 안정도

경험에 따르면 식 (13.8)과 같은 유한 차분 근사의 해는 시공간 유한 차분 증분이 매우 작을 때라도 원래의 미분 방정식의 해를 반드시 닮는 것은 아니다. 이 해의 특성은 차분 방정식의

계산 안정도(computational stability)에 매우 의존한다. 선형 이류 방정식의 경우와 같이 원래의 미분 방정식계에서 그 진폭이 시간에 따라 일정한 해석 해가 존재함에도 만일 차분 방정식이 안정하지 못하면 수치 해는 지수 증가를 하게 된다.

식 (13.8)의 예에서 안정도는 매개변수 σ의 값에 따라 매우 엄격하게 제한된다. 다음에서 그 결과를 살펴보자. 초기 조건이 다음과 같이 주어지면

$$q(x,\ 0) = \mathrm{Re}[\exp(ikx)] = \cos(kx)$$

초기 조건을 만족하는 식 (13.6)의 해석 해는

$$q(x,\ t) = \mathrm{Re}\{\exp[ik(x-ct)] = \cos(kx-ct) \tag{13.10}$$

가 된다.

이제 식 (13.10)을 식 (13.8)과 식 (13.9)의 유한 차분계의 해와 비교하자. 유한 차분형에서 주어진 초기 조건은

$$\hat{q}_{m,\ 0} = \exp(ikm\delta x) = \exp(ipm) \tag{13.11}$$

여기서 $p \equiv k\delta x$이다. 해석해 식 (13.10)이 x와 t로 분리될 수 있다고 하면 아래와 같은 형의 식 (13.8)과 식 (13.9)의 해를 생각할 수 있다.

$$\hat{q}_{m,\ s} = B^s \exp(ipm) \tag{13.12}$$

여기서 B는 복소 상수이다. 식 (13.12)를 식 (13.8)에 넣고 공통 요소 B^{s-1}로 나누어주면 B에 대한 2차 방정식을 얻는다.

$$B^2 + (2i\sin\theta_p)B - 1 = 0 \tag{13.13}$$

여기서 $\sin\theta_p \equiv \sigma\sin p$이다. 식 (13.13)은 아래와 같은 형으로 표현되는 2개의 근을 가진다.

$$B_1 = \exp(-i\theta_p), \qquad B_2 = -\exp(+i\theta_p)$$

그러므로 이 유한 차분 방정식의 일반해는

$$\hat{q}_{m,\ s} = [CB_1^s + DB_2^s]\exp(ipm) = Ce^{i(pm-\theta_p s)} + D(-1)^s e^{i(pm+\theta_p s)} \tag{13.14}$$

이다. 여기서 C와 D는 초기 조건식 (13.11)과 첫 시간 스텝식 (13.9)에 의하여 결정될 상수이다. 전자에 의하여 $C+D=1$이고, 후자에 의하여

$$Ce^{-i\theta_p} - De^{+i\theta_p} = 1 - i\sin\theta_p \tag{13.15}$$

를 가진다. 따라서

$$C = \frac{(1+\cos\theta_p)}{2\cos\theta_p}, \qquad D = -\frac{(1-\cos\theta_p)}{2\cos\theta_p} \tag{13.16}$$

위의 해를 살펴보면, θ_p가 실수이며, $s \to \infty$일 때 해는 유한하게 된다는 것이 분명하다. 만일 θ_p가 허수이면 식 (13.14) 속의 어느 한 항은 지수적으로 성장할 것이며, 해는 $s \to \infty$일 때 무한히 커진다. 이런 종류의 행태를 **계산 불안정**(computational instability)이라 한다. 이제

$$\theta_p = \sin^{-1}(\sigma \sin p) \tag{13.17}$$

이 되므로 θ_p는 $|\sigma \sin p| \le 1$을 만족할 때에만 실수가 된다. 조건 $\sigma \le 1$이면 모든 파에 대하여(즉, 모든 p에 대하여) 성립할 수 있다. 따라서 차분 방정식 (13.8)의 계산 안정도는

$$\sigma = \frac{c\delta t}{\delta x} \le 1 \tag{13.18}$$

을 취하며 이 조건이 쿠랑-프리드리히-레비(Courant-Friedrichs-Levy, CFL) 안정도 기준이다.

이 예에서 CFL 기준은 주어진 공간 증분 δx에 대하여 시간 스텝 δt는 종속 변수 장이 시간 스텝당 한 격자 길이보다 작은 거리로 이동하도록 결정되어야 한다는 것이다. 식 (13.18)의 σ에 준 제약은 그림 13.1에 있는 x, t평면에서 해의 특성을 살펴보면 물리적 의미를 이해할 수 있다. 그림 13.1의 경우는 $\sigma = 1.5$이다. 중앙 차분계 식 (13.18)을 조사해보면 그림 13.1의 점 A에서 수치 해는 그림의 그늘진 지역 내의 격자점으로만 결정된다는 것을 알 수 있다. 그러나 점 A는 **특성**(characteristic)선 $x - ct = 0$ 위에 있으므로 점 A에서의 실제 해는 $x = 0$에서의 초기 조건으로만 결정된다(즉, 초기에 원점에 있던 공기 덩이는 시간 $2\delta t$에서 점 $3\delta x$로 이류된다). 점 $x = 0$은 수치 해의 **영향 영역**(domain of influence) 밖에 있다. 이렇게 되면 그림 13.1에 보인 바와 같이 수치 해에서 점 A의 값은 $x = 0$에서의 조건에 따라 결정되지 않기 때문에 수치 해가 원래의 미분 방정식에 해당하는 해를 충실히 반영할 수 없게 된다. CFL 조건을 만족할 때에만 이 수치 해의 영향 영역은 해석 해의 특성선을 포함할 것이다.

비록 CFL조건 식 (13.18)이 1차원 이류 방정식을 차분한 중앙 차분 근사의 안정도를 보장한다고 하더라도, CFL 기준은 일반적으로 계산 안정도의 필요조건이기는 하나 충분조건은 아니다. 1차원 이류 방정식의 다른 유한 차분형은 식 (13.18)에 주어진 것보다 σ에 대해 더 엄격한 제약을 줄 수도 있다.

계산 불안정이 존재하는 것은 여과 방정식을 사용하는 주요 동기 중의 하나이다. 준지균계에서 중력파나 음파는 발생하지 않는다. 따라서 식 (13.18)의 위상 속도 c는 곧 최대 풍속이다. 보통 $c < 100\,\mathrm{m\,s^{-1}}$이면, 200 km 격자 구간으로 30분 이상의 시간 증분을 허용할 수 있다. 한편, 구름을 해석하는 모형에서 완전한 비정역학 방정식을 사용하면 그 해는 음향 모드에 해당하는

특성을 가질 것이고, 그와 같은 특성 c를 포함하는 영향 영역은 음파의 속도와 같은 환경이 필요하다는 것을 뒷받침한다. 이 음파의 속도는 그 방정 식계가 표현하는 가장 빠른 파이다. $c \approx 300\,\mathrm{ms}^{-1}$의 경우 1km 연직 격자 구간을 사용 하면 단지 수초의 시간 스텝만이 허용될 수 있을 것이다.

13.2.4 암시적 시간 차분

등넘기 시간 차분 방안에서 나타나는 가상 계산 모드는 문제 13.3에서 다루는 오일러 후방 방안과 같이 많은 다른 명시 방안에서는 일어나지 않는다. 이러한 제약과 계산모드는 사다리 암시 방안(trapezoidal implicit scheme)이라 불리는 또 다른 유한 차분 방안을 사용해 제거할 수 있다. 선형 이류 방정식 (13.6)에 대하여 이 방안은

$$\frac{(\hat{q}_{m,s+1}-\hat{q}_{m,s})}{\delta t}=-\frac{c}{2}\left[\frac{(\hat{q}_{m+1,s+1}-\hat{q}_{m-1,s+1})}{2\delta x}+\frac{(\hat{q}_{m+1,s}-\hat{q}_{m-1,s})}{2\delta x}\right] \tag{13.19}$$

형태를 가진다. 식 (13.12) 같은 형태의 해를 식 (13.19)에 넣으면

$$B^{s+1}=\left[\frac{1-i\left(\frac{\sigma}{2}\right)\sin p}{1+i\left(\frac{\sigma}{2}\right)\sin p}\right]B^{s} \tag{13.20}$$

되고, 전과 같이 $\sigma=\frac{c\delta t}{\delta x}$이고, $p=k\delta x$이다.

$$\tan\theta_p \equiv \left(\frac{\sigma}{2}\right)\sin p \tag{13.21}$$

을 정의하고 식 (13.20)에 있는 공통항 B^s를 제거하면

$$B=\left(\frac{1-i\tan\theta_p}{1+i\tan\theta_p}\right)=\exp(-2i\theta_p) \tag{13.22}$$

이 되고 그 해는 다음과 같이 간단히 표현될 수 있다.

$$\hat{q}_{m,s}=A\exp\left[ik\left(m\delta x-\frac{2\theta_p s}{k}\right)\right] \tag{13.23}$$

식 (13.19)는 2시간 단계만 관계한다. 따라서 식 (13.14)와는 달리 그 해는 위상 속도가 $c'=2\theta_p/(k\delta t)$인 유일 모드만이 있다. 식 (13.21)에 따르면 θ_p는 δt의 모든 값에 대해서 실수이다[이것은 식 (13.17)의 명시 방안에 대한 경우와 대조적이다]. 따라서, 암시 방안은 절대 안정

이다. 그러나 θ_p을 충분히 작게 취하지 않으면 절단 오차가 매우 클 수 있다(문제 13.9 참조). 암시 방안은 명시 방안의 경우에서처럼 시간 적분에서 격자를 따라 행진하여 수행할 수 없는 단점이 있다. 식 (13.19)에는 등호의 양편에 $s+1$시간 단계의 항이 있고, 이들은 총 3단계의 격자점 값이 필요하다. 따라서 방안 식 (13.19)는 격자의 모든 점에 대하여 동시에 풀어야 한다. 만일 격자수가 커지면 매우 큰 행렬의 반전 문제와 관련되므로 많은 계산을 필요로 한다. 더욱이, 운동량 방정식의 이류 항과 같은 비선형에 암시 방안을 적용하는 것은 대체로 적당한 접근 방법이 아니다. 그러나 선형 항을 암시적으로 그리고 비선형 항을 명시적으로 표현하는 반암시적 방안은 13.5절에서 간단히 토의할 것이다.

13.2.5 반라그랑지안 적분법

지금까지 토의한 차분 방안은 오일러 방안이었다. 오일러 방안에서는 시간 적분을 고정된 공간 격자 세트에서 예측 장의 경향을 계산하는 것이다. 비록 라그랑지안 골격에서 표시된 유체 덩이를 따라 가면서 예측을 수행하는 것이 이론적으로 가능하겠으나 실제로 이 방안은 실용적 대안이지 못하다. 왜냐하면 시어와 신장 변형들은 표시된 유체덩이들을 몇 개 구역에 집중하는 경향이 있으므로 예측 지역 내에서 균일한 해상도를 유지하기가 어렵기 때문이다. 반라그랑지안 기술을 이용하여 라그랑지안 방안의 보존성의 장점을 얻고 동시에 균일한 해상도를 유지하는 것이 가능하다. 이 방법은 수치적 안정도를 얻고 정확도가 높으면서도 다른 방안에 비하여 긴 시간 스텝들을 사용할 수 있다.

1차원 이류 방정식 (13.6)을 사용하여 반라그랑지안 방법을 간단히 설명할 수 있다. 이 방정식에 따르면 장 q는 위상 속도 c로 동서 흐름을 따라 보존된다. 따라서 어떤 격자점 $x_m = m\delta x$와 시간 $t_s = s\delta t$에 대하여

$$q(x_m,\ t_s+\delta t) = q(\tilde{x}^s_m,\ t_s) \tag{13.24}$$

가 성립된다. 이제 $\tilde{x}^s_m$은 시간 $t_s+\delta t$의 점 x_m에 위치한 공기 덩이에 대한 시간 t_s의 위치이다. 일반적으로 이 위치는 어느 한 격자점에 위치하지 않는다(그림 13.1의 '+'를 보라). 따라서 식 (13.24)의 오른쪽을 생각하는 것은 시간 t의 격자점들로 내삽할 필요가 있다. $c>0$의 경우, 위치 $\tilde{x}^s_m$은 격자점 x_{m-p}와 x_{m-p-1} 사이에 있다. 여기서 p는 $c\delta t/\delta x$ 표현의 정수 부분이다(한 시간 스텝을 가로질러 가는 격자점 수의 척도). 만일 선형 내삽을 사용하면

$$q(\tilde{x}^s_m, t_s) = \alpha q(x_{m-p-1}, t_s) + (1-\alpha) q(x_{m-p}, t_s)$$

여기서 $\alpha = (x_{m-p} - \tilde{x}^s_m)/\delta x$이다. 따라서 그림 13.1에서 $p=1$ 그리고 A점에서 q를 예측하는 것은 '+' 점에 $m=1$과 $m=2$의 점들 사이를 내삽하는 것이다.

실제 예측 모형에서 속도장은 간단한 이 예에서 알려진 것보다는 오히려 더 낫게 예측된다.

$$q(x,\ y,\ t+\delta t) = q(x-u\delta t,\ y-v\delta t,\ t) \tag{13.25}$$

따라서 t시간에서의 속도 요소를 $t+\delta t$에서의 장을 추정하는 데 사용할 수 있는 2차원 장에 대하여 일단 이들 값을 얻기만 하면 식 (13.25)의 오른편에 있는 속도를 더욱 정확하게 근사하기 위하여 이 값들을 사용할 수 있다. 식 (13.25)의 오른쪽을 내삽하여 다시 추정한다. 여기서는 이제 2차원에서 계산해야 한다.

그림 13.1에 보인 바와 같이 반라그랑지안 방안에서 수치 해의 영향 영역은 물리적 문제의 그것과 일치한다. 따라서 이 방안은 명시적 오일러 방안을 사용할 때보다 훨씬 더 긴 시간 스텝을 사용하므로 계산 안정을 가져온다. 또, 반라그랑지안 방안은 보존 양 들의 값을 아주 정확하게 유지하고, 특별히 수증기와 같은 미량물질을 정확하게 이류하는 데 유용하다.

13.2.6 절단 오차

수치 해가 유용하려면 유한 차분이 안정해야 할 뿐만 아니라 실제 해의 정확한 근사이어야 할 필요가 있다. 유한 차분 방정식의 수치 해와 그에 대응한 미분 방정식의 해 사이의 차이를 **분할화 오차**(discretization error)라 부른다. 만일 δt와 δx가 0에 접근하여 이 오차가 0에 접근하면 그 해는 수렴한다고 말한다. 미분 방정식과 그에 대응하는 유한 차분 방정식 사이의 차이를 **절단 오차**(truncation error)라고 하는데 그 이유는 미분의 테일러 시리즈를 절단하여 근사하기 때문이다. 이 오차가 δt와 δx가 0으로 감에 따라 0으로 접근하면 그 차분 방안은 **일치한다고** 말한다. **랙스 상당 정리**(Lax eguivalence theorem)[1]에 따르면 만일 유한 차분 공식이 일치 조건을 만족시키면 안정도는 수렴의 필요충분조건이 된다. 따라서, 만일 어떤 유한 차분 근사가 일치하고 안정하면 비록 오차를 정확히 결정할 수는 없더라도 차분 간격들이 감소함에 따라 분할화 오차는 감소할 것이다.

해석 해를 구할 수 없을 때에만 대개 수치 해를 구하기 때문에 보통 해의 정확도를 정확히 결정할 수 없다. 그러나 13.2.3소절에서 고려했던 일정한 이류 속도의 선형 이류 방정식에서 식 (13.8)의 유한 차분 방정식과 식 (13.6)의 원래 미분 방정식의 해들을 비교하는 것이 가능하다. 이 예를 사용하여 위에서 소개한 차분 방법의 정확도를 조사할 수 있다.

위의 토의에서 사례의 절단 오차의 크기는 δx^2과 δt^2의 차수일 것이라는 결론을 내릴 수 있었다. 해 (13.14)를 살펴봄으로써 정확도에 대해 더 정확하게 인식할 수 있다. $\theta_p \to 0$이면 $C \to 1$과 $D \to 0$이 된다. C에 해당하는 해의 부분은 **물리적 모드**(physical mode)이며, D에 해당하는 부분은 원래 미분 방정식에 대한 해석 해가 아니기 때문에 **계산적 모드**(computational

---

1) Richtmyer and Morton, 1967.

| 표 13.1 | 중앙 유한 차분 정확도

$L/\delta x$	p	θ_p	c'/c	$\lvert D\rvert/\lvert C\rvert$
2	π	π	–	∞
4	$\pi/2$	0.848	0.720	0.204
8	$\pi/4$	0.559	0.949	0.082
16	$\pi/8$	0.291	0.988	0.021
32	$\pi/16$	0.147	0.997	0.005

노트 : 이 결과는 $\sigma = 0.75$에 대해 해상도의 함수로 이류방정식에 적용된다.

mode)라 부른다. 계산 모드는 중앙 시간 차분이 시간의 1차수인 미분 방정식을 2차수의 유한 차분 방정식으로 변화시켰기 때문에 발생한 것이다. 이 유한 차분 방정식의 정확도는 D의 크기가 작고 C가 1에 접근할 뿐만 아니라 물리적 모드의 위상 속도와 해석 해의 위상 속도 사이가 대응하느냐에 의존한다. 물리적 모드의 위상은 식 (13.14)에서

$$pm - \theta_p s = \left(\frac{p}{\delta x}\right)\left(m\delta x - \frac{\theta_p s \delta x}{p}\right) = k(x - c' t)$$

로 주어진다. 여기서 $c' = \theta_p \delta x/(p\delta t)$는 물리적 모드의 위상 속도이다. 실제 위상 속도에 대한 물리적 모드의 위상 속도의 비는

$$\frac{c'}{c} = \frac{\theta_p \delta x}{(pc\delta t)} = \frac{\sin^{-1}(\sigma \sin p)}{\sigma p}$$

이다. 그래서 $\sigma p \to 0$이 됨에 따라 $c'/c \to 1$이 된다. 표 13.1에 $\sigma = 0.75$인 특별한 경우에 대하여 c'/c와 $|D|/|C|$의 파장과의 관계를 제시하였다.

표 13.1로부터 위상 속도와 진폭의 오차는 파장이 짧아질수록 증가한다. 원래 미분 방정식에서 모든 파장이 위상 속도 c로 이동하지만 유한 차분 방정식에서 단파는 장파보다 더 천천히 이동한다. 차분 방정식에서 파장에 대한 위상 속도의 의존성을 **수치적 분산**(numerical dispersion)이라 부르며, 경도가 매우 큰(그리고 따라서 진폭이 큰 단파 성분) 이류항의 수치 모델링에서 이것은 매우 심각한 문제이다.

또한 단파는 계산 모드에서 큰 진폭을 겪게 되는데, 이 모드는 원래의 미분 방정식의 해에는 없는 부분으로, 물리적 모드의 이동 방향과 반대로 전파하고 진폭의 부호도 어느 시간 스텝에서 다음 시간 스텝 사이에서 바뀐다. 이러한 행태는 계산적 모드의 진폭이 매우 클 때 분명하게 나타난다.

13.3 순압 소용돌이도 방정식의 유한 차분

역학 예측 모형의 가장 간단한 예는 순압 소용돌이도 방정식 (11.14)이다. 직교 좌표계의 β 평면에 대하여 이 방정식은

$$\frac{\partial \zeta}{\partial t} = -F(x,\ y,\ t) \tag{13.26}$$

이 된다. 여기서

$$F(x,\ y,\ t) = \boldsymbol{V}_{\psi} \cdot \nabla(\zeta + f) = \frac{\partial}{\partial x}(u_{\psi}\zeta) + \frac{\partial}{\partial y}(v_{\psi}\zeta) + \beta v_{\psi} \tag{13.27}$$

이고 $u_{\psi} = -\partial\psi/\partial y$, $v_{\psi} = \partial\psi/\partial x$, $\zeta = \nabla^2\psi$이다. 또 수평속도가 비발산($\partial u_{\psi}/\partial x + \partial v_{\psi}/\partial y = 0$)으로서 이류항을 플럭스 형으로 쓸 수 있다는 사실을 이용한 것이다. 절대 소용돌이도의 이류 $F(x, y, t)$는 $\psi(x, y, t)$의 장을 알면 구할 수 있다. 그러면 식 (13.26)은 시간으로 전진 적분할 수 있고 ζ에 대한 예측을 산출한다. 그 다음 푸아송(Poisson) 방정식 $\zeta = \nabla^2\psi$를 풀어서 유선함수를 예측할 수 있다.

해를 바로 얻는 방법은 13.2.2소절에서 다룬 등넘기 방안이다. 식 (13.27)을 유한 차분형으로 쓸 필요가 있다. 거리 증분을 δx와 δy로 놓고, 수평 x, y 공간을 $(M+1) \times (N+1)$개의 격자로 나누자. 그러면, 격자점 $x_m = m\delta x$, $y_n = n\delta y$, $m = 0, 1, 2, \cdots, M$, $n = 0, 1, 2, \cdots, N$의 좌표 위치를 쓸 수 있다. 따라서 이 격자계의 모든 점을 지수 (m, n)으로 정의할 수 있다. 그와 같은 격자계의 일부를 그림 13.2에 보였다.

이제 식 (13.4)와 같은 형의 중앙 차분 공식을 $F(x,\ y,\ t)$에서 미분을 근사하는 데 사용한다. 예로서, 만일 $\delta x = \delta y \equiv d$로 놓으면

$$u_{\psi} \approx u_{m,\,n} = -\frac{(\psi_{m,\,n+1} - \psi_{m,\,n-1})}{2d}$$
$$v_{\psi} \approx v_{m,\,n} = +\frac{(\psi_{m+1,\,n} - \psi_{m-1,\,n})}{2d} \tag{13.28}$$

이 된다. 비슷한 방법으로 식 (13.5)를 써서 수평 라플라스를 근사할 수 있다.

$$\nabla^2\psi \approx \frac{(\psi_{m+1,\,n} + \psi_{m-1,\,n} + \psi_{m,\,n+1} + \psi_{m,\,n-1} - 4\psi_{m,\,n})}{d^2} = \zeta_{m,\,n} \tag{13.29}$$

라플라스의 유한 차분형은 중앙에 위치한 점의 값과 주위의 4개 점들의 평균값과의 차에 비례한다. 만일 $(M-1) \times (N-1)$개의 내부 격자점에 대하여 적절한 경계조건이 있으며 식 (13.29)에는 어떤 격자점 값 $\zeta_{m,n}$으로 $\psi_{m,n}$을 결정할 수 있는 $(M-1) \times (N-1)$개의 동시에 풀어야

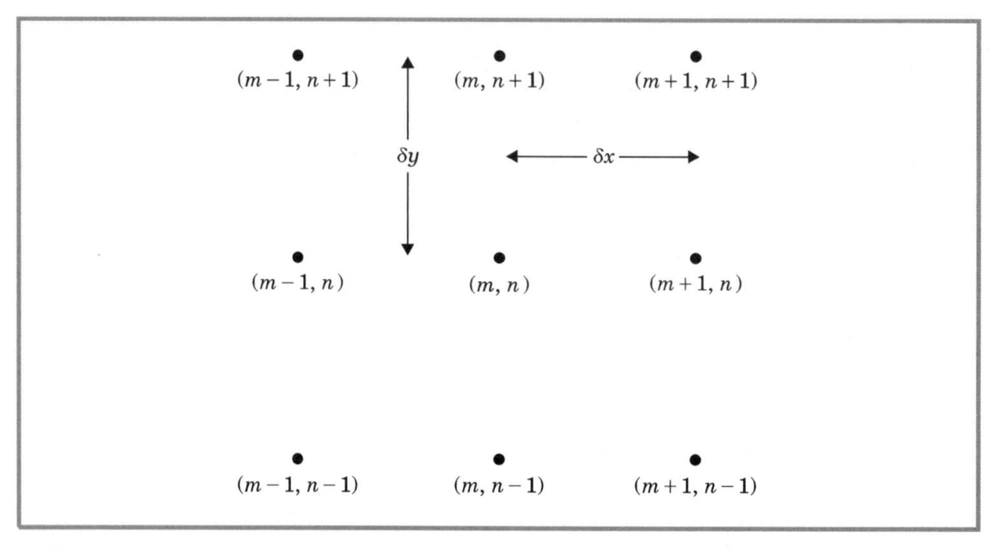

그림 13.2 순압 소용돌이도 방정식 해의 2차원$(x,\ y)$ 격자망 일부분

할 방정식 세트가 있다. 이 세트는 표준 행렬 역전 방법을 사용하여 풀 수 있다.

이류항 $F(x,\ y,\ t)$를 유한 차분형으로 표현하기 전에 β평면 통로(channel)의 북단과 남단 경계에 ψ를 일정하게 놓으면 통로 영역에서 적분할 때 F의 평균값이 0이 되는 것을 쉽게 알 수 있다는 사실은 중요하다. 이것은 평균 소용돌이도가 이 통로에서 보존한다는 것을 뜻한다. 또한 대수학을 좀 더 도입하면 평균 운동 에너지와 평균 제곱 소용돌이도[**엔스트로피**(enstropy)라 부르는데]가 보존한다는 것을 알 수 있다.

긴 시간의 정확한 적분을 위해서 F의 유한 차분 근사는 원래의 미분 방정식과 같이 보존하는 제약을 만족하는 것이 바람직하다. 그렇지 않으면 이 유한 차분의 해는 보존하지 않을 것이다. 말하자면, 평균 소용돌이도는 순전히 유한 차분 해의 성격에 의하여 시간이 지나면서 계통적인 표류를 할 수 있다. 소용돌이도, 운동 에너지, 엔스트로피가 동시에 보존하는 유한 차분 방안들이 고안되었다. 그러나 이 방안들은 오히려 복잡하다. 우리의 목적은 이류를 플럭스형 식 (13.27)을 쓰고 공간을 중앙 차분으로 하면 평균 소용돌이도와 평균 운동 에너지가 보존한다는 것으로 충분하다. 즉,

$$F_{m,n}=\frac{1}{2d}[(u_{m+1,n}\zeta_{m+1,n}-u_{m-1,n}\zeta_{m-1,n})+(v_{m,n+1}\zeta_{m,n+1}-v_{m,n-1}\zeta_{m,n-1})]+\beta v_{m,n} \qquad (13.30)$$

만일 ψ가 주기 경계조건을 만족하면 식 (13.30)을 그 영역 내에서 합할 때 서로 상쇄가 있다는 것을 쉽게 검증할 수 있다. 따라서

$$\sum_{m=1}^{M}\sum_{n=1}^{N}F_{m,n}=0 \qquad (13.31)$$

된다. 그러므로 식 (13.30)을 이류항의 유한 차분형으로 사용할 때 평균 소용돌이도는 보존한다(시간 차분으로 발생하는 오차를 제외하면). 또 이 형태는 평균 운동 에너지도 보존한다(문제 13.2 참조). 이 차분 공식은 엔스트로피를 보존하지는 않는다. 수치적으로 생산되는 엔스트로피의 증가를 제어하기 위해 작은 확산 항을 첨가한다.

순압 소용돌이도 방정식을 사용하여 수치예측을 준비하는 과정을 다음과 같이 정리할 수 있다.

1. 초기 시각의 관측 지오퍼텐셜 장을 사용하여 모든 격자점에서 초기($t=0$) 유선함수 $\psi_{m,n}$을 계산한다.
2. 모든 격자점에서 $F_{m,n}$을 계산한다.
3. 중앙 차분을 써서 $\zeta_{m,n}(t+\delta t)$를 결정한다. 이때 첫 시간 스텝은 전방 차분을 사용해야 한다.
4. $\psi_{m,n}(t+\delta t)$를 구하기 위하여 연립 방정식 세트 식 (13.29)를 푼다.
5. 예측된 $\psi_{m,n}$의 격자 값들을 사용하여 원하는 예측 기간에 도달할 때까지 2~4단계를 되풀이한다. 예로서 30분의 시간 증분을 사용한 24시간 예측은 48번의 순회 반복이 필요하다.

13.4 스펙트럼법

앞에서 토의한 유한 차분법에서는 종속 변수를 시공간의 격자점 세트에 지정하고 미분을 유한 차분으로 근사하였다. 스펙트럼법이라 일컫는 또 다른 접근은 종속 변수의 공간 변화를 **기본 함수**(basic function)라 부르는 직교 함수의 유한 시리즈로 표현하는 것이다. 중위도 β평면 통로(채널)에 대한 카테시안 기하를 위한 적절한 기본 함수 세트는 x와 y의 이중 푸리에 시리즈이다. 한편 구면 지구의 적절한 기본 함수는 구면 조화이다.

유한 차분 근사는 유한 차분 변수 $\Psi_{m,n}$는 공간의 어떤 특정 점에서의 $\Psi(x, y)$값을 표현한다는 점에서 **국지적**(local)이며, 그 유한 차분 방정식은 모든 격자점에서 $\Psi_{m,n}$의 진화를 결정한다. 한편, 스펙트럼 접근은 **전체적**(global) 함수, 즉 기본 함수의 적절한 시리즈의 개별 요소들에 기초한다. 예로서, 카테시안 좌표의 경우에 이들 요소는 진동파의 진폭과 위상을 결정하게 되는데 이를 모두 합하면 종속 변수의 공간 분포를 결정한다. 유한 개의 푸리에 계수의 진화를 결정하여 해를 구한다. 주어진 함수에서 푸리에 계수의 파수 공간 분포는 **스펙트럼**(spectrum)으로 간주할 수 있기 때문에 이 방안을 스펙트럼법이라 부르는 것이 합당하다.

일반적으로 해상도가 낮은 경우 스펙트럼법은 격자점법보다 더 정확하다. 그 이유 중의 하나는 선형 이류에 대해서 격자점 모형은 13.2.4소절에서 토의한 수치적 분산이 심각한 반면,

적절히 공식화된 스펙트럼법은 이것을 발생시키지 않는다는 것이다. 예측 모형에서 통상 이용하는 해상도의 범위에서 두 방법이 서로 정확도가 비슷하며 각각 장점도 있다.

13.4.1 구면 좌표계의 순압 소용돌이도 방정식

스펙트럼법은 특히 소용돌이도 방정식의 해를 얻는 데 장점이 있다. 적당한 기본 함수 세트가 선택되면 유선함수의 푸아송 방정식을 푸는 것은 쉬운 일이다. 스펙트럼법의 이러한 특성은 계산량을 절약할 뿐만 아니라 라플라스 연산자를 유한 차분할 때 발생하는 절단 오차를 제거한다.

실제로 전구 모형에 스펙트럼법을 자주 적용한다. 이때 구면 조화를 사용해야 하는데, 푸리에 시리즈를 사용할 때보다 훨씬 복잡하게 된다. 문제를 계속 간단하게 하기 위하여 구면에서 스펙트럼법을 설명하는 예시 예측 모형으로서 다시 순압 소용돌이도 방정식을 생각하는 것이 유용하다.

구면 좌표계에서 순압 소용돌이도 방정식은

$$\frac{D}{Dt}(\zeta+2\Omega\sin\phi)=0 \tag{13.32}$$

와 같이 표현된다. 여기서 보통의 경우와 같이 $\zeta=\nabla^2\psi$이며, ψ는 유선함수이다. 그

$$\frac{D}{Dt}\equiv\frac{\partial}{\partial t}+\frac{u}{a\cos\phi}\frac{\partial}{\partial\lambda}+\frac{v}{a}\frac{\partial}{\partial\phi} \tag{13.33}$$

위도 좌표로 $\mu\equiv\sin\phi$를 사용하는 것이 편리하다. 이 경우에 연속 방정식은

$$\frac{1}{a}\frac{\partial}{\partial\lambda}\left(\frac{u}{\cos\phi}\right)+\frac{1}{a}\frac{\partial}{\partial\mu}(v\cos\phi)=0 \tag{13.34}$$

로 쓸 수 있다. 그러므로 유선함수는 다음과 같이 동서 및 남북속도와 관계가 있다.

$$\frac{u}{\cos\phi}=-\frac{1}{a}\frac{\partial\psi}{\partial\mu},\quad v\cos\phi=\frac{1}{a}\frac{\partial\psi}{\partial\lambda} \tag{13.35}$$

그러면 소용돌이도 방정식을 다음과 같이 표현할 수 있다.

$$\frac{\partial\nabla^2\psi}{\partial t}=\frac{1}{a^2}\left[\frac{\partial\psi}{\partial\mu}\frac{\partial\nabla^2\psi}{\partial\lambda}-\frac{\partial\psi}{\partial\lambda}\frac{\partial\nabla^2\psi}{\partial\mu}\right]-\frac{2\Omega}{a^2}\frac{\partial\psi}{\partial\lambda} \tag{13.36}$$

여기서

$$\nabla^2\psi=\frac{1}{a^2}\left\{\frac{\partial}{\partial\mu}\left[(1-\mu^2)\frac{\partial\psi}{\partial\mu}\right]+\frac{1}{1-\mu^2}\frac{\partial^2\psi}{\partial\lambda^2}\right\} \tag{13.37}$$

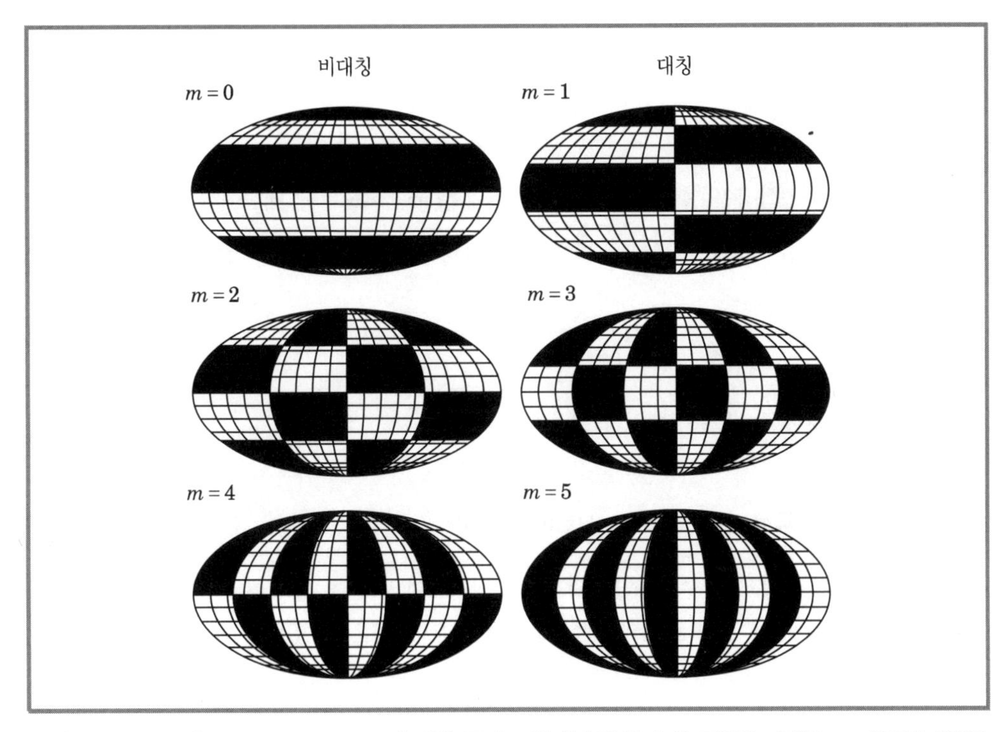

그림 13.3 n=5와 m=0, 1, 2, 3, 4, 5에 대한 구면 조화 함수의 양과 음 지역의 패턴(Baer, 1972를 채택한 Washington and Parkinson,1986, 미국기상학회의 허가를 받아 사용함)

적당한 직교 기본 함수는 아래와 같이 정의되는 **구면 조화**(spherical harmonics)이다.

$$Y_\gamma(\mu, \lambda) \equiv P_\gamma(\mu)e^{im\lambda} \tag{13.38}$$

여기서 $\gamma \equiv (n, m)$은 구면 조화에 대한 정수 지수를 포함하는 벡터이다. 이들은 $m = 0, \pm 1, \pm 2, \pm 3, \cdots, n = 1, 2, 3, \cdots$이고 $|m| \leq n$을 만족하여야 한다. P_γ는 n급의 일종 연합 르장드르(Legendre) 함수이다. 식 (13.38)에 의하면 m은 동서 파수를 나타낸다. $n-|m|$은 구간 $-1 < \mu < 1$(즉, 극과 극 사이)에서 P_γ의 마디 개수를 뜻하며[2] 따라서 구면 조화의 남북 규모의 척도를 나타낸다. 두세 개의 구면 조화로 구성된 구조를 그림 13.3에 보였다.

구면 조화의 중요한 특성은 이들이 다음과 같은 관계를 만족한다는 것이다.

$$\nabla^2 Y_\gamma = -\frac{n(n+1)}{a^2} Y_\gamma \tag{13.39}$$

여기서 구면 조화의 라플라스는 함수 그 자신에 비례한다. 이 뜻은 특별한 구면 조화 성분으로 된 소용돌이도는 간단히 그와 같은 성분을 가진 유선함수에 비례한다는 것이다.

---

2) 르장드르 함수의 성질에 대해서 Washington and Parkinson(1986)의 내용을 참고.

스펙트럼법은 구면에서 유선함수를 다음과 같이 주어 구면 조화를 유한 시리즈로 확장한다.

$$\psi(\lambda, \mu, t) = \sum_{\gamma} \psi_{\gamma}(t)\, Y_{\gamma}(\mu, \lambda) \tag{13.40}$$

여기서 ψ_γ는 구면 조화 Y_γ의 복소수 진폭이고, 합계는 n과 m모두에 대하여 수행한다. 각 개의 구면 조화 계수 ψ_γ는 다음 역변환을 통하여 유선함수 $\psi(\lambda, \mu)$과 관련되어 있다.

$$\psi_{\gamma}(t) = \frac{1}{4\pi} \int_{s} Y_{\gamma}^{*} \psi\,(\lambda, \mu, t)\, dS \tag{13.41}$$

여기서 $dS = d\mu d\lambda$이고, Y_γ^*는 Y_γ의 짝복소수이다.

13.4.2 로스비-하우르비츠(Rossby-Haurwitz) 파

순압 소용돌이도 방정식의 수치 해를 생각하기 전에 이 비선형 방정식의 정확한 해석 해는 유선함수가 1개의 구면 조화 모드와 같이 특별한 경우에 얻을 수 있다는 것을 이해할 필요가 있다. 즉,

$$\psi(\lambda, \mu, t) = \psi_{\gamma}(t)\, e^{im\lambda} P_{\gamma}(\mu) \tag{13.42}$$

를 주고, 식 (13.42)를 식 (13.36)에 넣은 다음 식 (13.39)를 적용하면 비선형 이류항은 0이 되고 따라서 진폭 계수는 다음의 상미분 방정식을 만족한다.

$$\frac{-n(n+1)d\psi_{\gamma}}{dt} = -2\Omega i m \psi_{\gamma} \tag{13.43}$$

식 (13.43)은 $\psi_\gamma(t) = \psi_\gamma(0)\exp(i\nu_\gamma t)$의 해를 가진다. 여기서

$$\nu_{\gamma} = \frac{2\Omega m}{[n(n+1)]} \tag{13.44}$$

은 로스비-하우르비츠 파의 분산 관계이다. 이 파는 구면에서 행성파에 주어지는 이름이다[중위도 β평면에서 이것에 대응하는 표현 $\overline{u} = 0$인 식 (5.110)과 비교하라]. 구면 조화 모드의 수평 규모는 n^{-1}에 비례하므로 식 (13.44)는 구면에서 대략 수평 규모의 제곱에 비례하는 속도로 서진하는 모드 1개를 나타낸다. 또한 이 해는 해상도가 낮은 문제에서는 스펙트럼법이 유한 차분법보다 우월한 이유를 보여준다. 스펙트럼법에서는 단 1개의 푸리에 성분을 포함하는 모형이라도 실제적인 기상 장(로스비 파)을 표현할 수 있는 반면, 유한 차분에서는 그에 상응하는 표현을 하는 데 많은 격자점이 필요하게 된다.

13.4.3 스펙트럼 변환법

구면 조화 모드가 많을 때에는 순수한 스펙트럼법에 의한 식 (13.36)의 해는 이류항으로 인하여 여러 가지 모드 사이에서 일어나는 비선형 상호 작용을 평가할 필요가 있다. 상호 작용 항의 수는 시리즈 식 (13.40)에 있는 모드들의 수의 제곱으로 증가하게 마련이므로 스펙트럼법은 종관규모 일기 요란 예측에 필요한 공간 해상이 큰 모형에 적용하기에는 계산상 비효율적이다. 스펙트럼 변환법은 이러한 문제를 다음과 같이 해결한다. 매 시간 스텝마다 구면 조화의 공간 파수와 위도-경도 격자 사이에 변환을 하고 스펙트럼 함수의 곱을 계산할 필요가 없도록 격자 공간에서 이류항의 곱셈을 수행하는 것이다.

이 방법을 설명하기 위해 순압 소용돌이도 방정식을 다음 형태로 다시 쓰는 것이 필요하다.

$$\frac{\partial \nabla^2 \psi}{\partial t} = -\frac{1}{a^2}\left[2\Omega\frac{\partial \psi}{\partial \lambda} + A(\lambda, \mu)\right] \tag{13.45}$$

여기서

$$A(\lambda, \mu) \equiv \left[-\frac{\partial \psi}{\partial \mu}\frac{\partial \nabla^2 \psi}{\partial \lambda} + \frac{\partial \psi}{\partial \lambda}\frac{\partial \nabla^2 \psi}{\partial \mu}\right] \tag{13.46}$$

식 (13.40)을 식 (13.45)에 넣으면 구면 조화 계수가

$$\frac{d\psi_\gamma}{dt} = i\nu_\gamma \psi_\gamma + A_\gamma [n(n+1)]^{-1} \tag{13.47}$$

과 같이 된다. 여기서 A_γ는 $A(\lambda, \mu)$의 변환의 γ성분이다.

$$A_\gamma = \frac{1}{4\pi}\int_0^{2\pi}\int_{-1}^{+1} A(\lambda, \mu)\, Y_\gamma^* d\lambda d\mu \tag{13.48}$$

변환법은 유한 개의 모드에 대해서 합계 $\gamma = (n, m)$을 취하면, 변환 식 (13.48)에 있는 적분은 정확히 수치적 구적법으로, 즉, 위도-경도 격자망의 격자점 (λ_j, μ_k)에서 $A(\lambda, \mu)$의 적절한 하중값들을 합함으로써 나타낼 수 있다는 사실을 이용한 것이다. 모든 격자점에서 $A(\lambda, \mu)$의 분포를 계산하는 것은 미분에 대한 유한 차분을 도입할 필요없이 수행할 수 있는 일이다. 이때 다음과 같이 이류항을 표현할 수 있다.

$$A(\lambda_j, \mu_k) = (1-\mu^2)^{-1}(F_1F_2 + F_3F_4) \tag{13.49}$$

여기서

$$F_1 = \frac{-(1-\mu^2)\partial \psi}{\partial \mu}, \quad F_2 = \frac{\partial \nabla^2 \psi}{\partial \lambda}$$

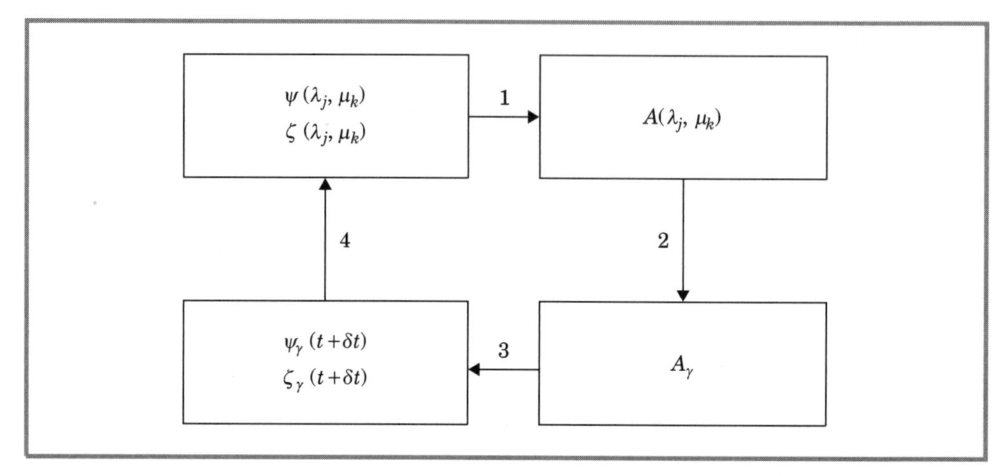

그림 13.4 순압 소용돌이도 방정식의 해를 구하는 데 있어서 스펙트럼 변환방법에 대한 예측 사이클의 단계

$$F_3 = \frac{(1-\mu^2)\partial\nabla^2\psi}{\partial\mu}, \quad F_4 = \frac{\partial\psi}{\partial\lambda}$$

각 격자점에서 스펙트럼 계수 ψ_γ와 구면 조화의 미분 성질을 알면 F_1, F_2, F_3, F_4의 양을 계산할 수 있다. 예로서

$$F_4 = \frac{\partial\psi}{\partial\lambda} = \sum_\gamma im\, \psi_\gamma Y_\gamma(\lambda_j, \mu_k)$$

이다. 이 항들을 모든 격자점에서 계산하여, F_1F_2와 F_3F_4를 구하고, $A(\lambda, \mu)$를 계산한다. 이 과정에서 미분에 대한 유한 차분 근사가 필요하지 않다. 그 다음 변환식 (13.48)을 수치적 구적법으로 계산하여 구면 조화 성분 A_γ를 계산한다. 끝으로 식 (13.47)을 시간 증분 δt만큼 한 스텝 진행하여 유선함수의 새로운 구면 조화 성분을 추정하며, 원하는 예측 기간이 도달할 때까지 이 과정을 되풀이 하면 된다. 스펙트럼 변환법을 이용하여 순압 소용돌이도 방정식의 예측 단계를 그림 13.4에 도표로 정리하였다.

13.5 원시 방정식 모형

현대의 수치예측 모형들은 **원시 방정식**(primitive equation)인 역학 방정식을 공식화한 것에 기초한 것이다. 원시 방정식계는 기본적으로 Richardson이 제의했던 공식이다. 연직 성분 운동량 방정식을 정역학 근사로 바꾸어놓고, 수평 운동량 방정식에서는 표 2.1의 C와 D열의 작은 항들을 무시한다는 점에서 원시 방정식은 완전한 운동량 방정식 (2.19), (2.20), (2.21)과

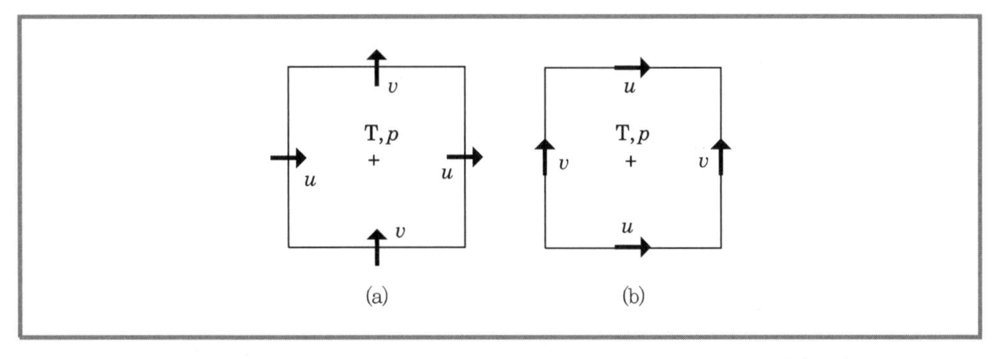

그림 13.5 아라카와-C 격자(a)와 아라카와-D 격자(b)에 대한 수평 엇물림 격자계. 열역학(T, p)와 다른 스칼라장은 격자 셀의 중앙에 위치하고 수평속도 성분 u와 v는 격자 모서리에 위치한다.

는 다르다. 대부분의 모형에서 10.3.1소절에 소개한 σ-좌표계의 버전들을 사용하여 대기를 여러 개의 층으로 나누어 연직 종속 변수를 지정하고 연직 미분을 유한 차분으로 표현한다. 현업의 원시 방정식 예측 모형들은 유한 차분법과 스펙트럼 법을 모두 사용해 수평 분할해 왔다.

격자점 모형들은 13.2.1소절에서 설명한 유한 차분을 사용한다. 대부분 격자점 모형들은 어떤 장의 정확성을 향상시키기 위하여 격자-엇갈림 방법을 이용한다. 열역학 변수를 중심에 두고 운동량 장이 엇갈리게 놓이도록 설계한 2개의 예를 그림 13.5에 보인다. 아라카와-C 격자인 (a)는 수평발산$\left(\frac{\partial u}{\partial x}+\frac{\partial v}{\partial y}\right)$이 격자 셀의 중앙에 놓이도록 엇갈리게 하였고, 아라카와-D 격자인 (b)는 연직 소용돌이도$\left(\frac{\partial v}{\partial x}+\frac{\partial u}{\partial y}\right)$가 격자 셀의 중앙에 놓이도록 엇갈리게 하였다.

13.5.1 스펙트럼 모형

대부분의 현업 예측 센터들은 일차적으로 전구 예측 모형으로서 스펙트럼 모형을 사용한다. 반면, 상세 규모 제한 구역 모형으로서 일반적으로 격자점 모형을 사용한다. 현업 스펙트럼 모형은 13.4.3소절에서 설명한 스펙트럼 변환법의 원시 방정식 버전을 사용한다. 이 모형에서는 모든 기상변수의 값들을 매 시간 스텝마다 스펙트럼과 격자 영역 모두에 준다. u와 v보다는 예단 변수로 소용돌이도와 발산을 사용한다. 복사 가열과 냉각, 응결과 강수, 대류 전복과 같은 물리 과정의 계산은 격자망의 물리적 공간에서 계산하고 기압 경도와 속도 경도와 같은 미분 역학량은 스펙트럼 공간에서 정확히 계산한다. 이와 같이 병행하여 사용함으로써 자연히 '국지적인' 물리 과정에 대해서는 격자점 표현의 간결성을, 그리고 역학 계산에 대해서는 보다 뛰어난 스펙트럼 방법의 정확성을 유지한다.

전구 스펙트럼 모드에서 2개의 스펙트럼 절단이 주로 사용된다. 먼저, 삼각형 절단(triangular truncation)의 m대 n의 플롯을 보면[식 (13.38)을 보라] 절단 후 남은 모드가 삼각형의 면적을

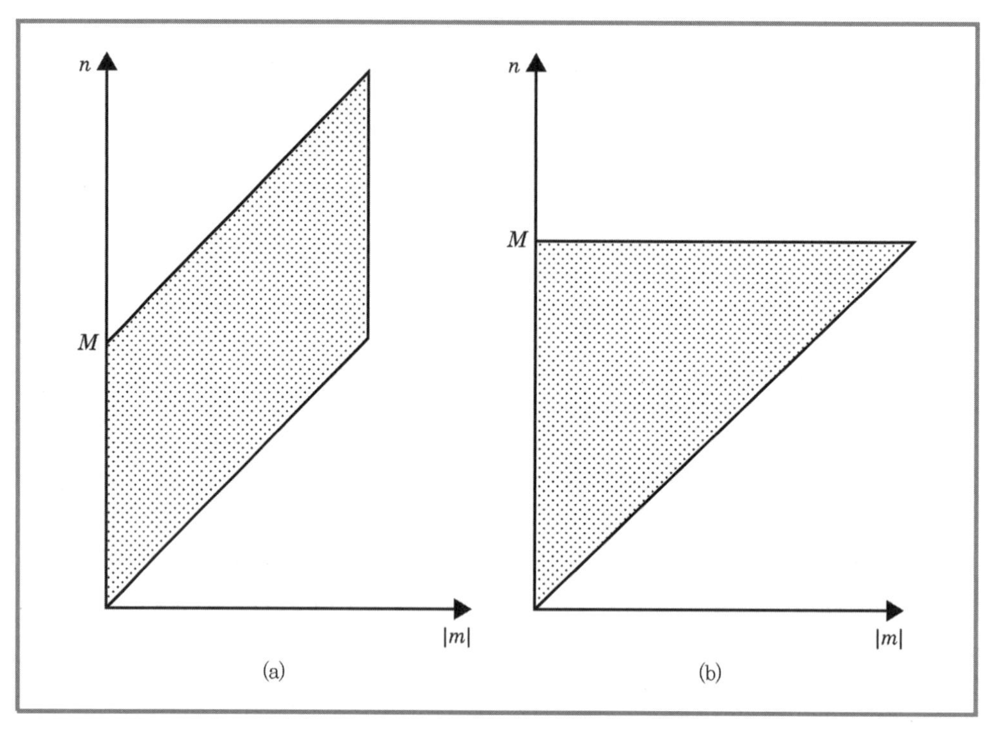

그림 13.6 장사방형 절단(a)과 삼각형 절단(b)에서 스펙트럼 성분이 유지되는 파수 공간(m, n)의 지역(Simmons and Bengtsson, 1984)

차지한다. 두 번째 스펙트럼 절단은 **장사방형 절단**(rhomboidal truncation)인데 $N = |m| + M$을 가진다. 이 두 절단은 그림 13.6에 구조화하였다. 삼각형 절단에서는 동서와 남북방향으로 수평 해상이 거의 같다. 한편, 장사방형 절단에서는 남북 해상도가 모든 동서 파수에 대해 동일하다. 장사방형 절단은 저해상도 모형에서 이점을 가지고 고해상도에서는 삼각형 절단이 더 뛰어나다.

13.5.2 물리 매개변수화

현대의 현업 예측 모형에 포함되어 있는 물리 과정은 일반적으로 대기 대순환 모형에 포함된 것으로 그림 10.21에 도표화한 것과 같다. 모형이 대기 경계층 속, 건조 및 습윤 대류에 의한 연직 혼합, 구름과 강수의 공식, 구름과 복사 장의 상호작용과 같은 물리 과정을 포함하는 것은 관련된 아격자 규모 과정이 모형의 예측 장으로 표현되어야 한다는 것이다. 모형에서 해석할 수 있는 변수를 사용하여 해석할 수 없는 과정을 근사화하는 것을 모수화 또는 **매개변수화**(parameterization)라 한다. 이 분야는 날씨와 기후 모델링에서 가장 어렵고 논쟁이 되는 영역이다.

매개변수화해야 할 가장 중요한 물리 과정은 아마도 대류일 것이다. 대류에 의한 연직 열전달은 관측된 대류권 감률과 수분 분포를 유지하는 데 필요 불가결하다. 모형이 해석할 수 없는 대류 운동의 효과를 흉내낼 수 있는 가장 간단한 일은 **대류 조절**(convective adjustment)을 통해서이다. 이 방법 중 간단한 것은 매 시간 스텝이 끝난 후에 각 격자점의 연직 기둥에서의 상대 습도와 감률을 조사한다. 만일, 감률이 초단열이면 온도 구조를 에너지가 보존하도록 건조 정적 중립으로 조절한다. 만일, 이 연직 기둥이 조건부 불안정이고 습도가 어떤 주어진 값을 넘으면 이 연직 기둥은 습윤 정적 중립으로 조절한다. 더욱 정교한 방안은 습윤 대류가 하층의 습윤 수렴에 의존한다는 사실을 이용하여 매개 변수화의 일부로서 수분 수지를 포함한다.

모형에서 해석된 습도, 온도, 바람 장을 구름과 관계시키기 위하여 여러 가지 방법들을 사용하지만, 어떤 방법도 결코 완전하고 만족스러운 것은 아니다. 어떤 모형에서는 모형의 예측 구름장이 강수와 관련되는 것은 일부분에 지나지 않는다. 특별한 구름의 기후를 사용하여 구름-복사 상호작용을 매개변수화한다.

13.6 자료동화

예측이란 초기값 문제이므로 관측값은 분석이라는 초기조건을 마련하는 데 필요하다. 관측값은 시공간 균질하지 않게 분포하는 반면, 수치모델에서는 규칙적인 공간격자를 가지고 정해진 시간에 예측을 시작한다. 자료동화는 균질하지 않게 분포한 관측값을 규칙적인 격자에 배치하고 관측값에 포함된 오차를 고려하는 기술이다. 단어가 의미하는 바와 같이 관측값을 수치모델에 동화시키고 모델은 관측값에 포함된 정보를 관측값이 다시 있게 되는 미래 시간까지 전달하는데 사용한다.

이러한 이유 때문에 자료동화는 관측값을 단기 예측에서 얻어 추정한 관측값과 혼합하는 것과 관련하는 일이다. 단기 예측은 상대적으로 정확한 초기조건에서 출발하므로 모델이 추정한 관측값에 포함된 오차는 매우 작다. 따라서 현업 예보모델에서 분석 중 약 15%만이 수백만 관측값에서 나오고 나머지 85%는 모델에 기인하는데 그 시간 전의 모든 관측값에 포한된 자료를 누적한 것이다. 자료동화의 본질적인 면은 정확히 이해하는 것이란 없고 문제를 확률로 취급해야 한다는 것이다.

13.6.1 단일 변수의 자료동화

자료동화 문제와 이를 풀기 위해 사용하는 다른 기술을 정의하기 위해, 단일 스칼라로 시작하고 그후 다중 변수로 옮겨가도록 한다. 단일 스칼라 변수 x를 주고, 2개의 참값, 즉, 관측 y와 사전 추정 또는 배경 x_b를 가정한다. 배경은 다른 자료에서 올 수도 있으나 주로 단기예보에서 온다. 배경과 관측이 주어지면 x의 참값을 추정한다. 이러한 서술을 수학적으로 표현하려면

조건부 확률

$$p(x_a) = p(x|y) \tag{13.50}$$

과 관련지을 수 있다.

주어진 관측 y에 대해 분석 x_a의 확률밀도는 참값 x의 조건부 확률밀도와 동일하다(조건부 확률의 배경에 대해 부록 G를 보라). 배경 정보는 베이즈의 규칙(Bayes' rule)을 통해 들어온다. 이 규칙은 조건부 확률밀도를 전도(inverted)하도록 함으로써 다음 식이 성립하게 한다.

$$p(x|y) = \frac{p(y|x)p(x)}{p(y)} \tag{13.51}$$

이 경우에 $p(y)$는 무시될 수도 있는 스케일 상수이다.[3] $p(y|x)$는 두 번째 독립변수 x의 함수이므로 x가 주어지면 관측의 **가능성 함수**(likelihood function)이다. 부록 G에서 더 자세히 설명하지만 기본 생각은 동전을 던져 동전이 공평하다는 가능성의 결정을 얻는 것과 같다(예를 들어, 동전을 연속 세 번 던져 모두 동전 앞면이라는 것이 관찰되면 동전이 공정하다고 결정하는 것). 이 문제는 동전이 공정하다는 것을 인지하고 그 지식을 조건으로 결과물의 확률을 결정하는 전도이다(예를 들어, 공정한 동전에서는 세 번 연속 표면일 확률).

이 시점에서 확률밀도 함수는 일반적인 것이지만 많은 변수들의 문제에 대해 단순화가 필요하다. 단순화의 주된 의미는 변수들이 정규분포(또는 가우시안 분포)라고 하는 것이다. 즉, 이것은 한 스칼라 양의 확률밀도를 평균과 분산

$$p(y|x) = c_1 e^{-\frac{1}{2}\left(\frac{y-x}{\sigma_y}\right)^2}$$
$$p(x) = c_2 e^{-\frac{1}{2}\left(\frac{x-x_b}{\sigma_b}\right)^2} \tag{13.52}$$

으로 표현하는 것이다.

여기서 c_1과 c_2는 상수이다. 관측과 배경의 오차 분산을 각각 σ_y^2와 σ_b^2로 주고 식 (13.52)와 (13.51)을 식 (13.50)에 넣으면 분석 확률밀도

$$p(x_a) = Ce^{-\frac{1}{2}\left(\frac{x-x_b}{\sigma_b}\right)^2} e^{-\frac{1}{2}\left(\frac{y-x}{\sigma_y}\right)^2} \tag{13.53}$$

를 얻는다.

이 결과는 가우시안의 산출물이며, 새로운 가우시안 분포로 간소화할 수 있을 것이다. 그렇게 하기 위해 확률밀도의 거리(metric) J

3) 모든 확률밀도함수와 같이 $p(x_a)$의 적분은 1이어야 한다.

$$J(x) \equiv -\log[p(x)] = \frac{1}{2}\frac{(x-x_b)^2}{\sigma_b^2} + \frac{1}{2}\frac{(y-x)^2}{\sigma_y^2} - \log(C) \tag{13.54}$$

를 고려하는 것이 유용하다.

거리 J, 즉 '비용함수'는 스칼라 양의 참값과 두 추정들 사이 부적합 정도의 2차적 척도이다. 이때 J의 더 작은 값이 더 적합한 맞춤이라는 의미를 가진다. 가장 적합한 맞춤을 찾는다는 것은 $\partial J/\partial x$를 취하고 그것을 제로로 놓아 J의 최소값을 찾는 것이다. x에 대해 해를 구하면 분석 x_a는

$$x_a = \left(\frac{\sigma_y^2}{\sigma_y^2 + \sigma_b^2}\right)x_b + \left(\frac{\sigma_b^2}{\sigma_y^2 + \sigma_b^2}\right)y \tag{13.55}$$

이 결과는 참값의 제일 좋은 추정은 이전 추정과 관측의 오차들로 결정되는 가중치로서 이들의 선형조합[4]이 된다는 것을 나타낸다. 관측의 오차가 없는 경우($\sigma_y^2 \to 0$), 이전 추정의 가중치는 제로이고 관측은 1로 접근한다. x_a의 오차분산은

$$\sigma_a^2 = \frac{\sigma_b^2}{1 + \left(\frac{\sigma_b}{\sigma_y}\right)^2} = \frac{\sigma_y^2}{1 + \left(\frac{\sigma_y}{\sigma_b}\right)^2} < \sigma_b^2,\ \sigma_y^2 \tag{13.56}$$

이것은 분석의 오차가 항상 이전 추정과 관측의 오차보다는 작다는 것을 보여준다. 따라서 평균 x_a와 분산 σ_a^2로 분포하는 가우시안이다.

분석 변수와 관측이 많은 경우에 대해 벡터로 일반화하려면 식 (13.55)와 (13.56)을 각각 식 (13.57)과 (13.58)로 다시 쓴다. 즉,

$$x_a = x_b + K(y - x_b) \tag{13.57}$$

$$\sigma_a^2 = (1 - K)\sigma_b^2 \tag{13.58}$$

여기서

$$K = \frac{\sigma_b^2}{\sigma_b^2 + \sigma_y^2} \tag{13.59}$$

식 (13.57)에 의하면 분석은 이전 추정과 관측에 포함된 혁신 또는 새로운 정보의 선형 조합이다. 관측이 이전 추정과 같다면 얻을 것이 없다. 다시 말하면 이전 추정을 적응시킬 필요가 없다. 새로운 정보가 있을 때 배경에 대한 하중은 이득(gain) 하중요소 K에 의해 조절된다.[5]

---

4) 이 결과는 선형 최소제곱법을 사용하여 얻은 해와 동일하다.

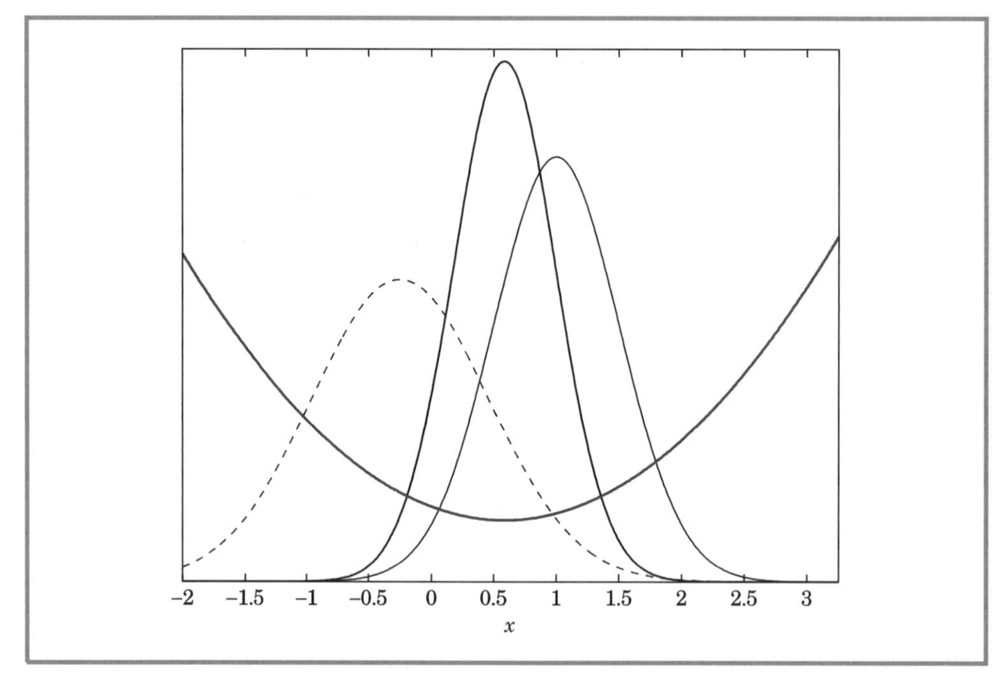

그림 13.7 가우시안 오차 통계를 가정한 스칼라 변수 x의 자료동화. 이전 추정 x_b(점선)은 평균 −0.25와 분산 0.5, 관측 y(가는 점선)는 평균 1.0과 분산 0.25, 분석 x_a(굵은 실선)는 평균 0.58과 분산 0.170이다. 포물선(회색선)은 분석의 평균값에서 최소가 되는 비용함수 J를 나타낸다.

K는 혁신의 분산에 대한 이전 추정의 분산의 비로서, $\sigma_y^2 \to 0$이면 1에 접근하고, $\sigma_b^2 \to 0$이면 제로로 접근한다. 식 (13.58)에서 보이는 바와 같이 관측이 완전한 경우 이전 추정의 오차는 분석에서 제로로 줄어든다.

이 결과를 그림 13.7에 그래프로 설명하였다. 가정에 의하여 관측의 분포(가는 실선)은 이전 추정(점선)보다 오차가 작다. 결과적으로 분석(굵은 실선)은 이전 추정보다 관측에 더 가까이 접근한다. 비슷하게 분석의 분포 역시 분석의 오차 분산이 더 작기 때문에 이전 추정 또는 관측보다도 확률밀도가 더 높다. 아주 굵은 곡선은 비용함수 J를 보여주는데 x_a의 평균값에서 최소가 된다.

13.6.2 다 변수의 자료동화

행렬 부호를 사용하면 다 변수의 일반화는 스칼라 경우를 그냥 연장한 것에 불과하다. 방정식의 형태도 스칼라 경우에 유사하기 때문에 행렬 대수학에 익숙지 않더라도 수학의 주요점에 관련된 것이 아니라면 설명을 따라 잡을 수 있다.

---

5) 만일 이전 추정과 관측의 오차들이 서로 상관되지 않으면 혁신의 분산은 분산들의 합 $\sigma_b^2 - \sigma_y^2$로 주어진다.

모든 격자점(또는 스펙트럼) 변수를 포함한 열벡터인 상태벡터 $\mathbf{x}$를 생가하자. 다 변수에 대해 비용함수 (13.54)는

$$J(\mathbf{x}) = \frac{1}{2}(\mathbf{x}-\mathbf{x}_b)^{\mathrm{T}}\mathbf{B}^{-1}(\mathbf{x}-\mathbf{x}_b) + \frac{1}{2}(\mathbf{y}-\mathbf{Hx})^{\mathrm{T}}\mathbf{R}^{-1}(\mathbf{y}-\mathbf{Hx}) \tag{13.60}$$

전과 같이 J는 참 상태와 이전 추정 및 관측 사이 부적합 척도의 스칼라이다. 각 항에 주는 하중은 더 이상 분산 σ_b^2와 σ_y^2으로 결정되는 것이 아니라 각각 이전 추정과 관측의 공분산 $\mathbf{B}$와 $\mathbf{R}$에 의해 결정된다. $\mathbf{B}$의 대각선 요소는 $\mathbf{x}$의 각 변수의 오차 분산이고, 비 대각선 요소는 변수들 사이의 공분산이다. 이 공분산은 변수들 사이의 선형 관계를 측정하는 척도이다(예를 들어, 압력과 바람 사이 관계는 경도풍 균형을 따를 수 있다).

비슷하게 $\mathbf{R}$의 대각선 요소는 각 관측의 오차 분산이고, 비대각선은 관측들 사이의 공분산이다. 윗첨자 T는 열벡터를 행벡터로 바꾸는 전치행렬을 뜻한다. 따라서 두 항의 내적은 스칼라이다. 행렬 $\mathbf{H}$는 '관측 연산자'인데 상태 변수를 관측에 위치하도록 한다. $\mathbf{H}$의 간단한 예는 격자점 값을 측정이 시행된 관측(예, 온도) 위치로 선형내삽 하도록 관계한다. 더 복잡한 관계의 예는 전체 모델대기를 통해 복사전달 계산에 의해 위성의 복사휘도를 산출한다.

이때 비록 식 (13.57)과 유사하게 다 변수에 대해 결과를 내기 위해 행렬 계산과 대수학의 응용에 주의해야 하지만 J의 최소값을 구하여 분석

$$\mathbf{x}_a = \mathbf{x}_b + \mathbf{K}(\mathbf{y}-\mathbf{Hx}_b) \tag{13.61}$$

을 결정한다. 식 (13.61)의 해석은 하중을 칼만 이득행렬

$$\mathbf{K} = \mathbf{BH}^{\mathrm{T}}[\mathbf{HBH}^{\mathrm{T}} + \mathbf{R}]^{-1} \tag{13.62}$$

로 구하는 점 외에 식 (13.57)과 동일하다. 식 (13.59)보다 더 복잡하게 보이기는 하지만, $\mathbf{K}$는 혁신 공분산에 대한 이전 추정 공분산의 비로 비슷하게 해석할 수 있다. $\mathbf{HBH}^{\mathrm{T}}$는 $\mathbf{R}$과 직접 유사한 것으로 관측의 이전 추정의 오차 공분산을 측정한다. 식 (13.58)의 다변수 버전은 분석오차 공분산 $\mathbf{A}$

$$\mathbf{A} = (\mathbf{I}-\mathbf{KH})\mathbf{B} \tag{13.63}$$

와 관계한다. 여기서 $\mathbf{I}$는 고유 행렬이며 이전 추정 공분산은 $\mathbf{I}-\mathbf{KH}$로 줄어든다.

분석 방정식 (13.61)과 (13.63)은 한 시스템 상태를 시간으로 연속 추정하는 순황 알고리즘인 칼만 필터의 한 부분이다. 칼만 필터의 두 번째 부분은 분석으로 시작하여 다시 관측이 있는 미래 시간까지 예측하는 것이다. 이전 추정의 예측에 추가하여 식 (13.61)과 식 (13.63)은 오차 공분산 $\mathbf{B}$의 예측을 필요로 한다. $\mathbf{B}$의 크기는 변수 수의 제곱, 즉 현업예측 모델에서는 1억 규모 계산이므로 정말 비싼 것이다. 이 문제를 취급할 두 가지 주요 근사가 있다. 하나는

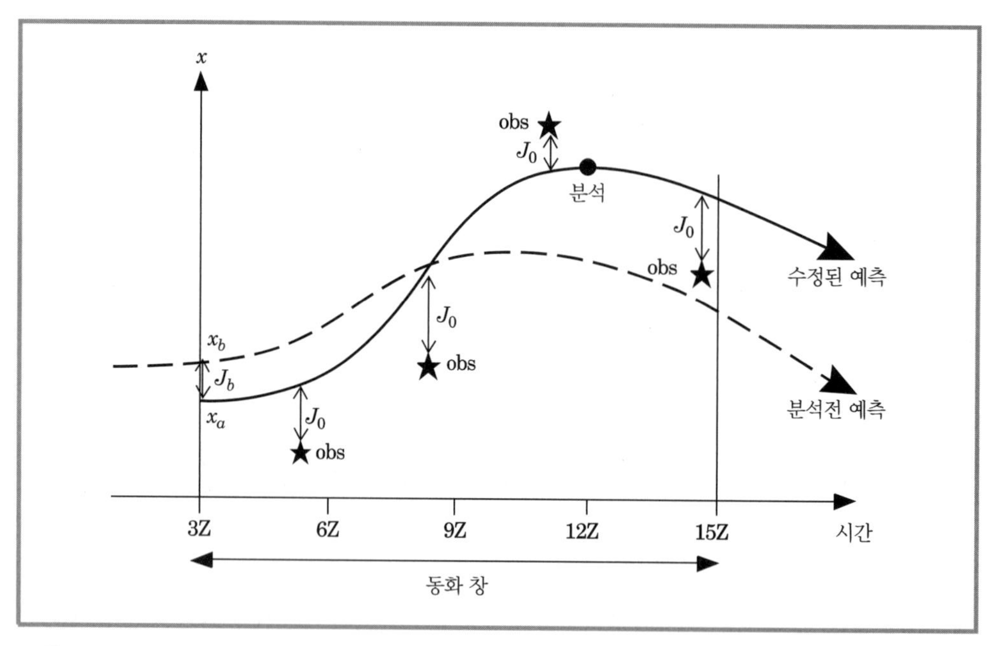

그림 13.8 ECMWF의 자료동화 과정. 연직축은 대기 장 변수를 나타낸다. x_b로 표시한 곡선은 초기 추정 또는 배경 장을, x_a로 표시한 곡선은 분석 장이다. J_b는 배경과 분석의 부적한 합을 나타낸다. 별표는 관측값을 나타내고 J_0는 관측과 분석 사이의 부적합의 척도인 비용함수이다. J_b를 따라 최소화하면 분석시간에 대기 상태의 최적 추정을 만든다(ECMWF 제공).

변분 동화이며, 다른 하나는 앙상블 칼만 필터이다(EnKF).

역행렬을 포함하는 거대 행렬의 연산과 관계되는 식 (13.61)을 푸는 대신, 변분동화에서는 식 (13.60)을 직접 탐색하여 푼다. 배경을 가지고 시작하여 허용값 내에서 J의 변화가 작아질 때까지 더 작은 J로 향하여 계속 추구하는 전략이다. 이 전략은 보통 J와 J의 경도 $\partial J/\partial \mathbf{x}$를 사용하며 탐색하는 동안 새롭게 되어야 한다. 변분 방법의 일반적인 근사는 이전 추정의 공분산 행렬 $\mathbf{B}$를 고정하는 것을 가정하는데 이것은 큰 행렬로 전파하는 필요를 없앤다.

단일 시간에 변분방법을 실행하는 것을 3차원 변분동화(3DVAR)라 한다. 비용함수 (13.60)을 어느 시간 창 내 관측들의 적합성을 다루면 4차원 변분자료동화(4DVAR)라 한다. 이에 관해 자세히 토의하는 것은 이 책의 범위를 넘어서는 것이다. 4DVAR는 경도 감소를 위해 정해진 모델(소위 예측모델의 수반행렬) 또는 앙상블에서 일정한 시간동안 반복이 필요하므로 기본적으로 3DVAR보다는 더 많은 계산 자원이 필요하다. 예로서 유럽중기예보센터(ECMWF)에서 사용하는 4DVAR 과정을 그림 13.8에 개괄적으로 보인다. ECMWF 방안은 분석시간 00Z와 12Z 후 3시부터 15시까지 12시간 동화 창을 사용한다. 동화 사이클은 이전 추정을 앞선 분석시간의 초기상태에서 얻은 예보로부터 시작한다. 분석을 최신화하기 위해 동화 창 내의 모든 관측들을 사용한다.

EnKF 방법은 식 (13.61)을 직접 처리하는데 관측을 한 번에 하나를 다루거나 또는 영역을 행렬 연산을 처리할 수 있는 더 작은 영역으로 나누어서 계산을 관리한다. 더욱이 EnKF는 큰 행렬 B를 전파하기보다는 앙상블 멤버의 각 선택된 수를 진화하도록 비선형 예측모델을 사용하는 표본 전략을 채택한다. 이 표본은 표본오차를 취급하는 데 도움을 주게 하여 B를 추정하는 기초를 제공한다. 관측을 가지고 예보 앙상블을 새롭게 하여 앙상블 분석을 산출하는 데 두 가지 주요 전략이 있다. '섭동 관측'이라 부르는 첫째 전략은 오차 공분산 행렬 R과 일치하는 무작위 오차를 관측에 더해 주어 모든 앙상블 멤버가 약간 다른 관측을 동화하도록 한다. '제곱근 필터'라 부르는 두 번째 전략은 관측을 사용하여 앙상블 평균 예측을 앙상블 평균 분석으로 새롭게 한 다음, 식 (13.61)의 수정 버전을 사용하여 각 앙상블 멤버들의 평균으로부터 편차를 새롭게 한다. 제곱근 필터를 획득하는 몇 가지 통계적 기술들이 있다. 이전 공분산 B의 상태에 의존하는 추정을 사용할 뿐만 아니라 EnKF는 앙상블 분석이 앙상블 예측을 즉시 가능하게 하는 매력적인 성질이 있다.

13.7 예측성과 앙상블 예측

대기 예측은 기본적으로 확률의 문제이다. 관측과 추정의 오차는 제로가 아니므로, 결과적으로 분석의 오차도 제로가 아니다. 대기 예측의 문제는 확률밀도 함수로 정의되며 이들의 오차가 미래 예측에서 어떻게 전개되는가를 결정하는 것이다. 이 확률밀도 p는 **리우빌 방정식**(Liouville equation)을 따른다.

$$\frac{Dp}{Dt} = -p\nabla \cdot \mathbf{F}(\mathbf{x}) \tag{13.64}$$

이것은 질량보존과 직접 유사하게 전체 확률의 보존을 표현한다. 이 방정식의 물질 미분은 **위상-공간 좌표**의 운동을 따른다. 위상-공간 속도벡터는 특별한 기본(예를 들어, 스펙트럼 또는 격자점 변수)에 의해 정의되는 좌표 세트를 통해 위상벡터 $\mathbf{x}$의 시간 변화를 설명한다.

$$\frac{D\mathbf{x}}{Dt} = \mathbf{F}(\mathbf{x}) \tag{13.65}$$

속도, $\mathbf{F}$는 그 계의 역학(예, 운동량, 질량, 에너지의 보존)을 정의하는 벡터 값의 함수이다. 따라서 대단한 사실은 더 이상 근사를 하지 않고서도, 리우빌 방정식이 p의 선형 일차 편미분 방정식이므로 대기 예측성 문제의 정확한 해가 존재한다.

$$p[\mathbf{x}(t), t] = \mathrm{p}[\mathbf{x}(t_0), t_0]\, e^{-\int_{t_0}^{t} \nabla \cdot \mathbf{F}(\mathbf{x})dt'} \tag{13.66}$$

초기 확률밀도 $p[\mathbf{x}(t_0), t_0]$를 주면, 미래 시간의 확률밀도 $p[\mathbf{x}(t), t]$는 위상-공간 궤적의 발산에

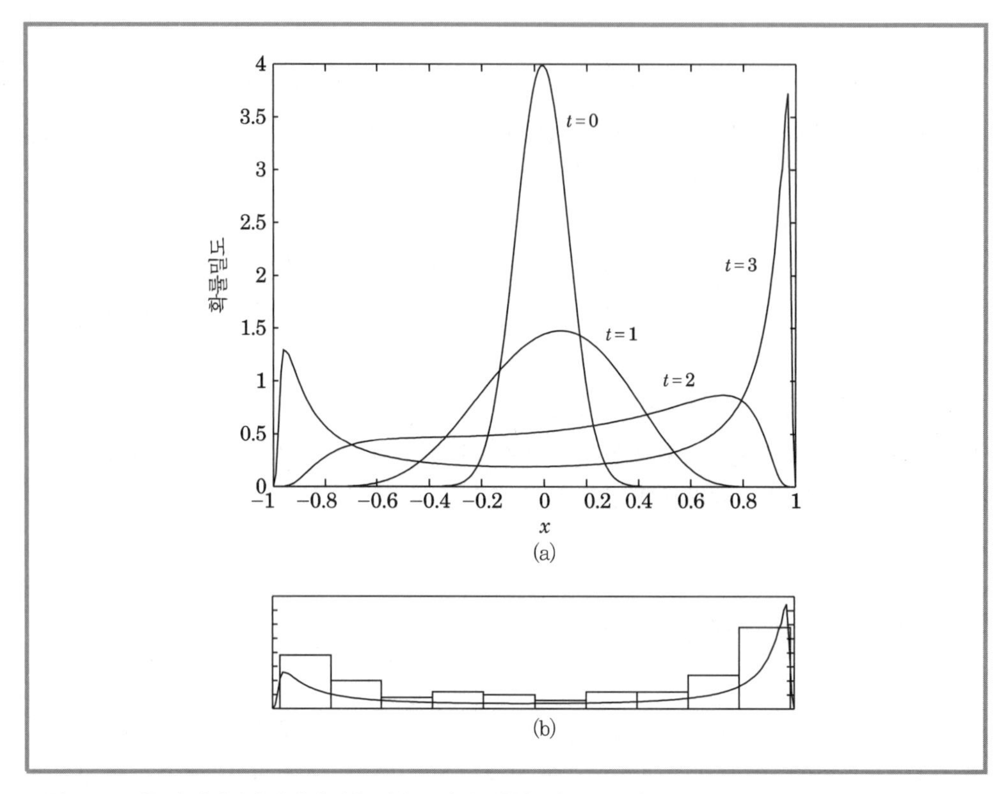

그림 13.9 리우빌 방정식의 해에서 얻은 식 (13.67)의 역학을 따르는 초기 가우시안 확률밀도 함수의 시간 전개(a). 초기 확률밀도 함수로부터 취한 무작위 샘플로 100개 앙상블과 $t=3$의 상태에 대한 식 (13.67)의 해는 리우빌 방정식의 해의 추정－(b)의 히스토그램으로 정리－을 제공한다(실선).

의해 결정된다. 위상-공간 궤적이 발산, $\nabla \cdot \mathbf{F} > 0$이면, 확률밀도는 급속히 지수로 감소한다. **혼돈계**는 초기조건에 민감한 특성이 있다. 이것은 발산하는 위상-공간 궤적에 의해 실현된다(해는 급속히 지수로 달라진다). 결과적으로 대기와 같은 혼돈계에서 확률밀도는 끌개 주위에서 제로로 접근하지만 위상공간의 확률은 1로 남는다.

시간에 따른 확률밀도 함수의 전개는 스칼라 미분방정식

$$\frac{dx}{dt} = x - x^3 \tag{13.67}$$

에 대해 분명히 설명된다(Ehrendorfer, 2006). 약간 양의 평균을 가진 초기의 가우스 분포는 해가 $x=-1$과 $x=1$에 위치한 안정한 고정점을 향해 발산함에 따라 확률밀도가 재빨리 감소하여 x에 퍼진다는 것을 보인다(그림 13.9a). 위상-공간 속도 식 (13.67)은 양(음)의 x에 대해 양(음)이다. 따라서 위상-공간 궤적 발산은 $x=0$에서 최대이고, $|x| > 1/\sqrt{3}$에서 음(수렴)이 된다. 궁극적으로 해는 확률밀도가 증가하는 고정점에서 수렴한다.

불행하게도, 실제적인 문제에 있어서 식 (13.66)의 수치해는 얻기 매우 어렵다. 그림 13.9에

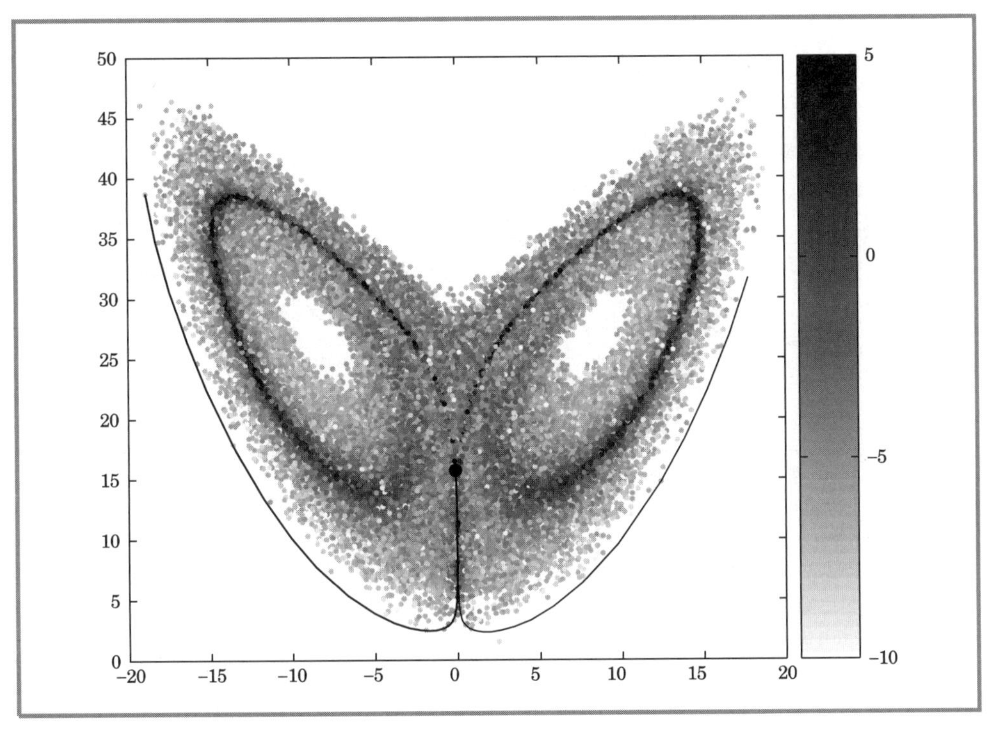

그림 13.10 로렌츠(1963) 끌개의 초기조건 오차에 대한 예측의 민감도(예측은 시간 단위 하나가 길다). 오차의 자연대수는 회색-규모로 그려진 것인데, 더 진한 회색은 더 큰 오차로 예측된 점들을 가리킨다.

서와 같이 위상-공간 변수에 대해 확률밀도를 100개로 쪼개놓자. 3개 변수의 계에 대해 100만 자유도의 계산은 가능할 수 있으나 5개 변수의 계에서는 100억 자유도를 다루기는 어렵다. 분명 1억 개 변수를 가지는 수치일기예보 계에 대해서 해를 얻는 것은 불가능하다. 이것이 앙상블 접근으로 표본 전략을 취하는 배경이며, 여기서는 초기 분포부터 무작위 선택한 위상만을 시간에 대해 적분한다. 그림 13.9b는 초기 분포로부터 100개 멤버 앙상블을 무작위로 그린 예이며, 그 다음 시간에 대해 적분한다. 시간 $t=3$에서 앙상블의 히스토그램은 올이 성기기는 하지만 리우빌 해의 유익한 근사이다(실선).

예측의 정확은 혼돈계의 본질적 특징인 초기상태의 민감도에 의해 궁극적으로 제한을 받는다. 초기오차에 대한 민감도의 간단한 도식은 로렌츠의 3개 변수 모델에서 얻을 수 있다(1963)(M13.9). 이 계의 예측 민감도를 그림 13.10에 보인다. 이 그림은 끌개 주위의 고정된 길이(무차원 시간 단위)의 예보 제곱 오차를 보인다. 오차를 로그 스케일로 그린 것이므로, 중간점을 향한 2개의 고정된 점들의 주위를 둘러싼 큰 오차(더 어두운 지역)의 영역과 함께 확실히 오차의 폭이 넓다. 실선으로 보인 민감한 위치에서 출발한 예측은 2개의 역학적 궤적이 반대 방향으로 쪼개짐에 따라 초기의 작은 차이가 급격히 성장한다는 것을 들어낸다. 그와 같은 행태는 대기의 흐름을 포함하여 결정론적 방정식의 지배를 받는 계는 넓은 변화 특징을

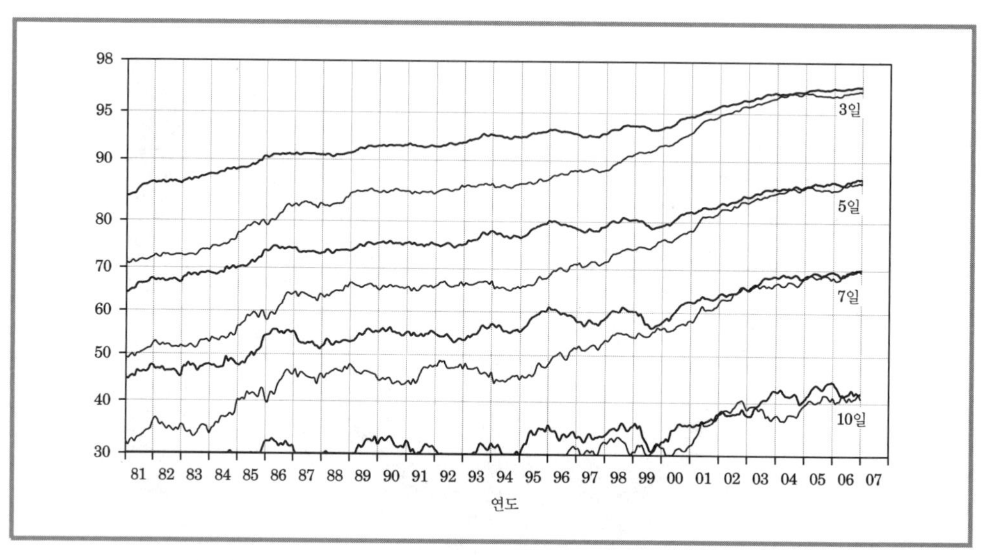

그림 13.11 ECMWF 현업모델의 3, 5, 7, 10일 예보의 500-hPa 고도의 연 함수에 대한 아노말리 상관. 굵은 선은 북반구, 가는 선은 남반구를 뜻한다. 두 반구 사이의 숙련도 차는 기상위성 자료의 자료동화 성공으로 지난 10년 전 이미 거의 없어졌다(ECMWF 제공).

나타낸다.

원시방정식 예측모델을 사용하여 이러한 종류의 오차 성장이 어떻게 대기의 고유 예측성을 제한하는지를 추정할 수 있다. 예측성 실험에서 주어진 시간에 관측한 흐름에 상응하는 초기자료를 사용하여 '규준'실험을 만든다. 초기자료에 그림 13.10에서와 같은 작은 무작위 오차를 도입하여 섭동을 주어 모델을 다시 돌린다. 그 다음 규준실험과 두 번째 '예측'을 비교하여 고유 오차의 성장을 추정한다. 이와 같은 수많은 실험을 수행하여 얻은 결과는 지오퍼텐셜 고도의 제곱근 오차가 2배되는 시간이 작은 초기오차에서는 2 ~ 3일이며 큰 초기오차에서는 좀 더 긴 시간을 보였다. 따라서 종관규모 예측성의 이론적 한계는 아마도 약 2주이다.

그러나 현존하는 모델에서 나타난 실제 예측의 숙련 수준은 오차 성장의 실험 결과에서 얻은 이론적 한계보다는 낮다. 현존하는 모델들이 이론적 예측 숙련의 한계에 도달하지 못하는 것에는 많은 요인이 있다. 즉, 초기자료의 관측 및 분석오차, 부적합한 모형의 해상도, 복사, 구름, 강수, 대기경계층 속과 관계하는 물리과정의 불완전한 표현이 그것들이다. 전구 예측모델에서 얻은 현재의 예측 숙련도를 그림 13.11에 보인다. 이 그림의 예측 숙련도는 500-hPa 지오퍼텐셜 고도 장의 편차상관을 그린 것이다. 편차상관은 어느 고도 또는 이보다 더 많은 고도의 기후값으로부터 관측과 예측과의 편차 사이 상관으로 정의한다. 주관적 평가에 의하면 유용한 예측은 편차상관이 0.6보다 큰 경우이다. 이를 따르면 지난 20년 동안 ECMWF 예보가 유용한 숙련도를 보인 범위는 5일에서 7일 이상으로 증가하였다. 물론, 어느 한 대기의 흐름에서 다른 대기의 흐름까지 예측성 정도의 변화 폭을 반영하는 숙련도의 변화는 폭넓게 존재할 수 있다.

앙상블은 초기치 문제의 오차 전개를 추정할 수 있는 주요 기술을 제공한다. 몇 가지 통계적 결과는 앙상블 예측 시스템의 수행을 평가하는 데 활용할 수 있다. 크기 M의 앙상블에 대해 앙상블 평균으로부터의 앙상블 폭(ensemble spread) S는 다음과 같이 정의된다.

$$S=\frac{1}{M-1}\sum_{j=1}^{M}(u_j-\bar{u})^2 \tag{13.68}$$

여기서 $\bar{u}$는 앙상블 평균이고 u_j는 앙상블 멤버이다. 이 식은 앙상블 평균의 분산을 뜻한다. 무한개 확률밀도 함수에 대해 그리고 끌개('기후')의 모든 상태에 대해 평균한 S는

$$\langle S\rangle \equiv D \tag{13.69}$$

이다. 앙상블 평균의 오차는

$$e_M=(\bar{u}-u_t)^2 \tag{13.70}$$

으로 정의된다. 여기서 u_t는 참값(알 수 없는)이다. 위에서와 같이 다시 평균하면 다음과 같다(Murphy, 1989).

$$\langle e_M\rangle = \frac{M+1}{M}D \tag{13.71}$$

결과적으로 결정적 예측($M=1$)에 대해 $\langle e_1\rangle = 2D$가 됨을 바로 알 수 있다.

식 (13.69)와 (13.71)로부터 2개의 주요 결과를 유도할 수 있다. 첫 번째는 결정적 예측에 대한 앙상블 평균의 오차의 비는

$$\frac{\langle e_M\rangle}{\langle e_1\rangle}=\frac{M+1}{2M} \tag{13.72}$$

이다. 이것은 분명히 앙상블로서 오차를 평균하여 얻는 혜택이다. 즉, 큰 앙상블 한계에서, 앙상블 평균의 오차는 대체로 하나의 결정적 예측(무작위로 추출한 하나의 멤버)의 오차의 절반이다. 두 번째 주요 결과는 앙상블 폭에 대한 앙상블 평균의 오차의 비와 관련된 것이다. 즉,

$$\frac{\langle e_M\rangle}{\langle S\rangle}=\frac{M+1}{M} \tag{13.73}$$

이것은 작은 앙상블을 제외하면, 앙상블 평균의 오차는 앙상블 폭과 같을 것이라는 것을 보여준다. 앙상블 예측 시스템이 가지는 일반적 문제는 이 시스템들이 거의 앙상블 폭을 가지지 않으므로 식 (13.73)은 잘 교정된 시스템이 가질 앙상블 폭보다 더 크다는 것이다.

권장 문헌

Durran, *Numerical Methods for Wave Equations in Geophysical Fluid Dynamics,* 대학원 수준의 대기과학에서 사용하는 수치 방법을 다루는 훌륭한 교과서이다.

Kalnay, *Atmospheric Modeling, Data Assimilation and Predictability,* 현대 수치예보의 모든 면을 다루는 훌륭한 대학원 수준의 교과서이다.

문제

13.1 카테시안 좌표계의 β평면 순압 소용돌이도 방정식 (13.26)에 대하여 엔스트로피와 운동에너지를 전체 영역에서 평균하면 보존된다는 것, 즉 다음 적분 제약이 만족한다는 것을 보여라.

$$\frac{d}{dt}\iint \frac{\zeta^2}{2}dxdy = 0, \quad \frac{d}{dt}\iint \frac{\nabla\psi \cdot \nabla\psi}{2}dxdy = 0$$

〈힌트〉 에너지 보존을 증명하기 위해서 식 (13.26)을 $-\psi$로 곱하고 미분의 연속 방법을 적용하여라.

13.2 본문의 식 (13.31)을 증명하여라. x와 y방향에서 주기적 경계조건을 사용하라.

13.3 이류 방정식의 유한 차분 방법인 오일러 후진법은 전진 예측 스텝 후 후진 수정 스텝으로 구성된 2스텝 방법이다. 따라서, 13.2.2소절의 기호를 사용하면 완전한 사이클은 다음과 같이 주어진다.

$$\hat{q}^*_m - \hat{q}_{m,s} = -\frac{\sigma}{2}\left(\hat{q}_{m+1,s} - \hat{q}_{m-1,s}\right)$$

$$\hat{q}_{m,s+1} - \hat{q}_{m,s} = -\frac{\sigma}{2}\left(\hat{q}^*_{m+1} - \hat{q}^*_{m-1}\right)$$

여기서 q^*_m은 시간 스텝 $s+1$의 초기 추정이다. 13.2.3소절의 방법을 사용하여 이 방법이 안정도를 만족할 필요조건을 결정하여라.

13.4 이류 방정식의 중앙 차분 근사에 대해 표 13.1에 유사한 절단 오차 분석을 시도하여라. $\sigma = 0.95$와 $\sigma = 0.25$에 대하여 각각 수행해보아라.

13.5 유선함수 ψ는 1개의 진동파 $\psi(x) = A\sin(kx)$로 주어진다. 유한 차분 근사

$$\frac{\partial^2\psi}{\partial x^2} \approx \frac{\psi_{m+1} - 2\psi_m + \psi_{m-1}}{\delta x^2}$$

에서 $k\delta x = \pi/8, \pi/4, \pi/2, \pi$에 대한 오차를 찾아라. 여기서 $x = m\delta x$이고, $m = 0, 1, 2, \cdots$

이다.

13.6 13.2.3소절의 방법을 사용하여 1차원 이류 방정식에 대한 다음 두 유한 차분 근사의 계산 안정도를 계산하여라.

(a) $\hat{\zeta}_{m,s+1} - \hat{\zeta}_{m,s} = -\sigma(\hat{\zeta}_{m,s} - \hat{\zeta}_{m-1,s})$

(b) $\hat{\zeta}_{m,s+1} - \hat{\zeta}_{m,s} = -\sigma(\hat{\zeta}_{m+1,s} - \hat{\zeta}_{m,s})$

여기서 $\sigma = c\delta t/\delta x > 0$. [방안 (a)는 풍상 측(upstream)차분, 방안 (b)는 풍하 측(downstream) 차분이다.] 방안 (a)는 이류되는 장을 감쇄시킨다. 초기형 $\zeta = \exp(ikx)$의 장에 대해, $\sigma = 0.25$, $k\delta x = \pi/8$인 경우의 시간 스텝당 감쇄율을 계산하여라.

13.7 그림 13.5의 왼편 그림과 유사한 엇갈림 수평 격자를 사용하여(그러나 적도 β평면 기하에 대해) 선형 천수 방정식 (11.27), (11.28), (11.29)의 유한 차분형을 표현하여라.

13.8 식 (13.22)에 주어진

$$\left(\frac{1 - i\tan\theta_p}{1 + i\tan\theta_p}\right) = \exp(-2i\theta_p)$$

을 증명하여라.

13.9 암시 차분 방안 식 (13.19)에서 실제 위상 속도에 대한 수치 위상 속도의 비, c'/c를 $p = \pi, \pi/2, \pi/4, \pi/8, \pi/16$에 대하여 계산하여라. $\sigma = 0.75$와 $\sigma = 1.25$로 하여라. 그 결과를 표 13.1과 비교하여라.

13.10 13.2.1소절의 기술을 사용하여 다음 1차 미분의 4점 차분공식이 4차수 정확도임을 보여라.

$$\psi'(x_0) \approx \frac{4}{3}\left(\frac{\psi(x_0 + \delta x) - \psi(x_0 - \delta x)}{2\delta x}\right) - \frac{1}{3}\left(\frac{\psi(x_0 + 2\delta x) - \psi(x_0 - 2\delta x)}{4\delta x}\right) \tag{13.74}$$

13.11 1차원 확산 방정식,

$$\frac{\partial q}{\partial t} = K\frac{\partial^2 q}{\partial x^2}$$

을 근사함에 있어서 13.2.2소절의 표현을 쓰면 듀포트-프랭클(Dufort-Frankel) 방법은 다음과 같이 주어진다.

$$\hat{q}_{m,s+1} = \hat{q}_{m,s-1} + r\left[\hat{q}_{m+1,s} - (\hat{q}_{m,s+1} + \hat{q}_{m,s-1}) + \hat{q}_{m-1,s}\right]$$

여기서 $r \equiv 2K\delta t/(\delta x)^2$이다. 이 방안은 명시 차분 방안이며, δt의 모든 값에 따라 계산 안정임을 보여라.

13.12 식 (13.54)로부터 식 (13.55)를 유도하라.

MATLAB 연습

M13.1 MATLAB 스크립트 **finite_diff1.m**을 사용하여 $-4 \le x \le 4$ 영역 내의 여러 격자 간격에 대해 함수 $\psi(x) = \sin(\pi x/4)$의 중앙 차분 1차 미분식 (13.4)를 해석적 표현 $d\psi/dx = (\pi/4)\cos(\pi x/4)$와 비교하여라. 최대 오차를 4에서 64의 범위에서 격자 간격수 $ngrid$의 함수로 그래프로 그려라. 2차 미분에 대해서도 비슷한 분석을 수행하라(경계 근처에서 1차 미분을 사용하라).

M13.2 M13.1을 수정하고 x의 같은 영역을 사용하여 함수 $\tanh(x)$의 1차 미분의 오차를 계산하여라.

M13.3 MATLAB 스크립트 **advect_1.m**은 식 (13.8)에 주어진 1차원 이류 방정식의 등 넘기 차분 방안을 보인다. 여러 격자 간격의 스크립트를 수행하여 범위 4에서 64의 파장당 격자 간격의 수와 위상 오차(파 주기당 정도) 사이의 관계를 조사하고, 그 결과를 표 13.1과 비교하여라.

M13.4 문제 13.6의 풍상 차분 방안과 문제 13.3의 오일러 후진 방안을 사용하여 스크립트 **advect_1.m**을 수정하여라. 이 두 방안과 M13.3의 등넘기 방안을 위상과 진폭에 대해 비교하여라.

M13.5 MATLAB 스크립트 **advect_2.m**은 초기 추적 분포가 폭 0.25의 국지적 양의 진동이라는 것 외에는 M13.3의 스크립트와 비슷하다. 100, 200, 400 격자 간격으로 스크립트를 수행하라. 진동이 이류됨에 따라 모양이 변하는 이유를 설명하여라. 문제 13.10의 결과를 사용하여 스크립트를 수정하여 이류항의 4차수 근사를 제시하고, 400 격자 간격의 경우에 대해 4차수 근사와 2차수 정확도 시스템의 정확도를 비교하여라.

M13.6 MATLAB 스크립트 **advect_3.m**은 식 (13.19)의 암시 차분이 사용되는 M13.15의 2차수 정확도의 변형 버전이다. 이 스크립트를 400 격자 간격으로 $\sigma = 1$과 1.25에 대해 수행하고, 그 다음 이들 σ값으로 **Advect_2.m**을 수행하여라. 문제 13.9를 참고하여 이들 결과를 정성적으로 설명하여라.

M13.7 MATLAB 스크립트 **barotropic_mode1.m**은 등넘기 시간 차분식을 사용하여 식 (13.30)에 주어진 비선형 항의 플럭스형 순압 소용돌이도 방정식의 유한 차분 근사를 풀도록 사용할 수 있다. 이 예에서 초기 흐름은 국지 소용돌이와 일정한 동서 평균 흐름으로 되어 있다. 여러 시간 스텝을 사용하여 10일 모형 시뮬레이션을 수행하여 수치 안정도를 유지하는 최대 시간 스텝을 결정하여라. 이 결과를 CFL 조건 식 (13.18)과 어떻게 비교할 수 있는가?

M13.8 MATLAB 스크립트 **Lorenz_mode1.m**은 유명한 세 변수 로렌츠 방정식의 정확한 수치해를 준다. 로렌츠 방정식은 종종 카오스계(대기와 같은)에서 초기 조건에 대한 민감도를 전시하는 데 사용된다. 로렌츠 모형의 방정식은 다음과 같이 쓸 수 있다.

$$dX/dt = -\sigma X + \sigma Y \tag{13.75}$$

$$dY/dt = -XZ + rX - Y \tag{13.76}$$

$$dZ/dt = XY - bZ \tag{13.77}$$

여기서 (X, Y, Z)는 '기후'를 정의하는 벡터로 간주할 수 있고, σ, r, b는 상수이다. $X=10$의 초기값을 주어 스크립트를 수행하여 $X-Z$ 평면에서 해들의 궤적이 잘 알려진 '나비 날개' 모양임을 증명하여라. 코드를 수정해서 변수들의 시간 역사를 남겨 두어 그래프를 그린 후, X의 초기 조건을 0.1% 증감한 경우들과 비교하여라. 3개의 해가 각자의 10% 내로 남는 시간(무차원 시간단위로)이 얼마나 되는가?

M13.9 **Lorenz_mode1.m**의 코드를 수정해서 지배 방정식 dX/dt의 오른편에 $F=10$의 일정한 강제력을 포함하여라. 이 경우, 해의 성질이 어떻게 변하는지를 서술하여라(Palmer, 1993).

M13.10 문제 13.7의 결과를 사용하여 적도 β평면의 천수 모형에 대한 MATLAB 스크립트 **forced_equatorial_mode2.m**(M11.6을 보라)의 엇물림 격자계를 써라. u와 Φ를 적도에 정하고, v는 적도의 남북 $\delta y/2$ 거리의 점에 정하도록 엇물림 격자를 정하여라. 엇물림 격자 모형의 결과를 전자의 격자 간격의 1/2을 가진 **forced_equatorial_mode2.m**의 결과와 비교하여라.

M13.11 MATLAB 스크립트 **nonlinear_advect_diffuse.m**은 1차원 비선형 이류-확산 방정식

$$\frac{\partial u}{\partial t} = -u\frac{\partial u}{\partial x} + K\frac{\partial^2 u}{\partial x^2}$$

의 수치 근사를 제공한다. 여기서 초기 조건은 $u(x, 0) = \sin(2\pi x/Lx)$이다. 스크립트는 이류항을 등넘기 차분을 쓰고, 확산항을 전진 차분을 쓴다. 확산이 없으면 흐름은 재빨리 충격으로 전개되나, 확산은 충격이 일어나지 않도록 방지한다. 스크립트를 수행해서 δt를 바꿈으로써 안정해의 최대 시간 스텝을 결정하여라. 확산항을 문제 13.11에 주어진 듀포트-프랭클 차분 방안으로 표현해서 코드를 수정하여라. 이 경우의 안전도에 필요한 최대 시간 스텝을 결정하여라. 시간 스텝이 증가함에 따라 해의 정확도는 어떻게 변하는가?

DYNAMIC METEOROLOGY

부록

부록 A 유용한 상수와 매개변수

만유인력 상수	$G = 6.673 \times 10^{-11}\mathrm{Nm^2\,kg^{-2}}$
해면 중력 가속도	$g_0 = 9.81\,\mathrm{ms^{-2}}$
지구의 평균 반경	$a = 6.37 \times 10^6\,\mathrm{m}$
지구의 자전 각속도	$\Omega = 7.292 \times 10^{-5}\,\mathrm{rads^{-1}}$
보편 기체상수	$R^* = 8.314 \times 10^3\,\mathrm{JK^{-1}kmol^{-1}}$
건조공기의 기체상수	$R = 287\,\mathrm{JK^{-1}kg^{-1}}$
건조공기의 정압비열	$c_p = 1004\,\mathrm{JK^{-1}kg^{-1}}$
건조공기의 정적비열	$c_v = 717\,\mathrm{JK^{-1}kg^{-1}}$
비열의 비	$\gamma = c_p/c_v = 1.4$
물의 분자량	$m_v = 18.016\,\mathrm{kg\,kmol^{-1}}$
0℃에서의 응결 숨은열	$L_c = 2.5 \times 10^6\,\mathrm{J\,kg^{-1}}$
지구의 질량	$M = 5.988 \times 10^{24}\,\mathrm{kg}$
표준 해면 기압	$p_0 = 1013.25\,\mathrm{hPa}$
표준 해면 기온	$T_0 = 288.15\,\mathrm{K}$
표준 해면 공기밀도	$\rho_0 = 1.225\,\mathrm{kg\,m^{-3}}$

부록 B 기호 목록

주요 기호들만 나열하였다. 프라임, 오버바, 아래첨자 지표 등이 붙은 기호는 별도로 나열하지 않았다. 굵은 글씨체의 문자는 벡터량을 나타낸다. 기호 하나 이상의 뜻을 가지고 있는 경우에 두 번째 이하의 뜻이 처음 사용되는 절을 목록에 표시하였다.

a 지구 반경

b 부력

c 파의 위상 속도

c_p 건조공기의 정압 비열

c_{pv} 수증기의 정압 비열

c_v 건조공기의 정적 비열

c_w 물의 비열

d 격자 거리

e 단위 질량당 내부 에너지

f 코리올리 매개변수($\equiv 2\Omega\sin\phi$)

g 중력의 크기

$\mathbf{g}$ 중력

$\mathbf{g}^*$ 만유인력 가속도

h 유체층의 깊이, 습윤 정적 에너지(2.9.1소절)

i $\sqrt{-1}$

$\mathbf{i}$ x축 방향 단위 벡터

$\mathbf{j}$ y축 방향 단위 벡터

$\mathbf{k}$ z축 방향 단위 벡터

k 동서방향 파수

l 혼합 길이, 남북 방향 파수

m 질량소, 연직 방향 파수, 행성 파수(13.4절)

m_v 물의 분자량

n 덩이 궤적에 직각인 방향의 거리, 적도파에 대한 남북 방향 지표(11.4절)

$\mathbf{n}$ 덩이 궤적에 직각인 방향의 단위 벡터

p 기압

p_s 표준 일정 기압, 시그마 좌표계에서의 지표 기압(10.3.1소절)

q 준지균 위치 소용돌이도, 수증기 혼합비

q_s 포화 혼합비

r 구좌표계에서의 반경 방향 거리

$\boldsymbol{r}$ 위치 벡터

s 일반화된 연직 좌표, 덩이 궤적을 따른 거리(3.2절), 엔트로피(2.7절), 건조 정적 에너지 (2.9.1소절)

t 시간

$\boldsymbol{t}$ 덩이 궤적에 나란한 방향의 단위 벡터

u_* 마찰 속도

u 속도의 x성분(동쪽 방향)

v 속도의 y성분(북쪽 방향)

w 속도의 z성분(위 방향)

w^* 대수-기압계에서의 연직 운동

x, y, z 각각 동쪽 방향, 북쪽 방향 및 위쪽 방향 거리

z^* 대수-기압계에서의 연직 좌표

$\boldsymbol{A}$ 임의의 벡터

A 면적

B 대류 가용 에너지

C_d 지면 항력계수

D_e 에크만층의 깊이

E 증발률

E_I 내부 에너지

$\boldsymbol{F}$ 힘, EP속(10.2절)

$\boldsymbol{Fr}$ 마찰력

G 만유인력 상수, 동서 방향 힘(10.2절)

H 규모 고도

J 비단열 가열률

K 총수평 파수, 운동 에너지(9.3절)

K_m 맴돌이 점성계수

L 길이 규모

L_c 응결 숨은열

M 질량, 에크만 층에서의 질량 발산(8.4절), 절대 동서방향 운동량(9.3절), 각 운동량(10.3절)

N 부력 진동수

P 가용 위치 에너지(7.3절), 강수율(11.3절)

$\boldsymbol{Q}$ $\boldsymbol{Q}$벡터

R 건조공기에 대한 기체 상수, 지구의 자전축으로부터 지표면 한 점까지의 거리(1.3절), 비단열 에너지 발생률(10.4절)

$\boldsymbol{R}$ 지구 자전축으로부터 지표면 한 점으로 향하는 적도 평면에서의 벡터

R^* 보편 기체 상수

S_p $\equiv -T\partial \ln\theta/\partial p$, 기압 좌표에서의 안정도 매개변수

T 기온

U 수평 속도 규모

V 자연 좌표에서의 속력

δV 부피 증분

$\boldsymbol{U}$ 3차원 속도 벡터

$\boldsymbol{V}$ 수평 속도 벡터

W 연직 운동 규모

X 동서 방향 난류 항력

Z 지오퍼텐셜 고도

α 비체적

β $\equiv df/dy$, 위도에 따른 코리올리 매개변수의 변화, 바람의 각 방향(3.3절)

γ $\equiv c_p/c_v$, 비열의 비

ε 마찰 에너지 소멸률

ζ 상대 소용돌이도의 연직성분

η 절대 소용돌이도의 연직성분, 가열 프로파일에 대한 가중 함수(11.3절)

θ 온위

$\dot{\theta}$ $\equiv D\theta/Dt$, 등엔트로피 좌표에서의 연직 운동

θ_e 상당 온위

κ $\equiv R/c_p$, 정압 비열에 대한 기체상수의 비, 레일리 마찰 계수(10.6절)

λ 경도, 양의 동쪽 방향

μ 역학 점성 계수

ν 각진동수, 운동 점성(1.2.2소절)

ρ 밀도

σ $\equiv -RT_0p^{-1}d\ln\theta_0/dp$, 등압 좌표에서의 표준 대기 정적 안정도 매개변수, $\equiv -p/p_s$, σ계에서의 연직 좌표(10.3절), 등엔트로피 좌표에서의 '밀도'(4.6절)

τ_d 확산 시간규모

τ_E 맴돌이 응력

ϕ 위도

χ 지오퍼텐셜 경향, 남북방향 유선함수, 추적물 혼합비

ψ 수평 유선함수

ω 등압 좌표에서의 연직속도($\equiv dp/dt$)

$\boldsymbol{\omega}$ 소용돌이도 벡터

Γ $\equiv -dT/dz$, 기온의 감률

Γ_d 건조단열감률

Φ 지오퍼텐셜

Π 에르텔 위치 소용돌이도, 엑스너 함수

Θ 온위 편차

Ω 지구의 자전 각속도

$\boldsymbol{\Omega}$ 지구의 각속도 벡터

부록 C 벡터 분석

C.1 벡터 항등식

Φ가 임의의 스칼라이고 $\boldsymbol{A}$와 $\boldsymbol{B}$가 임의의 벡터일 때 다음 공식은 항상 성립한다.

$$\nabla \times \nabla \Phi = 0$$

$$\nabla \cdot (\Phi \boldsymbol{A}) = \Phi \nabla \cdot (\boldsymbol{A}) + \boldsymbol{A} \cdot \nabla \Phi$$

$$\nabla \times (\Phi \boldsymbol{A}) = \nabla \Phi \times \boldsymbol{A} + \Phi (\nabla \times \boldsymbol{A})$$

$$\nabla \cdot (\nabla \times \boldsymbol{A}) = 0$$

$$(\boldsymbol{A} \cdot \nabla) \boldsymbol{A} = \frac{1}{2} \nabla (\boldsymbol{A} \cdot \boldsymbol{A}) - \boldsymbol{A} \times (\nabla \times \boldsymbol{A})$$

$$\nabla \times (\boldsymbol{A} \times \boldsymbol{B}) = \boldsymbol{A}(\nabla \cdot \boldsymbol{B}) - \boldsymbol{B}(\nabla \cdot \boldsymbol{A}) - (\boldsymbol{A} \cdot \nabla) \boldsymbol{B} + (\boldsymbol{B} \cdot \nabla) \boldsymbol{A}$$

$$\boldsymbol{A} \times (\boldsymbol{B} \times \boldsymbol{C}) = (\boldsymbol{A} \cdot \boldsymbol{C}) \boldsymbol{B} - (\boldsymbol{A} \cdot \boldsymbol{B}) \boldsymbol{C}$$

C.2 적분 정리

(a) 발산 정리

$$\int_A \boldsymbol{B} \cdot \boldsymbol{n} dA = \int_V \boldsymbol{V} \cdot \boldsymbol{B} dV$$

여기서 V는 면적 A로 둘러싸인 부피이고 $\boldsymbol{n}$은 A에 직각인 단위 벡터이다.

(b) 스토크스 정리

$$\oint \boldsymbol{B} \cdot d\boldsymbol{l} = \int_A (\boldsymbol{V} \times \boldsymbol{B}) \cdot \boldsymbol{n} dA$$

여기서 A는 위치 벡터 $\boldsymbol{l}$이 긋는 선으로 경계되는 면적이고 $\boldsymbol{n}$은 A에 직각인 단위 벡터이다.

C.3 여러 좌표계에서의 벡터 계산

(a) 카테시안 좌표 : (x, y, z)

좌표	기호	속도 성분	단위 벡터
동쪽 방향	x	u	$\boldsymbol{i}$
북쪽 방향	y	v	$\boldsymbol{j}$
위쪽 방향	z	w	$\boldsymbol{k}$

$$\nabla \Phi = \boldsymbol{i}\frac{\partial \Phi}{\partial x} + \boldsymbol{j}\frac{\partial \Phi}{\partial y} + \boldsymbol{k}\frac{\partial \Phi}{\partial z}$$

$$\nabla \cdot \boldsymbol{V} = \frac{\partial u}{\partial x} + \frac{\partial v}{\partial y}$$

$$\boldsymbol{k} \cdot (\nabla \times \boldsymbol{V}) = \frac{\partial v}{\partial x} - \frac{\partial u}{\partial y}$$

$$\nabla_h^2 \Phi = \frac{\partial^2 \Phi}{\partial x^2} + \frac{\partial^2 \Phi}{\partial y^2}$$

(b) 원통 좌표 : (γ, λ, z)

좌표	기호	속도 성분	단위 벡터
반경 방향	r	u	$\boldsymbol{i}$
방위각 방향	λ	v	$\boldsymbol{j}$
위쪽 방향	z	w	$\boldsymbol{k}$

$$\nabla \Phi = \boldsymbol{i}\frac{\partial \Phi}{\partial r} + \boldsymbol{j}\frac{1}{r}\frac{\partial \Phi}{\partial \lambda} + \boldsymbol{k}\frac{\partial \Phi}{\partial z}$$

$$\nabla \cdot \boldsymbol{V} = \frac{1}{r}\frac{\partial (ru)}{\partial r} + \frac{1}{r}\frac{\partial v}{\partial \lambda}$$

$$\boldsymbol{k} \cdot (\nabla \times \boldsymbol{V}) = \frac{1}{r}\frac{\partial (rv)}{\partial r} - \frac{1}{r}\frac{\partial u}{\partial \lambda}$$

$$\nabla_h^2 \Phi = \frac{1}{r}\frac{\partial}{\partial r}\left(r\frac{\partial \Phi}{\partial r}\right) + \frac{1}{r^2}\frac{\partial^2 \Phi}{\partial \lambda^2}$$

(c) 구좌표 : (λ, ϕ, r)

좌표	기호	속도 성분	단위 벡터
경도 방향	λ	u	$\boldsymbol{i}$
위도 방향	ϕ	v	$\boldsymbol{j}$
위쪽 방향	r	w	$\boldsymbol{k}$

$$\nabla \Phi = \frac{\boldsymbol{i}}{r \cos \phi}\frac{\partial \Phi}{\partial \lambda} + \boldsymbol{j}\frac{1}{r}\frac{\partial \Phi}{\partial \phi} + \boldsymbol{k}\frac{\partial \Phi}{\partial \gamma}$$

$$\nabla \cdot \boldsymbol{V} = \frac{1}{r \cos \phi}\left[\frac{\partial u}{\partial \lambda} + \frac{\partial (v \cos \phi)}{\partial \phi}\right]$$

$$\boldsymbol{k} \cdot (\nabla \times \boldsymbol{V}) = \frac{1}{r \cos \phi}\left[\frac{\partial v}{\partial \lambda} + \frac{\partial (u \cos \phi)}{\partial \phi}\right]$$

$$\nabla_h^2 \Phi = \frac{1}{r^2 \cos^2 \phi}\left[\frac{\partial^2 \Phi}{\partial \lambda^2} + \cos \phi \frac{\partial}{\partial \phi}\left(\cos \phi \frac{\partial \Phi}{\partial \phi}\right)\right]$$

부록 D 습도 변수

D.1 상당온위

θ_e에 대한 수학적 표현은 열역학 제1법칙을 건조공기 1kg과 수증기 $q$kg의 혼합물에 적용함으로써 유도될 수 있다(여기서 q는 혼합비라 불리는데 보통 건조공기 1kg당 수증기의 g으로 표현된다). 만일 공기 덩이가 포화되어 있지 않다면, 건조공기는 에너지 방정식

$$c_p dT - \frac{d(p-e)}{p-e} RT = 0 \tag{D.1}$$

을 만족하고 수증기는

$$c_{pv} dT - \frac{de}{e}\frac{R^*}{m_v} T = 0 \tag{D.2}$$

을 만족한다. 이때 운동은 단열적이라 가정한다. 여기서, e는 수증기의 분압, c_{pv}는 수증기에 대한 정압비열, R^*는 보편 기체상수, 그리고 m_v는 물의 분자량이다. 만일 공기 덩이가 포화되어 있다면, 1kg의 건조공기당 $-dq_s$kg 수증기의 응결이 공기와 수증기의 혼합물을 가열시킬 것이고, 포화된 공기 덩이는 에너지 방정식

$$c_p dT + q_s c_{pv} dT - \frac{d(p-e_s)}{p-e_s} RT - q_s \frac{de_s}{e_s}\frac{R^*}{m_v} T = -L_c dq_s \tag{D.3}$$

을 만족해야 한다. 여기서 q_s와 e_s는 각각 포화 혼합비와 포화 수증기압이다. 양 de_s/e_s는 클라우시우스-클라페이론 방정식[1)]

$$\frac{de_s}{dT} = \frac{m_v L_c e_s}{R^* T^2} \tag{D.4}$$

을 사용하여 온도의 항으로 표현될 수 있다.

식 (D.4)를 식 (D.3)에 대입하고 항들을 재정리하면,

$$-L_c d\left(\frac{q_s}{T}\right) = c_p \frac{dT}{T} - \frac{Rd(p-e_s)}{p-e_s} + q_s c_{pv} \frac{dT}{T} \tag{D.5}$$

를 얻는다. 만일 건조공기의 온위 θ_d를

$$c_p d \ln \theta_d = c_p d \ln T - Rd \ln(p-e_s)$$

1) 유도과정에 대해서는 Curry and Webster(1999, p.108)를 보라.

에 따라 정의한다면 식 (D.5)를

$$-L_c d\left(\frac{q_s}{T}\right) = c_p d\ln\theta_d + q_s c_{pv} d\ln T \tag{D.6}$$

로 다시 쓸 수 있다. 그러나

$$\frac{dL_c}{dT} = c_{pv} - c_w \tag{D.7}$$

임을 보일 수 있는데, 여기서 c_w는 액체 상태의 물의 비열이다. 식 (D.7)과 (D.6)을 결합하여 c_{pv}를 소거하면 다음을 얻는다.

$$-d\left(\frac{L_c q_s}{T}\right) = c_p d\ln\theta_d + q_s c_w d\ln T \tag{D.8}$$

식 (D.8)에서 마지막 항을 무시하여 원래 상태 $(p, T, q_s, e_s, \theta_d)$로부터 $q_s \to 0$의 상태까지 적분할 수 있다. 그러므로, 포화공기의 상당온위는

$$\theta_e = \theta_d \exp\left(\frac{L_c q_s}{c_p T}\right) \approx \theta \exp\left(\frac{L_c q_s}{c_p T}\right) \tag{D.9}$$

로 주어진다. 식 (D.9)는 사용된 온도가 단열 팽창으로 인하여 공기가 포화되는 온도라면 불포화 공기 덩이에도 적용될 수 있다.

D.2 위단열감률

열역학 제1법칙으로부터 위단열 상승을 하는 포화 공기 덩이의 감률은 공식

$$\frac{dT}{dz} + \frac{g}{c_p} = -\frac{L_c}{c_p}\left[\left(\frac{\partial q_s}{\partial T}\right)_p \frac{dT}{dz} - \left(\frac{\partial q_s}{\partial p}\right)_T \rho g\right] \tag{D.10}$$

으로부터 얻을 수 있음을 2.9.2소절에서 보였다.

$q_s \cong \varepsilon e_s/p$(여기서 $\varepsilon = 0.622$는 건조공기의 분자량에 대한 수증기 분자량의 비를 주목하고 식 (D.4)를 이용하면, 식 (D.10)에 있는 편도함수를

$$\left(\frac{\partial q_s}{\partial p}\right)_T \approx -\frac{q_s}{p} \text{와} \left(\frac{\partial q_s}{\partial T}\right)_p \approx \frac{\varepsilon}{p}\frac{\partial e_s}{\partial T} = \frac{\varepsilon^2 L_c e_s}{pRT^2} = \frac{\varepsilon L_c q_s}{RT^2}$$

로 표현할 수 있다. 이것을 식 (D.10)에 대입하고 $g/c_p = \Gamma_d$임을 고려하면 결과는 다음과 같다.

$$\Gamma_s \equiv -\frac{dT}{dz} = \Gamma_d \frac{[1 + L_c q_s/(RT)]}{[1 + \varepsilon L_c^2 q_s/(c_p RT^2)]}$$

부록 E 표준 대기 자료

| 표 E.1 | 지오퍼텐셜 고도 대 기압

기압(hPa)	Z(km)
1000	0.111
900	0.988
850	1.457
700	3.012
600	4.206
500	5.574
400	7.185
300	9.164
200	11.784
100	16.180
50	20.576
30	23.849
10	31.055

| 표 E.2 | 지오퍼텐셜 고도의 함수로 나타낸 표준 대기의 기온, 기압과 밀도

Z(km)	기온(K)	기압(hPa)	밀도(kgm^{-3})
0	288.15	1013.25	1.225
1	281.65	898.74	1.112
2	275.15	794.95	1.007
3	268.65	701.08	0.909
4	262.15	616.40	0.819
5	255.65	540.19	0.736
6	249.15	471.81	0.660
7	242.65	410.60	0.590
8	236.15	355.99	0.525
9	229.65	307.42	0.466
10	223.15	264.36	0.412
12	216.65	193.30	0.311
14	216.65	141.01	0.227
16	216.65	102.87	0.165
18	216.65	75.05	0.121
20	216.65	54.75	0.088
24	220.65	29.30	0.046
28	224.65	15.86	0.025
32	228.65	8.68	0.013

부록 F 대칭 경압 진동

경압 영역에서 강제 횡단 순환에 대한 소이어-엘리어슨 방정식(9.15)의 유도 변형은 자유 대칭 횡단 진동에 대한 방정식을 얻기 위해 사용될 수 있는데, 후자의 진동에 대한 방정식은 불안정 대칭 진동의 성장률에 대한 표현이나 안정 대칭 진동의 진동수를 유도하기 위하여 사용될 수 있다.

흐름 장이 동서 대칭이어서 $u_g = u_g(y, z)$이고, $b = b(y, z)$이라고 가정하라. 비지균(횡단) 흐름은 유선함수 $\psi(y, z)$에 의해 주어지는데, 이때 $v_a = -\partial\psi/\partial z$, $w_a = \partial\psi/\partial y$이다. 그러면 식 (9.12)로부터 $Q_2 = 0$이어서 어느 횡단 순환도 강제되지 않고 이 순환은 정확한 지균균형으로부터의 편차로부터 일어나야 한다. 이것은 단순히 y-운동량 방정식에 가속도항을 가함으로써 표현될 수 있어서 식 (9.10)은

$$\frac{\partial}{\partial t}\left(-\frac{\partial^2\psi}{\partial z^2}\right) + f\frac{\partial u_g}{\partial z} + \frac{\partial b}{\partial y} = 0 \tag{F.1}$$

으로 된다. 그 다음에 전과 같이 식 (9.11)과 (9.13)을 결합하고 식 (F.1)을 적용하면,

$$\frac{D}{Dt}\left[\frac{\partial}{\partial t}\left(\frac{\partial^2\psi}{\partial z^2}\right)\right] + N_s^2\frac{\partial^2\psi}{\partial y^2} + F^2\frac{\partial^2\psi}{\partial z^2} + 2S^2\frac{\partial^2\psi}{\partial y\partial z} = 0 \tag{F.2}$$

을 얻는다. 유선함수에서 제곱항을

$$\frac{D}{Dt} = \frac{\partial}{\partial t} + v_a\frac{\partial}{\partial y} + w_a\frac{\partial}{\partial z} \approx \frac{\partial}{\partial t}$$

와 같이 무시하면 원하는 결과인

$$\frac{\partial^2}{\partial t^2}\left(\frac{\partial^2\psi}{\partial z^2}\right) + N_s^2\frac{\partial^2\psi}{\partial y^2} + F^2\frac{\partial^2\psi}{\partial z^2} + 2S^2\frac{\partial^2\psi}{\partial y\partial z} = 0 \tag{F.3}$$

을 얻게 된다.

부록 G 조건부 확률 및 우도

무작위 변수란 표본 공간 S에서 각각의 결과를 하나의 실수와 연결짓는 규칙(예 : 함수)에 의하여 정의된다. 표본 공간의 사건과 연관된 두 비연속 무작위 변수 A와 B를 생각해보자. 이때 A와 B의 확률을 각각 $P(A)$와 $P(B)$로 나타내고 이들은 0과 1 사이의 값을 가지며 정의에 의하여 $P(S)=1$이다. 조건부 확률은 $P(A|B)$로 나타내고 'B가 주어졌을 때 A의 확률'이라 읽는다. B가 주어졌다는 말은 표본집단이 S에서 B로 좁혀졌다는 것을 의미한다.

조건부 확률 $P(A|B)$는 A와 B가 함께 일어나는 교집합의 확률, 즉 $P(A\cap B)$에 비례할 것이다. 특별히 A와 B가 같을 때 $P(B|B)=1$이고 $P(B\cap B)=P(B)$이므로 비례상수는 $1/P(B)$가 될 것이다. 따라서

$$P(A|B)=\frac{P(A\cap B)}{P(B)} \tag{G.1}$$

이다. 마찬가지로

$$P(B|A)=\frac{P(A\cap B)}{P(A)} \tag{G.2}$$

식 (G.2)를 이용하여 식 (G.1)의 $P(A\cap B)$를 치환하면 우리는 다음과 같이 **베이즈의 정리**를 얻을 수 있다.

$$P(A|B)=\frac{P(B|A)P(A)}{P(B)} \tag{G.3}$$

우도(가능도)

조건부 확률은 한 사건이 다른 사건의 확률에 어떤 영향을 미치는지 구체적인 정보를 제공한다. 예를 들어서 $B=b$라는 구체적인 사건이 발생하면 식 (G.3)을 통하여 A가 발생할 확률은 $P(A|B=b)$라고 표현할 수 있다. 역으로 조건부 확률을 B에 대한 확률로 표현하면 우도함수는

$$L(b|A)=\alpha P(A|B=b) \tag{G.4}$$

로 주어지며 여기에서 α는 상수 매개변수이다. 동전 양면을 'H'와 'T'라 하고 어떤 면이 나오는지 반복적으로 관찰하는 실험을 예로 들어보자. 동전이 'H'가 나왔을 때 우리는 "$P(H)$가 정확히 0.5일 우도는 얼마인가?" 하는 질문을 할 수 있을 것이다. 그림 G.1에 의하면 $L=0.5$의 값을 갖는다. 실제로 가장 가능성이 높은 확률값은 $P(H)=1$이며 동전면이 이미 'H'가 나왔기 때문에 $P(H)=0$이 될 가능성은 $L(0)=0$이 된다. 두 번째 시도에서도 'H'가 나왔다면 최대 우도는 역시 $P(H)=1$에서 주어질 것이며 $P(H)$가 1보다 작을 가능성은 더욱 줄어들 것이다.

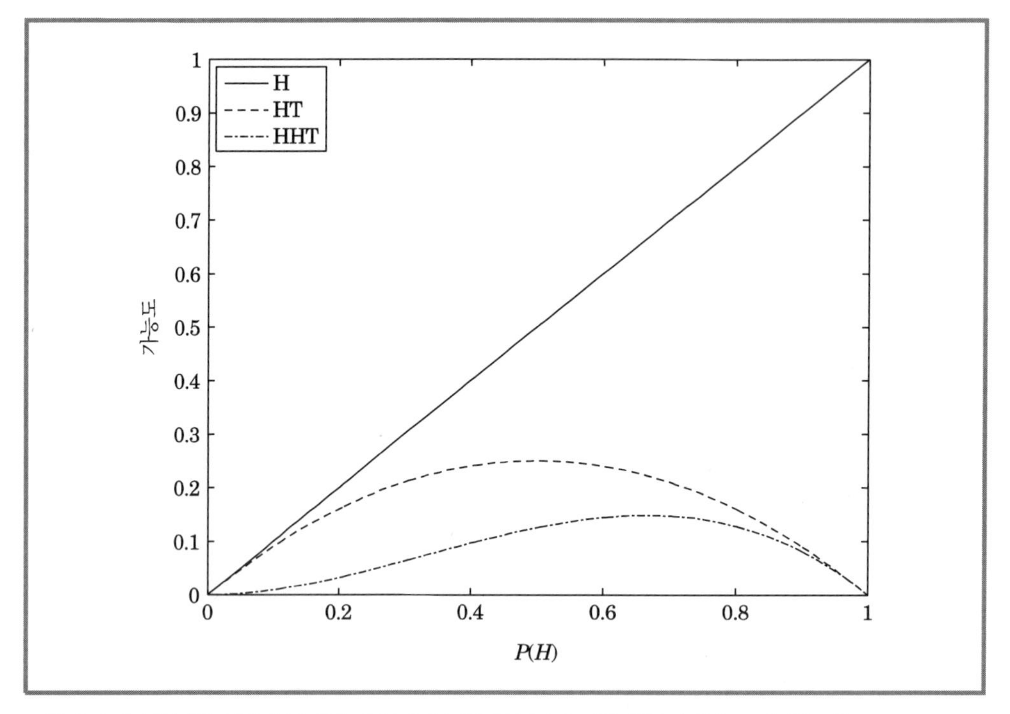

그림 G.1 'H'와 'T'의 관찰이 주어질 때 양면의 동전에서 'H'가 나올 확률의 함수로 나타낸 가능도

이 논리의 전개를 바꾸어서 이런 질문을 할 수 있을 것이다. "$P(H)=0.5$라는 것을 알고 있다면 (동전의 양면이 나올 확률이 같다면) 'HH'를 관찰할 확률은 얼마인가?" 이 경우 조건부 확률은 0.25이며 이는 $L(0.5|HH)$와 같은 값을 가진다. 또 다른 실험에서 두 번의 시도 중 한번 'T'를 관찰했다면 $L(0)$와 $L(1)$ 모두 0의 값을 가진다(그림 G.1 참조). 조건부 확률과는 달리 우도는 확률이 아니며 우도의 값이 1을 넘어설 수 있고 독립변수에 대하여 우도를 적분하면 1의 값을 가질 필요가 없다.

참고문헌

Acheson, D.J., 1990. Elementary Fluid Dynamics. Oxford University Press, New York.

Andrews, D.G., Holton, J.R., Leovy, C.B., 1987. Middle Atmosphere Dynamics. Academic Press, Orlando.

Andrews, D.G., McIntyre, M.E., 1976. Planetary waves in horizontal and vertical shear: the generalized Eliassen–Palm relation and the mean zonal acceleration. J. Atmos. Sci. 33, 2031–2048.

Arakawa, A., Schubert, W., 1974. Interaction of a cumulus cloud ensemble with the large-scale environment. Part I. J. Atmos. Sci. 31, 674–701.

Arya, S.P., 2001. Introduction to Micrometeorology, second ed. Academic Press, Orlando.

Baer, F., 1972. An alternate scale representation of atmospheric energy spectra. J. Atmos. Sci. 29, 649–664.

Battisti, D.S., Sarachik, E.S., Hirst, A.C., 1992. A consistent model for the large-scale steady surface atmospheric circulation in the tropics. J. Climate 12, 2956–2964.

Blackburn, M., 1985. Interpretation of ageostrophic winds and implications for jet stream maintenance. J. Atmos. Sci. 42, 2604–2620.

Blackmon, M.L., Wallace, J.M., Lau, N.-C., Mullen, S.L., 1977. An observational study of the northern hemisphere wintertime circulation. J. Atmos. Sci. 34, 1040–1053.

Bluestein, H., 1993. Synoptic-Dynamic Meteorology in Midlatitudes, Vol. II. Oxford University Press, New York.

Bourne, D.E., Kendall, P.C., 1968. Vector Analysis. Allyn & Bacon, Boston.

Brasseur, G., Solomon, S., 1986. Aeronomy of the Middle Atmosphere: Chemistry and Physics of the Stratosphere and Mesosphere, second ed. Reidel, Norwell, MA.

Brown, R.A., 1970. A secondary flow model for the planetary boundary layer. J. Atmos. Sci. 27, 742–757.

Brown, R.A., 1991. Fluid Mechanics of the Atmosphere. Academic Press, Orlando.

Chang, C.P., 1970. Westward propagating cloud patterns in the Tropical Pacific as seen from time-composite satellite photographs. J. Atmos. Sci. 27, 133–138.

Chang, E.K.M., 1993. Downstream development of baroclinic waves as inferred from regression analysis. J. Atmos. Sci. 50, 2038–2053.

Chapman, S., Lindzen, R.S., 1970. Atmospheric Tides: Thermal and Gravitational. Reidel, Dordrecht, Holland.

Charney, J.G., 1947. The dynamics of long waves in a baroclinic westerly current. J. Meteor. 4, 135–163.

Charney, J.G., 1948. On the scale of atmospheric motions. Geofys. Publ. 17 (2), 1–17.

Charney, J.G., DeVore, J.G., 1979. Multiple flow equilibria in the atmosphere and blocking. J. Atmos. Sci. 36, 1205–1216.

Charney, J.G., Eliassen, A., 1949. A numerical method for predicting the perturbations of the middle latitude westerlies. Tellus 1 (2), 38–54.

Cunningham, P., Keyser, D., 2006. Dynamics of jet streaks in a stratified quasi-geostrophic atmosphere: steady-state representations. Quart. J. Roy. Meteor. Soc. 130A, 1579–1609.

Curry, J.A., Webster, P.J., 1999. Thermodynamics of Atmospheres and Oceans. Academic Press, San Diego.

Dai, A., Wigley, T.M.L., Boville, B.A., Kiehl, J.T., Buja, L.E., 2001. Climates of the twentieth and twenty-first centuries simulated by the NCAR climate system model. Climate 14, 485–519.

Dunkerton, T.J., 2003. Middle atmosphere: quasi-biennial oscillation. In: Holton, J.R., Curry, J.A., Pyle, J.A. (Eds.), Encyclopedia of Atmospheric Sciences. Academic Press, London.

Durran, D.R., 1990. Mountain waves and downslope winds. In: Blumen, W. (Ed.), Atmospheric Processes over Complex Terrain. American Meteorological Society, pp. 59–82.

Durran, D.R., 1993. Is the Coriolis force really responsible for the inertial oscillation? Bull. Am. Meteorol. Soc. 74 (11), 2179–2184.

Durran, D.R., 1999. Numerical Methods for Wave Equations in Geophysical Fluid Dynamics. Springer, New York.

Durran, D.R., Snellman, L.W., 1987. The diagnosis of synoptic-scale vertical motion in an operational environment. Weather Forecasting 1, 17–31.

Eady, E.T., 1949. Long waves and cyclone waves. Tellus 1 (3), 33–52.

Eliassen, A., 1990. Transverse circulations in frontal zones. In: Newton, C.W., Holopainen, E.O. (Eds.), *Extratropical Cyclones, The Erik Palmén Memorial Volume.* American Meteorological Society, Boston, pp. 155–164.

Emanuel, K.A., 1988. Toward a general theory of hurricanes. Am. Sci. 76, 370–379.

Emanuel, K.A., 1994. Atmospheric Convection. Oxford University Press, New York.

Emanuel, K.A., 2000. Quasi-equilibrium thinking. In: Randall, D.A. (Ed.), General Circulation Model Development. Academic Press, New York, pp. 225–255.

Fleming, E.L., Chandra, S., Barnett, J.J., Corey, M., 1990. Zonal mean temperature, pressure, zonal wind and geopotential height as functions of latitude. Adv. Space Res. 10 (12), 11–59.

Garratt, J.R., 1992. The Atmospheric Boundary Layer. Cambridge University Press, Cambridge.

Gill, A.E., 1982. Atmosphere-Ocean Dynamics. Academic Press, New York.

Hakim, G.J., 2000. Role of nonmodal growth and nonlinearity in cyclogenesis initial-value problems. J. Atmos. Sci. 57, 2951–2967.

Hakim, G.J., 2002. Cyclogenesis. In: Encyclopedia of the Atmospheric Sciences. Elsevier, Boston.

Hamill, T.M., 2006. Ensemble-based atmospheric data assimilation. In: Palmer, T., Hagedorn, R. (Eds.), Predictability of Weather and Climate. Cambridge University, Cambridge, UK, pp. 124–156.

Held, I.M., 1983. Stationary and quasi-stationary eddies in the extratropical troposphere: theory. In: Hoskins, B.J., Pearce, R. (Eds.), Large-Scale Dynamical Processes in the Atmosphere. Academic Press, New York, pp. 127–168.

Hess, S.L., 1959. Introduction to Theoretical Meteorology. Holt, New York.

Hide, R., 1966. On the dynamics of rotating fluids and related topics in geophysical fluid mechanics. Bull. Am. Meteorol. Soc. 47, 873–885.

Hildebrand, F.B., 1976. Advanced Calculus for Applications, second ed. Prentice Hall, New York.

Holton, J.R., 1986. Meridional distribution of stratospheric trace constituents. J. Atmos. Sci. 43, 1238–1242.

Holton, J.R., Haynes, P.H., McIntyre, M.E., Douglass, A.R., Rood, R.B., Pfister, L., 1995. Stratosphere-troposphere exchange. Rev. Geophys. 33, 403–439.

Horel, J.D., Wallace, J.M., 1981. Planetary scale atmospheric phenomena associated with the southern oscillation. Mon. Wea. Rev. 109, 813–829.

Hoskins, B.J., 1975. The geostrophic momentum approximation and the semi-geostrophic equations. J. Atmos. Sci. 32, 233–242.

Hoskins, B.J., 1982. The mathematical theory of frontogenesis. Annu. Rev. Fluid Mech. 14, 131–151.

Hoskins, B.J., 1983. Dynamical processes in the atmosphere and the use of models. Quart. J. Roy. Meteor. Soc. 109, 1–21.

Hoskins, B.J., Bretherton, F.P., 1972. Atmospheric frontogenesis models: mathematical formulation and solution. J. Atmos. Sci. 29, 11–37.

Hoskins, B.J., McIntyre, M.E., Robertson, A.W., 1985. On the use and significance of isentropic potential vorticity maps. Quart. J. Roy. Meteorol. Soc. 111, 877–946.

Houze Jr., R.A., 1993. Cloud Dynamics. Academic Press, San Diego.

James, I.N., 1994. Introduction to Circulating Atmospheres. Cambridge University Press, Cambridge, UK.

Kalnay, E., 2003. Atmospheric Modeling, Data Assimilation and Predictability. Cambridge University Press, Cambridge, UK.

Kepert, J.D., Wang, Y., 2001. The dynamics of boundary layer jets within the tropical cyclone core. Part II: Nonlinear enhancement. J. Atmos. Sci. 58, 2485–2501.

Klemp, J.B., 1987. Dynamics of tornadic thunderstorms. Annu. Rev. Fluid Mech. 19, 369–402.

Lackmann, G., 2012. Midlatitude Synoptic Meteorology: Dynamics, Analysis, and Forecasting. American Meteorological Society, Boston.

Lim, G.H., Holton, J.R., Wallace, J.M., 1991. The structure of the ageostrophic wind field in baroclinic waves. J. Atmos. Sci. 48, 1733–1745.

Lindzen, R.S., Batten, E.S., Kim, J.W., 1968. Oscillations in atmospheres with tops. Mon. Wea. Rev. 96, 133–140.

Lorenz, E.N., 1960. Energy and numerical weather prediction. Tellus 12, 364–373.

Lorenz, E.N., 1967. The Nature and Theory of the General Circulation of the Atmosphere. World Meteorological Organization, Geneva.

Lorenz, E.N., 1984. Some aspects of atmospheric predictability. In: Burridge, D.M., Källén, E. (Eds.), Problems and Prospects in Long and Medium Range Weather Forecasting. Springer-Verlag, New York, pp. 1–20.

Madden, R.A., 2003. Intraseasonal oscillation (Madden–Julian oscillation). In: Holton, J.R., Curry, J.A., Pyle, J.A. (Eds.), Encyclopedia of Atmospheric Sciences. Academic Press, London, pp. 2334–2338.

Madden, R.A., Julian, P.R., 1972. Description of global-scale circulation cells in the tropics with a 40–50 day period. Atmos. Sci. 29, 1109–1123.

Martin, J.E., 2006. Mid-Latitude Atmospheric Dynamics. John Wiley & Sons, New York.

Matsuno, T., 1966. Quasi-geostrophic motions in the equatorial area. J. Meteorol. Soc. Japan 44, 25–43.

Nappo, C.J., 2002. An Introduction to Atmospheric Gravity Waves. Academic Press, San Diego.

Naujokat, B., 1986. An update of the observed quasi-biennial oscillation of the stratospheric winds over the tropics. J. Atmos. Sci. 43, 1873–1877.

Norton, W.A., 2003. Middle atmosphere: transport circulation. In: Holton, J.R., Curry, J.A., Pyle, J.A. (Eds.), Encyclopedia of Atmospheric Sciences. Academic Press, London, pp. 1353–1358.

Oort, A.H., 1983. Global atmospheric circulation statistics, 1958–1973. *NOAA Professional Paper 14*, U. S. Government Printing Office, Washington, DC.

Oort, A.H., Peixoto, J.P., 1974. The annual cycle of the of the atmosphere on a planetary scale. J. Geophys. Res. 79, 2705–2719.

Oort, A.H., Peixoto, J.P., 1983. Global angular momentum and energy balance requirements from observations. Adv. Geophys. 25, 355–490.

Ooyama, K., 1969. Numerical simulation of the life cycle of tropical cyclones. J. Atmos. Sci. 26, 3–40.

Palmén, E., Newton, C.W., 1969. Atmospheric Circulation Systems. Academic Press, London.

Palmer, T.N., 1993. Extended-range atmospheric prediction and the Lorenz model. Bull. Am. Meteor. Soc. 74, 49–65.

Panofsky, H.A., Dutton, J.A., 1984. Atmospheric Turbulence. Wiley, New York.

Pedlosky, J., 1987. Geophysical Fluid Dynamics, second ed. Springer-Verlag, New York.

Philander, S. G., 1990. El Niño, La Niña, and the Southern Oscillation. Academic Press, New York.

Phillips, N.A., 1956. The general circulation of the atmosphere: a numerical experiment. Quart. J. Roy. Meteorol. Soc. 82, 123–164.

Phillips, N.A., 1963. Geostrophic motion. Rev. Geophys. 1, 123–176.

Pierrehumbert, R.T., Swanson, K.L., 1995. Baroclinic instability. Annu. Rev. Fluid Mech. 27, 419–467.

Plumb, R.A., 1982. The circulation of the middle atmosphere. Aust. Meteorol. Mag. 30, 107–121.

Randall, D.A., 2000. General Circulation Model Development. Academic Press, San Diego.

Reed, R.J., Norquist, D.C., Recker, E.E., 1977. The structure and properties of African wave disturbances as observed during Phase III of GATE. Mon. Wea. Rev. 105, 317–333.

Richardson, L.F., 1922. Weather Prediction by Numerical Process. Cambridge University Press (reprinted by Dover, 1965).

Richtmyer, R.D., Morton, K.W., 1967. Difference Methods for Initial Value Problems, second ed. Wiley (Interscience), New York.

Riehl, H., Malkus, J.S., 1958. On the heat balance of the equatorial trough zone. Geophysica 6, 503–538.

Roe, G.H., Baker, M.B., 2007. Why is climate sensitivity so unpredictable? Science 318, 629–632.

Salby, M.L., 1996. Fundamentals of Atmospheric Physics. Academic Press, San Diego.

Salby, M.L., Hendon, H.H., Woodberry, K., Tanaka, K., 1991. Analysis of global cloud imagery from multiple satellites. Bull. Am. Meteorol. Soc. 72, 467–480.

Sanders, F., Hoskins, B.J., 1990. An easy method for estimation of Q-vectors from weather maps. Wea. Forecasting 5, 346–353.

Sawyer, J.S., 1956. The vertical circulation at meteorological fronts and its relation to frontogenesis. Proc. Roy. Soc. A 234, 346–362.

Schneider, T., 2006. The general circulation of the atmosphere. Annu. Rev. Earth Planet. Sci. 34, 655–688.

Schubert, S., Park, C.-K., Higgins, W., Moorthi, S., Suarez, M., 1990. An atlas of ECMWF analyses (1980–1987) Part I — First moment quantities. NASA Technical Memorandum 100747.

Scorer, R.S., 1958. Natural Aerodynamics. Pergamon Press, New York.

Shine, K.P., 1987. The middle atmosphere in the absence of dynamical heat fluxes. Quart. J. Roy. Meteor. Soc. 113, 603–633.

Simmons, A.J., Bengtsson, L., 1984. Atmospheric general circulation models: their design and use for climate studies. In: Houghton, J.T. (Ed.), The Global Climate. Cambridge University Press, Cambridge, UK, pp. 37–62.

Simmons, A.J., Burridge, D.M., Jarraud, M., Girard, C., Wergen, W., 1989. The ECMWF medium-range prediction models: Development of the numerical formulations and the impact of increased resolution. Meteorol. Atmos. Phys. 40, 28–60.

Simmons, A.J., Hollingsworth, A., 2002. Some aspects of the improvement in skill of numerical weather prediction. Quart. J. Roy. Meteorol. Soc. 128, 647–678.

Sinclair, P.C., 1965. On the rotation of dust devils. Bull. Am. Meteorol. Soc. 46, 388–391.

Smagorinsky, J., 1967. The role of numerical modeling. Bull. Am. Meteorol. Soc. 46, 89–93.

Smith, R.B., 1979. The influence of mountains on the atmosphere. Adv. Geophys. 21, 87–230.

Stevens, D.E., Lindzen, R.S., 1978. Tropical wave–CISK with a moisture budget and cumulus friction. J. Atmos. Sci. 35, 940–961.

Stull, R.B., 1988. An Introduction to Boundary Layer Meteorology. Kluwer Academic Publishers, Boston.

Thompson. D.W.J., Wallace, J. M., Hegerl, G.C., 2000. Annular modes in the extratropical circulation. Part II: Trends. J. Climate. 13, 1018–1036.

Thorpe, A.J., Bishop, C.H., 1995. Potential vorticity and the electrostatics analogy: Ertel-Rossby formulation. Quarti. J. Ref. Meteorol. Soc. 121, 1477–1495.

Trenberth, K.E., 1991. General characteristics of El Niño–Southern Oscillation. In: Glantz, M., Katz, R., Nichols, N. (Eds.), ENSO Teleconnections Linking Worldwide Climate Anomalies: Scientific Basis and Societal Impact. Cambridge University Press, Cambridge, UK, pp. 13–42.

Turner, J.S., 1973. Buoyancy Effects in Fluids. Cambridge University Press, Cambridge.

U.S. Government Printing Office, 1976. U. S. Standard Atmosphere, 1976. U. S. Government Printing Office, Washington, DC.

Vallis, G.K., 2006. Atmospheric and Oceanic Fluid Dynamics: Fundamentals and Large-Scale Circulation. Cambridge University Press, Cambridge, UK.

Wallace, J.M., 1971. Spectral studies of tropospheric wave disturbances in the tropical Western Pacific. Rev. Geophys. 9, 557–612.

Wallace, J.M., 2003. General circulation: overview. In: Holton, J.R., Curry, J.A., Pyle, J.A. (Eds.), Encyclopedia of Atmospheric Sciences. Academic Press, London, pp. 821–829.

Wallace, J.M., Hobbs, P.V., 2006. Atmospheric Science: An Introductory Survey, second ed. Academic Press, New York.

Wallace, J.M., Kousky, V.E., 1968. Observational evidence of Kelvin waves in the tropical stratosphere. J. Atmos. Sci. 25, 900–907.

Warsh, K.L., Echternacht, K.L., Garstang, M., 1971. Structure of near-surface currents east of Barbados. J. Phys. Oceanog. 1, 123–129.

Washington, W.M., Parkinson, C.L., 1986. An Introduction to Three-Dimensional Climate Modeling. University Science Books, Mill Valley, CA.

Webster P.J., 1983. The large-scale structure of the tropical atmosphere. In: Hoskins, B.J., Pearc, R. (Eds.), Large-Scale Dynamical Processes in the Atmosphere. Academic Press, New York, pp. 235–275.

Webster, P.J., Chang, H.R., 1988, Equatorial energy accumulation and emanation regions: impacts of a zonally varying basic state. J. Atmos. Sci. 45, 803–829.

Webster, P.J., Fasullo, J., 2003. Monsoon: dynamical theory. In: Holton J.R., Curry, J.A., Pyle, J.A. (Eds.), Encyclopedia of Atmospheric Sciences. Academic Press, London, pp. 1370–1386.

Williams, J., Elder, S.A., 1989. Fluid Physics for Oceanographers and Physicists. Pergamon Press, New York.

Williams, K.T., 1971: A statistical analysis of satellite-observed trade wind cloud clusters in the western North Pacific. Atmospheric Science Paper No. 161, Dept. of Atmospheric Science, Colorado State University, Fort Collins, CO.

Yanai, M., Maruyama, T., 1966. Stratospheric wave disturbances propagating over the equatorial Pacific. J. Meteor. Soc. Jpn. 44, 291–294.

찾아보기

역자 소개

대표 역자 : 전종갑

권혁조
공주대학교 대기과학과
hjkwon@kongju.ac.kr

김정우
연세대학교 대기과학과
j-wkim@yonsei.ac.kr

민경덕
경북대학교 천문대기과학과
minkd@knu.ac.kr

안중배
부산대학교 대기환경과학과
jbahn@pusan.ac.kr

이동규
서울대학교 지구환경과학부
dklee@snu.ac.kr

이재규
강릉대학교 대기환경과학과
ljgyoo@gwnu.ac.kr

이태영
연세대학교 대기과학과
lty@yonsei.ac.kr

전종갑
서울대학교 지구환경과학부
jgjhun@snu.ac.kr

정형빈
부경대학교 환경대기과학과
hbcheong@pknu.ac.kr